普通高等教育"十一五"国家级规划教材

Principles of Electric Circuits

(Second Edition)

Jiang Jiguang Liu Xiucheng

电路原理

(第二版)

江缉光　刘秀成　主编

清華大學出版社
北京

内容简介

本书是《电路原理》(江缉光主编,清华大学出版社,1996)的修订版,内容符合教育部高等学校电子信息与电气信息学科教学指导委员会基础课程教学指导分委员会2004年颁布的"电路理论基础"和"电路分析基础"的教学基本要求。

全书共分20章,包括电路元件和电路定律、简单电阻电路的分析方法、线性电阻电路的一般分析方法、电路定理、含运算放大器的电路、储能元件、一阶电路、二阶电路、卷积积分的应用、正弦电流电路的稳态分析、含有互感元件的电路、电路的频率特性、三相电路、周期性激励下电路的稳态响应、傅里叶变换和拉普拉斯变换、二端口(网络)、网络图论基础、状态变量法、非线性电路简介和分布参数电路。另有磁路和含铁芯的线圈、复数复习、PSpice电路仿真简介和电路原理中英文专业词汇对照表四个附录。书末附有大部分习题的参考答案。

本书可作为电子与电气信息类专业电路课程的教材使用,也可供有关科技人员参考。

图书在版编目(CIP)数据

电路原理 / 江缉光,刘秀成主编 . —2版 . —北京:清华大学出版社,2007.3(2024.9重印)
ISBN 978-7-302-14262-1

Ⅰ. 电… Ⅱ. ①江… ②刘… Ⅲ. 电路理论 Ⅳ. TM13

中国版本图书馆CIP数据核字(2006)第147788号

责任编辑:王一玲
责任校对:白 蕾
责任印制:杨 艳

出版发行:清华大学出版社
网 址:https://www.tup.com.cn, https://www.wqxuetang.com
地 址:北京清华大学学研大厦A座 邮 编:100084
社 总 机:010-83470000 邮 购:010-62786544
投稿与读者服务:010-62776969,c-service@tup.tsinghua.edu.cn
质 量 反 馈:010-62772015,zhiliang@tup.tsinghua.edu.cn
印 装 者:大厂回族自治县彩虹印刷有限公司
经 销:全国新华书店
开 本:185mm×230mm **印 张**:38.5 **字 数**:837千字
版 次:2007年3月第2版 **印 次**:2024年9月第27次印刷
定 价:99.00元

产品编号:017866-04

第二版前言

本书的初版于 1996 年 5 月出版，迄今已经 10 年。从 10 年来使用此书的教学实践效果以及编写者多年的教学经验来看，这本教科书在论述上的科学性方面，在取材的深度和广度，内容的组织安排等方面，都能适应工科大学对基础电路课程的要求，是一本合用的电路课程教科书。

电路原理作为工科大学生学习电工技术的一门技术基础课程，它的核心内容虽是相对较稳定，但科学技术尤其是当前信息化技术的迅速发展，大学工科电工类专业的教学改革的深入，要求电路课程能更好地适应这一形势，电路原理教科书需要有新的充实与提高。本书的修订就是考虑到这个需求而进行的。以下就修订的具体内容作一简要的说明。

《电路原理》(第二版)(以下简称修订本)是在同名书初版的基础上经过修订、编写而完成的，它继续着重于电路理论的基本现象、概念、定律和定理的论述和应用，在知识点的讲述上做了某些调整，例如将阶跃响应、冲激响应和卷积积分及其应用单设一章，并在内容上加以充实，以适应以后应用的需要。考虑到与后续课程和新技术应用相衔接，在修订本中增添或引入了某些有关的内容：如将运算放大器的电路单设一章，并在教材中多处应用；以滤波器为结合点，讲述电路的频率特性等。采取这样的选择，是希望能使读者从基本电路理论的角度认识、理解这些内容，无意以之替代后续课程中关于这些内容的论述。

在修订此教材时，适当地增加了一些例题，同时还增加了一些有实际意义的习题。例题和习题都着重于基本概念和分析方法的应用。

这一修订本中，包含有电类多个专业需要的电路课内容，不同专业的使用者，对一些章节可以有不同的选择。

在修订本中，引入了用 PSpice 进行软件计算机辅助电路分析的内容，作为附录置于书末。这里对用 PSpice 软件进行电路的典型问题的仿真计算方法作了介绍,给出了应用的例题并附有练习题。配合课程的进行采用这一内容,可以增进、启发读者应用计算机分析电路问题的能力。这一部分内容是书中的一个独立部分,如果不选用它而另作安排,并不致于对使用此书带来任何不便。

在这一修订本中,对初版的《电路原理》,还在有些章节上作了删改,如用波特图表示电路的频率特性,电路问题中的非线性方程、常微分方程的数值求解方法等,这些内容在有关的专门课程中都有更详细的讲述。

参加本书修订和编写工作的有江缉光、刘秀成、陆文娟和王树民。江缉光、刘秀成担任全书的主编工作。

限于编写者的水平,此次完成的修订本仍恐难免有缺点、错误,欢迎读者提出批评和意见。

编者

2006 年 9 月

第一版前言

本书是为工科大学电类专业本科学生学习《电路原理》而编写的教科书，全书共19章，分上下两册出版。

本书的内容覆盖了电类专业电路课程的基本内容，并在某些方面稍有拓展。作为一门技术基础课程的教科书，本书着重于基本的传统内容，也包含近代电路理论的一些基本内容。在编写此书时，作了下面的一些考虑和相应的安排。

(1) 考虑到《电路原理》是一门技术基础课程，它的内容是许多电类专业课程的共同的基础，更考虑到现代电工技术的发展，电力技术和电子技术的相互结合日益密切，习惯上称为强电和弱电的各专业在对电路原理的基础理论的需要上并无太多的差异，所以此教材是作为电类各专业的通用教材而编写的。自然，在课程安排有所不同的情况下使用时，可以对书中的某些章节作稍有不同的取舍。

(2) 着重于基本传统内容的叙述和应用。对于基本概念、方法、定理均以相当的篇幅作了力求准确、易懂的阐述。例如：在第4章中用简明的方法导出了特勒根定理，以突出其与基尔霍夫定律的等价普遍性；及早地引入受控电源模型和含运算放大器的电路，以使随后关于含这类器件的电路的分析得以加强。

(3) 在电路的正弦稳态分析之后，即在第11章中，引入复频率和复指数形式的激励，由电路在这种激励下的强制响应导出网络函数，随即对其零、极点、频率特性、波特图等内容进行分析。这将有助于读者及早熟悉这些概念和方法。

(4) 有关非线性电路(第5、第18两章)的内容主要是一些基本概念和方法。就几个简单的电路，对非线性电路的工作点的稳定性、非线性自激振荡等重要的概念和分析方法作了简单的初步介绍，以使读者能从最简单的电路开始建立对它们的认识。

(5) 考虑到学习后续课程或自学的需要,本书将关于磁路的内容作为附录,放在书末。

(6) 本书各章均附有习题。习题的内容着重于使读者理解此课程中的基本概念,掌握电路分析的基本方法及其应用。有少数需要用计算机进行数值求解的习题可以作为计算机辅助电路计算的作业。

本书末附有绝大部分习题的答案。

本书各章的编写者分别是江缉光(第1,2,3,4,5,18,19章),陈允康(第6,7,10,11,16,17章),陆文娟(第8,9,14章),王树民(第12,13,15章)。各章习题的选编者有赵莼善、徐福媛、李志康等。由江缉光担任全书的统稿和校定。

在编写此书的过程中肖达川教授提出了许多宝贵的意见,谨此致谢。

限于编者水平,本书在许多方面都可能存在缺点、错误,衷心欢迎批评指正。

作者

1995年10月于清华园

目
录

电路元件和电路定律

提　要

本章的主要内容是介绍电路模型的概念，电路中用到的一些主要物理量，电压、电流的参考方向，一些理想的电路元件以及基尔霍夫定律。要引入的理想电路元件包括线性电阻元件，理想电压源和理想电流源元件，以及四种线性受控源元件。这些电路元件的特性一般用电压、电流关系方程来描述，其中线性电阻元件的电压、电流关系由欧姆定律确定。基尔霍夫定律包括基尔霍夫电流定律和基尔霍夫电压定律，它们是对集总参数电路中各电压、电流的约束关系。电路的元件特性和基尔霍夫两个定律构成了电路分析的基础。

1.1 电路和电路模型

电路是电工设备构成的整体，它为电流的流通提供途径。电路的基本功能是传输、变换、存储电能或电的信号。有时也称电路为电网络。

在电工技术中有着数不胜数的电工器件、设备和由它们组成的系统，例如由发电机、变压器、输电线、各种用电负载组成的电力系统；各种通信系统；含有许多电子计算机的信息系统。这些器件、设备的作用、功能虽有许多不同，但它们作为电路都遵循同样的电路定律，可以置于共同的理论中进行研究。

电路的工作是以其中的电压、电流、电荷、磁链等物理量来描述的。在电路理论中，引入一些抽象化的理想元件构成实际电路的模型。这些理想电路元件能够反映实际电路中的电磁现象，表征其电磁性质：电阻元件表示消耗电能的作用；电感元件表示各种电感线圈产生磁场、储存磁能的作用；电容元件表示各种电容器产生电场、储存电能的作用；电源元件表示诸如发电机、电池等器件将其他形式的能量转换成电能的作用。将这些元件适当地联接起来，便可构成实际电路的模型。分析和设计电路，都使用这样的模型。

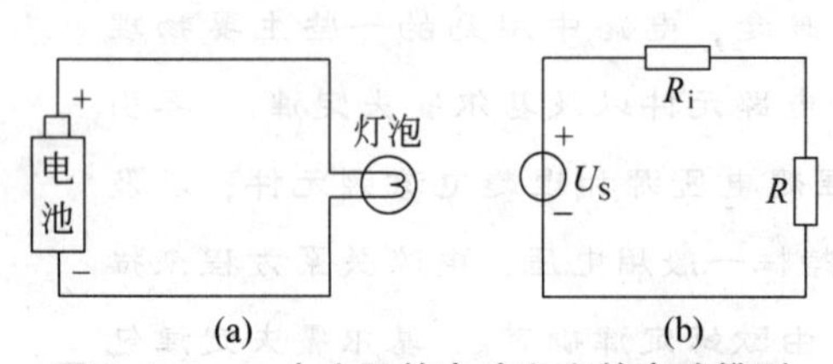

图 1-1-1 一个实际的电路和它的电路模型

(a) 实际电路；(b) 电路模型

例如图 1-1-1(a)的一个由蓄电池通过联接导线向一白炽灯供电的装置，是一个实际的电路，可以用图 1-1-1(b)的电路作为它的电路模型。在这模型中蓄电池由一电压为 U_S 的电源和一个与它串联的电阻 R_i 表示，白炽灯由一个电阻 R 表示。又例如一个用导线绕制的线圈，在低频情况下可以用一个电感与一电阻串联的电路作为它的电路模型。

电路理论中的一些理想元件，如上面所述的电阻、电感、电容等，都分别集总地表现实际电路中的电场或磁场的作用。每一种具有两个端钮的元件中有确定的电流，端钮间有确定的电压。这样的元件称为集总参数元件，由集总参数元件构成的电路称为集总参数电路。

对于实际的电路，由它的电路特性，构成它的电路模型，称为电路的建模。有的电路的建模较简单，例如上面所举的两个例子；有的器件或系统的建模则需要深入分析其中的物理现象才能作出它们的电路模型，例如对交流发电机、半导体晶体管，便需要分别运用有关的知识去建模，这是相应的专门课程的课题。

实际电路要能用集总参数电路去近似，需要满足以下的条件：实际电路的尺寸必须远小于电路工作频率下的电磁波的波长。

电路原理课程的主要内容是分析电路中的电磁现象和过程，研究电路定律、定理和电路的分析方法，这些知识是认识和分析实际电路的理论基础，更是分析和设计电路的重要工具。

1.2 电流、电压、电动势及其参考方向

在这一节里简要地复习电流、电压、电动势的概念，着重说明它们的参考方向。

电流

带电质点的运动形成电流。电流的大小用电流强度表示，它的定义是：在时刻 t，穿过一个面 S 的电流强度 i 等于在从 t 到 $t+\Delta t$ 的时间内，从此面的一方穿到另一方的电荷量的代数和 Δq 与此时间间隔 Δt 之比，当 $\Delta t \to 0$ 时的极限，即

$$i(t) \overset{\text{def}}{=} \lim_{\Delta t \to 0} \frac{\Delta q}{\Delta t} = \frac{\mathrm{d}q}{\mathrm{d}t} \tag{1-2-1}$$

所以某一时刻 t 穿过 S 面的电流强度的值，就等于在该时刻单位时间内穿过 S 面的电荷量的代数和。通常将电流强度简称为电流。

在电路中一导线或一元件中的电流有两个可能的流动方向。为了表明电流的方向，我们必须先从两个可能的方向中选取一个方向作为参考方向，例如图 1-2-1 中的由元件的一端 A 经元件至另一端 B 的方向，并约定：沿此方向的正电荷运动所形成的电流为正值，即 $i>0$；逆着此方向的正电荷运动所形成的电流为负值。在电路图中用顺着参考方向的箭头表示参考方向。在图 1-2-1 中，实线箭头表示参考方向，当电流的实际方向（图中虚线箭头所示）与参考方向一致时（图 1-2-1(a)），此电流为正值；当电流的实际方向与参考方向相反时（图 1-2-1(b)），此电流为负值。可见，电流的参考方向并不一定是电流的实际方向。但当有了在所选定的参考方向下的电流的表达式，我们就可以确定每一时刻电流的实际方向。电流的参考方向也称为电流的正方向。

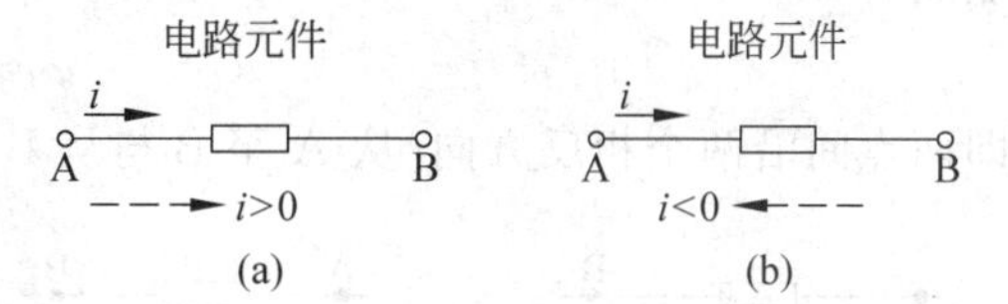

图 1-2-1 电流的参考方向说明图示

(a) i 为正；(b) i 为负

表示电流的参考方向还可以用双下标，例如表示图 1-2-1 中的由 A 流向 B 的电流使用 i_{AB}。同一电流在不同的正方向选择下，所得电流的表达式符号相反，例如在图 1-2-1 中，便有

$$i_{\mathrm{AB}} = -i_{\mathrm{BA}}$$

在电工技术中普遍采用的国际单位制（SI）中，电荷的单位名称是库[仑]，符号是 C；时间的单位名称是秒，符号是 s；电流的单位名称是安[培]，符号是 A。每秒流过 1 库[仑]的电流即为 1 安。度量大的电流用千安（kA），度量小的电流用毫安（mA）或微安（μA）等单位。

电压

在物理学的电磁学中已经知道：电荷在电场中受到电场力的作用，当将电荷由电场中

的一点移至另一点时,电场对电荷作功。处在电场中的电荷具有电位(势)能。恒定电场中的每一点有一定的电位,由此引入重要的物理量电压与电位。

电场中某两点 A,B 间的电压(或称电压降)U_{AB}等于将点电荷 q 由 A 点移至 B 点电场力所作的功 W_{AB}与该电荷 q 的比值,即

$$U_{AB} \overset{\text{def}}{=\!=} \frac{W_{AB}}{q}$$

在电场中可取一点,称为参考点,记为 P,设此点的电位为零。电场中的一点 A 至 P 点的电压 U_{AP}规定为 A 点的电位,记为 φ_A,
即

$$\varphi_A = U_{AP}$$

在电路问题中,可以任选电路中的一点作为参考点,例如取“地”作为参考点。两点间的电压不随参考点的不同选择而改变。用电位表示 A,B 两点间的电压,就有

$$U_{AB} = \varphi_A - \varphi_B$$

显然有

$$U_{BA} = \varphi_B - \varphi_A = -U_{AB}$$

即两点间沿两个相反方向(从 A 至 B 与从 B 至 A)所得的电压符号相反。

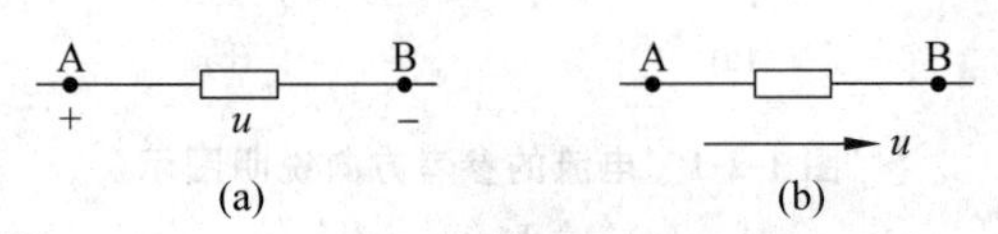

图 1-2-2 表示电压的参考方向用图

描述一电压必须先取定一参考方向。在电路图中用以下方式表示 A,B 两点间电压的参考方向:在 A 点标以“+”号,在 B 点标以“−”号,如图 1-2-2(a);或者用从 A 指向 B 的箭头,如图 1-2-2(b)。电压的参考方向的选取是任意的。在图 1-2-2 中 ,若 A 点的电位高于 B 点的电位,即 $\varphi_A > \varphi_B$,则沿此参考方向的电压为正值,即电压的实际方向与此参考方向相同;反之,若 A 点的电位低于 B 点的电位,即 $\varphi_A < \varphi_B$,则沿此参考方向的电压为负值,即电压的实际方向与此参考方向相反。所以每当提到一电压时,必须先指明它的参考方向,否则就无从判断两点间电压的真实方向。

在国际单位制中,能量的单位名称是焦[耳],符号是 J;电压的单位名称是伏[特],符号是 V。将 1 库(C)的电荷由一点移至另一点,电场力所作的功等于 1 焦(J),此两点间的电压便等于 1 伏(V)。度量大的电压有时用千伏(kV,10^3 V),度量小的电压有时用毫伏(mV,10^{-3} V)、微伏(μV,10^{-6} V)等单位。

电动势

电路中一般都接有电源以维持电流的流动。从能量角度看,电源具有能将电荷从低电位处经电源内部转移到高电位处的能力,从而对电荷作功。图 1-2-3 是电源的示意图,图中电源的两极 A,B 间有“非静电力”的作用,使得电源具有移动电荷并对之作功的能力。用电动势表征电源的这种能力。设在 dt 的时间内,一电源使正电荷 dq 从负极经电源内部移至正极所作的功为 dA,电源的电动势可用下式定义:

$$e = \frac{\mathrm{d}A}{\mathrm{d}q} \tag{1-2-2}$$

亦即电源的电动势的数值等于将单位正电荷从负极经电源内部移到正极电源所作的功。电动势的单位与电压相同。电动势的参考方向规定为由负极经电源内部到正极的指向。

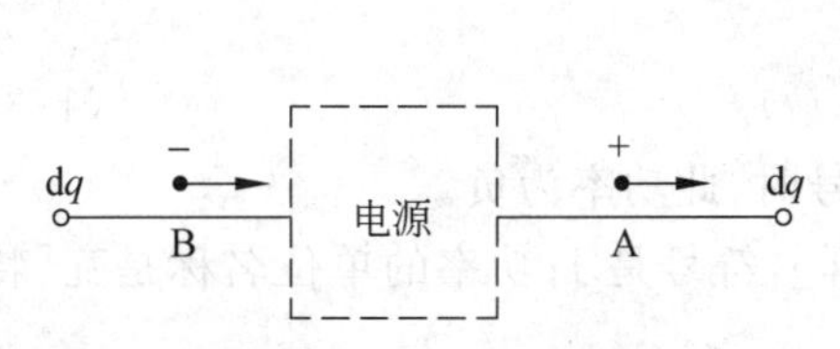

图 1-2-3 电源的示意图

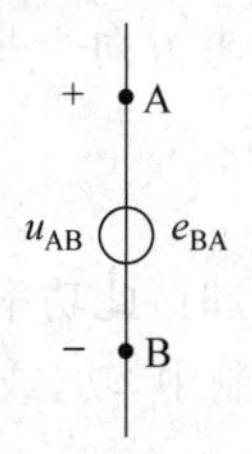

图 1-2-4 理想电压源符号

在电路图中常用图 1-2-4 的符号表示理想电压电源，由标有"＋"号的一端(图 1-2-4 中的 A 点)到标有"－"号的一端(图 1-2-4 中的 B 点)的指向为电源电压的参考方向，这电压就等于由 B 点指向 A 点的电动势，用双下标表示就有

$$e_{BA} = u_{AB} \tag{1-2-3}$$

亦即由 B 点至 A 点的电动势等于由 A 至 B 的电压降。对于其电动势随时间变化的电源，我们总是按照取定的参考方向，写出以时间函数表示的电动势的表达式 $e(t)$，根据各时刻 $e(t)$的数值就可以判定该时刻电动势的实际方向和大小。

1.3 电路元件的功率

电路元件在电路中是要消耗或吸收能量的，这些能量也可视为电场力对该元件所作的功。电路元件的功率定义为单位时间内电场力对该元件所作的功。用 $p(t)$表示电路元件所吸收(或发出)的瞬时功率，根据定义可得

$$p(t) = \frac{\mathrm{d}w}{\mathrm{d}t} \tag{1-3-1}$$

根据电流和电压的定义，式(1-3-1)可进一步表示为

$$p(t) = \frac{\mathrm{d}w}{\mathrm{d}t} = \frac{\mathrm{d}w}{\mathrm{d}q} \cdot \frac{\mathrm{d}q}{\mathrm{d}t} = u(t)i(t) \tag{1-3-2}$$

上式表明：一元件吸收的瞬时功率等于该元件两端电压瞬时值 $u(t)$与流过此元件电流瞬时值 $i(t)$的乘积。

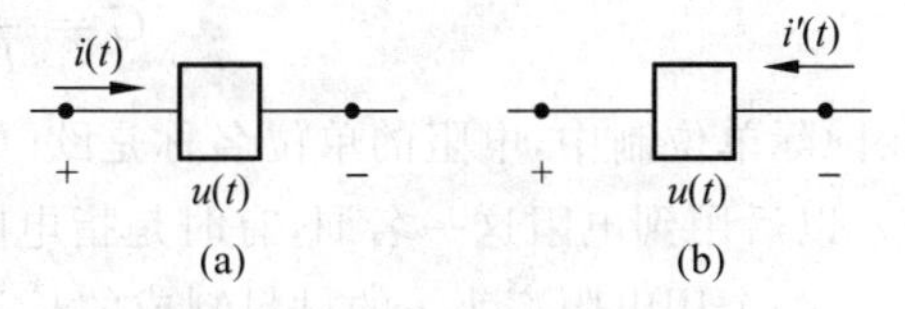

图 1-3-1 说明电路元件的功率的图示

(a) u,i 参考方向一致；(b) u,i 参考方向相反

对一个二端电路元件，当所取电压的参考方向是由标有"＋"号的一端指向标有"－"号的一端，电流的参考方向是由"＋"端流入，由"－"端流出(图 1-3-1(a))，就称电压 u、电流 i 的参考方向

是一致的，亦称它们的参考方向为关联参考方向。此时，若 $u(t)$ 和 $i(t)$ 同号，则 $p(t)>0$，就表示此时该元件确实吸收功率；若 $u(t)$ 和 $i(t)$ 异号，则 $p(t)<0$，就表示此时该元件吸收的功率为负值，实际上是在输出功率。式(1-3-2)适用于任何二端元件。

如果对一个二端元件，所取电压、电流参考方向相反，如图 1-3-1(b)所示，此时亦称电压 u、电流 i' 的参考方向为非关联参考方向。则此二端元件所发出的功率等于 $u(t)$ 与 $i'(t)$ 的乘积，即

$$p(t)=u(t)i'(t) \tag{1-3-3}$$

当 $u(t)$，$i'(t)$ 同号时，此功率为正；当 $u(t)$，$i'(t)$ 异号时，此功率为负。

在国际单位制中，功(或能)的单位名称是焦[耳]，符号是 J；功率的单位名称是瓦[特]，符号是 W。

1.4 电阻元件

在电工中有着许多具有下述特性的一类二端器件，它们的端电压可表示为其中的电流的函数，或者器件中的电流可表示为其端电压的函数，亦即其端电压 u 与其中的电流 i 的关系可以用其伏安特性表示。这类器件都可以用电阻作为其电路模型，金属丝灯泡、电阻加热炉、实验室中用的各种电阻器都是这类器件的典型的例子。

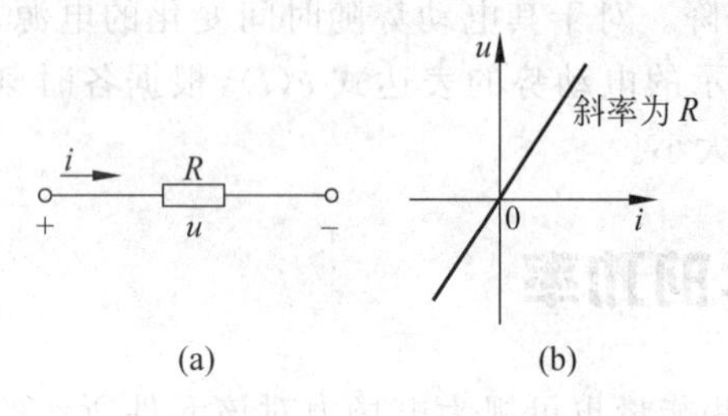

图 1-4-1 线性电阻的符号和它的伏安特性
(a) 符号；(b) 伏安特性

凡是其端电压与其中的电流成正比的电阻元件称为线性电阻。线性电阻的符号如图 1-4-1(a)所示。一线性电阻的伏安特性是穿过原点的一直线，此直线的斜率即为它的电阻值，如图 1-4-1(b)所示。

线性电阻的电压与电流的关系式就是欧姆定律

$$u=Ri \tag{1-4-1}$$

其中 R 就是电阻。式(1-4-1)又可写作

$$i=Gu \tag{1-4-2}$$

G 就是电导。线性电阻 R 与电导 G 有着互为倒数的关系，即

$$G=\frac{1}{R} \quad 或 \quad R=\frac{1}{G}$$

在国际单位制中，电阻的单位名称是欧[姆]，符号是 Ω；电导的单位名称是西[门子]，符号是 S。以后用到电阻这一名词，有时是指电阻元件，有时是指电阻元件的参数 R。

一个用电阻率为 ρ 的材料制成的长为 l、具有均匀截面 S 的导线的电阻数值为

$$R=\rho\frac{l}{S}$$

计算形状不规则的导体的电阻需要用电场的理论。有多种仪器可用以量测电阻器实物的电阻值。

在式(1-4-1)和式(1-4-2)中，假定了电阻上的电压与电流的参考方向一致，即电流从标有"＋"号的端点流入，从标有"－"号的端点流出。如果取电阻中电流的参考方向与电压的参考方向相反，例如像图1-4-2中那样，电流从标有"－"号的端点流入，从标有"＋"号的端点流出，电压 u 与电流 i' 的关系便是

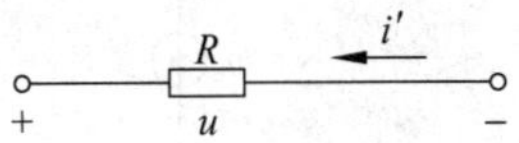

$$u=-Ri' \tag{1-4-3}$$

图1-4-2 电阻上电压与电流参考方向相反的情形

或

$$i'=-Gu \tag{1-4-4}$$

以后在列写电路方程时，常会遇到这样的情形。

电阻是消耗电能的元件，这里称"消耗电能"是习惯上的说法，实际上是电阻将电能转换成热能。电阻 R(电导 G)所吸收的电功率是

$$p=ui=Ri^2=\frac{u^2}{R}=Gu^2=\frac{i^2}{G} \tag{1-4-5}$$

由上式可见：在一定的电压下，R 愈小(或 G 愈大)，电阻所吸收的功率愈大；在一定的电流下，R 愈大(或 G 愈小)，电阻所得的功率愈大。

凡是其电压、电流关系不符合欧姆定律的电阻就称为非线性电阻。

1.5 电源元件

一般的电路中都有电源，电源可以在电路中引起电流，为电路提供电能。实际的电源有许多种，如蓄电池、发电机、光电池都是实际电源。在电路理论中，根据电源元件的不同特性可以作出电源的两种电路模型：一种模型是理想电压源；另一种模型是理想电流源。

电压电源

理想电压电源是具有下述特性的二端元件，即它的两端间有电压 u_S，此电压的量值与电源中的电流无关。

例如一蓄电池或直流发电机，如果可以忽略其端电压随其中电流的变化，就可以用一理想电压电源作为它的电路模型。理想电压电源的电路符号如图1-5-1所示。在图中由标有"＋"号的端点至标有"－"号的端点的方向是电压 u_S 的参考方向，即沿此方向的电压降是 u_S，或者说由"－"端至"＋"端的电位升(电动势)是 u_S。理想的恒定电压源的特性可以用图1-5-2中的伏安特性来表示，它是一条与 i 轴平行的直线，不论 i 为何值，端电压都为一恒定值 U_S，这就表示端电压与 i 无关。一般的理想电压源的电压是时间的函数 $u_S(t)$，在某一瞬间 t_0，电源的端电压即为 $u_S(t_0)$，也可以作出在该瞬间理想电压源的伏安特性，这与图1-5-2的特性相似。

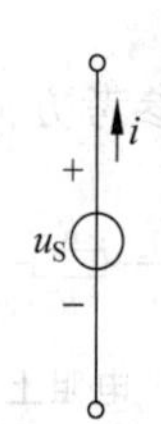

图 1-5-1　理想的电压电源的电路符号

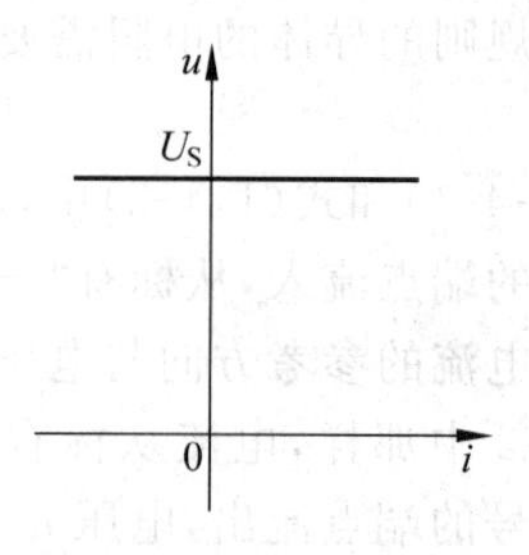

图 1-5-2　理想的恒定电压电源的伏安特性

电流电源

理想的电流电源是具有以下特性的二端元件，即它输出的电流为 i_S，此电流的量值与此电源的端电压 u 无关。

理想电流电源的电路符号如图 1-5-3 所示，其中的箭头表示电流 i_S 的参考方向。理想的恒定电流源的特性可以用图 1-5-4 中的伏安特性表示，它是一条与 u 轴平行的直线，不论电流源两端的电压如何，电流源中总是保持有恒定的电流，即其中的电流与其端电压无关。时变电流电源中的电流是时间的函数。在实际元件中，确实有这样的元件，它的特性很接近于理想电流电源的特性，例如光电池。

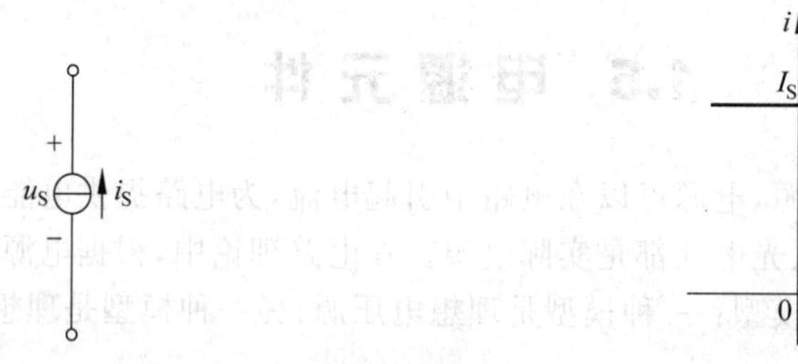

图 1-5-3　理想的电流电源的电路符号　　图 1-5-4　理想的恒定电流电源的伏安特性

在电路中不应当出现电压电源($u_S \neq 0$)被短路的情形，因为这种情形与建立理想电压源模型所作的假设相矛盾：电压电源两端的电压不为零，而短接其两端又要求其间的电压为零。实际的电源(例如一蓄电池)可能被短接(例如在错误的联接情形下)，这时便需要考虑实际电路中存在的即使是很小的电阻，而电源中将出现较大的电流，这样也就不会有任何矛盾了。与上述情形类似，在电路中也不应当出现电流电源($i_S \neq 0$)被开路的情形，因为这一情形也与建立电流电源所作的假设相矛盾。

一个理想电压电源有一定的电压，其中的电流大小则有赖于该电压源两端所联接的电路；一个理想电流电源中有一定的电流，其两端的电压则有赖于该电流源两端所联接的电路。

电源的功率

在电路分析中常需计算电源发出的功率。作为有源元件的电源，不论是电压源还是电流源，它所发出的功率，总是等于电源电压 u 和参考方向与 u 的参考方向相反的电流 i 的乘积。如果用电源的电动势 e 表示电源发出的功率，假设电源电压、电流的参考方向如图 1-5-5 所示，则由“－”端至“＋”端的电动势等于电压 u，所以电源发出的功率可表示为

$$p = ui = ei \tag{1-5-1}$$

一般情形下，u，i 随时间变化，某时刻的 u，i 乘积即为电源在该时刻发出的功率。当 p 值为正时，就表明电源在发出功率（如蓄电池放电）；当 p 值为负时，就表明电源实际上是在吸收功率（如蓄电池充电）。

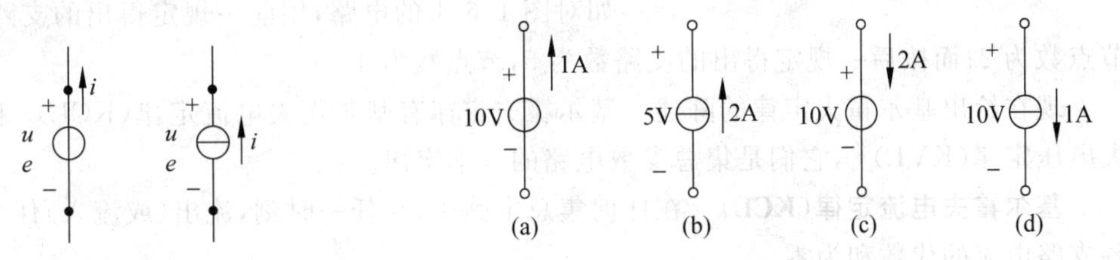

图 1-5-5 计算电源发出的功率图示

图 1-5-6 例 1-1 附图

【例 1-1】 根据图 1-5-6 所给的条件计算各电源发出的功率。

解

图 1-5-6(a)中电压、电流有非关联参考方向，电压源发出的功率为 $P=10\times1=10\text{W}$。

图 1-5-6(b)中电压、电流有非关联参考方向，电流源发出的功率为 $P=5\times2=10\text{W}$。

图 1-5-6(c)中电压、电流有关联参考方向，电压源吸收的功率为 $P=10\times2=20\text{W}$，它所发出的功率即为 -20W。

图 1-5-6(d)中电压、电流有关联参考方向，电流源吸收的功率为 $P=10\times1=10\text{W}$，它所发出的功率为 -10W。

1.6 基尔霍夫定律

在前面几节里研究了几种基本的电路元件的电压与电流的关系，这都是元件约束。若干电路元件联接成一电路后，各元件的电压、电流还要受到由电路结构决定的约束关系。这就是本节要说明的由基尔霍夫定律提出的约束条件。

在叙述基尔霍夫定律之前，先介绍几个表述电路结构用的名词。

支路 由一个或一个以上的元件串接成的分支称为一个支路，例如图 1-6-1 所示的电路中含有三个支路：R_1 和电压源 U_1 串接成一个支路；R_2 和电压源 U_2 串接成另一支路；R_3 单独成为一个支路。

节点 三个或三个以上的支路的联接点称为节点。图 1-6-1 中的电路含有两个节点，即图中的 A,B 两点。

回路 由电路中的支路组成的闭合路径称为回路。例如图 1-6-1 中的电路有三个回路，其中三个支路中的任意两支都构成一个回路。

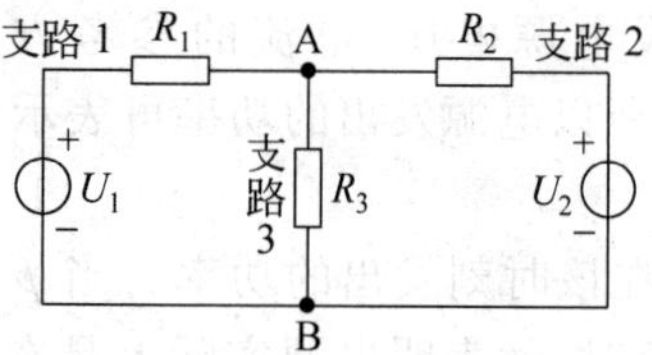

图 1-6-1 一个含三个支路的电路

以上关于支路、节点的定义只是一种约定，还可以有其他的约定。例如可将每一个二端元件规定为一个支路；将两个和两个以上的支路的联接点规定为一个节点。对于同一电路，采用这样的规定，得出的支路数、节点数一般都比按前述规定得出的要多。例如对图 1-6-1 的电路，用前一规定得出的支路数为 3，节点数为 2；而按后一规定得出的支路数为 5，节点数为 4。

现在给出基尔霍夫定律的陈述。基尔霍夫定律有基尔霍夫电流定律(KCL)[①]和基尔霍夫电压定律(KVL)[②]，它们是集总参数电路的基本定律。

基尔霍夫电流定律(KCL) 在任何集总电路中，在任一时刻，流出(或流入)任一节点的各支路电流的代数和为零。

对任一节点，KCL 可以用下式表述：

$$\sum i(t) = 0 \tag{1-6-1}$$

其中的求和是对接到所考虑的节点的所有支路进行的。在此式中，如果某支路电流的参考方向背离所考虑的节点，此支路电流前应有“+”号；如果某支路电流的参考方向指向所考虑的节点，此电流之前应有“−”号，因为此时经该支路流出这一节点的电流应与流入的电流反号。

对图 1-6-2 中的节点，可写出它的 KCL 方程如下：

$$i_1 - i_2 + i_3 + i_4 - i_5 = 0$$

基尔霍夫电流定律的成立，是基于电磁学中的电荷守恒原理，根据这一原理得出电流连续性定理：穿出任一闭合面的电流的代数和为零。电路中的电流自然也遵从这一普遍规律。KCL 就是电流连续性定理在电路中的表述。

在列写电路的 KCL 方程时，常采取这样的列写方式：将接到所考虑的节点的电流源支路流入的各电流项放在方程的右端；将接至该节点的其余各支路流出的电流项放在方程的左端。这样列写的 KCL 方程便有以下形式：

$$\sum i(t) = \sum i_S(t) \tag{1-6-2}$$

上式中右端的求和是对接到所考虑的节点的电流源支路；左端的求和是对接至该节点的其余支路。例如对于图 1-6-3 中的节点，便可以列出这一形式的方程为

---

①,② KCL 和 KVL 分别是 Kirchhoff's Current Law 和 Kirchhoff's Voltage Law 的缩写。

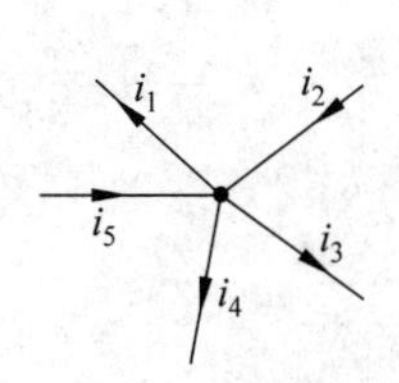

图 1-6-2 KCL 方程示例用图

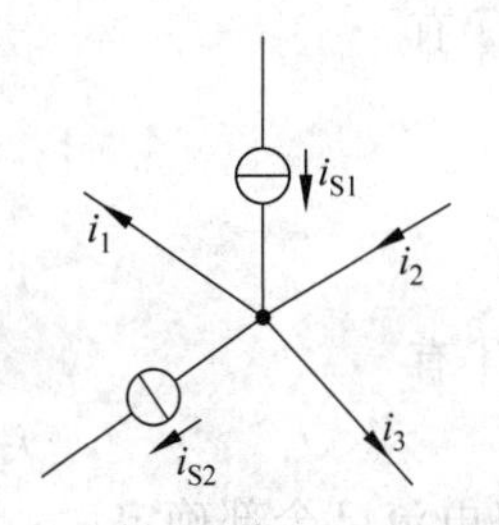

图 1-6-3 列写 KCL 方程的例图

$$i_1 - i_2 + i_3 = i_{S1} - i_{S2}$$

按照这样的方式列写一节点的 KCL 方程，右端的各电流源电流，凡其参考方向是指向该节点的，均应有"+"号，背离该节点的，均应有"-"号；左端的各电流中凡其参考方向背离该节点的，均应有"+"号，指向该节点的，均应有"-"号。

根据电流连续性定理，将前述 KCL 中的"节点"一词，换成"闭合面"，所得结论亦成立，即流出任一闭合面的所有电流的代数和为零。例如对于图 1-6-4 的电路，便可立即得到

$$-i_1 + i_2 - i_3 + i_4 = 0$$

【例 1-2】 根据图 1-6-5 所示电路中给定的条件，尽可能多地确定各支路电流。

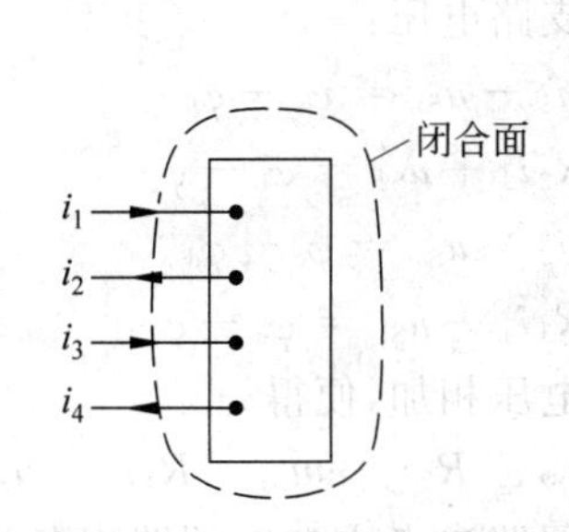

图 1-6-4 对闭合面的电流列写 KCL 方程示例

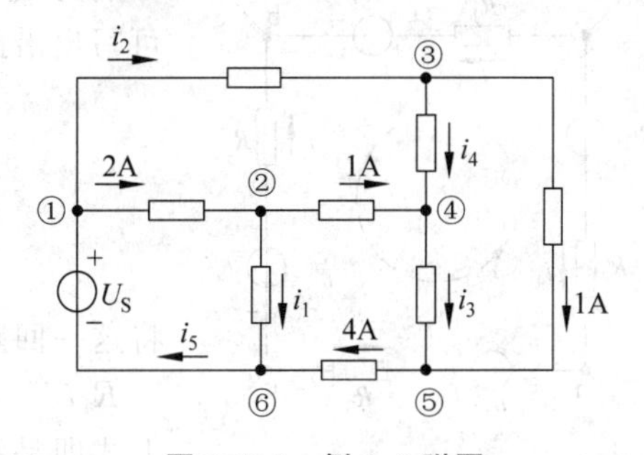

图 1-6-5 例 1-2 附图

解 根据 KCL，在节点②有

$$1 + i_1 = 2$$

所以

$$i_1 = 1\text{A}$$

在节点⑥有

$$i_5 = i_1 + 4 = 1 + 4 = 5\text{A}$$

在节点①有

$$2 + i_2 = i_5$$

所以

$$i_2 = i_5 - 2 = 5 - 2 = 3\text{A}$$

在节点③有

$$1+i_4=i_2$$

所以

$$i_4=i_2-1=3-1=2\text{A}$$

在节点④有

$$i_3=1+i_4=1+2=3\text{A}$$

至此,各支路电流已全部确定。

基尔霍夫电压定律(KVL) 基尔霍夫电压定律表述电路中各电压间的约束关系,此定律称:在任何集总电路中,在任一时刻,沿任一闭合回路,各支路电压的代数和为零。用式子表示,即

$$\sum u(t)=0 \tag{1-6-3}$$

上式中的求和是对一回路中的所有各支路进行的。

在列写 KVL 的方程时,须先对所考虑的回路选取一个绕行方向,各支路电压应取为沿此回路绕行方向的电压,即支路电压的参考方向应与回路绕行方向一致。例如对图 1-6-6 中所示的某电路中的一个回路,设支路电阻、电压电源、支路电流如图中所给出,各节点电位分别为 $\varphi_a,\varphi_b,\varphi_c,\varphi_d$。取顺时针方向为回路的参考方向,便可写出沿此回路方向各支路电压:

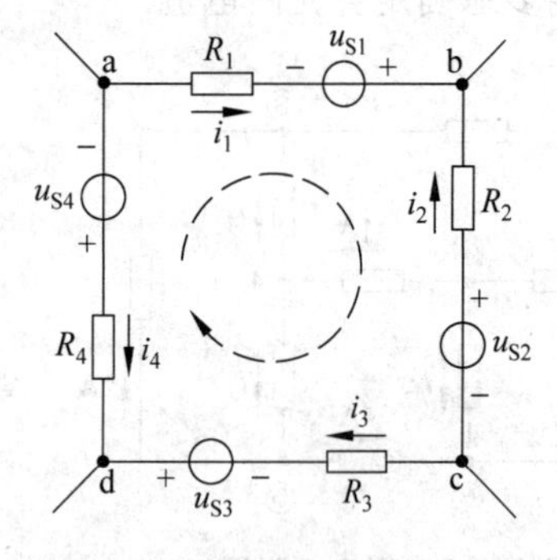

图 1-6-6 电路中的一个回路

$$u_{ab}=R_1i_1-u_{S1}=\varphi_a-\varphi_b$$
$$u_{bc}=-R_2i_2+u_{S2}=\varphi_b-\varphi_c$$
$$u_{cd}=R_3i_3-u_{S3}=\varphi_c-\varphi_d$$
$$u_{da}=-R_4i_4+u_{S4}=\varphi_d-\varphi_a$$

将这一回路中的各支路电压相加,便得

$$R_1i_1-u_{S1}-R_2i_2+u_{S2}+R_3i_3-u_{S3}-R_4i_4+u_{S4}=0$$

上式即是沿着所选取的回路参考方向时回路中各支路电压降之和,这个和等于$(\varphi_a-\varphi_b)+(\varphi_b-\varphi_c)+(\varphi_c-\varphi_d)+(\varphi_d-\varphi_a)=0$,由此可见,基尔霍夫电压定律的成立是由于电路中的每一节点只有一个电位,沿一回路,各支路的电压降之和必然为零。

在上面的例子里,将所得回路电压方程中的各电阻上的电压放在方程式的一端,将电压源电压放在另一端,便得到下面的方程:

$$R_1i_1-R_2i_2+R_3i_3-R_4i_4=u_{S1}-u_{S2}+u_{S3}-u_{S4}$$

在上式左端,凡是支路电流参考方向与回路方向相同的,它所产生的电压降前面均有正号,如 R_1i_1,R_3i_3;反之,凡是支路电流参考方向与回路方向相反的,它所产生的电压降前面均有负号,如 R_2i_2,R_4i_4。在上式的右端是回路中各电压源电动势(或电压),凡是其参考方向(由“$-$”端指向“$+$”端)与回路方向相同的电动势前面均有正号,如 u_{S1},u_{S3};凡是其参考方向与回路方向相反的,电动势前面均有负号,如 u_{S2},u_{S4}。对于任何回路,也都可以写出相应的回路电压方程。所以,可以将基尔霍夫电压定律用下式表述:

$$\sum u(t) = \sum u_S(t) \tag{1-6-4}$$

即沿任一回路，除电压源之外的所有各元件上的电压降的代数和，等于该回路中各电源电动势之和。这里电动势的参考方向须与回路的参考方向一致，而各电源电压降的参考方向则应与回路的参考方向相反。

基尔霍夫定律是关于电路中各个电流、电压间由电路结构所决定的约束关系的定律，适用于任何集总电路。各种分析电路的方法，都依据它们去建立所需的方程式，所以它们是电路的基本定律。

【例 1-3】 电路如图 1-6-7 所示。根据图中给定的条件，尽可能多地确定各支路电压。

解 根据 KVL，对回路 abca，有

$$-U_S + 5 + 10 = 0$$

所以 $U_S = 15\text{V}$。

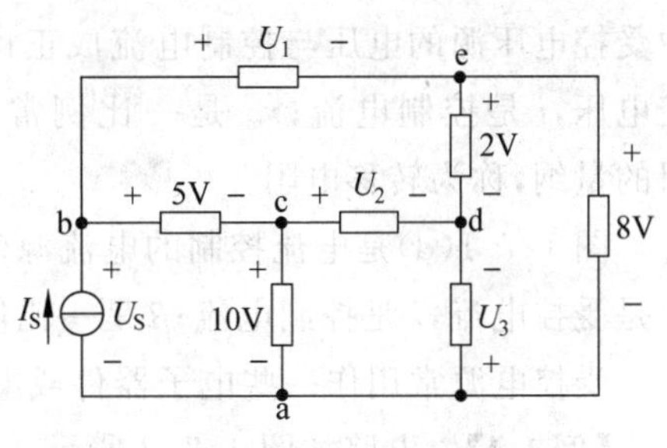

图 1-6-7 例 1-3 附图

对回路 abea，有

$$-U_S + U_1 + 8 = 0$$

所以

$$U_1 = U_S - 8 = 15 - 8 = 7\text{V}$$

对回路 bedcb，有

$$U_1 + 2 - U_2 - 5 = 0$$

所以

$$U_2 = U_1 + 2 - 5 = 7 + 2 - 5 = 4\text{V}$$

对回路 adea，有

$$U_3 - 2 + 8 = 0$$

所以

$$U_3 = 2 - 8 = -6\text{V}$$

至此，各支路电压已全部确定。

1.7 受控电源

受控电源又称为非独立电源。它主要是针对一些电子器件而引入的理想电路模型。这些电子器件(如晶体三极管、运算放大器等)一般通过两对端钮与外部电路连接，其中一对端钮称为输入端，另一对端钮称为输出端。根据不同元件的特性，输出端的电压或电流受输入端的电压或电流控制。为此，我们将其输出端视为一受控电压电源或受控电流电源。之所以称为受控电压电源或受控电流电源，是因为输出端的电压或电流不由电源本身决定，而是由输入端的电压或电流控制。控制量与受控量之间一般可能有复杂的关系。这里只引入受控量与控制量成正比的线性受控源。

依受控量和控制量的不同，有四种常见的受控源模型，图 1-7-1 中示有各受控源的电路符号。

图 1-7-1(a)是电压控制的电压源(VCVS)。其中受控电压源的电压与一控制电压成正比,μu 是受控电压,u 是控制电压;μ 是一比例常数,称为转移电压比。

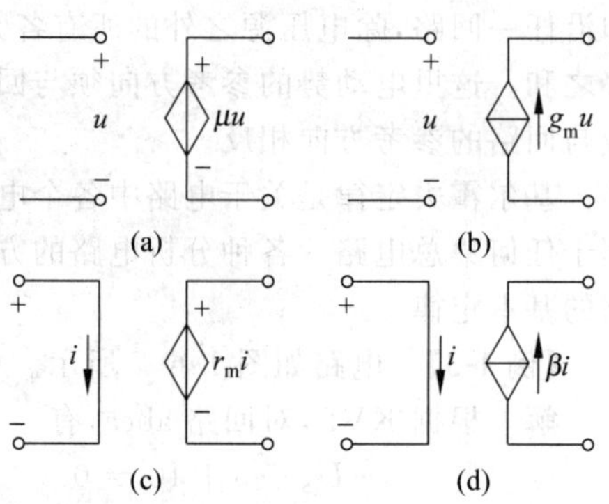

图 1-7-1　四种受控电源的电路符号

图 1-7-1(b)是电压控制的电流源(VCCS),其中受控电流源的电流与控制电压成正比,$g_m u$ 是受控电流,u 是控制电压;g_m 是一比例常数,它有电导的量纲,称为转移电导。

图 1-7-1(c)是电流控制的电压源(CCVS),其中受控电压源的电压与控制电流成正比,$r_m i$ 是受控电压,i 是控制电流;r_m 是一比例常数,它有电阻的量纲,称为转移电阻。

图 1-7-1(d)是电流控制的电流源(CCCS),其中受控电流源的电流与控制电流成正比,βi 是受控电流,i 是控制电流;β 是一比例常数,称为转移电流比。

受控电源常用作一些电子器件或电路的模型。

【例 1-4】 电路如图 1-7-2 所示。图中受控源为流控电流源。计算电路中的电压 u。

解 对图 1-7-2 电路选定节点 a 和回路 l 如图 1-7-3 所示。

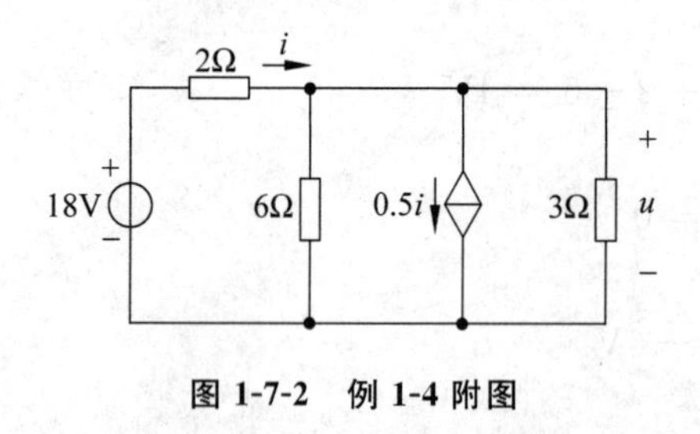

图 1-7-2　例 1-4 附图

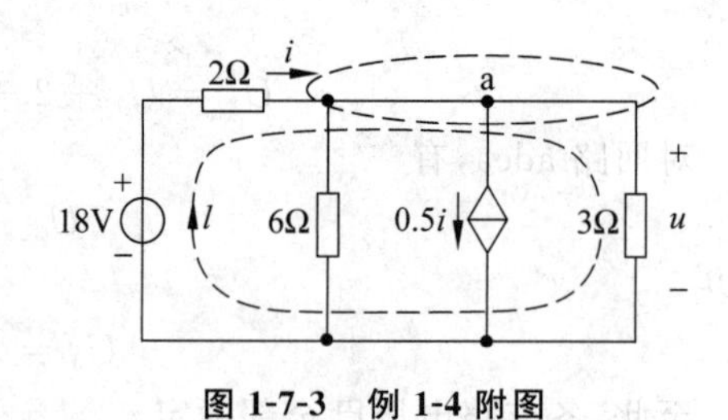

图 1-7-3　例 1-4 附图

对图中节点 a 应用 KCL,得

$$i = \frac{u}{6} + 0.5i + \frac{u}{3}$$

整理得

$$0.5i = \frac{u}{2} \tag{1-7-1}$$

对回路 l 应用 KVL,得

$$2i = 18 - u \tag{1-7-2}$$

将式(1-7-2)代入式(1-7-1),消去 i,可得 $u = 6\text{V}$。

习 题

1-1 按题图 1-1 中指定的电压 u 和电流 i 的参考方向，写出各元件 u 和 i 的约束方程。

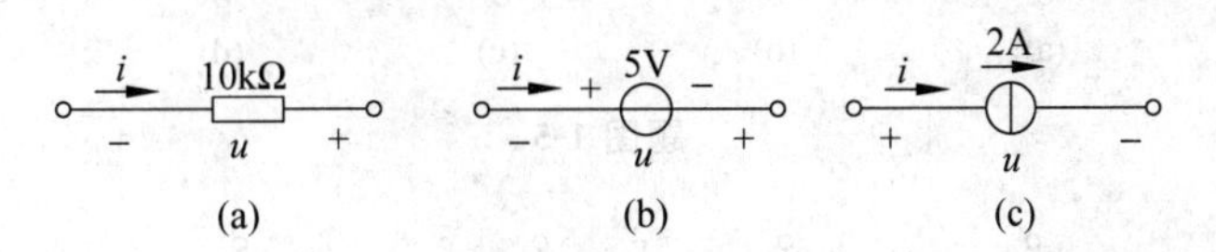

题图 1-1

1-2 题图 1-2 电路中，已知各支路的电流、电阻和电压源电压，试写出各支路电压 U 的表达式。

1-3 求题图 1-3 所示电路中的电压 U_{AB}，U_{BC} 和 U_{CA}。

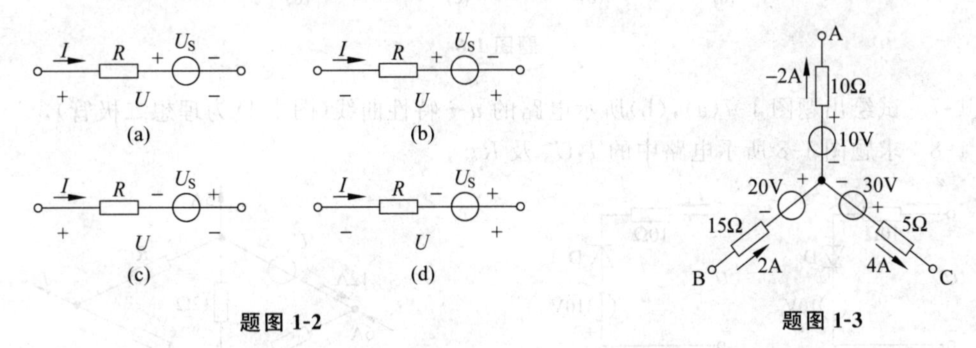

题图 1-2　　　　题图 1-3

1-4 用最简单的方法，求题图 1-4 中各电路的待求量 U，I。

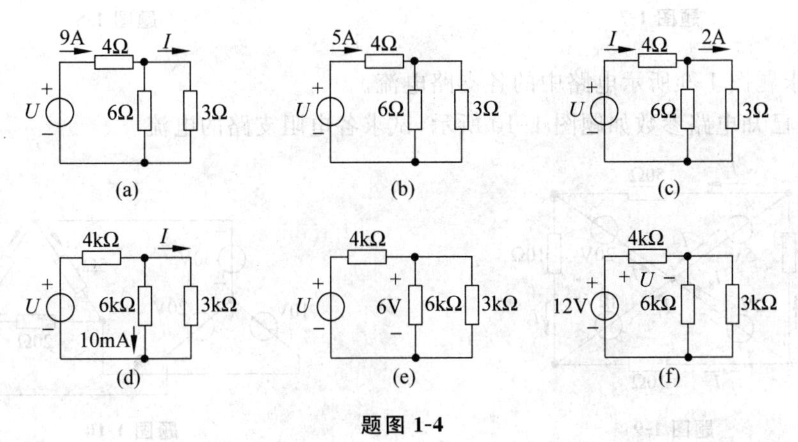

题图 1-4

1-5 求题图 1-5 各电路中电源的功率，并指出它们是吸收功率还是发出功率。

1-6 求题图 1-6 中各含源支路中的未知量。图(d)中的 P_{i_S} 表示电流源吸收的功率。

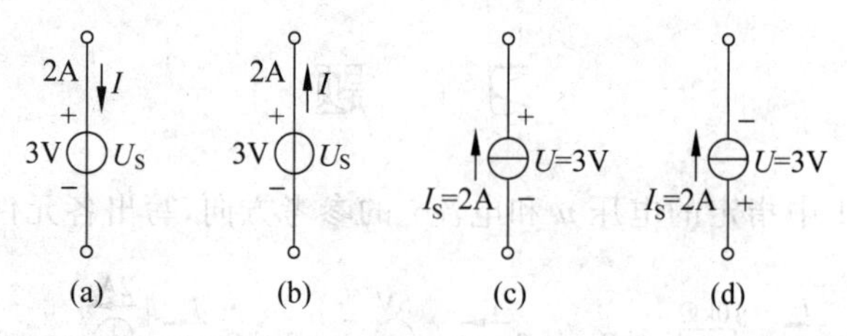

题图 1-5

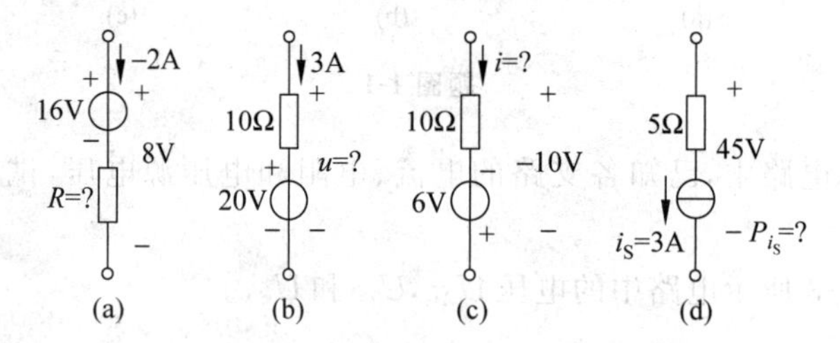

题图 1-6

1-7　试绘出题图 1-7(a),(b)所示电路的 u-i 特性曲线(图中 D 为理想二极管)。

1-8　求题图 1-8 所示电路中的 I,U_S 及 R。

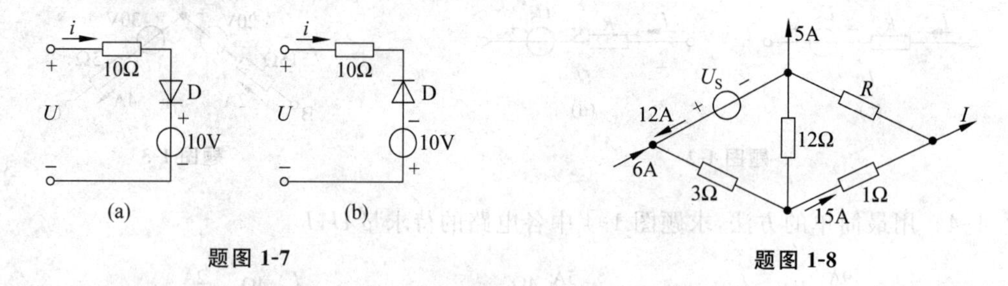

题图 1-7　　题图 1-8

1-9　求题图 1-9 所示电路中的各支路电流。

1-10　已知电路参数如题图 1-10 所示,试求各电阻支路的电流。

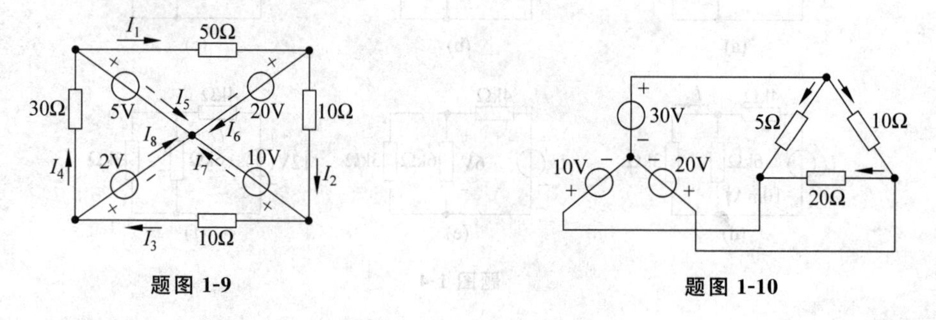

题图 1-9　　题图 1-10

1-11　电路参数如题图 1-11 中所注明,且知 $I_1=3\text{A}$,$I_2=2\text{A}$,求 I_3,R_5 及 U_S。

1-12　求题图 1-12 所示电路中的 U_{AB},I_1 及 I_2。

1-13 题图 1-13 所示电路中，已知 $U_S=8V, R_1=4\Omega, R_2=3\Omega, I_S=3A$。试求电源输出的功率和电阻吸收的功率。

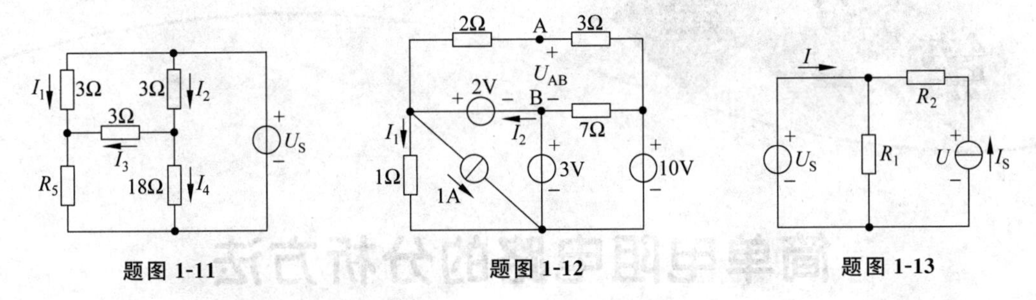

题图 1-11　　题图 1-12　　题图 1-13

1-14 电路如题图 1-14 所示，求

(1) 图(a)中电流 i_1 和电压 u_{ab}；

(2) 图(b)中电压 u_{ab} 和 u_{cb}；

(3) 图(c)中电压 u 和电流 i_1, i_2。

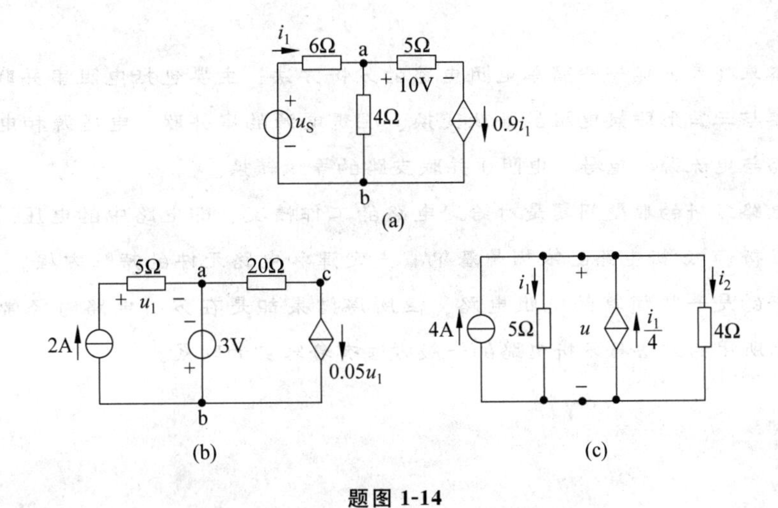

题图 1-14

1-15 电路如题图 1-15 所示，已知 $U_1=1V$，试求电阻 R 的值。

1-16 计算题图 1-16 所示电路中的电压 u_x。

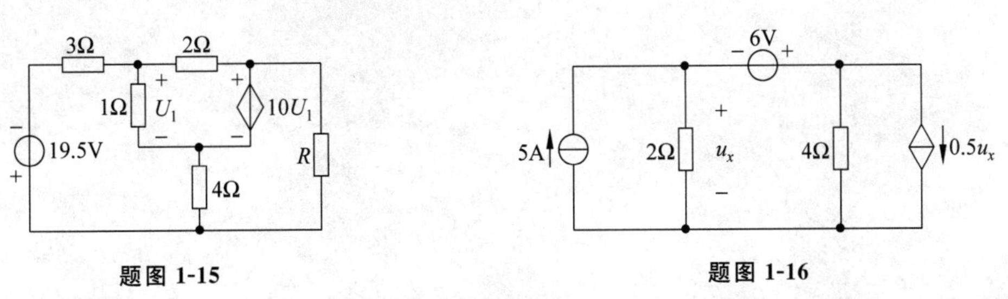

题图 1-15　　题图 1-16

第2章 简单电阻电路的分析方法

提　要

本章将要介绍一些简单电阻电路的分析方法，主要包括电阻串并联、星形联接与三角形联接电阻的等效变换、理想电源的串并联、电压源和电阻串联支路与电流源和电导（电阻）并联支路的等效转换。

电路分析的典型问题是对给定电路的工作情况，即电路中的电压、电流进行分析。分析电路的依据是基尔霍夫定律和电路元件的特性方程。本章所分析的是一些简单的电阻电路，但所得结果却是在分析电路时经常用到的，而所用的方法与分析电路的一般方法有着密切的联系。

2.1 串联电阻电路

串联是电路元件的一种常见的联接方式。设有若干个二端电阻元件，将第一个电阻的一个端点与第二个电阻的一个端点相联，将第二个电阻的另一端与第三个电阻相联……这样便将这些电阻联接成一个二端电路。n 个电阻串联接成的电路如图 2-1-1 所示。在各个电阻中，根据基尔霍夫电流定律，有相同的电流流过。假设流过的电流为 i，根据基尔霍夫电压定律，各电阻两端电压之和等于串联电路两端的电压，即

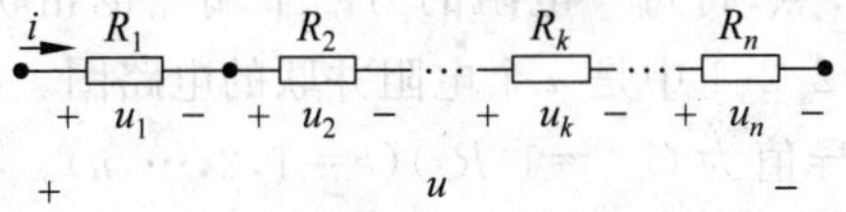

图 2-1-1 串联电阻电路

$$u_1 + u_2 + \cdots + u_k + \cdots + u_n = u \tag{2-1-1}$$

每一电阻两端的电压，等于 i 与该电阻的乘积，即 $u_k = R_k i\,(k=1,2,\cdots,n)$，于是

$$(R_1 + R_2 + \cdots + R_k + \cdots + R_n)i = \sum_{k=1}^{n} R_k i = u$$

将上式记作

$$u = Ri \tag{2-1-2}$$

其中

$$R = \sum_{k=1}^{n} R_k \tag{2-1-3}$$

由此可见：串联电阻电路等效于一电阻 R，此电阻 R 等于串联电路中诸电阻之和。式(2-1-2)给出了串联电路的电压 u 与其中电流 i 的关系。如果给定串联电路两端的电压 u，容易求出各个电阻上所分有的电压。电阻 R_k 上的电压为

$$u_k = R_k i = \frac{R_k}{\sum\limits_{j=1}^{n} R_j} u = \frac{R_k}{R} u \tag{2-1-4}$$

上式即为串联电阻电路的分压公式。以两个电阻(即 $n=2$)串联的电路为例，便有

$$R = R_1 + R_2$$

$$u_1 = \frac{R_1}{R_1 + R_2} u$$

$$u_2 = \frac{R_2}{R_1 + R_2} u$$

由上式可见：两个电阻串联时，电阻值大的电阻上的电压大于电阻值小的电阻上的电压。

在串联电阻电路中，各电阻所吸收的功率之和与其等效电阻在同一电流下所吸收的功率相同。

2.2 并联电阻电路

并联也是电路元件的一种常见的联接方式。在并联电阻的电路中,将每一电阻的一个端点相联,形成一个节点;将每一电阻的另一个端点也相联,形成另一节点。图 2-2-1 中是 n 个电阻并联的电路图。设各电阻值为 R_k,电导值为 $G_k(=1/R_k)(k=1,2,\cdots,n)$。在并联电阻电路中,根据基尔霍夫电压定律,所有各电阻两端有同一电压;根据基尔霍夫电流定律,其中的总电流 i 等于各分支电流 $i_k(k=1,2,\cdots,n)$之和。即

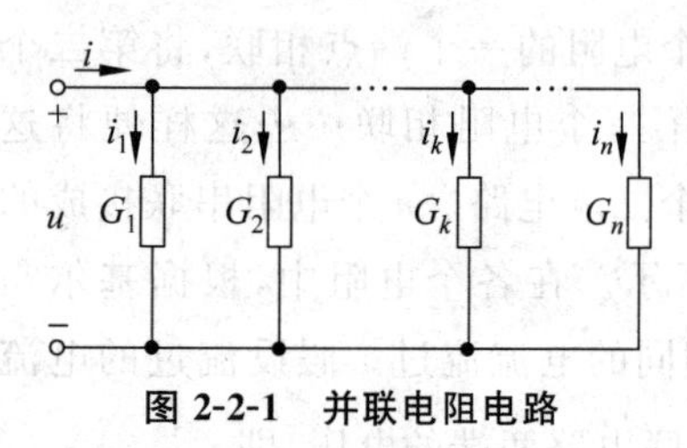

图 2-2-1 并联电阻电路

$$u_k = u \tag{2-2-1}$$

$$\sum_{k=1}^{n} i_k = i \tag{2-2-2}$$

而 $i_k = u/R_k = G_k u$,所以有

$$\sum_{k=1}^{n} \frac{1}{R_k} u = i$$

$$u = \frac{i}{\sum_{k=1}^{n} G_k} = \frac{i}{G} \tag{2-2-3}$$

其中

$$G = \sum_{k=1}^{n} G_k \tag{2-2-4}$$

上式表明:$G_1,\cdots,G_n$ 这 n 个电导并联构成的电路,与一个电导 G 等效,此电导等于各个并联的电导之和。而并联电路的电压等于总电流除以总电导。这 n 个电导(阻)并联的等效电阻 R 即等于等效电导 G 的倒数,即

$$R = \frac{1}{G} = \frac{1}{\sum_{k=1}^{n} G_k} = \frac{1}{\sum_{k=1}^{n} \frac{1}{R_k}} \tag{2-2-5}$$

由式(2-2-3)、式(2-2-4)容易导出由总电流 i 求各分支电流 i_k 的公式:由总电流 i 与电阻 R 的乘积得电压 u,此电压被 R_k 除(或与 G_k 相乘)即得 R_k 中的电流 i_k,所以有

$$i_k = G_k u = \frac{G_k}{\sum_{k=1}^{n} G_k} i \tag{2-2-6}$$

式(2-2-6)就是并联电阻电路的分流公式。这公式与式(2-1-4)给出的串联电阻电路的分压公式形式上相同,只要将式(2-1-4)中的电阻 R、电压 u 和电流 i 分别以电导 G、电流 i 和电压 u 替换即得式(2-2-6)。

以两个电阻(导)并联的电路(图 2-2-2)为例,便有总电导

$$G = G_1 + G_2$$

等效电阻

$$R = \frac{1}{G} = \frac{1}{G_1 + G_2} = \frac{R_1 R_2}{R_1 + R_2}$$

在这种情况下的分流公式即是

$$i_1 = \frac{G_1}{G_1 + G_2} i = \frac{R_2}{R_1 + R_2} i$$

$$i_2 = \frac{G_2}{G_1 + G_2} i = \frac{R_1}{R_1 + R_2} i$$

直接应用前节和本节分析串联和并联电阻电路的结果,便可以分析任何仅由电阻串联和并联组成的电路。

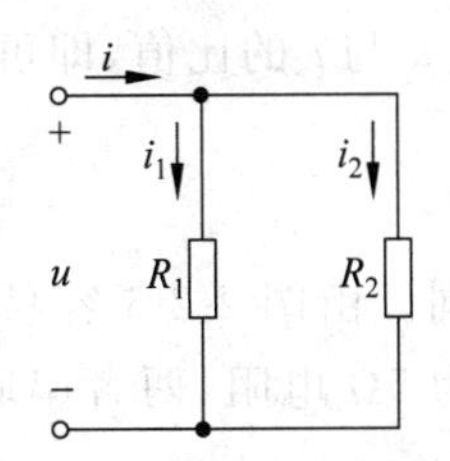

图 2-2-2 两个电阻并联的电路

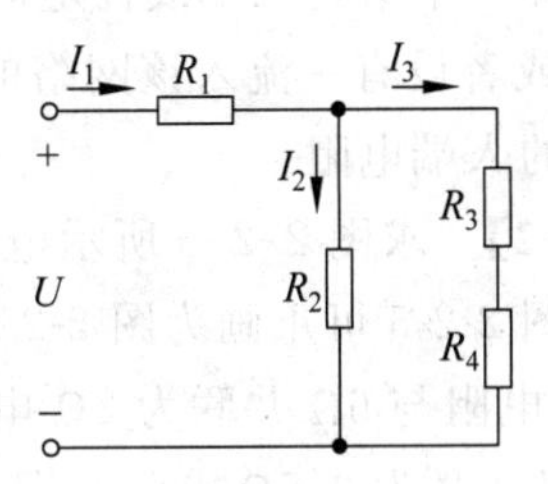

图 2-2-3 例 2-1 附图

【例 2-1】 求图 2-2-3 所示电路中各支路电流 I_1, I_2, I_3。给定各电阻数值如下:$R_1 = 2\Omega, R_2 = 3\Omega, R_3 = 4\Omega, R_4 = 2\Omega, U = 12\text{V}$。

解 在此电路中,R_3, R_4 是串联的,它们串联之后的等效电阻与 R_2 并联,这样并联之后所得的电阻又与 R_1 串联,所以这个电路的等效电阻是

$$R = R_1 + \frac{R_2(R_3 + R_4)}{R_2 + R_3 + R_4} = 2 + \frac{3 \times 6}{3 + 6} = 4\Omega$$

于是得电阻 R_1 中的电流 I_1 为

$$I_1 = \frac{U}{R} = \frac{12}{4} = 3\text{A}$$

用分流公式可得电流 I_2, I_3:

$$I_2 = \frac{R_3 + R_4}{R_2 + R_3 + R_4} I_1 = \frac{6}{9} \times 3 = 2\text{A}$$

$$I_3 = \frac{R_2}{R_2 + R_3 + R_4} I_1 = \frac{3}{9} \times 3 = 1\text{A}$$

在并联电阻的电路中,各个电阻所吸收的功率之和与其等效电阻在同样的电压下所吸收的功率相等。

在这里介绍以后常用到的二端电路的入端电阻的概念。上面所述的串联电阻电路、并

联电阻电路的等效电阻，都是入端电阻，即在它们串联或并联后从它们与外部联接的两端视入的电阻。图 2-2-3 中电路的入端电阻就等于例 2-1 中已求出的 $R=4\Omega$。

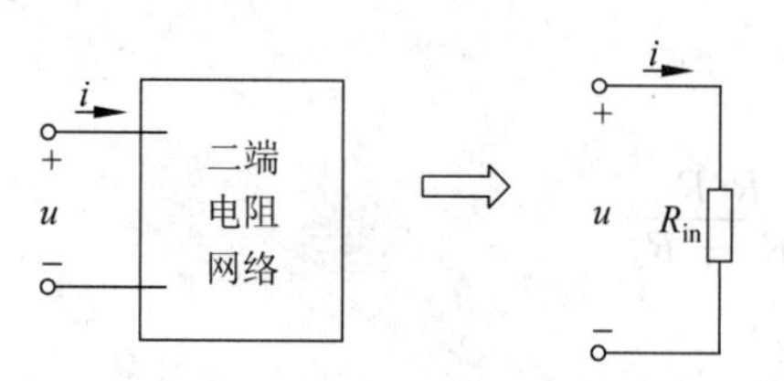

图 2-2-4 二端电阻电路的入端电阻

一般情况下，一个不含独立电源的线性二端电阻网络的入端电阻 R_{in} 定义为该二端网络两端间的电压 u(图 2-2-4)与流入该网络的电流 i 之比，即

$$R_{in} \stackrel{\text{def}}{=} \frac{u}{i} \tag{2-2-7}$$

如果用一个测量电阻的仪表接至一个二端电阻网络两端，此仪表的指示就是该二端网络的入端电阻。容易证明：任一线性二端电阻网络的入端电阻只决定于该网络的结构和它内部各电阻值，而与外加电压或电流无关。

要计算一个给定二端线性电阻网络的入端电阻，可以在该网络的两端加一电压 u，然后求电流 i；或者设有一流入该网络的电流 i，然后求电压 u，由 u 与 i 的比值，即可求得此二端电阻网络的入端电阻。

【例 2-2】 求图 2-2-5 所示电路的入端电阻 R。

解 图 2-2-5 可重画为图 2-2-6，各电阻的联接关系相同。由图 2-2-6 容易求出入端电阻 R。3Ω 电阻与 6Ω 并联为 2Ω 电阻，两个 10Ω 电阻并联为 5Ω 电阻，两者串联相加后，再与 7Ω 电阻并联为 3.5Ω 电阻。即入端电阻 $R=3.5\Omega$。

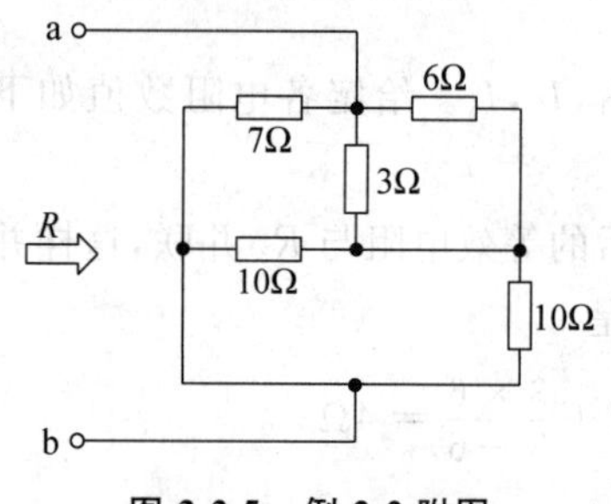

图 2-2-5 例 2-2 附图

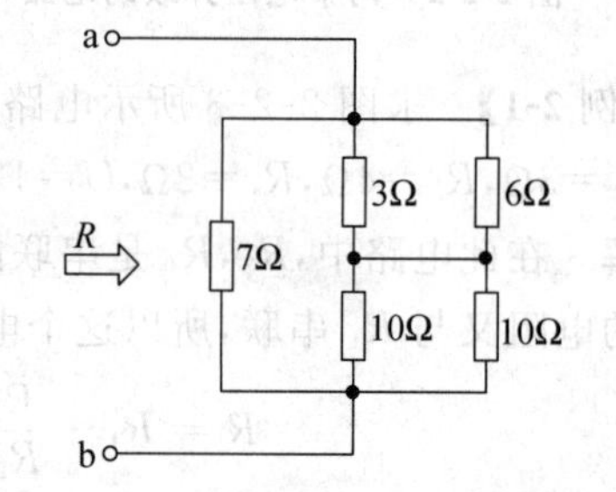

图 2-2-6 图 2-2-5 的等效电路

由线性电阻和线性受控源组成的二端网络也可以用一个电阻来等效，其输入电阻或等效电阻也可以用上述方法求出。

【例 2-3】 求图 2-2-7 所示电路的入端电阻。已知 $R_1=1\text{k}\Omega$，$R_2=1\text{k}\Omega$，电流控制电流源的转移电流比 $\beta=98$。

解 假设有电流 i 流入此电路，受控电流电源中便有电流 βi，所以 R_2 中的电流为 $(1+\beta)i$，于是得此电路两端的电压为

$$u = R_1 i + (1+\beta)iR_2 = [R_1 + (1+\beta)R_2]i$$

由此得二端电路的入端电阻为

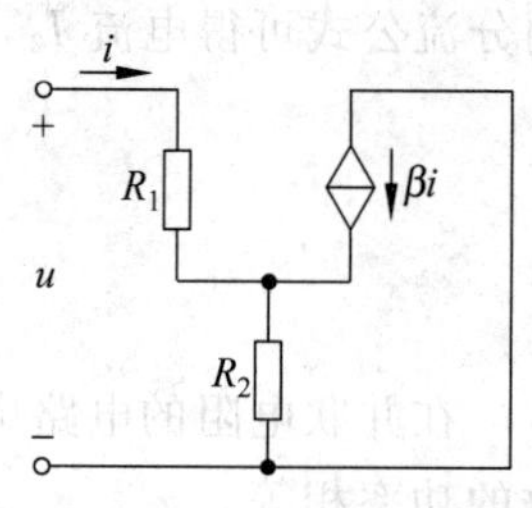

图 2-2-7 例 2-3 附图

$$R_{in} = \frac{u}{i} = R_1 + (1+\beta)R_2$$

代入数字，得

$$R_{in} = 10^3 + (1+98) \times 10^3 = 100\text{k}\Omega$$

2.3 星形联接与三角形联接的电阻的等效变换(Y-△变换)

图 2-3-1(a)中的电路是一个三角形(△形)联接的电阻电路，它有三个节点，即图中的1,2,3点，两节点间有一电阻支路，它的三个支路组成一个回路。图 2-3-1(b)中的电路是一个星形(Y形)联接的电阻电路，它有三个支路，这三个支路的每一支路有一个端点接到星形电路的一个节点，另一个端点接到一个共同的节点。这两种联接的电阻常作为电路的一部分出现在电路中。

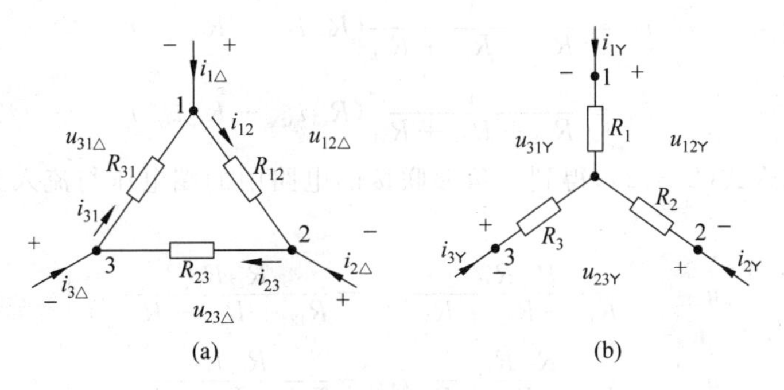

图 2-3-1 三角形联接和星形联接的电阻

(a) 三角形联接的电阻；(b) 星形联接的电阻

下面证明这两个电路当它们的电阻满足一定的关系时是能够相互等效的。

这两个电路都是三端电路，要求它们相互等效，便要求它们具有相同的外部特性，即对应的端点间的电压与对应的支路电流的关系相同。

假设这两个电路中的各电压、电流的参考方向如图中所示。对于图 2-3-1(b)的星形电路，设端点间的各电压为 u_{12Y}，u_{23Y}，u_{31Y}；各电阻中的电流为 i_{1Y}，i_{2Y}，i_{3Y}，可写出端点间电压与电流的关系式如下：

$$\left.\begin{aligned} u_{12Y} &= R_1 i_{1Y} - R_2 i_{2Y} \\ u_{23Y} &= R_2 i_{2Y} - R_3 i_{3Y} \\ u_{31Y} &= R_3 i_{3Y} - R_1 i_{1Y} \end{aligned}\right\} \tag{2-3-1}$$

对于图 2-3-1(a)的三角形电路，设端点间的电压为 $u_{12\triangle}$，$u_{23\triangle}$，$u_{31\triangle}$；各电阻中的电流为 i_{12}，i_{23}，i_{31}，可写出端点间电压与电流的关系式如下：

$$\left.\begin{aligned} u_{12\triangle} &= R_{12}i_{12} \\ u_{23\triangle} &= R_{23}i_{23} \\ u_{31\triangle} &= R_{31}i_{31} \end{aligned}\right\} \tag{2-3-2}$$

将式(2-3-2)中的三个式子相加，得

$$\begin{aligned} u_{12\triangle} + u_{23\triangle} + u_{31\triangle} &= R_{12}i_{12} + R_{23}i_{23} + R_{31}i_{31} \\ &= 0 \end{aligned} \tag{2-3-3}$$

现在要用流入三角形电路的电流 $i_{1\triangle}$，$i_{2\triangle}$，$i_{3\triangle}$ 来表示 i_{12}，i_{23}，i_{31}。根据 KCL：$i_{23}=i_{12}+i_{2\triangle}$，$i_{31}=i_{12}-i_{1\triangle}$。将这些关系式代入式(2-3-3)，得

$$R_{12}i_{12} + R_{23}(i_{12}+i_{2\triangle}) + R_{31}(i_{12}-i_{1\triangle}) = 0$$

由此解出

$$i_{12} = \frac{1}{R_{12}+R_{23}+R_{31}}(R_{31}i_{1\triangle} - R_{23}i_{2\triangle}) \tag{2-3-4}$$

用类似的方法，或将式(2-3-4)的下标 1，2，3 轮换，即可求出 i_{23}，i_{31}。

$$i_{23} = \frac{1}{R_{12}+R_{23}+R_{31}}(R_{12}i_{2\triangle} - R_{31}i_{3\triangle})$$

$$i_{31} = \frac{1}{R_{12}+R_{23}+R_{31}}(R_{23}i_{3\triangle} - R_{12}i_{1\triangle})$$

将这此关系式代入式(2-3-2)，得到三角形联接的电路中的端电压与流入此电路的各电流的关系，其中

$$\left.\begin{aligned} u_{12\triangle} &= \frac{R_{12}R_{31}}{R_{12}+R_{23}+R_{31}}i_{1\triangle} - \frac{R_{23}R_{12}}{R_{12}+R_{23}+R_{31}}i_{2\triangle} \\ u_{23\triangle} &= \frac{R_{23}R_{12}}{R_{12}+R_{23}+R_{31}}i_{2\triangle} - \frac{R_{31}R_{23}}{R_{12}+R_{23}+R_{31}}i_{3\triangle} \\ u_{31\triangle} &= \frac{R_{31}R_{23}}{R_{12}+R_{23}+R_{31}}i_{3\triangle} - \frac{R_{12}R_{31}}{R_{12}+R_{23}+R_{31}}i_{1\triangle} \end{aligned}\right\} \tag{2-3-5}$$

一个三角形联接的电阻电路与一个星形联接的电阻电路相互等效，就要求对任意一组端电压 $u_{12\triangle}(=u_{12Y})$，$u_{23\triangle}(=u_{23Y})$（从而有 $u_{31\triangle}=u_{31Y}$），两个电路中对应的电流相等，即 $i_{1\triangle}=i_{1Y}$；$i_{2\triangle}=i_{2Y}$（从而有 $i_{3\triangle}=i_{3Y}$），这就要求式(2-3-1)与式(2-3-5)两式中对应的系数相等，于是得到

$$\left.\begin{aligned} R_1 &= \frac{R_{12}R_{31}}{R_{12}+R_{23}+R_{31}} \\ R_2 &= \frac{R_{23}R_{12}}{R_{12}+R_{23}+R_{31}} \\ R_3 &= \frac{R_{31}R_{23}}{R_{12}+R_{23}+R_{31}} \end{aligned}\right\} \tag{2-3-6}$$

上式就是由已知三角形联接的电阻电路求与之等效的星形联接的电阻的公式。将式(2-3-6)的两端取倒数，便得到以电导表示的相应的关系式

$$\left.\begin{aligned} G_1 &= G_{12} + G_{31} + \frac{G_{12}G_{31}}{G_{23}} \\ G_2 &= G_{23} + G_{12} + \frac{G_{23}G_{12}}{G_{31}} \\ G_3 &= G_{31} + G_{23} + \frac{G_{31}G_{23}}{G_{12}} \end{aligned}\right\} \tag{2-3-7}$$

上式中的各电导分别等于有相同下标的电阻的倒数。

如果给定星形联接电阻电路中的 R_1, R_2, R_3，要求与之等效的三角形联接的电阻电路中的 R_{12}, R_{23}, R_{31}，则可从式(2-3-6)或式(2-3-7)求解，得到

$$\left.\begin{aligned} R_{12} &= R_1 + R_2 + \frac{R_1R_2}{R_3} \\ R_{23} &= R_2 + R_3 + \frac{R_2R_3}{R_1} \\ R_{31} &= R_3 + R_1 + \frac{R_3R_1}{R_2} \end{aligned}\right\} \tag{2-3-8}$$

对上式两端取倒数，便得到以电导表示的相应的关系式

$$\left.\begin{aligned} G_{12} &= \frac{G_1G_2}{G_1 + G_2 + G_3} \\ G_{23} &= \frac{G_2G_3}{G_1 + G_2 + G_3} \\ G_{31} &= \frac{G_3G_1}{G_1 + G_2 + G_3} \end{aligned}\right\} \tag{2-3-9}$$

星形(三角形)联接的电阻电路中三个电阻相等的称为对称星形(三角形)电阻电路。记对称星形电路中的电阻为 $R_Y = R_1 = R_2 = R_3$；对称三角形电路中的电阻为 $R_\triangle = R_{12} = R_{23} = R_{31}$，由上面所得结果可知：对称星形电路经Y-△变换后得到一个对称的三角形电路，反之亦然。对称星形与三角形电路的电阻有以下关系：

$$R_\triangle = 3R_Y$$

或

$$G_Y = 3G_\triangle$$

式中

$$G_Y = \frac{1}{R_Y}, \quad G_\triangle = \frac{1}{R_\triangle}$$

利用Y-△变换常可将电路化简，使之更便于计算。

【例 2-4】 求图 2-3-2 所示电路中各支路的电流。

解 图 2-3-2 的电路中，R_1, R_2 和 R_5 组成一个三角形联接的电路；R_3, R_4 和 R_5 组成另一个三角形联接的电路。将它们中的任一个转换为等效的星形电路，便可用串联、并联方法将题中的电路化简。现将 R_1, R_5 和 R_2 化为星形联接的电路，便得到等效电路如图 2-3-3

所示,图中电阻 R_6,R_7,R_8 可由式(2-3-6)求出:

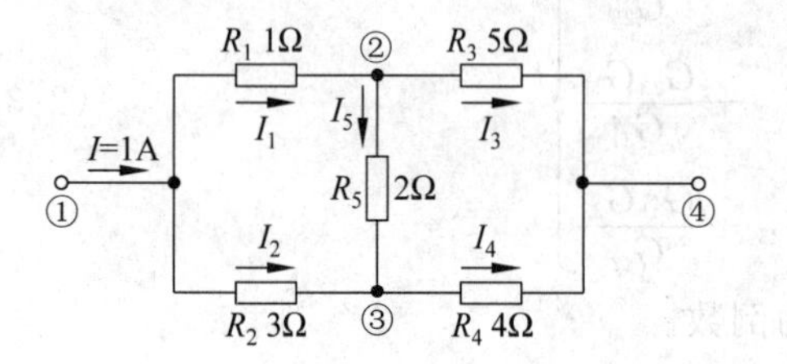

图 2-3-2 例 2-4 附图

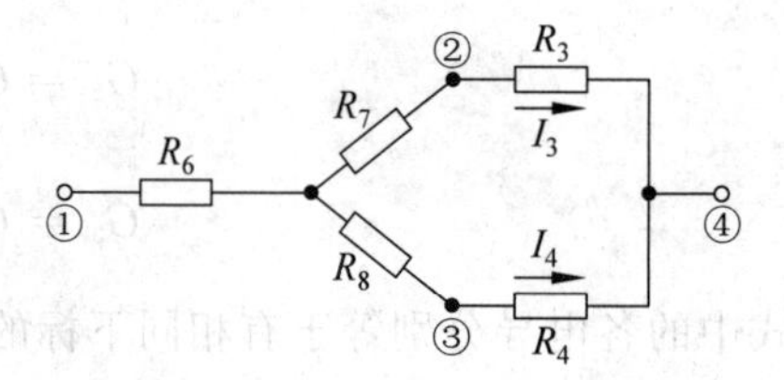

图 2-3-3 图 2-3-2 电路的等效电路

$$R_6 = \frac{R_1R_2}{R_1+R_2+R_5} = \frac{1\times3}{1+2+3} = \frac{1}{2} = 0.5\Omega$$

$$R_7 = \frac{R_1R_5}{R_1+R_2+R_5} = \frac{1\times2}{1+2+3} = \frac{1}{3} = 0.333\Omega$$

$$R_8 = \frac{R_2R_5}{R_1+R_2+R_5} = \frac{3\times2}{1+2+3} = 1\Omega$$

在此电路中,R_7 和 R_3 是串联的;R_8 和 R_4 是串联的,这两个串联支路是并联的。于是可求出:

$$I_3 = \frac{R_8+R_4}{R_7+R_3+R_8+R_4}I = \frac{5}{10\frac{1}{3}} = \frac{15}{31} = 0.484\text{A}$$

$$I_4 = \frac{R_7+R_3}{R_7+R_3+R_8+R_4}I = \frac{5\frac{1}{3}}{10\frac{1}{3}} = \frac{16}{31} = 0.516\text{A}$$

为求电流 I_1,I_2,I_5,先求出②,③两点间的电压 U_{23},有

$$U_{23} = R_3I_3 - R_4I_4 = 5\times0.484 - 4\times0.516 = 0.355\text{V}$$

于是求得

$$I_5 = \frac{U_{23}}{R_5} = \frac{0.355}{2} = 0.178\text{A}$$

由 KCL,可求得

$$I_1 = I_3 + I_5 = 0.484 + 0.178 = 0.662\text{A}$$

$$I_2 = I_4 - I_5 = 0.516 - 0.178 = 0.338\text{A}$$

2.4 理想电源的串联和并联

在电路分析中,当对电路模型进行简化时,常遇到多个理想电源串联和并联的情况。本节将讨论如何将它们合并简化为一个电源,这样的简化对分析电路是有帮助的。

理想电压电源的串联和并联

多个理想电压电源串联可以等效为一个理想电压电源。假设有 n 个理想电压电源，其中第 k 个的电压为 $u_{Sk}(k=1,2,\cdots,n)$，当将它们依图 2-4-1 串联起来，它们在 a，b 两端产生的电压为此 n 个电源电压之和，这个端电压即应等于与它们串联组合等效的一个电压电源的电压，即

$$u_S = u_{S1} + u_{S2} + \cdots + u_{Sk} + \cdots + u_{Sn} = \sum_{k=1}^{n} u_{Sk} \tag{2-4-1}$$

在计算电压电源串联后的电压时，须注意各电源电压的参考方向，例如图 2-4-2 中三个电压源串联后的电压为

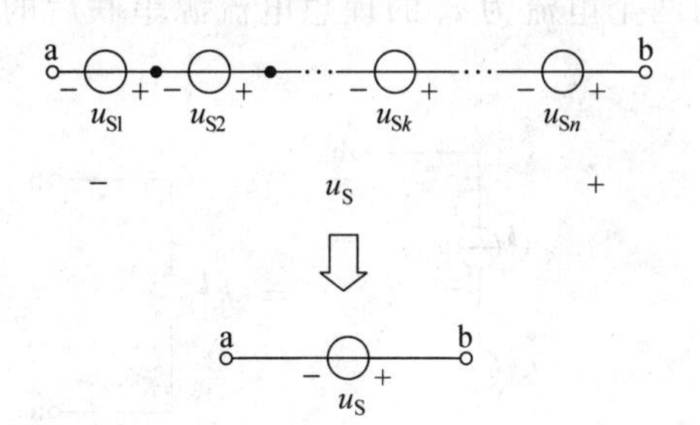

图 2-4-1 n 个理想电压电源的串联

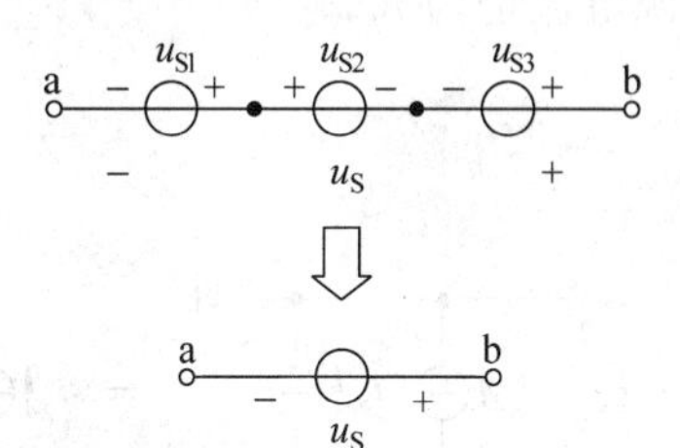

图 2-4-2 电压电源的串联示例

$$u_S = u_{S1} - u_{S2} + u_{S3}$$

多个理想电压源只在各个电压源的电压相等时才能够并联，并联后，它们的电压仍为并联前每一电源的电压。例如两个电压为 u_S 的理想电压源并联后的等效电源的电压仍为 u_S(图 2-4-3)。

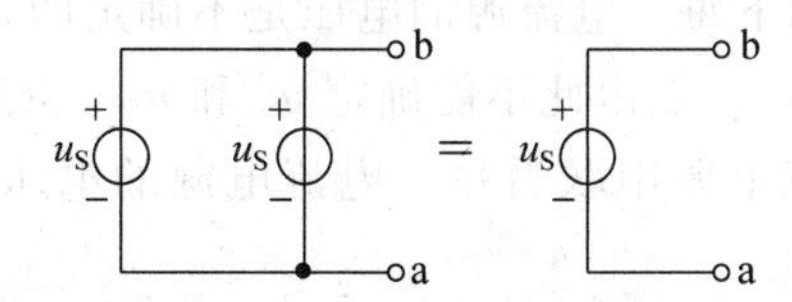

图 2-4-3 两个电压源的并联

有一个值得注意的事实是多个理想电压电源并联后，形成有完全由理想电压源组成的回路，每一电源中的电流是不确定的，因为由它们组成的回路中的电阻为零。例如图 2-4-3 中的两个电压源组成的回路中可以有任何值的回路电流，而不影响电源的电压，实际的电压电源，都有一定的不为零的串联电阻，这样的电压源在并联后电源中的电流就是确定的。

理想电流源的并联和串联

多个理想电流源并联后可等效为一个理想电流源。假设有 n 个理想电流源，其中第 k 个的电流为 $i_{Sk}(k=1,2,\cdots,n)$，当将它们按图 2-4-4 中的方式并联起来，它们等效于一个理想电流电源。根据 KCL，此等效电流源的电流等于并联的各电流电源的电流之和，即

$$i_S = i_{S1} + i_{S2} + \cdots + i_{Sk} + \cdots + i_{Sn} = \sum_{k=1}^{n} i_{Sk} \tag{2-4-2}$$

在计算电流源并联后的等效电流源电流时，须注意各电源电流的参考方向。例如

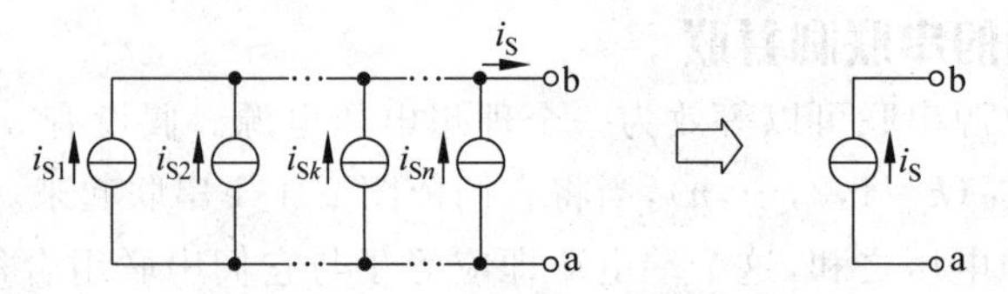

图 2-4-4　n 个理想电流电源的并联

图2-4-5中的三个电流源并联后的等效电流源电流为

$$i_S = i_{S1} - i_{S2} + i_{S3}$$

多个理想电流电源只在各个电流源的电流相等时才能串联，串联后的等效电流源电流仍为串联前的电流源电流。例如图 2-4-6 中的两个电流为 i_S 的理想电流源串联后的等效电流源电流仍为 i_S。

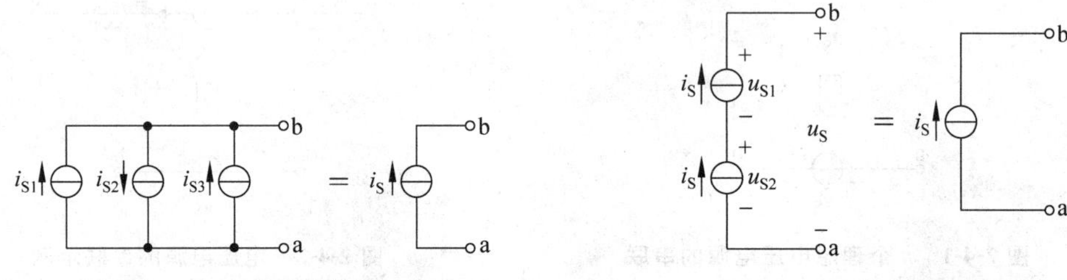

图 2-4-5　电流电源的并联示例　　　　图 2-4-6　两个电流源的串联

还有一个值得注意的事实是，多个理想电流源串联后，形成完全由电流源支路联接成的节点(每一节点仅有两个电流电源与之相联)，在这种情形下每一电流源的电压是不确定的。例如设图 2-4-6 中的 a，b 两端间有某一电压 $u_S = u_{S1} + u_{S2}$，显然由此不能确定 u_{S1} 和 u_{S2}。实际的电流电源都有一定的不为零的并联电导，这样的电流电源串联后每一电流电源的电压就是确定的。

2.5　电压电源与电流电源的等效转换

本节要说明实际的电压电源和电流电源的模型，并导出这两种电源能够相互等效转换的条件。

一个实际的恒定电压电源，比如一个蓄电池或一个直流发电机，常具有图 2-5-1 的外部特性：随着输出电流 i 的增加，电源的端电压降低。假设此特性可以用以下直线方程表示：

$$u = u_S - R_i i \tag{2-5-1}$$

则可以用图 2-5-2 的电路模型表示这一电源。此模型由一电压为 u_S 的理想电压源与一电阻 R_i 串联组成，其中 u_S 为电源电流为零时电源端电压的值，即图 2-5-2 中伏安特性在 u 轴上的截距；电阻 R_i 则由伏安特性的斜率确定。

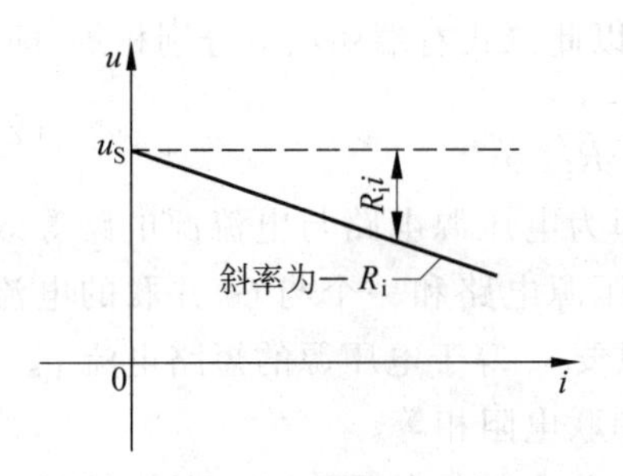

图 2-5-1 实际的恒定电压电源的外特性

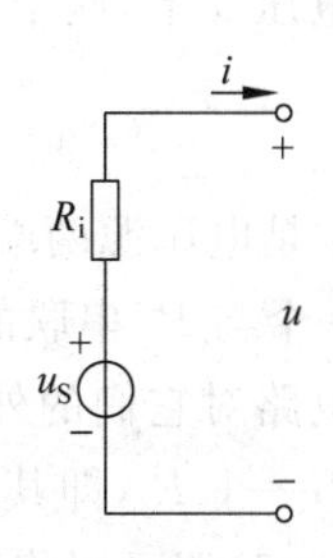

图 2-5-2 实际的恒定电压电源的等效电路

如果一实际的电压电源的内阻很小，它的作用可以忽略，这个电源便可近似为一个理想电压源。

一个实际的恒定电流电源常具有图 2-5-3 所示的外特性：随着端电压 u 的增加，输出的电流减小。假设此特性可以用以下直线方程表示：

$$i = i_S - G_i u \tag{2-5-2}$$

则可以用图 2-5-4 的电路模型表示这一电源。此模型由一电流为 i_S 的理想电流源与一内电导 G_i 并联组成，其中 i_S 为此电源电压为零时 i 的值，即图 2-5-3 中伏安特性在 i 轴上的截距；内电导 G_i 则由伏安特性的斜率确定。

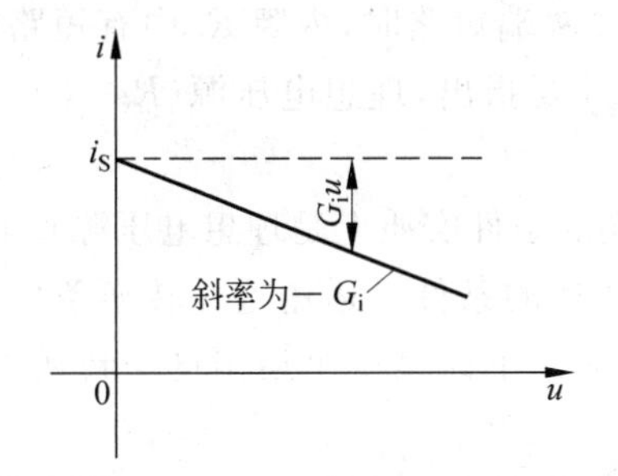

图 2-5-3 实际的恒定电流电源的外特性

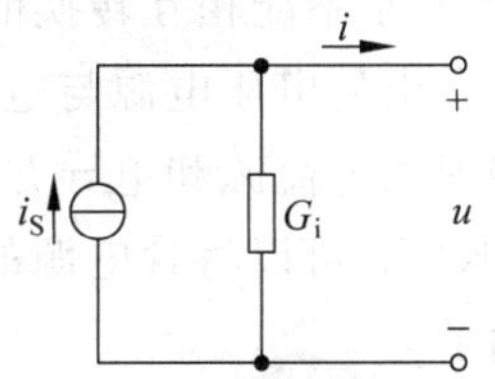

图 2-5-4 实际的恒定电流电源的等效电路

如果一实际的电流电源的并联电导 G_i 很小，它的作用可以忽略，这个电源便可近似为一个理想的电流源。

上面给出的实际电源的两种电路模型，是可以互相转换的，只要它们的电源电压、电流和串联电阻 R_i、并联电导 G_i 保持下面导出的关系。将式(2-5-1)除以 R_i，得

$$\frac{u}{R_i} = \frac{u_S}{R_i} - i \tag{2-5-3}$$

即

$$i = \frac{u_S}{R_i} - \frac{u}{R_i} \tag{2-5-4}$$

欲使图 2-5-2 的电压源与图 2-5-4 的电流源等效，则须使式(2-5-4)和式(2-5-2)相同，即须

在同样的输出电压 u 下，两个电路有相同的电流，所以此二式右端两项应分别相等，即

$$i_S = \frac{u_S}{R_i},\quad G_i = \frac{1}{R_i} \tag{2-5-5}$$

上式中的 u_S/R_i 是电压源两端短路时的电流，此式即为电压源电路与电流源电路等效的条件。它表明：一个与 R_i 串联的电压为 u_S 的理想电压源电路和一个与 G_i 并联的电流为 i_S 的理想电流源电路对它们的外部电路的作用等效，只要 i_S 等于电压源的短路电流 u_S/R_i，与之并联的电导 $G_i=1/R_i$，即其电阻与电压电源中的串联电阻相等。

应用式(2-5-5)便可以将图 2-5-2 电压源转换成与之等效的图 2-5-4 的电流源。反过来，如果给定电流源的 i_S、并联电导 G_i(或 R_i)，则可由此得到实现等效转换的条件是

$$\left.\begin{aligned} u_S &= R_i i_S \\ R_i &= \frac{1}{G_i} \end{aligned}\right\} \tag{2-5-6}$$

即等效的电压电源的电压是 $R_i i_S$，它就是电流源两端开路时的电压，电压源中的串联电阻 R_i 就等于电流源中的并联电导的倒数，或者说这两个电阻相等。

应当注意，这里电压电源与电流电源的等效是指在满足式(2-5-5)或式(2-5-6)的条件时，它们对外部的作用等效，这表现在二者对外呈有相同的外特性，即 u-i 关系相同。这两个电路就它们的内部而言，显然是不同的。例如：电压电源两端开路时，其中没有电流，而电流电源两端开路时，却有 i_S 流经并联电导；电压电源两端短路时，内阻 R_i 中有短路电流，而电流电源两端短路时，并联电导中却没有电流。另外要指出，理想电压源($R_i=0$)与理想电流源($G_i=0$)是不能相互转换的。

本节中导出的电压电源与电流电源相互等效转换的条件实质上是理想电压源和电阻串联的电路与理想电流源和电导并联的电路相互等效转换的条件。运用这一转换条件，再根据 KCL 和 KVL，可以将含电源的并联和串联电路化简。下面是一个运用这一转换方法分析电路的例子。

【例 2-5】 求图 2-5-5(a)所示的电路中电阻 R_3 中的电流 i_3 和电流 i_1，i_2。假设图中各电源电压、电阻均为已知。

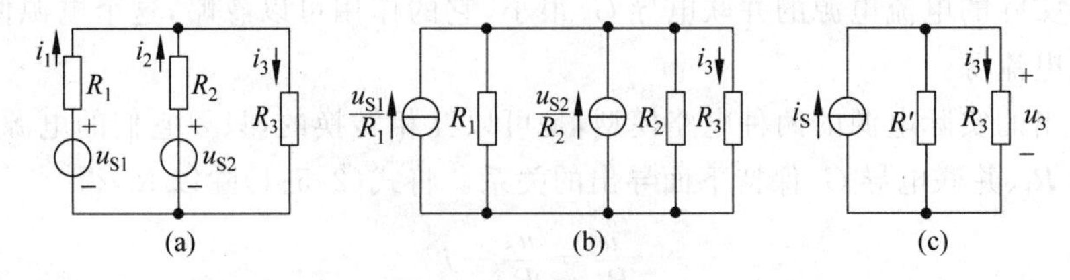

图 2-5-5 例 2-5 附图

解 先用电源转换方法将图 2-5-5(a)中两个含电压源的支路进行化简。为此将图中每一含电压源的支路转换为与之等效的电流源电路，得到图 2-5-5(b)的电路。再将此图中的两个电流源合并为一个电流源，此电流源的电流等于图 2-5-5(b)中两个电流源电流之和，即

$$i_S = \frac{u_{S1}}{R_1} + \frac{u_{S2}}{R_2}$$

再将 R_1,R_2 并联,得

$$R' = \frac{R_1 R_2}{R_1 + R_2}$$

这样就将图 2-5-5(a)的电路简化成图 2-5-5(c)所示的电路。由图(c)的电路即可用分流公式求得

$$i_3 = \frac{R'}{R' + R_3} i_S$$

由 i_3 求得 R_3 两端的电压为

$$u_3 = R_3 i_3$$

由图 2-5-5(a)的电路,可得

$$i_1 = \frac{u_{S1} - u_3}{R_1}$$

$$i_2 = \frac{u_{S2} - u_3}{R_2}$$

2.6 两个电阻电路的例子

本节讨论两个有用的电阻电路。就其中一个讨论负载获得最大功率的条件,另一个分析电桥电路的平衡条件。

图 2-6-1 所示电路中,U_S 为一理想电压源,R_i 为电压源内阻,R_f 为负载电阻。当 U_S 和 R_i 一定时,改变 R_f 则其功率也随之改变。现讨论 R_f 为何值时,它所获得的功率为最大。

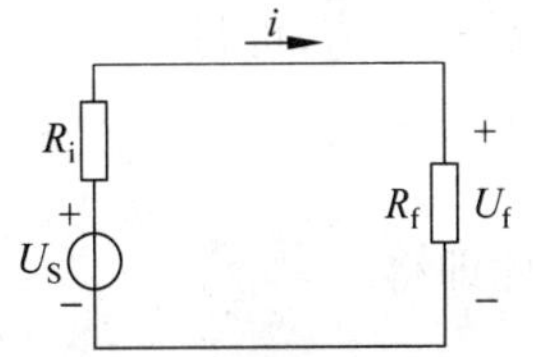

R_f 上功率的表达式为

$$P_f = i^2 R_f = \left(\frac{U_S}{R_i + R_f}\right)^2 R_f = \frac{U_S^2 R_f}{(R_i + R_f)^2} \quad (2\text{-}6\text{-}1)$$

图 2-6-1 说明最大功率用图

为求 P_f 的最大值,使 P_f 对 R_f 的一阶导数为零,即

$$\frac{dP_f}{dR_f} = 0 \quad (2\text{-}6\text{-}2)$$

将式(2-6-1)代入式(2-6-2),得

$$\frac{U_S^2(R_i + R_f)^2 - 2U_S^2 R_f (R_i + R_f)}{(R_i + R_f)^4} = \frac{U_S^2(R_i + R_f) - 2U_S^2 R_f}{(R_i + R_f)^3} = 0$$

由此可得

$$R_i + R_f - 2R_f = 0$$

即

$$R_f = R_i \quad (2\text{-}6\text{-}3)$$

上式说明,图 2-6-1 所示电路中,当负载电阻 R_f 等于电源内阻 R_i 时,负载电阻 R_f 上获得的功率为最大。式(2-6-3)称为最大功率匹配条件。

在一些小功率的电子电路中,为使负载获得最大功率,常要考虑功率的匹配问题。

图 2-6-2 所示电路为一电桥电路的示意图。当四个电阻满足某一关系时,可使检流计支路中电流为零,称此关系为电桥平衡条件。下面就推导这一关系。

先将图 2-6-2 所示电路中检流计支路断开,重画电路如图 2-6-3 所示。此时,若使 a、b 两点等电位,即 ab 间电压 $u_{ab}=0$,即可使检流计中没有电流流过,从而使电桥达到平衡。

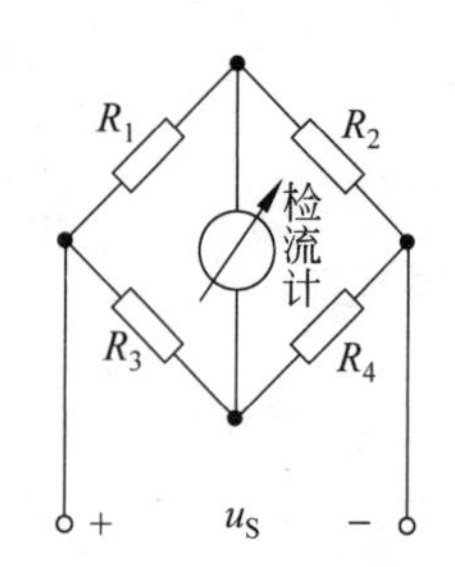

图 2-6-2 说明电桥电路用图

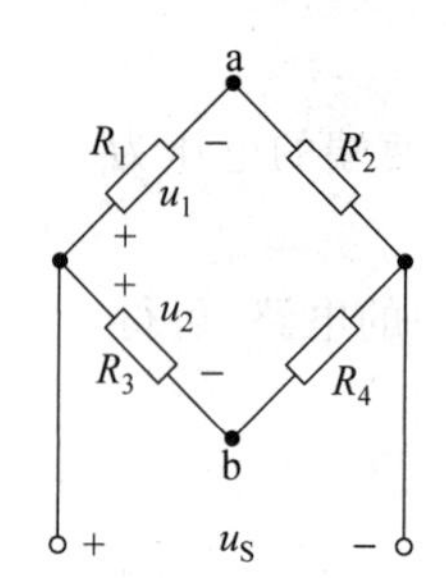

图 2-6-3 说明电桥电路用图

由图 2-6-3 可以看出,若使 $u_{ab}=0$,只需电压 u_1 与 u_2 相等即可。由图 2-6-3 所示电路中容易求出

$$u_1=\frac{u_S R_1}{R_1+R_2}$$

$$u_2=\frac{u_S R_3}{R_3+R_4}$$

若使 $u_1=u_2$,可得

$$\frac{u_S R_1}{R_1+R_2}=\frac{u_S R_3}{R_3+R_4}$$

由此即得

$$R_1 R_4=R_2 R_3 \tag{2-6-4}$$

或

$$R_3=\frac{R_1}{R_2}R_4 \tag{2-6-5}$$

式(2-6-4)即为电桥平衡条件。利用电桥可以较精确地测量电阻元件的电阻值。

习 题

2-1 题图 2-1 所示电路中,已知:$R_1=2\Omega$,$R_2=3\Omega$,$R_3=6\Omega$,总电流 $I=6\text{A}$。试求各电阻中的电流 I_1,I_2,I_3 及端电压 U。

2-2 电路如题图 2-2 所示，已知：$R_1=120\Omega$，$R_2=400\Omega$，$R_3=240\Omega$，$R_4=400\Omega$，$R_5=300\Omega$。求开关 S 打开与闭合时的入端电阻。

题图 2-1　　　　题图 2-2

2-3 试求题图 2-3 所示各电路的入端等效电阻 R_{ab}。

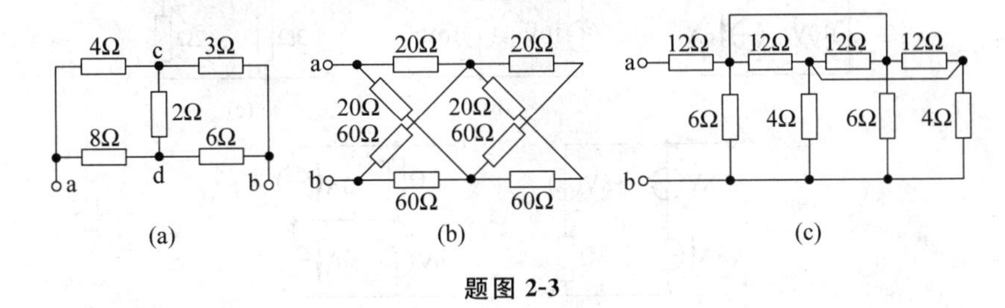

题图 2-3

2-4 电路如题图 2-4 所示，已知 $U_{AB}=8V$，求通过各电阻的电流及电压 U_{AC}，U_{CD} 及 U_{DB}。

2-5 试计算题图 2-5 所示电阻网络 a，b 端间的等效电阻。

2-6 电路如题图 2-6 所示，各电阻值已标于图中，若 $U_{AB}=114V$。求 CF 和 DE 支路中的电流。

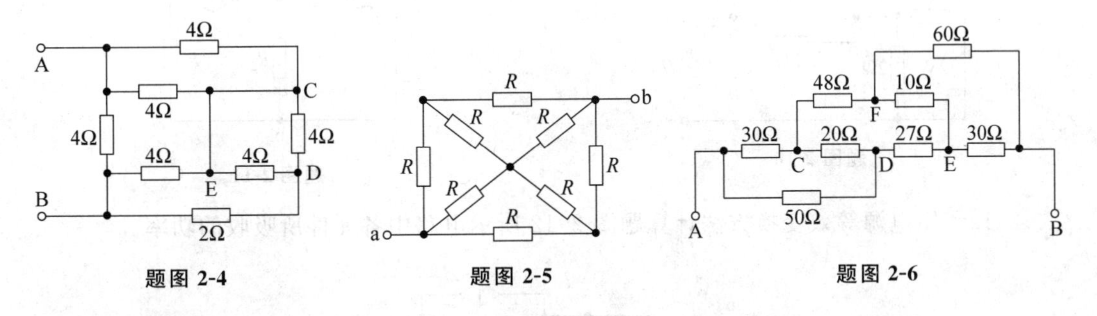

题图 2-4　　　　题图 2-5　　　　题图 2-6

2-7 求题图 2-7 所示电路中 AB 间的等效电阻。

2-8 电路如题图 2-8 所示，求图中 90Ω 电阻所吸收的功率。

2-9 将题图 2-9 中各电路化成最简单形式。

2-10 试把题图 2-10 所示电路化成最简单的形式。

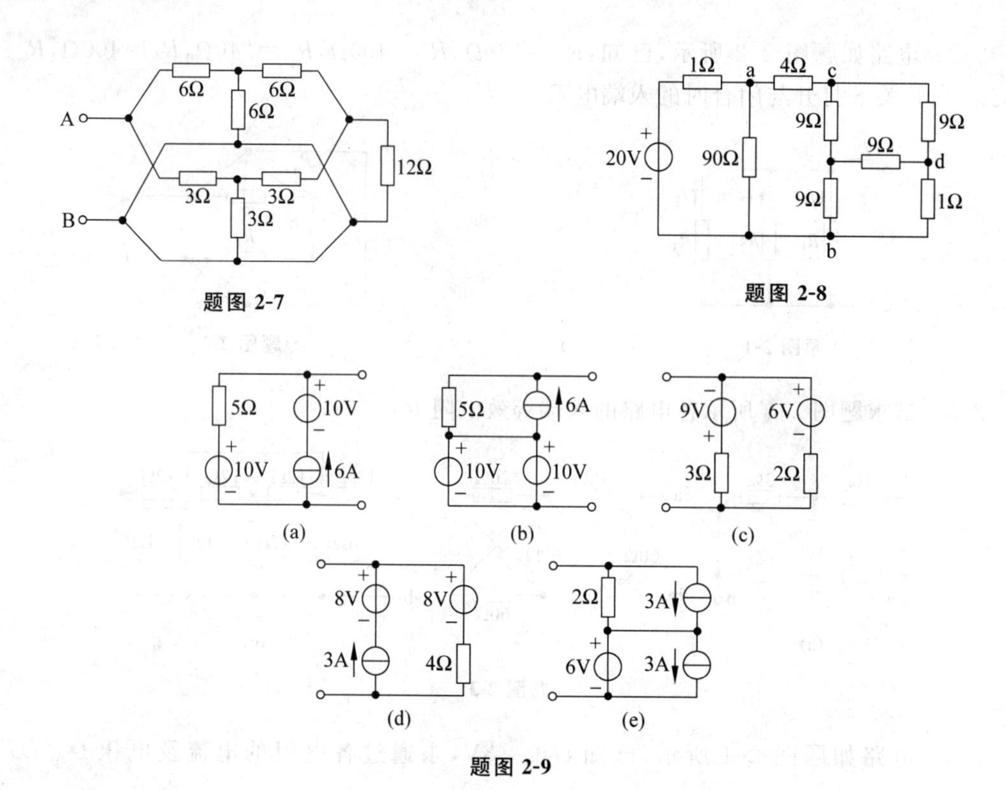

题图 2-7

题图 2-8

题图 2-9

2-11　电路如题图 2-11 所示。已知 $u_{S1}=6\text{V}$,$R_1=5\Omega$,$R_2=R_3=3\Omega$,求电阻 R_1 支路的电流 i_1,R_3 两端的电压 u_3。

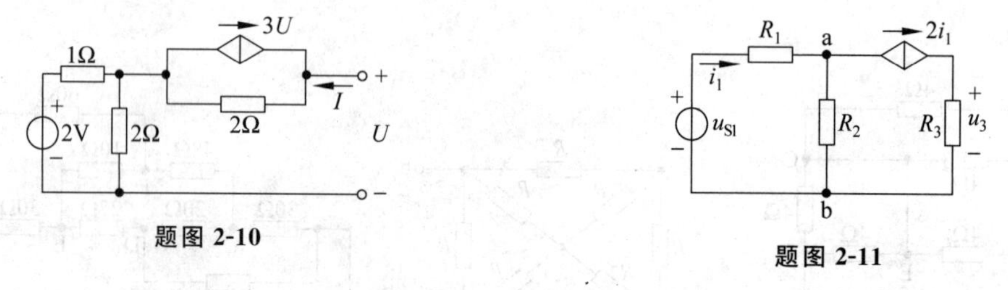

题图 2-10

题图 2-11

2-12　用电源等效变换方法计算题图 2-12 所示电路中各元件所吸收的功率。

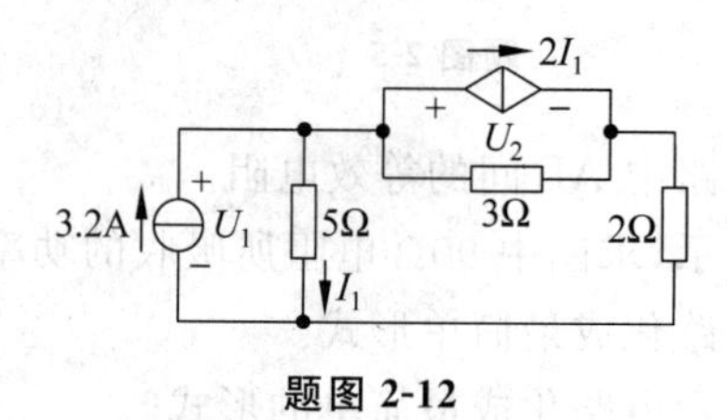

题图 2-12

第3章

线性电阻电路的一般分析方法

提　要

对任一给定的线性电阻电路进行分析，需要选择合适的电路变量，根据基尔霍夫电流定律（KCL）、电压定律（KVL）和电路元件（或支路）的电压电流关系列写出足够数目的独立方程。通过对方程的求解，确定电路中所有支路的电压和电流。

选择不同的电路变量，将有不同的列电路方程的方法。本章主要介绍支路电流法、回路（或网孔）电流法和节点电压法。

3.1 支路电流法

支路电流法是分析电路的一个基本的方法。这一方法以各个支路电流为求解对象,列写给定电路的独立的节点电流方程(即 KCL 方程)和独立的回路电压方程(即 KVL 方程)。在回路电压方程中,每个支路电压都可以用其支路电流来表示。例如对一由电压电源 u_S 和电阻 R 串联的支路(图 3-1-1(a))有

$$u = Ri - u_S$$

对由电流源支路 i_S 和电阻 R 并联的支路(这里将它们看作一个支路)(图 3-1-1(b)),有

$$u = Ri - Ri_S$$

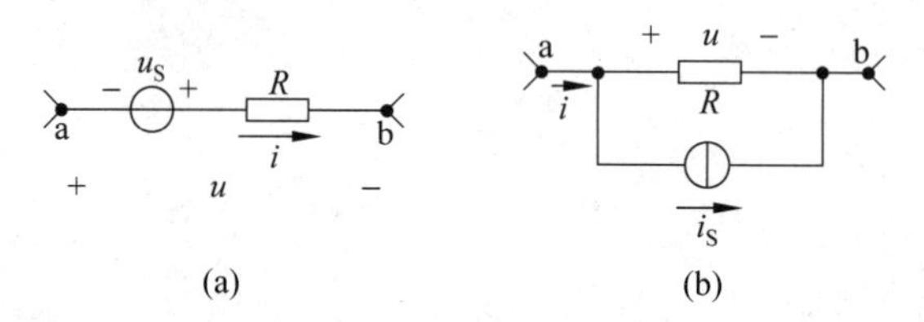

图 3-1-1 说明支路电压与电流的关系

(a) 含电压源支路;(b) 含电流源支路

所以在 KVL 方程中,用上面那样的式子表示各支路电压,得到的方程都是以支路电流为未知变量的。

假设给定的电路含有 n 个节点,b 个支路,每一支路中都设有一个未知电流。这样就共需求出 b 个未知电流,为此就需要写出 b 个这些电流所满足的独立方程。

用 KCL,在每一节点写一个 KCL 方程,共有 n 个方程。这 n 个方程中有一个是不独立的。

下面就以图 3-1-2 中的电路为例,写出各节点的 KCL 方程。

图 3-1-2 中的电路有四个节点,可以写出四个 KCL 方程,但只有三个是独立的。选取各支路电流的参考方向如图中所示,分别对图中的节点①,②,③列写 KCL 方程,有

$$\left.\begin{aligned}&\text{节点①}\quad -i_1+i_4+i_5=0\\&\text{节点②}\quad -i_2-i_5+i_6=0\\&\text{节点③}\quad -i_3-i_4-i_6=0\end{aligned}\right\}\qquad(3\text{-}1\text{-}1)$$

将以上三个方程相加,即得节点⓪的 KCL 方程

$$-i_1-i_2-i_3=0$$

为求解全部的 b 个支路的电流,还需要有 $l=b-n+1$ 个独立的方程,这 l 个方程需要由 KVL 写

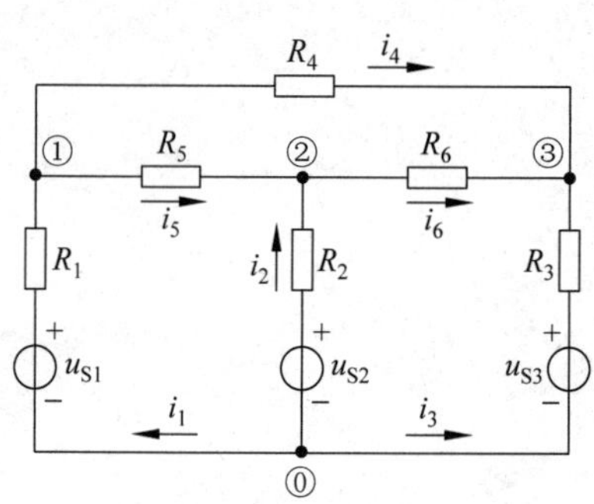

图 3-1-2 支路电流法示例用图

出，为此需选择 l 个独立的回路。

我们只要遵循下面的法则就可以方便地选择 l 个独立的回路，从而写出 l 个独立的回路电压方程。这一法则是：每选取一个新的回路时，使此回路至少包括一个新的支路，即未包含在已选回路中的支路，从而使此回路的 KVL 方程中至少包含一个新的未知电流。按照这样的法则选取回路，写出的回路电压方程一定独立于已写出的回路电压方程，而且这一做法一定是可行的。

电路中的支路、节点和它们的联接关系可以用线图表示。电路中的每一节点在线图中有一对应的节点，每一支路在线图中有一对应的线段。图 3-1-3 是图 3-1-2 的电路的线图。这图中 $b=6$，$n=4$，$l=3$。它有三个独立回路。按照上面的法则，从这个电路中选出三个独立回路可以有多种选择。图 3-1-4 中举出了几种（并非全部的）可以选取的独立回路组。它们的选取都符合本节中所述的法则。还可以看出，这许多组回路电压方程实质上表示了同等的对回路电压的约束，这意味着由图 3-1-4 中的任何一组回路电压方程可以导出任何其他组的方程。例如将图 3-1-4(a)中的三个回路方程相加，得一方程，保留这一方程而舍去图 3-1-4(a)中的回路Ⅲ的电压方程，所得回路电压方程便是图 3-1-4(b)的回路电压方程组。

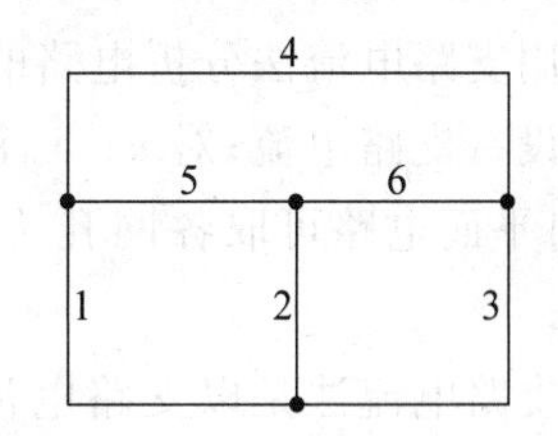

图 3-1-3　图 3-1-2 电路的线图

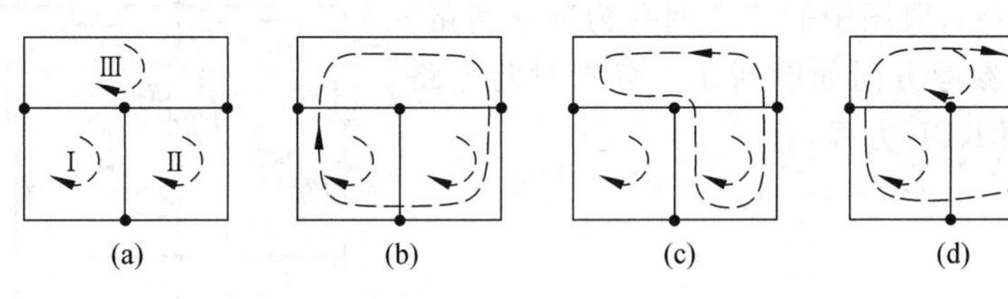

图 3-1-4　图 3-1-2 电路中的几组独立回路

有一类具有这样的结构特征的电路，它的电路图可以画在平面上而没有支路的交叉，这类电路称为平面电路。平面电路中有许多由支路围成的小格（小格中没有任何支路）。围成小格的支路所组成的回路，称为网孔。例如图 3-1-2 中有三个网孔。可以证明：任何一个有 b 个支路、n 个节点的连通的平面电路恰有 $l=b-n+1$ 个网孔，这 l 个网孔就是一组独立的回路。这样，选取平面电路中的独立回路组就成为一目了然的事：就每一网孔写一 KVL 方程就得到所需的 l 个独立的 KVL 方程。

在列写回路的 KVL 方程时，常用式(1-6-4)所示形式的方程。在这一形式的 KVL 方程中，对一个回路，方程的左端是回路中各电阻的电压降的和，凡电阻中的电流的参考方向与回路的参考方向相同（反）的，则沿回路参考方向的电压降为此电流与该电阻的乘积并冠有正（负）号；方程式的右端是该回路中各电源电压升之和，凡一电源电压降的参考方向与回路参考方向相反（同）的，即其电动势（电位升）的参考方向与回路参考方向相同（反）的，则沿该回路参考方向的电源电压升中有此电源电压并冠有正（负）号。

对图 3-1-2 的电路，选取其中的三个网孔作为独立回路组，并取顺时针方向为回路参考方向，可列出 KVL 方程如下：

$$\left.\begin{array}{ll}\text{网孔 1} & R_1 i_1 + R_5 i_5 - R_2 i_2 = u_{S1} - u_{S2} \\ \text{网孔 2} & R_2 i_2 + R_6 i_6 - R_3 i_3 = u_{S2} - u_{S3} \\ \text{网孔 3} & R_4 i_4 - R_6 i_6 - R_5 i_5 = 0\end{array}\right\} \quad (3\text{-}1\text{-}2)$$

由式(3-1-1)的三个独立节点 KCL 方程，连同式(3-1-2)的三个独立回路的 KVL 方程，便可解出全部(6 个)支路电流。

用支路电流法分析电路的步骤可以归纳如下：对有 n 个节点、b 个支路的电路，在每一支路设一支路电流；对 $n-1$ 个节点列写 KCL 方程；对 $l=b-n+1$ 个独立回路列写 KVL 方程，对平面电路可取各网孔为独立回路；将所列写 b 个方程联立求解，即可求得全部支路电流。

支路电流法是以支路电流为求解对象，列写 KCL，KVL 两组共 b 个方程，由之求解。如果支路数多，要联立求解的方程也就随之而多，所以通常只在分析较简单的电路时采用这一方法。

【例 3-1】 写出用支路电流法求图 3-1-5 所示电路中各支路电流所需的方程式，假设其中的电阻、电源电压均为已知。

解 此电路的支路数 $b=5$，节点数 $n=3$，独立回路数 $l=5-3+1=3$，取图中的三个网孔为独立回路。设各支路电流的参考方向如图所示。分别对此电路的节点①，②列写 KCL 方程，有

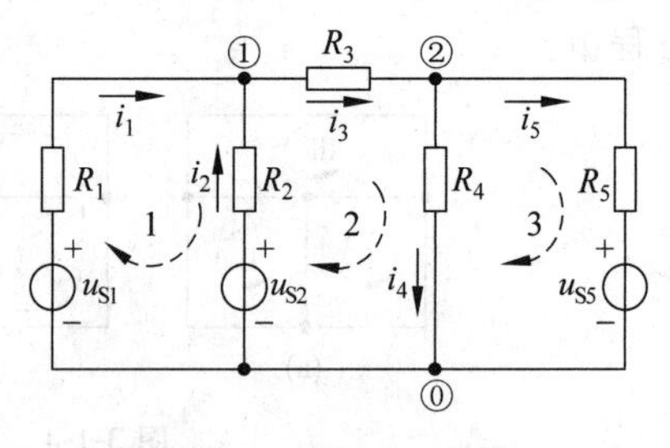

图 3-1-5 例 3-1 附图

$$\begin{array}{ll}\text{节点①} & -i_1 - i_2 + i_3 = 0 \\ \text{节点②} & -i_3 + i_4 + i_5 = 0\end{array}$$

设各回路的参考方向如图所示，对此电路的三个网孔列写 KVL 方程，有

$$\begin{array}{ll}\text{网孔 1} & R_1 i_1 - R_2 i_2 = u_{S1} - u_{S2} \\ \text{网孔 2} & R_2 i_2 + R_3 i_3 + R_4 i_4 = u_{S2} \\ \text{网孔 3} & -R_4 i_4 + R_5 i_5 = -u_{S5}\end{array}$$

由上面的方程即可解得各支路电流。

【例 3-2】 求图 3-1-6 所示电路中的各支路电流和电流源 I_S 两端的电压 U。给定 $R_1=1\Omega$，$R_2=6\Omega$，$R_3=2\Omega$，$R_4=5\Omega$，电压源电压 $U_{S1}=15\text{V}$，电流源电流 $I_S=1\text{A}$。

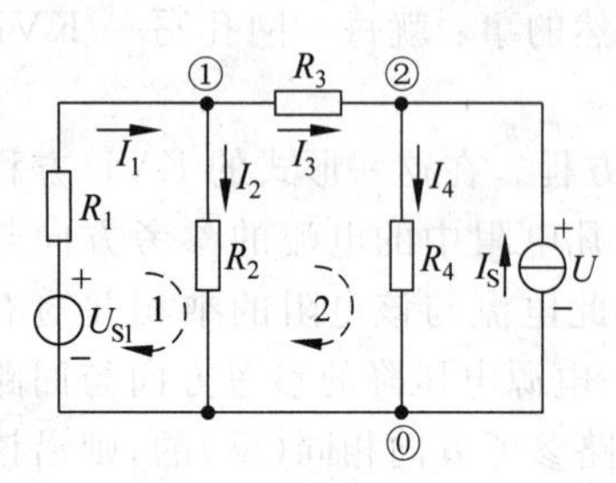

图 3-1-6 例 3-2 附图

解 设各支路电流如图所示。此例中的电路有 5 个支路(如将电流电源单独视为一支路)，但其中电流源支路中的电流 I_S 是已知的，所以只有 4 个未知电流。分别对节点①，②列写 KCL 方程，有

节点① $-I_1+I_2+I_3=0$

节点② $-I_3+I_4-I_S=0$

取回路1,2,并取回路参考方向如图,列写回路KVL方程,有

回路1 $R_1I_1+R_2I_2=U_{S1}$

回路2 $-R_2I_2+R_3I_3+R_4I_4=0$

电流源电压 $U=R_4I_4$

代入数字,得以下方程组:

$$-I_1+I_2+I_3=0$$
$$-I_3+I_4=1$$
$$I_1+6I_2=15$$
$$-6I_2+2I_3+5I_4=0$$

由以上方程解得

$$I_1=3\text{A}\quad I_2=2\text{A}$$
$$I_3=1\text{A}\quad I_4=2\text{A}$$

又得电流源电压

$$U=R_4I_4=5\times2=10\text{V}$$

3.2 回路电流法

为了分析一电路,用前节所述的支路电流法,需要的方程数与支路数相同。而用本节介绍的回路电流法,能以为数比支路电流法中的方程数少的方程进行电路的分析计算。

电路中电流的分布,要受到电路元件特性方程的约束,还要受到由电路结构决定的约束,即需满足KCL方程和KVL方程。回路电流法的基本思想是:在每一独立回路中假设一个闭合的电流,即回路电流,而某一支路电流等于流经该支路的各回路电流的代数和;对每一独立回路列写回路电压方程,由这一组方程就可解出各回路电流,继而求出各支路电流。

对于回路电流假设的合理性,可以从基尔霍夫电流定律来说明。由于所设的回路电流是闭合的,它流经任何一个节点时,都一定是经联至该节点的一支路流入,由另一支路流出,这就符合或满足了基尔霍夫电流定律。也正因为如此,用回路电流法分析电路时,就不再需要列写基尔霍夫电流定律的方程了,这些方程已被包含在回路电流的假设之中。这就使需要求解的未知量数目、方程式数目比起支路法来都要少。也可以把用回路电流法所列写的方程看作是把用支路电流写出的方程中的KCL方程代入KVL方程,消去了某些支路电流后的结果,所以用回路电流法分析电路只需写出 $l=b-n+1$ 个回路电压方程,便可解出各回路电流,而由回路电流只需做简单的计算就可求出各支路电流。

用图3-2-1中的电路为例,现在来写出用回路法求此电路各电流所需的方程。这电路

有两个独立回路,取图中的两个网孔为独立回路,设回路电流为 i_{I},i_{II}。各支路电流可用回路电流表示如下:

$$i_1 = i_{\mathrm{I}},\quad i_2 = i_1 - i_{\mathrm{II}},\quad i_3 = -i_{\mathrm{II}} \tag{3-2-1}$$

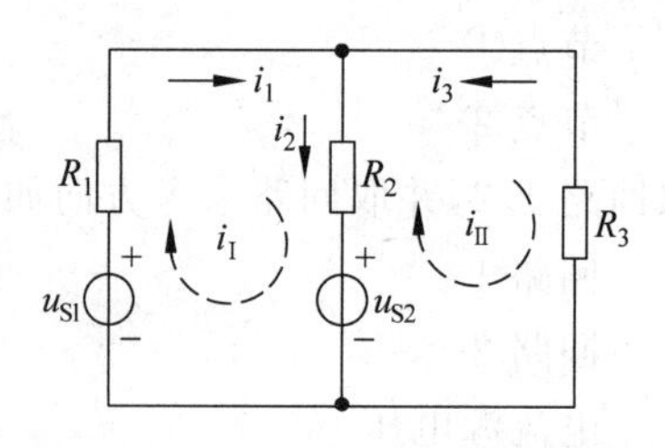

图 3-2-1 回路电流法示例用电路图

这里支路 1,3 均分别只在一个回路中,所以其中的电流就只有其所在的那个回路中的电流,$i_3 = -i_{\mathrm{II}}$ 是因为它们的参考方向相反;支路 2 中的电流等于流过它的回路电流的代数和(以该支路电流的参考方向为参考方向),所以有 $i_2 = i_{\mathrm{I}} - i_{\mathrm{II}}$。

取顺时针方向为回路参考方向,此电路的两个回路电压方程可写出如下:

$$\left.\begin{aligned}&\text{回路 I} && (R_1+R_2)i_{\mathrm{I}} - R_2 i_{\mathrm{II}} = u_{S1} - u_{S2}\\ &\text{回路 II} && -R_2 i_{\mathrm{I}} + (R_2+R_3)i_{\mathrm{II}} = u_{S2}\end{aligned}\right\} \tag{3-2-2}$$

在列写以上方程时,为了简便,将一个回路电流流过回路时产生的电压降写成一项,这样在回路Ⅰ的 KVL 方程中,i_{I} 的系数便是回路Ⅰ中所有电阻之和 R_1+R_2,称之为回路Ⅰ的自电阻;i_{II} 的系数是 $-R_2$,它是回路Ⅰ与Ⅱ共有的电阻,称为回路Ⅰ与回路Ⅱ的互电阻,其中负号的出现是因为 i_{II} 在 R_2 中的方向与回路Ⅰ的(也是 i_{I} 的)参考方向相反,所以它在回路Ⅰ中产生的电压降是 $-R_2 i_{\mathrm{II}}$,在此方程的右端是回路Ⅰ中电源电压之和,凡电源电压升的方向与回路参考方向相同的有正号,反之则有负号,所以回路Ⅰ中电压升之和为 $u_{S1}-u_{S2}$。回路Ⅱ的电压方程,也是用同样的写法得出的。

这里要指出的是,存在于电路中的电流是支路电流。由于独立回路组可以有不同的选择,解得的回路电流可以不同,但由它们求支路电流,所得到的结果一定相同。

下面给出并讨论以回路电流法写出的电阻电路方程的一般形式。对于有 l 个独立回路的电路,假设电路中仅含有线性电阻和电压电源(电流电源可以变换为电压源),设回路 k 中的回路电流为 i_k,可列写出用回路电流法分析电路的一般形式的方程如下:

$$\left.\begin{aligned}&\text{回路 1} && R_{11}i_1 + R_{12}i_2 + \cdots + R_{1k}i_k + \cdots + R_{1l}i_l = u_{l1}\\ &\text{回路 2} && R_{21}i_1 + R_{22}i_2 + \cdots + R_{2k}i_k + \cdots + R_{2l}i_l = u_{l2}\\ & && \cdots\cdots\\ &\text{回路 } k && R_{k1}i_1 + R_{k2}i_2 + \cdots + R_{kk}i_k + \cdots + R_{kl}i_l = u_{lk}\\ & && \cdots\cdots\\ &\text{回路 } l && R_{l1}i_1 + R_{l2}i_2 + \cdots + R_{lk}i_k + \cdots + R_{ll}i_l = u_{ll}\end{aligned}\right\} \tag{3-2-3}$$

上式中 R_{kk},R_{jk},u_{lk} 含义如下:

R_{kk}($k=1,2,\cdots,l$)是第 k 个回路的自电阻,它等于第 k 个回路所含各支路电阻之和,此电阻为正值;

R_{jk}($j,k=1,2,\cdots,l;j\neq k$)是第 j 个回路与第 k 个回路所共有的电阻,即 i_j,i_k 均流经其中的电阻,并且当 i_j,i_k 流经公共电阻,参考方向相同时乘以 $+1$,相反时乘以 -1;如 i_k 不流经回路 j,即回路 j,k 间没有公共的支路,则 $R_{jk}=0$;对于平面电路,若选网孔为独立回路,

并对各网孔均取顺(逆)时针方向为回路的参考方向,则所有的互电阻均为负值;

$u_{lk}(k=1,2,\cdots,l)$是第k个回路中各电源电压的代数和,凡电源电压参考方向与回路参考方向相反的有正号,否则有负号。

式(3-2-4)是一个l元线性代数方程组,它的解答可表示如下

$$\left.\begin{aligned}
i_1 &= \frac{\Delta_{11}}{\Delta}u_{l1}+\frac{\Delta_{21}}{\Delta}u_{l2}+\cdots+\frac{\Delta_{k1}}{\Delta}u_{lk}+\cdots+\frac{\Delta_{l1}}{\Delta}u_{ll}\\
i_2 &= \frac{\Delta_{12}}{\Delta}u_{l1}+\frac{\Delta_{22}}{\Delta}u_{l2}+\cdots+\frac{\Delta_{k2}}{\Delta}u_{lk}+\cdots+\frac{\Delta_{l2}}{\Delta}u_{ll}\\
&\cdots\cdots\\
i_k &= \frac{\Delta_{1k}}{\Delta}u_{l1}+\frac{\Delta_{2k}}{\Delta}u_{l2}+\cdots+\frac{\Delta_{kk}}{\Delta}u_{lk}+\cdots+\frac{\Delta_{lk}}{\Delta}u_{ll}\\
&\cdots\cdots\\
i_l &= \frac{\Delta_{1l}}{\Delta}u_{l1}+\frac{\Delta_{2l}}{\Delta}u_{l2}+\cdots+\frac{\Delta_{kl}}{\Delta}u_{lk}+\cdots+\frac{\Delta_{ll}}{\Delta}u_{ll}
\end{aligned}\right\}\qquad(3\text{-}2\text{-}4)$$

式中Δ是方程式(3-2-3)的系数行列式,即

$$\Delta=\begin{vmatrix} R_{11} & R_{12} & \cdots & R_{1l}\\ R_{21} & R_{22} & \cdots & R_{2l}\\ \cdots & \cdots & \cdots & \cdots\\ R_{l1} & R_{l2} & \cdots & R_{ll}\end{vmatrix}$$

$\Delta_{jk}(j,k=1,2,\cdots,l)$是行列式$\Delta$中元素$R_{jk}$的代数余子式,即划去$\Delta$中的第$j$行、第$k$列后的子行列式再乘以$(-1)^{j+k}$。

式(3-2-4)即为线性电阻电路中回路电流的一般形式。式中的系数均只决定于电路的结构与参数,而与电压、电流无关。

解得回路电流后,即可由之求出各支路电流。

【例 3-3】 用回路电流法求图 3-2-2 中各支路电流以及各电源所发出的功率。各电源电压和电阻值均给定,如图中所标明。

解 取图中的三个网孔为独立回路,设各回路电流分别为I_{l1},I_{l2},I_{l3},取顺时针方向为回路的参考方向。写出回路电压方程如下:

$$(R_1+R_2)I_{l1}-R_2I_{l2}=U_{S1}-U_{S2}$$

$$-R_2I_{l1}+(R_2+R_3+R_4)I_{l2}-R_4I_{l3}=U_{S2}$$

$$-R_4I_{l2}+(R_4+R_5)I_{l3}=-U_{S3}$$

代入数字,得

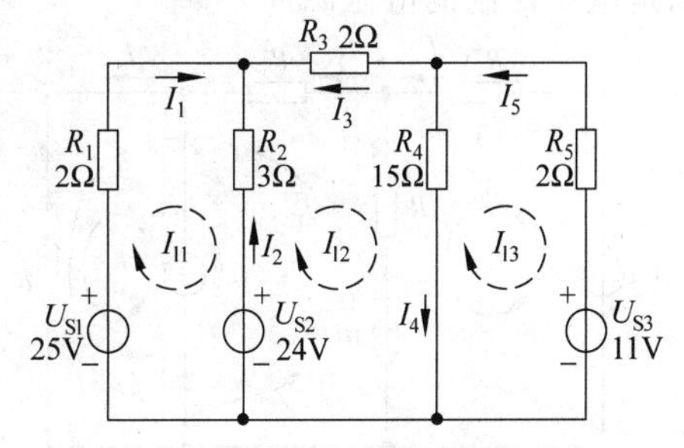

图 3-2-2 例 3-3 附图

$$5I_{l1}-3I_{l2}=25-24=1$$
$$-3I_{l1}+20I_{l2}-15I_{l3}=24$$
$$-15I_{l2}+17I_{l3}=-11$$

用消去法解得回路电流

$$I_{l1}=2\text{A},\quad I_{l2}=3\text{A},\quad I_{l3}=2\text{A}$$

于是得各支路电流

$$I_1=I_{l1}=2\text{A}$$
$$I_2=I_{l2}-I_{l1}=3-2=1\text{A}$$
$$I_3=-I_{l2}=-3\text{A}$$
$$I_4=I_{l2}-I_{l3}=3-2=1\text{A}$$
$$I_5=-I_{l3}=-2\text{A}$$

图示左边支路中电压源发出的功率是

$$P_1=U_{S1}I_1=25\times2=50\text{W}$$

中间支路中电压源发出的功率是

$$P_2=U_{S2}I_2=24\times1=24\text{W}$$

右边的支路中电压源发出的功率是

$$P_3=U_{S3}I_5=-11\times2=-22\text{W}$$

P_3 值为负表明图示右边支路中的电压源实际上是在吸收功率，像电动机或被充电的电池那样工作。

在电路中含有电流电源的情形下，如果将一电流源单独视为一支路，则未知电流的数目将比独立回路的数目少，这与运用支路电流法时电路的未知电流的个数因有电流电源而减少的情形相同。

在电路中含有受控电源的情形下，列写电路方程时，可以先将受控电源看作独立电源，然后把受控源的元件方程代入，即可得到所需的方程。

【例 3-4】 列写用回路电流法求图 3-2-3 所示电路中各电流所需的方程，图中的受控电源是电压控制的电压源。

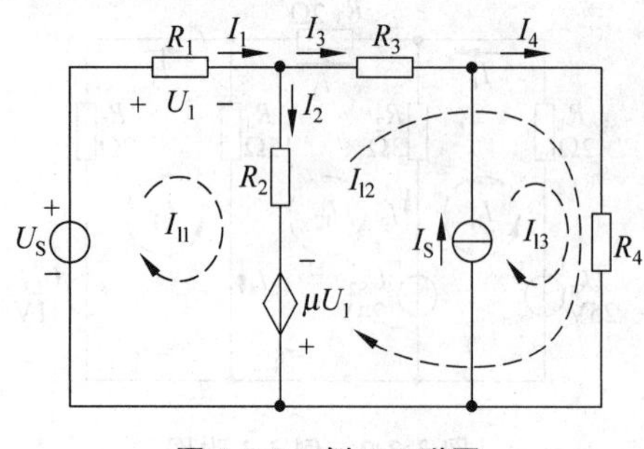

图 3-2-3 例 3-4 附图

解 此例中的电路，虽有三个独立回路，但由于其中的电流电源的电流是已知的，所以只有两个未知的独立回路电流。设独立回路如图所示，写出回路电压方程如下：

$$(R_1+R_2)I_{l1}-R_2I_{l2}=U_S+\mu U_1$$
$$-R_2I_{l1}+(R_2+R_3+R_4)I_{l2}+R_4I_{l3}=-\mu U_1$$

但已知回路电流 $l_{l3}=I_S$，又 $U_1=R_1I_{l1}$，代入上式，得

$$(R_1 + R_2 - \mu R_1) I_{l1} - R_2 I_{l2} = U_S$$
$$(\mu R_1 - R_2) I_{l1} + (R_2 + R_3 + R_4) I_{l2} = - R_4 I_S$$

由上式可解出回路电流 I_{l1}, I_{l2}，由之得到各支路电流为

$$I_1 = I_{l1}, \quad I_3 = I_{l2},$$
$$I_2 = I_{l1} - I_{l2}, \quad I_4 = I_{l2} + I_S$$

由以上所得方程可见，在含有受控源的电路里会有两个回路的互电阻不相等的情形，在此例中，第一个回路里，$R_{12} = -R_2$，而在第二个回路里，$R_{21} = \mu R_1 - R_2$。

3.3 节点电压法

节点电压法是分析电路用的又一基本方法，运用这一方法，常可以数目较少的方程解得电路中的电压、电流。

在节点电压法中，对每一节点设一电位。在有 n 个节点的电路中，有一个节点可取为参考点，它的电位可设为零；其他每一节点至参考点的电压降即为该节点的电位。这一假设是符合或满足基尔霍夫电压定律的。对 $n-1$ 个独立节点写出 $n-1$ 个 KCL 方程，将其中的各个支路电流都用节点电压（位）去表示，在这过程中将各元件方程代入，就得到 $n-1$ 个共含有 $n-1$ 个节点电压的方程，由它们便可解出各节点电压。

我们先就仅含有电流电源和线性电阻（导）的电路来叙述这个方法。图 3-3-1 就是这样的一个电路。这个电路中有三个节点，取节点⓪为参考点，设其电位为零。假设各电导、电流源电流值均为已知。设节点①，②的电位（即对参考点的电压）分别为 u_1, u_2，现在对它们列写 KCL 方程。由 KCL，在一节点经各电导支路流出的电流代数和等于流向节点的电流源电流的代数和，于是有

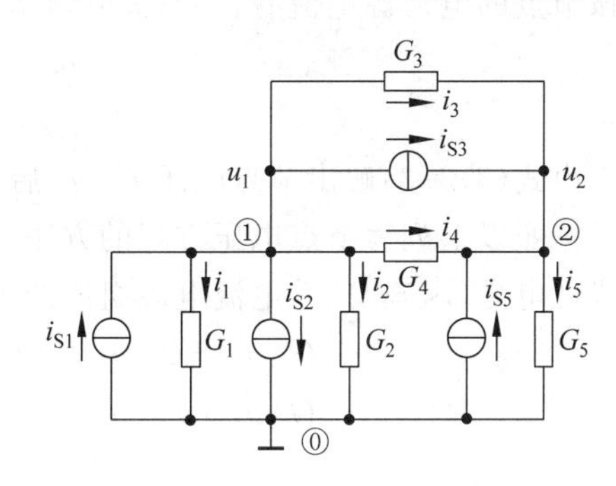

图 3-3-1 一个仅含电流源和线性电阻的电路

$$\left.\begin{aligned} &\text{节点①} \quad i_1 + i_2 + i_3 + i_4 = i_{S1} - i_{S2} - i_{S3} \\ &\text{节点②} \quad -i_3 - i_4 + i_5 = i_{S3} + i_{S5} \end{aligned}\right\} \tag{3-3-1}$$

根据各电导元件的方程，可将上式中各电导支路中的电流以节点电压表示，则有

$$\left.\begin{aligned} i_1 &= G_1 u_1 \\ i_2 &= G_2 u_1 \\ i_3 &= G_3 (u_1 - u_2) \\ i_4 &= G_4 (u_1 - u_2) \\ i_5 &= G_5 u_2 \end{aligned}\right\} \tag{3-3-2}$$

将以上各关系代入式(3-3-1)，便得

$$G_1u_1+G_2u_1+G_3(u_1-u_2)+G_4(u_1-u_2)=i_{S1}-i_{S2}-i_{S3}$$
$$G_3(u_2-u_1)+G_4(u_2-u_1)+G_5u_2=i_{S3}+i_{S5}$$

整理以上二式,得节点电压所满足的方程

$$\left.\begin{aligned}(G_1+G_2+G_3+G_4)u_1-(G_3+G_4)u_2&=i_{S1}-i_{S2}-i_{S3}\\-(G_3+G_4)u_1+(G_3+G_4+G_5)u_2&=i_{S3}+i_{S5}\end{aligned}\right\}\tag{3-3-3}$$

将上面的方程写作以下形式

$$\left.\begin{aligned}G_{11}u_1+G_{12}u_2&=j_{S1}\\G_{21}u_1+G_{22}u_2&=j_{S2}\end{aligned}\right\}\tag{3-3-4}$$

上式中,G_{11}是接至节点①的所有电导之和;G_{12}是接在节点①,②之间的电导之和并冠以负号;G_{21},G_{22}也有类似的意义,即

$$G_{11}=G_1+G_2+G_3+G_4$$
$$G_{12}=G_{21}=-(G_3+G_4)$$
$$G_{22}=G_3+G_4+G_5$$

j_{S1},j_{S2}分别是流入节点①,②的电流源电流的代数和,在节点的 KCL 方程中,凡参考方向指向该节点的电流源电流有正号;离开该节点的有负号,在式(3-3-4)中

$$j_{S1}=i_{S1}-i_{S2}-i_{S3}$$
$$j_{S2}=i_{S3}+i_{S5}$$

由式(3-3-3)解出节点电压 u_1,u_2 后,代入式(3-3-2)便可得各支路电流。

按照以上列写节点电压方程的方法,可以写出具有 n 个独立节点(即有 $n+1$ 个节点)的由线性电导(阻)和独立电流电源组成的电路的节点电压方程如下:

$$\left.\begin{aligned}&G_{11}u_1+G_{12}u_2+\cdots+G_{1k}u_k+\cdots+G_{1n}u_n=j_{S1}\\&G_{21}u_1+G_{22}u_2+\cdots+G_{2k}u_k+\cdots+G_{2n}u_n=j_{S2}\\&\cdots\cdots\\&G_{k1}u_1+G_{k2}u_2+\cdots+G_{kk}u_k+\cdots+G_{kn}u_n=j_{Sk}\\&\cdots\cdots\\&G_{n1}u_1+G_{n2}u_2+\cdots+G_{nk}u_k+\cdots+G_{nn}u_n=j_{Sn}\end{aligned}\right\}\tag{3-3-5}$$

在上式中:

G_{kk}是与节点 k 相联的所有电导之和,称为节点 k 的自电导,恒为正。

G_{jk}($j\neq k$)是跨接在节点 j,k 之间的所有支路电导之和并冠以负号,称为节点 j,k 间的互电导,如果节点 j,k 之间没有直接相联的支路,则 $G_{jk}=0$。

j_{Sk}是流向节点 k 的所有电流源电流的代数和,凡是其参考方向是指向节点 k 的电流源电流有正号;背离节点 k 的有负号。

对于含有电压电源的电阻电路,一般仍按上述方法中的原则,列写节点电压方程。现以图 3-3-2 中所示的电路为例,说明在这种情形下列写节点电压方程的方法。

给定图 3-3-2 的电路,设节点①,②的电压(即对⓪点的电位)分别为 u_1,u_2。现在需要

将各个支路电流以其两端的电压和支路中元件参数来表示。对于一个典型的含电压源的支路(图 3-3-3),设支路两端的电位(即对参考点的电压)分别为 u_a,u_b,支路中的电阻为 R_{ab}(电导为 $G_{ab}=1/R_{ab}$),电源电压为 u_S,容易得出

$$i_{ab}=\frac{u_a-u_b+u_S}{R_{ab}}=G_{ab}(u_{ab}+u_S)$$

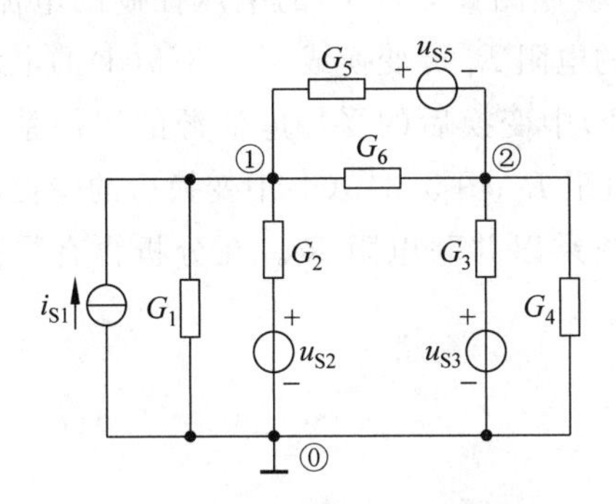

图 3-3-2 一个含有电流电源、电压电源和电阻的电路

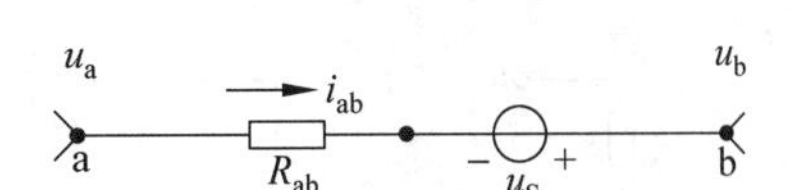

图 3-3-3 含电压源的支路

现在可写出图 3-3-2 中电路的以节点电压和电路参数表示的 KCL 方程

$$\left.\begin{aligned}G_1u_1+G_2(u_1-u_{S2})+G_6(u_1-u_2)+G_5(u_1-u_2-u_{S5})&=i_{S1}\\G_3(u_2-u_{S3})+G_4u_2+G_6(u_2-u_1)+G_5(u_2-u_1+u_{S5})&=0\end{aligned}\right\}\qquad(3\text{-}3\text{-}6)$$

整理上面方程,得

$$\left.\begin{aligned}(G_1+G_2+G_5+G_6)u_1-(G_5+G_6)u_2&=i_{S1}+G_2u_{S2}+G_5u_{S5}\\-(G_5+G_6)u_1+(G_3+G_4+G_5+G_6)u_2&=G_3u_{S3}-G_5u_{S5}\end{aligned}\right\}\qquad(3\text{-}3\text{-}7)$$

上式即为图 3-3-2 电路的节点电压方程。若将图 3-3-2 电路中的各个含电压源的支路转换为电流电源后,得到图 3-3-4 的电路,还可以按照前面的方法立即写出这组方程式。在这组方程中,左边的各系数电导可按前述的方法写出,而在方程的右端,则包含有由电压电源而引入的电流电源项,这实质上是将电压电源都转换成电流电源的结果。由式(3-3-7),或由图 3-3-4 可见:如果一电压电源的电压降参考方向是背离一节点的,则在该节点的 KCL 方程中所引入的电流项前有正号,因为这时该电压电源的等效电流电源的参考方向是指向该节点的,如式(3-3-7)中第一式右端的 G_2u_{S2},G_5u_{S5};反之,如果一电压源的电压降的参考方向是指向一节点的,则在该节点的 KCL 方程中引入的电流项前有负号,因为这时该电压电源的等效电流源的

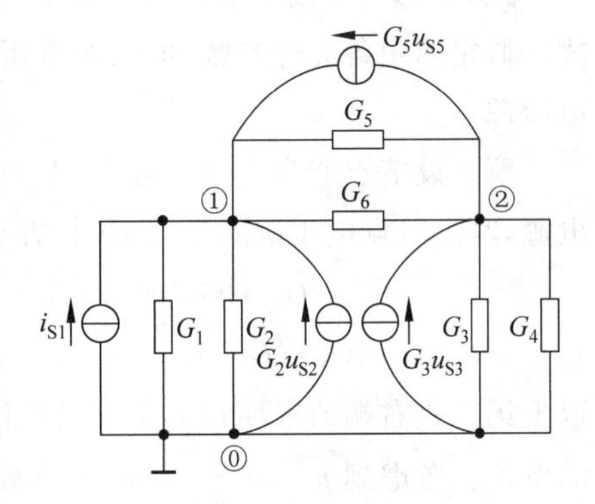

图 3-3-4 将图 3-3-2 电路中的电压电源转换为电流电源后得到的电路图

参考方向是背离节点的,如式(3-3-7)中第二式右端的$-G_5u_{S5}$。

列写含受控源电路的节点电压方程时,可以先将受控源看作独立电源,然后将所列写出的方程加以整理,即可得到所需的方程。在2.5节中所述的电压电源与电流电源的等效转换方法,同样适用于受控电源。图3-3-5中示有两个受控电源变换的例子:图3-3-5(a)中的电压控制的电压源连同与它串联的电阻R_i可变换成图3-3-5(b)的电压控制的电流源;图3-3-5(c)中的电流控制的电流源连同与它并联的电阻R_i可变换成图3-3-5(d)的电流控制的电压源。变换前后控制量不改变。图3-3-5(b)中变换后的受控电流源的比例系数就应等于等效的受控电压源中的比例系数除以串联电阻R_i;图3-3-5(d)中变换后的受控电压源的比例系数等于等效的受控电流源中的比例系数乘以并联电阻R_i。在分析含有受控电源的电路时,适当地运用这种变换有时会带来方便。

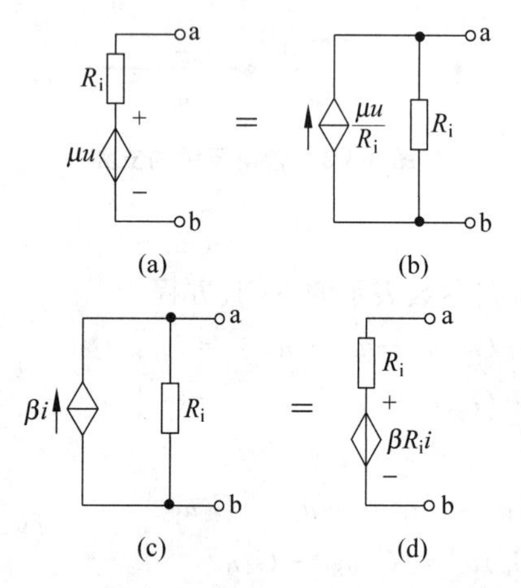

图3-3-5 受控电压电源变换为受控电流电源

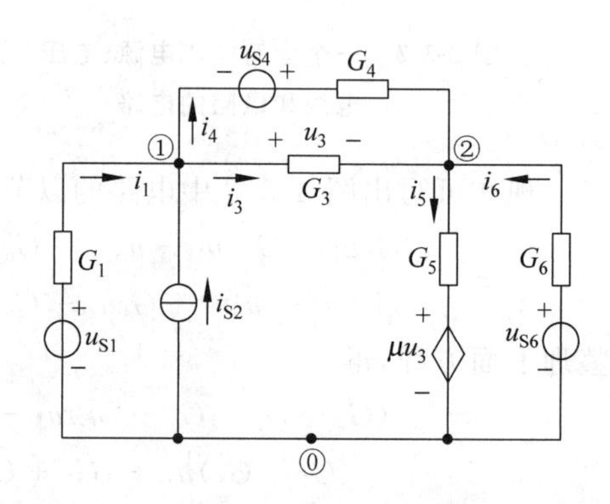

图3-3-6 例3-5附图

【例3-5】 写出用节点电压法求图3-3-6电路中各节点电压和各支路电流所需的方程式。假定图中各元件参数、电压源电压、电流源电流均给定,其中的受控电源是电压控制的电压源。

解 设节点⓪为电位参考点,节点①,②的电压分别为u_1,u_2,先将受控电源当作独立电源,写出节点电压所满足的KCL方程:

$$(G_1+G_3+G_4)u_1-(G_3+G_4)u_2=G_1u_{S1}+i_{S2}-G_4u_{S4}$$

$$-(G_3+G_4)u_1+(G_3+G_4+G_5+G_6)u_2=G_4u_{S4}+G_6u_{S6}+G_5\mu u_3$$

以上第二式右端的末项$G_5\mu u_3$可以看作是将图中的受控电压源转换成电流源后流入节点②的电流。考虑到$u_3=u_1-u_2$,将这关系代入上式得

$$(G_1+G_3+G_4)u_1-(G_3+G_4)u_2=G_1u_{S1}+i_{S2}-G_4u_{S4}$$

$$-(G_3+G_4+\mu G_5)u_1+[(G_3+G_4+G_6+(1+\mu)G_5)]u_2=G_4u_{S4}+G_6u_{S6}$$

由以上方程解出 u_1, u_2，即可求出各支路电流：

$$i_1 = G_1(u_{S1} - u_1)$$

$$i_3 = G_3(u_1 - u_2)$$

$$i_4 = G_4(u_1 - u_2 + u_{S4})$$

$$i_5 = G_5(u_2 - \mu u_3) = G_5[(1+\mu)u_2 - \mu u_1]$$

$$i_6 = G_6(u_{S6} - u_2)$$

节点电压法以节点电压为求解对象，对独立节点写 KCL 方程，解出各节点电压。列写节点电压方程的手续较为简单。对于含支路多而节点少的电路，采用节点电压法进行分析尤为方便。许多分析电路的计算机程序都是采用节点电压法编写的。

习　　题

3-1　用支路电流法求题图 3-1 所示电路中各支路电流。

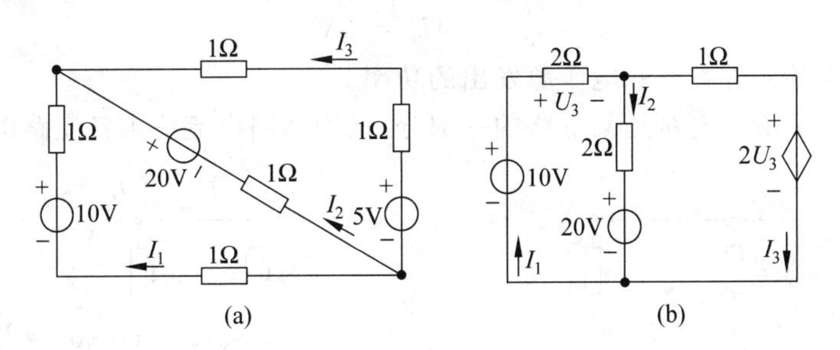

题图 3-1

3-2　用支路电流法求题图 3-2 所示电路中 R_4 上的电压 U_4。

3-3　电路如题图 3-3 所示。(1)用支路电流法列写求解该电路所需的方程；(2)求图中支路电流 I_1, I_2, I_3, I_4, I_5 的值。

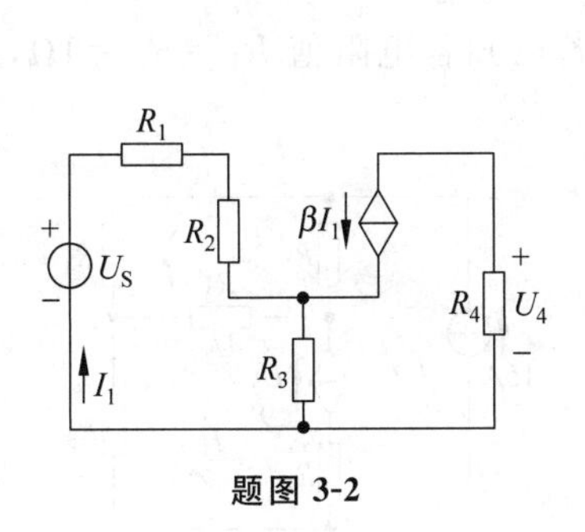

题图 3-2

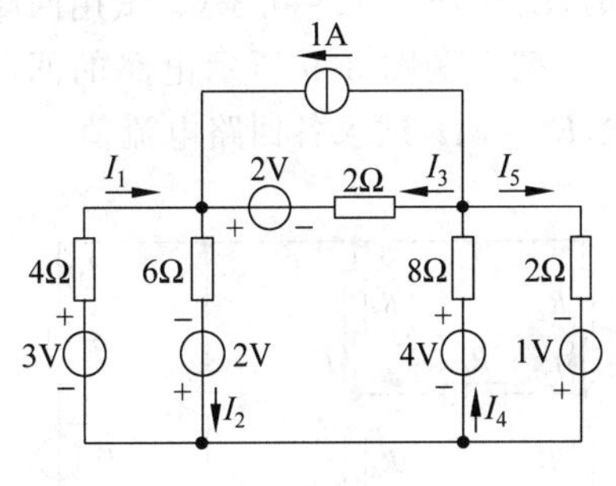

题图 3-3

3-4　电路如题图 3-4 所示。用回路电流法列写求解电路所需方程。若已知电阻 $R_1=R_5=1\Omega$，$R_3=R_4=2\Omega$，$R_2=3\Omega$，试问所列方程的系数行列式有何特点？并求回路电流。

3-5　用回路电流法求题图 3-5 所示电路中各支路电流。

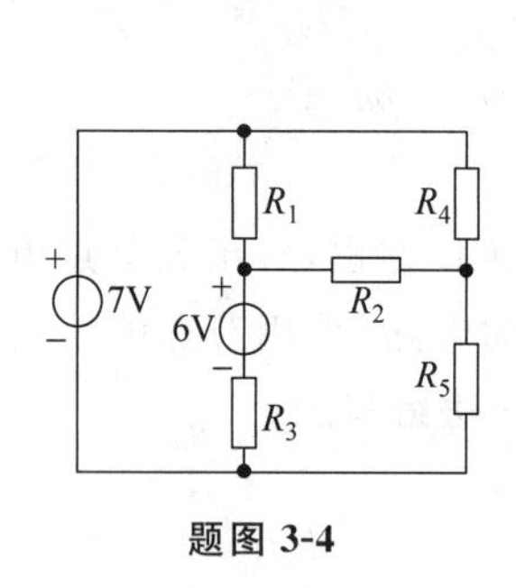

题图 3-4

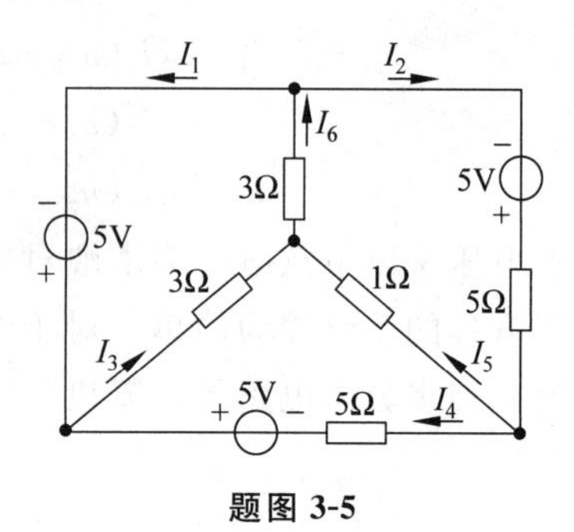

题图 3-5

3-6　题图 3-6 所示电路中，已知其回路电流方程为：

$$\begin{cases} 2I_1+I_2=4\text{V} \\ 4I_2=8\text{V} \end{cases}$$

电流单位为 A，求各元件参数和电压源发出的功率。

3-7　题图 3-7 所示电路是某电路的一部分，试用回路电流法求各支路电流。

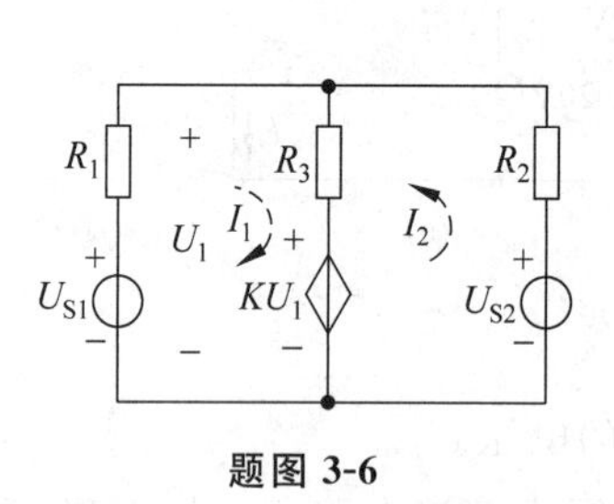

题图 3-6

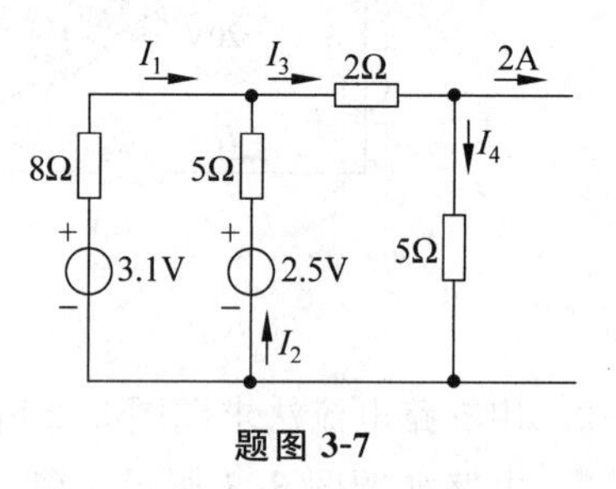

题图 3-7

3-8　题图 3-8 所示电路中，已知 $R_1=20\Omega$，$R_2=30\Omega$，$R_3=40\Omega$，$R_4=80\Omega$，$R_5=20\Omega$，$R_6=20\Omega$，$E_3=16\text{V}$，$I_S=0.3\text{A}$。试用回路电流法求各支路电流。

3-9　列写题图 3-9 所示电路的回路电流方程。若已知各电阻值 $R_1=R_5=1\Omega$，$R_3=R_4=2\Omega$，$R_2=3\Omega$，试求各回路电流值。

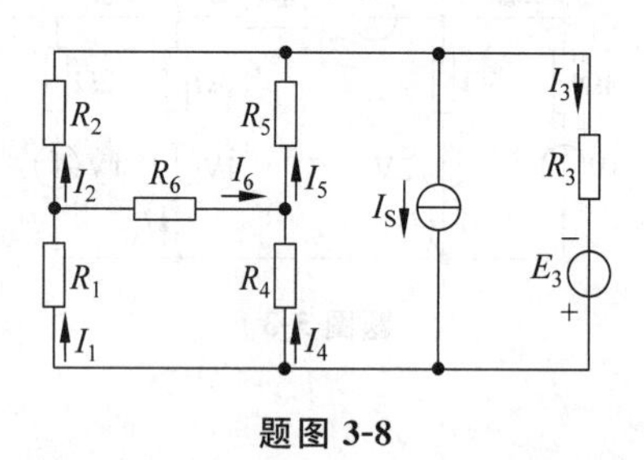

题图 3-8

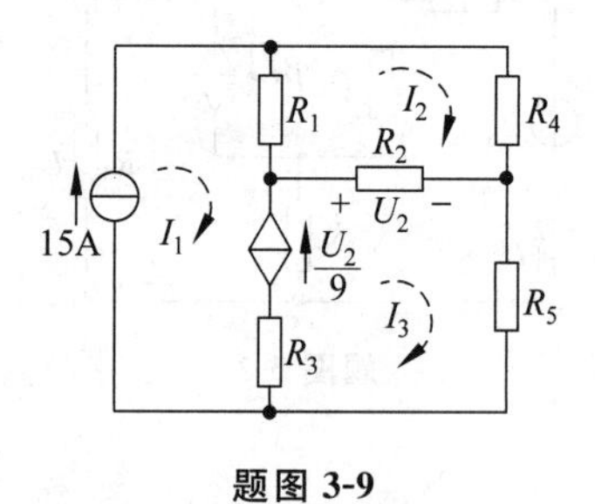

题图 3-9

3-10 列写题图 3-10 所示电路的回路电流方程。

3-11 列写用节点电压法求解题图 3-11 所示电路中的各节点电压、各支路电流所需的方程式。

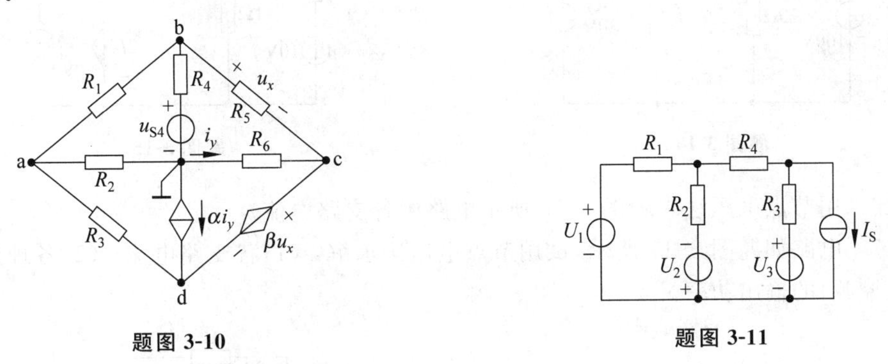

题图 3-10

题图 3-11

3-12 用节点电压法求题图 3-12 所示电路中各支路电流。

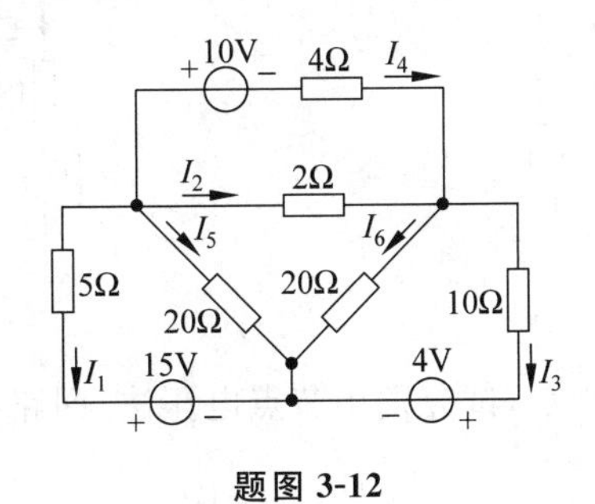

题图 3-12

3-13 求题图 3-13 所示电路中 A 点电位。

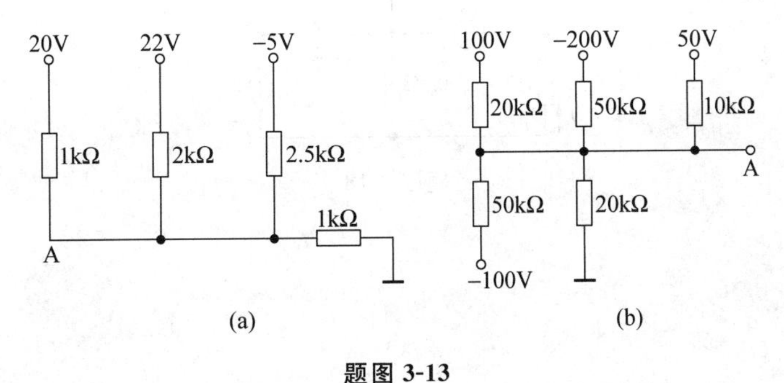

题图 3-13

3-14 电路如题图 3-14 所示，试用节点电压法求图中 R_x 为何值时，U_{S2} 所在的支路电流为零。

3-15 电路如题图 3-15 所示，用节点电压法分别求出其中各独立源所发出的功率。

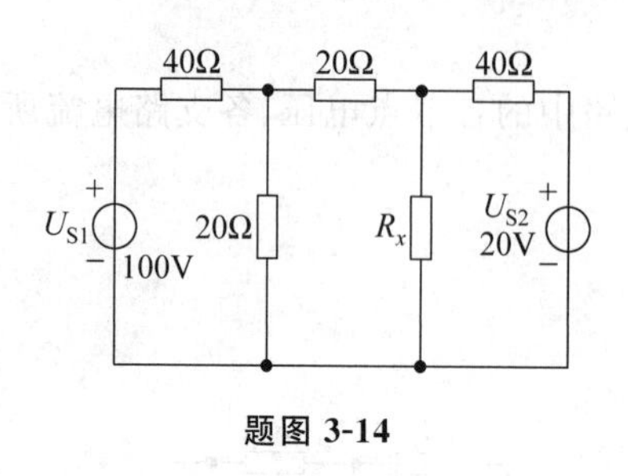

题图 3-14

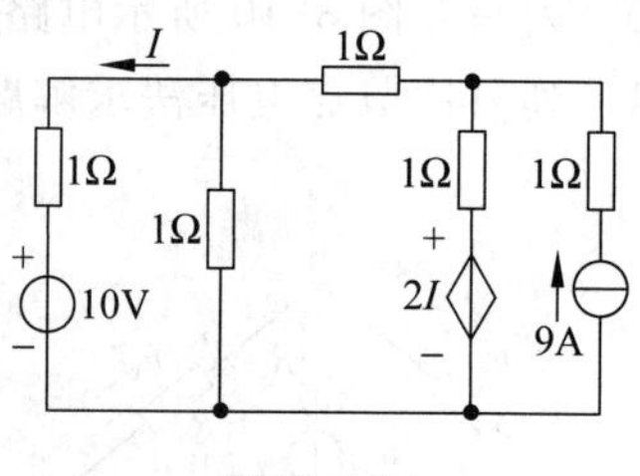

题图 3-15

3-16　用节点电压法求题图 3-16 所示电路中各支路电流。

3-17　电路如题图 3-17 所示,试用节点电压法求解:(1)各支路电流;(2)各理想电源(包括受控源)的输出功率。

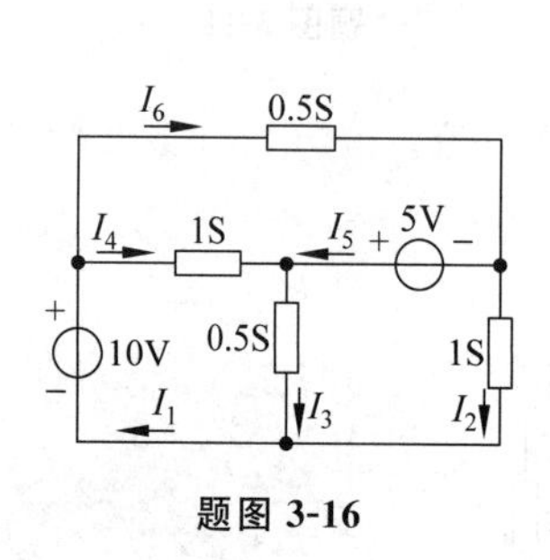

题图 3-16

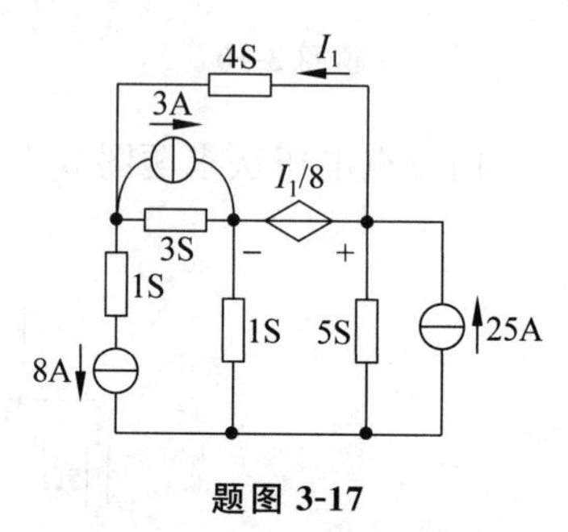

题图 3-17

3-18　电路如题图 3-18 所示,试分别用节点电压法、回路电流法求解 I_y,U_x。

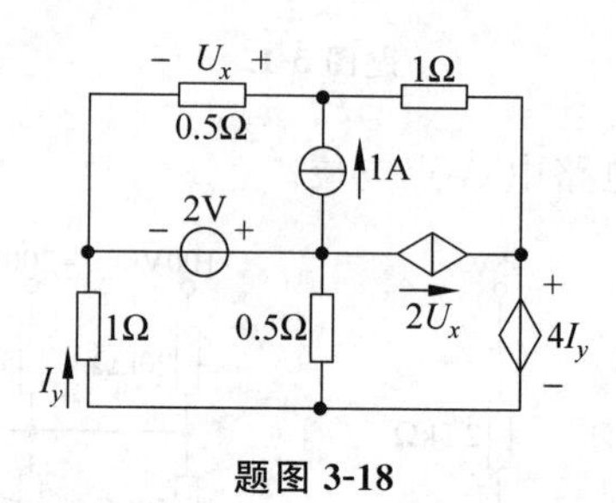

题图 3-18

电路的若干定理

提 要

本章介绍几个重要的电路定理，包括叠加定理、替代定理、戴维南定理、诺顿定理、特勒根定理、互易定理和对偶原理。这些定理都是根据电路的基本定律得到的。叠加定理、戴维南定理、诺顿定理和互易定理适用于线性电路；替代定理是一个通用的定理，它对存在唯一解的电路都是成立的；特勒根定理与基尔霍夫定律一样，对任何集总参数电路是普遍适用的。深入理解这些定理的含义对深入理解电路的性质和简化电路分析都是重要的。

4.1 叠加定理

叠加定理是关于线性电路的一个重要性质的定理。一般的电路中，含有多个独立电源(电压源和电流源)。叠加定理说明的是在线性电路中由所有各电源共同作用(激励)所产生的各个支路电流(或任意两点间的电压)(响应)与每一电源单独作用时在该支路中产生的电流、电压的关系。

叠加定理的陈述如下：线性电阻电路中，各独立电源(电压源、电流源)共同作用时在任一支路中产生的电流(任意两点间的电压)，等于各独立电源单独作用时在该支路中产生的电流(该两点间的电压)的代数和。

下面先就一个具体的电路来说明这一定理的内容。

图 4-1-1(a)是一个含有两个独立电源的线性电阻电路，其中的每一支路电流都是这两个电源共同作用所产生的。假设各支路电流分别是 i_1, i_2, i_3，如图中所示。当仅有电压电源 u_{S1} 的作用时，各支路电流分别是 i_{11}, i_{21}, i_{31}(图 4-1-1(b))；当仅有电压电源 u_{S2} 的作用时，各支路电流分别是 i_{12}, i_{22}, i_{32}(图 4-1-1(c))。按照叠加定理，就有

$$\left.\begin{aligned} i_1 &= i_{11} + i_{12} \\ i_2 &= i_{21} + i_{22} \\ i_3 &= i_{31} + i_{32} \end{aligned}\right\} \tag{4-1-1}$$

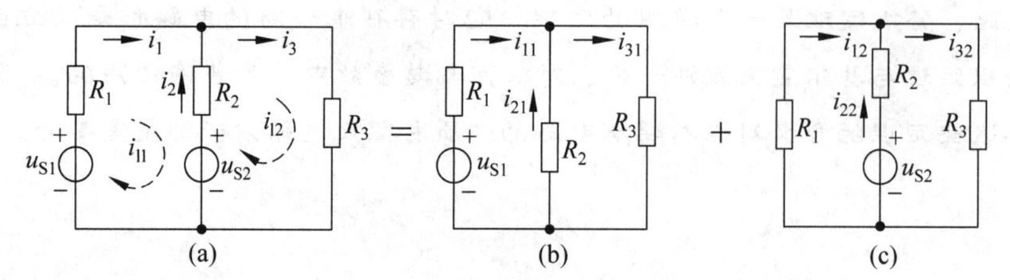

图 4-1-1 说明叠加定理用图

(a) 含两个独立电源的电路；(b) 仅有 u_{S1} 作用的电路；(c) 仅有 u_{S2} 作用的电路

现在对以上结果进行证明。用回路电流法写出图 4-1-1(a)电路的回路电流方程。设回路电流 i_{l1}, i_{l2} 如图，就有

$$\left.\begin{aligned} R_{11}i_{l1} + R_{12}i_{l2} &= u_{l1} \\ R_{21}i_{l1} + R_{22}i_{l2} &= u_{l2} \end{aligned}\right\} \tag{4-1-2}$$

式中

$$R_{11} = R_1 + R_2,\quad R_{12} = R_{21} = -R_2,\quad R_{22} = R_2 + R_3$$

$$u_{l1} = u_{S1} - u_{S2},\quad u_{l2} = u_{S2}$$

由式(4-1-2)解得回路电流

$$i_{l1}=\frac{\begin{vmatrix} u_{l1} & R_{12} \\ u_{l2} & R_{22} \end{vmatrix}}{\begin{vmatrix} R_{11} & R_{12} \\ R_{21} & R_{22} \end{vmatrix}}$$

$$i_{l2}=\frac{\begin{vmatrix} R_{11} & u_{l1} \\ R_{21} & u_{l2} \end{vmatrix}}{\begin{vmatrix} R_{11} & R_{12} \\ R_{21} & R_{22} \end{vmatrix}}$$

将以上两式中的行列式展开，得

$$\left.\begin{aligned} i_{l1} &= \frac{1}{\Delta}(R_{22}u_{l1}-R_{12}u_{l2}) \\ i_{l2} &= \frac{1}{\Delta}(-R_{21}u_{l1}+R_{11}u_{l2}) \end{aligned}\right\} \tag{4-1-3}$$

上式中

$$\Delta = R_{11}R_{22}-R_{12}R_{21}$$

由式(4-1-3)求得各支路电流为

$$\begin{aligned} i_1 &= i_{l1} = \frac{1}{\Delta}(R_{22}u_{l1}-R_{12}u_{l2}) \\ i_2 &= -i_{l1}+i_{l2} \\ &= -\frac{1}{\Delta}(R_{22}u_{l1}-R_{12}u_{l2})+\frac{1}{\Delta}(-R_{21}u_{l1}+R_{11}u_{l2}) \\ &= -\frac{1}{\Delta}(R_{21}+R_{22})u_{l1}+\frac{1}{\Delta}(R_{11}+R_{12})u_{l2} \\ i_3 &= i_{l2} = \frac{1}{\Delta}(-R_{21}u_{l1}+R_{11}u_{l2}) \end{aligned}$$

将电路中电源参数代入以上各式，得

$$\left.\begin{aligned} i_1 &= \frac{R_{22}}{\Delta}(u_{S1}-u_{S2})-\frac{R_{12}}{\Delta}u_{S2} \\ &= \frac{R_{22}}{\Delta}u_{S1}+\frac{-(R_{12}+R_{22})}{\Delta}u_{S2} \\ i_2 &= \frac{-(R_{21}+R_{22})}{\Delta}(u_{S1}-u_{S2})+\frac{R_{11}+R_{12}}{\Delta}u_{S2} \\ &= \frac{-(R_{21}+R_{22})}{\Delta}u_{S1}+\frac{R_{11}+R_{12}+R_{21}+R_{22}}{\Delta}u_{S2} \\ i_3 &= -\frac{R_{21}}{\Delta}(u_{S1}-u_{S2})+\frac{R_{11}}{\Delta}u_{S2} \\ &= \frac{-R_{21}}{\Delta}u_{S1}+\frac{R_{11}+R_{21}}{\Delta}u_{S2} \end{aligned}\right\} \tag{4-1-4}$$

式(4-1-4)中各电源项前面的系数均具有电导的量纲,将其简写作

$$\left.\begin{aligned} i_1 &= g_{11}u_{S1} + g_{12}u_{S2} \\ i_2 &= g_{21}u_{S1} + g_{22}u_{S2} \\ i_3 &= g_{31}u_{S1} + g_{32}u_{S2} \end{aligned}\right\} \tag{4-1-5}$$

式(4-1-5)中的各系数分别是式(4-1-4)中与之对应的系数,例如 $g_{11}=\dfrac{R_{22}}{\Delta}$,$g_{12}=\dfrac{-R_{12}-R_{22}}{\Delta}$等。这些系数只决定于电路的参数和结构,而与电源电压无关。

由式(4-1-4)与式(4-1-5)均可见,图 4-1-1 电路中的每一支路电流,都表现为两项之和,其中第一项与电源电压 u_{S1} 成正比;第二项与电源电压 u_{S2} 成正比。与式(4-1-1)比较还可见:

$$i_{11} = g_{11}u_{S1},\quad i_{21} = g_{21}u_{S1},\quad i_{31} = g_{31}u_{S1}$$
$$i_{12} = g_{12}u_{S2},\quad i_{22} = g_{22}u_{S2},\quad i_{32} = g_{32}u_{S2}$$

支路电流中与 u_{S1} 成正比的分量即 u_{S1} 单独作用时所产生的支路电流(这时令 $u_{S2}=0$,即使其两端短路);与 u_{S2} 成正比的分量即为 u_{S2} 单独作用时所产生的支路电流(这时令 $u_{S1}=0$,即使其两端短路)。当两电源电压同时作用时,各支路电流就等于式(4-1-5)中相应的两个分量之和,亦即两个电源分别单独作用时在该支路中产生的电流的代数和。这样,就一具体电路,我们说明了叠加定理的含义和它是如何成立的。

从上面的例子可见,线性电阻电路的叠加定理之所以成立,是因为任何一线性电阻电路,都是由相应的一组线性代数方程来描述的,所以这一定理实质上是关于线性代数方程的叠加定理在线性电阻电路中的表现,由此也就可以看到对一般的线性电阻电路,证明叠加定理的途径。

对于任一给定的线性电阻电路,假设它由线性电阻和独立电压源构成,含有 b 个支路、l 个独立回路,与式(4-1-2)所示的回路电流方程的解答式(4-1-3)相似,可得出回路电流 i_{lk} 的表达式(即式(3-2-4))

$$i_{lk} = \frac{\Delta_{1k}}{\Delta}u_{l1} + \frac{\Delta_{2k}}{\Delta}u_{l2} + \cdots + \frac{\Delta_{kk}}{\Delta}u_{lk} + \cdots + \frac{\Delta_{lk}}{\Delta}u_{ll} \quad (k = 1,2,\cdots,l) \tag{4-1-6}$$

上式中回路电源电压 u_{lk} 是回路 k 中各支路电源电压的某一代数和,将回路电源电压与支路电源电压的关系代入式(4-1-6),就一定可以得到回路电流与各支路电源电压的关系式,它也是一个支路电源电压的一次式。电路中的任一支路电流等于该支路所在的各回路的回路电流的代数和,所以它们也都一定是各支路电源电压的一次式。由此得到结论:任一支路电流 $i_j(j=1,2,\cdots,b)$都可以表示为以下形式:

$$\begin{aligned} i_j &= g_{j1}u_{S1} + g_{j2}u_{S2} + \cdots + g_{jj}u_{Sj} + \cdots + g_{jk}u_{Sk} + \cdots + g_{jb}u_{Sb} \\ &= \sum_{k=1}^{b} g_{jk}u_{Sk} \end{aligned} \tag{4-1-7}$$

上式中的第 k 项 $g_{jk}u_{Sk}$ 就是支路 k 中的电源电压 u_{Sk} 单独作用时，支路 j 中的电流 i_{jk}，而支路 j 中的电流 i_j 就等于各电源在支路 j 中产生的电流的代数和。这里的各系数 g_{jk} 都是一些仅决定于电路的参数与结构的常数，而与电源电压无关。

利用上面得到的结果容易证明：线性电阻电路的任意两点间的电压等于各电源在此两点间产生的电压的代数和。

对于含有电流电源的线性电阻电路，叠加定理的成立是明显的，只要看到电流电源可以转换为电压电源，就容易作出证明。还可以根据一般的线性电阻电路的节点电压方程（它也是一组线性方程，这与回路电流方程相似），用与上面类似的论证，便可作出在这种情形下对叠加定理的证明。

在运用叠加定理时，应当注意到：当电压源不作用时，它的两端必须是短路的，这样才能保证其两端电压为零；当电流源不作用时，它的两端必须是开路的，这样才能保证其中的电流为零。至于受控电源，因为它们不是独立的电源，在每一独立电源作用时，它们都保持在原有位置。

利用叠加定理，可以将含多个电源的电路的分析，分化为多个只含一个电源的电路的分析，这样做，有时会带来便利。还需指出，叠加定理只适合于分析电路中的电流、电压，而不能用各电源单独作用时得到的功率叠加来计算电路中的功率。这是因为电阻中的功率是与其中的电流或其两端的电压的平方成正比的。例如，设有一电阻 R 中的电流 i 为两个电源分别在其中产生的电流 i_1 和 i_2，$i=i_1+i_2$，它所吸收的功率是 $Ri^2=R(i_1+i_2)^2$，显然它不等于每一电源单独作用时电阻吸收的功率之和 $Ri_1^2+Ri_2^2$。

【例 4-1】 用叠加定理计算图 4-1-2(a)所示电路中各电阻中的电流。假设其中的电压源电压 u_{S1}、电流源电流 i_{S2} 和电阻 R_1，R_2 均为已知。

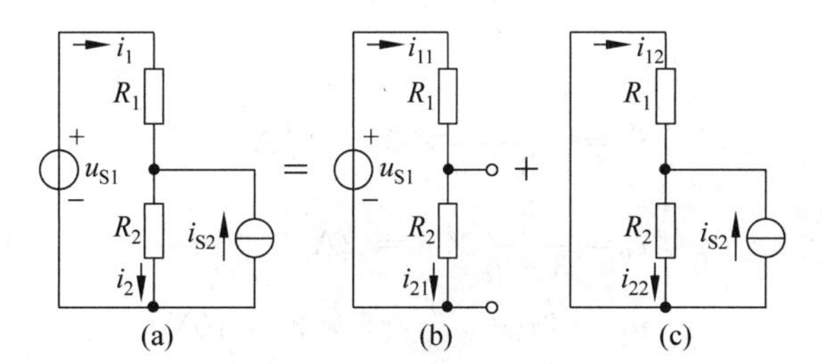

图 4-1-2 例 4-1 附图

解 根据叠加定理，图 4-1-2(a)电路中的电流可以由图 4-1-2(b)和图 4-1-2(c)电路中相应的电流叠加求得。图 4-1-2(b)电路中只有 u_{S1} 作用，电流源 i_{S2} 不作用，应使它的两端开路，这时 R_1，R_2 中的电流分别是

$$i_{11}=i_{21}=\frac{u_{S1}}{R_1+R_2}$$

图 4-1-2(c)电路中只有电流源 i_{S2} 作用，电压源不作用，应将其两端短路，这时电路中的电流是

$$i_{12} = -\frac{R_2}{R_1 + R_2} i_{S2}$$

$$i_{22} = \frac{R_1}{R_1 + R_2} i_{S2}$$

于是得到图 4-1-2(a)电路中的电流

$$i_1 = i_{11} + i_{12} = \frac{u_{S1}}{R_1 + R_2} - \frac{R_2}{R_1 + R_2} i_{S2} = \frac{u_{S1} - R_2 i_{S2}}{R_1 + R_2}$$

$$i_2 = i_{21} + i_{22} = \frac{u_{S1}}{R_1 + R_2} + \frac{R_1}{R_1 + R_2} i_{S2} = \frac{u_{S1} + R_1 i_{S2}}{R_1 + R_2}$$

【例 4-2】 用叠加定理计算图 4-1-3(a)所示电路中电流源两端的电压 u 和电压源支路的电流 i。

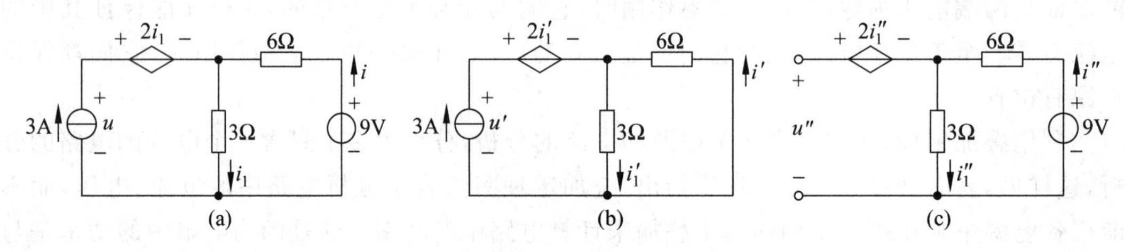

图 4-1-3 例 4-2 附图

解 由图 4-1-3(a)的电路可作出各独立电源单独作用的电路图如图 4-1-3(b)(其中只有独立电流源的作用)和图 4-1-3(c)(其中只有独立电压源的作用)。根据叠加定理,应有

$$u = u' + u''$$

$$i = i' + i''$$

由图 4-1-3(b)可求得

$$i' = -\frac{3}{3+6} \times 3 = -1\text{A}$$

$$i'_1 = \frac{3}{3+6} \times 6 = 2\text{A}$$

$$u' = 2i'_1 + 3i'_1 = 5 \times 2 = 10\text{V}$$

由图 4-1-3(c)可求得

$$i'' = i''_1 = \frac{9}{6+3} = 1\text{A}$$

$$u'' = 2i''_1 + 3i''_1 = 5 \times 1 = 5\text{V}$$

于是求得电压源和电流源同时作用时电压 u、电流 i 的值为

$$u = u' + u'' = 10 + 5 = 15\text{V}$$

$$i = i' + i'' = -1 + 1 = 0\text{A}$$

根据叠加定理容易证明下面的齐性定理：如果线性电阻电路中所有各电压源电压、电流源电流同时增加(或缩减)K 倍(K 为一实常数)，则电路中的各电压、电流均增加(或缩减)为相应的原有的电压、电流的 K 倍。

作为这一定理的一种特殊情形，如果线性电阻电路中仅含一个独立电压源，则所有各支路电流均与此电源电压成正比，而此电源电压与电源所在支路中的电流(其参考方向与电源电压降的参考方向相反)的比值即为由该电源两端视入的入端电阻。

叠加定理是线性电路线性性质的体现，它适用于任何线性电路和系统，是线性电路的重要的基本性质。

【例 4-3】 求出图 4-1-4 所示电路在电源电压为 27V 时右端支路中的电流。

解 先假设右端支路有电流 $i=1\text{A}$，由此计算出在此情形下电压源电压的值，根据齐性原理，即可求出电源电压为 27V 时的电流。

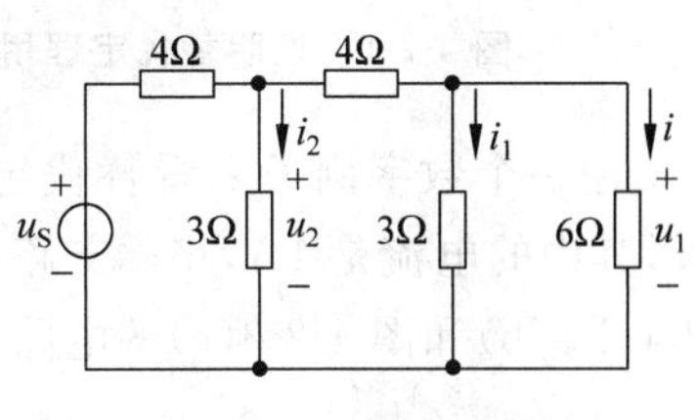

图 4-1-4 例 4-3 附图

$i=1\text{A}$ 时，有

$$u_1 = 6i = 6\text{V}$$

$$i_1 = \frac{u_1}{3} = 2\text{A}$$

$$u_2 = 4(i_1 + i) + u_1 = 4 \times (1 + 2) + 6 = 18\text{V}$$

$$i_2 = \frac{u_2}{3} = \frac{18}{3} = 6\text{A}$$

于是得

$$u_S \big|_{i=1} = 4 \times (i_1 + i_2 + i) + u_2 = 4 \times (1 + 2 + 6) + 18 = 54\text{V}$$

将以上所求得的各电压、电流乘以比值 $\frac{27}{u_S|_{i=1}} = \frac{27}{54} = 0.5$ 即得在电源电压为 27V 时各相应的电压、电流值，所以此时的电流 i 值为

$$i \big|_{u_S=27} = 0.5\, i \big|_{u_S=54} = 0.5\text{A}$$

4.2 替代定理

替代定理是关于电路中任一支路两端的电压或其中的电流可用电源替代的定理。此定理称：任一线性电阻电路中的一支路两端有电压 u，其中有电流 i 时(图 4-2-1(a))，此支路可以用一个电压为 u 的电压源(图 4-2-1(b))或一个电流为 i 的电流源(图 4-2-1(c))替代。此电压电源(或电流电源)的参考方向与被替代的支路电压(或电流)的参考方向相同。

按照此定理，图 4-2-1 中三个电路的工作情形完全相同，即三个电路中对应的支路电流、两点间的电压分别相等。

这一定理可以证明如下：在图 4-2-1(a)中 ab 支路中接入大小为 u，而方向相反的两个电压电源如图 4-2-2 所示。由于 b、d 间电压为零,所以两个电压源的接入对该电路的电压、电流没有影响。由图 4-2-2 所示电路可以看出,a、c 间电压也为零,将 a、c 短路对该电路的电压、电流亦没有影响。将 a、c 间支路用导线代替,即可得到图 4-2-1(b)所示的电路,这就证明了替代定理。图 4-2-1(c)的电路亦可用类似的方法证明。

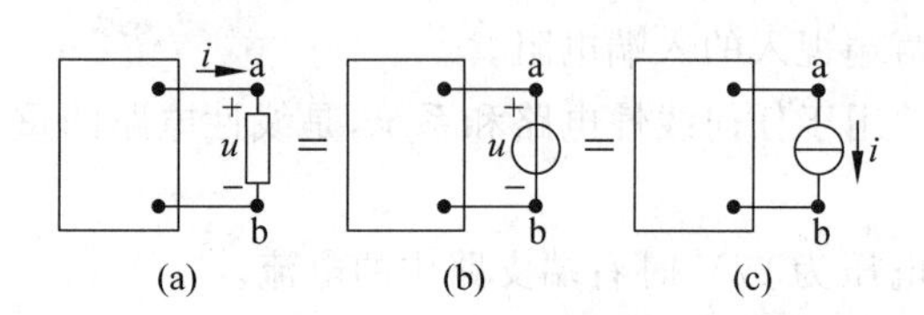

图 4-2-1 说明替代定理用图

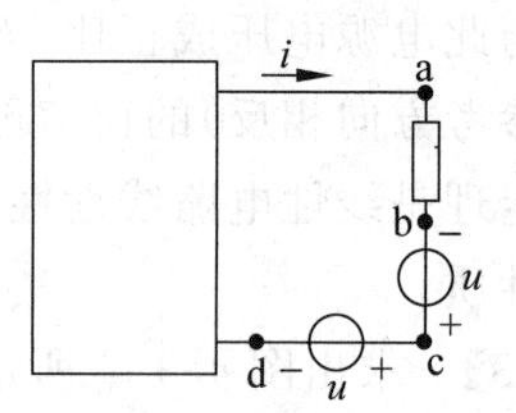

图 4-2-2 说明替代定理用图

用一个数字例子来看替代定理。图 4-2-3(a)的电路中右边的 2Ω 的电阻上的电压是 2V,其中的电流是 1A,将此支路用一个 2V 的电压源或一个 1A 的电流源代替,便分别得到图 4-2-3(b)和图 4-2-3(c)的电路,容易看出,这三个电路中相对应的电流、电压都相等。

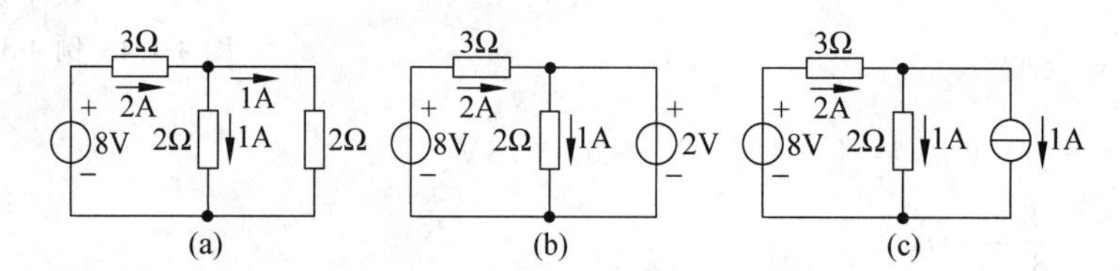

图 4-2-3 替代定理的例子附图

替代定理可推广到非线性电路。

在应用替代定理时,要保证替代后的电路解答唯一,否则替代后会出现某些支路的电压或电流是不确定的情况。

【例 4-4】 电路如图 4-2-4 所示。若要使 $I_x=\dfrac{1}{8}I$,试求 $R_x=?$

解 将图 4-2-4 所示电路 I_x 支路用电流源替代可得图 4-2-5(a)所示电路。只需计算出电压 U,R_x 就可由下式得出。

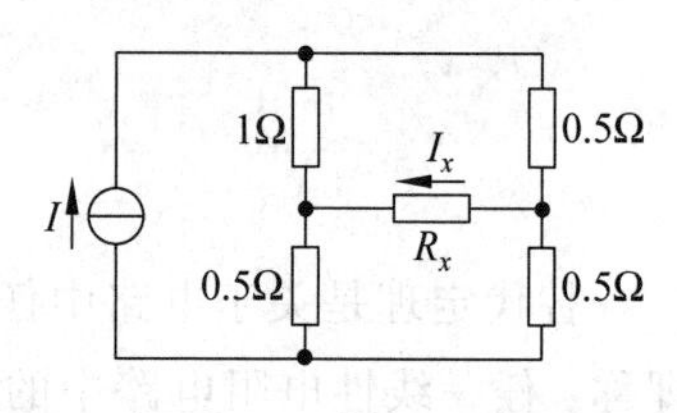

图 4-2-4 例 4-4 附图

$$R_x=\frac{U}{I_x}$$

下面用叠加定理计算电压 U。分别作出图 4-2-5(a)的电路中电流电源 I 单独作用的电路(图 4-2-5(b))和电流电源 I_x 单独作用的电路(图 4-2-5(c))。

由图 4-2-5(b)所示电路,可求得

$$U'=-\frac{1.5\times0.5\times I}{1.5+1}+\frac{1\times1\times I}{1.5+1}=0.1I=0.8I_x$$

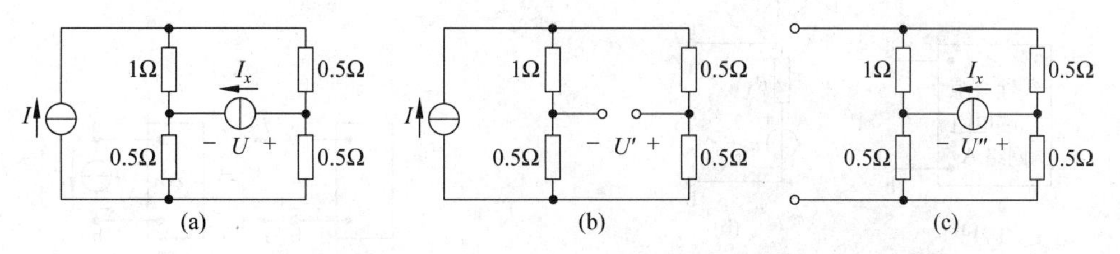

图 4-2-5 图 4-2-4 替代后的电路及叠加用图

由图 4-2-5(c)所示电路，可求得

$$U'' = -I_x \times \frac{1\times 1.5}{1+1.5} = -0.6I_x$$

于是有

$$U = U' + U'' = 0.8I_x - 0.6I_x = 0.2I_x$$

$$R_x = \frac{U}{I_x} = \frac{0.2I_x}{I_x} = 0.2\Omega$$

4.3 戴维南定理和诺顿定理

戴维南定理和诺顿定理都是关于含有独立电源的线性二端网络的等效电路的定理。二端网络是指仅有两端与外部相联的电路，从这两个端钮中的一端流出的电流与另一端流入的电流相等(KCL)。这样的两个端钮称为一个端口，所以二端网络也称为一端口网络。图 4-3-1中示有两个线性二端电阻网络的例子，其中的 a，b 两端就是一个端口。

在第 2 章中曾说明，由线性电阻和线性受控源组成的二端网络，即网络内部不含独立电源的二端电阻网络，可以用一个电阻元件来等效。其等效电阻或称输入电阻可用端钮处电压和电流的比值来确定。当二端网络内部含有独立电源时，其等效电路一般也包含独立电源。戴维南定理和诺顿定理给出了线性含独立电源的二端网络的两种不同类型的等效电路。

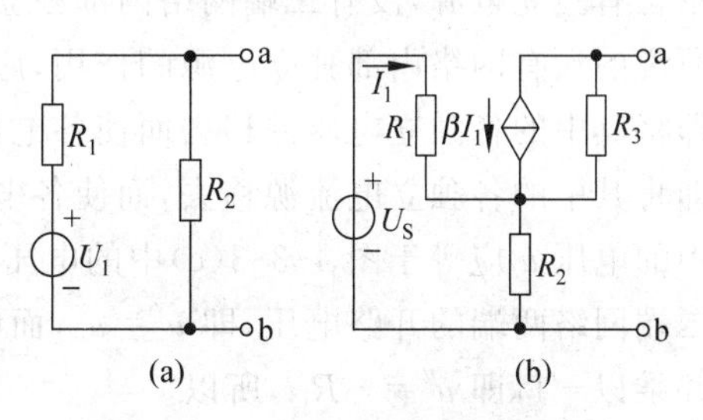

图 4-3-1 线性二端电阻网络示例

戴维南定理

戴维南定理可叙述如下：任一由独立电源和线性电阻组成的二端网络(图 4-3-2(a))对外部的作用与一电压为 u_o 的电压源和电阻 R_i 串联的电路(图 4-3-2(b))等效，其中 u_o 是该网络两端断开时的电压(图 4-3-2(c))；R_i 是该网络中的独立电源不作用时，由二端网络的两端点视入的等效电阻(即入端电阻)，见图 4-3-2(d)。

要证明这一定理只需证明：图 4-3-2(a)的电路与图 4-3-2(b)的电路有相同的外特性

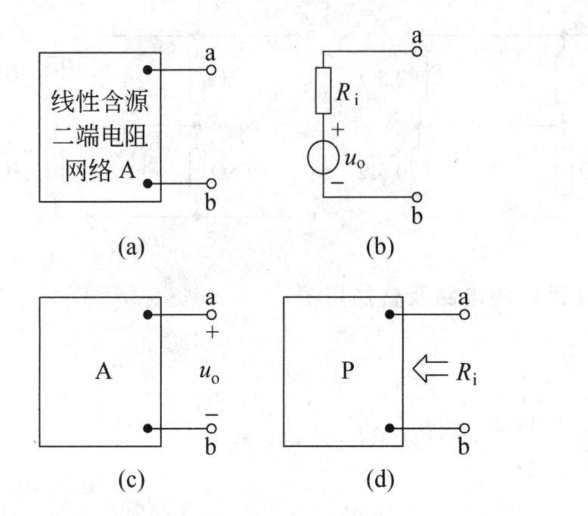

图 4-3-2 说明戴维南定理用图

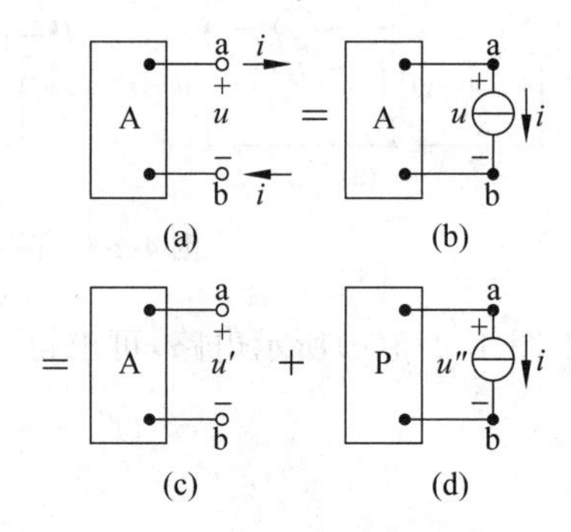

图 4-3-3 戴维南定理的证明

$u(i)$,这里 u 是二端网络的两端点间的电压,i 是流出网络端点的电流。将图 4-3-2(a)的电路画在图 4-3-3(a)中,图中方框内的字母 A 表示该电路中含有独立电源。当二端网络外部接有电路(图中未画出),它的两端点间有电压 $u_{ab}=u$,流经端点有电流 i 时,根据前节的替代定理,外部电路的作用可以用接在 a,b 间的电流源替代,此电流的大小和参考方向与图 4-3-3(a)中电流 i 相同,而电路中的所有各电压、电流均无变化,这样替代后的电路如图 4-3-3(b)所示。根据叠加定理,图 4-3-3(b)电路中的电压、电流应分别等于图 4-3-3(c)与图 4-3-3(d)的电路中对应的电压、电流的叠加。在图 4-3-3(c)的电路中,有二端网络内部所有电源的作用,这时 a,b 两端开路;在图 4-3-3(d)的电路中(图中方框内的字母 P 表示不含有独立电源)没有二端网络内部独立电源的作用,而只有外部的电流源 i 的作用。这里所说的没有网络内部独立电源的作用,应是指使网络内部的所有独立电压电源的电压为零,即将其中的各独立电压源移去而使各电压源的两端短路;使所有的独立电流源的电流为零,即将其中的各独立电流源移去,而使各电流源的两端开路。图 4-3-3(a)和图 4-3-3(b)电路中的电压 u 应等于图 4-3-3(c)中的电压 u' 与图 4-3-3(d)中的电压 u'' 之和。注意到 u' 就是二端网络两端的开路电压,即 $u'=u_o$,而电压 u'' 等于电流 i 与由 a,b 两端视入的电阻的乘积并乘以 -1,即 $u''=-R_i i$,所以

$$u = u' + u'' = u_o - R_i i \tag{4-3-1}$$

式(4-3-1)即为含独立电源的二端电阻网络的外特性的表达式,按照此式即可作出一个具有这一外特性的电源模型,那就是图 4-3-2(b)的电路,这样就证明了戴维南定理。

戴维南定理给出了含有独立电源的线性二端电阻网络的等效电路,用这一等效电路去考虑二端网络的作用是很方便的。这一等效电路有时称为戴维南等效电路。为求得一含源的二端网络的这一等效电路,需要求出开路电压 u_o 和入端电阻 R_i,这可以通过对给定的二端网络求解得到,有时还可以用实验方法测出。

【例 4-5】 给定一电路如图 4-3-4 所示,求此电路中的电流 I_5。

解 将图 4-3-4 电路中的电阻 R_5 移去，得到图 4-3-5(a)的电路，它是一个含源二端网络，现在求它的戴维南等效电路。在此二端网络中，R_1 和 R_2 是串联的；R_3 和 R_4 是串联的，容易求出这两个支路中的电流

$$I_1 = \frac{U_S}{R_1 + R_2},\quad I_2 = \frac{U_S}{R_3 + R_4}$$

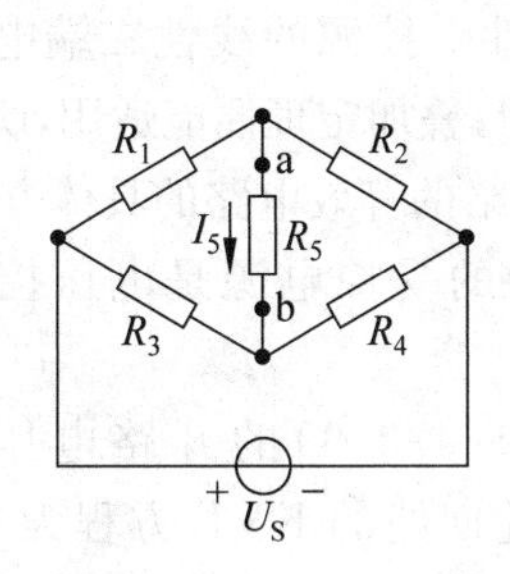

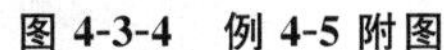

图 4-3-4 例 4-5 附图

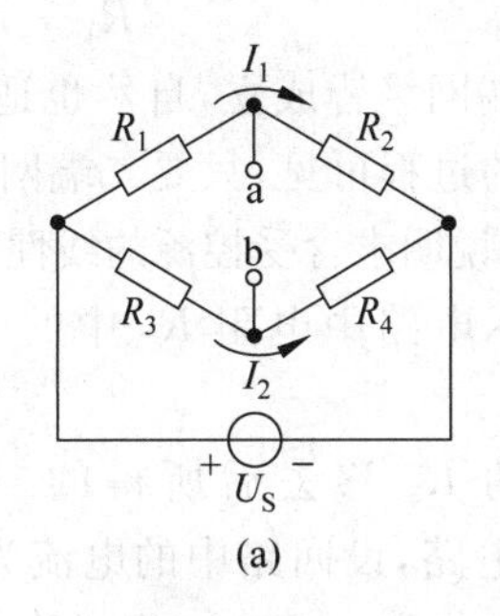

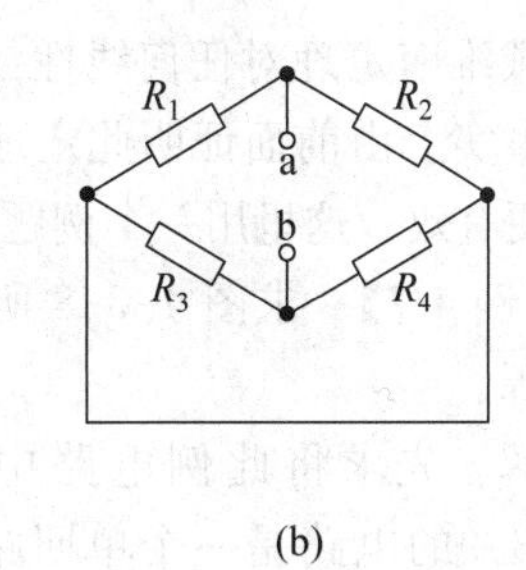

图 4-3-5 求例 4-5 中电路的戴维南等效电路用图

于是得到 a，b 两点间的电压，即此二端网络的开路电压为

$$U_o = U_{ab} = R_2 I_1 - R_4 I_2 = \left(\frac{R_2}{R_1 + R_2} - \frac{R_4}{R_3 + R_4}\right) U_S$$

再求独立电源不作用时 a，b 两点间的等效电阻。令电源电压为零，得到图 4-3-5(b)的电路，由 a，b 两点视入，R_1 和 R_2 是并联的；R_3 和 R_4 是并联的，这两个并联后的电阻是串联的，所以

$$R_i = \frac{R_1 R_2}{R_1 + R_2} + \frac{R_3 R_4}{R_3 + R_4}$$

将电阻 R_5 接到此二端网络的等效电路 a，b 两端，得到图 4-3-6 的电路，此电路中的电流即为欲求的电流 I_5，于是得

$$I_5 = \frac{U_o}{R_i + R_5}$$

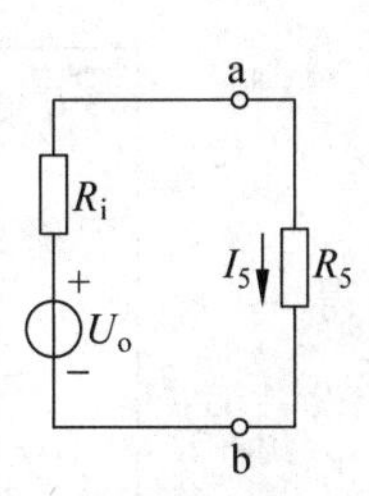

图 4-3-6 例 4-5 电路的戴维南等效电路

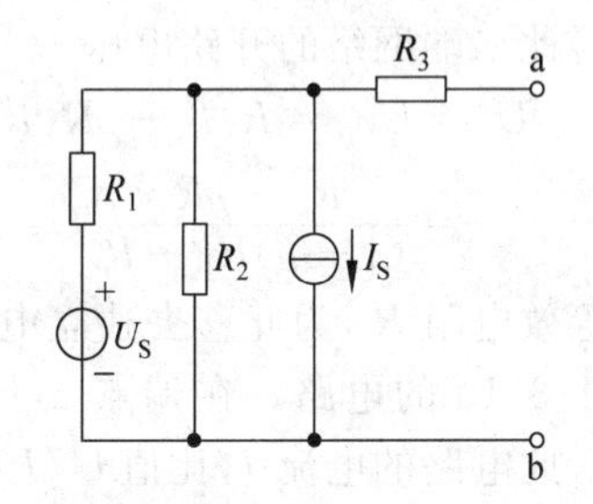

图 4-3-7 例 4-6 附图

【例 4-6】 求图 4-3-7 电路的戴维南等效电路。

解 先求 a，b 两端的开路电压。用叠加定理可求得此电压为

$$U_o = \frac{R_2}{R_1+R_2}U_S - \frac{R_1R_2}{R_1+R_2}I_S = \frac{R_2(U_S - R_1I_S)}{R_1+R_2}$$

为求由 a,b 两端视入的等效电阻,将电压源移去然后使其两端短路,电流源移去并使其两端开路,可得此电阻为

$$R_i = R_3 + \frac{R_1R_2}{R_1+R_2}$$

戴维南定理对任何线性二端网络皆成立,自然也适用于含线性受控源的线性二端电阻网络。事实上由前面证明此定理的过程可见,只要二端网络是线性的,叠加定理便能适用,所作的证明便有效。这里用一个例题来说明求含受控源的线性二端电阻网络的等效电路的具体方法。

【例 4-7】 求图 4-3-8 所示电路中电阻 R_3 中的电流。图中的受控电源是电压控制的电压源。

解 先求将此例电路中的 R_3 移去后所得的二端网络(图 4-3-9)的开路电压 U_o,图 4-3-9的电路是一个单回路电路,设回路中的电流为 I',写出此回路的 KVL 方程为

$$(R_1 + R_2 - \mu R_1)I' = U_S$$

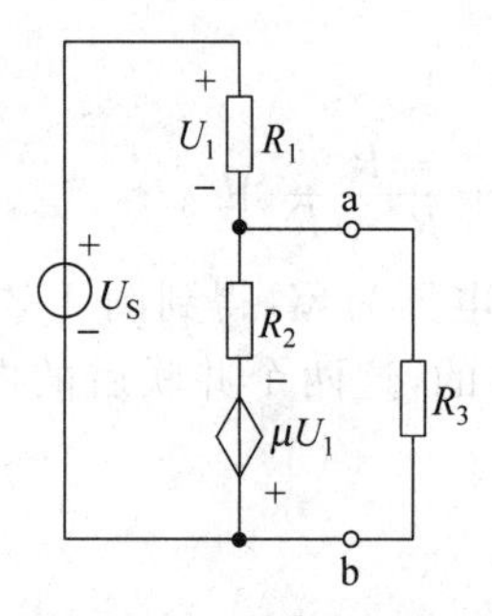

图 4-3-8 例 4-7 附图

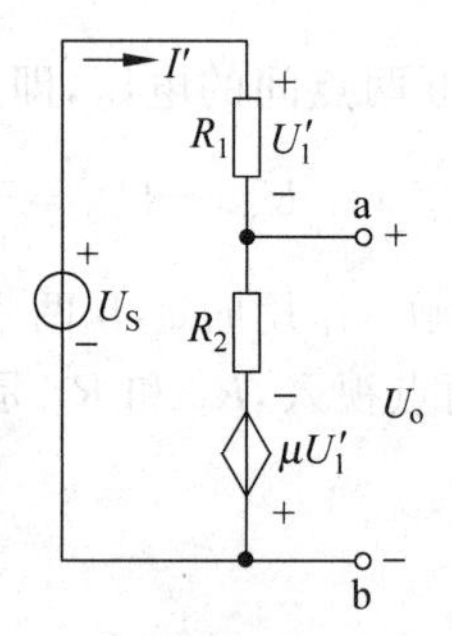

图 4-3-9 例 4-7 中的含源二端网络

所以

$$I' = \frac{U_S}{(1-\mu)R_1 + R_2}$$

于是得此二端网络的开路电压

$$\begin{aligned} U_o = U_{ab} &= R_2I' - \mu R_1I' = (R_2 - \mu R_1)I' \\ &= \frac{R_2 - \mu R_1}{(1-\mu)R_1 + R_2}U_S \end{aligned}$$

再求等效电阻 R_i,为此移去独立电压源,并将其两端短路,得到图 4-3-10 的电路。在端点 a,b 间加一电压 U,求出经 a 点流入此电路的电流 I,比值 U/I 即等于所求电阻。

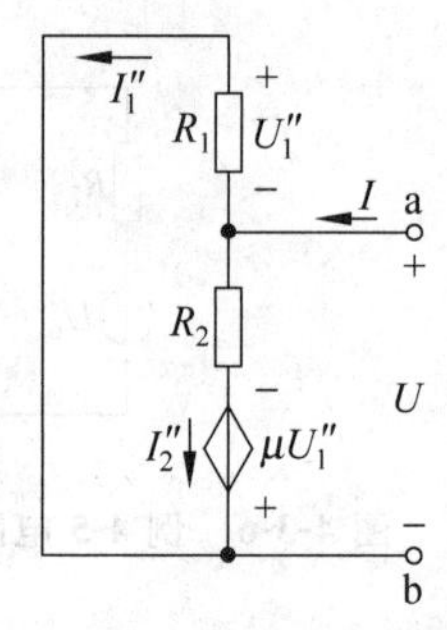

图 4-3-10 求例 4-7 中二端网络的等效电阻所用电路图

此电路中

$$U_1'' = -U$$

$$I_1'' = \frac{U}{R_1}$$

$$I''_2=\frac{U+(-\mu U)}{R_2}=\frac{(1-\mu)U}{R_2}$$

$$I=I''_1+I''_2=\frac{U}{R_1}+\frac{(1-\mu)U}{R_2}=\left(\frac{1}{R_1}+\frac{1-\mu}{R_2}\right)U=\frac{(1-\mu)R_1+R_2}{R_1R_2}U$$

于是得图 4-3-10 中二端网络的等效内阻为

$$R_i=\frac{U}{I}=\frac{R_1R_2}{(1-\mu)R_1+R_2}$$

当将 R_3 接至 a,b 两端,其中的电流即为

$$I_3=\frac{U_o}{R_i+R_3}$$

诺顿定理

诺顿定理也是一个关于线性含源二端电阻网络对其外部的等效电路的定理。仿照证明戴维南定理的过程,用电压电源 U 代替图 4-3-2(a)电路中 a,b 间的外部电路,再用叠加定理,就可以得到线性二端网络的电流电源形式的等效电路。直接将戴维南等效电路转换为电流电源的形式,可以更方便地得到所需的结果。由式(4-3-1)所表示的含源线性二端网络的外特性

$$u=u_o-R_ii$$

得

$$i=\frac{u_o}{R_i}-\frac{u}{R_i}=i_S-G_iu \tag{4-3-2}$$

上式中 $i_S=\frac{u_o}{R_i}$,是二端网络外部短路时的电流;$G_i=\frac{1}{R_i}$,是二端网络的等效内阻 R_i 的倒数,即等效内电导。

由式(4-3-2)可以作出诺顿定理的陈述:任一线性含有独立电源的二端电阻网络对外部的作用(图 4-3-11(a))与一电流为 i_S 的电流电源和一电导 G_i 并联的电路(图 4-3-11(b))等效,其中电流电源的电流 i_S 等于该二端网络的二端短路时的电流;内电导 G_i 即是其戴维南等效电路的内电阻 R_i 的倒数,亦即戴维南等效电路和诺顿等效电路中的内电阻相等。

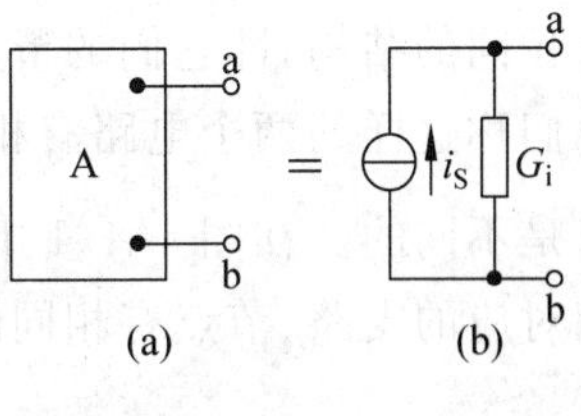

(a) (b)

图 4-3-11 二端电阻网络的诺顿等效电路

要求出一个给定含源二端电阻网络的诺顿等效电路,可以对给定的二端网络求短路电流和内阻 R_i 而得到,也可以将它的戴维南等效电路转换为电流源形式,即可得到。

【例 4-8】 求图 4-3-12(已见于例 4-7)的电路的诺顿等效电路。

解 将图 4-3-12 电路中的 a,b 两端短路,求出由 a 流向 b 的短路电流为

$$I_S=\frac{U_S}{R_1}-\frac{\mu U_S}{R_2}=\frac{R_2-\mu R_1}{R_1R_2}U_S$$

此例中的诺顿等效电路中的内电阻 R_i(或内电导 G_i)已在例 4-7 中求出,这样便得到欲求的诺顿等效电路。

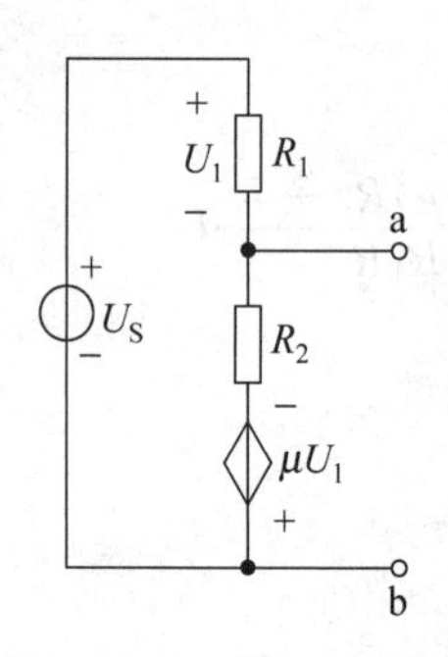

图 4-3-12 例 4-8 附图

在此顺便指出：二端网络的开路电压与短路电流之比，就等于该二端网络的等效内电阻，这由戴维南等效电路或诺顿等效电路都可容易地看出。将例 4-7 中求得的 U_o 与此例中求得 I_S 相除，得等效内电阻

$$R_i = \frac{U_o}{I_S} = \frac{(R_2 - \mu R_1)U_S}{(1-\mu)R_1 + R_2} \frac{R_1 R_2}{(R_2 - \mu R_1)U_S} = \frac{R_1 R_2}{(1-\mu)R_1 + R_2}$$

它与例 4-7 中求得的结果相同。这也可作为计算二端电阻网络的等效内电阻的一个方法。

戴维南定理和诺顿定理有时被统称为等效电源定理。含源二端网络是一种很常见的网络，当需要考虑的只是二端网络对外部的作用时，这一定理提供了一个简单的分析方法。

最后需说明的是：当确定一个含源二端网络的戴维南(诺顿)等效电路时，等效电路中的电压源(电流源)的方向与对应含源二端网络的开路电压(短路电流)的方向有对应关系，这一点务必注意。

4.4 特勒根定理

特勒根定理是对任何集总参数电路都普遍成立的一个定理，仅仅用基尔霍夫电流定律和电压定律就可以作出它的证明，所以它具有与基尔霍夫定律同等的普遍意义。

假设有两个各有 b 个支路、n 个节点的电路 N 和 $\hat{\text{N}}$(例如图 4-4-1 中的两个电路)，它们有相同的结构，即它们的节点、支路分别是一一对应的，而且支路与节点的联接关系也相同，我们称这样的两个电路有相同的拓扑。具有相同拓扑结构的电路，对应的支路中的元件可以是不同的。在图 4-4-1 中，电路中每一支路只用一线段表示。对电路 N 和 $\hat{\text{N}}$，使它们中相对应的支路、节点有相同的编号；取其中对应的支路电压、电流的参考方向都分别相同，并

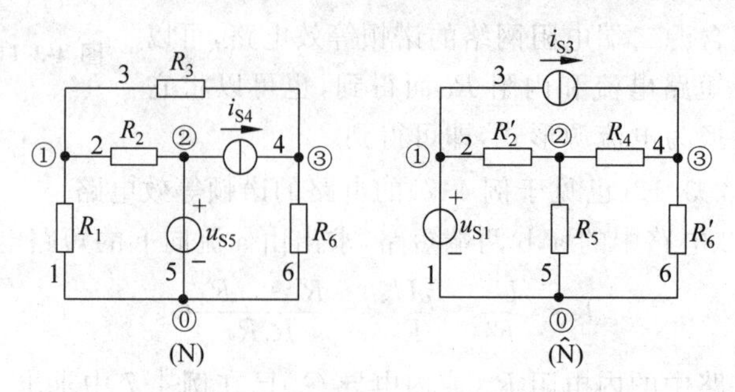

图 4-4-1 有相同拓扑结构的电路举例

取每一支路中的电流与该支路的电压降的参考方向一致。则 N 与 $\hat{\text{N}}$ 的支路与节点的联接关系可用图 4-4-2 所示的同一个拓扑图来表示。

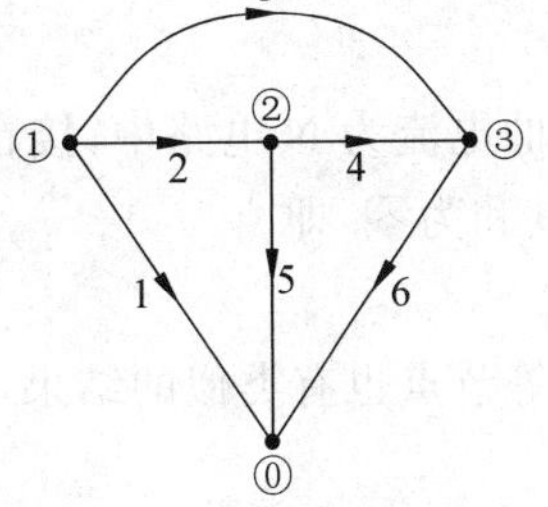

图 4-4-2 说明，电路 N 和 $\hat{\text{N}}$ 的 KCL 关系式和 KVL 关系式是相同的。当然，由于电路 N 和 $\hat{\text{N}}$ 对应支路元件或参数并不相同，所以两个电路中各支路电压和电流是不同的。

特勒根定理就是表明有相同拓扑结构的两个电路中支路电压电流关系的定理。

图 4-4-2　图 4-4-1 电路 N,$\hat{\text{N}}$ 的拓扑图

特勒根定理的内容为：对两个具有相同拓扑结构的电路 N 和 $\hat{\text{N}}$，电路 N($\hat{\text{N}}$)的所有支路中每一支路电压 $u_k(\hat{u}_k)$与电路 $\hat{\text{N}}$(N)的对应的支路电流 $\hat{i}_k(i_k)$的乘积之和为零，即

$$\sum_{k=1}^{b} u_k\hat{i}_k = 0 \tag{4-4-1}$$

$$\sum_{k=1}^{b} \hat{u}_k i_k = 0 \tag{4-4-2}$$

乘积 $u_k\hat{i}_k(\hat{u}_k i_k)$表示了电路 N($\hat{\text{N}}$)中的 k 支路的电压与电路 $\hat{\text{N}}$(N)中 k 支路的电流的乘积，它们虽有功率的形式，但并非电路 N($\hat{\text{N}}$)中支路 k 所吸收的功率，因此它有“似功率”的名称。特勒根定理所说明的是似功率的平衡关系。

现在用基尔霍夫定律证明此定理。设电路 N 中各节点电压为 $u_{\text{N}1}, u_{\text{N}2}, \cdots, u_{\text{N}n}$；支路 k 中的电流为 i_k；支路 k 两端的电压为 u_k。电路 $\hat{\text{N}}$ 中的各节点电压、支路电流、支路电压分别以电路 N 中的对应量的记号上面加以“∧”符号表示。设支路 k 接在节点 α 和节点 β 之间(图 4-4-3)，便有 $u_k = u_{\text{N}\alpha} - u_{\text{N}\beta}$，因而

$$\begin{aligned} u_k\hat{i}_k &= (u_{\text{N}\alpha} - u_{\text{N}\beta})\hat{i}_k = (u_{\text{N}\alpha} - u_{\text{N}\beta})\hat{i}_{\alpha\beta} \\ &= u_{\text{N}\alpha}\hat{i}_{\alpha\beta} - u_{\text{N}\beta}\hat{i}_{\alpha\beta} = u_{\text{N}\alpha}\hat{i}_{\alpha\beta} + u_{\text{N}\beta}\hat{i}_{\beta\alpha} \end{aligned}$$

在上式中，$\hat{i}_k = \hat{i}_{\alpha\beta} = -\hat{i}_{\beta\alpha}$，$\hat{i}_{\alpha\beta}$是 $\hat{\text{N}}$ 中由节点 α 经支路 k 流向节点 β 的电流。

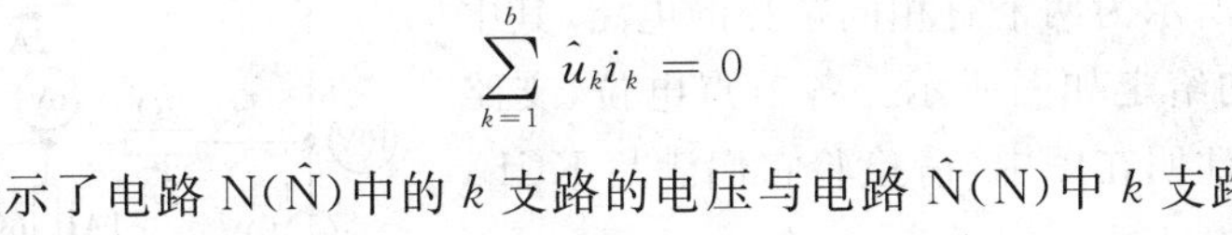

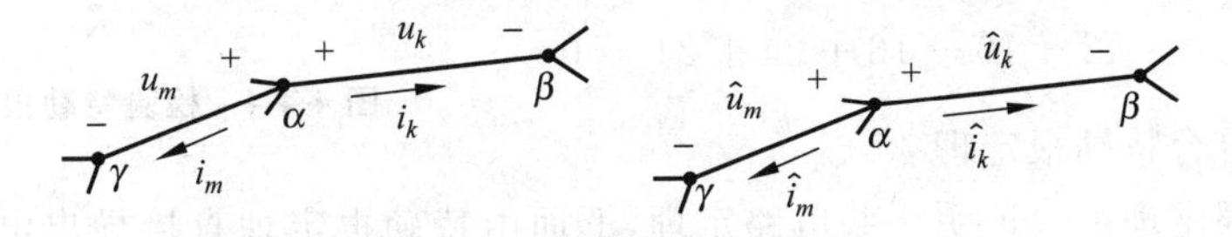

图 4-4-3　证明特勒根定理用图

若节点 α 上还接有支路 m，依同理可得

$$u_k\hat{i}_m = u_{\text{N}\alpha}\hat{i}_{\alpha\gamma} + u_{\text{N}\gamma}\hat{i}_{\gamma\alpha}$$

依此类推，由式$\sum_{k=1}^{b} u_k\hat{i}_k$，对节点$\alpha$可得

$$u_{N\alpha}(\hat{i}_{\alpha\beta}+\hat{i}_{\alpha\gamma}+\cdots)$$

括号中的电流为$\hat{N}$电路中，接在节点α上的所有支路的流出节点α的支路电流之和。根据KCL，其和为零，即

$$u_{N\alpha}(\hat{i}_{\alpha\beta}+\hat{i}_{\alpha\gamma}+\cdots)=0$$

对β，γ等节点也有类似的结果，因此有

$$\sum_{k=1}^{b} u_k\hat{i}_k=0$$

同理可以证明式(4-4-2)，即

$$\sum_{k=1}^{b} \hat{u}_k i_k=0$$

这就证明了特勒根定理。

作为检验，下面来看一个数字例子。

图4-4-4中所示为两个有相同拓扑的电路，其中电路参数、电源均给定如图所示。各节点电位、支路电流都已解出并注明在图中(请检验它们满足KCL，KVL)，图中并注出支路号。现计算$\sum_{k=1}^{b} u_k\hat{i}_k$。按照电路N中各支路电流的参考方向，取各对应支路电压的参考方向与之一致，由图中所给出的数字，结果有：

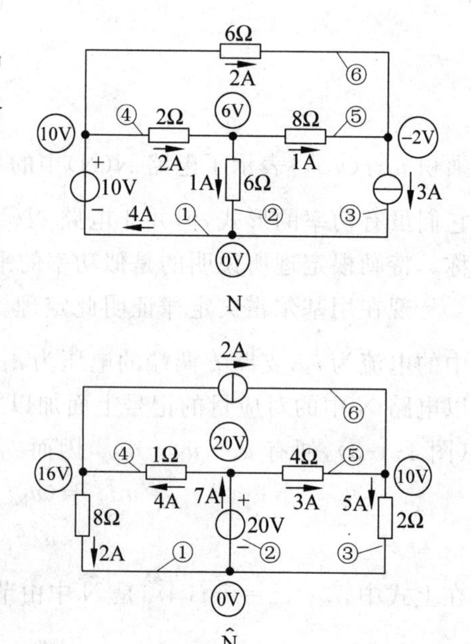

图4-4-4 检验特勒根定理的例子

$$u_1\hat{i}_1=(-10)\times(-2)=20$$
$$u_2\hat{i}_2=6\times(-7)=-42$$
$$u_3\hat{i}_3=(-2)\times5=-10$$
$$u_4\hat{i}_4=4\times(-4)=-16$$
$$u_5\hat{i}_5=8\times3=24$$
$$u_6\hat{i}_6=12\times2=24$$
$$\sum_{k=1}^{6} u_k\hat{i}_k=20-42-10-16+24+24=0$$

足见所得结果符合特勒根定理。

利用特勒根定理可以证明一些电路定理，下面由特勒根定理直接导出电路中的功率平衡定理。

功率平衡定理

在任一瞬间，任一电路中所有支路所吸收的瞬时功率的代数和为零，即

$$\sum_{k=1}^{b} p_k = \sum_{k=1}^{b} u_k i_k = 0 \tag{4-4-3}$$

功率平衡定理实际上是特勒根定理的一个特殊情形。在特勒根定理的证明中,令电路 N 和 $\hat{\text{N}}$ 是同一个电路,于是 $u_k=\hat{u}_k, i_k=\hat{i}_k$,代入式(4-4-1)或式(4-4-2)中,立即得到式(4-4-3)的结果。

由此可见,功率平衡定理是蕴含在基尔霍夫定律之中的。

功率平衡定理表明:任何一电路在工作时一定是有的支路吸收功率,另一些支路发出功率(即吸收的功率为负值)。最常见的情形是电源发出功率,它与负载吸收的功率相等,满足功率平衡定理。

4.5 互易定理

线性电阻网络的互易定理表明这种电路的一个重要性质。下面是这个定理的一种形式。给定任一仅由线性电阻构成的网络(不含独立电源和受控电源)(图 4-5-1),设置于支路 j 中的电压源 u_j 在支路 k 中产生的电流为 i_k(图 4-5-1(a));置于支路 k 中的电压源 u_k 在支路 j 中产生的电流为 i_j(图 4-5-1(b))。互易定理称:以下关系

$$\frac{i_k}{u_j} = \frac{i_j}{u_k} \quad 或 \quad u_k i_k = u_j i_j \tag{4-5-1}$$

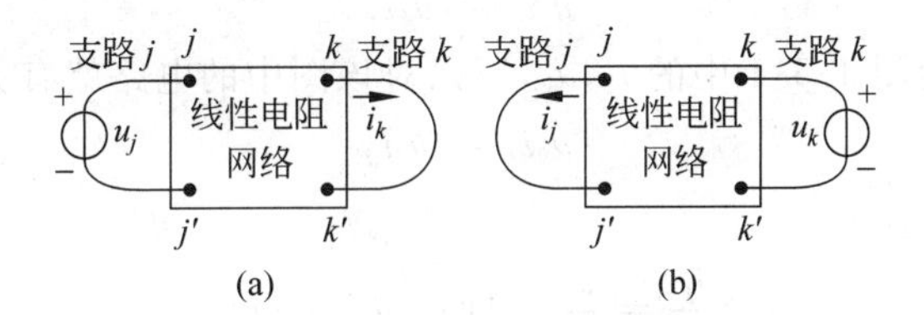

图 4-5-1 叙述互易定理用图

成立。如在上式中使 $u_j=u_k$,即先后在 k,j 支路接入同一电压源,则上述互易定理又可表示为

$$i_k = i_j \tag{4-5-2}$$

即:在线性电阻网络中,在支路 j 中接一电压电源,它在支路 k 中产生的电流等于在支路 k 中接一电压与之相等的电压源在支路 j 中产生的电流。

在式(4-5-1)中,i_k/u_j 是一个量纲为电导的常数,记为 g_{kj},称为从 j 与 j' 两端到 k 与 k' 两端的转移电导,i_j/u_k 也是一个量纲为电导的常数,记为 g_{jk},称为从 k 与 k' 两端到 j 与 j' 两端的转移电导,式(4-5-1)表示的互易定理又可表示为

$$g_{kj} = g_{jk} \tag{4-5-3}$$

现在用特勒根定理证明互易定理。将上述两种情况下所考虑的电路分别称电路 N 和 $\hat{\text{N}}$,设其中的支路数为 b。在第一种情形下(图 4-5-1(a)),N 中的支路电压、电流分别记为

u_α、i_α;第二种情形下(图 4-5-1(b))$\hat{N}$ 中的支路电压、电流分别记为 $\hat{u}_\alpha$、$\hat{i}_\alpha$。根据特勒根定理,对所有的支路,求 N($\hat{N}$)中的支路电压 $u_\alpha(\hat{u}_\alpha)$ 与 $\hat{N}$(N)中的支路电流 $\hat{i}_\alpha(i_\alpha)$ 的乘积 $u_\alpha\hat{i}_\alpha(\hat{u}_\alpha i_\alpha)$ 的和,结果应为零。我们将这求和式中与支路 j,k 对应的两项单独写出,便有以下两式:

$$u_j\hat{i}_j + u_k\hat{i}_k + \sum_{\substack{\alpha=1\\ \alpha\neq j,k}}^{b} u_\alpha\hat{i}_\alpha = 0 \tag{4-5-4a}$$

$$\hat{u}_j i_j + \hat{u}_k i_k + \sum_{\substack{\alpha=1\\ \alpha\neq j,k}}^{b} \hat{u}_\alpha i_\alpha = 0 \tag{4-5-4b}$$

由于这里的 N 和 $\hat{N}$,就图中方框内部看,是相同的电路。设支路 α 中的电阻为 R_α,于是有

$$u_\alpha = R_\alpha i_\alpha$$

$$\hat{u}_\alpha = R_\alpha\hat{i}_\alpha \qquad \alpha = 1,2,\cdots,b;\ \alpha\neq j,k$$

因而在式(4-5-4a)和式(4-5-4b)中的

$$u_\alpha\hat{i}_\alpha = R_\alpha i_\alpha\hat{i}_\alpha = \hat{u}_\alpha i_\alpha$$

即(a),(b)两式中求和号后的各对应项相等,将(a),(b)两式相减,可得

$$u_j\hat{i}_j + u_k\hat{i}_k = \hat{u}_j i_j + \hat{u}_k i_k \tag{4-5-5}$$

又在 N 中,$u_k=0$;在 $\hat{N}$ 中,$\hat{u}_j=0$。将以上诸关系代入式(4-5-4),得

$$u_j\hat{i}_j = \hat{u}_k i_k$$

上式中的 $\hat{i}_j$,$\hat{u}_k$ 分别为图 4-5-1 中的 i_j,u_k,所以对该图中的电路就有关系式

$$u_k i_k = u_j i_j \tag{4-5-6}$$

或即

$$\frac{i_k}{u_j} = \frac{i_j}{u_k} \quad 即 \quad g_{kj} = g_{jk}$$

若 $u_j=u_k$,则 $i_k=i_j$。这就是所要证明的结果。它是互易定理的一种形式。

互易定理的另一形式 假设在任一线性电阻网络的一对节点 j,j' 间接入一电流为 i_j 的电流源,它在另一对节点 k,k' 间产生的电压为 u_k(图 4-5-2(a));在节点 k,k' 间接入一电流为 i_k 的电流源,它在节点 j,j' 间产生的电压为 u_j(图 4-5-2(b))。另一形式的互易定理称:上述各电压、电流间有以下关系:

$$\frac{u_k}{i_j} = \frac{u_j}{i_k} \tag{4-5-7}$$

记

$$\frac{u_k}{i_j} = r_{kj} \qquad \frac{u_j}{i_k} = r_{jk}$$

则有

$$r_{kj} = r_{jk} \tag{4-5-8}$$

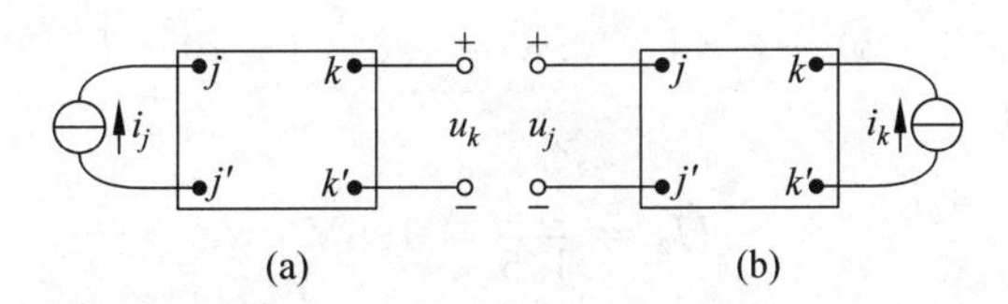

图 4-5-2 叙述互易定理用图

若使在两种情况下所接入的电流源电流相同，即 $i_j=i_k$，则有

$$u_k=u_j \tag{4-5-9}$$

在式(4-5-7)中的 $u_k/i_j=r_{kj}$ 称为从 j,j' 两端到 k,k' 两端的转移电阻；$u_j/i_k=r_{jk}$ 叫做从 k,k' 两端到 j,j' 两端的转移电阻，所以式(4-5-7)～式(4-5-9)都可以作为互易定理的这一形式的表述。

这一形式的互易定理也容易根据特勒根定理证明，留给读者去完成。

凡是互易定理对之成立的电路就称之为互易电路，或者称有互易性质。

线性电阻电路是互易电路，在后面将可看到：由不随时间变化的线性电阻、电感、电容、互感元件组成的电路都是互易电路。含有受控源的电路大多是非互易的，例如电子技术中的各种放大器，就是极明显的非互易电路的例子；但也有含受控电源的互易电路。

许多物理的线性系统(电磁学的，动力学的)都具有互易性质，线性电阻电路只是具有互易性质的许多系统中的一类系统。

【例 4-9】 图 4-5-3 所示电路中，已知：(1)$R_1=R_2=2\Omega$，$U_S=8V$ 时，$I_1=2A$，$U_2=2V$；(2)$R_1=1.4\Omega$，$R_2=0.8\Omega$，$U_S=9V$ 时，$I_1=3A$。求在条件(2)时的电压 U_2。

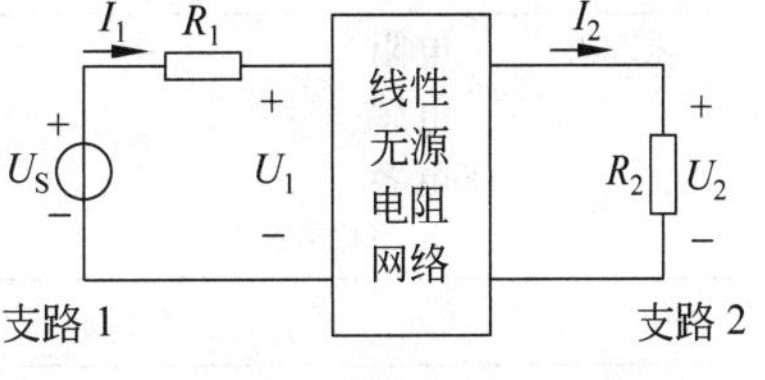

图 4-5-3 例 4-9 附图

解 此电路可用特勒根定理求解。将满足条件(1)看成 N，满足条件(2)看成 $\hat{N}$。由所给条件可得

对电路 N：

$$U_1=U_S-R_1I_1=8-2\times2=4V,\quad I_1=2A$$

$$U_2=2V,\quad I_2=U_2/R_2=2/2=1A$$

对电路 $\hat{N}$：

$$\hat{U}_1=9-3\times1.4=4.8V,\quad \hat{I}_1=3A$$

$\hat{U}_2$ 为所求，

$$\hat{I}_2=\hat{U}_2/0.8$$

根据式(4-5-5)，可得

$$U_1(-\hat{I}_1)+U_2\hat{I}_2=\hat{U}_1(-I_1)+\hat{U}_2I_2$$

式中支路 1 电流取负号是因为它与 U_1 的参考方向是非关联参考方向。

将上述电压、电流值代入式中，得

$$4\times(-3)+2\times\hat{U}_2/0.8=4.8\times(-2)+\hat{U}_2\times 1$$

由此可得

$$\hat{U}_2=\frac{2.4}{1.5}=1.6\text{V}$$

4.6 对偶电路与对偶原理

在电路的诸多变量、元件、定律、定理乃至公式间有着某种相似、对应的关系。为了明确地显示这样的关系,我们列出表4-6-1,表的左栏所列是电路变量、元件方程、电路术语、电路定律等,表的右栏是与左栏中同一行所列相对应的内容。称同一行左右两栏的内容是相互对偶的。

表 4-6-1 对偶元素表

A 电路术语	
节点	网孔
网孔	节点
串联	并联
并联	串联
开路	短路
短路	开路
B 电路元件	
电阻	电导
电感	电容
电容	电感
电压电源 u_S	电流电源 i_S
C 电路变量	
电流 i	电压 u
电压 u	电流 i
电荷 q	磁链 ψ
磁链 ψ	电荷 q
D 元件方程	
电阻 $u=Ri$	电导 $i=Gu$
电感 $u=L\frac{di}{dt}$	电容 $i=C\frac{du}{dt}$
电容 $i=C\frac{du}{dt}$	电感 $u=L\frac{di}{dt}$
E 电路定律	
KCL $\sum i=0$	KVL $\sum u=0$
KVL $\sum u=0$	KCL $\sum i=0$

这样的对偶关系有什么意义？我们先看下面的例子。图 4-6-1(a)和(b)是两个电阻电路，分别称之为 N 和 $\overline{\mathrm{N}}$。N 是由两个电阻并联再与一电阻串联接至一电压源的电路；$\overline{\mathrm{N}}$ 是由两个电导串联再与一电导并联接至一电流源的电路。对于它们的分析是简单的，这里只把它们的电路方程和由其得到的结果分两栏写在下面，左、右两栏的内容分别属于图 4-6-1(a)和(b)所示电路。

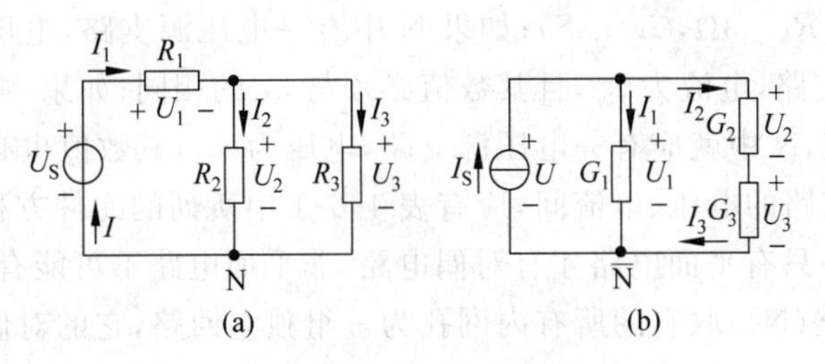

图 4-6-1 对偶电路示例

对 N 有	对 $\overline{\mathrm{N}}$ 有
KVL $U_1+U_2=U_S$	KCL $I_1+I_2=I_S$
KVL $U_2=U_3$	KCL $I_2=I_3$
KCL $I_1=I_2+I_3$	KVL $U_1=U_2+U_3$
元件方程 $U_k=R_kI_k \quad k=1,2,3$	元件方程 $I_k=G_kU_k \quad k=1,2,3$
等效电阻 $R=R_1+\dfrac{R_2R_3}{R_2+R_3}$	等效电导 $G=G_1+\dfrac{G_2G_3}{G_2+G_3}$
电源电流 $I=\dfrac{U_S}{R}$	电源电压 $U=\dfrac{I_S}{G}$

由上面列出的这两个电路的方程和分析结果看出：所有对应的结果，形式上都相似，只要把左栏诸式中的各个量，按表 4-6-1 换成与之对偶的量，就得到右栏中的各式，反之亦然。这些相对应的式子或结果也可以称是对偶的。这里的对偶就比表 4-6-1 中所含的对偶有更广泛的意义。

图 4-6-1 中的两个电路之间为什么会有上述的关系？给定一个电路(如图 4-6-1(a))又怎样求出与它有这样关系的电路(如图 4-6-1(b))？为了回答这些问题，我们给出对偶电路的定义。

对偶电路

设有 b 个支路的电路 N，满足下列条件的电路 $\overline{\mathrm{N}}$ 称为 N 的对偶电路：

(1) 将 N 中的 KVL 方程中的支路电压 u_j 换成 i_j(对所有支路 $j=1,\cdots,b$)便成为对 $\overline{\mathrm{N}}$ 成立的 KCL 方程；

(2) 将 N 中以支路电流 i_j 表示的支路电压 u_j 的表达式中的 i_j 与 u_j 交换，就是 $\overline{\mathrm{N}}$ 中的以支路电压 u_j 表示的支路电流 i_j 的表达式(对所有支路 $j=1,\cdots,b$)。

对上面的两个条件的含义作一些解释。由以上的条件可见 $\overline{N}$ 必须有与 N 相同的支路数b(这里将每一元件视为一支路)。条件(1)要求将 N 的 KVL 方程中的电压 u_j 换成 i_j 即得 $\overline{N}$ 的 KCL 方程,那么,与 N 中的一个网孔对应,$\overline{N}$ 中一定有一个对应的独立节点,所以 $\overline{N}$ 中的独立节点数就必须与 N 中的网孔数相等。条件(2)意味着:如果 N 中有一电阻支路,电阻为 R_k,与之对应,$\overline{N}$ 中就应有一电导支路,电导为 G_k,且要求 $G_k=R_k$(这两者单位不同,这里只论其数值,例如 $R_k=3\Omega$,$G_k=3\text{S}$);如果 N 中有一电压源支路,电压为 $u_{\text{S}j}$,与之对应,$\overline{N}$ 中就应有一电流源支路,电流为 $i_{\text{S}j}$,且其数值必须与 $u_{\text{S}j}$ 的相同;如果 N 中有一电流源支路,电流为 $i_{\text{S}j}$,与之对应,$\overline{N}$ 中就应有一电压源支路,电压为 $u_{\text{S}j}$,其数值也必须与 $i_{\text{S}j}$ 的相同。总之,N 与 $\overline{N}$ 的对应支路的电压、电流间,应有表 4-6-1 中所列的元件方程间的对偶关系。

研究结果表明:只有平面电路才有对偶电路,非平面电路不可能有对偶电路。

对于一平面电路(N),取它的所有内网孔为一组独立回路,它的对偶电路 $\overline{N}$ 中便有数目与此网孔数相等的独立节点,电路 N 的内网孔与 $\overline{N}$ 的独立节点应有一一对应的关系;包围一平面电路可作一外围大网孔,叫做外网孔(外网孔与内网孔并无实质区别,事实上平面电路的任何一个网孔都可通过将电路改画而成为外网孔),在此平面电路的对偶电路中的参考节点便与此外网孔对应。电路 N 的网孔方程与 $\overline{N}$ 的节点方程应一一对应;电路 N 的支路与 $\overline{N}$ 的支路应一一对应,如果 N 的某两网孔有一公共支路,则 $\overline{N}$ 中对应的支路应跨接在与该两网孔对应的节点之间;各对应支路中的元件应有表 4-6-1 中所列的对偶关系。这样,对于给定的电路 N,它的对偶电路 $\overline{N}$ 的节点、支路和它们的互连关系、各支路元件就完全确定了。我们就可以由电路 N 求出它的对偶电路 $\overline{N}$。

现在按照对偶电路的定义得出的对它的要求,以一个电阻电路为例,我们来叙述求作一给定电路的对偶电路的步骤。

假设给定了图 4-6-2(a)的电路 N,它包含有三个网孔,即图中的 l_1,l_2,l_3 和一个包围这些网孔的外网孔 l_0。与 N 对偶的电路 $\overline{N}$ 应有三个独立节点①,②,③和一个非独立节点⓪,$\overline{N}$ 的这四个节点分别与 N 的四个网孔对偶。为便于作出 N 的对偶电路 $\overline{N}$,我们先在图 4-6-2(a)中把 $\overline{N}$ 的各个节点标在与之对偶的 N 的网孔中,并以虚线表示 $\overline{N}$ 中的各个支路。以下的叙述分在下面的两栏中:左栏是对于 N 的;右栏是对于 $\overline{N}$ 的,同一行中两栏的陈述是对偶的。

将图 4-6-2(a)中所有虚线构成的电路图画在图 4-6-2(b)中,这电路 $\overline{N}$ 就是图 4-6-2(a)所示电路 N 的对偶电路 $\overline{N}$。

在作出 $\overline{N}$ 的电路图的过程中,使电路 N 和 $\overline{N}$ 相对应的支路有相同的编号,$\overline{N}$ 中的节点与 N 中相对应的网孔有相同的编号。考虑到电路 N 的网孔电流方程对偶于 $\overline{N}$ 中的节点电压方程,使 N 中顺时针方向的网孔电流对偶于 $\overline{N}$ 中的节点到参考点的电压。$\overline{N}$ 中电压源、电流源及其参考方向是这样确定的:如果 N 的一网孔 j 中有电压源电压,它的电压升的参考方向与该网孔的顺时针方向一致(相反),与之对偶,在 $\overline{N}$ 中就有一电流源接至与该网孔对应的节点 j,它的参考方向是指向(背离)节点 j;如果 N 的两网孔 j,k 间的一公共支路中有一电流电源,与之对偶,在$\overline{N}$中,在与该两网孔对应的节点j,k间就接有一电压电源,若

N	$\overline{\mathrm{N}}$
有独立网孔 l_1, l_2, l_3	有独立节点①,②,③
有非独立网孔 l_0	有非独立节点⓪(参考点)
l_1 与 l_0 有公共电阻 R_2	①与⓪间有电导 G_2(作虚线 b_2 表示)
l_1 与 l_0 共有电压源 u_{S1}	①与⓪间有电流源 i_{S1}(作虚线 b_1 表示)
l_1 与 l_2 有公共电阻 R_3	①与②有电导 G_3(作虚线 b_3 表示)
l_2 与 l_0 有公共电阻 R_4	②与⓪有电导 G_4(作虚线 b_4 表示)
l_2 与 l_3 有公共电阻 R_5	②与③有电导 G_5(作虚线 b_5)
l_3 与 l_0 共有电流源 i_{S6}	③与⓪间有电压源 u_{S6}(作虚线 b_6)

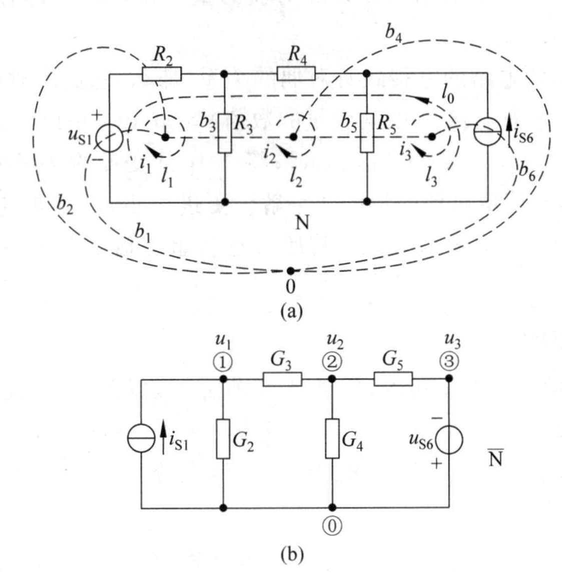

图 4-6-2 对偶电路的作法附图

(a) 原电路图 N 及其对偶电路的线图;(b) N 的对偶电路 $\overline{\mathrm{N}}$

N 中的电流电源的参考方向与 j,k 网孔中的某一网孔(例如 j 网孔)的顺时针方向一致,则 $\overline{\mathrm{N}}$ 中对应的电压电源的电压升的参考方向是指向与这一网孔对应的节点(节点 j)。在本节的例子里,N 中的电压电源 u_{S1} 的电压升的方向与网孔 1 的顺时针方向一致,所以它的对偶电路 $\overline{\mathrm{N}}$ 中 i_{S1} 的参考方向是指向与网孔 1 对应的节点;电流源 i_{S6} 的参考方向与网孔 l_0 的顺时针方向一致,所以 $\overline{\mathrm{N}}$ 中对应的电压电源 u_{S6} 的电压升的参考方向是指向与 l_0 对应的 $\overline{\mathrm{N}}$ 中的节点⓪。

现在将上例中电路 N 和 $\overline{\mathrm{N}}$ 的方程加以对比。电路 N 的网孔电流方程是

$$\left.\begin{aligned}&(R_2+R_3)i_1-R_3i_2=u_{S1}\\&-R_3i_1+(R_3+R_4+R_5)i_2-R_5i_3=0\\&i_3=-i_{S6}\end{aligned}\right\}\tag{4-6-1}$$

电路 $\overline{\mathrm{N}}$ 的节点电压方程是

$$\left.\begin{aligned}&(G_2+G_3)u_1-G_3u_2=u_{S1}\\&-G_3u_1+(G_3+G_4+G_5)u_2-G_5u_3=0\\&u_3=-u_{S6}\end{aligned}\right\}\tag{4-6-2}$$

可见 N 的网孔电流方程与 $\overline{\mathrm{N}}$ 的节点电压方程间也有着对偶关系。如果将式(4-6-1)中的各量按表 4-6-1 中的对偶关系进行替换,那就可以十分简便地得到式(4-6-2)。

对偶电路表示的是两个电路间的一定的相互关系。如果 $\overline{\mathrm{N}}$ 是 N 的对偶电路,则 N 也是 $\overline{\mathrm{N}}$ 的对偶电路。本节例中的两个电路就是相互对偶的电路,如果写出图 4-6-2(b)电路的网孔电流方程,再按表 4-6-1 将各有关量以其对偶的量替换,也可得到图 4-6-2(a)所示电路的节点电压方程。

既然两个相互对偶的电路的方程式有对偶的关系,那么,它们的对应的解答也一定有对偶的关系。这意味着:平面电路 N 中某变量的数值解(如式(4-6-1)中的 i_1,i_2)等于 $\overline{\mathrm{N}}$ 中与之对偶的量的数值解(如式(4-6-2)中的 u_1,u_2);将 N 中某变量的文字解中的量换成与之对偶的文字,就是 $\overline{\mathrm{N}}$ 中的与该量对偶的量的文字解。更进一步,由对偶电路的方程、解答以及由之作出的任何推断也一定有对偶关系。将所有这些事实概括起来,便有下述电路中的对偶原理。

电路中的对偶原理

任何两个相互对偶的电路 N 和 $\overline{\mathrm{N}}$,如果对 N 有命题(或陈述)S 成立,则将 S 中的所有各电路变量(电压、电流等)、元件(R,L,C 等)、名词(网孔、节点等)分别以与之对偶的电路变量(电流、电压等)、元件(G,C,L 等)、名词(节点、网孔等)替换,所得的对偶命题(或陈述)$\overline{\mathrm{S}}$ 对 $\overline{\mathrm{N}}$ 成立。

对偶原理之所以成立,是基于表 4-6-1 中的所有各对偶关系,它们都有相同的数学形式,如果对电路 N,有任何命题 S 已被证明成立,那么,一定可以用同样的方法证明,与之对偶的命题 $\overline{\mathrm{S}}$,对于电路 $\overline{\mathrm{N}}$ 是成立的。

我们在前面已经看到一些对偶的命题,诸如电阻的串联与电导的并联、电压电源与电流电源的转换、戴维南定理和诺顿定理等。在后面还将见到许多的对偶电路和它们的对偶命题。总之,任何一平面电路问题的解答得出后,它的对偶电路的解就可根据对偶原理立即得出,由此可见对偶原理在电路理论中的普遍意义。

习　题

4-1　一电路如题图 4-1 所示。

(1) 应用叠加定理求各支路电流;

(2) 求电压源 E_1 发出的功率。

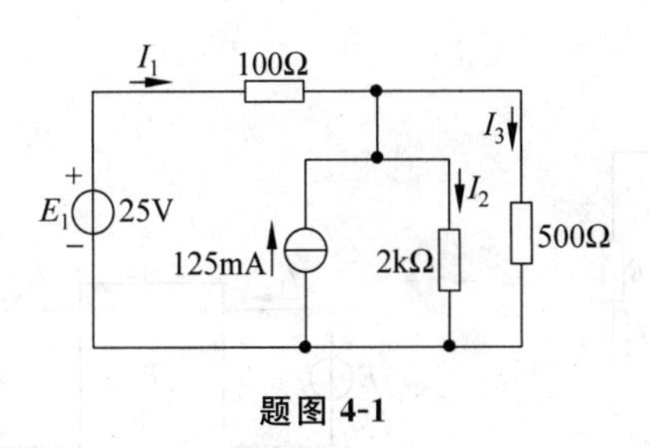

题图 4-1

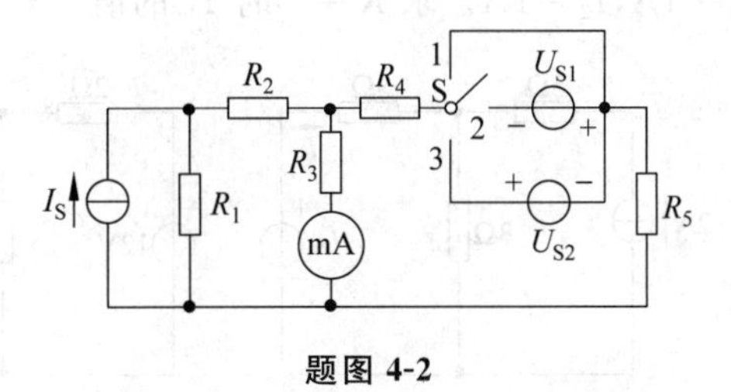

题图 4-2

4-2 一电路如题图 4-2 所示。已知 $U_{S1}=10V$,$U_{S2}=15V$。当开关 S 在位置 1 时,毫安表读数为 $I'=40mA$;当开关 S 倒向位置 2 时,毫安表读数为 $I''=-60mA$。如果把开关 S 倒向位置 3,毫安表读数为多少?

4-3 对题图 4-3 所示电路进行的两次实验测得:(1)当只有电压源 $U_S=40V$ 作用时,电流表读数为 4A;(2)当只有电流源 $I_S=4A$ 作用时,电流表读数为 1A。求电压源 $U_S=20V$ 与电流源 $I_S=6A$ 同时作用时电流表读数。

4-4 在题图 4-4 中,当电流源 i_{S1} 和电压源 u_{S1} 反向时(u_{S2} 不变),电压 u_{ab} 是原来的 0.5 倍;当 i_{S1} 和 u_{S2} 反向时(u_{S1} 不变),电压 u_{ab} 为原来的 0.3 倍。问:仅 i_{S1} 反向时(u_{S1},u_{S2} 均不变),电压 u_{ab} 应为原来的多少倍?

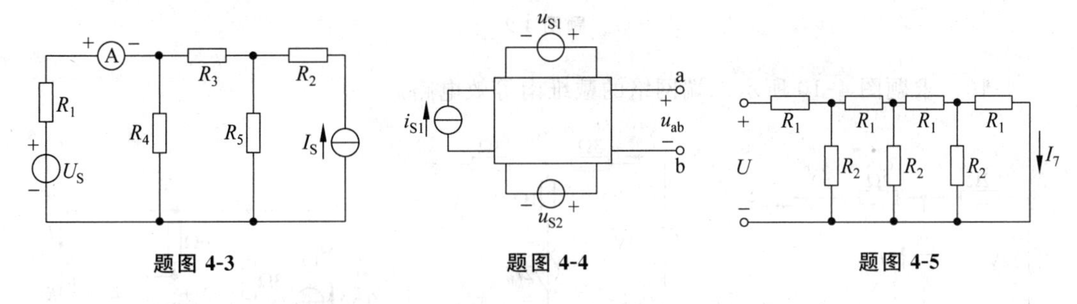

题图 4-3　　题图 4-4　　题图 4-5

4-5 题图 4-5 所示电路中 $R_1=2\Omega$,$R_2=20\Omega$,若 $I_7=1A$,求:

(1) 电阻 R_2 上的电压;

(2) 电阻 R_1 中的电流;

(3) 电源电压 U;

(4) $U=100V$ 时,电流 I_7 的值。

4-6 用叠加定理求题图 4-6 所示电路中电流 I 和电压 U_1。

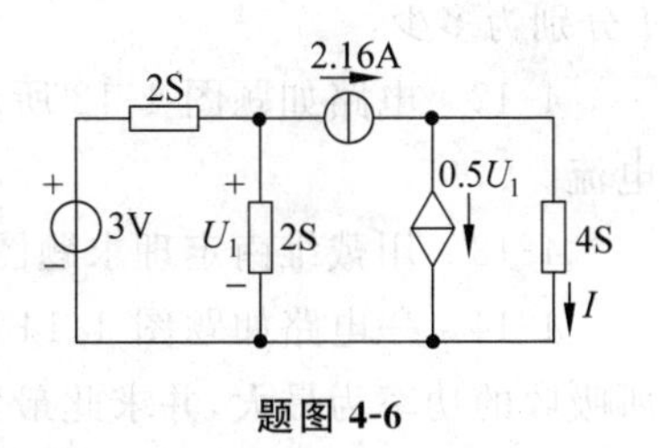

题图 4-6

4-7 题图 4-7 所示电路中,已知 $I=1A$,试用替代定理求图(a)中 U_S 和图(b)中 R 的值。

4-8 题图 4-8 所示电路中,P 为一线性不含独立源的电阻网络,已知:$R=R_1$ 时 $I_1=5A$,$I_2=2A$;$R=R_2$ 时

$I_1=4\text{A}, I_2=1\text{A}$。求 $R=\infty$ 时 I_1 的值。

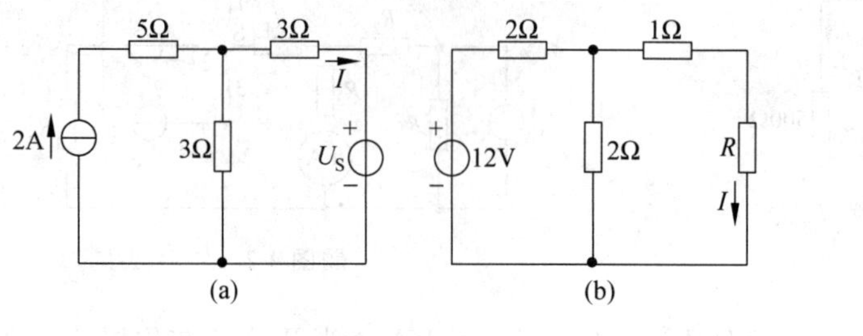

题图 4-7

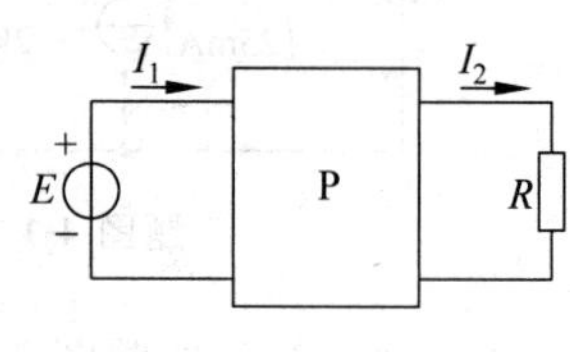

题图 4-8

4-9 求题图 4-9 所示电路的戴维南等效电路和诺顿等效电路。

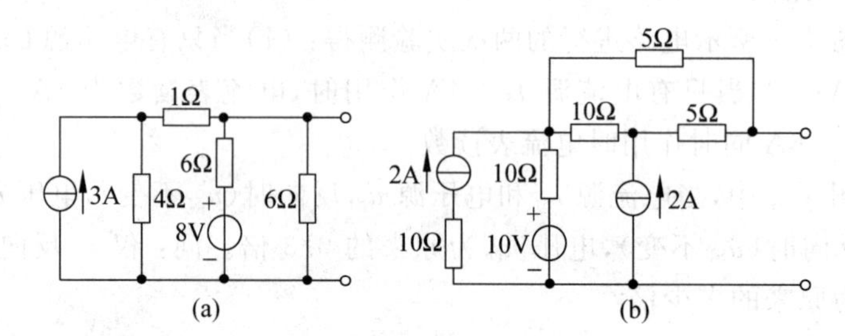

题图 4-9

4-10 求题图 4-10 所示二端网络的戴维南等效电路。

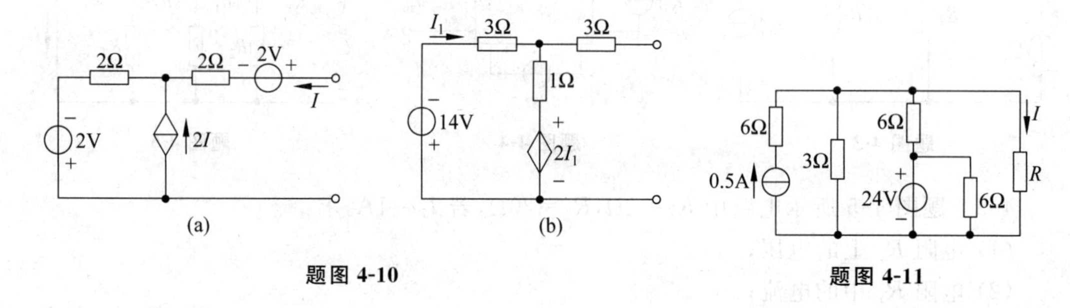

题图 4-10　　题图 4-11

4-11 求题图 4-11 所示电路中电阻 R 为 3Ω 及 7Ω 时电流 I 分别为多少?

4-12 电路如题图 4-12 所示,用诺顿定理求流过电阻 R 的电流。

4-13 用戴维南定理求题图 4-13 所示电路中的电流 I。

4-14 一电路如题图 4-14 所示。问电阻 R_L 为何值时,它所吸收的功率为最大,并求此最大功率。

4-15 题图 4-15 所示电路中,方框 A 表示一含有独立电源

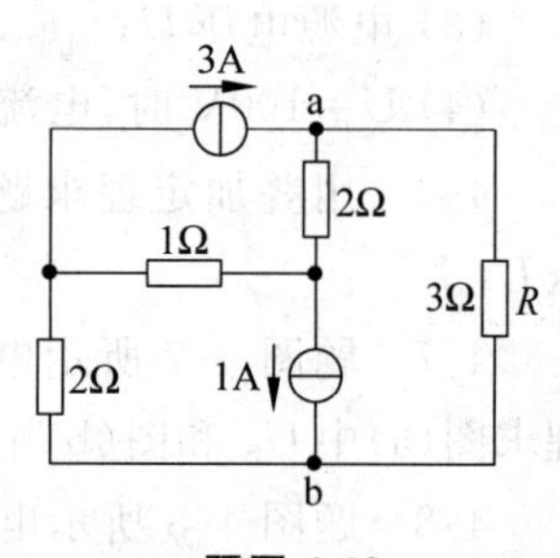

题图 4-12

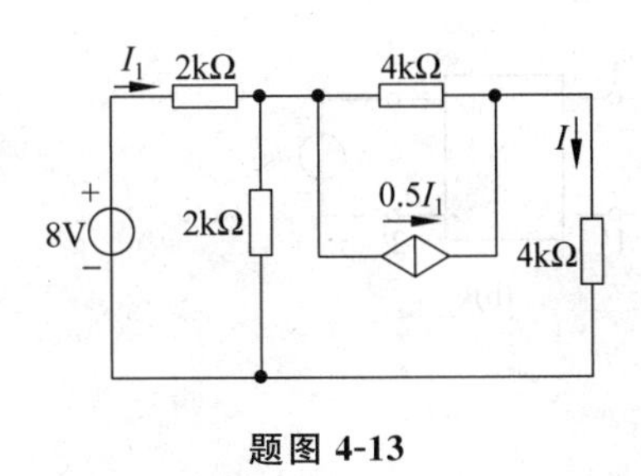

题图 4-13

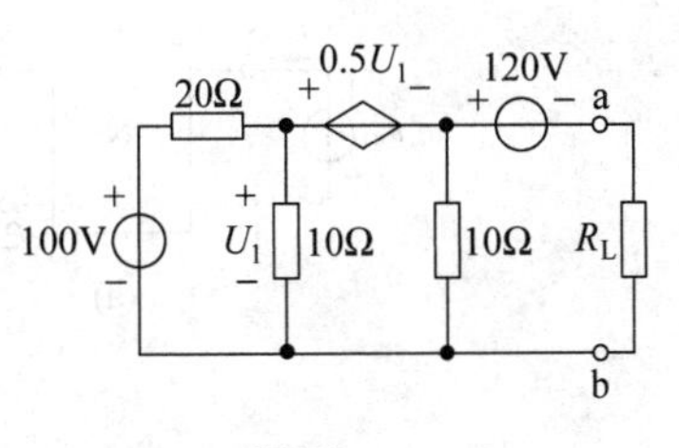

题图 4-14

的二端网络。已知开关 S_1,S_2 均断开时,电流表读数为 1.2A;当 S_1 闭合 S_2 断开时电流表读数为 3A。求 S_1 断开 S_2 闭合时电流表读数。

4-16　题图 4-16 所示电路中,A 为含独立电源的电阻网络。当 $R_1=7\Omega$ 时 $I_1=20\text{A}$,$I_2=10\text{A}$;当 $R_1=2.5\Omega$ 时 $I_1=40\text{A}$,$I_2=6\text{A}$。求:

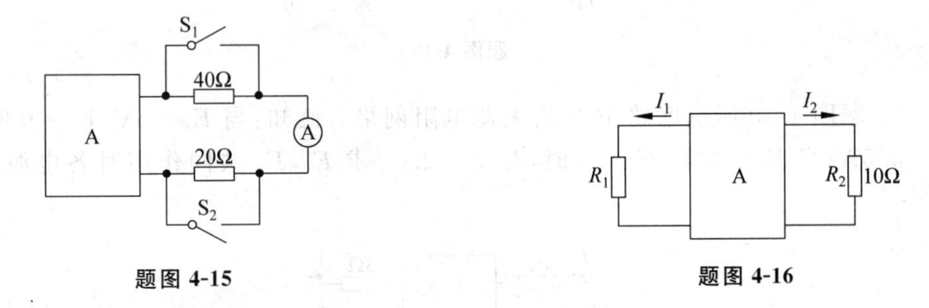

题图 4-15　　题图 4-16

(1) 电阻 R_1 为何值时它获得功率为最大,并求此最大功率;

(2) R_1 为何值时 R_2 消耗功率最小。

4-17　题图 4-17(a)所示电路中,当输入电压 U_1 为 10V,输入电流 I_1 为 5A 时,输出端短路电流 I_2 为 1A;如果把电压源移到输出端,同时在输入端跨接一个 2Ω 的电阻,如题图 4-17(b)所示,求此电阻上的电压。

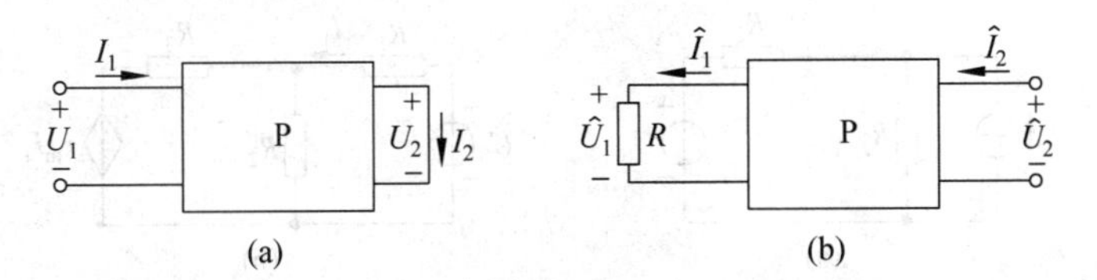

题图 4-17

4-18　题图 4-18 所示电路中,N 为线性无源电阻网络,测量得出 $u_{S1}=20\text{V}$,$i_1=10\text{A}$,$i_2=2\text{A}$(方向如图(a)所示)。如果有电压源 u_{S2} 接在 2,2′端钮处,如图(b)所示,且 $i_1'=4\text{A}$,那么电压 u_{S2} 应为何值?

4-19　一电路如题图 4-19(a),(b)所示,求图(a)中电压表读数(电压表内阻视为无穷大)和图(b)中电流表读数(电流表内阻视为零)。

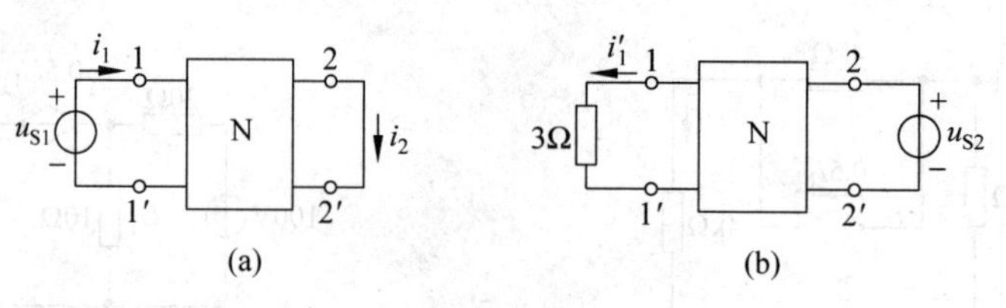

题图 4-18

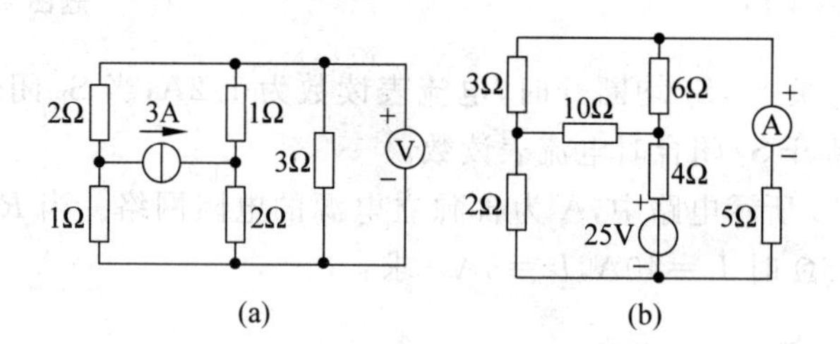

题图 4-19

4-20 题图 4-20 所示电路中 P 为无源电阻网络。已知：当 $E_1=5\text{V}$，$E_2=0$ 时，$I_1=1\text{A}$，$I_2=0.5\text{A}$；当 $E_2=20\text{V}$，$E_1=0$ 时，$I_2=-2\text{A}$。求 E_1，E_2 共同作用时各电源发出的功率。

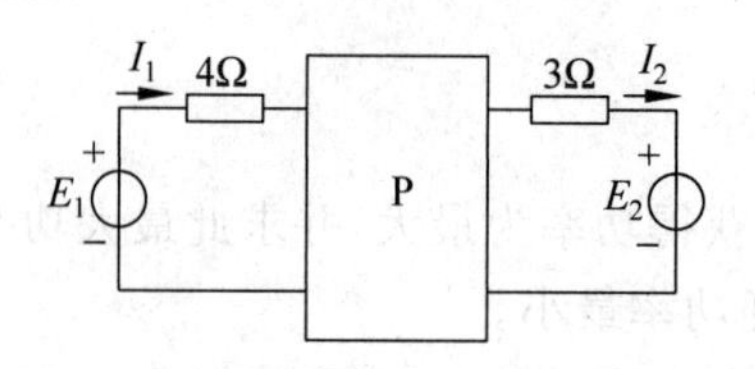

题图 4-20

4-21 分别画出题图 4-21(a)，(b)所示电路的对偶电路。

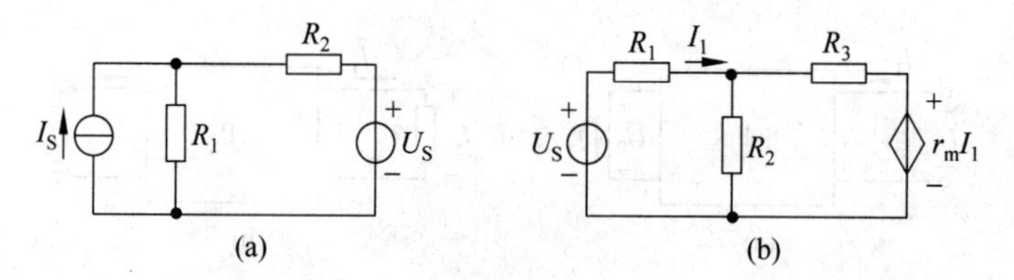

题图 4-21

含运算放大器的电阻电路

提　要

本章简要介绍一种常用的多端器件——运算放大器。首先介绍运算放大器的静态特性，继而给出运算放大器的电路模型，最后结合几个实例研究含有运算放大器的线性电路电阻的分析方法。

5.1 运算放大器和它的静态特性

运算放大器是一种在电路中有着广泛用途的多端电路器件,这是因为用它可以便利地做成许多有用的电路,如放大器、比较器、振荡器等。随着集成电路制造技术的迅速发展,运算放大器的性能不断提高,而制造成本却大幅度地下降。现在,运算放大器已成为常用的构成电路的“积木块”。

运算放大器基本上是高放大倍数的直接耦合的放大器。用半导体制造的运算放大器约含数十个晶体管,其中硅片面积只有几平方毫米。尽管运算放大器内部结构比较复杂,但制成的运算放大器只有几个端钮与外部电路相联接。图 5-1-1 为运算放大器的主要外部接线端子示意图。其中端子 a 为反相输入端(用“－”号表示),端子 b 为同相输入端(用“＋”号表示),端子 o 为输出端,端子 V_+ 为正电源接入端,端子 V_- 为负电源接入端。

运算放大器工作时输入电压信号加在输入端子 a、b 上,输出电压由输出端子 o 输出。运算放大器是有源器件,工作时需有直流电源供电。图 5-1-2 所示电路图是运算放大器工作时的示意图,运算放大器的输入和输出电压都是指输入和输出端对零电位点的电压,零电位点一般称为公共端或接地端。

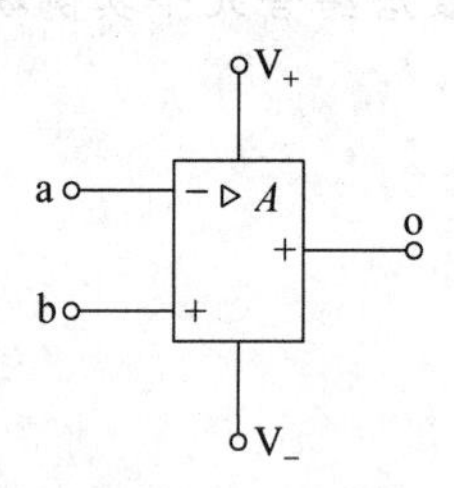

图 5-1-1 运算放大器的主要端子示意图

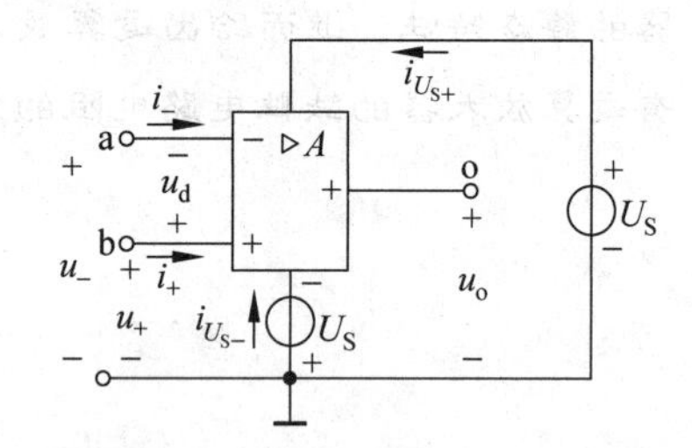

图 5-1-2 运算放大器工作示意图

运算放大器的一个主要特征是它的高放大倍数,即输出电压与输入电压的比值。如果在输入“＋”端和输入“－”端间加一电压(图 5-1-2),即 $u_d=u_+-u_-$,u_+、u_- 分别是输入“＋”、“－”端的电位,量测输出电压 u_o,就可以得到表征运算放大器的输出电压与输入电压关系的特性曲线如图 5-1-3,称为运算放大器的静态特性。这特性曲线可分为三个区域:

线性工作区　当 $|u_d|<U_{ds}=\dfrac{U_{sat}}{A}$,输出电压与输入电压成正比

$$U_o=Au_d$$

比例系数 A 为一常数(图 5-1-2 中所注有的 A,即为此

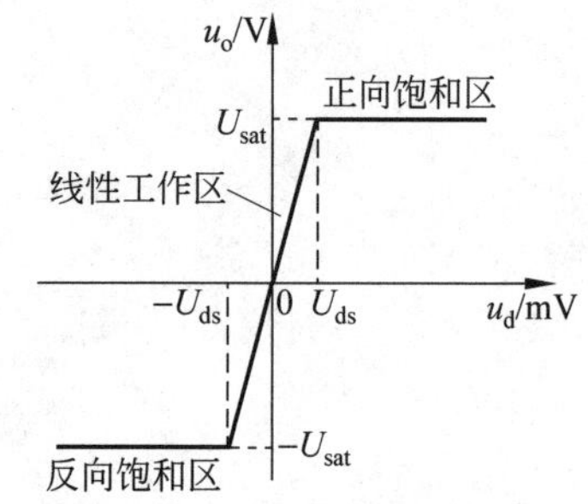

图 5-1-3 运算放大器的静态特性

数)，称为运算放大器的放大倍数。

正向饱和区 当 $u_d > U_{ds} = \dfrac{U_{sat}}{A}$，输出电压为一正的恒定值，$u_o = U_{sat}$。

反向饱和区 当 $u_d < -U_{ds} = -\dfrac{U_{sat}}{A}$，输出电压为一负的恒定值，$u_o = -U_{sat}$。

运算放大器工作在线性工作区时，放大倍数 A 很大，典型的值是$10^5 \sim 10^8$；U_{sat}是输出电压的饱和值；U_{ds}是运算放大器的工作进入饱和区时的输入电压值。从图 5-1-3 中的特性看到：在线性工作区内，运算放大器对输入电压线性地放大，这要求输入电压的绝对值小于$|U_{ds}| = U_{sat}/A$。U_{ds}是一个数值很小的电压，例如若 $U_{sat} = 13\text{V}$，$A = 10^5$，则 $U_{ds} = 0.13\text{mV}$，所以当运算放大器工作在线性放大区内，可以近似地认为 $U_{ds} \approx 0$。又由于⊕端、⊖端到公共端的电阻都很大，这就意味着⊕端、⊖端流入的电流 i_+、i_- 都很小。以上所述的是运算放大器的静态特性，在电流、电压变化不太快，或频率不很高的情形下也可用它表征运算放大器的特性。

由于运算放大器直流工作电源对分析其输入输出关系并无影响，故通常可省略不画出。用图 5-1-4 电路图作为运算放大器的电路符号。

实际的运算放大器在直流和低频下可用图 5-1-5 所示的电路作为其电路模型①。其中 R_i 为运算放大器的输入电阻，其值通常为 $10^6\ \Omega \sim 10^{13}\ \Omega$，$R_o$ 为运算放大器的输出电阻，其值通常为 $10\Omega \sim 100\Omega$。运算放大器输出与输入电压间关系用压控电压源来表示。根据图 5-1-5 所示的运算放大器的等效电路，就可以对含运算放大器的电路进行定量的分析和计算。

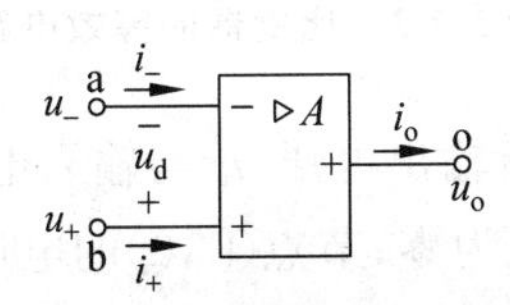

图 5-1-4 运算放大器的电路符号

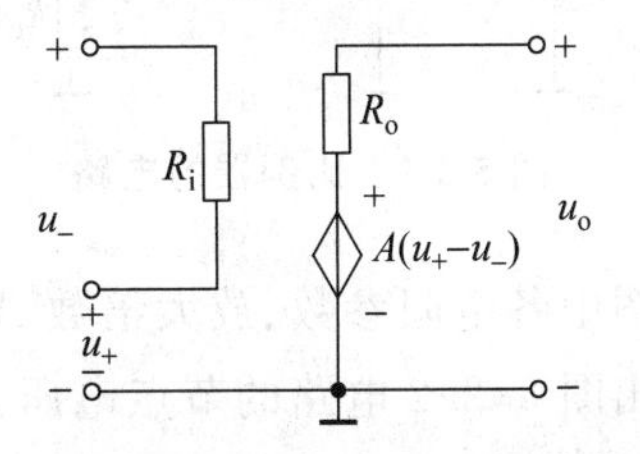

图 5-1-5 运算放大器简化等效电路

从前面分析可知，由于开环放大倍数 A 很大，而运算放大器的输出电压只有十几伏，所以两个输入端之间的电压 u_d 就很小，而运算放大器的输入电阻又很大，故运算放大器两个输入端电流 i_- 和 i_+ 也很小。这样我们就可以将运算放大器理想化。即认为 $A \to \infty$，$R_i \to \infty$，$R_o = 0$。由此可得到 $u_d = 0$，即 $u_+ = u_-$，这一情形常称为理想运算放大器的"虚短

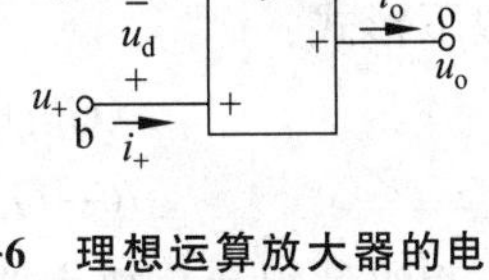

图 5-1-6 理想运算放大器的电路符号

① 如果考虑实际运算放大器中的诸多因素，得到更准确的结果，要用复杂的模型。

路”;同时有 $i_+=i_-=0$,这一情形常称为理想运算放大器的“虚开路”。理想运算放大器的电路符号如图 5-1-6 所示。

分析含理想运算放大器电路的关键之处是 $u_+=u_-$;$i_+=i_-=0$。这在下一节中将会具体介绍。

5.2 含运算放大器的电阻电路分析

在本节中通过对几个含工作在线性区内的运算放大器的电路的分析,介绍分析这类电路的方法,同时得出一些有用的结论,利用它们可以简化含运算放大器的电路的计算。

考虑图 5-2-1 称为比例器的电路。比例器的作用是使输出电压 u_o 准确地与输入电压成正比。在这电路中,激励电压 u_i 接至电阻 R_S,此电阻的另一端接至运算放大器的反相输入端;同相输入端接至公共端即接地端;输出端经一电阻 R_f 接至反相输入端(这一措施称为负反馈),输出端与公共端间接有负载电阻 R_L。

将图 5-1-5 所示的运算放大器的等效电路置于图 5-2-1 电路中代替运算放大器,得到图 5-2-2 所示的比例器的等效电路。

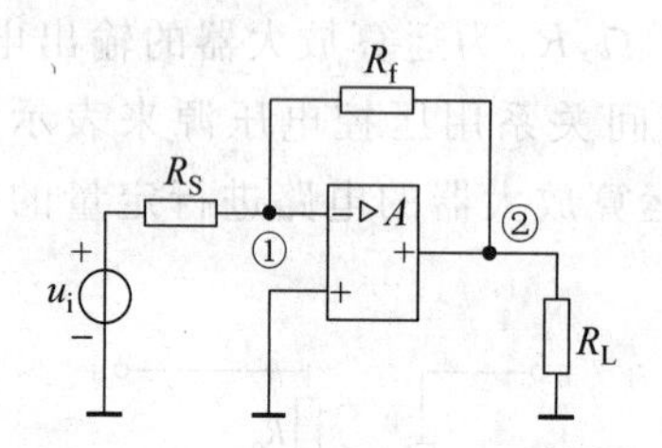

图 5-2-1 比例器的电路

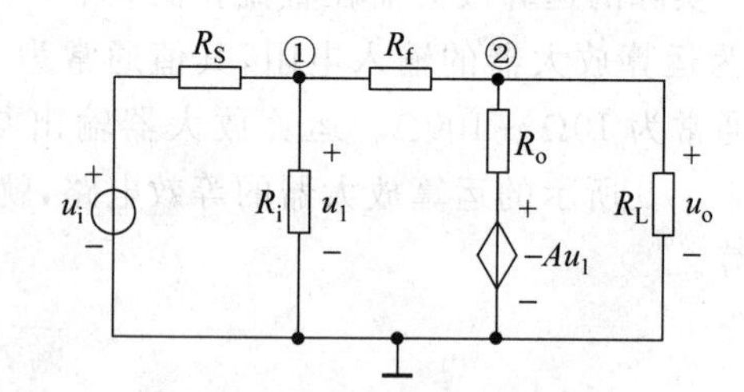

图 5-2-2 比例器的等效电路

设图中各电阻参数、放大倍数 A 均为已知,现在来分析输出电压 u_o 与输入电压 u_i 的关系。写出图 5-2-2 电路的节点电压方程。设公共端的电位为零;节点①,②的电压(位)分别为 u_1 和 u_2,于是有以下节点电压方程

$$\left.\begin{aligned}(G_S+G_i+G_f)u_1-G_fu_2&=G_Su_i\\-G_fu_1+(G_f+G_o+G_L)u_2&=-G_oAu_1\end{aligned}\right\}\tag{5-2-1}$$

式中的各个电导分别是图 5-2-2 中与之有相同下标的电阻的倒数。式(5-2-1)中的方程经整理有以下形式:

$$\left.\begin{aligned}(G_S+G_i+G_f)u_1-G_fu_2&=G_Su_i\\(-G_f+AG_o)u_1+(G_f+G_o+G_L)u_2&=0\end{aligned}\right\}\tag{5-2-2}$$

由以上方程组解得运算放大器的输出电压为

$$u_o=u_2=-\frac{G_S}{G_f}\frac{G_f(AG_o-G_f)}{G_f(AG_o-G_f)+(G_S+G_i+G_f)(G_f+G_o+G_L)}u_i$$

上式中 A 的数值很大。就实际电路而言，上式分母中 $G_f(AG_o-G_f)$ 一项的值，比它后面的乘积项 $(G_S+G_i+G_f)(G_f+G_o+G_L)$ 的值要大得多，相比之下，后一项可以忽略，所以 u_o 与 u_i 的关系，就可以相当精确地认为是

$$u_o \approx -\frac{G_S}{G_f}u_i = -\frac{R_f}{R_S}u_i \tag{5-2-3}$$

上式是工作在线性范围内的比例器的输出和输入电压的关系式。它表明在图 5-2-1 的电路中，输出电压与输入电压的比只取决于反馈电阻 R_f 和由电压输入端接至⊖端的电阻 R_S 之比，式中的负号表明 u_o 和 u_i 总是符号相反的，因此这一电路又称为反相比例电路。实际电路中只要 R_S 和 R_f 足够精确，就可以用此电路实现精确的比例器。

如果上述比例器中的运算放大器是理想的，则式(5-2-3)表示的输出电压与输入电压的关系便是完全准确的。而且，在这一条件下，式(5-2-3)的结果可以很方便地得出。

图 5-2-3 所示为由理想运算放大器组成的比例器电路。对于理想运算放大器，开环放大倍数 $A\to\infty$，电压 $u_d=0$，则使图中 a 点电位与公共端电位相等(a 点因此有“虚地”之称)，因此，R_S 中电流 $i_1=u_i/R_S$，R_f 中电流 $i_f=-u_o/R_f$。对理想运算放大器有 $i_+=i_-=0$，由此在 a 点可得电流关系 $i_1=i_f$，进而可得

$$\frac{u_i}{R_S} = -\frac{u_o}{R_f}$$

从而得到

$$\frac{u_o}{u_i} = -\frac{R_f}{R_S}$$

上式与式(5-2-3)相同。

下面给出几个含有运算放大器的电阻电路的例子。在这些电路的分析过程中，都将其中的运算放大器视为理想运算放大器。

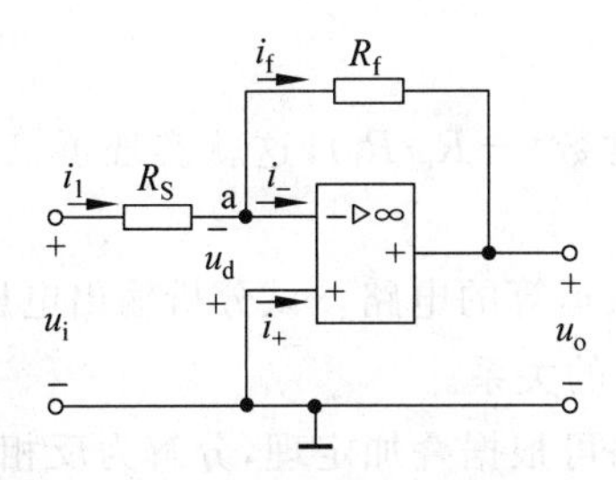

图 5-2-3 有理想运算放大器的比例器

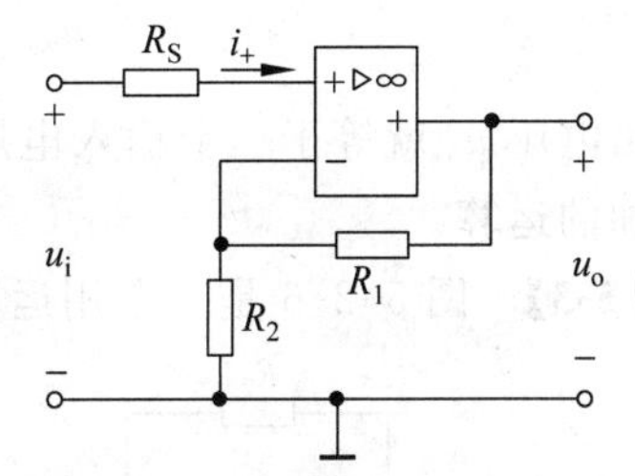

图 5-2-4 同相输入的放大器

【例 5-1】 图 5-2-4 的电路是用运算放大器构成的同相输入放大器，求输出电压 u_o 与输入电压 u_i 之比。

解 在此电路中，输入电压经电阻 R_S 接至同相输入端⊕，由输入端流入⊕端的电流 i_+ 为零，所以 R_S 上并没有电压降，⊕端的电位为 $u_+=u_i$。输出端电压经 R_1、R_2 分压，使⊖端

的电位为 $u_-=\dfrac{R_2}{R_1+R_2}u_o$。由于运算放大器的放大倍数 $A\rightarrow\infty$，$u_d=u_+-u_-=0$，所以 $u_+=u_-$，于是得

$$\frac{R_2}{R_1+R_2}u_o=u_i$$

$$\frac{u_o}{u_i}=\frac{R_1+R_2}{R_2}=1+\frac{R_1}{R_2}$$

【例 5-2】 图 5-2-5 是一个运算放大器实现的加法运算电路，试分析它的输出电压与输入电压的关系。

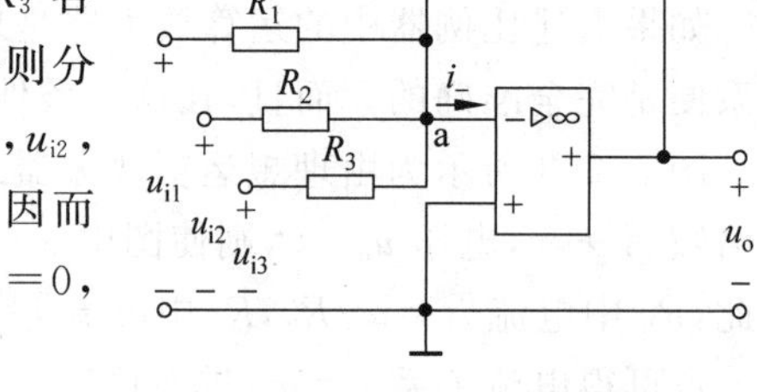

图 5-2-5 加法器的电路

解 在图 5-2-5 的电路中，三个电阻 R_1，R_2，R_3 各有一个端点接到运算放大器的反相输入端，另一端则分别接至输入信号的电压源，它们的电压分别是 u_{i1}，u_{i2}，u_{i3}；同相输入端与公共端相连，所以它的电位为零，因而反相输入端的电位也为零。对理想运算放大器，$i_-=0$，由此得 a 点的 KCL 方程为

$$-\frac{u_o}{R_f}=\frac{u_{i1}}{R_1}+\frac{u_{i2}}{R_2}+\frac{u_{i3}}{R_3}$$

所以输出电压有以下形式：

$$u_o=-(\alpha_1u_{i1}+\alpha_2u_{i2}+\alpha_3u_{i3})$$

式中 $\alpha_k=R_f/R_k(k=1,2,3)$。只要适当选择 R_k，R_f 的值，就可以使各比例系数 α_k 为所需要的数值。如取 $R_1=R_2=R_3=R_i$，便有

$$\alpha_1=\alpha_2=\alpha_3=R_f/R_i$$

于是有

$$u_o=-\frac{R_f}{R_i}(u_{i1}+u_{i2}+u_{i3})$$

可见输出电压 u_o 就等于三个输入电压之和乘以比例常数 $(-R_f/R_i)$，这就实现了三个输入电压相加的运算。

【例 5-3】 图 5-2-6 是一个用运算放大器实现减法运算的电路。试分析输出电压 u_o 与输入电压 u_1，u_2 的关系。

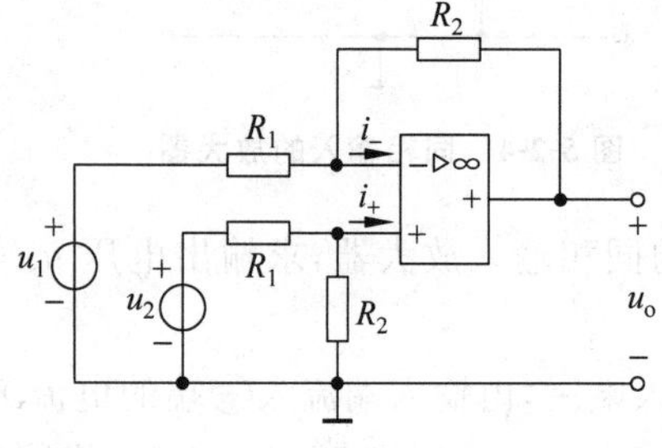

图 5-2-6 减法电路

解 该电路可根据叠加定理，分解为反相比例器和同相比例器两个电路，因而容易得出输入与输出电压的关系。

当电压源 u_1 单独作用时，将电压源 u_2 短路，此时运算放大器同相输入端接有的 R_1 与 R_2 并联的两个电阻由于 i_+ 为零而不起作用，电路为反相比例电路，此时输出电压分量为

$$u'_o = -\frac{R_2}{R_1}u_1$$

当电压源 u_2 单独作用时，电压源 u_1 为零，此时电路为同相比例电路，加在运算放大器同相输入端的电压为$\frac{R_1}{R_1+R_2}u_2$。根据同相比例电路输入输出电压关系可得此时输出电压分量为

$$u''_o = \left(1+\frac{R_2}{R_1}\right)\left(\frac{R_2}{R_1+R_2}u_2\right) = \frac{R_2}{R_1}u_2$$

则两电压源 u_1 和 u_2 共同作用时输出电压为

$$u_o = u'_o + u''_o = \frac{R_2}{R_1}(u_2 - u_1)$$

上式表明，输出电压与两个输入电压之差成比例，从而实现了减法运算。

【例 5-4】 图 5-2-7 所示电路为电压跟随器。试分析其输出电压与输入电压的关系。

解 根据理想运算放大器的"虚短路"条件可知，该电路的输出电压与输入电压的关系非常简单，即 $u_o = u_i$。同时，该电路的输入端电流为零，输入电阻为无穷大，而输出电阻为零。因此，该电路可有效地实现信号源与负载的"隔离"作用。

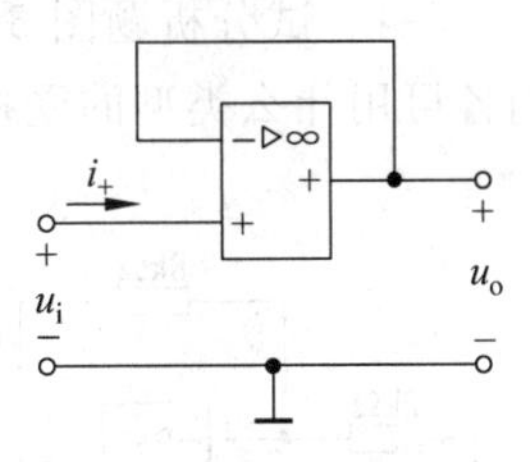

图 5-2-7 电压跟随器

利用运算放大器还可以构造实现积分、微分运算的电路，即积分器电路和微分器电路，这些电路在电信号处理技术中有着广泛的应用。读者在学完第 6 章中电容元件的特性后，很容易构造出这样的电路。

通过对以上电路的分析，可以归纳出分析含理想运算放大器的电路的要点：

(1) 运算放大器的同相输入端与反相输入端的电位相等(此即所谓"虚短路")；如果两个输入端中的某一端接至公共端，则另一输入端的电位为零；

(2) 运算放大器的两个输入端流入的电流均为零(此即所谓"虚开路")。

习 题

5-1 电路如题图 5-1 所示。试求输出电压 u_o。

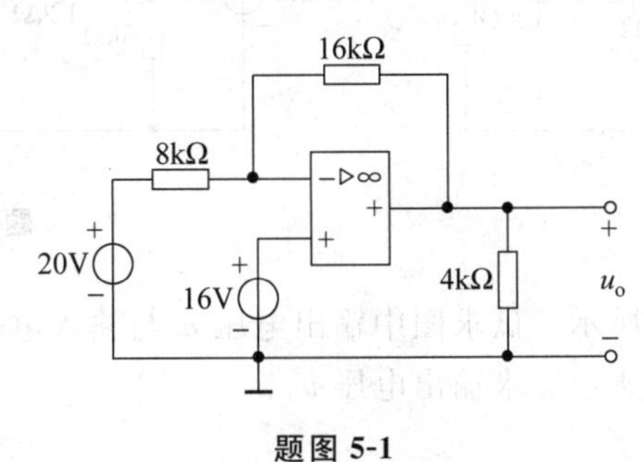

题图 5-1

5-2　试求题图 5-2(a)、(b)两个电路中的输出电压 u_o。

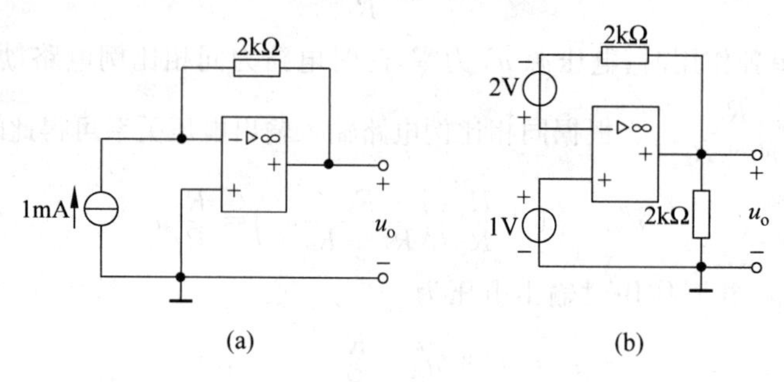

题图 5-2

5-3　试求题图 5-3 电路中的输出电压 u_o。

5-4　试分析题图 5-4 所示(a)、(b)两个电路中输入端和输出端电压、电流关系，确定它们各可用什么类型的受控源模型来表示。

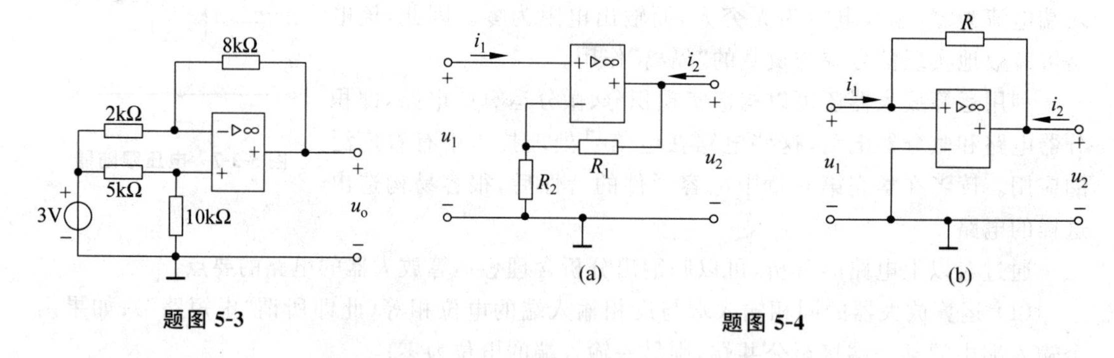

题图 5-4

5-5　试求题图 5-5 所示电路中的 u_o 和 i_o。

5-6　电路如题图 5-6 所示。试求电压 u_o 和电流 i。

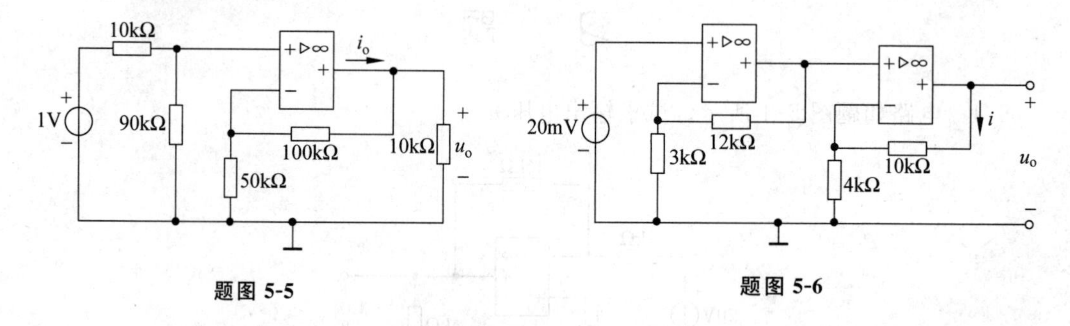

题图 5-6

5-7　电路如题图 5-7 所示。试求图中输出电压 u_o与输入电压 u_1 和 u_2 的函数关系。

5-8　电路如题图 5-8 所示。求输出电压 u_o。

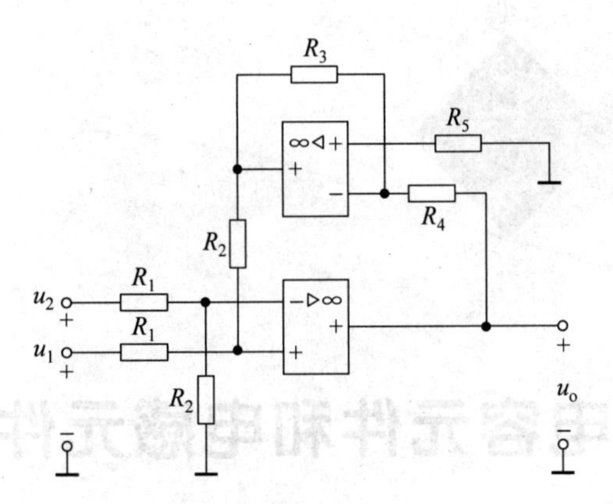

题图 5-7

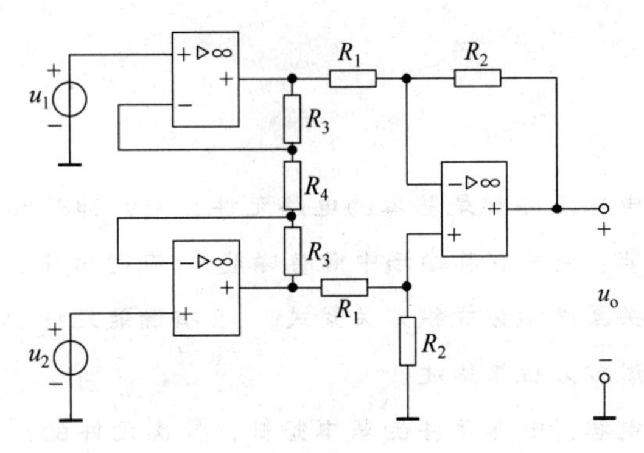

题图 5-8

电容元件和电感元件

提 要

电容元件和电感元件都是基本的电路元件，它们都是储能元件：电容在其电场中储存电能；电感在其磁场中储存磁能。在时域中，描述电容、电感的电压与电流的关系是微分或积分关系式。含有储能元件的电路的现象、过程在时域中要用微分方程来描述。

本章将介绍电容、电感元件的基本特性，导出元件的特性方程，即电压与电流的关系式，并给出电容、电感储能的表达式。对电容、电感的串、并联电路，分析了等效电容、电感的计算方法。

6.1 电容元件

为表示带电导体上电荷产生电场的作用,引入电容元件。

当两个导体分别带有恒定电荷$+q$、$-q$,在导体周围便有静电场。在两导体间的绝缘介质是线性的,即其介电常数为一定值的情形下,这两个导体间由带$+q$的导体到带$-q$的导体的电压u_C与电荷q成正比,比值

$$C \overset{\text{def}}{=} \frac{q}{u_C} \tag{6-1-1}$$

称为这两个导体间的电容。在国际单位制中,电荷的单位名称是库[仑],电压的单位名称是伏[特],电容的单位名称是法[拉],符号是F,有

$$1\text{F} = \frac{1\text{C}}{1\text{V}} = 1\,\frac{\text{s}}{\Omega}$$

在实用中法这个电容单位太大,常用微法(μF)、皮法(pF)作为电容的单位,$1\mu\text{F}=10^{-6}\text{F}$,$1\text{pF}=10^{-12}\text{F}$。

上述的导体结构便形成一电容器。电容器的电容只决定于导体的几何形状、尺寸和导体间绝缘物质的介电常数。平板形电容器是最常见的电容器,图6-1-1为平板电容器的示意图。它由两平板形电极和极板间绝缘介质构成,它的电容为

$$C = \varepsilon\,\frac{S}{d}$$

式中S是极板面积;d是极间的距离;ε是极间绝缘介质的介电常数。给定了导体的几何形状和极间介质的介电常数,可以根据静电场的理论计算出电容器的电容,还可以用测量电容的仪器测量电容器的电容。在电路中用图6-1-2所示的电路符号表示电容元件。

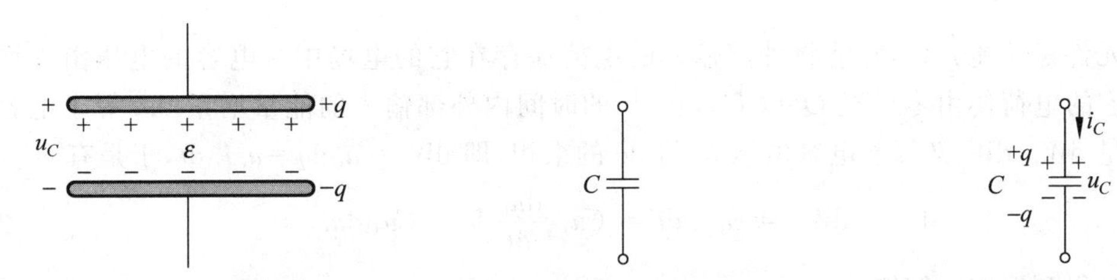

图6-1-1 平板形电容器　　图6-1-2 电容元件的电路符号　　图6-1-3 电容电压电流关系

在电路分析中,一般用电压电流关系式来描述电路元件的特性。现在来导出线性电容C的电压与电流的关系式。设在一电容元件(图6-1-3)两端加一随时间变化的电压$u_C(t)$,则此电容极板上的电荷与此电压成正比地变化。电压升高,电容上的电荷便增多;电压减小,电容上的电荷便减少。电容器极板上电荷变化说明外部有电荷转移到电容器的极板上,这便形成电容电流。由于

$$q(t) = Cu_C(t)$$

电容电流就等于电容极板上电荷的变化率,也等于单位时间内流向带$+q$极板的电荷量,即

$$i_C(t) = \frac{dq(t)}{dt} = C\frac{du_C(t)}{dt} \tag{6-1-2}$$

上式即为线性电容元件的电流与电压的关系式,也就是电容元件的方程。它表明电容电流等于电容C与电容电压的时间导数du_C/dt的乘积。在电容器极板间的电场中有与dq/dt相等的位移电流,由一极板流至另一极板以保持电流的连续性。在电路理论中,式(6-1-2)是线性电容元件特性方程的常用形式。

由式(6-1-2)可知,当电容电压不随时间变化时,即$u_C(t)$为恒定值(直流)时,电容中的电流为零,在这种情形下电容相当于开路。

对式(6-1-2)作由t_0至t的积分,便得到

$$u_C(t) = u_C(t_0) + \frac{1}{C}\int_{t_0}^{t} i_C(\tau)d\tau \tag{6-1-3}$$

式(6-1-3)是电容元件方程的另一形式,即积分形式。此式中第一项是u_C在t_0时的数值,第二项是t_0至t期间电容极板上增加的电荷所引起的电容电压的增加量。由此式可见,如果要由t_0至t期间的电容电流求t时刻的电容电压,就需要知道t_0时的电容电压$u_C(t_0)$。它说明电容上的总电荷是从起始时刻到t时刻进入电容的所有电荷的累积,所以电流的积分可以从负无穷时刻积到t时刻,即式(6-1-3)也可以表示为

$$u_C(t) = \frac{1}{C}\int_{-\infty}^{t} i_C(\tau)d\tau$$

由式(6-1-3)还可以看出,当流过的电流$i_C(t)$为有限值时,电容电压是时间的连续函数,即电容电压不会跃变。这是因为当$i_C(t)$为有限值时,式(6-1-3)右端第二项在无穷小的时间dt内积分值为零。电容电压不跳跃,实际上是电容所带的电荷在这种情况下是不跃变。

电容元件是储能元件,它能将外部输入的电能储存在它的电场中。电容的电压由零增至U_C,电容的电荷便由零增至$Q=CU_C$,在dt的时间内外部输入的能量增量dA等于电容储能的增量dW_e,dW_e又等于电容电压u_C与dq的乘积,即$dW_e=u_C dq=u_C i_C dt$,于是有

$$dA = dW_e = u_C i_C dt = Cu_C\frac{du_C}{dt}dt = Cu_C du_C$$

对上式积分得到电容的储能

$$W_e = \int_{-\infty}^{t} u_C i_C d\tau = \int_{0}^{U_C} Cu_C du_C = \frac{1}{2}CU_C^2 = \frac{Q^2}{2C} \tag{6-1-4}$$

即电容中的电场储能等于电容与其电压的平方的乘积之半。

式(6-1-4)适用任何时刻电容中的储能。在任意时刻t,电容两端电压为u_C,电容的储能为

$$W_e = \frac{1}{2}Cu_C^2 = \frac{q^2}{2C} \tag{6-1-5}$$

由式(6-1-5)可知，当电容电压(电荷)为时间的连续函数时，电容的储能也是连续的，即电容的储能不会突变。这也可以理解为当电容电压和电流均为有限值时，电容所吸收的功率(充放电功率)$p=u_C i_C$ 是有限值，所以在无穷小的时间内，不会使电容的储能改变。

【例 6-1】 电路如图 6-1-4(a)所示。已知电容电压的初始值为 $u_C(0)=0$，电流源 $i_S(t)$ 的波形如图 6-1-4(b)所示。试求电容电压 $u_C(t)$，并画出其波形。

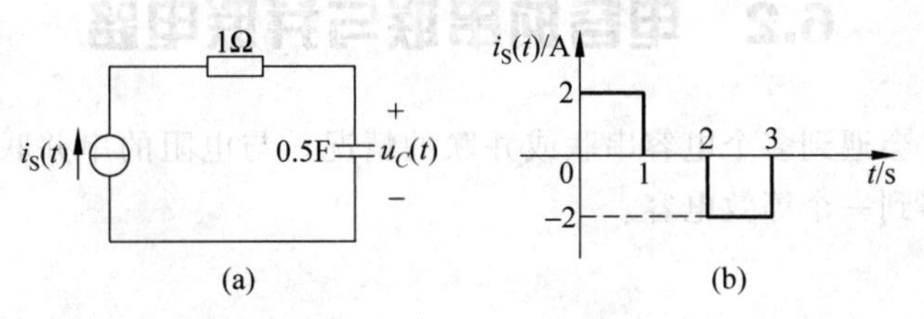

图 6-1-4 例 6-1 附图

(a) 电路图；(b) 电流源电流波形

解 由式(6-1-3)有

当 $0<t\leqslant 1\text{s}$ $\quad u_C(t)=u_C(0)+\dfrac{1}{0.5}\displaystyle\int_0^t i_S(\tau)\mathrm{d}\tau=0+\dfrac{1}{0.5}\int_0^t 2\mathrm{d}\tau=4\tau\big|_0^t=4t\ \text{V}$

当 $1\text{s}<t\leqslant 2\text{s}$ $\quad u_C(t)=u_C(1)+\dfrac{1}{0.5}\displaystyle\int_1^t 0\mathrm{d}\tau=4\text{V}$

当 $2\text{s}<t\leqslant 3\text{s}$ $\quad u_C(t)=u_C(2)+\dfrac{1}{0.5}\displaystyle\int_2^t(-2)\mathrm{d}\tau=4-4\tau\big|_2^t=(12-4t)\text{V}$

当 $t>3\text{s}$ $\quad u_C(t)=u_C(3)=0$

所以

$$u_C(t)=\begin{cases}4t\ \text{V} & 0<t\leqslant 1\text{s}\\ 4\text{V} & 1\text{s}<t\leqslant 2\text{s}\\ (12-4t)\text{V} & 2\text{s}<t\leqslant 3\text{s}\\ 0 & t>3\text{s}\end{cases}$$

$u_C(t)$的波形如图 6-1-5 所示。

以上所介绍的电容元件是理想电容元件，是实际电容器的抽象。通常实际电容器的绝缘介质材料都是非常好的绝缘材料，介质中的漏电流是很小的，即损耗很小，所以用理想电

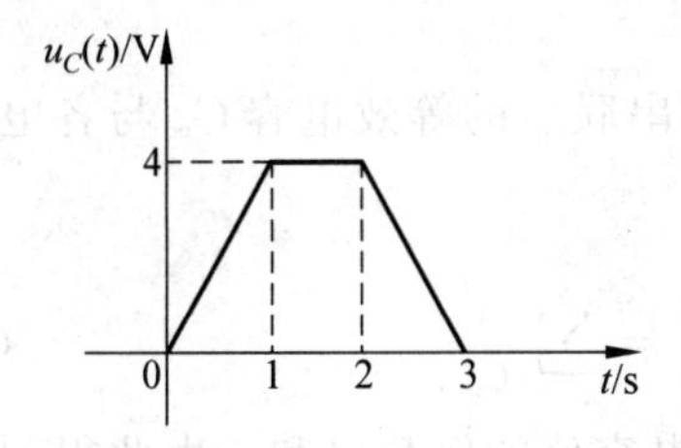

图 6-1-5 例 6-1 电路中 $u_C(t)$的波形

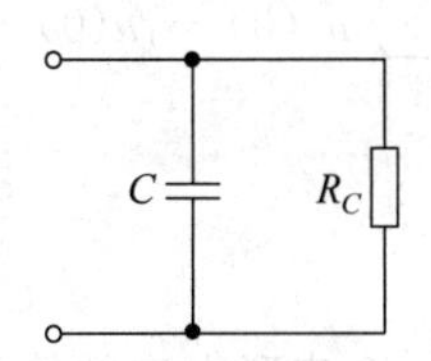

图 6-1-6 考虑损耗的电容器模型

容元件作为其数学模型一般是可以满足分析要求的。但当电容器中的功率损耗不能忽略时,如电容器工作在很高频率的电路中,就不能仅用一个理想电容作为实际电容器的模型。为考虑功率损耗的影响,常在理想电容两端并联一个大电阻作为电容器的电路模型,如图 6-1-6 所示。一般 R_C 在兆欧数量级。

6.2 电容的串联与并联电路

在电路中有时会遇到多个电容串联或并联的情况。与电阻的串并联相仿,可以将多个电容串联或并联得到一个等效电容。

电容的串联

图 6-2-1(a)是 n 个电容串联的电路。根据 KVL,各电容电压之和等于其两端的电压,

$$u(t) = u_1(t) + u_2(t) + \cdots + u_n(t) \tag{6-2-1}$$

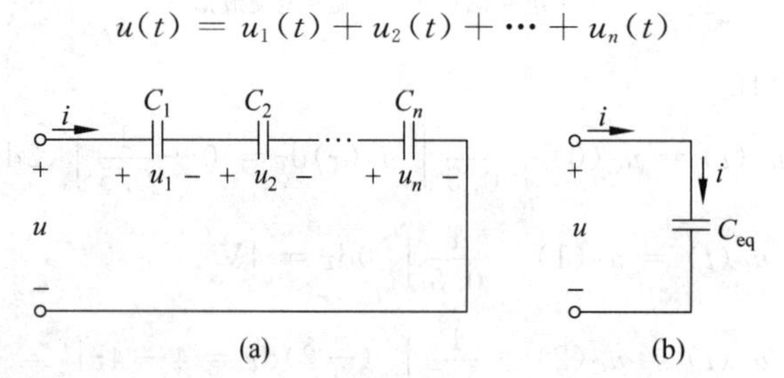

图 6-2-1 n 个串联电容和它的等效电容

(a) n 个电容串联;(b) 等效电容

根据电容元件的电压、电流关系式,在这里便有 $u_k(t) = \dfrac{1}{C_k}\int_0^t i_k(\tau)\mathrm{d}\tau + u_k(0)$ $(k = 1, 2, \cdots, n)$,由于各电容是串联的,所以 $i_k = i$,

$$\begin{aligned}
u(t) &= \frac{1}{C_1}\int_0^t i(\tau)\mathrm{d}\tau + u_1(0) + \frac{1}{C_2}\int_0^t i(\tau)\mathrm{d}\tau + u_2(0) + \cdots + \frac{1}{C_n}\int_0^t i(\tau)\mathrm{d}\tau + u_n(0) \\
&= \left(\frac{1}{C_1} + \frac{1}{C_2} + \cdots + \frac{1}{C_n}\right)\int_0^t i(\tau)\mathrm{d}\tau + \sum_{k=0}^{n} u_k(0) \\
&= \frac{1}{C_{\mathrm{eq}}}\int_0^t i(\tau)\mathrm{d}\tau + u(0)
\end{aligned} \tag{6-2-2}$$

上式中的 $\sum\limits_{k=0}^{n} u_k(0) = u(0)$。由此式即得出 n 个电容串联后的等效电容 C_{eq} 与各电容的关系式

$$\frac{1}{C_{\mathrm{eq}}} = \frac{1}{C_1} + \frac{1}{C_2} + \cdots + \frac{1}{C_n} = \sum_{k=1}^{n} \frac{1}{C_k} \tag{6-2-3}$$

此式表明,n 个串联电容的等效电容值的倒数等于各电容值的倒数之和。由此得到等效电容电路如图 6-2-1(b)所示。

当两个电容串联($n=2$)时,等效电容为

$$C_{eq} = \frac{C_1 C_2}{C_1 + C_2} \tag{6-2-4}$$

电容的并联

对如图 6-2-2 所示的 n 个并联电容电路,各电容电流之和等于总电流,即

$$i = i_1 + i_2 + \cdots + i_n \tag{6-2-5}$$

由电容电压与电流的关系,有

$$i(t) = C_1 \frac{\mathrm{d}u}{\mathrm{d}t} + C_2 \frac{\mathrm{d}u}{\mathrm{d}t} + \cdots + C_n \frac{\mathrm{d}u}{\mathrm{d}t} = (C_1 + C_2 + \cdots + C_n) \frac{\mathrm{d}u}{\mathrm{d}t} = C_{eq} \frac{\mathrm{d}u}{\mathrm{d}t} \tag{6-2-6}$$

上式中

$$C_{eq} = C_1 + C_2 + \cdots + C_n = \sum_{k=1}^{n} C_k \tag{6-2-7}$$

式(6-2-7)表明,n 个并联电容的等效电容值等于各电容值之和。图 6-2-2(a)的等效电路如图 6-2-2(b)所示。

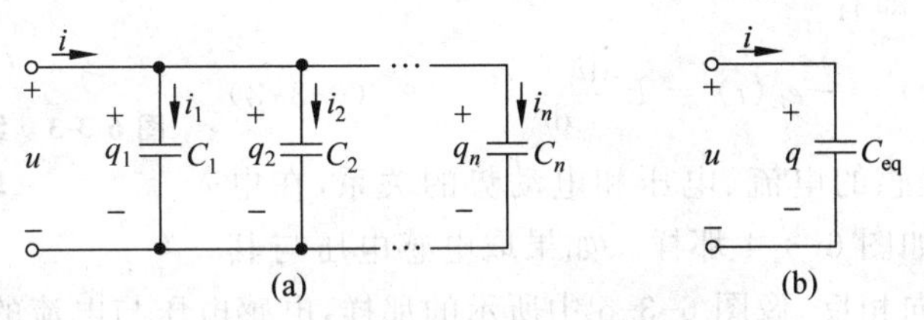

图 6-2-2 n 个并联电容和它的等效电容

(a) n 个电容并联;(b) 等效电容

6.3 电感元件

为表示载流回路中电流产生磁场的作用,引入电感元件。

设有一形状一定的导体线圈(图 6-3-1),它有 N 匝。当该线圈中有电流 i 通过时,电流产生磁场,线圈所围的面上有磁通穿过,假设每匝线圈都链有磁通 Φ,该线圈所链的磁链 Ψ 即等于匝数 N 与磁通 Φ 的乘积,即

$$\Psi = N\Phi$$

如果线圈周围没有铁磁物质,则磁通 Φ、磁链 Ψ 与电流 i 成正比,线圈所交链的磁链与电流 i 的比值为

$$L \stackrel{\text{def}}{=} \frac{\Psi}{i} = \frac{N\Phi}{i} \tag{6-3-1}$$

L 为一常数值,称为此线圈的电感或自感。在国际单位制中,电感的单位名称是亨[利],符号是 H,有

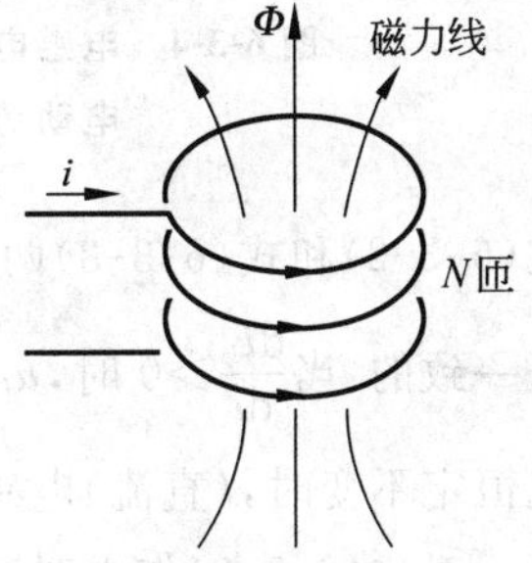

图 6-3-1 电感线圈

$$1\text{H} = 1\,\frac{\text{Wb}}{\text{A}} = 1\,\frac{\text{V}\cdot\text{s}}{\text{A}} = 1\Omega\cdot\text{s}$$

线圈电感的大小决定于线圈的形状、几何尺寸、匝数和线圈周围磁介质的磁导率。线圈的电感可以根据电磁学的理论计算得出，还可以用量测电感的仪器测量得出。在电路图中用图 6-3-2 的符号表示电感。

图 6-3-2　电感的电路符号

如果电感线圈中有随时间变化的电流，那么，线圈所链的磁通、磁链也随时间变化。按照电磁感应定律，磁链的变化便在线圈所形成的回路中产生感应电动势

$$e_L(t) = -\frac{\mathrm{d}\Psi(t)}{\mathrm{d}t} = -L\,\frac{\mathrm{d}i_L(t)}{\mathrm{d}t} \tag{6-3-2}$$

在上式中，Ψ 的参考方向与 e_L 的参考方向是按右手螺旋法则选择的，电流与磁通的参考方向也符合这一法则(图 6-3-3)，i_L 与 e_L 同在线圈回路中，所以 e_L 与 i_L 的参考方向一致，因此沿与电流的参考方向一致方向的电感电压降应与 e_L 相差一负号，即有

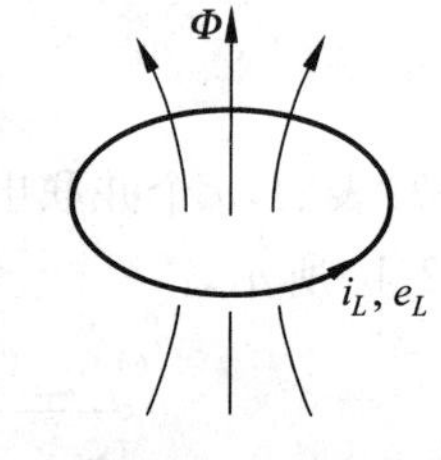

图 6-3-3　线圈中电流、电动势与磁通的参考方向

$$u_L(t) = -e_L(t) = L\,\frac{\mathrm{d}i_L(t)}{\mathrm{d}t} \tag{6-3-3}$$

式(6-3-3)所示的电感的电流、电压和电动势的关系，在电路中就可以表示成如图 6-3-4 那样。如果取电感电压与其中的电流的参考方向相反，像图 6-3-5 中所示的那样，电感电压与电流的关系就应是

$$u_L(t) = -L\,\frac{\mathrm{d}i'_L(t)}{\mathrm{d}t} \tag{6-3-4}$$

式(6-3-3)和式(6-3-4)所示的电压与电流关系就是时域中微分形式的电感元件方程。

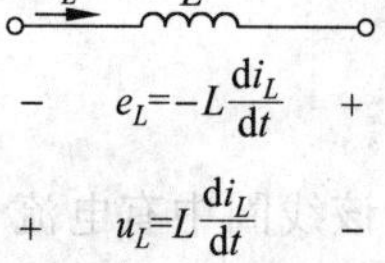

图 6-3-4　电感电压、电流、电动势的关系

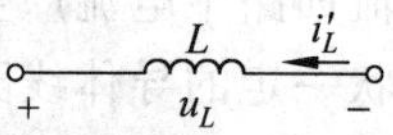

图 6-3-5　电感的电压、电流有相反的参考方向的情形

式(6-3-2)和式(6-3-3)两式表示的自感电动势、电压的实际方向与楞茨定律所表示的结果是一致的：当$\frac{\mathrm{d}i_L}{\mathrm{d}t}>0$ 时，$u_L>0$；当$\frac{\mathrm{d}i_L}{\mathrm{d}t}<0$ 时，$u_L<0$。由式(6-3-3)同时可知，当电感中的电流恒定不变时，(直流)电感两端的电压为零，此时电感相当于短路。

对式(6-3-3)作由时刻 t_0 至 t 的积分，可以得到以积分形式表示的电感的电压与电流的关系为

$$i_L(t) = i_L(t_0) + \frac{1}{L}\int_{t_0}^{t} u_L(\tau)\mathrm{d}\tau \tag{6-3-5}$$

对电感的电压与电流的关系作以下说明：式(6-3-3)表明在某时刻电感两端的电压决定于该时刻电感中的电流的变化率；式(6-3-5)表明要由 t_0 至 t 期间的电压求 t 时的电流，还必须知道在 t 时刻之前的 t_0 时的电流值。式(6-3-5)中右端的前一项即为这一数值，式中的后一项则是以电感电压表示的由 t_0 至 t 期间电流的增量。它说明电感中的电流从起始时刻到 t 时刻的累积结果，所以电压的积分可以从负无穷时刻积到 t 时刻，即式(6-3-5)也可以表示为

$$i_L(t) = \frac{1}{L}\int_{-\infty}^{t} u_L(\tau)\mathrm{d}\tau$$

由式(6-3-5)还可以看出，当加在电感两端的电压 $u_L(t)$ 为有限值时，电感电流是时间的连续函数，即电感中的电流不会跃变。这是因为当 $u_L(t)$ 为有限值时，式(6-3-5)右端第二项在无穷小的时间 dt 内积分值为零。电感电流连续，实际上是与电感交链的磁链在这种情况下是不跃变的，因 $\Psi(t)=Li_L(t)$。

电感是不消耗电能的元件，虽然它有瞬时功率 $p_L=u_Li_L$。电感电流由零增至 I_L，电源对电感所作的功都转换为磁能，储存于电感电流产生的磁场之中。这一能量可这样求得：设在 dt 的时间里，由外部电源输送到电感的能量 dA 为

$$\mathrm{d}A = u_L i_L \mathrm{d}t = Li_L\frac{\mathrm{d}i_L}{\mathrm{d}t}\mathrm{d}t = Li_L\mathrm{d}i_L$$

dA 也就是磁场能量的增量 dW_{m}，即 dW_{m}=dA，电流由零增至 I_L 磁场能量即为

$$W_{\mathrm{m}} = \int_{-\infty}^{t} u_L i_L \mathrm{d}\tau = \int_{0}^{I_L} Li_L\mathrm{d}i_L = \frac{1}{2}LI_L^2 = \frac{\Psi^2}{2L} \tag{6-3-6}$$

式中 $\Psi=LI_L$，所以线性电感 L 的磁场储能等于电感 L 与电流平方的乘积之半。

式(6-3-6)适用于任何时刻电感中的储能。设任意时刻 t 电感中的电流 i_L，则此时电感的储能为

$$W_{\mathrm{m}} = \frac{1}{2}Li_L^2 = \frac{\Psi^2}{2L} \tag{6-3-7}$$

由式(6-3-7)可知，当电感电流为时间的连续函数时，电感的储能也是连续的，即电感的储能不会突变。

【例 6-2】 电路如图 6-3-6(a)所示。已知 $L=0.1$H，电感电流的初始值为 $i_L(0)=0$，电压源电压 $u_{\mathrm{S}}(t)$ 如图 6-3-6(b)所示。试求电感电流 $i_L(t)$，并画出其波形。

解 由式(6-3-5)有

当 $0<t\leqslant 1$s　$i_L(t) = i(0) + \frac{1}{0.1}\int_0^t 2\mathrm{d}\tau = 20\tau\,|_0^t = 20t$ A

当 $1\mathrm{s}<t\leqslant 2$s　$i_L(t) = i(1) + \frac{1}{0.1}\int_1^t (-2\tau+4)\mathrm{d}\tau = 20 - 10(\tau-2)^2\Big|_1^t$

$$= [30 - 10\,(t-2)^2]\ \mathrm{A}$$

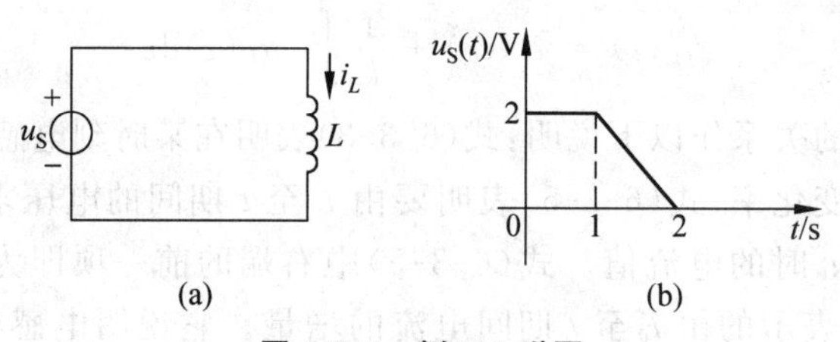

图 6-3-6　例 6-2 附图

(a) 电路图；(b) 电压源电压波形

当 $t > 2\text{s}$　$i_L(t) = i(2) = 30\text{A}$

所以

$$i_L(t) = \begin{cases} 20t\ \text{A} & 0 < t \leqslant 1\text{s} \\ [30 - 10(t-2)^2]\ \text{A} & 1\text{s} < t \leqslant 2\text{s} \\ 30\ \text{A} & t > 3\text{s} \end{cases}$$

$i_L(t)$的波形如图 6-3-7 所示。

以上是关于理想电感元件所作的讨论，实际的电感线圈是否能用一理想电感元件作为它的电路模型，则需考虑到一些其他的因素，如考虑线圈导线的电阻，就可以用一电感与电阻串联的电路(图 6-3-8)作为它的电路模型。如果需要考虑线圈导体间的分布电容(在高频下有这样的需要)，那就要涉及建模中的许多问题，就不在这里讨论了。

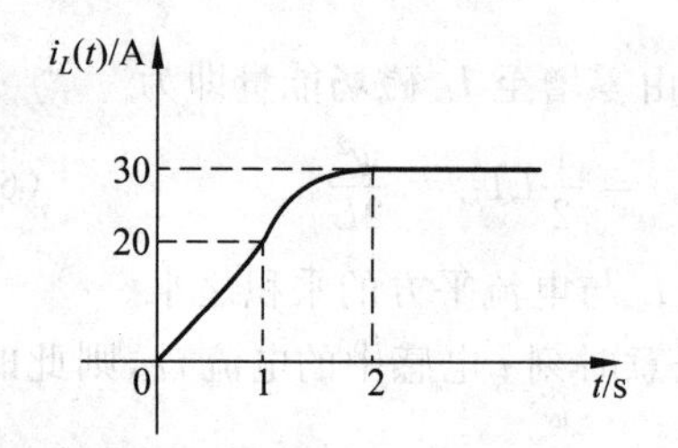

图 6-3-7　例 6-2 电路中 $i_L(t)$的波形

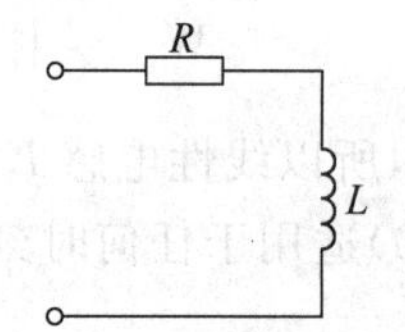

图 6-3-8　考虑损耗的实际线圈的电路模型

6.4　电感的串联与并联电路

对于由多个电感串联或并联的二端网络，也可根据电路定律和电感的电压电流关系得到一个与之等效的电感。

电感的串联

图 6-4-1(a)示一由 n 个电感串联的电路。根据 KVL 和电感电压电流的关系，即有

$$u = u_1 + u_2 + \cdots + u_n = L_1 \frac{\mathrm{d}i}{\mathrm{d}t} + L_2 \frac{\mathrm{d}i}{\mathrm{d}t} + \cdots + L_n \frac{\mathrm{d}i}{\mathrm{d}t}$$

$$=(L_1+L_2+\cdots+L_n)\frac{di}{dt}=L_{eq}\frac{di}{dt} \tag{6-4-1}$$

上式中

$$L_{eq}=L_1+L_2+\cdots+L_n \tag{6-4-2}$$

式(6-4-2)表明，n 个串联电感的等效电感值 L_{eq} 等于各电感值之和。等效电感电路如图 6-4-1(b)所示。

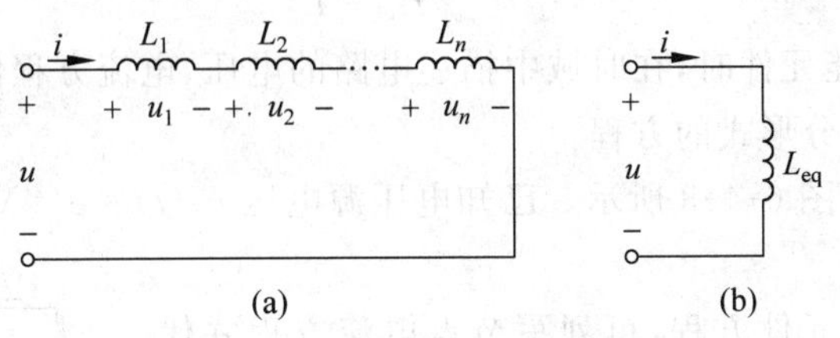

图 6-4-1　n 个串联电感和它的等效电感

(a) n 个电感串联；(b) 等效电感

电感的并联

对如图 6-4-2(a)所示的 n 个并联电感电路，由 KCL 得出

$$i(t)=i_1(t)+i_2(t)+\cdots+i_n(t) \tag{6-4-3}$$

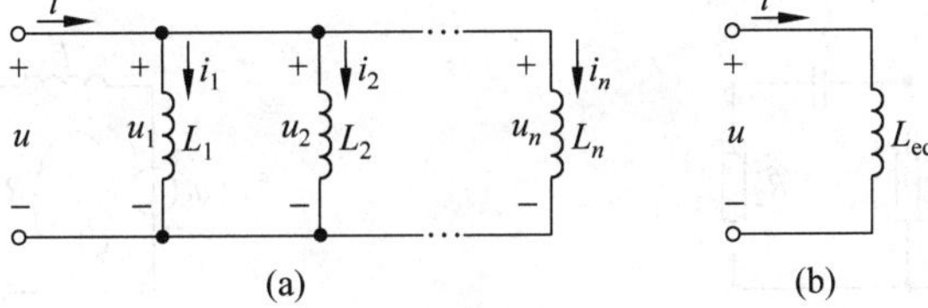

图 6-4-2　n 个并联电感和它的等效电感

(a) n 个电感并联；(b) 等效电感

根据电感的电压与电流的关系式，$i_k(t)=\frac{1}{L_k}\int_0^t u_k(\tau)\mathrm{d}\tau+i_k(0)$ $(k=1,2,\cdots,n)$，再考虑到各电感电压应相等，即 $u_1(t)+u_2(t)+\cdots+u_n(t)=u(t)$，上式即可写成如下形式：

$$\begin{aligned}i(t)&=i_1(t)+i_2(t)+\cdots+i_n(t)\\&=\frac{1}{L_1}\int_0^t u(\tau)\mathrm{d}\tau+i_1(0)+\frac{1}{L_2}\int_0^t u(\tau)\mathrm{d}\tau+i_2(0)+\cdots+\frac{1}{L_n}\int_0^t u(\tau)\mathrm{d}\tau+i_n(0)\\&=\left(\frac{1}{L_1}+\frac{1}{L_2}+\cdots+\frac{1}{L_n}\right)\int_0^t u(\tau)\mathrm{d}\tau+i_1(0)+i_2(0)+\cdots+i_n(0)\\&=\frac{1}{L_{eq}}\int_0^t u(\tau)\mathrm{d}\tau+i(0)\end{aligned} \tag{6-4-4}$$

上式中 $i(0)=\sum_{k=1}^{n}i_k(0)$，等效电感 L_{eq} 与各并联电感的关系为

$$\frac{1}{L_{\mathrm{eq}}}=\frac{1}{L_1}+\frac{1}{L_2}+\cdots+\frac{1}{L_n} \tag{6-4-5}$$

式(6-4-5)表明，n 个并联电感的等效电感值 L_{eq} 的倒数等于各电感值倒数之和。图 6-4-2(a)的等效电路如图 6-4-2(b)所示。

当两个电感并联($n=2$)时，等效电感为

$$L_{\mathrm{eq}}=\frac{L_1L_2}{L_1+L_2} \tag{6-4-6}$$

当电路中含有储能元件时，在时域中描述电路的电压、电流方程便不再像电阻电路中那样是代数方程，而是微分形式的方程。

【例 6-3】 电路如图 6-4-3 所示。已知电压源电压 $u_S(t)=\mathrm{e}^{-2t}\,\mathrm{V}$，$i_L(0)=0$。试求电流 $i(t)$ $(t>0)$。

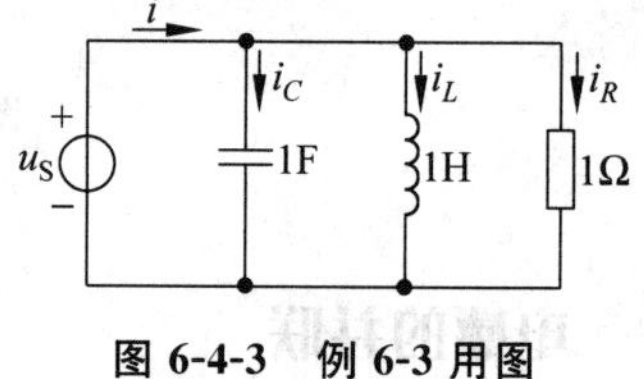

图 6-4-3　例 6-3 用图

解　根据 KCL 及元件方程，可列写节点电流方程并代入已知条件，得

$$\begin{aligned} i &= i_C+i_L+i_R \\ &=1\times\frac{\mathrm{d}u_S(t)}{\mathrm{d}t}+i_L(0)+\frac{1}{1}\int_0^t u_S(\tau)\mathrm{d}\tau+\frac{u_S(t)}{1} \\ &=-1.5\mathrm{e}^{-2t}\ \mathrm{A} \end{aligned}$$

【例 6-4】 一电路如图 6-4-4 所示。以电流的瞬时值列写它的回路电流方程。

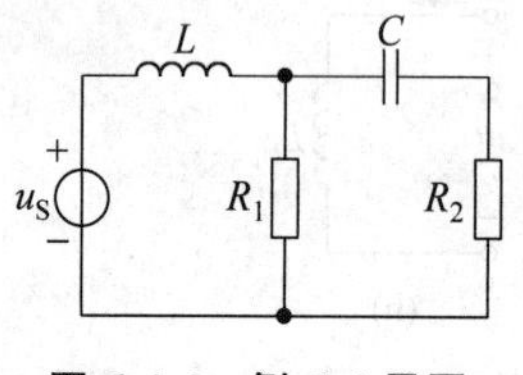

图 6-4-4　例 6-4 用图

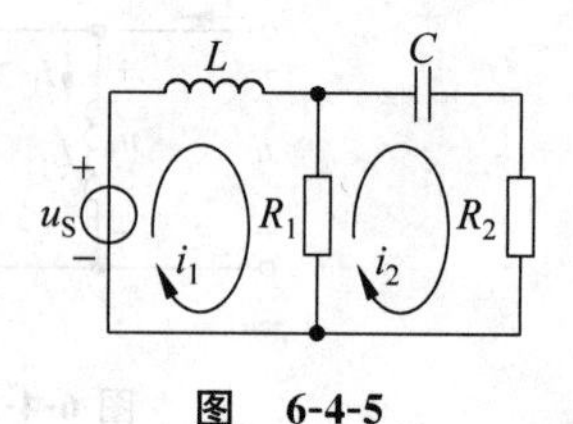

图　6-4-5

解　回路电流参考方向如图 6-4-5 所示。根据 KVL 及各电路元件特性，有

$$\left.\begin{aligned} L\frac{\mathrm{d}i_1}{\mathrm{d}t}+R_1i_1-R_1i_2&=u_S \\ -R_1i_1+(R_1+R_2)i_2+\frac{1}{C}\int i_2\mathrm{d}\tau&=0 \end{aligned}\right\} \tag{6-4-7}$$

将式(6-4-7)中的第二个方程对 t 求导，便可得到两个微分形式的方程。

含储能元件电路的求解问题将在后续章节中陆续介绍。

习　题

6-1　一电容 C 两端的电压为 $u_C(t)=U_{\mathrm{m}}\sin(\omega t+\psi_u)$。求电容中的电流 $i_C(t)$。电压、电流取关联参考方向。

6-2 流过一 5μF 电容的电流 $i(t)=2e^{-2t}$ mA。求此电容两端的电压 $u(t)$。已知 $u(0)=0$。电压、电流取关联参考方向。

6-3 题图 6-3(a)所示电路中，输入电压 $u_i(t)$的波形如题图 6-3(b)所示。试画出输出电压 $u_o(t)$的波形。

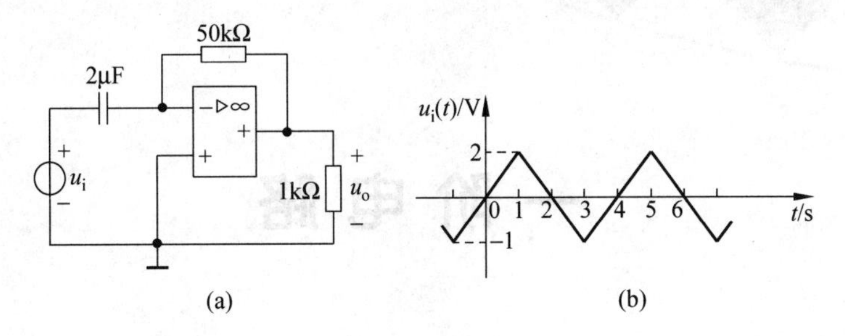

题图 6-3

6-4 一电感 L 中的电流为 $i_L(t)=I_m\sin(\omega t+\psi_i)$。求电感两端电压 $u_L(t)$。电压、电流取关联参考方向。

6-5 设电感两端电压波形如题图 6-5 所示。已知电感 $L=0.2$H，且无初始储能。试求：(1)电感中流过的电流 $i(t)$；(2)$t=2$s 时电感的储能。

6-6 试列写题图 6-6 所示电路的支路电流方程。

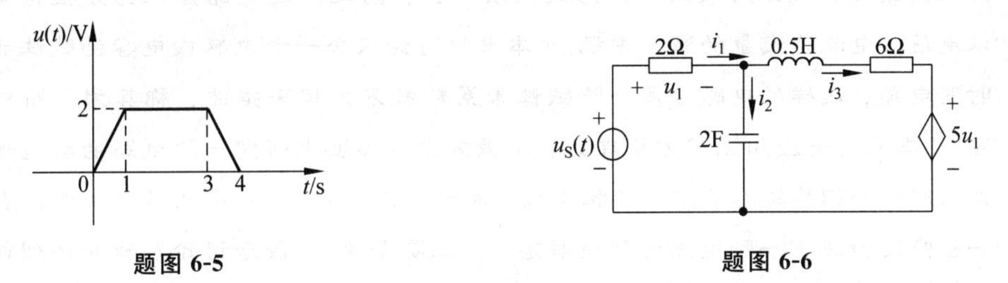

题图 6-5

题图 6-6

第7章

一阶电路

提要

前几章研究了电阻电路的分析方法，这类电路是以代数方程来描述的。当电路中含有储能元件电容和电感时，由于这些元件在时域中电压和电流的约束关系是以微分形式或积分形式来表示的，因此描述电路特性的方程将是以电压、电流为变量的微分方程。本章将讨论仅含一个电感或电容的线性非时变电路，这样的电路可用一阶线性常系数微分方程来描述，称其为一阶电路。本章首先应用微分方程理论，从微分方程出发来研究一阶电路的动态规律，同时介绍零输入响应、零状态响应和全响应等概念。在此基础上介绍在一些特定激励下一阶电路的简便解法——三要素法。最后讨论在脉冲序列作用下一阶电路的响应问题。

7.1 动态电路概述

电阻电路是以代数方程来描述的。当电路中含有储能元件电容和电感时，由于这些元件的电压和电流的约束关系是以微分形式或积分形式来表示的，因此描述电路特性的方程将是以电压、电流为变量的微分方程。凡以微分方程描述的电路都称为动态电路。当电路中的电阻、电容、电感都是线性非时变元件时，它的电路方程将是线性常系数微分方程。当电路只含有一个储能元件时，描述电路的方程是一阶微分方程，这样的电路便称为一阶电路。

当将一动态电路接至电源或当动态电路的参数发生变化，电路从一个稳定状态变化到另一个稳定状态，一般需要经历一个过程，这个过程称为过渡过程。以图 7-1-1 中的电路为例。图 7-1-1(a)是一电阻电路，开关闭合后电阻电压 u_R 立即从开关闭合前的零跳变到新的稳态电压 4V，如图 7-1-1(b)所示。而图 7-1-2(a)是一动态电路，开关合下后，电容电压 u_C 从零逐渐变化到新的稳态电压 6V，变化过程大致如图 7-1-2(b)所示，电容电压 u_C 从开关闭合前的稳定工作状态 0V 变化到开关闭合后的稳定工作状态 6V，并不是瞬间就完成，而要经历一过渡过程。

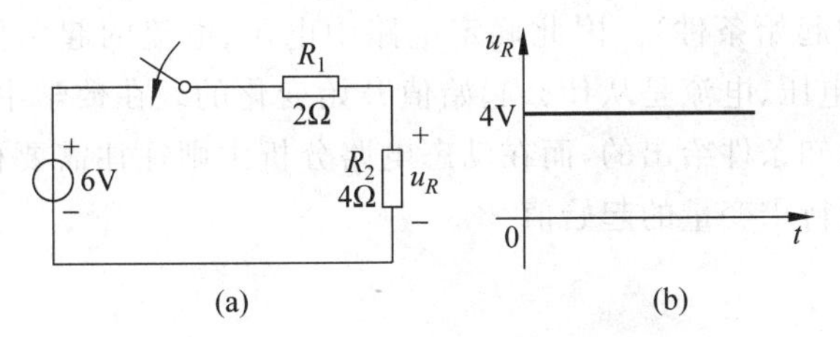

图 7-1-1 开关闭合后 u_R 立即达稳态

(a) 一个纯电阻的电路；(b)电阻电压 $u_R(t)$的曲线

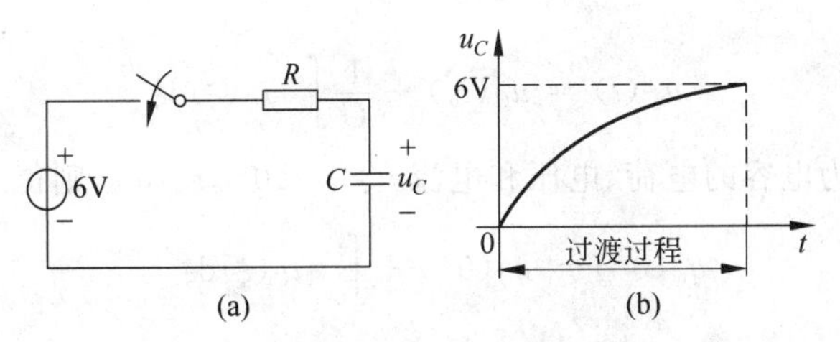

图 7-1-2 开关闭合后 u_C 经历的过渡过程

(a) RC 串联电路；(b) 电容电压 $u_C(t)$的曲线

出现过渡过程的原因是电路中存在储能元件。对应于电路的一定的工作状态，电容和电感都储有一定的能量，而储能元件的能量改变一般需要一段时间(即使时间很短)，而不能瞬间完成。当电路中由于电源的接入或断开，元件参数或电路结构的突然改变(以后统称为

"换路"),都可能引起电路中的过渡过程。

在动态电路中会出现过电流、过电压、振荡等现象,有些实际电路和电气设备就是基于这些现象而工作的;反之,在有些情况下却要设法避免这些现象的出现,以防止由此而造成危害。此外,动态电路与一般的动态系统(如机械系统、自动控制系统等)从对它们的分析研究方法和内容上看,都有着相当程度的共同性。因此,关于动态电路的基本规律和基本分析方法不仅是电工技术必要的基础知识,而且具有重要的理论和实际意义。

在本章和第8章中我们要介绍一些基本电路中动态过程的进行规律和基本分析计算方法。在分析电路时,假设换路在瞬间完成,一般常以换路的瞬间作为计时的起点 $t=0$(当然也可将它定为 $t=t_0$),若需区分换路前后瞬间,就把刚换路前的瞬间记为 $t=0^-$,刚换路后的瞬间记为 $t=0^+$。

本章只研究线性非时变电路,因此所涉及的一阶电路将限于含一个储能元件的线性非时变电路。

7.2 电路中起始条件的确定

在分析动态电路时,要列写出电路的微分方程,还需知道待求电压、电流的起始值(即求解微分方程时所需的起始条件)。因此确定电路中电压、电流的起始值就是一个重要的问题,它要确定换路后电压、电流是从什么起始值开始变化的。在数学中求解微分方程时,起始条件一般是作为已知条件给出的,而在动态电路分析中则往往需要根据电路的起始情况由电路基本规律求出待求变量的起始值。

换路定则

对任意时刻 t,线性电容的电荷和电压可表示为

$$q_C(t)=q_C(t_0)+\int_{t_0}^{t} i_C(\xi)\mathrm{d}\xi$$

$$u_C(t)=u_C(t_0)+\frac{1}{C}\int_{t_0}^{t} i_C(\xi)\mathrm{d}\xi$$

式中 q_C,u_C,i_C 分别为电容的电荷、电压和电流,令 $t_0=0^-$,$t=0^+$,则得

$$q_C(0^+)=q_C(0^-)+\int_{0^-}^{0^+} i_C(\xi)\mathrm{d}\xi$$

$$u_C(0^+)=u_C(0^-)+\frac{1}{C}\int_{0^-}^{0^+} i_C(\xi)\mathrm{d}\xi$$

由上两式可知,如果在换路时电流 i_C 为有限值(即不是无穷大),则式中右端的积分项为零,这时可得

$$q_C(0^+)=q_C(0^-) \tag{7-2-1}$$

$$u_C(0^+)=u_C(0^-) \tag{7-2-2}$$

这表明，当电容电流为有限值时，电容上的电荷和电压在换路瞬间是连续的而不会发生跃变。

同理，对于一个线性电感，其磁链 $\psi_L(t)$ 和电流 $i_L(t)$ 可表示为

$$\psi_L(t)=\psi_L(t_0)+\int_{t_0}^{t}u_L(\xi)\mathrm{d}\xi$$

$$i_L(t)=i_L(t_0)+\frac{1}{L}\int_{t_0}^{t}u_L(\xi)\mathrm{d}\xi$$

式中 u_L 为电感两端的电压。令 $t_0=0^-$，$t=0^+$，则有

$$\psi_L(0^+)=\psi_L(0^-)+\int_{0^-}^{0^+}u_L(\xi)\mathrm{d}\xi$$

$$i_L(0^+)=i_L(0^-)+\frac{1}{L}\int_{0^-}^{0^+}u_L(\xi)\mathrm{d}\xi$$

由上两式可知，如果在换路瞬间 u_L 为有限值（即不是无穷大），则式中右端的积分项为零，则得

$$\psi_L(0^+)=\psi_L(0^-) \tag{7-2-3}$$

$$i_L(0^+)=i_L(0^-) \tag{7-2-4}$$

这表明，当电感电压为有限值时，电感中的磁链和电流在换路瞬间是连续的而不会发生跃变。

式(7-2-1)～式(7-2-4)各式有时也称为“换路定则”，在动态电路分析中，常用以确定电压、电流的起始值。

电压、电流起始值的确定

电路中电压、电流起始值可以分为两类。一类是电容电压和电感电流的起始值，即 $u_C(0^+)$ 和 $i_L(0^+)$，我们也称之为起始状态，它们可直接利用换路定则，通过换路前瞬间的 $u_C(0^-)$ 和 $i_L(0^-)$ 求出。电路中其他电压、电流的起始值则属于另一类，如电容电流、电感电压、电阻电流、电阻电压的起始值。这类起始值在换路瞬间一般是可以跳变的，在求出了 $u_C(0^+)$ 和 $i_L(0^+)$ 以后，可根据基尔霍夫定律和欧姆定律计算 $t=0^+$ 时的电路，求出它们的数值。在进行计算时，一种直观的方法是画出动态电路起始瞬间 $t=0^+$ 的等效电路，在这样的电路中各独立电源的电压取其在 $t=0^+$ 时的值，电容元件以电压为 $u_C(0^+)$ 的电压源替代，电感元件以电流为 $i_L(0^+)$ 的电流源替代，这样便得出一个等效的电阻电路，由它便可方便地求出 $t=0^+$ 时各元件上的电压、电流值，也就是它们的起始值。

【例 7-1】 图 7-2-1(a)所示电路在开关断开之前处于稳定状态，求开关断开瞬间各支路电流和电感电压的起始值 $i_1(0^+)$，$i_2(0^+)$，$i_3(0^+)$，$u_L(0^+)$。

解 开关断开前电路处于稳定状态，可求得

$$i_3(0^-)=\frac{U_S}{R_1+R_3}=\frac{8}{3+5}=1\mathrm{A}$$

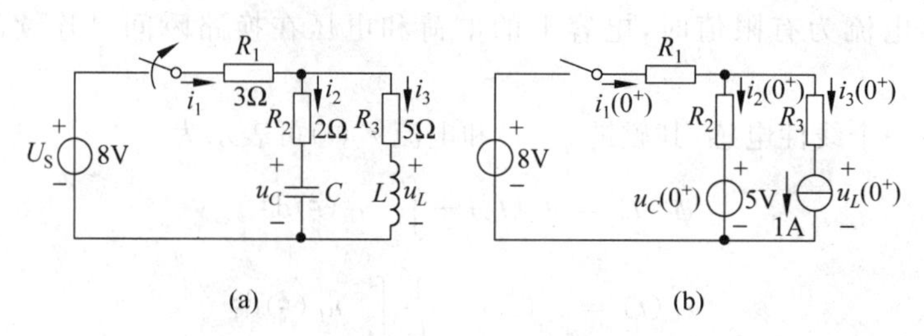

图 7-2-1 例 7-1 附图

(a) 例 7-1 中需要求起始值的电路；(b) 求例 7-1 中电路起始值用的 $t=0^+$ 等效电路

$$u_C(0^-) = i_3(0^-)R_3 = 1\times 5 = 5\text{V}$$

由换路定则可知，其起始状态为

$$i_3(0^+) = i_3(0^-) = 1\text{A}$$

$$u_C(0^+) = u_C(0^-) = 5\text{V}$$

作出 $t=0^+$ 时的等效电路，如图 7-2-1(b)所示，其中替代电容的电压源 $u_C(0^+)=5\text{V}$，替代电感的电流源 $i_C(0^+)=1\text{A}$。由此电路可求得待求各起始值为

$$i_1(0^+) = 0$$

$$i_2(0^+) = i_1(0^+) - i_3(0^+) = -1\text{A}$$

$$u_L(0^+) = u_C(0^+) + i_2(0^+)R_2 - i_3(0^+)R_3 = -2\text{V}$$

需要指出的是，在分析电路动态过程时，需要分析的是电路换路后的过程，所求的起始值也是换路后 $t=0^+$ 时的数值，因此所分析的电路都是换路后的电路。但是在应用换路定则求起始状态时，需要知道换路前 $t=0^-$ 时的 $u_C(0^-)$ 和 $i_L(0^-)$，因此又有必要分析电路在换路前的情况。

上述的换路定则并非在任何情况下都成立，在遇到所谓的强迫跃变情况时，电容电压和电感电流都将跃变。有关分析将在第 9 章介绍。

7.3 一阶电路的零输入响应

凡是可用一阶常微分方程描述的电路称为一阶电路。储能元件仅有一个电感或电容的电路都是一阶电路。如果在换路前储能元件就储存有能量，即使电路中没有外加电源，换路后电路中仍可出现电压、电流，这是因为储能元件储存的能量会通过电阻以热能形式释放。电路在没有外加输入，而仅由起始储能所引起的响应称为零输入响应。

RC 串联电路的零输入响应

图 7-3-1 电路中，假设电容在开关闭合前已带有电荷，在 $t=0$ 时开关闭合，电容电压

$u_C(0^-)=U_0$，开关闭合后由基尔霍夫定律可得 $u_C=u_R$，将元件约束 $u_R=Ri, i=-C\dfrac{du_C}{dt}$ 代入上式，可得微分方程

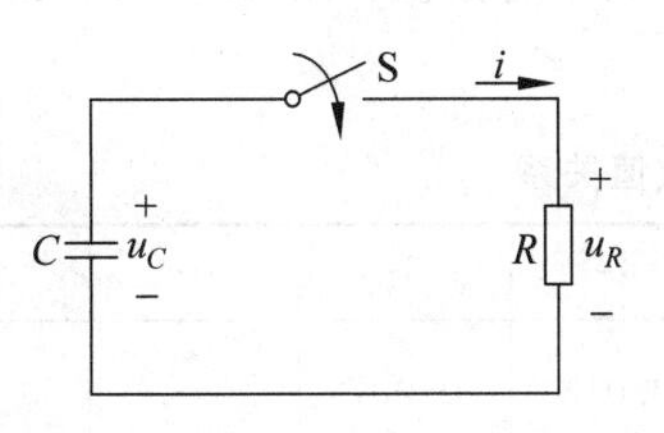

图 7-3-1 RC 串联电路的零输入响应

$$RC\frac{du_C}{dt}+u_C=0 \tag{7-3-1}$$

式(7-3-1)是一个一阶齐次微分方程，由换路定则可知

$$u_C(0^+)=u_C(0^-)=U_0 \tag{7-3-2}$$

现在要求满足微分方程式(7-3-1)和起始条件式(7-3-2)的解答 u_C。

由微分方程理论知道，齐次微分方程式(7-3-1)的通解形式为

$$u_C=Ae^{pt}$$

式中 p 为一待求常数。将此解代入式(7-3-1)，得 $(RCp+1)Ae^{pt}=0$，于是得

$$RCp+1=0$$

上式即为方程式(7-3-1)的特征方程。此特征方程的根即特征根为 $p=-1/RC$，于是得到解答为

$$u_C=Ae^{-\frac{t}{RC}}$$

式中常数 A 需由起始条件确定，由

$$u_C(0)=Ae^{-t/RC}\mid_{t=0}=U_0$$

即得

$$A=U_0$$

所求解答为

$$u_C=U_0e^{-t/RC} \tag{7-3-3}$$

从而可求出电流

$$i=-C\frac{du_C}{dt}=-C\frac{d}{dt}U_0e^{-t/RC}=\frac{U_0}{R}e^{-t/RC} \tag{7-3-4}$$

也可以从 $i=u_C/R$ 求出 i，即

$$i=\frac{u_C}{R}=\frac{U_0}{R}e^{-t/RC}$$

解出的 u_C 和 i 的波形如图 7-3-2 所示，它们都按照同样的指数规律变化，由起始值单调衰减到零。注意到在 $t=0$ 换路时，电流 i 发生了跃变，由零跃变到 U_0/R，这正是由于电容电压 u_C 不能跃变所决定的。

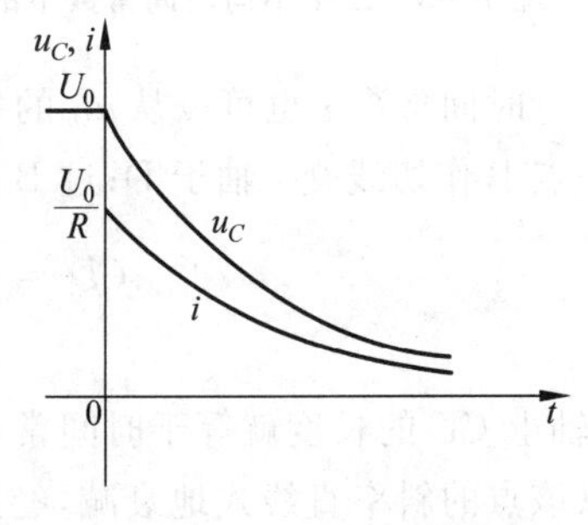

图 7-3-2 $u_C(t), i(t)$的曲线

RC 串联电路的时间常数

把以上所得解答 $u_C=U_0e^{-t/RC}$ 中的 RC 用 τ 表示，即 $\tau=RC$，它具有时间的量纲，称为这

一电路的时间常数。当 C 用法[拉](F),R 用欧[姆](Ω)为单位时,RC 的单位为秒(s)。由指数函数的性质可知,指数函数衰减的快慢取决于时间常数 τ 的数值。算出 $t=0,2\tau,3\tau,\cdots$ 各时刻 $e^{-t/\tau}$ 的值列成表 7-3-1。

表 7-3-1 指数函数 $e^{-t/\tau}$ 与 t 的数值关系

t	0	τ	2τ	3τ	4τ	5τ	…	∞
$\frac{u_C(t)}{U_0}=e^{-t/\tau}$	1	0.368	0.135	0.05	0.018	0.007	…	0

从表中可以看出:理论上,指数函数 $e^{-t/\tau}$ 要到 $t\to\infty$ 才衰减到零,但实际上经过 $3\tau\sim5\tau$ 的时间后,指数函数已衰减到起始值的 5%以下,一般就可认为它衰减到接近于零,即可认为过渡过程已结束。因此,时间常数愈小,过渡过程愈短;反之则愈长。图 7-3-3 中给出了三个不同时间常数下表示 u_C 变化的曲线。

时间常数 τ 的大小决定于电路的结构和参数,而和起始电压的大小无关,RC 串联电路的时间常数 $\tau=RC$。R、C 愈大,时间常数愈大。这从物理概念上也不难理解,如电容 C 一定,电阻 R 愈大,则放电电流的起始值愈小,放电过程就愈长;如电阻 R 一定,则放电电流的起始值一定,电容 C 愈大则电容上起始的电荷愈多,放电时间也就愈长。

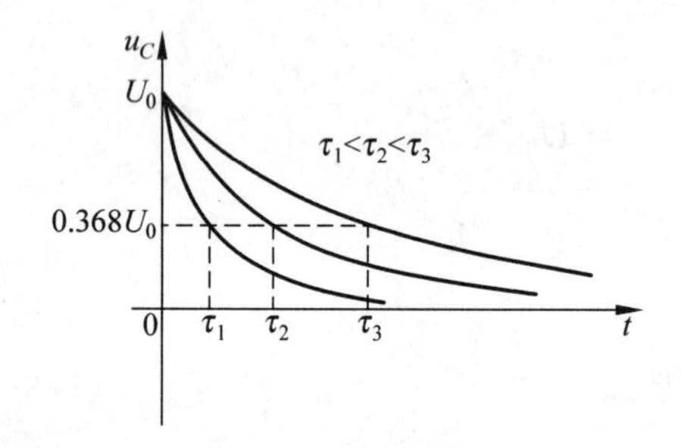

图 7-3-3 三个不同时间常数下的变化曲线

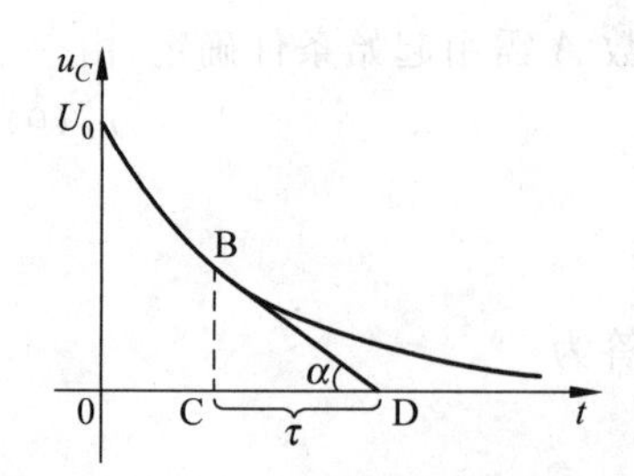

图 7-3-4 由 $U_0e^{-t/\tau}$ 的曲线求时间常数的图示

时间常数 τ 也可以从 u_C 的指数曲线求得,在图 7-3-4 中,自指数曲线 $u_C=U_0e^{-t/RC}$ 上任一点 B 作切线交 t 轴于 D;过 B 点作 t 轴的垂线,交 t 轴于 C,有

$$CD=\frac{BC}{\tan a}=\frac{u_C}{-\frac{du_C}{dt}}=\frac{U_0e^{-t/\tau}}{\frac{1}{\tau}U_0e^{-t/\tau}}=\tau$$

t 轴上 CD 的长度就等于时间常数。因此也可这样说:由指数函数 $e^{-t/\tau}$ 的曲线上的任一点,以该点的斜率直线式地衰减,经过时间 τ 后就衰减到零。

在整个放电过程中,电阻 R 上消耗的能量为

$$W=\int_0^\infty i^2R\mathrm{d}t=\int_0^\infty\left(\frac{U_0}{R}e^{-t/\tau}\right)^2R\mathrm{d}t=\frac{U_0^2}{R}\int_0^\infty e^{-2t/\tau}\mathrm{d}t=\frac{U_0^2}{R}\left(-\frac{\tau}{2}\right)e^{-2t/\tau}\Big|_0^\infty$$

$$=\frac{\tau U_0^2}{2R}=\frac{1}{2}CU_0^2$$

等于电容在放电前储存的能量，即电容的储能全部被电阻消耗，转换为热能。

RL 串联电路的零输入响应

下面研究 RL 串联电路的零输入响应。图 7-3-5(a)中的电路在开关 S 断开前处于稳态，电感中有电流 $I_0=U/R_1$，电阻 R 中没有电流。当开关 S 断开后。R_1 中没有电流，只需考虑 R，L 构成的图 7-3-5(b)所示的电路。在这电路中没有外加电源，但由于电感中有起始电流 $i(0^+)=i(0^-)=I_0$，而这个电流不能立即降为零，在电流减小时，电感中会产生自感电动势，它的作用趋向于要维持电流继续依原有的方向流动。因此在 L，R 回路里形成回路电流，这个电流从起始值 I_0 逐渐减小，最后衰减到零，这就是电感通过电阻的放电过程。

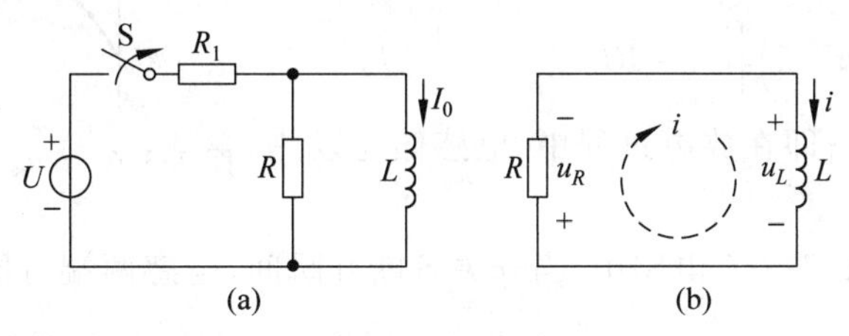

图 7-3-5 RL 电路的零输入响应

(a) 一个使电感中有起始电流的电路；(b) RL 串联回路

列写此电路的微分方程，有

$$L\frac{\mathrm{d}i}{\mathrm{d}t}+Ri=0$$

这也是一个一阶齐次微分方程，令 $i=A\mathrm{e}^{pt}$，得到它的特征方程为

$$Lp+R=0$$

解出特征根是

$$p=-\frac{R}{L}$$

故得电流

$$i=A\mathrm{e}^{-Rt/L}$$

令 $\tau=\dfrac{L}{R}$，则有

$$i=A\mathrm{e}^{-t/\tau}$$

由起始条件

$$i(0^+)=i(0^-)=I_0$$

可得 $A=I_0$，电流解答为

$$i=I_0\mathrm{e}^{-t/\tau} \tag{7-3-5}$$

电阻和电感上电压分别为

$$u_R = Ri = RI_0\mathrm{e}^{-t/\tau} \tag{7-3-6}$$

$$u_L = L\frac{\mathrm{d}i}{\mathrm{d}t} = -RI_0\mathrm{e}^{-t/\tau} \tag{7-3-7}$$

i, u_R, u_L 具有同样的指数规律(τ 相等),它们的变化曲线如图 7-3-6 所示。RL 电路的时间常数 $\tau = L/R$ 与 RC 电路中的时间常数有相同的意义,当电感单位用 H,电阻单位用 Ω,则 τ 的单位为 s。这里,时间常数 τ 与 L 成正比,与 R 成反比,即 L 愈大时 τ 愈大,而 R 愈大时 τ 愈小。

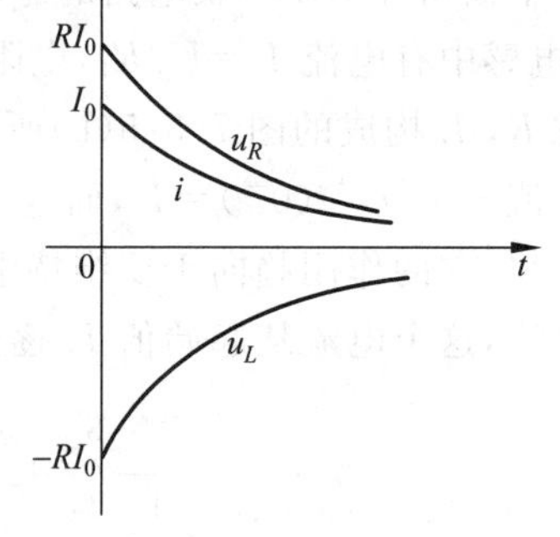

图 7-3-6　i, u_R, u_L 随时间变化的曲线

在电感放电过程中,电阻上消耗的能量为

$$W = \int_0^{\infty} Ri^2\mathrm{d}t = \int_0^{\infty} RI_0^2\mathrm{e}^{-2t/\tau}\mathrm{d}t$$

$$= RI_0^2\left(-\frac{\tau}{2}\mathrm{e}^{-2t/\tau}\right)\Big|_0^{\infty} = RI_0^2\frac{L}{2R} = \frac{1}{2}LI_0^2$$

等于电感的初始储能;即在放电过程中,电感储能以热能形式消耗在电阻上。

值得指出的是,图 7-3-5 电路中,当开关 S 断开瞬间,电感两端可能会出现高电压。由式(7-3-7)可知,$|u_L(0^+)| = RI_0 = \frac{R}{R_1}U$,若 $R \gg R_1$,则 $u_L(0^+) \gg U$,即断开开关瞬间 $u_L(0^+)$ 可能比断开电路前的电源电压高许多倍,特别是在被断开的电感没有并联电阻时(相当于图 7-3-5 中的 $R=\infty$),$u_L(0^+)$ 会很高。为了防止断开电感电流引起高电压,造成设备损坏,有时要采取一些措施。例如,在电感线圈的两端并联一个二极管,称为"续流二极管",见图 7-3-7。当正常工作时(开关闭合),二极管工作在反向,它的反向电流很小,对电路工作没有影响;当开关断开时,电感线圈可通过二极管正向放电。由于二极管正向电阻很小,就可避免电感两端出现高电压。

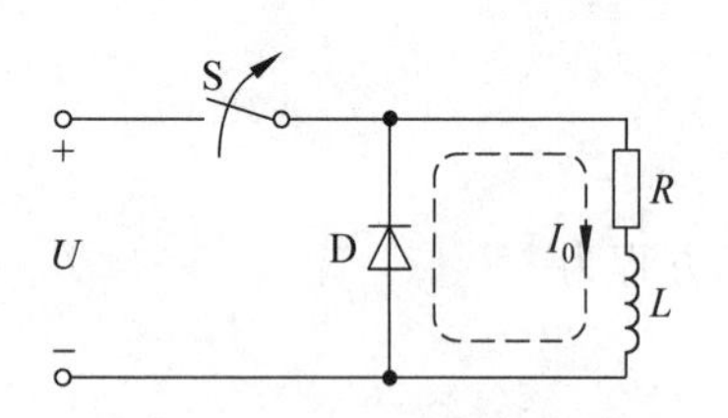

图 7-3-7　接有续流二极管的 RL 电路

7.4　一阶电路的零状态响应

零状态响应是指在零起始状态下,由于外加激励在电路中引起的响应。由于电路中不含起始储能,故有 $u_C(0^-)=0, i_L(0^-)=0$。

本节将讨论在两种最基本的激励——直流和正弦交流激励作用下,一阶电路的零状态响应。

直流激励下的零状态响应

1. *RC* 串联电路

现考虑 *RC* 串联电路在 $t=0$ 时接入直流电压源时的零状态响应(图 7-4-1)。

列写电路方程。由 KVL 有

$$u_R + u_C = U_S \tag{7-4-1}$$

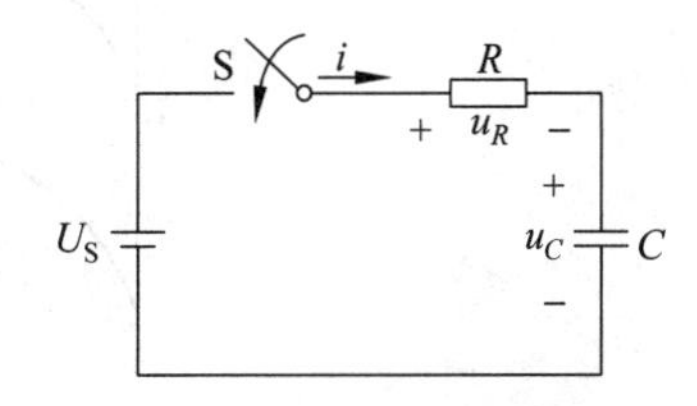

图 7-4-1 *RC* 充电电路

由元件约束有

$$i = C\frac{\mathrm{d}u_C}{\mathrm{d}t}, \quad u_R = Ri$$

将上式代入式(7-4-1),得

$$RC\frac{\mathrm{d}u_C}{\mathrm{d}t} + u_C = U_S \tag{7-4-2}$$

式(7-4-2)是一个一阶常系数线性非齐次微分方程。其解答可由此非齐次方程的特解 u_{Cq} 和相应的齐次方程的通解 u_{Cz} 所组成,即

$$u_C = u_{Cq} + u_{Cz} \tag{7-4-3}$$

由于电路的稳态解满足非齐次方程,所以它就是非齐次方程的一个特解,不难求出

$$u_{Cq} = U_S$$

u_{Cq} 也称为解答的强制分量。

式(7-4-2)的齐次方程的通解具有以下的指数形式:

$$u_{Cz} = A\mathrm{e}^{-t/RC}$$

u_{Cz} 也称为解答的自由分量。于是得方程的解为

$$u_C = u_{Cq} + u_{Cz} = U_S + A\mathrm{e}^{-t/RC}$$

由 u_C 的起始值确定积分常数 A。由于开关闭合前 $u_C(0^-)=0$,又接通电源时电流不可能为无限大,因而 u_C 不能跃变,$u_C(0^+)=u_C(0^-)=0$,代入方程的解,得

$$u_C(0^+) = U_S + A = 0$$

所以

$$A = -U_S$$

于是得最后的解答为

$$u_C = U_S - U_S\mathrm{e}^{-t/RC} = U_S(1 - \mathrm{e}^{-t/RC}) \tag{7-4-4}$$

这个解就是电容在充电过程中的电压表达式,由 u_C 可求出电流 i 为

$$i = C\frac{\mathrm{d}u_C}{\mathrm{d}t} = C\frac{\mathrm{d}}{\mathrm{d}t}(U_S - U_S\mathrm{e}^{-t/RC}) = \frac{U_S}{R}\mathrm{e}^{-t/RC} \tag{7-4-5}$$

u_C 和 i 的变化曲线如图 7-4-2 所示。

在充电过程中,u_C 从起始值 $u_C(0)=0$ 开始逐渐上升到稳态值 U_S,而电流 i 在充电起始时等于 U_S/R,随着 u_C 的上升,电流逐渐减小,最后为零;由 $i=C\frac{\mathrm{d}u_C}{\mathrm{d}t}$ 易知,充电电流愈大,u_C 上升愈快。在分析时,也可把电流 i 分解为强制分量和自由分量之和,即 $i=i_q+i_z$;但在

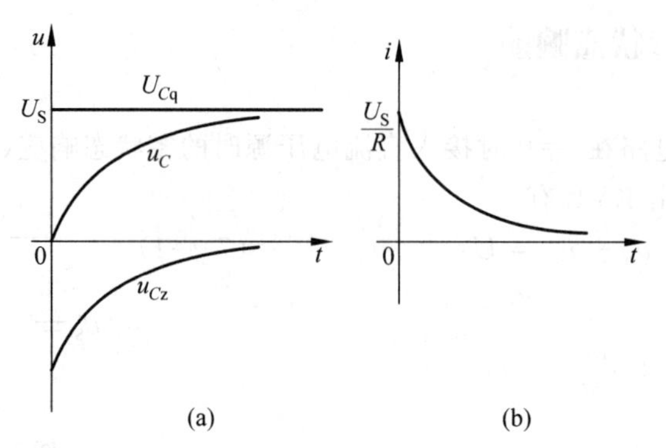

图 7-4-2 充电过程中 u_C, i 的曲线

(a) u_C 的曲线；(b) i 的曲线

上述充电过程中，强制分量为零($i_q=0$)，电流也就等于它的自由分量($i=i_z$)。

现在来看电容充电过程中的能量关系。在充电过程中，电容储能不断增加，直到 $\frac{1}{2}CU_S^2$，电阻上消耗能量为

$$W_R=\int_0^\infty i^2R\mathrm{d}t=\int_0^\infty\left(\frac{U_S}{R}\mathrm{e}^{-t/RC}\right)^2R\mathrm{d}t=\frac{U_S^2}{R}\left(-\frac{RC}{2}\right)\mathrm{e}^{-2t/RC}\bigg|_0^\infty=\frac{1}{2}CU_S^2$$

这表明，不论 R、C 为何值，在充电过程中，电源所供给的能量一半转换为电容储能，另一半消耗在电阻上。

2. *RL* 并联电路

图 7-4-3 的电路中，$i_L(0^-)=0$，$t=0$ 时断开开关 S，电路接入直流电流源 I_S。现分析 i_L，i_R 的变化过程。

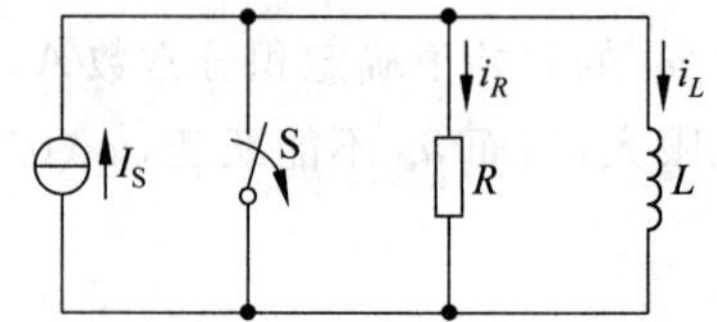

图 7-4-3 *RL* 并联电路接至恒定电流源的电路

对开关 S 断开后的电路，由 KCL 有

$$i_R+i_L=I_S$$

因 $i_R=\frac{u_L}{R}=\frac{L}{R}\frac{\mathrm{d}i_L}{\mathrm{d}t}$，代入上式，得

$$\frac{L}{R}\frac{\mathrm{d}i_L}{\mathrm{d}t}+i_L=I_S \tag{7-4-6}$$

初始条件为

$$i_L(0^+)=i_L(0^-)=0$$

求解式(7-4-6)的微分方程，仍将解答分解为强制分量和自由分量之和，有

$$i_L=i_{Lq}+i_{Lz}=I_S+A\mathrm{e}^{-Rt/L}$$

由起始条件 $i_L(0^+)=I_S+A=0$，可知 $A=-I_S$，可得 i_L 的解答为

$$i_L=I_S-I_S\mathrm{e}^{-Rt/L}=I_S(1-\mathrm{e}^{-Rt/L}) \tag{7-4-7}$$

由于图中的电阻 R 与电感 L 是并联的，因此可由 u_L 求出 i_R，即

$$i_R = \frac{L}{R}\frac{\mathrm{d}i_L}{\mathrm{d}t} = I_\mathrm{S}\mathrm{e}^{-Rt/L} \tag{7-4-8}$$

i_L,i_R 的曲线如图 7-4-4 所示。

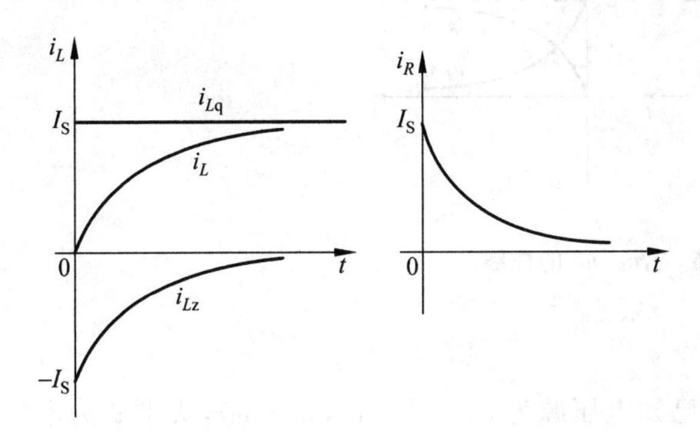

图 7-4-4　i_L,i_R 的曲线

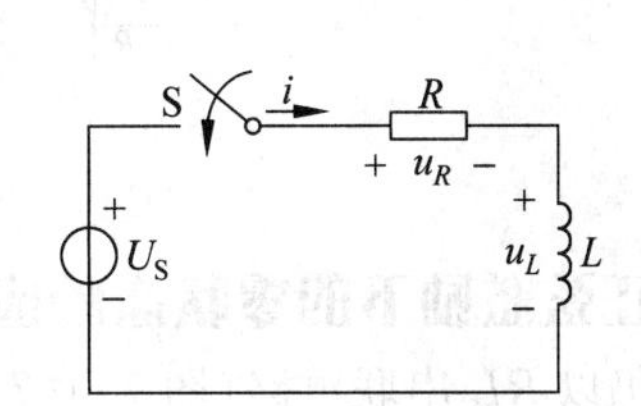

图 7-4-5　*RL* 串联电路接入直流电压源

3. *RL* 串联电路

图 7-4-5 中,$i_L(0^-)=0$,$t=0$ 时合上开关,接入直流电压源 U_S。现在分析此电路中的动态过程。由 KVL 可得微分方程

$$L\frac{\mathrm{d}i}{\mathrm{d}t} + Ri = U_\mathrm{S}$$

初始条件为

$$i(0^+) = i(0^-) = 0$$

上一方程的解答为

$$i = i_\mathrm{q} + i_\mathrm{z} = \frac{U_\mathrm{S}}{R} + A\mathrm{e}^{-Rt/L}$$

由起始条件可知

$$i(0^+) = \frac{U_\mathrm{S}}{R} + A = 0$$

得

$$A = -\frac{U_\mathrm{S}}{R}$$

可得解答为

$$i = \frac{U_\mathrm{S}}{R} - \frac{U_\mathrm{S}}{R}\mathrm{e}^{-Rt/L} = \frac{U_\mathrm{S}}{R}(1-\mathrm{e}^{-Rt/L}) \tag{7-4-9}$$

由此求得

$$u_R = Ri = U_\mathrm{S}(1-\mathrm{e}^{-Rt/L}) \tag{7-4-10}$$

$$u_L = L\frac{\mathrm{d}i}{\mathrm{d}t} = U_\mathrm{S}\mathrm{e}^{-Rt/L} \tag{7-4-11}$$

i, u_R, u_L 的曲线如图 7-4-6 所示。

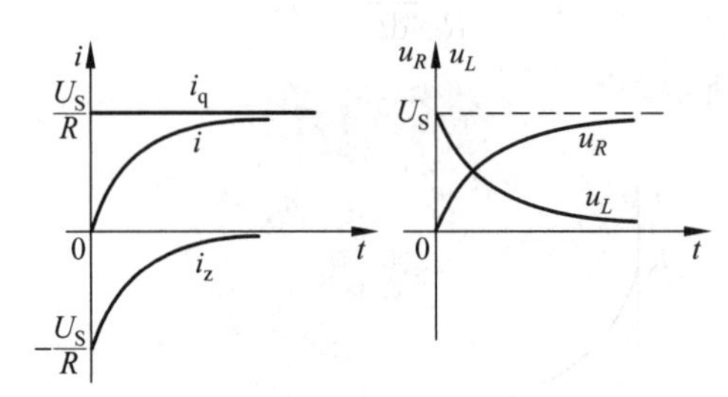

图 7-4-6　i, u_R, u_L 的曲线

正弦激励下的零状态响应

仍以 RL 串联电路(图 7-4-7)为例。已知电压源为 $u_S = U_m \sin(\omega t + \psi)$，式中 ψ 为电压源电压的初相角，它决定于接通电路的时刻。现讨论开关闭合后电路的零状态$[i(0^-) = 0]$响应。开关闭合后的电路微分方程为

$$L\frac{\mathrm{d}i}{\mathrm{d}t} + Ri = U_m \sin(\omega t + \psi) \tag{7-4-12}$$

由于电源电压是角频率为 ω 的正弦时间函数，可假设式(7-4-12)方程的特解是一与电源电压同频率的正弦时间函数，即设

$$i_q = I_m \sin(\omega t + \theta)$$

其中 I_m、θ 分别为所设待求的正弦电流振幅和初相角，将它代入式(7-4-12)后得

$$\omega L I_m \cos(\omega t + \theta) + R I_m \sin(\omega t + \theta) = U_m \sin(\omega t + \psi)$$

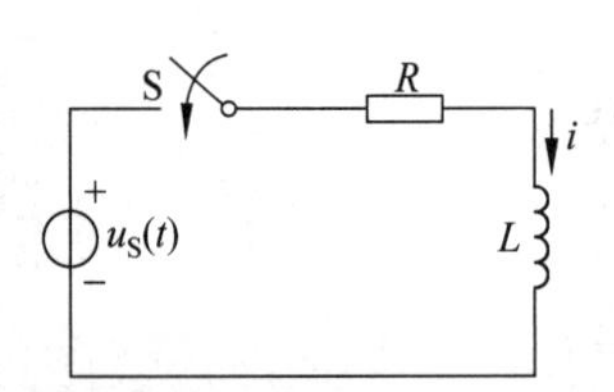

图 7-4-7　RL 电路接入正弦电压源

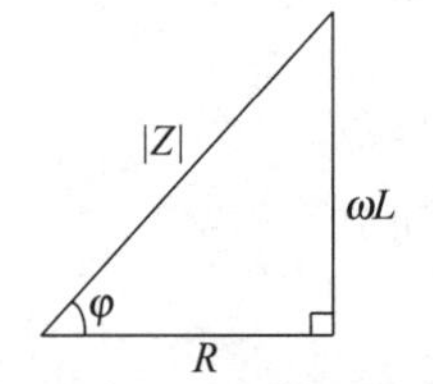

图 7-4-8　阻抗三角形

引入 $\tan\varphi = \omega L/R$ 和 $|Z| = \sqrt{R^2 + \omega^2 L^2}$，如图 7-4-8 所示，则有

$$\omega L = |Z|\sin\varphi, \quad R = |Z|\cos\varphi$$

代入上式，则上式左端可表示为

$$I_m|Z|\sin\varphi\cos(\omega t + \theta) + I_m|Z|\cos\varphi\sin(\omega t + \theta) = |Z|I_m \sin(\omega t + \theta + \varphi)$$

于是得

$$|Z|I_m \sin(\omega t + \theta + \varphi) = U_m \sin(\omega t + \psi)$$

可求得待求常数

$$|Z|I_m = U_m, \quad \theta + \varphi = \psi$$

或

$$I_{\mathrm{m}}=\frac{U_{\mathrm{m}}}{|Z|}=\frac{U_{\mathrm{m}}}{\sqrt{R^{2}+\omega^{2}L^{2}}}$$

$$\theta=\psi-\varphi=\psi-\arctan\frac{\omega L}{R}$$

于是得式(7-4-12)的特解为

$$i_{\mathrm{q}}=\frac{U_{\mathrm{m}}}{|Z|}\sin\left(\omega t+\psi-\varphi\right)$$

而此电路的微分方程的通解为

$$i=i_{\mathrm{q}}+i_{\mathrm{z}}=\frac{U_{\mathrm{m}}}{|Z|}\sin\left(\omega t+\psi-\varphi\right)+A\mathrm{e}^{-t/\tau}$$

代入起始条件 $i(0^{+})=i(0^{-})=0$,故有

$$\frac{U_{\mathrm{m}}}{|Z|}\sin\left(\psi-\varphi\right)+A=0$$

所以

$$A=-\frac{U_{\mathrm{m}}}{|Z|}\sin\left(\psi-\varphi\right)$$

最后可得解答

$$i=\frac{U_{\mathrm{m}}}{|Z|}\sin\left(\omega t+\psi-\varphi\right)-\frac{U_{\mathrm{m}}}{|Z|}\sin\left(\psi-\varphi\right)\mathrm{e}^{-t/\tau} \tag{7-4-13}$$

解答中,强制分量是一与激励具有相同频率的正弦函数。自由分量则以时间常数 $\tau=L/R$ 按指数规律衰减,经过(3～5)τ 时间后,自由分量衰减到接近于零,电路便进入稳态。值得注意的是,由于强制分量

$$i_{\mathrm{q}}=\frac{U_{\mathrm{m}}}{|Z|}\sin\left(\omega t+\psi-\varphi\right)$$

是随时间变化的,当开关在不同的时刻闭合(表现在不同的 ψ 值下),i_{q} 将有所不同。因此,自由分量中的系数

$$A=-\frac{U_{\mathrm{m}}}{|Z|}\sin\left(\psi-\varphi\right)$$

在不同的 ψ 值下有不同的数值。例如,当开关闭合时 $i_{\mathrm{q}}(0)$恰为零,即 $\psi-\varphi=0$,则 $A=0$,电流中就没有自由分量,在这种情况下电路中不出现过渡过程,开关刚一闭合就进入稳态(图 7-4-9(a));当开关闭合时强制分量正好等于最大值,即 $i_{\mathrm{q}}(0)=U_{\mathrm{m}}/|Z|$,也就是说 $\psi-\varphi=\pi/2$ 时,自由分量中的系数 $A=-U_{\mathrm{m}}/|Z|$,在这一情况下 A 的绝对值达最大,见图 7-4-9(b)。显然,一般情况下自由分量的大小介于上述两种情况之间。通过上述讨论可见,在交流电路接入电源时,由于开关闭合瞬间不同,强制分量的起始值不同,因而自由分量的大小也就不同。在分析交流电路过渡过程时,这是值得注意的。

从图 7-4-9(b)还可以看出,在自由分量的系数 A 的绝对值为最大的情况下,且自由分

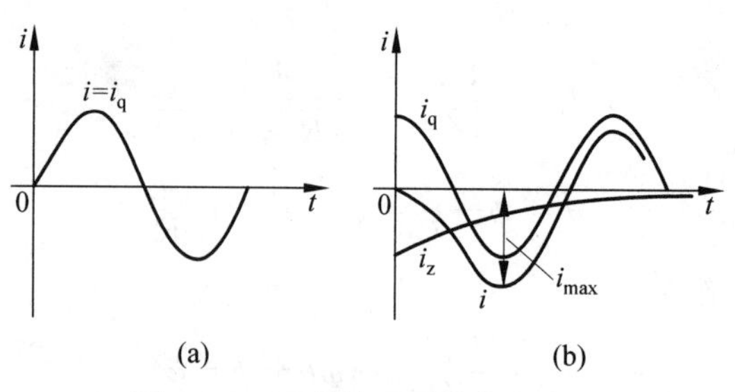

图 7-4-9 两种情况下的电流波形

(a) $\psi-\varphi=0$；(b) $\psi-\varphi=\pi/2$

量又衰减得很慢(即当时间常数 $\tau=L/R$ 远大于电源电压的周期 T)，则经过约半个周期后，自由分量与强制分量相加后的瞬时电流的绝对值接近于稳态幅值的两倍 $|i_{\max}|\approx 2U_{\mathrm{m}}/|Z|$。这种过电流现象在某些实际电路中是需要考虑的。

【例 7-2】 图 7-4-10 所示为一输电线的等效电路，R 和 L 分别为发电机和输电线的总电阻和总电感，已知 $R=0.06\Omega$，$L=5.1\mathrm{mH}$，$u_{\mathrm{S}}=6.3\sqrt{2}\sin(314t+\psi)$ kV。试计算输电线路发生短路时(设短路前 $i(0^-)=0$)，线路中可能出现的最大瞬时电流。

解 设短路电流($t=0$ 时短路)

$$i=i_{\mathrm{q}}+i_{\mathrm{z}}=\frac{U_{\mathrm{m}}}{|Z|}\sin(314t+\psi-\varphi)+A\mathrm{e}^{-t/\tau}$$

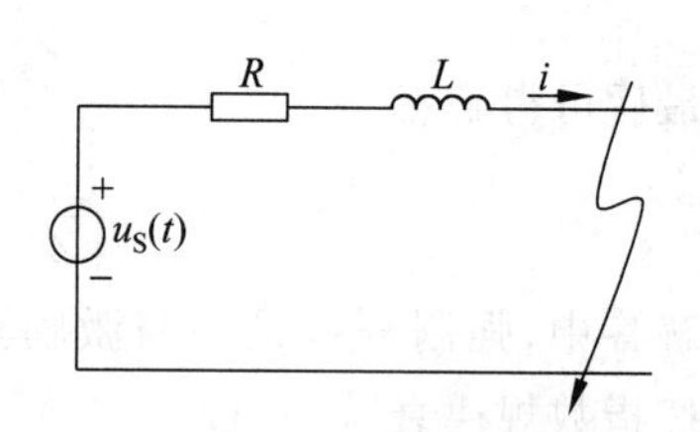

图 7-4-10 输电线等效电路

强制电流幅值为

$$I_{\mathrm{qm}}=\frac{U_{\mathrm{m}}}{|Z|}=\frac{6300\sqrt{2}}{\sqrt{R^2+\omega^2L^2}}=\frac{6300\sqrt{2}}{\sqrt{(0.06)^2+(1.6)^2}}$$

$$=5500\mathrm{A}$$

按短路瞬间出现最大自由分量来考虑，则有

$$i=i_{\mathrm{q}}+i_{\mathrm{z}}=5500\sin\left(314t+\frac{\pi}{2}\right)-5500\mathrm{e}^{-t/\tau}\ \mathrm{A}$$

式中 $\tau=\dfrac{L}{R}=\dfrac{0.0051}{0.06}=0.085\mathrm{s}$，最大瞬时电流 $|i_{\max}|$ 出现在短路后的半个周期时，即 $t=\dfrac{\pi}{2}=0.01\mathrm{s}$，可求出

$$i_{\max}=5500\sin\left(\pi+\frac{\pi}{2}\right)-5500\mathrm{e}^{-\frac{0.01}{0.085}}=-5500-4889=-10389\mathrm{A}$$

所以 $|i_{\max}|=10389\mathrm{A}$(接近于 $2I_{\mathrm{qm}}=11000\mathrm{A}$)。

7.5 一阶电路的全响应

一个具有非零起始状态的电路受到外加激励所引起的响应称为该电路的全响应。以图 7-5-1 中的电路为例，电容 C 在开关闭合前已带有电荷，起始电压 $u_C(0^-)=U_0$。现分析

接入直流电压源 U_S 后电容电压 u_C 的全响应。列写出电路的微分方程为

$$RC\frac{du_C}{dt}+u_C=U_S \tag{7-5-1}$$

初始条件是

$$u_C(0^+)=u_C(0^-)=U_0$$

式(7-5-1)为一非齐次微分方程，与零状态响应的微分方程式(7-4-2)相同，只是现在的起始条件不为零。由求解微分方程的经典方法，可得出全响应为

$$u_C=u_{Cq}+u_{Cz}=U_S+(U_0-U_S)e^{-t/RC} \tag{7-5-2}$$

式中 u_{Cq} 和 u_{Cz} 分别为解答的强制分量和自由分量，u_C 的变化曲线如图 7-5-2(a)所示。

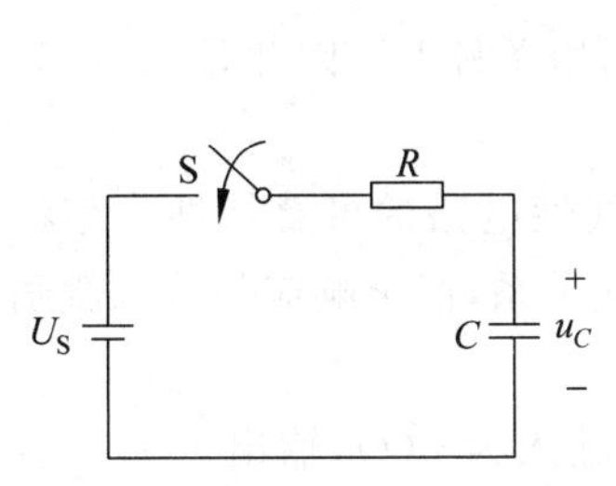

图 7-5-1 **RC 电路的全响应**

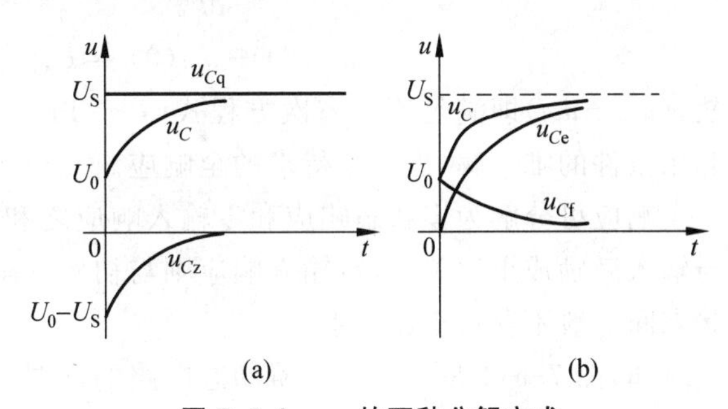

图 7-5-2 **u_C 的两种分解方式**

(a) $u_C=u_{Cq}+u_{Cz}$；(b) $u_C=u_{Ce}+u_{Cf}$

若将全响应 u_C 中的各分量重新作一组合，即

$$\begin{aligned}u_C&=U_S+(U_0-U_S)e^{-t/RC}\\&=\underbrace{U_S(1-e^{-t/RC})}_{u_{Ce}}+\underbrace{U_0e^{-t/RC}}_{u_{Cf}}\end{aligned} \tag{7-5-3}$$

式中两项 $u_{Ce}=U_S(1-e^{-t/RC})$，$u_{Cf}=U_0e^{-t/RC}$ 分别是该电路的零状态响应和零输入响应，相应的曲线如图 7-5-2(b)所示。式(7-5-3)表明了线性电路的一个重要性质，即

$$全响应=零状态响应+零输入响应 \tag{7-5-4}$$

可以通过图 7-5-3 中的电路来作出这一性质的物理解释。

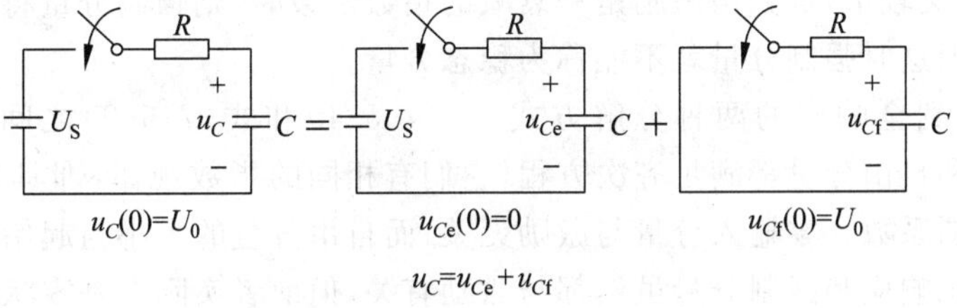

$u_C(0)=U_0$　　$u_{Ce}(0)=0$　　$u_{Cf}(0)=U_0$

$u_C=u_{Ce}+u_{Cf}$

图 7-5-3 全响应等于零状态响应与零输入响应之和

上述结论可证明如下：零状态响应应满足原有非齐次方程和零起始条件，即

$$RC\frac{\mathrm{d}u_{Ce}}{\mathrm{d}t}+u_{Ce}=U_S \tag{7-5-5}$$

$$u_{Ce}(0)=0 \tag{7-5-6}$$

而零输入响应 u_{Cf} 满足原方程的齐次方程和非零起始条件 U_0,即

$$RC\frac{\mathrm{d}u_{Cf}}{\mathrm{d}t}+u_{Cf}=0 \tag{7-5-7}$$

$$u_{Cf}(0)=U_0 \tag{7-5-8}$$

将式(7-5-5)、式(7-5-6)分别与式(7-5-7)、式(7-5-8)相加,得

$$RC\frac{\mathrm{d}(u_{Ce}+u_{Cf})}{\mathrm{d}t}+(u_{Ce}+u_{Cf})=U_S$$

$$u_{Ce}(0)+u_{Cf}(0)=U_0$$

显然,$(u_{Ce}+u_{Cf})$即满足原非齐次方程式(7-5-1),又满足起始条件 U_0,因此是式(7-5-1)满足起始条件的唯一解,也就是待求的全响应。

全响应可分解为零状态响应和零输入响应之和,这是线性电路的可叠加性。零状态响应与输入激励成正比关系,零输入响应则与初始状态成正比关系,但全响应与输入激励和初始状态间一般不存在正比关系。

例如,图 7-5-4 是一线性一阶动态电路的框图,其中的输入为 $v(t)$,输出 $y(t)$。若已知输入为 $v(t)$时的零状态响应为 $y_e(t)$,并知当起始状态 $x(0)=\xi$ 时的零输入响应为 $y_f(t)$,则可知当输入为 $k_1v(t)$,起始状态为 $x(0)=k_2\xi$ 时的全响应为 $y(t)=k_1y_e(t)+k_2y_f(t)$。只有输入和初始状态同时变化 k 倍时,响应才按比例变化为 k 倍。

由求解微分方程的经典法中已熟知全响应又可分解为强制分量和自由分量,即

$$全响应=强制分量+自由分量 \tag{7-5-9}$$

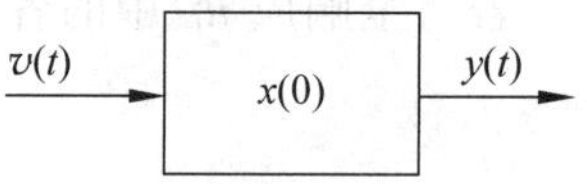

图 7-5-4　线性一阶动态电路

在线性有损电路中自由分量按指数函数衰减,最终趋于零。

当激励为恒定(直流)或正弦时间函数时,强制分量也分别为恒定值或正弦函数,这时强制分量也称为稳态分量,式(7-5-9)可表示为

$$全响应=稳态分量+自由分量 \tag{7-5-10}$$

但稳态分量的含义较窄,例如当激励是一衰减的指数函数时,则强制分量将是以相同规律衰减的指数函数,但这时强制分量就不能称为稳态分量。

现在可以看到全响应的两种分解方式,式(7-5-4)和式(7-5-9)之间的区别与联系:(1)零输入响应和自由分量都满足齐次方程,它们有相同的指数规律,即具有相同的时间常数,但乘有不同的系数。零输入分量与激励无关,而自由分量的大小与起始状态和激励都有关系。(2)零状态响应和强制分量虽然都与激励有关,但前者实际上是零状态下微分方程的解,因此它不仅包含有强制分量,还含有反映电路固有性质的指数项。

需要指出的是,无论把全响应分解为零状态响应和零输入响应之和,还是分解为强制分量和自由分量之和,仅是不同分解方法而已,真正的响应则是全响应。在分析电路时,采用

哪一种分解可以视问题的要求和方便作出选择。

【例 7-3】 图 7-5-5 电路中，$R=10\Omega, L=2\text{H}, U_S=12\text{V}, I_S=2\text{A}, i_L(0)=1\text{A}$。求 i_L, u_L 的全响应、零输入响应、零状态响应。

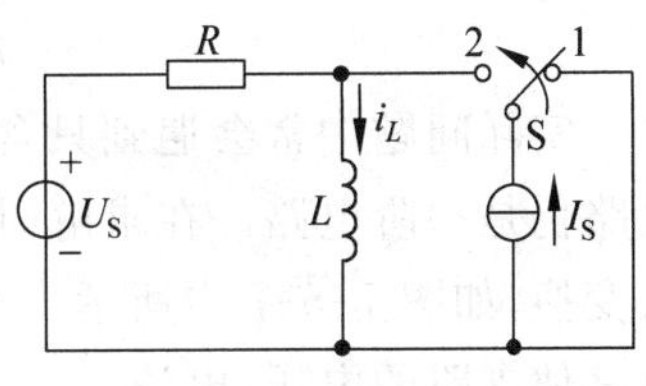

图 7-5-5 例 7-3 附图

解 分别求电路的零输入响应和每一电源单独作用时的零状态响应，可将原电路中的各响应分解为图 7-5-6 中的三个电路相应的叠加，即

$$i_L = i_{Lf} + i'_{Le} + i''_{Le}$$

$$u_L = u_{Lf} + u'_{Le} + u''_{Le}$$

上式中，i_{Lf}, u_{Lf} 是零输入响应（图 7-5-6(a)）；i'_{Le}, u'_{Le} 是电压源单独作用时的零状态响应（图 7-5-6(b)）；i''_{Le}, u''_{Le} 是电流源单独作用时的零状态响应（图 7-5-6(c)）。

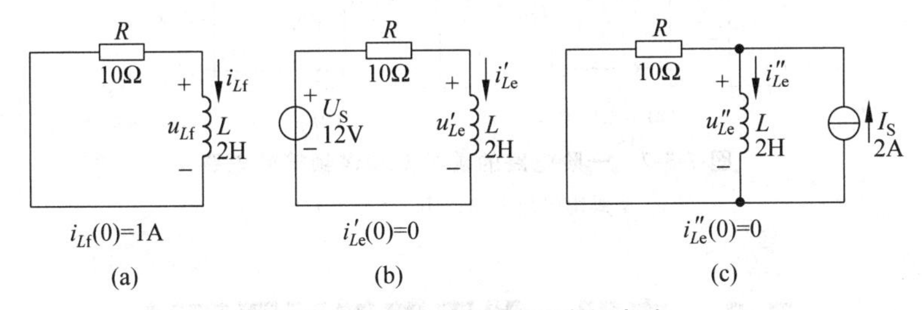

图 7-5-6 利用叠加原理求解电路

(a) 零输入响应；(b) U_S 单独作用的零状态响应；(c) I_S 单独作用的零状态响应

例中电路的时间常数 $\tau=L/R=0.2\text{s}$。由图 7-5-6 各电路不难求出各相应情况下的响应，由图(a)得

$$i_{Lf} = \mathrm{e}^{-t/\tau} = \mathrm{e}^{-5t}\ \text{A}$$

$$u_{Lf} = -10\mathrm{e}^{-5t}\ \text{V}$$

由图(b)得

$$i'_{Le} = 1.2(1-\mathrm{e}^{-5t})\ \text{A}$$

$$u'_{Le} = 12\mathrm{e}^{-5t}\ \text{V}$$

由图(c)得

$$i''_{Le} = 2(1-\mathrm{e}^{-5t})\ \text{A}$$

$$u''_{Le} = 20\mathrm{e}^{-5t}\ \text{V}$$

零输入响应为

$$i_{Lf} = \mathrm{e}^{-5t}\ \text{A}$$

$$u_{Lf} = -10\mathrm{e}^{-5t}\ \text{V}$$

零状态响应为

$$i_{Le} = i'_{Le} + i''_{Le} = 3.2(1-\mathrm{e}^{-5t})\ \text{A}$$

$$u_{Le} = u'_{Le} + u''_{Le} = 32\mathrm{e}^{-5t}\ \text{V}$$

全响应应为

$$i_L = i_{Lf} + i_{Le} = 3.2 - 2.2e^{-5t}\ \text{A}$$

$$u_L = u_{Lf} + u_{Le} = 22e^{-5t}\ \text{V}$$

实际问题中常会遇到只含有一个储能元件(L 或 C),而有多个电阻混联的电路,这样的电路仍是一阶电路。在求解时,可把储能元件以外的电路用戴维南定理或诺顿定理加以等效变换,如图 7-5-7 中所示。然后,求出储能元件上的电压、电流,就可按照变换前的电路求出其他支路的电压、电流。

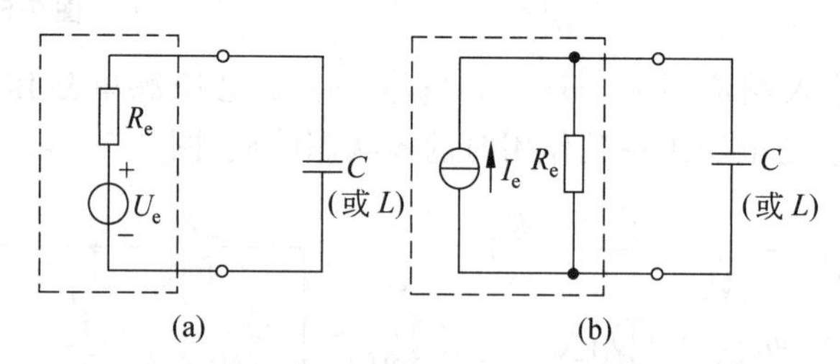

图 7-5-7 一阶电路的戴维南和诺顿等效电路

(a) 戴维南等效电路;(b) 诺顿等效电路

7.6 求解一阶电路的三要素法

恒定激励下的一阶电路是在实际中经常遇到的电路。例如,电容通过电阻的充、放电电路在脉冲电路中就是多见的。在分析这类电路时,根据一阶电路的规律,可以归纳出简便的方法,判断电路中各处的电压或电流的变化趋势,并写出其表达式。

由前述可知,在恒定激励作用下的一个一阶电路中的电压和电流都是按同一指数规律,从起始值开始,单调地增加或减小,最后达到稳态值。图 7-6-1 和图 7-6-2 画出了电压、电流变化的几种情况。

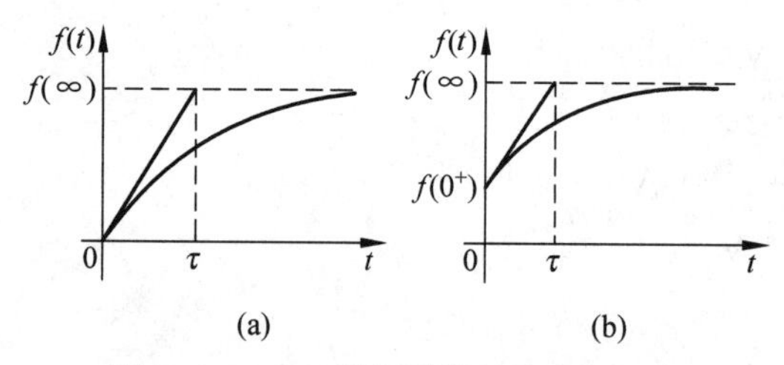

图 7-6-1 $f(t)$单调增长时的变化规律

(a) 零起始值;(b) 非零起始值

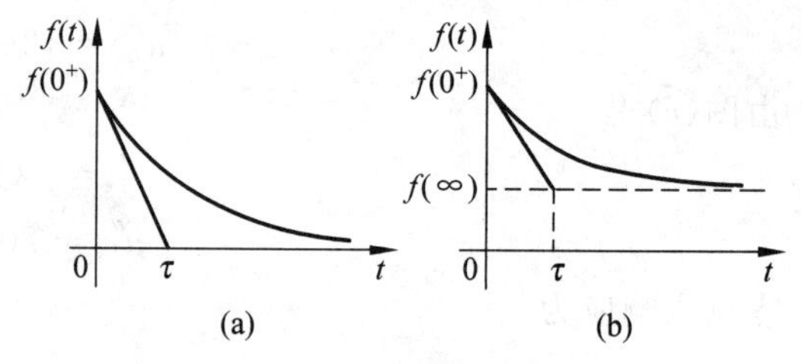

图 7-6-2 $f(t)$单调减小时的变化规律

(a) 零稳态值;(b) 非零稳态值

图中,$f(t)$代表电路中待求电流或电压;$f(0^+)$表示电流或电压的起始值;$f(\infty)$表示电流或电压的稳态值;τ 表示电路的时间常数。这些曲线的数学表达式都可表示为

$$f(t) = f(\infty) + [f(0^+) - f(\infty)]e^{-t/\tau} \tag{7-6-1}$$

要直接画出某一变化曲线，写出其表达式，只要求出电流或电压的下述三个特征量：

起始值 $f(0^+)$——其算法已在 7.2 节中讲过。

稳态值 $f(\infty)$——将电路中电容 C 看成开路，电感 L 看成短路，由此可算出各电流、电压稳态值。

时间常数 τ——同一电路只有一个时间常数。RC 一阶电路的时间常数是 $\tau=R_iC$，RL 一阶电路的时间常数 $\tau=L/R_i$。R_i 是从电路中储能元件两端看进去的戴维南等效电路的等效电阻。

这一方法也称为三要素法。下面举例说明。

【例 7-4】 求图 7-6-3(a)所示电路在开关闭合后的电流 i_1, i_2, i_L。

解 (1) 求起始值。由换路定则，对电感电流有

$$i_L(0^+) = i_L(0^-) = \frac{60}{20} = 3\text{A}$$

由 $t=0^+$ 时的电路可求出

$$i_1(0^+) = 4.5\text{A}, \quad i_2(0^+) = 1.5\text{A}$$

(2) 求稳态值(视 L 为短路)

$$i_1(\infty) = 4\text{A}$$

$$i_2(\infty) = i_L(\infty) = 2\text{A}$$

(3) 求时间常数 τ。由电感 L 两端看进去的戴维南等效电阻 $R_i=15\Omega$，于是

$$\tau = \frac{L}{R_i} = \frac{0.3}{15} = 0.02\text{s}$$

(4) 写出待求电流表达式

$$i_L = i_L(\infty) + [i_L(0^+) - i_L(\infty)]\text{e}^{-t/\tau} = 2 + (3-2)\text{e}^{-t/0.02} = 2 + \text{e}^{-50t}\ \text{A}$$

$$i_1 = i_1(\infty) + [i_1(0^+) - i_1(\infty)]\text{e}^{-t/\tau} = 4 + 0.5\text{e}^{-50t}\ \text{A}$$

$$i_2 = i_2(\infty) + [i_2(0^+) - i_2(\infty)]\text{e}^{-t/\tau} = 2 - 0.5\text{e}^{-50t}\ \text{A}$$

各电流变化曲线如图 7-6-3(b)所示。

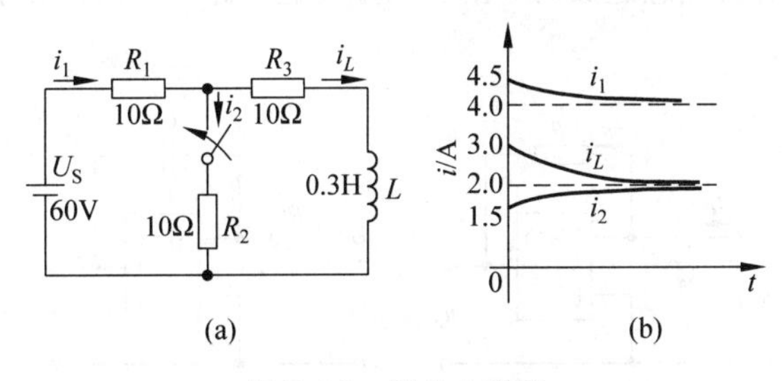

图 7-6-3　例 7-4 附图

【例 7-5】 RC 延时电路。图 7-6-4 中 RC 电路起延时作用，通过电压 u_{ab} 来控制一继电器，当 $u_{ab} \geqslant 2\text{V}$ 时继电器就动作。已知 S 闭合前 $u_C(0^-)=0$，现要求 S 闭合后经 5s 继电器

动作。试选择 R,C 参数。

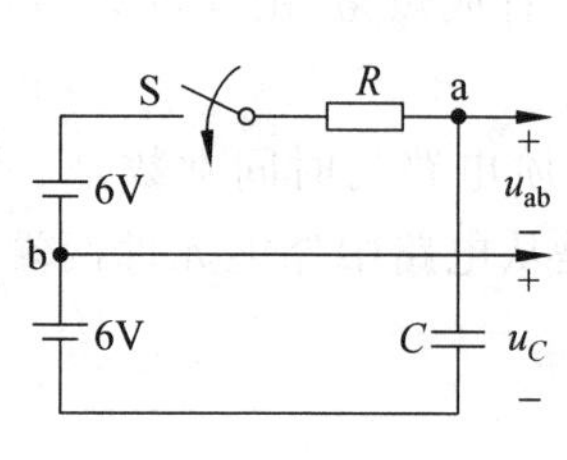

图 7-6-4 例 7-5 附图

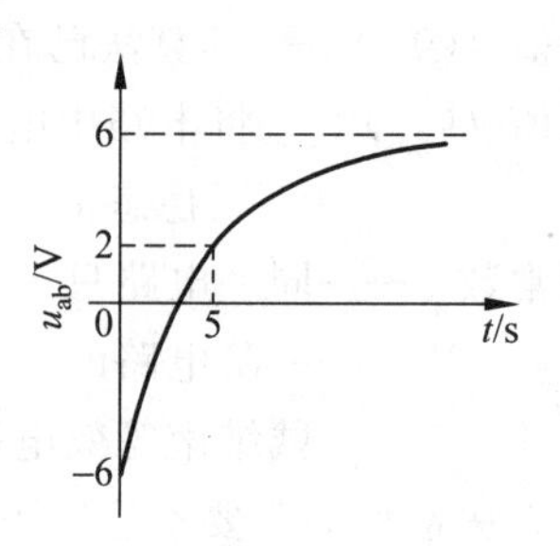

图 7-6-5 u_{ab}变化曲线

解 利用三要素法求 u_{ab}。由图 7-6-4 可见

$$u_{ab} = u_C - 6$$

由于 $u_C(0^-)=0$,于是得

$$u_{ab}(0^+) = u_C(0^+) - 6 = 0 - 6 = -6\text{V}$$

又由于 $u_C(\infty)=12\text{V}$,所以

$$u_{ab}(\infty) = u_C(\infty) - 6 = 12 - 6 = 6\text{V}$$

此电路的时间常数为

$$\tau = RC$$

所以

$$u_{ab} = u_{ab}(\infty) + [u_{ab}(0^+) - u_{ab}(\infty)]e^{-t/\tau} = 6 - 12e^{-t/RC}\ \text{V}$$

u_{ab}的曲线如图 7-6-5 所示,现要求 $t=5\text{s}$ 时,$u_{ab}|_{t=5\text{s}}=2\text{V}$,代入上式,得

$$2 = 6 - 12e^{-5/RC}, \quad 即 \quad e^{-5/\tau} = \frac{1}{3}$$

可求出 $\tau=RC=5/\ln 3=4.55\text{s}$,若选 $C=47\mu\text{F}$,则 $R=96.8\text{k}\Omega$。

【例 7-6】 微分电路和积分电路。如图 7-6-6 中为用运算放大器构成的微分电路和积分电路。设运算放大器为理想运放,试用“虚短路、虚开路”模型求出输出电压 u_o 与输入电压 u_i 的关系。

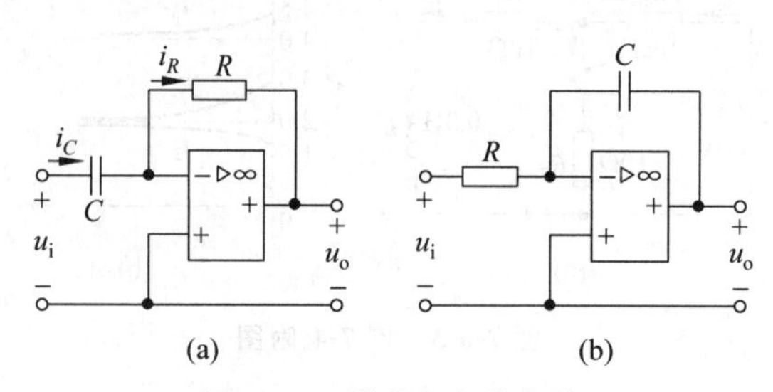

图 7-6-6 微分和积分电路

(a) 微分电路;(b) 积分电路

解　由图(a)可知

$$i_C = C\frac{\mathrm{d}u_i}{\mathrm{d}t}, \quad i_R = -\frac{u_o}{R}$$

因为

$$i_C = i_R$$

所以

$$C\frac{\mathrm{d}u_i}{\mathrm{d}t} = -\frac{u_o}{R}$$

于是得

$$u_o = -RC\frac{\mathrm{d}u_i}{\mathrm{d}t}$$

即输出电压与输入电压的导数成正比，所以此电路是微分电路。读者不难自行分析图(b)电路中输出电压 u_o 与输入电压 u_i 的积分成正比，所以该电路为积分电路。

上面仅就激励为直流的情况介绍了求解一阶电路的三要素法。但三要素法还可应用于其他可容易求出稳态解(强制分量)的情况。在学完第10章正弦激励电路的内容后，便可应用三要素法得到在那种情形下暂态问题的解。在下一节将要介绍的是用这一方法分析脉冲序列作用下的一阶电路的暂态过程。

7.7 脉冲序列作用下的 RC 电路

在电子电路中，常会遇到脉冲序列作用的电路。图7-7-1中示一方波序列作用于 RC 电路。当方波序列作用时，电路处于不断地充电和放电过程之中。现分析电路中电容电压 u_C 随时间的变化过程。

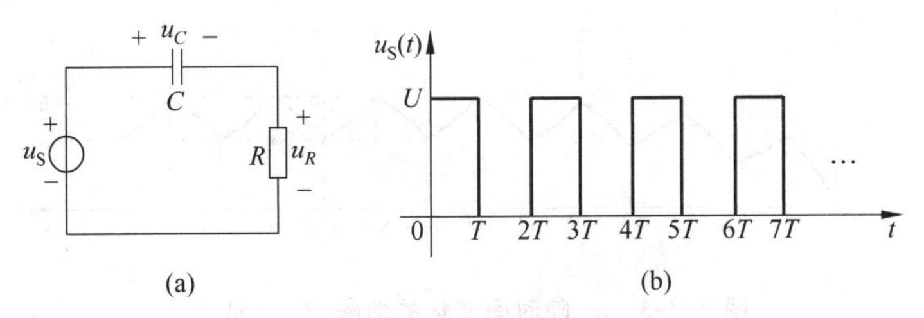

图 7-7-1　脉冲序列作用于 *RC* 电路

(a) RC 电路；(b) 脉冲序列

现在先分析一种特殊情况，$T \gg \tau (\tau = RC)$。当时间在 $(0\sim T)$ 间隔内，电源电压 $u_S = U$，电容处于充电过程，因设 T 远大于电路的时间常数 τ，可以认为 $t = T$ 时电容电压 u_C 早已达到稳态值 U。当时间在 $(T\sim 2T)$ 间隔内，电源电压 $u_S = 0$，电容处于放电过程，当 $t = 2T$ 时电容电压早已衰减到接近于零。在以后的 $(2T\sim 3T)$，$(3T\sim 4T)$，…间隔内不断地重复上述充、放电过程,u_C 和 u_R 的波形如图 7-7-2 所示。

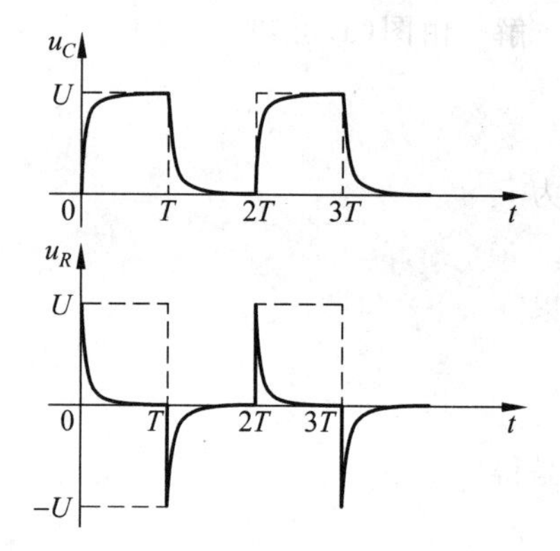

图 7-7-2 u_C,u_R 随时间变化的曲线($T \gg \tau$)的情况

下面着重讨论 $T<\tau$ ($\tau=RC$)的一般情况。图 7-7-3 中画出了在这一情况下 u_C 曲线图。在($0\sim T$)时间内,电容充电,u_C 从零开始上升,但因时间常数 $\tau>T$,在 $t=T$ 时 u_C 还未达到稳态值 U 时,输入方波就变为零,电容转而放电,u_C 开始下降,到 $t=2T$ 时,u_C 还未降到零,输入方波又变到 U,电容又开始充电,但这次充电时,u_C 的起始值已不再是零,比上一次要高。在最初若干个周期,每个周期开始充电时,u_C 的起始电压都在不断升高,直到经过足够多的充、放电周期后,这个起始电压就稳定在一定的数值上(图中所示的 U_{10} 值),这时,u_C 在一个周期开始电容充电时的起始值就等于该周期结束时电容放电所下降到的值,u_C 也就进入了周期变化的稳态过程。在分析这一电路时,应该注意到:①在充电或放电的动态过程中,u_C 都是由该过程的起始值向稳态值 U 变化,但由于时间常数 τ 较大,在 u_C 尚未达到稳态值时,电路又发生了"换路",于是又开始了下一个过程;②u_C 的每一个局部过程(如 $0\sim T$,$T\sim 2T$,…),都是 RC 电路的充电或放电的过程,可以用分析过渡过程的方法进行分析,但就 u_C 变化的全部过程而言,也可把它分成暂态和稳态(在经过 $3\tau\sim 5\tau$ 时间之后)两个不同阶段。

在实际问题中,有时感兴趣的是稳态响应,达到稳态时 u_C 的 U_{10} 和 U_{20} 值(图 7-7-3)可按下述方法求出。

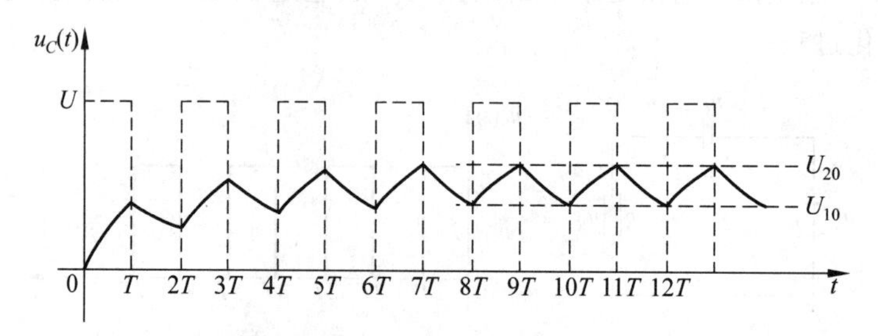

图 7-7-3 u_C 随时间变化的曲线($T<\tau$ 情况)

设 U_{10} 为稳态情况下充电过程的起始值,则经过时间 T 后,u_C 将增加到 U_{20},有

$$U_{20}=U_{10}+(U-U_{10})(1-e^{-T/\tau}) \tag{7-7-1}$$

因 U_{20} 又为放电过程的起始值,经过时间 T 后,u_C 将下降到 U_{10},有

$$U_{10}=U_{20}e^{-T/\tau} \tag{7-7-2}$$

由式(7-7-1)和式(7-7-2)两式解得

$$U_{20}=U\frac{1-e^{-T/\tau}}{1-e^{-2T/\tau}}=\frac{U}{1+e^{-T/\tau}}$$

$$U_{10}=U\frac{(1-e^{-T/\tau})e^{-T/\tau}}{1-e^{-2T/\tau}}=\frac{Ue^{-T/\tau}}{1+e^{-T/\tau}}$$

求出了U_{10}和U_{20}，也就不难得出u_C的稳态分量u_{Cq}，即

$$u_{Cq}=\begin{cases}U+(U_{10}-U)e^{-\frac{t-2kT}{RC}} & 2kT\leqslant t\leqslant(2k+1)T\\ U_{20}e^{-\frac{t-(2k+1)T}{RC}} & (2k+1)T\leqslant t\leqslant(2k+2)T\end{cases}\tag{7-7-3}$$

$$k=0,1,2,3,\cdots$$

要求出在脉冲序列作用下u_C的全响应，只需再加上自由分量，即

$$u_C=u_{Cq}+u_{Cz}$$

自由分量$u_{Cz}=Ae^{-t/\tau}$，由起始条件$u_C(0)=0$可知

$$u_{Cz}=-U_{10}e^{-t/\tau}$$

u_{Cq}，u_{Cz}的波形如图7-7-4所示。显然，将u_{Cq}，u_{Cz}相加就可得到图7-7-3中的u_C的曲线。

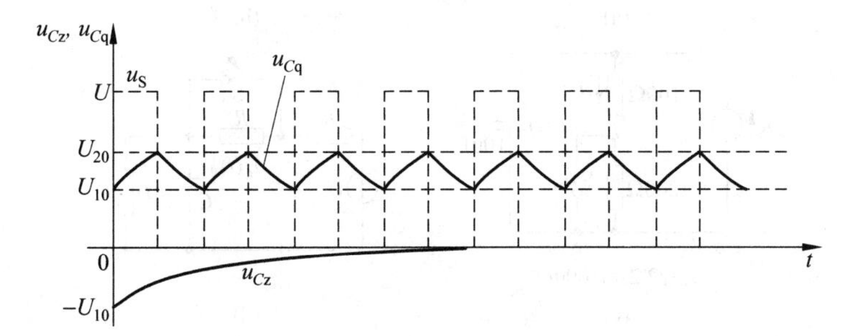

图7-7-4　u_C的稳态分量u_{Cq}和自由分量u_{Cz}

习　题

7-1　在题图7-1的电路中，$t=0$时换路。求换路后瞬间电路中所标出的电流、电压的起始值。

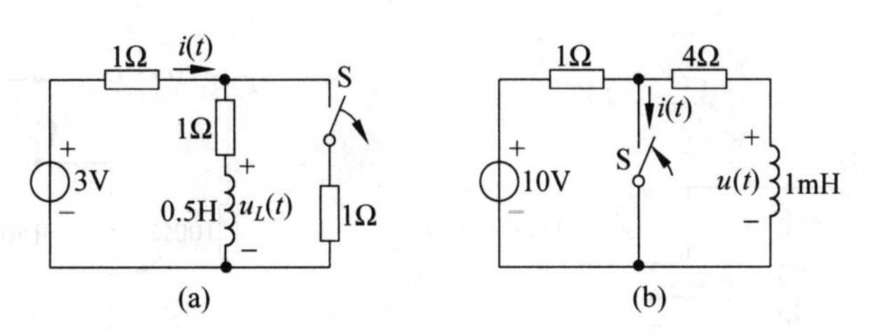

题图7-1

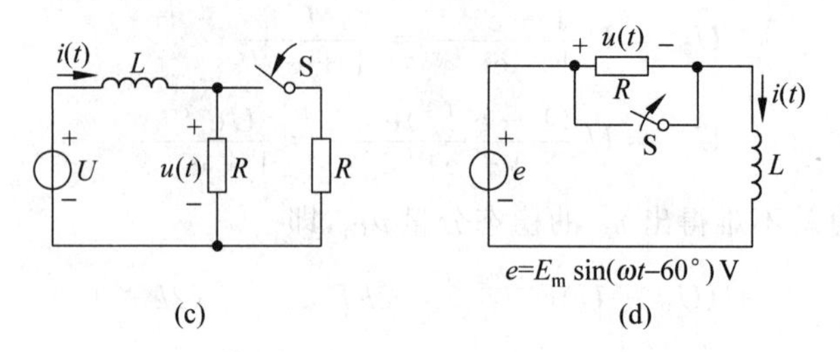

题图 7-1(续)

7-2　题图 7-2 电路在 $t=0$ 时换路。求换路后瞬间电路中所标出的电流、电压的起始值。

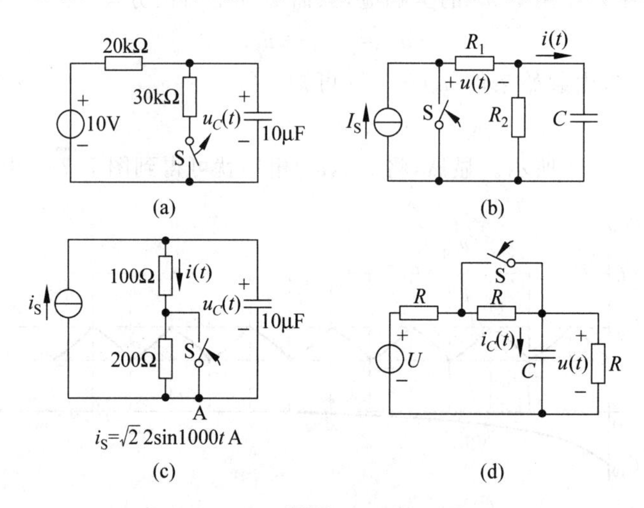

题图 7-2

7-3　题图 7-3 所示电路在 $t<0$ 时处于稳定状态，$t=0$ 时断开开关 S，经 0.5s 电容电压降为 48.5V；经 1s 降为 29.4V。

(1) 求 R, C 的值；

(2) 写出电容电压 u_C 的表达式。

7-4　题图 7-4 中的开关 S 在 $t=0$ 时闭合。求电流 i。

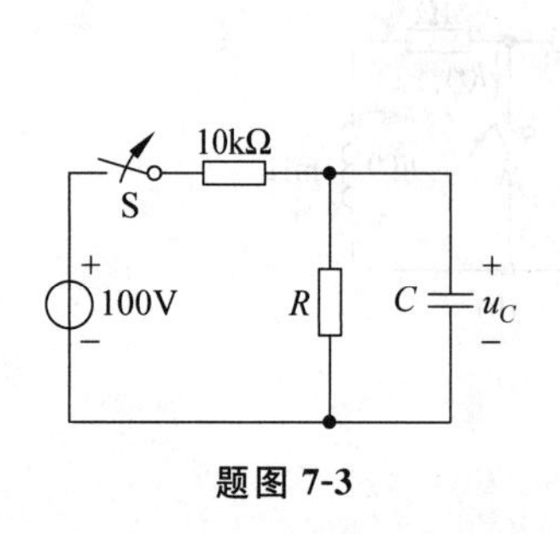

题图 7-3

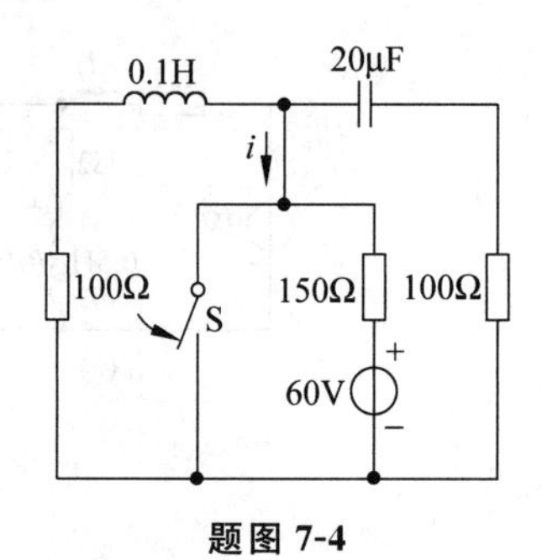

题图 7-4

7-5 一 200Ω 电阻与一电感串联放电。电感中电流的初始值为 5mA，且 5ms 后电感电流降为 2mA。求电感值 L。

7-6 题图 7-6 所示电路原处于稳态，$t=0$ 时开关 S_1 闭合，$t=0.1$s 时开关 S_2 闭合。求电流 $i_L(t)$ 和 $i_1(t)$，并大略地画出 $i_L(t)$ 曲线。

7-7 题图 7-7 中，R，L 分别表示一电磁铁线圈的电阻和电感。D 是一理想二极管，当电路工作时它如同开断，在电感放电时便导通。试选择放电电阻 R_f 的值，使得：(1)放电开始时线圈两端的瞬时电压不超过正常工作电压 U 的 5 倍；(2)整个放电过程在 1s 内基本结束。已知 $U=220$V，$R=3\Omega$，$L=2$H。

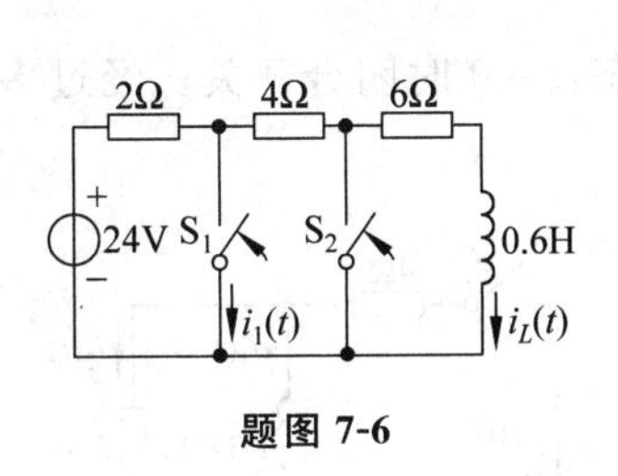

题图 7-6

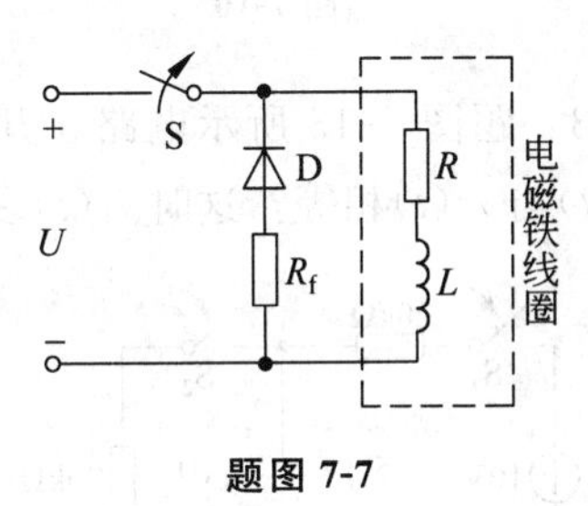

题图 7-7

7-8 求题图 7-8 中各电路的时间常数。

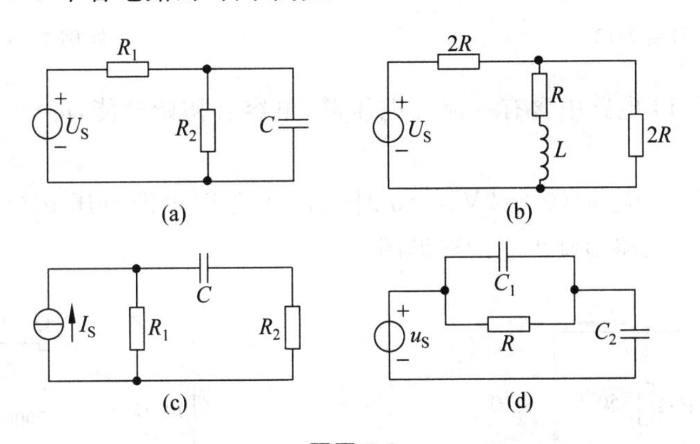

题图 7-8

7-9 题图 7-9 电路中的开关 S 在 $t=0$ 时断开。求出电容电压 u_C 和电流源所发出的功率。设 $u_C(0)=0$。

7-10 题图 7-10 电路中的开关 S 在 $t=0$ 闭合。求出电感电流 i_L 和电压源所发出的功率。设 $i_L(0)=0$。

7-11 题图 7-11 的电路中的开关 S 在 $t=0$ 时闭合，已知 $i_L(0^-)=0$。用三要素法求 $i_L(t)$，$i_R(t)$。

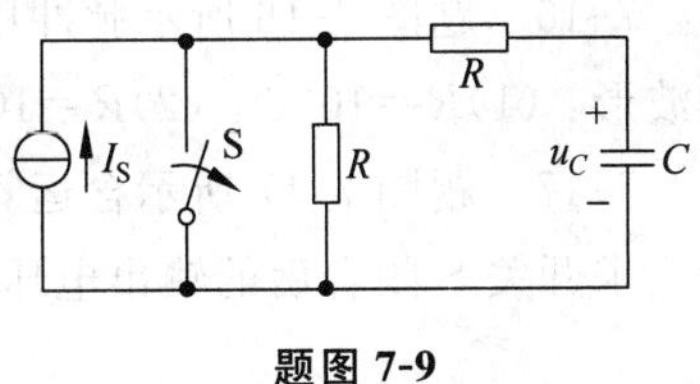

题图 7-9

7-12 题图 7-12 的电路中，$u_C(0^-)=0$，$t=0$ 时开关

S_1 闭合，$t=1s$ 时开关 S_2 闭合。求 $u_C(t)$，并大略地画出它的波形图。

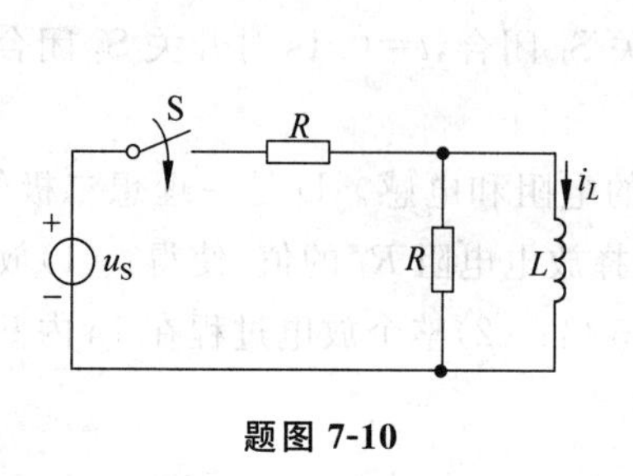

题图 7-10

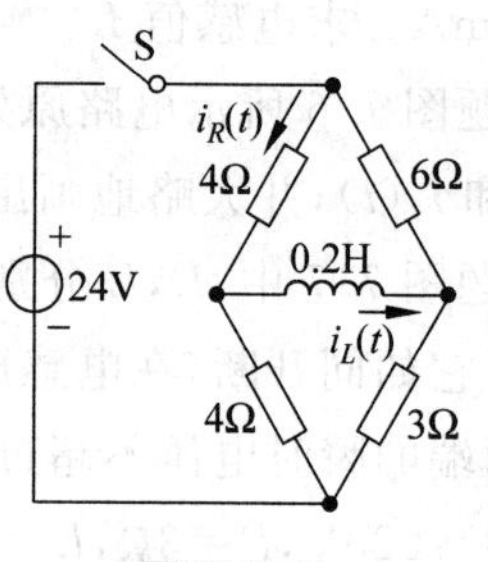

题图 7-11

7-13　题图 7-13 所示电路在开关闭合前处于稳态，$t=0$ 时闭合开关。经过多长时间电流 $i_1(t)$ 与 $i_2(t)$ 相等？这时 $i_1(t)$ 多大？

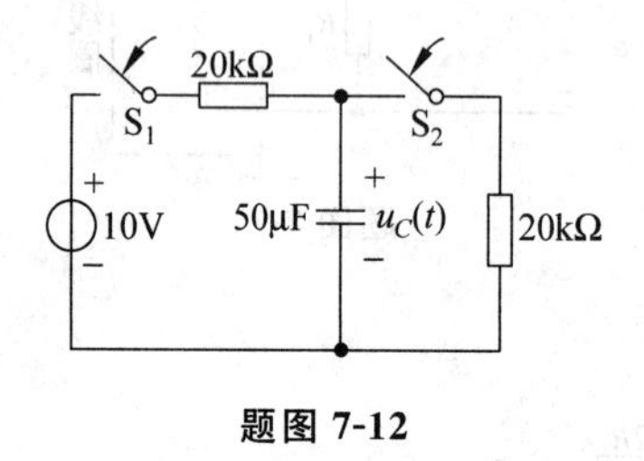

题图 7-12

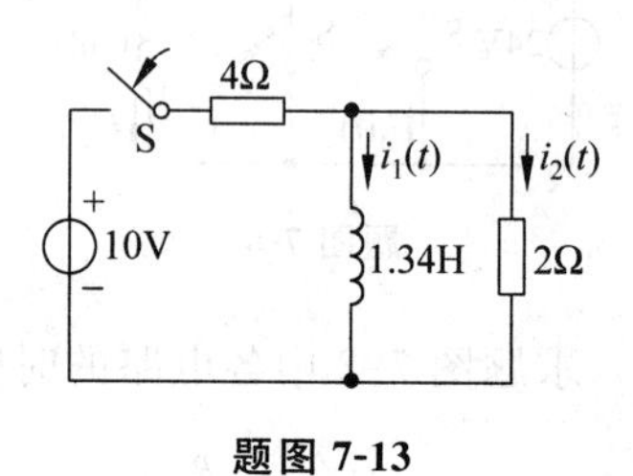

题图 7-13

7-14　题图 7-14 电路中含有一流控电压源，电容有初始储能，$u_C(0)=9V$。求电路中电流 $i(t)$。

7-15　题图 7-15 中，$u_C(0)=2V$，$t=0$ 时闭合开关 S，电源电压 $u_S(t)=10\sin(314t-45°)V$。求 $u_C(t)$，并大略地画出它的波形图。

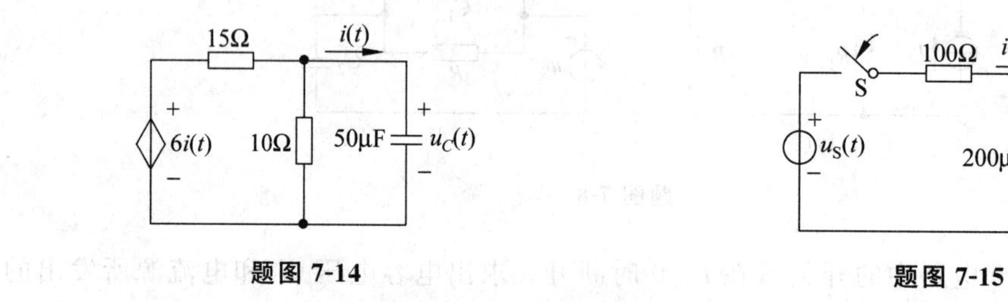

题图 7-14

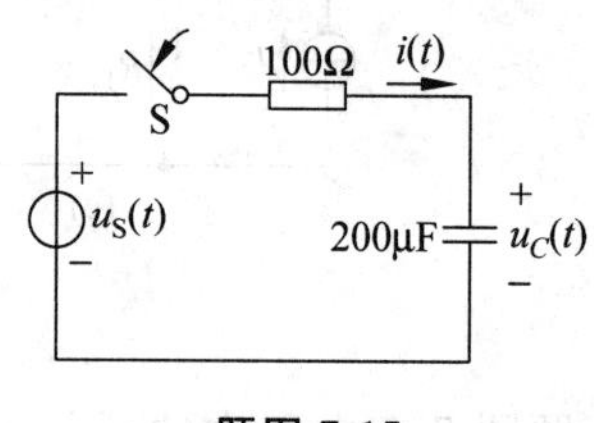

题图 7-15

7-16　题图 7-16 所示脉冲序列电压 u_i 加至 RC 电路。大略地画出在下面情况下 $u_o(t)$ 的波形：(1)$R=100Ω$；(2)$R=10kΩ$。

7-17　题图 7-17 所示含运算放大器的电路在 $t=0$ 接入一恒定输入 U_i。电容无初始储能。求开关 S 闭合后的输出电压 $u_o(t)$。

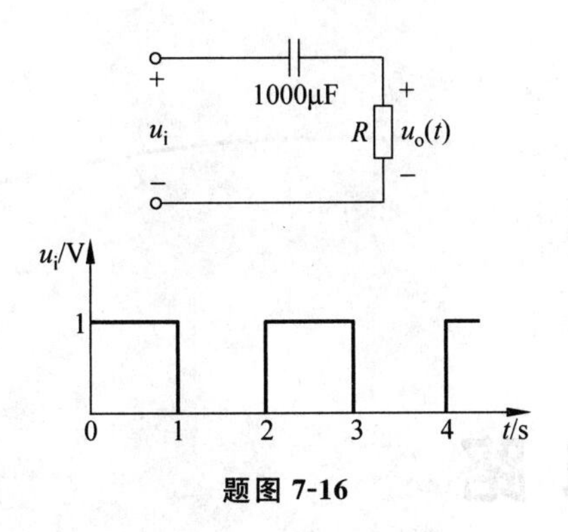

题图 7-16

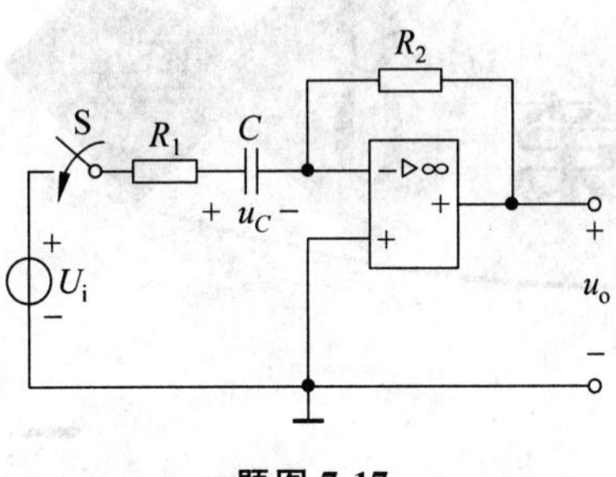

题图 7-17

二阶电路

提要

凡以二阶微分方程描述的电路称为二阶电路。二阶电路一般都含有两个储能元件（两个电容，或两个电感，或一个电容和一个电感）。本章将用解微分方程的经典法分析线性非时变二阶电路，阐明二阶电路的基本分析方法，并分析其中的零输入响应、零状态响应和全响应等暂态现象。

8.1 线性二阶电路的微分方程及其标准形式

用解微分方程的经典法分析二阶电路，首先需写出待分析电路的微分方程。下面以 RLC 串联和并联电路为例，列写二阶电路的微分方程。

第一个例子是图 8-1-1 中的 RLC 串联电路。由 KVL 可得

$$u_L + u_R + u_C = u_S$$

即

$$L\frac{di}{dt} + Ri + u_C = u_S$$

将 $i=C\dfrac{du_C}{dt}$ 代入上式，得

$$\frac{d^2u_C}{dt^2} + \frac{R}{L}\frac{du_C}{dt} + \frac{1}{LC}u_C = \frac{1}{LC}u_S \tag{8-1-1}$$

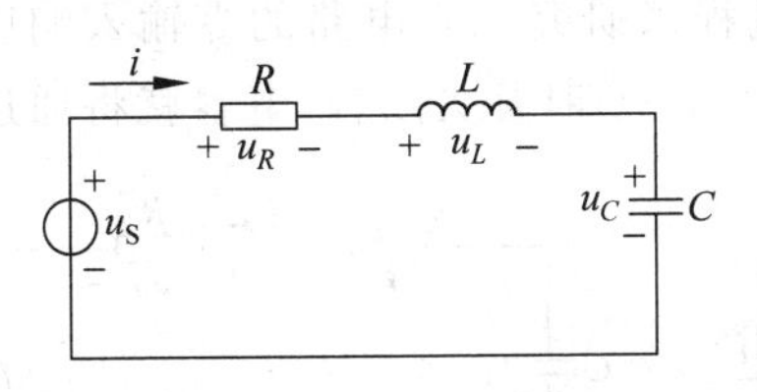

图 8-1-1 *RLC* 串联电路

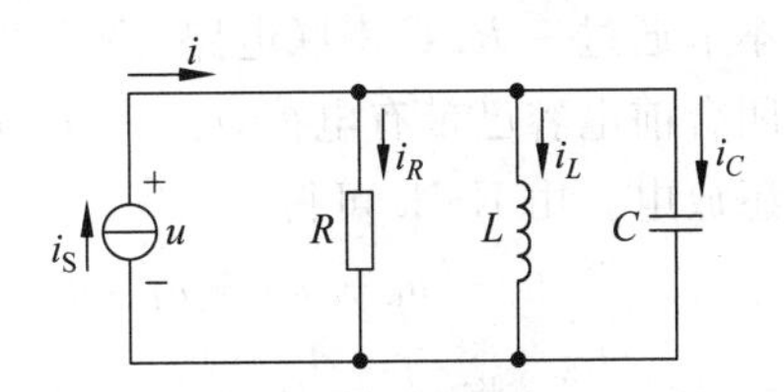

图 8-1-2 *RLC* 并联电路

第二个例子是图 8-1-2 中的 RLC 并联电路。图中的电阻、电感、电容并联后接至一个电流电源。由 KCL 可知，图中电阻、电感、电容支路中的电流之和应等于电源电流，即有

$$i_C + i_R + i_L = i_S$$

即

$$C\frac{du}{dt} + \frac{1}{R}u + i_L = i_S$$

将 $u=L\dfrac{di_L}{dt}$ 代入上式，得

$$\frac{d^2i_L}{dt^2} + \frac{1}{RC}\frac{di_L}{dt} + \frac{1}{LC}i_L = \frac{1}{LC}i_S \tag{8-1-2}$$

从上面所举的例子可见，二阶系统都有形式相似的微分方程，这就意味着它们中所出现的动态过程也有着相似性。为了讨论的方便，常将线性二阶常系数微分方程写成以下的标准形式：

$$\frac{d^2y}{dt^2} + 2\alpha\frac{dy}{dt} + \omega_0^2y = e \tag{8-1-3}$$

上式中 α 和 ω_0 这两个参数将决定所描述的二阶系统的动态特性。为便于对比，将上述两微

分方程的 α,ω_0 参数值列表示于表 8-1-1 中。

表 8-1-1 α,ω_0 与电路和系统参数的关系

	RLC 串联电路	RLC 并联电路
α	$\dfrac{R}{2L}$	$\dfrac{1}{2RC}$
ω_0	$\dfrac{1}{\sqrt{LC}}$	$\dfrac{1}{\sqrt{LC}}$

求解二阶电路时,还需知道两个起始条件,即 $y(0^+)$ 和 $\left.\dfrac{dy}{dt}\right|_{t=0^+}$,它们可由两个储能元件的起始状态和电路求出。

8.2 二阶电路的零输入响应

本节通过一 RLC 串联电路(图 8-2-1)的放电过程来研究二阶电路的零输入响应。设开关闭合前电容已带有电荷,$u_C(0^-)=U_0$,$i_L(0^-)=0$,$t=0$ 时开关闭合,电容就将通过电阻和电感放电。由 KVL 可得

$$-u_C+u_R+u_L=0$$

因 $i=-C\dfrac{du_C}{dt}$,将 $u_R=Ri=-RC\dfrac{du_C}{dt}$,$u_L=L\dfrac{di}{dt}=-LC\dfrac{d^2u_C}{dt^2}$ 代入上式,得此电路中变量 u_C 的微分方程:

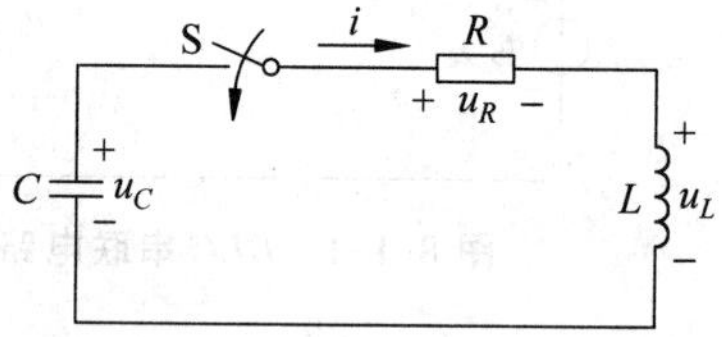

$$\frac{d^2u_C}{dt^2}+\frac{R}{L}\frac{du_C}{dt}+\frac{1}{LC}u_C=0 \qquad (8\text{-}2\text{-}1)$$

图 8-2-1 零输入 RLC 串联电路

或写成标准形式:

$$\frac{d^2y}{dt^2}+2\alpha\frac{dy}{dt}+\omega_0^2y=0 \qquad (8\text{-}2\text{-}2)$$

式中

$$\alpha=\frac{R}{2L},\quad \omega_0=\frac{1}{\sqrt{LC}}$$

式(8-2-2)为一线性常系数二阶齐次微分方程,它的通解具有指数形式。设 $u_C=Ae^{pt}$,代入式(8-2-2)得

$$Ae^{pt}(p^2+2\alpha p+\omega_0^2)=0$$

可得特征方程

$$p^2+2\alpha p+\omega_0^2=0 \qquad (8\text{-}2\text{-}3)$$

特征方程的根,即特征根为

$$p_{1,2} = -\alpha \pm \sqrt{\alpha^2 - \omega_0^2} = \begin{cases} -\alpha \pm \alpha_d & 若\ \alpha > \omega_0 > 0 \\ -\alpha & 若\ \alpha = \omega_0 > 0 \\ -\alpha \pm j\omega_d & 若\ 0 < \alpha < \omega_0 \\ \pm j\omega_0 & 若\ \alpha = 0, \omega_0 > 0 \end{cases} \tag{8-2-4}$$

在上式的“±”号中，对 p_1 取“+”号，对 p_2 取“−”号。式中

$$\alpha_d \overset{\text{def}}{=} \sqrt{\alpha^2 - \omega_0^2}, \quad \omega_d \overset{\text{def}}{=} \sqrt{\omega_0^2 - \alpha^2}$$

α 和 ω_0 取不同的数值时，特征根 p_1，p_2 可以有式(8-2-4)中所示的四种不同情况。由数学的微分方程理论可知这四种情况下，式(8-2-2)的通解 $y(t)$ 的表达式如表 8-2-1 中所示，表中附图表示特征根在复平面上的位置。

表 8-2-1　式 $\frac{d^2y}{dt^2} + 2\alpha\frac{dy}{dt} + \omega_0^2 y = 0$ 的通解 $y(t)$ 的表达式

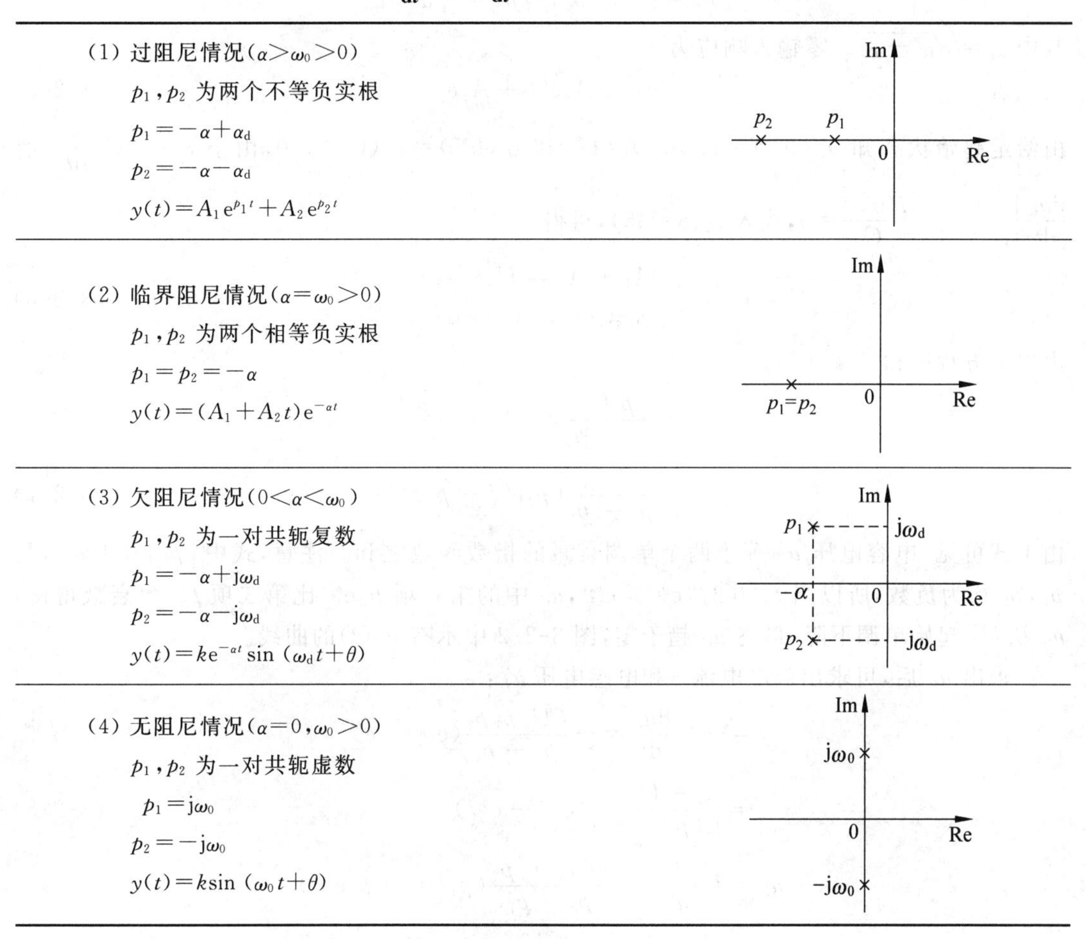

(1) 过阻尼情况($\alpha > \omega_0 > 0$)

p_1，p_2 为两个不等负实根

$p_1 = -\alpha + \alpha_d$

$p_2 = -\alpha - \alpha_d$

$y(t) = A_1 e^{p_1 t} + A_2 e^{p_2 t}$

(2) 临界阻尼情况($\alpha = \omega_0 > 0$)

p_1，p_2 为两个相等负实根

$p_1 = p_2 = -\alpha$

$y(t) = (A_1 + A_2 t)e^{-\alpha t}$

(3) 欠阻尼情况($0 < \alpha < \omega_0$)

p_1，p_2 为一对共轭复数

$p_1 = -\alpha + j\omega_d$

$p_2 = -\alpha - j\omega_d$

$y(t) = ke^{-\alpha t}\sin(\omega_d t + \theta)$

(4) 无阻尼情况($\alpha = 0, \omega_0 > 0$)

p_1，p_2 为一对共轭虚数

$p_1 = j\omega_0$

$p_2 = -j\omega_0$

$y(t) = k\sin(\omega_0 t + \theta)$

表 8-2-1 中，$y(t)$ 表达式中都含有两个常数——A_1，A_2 或 k，θ，这两个常数可由起始条

件 $y(0^+)$ 和 $\left.\frac{\mathrm{d}y}{\mathrm{d}t}\right|_{t=0^+}$ 来确定。表中四种情况可以用 α 和 ω_0 的大小关系作为判据，还可用特征根在复数平面中的位置来表征，它们分别是：(1) p_1，p_2 在负实数轴上，且不相等；(2) p_1，p_2 在负实数轴上的同一点；(3) p_1，p_2 为一对共轭复数，且位于虚数轴的左侧平面内；(4) p_1，p_2 为一对共轭虚数，位于虚数轴上。

现在考察 RLC 串联电路(图 8-2-1)在特征根为上述四种情况下的零输入响应，由开关闭合前 $u_C(0^-)=U_0$，$i_L(0^-)=0$ 的起始状态来确定通解中的积分常数，并对这些响应作物理解释。

1. $\alpha>\omega_0$ $\left(或\frac{R}{2L}>\frac{1}{\sqrt{LC}}\right)$，过阻尼情况

由表 8-2-1 中已知，在这一情况下特征根为

$$p_1=-\alpha+\alpha_{\mathrm{d}},\quad p_2=-\alpha-\alpha_{\mathrm{d}}$$

其中 $\alpha_{\mathrm{d}}=\sqrt{\alpha^2-\omega_0^2}$。零输入响应为

$$u_C=A_1\mathrm{e}^{p_1t}+A_2\mathrm{e}^{p_2t} \tag{8-2-5}$$

由给定起始状态知 $u_C(0^+)=u_C(0^-)=U_0$ 和 $i_L(0^+)=i_L(0^-)=0$，由于 $i=-C\frac{\mathrm{d}u_C}{\mathrm{d}t}$，有 $\left.\frac{\mathrm{d}u_C}{\mathrm{d}t}\right|_{t=0^+}=-\frac{i(0^+)}{C}=0$，代入式(8-2-5)，可得

$$\left.\begin{aligned}A_1+A_2&=U_0\\p_1A_1+p_2A_2&=0\end{aligned}\right\} \tag{8-2-6}$$

由以上方程解得

$$A_1=\frac{p_2U_0}{p_2-p_1},\quad A_2=\frac{p_1U_0}{p_1-p_2}$$

$$u_C=\frac{U_0}{p_2-p_1}(p_2\mathrm{e}^{p_1t}-p_1\mathrm{e}^{p_2t}) \tag{8-2-7}$$

由上式可见，电容电压 u_C 等于两个单调衰减的指数函数之和。注意，式中 $|p_1|<|p_2|$，且 p_1，p_2 均为负数，所以当 $t>0$ 时，$\mathrm{e}^{p_1t}>\mathrm{e}^{p_2t}$，$u_C$ 中的第一项 $p_2\mathrm{e}^{p_1t}$ 比第二项 $p_1\mathrm{e}^{p_2t}$ 衰减得慢，u_C 从 U_0 起始单调下降，最终 u_C 趋于零，图 8-2-2 中示有 $u_C(t)$ 的曲线。

求出 u_C 后，可求出放电电流 i 和电感电压 u_L：

$$\begin{aligned}i&=-C\frac{\mathrm{d}u_C}{\mathrm{d}t}=-\frac{CU_0p_1p_2}{p_2-p_1}(\mathrm{e}^{p_1t}-\mathrm{e}^{p_2t})\\&=\frac{-U_0}{L(p_2-p_1)}(\mathrm{e}^{p_1t}-\mathrm{e}^{p_2t})\end{aligned} \tag{8-2-8}$$

$$\begin{aligned}u_L&=L\frac{\mathrm{d}i}{\mathrm{d}t}=-\frac{LCU_0p_1p_2}{p_2-p_1}(p_1\mathrm{e}^{p_1t}-p_2\mathrm{e}^{p_2t})\\&=\frac{-U_0}{(p_2-p_1)}(p_1\mathrm{e}^{p_1t}-p_2\mathrm{e}^{p_2t})\end{aligned} \tag{8-2-9}$$

在推导上两式的过程中，利用了关系式 $p_2p_1=1/LC$。

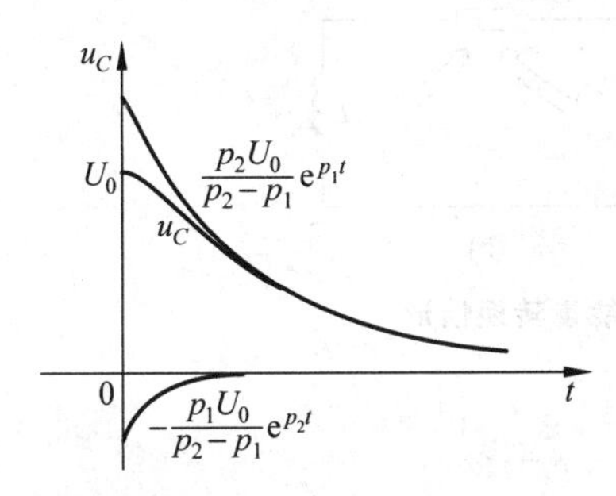

图 8-2-2 u_C 随时间变化的曲线

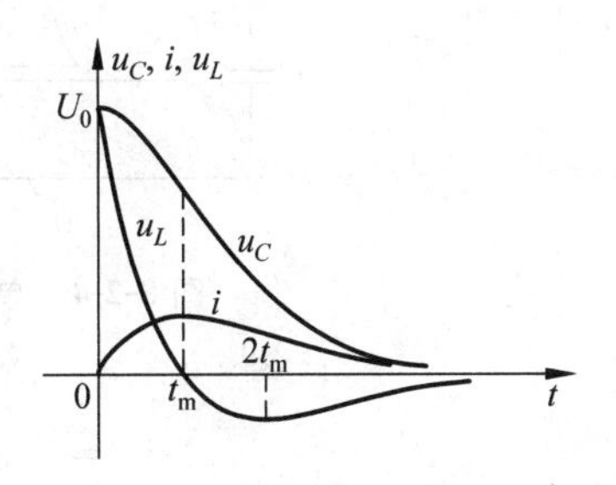

图 8-2-3 u_C,i,u_L 随时间变化的曲线

图 8-2-3 中画出了 i 和 u_L 的曲线，因 $p_2-p_1<0$，在放电过程中电流 i 始终为正；在 $t=0$ 时，$i(0)=0$，$u_L(0)=\frac{-U_0}{(p_2-p_1)}(p_1-p_2)=U_0$；在电流达到最大值之前，电流不断增大，这时电感电压 $u_L>0$；在电流达到最大值的那一时刻记为 t_m，$u_L(t_m)=0$。t_m 的值可以由 u_L 的表达式求出，由于 $u_L(t_m)=0$，于是由式(8-2-9)有

$$p_1e^{p_1t_m}-p_2e^{p_2t_m}=0$$

或

$$e^{(p_1-p_2)t_m}=\frac{p_2}{p_1}$$

因而得出

$$t_m=\frac{\ln\frac{p_2}{p_1}}{p_1-p_2}$$

在 $t=t_m$ 之后，电流 i 不断减小，u_L 为负值。令 $\frac{du_L}{dt}=0$ 可求出电流达到最小值的时刻为

$$t=\frac{2\ln\frac{p_2}{p_1}}{p_1-p_2}=2t_m$$

在 $t>2t_m$ 之后，i 和 u_L 逐渐趋于零，整个过程完毕时 $u_C=0$，$i=0$，$u_L=0$。

下面考察单调放电过程中的能量转换过程，由图 8-2-3 可知：当 $0<t<t_m$，u_C 减小，i 增加，因此电容不断释放出电场能量，而电感的磁场能量不断增加，电阻总是在消耗电能，在这阶段电容放出的能量一部分转换为电感中的磁场储能，另一部分消耗于电阻的发热；当 $t>t_m$，u_C 和 i 都不断减小，因此电容和电感都释放其电场和磁场储能供电阻发热消耗，直到储能全部释放完毕。图 8-2-4 中表示出上述两阶段电路中能量转换的情形。

2. $\alpha<\omega_0$ $\left(或\frac{R}{2L}<\frac{1}{\sqrt{LC}}\right)$，欠阻尼情况

由表 8-2-1 中已知，在这一情况下特征根为

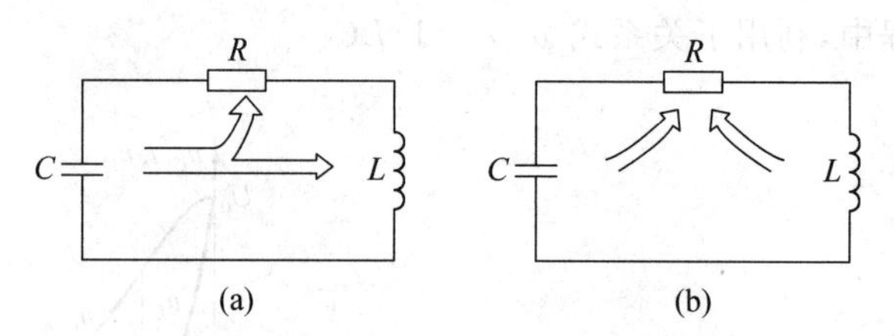

图 8-2-4 单调放电过程中的能量转换情形

(a) $0<t<t_m$; (b) $t>t_m$

$$p_1=-\alpha+j\omega_d,\quad p_2=-\alpha-j\omega_d$$

其中 $\omega_d=\sqrt{\omega_0^2-\alpha^2}$。零输入响应为

$$u_C=ke^{-\alpha t}\sin(\omega_d t+\theta)\tag{8-2-10}$$

现在需要决定常数 k 及 θ。将起始条件 $u_C(0^+)=U_0$,$\left.\frac{du_C}{dt}\right|_{t=0^+}=0$ 代入式(8-2-10),得

$$\left.\begin{aligned}k\sin\theta&=U_0\\ \tan\theta&=\frac{\omega_d}{\alpha}\end{aligned}\right\}\tag{8-2-11}$$

考虑到 α,ω_d,ω_0 三者有着图 8-2-5 中的直角三角形所示的关系,由式(8-2-11)解得

$$k=\frac{\omega_0}{\omega_d}U_0,\quad \theta=\arctan\frac{\omega_d}{\alpha}=\beta$$

代入式(8-2-10),得电容电压的表达式

$$u_C=\frac{\omega_0}{\omega_d}U_0e^{-\alpha t}\sin(\omega_d t+\beta)\tag{8-2-12}$$

式(8-2-12)表明,u_C 是其振幅以 $\pm\frac{\omega_0}{\omega_d}U_0e^{-\alpha t}$ 为包线依指数衰减的正弦函数(见图 8-2-6),它的角频率为 ω_d。α 有时也称为衰减系数,它的值愈大,振幅衰减愈快。

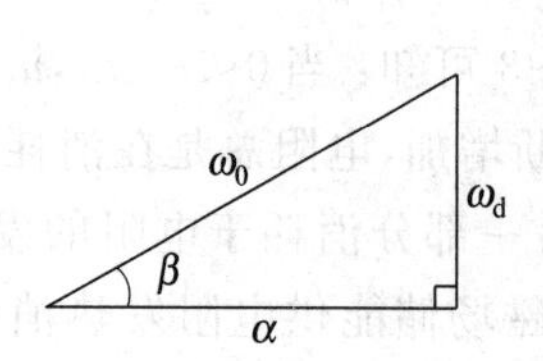

图 8-2-5 表示 ω_0,ω_d 和 α 关系的直角三角形

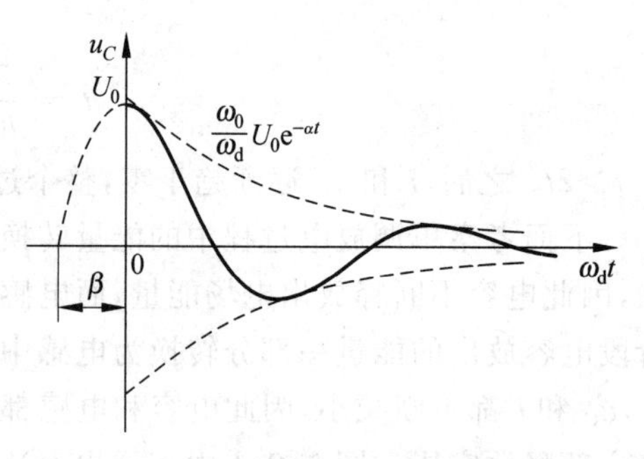

图 8-2-6 振荡放电过程中的 u_C 波形

由 u_C 可求出电流 i 和电感电压 u_L:

$$i = -C\frac{\mathrm{d}u_C}{\mathrm{d}t} = \frac{U_0}{\omega_\mathrm{d}L}\mathrm{e}^{-\alpha t}\sin\omega_\mathrm{d}t \tag{8-2-13}$$

$$u_L = L\frac{\mathrm{d}i}{\mathrm{d}t} = -\frac{\omega_0}{\omega_\mathrm{d}}U_0\mathrm{e}^{-\alpha t}\sin(\omega_\mathrm{d}t-\beta) \tag{8-2-14}$$

由式(8-2-12)、式(8-2-13)和式(8-2-14)可知：

$\omega_\mathrm{d}t=\pi-\beta, 2\pi-\beta, 3\pi-\beta, \cdots$时，$u_C=0$；

$\omega_\mathrm{d}t=0, \pi, 2\pi, \cdots$时，$i=0$（$u_C$ 达到极大或极小值）；

$\omega_\mathrm{d}t=\beta, \pi+\beta, 2\pi+\beta, \cdots$时，$u_L=0$（$i$ 达极大或极小值）。

图 8-2-7 中画出了 $u_C(t)$，$i(t)$，$u_L(t)$的波形。

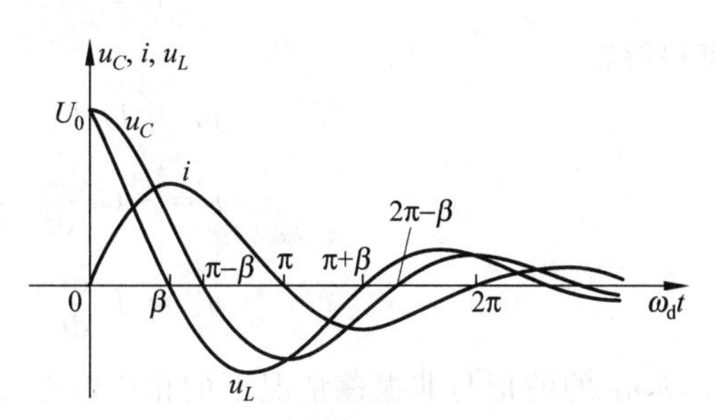

图 8-2-7 振荡放电过程中的 u_C，i，u_L 波形

现在讨论振荡放电过程中的能量转换过程。在振荡放电过程中电容和电感这两种不同类型的储能元件之间进行着储能的转换。现在看图 8-2-7 中的曲线，先分析半个周期（0～π）中能量的转换情形，可将这半个周期分成三个阶段，即 $0<\omega_\mathrm{d}t<\beta$，$\beta<\omega_\mathrm{d}t<(\pi-\beta)$，$(\pi-\beta)<\omega_\mathrm{d}t<\pi$。表 8-2-2 中列出了这三个阶段中 u_C，i 以及与其相应的电场和磁场储能的变化趋势。表中表明：当 $0<\omega_\mathrm{d}t<\beta$，电容释放储能，一部分供电阻消耗，另一部分转换为电感储能；当 $\beta<\omega_\mathrm{d}t<(\pi-\beta)$，电容电感均释放储能供电阻消耗；当$(\pi-\beta)<\omega_\mathrm{d}t<\pi$，电感释放储能供电阻消耗外，其余转换为电容储能。显然，在第二个半周期（π～2π）的情况和第一个半周期相似，只是电容向相反方向放电。如此周而复始，由于电阻不断消耗能量，电容中的电能和电感中的磁能不断减少，因此 u_C 和 i 的振幅不断衰减直到能量消耗完毕，u_C 和 i 都衰减到零。

表 8-2-2 *RLC* 电路在振荡放电过程中电压、电流和能量的变化

	$0<\omega_\mathrm{d}t<\beta$	$\beta<\omega_\mathrm{d}t<(\pi-\beta)$	$(\pi-\beta)<\omega_\mathrm{d}t<\pi$
$\lvert u_C\rvert$	减少	减少	增加
$\lvert i\rvert$	增加	减少	减少
电容储能	减少	减少	增加
电感储能	增加	减少	减少
能量转换关系	R C L	R C L	R C L

3. $\alpha=\omega_0\left(\text{或}\dfrac{R}{2L}=\dfrac{1}{\sqrt{LC}}\right)$,临界阻尼情况

由表 8-2-1 中知,特征根为

$$p_1=p_2=-\alpha$$

零输入响应为

$$u_C=(A_1+A_2t)\mathrm{e}^{-\alpha t} \tag{8-2-15}$$

代入起始条件 $u_C(0^+)=U_0,\left.\dfrac{\mathrm{d}u_C}{\mathrm{d}t}\right|_{t=0^+}=0$,得

$$A_1=U_0,\quad A_2=\alpha U_0$$

可得解答

$$u_C=U_0(1+\alpha t)\mathrm{e}^{-\alpha t}$$

$$i=-C\frac{\mathrm{d}u_C}{\mathrm{d}t}=\frac{U_0}{L}t\,\mathrm{e}^{-\alpha t}$$

$$u_L=L\frac{\mathrm{d}i}{\mathrm{d}t}=U_0(1-\alpha t)\mathrm{e}^{-\alpha t}$$

u_C,i,u_L 的波形与非振荡情况下的相应波形相似。

4. $\alpha=0$(或 $R=0$),无阻尼情况

由表 8-2-1 中知,特征根为

$$p_1=\mathrm{j}\omega_0,\quad p_2=-\mathrm{j}\omega_0$$

零输入响应为

$$u_C=k\sin(\omega_0t+\theta) \tag{8-2-16}$$

代入起始条件 $u_C(0^+)=U_0,\left.\dfrac{\mathrm{d}u_C}{\mathrm{d}t}\right|_{t=0^+}=0$,得

$$k=U_0,\quad \theta=\frac{\pi}{2}$$

可得解答

$$u_C=U_0\sin\left(\omega_0t+\frac{\pi}{2}\right)=U_0\cos\omega_0t$$

$$i=-C\frac{\mathrm{d}u_C}{\mathrm{d}t}=\frac{U_0}{\omega_0L}\sin\omega_0t$$

$$u_L=u_C=U_0\cos\omega_0t$$

因电路无阻尼,因此零输入响应是不衰减的正弦振荡,如图 8-2-8 所示。

利用含有 L,C 的电路来产生振荡在实际中有广泛的应用,下面是一个应用的实例。

为了试验高压断路器开断电弧的能力,需要在断路器中通以数千安以至数十千安的工频(50Hz)正弦电流。在试验装置中采用由 L,C 组成的振荡回路来达到这一目的。图 8-2-9 是这一装置的原理图,图中 SD 是被试验断路器的触点,试验过程为:先断开 S_2,

闭合 S_1，使电容器 C 上充电至所需电压 U_0，然后断开 S_1，闭合 S_2，电容器 C 就通过电感线圈和 SD 触点放电。选择合适的电路参数 L 和 C 及电压 U_0，就可得到所需的正弦电流。因电感线圈的电阻很小，可忽略放电回路中的电阻，于是有 $\alpha \approx 0, \omega_d \approx \omega_0 = \frac{1}{\sqrt{LC}}$。由式(8-2-13)可知，放电电流近似一个正弦电流，即

$$i = \frac{U_0}{\omega_d L} e^{-\alpha t} \sin \omega_d t \approx \frac{U_0}{\omega_0 L} \sin \omega_0 t$$

闭合 S_2 后适当时间，利用自动装置断开断路器的触点 SD，就可试验其断弧能力。

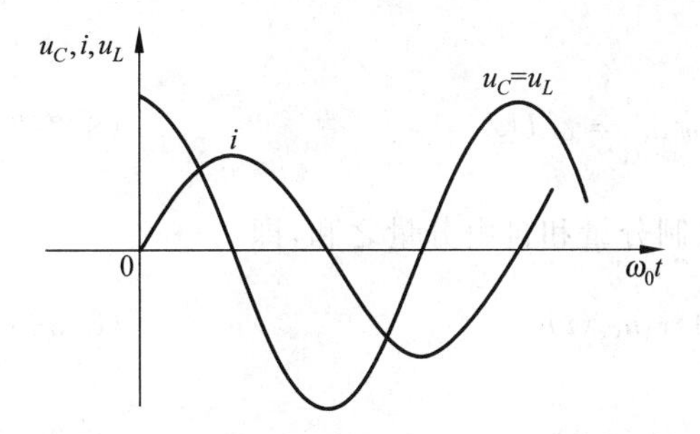

图 8-2-8 不衰减振荡过程中 u_C, i, u_L 的波形

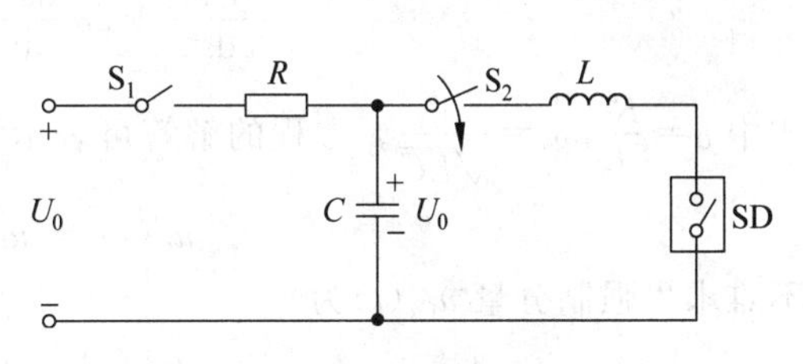

图 8-2-9 振荡回路

【例 8-1】 在图 8-2-9 的振荡回路中，已充电至 $U_0 = 10\text{kV}$ 的电容通过电感放电产生一振荡电流，要求电流最大值为 11kA，振荡频率为 $f = 50\text{Hz}$，试选择 L，C 的数值。

解 由 $\omega_0 = 2\pi f = 314\text{rad/s}$，可得

$$\frac{1}{\sqrt{LC}} = \omega_0 = 314\text{rad/s}$$

又知

$$\frac{U_0}{\omega_0 L} = 11000\text{A}$$

即

$$\frac{10000}{314L} = 11000$$

由上两式，解得

$$L = 2.90\text{mH}, \quad C = 3500\mu\text{F}$$

8.3 二阶电路的零状态响应和全响应

本节先分析一个二阶电路在直流激励作用下的零状态响应。仍以 RLC 串联电路为例，如图 8-3-1 所示。由式(8-1-1)已知这个电路中电容电压 u_C 满足微分方程

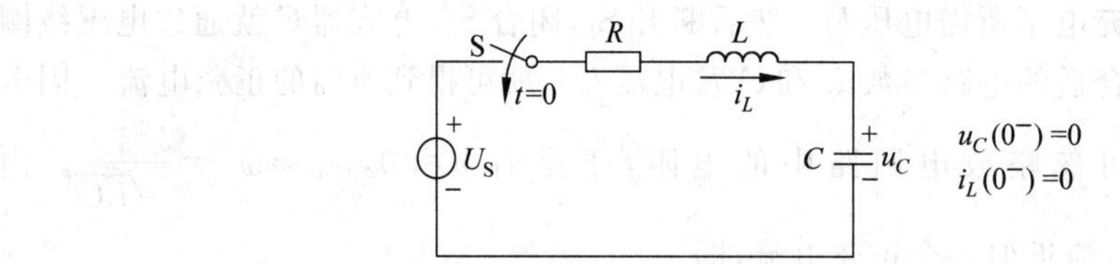

图 8-3-1 *RLC* 串联电路

$$\frac{d^2u_C}{dt^2}+\frac{R}{L}\frac{du_C}{dt}+\frac{1}{LC}u_C=\frac{1}{LC}U_S \tag{8-3-1}$$

写成标准形式为

$$\frac{d^2u_C}{dt^2}+2\alpha\frac{du_C}{dt}+\omega_0^2u_C=\omega_0^2U_S \tag{8-3-2}$$

式中 $\alpha=\frac{R}{2L}$，$\omega_0=\frac{1}{\sqrt{LC}}$。方程的解答可表示为强制分量和自由分量之和，即

$$u_C(t)=u_{Cq}(t)+u_{Cz}(t) \tag{8-3-3}$$

不难求出强制分量 $u_{Cq}(t)$ 为

$$u_{Cq}(t)=U_S \quad (t\geqslant 0) \tag{8-3-4}$$

按特征根的不同情况，自由分量 $u_{Cz}(t)$ 可表示为如表 8-2-1 中所示的四种不同形式，由此解答 $u_C(t)$ 可表示如下。

过阻尼($\alpha>\omega_0>0$)情况

$$u_C(t)=U_S+A_1e^{p_1t}+A_2e^{p_2t} \tag{8-3-5}$$

临界($\alpha=\omega_0>0$)情况

$$u_C(t)=U_S+(A_1+A_2t)e^{-\alpha t} \tag{8-3-6}$$

欠阻尼($0<\alpha<\omega_0$)情况

$$u_C(t)=U_S+ke^{-\alpha t}\sin(\omega_dt+\theta) \tag{8-3-7}$$

无阻尼($\alpha=0,\omega_0>0$)情况

$$u_C(t)=U_S+k\sin(\omega_0t+\theta) \tag{8-3-8}$$

表达式中两个常数可由下列两个起始条件确定：

$$\left.\begin{aligned}&u_C(0^+)=u_C(0^-)=0\\&\left.\frac{du_C}{dt}\right|_{t=0^+}=\frac{1}{C}i_L(0^+)=\frac{1}{C}i_L(0^-)=0\end{aligned}\right\} \tag{8-3-9}$$

现仅讨论过阻尼($\alpha>\omega_0$)情况。将起始条件式(8-3-9)代入式(8-3-5)，可得出

$$\begin{cases}U_S+A_1+A_2=0\\p_1A_1+p_2A_2=0\end{cases}$$

解得

$$A_1=\frac{-p_2}{p_2-p_1}U_S,\quad A_2=\frac{p_1}{p_2-p_1}U_S$$

代入解答式(8-3-5)，得

$$\begin{aligned}u_C(t) &= U_S + \frac{U_S}{p_2 - p_1}(p_1 e^{p_2 t} - p_2 e^{p_1 t}) \quad (t \geqslant 0)\\ &= u_{Cq}(t) + u_{Cz}(t)\end{aligned} \tag{8-3-10}$$

其中，$u_{Cq}(t) = U_S$ 为强制分量，$u_{Cz}(t) = \frac{U_S}{p_2 - p_1}(p_1 e^{p_2 t} - p_2 e^{p_1 t})$ 为自由分量。

由此求得电流为

$$i_L(t) = C\frac{du_C}{dt} = \frac{U_S}{L(p_2 - p_1)}(e^{p_2 t} - e^{p_1 t}) \quad (t \geqslant 0) \tag{8-3-11}$$

u_C 和 i_L 的变化曲线如图 8-3-2 所示。由图中曲线可以看出，u_C 由起始值零单调地增长到稳态值；电流由零增至一最大值后单调地渐减至零。

当电路的初始储能不为零，在外加激励作用下电路的响应为全响应。全响应的求解方法与零状态响应相似。下面以一个例子来说明。

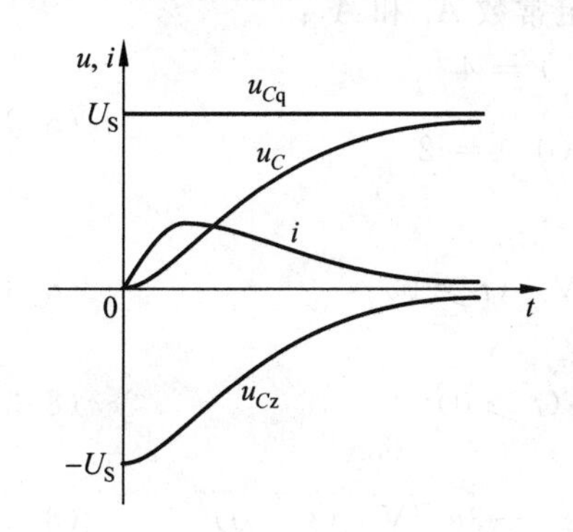

图 8-3-2 *RLC* 串联回路中 u_C 和 i_L 的零状态响应曲线

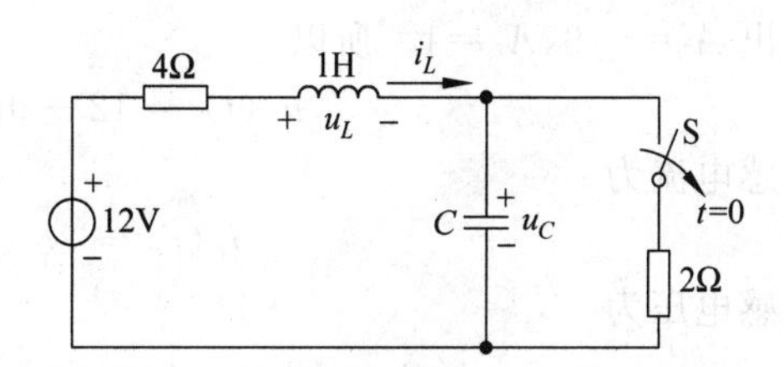

图 8-3-3 例 8-2 附图

【例 8-2】 电路如图 8-3-3 所示。开关 S 在 $t=0$ 时打开，换路前电路处于稳态。试求电容值分别为 $\frac{1}{3}$F，$\frac{1}{4}$F 和 $\frac{1}{5}$F 时，电容电压 u_C 和电感电压 u_L。

解 在直流激励下，换路前电路处于稳态，即电感短路，电容开路。所以有

$$u_C(0^-) = \frac{2}{4+2} \times 12 = 4\text{V}, \quad i_L(0^-) = \frac{12}{4+2} = 2\text{A}$$

根据换路定则，有

$$u_C(0^+) = u_C(0^-) = 4\text{V}, \quad i_L(0^+) = i_L(0^-) = 2\text{A} \tag{8-3-12}$$

换路后的电路为 *RLC* 串联电路。以 u_C 为变量，电路的微分方程为

$$\frac{d^2 u_C}{dt^2} + 4\frac{du_C}{dt} + \frac{1}{C}u_C = \frac{12}{C} \tag{8-3-13}$$

电容电压的强制分量为

$$u_{Cq}(t) = 12\text{V} \quad (t \geqslant 0)$$

式(8-3-13)所示微分方程的特征方程为

$$p^2 + 4p + \frac{1}{C} = 0 \tag{8-3-14}$$

式(8-3-14)解得特征根为

$$p_{1,2} = -2 \pm \sqrt{4 - \frac{1}{C}} \tag{8-3-15}$$

(1) 当 $C=\frac{1}{3}$F 时，$p_1=-1, p_2=-3$。这是电路的过阻尼情形。

电容电压的自由分量为

$$u_{Cz}(t) = A_1 e^{p_1 t} + A_2 e^{p_2 t} = A_1 e^{-t} + A_2 e^{-3t} \tag{8-3-16}$$

电容电压为

$$u_C(t) = u_{Cq}(t) + u_{Cz}(t) = 12 + A_1 e^{-t} + A_2 e^{-3t} \tag{8-3-17}$$

由式(8-3-12)的起始条件可确定式(8-3-16)中的待定常数 A_1 和 A_2：

$$\begin{cases} 12 + A_1 + A_2 = u_C(0^+) = 4 \\ \dfrac{1}{3}(-A_1 - 3A_2) = i_L(0^+) = 2 \end{cases} \tag{8-3-18}$$

解出 $A_1=-9, A_2=1$。所以

$$u_C(t) = 12 - 9e^{-t} + e^{-3t}\ \text{V} \quad (t \geqslant 0) \tag{8-3-19}$$

电感电流为

$$i_L(t) = 3e^{-t} - e^{-3t}\text{A} \quad (t \geqslant 0) \tag{8-3-20}$$

电感电压为

$$u_L(t) = 12 - u_C(t) - 4i_L(t) = -3e^{-t} + 3e^{-3t}\text{V} \quad (t > 0) \tag{8-3-21}$$

(2) 当 $C=\frac{1}{4}$F 时，$p_1=p_2=-2$。这是电路的临界阻尼情形。

电容电压的表达式为

$$u_C(t) = 12 + (A_1 + A_2 t)e^{-2t} \tag{8-3-22}$$

由式(8-3-12)的起始条件得到的关于待定常数 A_1 和 A_2 的方程为

$$\begin{cases} 12 + A_1 = u_C(0^+) = 4 \\ \dfrac{1}{4}(-2A_1 + A_2) = i_L(0^+) = 2 \end{cases} \tag{8-3-23}$$

可解出 $A_1=-8, A_2=-8$。所以

$$u_C(t) = 12 - (8 + 8t)e^{-2t}\text{V} \quad (t \geqslant 0) \tag{8-3-24}$$

电感电流和电感电压分别为

$$i_L(t) = 2(1 + 2t)e^{-2t}\text{A} \quad (t \geqslant 0) \tag{8-3-25}$$

$$u_L(t) = -8te^{-2t}\ \text{V} \quad (t > 0) \tag{8-3-26}$$

(3) 当 $C=\frac{1}{5}$F 时，$p_1=-2+\text{j}1, p_2=-2-\text{j}1$。这是电路的欠阻尼情形。

电容电压的表达式为

$$u_C(t) = 12 + k\mathrm{e}^{-2t}\sin(t+\theta) \tag{8-3-27}$$

由式(8-3-12)的起始条件得到的关于待定常数 k 和 θ 的方程为

$$\begin{cases} 12 + k\sin\theta = u_C(0^+) = 4 \\ \dfrac{1}{5}(-2k\sin\theta + k\cos\theta) = i_L(0^+) = 2 \end{cases} \tag{8-3-28}$$

由式(8-3-27)可解出 $k=-10, \theta=53.13°$。所以

$$u_C(t) = 12 - 10\mathrm{e}^{-2t}\sin(t+53.13°)\,\mathrm{V} \quad (t \geqslant 0) \tag{8-3-29}$$

电感电流和电感电压分别为

$$i_L(t) = 4.472\mathrm{e}^{-2t}\sin(t+26.57°)\,\mathrm{A} \quad (t \geqslant 0) \tag{8-3-30}$$

$$u_L(t) = -10.00\mathrm{e}^{-2t}\sin t\,\mathrm{V} \quad (t > 0) \tag{8-3-31}$$

8.4 一个线性含受控源电路的分析

在本节里考察一个线性含受控源动态电路的特点。对于不含受控源的线性非时变电路,值得提出两点:①一般有损电路的零输入响应最终都衰减到零,这是因为电路中不含电源,零输入响应由起始储能所引起,当电路有损时,其储能最终将消耗完毕。若从表 8-2-1 中的复数平面看,特征根都位于虚数轴的左半平面内。②若电路中仅含同类型储能元件(都是电感,或都是电容)时,其零输入响应不会出现振荡,即其特征根都在负的实数轴上,因为只有两种不同类型的储能元件之间才能发生能量的相互转换。

含受控源(如含运算放大器)的线性非时变电路可以有与上述不同的特点。下面以图 8-4-1 所示"文氏电桥"电路为例进行分析。该电路中含有电阻、电容和一个电压放大器,放大器可用理想的压控电压源表示,设其放大倍数 K 为常数。现在要讨论当 K 为不同数值时,电路的零输入响应 u_2 将具有何种特性。

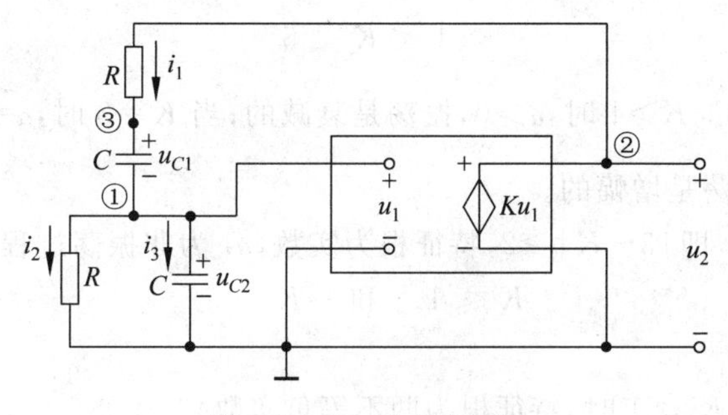

图 8-4-1 文氏电桥电路

首先列出变量 u_2 应满足的微分方程。这个电路中没有独立电源,含有两个电容,要分析的是它的零输入响应,所列出的微分方程是一个二阶线性齐次方程。由 KCL,有

$$i_1 = i_2 + i_3 \tag{8-4-1}$$

设节点电压为 u_1, u_2, u_3。用节点电压表示支路电流并代入式(8-4-1),可得

$$\frac{u_2 - u_3}{R} = \frac{u_1}{R} + C\frac{du_1}{dt} \tag{8-4-2}$$

$$C\frac{d}{dt}(u_3 - u_1) = \frac{u_1}{R} + C\frac{du_1}{dt} \tag{8-4-3}$$

并有

$$u_2 = Ku_1 \tag{8-4-4}$$

由式(8-4-2)、式(8-4-3)和式(8-4-4),消去 u_1 和 u_3,可得微分方程

$$R^2C^2\frac{d^2u_2}{dt^2} + (3-K)RC\frac{du_2}{dt} + u_2 = 0 \tag{8-4-5}$$

写成标准形式为

$$\frac{d^2u_2}{dt^2} + 2\alpha\frac{du_2}{dt} + \omega_0^2 u_2 = 0 \tag{8-4-6}$$

其中

$$\alpha = \frac{3-K}{2RC}, \quad \omega_0 = \frac{1}{RC}$$

特征方程为

$$p^2 + 2\alpha p + \omega_0^2 = 0 \tag{8-4-7}$$

特征根为

$$p_{1,2} = -\alpha \pm \sqrt{\alpha^2 - \omega_0^2} = -\frac{3-K}{2RC} \pm \sqrt{\left(\frac{3-K}{2RC}\right)^2 - \left(\frac{1}{RC}\right)^2} \tag{8-4-8}$$

下面讨论 K 为不同数值时,特征根的情况。

(1) 当 $\alpha^2 < \omega_0^2$ 时,即 $(3-K)^2 < 4$ 或 $|3-K| < 2$ 时特征根为共轭复数,u_2 有振荡形式,这时 K 值范围是

$$1 < K < 5$$

又由 $\alpha = \dfrac{3-K}{2RC}$ 知,当 $3 > K > 1$ 时,$\alpha > 0$,振荡是衰减的;当 $K = 3$ 时,$\alpha = 0$,振荡是等幅的;当 $5 > K > 3$ 时,$\alpha < 0$,振荡是增幅的。

(2) 当 $\alpha^2 \geqslant \omega_0^2$ 时,即 $|3-K| \geqslant 2$,特征根为实数,u_2 为非振荡过程,这时 K 值范围是

$$K \leqslant 1 \quad 和 \quad K \geqslant 5$$

又知:

$$\left.\begin{array}{l} K < 1 \text{ 时,特征根为两不等负实数} \\ K = 1 \text{ 时,特征根为两相等负实数} \end{array}\right\} \text{非振荡衰减}$$

$$\left.\begin{array}{l} K > 5 \text{ 时,特征根为两不等正实数} \\ K = 5 \text{ 时,特征根为两相等正实数} \end{array}\right\} \text{非振荡发散}$$

图 8-4-2 中归纳了不同 K 值范围下特征根和零输入响应的情况，其中 $K=3$ 是产生等幅振荡的条件。

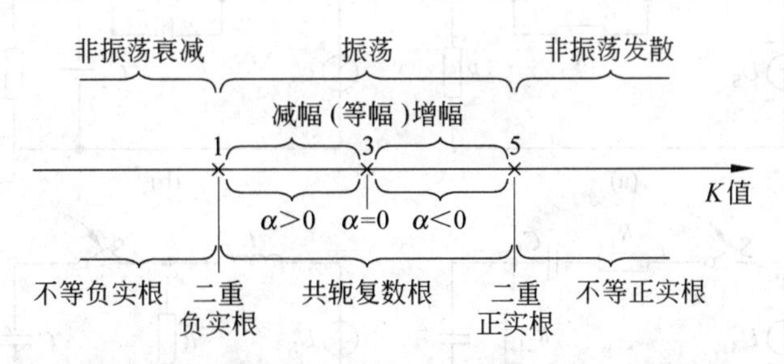

图 8-4-2　K 值在不同范围内特征根和零输入响应情况

由以上讨论可说明，当线性有损电路中含有受控源时，零输入响应除了可能是非振荡衰减、衰减振荡外，还可能是非振荡发散、等幅振荡和增幅振荡。电路方程的特征根已不限于在虚轴的左半平面，而是有可能位于整个复平面上的任何点。这是因为受控源是有源的，可以提供能量，供电阻消耗，也可和储能元件进行能量的转换。在振荡情况下，若 K 值合适，提供的能量正好等于消耗能量时，就出现等幅振荡；若小于(大于)消耗能量时，就出现衰减(增幅)振荡。

需要指出的是，在含有实际的受控源的电路中，电路响应不可能无限大。因一个实际受控源(以 VCVS 为例)只是在输入电压 u_1(和输出电压 u_2)的数值不超过一定范围时才可被视为线性元件($u_2=Ku_1$)，当 u_1 超过一定范围而继续增大时，u_2 的数值会趋于饱和，放大倍数 K 将减小。

利用受控源的非线性特性，有可能在电路中产生“自激振荡”，这是除保证受控源正常工作的直流工作电源以外，不需任何激励就能产生的等幅振荡。例如图 8-4-1 中的实际电路就是一个自激振荡电路，其中的振荡过程可以这样理解：当接通电路后，受控源输入端总会有极微弱的电压(如电容上有微量的残存电荷等)，当放大倍数 K 略大于 3 时，在电路中就会引起增幅振荡，u_2(和 $u_1=u_2/K$)的振幅将会逐渐增大，但当 u_1，u_2 的幅值超过线性工作范围而继续增加时，放大倍数 K 将逐渐减小，直到 $K=3$ 时，电路就会出现持续的等幅振荡。显然，如受控源放大倍数 $K<3$ 时，电路不会起振；当 K 比 3 大许多时，u_2 波形失真度会增大，甚至不能起振。对本节所研究的自激振荡电路，持续振荡的振幅和电路的起始状态无关，而和受控源的非线性特性有关，这与线性电路中所出现的持续振荡(例如图 8-2-8)是有区别的，后者的振幅决定于电路的起始状态。

习　题

8-1　在题图 8-1 所示的电路中，判断哪些电路是二阶电路，并指出其中哪些电路的零输入响应可能出现振荡；给出出现振荡的条件。

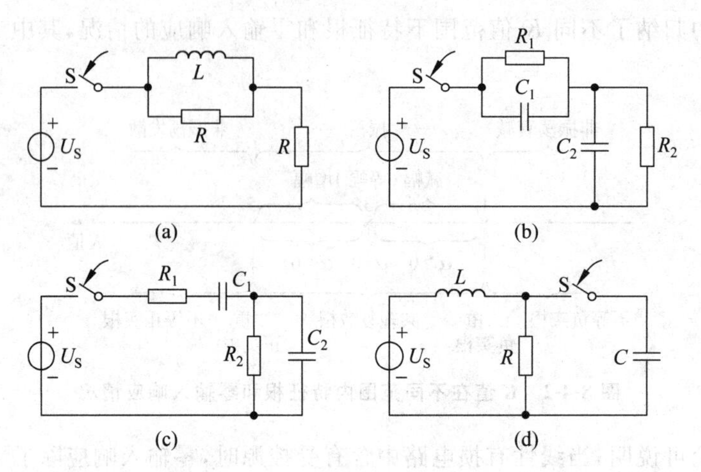

题图 8-1

8-2 已知二阶电路的特征根分别为

(1) $p_1=-2, p_2=-3$;

(2) $p_1=p_2=-2$;

(3) $p_1=\text{j}2, p_2=-\text{j}2$;

(4) $p_1=-2+\text{j}3, p_2=-2-\text{j}3$。

试分别写出电路的零输入响应 $y(t)$的一般解答式。

8-3 求上题中满足起始条件 $y(0)=1, \left.\frac{\mathrm{d}y}{\mathrm{d}t}\right|_{t=0}=2$ 的 $y(t)$的特解。

8-4 题图 8-4 所示电路中,开关 S 在 $t=0$ 时闭合。若要 S 闭合后电路中不出现过渡过程,则电路的初始状态 $u_C(0^-)$,$i_L(0^-)$应分别为何值?

8-5 题图 8-5 所示电路中,$L=1\text{H}$,$R=2\text{k}\Omega$,$C=2494\mu\text{F}$,$u_C(0^-)=2\text{V}$,$i_L(0^-)=0$,$t=0$ 时闭合开关 S。求 $u_C(t)$和 $i(t)$。

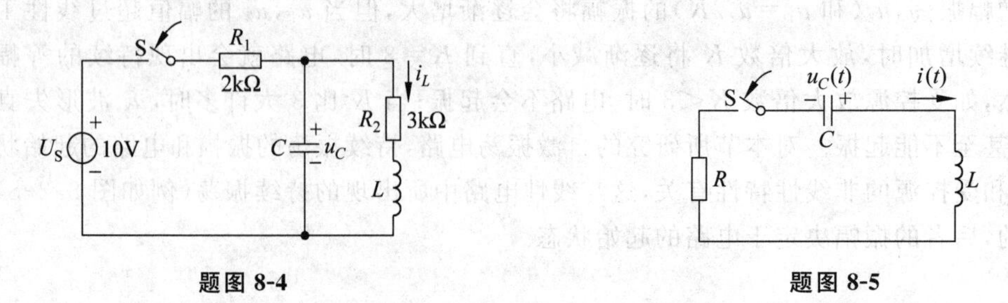

题图 8-4　　　　　　**题图 8-5**

8-6 题图 8-6 所示电路中,电容已充电,$u_C(0^-)=150\text{V}$,电感无初始储能。$t=0$ 时闭合开关 S。列写 i_L 所满足的微分方程,分别在以下所给定的电阻值下求解 $i_L(t)$:(1)$R=500\Omega$;(2)$R=20\Omega$。

8-7 题图 8-7 所示电路中，$u_i(t)$为输入电压，$u_o(t)$为输出电压。写出 $u_o(t)$所满足的微分方程。

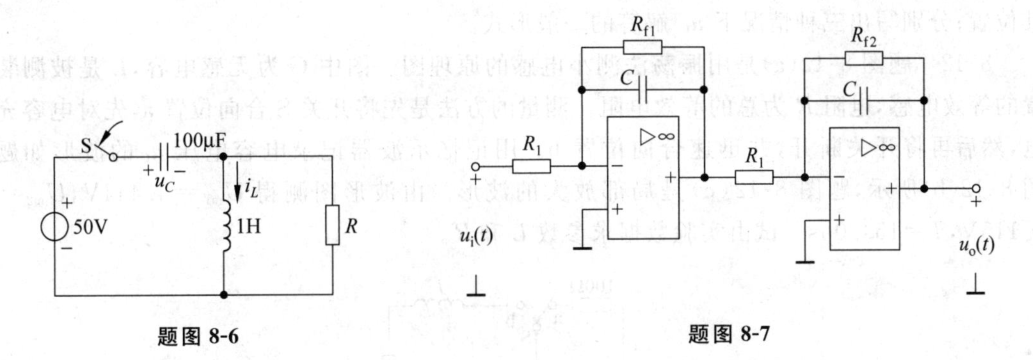

题图 8-6　　　　题图 8-7

8-8 题图 8-8 所示电路原处于稳态，$t=0$ 时闭合开关 S。求出当 $t=2.5\text{ms}$ 时电容电压 u_C 的值。

8-9 题图 8-9 所示电路中，$E=8\text{V}$，$R=5\Omega$，$R_1=1\Omega$，$R_2=2\Omega$，$C=2\text{F}$，$L=1\text{H}$。开关闭合前电路处于稳态，$t=0$ 时闭合开关 S。

(1) 写出 u_C 所满足的微分方程；

(2) 求 $u_C(t)$。

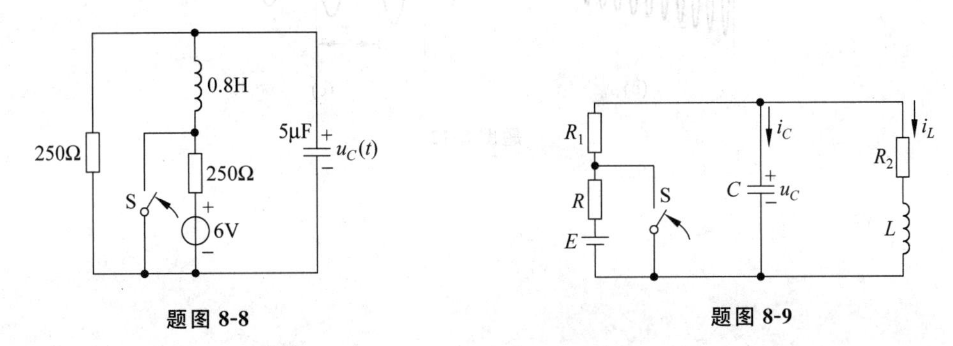

题图 8-8　　　　题图 8-9

8-10 题图 8-10 示一含有互感电路，$t=0$ 时闭合开关 S。写出 i_2 所满足的微分方程。

8-11 题图 8-11 示一含有受控电流源的二阶电路，已知 $L=2\text{H}$，$C=1\text{F}$。

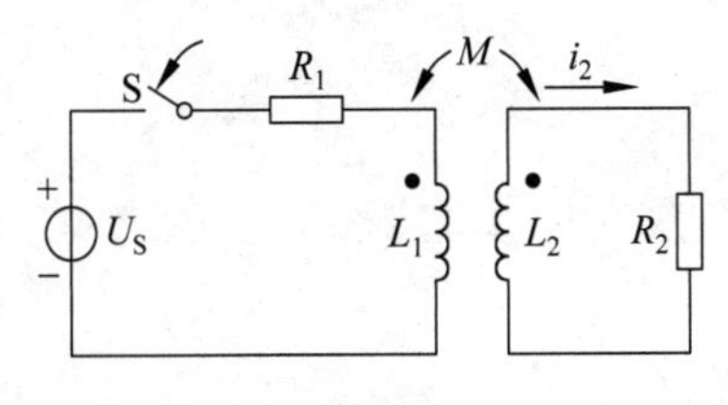

题图 8-10

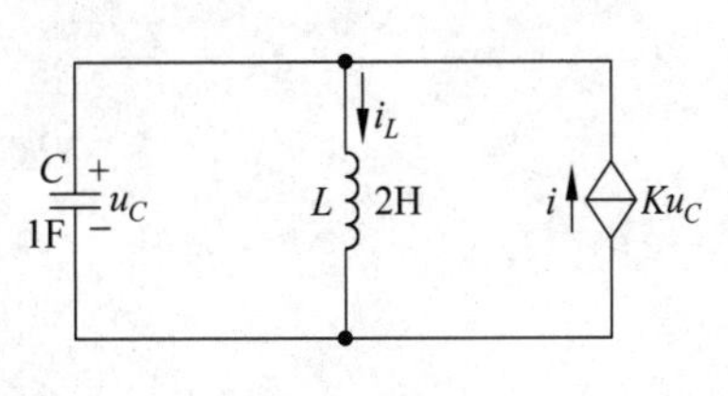

题图 8-11

(1) 列写电路中电容电压所满足的微分方程。

(2) 分别在 $K=1,\sqrt{2},2$ 三种情况下，求出(1)中微分方程的特征根，并在复平面上标出其位置；分别写出三种情况下 u_C 解答的一般形式。

8-12 题图 8-12(a)是用振荡法测小电感的原理图。图中 C 为无感电容，L 是被测装置的等效电感，电阻 R 为总的等效电阻。测量的方法是先将开关 S 合向位置 a，先对电容充电，然后再将开关断开，并迅速合向位置 b。用记忆示波器记录电容电压 u_C 的波形如题图 8-12(b)所示，题图 8-12(c)是局部放大的波形。由波形图测得 $U_{m1}=4.444\text{V}$，$U_{m2}=4.115\text{V}$，$T=154.0\mu\text{s}$。试由实验数据求参数 L 和 R。

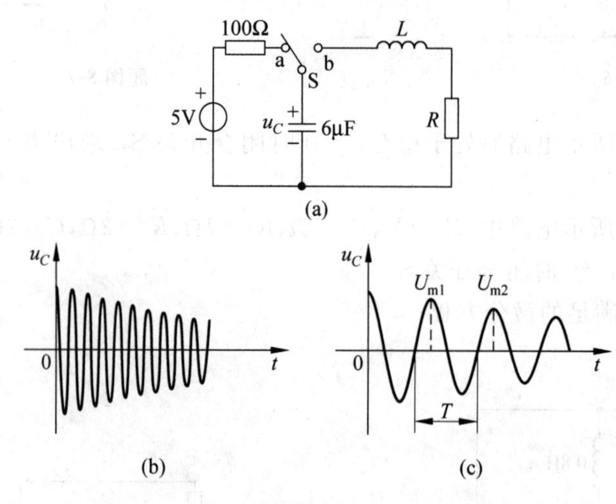

题图 8-12

阶跃响应、冲激响应和卷积积分的应用

提　要

在动态电路的分析中常引用一些奇异函数来描述电路中的激励和响应，阶跃函数和冲激函数是其中两个最重要的奇异函数。本章首先引入阶跃函数和冲激函数的定义，并说明单位阶跃函数和单位冲激函数之间的关系。在此基础上介绍动态电路的阶跃响应和冲激响应。在已知线性电路的冲激响应的条件下，可在时域中用卷积积分来计算在任意激励作用下电路的零状态响应。最后，简单讨论电路储能元件能量跃变的情况。

9.1 阶跃函数和冲激函数

在动态电路的分析中常引用一些奇异函数来描述电路中的激励和响应，这类函数本身有不连续点(跃变点)，或其导数与积分有不连续点。阶跃函数和冲激函数是其中两个最重要的奇异函数。

单位阶跃函数

单位阶跃函数定义为

$$\varepsilon(t)=\begin{cases}0 & t<0\\ 1 & t>0\end{cases} \tag{9-1-1}$$

这一函数的波形如图 9-1-1 所示。阶跃函数 $\varepsilon(t)$在 $t=0$ 处有跃变，在此跃变点处，它的函数值无定义。将单位阶跃函数乘以常数 K，可构成幅值为 K 的阶跃函数 $K\varepsilon(t)$。

阶跃函数的应用很广。如可用来描述开关的动作，如图 9-1-2(a)中电路在 $t=0$ 时接入电压源 U_S，则电路接入端口处的电压 $u(t)$就可用阶跃函数来表示为 $u(t)=U_S\varepsilon(t)$，如图 9-1-2(b)。

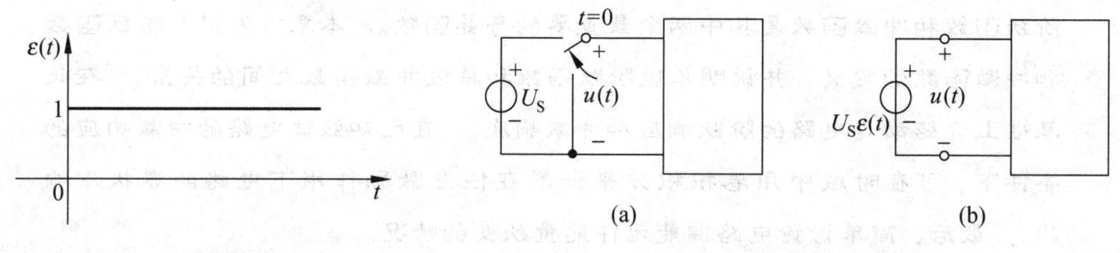

图 9-1-1　单位阶跃函数　　图 9-1-2　电路接向电压源

还可定义延时的单位阶跃函数为

$$\varepsilon(t-t_0)=\begin{cases}0 & t<t_0\\ 1 & t>t_0\end{cases}$$

这一函数的波形如图 9-1-3 所示。一个在 $t=t_0$ 时刻接入的电压源的电压可以用延时阶跃函数表示为 $u(t)=U_S\varepsilon(t-t_0)$。利用阶跃函数和延时阶跃函数，可以将一些阶梯状波形表示为若干个阶跃函数的叠加。例如图 9-1-4 中所示的幅度为 1 的矩形脉冲波形 $f(t)$，可以看成是由两个阶跃函数所组成，即 $f(t)=\varepsilon(t)-\varepsilon(t-t_0)$。又如图 9-1-5 中所示的 $f(t)$波形可用图中的阶跃波形来合成，即 $f(t)=2\varepsilon(t-1)-3\varepsilon(t-2)+\varepsilon(t-3)$。另外，以 $\varepsilon(t-t_0)$乘以某一对所有 t 都有定义的函数 $f(t)$，得到的函数是一个在 $t<t_0$ 时等于零，在 $t>t_0$ 时等于 $f(t)$的函数，其表达式为

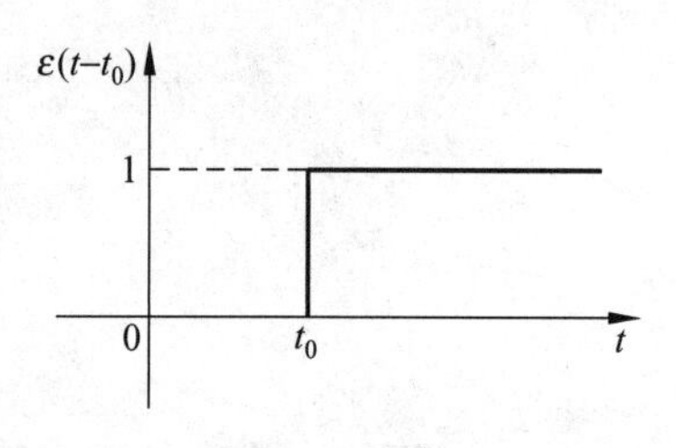

图 9-1-3　延时的单位阶跃函数

$$f(t)\varepsilon(t-t_0)=\begin{cases}0 & t<t_0\\ f(t) & t>t_0\end{cases}$$

它的波形示意图如图 9-1-6 所示。

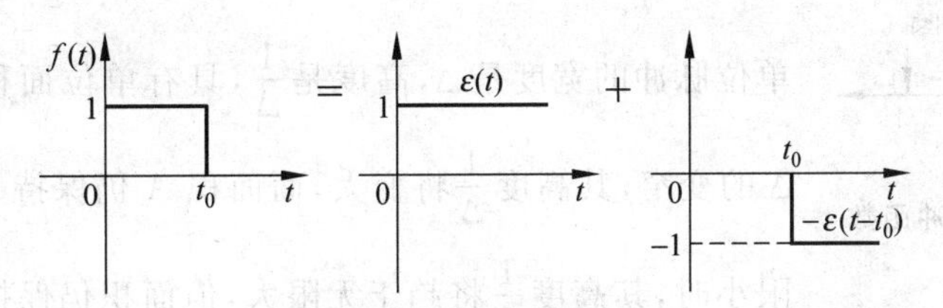

图 9-1-4 矩形脉冲的组成

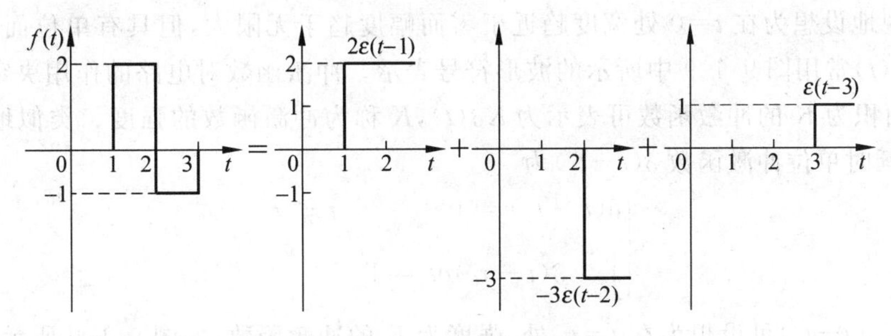

图 9-1-5 阶梯波形的组成

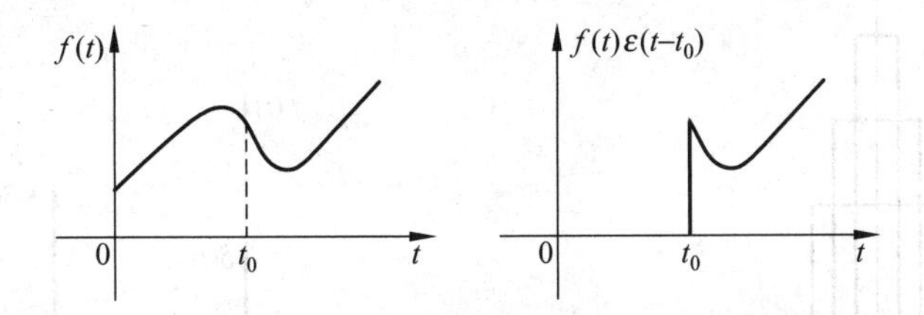

图 9-1-6 函数 $f(t)$与单位阶跃函数相乘的结果示意图

单位冲激函数

某些物理现象需要一个作用时间极短,但取值极大的函数来描述,如力学中瞬间作用的冲击力,电学中的瞬时放电电流等。单位冲激函数的概念就是以这类问题为背景而引出的,单位冲激函数也称为 δ 函数,其定义为

$$\left.\begin{aligned}&\delta(t)=0 \qquad t\neq 0\\ &\int_{-\infty}^{\infty}\delta(t)\,\mathrm{d}t=1\end{aligned}\right\} \tag{9-1-2}$$

这个函数可看作是图 9-1-7 所示的单位脉冲函数 $p(t)$当脉冲宽度 Δ 趋于零时的极限。

单位脉冲函数 $p(t)$可定义为

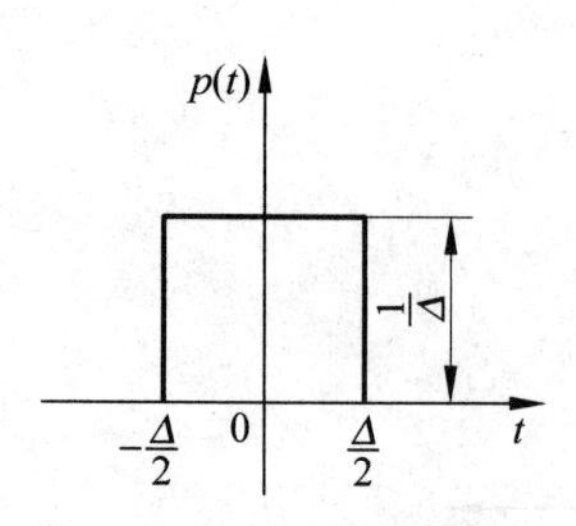

图 9-1-7 单位脉冲函数

$$p(t)=\begin{cases}\dfrac{1}{\Delta} & |t|<\dfrac{\Delta}{2}\\[2mm] 0 & |t|>\dfrac{\Delta}{2}\end{cases}$$

单位脉冲的宽度是 Δ，高度是 $\frac{1}{\Delta}$，具有单位面积。随着脉冲宽度 Δ 的变窄，其高度 $\frac{1}{\Delta}$ 将变大，而面积 A 仍保持为 1。当 Δ 趋于无限小时，其高度 $\frac{1}{\Delta}$ 将趋于无限大，但面积仍保持为 1，如图 9-1-8 所示，这时单位脉冲函数就趋近于式(9-1-2)所定义的单位冲激函数 $\delta(t)$。单位冲激函数 $\delta(t)$ 可直观地设想为在 $t=0$ 处宽度趋近于零而幅度趋于无限大，但具有单位面积的脉冲。冲激函数 $\delta(t)$ 常用图 9-1-9 中所示的波形符号表示。冲激函数对电路的作用决定于它的面积。具有面积为 K 的冲激函数可表示为 $K\delta(t)$，K 称为冲激函数的强度。类似地可定义在 $t=t_0$ 处的延时单位冲激函数 $\delta(t-t_0)$ 为

$$\begin{cases}\delta(t-t_0)=0 & t\neq t_0\\ \displaystyle\int_{-\infty}^{\infty}\delta(t-t_0)\mathrm{d}t=1\end{cases}$$

冲激函数 $K\delta(t-t_0)$ 可设想为在 $t=t_0$ 处，强度为 K 的冲激函数，如图 9-1-9 所示。

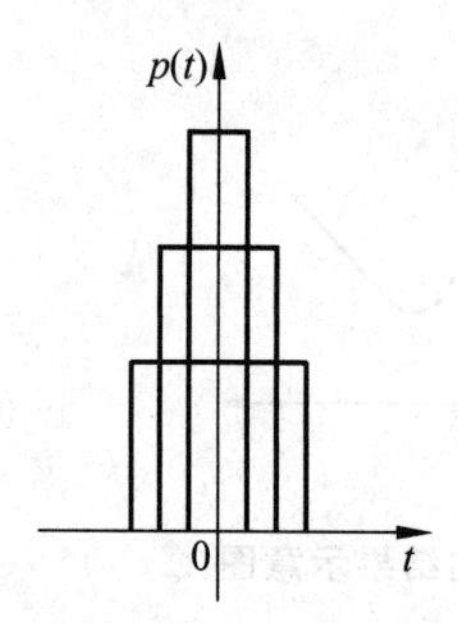

图 9-1-8 脉宽减小的单位脉冲函数趋近于单位冲激函数

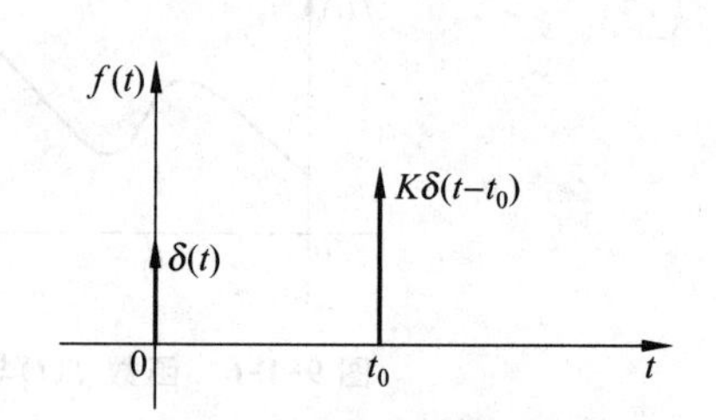

图 9-1-9 冲激函数的符号

利用冲激函数可方便地表示上面提到过的一些物理现象。

例如图 9-1-10(a)所示的一个原处于静止状态，质量为 m 的物体，在 $t=0$ 时受到一冲击力 F 的作用，在 $t=0^+$ 时获得速度为 v，这个冲击力 F 就可用冲激函数表示为 $F=mv\delta(t)$。在这里冲激强度 mv 就等于冲击力作用于该物体的冲量，

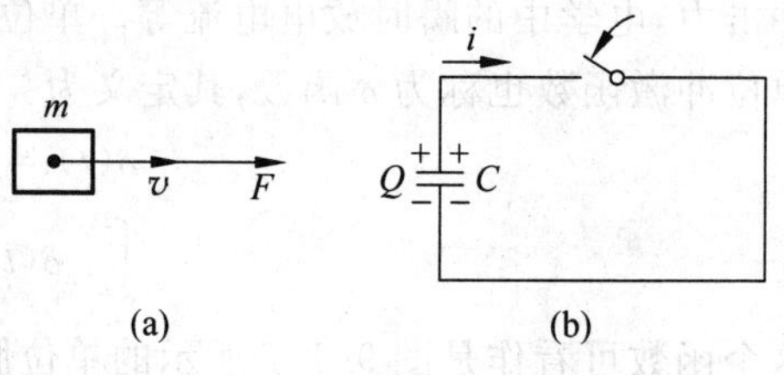

图 9-1-10 冲激函数应用举例
(a) 冲击力；(b) 冲激电流

即

$$\int_{-\infty}^{\infty} F\mathrm{d}t = \int_{-\infty}^{\infty} mv\delta(t)\mathrm{d}t = mv$$

又例如图 9-1-10(b)所示的一带电量为 Q 的电容，在 $t=0$ 时通过短路线放电时，放电电流可表示为 $i=Q\delta(t)$。在这里冲激强度 Q 就等于电容的放电电荷。

$$\int_{-\infty}^{\infty} i\mathrm{d}t = \int_{-\infty}^{\infty} Q\delta(t)\mathrm{d}t = Q$$

单位阶跃函数和单位冲激函数之间有以下的关系：单位冲激函数等于单位阶跃函数的导数。因为按照单位冲激函数的定义式(9-1-2)应有

$$\int_{-\infty}^{t} \delta(\xi)\mathrm{d}\xi = \begin{cases} 0 & t<0 \\ 1 & t>0 \end{cases} = \varepsilon(t)$$

将上式对 t 求导，就有

$$\delta(t) = \frac{\mathrm{d}}{\mathrm{d}t}\varepsilon(t)$$

还可以由下面的式子导出这一关系式：

$$\delta(t) = \lim_{\Delta\to 0}\frac{1}{\Delta}\left[\varepsilon\left(t+\frac{\Delta}{2}\right)-\varepsilon\left(t-\frac{\Delta}{2}\right)\right] = \frac{\mathrm{d}}{\mathrm{d}t}\varepsilon(t)$$

这里要指出，上面所给出的关于奇异函数的定义和有关的运算，在近代数学中的广义函数理论有严格的论述。本书仅讨论其应用。

现在介绍 $\delta(t)$函数的另一性质。设函数 $f(t)$在 $t=0$ 时连续，由于当 $t\neq 0$，$\delta(t)=0$，所以有

$$f(t)\delta(t) = f(0)\delta(t)$$

因此

$$\int_{-\infty}^{\infty} f(t)\delta(t)\mathrm{d}t = f(0)\int_{-\infty}^{\infty}\delta(t)\mathrm{d}t = f(0)$$

同理，对于在 $t=\tau$ 连续的函数 $f(t)$有

$$\int_{-\infty}^{\infty} f(t)\delta(t-\tau)\mathrm{d}t = f(\tau)$$

上式表明：单位冲激函数能把 $f(t)$在冲激出现时刻的函数值筛选出来，这一性质称为冲激函数的筛分性质。

9.2 阶跃响应

电路对于阶跃激励的零状态响应称为电路的阶跃响应。激励为单位阶跃函数时电路的响应称为单位阶跃响应。阶跃激励在某一特定时刻(例如 $t=0$)作用于零初始储能的电路，相当于从这一时刻开始，有一直流电压源(或电流源)作用于该电路。求解该电路相当于求直流激励作用下的零状态响应。

一阶电路的阶跃响应

1. *RC* 电路

电路如图 9-2-1(a)所示，这是 RC 串联电路。输入为 $u_S(t)=U_S\varepsilon(t)$ 的阶跃电压激励，电路处于零状态。求解该电路相当于求解在 $t=0$ 时接入直流电压源 U_S 时的零状态响应(图 9-2-1(b))。

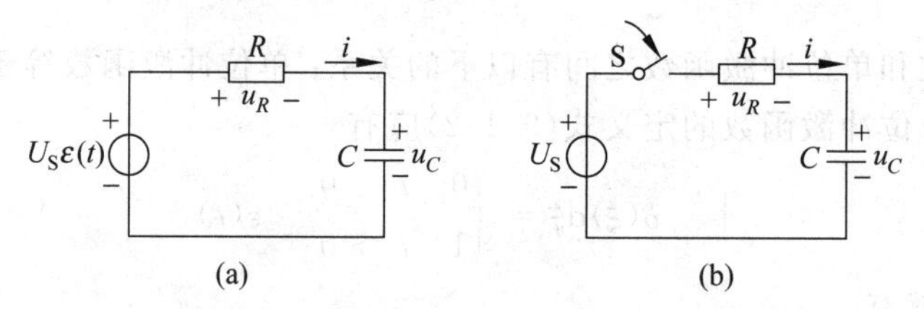

图 9-2-1 *RC* 电路

(a) 接至阶跃电压源的电路；(b) 与图(a)电路等效的电路

列写图 9-2-1(a)所示电路的方程。由 KVL 有

$$u_R+u_C=U_S\varepsilon(t) \tag{9-2-1}$$

由元件约束有

$$i=C\frac{\mathrm{d}u_C}{\mathrm{d}t},\quad u_R=Ri$$

代入式(9-2-1)，得

$$RC\frac{\mathrm{d}u_C}{\mathrm{d}t}+u_C=U_S\varepsilon(t) \tag{9-2-2}$$

对于 $t>0$ 时，式(9-2-2)与下式

$$RC\frac{\mathrm{d}u_C}{\mathrm{d}t}+u_C=U_S \tag{9-2-3}$$

等价。根据 7.4 节的介绍，式(9-2-3)所示的一阶常系数线性非齐次微分方程的解答可由非齐次方程的特解 u_{Cq} 和齐次方程的通解 u_{Cz} 所组成，即

$$u_C=u_{Cq}+u_{Cz} \tag{9-2-4}$$

非齐次方程的一个特解为

$$u_{Cq}=U_S$$

齐次方程的通解为

$$u_{Cz}=A\mathrm{e}^{-t/RC}$$

于是，方程的解为

$$u_C=u_{Cq}+u_{Cz}=U_S+A\mathrm{e}^{-t/RC} \tag{9-2-5}$$

由于电路处于零状态，所以 $u_C(0^-)=0$，根据换路定则，有 $u_C(0^+)=u_C(0^-)=0$，代入方程的解式(9-2-5)，得

$$u_C(0^+) = U_S + A = 0$$

所以

$$A = -U_S$$

于是得解为

$$u_C = U_S - U_S e^{-t/RC} = U_S(1 - e^{-t/RC}) \tag{9-2-6}$$

用阶跃函数表示为

$$u_C = U_S(1 - e^{-t/RC})\varepsilon(t) \tag{9-2-7}$$

由式(9-2-7)及电容的元件特性，可得电流 $i(t)$ 为

$$i = C\frac{du_C}{dt} = C\frac{d}{dt}[(U_S - U_S e^{-t/RC})\varepsilon(t)] = \frac{U_S}{R}e^{-t/RC}\varepsilon(t) \tag{9-2-8}$$

或由图 9-2-1(a)，同样可得电流为

$$i = \frac{U_S\varepsilon(t) - u_C}{R} = \frac{U_S}{R}e^{-t/RC}\varepsilon(t) \tag{9-2-9}$$

u_C 和 i 的变化曲线与图 7-5-2 相同。

需说明的是，式(9-2-6)与式(9-2-7)有不同之处。这是两种不同的表达方式。式(9-2-6)只在 $t \geqslant 0^+$ 时成立，不论式子后面是否加以注明，都是不言而喻的；而式(9-2-7)则乘有 $\varepsilon(t)$ 因子，在零状态下，在 $t < 0$ 时，该表达式仍成立。

阶跃激励对电路的作用与直流激励对电路的作用相当，所以对一阶电路在阶跃激励下的响应可用第 7 章介绍的三要素法求解。

2. *RL* 电路

以图 9-2-2 所示的 RL 并联电路接至大小为 I_S 的阶跃电流源为例。设此电路原处于零状态，即 $i_L(0^-) = 0$。相当于 $t = 0$ 时电路接入直流电流源 I_S。现分析如何求解 i_L，i_R 和 u_L。

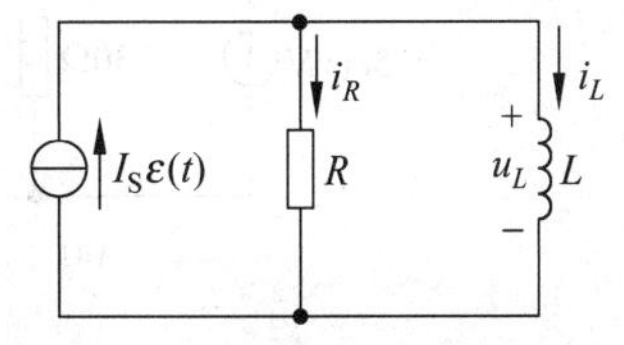

图 9-2-2 *RL* 并联电路接至阶跃电流源的电路

这一电路问题仍可以列写电路的微分方程求解。但可以用三要素法简化其分析。先求电流 i_L。

由初始条件及换路定则，有

$$i_L(0^+) = i_L(0^-) = 0$$

稳态时，有

$$i_L(\infty) = I_S$$

此电路的时间常数为

$$\tau = \frac{L}{R}$$

于是，电流 i_L 为

$$i_L = I_S(1 - e^{-\frac{R}{L}t})\varepsilon(t) \tag{9-2-10}$$

由式(9-2-10)可得电感电压为

$$u_L = L\frac{di_L}{dt} = RI_S e^{-\frac{R}{L}t}\varepsilon(t) \tag{9-2-11}$$

电阻中电流为

$$i_R = \frac{u_L}{R} = I_S e^{-\frac{R}{L}t}\varepsilon(t) \tag{9-2-12}$$

当然,电感电压 u_L 和电阻电流 i_R 也可用三要素法求解。

【例 9-1】 电路如图 9-2-3(a)所示。求在图 9-2-3(b)所示激励下的零状态响应 $i_L(t)$,并定性画出其波形。

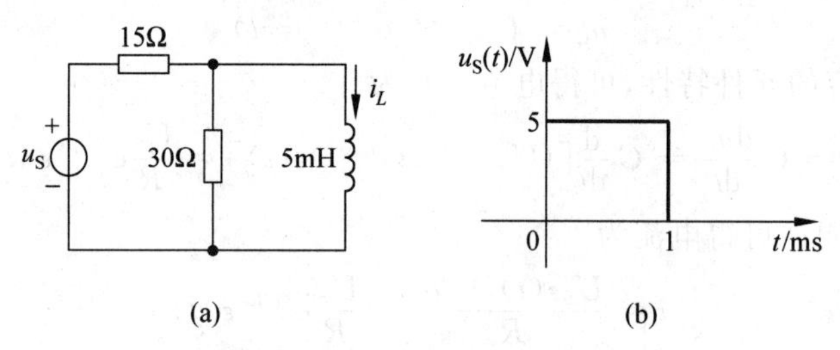

图 9-2-3 例 9-1 附图

(a) 电路图;(b) $u_S(t)$波形图

解 激励 $u_S(t)$可用阶跃函数表示为

$$u_S(t) = 5\varepsilon(t) - 5\varepsilon(t-0.001)\text{V}$$

求图 9-2-3(a)所示电路中的 $i_L(t)$,可应用叠加定理,分别求解图 9-2-4 所示的两个电路的零状态响应 $i'_L(t)$和 $i''_L(t)$,然后叠加得到 $i_L(t)=i'_L(t)+i''_L(t)$。

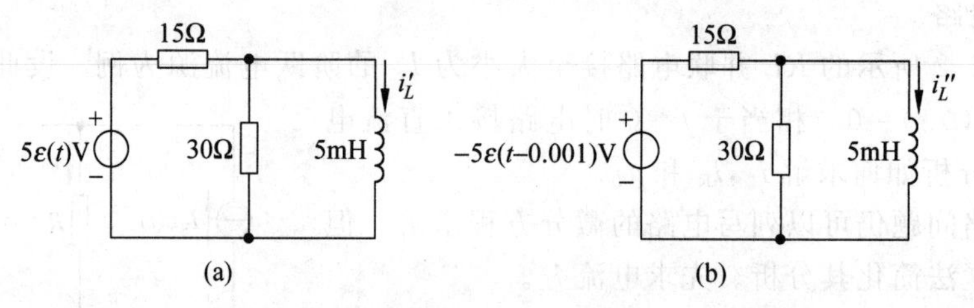

图 9-2-4 例 9-1 附图

(a) $5\varepsilon(t)$V 作用;(b) $-5\varepsilon(t-0.001)$V 作用

对图 9-2-4(a)应用三要素法,有

$$i'_L(0^+) = i'_L(0^-) = 0 \tag{9-2-13}$$

$$i'_L(\infty) = \frac{5}{15} = \frac{1}{3}\text{A} \tag{9-2-14}$$

$$\tau = \frac{5\times10^{-3}}{15 /\!/ 30} = \frac{1}{2}\text{ms} \tag{9-2-15}$$

所以有

$$i'_L(t) = \frac{1}{3}(1-e^{-2000t})\varepsilon(t)\text{A} \tag{9-2-16}$$

$i''_L(t)$可根据线性非时变电路的性质,由 $i'_L(t)$导出得

$$i''_L(t) = -\frac{1}{3}(1 - e^{-2000(t-0.001)})\varepsilon(t - 0.001)\text{A} \tag{9-2-17}$$

于是,电流 $i(t)$ 为

$$\begin{aligned} i_L(t) &= i'_L(t) + i''_L(t) \\ &= \frac{1}{3}(1 - e^{-2000t})\varepsilon(t) - \frac{1}{3}(1 - e^{-2000(t-0.001)})\varepsilon(t - 0.001)\text{A} \end{aligned} \tag{9-2-18}$$

式(9-2-18)也可用分段函数表示为

$$i_L(t) = \begin{cases} 0.333(1 - e^{-2000t})\text{A} & 0 < t \leqslant 1\text{ms} \\ 0.288e^{-2000(t-0.001)} & t > 1\text{ms} \end{cases} \tag{9-2-19}$$

电流 $i_L(t)$ 的波形如图 9-2-5 所示。

若电路的初始储能不为零,则电路在阶跃激励作用下的响应为全响应。

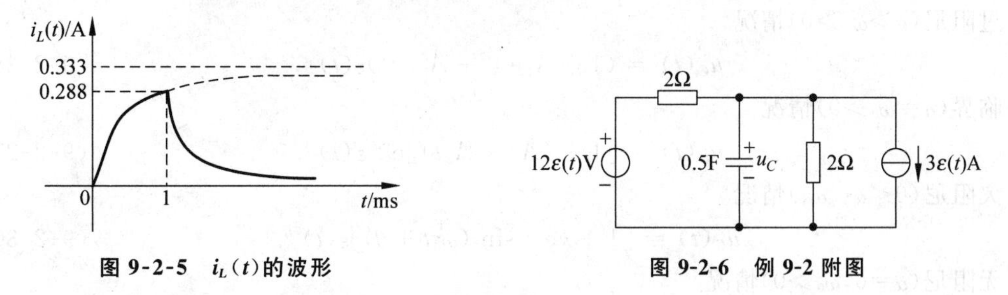

图 9-2-5 $i_L(t)$ 的波形

图 9-2-6 例 9-2 附图

【例 9-2】 在图 9-2-6 所示的一阶电路中,已知 $u_C(0^-) = 2\text{V}$。求电压 $u_C(t)$。

解 根据换路定则有

$$u_C(0^+) = u_C(0^-) = 2\text{V} \tag{9-2-20}$$

稳态时,有

$$u_C(\infty) = \frac{2}{2+2} \times 12 - \frac{2 \times 2}{2+2} \times 3 = 3\text{V} \tag{9-2-21}$$

电路的时间常数为

$$\tau = \frac{2 \times 2}{2+2} \times 0.5 = 0.5\text{s} \tag{9-2-22}$$

所以

$$u_C(t) = (3 - e^{-2t})\varepsilon(t)\text{V} \tag{9-2-23}$$

二阶电路的阶跃响应

二阶电路的阶跃响应同样是在阶跃激励作用下电路的零状态响应。这里仍以 *RLC* 串联电路(图 9-2-7)为例,来进行这一问题的分析。

图 9-2-7 中电容电压 u_C 满足的微分方程为

$$\frac{d^2 u_C}{dt^2} + \frac{R}{L}\frac{du_C}{dt} + \frac{1}{LC}u_C = \frac{1}{LC}\varepsilon(t) \tag{9-2-24}$$

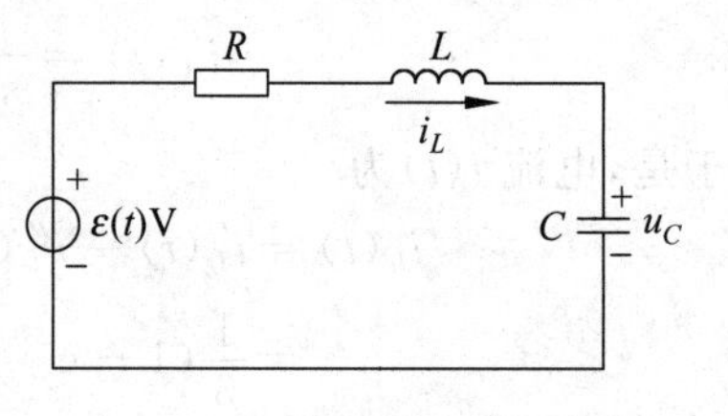

图 9-2-7 阶跃激励作用下的 RLC 串联电路

写成标准形式为

$$\frac{d^2 u_C}{dt^2}+2\alpha\frac{du_C}{dt}+\omega_0^2 u_C=\omega_0^2\varepsilon(t) \qquad (9\text{-}2\text{-}25)$$

式中 $\alpha=\frac{R}{2L},\omega_0=\frac{1}{\sqrt{LC}}$。此电路方程的解答可表示为强制分量和自由分量之和，即

$$u_C(t)=u_{Cq}(t)+u_{Cz}(t) \qquad (9\text{-}2\text{-}26)$$

不难求出强制分量 u_{Cq} 为

$$u_{Cq}(t)=\varepsilon(t)\text{V} \qquad (9\text{-}2\text{-}27)$$

按特征根的不同情况，自由分量 u_{Cz} 可表示为如表 8-2-1 中所示的四种不同形式，由此解答 u_C 可表示如下：

过阻尼($\alpha>\omega_0>0$)情况

$$u_C(t)=(1+A_1 e^{p_1 t}+A_2 e^{p_2 t})\varepsilon(t) \qquad (9\text{-}2\text{-}28)$$

临界($\alpha=\omega_0>0$)情况

$$u_C(t)=[1+(A_1+A_2 t)]e^{-\alpha t}\varepsilon(t) \qquad (9\text{-}2\text{-}29)$$

欠阻尼($0<\alpha<\omega_0$)情况

$$u_C(t)=[1+k e^{-\alpha t}\sin(\omega_d t+\theta)]\varepsilon(t) \qquad (9\text{-}2\text{-}30)$$

无阻尼($\alpha=0,\omega_0>0$)情况

$$u_C(t)=[1+k\sin(\omega_0 t+\theta)]\varepsilon(t) \qquad (9\text{-}2\text{-}31)$$

表达式中两个常数可由下列两个起始条件确定：

$$\left.\begin{aligned}&u_C(0^+)=u_C(0^-)=0\\&\left.\frac{du_C}{dt}\right|_{t=0^+}=\frac{1}{C}i_L(0^+)=\frac{1}{C}i_L(0^-)=0\end{aligned}\right\} \qquad (9\text{-}2\text{-}32)$$

现仅讨论过阻尼($\alpha>\omega_0$)情况。将起始条件式(9-2-32)代入式(9-2-28)，可得出

$$\begin{cases}1+A_1+A_2=0\\p_1A_1+p_2A_2=0\end{cases}$$

解之得

$$A_1=\frac{-p_2}{p_2-p_1},\quad A_2=\frac{p_1}{p_2-p_1}$$

代入解答式(9-2-28)，得

$$u_C(t)=\left[1+\frac{1}{p_2-p_1}(p_1 e^{p_2 t}-p_2 e^{p_1 t})\right]\varepsilon(t) \qquad (9\text{-}2\text{-}33)$$

由此求得电流为

$$i(t)=C\frac{du_C}{dt}=\left[\frac{1}{L(p_2-p_1)}(e^{p_2 t}-e^{p_1 t})\right]\varepsilon(t) \qquad (9\text{-}2\text{-}34)$$

用类似方法可确定式(9-2-29)、式(9-2-30)和式(9-2-31)中的待定常数 A_1,A_2 或 k,θ。

若在阶跃激励作用时，二阶电路的初始储能不为零，此时电路的响应为阶跃激励作用下的全响应。可以用与求零状态响应时所用的相同方法求解。

9.3 冲激响应

本节分析动态电路在冲激激励作用下的响应。电路在冲激函数 $\delta(t)$ 的激励下所产生的零状态响应称为冲激响应，以 $h(t)$ 表示。这里的激励通常是指电压源的电压、电流源的电流。在考虑冲激响应时需指明是由何种电源激励，电源是如何施加的和所关心的是哪个响应。由于冲激函数 $\delta(t)$ 可视为在 $t=0$ 时刻作用的幅度为无限大而持续时间为无限短的信号，因此，对任何冲激响应都显然有

$$h(t)=0 \quad t<0$$

冲激信号作用于零状态电路所引起的响应可以分为两个阶段来考虑：① $t=0^-$ 到 0^+ 的时间里，电路受冲激信号激励，使储能元件得到能量（储能跃变）从而使电路建立了在 $t=0^+$ 时的起始状态。②在 $t>0$ 时，$\delta(t)$ 为零，此时电路的响应便是电路在 $t=0^+$ 时建立的起始状态所引起的零输入响应。现在需要求出在 $\delta(t)$ 作用下，从 $t=0^-$ 到 0^+ 时间区间内所引起的响应和所建立的起始状态。下面先用一个一阶电路例子说明分析冲激响应的方法。

图 9-3-1 表示一 RC 并联接至冲激电流源的电路。需要求电容电压 u_C 和电流 i_C 的冲激响应。

由 KCL，有

$$i_C+i_R=\delta(t) \tag{9-3-1}$$

即

$$C\frac{\mathrm{d}u_C}{\mathrm{d}t}+\frac{u_C}{R}=\delta(t) \tag{9-3-2}$$

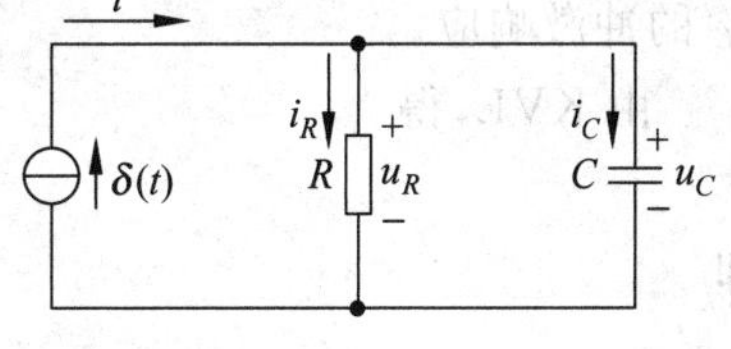

图 9-3-1 *RC* 电路冲激响应示例

当 t 在 0^- 到 0^+ 即冲激电流作用期间，由式(9-3-1)可知，冲激电流都流过电容，即 $i_C=\delta(t)$，而 i_R 不可能含冲激电流。这是因为，如果 i_R 中含冲激电流，则 $u_R(u_R=Ri_R)$ 和 $u_C(u_C=u_R)$ 也都含冲激函数，而 $i_C=C\dfrac{\mathrm{d}u_C}{\mathrm{d}t}$ 中将含有冲激函数的一阶导数，这样式(9-3-2)就不能成立，即不满足 KCL。当 $i_C=\delta(t)$ 时，u_C 将有跃变（但为有限值），可求得

$$u_C(0^+)=u_C(0^-)+\frac{1}{C}\int_{0^-}^{0^+}i_C\mathrm{d}t=0+\frac{1}{C}\int_{0^-}^{0^+}\delta(t)\mathrm{d}t=\frac{1}{C}$$

因此，在 $t=0^+$ 时建立的起始状态为 $u_C(0^+)=1/C$。再求 $t>0^+$ 时的响应，这时 $\delta(t)=0$，可视电流源为开路，电路中的响应是零输入响应，可得

$$u_C=u_C(0^+)\mathrm{e}^{-t/RC}=\frac{1}{C}\mathrm{e}^{-t/RC}$$

$$i_C = -\frac{u_C}{R} = -\frac{1}{RC}e^{-t/RC}$$

综合上述结果，可得这一电路的冲激响应为

$$u_C = \frac{1}{C}e^{-t/RC}\varepsilon(t) \tag{9-3-3}$$

$$i_C = \delta(t) - \frac{1}{RC}e^{-t/RC}\varepsilon(t) \tag{9-3-4}$$

u_C，i_C 的曲线如图 9-3-2 所示。

下面是另一个分析一阶电路冲激响应的例子。

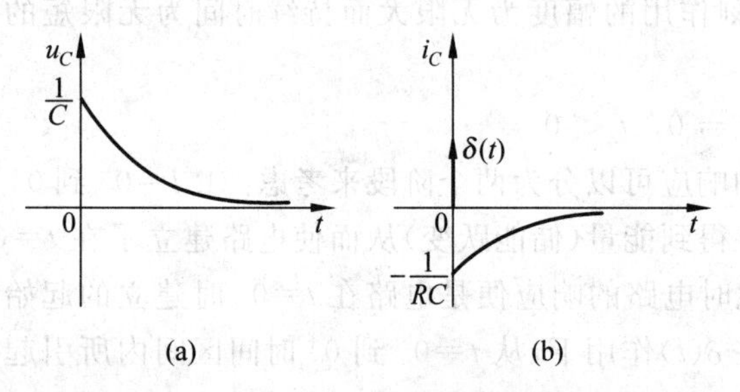

图 9-3-2　u_C，i_C 的冲激响应

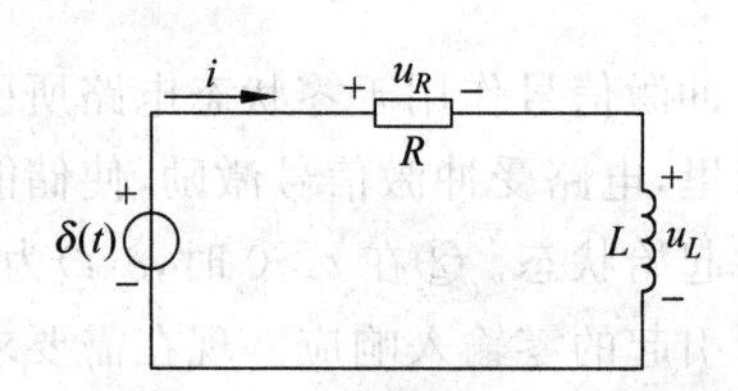

图 9-3-3　*RL* 电路冲激响应示例

图 9-3-3 表示单位冲激电压源 $\delta(t)$ 作用于一 *RL* 串联电路，现在求电感电流 i 和电压 u_L 的冲激响应。

由 KVL，得

$$u_L + u_R = \delta(t) \tag{9-3-5}$$

即

$$L\frac{di}{dt} + Ri = \delta(t) \tag{9-3-6}$$

当 $t=0^-$ 到 0^+，即冲激电压源作用的区间，由式(9-3-5)可知，冲激电压都加在电感电压上，即 $u_L=\delta(t)$，而 u_R 中不含冲激电压。因为若 u_R 中含冲激电压，则 $i(i=u_R/R)$ 也将含有冲激电流，则 $u_L=L\frac{di}{dt}$ 将含有冲激函数的一阶导数，式(9-3-6)就将不成立，即不能满足 KVL。由此可得电流 i 在 $t=0^+$ 时的值为

$$i(0^+) = i(0^-) + \frac{1}{L}\int_{0^-}^{0^+} u_L dt = 0 + \frac{1}{L}\int_{0^-}^{0^+} \delta(t)dt = \frac{1}{L}$$

当 $t>0^+$ 时，由于 $\delta(t)=0$，可以将电压源视为短路，这时的响应便是零输入响应，可得

$$i = \frac{1}{L}e^{-Rt/L}$$

$$u_L = -Ri = -\frac{R}{L}e^{-Rt/L}$$

综合上述结果，可得 *RL* 串联电路的冲激响应

$$i = \frac{1}{L}e^{-Rt/L}\varepsilon(t) \tag{9-3-7}$$

$$u_L = \delta(t) - \frac{R}{L}e^{-Rt/L}\varepsilon(t) \tag{9-3-8}$$

i,u_L 变化曲线如图 9-3-4 所示。

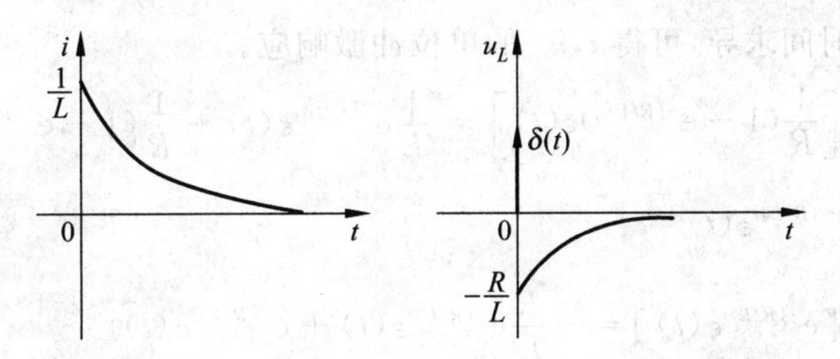

图 9-3-4 i,u_L 的冲激响应

一个线性非时变电路的冲激响应 $h(t)$和阶跃响应 $s(t)$之间有如下的重要关系：

$$h(t) = \frac{\mathrm{d}}{\mathrm{d}t}s(t) \tag{9-3-9}$$

或

$$s(t) = \int_{0^-}^{t} h(\tau)\mathrm{d}\tau \tag{9-3-10}$$

这可以证明如下：在 9.1 节中已指出单位冲激函数 $\delta(t)$可用两个阶跃函数合成后取极限来表示(见图 9-3-5),即

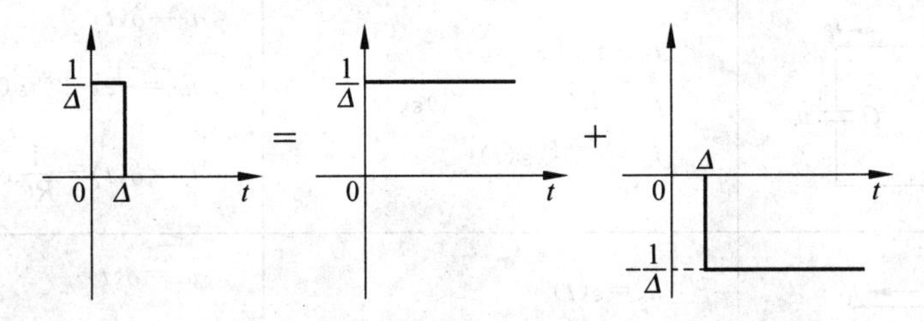

图 9-3-5 单位脉冲的合成

$$\delta(t) = \lim_{\Delta\to 0}\frac{1}{\Delta}[\varepsilon(t) - \varepsilon(t-\Delta)] = \frac{\mathrm{d}}{\mathrm{d}t}\varepsilon(t)$$

即单位冲激函数 $\delta(t)$等于单位阶跃函数的导数。单位冲激响应便可由 $\varepsilon(t)/\Delta$ 所产生的响应 $s(t)/\Delta$ 与 $\varepsilon(t-\Delta)/\Delta$ 所产生的响应 $s(t-\Delta)/\Delta$ 的和,取 $\Delta\to 0$ 时的极限得到,于是有

$$h(t) = \lim_{\Delta\to 0}\frac{1}{\Delta}[s(t) - s(t-\Delta)] = \frac{\mathrm{d}}{\mathrm{d}t}s(t)$$

这就证明了冲激响应等于阶跃响应的导数。反之,阶跃响应就等于冲激响应的由 0^- 到 t 的积分。

利用线性非时变电路这一重要性质，也可用阶跃响应求导的方法来间接求冲激响应。对图 9-3-3 所示的 RL 串联电路，容易求出该电路的单位阶跃响应为

$$i = \frac{1}{R}(1 - e^{-(R/L)t})\varepsilon(t)$$

$$u_L = e^{-(R/L)t}\varepsilon(t)$$

将以上阶跃响应对时间求导，可得 i, u_L 的单位冲激响应。

$$\begin{aligned} i &= \frac{d}{dt}\left[\frac{1}{R}(1 - e^{-(R/L)t})\varepsilon(t)\right] = \frac{1}{L}e^{-(R/L)t}\varepsilon(t) + \frac{1}{R}(1 - e^{-(R/L)t})\delta(t) \\ &= \frac{1}{L}e^{-(R/L)t}\varepsilon(t) \end{aligned}$$

$$\begin{aligned} u_L &= \frac{d}{dt}\left[e^{-(R/L)t}\varepsilon(t)\right] = -\frac{R}{L}e^{-(R/L)t}\varepsilon(t) + e^{-(R/L)t}\delta(t) \\ &= -\frac{R}{L}e^{-(R/L)t}\varepsilon(t) + \delta(t) \end{aligned}$$

上两式与式(9-3-7)、式(9-3-8)中所得结果相同。需要注意的是，若要通过阶跃响应的导数来求冲激响应，则阶跃响应的表达式应写成含有 $\varepsilon(t)$ 的形式，如上例中 $u_L = e^{-(R/L)t}\varepsilon(t)$。如果写成 $u_L = e^{-(R/L)t}$，则冲激响应中应有的 $\delta(t)$ 项将被遗漏。

表 9-3-1 中列出了几个常见的简单一阶电路的阶跃响应和冲激响应。

表 9-3-1 若干一阶电路的阶跃响应和冲激响应

电　路	阶跃响应	冲激响应
i_S、R、C、i_C、u_C	$i_S = \varepsilon(t)$ $u_C = R(1 - e^{-t/RC})\varepsilon(t)$ $i_C = e^{-t/RC}\varepsilon(t)$	$i_S = \delta(t)$ $u_C = \frac{1}{C}e^{-t/RC}\varepsilon(t)$ $i_C = \delta(t) - \frac{1}{RC}e^{-t/RC}\varepsilon(t)$
u_S、R、C、i_C、u_C	$u_S = \varepsilon(t)$ $u_C = (1 - e^{-t/RC})\varepsilon(t)$ $i_C = \frac{1}{R}e^{-t/RC}\varepsilon(t)$	$u_S = \delta(t)$ $u_C = \frac{1}{RC}e^{-t/RC}\varepsilon(t)$ $i_C = \frac{1}{R}\delta(t) - \frac{1}{R^2 C}e^{-t/RC}\varepsilon(t)$
i_S、R、L、i_L、u_L	$i_S = \varepsilon(t)$ $u_L = R\,e^{-(R/L)t}\varepsilon(t)$ $i_L = (1 - e^{-(R/L)t})\varepsilon(t)$	$i_S = \delta(t)$ $u_L = R\delta(t) - \frac{R}{L}e^{-(R/L)t}\varepsilon(t)$ $i_L = \frac{R}{L}e^{-(R/L)t}\varepsilon(t)$

续表

电　　路	阶跃响应	冲激响应
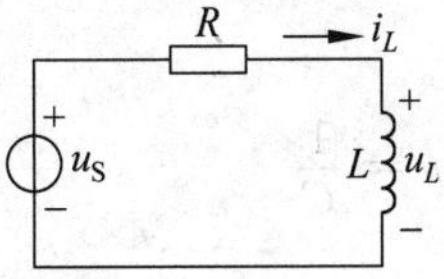 RL 串联电路（u_S, R, L, i_L, u_L）	$u_S=\varepsilon(t)$ $u_L=e^{-(R/L)t}\varepsilon(t)$ $i_C=\frac{1}{R}(1-e^{-(R/L)t})\varepsilon(t)$	$u_S=\delta(t)$ $u_L=R\delta(t)-\frac{R}{L}e^{-(R/L)t}\varepsilon(t)$ $i_L=\frac{1}{L}e^{-(R/L)t}\varepsilon(t)$

二阶电路的冲激响应分析与一阶电路类似。现以 RLC 并联电路为例讨论二阶电路的冲激响应。图 9-3-6 的电路中输入 i_S 为单位冲激电流源，设电感电流是待求的冲激响应。

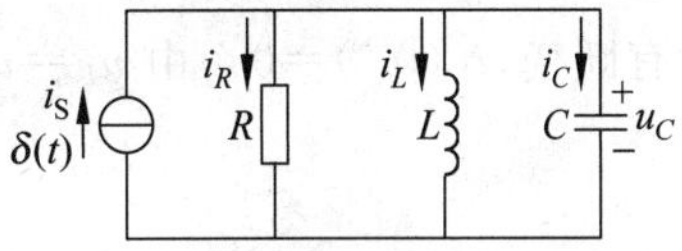

图 9-3-6　单位冲激作用下的 *RLC* 并联电路

该电路中 i_L 满足微分方程

$$\frac{d^2 i_L}{dt^2}+\frac{1}{RC}\frac{di_L}{dt}+\frac{1}{LC}i_L=\frac{1}{LC}\delta(t) \quad (9\text{-}3\text{-}11)$$

写成标准形式为

$$\frac{d^2 i_L}{dt^2}+2\alpha\frac{di_L}{dt}+\omega_0^2 i_L=\omega_0^2\delta(t) \quad (9\text{-}3\text{-}12)$$

式中

$$\alpha=\frac{1}{2RC},\quad \omega_0=\frac{1}{\sqrt{LC}}$$

与分析一阶电路的冲激响应时的作法一样，把电路中发生的过程分为两个阶段：由 $t=0^-$ 至 $t=0^+$ 和 $t>0^+$。下面分别研究每一阶段电路中的响应。

$t=0^-$ 到 0^+ 的期间，由于电流源的作用，使储能元件获得能量。分析这时电路中的过程，便可求出相应的 $u_C(0^+)$ 和 $i_L(0^+)$。由 KCL 有

$$i_L+i_R+i_C=\delta(t) \quad (9\text{-}3\text{-}13)$$

以 u_C 表示上式中各电流，便有

$$i_L=\frac{1}{L}\int u_C dt$$

$$i_R=\frac{u_C}{R}$$

$$i_C=C\frac{du_C}{dt}$$

将以上关系代入式(9-3-13)，得

$$\frac{1}{L}\int u_C dt+\frac{u_C}{R}+C\frac{du_C}{dt}=\delta(t)$$

上式左边的三项中，只有 $C\frac{du_C}{dt}$ 项可以是 $\delta(t)$，其他两项不可能是 $\delta(t)$，否则上式左边便含

有 $\delta(t)$ 的导数项,不可能与右端项 $\delta(t)$ 相等,所以有

$$i_C = C\frac{\mathrm{d}u_C}{\mathrm{d}t} = \delta(t)$$

于是有

$$u_C(0^+) = u_C(0^-) + \frac{1}{C}\int_{0^-}^{0^+} i_C \mathrm{d}t = 0 + \frac{1}{C}\int_{0^-}^{0^+} \delta(t)\mathrm{d}t = \frac{1}{C}$$

$$i_L(0^+) = i_L(0^-) + \frac{1}{L}\int_{0^-}^{0^+} u_C \mathrm{d}t = 0$$

以上两式表明冲激电流源的作用使电容电压在 $t=0^+$ 时跃变为 $u_C(0^+)=1/C$,而电感电流没有跃变,$i_L(0^+)=0$。由 $u_L=u_C=L\frac{\mathrm{d}i_L}{\mathrm{d}t}$ 可知

$$\left.\frac{\mathrm{d}i_L}{\mathrm{d}t}\right|_{t=0^+} = \frac{u_C(0^+)}{L} = \frac{1}{LC}$$

当 $t\geqslant 0^+$,这时电源电流为零,电路中的过程就是在起始条件 $u_C(0^+)=1/C$ 与 $i_L(0^+)=0$ 下的零输入响应。由式(9-3-10)可得电路的特征方程为

$$p^2 + 2\alpha p + \omega_0^2 = 0 \tag{9-3-14}$$

其特征根如式(7-2-4)中所示,可能有四种情况。现仅讨论过阻尼和欠阻尼两种情况。

若 $\alpha>\omega_0>0$,即在过阻尼情况下,有

$$i_L = A_1 \mathrm{e}^{p_1 t} + A_2 \mathrm{e}^{p_2 t}$$

由 $i_L(0^+)=A_1+A_2=0$ 和 $\left.\frac{\mathrm{d}i_L}{\mathrm{d}t}\right|_{t=0^+}=p_1A_1+p_2A_2=\frac{1}{LC}$ 可解得

$$A_1 = \frac{1}{LC(p_1-p_2)},\quad A_2 = -\frac{1}{LC(p_1-p_2)}$$

于是得电感电流,即欲求的冲激响应为

$$i_L = \frac{1}{LC(p_1-p_2)}(\mathrm{e}^{p_1 t} - \mathrm{e}^{p_2 t})$$

若 $0<\alpha<\omega_0$,即在欠阻尼情况下,有

$$i_L = k\mathrm{e}^{-\alpha t}\sin(\omega_\mathrm{d} t + \theta)$$

由 $i_L(0^+)=k\sin\theta=0$ 和 $\left.\frac{\mathrm{d}i_L}{\mathrm{d}t}\right|_{t=0^+}=k(\omega_\mathrm{d}\cos\theta-\alpha\sin\theta)=\frac{1}{LC}$ 可解得

$$\theta = 0^\circ,\quad k = \frac{1}{LC\omega_\mathrm{d}}$$

于是得电感电流 i_L,即所求的冲激响应为

$$i_L = \frac{1}{LC\omega_\mathrm{d}}\mathrm{e}^{-\alpha t}\sin\omega_\mathrm{d} t$$

9.4 电路在任意激励作用下的零状态响应——卷积积分

本节研究在任意波形的激励作用下电路的零状态响应。对于线性非时变电路，当已知电路的冲激响应 $h(t)$时，可通过激励 $e(t)$和冲激响应 $h(t)$作卷积积分求得电路的零状态响应。

假设给定一电路，有一激励 $e(t)$，并知此电路的冲激响应为 $h(t)$，它们的波形分别如图 9-4-1 和图 9-4-2 所示。可设想把 $e(t)$的波形近似地看成相继不断出现的一系列 n 个宽度为 Δt，高度为 $e(k\Delta t)$的依次延迟 Δt 时间的矩形脉冲序列的合成，如图 9-4-3(a)所示。

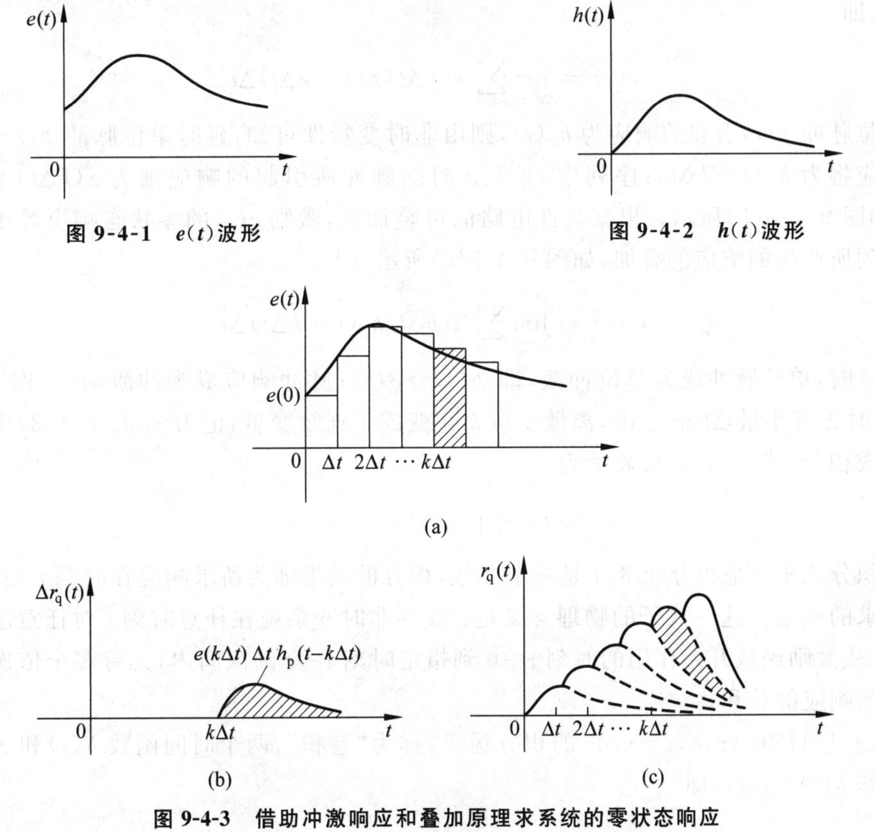

图 9-4-1 $e(t)$波形

图 9-4-2 $h(t)$波形

图 9-4-3 借助冲激响应和叠加原理求系统的零状态响应

(a) 将 $e(t)$ 分为一系列矩形脉冲；(b) 在 $k\Delta t$ 时出现的矩形脉冲产生的响应 $\Delta r_q(t)$；

(c) 将各矩形脉冲产生的响应叠加求得 $r_q(t)$

其中 $t=k\Delta t$ 时的矩形脉冲(图 9-4-3(a)中阴影部分)可表示为 $e(k\Delta t)[\varepsilon(t-k\Delta t)-\varepsilon(t-(k+1)\Delta t)]$。若以 $p(t)$代表单位脉冲函数(面积为 1)，$p(t-k\Delta t)$代表单位延迟脉冲，则 $t=k\Delta t$ 时的脉冲又可表示为

$$e(k\Delta t)[\varepsilon(t-k\Delta t)-\varepsilon(t-(k+1)\Delta t)]=e(k\Delta t)\frac{\varepsilon(t-k\Delta t)-\varepsilon(t-(k+1)\Delta t)}{\Delta t}\Delta t$$
$$=e(k\Delta t)p(t-k\Delta t)\Delta t$$

上式中 $p(t-k\Delta t)=\frac{\varepsilon(t-k\Delta t)-\varepsilon(t-(k+1)\Delta t)}{\Delta t}$,$e(k\Delta t)\Delta t$ 为矩形脉冲的面积,即脉冲强度。于是激励 $e(t)$可表示为

$$e(t)\approx e(0)\Delta tp(t)+e(\Delta t)\Delta tp(t-\Delta t)+e(2\Delta t)\Delta tp(t-2\Delta t)+\cdots$$
$$=\sum_{k=0}^{n}e(k\Delta t)p(t-k\Delta t)\Delta t \tag{9-4-1}$$

显然,Δt 愈小,上式脉冲序列之和愈接近 $e(t)$,当 $\Delta t\to 0,n\to\infty$时脉冲序列之和的极限就等于 $e(t)$,即

$$e(t)=\lim_{\Delta t\to 0}\sum_{k=0}^{n}e(k\Delta t)p(t-k\Delta t)\Delta t \tag{9-4-2}$$

若由单位脉冲 $p(t)$引起的响应为 $h_p(t)$,则由非时变特性可知,延时单位脉冲 $p(t-k\Delta t)$引起的响应将为 $h_p(t-k\Delta t)$;序列中 $t=k\Delta t$ 时的脉冲所引起的响应则为 $e(k\Delta t)\Delta th_p(t-k\Delta t)$,如图 9-4-3(b)所示。根据线性电路的可叠加性,激励 $e(t)$的零状态响应等于前述的脉冲序列所产生的响应的叠加,如图 9-4-3(c)所示,即

$$r_q(t)=\lim_{\Delta t\to 0}\sum_{k=0}^{n}e(k\Delta t)h_p(t-k\Delta t)\Delta t \tag{9-4-3}$$

当 $\Delta t\to 0$ 时,单位脉冲成为单位冲激,即 $p(t)\to\delta(t)$;脉冲响应成为冲激响应,即 $h_p(t)\to h(t)$;此时无穷小量 Δt 记为 $d\tau$,离散变量 $k\Delta t$ 变成了连续变量,记为 τ,式(9-4-3)中对各项取和变成积分,式(9-4-3)可表示为

$$r_q(t)=\int_0^t e(\tau)h(t-\tau)d\tau \tag{9-4-4}$$

上面的积分式中 τ 是积分变量,t 是一个参数,积分的结果即为所求响应在时刻 t 的值,也就是所需求的响应。这一式子的物理含义是:线性非时变系统在任意时刻 t 对任意激励的响应,等于从激励函数开始作用的时刻 $\tau=0$ 到指定时刻 $\tau=t$ 的区间内,无穷多个依次连续出现的冲激响应的总和。

式(9-4-4)中 $e(\tau)h(t-\tau)d\tau$ 的积分运算,称为"卷积",两个时间函数 $h(t)$和 $e(t)$的卷积简记作 $h(t)*e(t)$,即

$$h(t)*e(t)=\int_0^t h(t-\tau)e(\tau)d\tau$$

现在就下面例子中 $h(t)$,$e(t)$的图像对卷积的含义加以说明。

设有一冲激响应 $h(t)=\varepsilon(t)$,激励 $e(t)=t\varepsilon(t)$,它们的波形分别示于图 9-4-4 和图 9-4-5 中,现求它们的卷积。

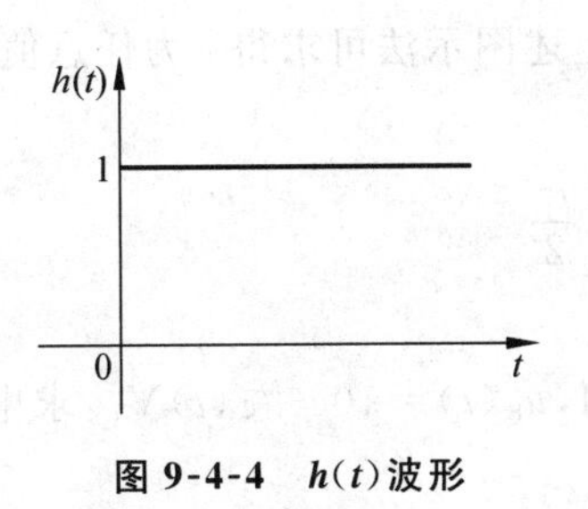

图 9-4-4 $h(t)$波形

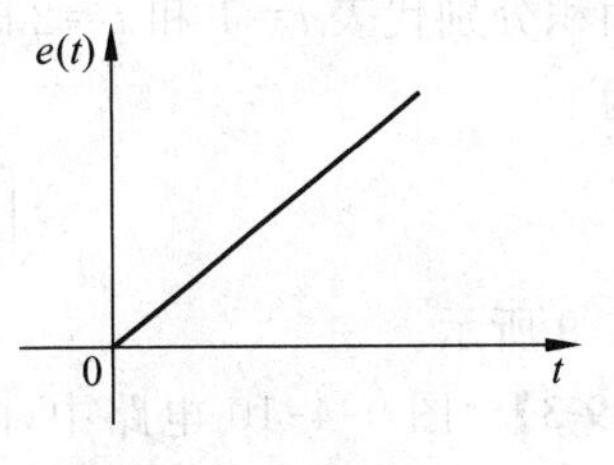

图 9-4-5 $e(t)$波形

卷积式中的$e(\tau)$画在图 9-4-6(a)中，这波形与$e(t)$相同只是变量换以τ，卷积积分式中的另一函数$h(t-\tau)$也是τ的函数，式中的t可以看作是一参数，当t取不同数值时，就得到不同的$h(t-\tau)$函数。当$t=0$，$h(t-\tau)=h(-\tau)$，$h(-\tau)$的波形示于图 9-4-6(b)中，它就相当于$h(\tau)$对于纵轴的镜像；当$t=1$和$t=2$时，将$h(-\tau)$的波形向右移动一距离$t=1$和2就得到$h(t-\tau)$的波形分别如图 9-4-7(b)和图 9-4-8(b)所示。图 9-4-6 到图 9-4-8(c)中分别画出了当$t=0$，1，2 时$e(\tau)h(t-\tau)$的波形。因此，当卷积的上限t确定后，卷积积分的结果也就是$e(\tau)h(t-\tau)$对变量τ的积分，图9-4-7(c)和图9-4-8(c)中曲线$e(\tau)h(t-\tau)$下

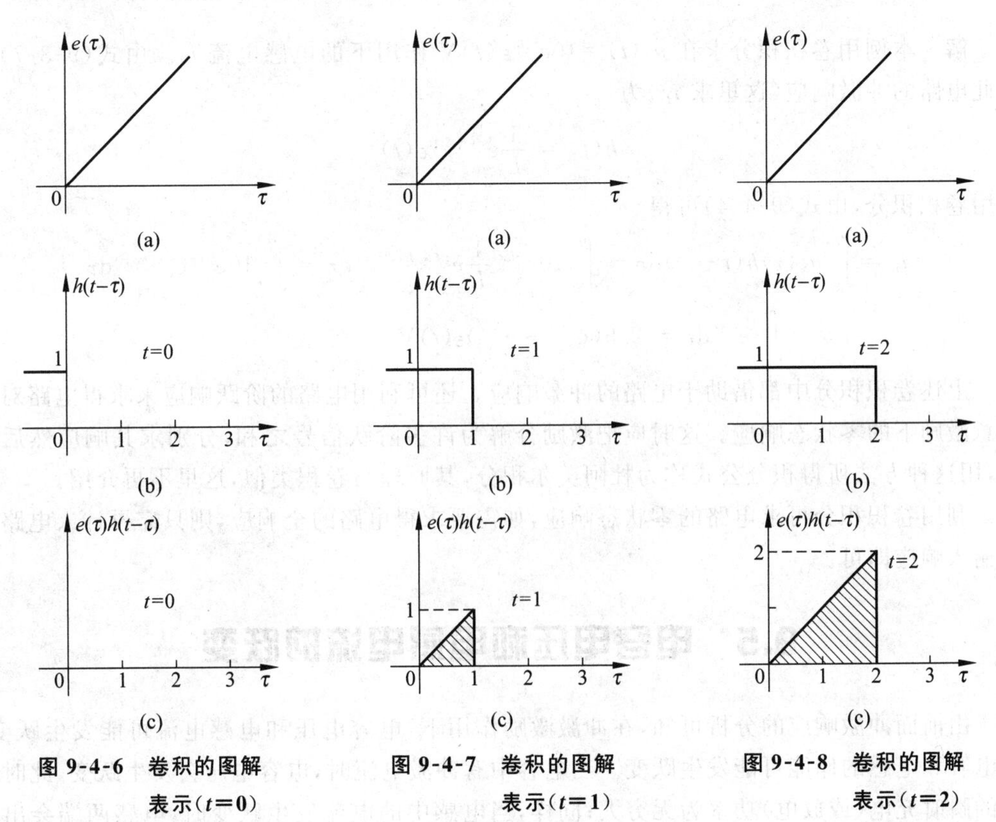

图 9-4-6 卷积的图解表示($t=0$)　图 9-4-7 卷积的图解表示($t=1$)　图 9-4-8 卷积的图解表示($t=2$)

的阴影面积分别代表 $t=1$ 和 $t=2$ 时卷积的结果。按上述图示法可求得 t 为任意值的卷积，其结果为

$$\int_0^t e(\tau)h(t-\tau)\mathrm{d}\tau = \frac{t^2}{2}$$

如图 9-4-9 所示。

【例 9-3】 图 9-4-10 电路中，已知 $R=2\Omega, L=1\mathrm{H}, u_S(t)=10\mathrm{e}^{-6t}\varepsilon(t)\mathrm{V}$。求电感电流 $i_L(t)$。设 $i_L(0^-)=0$。

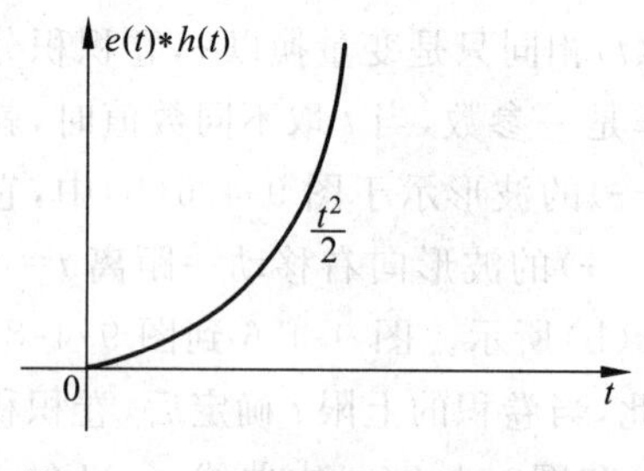

图 9-4-9 例 9-3 中的卷积结果图示

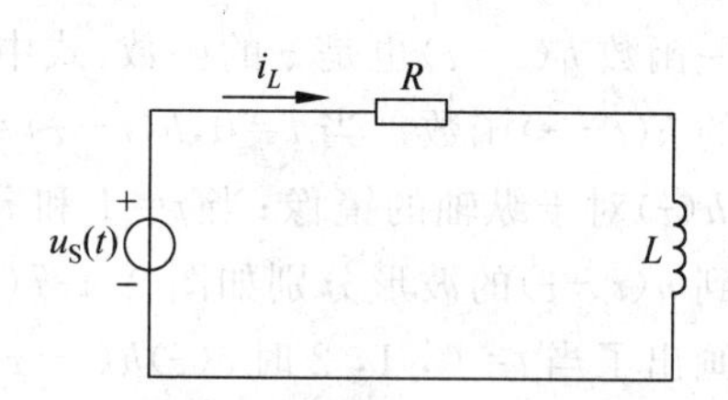

图 9-4-10 例 9-3 附图

解 本例用卷积积分求在 $u_S(t)=10\mathrm{e}^{-6t}\varepsilon(t)\mathrm{V}$ 作用下的电感电流 i_L。由式(9-3-7)已知此电路的冲激响应(这里求 i_L)为

$$h(t) = \frac{1}{L}\mathrm{e}^{-(R/L)t}\varepsilon(t)$$

利用卷积积分，由式(9-4-4)可得

$$i_L = \int_0^t u_S(\tau)h(t-\tau)\mathrm{d}\tau = \int_0^t 10\mathrm{e}^{-6\tau}\frac{1}{L}\mathrm{e}^{-(R/L)(t-\tau)}\mathrm{d}\tau = \int_0^t 10\mathrm{e}^{-6\tau}\mathrm{e}^{-2(t-\tau)}\mathrm{d}\tau$$

$$= 10\mathrm{e}^{-2t}\int_0^t \mathrm{e}^{-4\tau}\mathrm{d}\tau = 2.5(\mathrm{e}^{-2t}-\mathrm{e}^{-6t})\varepsilon(t)\mathrm{V}$$

上述卷积积分中都借助于电路的冲激响应。还可利用电路的阶跃响应来求得电路对于任意激励下的零状态响应。这时应把激励分解为许多阶跃信号之和，分别求其响应然后叠加，用这种方法所得积分公式称为杜阿美尔积分，其原理与卷积类似，这里不再介绍。

利用卷积积分可求电路的零状态响应，如需要求得电路的全响应，则只需再计入电路的零输入响应即可。

9.5 电容电压和电感电流的跃变

由前面冲激响应的分析可知，在冲激激励作用下，电容电压和电感电流可能发生跃变，即电容和电感的储能可能发生跃变。当电容中有冲激电流时，电容电压会发生跃变，此时电容的瞬时充电(或放电)功率为无穷大；同样，当电感中的电流发生跃变时，电感两端会出现冲激电压，此时电感的瞬时充电(或放电)功率为无穷大。在这样的情况下，换路定则不再

成立。

现在的问题是，电路在有限的激励(电压源、电流源)作用下，电容电压或电感电流是否也存在跃变的情况呢？答案是肯定的。请看下面的两个简单的例子。图 9-5-1(a)所示电路是将理想电压源 U_S 瞬间加在纯电容 C 两端，根据 KVL，换路后电容电压应与电压源电压相等。若换路前电容无储能，即 $u_C(0^-)=0$，则电容电压可以表示为

$$u_C(t)=U_S\varepsilon(t) \tag{9-5-1}$$

由电容的元件特性可以得到电容中电流为

$$i_C(t)=C\frac{\mathrm{d}u_C}{\mathrm{d}t}=CU_S\delta(t) \tag{9-5-2}$$

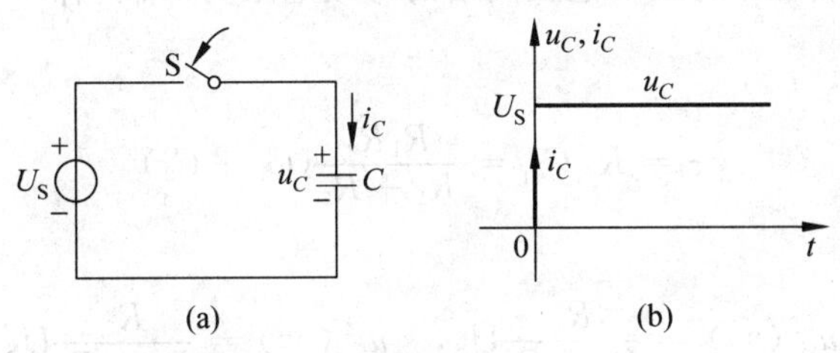

图 9-5-1　电容电压的跃变

(a) 一电容接至理想电压源的电路；(b) u_C，i_C的波形

图 9-5-2(a)是在 $t=0$ 时断开开关 S 而将理想电流源 I_S 瞬间加入电感 L 中，这时电感电流 i_L 在换路瞬间由零跃变为 I_S，则电感电流和电压分别为

$$i_L(t)=I_S\varepsilon(t) \tag{9-5-3}$$

$$u_L(t)=L\frac{\mathrm{d}i_L}{\mathrm{d}t}=LI_S\delta(t) \tag{9-5-4}$$

电感电流和电压的波形如图 9-5-2(b)所示。

下面以图 9-5-3 所示电路来说明电容电压可能发生跃变的一般情况。设该电路 $t=0$ 时发生换路，换路前电容无初始储能。换路后两电容电压和电压源电压之间首先应满足 KVL，所以有

$$u_{C_1}(0^+)+u_{C_2}(0^+)=U_S \tag{9-5-5}$$

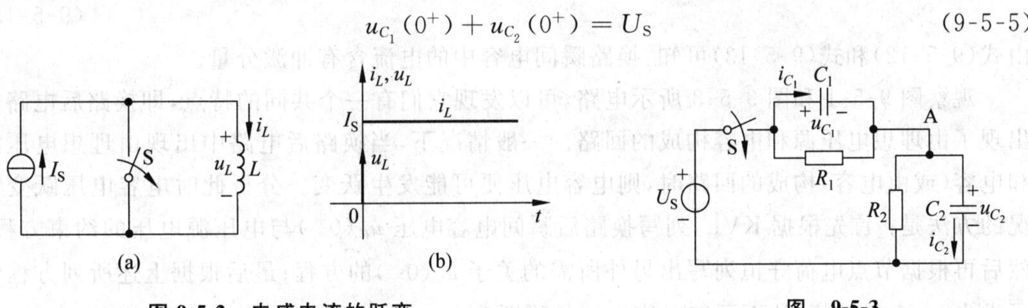

图 9-5-2　电感电流的跃变

(a) 一电感接至理想电流源的电路；(b) i_L，u_L 的波形

图　9-5-3

同时,根据电路判断,换路前、后瞬间节点 A 应满足电荷守恒,即

$$-C_1u_{C_1}(0^+)+C_2u_{C_2}(0^+)=-C_1u_{C_1}(0^-)+C_2u_{C_2}(0^-)=0 \tag{9-5-6}$$

由式(9-5-5)和式(9-5-6)可以求出 $u_{C_1}(0^+)$ 和 $u_{C_2}(0^+)$ 为

$$u_{C_1}(0^+)=\frac{C_2}{C_1+C_2}U_S,\quad u_{C_2}(0^+)=\frac{C_1}{C_1+C_2}U_S \tag{9-5-7}$$

由式(9-5-7)可知,换路后电容电压发生了跃变。因电路的时间常数与激励无关,所以判断电路的阶数时可将独立源置零。本例中激励为电压源,将其置零即相当于该支路短路。此时可以看出电路 C_1、C_2 关联,可将其合并等效为一个电容 $C_{eq}=C_1+C_2$,所以该电路为一阶电路。从等效电容两端看λ的余下电阻网络的等效电阻为 $R_{eq}=\frac{R_1R_2}{R_1+R_2}$。由此可得该电路的时间常数为

$$\tau=R_{eq}C_{eq}=\frac{R_1R_2}{R_1+R_2}(C_1+C_2) \tag{9-5-8}$$

换路后达稳态时,有

$$u_{C_1}(\infty)=\frac{R_1}{R_1+R_2}U_S,\quad u_{C_2}(\infty)=\frac{R_2}{R_1+R_2}U_S \tag{9-5-9}$$

由三要素法,可得到换路后电容电压分别为

$$u_{C_1}(t)=\left[\frac{R_1}{R_1+R_2}U_S+\left(\frac{C_2}{C_1+C_2}-\frac{R_1}{R_1+R_2}\right)U_Se^{-\frac{t}{\tau}}\right]\varepsilon(t) \tag{9-5-10}$$

$$u_{C_2}(t)=\left[\frac{R_2}{R_1+R_2}U_S+\left(\frac{C_1}{C_1+C_2}-\frac{R_2}{R_1+R_2}\right)U_Se^{-\frac{t}{\tau}}\right]\varepsilon(t) \tag{9-5-11}$$

根据电容元件特性及式(9-5-10)、式(9-5-11)可以求得电流 i_{C_1} 和 i_{C_2} 为

$$i_{C_1}(t)=\frac{C_1C_2}{C_1+C_2}U_S\delta(t)-\left[\left(\frac{C_2}{C_1+C_2}-\frac{R_1}{R_1+R_2}\right)\frac{C_1(R_1+R_2)}{R_1R_2(C_1+C_2)}U_Se^{-\frac{t}{\tau}}\right]\varepsilon(t) \tag{9-5-12}$$

$$i_{C_2}(t)=\frac{C_1C_2}{C_1+C_2}U_S\delta(t)-\left[\left(\frac{C_1}{C_1+C_2}-\frac{R_2}{R_1+R_2}\right)\frac{C_2(R_1+R_2)}{R_1R_2(C_1+C_2)}U_Se^{-\frac{t}{\tau}}\right]\varepsilon(t) \tag{9-5-13}$$

由式(9-5-12)和式(9-5-13)可知,换路瞬间电容中的电流含有冲激分量。

观察图 9-5-1 和图 9-5-3 所示电路,可以发现它们有一个共同的特点,即换路后电路中出现了由理想电压源和电容构成的回路。一般情况下,当换路后电路中出现由理想电压源和电容(或由电容)构成的回路时,则电容电压便可能发生跃变。分析此时电容电压跃变情况的方法是:首先根据 KVL,列写换路后瞬间电容电压 $u_C(0^+)$ 与电压源电压的约束方程;然后再根据节点电荷守恒列写出另外所需的关于 $u_C(0^+)$ 的方程;最后根据上述所列方程便可求出 $u_C(0^+)$ 的值,从而可知电容电压是否跃变。

与电容电压跃变的情况相对应,当换路后电路中出现由理想电流源和电感构成的割集

（割集的概念在第17章介绍，在这里暂且理解为一个广义节点）时，则电感电流可能发生跃变。分析此时电感电流跃变情况的方法是：首先根据KCL，列写换路后瞬间电感电流$i_L(0^+)$与电流源电流的约束方程；然后再根据回路磁链守恒列写出另外所需的关于$i_L(0^+)$的方程；最后根据上述所列方程便可求出$i_L(0^+)$的值，从而可知电感电流是否跃变。

例如图9-5-4所示电路，当$t=0$时断开开关S，则换路后出现了由电感构成的节点A，即此时L_1与L_2串联。则该电路中电感电流将可能发生跃变。

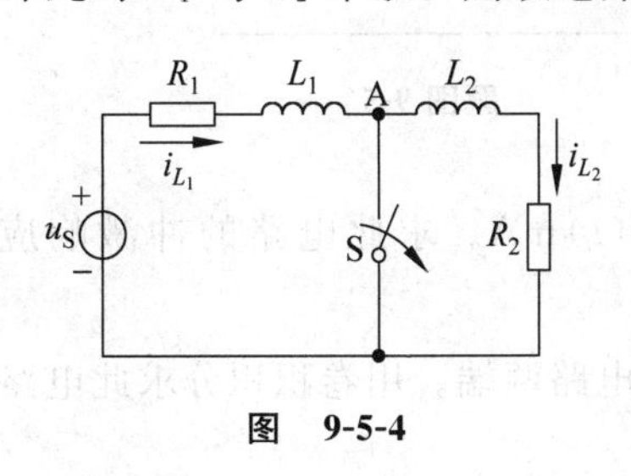

图　9-5-4

分析的方法是：首先对节点A应用KCL，有

$$i_{L_1}(0^+)=i_{L_2}(0^+) \tag{9-5-14}$$

再根据回路磁链守恒，有

$$L_1 i_{L_1}(0^+)+L_2 i_{L_2}(0^+)=L_1 i_{L_1}(0^-)+L_2 i_{L_2}(0^-) \tag{9-5-15}$$

式(9-5-14)中$i_{L_1}(0^-)$和$i_{L_2}(0^-)$可由已知条件及电路得到。联立求解式(9-5-14)和式(9-5-15)可以求出$i_{L_1}(0^+)$和$i_{L_2}(0^+)$为

$$i_{L_1}(0^+)=i_{L_2}(0^+)=\frac{1}{L_1+L_2}[L_1 i_{L_1}(0^-)+L_2 i_{L_2}(0^-)] \tag{9-5-16}$$

由上述分析可知，当电容电压跃变时，电容中会出现冲激电流。在实际应用中，这会对电容器及系统造成损害，应尽量避免。如电力系统中将补偿电容投入系统时，应采取必要的控制措施，保证系统接入点的电压与电容电压相等。类似地，当电感电流发生跃变时，会在电感两端产生高电压，同样会对电路或系统造成损害，实际应用中应尽量避免。如在电子电路中，当需断开电感时，可采用并接续流二极管来避免电感电流发生跃变。

习　题

9-1　画出下列函数的波形图。

(1) $(t-1)\varepsilon(t-1)$；

(2) $-(t-1)[\varepsilon(t)-\varepsilon(t-1)]$。

9-2　对以下积分求值($t_0>0$)：

(1) $\int_{-\infty}^{\infty} f(t-t_0)\delta(t)\mathrm{d}t$；

(2) $\int_{-\infty}^{\infty} \delta(t-2t_0)\varepsilon(t-t_0)\mathrm{d}t$。

9-3　题图9-3中含有一流控电压源，电感无初始储能(即$i_L(0)=0$)。求$i_L(t)$，并大略地画出它的波形图。

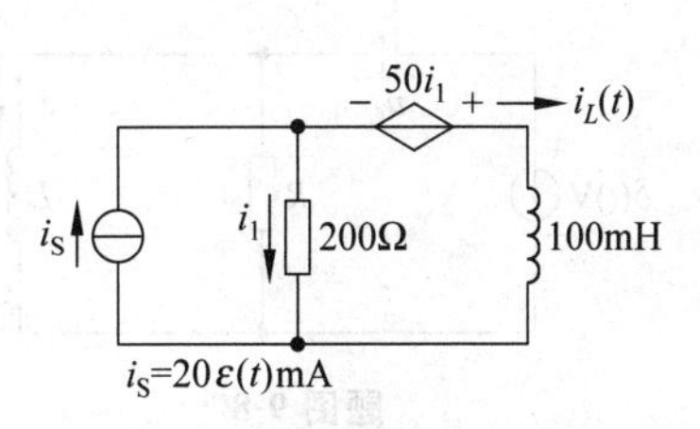

题图9-3

9-4　题图9-4所示电路中$i(0)=0$。求$i(t)$，并画出

它的波形图。

9-5　题图 9-5 电路中无初始储能,电源电压 $u_S(t)=K\delta(t)$。求 $u_C(t)$,$u_R(t)$。

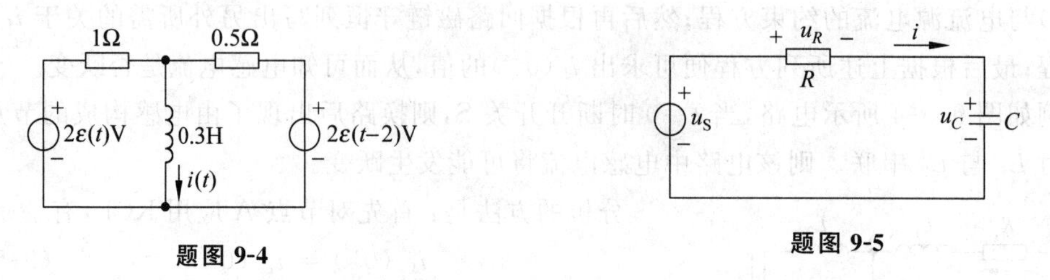

题图 9-4　　　　题图 9-5

9-6　题图 9-6 电路中无初始储能,电流源 $i_S(t)=\delta(t)$ mA。求此电路的冲激响应 $u_C(t)$。

9-7　题图 9-7(a)中所示的脉冲电压加至图(b)的 RC 电路两端。用卷积积分求此电路的零状态响应 $u_2(t)$。

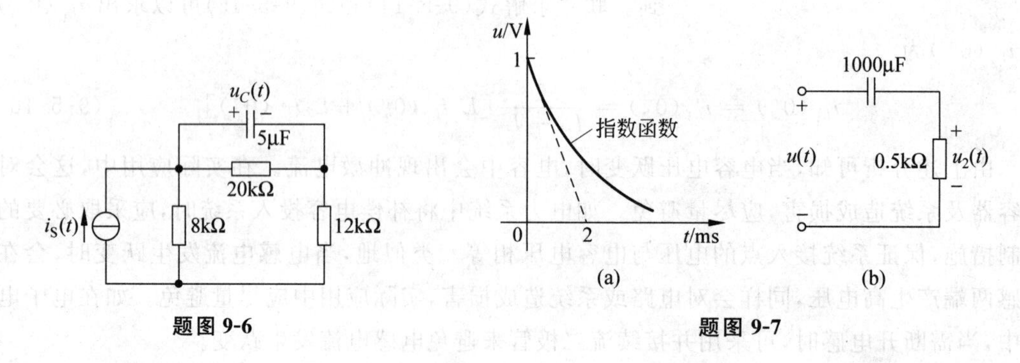

题图 9-6　　　　题图 9-7

9-8　题图 9-8 所示的电路无初始储能,已知 $R=50\Omega$,$L=\frac{4}{3}$H,$C=100\mu$F。求电路的冲激响应 $i_L(t)$,$u_C(t)$。

9-9　已知一线性电路的单位冲激响应 $h(t)$和激励 $e(t)$的波形如题图 9-9 所示。试用卷积积分求电路在 $e(t)$作用下的零状态响应 $r(t)$。

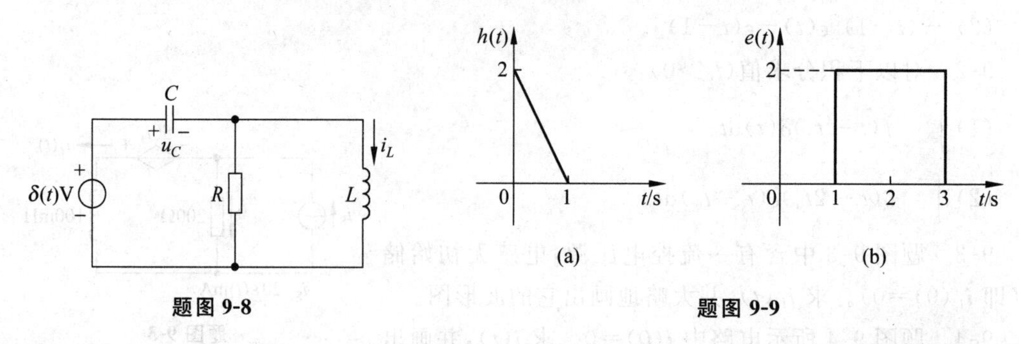

题图 9-8　　　　题图 9-9

9-10 题图 9-10 所示电路换路前已达稳态，$t=0$ 时闭合开关 S，已知 $u_{C_3}(0^-)=0$。求换路后的 u_{C_1}，u_{C_3} 和 i_{C_1}，i_{C_2}，i_{C_3}。

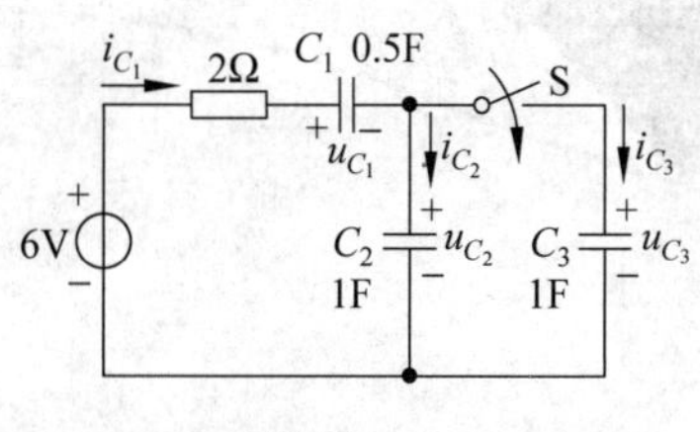

题图 9-10

9-11 电路如题图 9-11 所示。换路前电路已达稳态，$t=0$ 时打开开关 S。求换路后的 $i_{L_1}(t)$ 及 u_{L_1}，u_{L_2}。

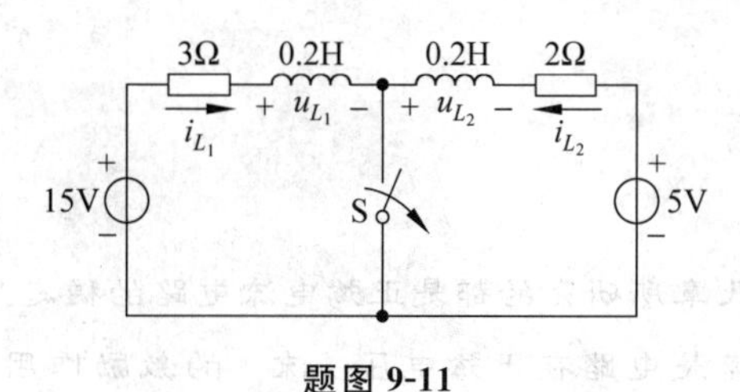

题图 9-11

第10章

正弦电流电路的稳态分析

提 要

本章和随后的几章所研究的都是正弦电流电路的稳态分析。

电路的正弦稳态是电路在正弦电压（流）的激励作用下，电路最终所达到的稳定状态。实际上，当电路中的自由响应衰减到可以不计时，便可认为电路进入了稳态。在正弦稳态下，电路中所有电流、电压都依电源的频率按正弦方式变化。

本章先介绍有关正弦量的基本概念和周期性电流有效值的定义。引入正弦电流的相量表示。给出基尔霍夫定律的相量形式，推导电路元件电压、电流间的相量表达式，引入复阻抗、复导纳，并用它们建立电路的相量模型。最后讨论正弦电流电路中的有功功率、无功功率、视在功率和复功率。

本章所研究的分析正弦电流电路的稳态的方法称为相量法。运用这一方法使得正弦电流电路的稳态分析成为与线性电阻电路的分析在形式上相同的问题。

10.1 正弦量的基本概念

随时间按正弦规律变化的电压称为正弦电压，同样地有正弦电流、正弦磁通等。这些按正弦规律变化的物理量统称为正弦量。下面以正弦电流为例，说明正弦量的一些基本概念。

设有一正弦电流 $i(t)$流过某元件，那么电流的大小随时间在变化，且电流的方向也在改变。在选定的参考方向下(图 10-1-1(a))，正弦电流可表示[①]为

$$i(t)=I_m\sin(\omega t+\psi) \quad (10\text{-}1\text{-}1)$$

图 10-1-1(b)，(c)中所示的随时间变化的曲线称为电流 $i(t)$的波形图。由波形图可看到，在不同时刻电流有不同的数值。电流在任一瞬时的值称为电流在该一时刻的瞬时值，式(10-1-1)即为瞬时值的表达式。用小写字母表示瞬时值，例如瞬时电流 $i(t)$、瞬时电压 $u(t)$。电流值有正有负，当电流值为正时，表示电流的实际方向和参考方向一致；当电流值为负时，表示电流的实际方向和参考方向相反。

正弦电流每重复变化一次所经历的时间间隔即为它的周期，用 T 表示，周期的单位为秒(s)。正弦电流每经过一个周期 T，对应的角度变化了 2π 弧度，所以

$$\omega T=2\pi \quad (10\text{-}1\text{-}2)$$

$$\omega=\frac{2\pi}{T}=2\pi f \quad (10\text{-}1\text{-}3)$$

式中 ω 为角频率，表示正弦量在单位时间内变化的角度。用弧度/秒(rad/s)作为角频率的单位；$f=1/T$ 是频率，表示单位时间内正弦量变化的循环次数，用 1/秒(1/s)作为频率的单位，称为赫[兹](Hz)。我国电力系统用的交流电的频率为 50Hz。在电子技术中，常用千赫(kHz)($1\text{kHz}=10^3\text{Hz}$)、兆赫(MHz)($1\text{MHz}=10^6\text{Hz}$)或吉赫(GHz)($1\text{GHz}=10^9\text{Hz}$)作为频率的单位。

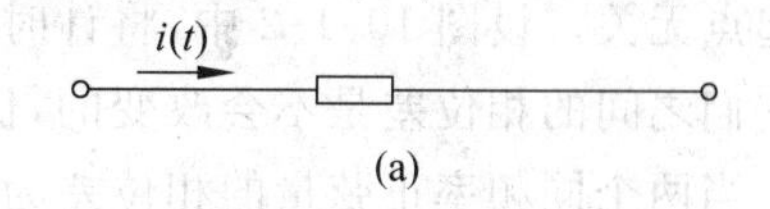

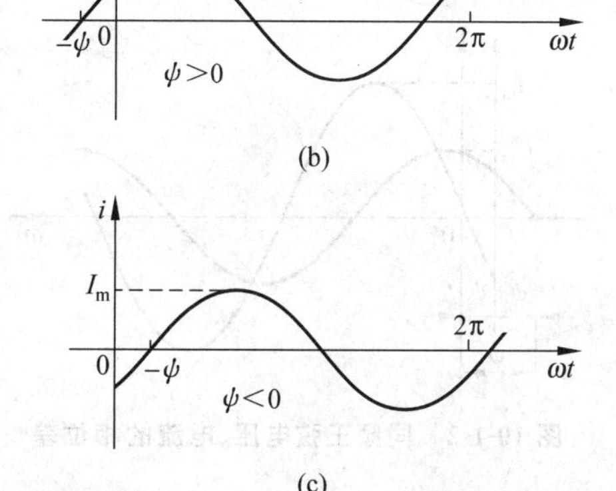

图 10-1-1 正弦电流的参考方向和波形图

(a) 电流参考方向；(b) $\psi>0$ 时 i 的波形图；(c) $\psi<0$ 时 i 的波形图

式(10-1-1)中，I_m 为正弦电流的最大值，即正弦量的振幅，如图 10-1-1(b)中所示。用大写字母加下标 m 表示正弦量的最大值，例如 I_m，U_m，Φ_m 等。$(\omega t+\psi)$为瞬时幅角，它随时间作直线变化，称为正弦量的相位。ψ 为 $t=0$ 时刻的相位，称为初相位，常用度(°)为单位表示。图 10-1-1(b)，(c)中分别示有初相位为正和负值时的正弦电流的波形

① 有些书用 $A_m\cos(\omega t+\psi)$作为正弦量的标准形式。

图,习惯上取$|\varphi|\leqslant 180°$。

本章讨论的是处于稳定工作状态的电路中的正弦电流,因此式(10-1-1)中的t是指从$-\infty$到$+\infty$的整个延续时间,$t=0$只表示计时的起始点,并不意味电流是从$t=0$才开始出现。

最大值、角频率和初相位称为正弦量的三要素。知道了这三个量就可确定一个正弦量。例如,若已知一个正弦电流$I_m=10\text{A}$,$\omega=314\text{rad/s}$,$\psi=60°$,就可以写出

$$i(t)=10\sin(314t+60°)\ \text{A}$$

设有两个同频率的正弦量$u(t)$,$i(t)$,它们的波形如图10-1-2所示,此电压$u(t)$和电流$i(t)$表达式分别为

$$u(t)=U_m\sin(\omega t+\psi_u)$$

$$i(t)=I_m\sin(\omega t+\psi_i)$$

若以φ表示电压u和电流i之间的相位差,则

$$\varphi=(\omega t+\psi_u)-(\omega t+\psi_i)=\psi_u-\psi_i \tag{10-1-4}$$

可见,频率相同的正弦电压和正弦电流的相位都是时间的函数,但由于它们的角频率相同,所以它们的相位差是一个常数,即为初相位之差。两个同频率的正弦量之间的相位差与计时起点无关。设图10-1-2中,将计时起点选为$0'$,则电压u和电流i的初相位要随之改变,但它们之间的相位差是不会改变的,仍为φ,这从图10-1-2可以明显地看出。

当两个同频率正弦量的相位差为零时,称这两个正弦量同相;当相位差为180°时,称这两个正弦量为反相;当相位差$\varphi=\psi_u-\psi_i$为正时,称电压u领先电流i,领先角度为φ,或称电流i落后电压u,落后角度为φ。

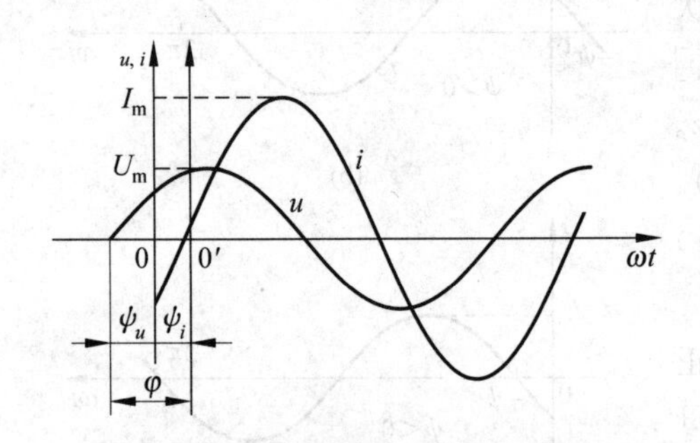

图10-1-2 同频正弦电压、电流的相位差

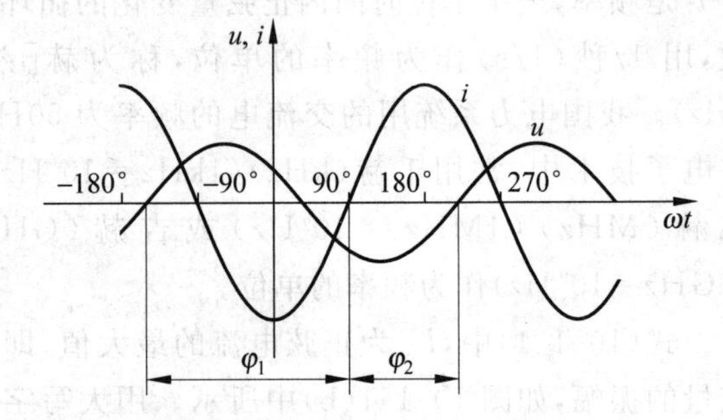

图10-1-3 例10-1附图

【例10-1】 有两个同频率的正弦电压和电流。$u(t)=5\sin(314t+150°)\ \text{V}$,$i(t)=7\sin(314t-90°)\ \text{A}$。它们的波形如图10-1-3所示。电压$u$和电流$i$的相位差为

$$\varphi_1=\psi_u-\psi_i=240°$$

上式结果表示电压u领先电流i 240°。通常用绝对值小于或等于180°的角度来表示两个同频率正弦量的相位差。对此例中的电压、电流,我们说电压u落后于电流i 120°。

10.2 周期性电流、电压的有效值

周期性电流、电压的瞬时值是随时间变化的。要完整地描述它们就需要用它的表达式或波形图。为表征它们的作功的能力并度量其“大小”，用以下定义的有效值是更为方便的。将一个周期性电流的作功能力和直流电流的作功能力相比，作出有效值定义如下：周期电流 $i(t)$ 流过电阻 R 在一个周期 T 内所作功与直流电流 I 流过电阻 R 在时间 T 内所作功相等，则称此直流电流的量值为此周期性电流的有效值。

周期性电流 $i(t)$ 流过电阻 R，在时间 T 内电流 $i(t)$ 所作的功为

$$W_1 = \int_0^T i^2(t) R \mathrm{d}t$$

直流电流 I 流过电阻 R 在时间 T 内所作的功为

$$W_2 = I^2 RT$$

当两个电流在一个周期 T 内所作功相等时，有

$$I^2 RT = \int_0^T i^2(t) R \mathrm{d}t$$

于是，得

$$I = \sqrt{\frac{1}{T}\int_0^T i^2(t)\mathrm{d}t} \tag{10-2-1}$$

上式就是周期性电流 $i(t)$ 的有效值的定义式。此式表明，周期性电流 $i(t)$ 的有效值等于它的瞬时电流 $i(t)$ 的平方在一个周期内的平均值的平方根，故又称有效值为方均根值。

对于其他周期性的量，可以同样给出其有效值的定义。例如，周期性电压 $u(t)$ 的有效值定义为

$$U = \sqrt{\frac{1}{T}\int_0^T u^2(t)\mathrm{d}t}$$

依惯例采用大写字母表示正弦量的有效值，例如用 U 表示正弦电压的有效值。

下面导出正弦电流 i 的最大值 I_m 和有效值 I 之间的关系。以正弦电流 $i(t) = I_\mathrm{m}\sin(\omega t + \psi)$ 代入式(10-2-1)，得

$$\begin{aligned} I &= \sqrt{\frac{1}{T}\int_0^T I_\mathrm{m}^2 \sin^2(\omega t + \psi)\mathrm{d}t} = \sqrt{\frac{1}{T}\int_0^T \frac{1}{2} I_\mathrm{m}^2 [1 - \cos 2(\omega t + \psi)]\mathrm{d}t} \\ &= \frac{I_\mathrm{m}}{\sqrt{2}} \approx 0.707 I_\mathrm{m} \end{aligned} \tag{10-2-2}$$

同理可得

$$U = U_\mathrm{m}/\sqrt{2}$$

由上可见，正弦量的最大值与有效值之比为$\sqrt{2}$。

引入了有效值概念以后，正弦电压 u 和正弦电流 i 的一般表达式又可写作

$$u(t)=\sqrt{2}U\sin(\omega t+\psi_u)$$

$$i(t)=\sqrt{2}I\sin(\omega t+\psi_i)$$

一般电器设备铭牌上所标明的额定电压和电流值都是指有效值，但是电气设备的绝缘水平——耐压，则是按最大值考虑。大多数交流电压表和交流电流表都是量测有效值的，其表盘上刻度也都是正弦电流(压)的有效值。

10.3 正弦电压(流)激励下电路的稳态响应

在 7.4 节中以 RL 串联电路为例讨论了该电路在正弦激励下的零状态响应。电路中电流 $i(t)$ 的零状态响应由自由分量和强制分量两项组成，随着时间 t 的增加，自由分量一般不断衰减。当 $t\to\infty$ 时，自由分量趋向零，只有强制分量始终在电路中存在，它就是电路中电流的稳态响应。

本章要讨论的中心内容便是要求出电路中电压(流)的稳态响应。在 7.4 节中已给出分析结果，稳态响应是一与激励具有相同频率的正弦函数，所以进行电路正弦稳态分析只需要决定各个稳态响应幅值与幅角。在本章以下几节里，将要引入用相量表示正弦时间函数，并用这一表示方法，将正弦稳态下的电路方程都写成相应的相量形式，这将使求解电路正弦稳态响应得到简化。

线性电路在正弦波形激励下的稳态分析在实用上有着重要意义，这是因为正弦稳态是线性电路的重要运行形式。例如在正常情况下，动力电网便是在正弦稳态下运行。许多通信技术中的电子电路在稳态下的工作特性也是普遍受到关注的问题。关于电路的正弦稳态分析就成为分析许多电路问题的基础。

10.4 正弦量的相量表示

本章以下的几节主要研究线性电路在正弦波形激励下的稳态响应。采用复数①表示正弦量可以为电路的正弦稳态分析提供一个十分简便的方法。

下面说明如何用复数表示正弦量。对应于正弦电压 $u=U_m\sin(\omega t+\psi)$，作一个复值函数 $U_m e^{j(\omega t+\psi)}$，它表示复平面上的一个旋转向量。此向量的模为 U_m，$t=0$ 时向量的幅角是 ψ，向量以恒定的角频率 ω 依逆时针方向旋转，在 t 时刻其幅角为 $\omega t+\psi$，如图 10-4-1 所示。

由欧拉公式有

$$U_m e^{j(\omega t+\psi)}=U_m\cos(\omega t+\psi)+jU_m\sin(\omega t+\psi) \tag{10-4-1}$$

---

① 复数内容见附录 B。

从上式可以看出，该复值函数的虚部恰好是上述正弦电压 u 的表示式，即

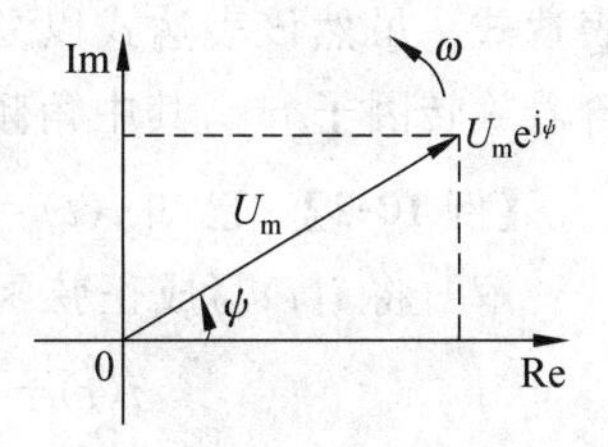

图 10-4-1 旋转向量

$$\begin{aligned} u(t) &= U_m \sin(\omega t+\psi) = \mathrm{Im}[U_m e^{j(\omega t+\psi)}] \\ &= \mathrm{Im}[U_m e^{j\psi} e^{j\omega t}] = \mathrm{Im}[\sqrt{2} U e^{j\psi} e^{j\omega t}] \\ &= \mathrm{Im}[\sqrt{2}\dot{U} e^{j\omega t}] \end{aligned} \tag{10-4-2}$$

式中

$$\dot{U} = U e^{j\psi}$$

$Ue^{j\psi}$是一个复常数，称该复数为正弦电压 u 的相量。简写为

$$\dot{U} = U\underline{/\psi}$$

按惯例用大写字母上加一小圆点来表示相量。加小圆点的目的是为了将相量和一般复数加以区别，强调相量是代表一个正弦时间函数的复数。

下面讨论式(10-4-2)的几何解释。式中 $e^{j\omega t}$ 是一个复数，其模为1，幅角为 ωt。因为 ωt 是 t 的函数，所以 $e^{j\omega t}$ 是以角速度 ω 逆时针方向旋转的单位长度的有向线段，称 $e^{j\omega t}$ 为旋转因子。相量 $\dot{U}$ 乘以$\sqrt{2}$，再乘一旋转因子，即 $\dot{U}_m e^{j\omega t}$ 就成为一个旋转相量。它是以角速度 ω 逆时针方向旋转的长度为 U_m 的有向线段，如图 10-4-2(a)所示。从几何图形来看，$U_m e^{j(\omega t+\psi)}$ 的虚部就是旋转相量在纵轴上的投影。若以 ωt 为横轴，以该投影为纵轴，可得正弦电压波形如图 10-4-2(b)所示。

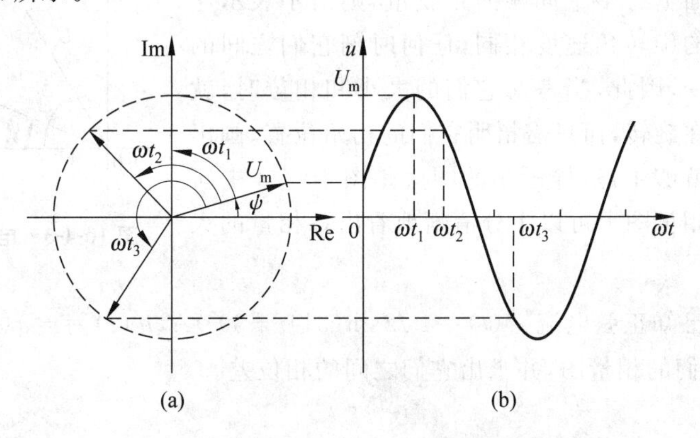

图 10-4-2 旋转相量和正弦量

在确定的频率下，正弦量和相量之间存在一一对应关系。给定了正弦量，可以得出表示它的相量；反之，由一已知的相量及其所代表的正弦量的频率，可以写出它所代表的正弦量。正弦电压 $u(t)$与相量 $\dot{U}$ 间的对应关系为

$$u(t) = \sqrt{2} U \sin(\omega t+\varphi) \leftrightarrow \dot{U} = U\underline{/\varphi} \tag{10-4-3}$$

上式左边表达式中电压是时间变量 t 的函数，称为时域表达式，右边的表达式称为频域

表达式。虽然该表达式以复数的模和幅角的形式表示,没有出现频率 ω 的字样,但是它隐含着旋转因子 $e^{j\omega t}$,其中角频率 ω 是常量,而电路的响应与角频率 ω 有着密切的关系。

【例 10-2】 已知 $i(t)=10\sqrt{2}\cos(314t-60°)$A,求相量 $\dot{I}$。

解 将 $i(t)$写成正弦函数,再表示成对应的复值函数的虚部:

$$\begin{aligned} i(t) &= 10\sqrt{2}\sin(314t+30°) = \mathrm{Im}[10\sqrt{2}e^{j30°}e^{j314t}] \\ &= \mathrm{Im}[10\sqrt{2}\underline{/30°}\ e^{j314t}] \end{aligned}$$

于是得

$$\dot{I} = 10\underline{/30°}\ \mathrm{A}$$

【例 10-3】 设电压相量 $\dot{U}=5\underline{/60°}$ V,求它所代表的正弦电压。已知电压的角频率 $\omega=1000\mathrm{rad/s}$。

解 根据式(10-4-2)有

$$\begin{aligned} u(t) &= \mathrm{Im}[5\sqrt{2}\underline{/60°}\ e^{j1000t}] = \mathrm{Im}[5\sqrt{2}e^{j60°}e^{j1000t}] \\ &= 5\sqrt{2}\sin(1000t+60°)\ \mathrm{V} \end{aligned}$$

一个相量作为一个复数,也可以在复平面上用一个有向线段来表示,此有向线段的长度为相量的模,它和实轴的夹角为相量的幅角。在复平面上用有向线段表示的相量图形称为相量图。

若在一复平面上有多个同频的正弦量,则由于表示它们的各旋转相量的旋转角速度相同,任何时刻它们之间的相对位置保持不变,因此,当考虑它们的大小和相位时,就可以不考虑它们在旋转,而只需指明它们的初始位置,画出各正弦量的相量就够了,这样画出的图就是图 10-4-3 中所示的相量图。从相量图上可以十分清晰地看出各相量的大小和相位关系。

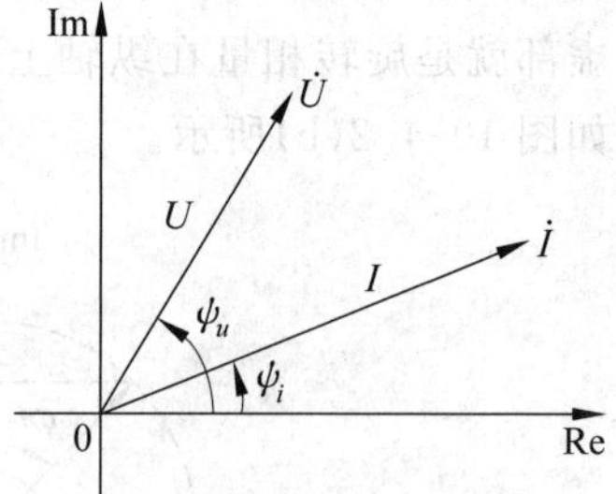

图 10-4-3 电压、电流相量图

【例 10-4】 已知正弦电流 $i_1(t)=4\sqrt{2}\sin(314t+30°)$A,$i_2(t)=-3\sqrt{2}\cos(314t+30°)$A,试画出代表它们的相量图,并求出它们之间的相位差。

解

$$i_2(t) = -3\sqrt{2}\cos(314t+30°) = -3\sqrt{2}\sin(314t+120°)\mathrm{A}$$

设分别用 $\dot{I}_1$ 和 $\dot{I}_2$ 代表 i_1 和 i_2 的相量,则

$$\dot{I}_1 = 4\underline{/30°}\ \mathrm{A}$$

$$\dot{I}_2 = -3\underline{/120°} = 3\underline{/-60°}\ \mathrm{A}$$

相位差

$$\varphi = \psi_1 - \psi_2 = \underline{/90°}$$

相量图如图 10-4-4 所示。电流 i_1 领先电流 i_2 90°。

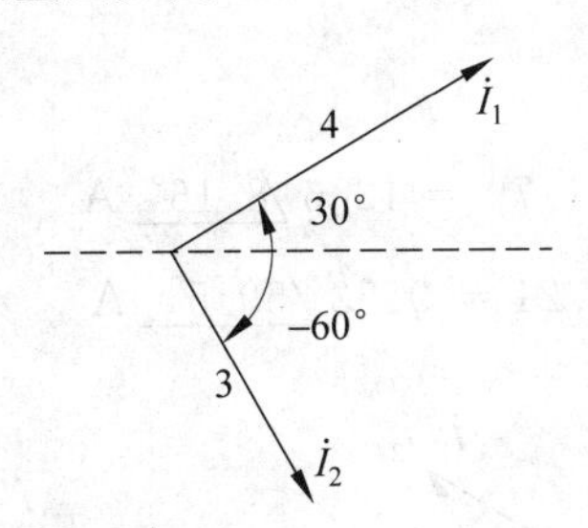

图 10-4-4 例 10-4 中的相量图

用相量代表正弦时间函数将给正弦稳态电流电路的分析带来许多便利。这里先叙述用相量计算正弦时间函数的和的方法。

设有两个同频正弦量

$$u_1(t)=U_{1m}\sin(\omega t+\psi_1)=\text{Im}[\sqrt{2}\dot{U}_1\text{e}^{\text{j}\omega t}]$$

$$u_2(t)=U_{2m}\sin(\omega t+\psi_2)=\text{Im}[\sqrt{2}\dot{U}_2\text{e}^{\text{j}\omega t}]$$

它们的和是

$$u(t)=u_1(t)+u_2(t)=\text{Im}[\sqrt{2}\dot{U}_1\text{e}^{\text{j}\omega t}]+\text{Im}[\sqrt{2}\dot{U}_2\text{e}^{\text{j}\omega t}]$$

交换取虚部与求和的顺序，有

$$u(t)=u_1(t)+u_2(t)=\text{Im}[\sqrt{2}(\dot{U}_1+\dot{U}_2)\text{e}^{\text{j}\omega t}]$$

$u(t)$可表示为

$$u(t)=\text{Im}[\sqrt{2}\dot{U}\text{e}^{\text{j}\omega t}]$$

对任何 t，上两式中等号右端的复值函数的虚部相等，所以就有

$$\dot{U}=\dot{U}_1+\dot{U}_2$$

可见，只要将代表 $u_1(t)$，$u_2(t)$的相量相加，就可得到代表它们的和 $u(t)$的相量 $\dot{U}$。

设 $\qquad \dot{U}_1=U_1\underline{/\psi_1}=a_1+\text{j}b_1,\quad \dot{U}_2=U_2\underline{/\psi_2}=a_2+\text{j}b_2$

则有

$$\dot{U}=(a_1+a_2)+\text{j}(b_1+b_2)=a+\text{j}b=|U|\underline{/\psi}$$

上式中 $a=a_1+a_2$，$b=b_1+b_2$，

$$|U|=\sqrt{a^2+b^2}$$

$$\psi=\arctan\frac{b}{a}$$

求得 $\dot{U}$ 的幅值和幅角后便可得到 $u(t)$的幅值和相位。

上述求同频正弦量的和的方法，也可以在复平面上将相量 $\dot{U}_1$ 和 $\dot{U}_2$ 按平行四边形法则相加。如果要求正弦时间函数的差，例如 $u_1(t)-u_2(t)$，则只须求 $\dot{U}_1+(-\dot{U}_2)$的相量，这是直观而又简便的方法。

【例 10-5】 设有正弦电流

$$i_1(t)=10\sqrt{2}\sin(\omega t+30°)\text{A},\quad i_2(t)=5\sqrt{2}\sin(\omega t-40°)\text{A}$$

求电流 $i(t)=i_1(t)+i_2(t)$，$i'(t)=i_1(t)-i_2(t)$。

解 $i_1(t)$和 $i_2(t)$对应的相量分别为

$$\dot{I}_1=10\underline{/30°}=(8.66+\text{j}5)\text{A}$$

$$\dot{I}_2 = 5\angle{-40^\circ} = (3.83 - \mathrm{j}3.21)\mathrm{A}$$

将 $i(t)$ 和 $i'(t)$ 对应的相量分别记为 $\dot{I}$ 和 $\dot{I}'$，则

$$\dot{I} = \dot{I}_1 + \dot{I}_2 = (8.66 + 3.83) + \mathrm{j}(5 - 3.21) = 12.49 + \mathrm{j}1.79 = 12.6\angle{8.16^\circ}\ \mathrm{A}$$

$$\dot{I}' = \dot{I}_1 - \dot{I}_2 = (8.66 - 3.83) + \mathrm{j}(5 + 3.21) = 4.83 + \mathrm{j}8.21 = 9.53\angle{59.5^\circ}\ \mathrm{A}$$

由相量 $\dot{I}$，$\dot{I}'$ 即可得出它们所代表的正弦时间函数为

$$i(t) = 12.6\sqrt{2}\sin(\omega t + 8.16^\circ)\mathrm{A}$$

$$i'(t) = 9.53\sqrt{2}\sin(\omega t + 59.5^\circ)\mathrm{A}$$

图 10-4-5 中示有相应的相量图。

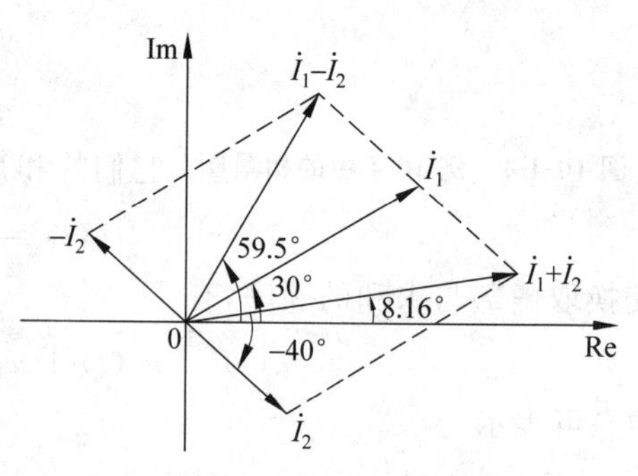

图 10-4-5　两个相量的和、差

正弦量在时域中求导和积分运算对应到频域中的运算关系可由下面推导得出。

设正弦量

$$u(t) = \sqrt{2}U\sin(\omega t + \psi) = \mathrm{Im}[\sqrt{2}U\mathrm{e}^{\mathrm{j}\psi}\mathrm{e}^{\mathrm{j}\omega t}]$$

$$= \mathrm{Im}[\sqrt{2}\dot{U}\mathrm{e}^{\mathrm{j}\omega t}]$$

则

$$\frac{\mathrm{d}u(t)}{\mathrm{d}t} = \sqrt{2}\omega U\cos(\omega t + \psi) = \sqrt{2}\omega U\sin(\omega t + \psi + 90^\circ)$$

$$= \mathrm{Im}[\sqrt{2}\omega U\mathrm{e}^{\mathrm{j}\psi}\mathrm{e}^{\mathrm{j}90^\circ}\mathrm{e}^{\mathrm{j}\omega t}] = \mathrm{Im}[\sqrt{2}\mathrm{j}\omega\dot{U}\mathrm{e}^{\mathrm{j}\omega t}]$$

可见，$\frac{\mathrm{d}u}{\mathrm{d}t}$ 的相量等于 u 的相量 $\dot{U}$ 乘以 $\mathrm{j}\omega$，我们用下面的符号表示这一关系。

$$\frac{\mathrm{d}u(t)}{\mathrm{d}t} \leftrightarrow \mathrm{j}\omega\dot{U} \tag{10-4-4}$$

或者说，正弦量在时域中的求导运算，对应于频域中相量 $\dot{U}$ 乘以 $\mathrm{j}\omega$。

同样地可以推出

$$\int u(t)\mathrm{d}t \leftrightarrow \frac{1}{\mathrm{j}\omega}\dot{U} \tag{10-4-5}$$

即 $\int u(t)\mathrm{d}t$ 的相量等于 u 的相量 $\dot{U}$ 除以 $\mathrm{j}\omega$。或者说，时域中正弦量 u 的积分运算对应于频域中相量 $\dot{U}$ 除以 $\mathrm{j}\omega$。

10.5 电阻、电感和电容元件上电压与电流的相量关系

在本节里，讨论用相量表示电路元件的电压、电流关系。这种表示方法非常简便，而且能使有关的运算大为简化。

当流过 R、L 和 C 元件的电流为正弦电流时，元件两端的电压是和电流同频率的正弦时间函数。因此，电压 u 和电流 i 都可以用相量表示。下面将分别讨论 R、L 和 C 元件上电压和电流的相量关系，并得出元件在正弦稳态下以相量表示的电路元件模型。

电阻元件

设有电阻 R，其中有正弦电流 $i(t)$（图 10-5-1），若

$$i(t)=\sqrt{2}I\sin(\omega t+\psi_i)$$

则电阻两端的电压为

$$u(t)=Ri=\sqrt{2}RI\sin(\omega t+\psi_i)=\sqrt{2}U\sin(\omega t+\psi_u) \tag{10-5-1}$$

由此可见，电阻两端电压是和流过电阻的电流同频率的正弦量，且相位相同。

图 10-5-2 中示有电压、电流的波形图（图中设 ψ_i 为零）。

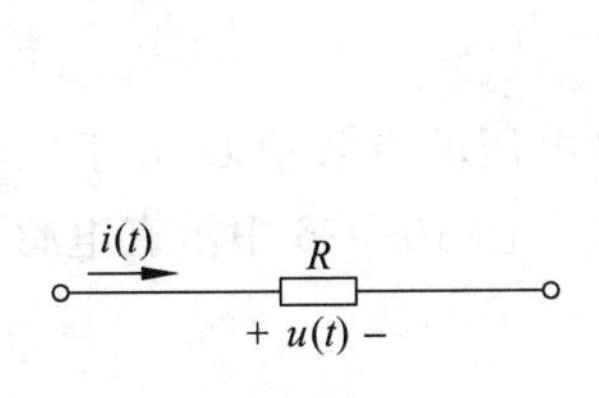

图 10-5-1　电阻元件

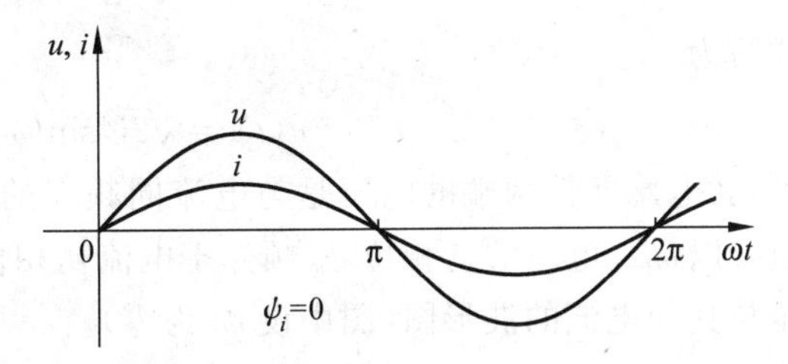

图 10-5-2　电阻元件上正弦电压、电流波形图

设电流 $i(t)$ 对应的相量为 $\dot{I}$，则电压 $u(t)$ 为

$$u(t)=Ri(t)=\sqrt{2}RI\sin(\omega t+\psi_i)$$

对应的相量

$$\dot{U}=R\dot{I} \tag{10-5-2}$$

上式就是频域中电阻元件上电压和电流的相量关系式，它和欧姆定律的形式相同。将式(10-5-2)改写为

$$U\angle\psi_u=RI\angle\psi_i$$

比较上式等号两边，可得

$$U=RI \quad 和 \quad \psi_u=\psi_i$$

由此得出结论：电阻元件上电压的有效值 U 等于电阻 R 和其中的电流的有效值 I 的乘积，电压和电流的相位相同。图 10-5-3表示电阻元件的相量模型。电阻上电压和电流的相量图如图 10-5-4 所示。

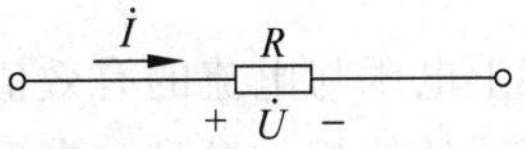

图 10-5-3　电阻元件的相量模型

电感元件

设一电感 L 中有正弦电流 $i(t)$ 流过（图 10-5-5），

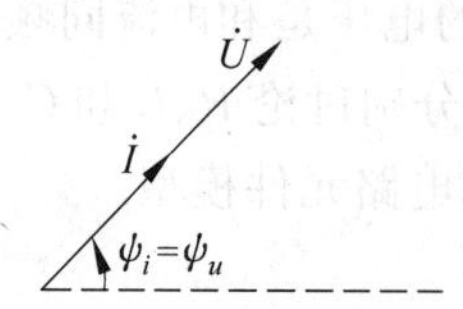

图 10-5-4　电阻元件电压、电流相量图

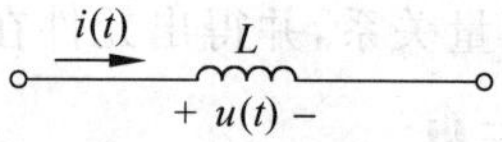

图 10-5-5　电感元件

$$i(t)=\sqrt{2}I\sin(\omega t+\psi_i)$$

则电感两端的电压为

$$u(t)=L\frac{\mathrm{d}i(t)}{\mathrm{d}t}=\sqrt{2}IL\frac{\mathrm{d}}{\mathrm{d}t}\sin(\omega t+\psi_i)=\sqrt{2}I\omega L\cos(\omega t+\psi_i)$$

$$=\sqrt{2}I\omega L\sin\left(\omega t+\psi_i+\frac{\pi}{2}\right) \tag{10-5-3}$$

将上式写为

$$u(t)=\sqrt{2}U\sin(\omega t+\psi_u)$$

由此可见，电感元件两端的电压是与电流同频率的正弦量，且电压的有效值 U 等于电流的有效值乘以 ωL，电压的初相位 ψ_u 领先于电流初相位 ψ_i 为 $\pi/2$。图 10-5-6 中示有电感两端的电压与其中电流的波形图(图中设 ψ_i 为零)。

下面讨论电感 L 上电压、电流的相量关系。

设流过电感元件 L 的电流 $i(t)$ 对应的相量为 $\dot{I}$，电感电压

$$u(t)=L\frac{\mathrm{d}i(t)}{\mathrm{d}t}$$

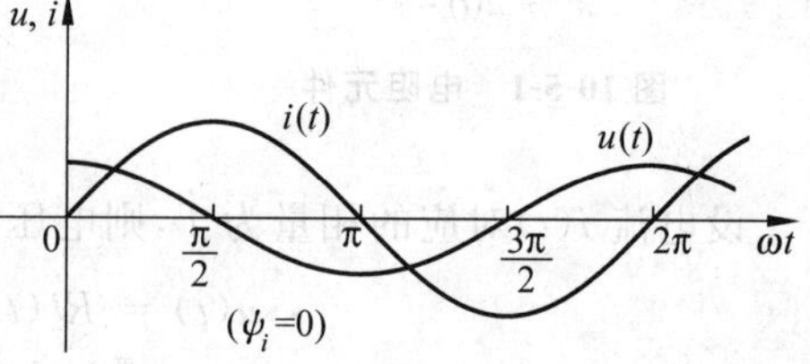

图 10-5-6　电感电压和电流的波形图

对应的相量为

$$\dot{U}=\mathrm{j}\omega L\dot{I}=\mathrm{j}X_L\dot{I} \tag{10-5-4}$$

上式就是频域中电感元件上电压和电流的相量关系式。式中 $X_L=\omega L$，称为电感的感抗。它的单位与电阻的单位相同。将式(10-5-4)改写为

$$U\underline{/\psi_u}=\omega LI\underline{/\psi_i+90^\circ}$$

比较上面等式两边，得

$$U=\omega LI \quad 和 \quad \psi_u=\psi_i+90^\circ \tag{10-5-5}$$

电感上电压与电流的有效值的关系和相位间关系表现在式(10-5-5)中。图 10-5-7 示出了电感元件的相量模型。电感元件上电压和电流的相量图如图 10-5-8 所示(图中设 ψ_i 为零)。

由式(10-5-4)，又可得电感元件的电流与电压的相量关系为

$$\dot{I}=\frac{1}{\mathrm{j}\omega L}\dot{U}=\mathrm{j}B_L\dot{U}$$

$B_L=-\dfrac{1}{\omega L}$ 称为电感的电纳，简称感纳，它的单位与电导的单位相同。

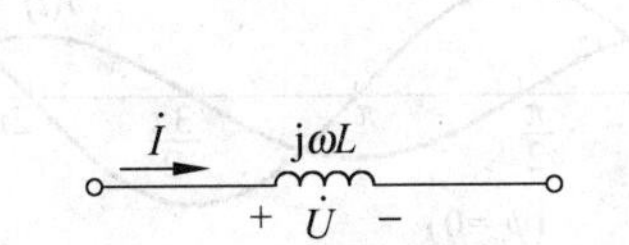

图 10-5-7 电感元件的相量模型

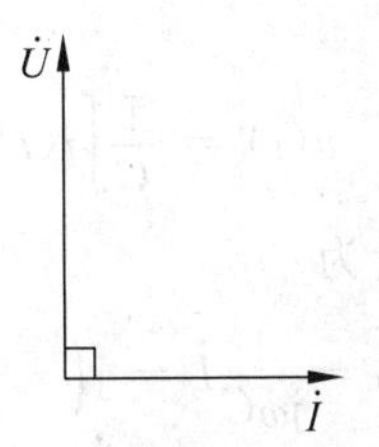

图 10-5-8 电感元件电压、电流相量图

【例 10-6】 设有一正弦交流电压 $u=220\sqrt{2}\sin(1000t+30°)$ V,加到 0.4H 的电感上。(1)求出流过电感的电流 $i(t)$;(2)画出电感电压和电流的相量图。

解 (1) 感抗 $\omega L=400\Omega$

$$\dot{I}=\frac{\dot{U}}{\mathrm{j}\omega L}=\frac{220\angle 30°}{\mathrm{j}400}=0.55\angle -60° \text{ A}$$

电流

$$i(t)=0.55\sqrt{2}\sin(1000t-60°)\text{A}$$

(2) 电压和电流相量图如图 10-5-9 所示。

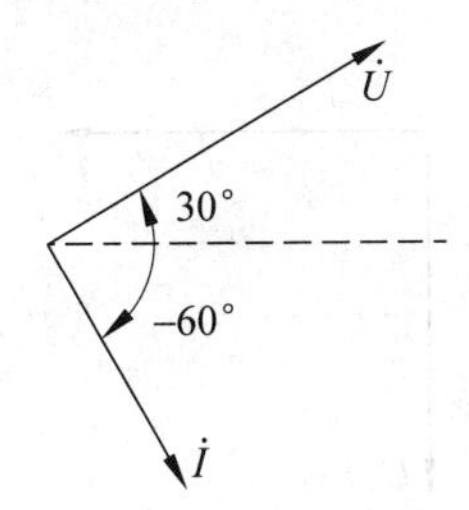

图 10-5-9 电感电压、电流相量图

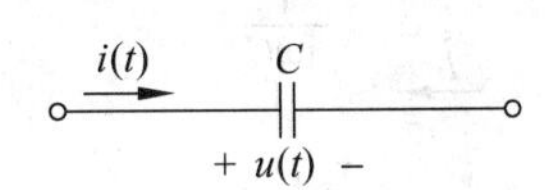

图 10-5-10 电容元件

电容元件

设一电容 C 两端加有正弦电压 $u(t)$(图 10-5-10),

$$u(t)=\sqrt{2}U\sin(\omega t+\psi_u)$$

则电容中流过的电流 $i(t)$ 为

$$i(t)=C\frac{\mathrm{d}u(t)}{\mathrm{d}t}=\sqrt{2}\omega CU\cos(\omega t+\psi_u)=\sqrt{2}\omega CU\sin\left(\omega t+\psi_u+\frac{\pi}{2}\right) \quad (10\text{-}5\text{-}6)$$

将电容中的电流记为

$$i(t)=\sqrt{2}I\sin(\omega t+\psi_i)$$

由此可见,电容中的电流与其两端的电压是同频率的正弦量,电流的有效值 I 等于电压有效值 U 乘以 ωC,且电流 $i(t)$ 的相位领先于电压 $u(t)\pi/2$。图 10-5-11 中示有电容上的正弦电压与其中的电流的波形图(图中设 ψ_u 为零)。

下面讨论电容上电流与电压之间的相位关系。设电容中电流 $i(t)$ 对应的相量为 $\dot{I}$,电

容两端电压

$$u(t) = \frac{1}{C}\int i(t)\,\mathrm{d}t$$

其对应的相量为

$$\dot{U} = \frac{1}{\mathrm{j}\omega C}\dot{I} = \mathrm{j}\left(-\frac{1}{\omega C}\right)\dot{I}$$

$$= \mathrm{j}X_C\dot{I} \qquad (10\text{-}5\text{-}7)$$

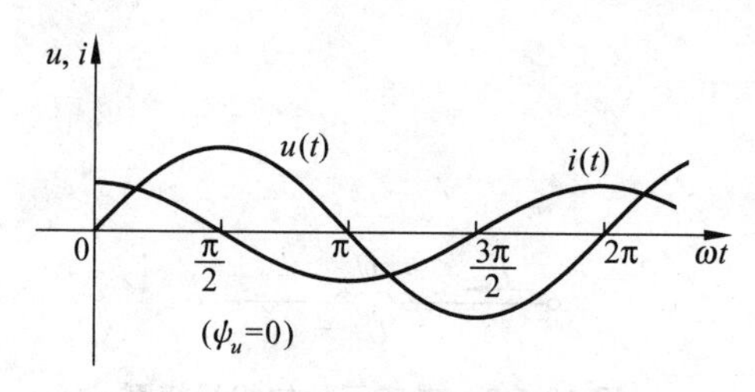

图 10-5-11　电容电压、电流波形图

上式就是频域中电容电压与电流的相量关系式。式中 $X_C = -1/\omega C$ 称为电容的容抗。它的单位与电阻的单位相同。将式(10-5-7)改写为

$$U\angle\psi_u = -\mathrm{j}\,\frac{1}{\omega C}I\angle\psi_i = \frac{1}{\omega C}I\angle\psi_i - 90^\circ$$

比较等式两边,可得

$$U = \frac{1}{\omega C}I \quad 和 \quad \psi_u = \psi_i - 90^\circ$$

图 10-5-12 表示了电容元件的相量模型。电容元件上电压、电流相量图如图 10-5-13 所示(图中设 ψ_i 为零)。

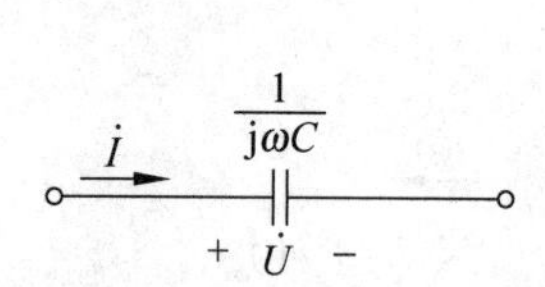

图 10-5-12　电容元件的相量模型

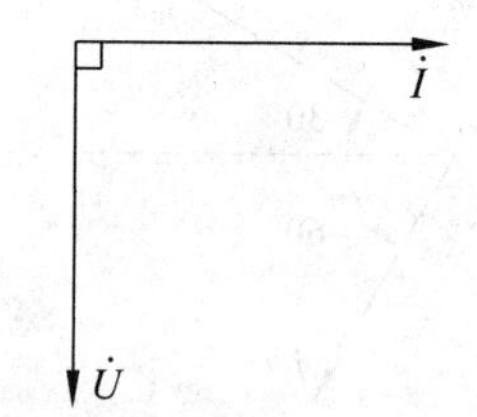

图 10-5-13　电容元件电压、电流相量图

由式(10-5-7),又可将电容元件的电流与电压相量的关系表示为

$$\dot{I} = \mathrm{j}\omega C\dot{U} = \mathrm{j}B_C\dot{U}$$

式中 $B_C = \omega C$,称为电容的电纳,简称容纳。它的单位与电导的单位相同。

【例 10-7】 设电流 $i(t) = 0.05\sqrt{2}\sin(1000t + 120^\circ)$A 流过 10μF 电容器,求电容的端电压 $u(t)$ 并画出电压、电流的相量图。

解　电容电压相量

$$\dot{U} = \dot{I}\,\frac{1}{\mathrm{j}\omega C} = 0.05\angle 120^\circ \times 100\angle -90^\circ = 5\angle 30^\circ \ \mathrm{V}$$

电容电压

$$u(t) = 5\sqrt{2}\sin(1000t + 30^\circ)\,\mathrm{V}$$

电容电压、电流相量图如图 10-5-14 所示。

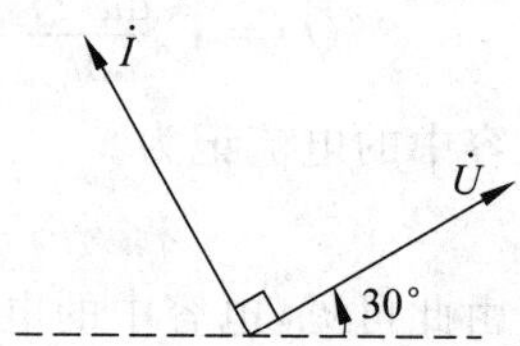

图 10-5-14　电压和电流相量图

10.6 基尔霍夫定律的相量形式和电路的相量模型

基尔霍夫电流定律指出：在任何时刻，由任一节点流出所有支路电流的代数和等于零。它的时域表示为

$$\sum i(t)=0$$

当电路处于正弦稳态时，各支路的电流都是同一频率的正弦电流。根据式(10-4-2)，可将上式写为

$$\sum \mathrm{Im}[\sqrt{2}\dot{I}\mathrm{e}^{\mathrm{j}\omega t}]=0 \tag{10-6-1}$$

式(10-6-1)表示对复数电流取虚部后再求和。交换取虚部与求和的次序，得

$$\sum \mathrm{Im}[\sqrt{2}\dot{I}\mathrm{e}^{\mathrm{j}\omega t}]=\mathrm{Im}[\sqrt{2}\sum \dot{I}\mathrm{e}^{\mathrm{j}\omega t}]=0$$

对任何 t 上式中方括号内的旋转相量之和的虚部均为零，所以有 $\sum \dot{I}\mathrm{e}^{\mathrm{j}\omega t}=0$，从而得

$$\sum \dot{I}=0 \tag{10-6-2}$$

这就是基尔霍夫电流定律的相量形式。它表明在正弦电流电路中，由任一节点流出的各支路电流相量的代数和等于零。

同理可得基尔霍夫电压定律的相量形式为

$$\sum \dot{U}=0 \tag{10-6-3}$$

它表明在正弦稳态下，沿着电路中任一回路的所有支路的电压相量的代数和等于零。

10.4 和 10.5 两节所述的正弦量的相量表示和电阻、电感、电容元件上电压、电流的相量关系，以及本节得出的基尔霍夫定律的相量形式，都是建立电路相量模型和列写电路相量方程的基本依据。下面通过一个简单例子来说明电路的时域模型和相量模型的关系。

在图 10-6-1(a)中，$u(t)=\sqrt{2}U\sin(\omega t+\psi)$，电路处于稳态。用支路电流法求解该电路所需方程的时域形式为

$$\left.\begin{aligned} i_L &= i_C+i_R \\ L\frac{\mathrm{d}i_L}{\mathrm{d}t}+\frac{1}{C}\int i_C\mathrm{d}t &= u(t) \\ R\,i_R &= \frac{1}{C}\int i_C\mathrm{d}t \end{aligned}\right\} \tag{10-6-4}$$

假设各元件电流 i_R，i_L 和 i_C 所对应的电流相量分别为 $\dot{I}_R$，$\dot{I}_L$ 和 $\dot{I}_C$，则根据相量的性质，可得式(10-6-4)的频域形式的电路方程为

$$\left.\begin{aligned}\dot{I}_L &= \dot{I}_C + \dot{I}_R \\ \mathrm{j}\omega L\dot{I}_L + \frac{1}{\mathrm{j}\omega C}\dot{I}_C &= \dot{U} \\ R\dot{I}_R &= \frac{1}{\mathrm{j}\omega C}\dot{I}_C\end{aligned}\right\} \tag{10-6-5}$$

根据相量形式的基尔霍夫定律和元件特性方程，作出由式(10-6-5)所描述的电路模型，如图 10-6-1(b)所示。该图就是图(a)电路时域模型所对应的相量模型。由此可见，很容易由电路原来的时域模型得出它的相量模型。具体做法是：在原电路中，将所有各正弦量都用对应的相量代替；将所有的元件都用它们的相量模型代替。

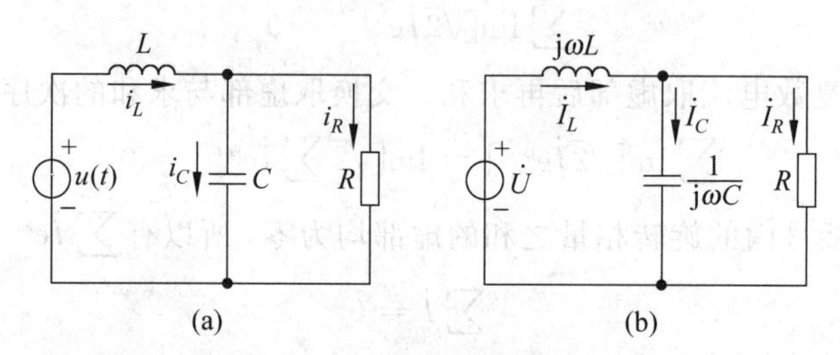

图 10-6-1 一个电路的时域模型、相量模型

(a) 时域模型；(b) 电路的相量模型

电路的相量模型只适用于输入为同频率的正弦量，且已处于稳定状态的电路，即相量模型只能用于正弦稳态响应的分析。式(10-6-4)是一组微分方程，因此，在时域中求解正弦稳态响应就是要求该电路微分方程的周期性的特解。而式(10-6-5)是一组复系数代数方程，只需对这组复系数的代数方程求解，就能得出所要求的响应的相量，进而得出其对应的正弦量。

【例 10-8】 已知一电路的时域模型如图 10-6-2(a)所示。(1)画出此电路的相量模型；

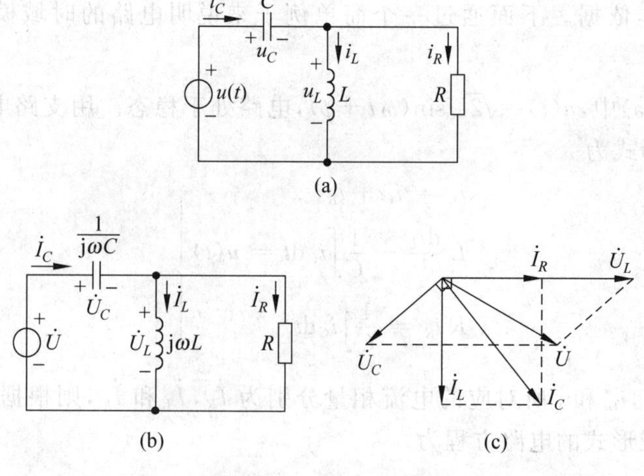

图 10-6-2 例 10-8 附图

(a) 电路时域模型；(b) 电路相量模型；(c) 各元件上电压、电流相量图

(2)定性画出此电路中各元件电压、电流的相量图。

解 (1) 将电路中电压 u,u_L,u_C 和电流 i_C,i_L 和 i_R 用对应的电压相量 $\dot{U},\dot{U}_L$ 和 $\dot{U}_C$,电流相量 $\dot{I}_C,\dot{I}_L$ 和 $\dot{I}_R$ 代替。元件 R,L 和 C 用相量模型代替,得到图 10-6-2(b)所示电路的相量模型。

(2) 选 $\dot{U}_L$ 为参考相量(设它的初相位为零),由元件的伏安关系得 $\dot{I}_L$ 落后 $\dot{U}_L 90°$,$\dot{I}_R$ 和 $\dot{U}_L$ 同相,根据KCL $\dot{I}_C=\dot{I}_L+\dot{I}_R$,由平行四边形法可得电容电流相量 $\dot{I}_C$,电容电压 $\dot{U}_C$ 落后 $\dot{I}_C$ 90°,最后由 KVL $\dot{U}=\dot{U}_C+\dot{U}_L$ 得总电压相量 $\dot{U}$。相量图如图 10-6-2(c)所示。

10.7 阻抗、导纳及其等效转换

阻抗和导纳概念的引入,对正弦电流电路的稳态分析有着十分重要的意义。

阻抗

一个不含独立电源的线性二端网络的入端阻抗 Z(图 10-7-1)定义为该电路二端间的电压相量 $\dot{U}=U\angle\psi_u$ 与流入此电路的电流相量 $\dot{I}=I\angle\psi_i$ 之比,即

$$Z=\frac{\dot{U}}{\dot{I}}=|Z|\mathrm{e}^{\mathrm{j}\varphi}=|Z|\angle\varphi \qquad (10\text{-}7\text{-}1)$$

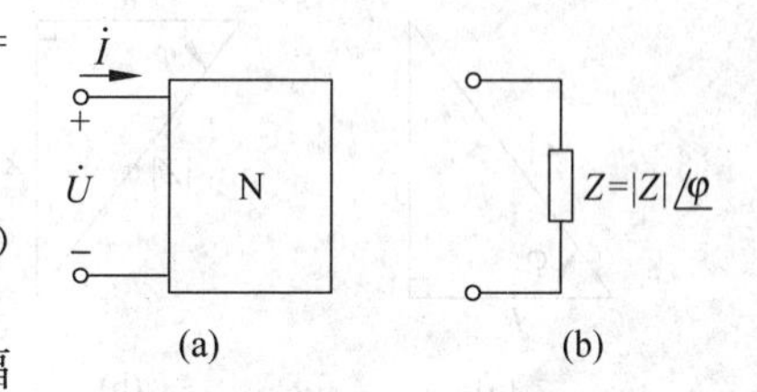

图 10-7-1 线性二端网络的阻抗 Z

(a) 线性二端网络;(b) 阻抗 Z

即阻抗的模$|Z|$等于电压与电流有效值之比;阻抗的幅角称为阻抗角 φ,它等于电压与电流的相位差。在电路图中有时用图 10-7-1(b)中的符号 Z 表示阻抗。阻抗是一个复数,但不是相量。

阻抗的直角坐标表示形式为

$$Z=R+\mathrm{j}X \qquad (10\text{-}7\text{-}2)$$

阻抗的实部是电阻 R,虚部 X 称为电抗。

一个二端网络的阻抗 $Z=R+\mathrm{j}X$ 可等效地看作是由电阻 R 与电抗 X 串联组成。阻抗中的电阻一般为正值,如果 $X>0$,则 $\varphi>0$,称该阻抗为电感性阻抗;如果 $X<0$,则 $\varphi<0$,称该阻抗为电容性阻抗。

对于 R,L 和 C 元件,有

$$Z_R=\frac{\dot{U}_R}{\dot{I}}=R$$

$$Z_L=\frac{\dot{U}_L}{\dot{I}}=\mathrm{j}\omega L=\mathrm{j}X_L$$

$$Z_C = \frac{\dot{U}_C}{\dot{I}} = \frac{1}{\mathrm{j}\omega C} = -\mathrm{j}\frac{1}{\omega C} = \mathrm{j}X_C$$

这些元件上电压相量与电流相量的比表示了元件的阻抗，只是电阻的阻抗为实数，电感、电容的阻抗是虚数。

式(10-7-1)和式(10-7-2)中阻抗的模、阻抗角与电阻、电抗间的关系如下：

$$R = |Z| \cos\varphi$$

$$X = |Z| \sin\varphi$$

$$|Z| = \sqrt{R^2 + X^2}$$

$$\varphi = \arctan\frac{X}{R}$$

以上各关系式可以用一所谓阻抗三角形表示，如图 10-7-2 所示。图中的(a)，(b)分别对应于 $X>0$ 和 $X<0$ 两种情形。

【例 10-9】 求图 10-7-3 所示 RLC 串联电路的入端阻抗 Z，并画出图中各电压、电流的相量图。

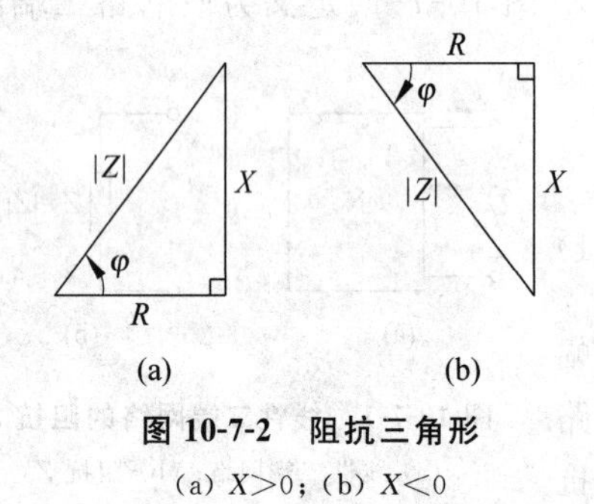

图 10-7-2 阻抗三角形

(a) $X>0$；(b) $X<0$

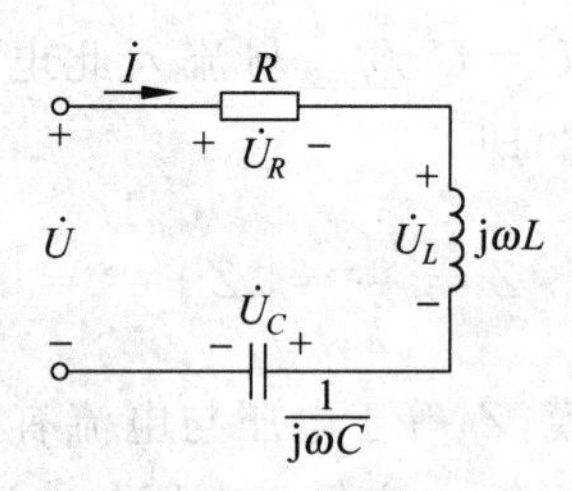

图 10-7-3 RLC 串联电路

解 由基尔霍夫定律和各元件特性方程，有

$$\dot{U} = \dot{U}_R + \dot{U}_L + \dot{U}_C = R\dot{I} + \mathrm{j}\omega L\dot{I} + \frac{1}{\mathrm{j}\omega C}\dot{I} = \dot{I}\left(R + \mathrm{j}\omega L + \frac{1}{\mathrm{j}\omega C}\right) \qquad (10\text{-}7\text{-}3)$$

入端阻抗

$$Z = \frac{\dot{U}}{\dot{I}} = R + \mathrm{j}\omega L + \frac{1}{\mathrm{j}\omega C} = R + \mathrm{j}\left(\omega L - \frac{1}{\omega C}\right) = R + \mathrm{j}(X_L + X_C)$$

令

$$X = X_L + X_C$$

则有

$$Z = \frac{\dot{U}}{\dot{I}} = R + \mathrm{j}X = \sqrt{R^2 + X^2} \underline{/\arctan\frac{X}{R}} = |Z| \underline{/\varphi}$$

如果给定图 10-7-4 中的电源电压 $\dot{U}$ 和各元件参数，可以求出

$$\dot{I}=\frac{\dot{U}}{Z}=\frac{U}{|Z|}\underline{/\psi_u-\varphi}$$

$$I=\frac{U}{|Z|}=\frac{U}{\sqrt{R^2+(X_L+X_C)^2}}$$

$$\psi_i=\psi_u-\varphi=\psi_u-\arctan\frac{X}{R}$$

由以上得到的诸表达式可见：如果 $\omega L>\frac{1}{\omega C}$，则总电抗 X 为正值，阻抗角 $\varphi>0$，此时电流滞后于电压；如果 $\omega L<\frac{1}{\omega C}$，则总电抗 X 为负值，阻抗角 $\varphi<0$，此时电流领先于电压。根据式(10-7-3)可以作出 RLC 串联电路的相量图，如图 10-7-4 所示，其中图(a)对应于 $\omega L>\frac{1}{\omega C}$的情形；图(b)对应于 $\omega L<\frac{1}{\omega C}$的情形，图中设 $\psi_i=0$。

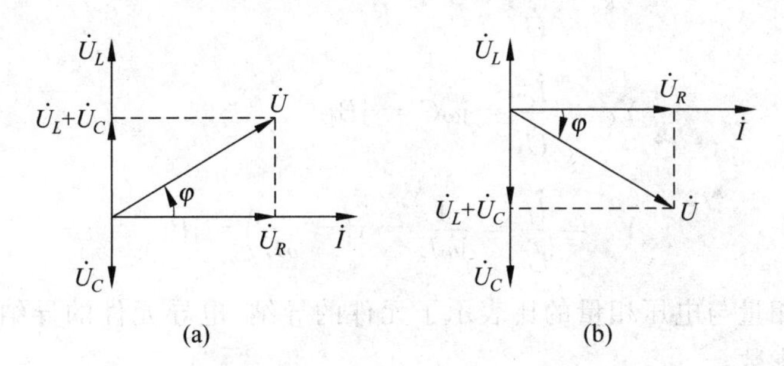

图 10-7-4 *RLC* 串联电路中电压、电流相量图

(a) $\omega L>\frac{1}{\omega C}$；(b) $\omega L<\frac{1}{\omega C}$

导纳

一个不含独立电源的二端网络(图 10-7-5)的导纳定义为流入该电路的电流相量 $\dot{I}$ 与该电路的端电压 $\dot{U}$ 之比，即

$$Y=\frac{\dot{I}}{\dot{U}}=|Y|\underline{/\varphi'} \qquad (10\text{-}7\text{-}4)$$

有

$$|Y|=\frac{I}{U},\quad \varphi'=\psi_i-\psi_u$$

导纳的模等于电流与电压的有效值之比；导纳的幅角等于电流与电压的相位差角。导纳的模、角与它的电

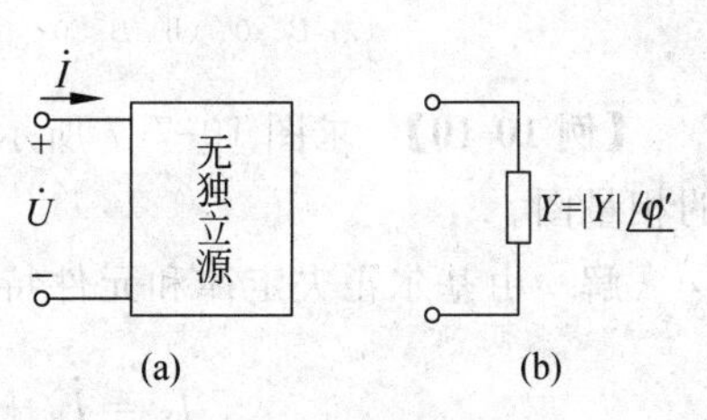

图 10-7-5 导纳 *Y*

导、电纳间的关系由下式决定：

$$Y = G + \mathrm{j}B = |Y| \angle\varphi'$$

由此可得由$|Y|$，φ'求G，B的关系式

$$G = |Y| \cos\varphi'$$
$$B = |Y| \sin\varphi'$$

和由G，B求$|Y|$，φ'的关系式

$$|Y| = \sqrt{G^2 + B^2}$$

$$\varphi' = \arctan\frac{B}{G}$$

以上各式可以用一所谓导纳三角形表示，如图 10-7-6 所示。图中(a)，(b)分别对应于 $B>0$ 和 $B<0$ 两种情形。

对于 R，L 和 C 元件有

$$Y_R = \frac{\dot{I}_R}{\dot{U}} = G = \frac{1}{R}$$

$$Y_C = \frac{\dot{I}_C}{\dot{U}} = \mathrm{j}\omega C = \mathrm{j}B_C$$

$$Y_L = \frac{\dot{I}_L}{\dot{U}} = \frac{1}{\mathrm{j}\omega L} = \mathrm{j}\left(-\frac{1}{\omega L}\right) = \mathrm{j}B_L$$

元件上电流相量与电压相量的比表示了元件的导纳，电导元件的导纳为实数，电容、电感元件的导纳是虚数。

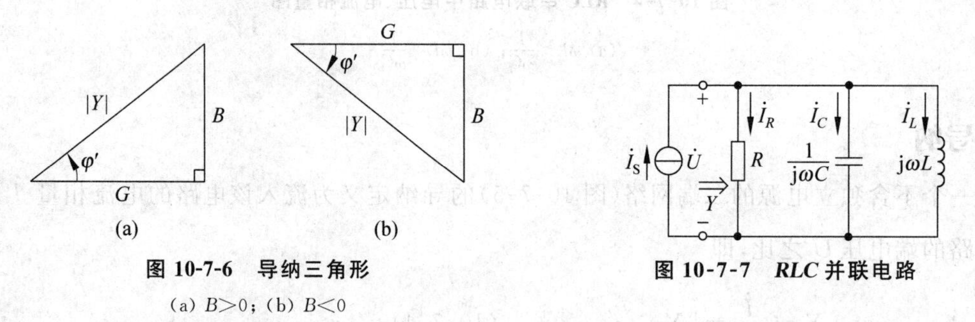

图 10-7-6 导纳三角形

(a) $B>0$；(b) $B<0$

图 10-7-7 *RLC* 并联电路

【例 10-10】 求图 10-7-7 所示 RLC 并联电路的入端导纳 Y，并画出图中各电压、电流的相量图。

解 由基尔霍夫定律和元件特性方程，得

$$\dot{I}_S = \dot{I}_R + \dot{I}_C + \dot{I}_L = \frac{\dot{U}}{R} + \mathrm{j}\omega C\dot{U} + \frac{1}{\mathrm{j}\omega L}\dot{U}$$

$$=\left[\frac{1}{R}+\mathrm{j}\left(\omega C-\frac{1}{\omega L}\right)\right]\dot{U}$$

入端导纳

$$Y=\frac{\dot{I}_S}{\dot{U}}=\frac{1}{R}+\mathrm{j}\left(\omega C-\frac{1}{\omega L}\right)$$

令电容容纳 $B_C=\omega C$，电感的感纳 $B_L=-\dfrac{1}{\omega L}$，总电纳 $B=B_C+B_L$，则有

$$Y=\frac{\dot{I}_S}{\dot{U}}=G+\mathrm{j}(B_C+B_L)=G+\mathrm{j}B=\sqrt{G^2+B^2}\,\Big/\arctan\frac{B}{G}=|Y|\,\underline{/\varphi'}$$

如果给定图 10-7-7 中的 $\dot{I}_S$ 和各元件参数值，可以得出

$$\dot{U}=\frac{\dot{I}_S}{Y}=\frac{I_S}{|Y|}\,\underline{/\psi_i-\varphi'}$$

于是得电压的有效值为

$$U=\frac{I_S}{\sqrt{G^2+(B_C+B_L)^2}}$$

电压的初相位角为

$$\psi_u=\psi_i-\arctan\frac{B}{G}$$

图 10-7-8 中给出了此电路中电压、电流的相量图（图中设 $\psi_u=0$）。在此电路中，若 $\omega C>\dfrac{1}{\omega L}$，则 $\varphi'>0$，电流 $\dot{I}_S$ 领先于电压 $\dot{U}$，其相量图如图(a)所示；若 $\omega C<1/\omega L$，则 $\varphi'<0$，电流 $\dot{I}_S$ 落后于电压 $\dot{U}$，其相量图如图(b)所示。

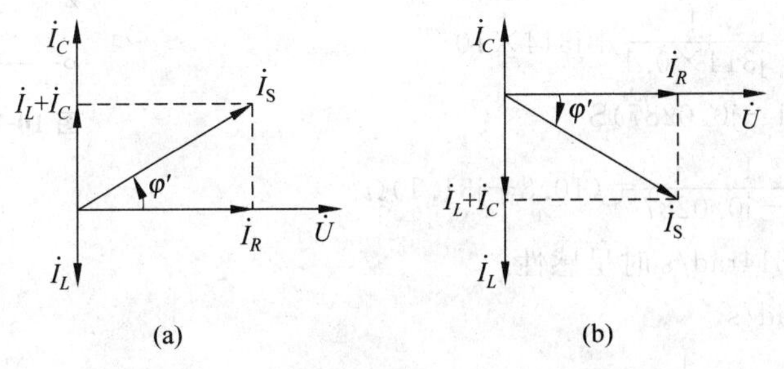

图 10-7-8 *RLC* 并联电路中电压、电流相量图

(a) $\varphi'>0$；(b) $\varphi'<0$

阻抗和导纳间的转换

由阻抗和导纳的定义可知，同一个不含独立电源的二端网络的阻抗和导纳之间有互为倒数的关系，即

$$Y=\frac{1}{Z} \quad 或 \quad Z=\frac{1}{Y}$$

设有阻抗 $Z=R+\mathrm{j}X$，它的导纳为

$$Y=\frac{1}{Z}=\frac{1}{R+\mathrm{j}X}=\frac{R-\mathrm{j}X}{R^2+X^2}=G+\mathrm{j}B$$

由上式可见

$$G=\frac{R}{R^2+X^2},\quad B=\frac{-X}{R^2+X^2}$$

设有导纳 $Y=G+\mathrm{j}B$，它的阻抗就应是

$$Z=\frac{1}{Y}=\frac{1}{G+\mathrm{j}B}=\frac{G-\mathrm{j}B}{G^2+B^2}=R+\mathrm{j}X$$

由此可见

$$R=\frac{G}{G^2+B^2},\quad X=\frac{-B}{G^2+B^2}$$

当用指数形式表示同一个不含独立电源的二端电路的复阻抗和复导纳时，它们之间的关系更简单，为

$$|Y|=\frac{1}{|Z|},\quad \varphi'=-\varphi$$

即复阻抗与复导纳的模互为倒数，它们的角度相差一负号。

【例 10-11】 已知图 10-7-9 电路中，$R=100\Omega$，$C=10\mu\mathrm{F}$，$L=0.1\mathrm{H}$。计算角频率分别为 (1)$\omega=314\mathrm{rad/s}$，(2)$\omega=1000\mathrm{rad/s}$，(3)$\omega=4000\mathrm{rad/s}$ 时此电路的入端导纳和阻抗。

解 此电路的入端导纳为 $Y=\frac{1}{R}+\frac{1}{\mathrm{j}\omega L}+\mathrm{j}\omega C$。

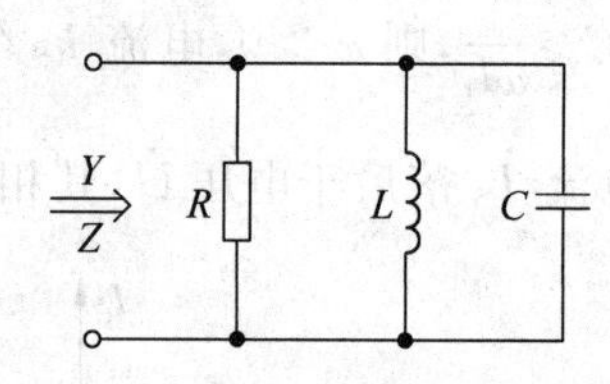

图 10-7-9 例 10-11 附图

(1) $\omega=314\mathrm{rad/s}$

$$Y_1=\frac{1}{100}+\frac{1}{\mathrm{j}314\times0.1}+\mathrm{j}314\times10^{-5}$$
$$=(0.01-\mathrm{j}0.0287)\mathrm{S}$$

$$Z_1=\frac{1}{0.01-\mathrm{j}0.0287}=(10.8+\mathrm{j}31.1)\Omega$$

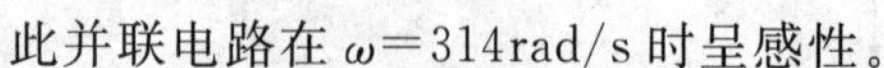
此并联电路在 $\omega=314\mathrm{rad/s}$ 时呈感性。

(2) $\omega=1000\mathrm{rad/s}$

$$Y_2=\frac{1}{100}+\frac{1}{\mathrm{j}1000\times0.1}+\mathrm{j}1000\times10^{-5}=0.01\mathrm{S}$$

$$Z_2=100\Omega$$

当 $\omega=1000\mathrm{rad/s}$ 时，电容和电感的电纳互相抵消，等效阻抗就只是一个电阻 R。

(3) $\omega=4000\mathrm{rad/s}$

$$Y_3=\frac{1}{100}+\frac{1}{\mathrm{j}4000\times0.1}+\mathrm{j}4000\times10^{-5}=(0.01+\mathrm{j}0.0375)\mathrm{S}$$

$$Z_3=\frac{1}{0.01+\mathrm{j}0.0375}=(6.64-\mathrm{j}24.9)\Omega$$

当 $\omega=4000\mathrm{rad/s}$ 时，本例中 RLC 并联电路呈容性。

由上面例子可知，一般情形下阻抗(或导纳)是角频率 ω 的函数，同一个电路在不同的频率下所呈现的阻抗是不同的，甚至于阻抗的性质也会发生变化。因此，一个实际电路，在不同的频率下有不同的等效电路。

【例 10-12】 求图 10-7-10 所示电路在正弦稳态下各支路中的电流。已知 $U=100\mathrm{V}$，频率 $f=50\mathrm{Hz}$，$R=20\Omega$，$L=0.2\mathrm{H}$，$C=100\mu\mathrm{F}$。

解　设各支路电流分别为 $\dot{I}_R$，$\dot{I}_L$ 和 $\dot{I}_C$。依已知条件可计算：

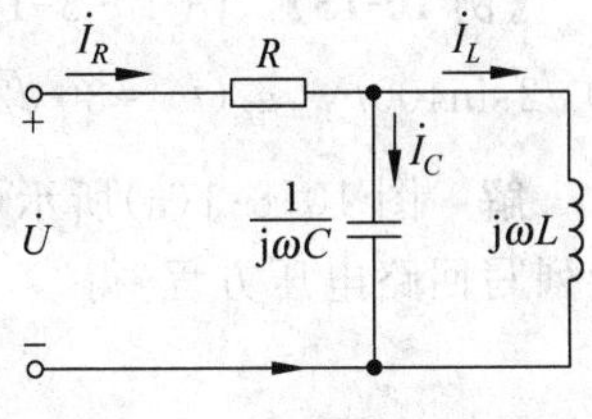

图 10-7-10　例 10-12 附图

电源角频率　$\omega=2\pi f=2\pi\times 50=314.2\mathrm{rad/s}$

电感的电抗　$\omega L=314.2\times 0.2=62.84\Omega$

电容的电抗　$-\dfrac{1}{\omega C}=-\dfrac{1}{314.2\times 10^{-4}}=-31.83\Omega$

电路的入端阻抗

$$Z=R+\frac{\mathrm{j}\omega L\,\frac{1}{\mathrm{j}\omega C}}{\mathrm{j}\omega L+\frac{1}{\mathrm{j}\omega C}}=R+\frac{\frac{L}{C}}{\mathrm{j}\left(\omega L-\frac{1}{\omega C}\right)}$$

$$=20+\frac{0.2\times 10^4}{\mathrm{j}(62.84-31.83)}=(20-\mathrm{j}64.50)$$

$$=67.53\,\underline{/-72.77^\circ}\,\Omega$$

得电流

$$\dot{I}_R=\frac{\dot{U}}{Z}=\frac{100\,\underline{/0^\circ}}{67.53\,\underline{/-72.77^\circ}}=1.481\,\underline{/72.77^\circ}\ \mathrm{A}$$

运用分流公式，得

$$\dot{I}_L=\frac{\frac{1}{\mathrm{j}\omega C}}{\mathrm{j}\left(\omega L-\frac{1}{\omega C}\right)}\dot{I}_R=\frac{-\mathrm{j}31.83}{\mathrm{j}(62.84-31.83)}\times 1.481\,\underline{/72.77^\circ}=1.52\,\underline{/-107.2^\circ}\ \mathrm{A}$$

$$\dot{I}_C=\frac{\mathrm{j}\omega L}{\mathrm{j}\left(\omega L-\frac{1}{\omega C}\right)}\dot{I}_R=\frac{\mathrm{j}62.84}{\mathrm{j}(62.84-31.83)}\times 1.481\,\underline{/72.77^\circ}=3.00\,\underline{/72.8^\circ}\ \mathrm{A}$$

10.8　用相量法分析电路的正弦稳态响应

将相量形式的欧姆定律和基尔霍夫定律应用于电路的相量模型，建立相量形式的电路方程并求解，即可得到电路的正弦稳态响应。这一方法常称为相量法。和电阻电路的电路方程一样，相量形式的电路方程也是线性代数方程，只是方程式的系数一般是复数，因此分析电阻电路的各种公式、方法和定理乃至技巧都适用于正弦电路的相量分析法。

用相量法分析正弦稳态响应的步骤可以归纳如下：

(1) 画出和时域电路相对应的电路相量模型；

(2) 建立相量形式的电路方程，求出响应的相量；

(3) 将求得的相量变换成对应的时域的实函数。

下面举例说明如何用节点电压法、回路电流法以及戴维南定理、诺顿定理来分析正弦电流电路。

【例 10-13】 图 10-8-1(a)所示电路中，已知 $R=10\Omega, L=40\text{mH}, C=500\mu\text{F}$，$u_1(t)=40\sqrt{2}\sin 400t\text{V}, u_2(t)=30\sqrt{2}\sin(400t+90°)\text{V}$。用回路法求电阻 R 两端电压 $u_R(t)$。

解 图 10-8-1(a)所示电路的相量模型如图(b)所示。以电流 $\dot{I}_1$ 和 $\dot{I}_2$ 为回路电流相量列写回路电压方程，得

$$(R+\text{j}\omega L)\dot{I}_1 - R\dot{I}_2 = \dot{U}_1$$

$$-R\dot{I}_1 + \left(R+\frac{1}{\text{j}\omega C}\right)\dot{I}_2 = -\dot{U}_2$$

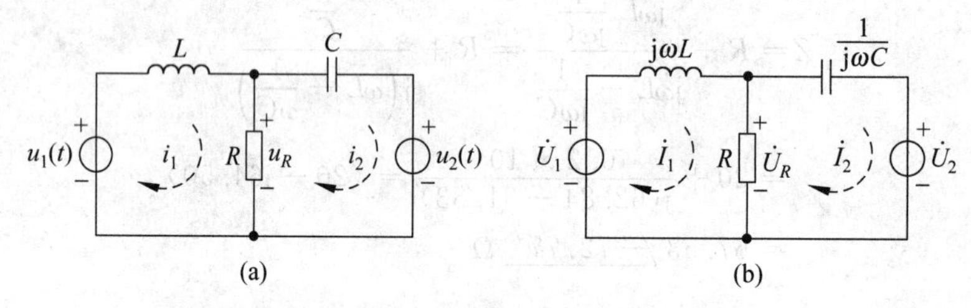

图 10-8-1 例 10-13 附图

(a) 时域电路；(b) 相量模型

代入数据，有

$$(10+\text{j}16)\dot{I}_1 - 10\dot{I}_2 = 40\angle 0°$$

$$-10\dot{I}_1 + (10-\text{j}5)\dot{I}_2 = -30\angle 90°$$

对以上方程求解，得

$$\dot{I}_1 = \frac{\begin{vmatrix} 40 & -10 \\ -\text{j}30 & 10-\text{j}5 \end{vmatrix}}{\begin{vmatrix} 10+\text{j}16 & -10 \\ -10 & 10-\text{j}5 \end{vmatrix}} = \frac{400-\text{j}500}{80+\text{j}110} = 4.71\angle -105°\ \text{A}$$

$$\dot{I}_2 = \frac{\begin{vmatrix} 10+\text{j}16 & 40 \\ -10 & -\text{j}30 \end{vmatrix}}{\begin{vmatrix} 10+\text{j}16 & -10 \\ -10 & 10-\text{j}5 \end{vmatrix}} = \frac{880-\text{j}300}{80+\text{j}110} = 6.84\angle -72.8°\ \text{A}$$

$$\dot{U}_R = R(\dot{I}_1 - \dot{I}_2) = \frac{10(-480-\mathrm{j}200)}{80+\mathrm{j}110} = 38.2\angle 149^\circ \ \mathrm{V}$$

得

$$u_R(t) = 38.2\sqrt{2}\sin(400t + 149^\circ)\mathrm{V}$$

【例 10-14】 图 10-8-2 所示电路中，已知 $u_S(t)=10\sqrt{2}\sin 10000t$ V，$R_1=R_2=R_3=1\Omega$，$R_4=4\Omega$，$C=400\mu\mathrm{F}$，$L=0.4\mathrm{mH}$。试用节点电压法求电阻 R_4 两端电压 $u_3(t)$。

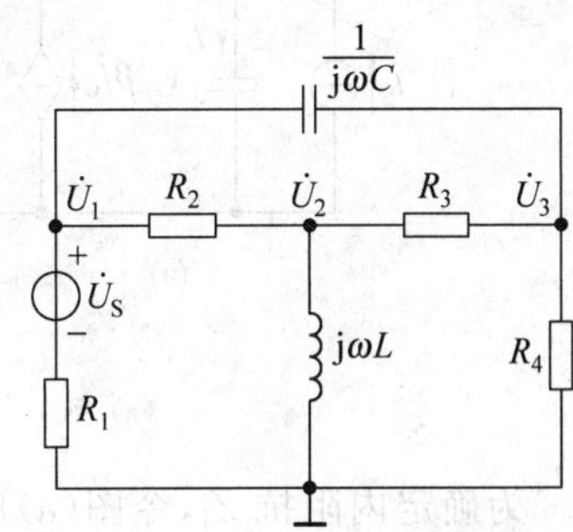

图 10-8-2 例 10-14 附图

解 设图中电路各节点电压分别为 $\dot{U}_1$，$\dot{U}_2$ 和 $\dot{U}_3$，运用节点分析法，可得

$$\left(\frac{1}{R_1}+\frac{1}{R_2}+\mathrm{j}\omega C\right)\dot{U}_1 - \frac{1}{R_2}\dot{U}_2 - \mathrm{j}\omega C\dot{U}_3 = \frac{\dot{U}_S}{R_1}$$

$$-\frac{1}{R_2}\dot{U}_1 + \left(\frac{1}{R_2}+\frac{1}{R_3}+\frac{1}{\mathrm{j}\omega L}\right)\dot{U}_2 - \frac{1}{R_3}\dot{U}_3 = 0$$

$$-\mathrm{j}\omega C\dot{U}_1 - \frac{1}{R_3}\dot{U}_2 + \left(\frac{1}{R_3}+\frac{1}{R_4}+\mathrm{j}\omega C\right)\dot{U}_3 = 0$$

代入数据，得

$$(2+\mathrm{j}4)\dot{U}_1 - \dot{U}_2 - \mathrm{j}4\dot{U}_3 = 10\angle 0^\circ$$

$$-\dot{U}_1 + \left(2-\mathrm{j}\frac{1}{4}\right)\dot{U}_2 - \dot{U}_3 = 0$$

$$-\mathrm{j}4\dot{U}_1 - \dot{U}_2 + \left(\frac{5}{4}+\mathrm{j}4\right)\dot{U}_3 = 0$$

联立求解以上方程，得节点电压相量为

$$\dot{U}_1 = 7.61\angle 10.1^\circ \ \mathrm{V}$$

$$\dot{U}_2 = 7.62\angle 19.2^\circ \ \mathrm{V}$$

$$\dot{U}_3 = 7.76\angle 14.0^\circ \ \mathrm{V}$$

因此，电阻 R_4 两端电压的时域形式为

$$u_3(t) = 7.76\sqrt{2}\sin(10000t + 14^\circ)\mathrm{V}$$

【例 10-15】 求图 10-8-3(a)所示电路的戴维南等效电路。已知 $\dot{I}_S=0.2\angle 0^\circ$ A，$R=250\Omega$，$X_C=-250\Omega$，受控源为流控电流源，$\beta=0.5$。

解 在图 10-8-3(a)电路中，对 a 节点列 KCL 方程，得

$$\dot{I}_C = \dot{I}_S + \beta\dot{I}_C = 0.2\angle 0^\circ + 0.5\dot{I}_C$$

即

$$\dot{I}_C = 0.4\angle 0^\circ \ \mathrm{A}$$

于是开路电压为

$$\dot{U}_o = R\beta\dot{I}_C + jX_C\dot{I}_C = (250\times 0.5 - j250)\dot{I}_C$$
$$= (125 - j250)\times 0.4\angle 0^\circ = 111.8\angle -63.4^\circ\ \text{V}$$

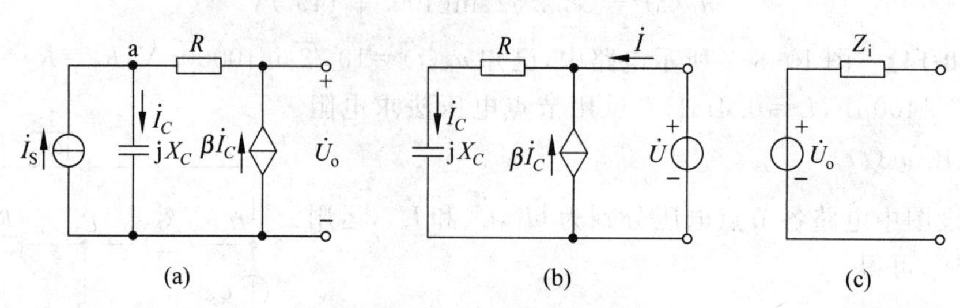

图 10-8-3　例 10-15 附图

(a) 例 10-15 相量模型；(b) 求内阻用图；(c) 等效电路图

为确定内阻抗 Z_i，令图(a)电路中的独立电流源的电流为零，保留受控电流源，在所得的电路两端加电压 $\dot{U}$(图 b)，求其中的电流 $\dot{I}$，再用 $Z_i=\dot{U}/\dot{I}$ 来确定内阻抗。

由欧姆定律得

$$\dot{I}_C = \frac{\dot{U}}{R + jX_C} = \frac{\dot{U}}{250 - j250}$$

由 KCL

$$\dot{I} = \dot{I}_C - 0.5\dot{I}_C = 0.5\dot{I}_C$$

因此

$$Z_i = \frac{\dot{U}}{\dot{I}} = \frac{\dot{U}}{0.5\dot{I}_C} = (500 - j500)\Omega$$

于是得图 10-8-3(a)电路的戴维南等效电路如图(c)所示。

【例 10-16】 图 10-8-4 所示为电桥电路，已知 $Z_2=R_2$，$Z_3=R_3$，$1/Z_1=G+j\omega C$，$Z_4=R_X+j\omega L_X$。问在什么条件下电桥平衡？怎样由平衡时各桥臂的电阻、电容值测出 R_X 和 L_X 的值。

解　电桥平衡时，有

$$\dot{I}_o = 0 \quad 且 \quad \dot{U}_o = 0$$

即应有

$$\frac{Z_2}{Z_1 + Z_2}\dot{U}_S - \frac{Z_4}{Z_3 + Z_4}\dot{U}_S = 0$$

由上式得出电桥平衡条件为

$$Z_1 Z_4 = Z_2 Z_3$$

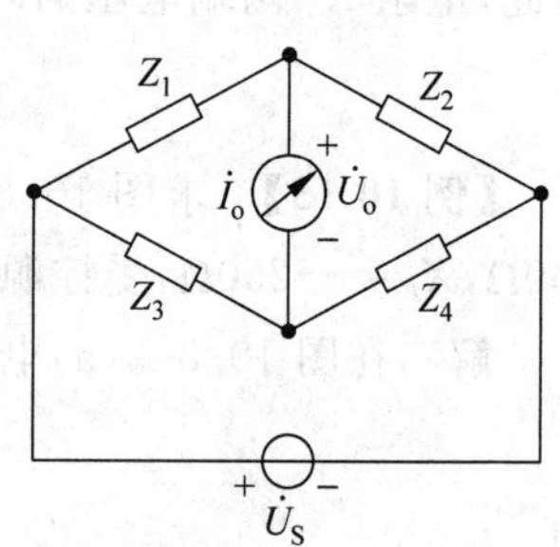

图 10-8-4　例 10-16 附图

代入电路参数，得

$$\frac{R_X + j\omega L_X}{G + j\omega C} = R_2 R_3$$

即

$$R_X + j\omega L_X = GR_2R_3 + jR_2R_3\omega C$$

上式等号两边的实部和虚部应分别相等，得

$$R_X = GR_2R_3$$

$$L_X = R_2R_3C$$

上式即为由平衡时电桥中各元件值计算 R_X 和 L_X 的式子。

相量图可以清晰地反映电路中各电压和电流间的大小和相位关系。因此，在进行正弦稳态电流电路分析时，画出电路中各电压、电流的相量图，往往对分析电路问题会有所帮助。下面举一个例子。

【例 10-17】 图 10-8-5(a)电路中，已知 $I=\sqrt{3}\text{A}$，$I_1=I_2=1\text{A}$，$R_1=10\Omega$。求电感线圈的电阻 R_2 和感抗 X_2。

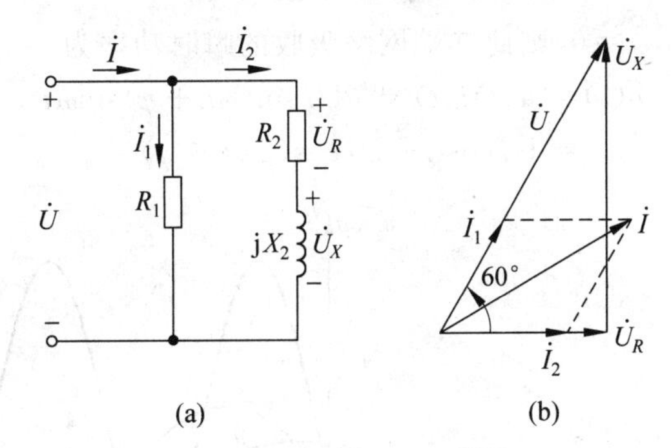

图 10-8-5 例 10-17 附图

(a) 电路图；(b) 电压、电流相量图

解 图 10-8-5(a)电路的相量图如图(b)所示。已知 $I=\sqrt{3}\text{A}$，$I_1=I_2=1\text{A}$，由三角知识可得出 $\dot{I}_1$ 和 $\dot{I}_2$ 两个电流相量间夹角为 60°。由此可得

$$U_R = U\cos 60^\circ = 0.5U$$

$$U_X = U\sin 60^\circ = 0.866U$$

而

$$U = R_1 I_1 = 10\text{V}$$

最后可得

$$R_2 = \frac{U_R}{I_2} = 5\Omega$$

$$X_2 = \frac{U_X}{I_2} = 8.66\Omega$$

还可以直接根据电流有效值、电压有效值和阻抗模量之间的关系,列出关于 R_2 和 X_2 的两个方程,联立求解方程可得出结果。

10.9 正弦电流电路中的功率

在电能、电信号的传输、处理和应用等技术领域中,有关电功率的问题都是有重要意义的。在这一节里讨论正弦电流电路中的功率。

设有一个二端网络,取电压、电流的参考方向如图 10-9-1 所示,则网络在任一瞬时吸收的功率即瞬时功率为

$$p(t)=u(t)i(t)$$

下面讨论正弦电流电路的瞬时功率。设端口的电压、电流分别为

$$u(t)=\sqrt{2}U\sin(\omega t+\psi_u)$$

$$i(t)=\sqrt{2}I\sin(\omega t+\psi_i)$$

为了讨论方便,令 $\psi_u=\varphi,\psi_i=0$,则此二端网络吸收的瞬时功率为

$$\begin{aligned}p(t)&=u(t)i(t)=2UI\sin(\omega t+\varphi)\sin\omega t\\&=UI\cos\varphi-UI\cos(2\omega t+\varphi)\end{aligned}\qquad(10\text{-}9\text{-}1)$$

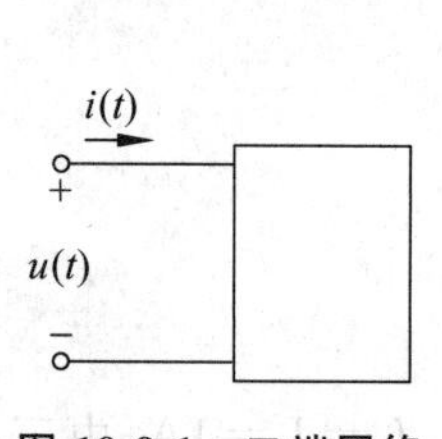

图 10-9-1 二端网络

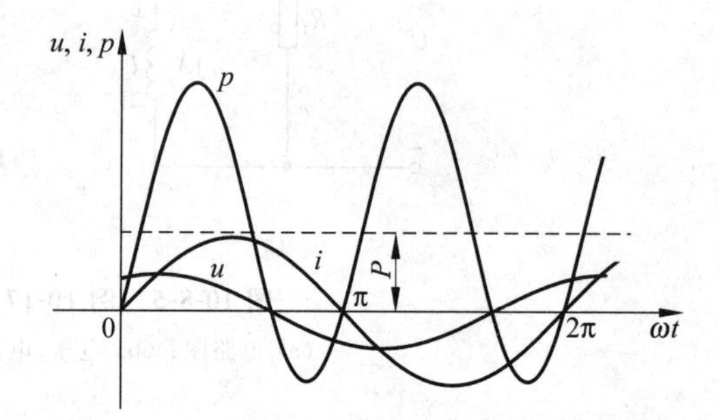

图 10-9-2 电流、电压和瞬时功率的波形图

图 10-9-2 中示有电压 u、电流 i 和瞬时功率 p 的波形图。由式(10-9-1)可见:瞬时功率中有一项 $UI\cos\varphi$,是不随时间变化的;另一项 $-UI\cos(2\omega t+\varphi)$,是以两倍的角频率($2\omega$)随时间作余弦变化的。当 u,i 符号相同时,p 为正值,表明在这样的时刻电路从它的外部得到功率;当 u,i 符号相异时,则 p 为负值,表明在这样的时刻电路实际上是向外输出功率。电路的瞬时功率的这种变化表明,外部电路和二端网络之间有能量交换的现象。如果二端网络内不含有独立电源,这种能量交换的现象就是由网络内部的储能元件所引起的。

二端网络吸收的平均功率 P 为瞬时功率 $p(t)$ 在一个周期的平均值,即

$$P=\frac{1}{T}\int_0^T p(t)\,\mathrm{d}t$$

将式(10-9-1)代入上式,得

$$P=\frac{1}{T}\int_{0}^{T}[UI\cos\varphi-UI\cos(2\omega t+\varphi)]\mathrm{d}t=UI\cos\varphi \tag{10-9-2}$$

由此可见，网络吸收的平均功率等于电压、电流有效值和电压、电流相位差角余弦的乘积。平均功率的单位是瓦(W)。

在二端网络为纯电阻情况下，电压和电流同相位，阻抗角 $\varphi=0$，则 $\cos\varphi=1$，二端网络吸收的平均功率为

$$P_R=UI$$

设二端网络的入端电阻为 R，则

$$P_R=I^2R=\frac{U^2}{R}$$

在二端网络是纯电抗网络情况下，阻抗角 $\varphi=\pm90°$，功率因数 $\cos\varphi=0$，则网络吸收的平均功率

$$P_X=0$$

这就是说，由电感和电容组成的纯电抗网络吸收的平均功率为零，表明电抗元件不消耗电能，称它们为无损元件。

二端网络端口电压 U 和电流 I 的乘积 UI 称为该网络的视在功率，用符号 S 来表示，即

$$S=UI$$

视在功率用伏安(V・A)作单位，以区别于平均功率。

式(10-9-2)中 $\cos\varphi$ 称为该二端网络的功率因数，φ 角叫做功率因数角，用字母 λ 表示功率因数，即 $\lambda=\cos\varphi$。正弦稳态下电路的功率因数是平均功率和视在功率的比值，即

$$\lambda=\cos\varphi=\frac{P}{S}$$

功率因数是无量纲的。

不含有独立电源的线性二端网络的入端阻抗可表示为 $Z=R+\mathrm{j}X$。当 $X>0$ 时阻抗呈电感性；$X<0$ 时阻抗呈电容性。假如电阻 R 为正值，则感性阻抗的阻抗角

$$0<\varphi=\arctan\frac{X}{R}<\frac{\pi}{2}$$

即功率因数角为正，因为电流相位落后于电压相位，称为滞后的功率因数；而容性阻抗的阻抗角

$$-\frac{\pi}{2}<\varphi=\arctan\frac{X}{R}<0$$

即功率因数角为负，因为电流相位领先于电压相位，称为超前的功率因数。一般网络的功率因数在 0～1 范围内。例如 $\lambda=\cos\varphi=0.5$(滞后)，则表示入端阻抗角 $\varphi=60°$，阻抗呈感性。

【例 10-18】 求图 10-9-3 所示电路中 4Ω 电阻吸收的平均功率并分别求出各电源所发出的平均功率。

解 设回路电流 $\dot{I}_1$ 和 $\dot{I}_2$ 如图中所示方向。记 4Ω 电阻所吸收的功率为 P_R；40V 电源和 20V 电源发出的平均功率分别为 P_1 和 P_2。

回路电压方程为

$$(4-\mathrm{j}4)\dot{I}_1-4\dot{I}_2=40\angle 0^\circ$$

$$-4\dot{I}_1+(4+\mathrm{j}4)\dot{I}_2=-20\angle 0^\circ$$

解出

$$\dot{I}_1=5+\mathrm{j}10=11.18\angle 63.4^\circ\ \mathrm{A}$$

$$\dot{I}_2=5+\mathrm{j}5=7.07\angle 45^\circ\ \mathrm{A}$$

$$\dot{I}_R=\mathrm{j}5=5\angle 90^\circ\ \mathrm{A}$$

所以,4Ω 电阻吸收的平均功率 P_R 为

$$P_R=I_R^2R=25\times 4=100\ \mathrm{W}$$

40V 电源发出的平均功率为

$$P_1=40\times 11.18\cos(0^\circ-63.4^\circ)=200\ \mathrm{W}$$

20V 电源发出的平均功率为

$$P_2=-20\times 7.07\cos(0^\circ-45^\circ)=-100\ \mathrm{W}$$

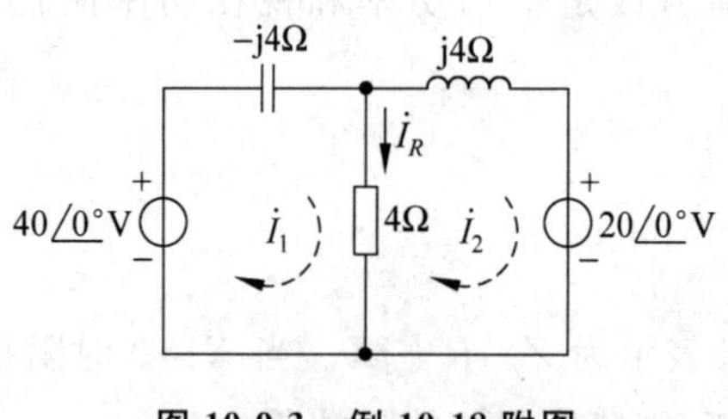

图 10-9-3 例 10-18 附图

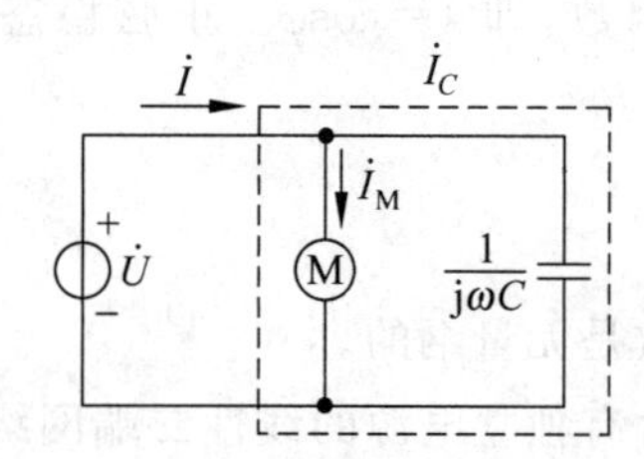

图 10-9-4 例 10-19 附图

【例 10-19】 一台额定功率为 1kW 的电动机接到电压有效值为 220V,频率为 50Hz 的电源,如图 10-9-4 所示。已知电动机的功率因数 $\lambda=\cos\theta=0.8$(滞后),和电动机并联的电容为 30μF。求虚线框内负载电路的功率因数。

解 设电源电压 $\dot{U}=220\angle 0^\circ$ V,由式(10-9-2)得流经电动机电流

$$I_\mathrm{M}=\frac{P}{U\cos\theta}=\frac{1000}{220\times 0.8}=5.682\mathrm{A}$$

又已知电动机的功率因数

$$\cos\theta=0.8(\text{滞后})$$

得

$$\theta = 36.87^\circ$$

因此电动机中电流

$$\dot{I}_M = 5.682 \angle -36.87^\circ \text{ A}$$

电容中电流

$$\dot{I}_C = \frac{\dot{U}}{-j\dfrac{1}{\omega C}} = \frac{220\angle 0^\circ}{-j106.1} = j2.074\text{A}$$

于是得总电流

$$\dot{I} = \dot{I}_M + \dot{I}_C = 4.546 - j1.335 = 4.74 \angle -16.4^\circ \text{ A}$$

并联负载电路的功率因数为

$$\lambda = \cos\varphi = \cos[0^\circ - (-16.4^\circ)] = 0.959(\text{滞后})$$

从此例看到，并入电容后电路的功率因数由滞后的0.8提高到0.959。由于电容不消耗平均功率，电动机在并入电容前后吸收的功率不变，在接有和未接有电容的两种情况下，电源发出的功率均为1kW，但电源所提供的电流却由5.682A减为4.74A。输电线上电流的减少，就能够减少线路损失的功率。

10.10 复功率

在用相量法分析正弦电流电路时，引入复功率的概念，可以简化功率的计算。

在图10-10-1中，二端网络端钮间的电压和流入电流的相量分别为$\dot{U}=U\angle\psi_u$和$\dot{I}=I\angle\psi_i$，负载吸收的平均功率为

$$P = UI\cos(\psi_u - \psi_i)$$

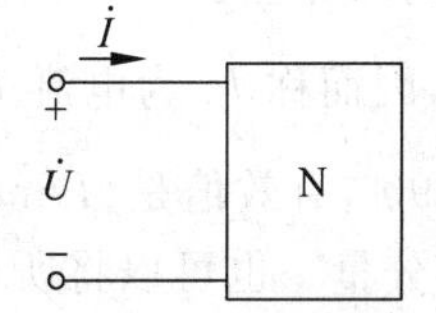

图10-10-1 二端网络

利用欧拉公式，上式可写成

$$P = UI\text{Re}[e^{j(\psi_u - \psi_i)}] = \text{Re}(Ue^{j\psi_u} Ie^{-j\psi_i}) \qquad (10\text{-}10\text{-}1)$$

上式括号内的$Ue^{j\psi_u}$项是电压相量$\dot{U}$，而$Ie^{-j\psi_i}$是电流相量$\dot{I}$的共轭相量，即

$$\dot{I}^* = Ie^{-j\psi_i}$$

于是式(10-10-1)可写为

$$P = \text{Re}[\dot{U}\dot{I}^*] \qquad (10\text{-}10\text{-}2)$$

上式表明负载吸收的平均功率是复数($\dot{U}\dot{I}^*$)的实部。把复数$\dot{U}\dot{I}^*$记为$\bar{S}$，即

$$\bar{S} = \dot{U}\dot{I}^*$$

称为此二端网络所吸收的复功率，用 S 符号上面加一短横线表示，以区别于视在功率。

复功率也可写成

$$\bar{S} = UI\mathrm{e}^{\mathrm{j}\varphi} = UI\angle\varphi = S\angle\varphi$$

由此可见：复功率的模就是视在功率 S；复功率的幅角就是功率因数角。将复功率的表示式写成直角坐标形式的复数，便有

$$\bar{S} = UI(\cos\varphi + \mathrm{j}\sin\varphi) = UI\cos\varphi + \mathrm{j}UI\sin\varphi = P + \mathrm{j}Q \qquad (10\text{-}10\text{-}3)$$

即

$$P = UI\cos\varphi$$
$$Q = UI\sin\varphi$$

复功率的实部是负载吸收的平均功率，它是负载实际消耗的功率，称为有功功率，单位是瓦特(W)。它的虚部称为无功功率，表示网络外部电源与网络内电抗之间能量的交换的一个度量。无功功率的单位是乏(var)。复功率和视在功率的单位相同，都是伏安(V・A)。

视在功率、有功功率和无功功率的关系可以用一个直角三角形表示。感性电路的功率三角形如图 10-10-2 所示。由功率三角形可得以下各关系式：

$$S = \sqrt{P^2 + Q^2}$$

$$\varphi = \arctan\frac{Q}{P}$$

$$\cos\varphi = \frac{P}{S}$$

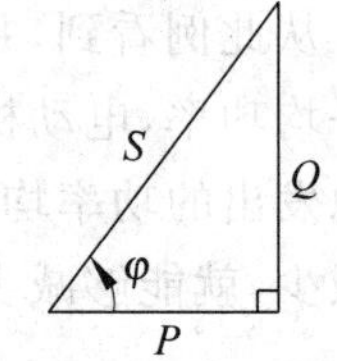

图 10-10-2　功率三角形

对于有功功率和无功功率可作如下解释。一般情况下，在电压、电流间存在着相位差，如图 10-10-3 所示。将所讨论的二端网络等效为一个电导和电纳并联的电路，如图 10-10-4 所示，则电导中的电流 $\dot{I}_G$ 与电压同相，大小是 $I\cos\varphi$，它和电压有效值的乘积就是有功功率 P，因而称 $\dot{I}_G$ 为电流 $\dot{I}$ 有功分量；另一个分量即电纳中的电流 $\dot{I}_B$ 与电压相量 $\dot{U}$ 的相位差为 $\pm 90°$，有效值是 $|I\sin\varphi|$，$I\sin\varphi$ 与电压有效值的乘积就是无功功率，因而称 $\dot{I}_B$ 为电流 $\dot{I}$ 的无功分量。也可以将所讨论的二端网络等效为一个电阻和电抗串联的电路，然后对它吸收的有功功率和无功功率作出与上面相仿的解释，这里就不作详细的讨论了。

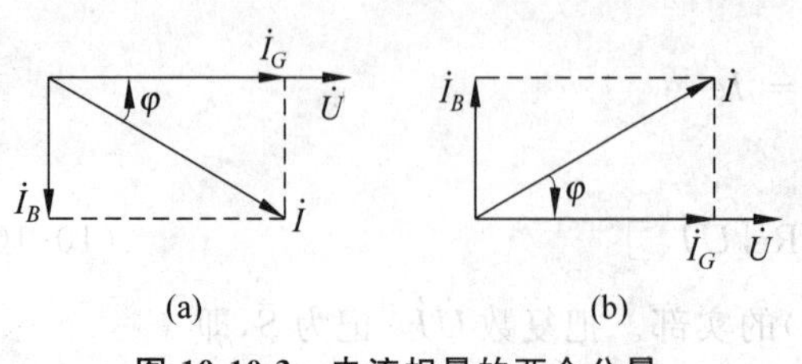

图 10-10-3　电流相量的两个分量

(a) 感性电路；(b) 容性电路

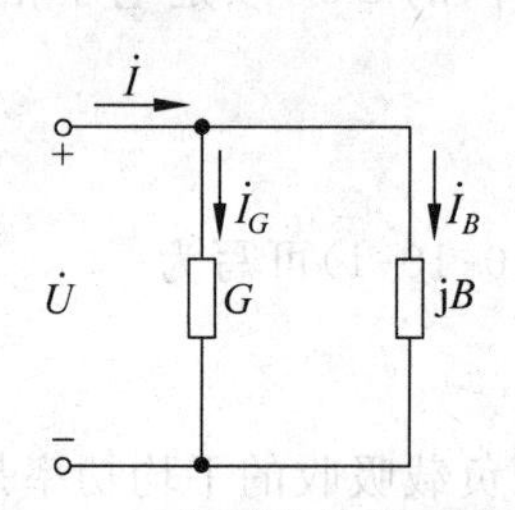

图 10-10-4　二端网络的并联等效电路

根据式(10-10-3)可分别得到电阻、电感和电容元件吸收的无功功率 Q_R,Q_L 和 Q_C：

$$Q_R = UI\sin 0° = 0$$

$$Q_L = UI\sin 90° = UI = I^2 X_L = \frac{U^2}{X_L} > 0$$

$$Q_C = UI\sin(-90°) = -UI = I^2 X_C = \frac{U^2}{X_C} < 0$$

由此可见：电阻元件的无功功率为零;电感元件吸收正的无功功率;电容元件吸收负的无功功率,即发出无功功率。这是因为取了 $\varphi=\psi_u-\psi_i$ 的缘故。如果取 $\varphi=\psi_i-\psi_u$,就会有相反的结果。

对于不含独立电源的二端网络而言,感性电路有滞后的功率因数($\varphi>0$),所以吸收无功功率。而容性电路有超前的功率因数($\varphi<0$),所以发出无功功率。

复功率平衡定理

与电阻电路中有功功率平衡定理相似,正弦稳态下的电路有下述复功率平衡定理：在正弦稳态下,任一电路的所有各支路吸收的复功率之和为零。设电路有 b 个支路,第 k 个支路的电压、电流分别记为 $\dot{U}_k$,$\dot{I}_k$,则复功率平衡定理可表示为

$$\sum_{k=1}^{b} \overline{S}_k = \sum \dot{U}_k \dot{I}_k^* = 0 \tag{10-10-4}$$

或

$$\sum_{k=1}^{b} (P_k + \mathrm{j}Q_k) = 0 \tag{10-10-5}$$

即

$$\sum_{k=1}^{b} P_k = 0 \tag{10-10-6}$$

$$\sum_{k=1}^{b} Q_k = 0 \tag{10-10-7}$$

这表明正弦稳态下电路的所有支路的有功功率之和为零;无功功率之和亦为零。这一定理还可用另一方式来叙述,即：电路中各电源所发出的有功功率、无功功率之和分别等于所有各负载吸收的有功功率、无功功率之和。

这一定理的证明很容易由特勒根定理作出。只要注意到支路电压相量 $\dot{U}_k$ 满足 KVL,支路电流相量的共轭相量 $\dot{I}_k^*$ 满足 KCL,就可以证明。

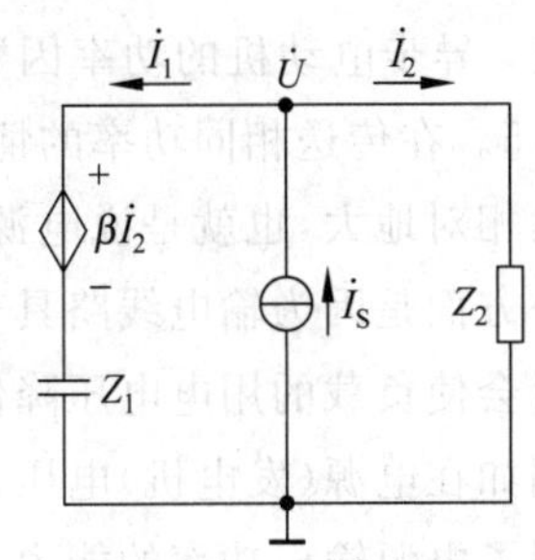

图 10-10-5 例 10-20 附图

【例 10-20】 图 10-10-5 所示电路中,已知 $\dot{I}_S=10\underline{/0°}$ A,$Z_1=-\mathrm{j}5\Omega$,$Z_2=(6+\mathrm{j}4)\Omega$,$\beta=7$。求各元件的复功率。

解 用节点电压法列方程,得

$$\left(\frac{1}{Z_1}+\frac{1}{Z_2}\right)\dot{U}=\dot{I}_S+\frac{\beta\dot{I}_2}{Z_1}$$

代入数据,求得

$$\dot{U}=(50+j250)\text{V}$$

$$\dot{I}_2=\frac{\dot{U}}{Z_2}=25(1+j1)\text{A}$$

$$\dot{I}_1=\dot{I}_S-\dot{I}_2=(-15-j25)\text{A}$$

电流源 $\dot{I}_S$ 发出复功率

$$\overline{S}=\dot{U}\dot{I}_S^*=(50+j250)\times 10=(500+j2500)\ \text{V}\cdot\text{A}$$

Z_2 吸收的复功率

$$\overline{S}_2=\dot{U}\dot{I}_2^*=Z_2\dot{I}_2\dot{I}_2^*=I_2^2Z_2=(7500+j5000)\ \text{V}\cdot\text{A}$$

Z_1 吸收的复功率

$$\overline{S}_1=I_1^2Z_1=-j4250\ \text{V}\cdot\text{A}$$

受控源吸收的复功率

$$\overline{S}_3=\beta\dot{I}_2\dot{I}_1^*=(\dot{U}-Z_1\dot{I}_1)\dot{I}_1^*=(-7000+j1750)\ \text{V}\cdot\text{A}$$

电路元件吸收的总复功率为三个元件的复功率之和

$$\overline{S}_1+\overline{S}_2+\overline{S}_3=(500+j2500)\ \text{V}\cdot\text{A}$$

它与电源发出的复功率相等。

功率因数的提高

在电力工程供电电路中,用电设备(负载)都联接至供电线路上。由输电线传输到用户的总功率 $P=UI\cos\varphi$,它除了和电压、电流有关外,还和负载的功率因数 $\lambda=\cos\varphi$ 有关。在实际用电设备中,小部分负载是纯电阻负载,大部分负载是作为动力用途的交流异步电动机,异步电动机的功率因数(滞后)较低,工作时一般在 0.75～0.85 左右,轻载时可能低于 0.5。在传送相同功率的情况下,负载的功率因数低,那么负载向供电设备所取的电流就必然相对地大,也就是说电源设备向负载提供的电流要大。这会产生两个方面的不良后果:一方面是因为输电线路具有一定的阻抗,电流增大就会使线路上电压降和功率损失增加,前者会使负载的用电电压降低,而后者则造成较大的电能损耗;另一方面,从电源设备角度看,例如在电源(发电机)电压、电流一定的情形下,$\cos\varphi$ 愈低,电源可能输出的功率愈低,就限制了电源输出功率的能力。因此,有必要提高负载的功率因数。

可以从两个方面来提高负载的功率因数:一方面是改进用电设备的功率因数,但这要涉及更换或改进设备;另一方面是在感性负载上适当地并联电容以提高负载的功率因数。下面举例说明。

【例 10-21】 已知图 10-10-6 电路中,电动机的端电压为 U,功率为 P,功率因数为 $\cos\varphi_1$。为了使电路的功率因数提高到 $\cos\varphi_2$,需并联多大的电容(设电源角频率为 ω)。

解 以电源电压为参考相量,画出图 10-10-6 所示电路的相量,如图 10-10-7 所示。并入电容前,电源提供的电流就是流过电动机的电流 $\dot{I}_M$。接入电容后,电路中便有了电容电流 $\dot{I}_C$,$\dot{I}_C$ 与 $\dot{I}_M$ 之和即是这时的总电流 $\dot{I}$,它与电源电压之间的相位差为 φ_2,从图中可见 $\varphi_2<\varphi_1$,电路的功率因数便得以提高。下面计算所需的电容值。

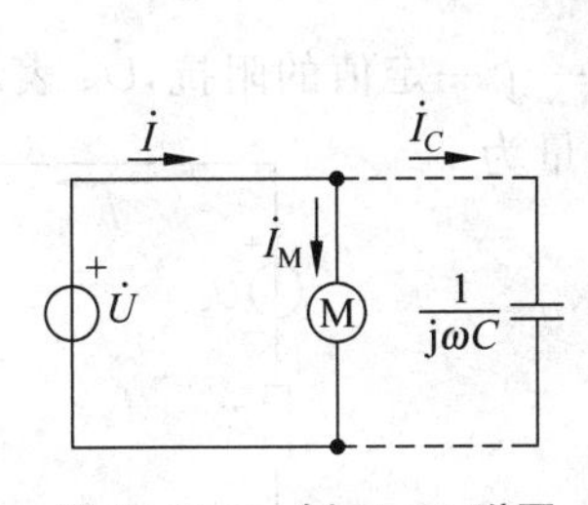

图 10-10-6 例 10-21 附图

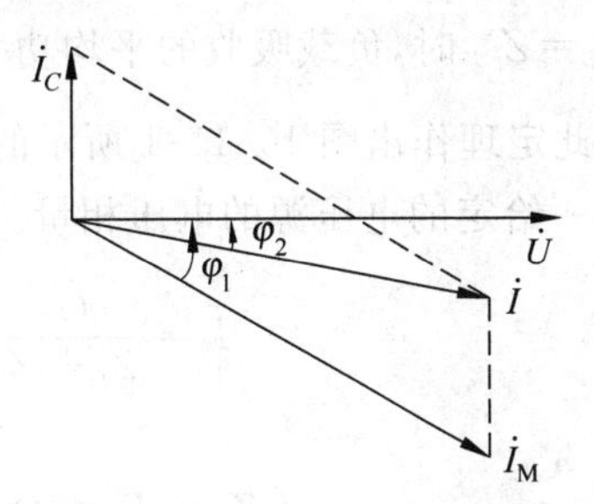

图 10-10-7 例 10-21 电路的相量图

由图 10-10-7,可得出

$$I_M\cos\varphi_1 = I\cos\varphi_2 = \frac{P}{U}$$

流过电容的电流

$$I_C = I_M\sin\varphi_1 - I\sin\varphi_2 = \frac{P}{U}(\tan\varphi_1 - \tan\varphi_2)$$

又

$$I_C = U\omega C$$

代入前式,得

$$C = \frac{P}{\omega U^2}(\tan\varphi_1 - \tan\varphi_2)$$

从图 10-10-7 可以看出,当选择 $I_C=I_M\sin\varphi_1$ 时,则电流相量 $\dot{I}$ 和电压相量 $\dot{U}$ 同相,功率因数 $\cos\varphi=1$。若再增大电容,使 $I_C>I_M\sin\varphi_1$,这时功率因数反而会下降。一般并联电容时,不必将功率因数提高到 1,因为这样做将增加电容设备的投资,而功率因数改善并不显著,通常达到 0.9 左右即可。

由并接电容元件前后负载消耗的有功功率不变,读者可尝试用功率三角形分析本例,可得出相同的结果,分析更为简洁。

10.11 最大功率传输定理

在很多实际应用中会遇到下面关于功率的问题：在正弦电源电压有效值保持不变和电源内阻抗一定的电源两端，接入怎样的负载才能获取最大的平均功率。本节介绍的下述定理对此作出了回答。

最大功率传输定理

接至电压为 $\dot{U}$ 内阻抗为 Z_i 的电源的负载，当负载阻抗 Z_L 等于电源内阻抗 Z_i 的共轭复数即 $Z_L=Z_i^*$ 时，负载吸收的平均功率为最大。

就此定理作出图 10-11-1 所示的电路，其中 Z_i 表示一个一定值的阻抗，$\dot{U}_S$ 表示角频率为 ω 的一给定的电压源的电压相量。此电路中的电流相量为

$$\dot{I}=\frac{\dot{U}_S}{Z_i+Z_L}$$

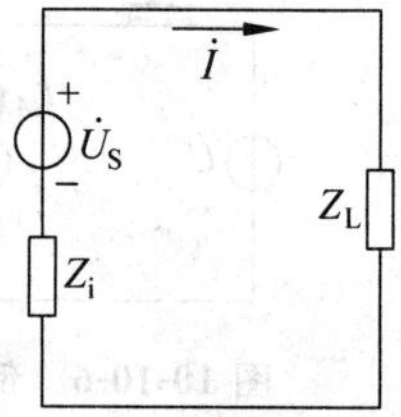

图 10-11-1 说明最大的功率传输定理的电路

令

$$Z_i=R_i+jX_i$$
$$Z_L=R_L+jX_L$$

于是，电流的有效值为

$$I=\frac{U_S}{\sqrt{(R_i+R_L)^2+(X_i+X_L)^2}}$$

负载吸收的平均功率

$$P=I^2R_L=\frac{U_S^2R_L}{(R_i+R_L)^2+(X_i+X_L)^2} \tag{10-11-1}$$

选择上式中 R_L 和 X_L 的值，使平均功率 P 为最大。首先看到 X_L 仅在分母中出现，对任何的 R_L 值，当 $X_L=-X_i$ 时分母为极小，因此可先定出 X_L 值。在 X_L 选定后，P 变成 P'

$$P'=\frac{U_S^2R_L}{(R_i+R_L)^2} \tag{10-11-2}$$

为确定 R_L 值，将 P'对 R_L 求导数，得

$$\frac{dP'}{dR_L}=U_S^2\left[\frac{1}{(R_i+R_L)^2}-\frac{2R_L}{(R_i+R_L)^3}\right]$$

令上式等于零，解得

$$R_L=R_i$$

因而能获得最大功率的负载阻抗应满足

$$R_L=R_i,\quad X_L=-X_i$$

在上述条件下负载所得的功率最大值为

$$P_{max} = \frac{U_S^2}{4R_i}$$

综上便有负载获得最大功率的条件是

$$Z_L = R_i - jX_i = Z_i^* \tag{10-11-3}$$

当上式成立时，我们称负载阻抗和电源阻抗共轭匹配，简称负载与电源匹配。

在共轭匹配电路中，负载得到的功率 $P_{max}=U_S^2/(4R_i)$，电源输出的功率 $P_S=IU_S=U_S^2/(2R_i)$。因此，电路的传输效率 $\eta=P_{max}/P_S=0.5$。也就是说，共轭匹配电路的传输效率只有50%。由于它传输效率低，所以共轭匹配电路只用在效率问题不是最重要的场合，如测量、信号处理等应用中的一些小功率电路，在这些应用中负载获最大功率相对于效率是更为重要的。对于电力系统，首要的考虑是效率，就不考虑匹配了。

还有一种情况是负载阻抗的模$|Z_L|$可以改变，但负载阻抗角 φ 是固定的，容易证明当负载阻抗的模$|Z_L|$与内阻抗的模$|Z_i|$相等时，负载可获得最大功率，这种情形有时称为模匹配。在这种情况下负载获得的最大功率比共轭匹配条件下获得的最大功率要小。

习　题

10-1　(1)已知电压 $u(t)=220\sin\left(314t+\frac{\pi}{6}\right)$V，求当纵坐标轴向左移动 $\pi/3$ 时，该电压的初相位；(2)已知电流 $i(t)=4\sin\left(314t+\frac{\pi}{6}\right)$A，求当纵坐标轴向右移动$\frac{\pi}{6}$时，该电流的初相位；(3)已知电流 $i_1(t)=10\sin314t$A，$i_2(t)=8\sin\left(314t-\frac{\pi}{6}\right)$A，求电流 $i_1(t)$领先电流 $i_2(t)$的相位差角；(4)已知电压 $u_1(t)=10\sin\left(314t+\frac{\pi}{3}\right)$V，$u_2(t)=5\cos\left(314t-\frac{\pi}{6}\right)$V，求电压 $u_1(t)$领先电压 $u_2(t)$的相位差角。

10-2　求题图10-2所示信号电压的平均值和有效值。

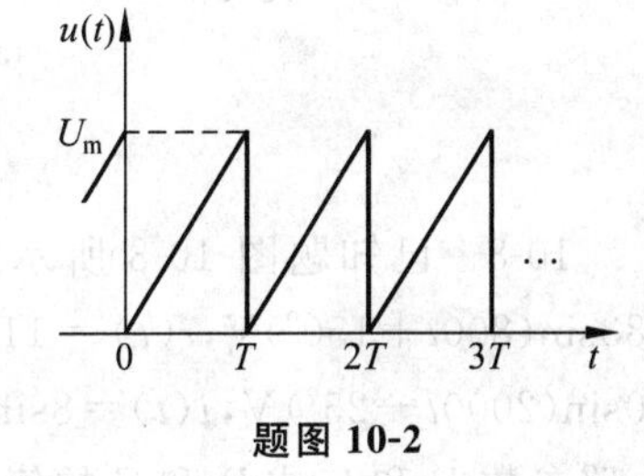

题图 10-2

10-3　已知电压 $u_1(t)=U_m\sin(314t+30°)$V，$u_2(t)=U_m\sin(314t+150°)$V，$u_3(t)=U_m\sin(314t-120°)$V，$u_4(t)=U_m\sin(314t+330°)$V。作出这些电压的波形，并画出各电压的相量图。

10-4　题图10-4所示电路中，电流源 $i_S(t)=2\sin(\omega t+30°)$A，频率 $f=200$Hz，电阻$R=10\Omega$，电感 $L=0.01$H，电容 $C=80\mu$F。求各元件电压的瞬时值和相量表示式。

10-5　求题图10-5(a)和(b)中电流表的读数(有效值)。已知 $i_1(t)=14.14\sin(\omega t-20°)$A，$i_2(t)=7.07\sin(\omega t+60°)$A，$i_3(t)=5\sin(\omega t+45°)$A，$i_4(t)=5\sin(\omega t-75°)$A，$i_5(t)=5\sin(\omega t-195°)$A。

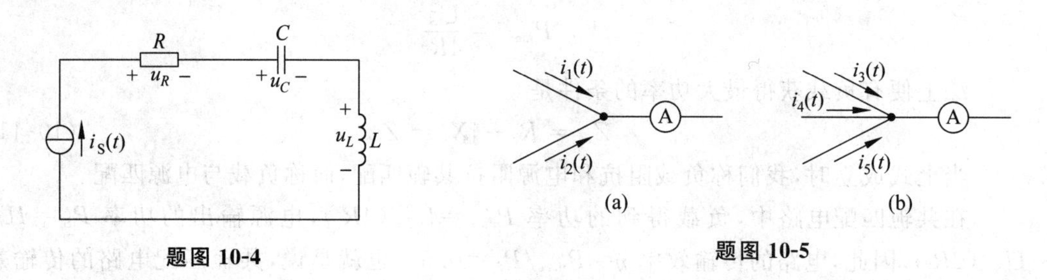

题图 10-4　　　　题图 10-5

10-6　根据相量图确定题图 10-6(a),(b)和(c)中电压 $u(t)$ 超前电流 $i(t)$ 还是滞后电流 $i(t)$。

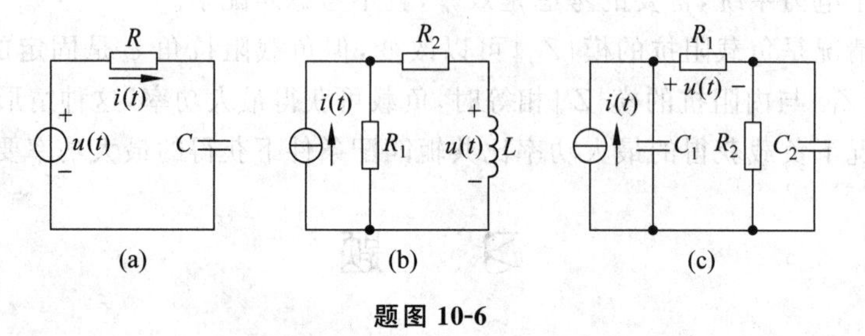

题图 10-6

10-7　已知题图 10-7 所示电路中电压表读数(有效值)Ⓥ₁为 6V,Ⓥ₂为 10V 和Ⓥ₃为 10V。电流表的读数Ⓐ₁为 5A,Ⓐ₂为 8A 和Ⓐ₃为 4A。求电压表Ⓥ和电流表Ⓐ的读数。

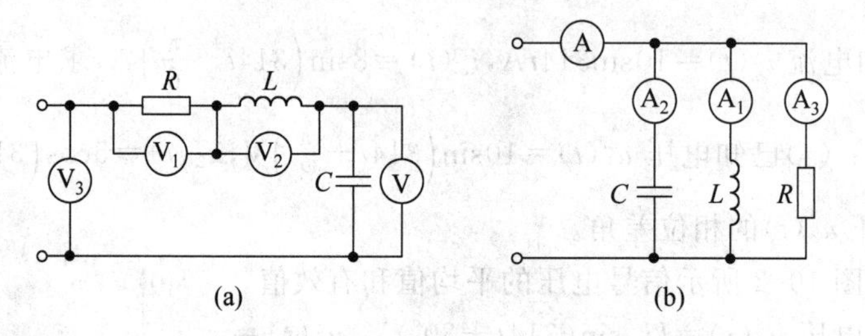

题图 10-7

10-8　已知题图 10-8 所示无源二端网络,其端钮上电压和电流分别为 (1) $u(t)=283\sin(800t+150^\circ)\text{V}, i(t)=11.3\sin(800t+140^\circ)\text{A}$; (2) $u(t)=50\sin(2000t-25^\circ)\text{V}, i(t)=8\sin(2000t+5^\circ)\text{A}$,分别求网络的等效电路参数 R 和 L 或 R 和 C 的值。

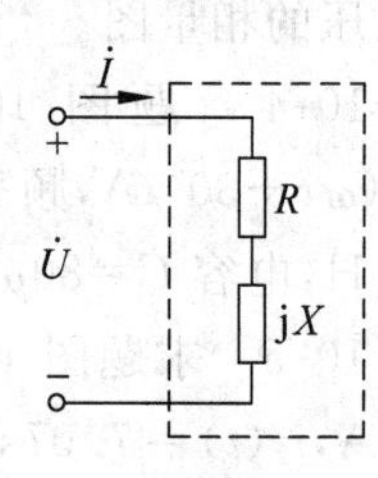

题图 10-8

10-9　已知题图 10-9 所示 RL 串联电路中,电感 $L=21.2\text{mH}$,当电源频率为 50Hz 时,电流落后电压 53.1°。试求电阻 R 的值。

10-10　题图 10-10 所示电桥已达平衡。求出被测元件 R_4 和 L 值与电桥其他各臂中元件值的关系式(电源的角频率为 ω)。

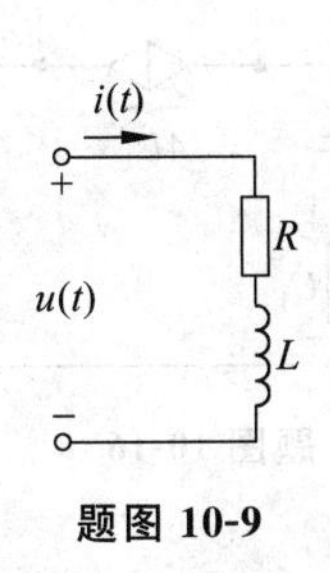

题图 10-9

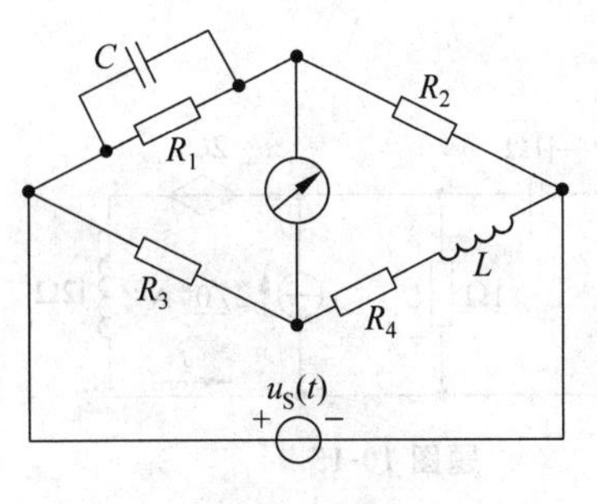

题图 10-10

10-11 求题图 10-11 所示电路的输出电压 $\dot{U}_o$。

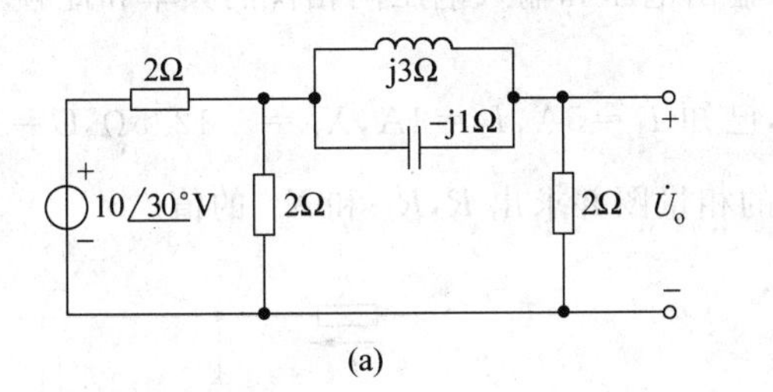

(a)

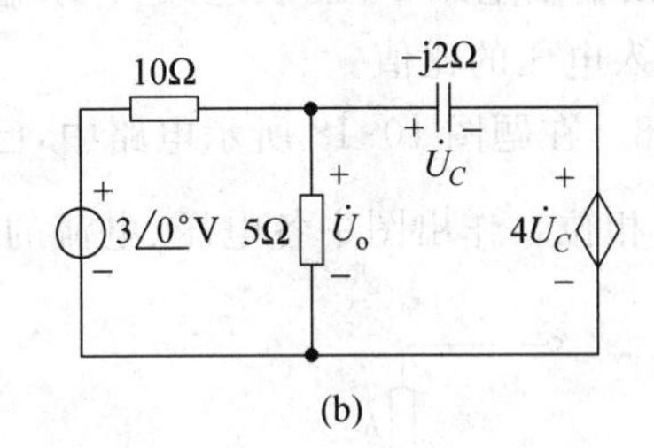

(b)

题图 10-11

10-12 用回路电流法求题图 10-12 所示电路中的各网孔电流。

10-13 用节点电压法求题图 10-13 所示电路中各电流。已知电压源 $\dot{U}_S=10\angle 0°$ V，电流源 $\dot{I}_S=10\angle 45°$ mA，$\omega L=1\text{k}\Omega$，$1/\omega C=2\text{k}\Omega$，$R=1\text{k}\Omega$。

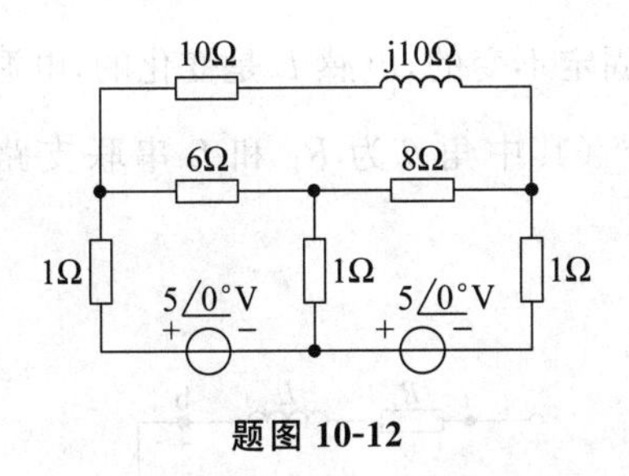

题图 10-12

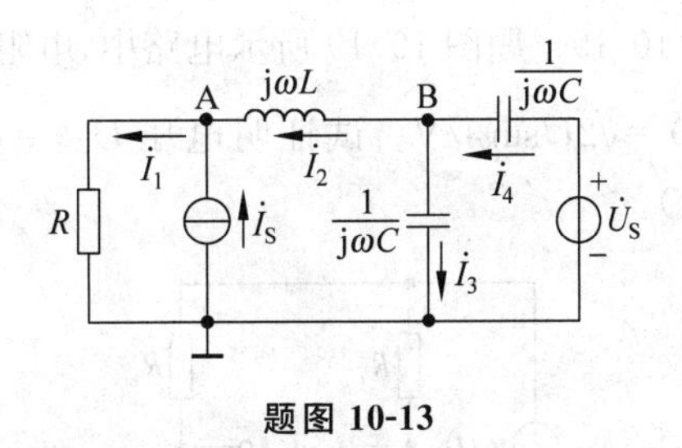

题图 10-13

10-14 求题图 10-14 所示电路的戴维南等效电路。

10-15 用戴维南定理求题图 10-15 所示电路中的电流 $\dot{I}$。

10-16 求题图 10-16 所示电路中的电压 $\dot{U}_X$。

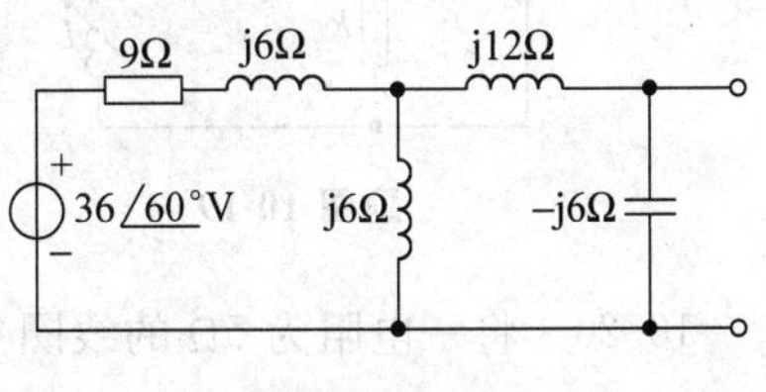

题图 10-14

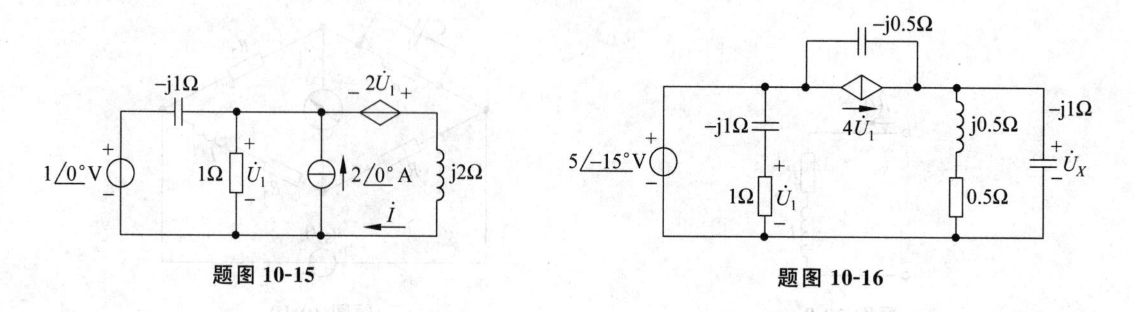

题图 10-15　　题图 10-16

10-17　题图 10-17 所示电路为一 RC 选频电路。已知输入电压 $\dot{U}_i$ 和电路元件的参数 R,C。写出输出电压 $\dot{U}_o$ 的表达式,并求输出电压和输入电压同相位的频率和此频率下输出电压与输入电压的比值。

10-18　在题图 10-18 所示电路中,已知 $I_1=5\text{A}$,$I_2=4\text{A}$,$X_C=-12.5\Omega$,$U=100\text{V}$,且 $\dot{U}$ 和 $\dot{I}$ 同相位。作出图中各电压、电流的相量图并求出 R,R_L 和 X_L 的值。

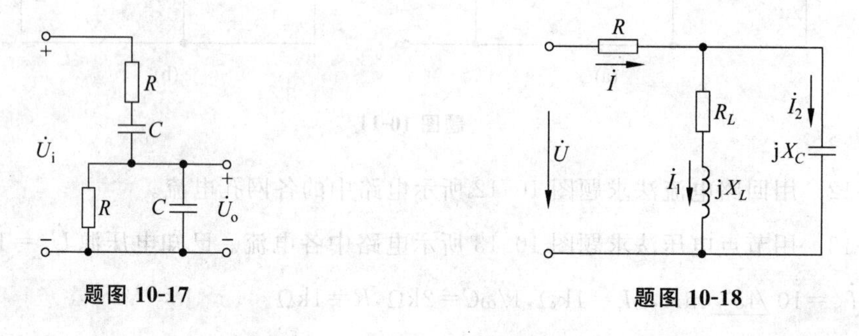

题图 10-17　　题图 10-18

10-19　题图 10-19 所示电路中,电阻 R_1 和 R 是固定不变的,电感 L 是变化的,电源电压 $u_S(t)=\sqrt{2}U\sin\omega t\,\text{V}$。试证明电压 $\dot{U}_{AB}=0.5U\angle{-2\theta}$ (其中角 θ 为 R_1 和 L 串联支路的阻抗角)。

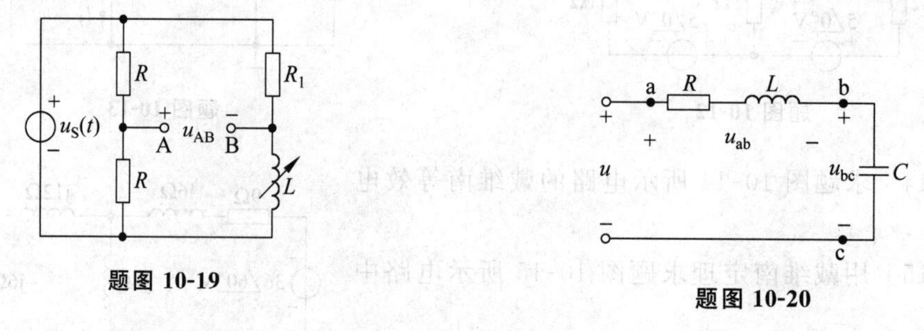

题图 10-19　　题图 10-20

10-20　将一电阻为 5Ω 的线圈与可变电容器串联,接到 20V 的正弦交流电压源上,电路如题图 10-20 所示。调节电容器的电容大小,使线圈两端电压 U_{ab} 和电容器端电压 U_{bc} 与电源电压相等，即 $U_{ab}=U_{bc}=20\text{V}$。画出电路中各电压的相量图，并计算电路消耗的有功功率。

10-21 设题图 10-21 所示电路中负载电阻 $R_L=10\Omega$，求负载电阻 R_L 消耗的功率。

10-22 已知题图 10-22 所示电路中，$\dot{U}_S=10\angle 0^\circ\ \text{V}$，$\dot{I}_S=1\angle 0^\circ\ \text{A}$，$X_1=5\Omega$，$X_2=10\Omega$，$R=5\Omega$，$X_C=-5\Omega$。求两个电源各自发出的有功功率和无功功率。

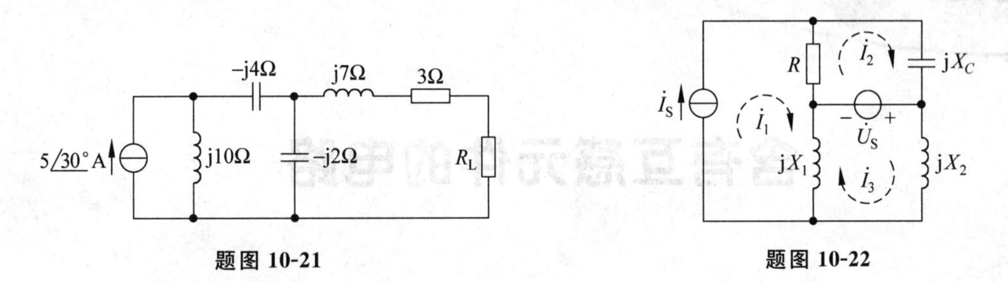

题图 10-21　　题图 10-22

10-23 三个负载并联接于电压为 220V 的电源上。感性负载 Z_1 吸收功率 $P_1=4.4\text{kW}$，$I_1=44.7\text{A}$，Z_2 吸收功率 $P_2=8.8\text{kW}$，$I_2=50\text{A}$，容性负载 Z_3 吸收功率 $P_3=6.6\text{kW}$，$I_3=60\text{A}$。求电源输出电流的有效值和电路总的功率因数。

10-24 接到 220V 工频电源的交流异步电动机，其功率为 2kW，功率因数 $\cos\varphi=0.7$（滞后）。现欲将功率因数提高到 0.9，问应并联多大的电容？

10-25 两个负载并联接到 220V 50Hz 的电压上。已知其消耗总功率为 3000W，功率因数为 0.9（滞后）。并已知其中一个负载吸收的功率为 1000W，功率因数为 0.82（滞后）。求 (1)另一负载吸收的功率和功率因数；(2)应并接什么电抗元件才能使电路总的功率因数为 1，并算出其值。

10-26 已知题图 10-26 所示电路中，电表Ⓐ的读数为 5A，V_1和V_2的读数为 220V 和 200V，W_1和W_2的读数分别为 650W 和 620W。求电路元件参数 R_1，R_2，X_1 和 X_2。

10-27 试求题图 10-27 所示电路中 L 和 C 值，使得当 $\omega=10^3\text{rad/s}$ 时，电源输送给负载电阻 R 的功率最大。

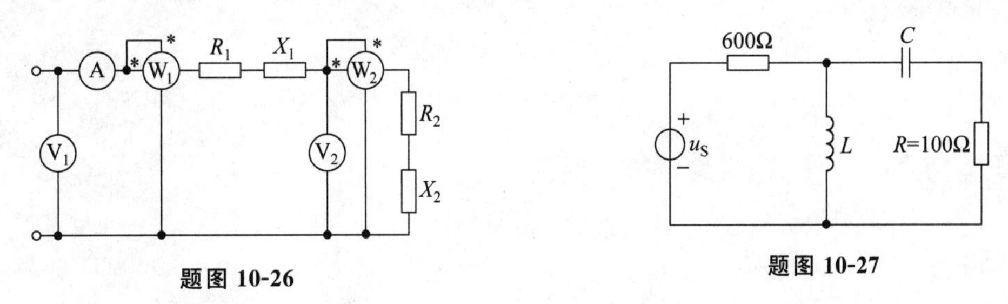

题图 10-26　　题图 10-27

10-28 (1)试求题图 10-21 中负载电阻 R_L 为何值时该负载电阻能获得最大功率，求出此最大功率；(2)试将负载电阻 R_L 用一个能吸收最大功率的阻抗代替，然后求出这个功率。

含有互感元件的电路

提 要

本章首先定义互感和表示两个有互感的线圈间耦合紧密程度的量——耦合系数。然后确定互感线圈的同名端，推导在有互感的线圈中因磁耦合而产生的互感电压的表达式。给出两个线圈在串联、并联时的等效电感，以及有公共端的两个互感线圈的去耦等效电路。最后研究含互感元件的电路的分析方法。

变压器是一种实现电能、电信号传递的装置。本章除了分析空心变压器的电路，导出它的等效电路外，还将介绍理想变压器的电路方程，并讨论它在变换电压、变换电流以及变换阻抗等方面的作用。

11.1 互感和互感电压

当电流 i 通过一线圈时，就在它周围产生磁场。如果有两个线圈相互靠近，那么其中一个线圈中的电流所产生的磁通有一部分穿过另一个线圈，在两个线圈间形成了磁的耦合，这两个线圈称为一对耦合线圈。

在图 11-1-1 中，线圈 1 中有电流 i_1。由电流 i_1 所产生的磁通为 Φ_{11}，其参考方向与电流 i_1 参考方向符合右螺旋定则。磁通 Φ_{11} 中有一部分仅与线圈 1 本身交链，称之为线圈 1 的漏磁通，用 Φ_{S1} 表示；另有一部分与线圈 2 相交链，称之为线圈 1 对线圈 2 的互感磁通，用 Φ_{21} 表示。它与线圈 2 相交链而形成的磁链记为 Ψ_{21}，它等于 Φ_{21} 与匝数 N_2 的乘积，即

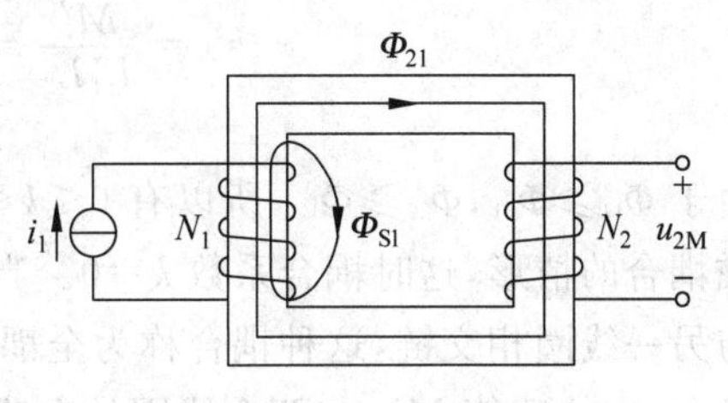

图 11-1-1 一对耦合线圈

$$\Psi_{21} = N_2\Phi_{21}$$

类似于自感的定义，定义线圈 1 对线圈 2 的互感量为互感磁链 Ψ_{21} 与产生此磁链的电流 i_1 之比，即

$$M_{21} \overset{\text{def}}{=} \left|\frac{\Psi_{21}}{i_1}\right| \tag{11-1-1}$$

同样，如果线圈 2 中有电流 i_2，它所产生的磁通为 Φ_{22}，其中与线圈 1 相耦合的磁通为 Φ_{12}，它与线圈 1 相交链而形成的磁链记为 Ψ_{12}，则有

$$\Psi_{12} = N_1\Phi_{12}$$

线圈 2 对线圈 1 的互感量定义为

$$M_{12} \overset{\text{def}}{=} \left|\frac{\Psi_{12}}{i_2}\right| \tag{11-1-2}$$

如果线圈周围的磁介质都是线性的（磁导率为常值），M_{12} 和 M_{21} 就都是常数值，而与电流值无关。由电磁场理论可以证明互感量 M_{12} 与 M_{21} 相等，即

$$M_{12} = M_{21} = M \tag{11-1-3}$$

M 称为线圈 1 和线圈 2 之间的互感量，简称互感。互感与自感有相同的单位名称，也是亨[利]（H）。

为表示两个线圈磁耦合紧密的程度，引入一个系数 k，称为耦合系数。它是这样定义的：设两个线圈的自感分别为 L_1，L_2，两个线圈间的互感为 M，耦合系数

$$k^2 = \frac{M^2}{L_1L_2} \quad 或 \quad k = \frac{M}{\sqrt{L_1L_2}}$$

耦合系数愈大，表明两个线圈的磁耦合愈紧密，而且有 $0 \leqslant k \leqslant 1$。这可从下面的情形看出：设两个线圈中分别有电流 i_1，i_2，两个线圈的匝数分别为 N_1，N_2，由互感、自感的定义，有

$$\Psi_{11} = N_1\Phi_{11} = L_1 i_1 \tag{11-1-4}$$

$$\Psi_{22} = N_2\Phi_{22} = L_2 i_2 \tag{11-1-5}$$

$$\Psi_{21} = N_2\Phi_{21} = M i_1 \tag{11-1-6}$$

$$\Psi_{12} = N_1\Phi_{12} = M i_2 \tag{11-1-7}$$

于是

$$k^2 = \frac{M^2}{L_1L_2} = \frac{\dfrac{N_2\Phi_{21}}{i_1}\cdot\dfrac{N_1\Phi_{12}}{i_2}}{\dfrac{N_1\Phi_{11}}{i_1}\cdot\dfrac{N_2\Phi_{22}}{i_2}} = \frac{\Phi_{21}\Phi_{12}}{\Phi_{11}\Phi_{22}}$$

由于 $\Phi_{11}\geqslant\Phi_{21}$；$\Phi_{22}\geqslant\Phi_{12}$，所以有 $0\leqslant k\leqslant 1$。当互感磁通 Φ_{21}、Φ_{12} 为零时，就是两个线圈间无磁耦合的情形，这时耦合系数 $k=0$。当 $\Phi_{11}=\Phi_{21}$，$\Phi_{22}=\Phi_{12}$ 时，即每一线圈产生的磁通全部与另一线圈相交链，这种耦合称为全耦合，这时 $k=1$。在这一情况下两线圈间的互感 M 为最大，它的数值 $M_{\max}$ 与两个线圈的自感 L_1、L_2 有如下的关系：

$$M_{\max} = \sqrt{L_1L_2}$$

上式表明互感量 M 的值不大于两个线圈自感的几何平均值。

下面讨论由互感作用产生的互感电压。根据电磁感应定律，按右螺旋定则取互感电压和互感耦合磁通的参考方向，互感电压为

$$u_{2\mathrm{M}} = \frac{\mathrm{d}\Psi_{21}}{\mathrm{d}t} = M\frac{\mathrm{d}i_1}{\mathrm{d}t}$$

$$u_{1\mathrm{M}} = \frac{\mathrm{d}\Psi_{12}}{\mathrm{d}t} = M\frac{\mathrm{d}i_2}{\mathrm{d}t}$$

下面考虑图 11-1-2(a)和(b)两组耦合线圈，它们之间的区别就是第二个线圈的绕向不同。根据右螺旋定则，图(a)和图(b)中由电流 i_1 所产生的互感耦合磁通 Φ_{21} 方向如图中箭头所示为向上。但由于第二个线圈的绕向不同，所以图(a)中互感电压为

$$u_{\mathrm{ab}} = M\frac{\mathrm{d}i_1}{\mathrm{d}t}$$

图(b)中互感电压为

$$u_{\mathrm{ab}} = -M\frac{\mathrm{d}i_1}{\mathrm{d}t}$$

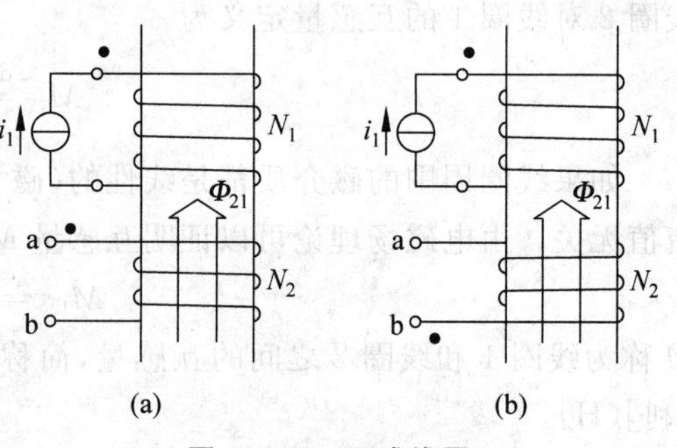

图 11-1-2　互感线圈

(a) 两线圈的绕向相同；(b) 两线圈的绕向相反

由此可见，互感电压的方向不仅和耦合磁通的方向有关，而且还和线圈的绕向有关。为了确定互感电压的方向，就需要在电路图中画出互感线圈的绕向，这样做很不方便。为了能方便地确定互感电压的方向，在有互感的两个线圈的端点注以"同名端"的标记。同名端是分属于两个线圈的这样两个端点：当两个电流各自从这两端流入时，各线圈中自感磁通与

互感磁通方向相同，或者说两个线圈中电流所产生的磁场是互相加强的，这两个端点便是同名端。同名端用点“·”或星号“*”来标注。按此定义，图11-1-2中两个线圈的同名端如图中所示。注明了同名端就可以确定互感电压的方向，这样在电路图中就不必再画出互感线圈的绕向，只需标出它们的同名端，如图11-1-3中所示的那样。

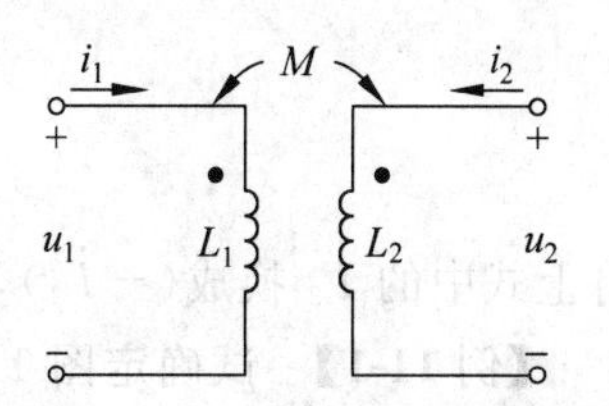

图 11-1-3　互感线圈的电路图

根据右螺旋定则，很容易确定互感电压的方向。当电流和互感电压的参考方向相对于同名端一致时，电流由一个线圈的同名端流入，另一个线圈由同名端至另一端的互感电压为 $u_M=M\frac{di}{dt}$，反之则为 $u_M=-M\frac{di}{dt}$。据此写出图11-1-2所示电路中互感线圈的互感电压，所得结果与前面结果是一致的。

现在就图11-1-3所示的含互感的电路写出其电压与电流的关系式。此电路中线圈1的端电压包括自感电压和互感电压，因为电流 i_1 和电压 u_1 参考方向一致，所以自感电压是 $L_1\frac{di_1}{dt}$，电流 i_2 和电压 u_1 的参考方向相对于同名端一致，所以互感电压为 $M\frac{di_2}{dt}$，于是有

$$u_1=L_1\frac{di_1}{dt}+M\frac{di_2}{dt}$$

同理可得

$$u_2=L_2\frac{di_2}{dt}+M\frac{di_1}{dt}$$

若互感线圈的同名端和电压、电流参考方向如图11-1-4(a)所示，则线圈的电压、电流关系为

$$u_1=L_1\frac{di_1}{dt}-M\frac{di_2}{dt}$$

$$u_2=M\frac{di_1}{dt}-L_2\frac{di_2}{dt}$$

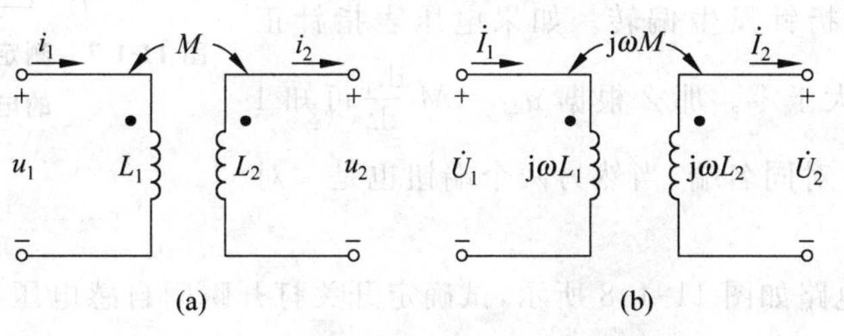

图 11-1-4　互感线圈的电路及其相量模型

(a) 互感线圈的电路；(b) 图(a)电路的相量模型

图 11-1-4(b)是图 11-1-4(a)所示电路的相量模型,其中的电压、电流的相量关系如下

$$\dot{U}_1 = j\omega L_1 \dot{I}_1 - j\omega M \dot{I}_2$$

$$\dot{U}_2 = j\omega M \dot{I}_1 - j\omega L_2 \dot{I}_2$$

将上式中的 $\dot{I}_2$ 换成($-\dot{I}_2$),就得到图 11-1-3 电路中电压、电流的相量关系式。

【例 11-1】 试确定图 11-1-5 所示耦合线圈的同名端。设正弦电流 $i=5\sin(2t-30°)$A 流入端钮 1,已知互感 $M=0.02$H,求电压 u_{43}。

解 根据同名端的定义,由两个线圈的绕向易确定出同名端为 1,4 或 2,3 端钮。已知电流 i 从 1 端钮流入,互感电压的正极性端是端钮 4,故互感电压

$$u_{43} = M\frac{di}{dt} = 0.02 \times 5 \times 2\cos(2t-30°) = 0.2\sin(2t+60°)\ \text{V}$$

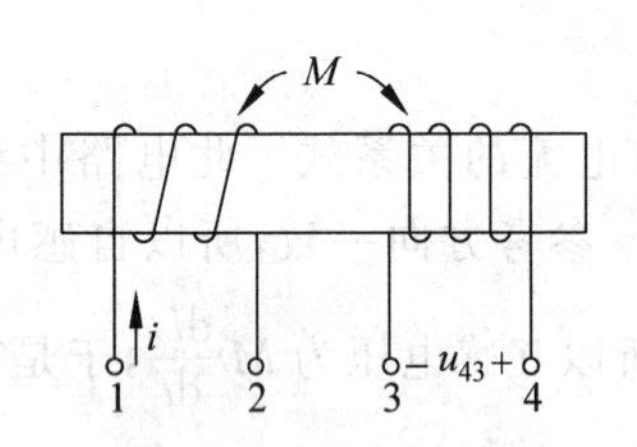

图 11-1-5 例 11-1 用图

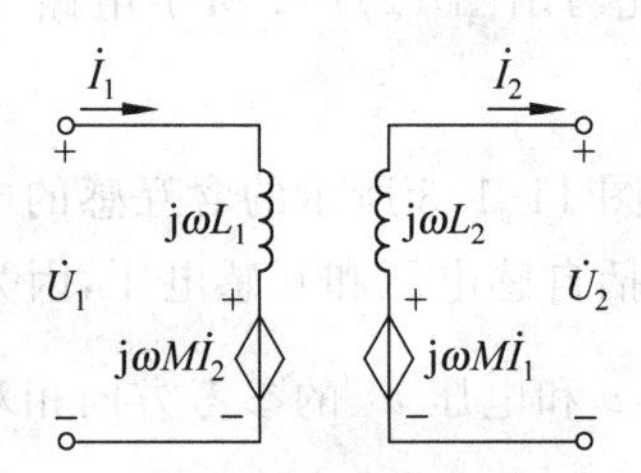

图 11-1-6 用受控源构成的图 11-1-4(b) 电路的等效模型

在具有互感耦合的电路中,互感电压的作用可以用电流控制的电压源来替代,这样,对于图 11-1-4(b)所示的电路就可以作出它的含有受控源的电路模型如图 11-1-6 所示。

两个线圈的同名端还可用实验方法确定。一个简单的方法是采用图 11-1-7 的电路。线圈 1 经过一个开关接到直流电压源上,串接一电阻以限制电流,线圈 2 接到一个直流电压表上,极性如图所示。当开关 S 合下后,电流 i_1 由零逐渐增大到一个稳态值。在闭合 S 瞬间,$\frac{di_1}{dt}>0$。此时,在线圈 2 中会产生互感电压,使电压表指针发生偏转。如果电压表指针正偏,表明电压 $u_{22'}$ 大于零。那么根据 $u_{22'}=M\frac{di_1}{dt}$可知 1 和 2 两个端钮是一对同名端,当然另两个端钮也是一对同名端。

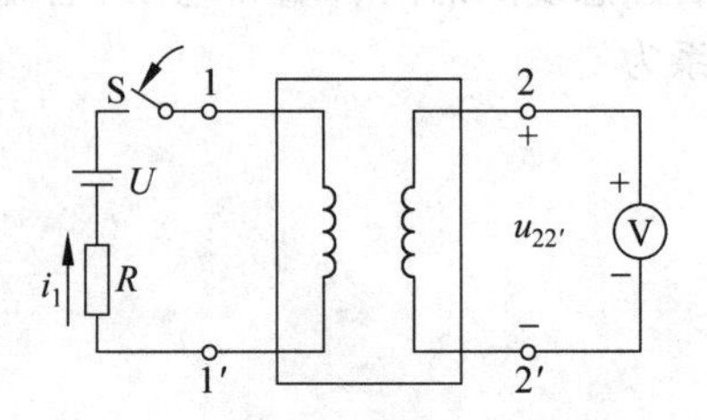

图 11-1-7 测定互感线圈的同名端的电路

【例 11-2】 电路如图 11-1-8 所示,试确定开关打开瞬间自感电压 $u_{11'}$ 和互感电压 $u_{22'}$ 的真实极性。

解 电流 i 的实际方向如图所示。当开关打开瞬间,电流 i 减小,$\frac{di}{dt}<0$。所以自感电压

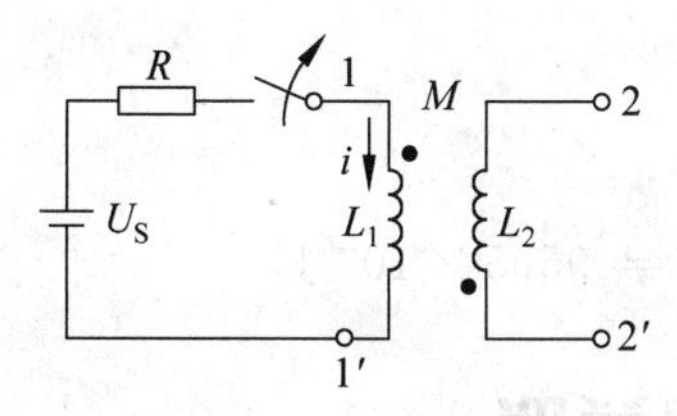

图 11-1-8 例 11-2 用图

$$u_{11'} = L_1 \frac{di_1}{dt} < 0$$

互感电压

$$u_{22'} = -M \frac{di}{dt} > 0$$

自感电压的真实极性是 1′为高电位端，互感电压的真实极性是 2 为高电位端。

下面讨论互感线圈的储能。在图 11-1-3 所示电路中，电压和电流的参考方向和线圈的同名端均已设定。为简单起见，令电路中电流起始值 $i_1(0)=0, i_2(0)=0$，即互感线圈的初始储能为零。在 ξ 时刻吸收的瞬时功率为

$$p(\xi) = u_1(\xi)i_1(\xi) + u_2(\xi)i_2(\xi)$$

在 ξ 至 $\xi+d\xi$ 的时间里，线圈所获能量即其中储能的增量为

$$\begin{aligned} dW &= p(\xi)d\xi = [u_1(\xi)i_1(\xi) + u_2(\xi)i_2(\xi)]d\xi \\ &= \left[\left(L_1 \frac{di_1(\xi)}{d\xi} + M\frac{di_2(\xi)}{d\xi}\right)i_1(\xi)\right]d\xi + \left[\left(L_2 \frac{di_2(\xi)}{d\xi} + M\frac{di_1(\xi)}{d\xi}\right)i_2(\xi)\right]d\xi \\ &= L_1 i_1(\xi)di_1(\xi) + L_2 i_2(\xi)di_2(\xi) + Mi_2(\xi)di_1(\xi) + Mi_1(\xi)di_2(\xi) \\ &= L_1 i_1(\xi)di_1(\xi) + L_2 i_2(\xi)di_2(\xi) + Md(i_1(\xi)i_2(\xi)) \end{aligned}$$

当此互感线圈中的电流 i_1, i_2 由零分别增至 t 时的 $i_1(t), i_2(t)$，电路中的储能即可由上式的积分求得，即

$$\begin{aligned} W &= \int_0^{i_1(t)} L_1 i_1 di_1 + \int_0^{i_2(t)} L_2 i_2 di_2 + \int_0^{i_1(t)i_2(t)} Md(i_1 i_2) \\ &= \frac{1}{2}L_1 i_1^2(t) + \frac{1}{2}L_2 i_2^2(t) + Mi_1(t)i_2(t) \end{aligned} \quad (11\text{-}1\text{-}8)$$

如果在图 11-1-3 的电路中，电流 i_1, i_2 是分别由两个非同名的端点流入，此时只需将式(11-1-8)中的互感 M 前加一负号，即可用它计算这一情形下互感线圈的磁场能量。所以两个有互感的线圈的磁场储能可以表示为

$$W_M = \frac{1}{2}L_1 i_1^2 + \frac{1}{2}L_2 i_2^2 \pm Mi_1 i_2$$

上式中，当 i_1, i_2 从同名端流入时 M 前取正号，否则取负号。

【例 11-3】 电路如图 11-1-9 所示。已知 $L_1=0.2\text{H}, L_2=0.8\text{H}, k=0.5$，电流 $i_1=18\sin(200t+60°)\text{mA}, i_2=20\sin(200t+30°)\text{mA}$。求 $t=0$ 时刻该耦合电感电路的储能。

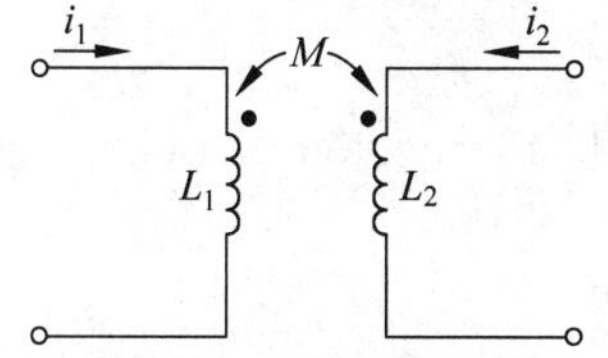

图 11-1-9 例 11-3 用图

解 电流 $i_1=18\sin(200t+60°)\text{mA}, i_1(0)=15.59\text{mA}$。

电流 $i_2=20\sin(200t+30°)\text{mA}, i_2(0)=10\text{mA}$。

互感

$$M = k\sqrt{L_1 L_2} = 0.5\sqrt{0.16} = 0.2\text{H}$$

$t=0$ 时刻电路的储能

$$W(t)\mid_{t=0}=\left(\frac{1}{2}L_1 i_1^2+\frac{1}{2}L_2 i_2^2+Mi_1 i_2\right)\Big|_{t=0}$$
$$=24.3\times10^{-6}+40\times10^{-6}+31.18\times10^{-6}=95.5\times10^{-6}\mathrm{J}$$

11.2 互感线圈的串联和并联

将有互感的两个线圈串联,有两种不同的连接方式:一种是将两个线圈的两个非同名端相连接,这种接法称为顺接,如图 11-2-1 所示;另一种是将两个线圈的同名端相连接,称为反接,如图 11-2-2 所示。无论是哪一种连接都可用一个不含互感的电路来等效替代。设两个线圈的电阻分别为 R_1 和 R_2,自电感分别为 L_1 和 L_2,它们之间的互感为 M,则可得串联线圈两端的电压和电流的关系式为

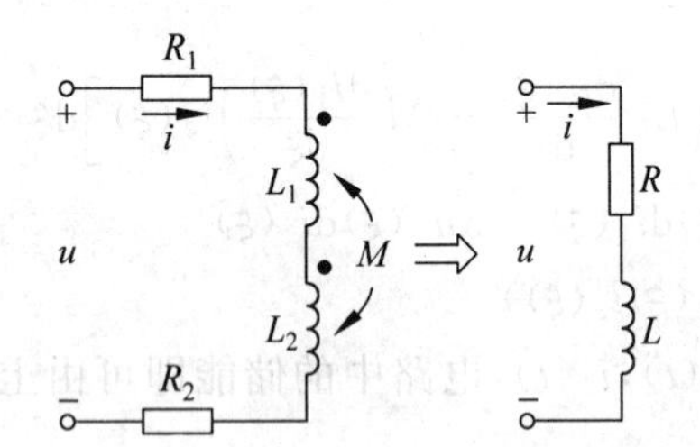

图 11-2-1 互感线圈的顺接

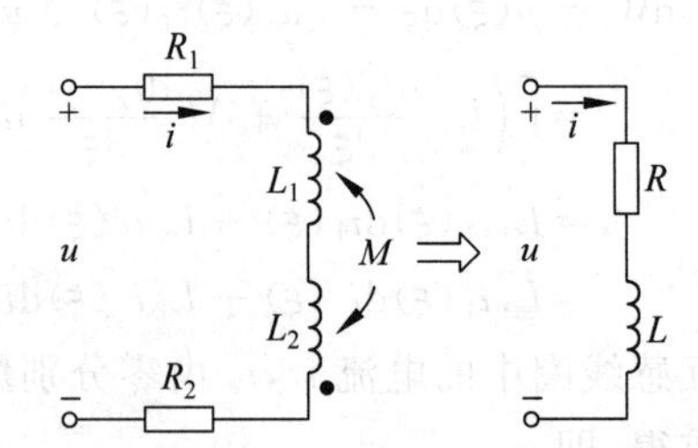

图 11-2-2 互感线圈的反接

$$u(t)=L_1\frac{\mathrm{d}i}{\mathrm{d}t}\pm 2M\frac{\mathrm{d}i}{\mathrm{d}t}+L_2\frac{\mathrm{d}i}{\mathrm{d}t}+R_1 i+R_2 i=(L_1+L_2\pm 2M)\frac{\mathrm{d}i}{\mathrm{d}t}+(R_1+R_2)i$$

由此可见,两个有互感的线圈串联后的等效电感为

$$L=L_1+L_2\pm 2M \tag{11-2-1}$$

式(11-2-1)中,当顺接时互感 M 前面取正号,反接时取负号。所以,顺接时等效电感大于两个线圈自电感之和,而反接时等效电感小于两个线圈自电感之和。这是因为顺接时电流自两个线圈的同名端流入,因此两个线圈中电流产生的磁通是相互加强的,线圈的总磁链增多;反接时两个线圈中电流产生的磁通是相互削弱的,线圈的总磁链减少。

互感线圈作串联联接时,由于任一时刻它的储能总是大于零的,即

$$W=\frac{1}{2}Li^2\geqslant 0$$

有

$$L_1+L_2\pm 2M\geqslant 0$$

得

$$M\leqslant\frac{1}{2}(L_1+L_2)$$

上式表明，两个线圈的互感 M 不可能大于两个线圈自电感的算术平均值。

在正弦电流激励下，可得电压、电流之间相量关系为

$$\dot{U}=[R_1+R_2+\mathrm{j}\omega(L_1\pm 2M+L_2)]\dot{I}$$

相应的电压、电流相量图如图 11-2-3 所示。其中图(a)为顺接时电压、电流相量图；图(b)为反接时的电压、电流相量图。当互感 M 大于两线圈中某个线圈的自感时，该线圈的电压相量落后于电流相量，但总电压相量仍领先电流相量。

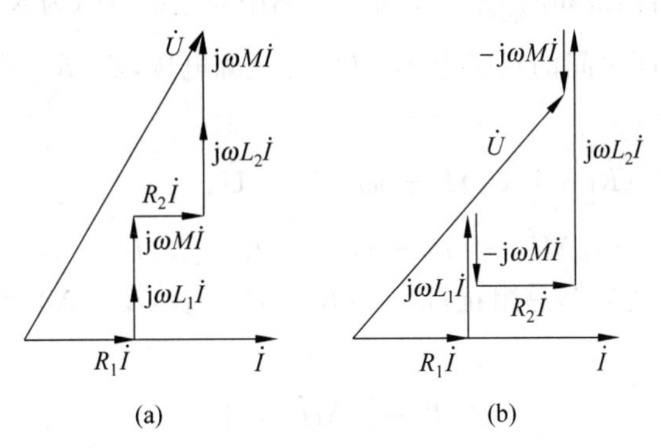

图 11-2-3 有互感的两线圈串联时的电压、电流相量图

(a) 顺接时的；(b) 反接时的

具有互感的线圈也可以并联联接。联接方式也有两种：一种是线圈的同名端同侧并联，如图 11-2-4(a)所示；另一种是线圈的同名端异侧并联，如图 11-2-4(b)所示。按图中标出的参考方向，有

$$\dot{U}=\mathrm{j}\omega L_1\dot{I}_1\pm\mathrm{j}\omega M\dot{I}_2$$

$$\dot{U}=\mathrm{j}\omega L_2\dot{I}_2\pm\mathrm{j}\omega M\dot{I}_1$$

$$\dot{I}=\dot{I}_1+\dot{I}_2$$

联立求解上面方程，可得入端阻抗

$$Z=\frac{\dot{U}}{\dot{I}}=\mathrm{j}\omega\frac{L_1L_2-M^2}{L_1+L_2\mp 2M}$$

即并联等效电感为

$$L=\frac{L_1L_2-M^2}{L_1+L_2\mp 2M}\qquad(11\text{-}2\text{-}2)$$

线圈同名端同侧并联时，上式分母中 $2M$ 项前取负号，线圈同名端异侧并联时 $2M$ 项前取正号。

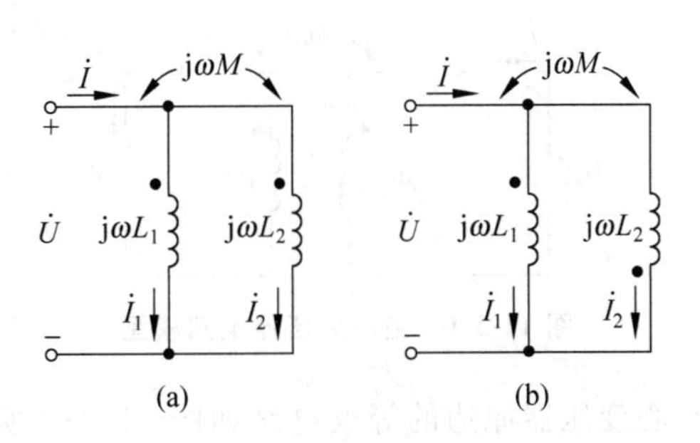

图 11-2-4 两个有互感的线圈的并联

(a) 同名端同侧并联；(b) 同名端异侧并联

11.3 有互感的电路的计算

具有互感耦合电路的典型例子是变压器。本节着重分析空心变压器的电路。这种变压器有两个绕在同一个非铁磁材料的芯柱上的线圈,其中一个线圈接到电源,称之为原边;另一个线圈接到负载,称之为副边,它通过磁耦合把电能由电源一侧传送到负载一侧。

空心变压器的电路模型如图 11-3-1 所示。图中原边的电阻为 R_1,电感为 L_1,副边的电阻为 R_2,电感为 L_2,线圈之间的互感为 M。$\dot{U}_S$ 是电源电压,$Z=R+jX$ 为负载阻抗。原、副边回路的电压方程如下:

$$\left.\begin{aligned}(R_1+j\omega L_1)\dot{I}_1-j\omega M\dot{I}_2&=\dot{U}_S\\-j\omega M\dot{I}_1+(R_2+j\omega L_2+R+jX)\dot{I}_2&=0\end{aligned}\right\}\tag{11-3-1}$$

令 $Z_{11}=R_1+j\omega L_1$ 为原边回路总阻抗;$Z_{22}=(R_2+R)+j(\omega L_2+X)=R_{22}+jX_{22}$ 为副边回路总阻抗,上式可改写为

$$Z_{11}\dot{I}_1-j\omega M\dot{I}_2=\dot{U}_S$$

$$-j\omega M\dot{I}_1+Z_{22}\dot{I}_2=0$$

由以上方程解得

$$\dot{I}_1=\frac{\dot{U}_S}{Z_{11}+\dfrac{(\omega M)^2}{Z_{22}}}\tag{11-3-2}$$

由上式可见有载空心变压器的输入阻抗为

$$Z_{in}=\frac{\dot{U}_S}{\dot{I}_1}=Z_{11}+\frac{(\omega M)^2}{Z_{22}}\tag{11-3-3}$$

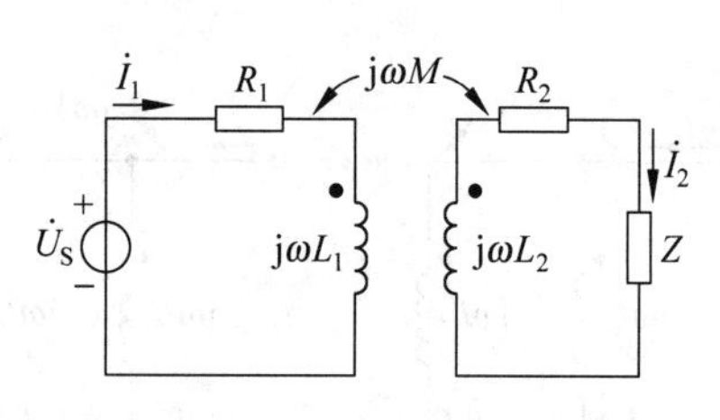

图 11-3-1 空心变压器电路模型

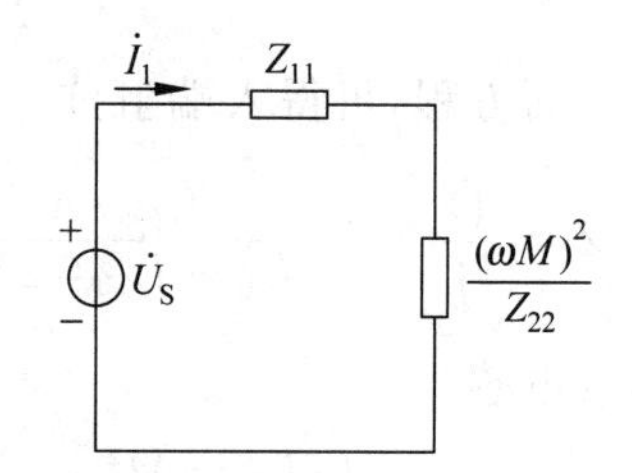

图 11-3-2 空心变压器原边等效电路

空心变压器原边的等效电路如图 11-3-2 所示。该电路中除了原边回路阻抗外,还有阻抗 $(\omega M)^2/Z_{22}$,称为引入阻抗。它反映了副边对原边的影响。若副边不接负载,即 Z 为无穷大,副边对原边的作用就不存在。副边接有负载时,则副边电路中的电流要影响原边的电流,引入阻抗的存在就反映了这一事实。为了更清楚地说明这一点,可将引入阻抗 Z_l 有理

化,得

$$Z_l=\frac{(\omega M)^2}{Z_{22}}=\frac{(\omega M)^2}{R_{22}+\mathrm{j}X_{22}}=\frac{\omega^2M^2R_{22}}{R_{22}^2+X_{22}^2}-\frac{\mathrm{j}\omega^2M^2X_{22}}{R_{22}^2+X_{22}^2}=R_l+\mathrm{j}X_l$$

上式中第一项称为引入电阻,第二项称为引入电抗。

电源输出功率 $P=I_1^2(R_1+R_l)$ 中,有一部分消耗在原边线圈上,其余部分消耗在引入电阻上,即

$$P_l=I_1^2R_l=I_1^2\frac{\omega^2M^2R_{22}}{R_{22}^2+X_{22}^2}$$

很容易证明这部分功率就是通过互感耦合传送到副边电路的功率。

由式(11-3-2)可以看出,原边电流 $\dot{I}_1$ 和原副边线圈同名端的相对位置无关,而副边电流的相位和同名端的位置有关,改变其中一个线圈的绕向,负载电流 $\dot{I}_2$ 的相位将改变 180°。

【例 11-4】 已知图 11-3-3 所示变压器电路中,$R_1=3\Omega,\omega L_1=40\Omega,R_2=10\Omega,\omega L_2=120\Omega,\omega M=30\Omega$,原边接电源电压 $\dot{U}_S=10\underline{/0^\circ}$ V,副边接负载电阻 $R=90\Omega$。求原边电流 $\dot{I}_1$ 和通过互感耦合传送到副边回路的功率。

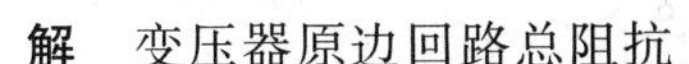

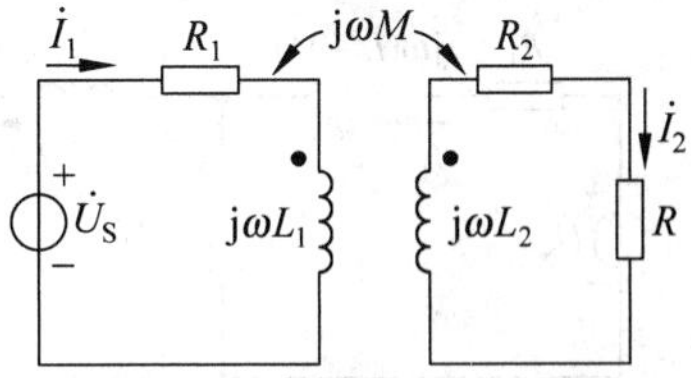

图 11-3-3 变压器电路

解 变压器原边回路总阻抗

$$Z_{11}=R_1+\mathrm{j}\omega L_1=(3+\mathrm{j}40)\Omega$$

副边回路总阻抗

$$Z_{22}=R+R_2+\mathrm{j}\omega L_2=(100+\mathrm{j}120)\Omega$$

由式(11-3-2)可得原边电流

$$\dot{I}_1=\frac{\dot{U}_S}{Z_{11}+\dfrac{(\omega M)^2}{Z_{22}}}=\frac{10\underline{/0^\circ}}{3+\mathrm{j}40+\dfrac{900}{100+\mathrm{j}120}}=0.2763\underline{/-79.35^\circ}\ \mathrm{A}$$

副边电流

$$\dot{I}_2=\frac{\mathrm{j}\omega M\dot{I}_1}{Z_{22}}=\frac{\mathrm{j}30\times0.2763\underline{/-79.35^\circ}}{100+\mathrm{j}120}=0.05314\underline{/-39.5^\circ}\ \mathrm{A}$$

经互感耦合输送到副边回路的功率即副边回路消耗的功率为

$$P=I_2^2(R_2+R)=0.05314^2\times100=0.282\mathrm{W}$$

由互感耦合到副边回路的功率也可通过引入电阻消耗的功率得到,即

$$P=I_1^2R_l=I_1^2\frac{\omega^2M^2R_{22}}{R_{22}^2+X_{22}^2}=0.282\mathrm{W}$$

图 11-3-1 所示空心变压器电路模型也可用 T 型等效电路来替代。等效电路中电压、电流之间关系仍应满足式(11-3-1),即

$$(R_1 + j\omega L_1)\dot{I}_1 - j\omega M\dot{I}_2 = \dot{U}_S$$

$$-j\omega M\dot{I}_1 + (R_2 + j\omega L_2 + Z)\dot{I}_2 = 0$$

将上面两个式子改写成下面形式：

$$[R_1 + j\omega(L_1 - M)]\dot{I}_1 + j\omega M(\dot{I}_1 - \dot{I}_2) = \dot{U}_S$$

$$-j\omega M(\dot{I}_1 - \dot{I}_2) + [R_2 + j\omega(L_2 - M) + Z]\dot{I}_2 = 0$$

根据以上的方程可以画出空心变压器的T型等效电路如图11-3-4所示。在该等效电路中不存在互感，三个电感都是自感，因此这个等效电路也称为互感耦合电路的去耦等效电路。

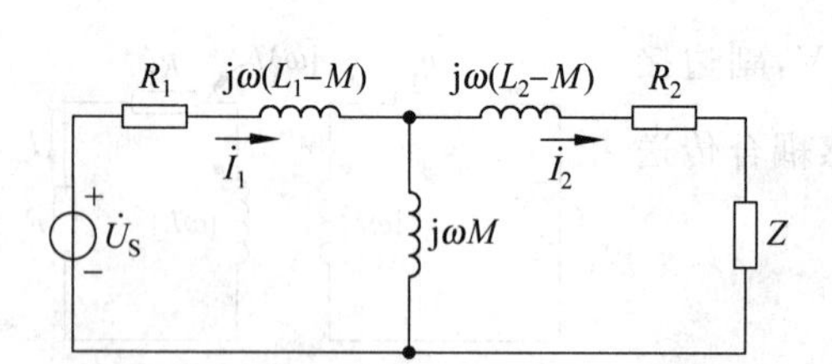

图 11-3-4　空心变压器的T型等效电路

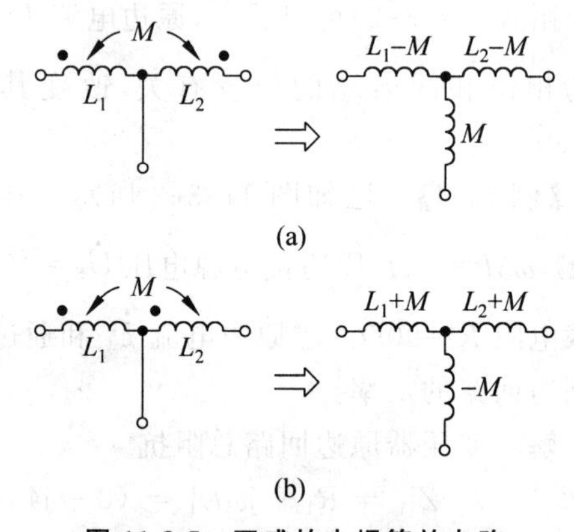

图 11-3-5　互感的去耦等效电路

(a) 两同名端相联；(b) 两非同名端相联

空心变压器去耦等效方法也适用于有一个公共端连接的两个互感线圈。假如线圈的同名端都在公共端一侧，可得到它的去耦等效电路如图11-3-5(a)所示。如果改变其中任一个线圈的同名端的位置，则所得的去耦等效电路如图11-3-5(b)所示。在图(b)去耦等效电路中出现了负电感，在图(a)电路中也可能出现负电感，在这样的情形下，这些去耦等效电路仍然是适用的，尽管这样的元件没有实际意义。

【例 11-5】　求图11-3-6所示电路ab端钮的入端阻抗。

解　图11-3-6所示电路的去耦等效电路如图11-3-7所示。很容易根据阻抗串并联公式得到入端阻抗为

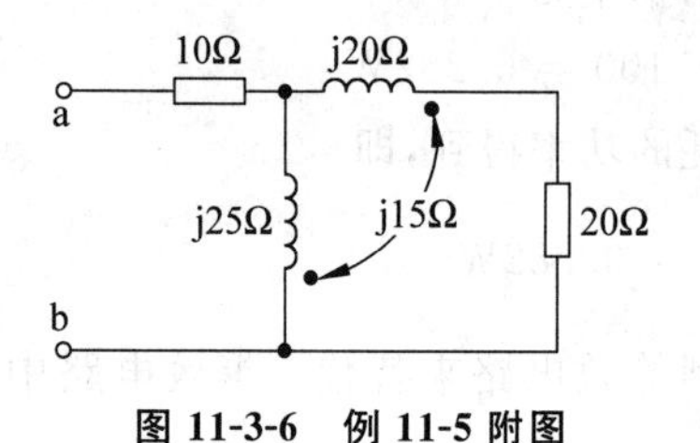

图 11-3-6　例 11-5 附图

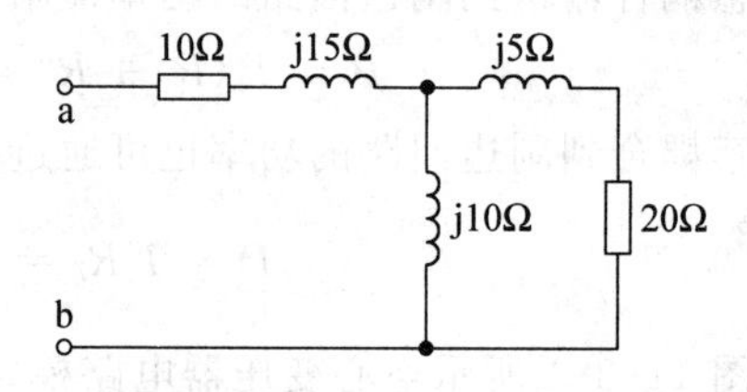

图 11-3-7　例 11-5 电路的去耦等效电路

$$Z_{ab}=10+j15+\frac{j10(20+j5)}{20+j15}=(13.2+j22.6)\Omega$$

11.4 全耦合变压器和理想变压器

全耦合变压器的两个线圈的耦合系数为1，它的电路可用图11-4-1来表示。在图示参考方向下，电压、电流的相量关系为

$$\left.\begin{aligned}\dot{U}_1&=j\omega L_1\dot{I}_1+j\omega M\dot{I}_2\\ \dot{U}_2&=j\omega M\dot{I}_1+j\omega L_2\dot{I}_2\end{aligned}\right\}\tag{11-4-1}$$

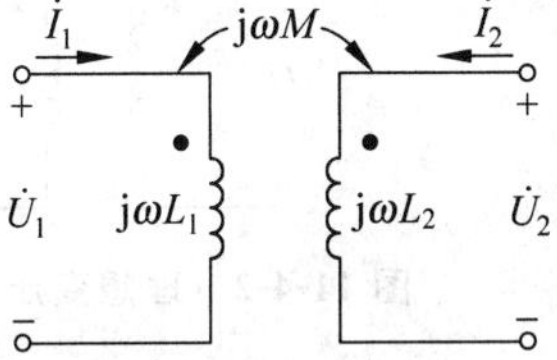

图 11-4-1 全耦合变压器

由上式可得

$$\dot{I}_1=\frac{\dot{U}_2-j\omega L_2\dot{I}_2}{j\omega M}\tag{11-4-2}$$

将全耦合关系式 $M=\sqrt{L_1L_2}$ 和式(11-4-2)代入式(11-4-1)的第一个方程，可得

$$\dot{U}_1=\frac{L_1}{M}\dot{U}_2=\sqrt{\frac{L_1}{L_2}}\dot{U}_2\tag{11-4-3}$$

上式表明全耦合变压器原、副边电压的比值等于原、副边线圈电感比值的平方根 $\sqrt{L_1/L_2}$，这一比值称为全耦合变压器的变化，用 n 来表示，n 的数值也等于原边与副边线圈的匝数比。由式(11-1-4)、式(11-1-5)、式(11-1-6)和式(11-1-7)，并结合全耦合时磁通间关系，即 $\Phi_{21}=\Phi_{11}$、$\Phi_{12}=\Phi_{22}$，可得出全耦合时

$$\sqrt{\frac{L_1}{L_2}}=\frac{N_1}{N_2}=n$$

式中 N_1 和 N_2 分别为原边线圈和副边线圈的匝数。

在全耦合变压器中，输入电压和输出电压的关系由原、副边线圈的匝数决定，即

$$\dot{U}_1=n\dot{U}_2\tag{11-4-4}$$

将上式和全耦合关系式 $M=\sqrt{L_1L_2}$ 和 $n=\sqrt{L_1/L_2}$ 代入式(11-4-2)可得全耦合变压器原、副边间电流关系为

$$\dot{I}_1=\frac{\dot{U}_1}{j\omega L_1}-\frac{1}{n}\dot{I}_2\tag{11-4-5}$$

式(11-4-4)和式(11-4-5)就是全耦合变压器原、副边间电压和电流的关系式。

如果两个全耦合线圈的自感 L_1 和 L_2 趋向无穷大，但保持 L_1 和 L_2 的比值仍为 n 的平方，式(11-4-5)即简化为

$$\dot{I}_1=-\frac{1}{n}\dot{I}_2\tag{11-4-6}$$

在这种情形下的全耦合变压器就成为理想变压器，其电压和电流的关系为

$$\dot{U}_1 = n\dot{U}_2$$

$$\dot{I}_1 = -\frac{1}{n}\dot{I}_2$$

理想变压器的电路图如图 11-4-2 所示。它的受控源模型如图 11-4-3 所示。

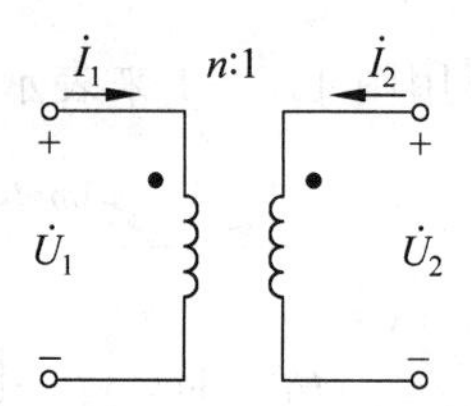

图 11-4-2 理想变压器的电路图

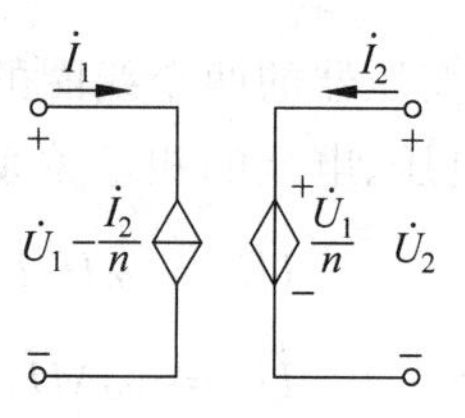

图 11-4-3 理想变压器的受控源模型

理想变压器是一种理想化的电路元件模型，实际的变压器线圈的电感 L_1 和 L_2 不可能趋于无穷大。含铁芯的变压器当工作在铁芯不饱和时，它的磁导率很大，因而电感较大，将铁心损耗忽略，就可以近似地视为理想变压器。

在理想变压器中，原绕组吸收的功率为 $u_1 i_1$，副绕组吸收的功率为 $u_2 i_2 = -u_1 i_1$，即输入到变压器原边的功率都通过副边输出给负载。变压器吸收的总功率为零，所以理想变压器是一种不储存能量也不消耗能量的元件。

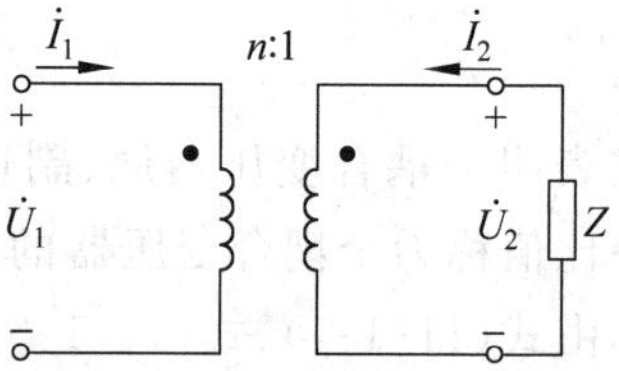

图 11-4-4 理想变压器的输入阻抗

理想变压器还有变换阻抗的作用。在图 11-4-4 中，如果理想变压器的副边接以阻抗 Z，则变压器原边的输入阻抗为

$$Z_{in} = \frac{\dot{U}_1}{\dot{I}_1} = \frac{n\dot{U}_2}{-\frac{1}{n}\dot{I}_2} = n^2\left(-\frac{\dot{U}_2}{\dot{I}_2}\right) = n^2 Z$$

在电子电路中常用具有接近于理想变压器性能的变压器来改变阻抗以满足电路的需要。例如某一放大器要求负载的阻抗为 1kΩ，而实际负载为 10Ω，可以在放大器和负载间接入一个匝数比 $n = \sqrt{1000/10} = 10$ 的变压器，这样就可以满足放大器对所接负载阻抗的要求。

全耦合变压器其实就是两个全耦合的互感线圈，可以用一个含理想变压器和电感组成的电路构成它的电路模型。根据式(11-4-4)和式(11-4-5)可以得到全耦合变压器的电路模型如图 11-4-5 所示。全耦合变压器和理想变压器是有差别的，前者一般是储能元件，而后者是不储能的元件。当全耦合变压器的等效电路中的 $L_1 \to \infty$ 时，它就成为理想变压器了。

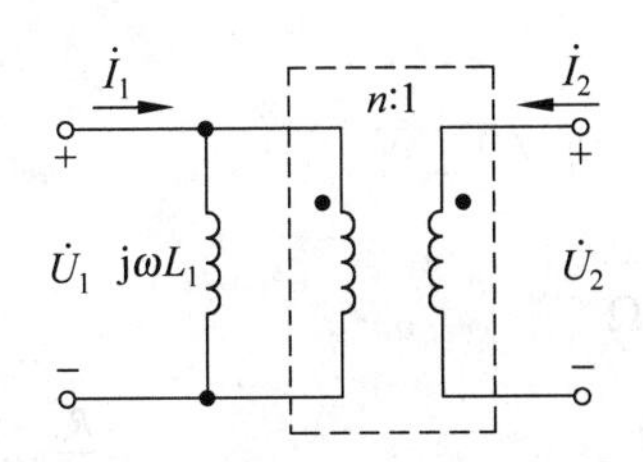

图 11-4-5 全耦合变压器的电路模型

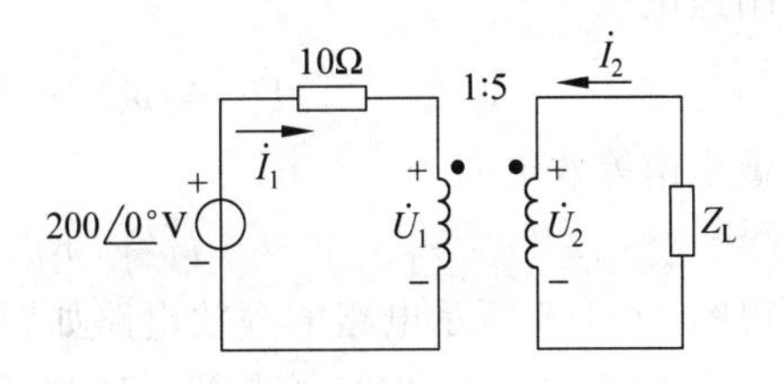

图 11-4-6 例 11-6 用图

【例 11-6】 电路如图 11-4-6 所示。已知负载阻抗 $Z_L=(500-\mathrm{j}400)\Omega$。求负载阻抗 Z_L 吸收的平均功率。

解法一 列出两个回路的 KVL 方程如下

$$10\dot{I}_1+\dot{U}_1=200\angle 0^\circ$$

$$(500-\mathrm{j}400)\dot{I}_2+\dot{U}_2=0$$

理想变压器电压、电流关系为

$$\frac{\dot{U}_1}{\dot{U}_2}=\frac{1}{5}$$

$$\frac{\dot{I}_1}{\dot{I}_2}=-5$$

联立求解上面的 4 个方程，解得

$$\dot{I}_2=1.176\angle -152^\circ\ \mathrm{A}$$

负载吸收的平均功率

$$P=500I_2^2=691\mathrm{W}$$

解法二 根据理想变压器变换阻抗作用，可得到图 11-4-6 所示电路的等效电路如图 11-4-7 所示。

$$Z_{\mathrm{in}}=n^2Z_L=(0.2)^2(500-\mathrm{j}400)=(20-\mathrm{j}16)\ \Omega$$

得

$$\dot{I}_1=\frac{200\angle 0^\circ}{30-\mathrm{j}16}=5.882\angle 28.1^\circ\ \mathrm{A}$$

副边电流

$$\dot{I}_2=-n\dot{I}_1=-0.2\dot{I}_1=1.176\angle -152^\circ\ \mathrm{A}$$

负载 Z_L 吸收的平均功率

$$P=500I_2^2=691\mathrm{W}$$

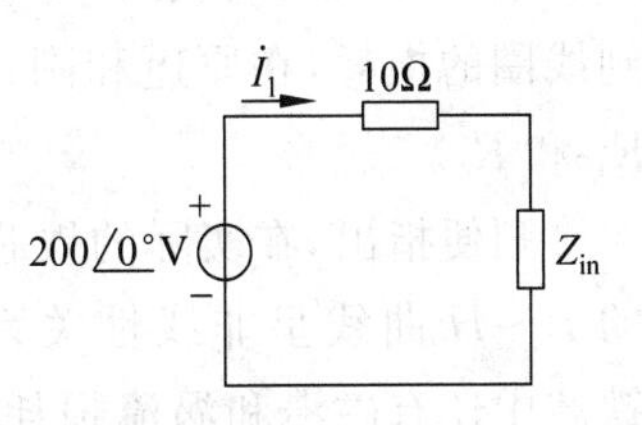

图 11-4-7 等效电路

解法三 先求负载两端向左电路的戴维南等效电路。由于副边开路，$\dot{I}_2=0$，则原边电流 $\dot{I}_1=0$。

副边电压

$$\dot{U}_2 = n\dot{U}_1 = 5 \times 200\angle 0^\circ = 1000\angle 0^\circ \text{ V}$$

戴维南等效电阻

$$R_o = 5^2 \times 10 = 250\Omega$$

得图 11-4-6 所示电路的等效电路如图 11-4-8 所示。

$$\dot{I}_L = \frac{1000\angle 0^\circ}{R_o + Z_L} = \frac{1000\angle 0^\circ}{750 - j400}$$

$$= \frac{1000\angle 0^\circ}{850\angle -28^\circ} = 1.176\angle 28^\circ \text{ A}$$

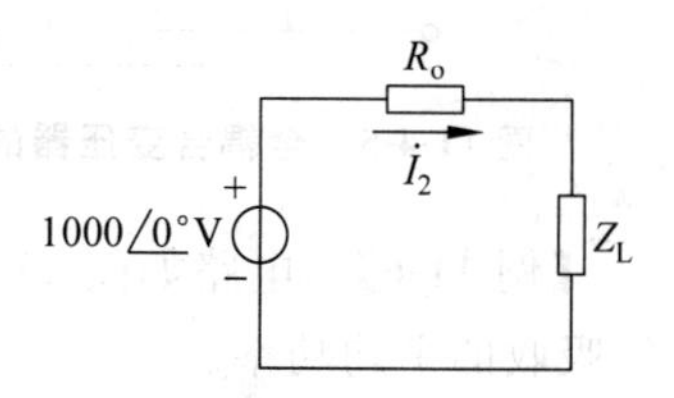

图 11-4-8　等效电路

负载 Z_L 吸收的平均功率

$$P = 500I_2^2 = 691\text{W}$$

11.5　变压器的电路模型

一个实际的变压器原边和副边的线圈不可能是全耦合的,因为总会有一些漏磁通,且线圈的电感和两线圈间的互感也不可能是无穷大。另外,线圈导线总具有电阻,有电流流过时便会有功率损耗。现在考虑到上述情况,建立并分析实际变压器的电路模型。

先分析非全耦合、无损耗的变压器。设变压器原边线圈中的总磁通为 Φ_{11},其中不与副边线圈相链的磁通即漏磁通为 Φ_{S1},与副边线圈耦合的磁通为 Φ_{21},见图 11-1-1。那么,原边线圈的电感为

$$L_1 = \frac{N_1\Phi_{11}}{i_1} = \frac{N_1\Phi_{S1}}{i_1} + \frac{N_1\Phi_{21}}{i_1} = \frac{N_1\Phi_{S1}}{i_1} + \frac{N_1}{N_2}\cdot\frac{N_2\Phi_{21}}{i_1} = L_{S1} + nM$$

其中 L_{S1} 是由漏磁通决定的电感,称为漏磁电感。类似地,副边线圈的电感为

$$L_2 = \frac{N_2\Phi_{22}}{i_2} = \frac{N_2\Phi_{S2}}{i_2} + \frac{N_2\Phi_{12}}{i_2} = \frac{N_2\Phi_{S2}}{i_2} + \frac{N_2}{N_1}\cdot\frac{N_1\Phi_{12}}{i_2} = L_{S2} + \frac{M}{n}$$

因此一个非全耦合的变压器可用图 11-5-1 所示的等效电路作为它的电路模型。把漏磁电感从线圈电感中分离出来后,图中虚线框内的两个耦合线圈便是全耦合的了。根据 11.4 节得出的全耦合变压器的电路模型,图 11-5-1 所示电路可以改画成图 11-5-2 的电路模型,其中考虑到线圈的损耗,在原边和副边中分别引入了串联电阻 R_1 和 R_2。

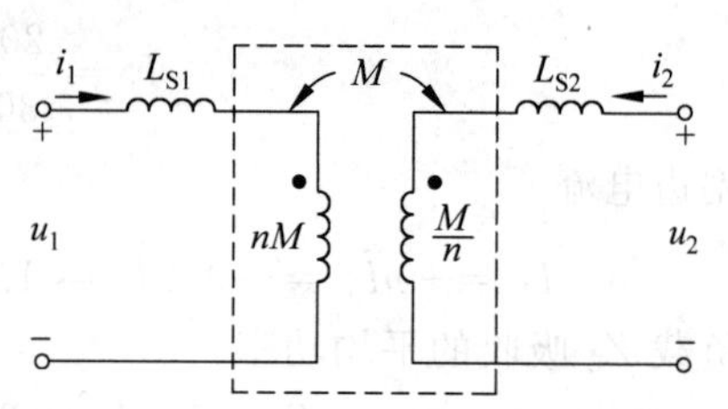

图 11-5-1　变压器等效电路模型

顺便指出,在实际的铁芯变压器中,由于铁芯材料的 $B\sim H$ 曲线呈非线性关系,在交变磁化的情形下,铁芯中还有磁滞和涡流损耗,所以它的等效电路与上面所述的等效电路还有不同。

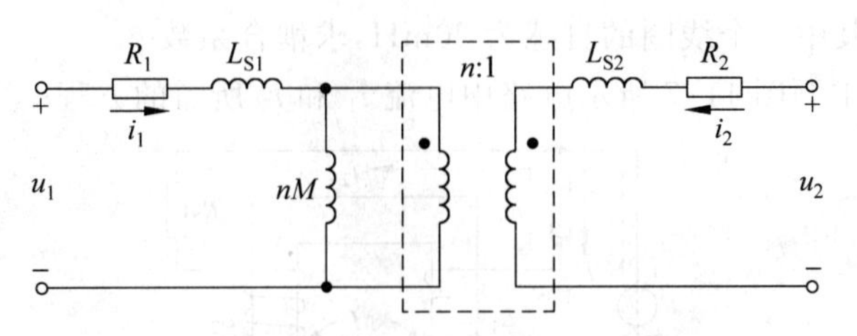

图 11-5-2　实际变压器的电路模型

习　题

11-1　试标出题图 11-1 所示每对线圈的同名端。

11-2　已知题图 11-2 所示一对耦合线圈 $L_1=0.3\text{H}$，$L_2=1.2\text{H}$，耦合系数 $k=0.5$。$i_1=2i_2=2\sin(100t+30°)\text{A}$。求 $t=0$ 时(1)电压 u_1 和 u_2；(2)线圈储存的总能量。

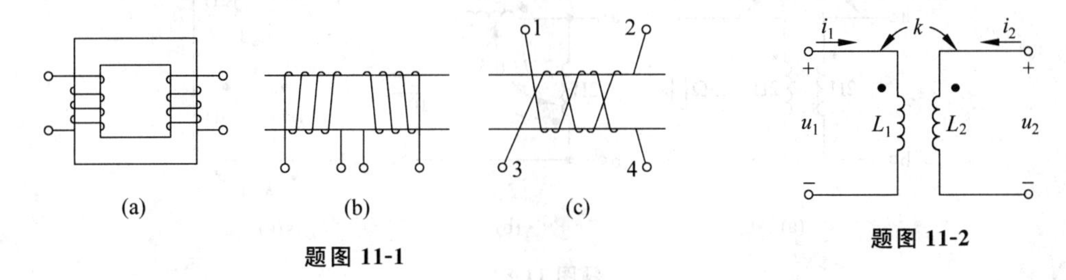

题图 11-1　　题图 11-2

11-3　分别求题图 11-3 中 0.8H 的电感当其两端 (1)开路；(2)短路；(3)接 5Ω 电阻三种情况下电路在 $t=0$ 时总的储能。

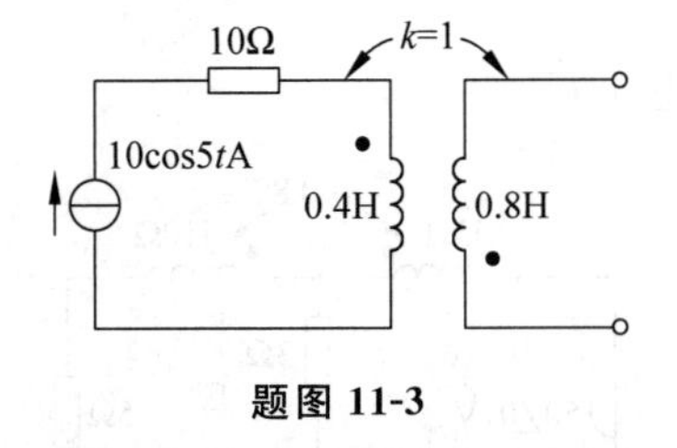

题图 11-3

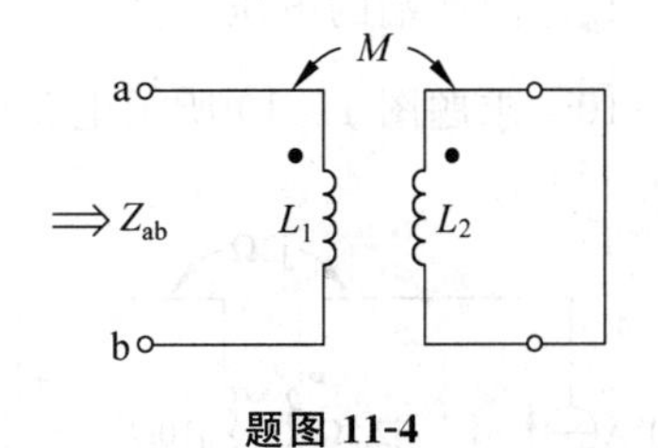

题图 11-4

11-4　求题图 11-4 所示电路的入端阻抗 Z_{ab}。

11-5　求题图 11-5 所示电路中流经电压源的电流 $\dot{I}$。

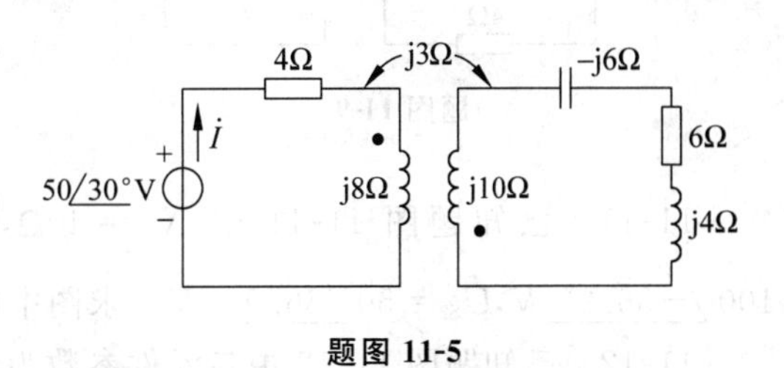

题图 11-5

11-6　两个线圈串联时等效电感为 160mH，将其中一个线圈反接后等效串联电感为 40mH。已知其中一个线圈的自感为 20mH,求耦合系数 k。

11-7 列写出求题图 11-7 所示电路中电流 i_1 和 i_2 所需的方程。

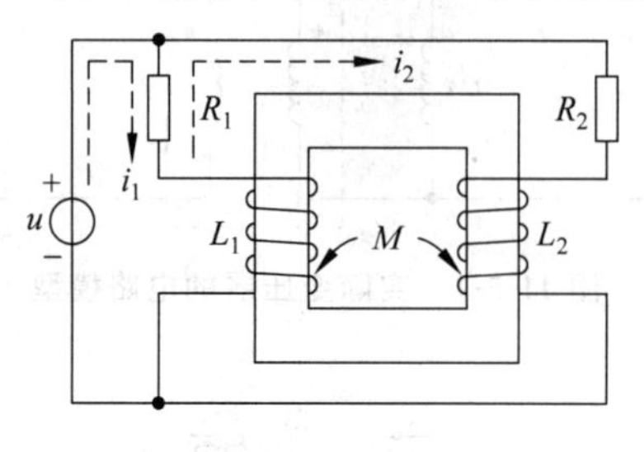

题图 11-7

11-8 求题图 11-8 中电路在工作频率 $\omega=5\text{rad/s}$ 时的入端阻抗 Z_{ab}。

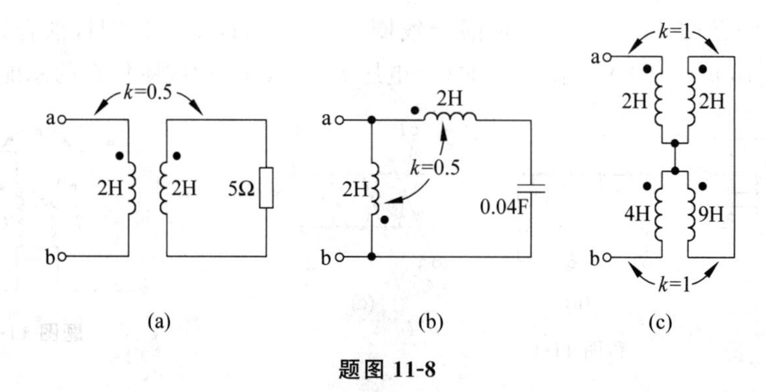

题图 11-8

11-9 求题图 11-9 中负载电阻 10Ω 两端电压 $\dot{U}$。若将电流源改为 $\dot{U}_S=2\angle 0°$ V 的电压源,负载电阻两端的电压为多少?

11-10 求题图 11-10 所示电路中 5Ω 电阻上的电压 $\dot{U}$。

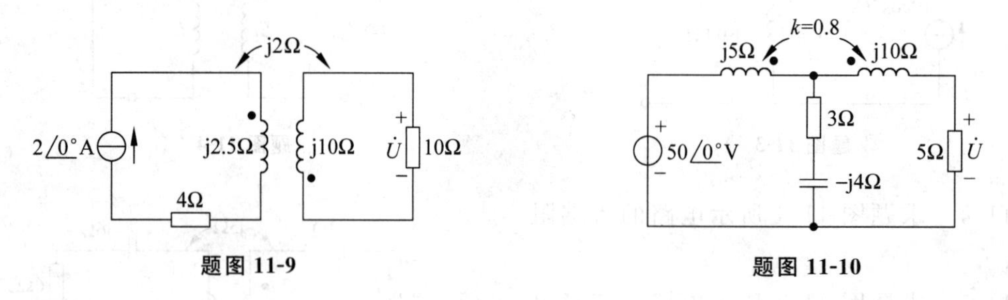

题图 11-9　　题图 11-10

11-11 已知题图 11-11 中 $X_1=40\Omega$, $X_2=10\Omega$, $X_C=-50\Omega$, $X_M=20\Omega$, $\dot{U}_{S1}=100\angle -36.9°$ V, $\dot{U}_{S2}=50\angle 36.9°$ V。求图中电流表的读数(电流表的内阻为零)。

11-12 已知题图 11-12 中各元件参数为:$X_1=10\Omega$, $X_2=15\Omega$, $X_M=5\Omega$, $R=4\Omega$,且知

道电流表的读数为5A。求功率表的读数。

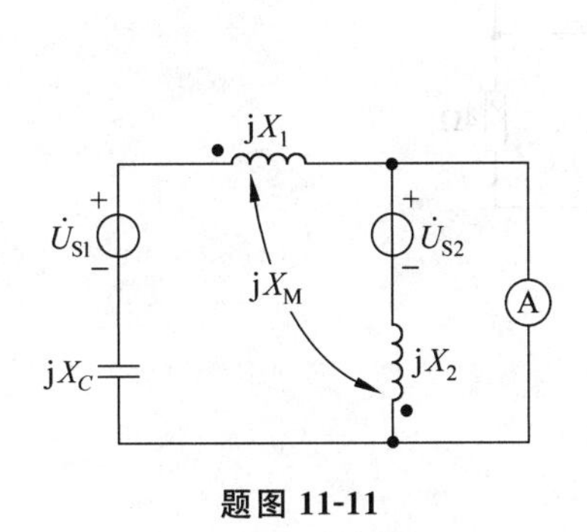

题图 11-11

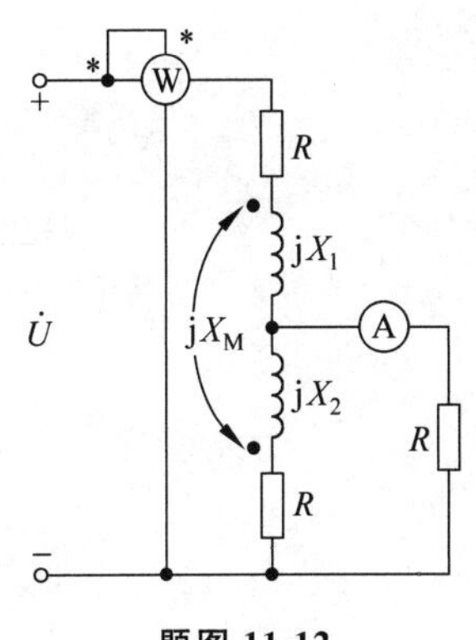

题图 11-12

11-13 已知题图 11-13 中电源电压 $u(t)=12\sin(3t-60^\circ)$V。求变压器电路的输出电压 u_C和输入电压 u 的幅值比和相位差。

11-14 题图 11-14 所示为一变压器电路。已知 $\omega L_1=1000\Omega$，$\omega L_2=4000\Omega$，$\omega M=1200\Omega$，$R_1=200\Omega$，$R_2=800\Omega$，$R=1000\Omega$。求变压器副边至原边的引入阻抗以及变压器的输入阻抗。

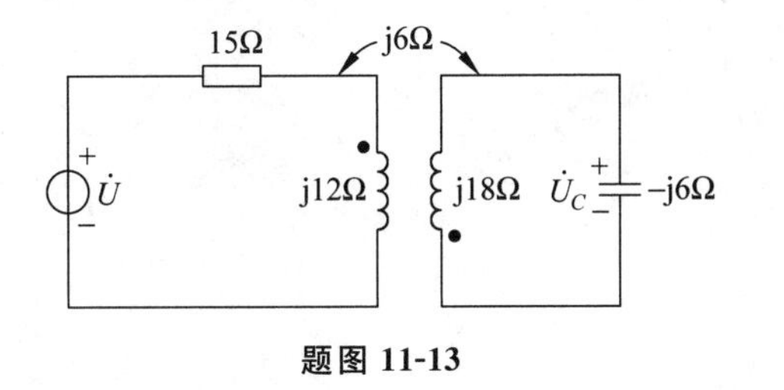

题图 11-13

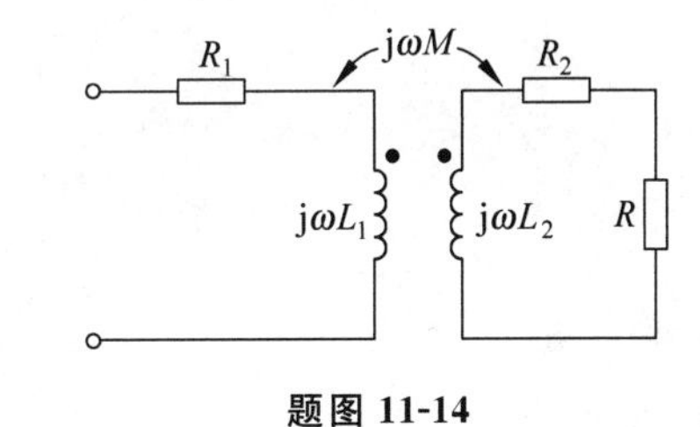

题图 11-14

11-15 求题图 11-15 所示电路中理想变压器的变比以使 10kΩ 负载电阻获得最大功率。

11-16 求题图 11-16 所示电路的入端阻抗 Z_{ab}。

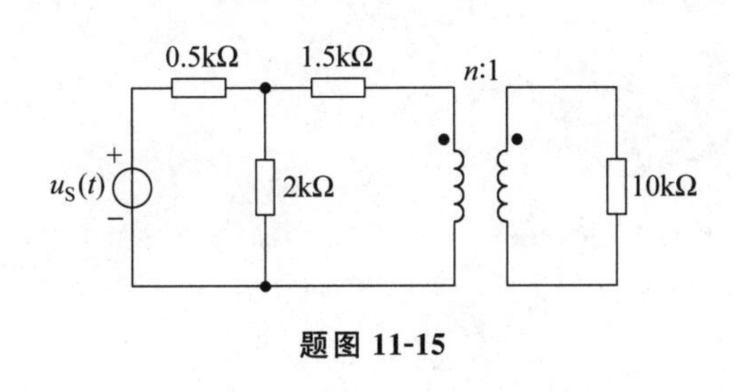

题图 11-15

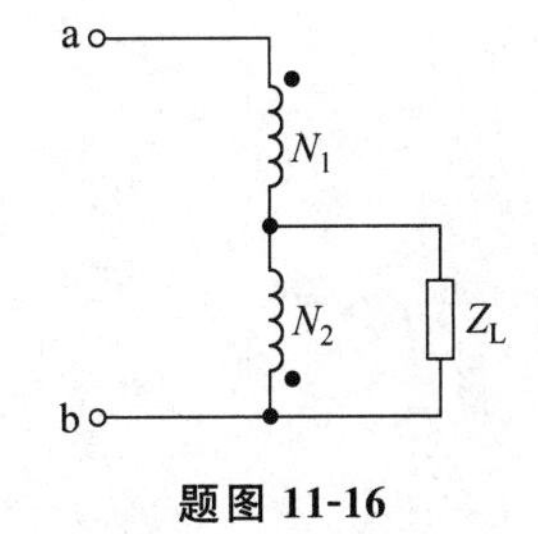

题图 11-16

11-17　一电路如题图 11-17 所示。求图中各电阻消耗的功率。

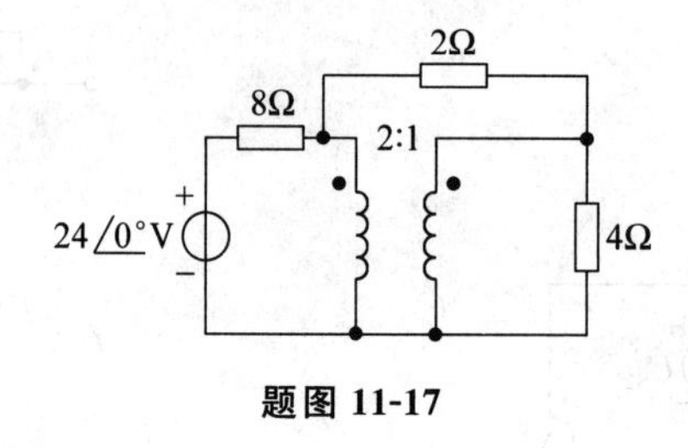

题图 11-17

第12章

电路的频率响应

提 要

本章的主要内容是分析电路在不同频率的输入电压或电流的激励下所产生的响应，也就是考察电路的频率特性。有关电路的频率特性的研究是在电路理论和实际应用中都有着重要意义的课题。在本章的前几节里分析电路中的谐振现象，研究串联谐振电路和并联谐振电路。引入复频率的概念和电路的网络函数，并就一些电路讨论它们的频率特性，介绍用网络函数的零极点图分析频率响应的方法。在本章中还将介绍电路的阻抗和频率的归一化方法，应用这一方法可以在电路的数值计算和分析设计中带来便利。在最后几节里对无源和有源滤波器电路作概念性的介绍，着重于确定传递函数和分析其频率特性。

12.1 串联电路的谐振

电路中的谐振是电路的一种特殊的工作状况。在本章里,我们从串联电路的谐振开始对谐振现象的研究,着重要讨论的是产生谐振的条件、谐振现象和电路的频率特性。谐振现象在通讯技术和电工技术中有着广泛的应用,但在有些场合下它却可能破坏系统的正常工作,所以有关的研究有重要的意义。

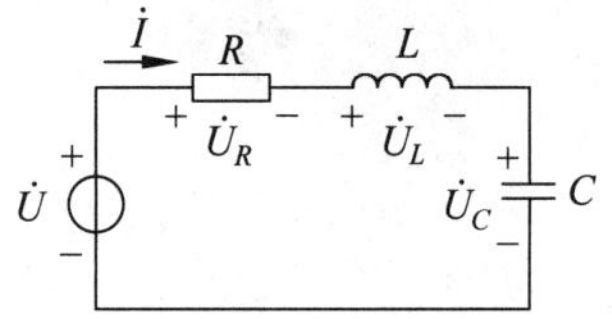

图 12-1-1 串联谐振电路

串联谐振现象 图 12-1-1 示有一种最基本的 RLC 串联谐振电路。在角频率为 ω 的正弦电源的作用下,该电路的复阻抗为

$$Z = R + \mathrm{j}X = R + \mathrm{j}\left(\omega L - \frac{1}{\omega C}\right) \tag{12-1-1}$$

当 $X=\omega L-\dfrac{1}{\omega C}=0$ 时,有

$$Z = R \quad \dot{I} = \dot{I}_0 = \frac{\dot{U}}{R}$$

这时整个电路的阻抗等于 R,电压 $\dot{U}$ 与电流 $\dot{I}_0$ 同相,称这一工作状况为串联谐振。发生串联谐振的角频率称为串联谐振角频率,记作 ω_0,即有

$$\omega_0 L - \frac{1}{\omega_0 C} = 0$$

所以

$$\omega_0 = \frac{1}{\sqrt{LC}} \tag{12-1-2}$$

谐振频率为

$$f_0 = \frac{1}{2\pi\sqrt{LC}}$$

式(12-1-2)即为 RLC 串联电路发生谐振的条件。这一谐振频率仅决定于电路中 L、C 的数值,而与此电路中的电阻 R 无关。由谐振条件式(12-1-2)可见,改变 ω、L、C 中的任一个量都可使电路达到谐振。在实际应用中,经常是在电感 L 和频率 ω 一定时改变电容 C,或在电感 L 和电容 C 一定时改变电源频率 ω 以达到谐振。

现在讨论谐振现象的一些特征。谐振时,电路的总电抗 $X=X_L+X_C=0$,电流 $\dot{I}_0$ 与电压 $\dot{U}$ 同相;当保持电压 U 一定,电流的有效值 $I=I_0=\dfrac{U}{R}$ 达最大,R 愈小时 I_0 将愈大;谐振时感抗与容抗的绝对值相等而为

$$\omega_0 L=\frac{1}{\omega_0 C}=\frac{1}{\sqrt{LC}}L=\sqrt{\frac{L}{C}}\overset{\text{def}}{=\!=}\rho \tag{12-1-3}$$

ρ 称为串联谐振电路的特性阻抗，它由 L、C 参数决定。电工技术中将串联谐振电路的特性阻抗与回路电阻之比定义为该谐振电路的品质因数 Q，即

$$Q\overset{\text{def}}{=\!=}\frac{\rho}{R}=\frac{\omega_0 L}{R}=\frac{1}{\omega_0 RC} \tag{12-1-4}$$

Q 是一个无量纲的数。谐振时电路中各元件上的电压，分别记为 $\dot{U}_{R0}$、$\dot{U}_{L0}$、$\dot{U}_{C0}$，则有

$$\dot{U}_{R0}=R\dot{I}_0=R\frac{\dot{U}}{R}=\dot{U} \tag{12-1-5}$$

$$\dot{U}_{L0}=\mathrm{j}\omega_0 L\dot{I}_0=\mathrm{j}\omega_0 L\frac{\dot{U}}{R}=\mathrm{j}\frac{\rho}{R}\dot{U}=\mathrm{j}Q\dot{U} \tag{12-1-6}$$

$$\dot{U}_{C0}=-\mathrm{j}\frac{1}{\omega_0 C}\dot{I}_0=-\mathrm{j}\frac{1}{\omega_0 C}\cdot\frac{\dot{U}}{R}=-\mathrm{j}\frac{\rho}{R}=-\mathrm{j}Q\dot{U} \tag{12-1-7}$$

并有

$$\dot{U}_{R0}+\dot{U}_{L0}+\dot{U}_{C0}=\dot{U}$$

图 12-1-2 中画出了 RLC 串联电路谐振时各电压、电流的相量图。由上可见，谐振时电感电压与电容电压的绝对值相等，相位相反，相互抵消，即 $\dot{U}_{L0}+\dot{U}_{C0}=0$，外加电压全部加在电阻上，$\dot{U}_{R0}=\dot{U}$。因此，串联谐振又称电压谐振。谐振时 U_{L0} 和 U_{C0} 的大小是外加电压的 Q 倍，即 $U_{L0}=U_{C0}=QU$。当 $\rho\gg R$ 时，$Q\gg 1$，U_{L0} 和 U_{C0} 就将远大于外加电压 U。在无线电通讯技术中，常将微弱信号输入到串联谐振回路中，从电容或电感两端便可获得比输入电压高得多的电压。在电力系统中，则须避免因串联谐振而引起过高的电压，导致电气设备的损坏。

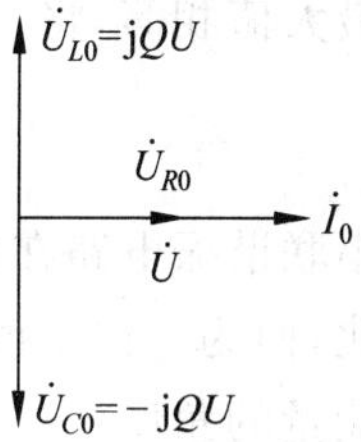

$\dot{U}_{L0}=\mathrm{j}QU$

$\dot{U}_{R0}$

$\dot{I}_0$

$\dot{U}$

$\dot{U}_{C0}=-\mathrm{j}QU$

图 12-1-2 串联谐振时的电压、电流的相量图

【例 12-1】 已知一接收器中的串联谐振回路的参数为 $C=150\text{pF}$，$L=250\mu\text{H}$，$R=20\Omega$。求此电路的谐振频率 f_0 和品质因数 Q。

解 $\omega_0=\dfrac{1}{\sqrt{LC}}=\dfrac{1}{\sqrt{150\times 10^{-12}\times 250\times 10^{-6}}}=5.15\times 10^6\,\text{rad/s}$

$$f_0=\frac{\omega_0}{2\pi}=820\text{kHz}$$

$$\omega_0 L=5.15\times 10^6\times 250\times 10^{-6}=1290\Omega$$

$$Q=\frac{\omega_0 L}{R}=\frac{1290}{20}=65$$

现在讨论串联谐振时电路中的功率。谐振时电路两端的电压 $\dot{U}$ 与其中的电流 $\dot{I}$ 同相，

功率因数 $\lambda=\cos\varphi=1$,电路吸收的有功功率为

$$P=UI\cos\varphi=UI=I^2R$$

电路吸收的无功功率 Q_T 为零,即

$$Q_T=Q_L+Q_C=0$$

从瞬时功率看,电源发出的瞬时功率等于各元件所吸收的瞬时功率之和,即 $p=p_R+p_L+p_C=(u_R+u_L+u_C)i$,串联谐振时 $u_L+u_C=0$,于是有

$$p_L+p_C=0$$

$$p=p_R$$

这表明谐振时电感和电容进行着磁能和电能的转换,它们与电源没有能量交换。

设谐振时电源电压 $u=U_m\sin\omega_0 t$,则电流 $i_0=I_{om}\sin\omega_0 t$,电容电压 $u_C=-U_{com}\cos\omega_0 t$(见图 12-1-2 中的相量图)。谐振时电感和电容所储存能量之和为

$$\begin{aligned}W&=W_L+W_C=\frac{1}{2}Li_0^2+\frac{1}{2}CU_{C0}^2\\&=\frac{1}{2}LI_{om}^2\sin^2\omega_0 t+\frac{1}{2}CU_{com}^2\cos^2\omega_0 t\end{aligned}$$

由于 $U_{com}=\rho I_{om}=\sqrt{\frac{L}{C}}I_{om}$,所以有 $\frac{1}{2}LI_{om}^2=\frac{1}{2}CU_{com}^2$,即电感所储磁能的最大值与电容所储电能的最大值相等,将这一关系代入 W 的表达式,即得

$$W=\frac{1}{2}LI_{om}^2=\frac{1}{2}CU_{com}^2=\frac{1}{2}CQ^2U_m^2 \tag{12-1-8}$$

可见一串联谐振电路在幅值一定的正弦电压的作用下,谐振时电感和电容储能之和并不随时间变化,而为一恒定值,而且这一值与回路的品质因数 Q 值的平方成正比。

从能量的角度考虑,可以根据谐振回路的储能与耗能之比定义它的品质因数。谐振时电路中总储能 W 已见于式(12-1-8),用 W_d 表示谐振回路在谐振情况下在一周期的时间里所消耗的能量,谐振电路的品质因数就定义为

$$Q=2\pi\frac{W}{W_d} \tag{12-1-9}$$

即谐振回路的品质因数等于谐振时电路中的总储能与电路在一周期内的耗能之比乘以 2π。这是谐振电路的品质因数的普遍的定义。容易看出,对于串联谐振电路,式(12-1-9)定义的 Q 与式(12-1-4)定义的 Q 是一致的:由式(12-1-8),并由 $W_d=RI_0^2T$,就有

$$Q=2\pi\frac{W}{W_d}=2\pi\frac{\frac{1}{2}LI_{om}^2}{RI_0^2T}=\frac{\omega_0 L}{R}$$

即为式(12-1-4)所定义的 Q。从式(12-1-9)可见:谐振回路的储能愈大,耗能愈小,品质因数就愈大;反之,Q 就愈小。品质因数 Q 是表示谐振电路性能的一个重要参数。

频率特性 现在考察 RLC 串联谐振电路的频率特性。频率特性是指电路中的电流、电

压、阻抗、导纳等量与频率的关系。先考虑 RLC 串联电路阻抗的频率特性,由

$$Z=R+\mathrm{j}\left(\omega L-\frac{1}{\omega C}\right)=R+\mathrm{j}(X_L+X_C)=R+\mathrm{j}X=|Z|\mathrm{e}^{\mathrm{j}\varphi}$$

可得

$$X(\omega)=\omega L-\frac{1}{\omega C} \tag{12-1-10}$$

$$|Z(\mathrm{j}\omega)|=\sqrt{R^2+\left(\omega L-\frac{1}{\omega C}\right)^2} \tag{12-1-11}$$

$$\varphi(\omega)=\arctan\frac{\omega L-\frac{1}{\omega C}}{R} \tag{12-1-12}$$

$X(\omega)$、$|Z(\mathrm{j}\omega)|$和 $\varphi(\omega)$的频率特性曲线分别示于图 12-1-3(a)、(b)。由以上各式可见:当 $\omega<\omega_0$ 时,此电路中的电抗呈电容性,$X<0$;当 $\omega>\omega_0$ 时,电抗呈电感性,$X>0$;而当 $\omega=\omega_0$ 时 $X=0$,$Z=R$,即为电路中发生串联谐振的情形。

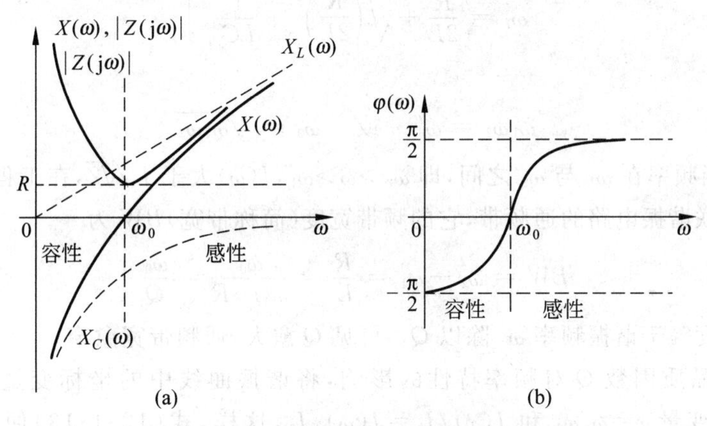

图 12-1-3 *RLC* 串联电路的频率特性

(a) 阻抗的模 $|Z(\mathrm{j}\omega)|$;(b) 阻抗的幅角 $\varphi(\omega)$

当外加电压的有效值 U 不变时,电流 I 的频率特性为

$$I(\omega)=\frac{U}{|Z(\mathrm{j}\omega)|}=\frac{U}{\sqrt{R^2+\left(\omega L-\frac{1}{\omega C}\right)^2}} \tag{12-1-13}$$

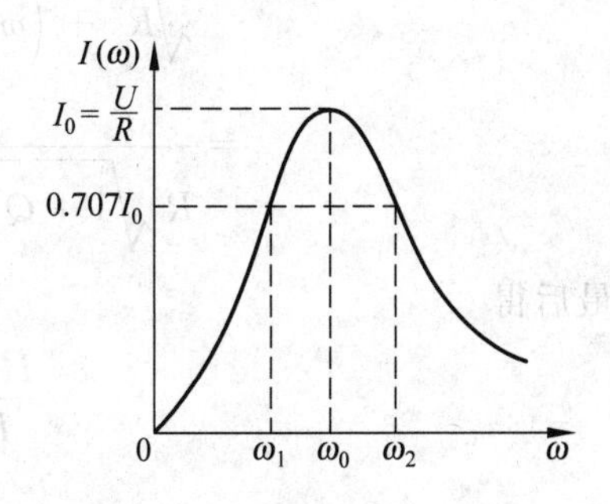

图 12-1-4 电流 $I(\omega)$的曲线

图 12-1-4 中示有 $I(\omega)$的频率特性曲线。表示电流或电压与频率关系的曲线有时称为谐振曲线。由图 12-1-4 的曲线可见:当 $\omega=\omega_0$,即在谐振频率下,$|Z(\mathrm{j}\omega)|$达极

小，$|Z(\mathrm{j}\omega_0)|=R$；电流 $I(\omega)$ 达极大，$I(\omega_0)=\dfrac{U}{R}$；随着频率偏离 ω_0，电流渐减，在 $\omega\to0$ 和 $\omega\to\infty$ 时，电流均趋于零。

当电源的频率偏离 ω_0，电流下降到谐振时电流 I_0 的 $\dfrac{1}{\sqrt{2}}\approx0.707$，电路吸收的功率便减小为谐振时的 $\dfrac{1}{2}$，这时的频率分别记为 ω_1 和 ω_2（见图 12-1-4），叫做半功率频率。这两个频率值可由以下方程解得

$$\sqrt{R^2+\left(\omega L-\frac{1}{\omega C}\right)^2}=\sqrt{2}R$$

由此式即可得出

$$\left.\begin{aligned}\omega_1&=-\frac{R}{2L}+\sqrt{\left(\frac{R}{2L}\right)^2+\frac{1}{LC}}\\ \omega_2&=\frac{R}{2L}+\sqrt{\left(\frac{R}{2L}\right)^2+\frac{1}{LC}}\end{aligned}\right\}\tag{12-1-14}$$

由上式可见：

$$\omega_1\omega_2=\omega_0^2\quad\text{或}\quad\omega_0=\sqrt{\omega_1\omega_2}$$

由 $I(\omega)$ 可知，当频率在 ω_1 与 ω_2 之间，即 $\omega_2>\omega>\omega_1$，$I(\omega)$ 大于 $I_0/\sqrt{2}$，在工程技术上称这一频率范围为串联谐振电路的通频带，它的频带宽度（简称带宽）BW 为

$$BW=\omega_2-\omega_1=\frac{R}{L}=\frac{\omega_0}{\omega_0L/R}=\frac{\omega_0}{Q}\tag{12-1-15}$$

即通频带的宽度等于谐振频率 ω_0 除以 Q。可见 Q 愈大，通频带宽愈窄。

为了显示品质因数 Q 对频率特性的影响，将谐振曲线中的坐标变量 ω、$I(\omega)$，分别改用无因次的变量 $\eta=\omega/\omega_0$ 和 $I(\eta)/I_0=I(\omega)/I_0$，这样，式(12-1-13)便可改写成以下形式

$$I(\omega)=\frac{U}{\sqrt{R^2+\left(\omega L-\dfrac{1}{\omega C}\right)^2}}=\frac{U}{\sqrt{R^2+\left(\dfrac{\omega\omega_0L}{\omega_0}-\dfrac{\omega_0}{\omega\omega_0C}\right)^2}}$$

$$=\frac{U}{R\sqrt{1+Q^2\left(\dfrac{\omega}{\omega_0}-\dfrac{\omega_0}{\omega}\right)^2}}=\frac{I_0}{\sqrt{1+Q^2\left(\eta-\dfrac{1}{\eta}\right)^2}}$$

最后得

$$\frac{I(\eta)}{I_0}=\frac{1}{\sqrt{1+Q^2\left(\eta-\dfrac{1}{\eta}\right)^2}}\tag{12-1-16}$$

式中的 η 是电源频率与电路的谐振频率之比，Q 就是式中的参数。由此式可见：$I(\eta)/I_0$ 的

值在 $\eta=1$ 即谐振时为最大；在 $\eta\ll1$ 或 $\eta\gg1$ 即远离谐振频率时趋于零。$I(\eta)/I_0$ 的值称为相对抑制比，它表示当偏离谐振频率时电路对非谐振频率电流的抑制能力。图 12-1-5 中画出了在 3 个不同的 Q 值下的 $I(\eta)/I_0$ 与 η 的关系曲线，这样的曲线称为无因次的谐振曲线，它适用于任何串联谐振电路，因而具有通用性。在这样的谐振曲线的图上，纵坐标为 0.707 的水平线与谐振曲线的两个交点的横坐标（例如图中的 η_1、η_2）之差，就是通频带的宽度与 ω_0 之比。

从图 12-1-5 中不同 Q 值下的谐振曲线可见，Q 值愈高，谐振曲线在谐振频率附近愈显得尖锐，这表示相应的谐振电路对偏离谐振频率的电流的抑制能力也愈强。设想一 RLC 串联电路中有若干不同频率的电源电压同时作用，接近于谐振频率的电流成分就可能大于其他偏离谐振频率的电流成分而被选择出来。这种性能在无线电技术中称之为"选择性"。通信接收设备就是利用了谐振电路的选择性来选择所需接收的信号。显然，谐振曲线愈是陡峭（Q 值高），电路的选择性就愈好。许多实用的谐振电路的 Q 值可达到数百。

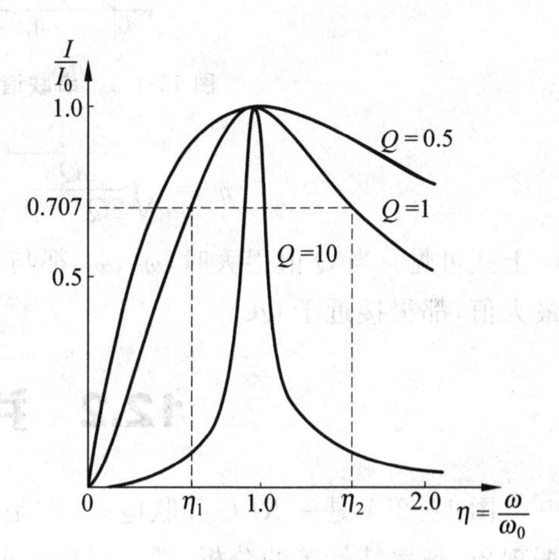

图 12-1-5 串联谐振电路的通用曲线

用同样的方法可分析 U_C 和 U_L 的频率特性，由 $I(\omega)$ 可得出

$$U_C=\frac{U}{\omega C\sqrt{R^2+\left(\omega L-\dfrac{1}{\omega C}\right)^2}}=\frac{QU}{\sqrt{\eta^2+Q^2(\eta^2-1)^2}} \tag{12-1-17}$$

$$U_L=\frac{\omega LU}{\sqrt{R^2+\left(\omega L-\dfrac{1}{\omega C}\right)^2}}=\frac{QU}{\sqrt{\dfrac{1}{\eta^2}+Q^2\left(1-\dfrac{1}{\eta^2}\right)^2}} \tag{12-1-18}$$

它们的曲线如图 12-1-6 所示（图中用 $Q=1.25$）。可以证明，当 $Q>\frac{1}{\sqrt{2}}$ 时，$U_C(\eta)$、$U_L(\eta)$ 都有峰值出现，而且这两个峰值相等，即有

$$U_{C\max}=U_{L\max}=\frac{QU}{\sqrt{1-\dfrac{1}{4Q^2}}}$$

U_C 和 U_L 出现峰值的频率分别为

$$\eta_C=\sqrt{1-\frac{1}{2Q^2}} \quad 或 \quad \omega_C=\omega_0\sqrt{1-\frac{1}{2Q^2}}$$

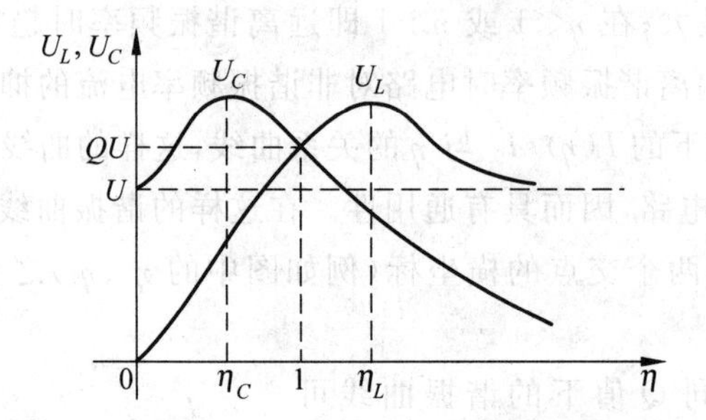

图 12-1-6 串联谐振电路中 U_C、U_L 的频率特性

$$\eta_L = \sqrt{\frac{2Q^2}{2Q^2-1}} \quad 或 \quad \omega_L = \omega_0\sqrt{\frac{2Q^2}{2Q^2-1}}$$

由上式可见：当 Q 值很大时，ω_C、ω_L 都与 ω_0 很接近，即 $\omega_C \approx \omega_L \approx \omega_0$；电容电压、电感电压的最大值，都很接近于 QU。

12.2 并联电路的谐振

图 12-2-1 是一 RLC 并联电路，它是 RLC 串联电路的对偶电路。关于这一电路中的谐振现象、频率特性等的分析，都可以用与前一节中分析 RLC 串联电路所用的相同的方法去进行，所得的结果也都与前节中相应的结果是对偶的。

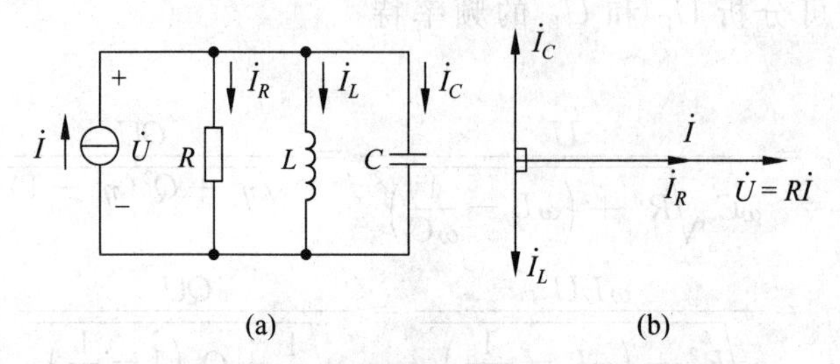

图 12-2-1 *RLC* 并联谐振电路与谐振时的相量图

(a) RLC 并联电路；(b) 电路谐振时的相量图

并联谐振现象 在图 12-2-1(a)所示的 RLC 并联电路中，假设有频率为 ω 的电流电源 $\dot{I}$ 接至此电路两端。这一电路的复导纳为

$$Y = \frac{1}{R} + \mathrm{j}\left(\omega C - \frac{1}{\omega L}\right) = G + \mathrm{j}(B_C + B_L) = |Y|\,\mathrm{e}^{\mathrm{j}\varphi'}$$

$$|Y| = \left[\left(\frac{1}{R}\right)^2 + \left(\omega C - \frac{1}{\omega L}\right)^2\right]^{1/2}$$

$$\varphi' = \arctan R\left(\omega C - \frac{1}{\omega L}\right) \tag{12-2-1}$$

电路两端的电压即为

$$\dot{U}=\frac{\dot{I}}{Y}=\frac{\dot{I}}{\frac{1}{R}+\mathrm{j}\left(\omega C-\frac{1}{\omega L}\right)} \tag{12-2-2}$$

当此电路的电纳 $B_C+B_L=0$，则 $\omega C=\frac{1}{\omega L}$，满足这一条件的角频率 $\omega=\omega_0$ 为

$$\omega_0=\frac{1}{\sqrt{LC}} \tag{12-2-3}$$

在此角频率下有

$$Y=\frac{1}{R}=G$$

$$\dot{U}=\frac{\dot{I}}{Y}=\frac{\dot{I}}{G}=R\dot{I}$$

$$\dot{I}_L+\dot{I}_C=0$$

称 RLC 并联电路的这一工作状况为并联谐振。并联谐振时 $\dot{I}_L$ 和 $\dot{I}_C$ 相互抵消，$\dot{I}=\dot{I}_R$，电压 $\dot{U}$ 与电流 $\dot{I}$ 同相。因此，并联谐振又称为电流谐振。并联谐振时电流、电压的相量图如图 12-2-1(b)所示。若保持电流 I 的大小一定，则在并联谐振时电压 U 最大。若图 12-2-1(a)的电路中无电阻支路，仅有 L、C 并联，则在角频率 ω_0 下发生并联谐振时，该电路的导纳为零(阻抗为无限大)，电路的两端如同开路。

发生并联谐振时，电感中的电流 $\dot{I}_L$ 与电容中的电流 $\dot{I}_C$(现在分别记为 $\dot{I}_{L0}$、$\dot{I}_{C0}$)等于

$$\left.\begin{aligned}\dot{I}_{L0}&=-\mathrm{j}\frac{1}{\omega_0 L}\cdot\dot{U}_0=-\mathrm{j}\frac{R}{\omega_0 L}\dot{I}=-\mathrm{j}Q\dot{I}\\ \dot{I}_{C0}&=\mathrm{j}\omega_0 C\dot{U}_0=\mathrm{j}\omega_0 CR\dot{I}=\mathrm{j}Q\dot{I}\end{aligned}\right\} \tag{12-2-4}$$

上式中

$$Q\overset{\text{def}}{=}\frac{R}{\omega_0 L}=\omega_0 RC \tag{12-2-5}$$

或将 $\omega_0=\frac{1}{\sqrt{LC}}$ 代入而将上式写作

$$Q=\frac{R}{\sqrt{\frac{L}{C}}}=R\sqrt{\frac{C}{L}}=\frac{R}{\rho} \tag{12-2-6}$$

这里 $\rho=\sqrt{\frac{L}{C}}$，Q 称为 RLC 并联谐振电路的品质因数。由式(12-2-4)可见，并联谐振时，电感电流、电容电流的大小 I_{L0}、I_{C0}，都是电源电流 I 的 Q 倍。而由式(12-2-5)可见，RLC 并联电路的 Q 值等于谐振时电感或电容的电纳与并联电导$\left(\frac{1}{R}\right)$之比。前节中以谐振电

路的储能与耗能之比作出的 Q 的定义(式(12-1-9))也可用作并联谐振电路的品质因数的定义。

频率特性 图 12-2-2(a)中作出了 RLC 并联电路的电纳 $B_C(\omega)$、$B_L(\omega)$的曲线,由它们即可作出 $B(\omega)=B_C(\omega)+B_L(\omega)$的曲线。电纳 $B(\omega)$在 $\omega<\omega_0$ 时为负值,即呈电感性;在 $\omega>\omega_0$ 时,$B(\omega)>0$,即呈电容性;在 $\omega=\omega_0$ 即发生并联谐振时,$B(\omega_0)=0$,整个电路的导纳 $Y=\dfrac{1}{R}$,而为纯电导。图 12-2-2(a)中还按式(12-2-1)作出了$|Y|$的频率特性曲线,这曲线在 ω 很低处接近于$|B_L|$,在 ω 很高处趋近于 B_C,在 $\omega=\omega_0$ 时有最小值$\dfrac{1}{R}$。图 12-2-2(b)中是导纳角 $\varphi'(\omega)$的曲线,$\varphi'(\omega)$由 $\omega=0$ 时的$-\pi/2$ 随 ω 的增高而增大,在 $\omega=\omega_0$ 时增为零,在 ω 趋向无限大时,它趋近于 $\pi/2$。

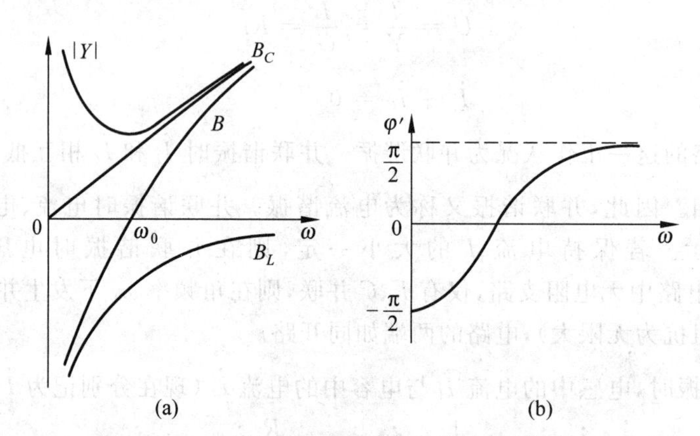

图 12-2-2 并联谐振电路的导纳的频率特性

(a) $B(\omega)$和$|Y(\mathrm{j}\omega)|$; (b) $\varphi'(\omega)$

现在考察并联谐振电路两端的电压 U 与频率 ω 的关系。由电流源电流 I 和此电路的导纳即得

$$U(\omega)=\frac{I}{\sqrt{\left(\frac{1}{R}\right)^2+\left(\omega C-\frac{1}{\omega L}\right)^2}} \tag{12-2-7}$$

由此并可得到电容电流 I_C、电感电流 I_L 与频率的关系

$$I_C(\omega)=\omega CU=\frac{\omega CI}{\sqrt{\left(\frac{1}{R}\right)^2+\left(\omega C-\frac{1}{\omega L}\right)^2}} \tag{12-2-8}$$

$$I_L(\omega)=\frac{U}{\omega L}=\frac{I}{\omega L\sqrt{\left(\frac{1}{R}\right)^2+\left(\omega C-\frac{1}{\omega L}\right)^2}} \tag{12-2-9}$$

图 12-2-3 中画出了 $U(\omega)$的曲线,由式(12-2-7)或此图可见:并联谐振电路两端的电压

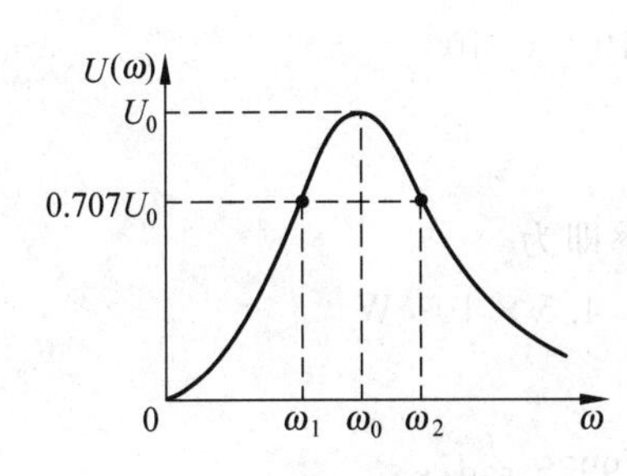

图 12-2-3　*RLC* 并联谐振电路电压的谐振曲线

$U(\omega)$在谐振频率下有极大值$U(\omega_0)=U_0=RI$；偏离谐振频率，电压减小，电压降至谐振时电压U_0的$\frac{1}{\sqrt{2}}$时，电路所吸收的功率减少到谐振时吸收功率的1/2，此时的频率ω_1、ω_2(见图12-2-3)可求得为

$$\left.\begin{aligned}\omega_1&=-\frac{1}{2RC}+\sqrt{\left(\frac{1}{2RC}\right)^2+\frac{1}{LC}}\\\omega_2&=\frac{1}{2RC}+\sqrt{\left(\frac{1}{2RC}\right)^2+\frac{1}{LC}}\end{aligned}\right\}\qquad(12\text{-}2\text{-}10)$$

ω_1、ω_2与ω_0有以下关系

$$\omega_1\omega_2=\omega_0^2$$

从ω_1至ω_2间的频率范围定义为通频带，通频带宽为

$$BW=\omega_2-\omega_1=\frac{1}{RC}=\frac{\omega_0}{\omega_0 RC}=\frac{\omega_0}{Q}$$

在Q很大的情形下(例如$Q>10$)，BW比ω_0小得多，比较式(12-2-10)中根号内的两项，就有$\left(\frac{1}{2RC}\right)^2\ll\frac{1}{LC}$，忽略其中的第一项，便可将式(12-2-10)近似为

$$\omega_1\approx\omega_0-\frac{BW}{2}$$

$$\omega_2\approx\omega_0+\frac{BW}{2}$$

并联谐振电路在电子电路中有着广泛的应用。设想有许多不同频率的电流(信号)进入一并联谐振电路，此电路对其频率偏离谐振频率甚多(在通频带之外)的电流，呈现为低阻抗，近于短路；而对频率为谐振频率或在通频带内的电流，呈现出高阻抗，对于高Q值的电路，这种现象就尤其分明，这样的电流在电路两端产生的电压便可被“挑选”出来，从而实现谐振电路的频率选择作用。

【例12-2】　图12-2-4示一*RLC*并联电路，其中电源电流是频率可变的正弦电流。设$R=2\text{k}\Omega$，$L=0.25\text{mH}$，$C=10\mu\text{F}$，$I=1.5\text{mA}$，试求：

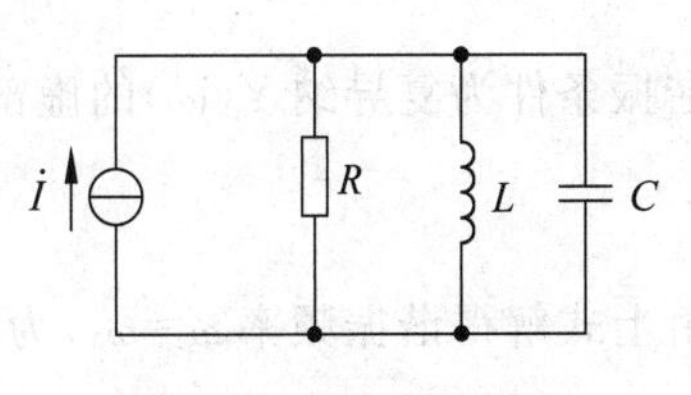

图 12-2-4　例 12-2 附图

(1) 并联谐振频率ω_0，此谐振电路的品质因数Q；

(2) 半功率时的频率ω_1、ω_2和通频带宽BW；

(3) 在频率ω_0、ω_1、ω_2下电路所吸收的功率。

解

$$\omega_0=\frac{1}{\sqrt{LC}}=\frac{1}{\sqrt{0.25\times10^{-3}\times10^{-5}}}=2\times10^4\,\text{rad/s}$$

$$Q=\omega_0 RC=2\times10^4\times2\times10^3\times10^{-5}=400$$

$$BW=\frac{\omega_0}{Q}=\frac{2\times10^4}{4\times10^2}=50\text{rad/s}$$

在谐振时电阻中的电流即为 I,此时电路所吸收的功率即为

$$P=I^2R=(1.5\times10^{-3})^2\times2\times10^3=4.5\times10^{-3}\text{W}$$

半功率频率为

$$\omega_1=\omega_0-\frac{BW}{2}=2\times10^4-\frac{50}{2}=19975\ \text{rad/s}$$

$$\omega_2=\omega_0+\frac{BW}{2}=2\times10^4+\frac{50}{2}=20025\ \text{rad/s}$$

当频率为 ω_1、ω_2 时,电路吸收的功率分别记为 P_{ω_1}、P_{ω_2},均等于谐振时电路所吸收的功率的 $\frac{1}{2}$,即为

$$P_{\omega_1}=P_{\omega_2}=\frac{P}{2}=2.25\times10^{-3}\text{W}$$

图 12-2-5(a)中为另一种常见的并联电路,当 $\dot{U}$ 和 $\dot{I}$ 同相时称电路发生并联谐振。现

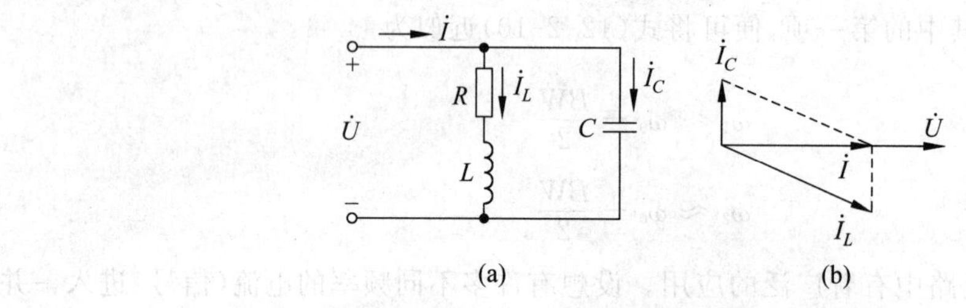

图 12-2-5 并联谐振电路及其相量图

(a) 一个并联谐振电路;(b) 电路谐振时的相量图

讨论这一电路的谐振条件。可写出电路的入端导纳

$$Y(\mathrm{j}\omega)=\frac{R}{R^2+(\omega L)^2}-\mathrm{j}\frac{\omega L}{R^2+(\omega L)^2}+\mathrm{j}\omega C$$

谐振条件为复导纳 $Y(\mathrm{j}\omega)$ 的虚部为零,即

$$-\frac{\omega L}{R^2+\omega^2L^2}+\omega C=0$$

由上式解得谐振频率 $\omega=\omega_0$,为

$$\omega_0=\sqrt{\frac{L-CR^2}{L^2C}}=\frac{1}{\sqrt{LC}}\sqrt{1-\frac{CR^2}{L}}$$

由上式可见,电路的谐振频率完全由电路参数决定,只有当 $1-\frac{CR^2}{L}>0$,即 $R<\sqrt{\frac{L}{C}}$ 时 ω_0 才

是实数，电路才有谐振频率；若 $R>\sqrt{\frac{L}{C}}$，谐振频率为虚数，则电路不可能发生谐振，也就是在这样的电路参数下，对任何频率，$\dot{U}$ 和 $\dot{I}$ 都不可能同相。

并联谐振时，电路电纳为零，其复数导纳为纯电导，有

$$Y(\mathrm{j}\omega_0)=\frac{R}{R^2+(\omega_0 L)^2}=\frac{CR}{L}$$

此时整个电路相当于一个电阻，如以电阻表示则有 $R_{\mathrm{eq}}=L/CR$，谐振时电路的相量图见图 12-2-5(b)。改变电路参数也可达到谐振。例如图 12-2-5(a)电路，当频率一定，改变电容 C，总可以使电流 $\dot{I}$ 与电压同相，达到并联谐振。通常在电感性负载两端并联适当的电容以提高功率因数的电路，实际上就是图 12-2-5 那样的电路。

12.3 串并联电路的谐振

本节讨论由纯电感和纯电容所组成的简单串并联电路的谐振。图 12-3-1 中画出了这种电路的两个例子。分析这种电路时将见到：由电感、电容组成的二端网络的谐振频率不止一个，而且既有串联谐振频率又有并联谐振频率。在分析具体电路以前，再次熟悉下面两个基本的电感、电容电路的频率特性。

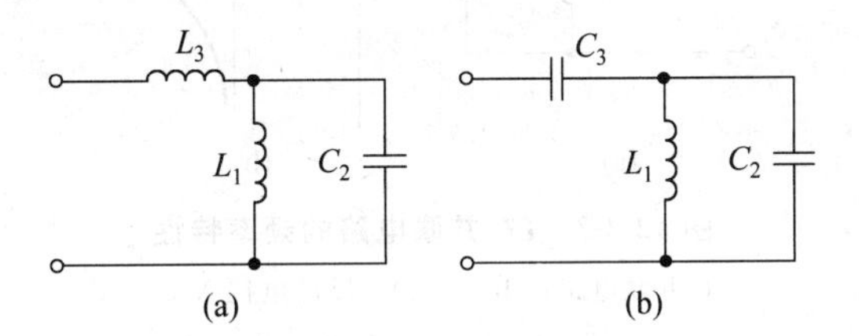

图 12-3-1 串并联电路的谐振

(a) 由两个电感和一个电容组成的谐振电路；(b) 由两个电容和一个电感组成的谐振电路

(1) 一个由 LC 组成的串联电路(图 12-3-2(a))的入端阻抗是

$$Z(\mathrm{j}\omega)=\mathrm{j}X(\omega)=\mathrm{j}X_L+\mathrm{j}X_C=\mathrm{j}\left(\omega L-\frac{1}{\omega C}\right)$$

$$X(\omega)=\left(\omega L-\frac{1}{\omega C}\right)=L\left(\frac{\omega^2-\omega_0^2}{\omega}\right)$$

式中 $\omega_0^2=1/LC$。当 $\omega=\omega_0$ 串联谐振时 $X(\omega_0)=0$，当 $\omega<\omega_0$ 时 $X(\omega)<0$，电路呈容性；当 $\omega>\omega_0$ 时 $X(\omega)>0$ 电路呈感性。$X(\omega)$ 的频率特性如图 12-3-2(b)所示。

(2) 一个由 LC 组成的并联电路(图 12-3-3(a))的入端阻抗是

$$Z(\mathrm{j}\omega)=\mathrm{j}X(\omega)=\frac{\mathrm{j}X_L\mathrm{j}X_C}{\mathrm{j}(X_L+X_C)}=\mathrm{j}\,\frac{\omega L}{1-\omega^2 LC}$$

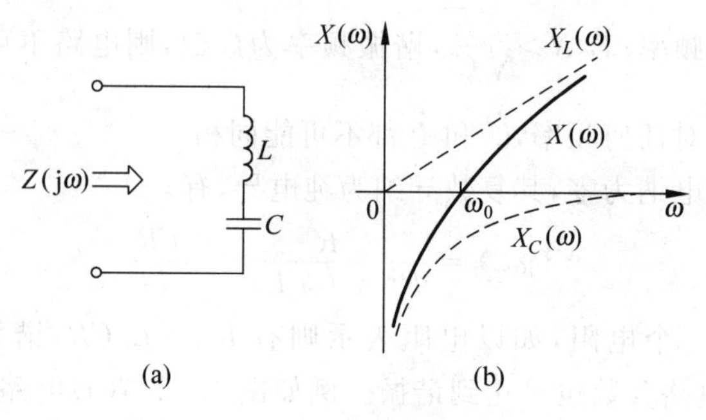

图 12-3-2 *LC* 串联电抗的频率特性

$$X(\omega)=\frac{\omega L}{1-\omega^2 LC}=\frac{\omega}{C(\omega_0^2-\omega^2)}$$

式中 $\omega_0^2=1/LC$,当 $\omega=\omega_0$ 时发生并联谐振 $X(\omega_0)=\infty$;当 $\omega<\omega_0$ 时 $X(\omega)>0$ 电路呈感性,当 $\omega>\omega_0$ 时 $X(\omega)<0$ 电路呈容性。$X(\omega)$的频率特性示于图 12-3-3(b)中。

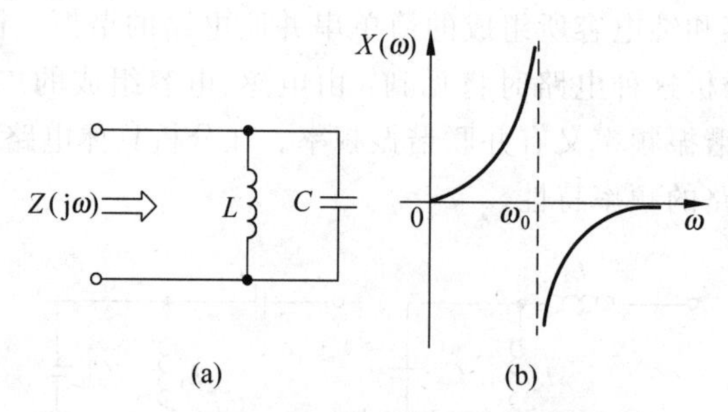

图 12-3-3 *LC* 并联电路的频率特性

(a) *LC* 并联电路;(b) 图(a)电路的电抗 $X(\omega)$曲线

现在分析图 12-3-1(a)所示电路的谐振条件。不难看出,当频率 $\omega_1=1/\sqrt{L_1C_2}$时,L_1C_2 并联环节发生并联谐振,这时它的电抗为无穷大,整个电路的电抗也为无穷大,这相当于并联谐振。当 ω 大于 ω_1 时,并联环节呈容性,在某一频率 ω_2 ($\omega_2>\omega_1$)时与 L_3 发生串联谐振,这时整个电路的电抗为零,相当于短路。为确定谐振频率,写出此电路的入端阻抗为

$$Z(\mathrm{j}\omega)=\mathrm{j}\omega L_3+\frac{\mathrm{j}\omega L_1\left(-\mathrm{j}\,\dfrac{1}{\omega C_2}\right)}{\mathrm{j}\omega L_1-\mathrm{j}\,\dfrac{1}{\omega C_2}}=\mathrm{j}\left[\frac{\omega^3 L_1L_3C_2-\omega(L_1+L_3)}{\omega^2L_1C_2-1}\right] \tag{12-3-1}$$

使式(12-3-1)中的分母为零,即 $\omega^2L_1C_2-1=0$,可得并联谐振频率

$$\omega_1=\frac{1}{\sqrt{L_1C_2}} \tag{12-3-2}$$

这时 $Z(\mathrm{j}\omega_1)=\mathrm{j}\infty$（相当于开路）。使式(12-3-1)中分子为零，即 $\omega^3L_1L_3C_2-\omega(L_1+L_3)=0$，可得串联谐振频率

$$\omega_2=\sqrt{\frac{L_1+L_3}{L_1L_3C_2}} \tag{12-3-3}$$

这时 $Z(\mathrm{j}\omega_2)=\mathrm{j}0$（相当于短路）。还有一个频率 $\omega=0$ 也可以看作一个串联谐振频率。

图 12-3-4 所示为图 12-3-1(a)电路的频率特性曲线 $X(\omega)$，这一曲线可按以下步骤作出。先作出 L_2C_1 并联电路的电抗与频率的关系曲线，如图中的曲线①所示，在 $\omega=\omega_1$ 处此电抗为无穷大，这一频率就是并联谐振频率；再作出电感 L_3 的电抗曲线，如图中的曲线②所示，将 L_2C_1 的电抗与 L_1 的电抗相加，便得到总的电抗 $X(\omega)$ 曲线，如图中曲线③所示。总电抗在 $\omega=\omega_1$ 处为无限大，在 $\omega=\omega_2$ 处为零。在 $\omega\to\infty$处，总电抗趋近于 $X_3=\omega L_3$。

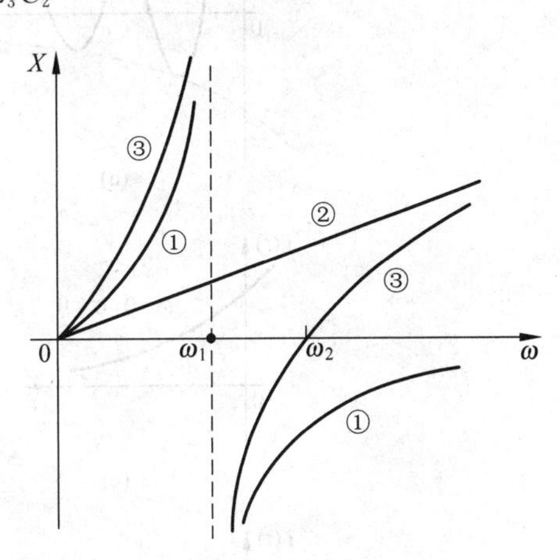

图 12-3-4　图 10-3-1(a)电路的电抗 $X(\omega)$

12.4 复频率和相量法的拓广

在前面的正弦电流电路的稳态分析中，用相量法引入了复阻抗、复导纳，它们一般都是频率的函数。现在我们将频率的概念和相量法加以推广，引入复频率和网络函数并将它们用以分析电路。

在正弦电流电路的稳态分析里，所涉及的电压、电流等变量都是随时间依正弦函数变化的，用相量使对这类电路问题的分析得到简化。在对电路的更一般的研究中，有必要考察更为一般形式的指数正弦形电压、电流和它们所作用的电路。

指数正弦形电流的表达式是

$$i=Ie^{\sigma t}\sin(\omega t+\theta) \tag{12-4-1}$$

由上式可见，指数正弦函数可以看作是 $\sin(\omega t+\theta)$ 与 $Ie^{\sigma t}$ 相乘得出的，其中的 ω 可视为 $\sin(\omega t+\theta)$ 的角频率；σ 为一常数，它决定了指数正弦电流的波形的包线随时间增长（当 $\sigma>0$）或衰减（当 $\sigma<0$）的快慢；I 为一常数值，且有 $I>0$。

一般情况下 $\sigma\neq0$，指数正弦形电流并不是周期性电流。图 12-4-1 中示有在不同的 σ、ω 值下指数正弦形电流 i 的波形图：当 $\sigma<0$ 或 $\sigma>0$，它就分别为一幅值依指数函数衰减或增长的正弦函数，如图 12-4-1(a)，(b)；当 $\omega=0$ 时，它就是一指数函数，如图 12-4-1(c)，(d)；当 $\sigma=0$ 时，它就是一正弦函数，如图 12-4-1(e)；当 $\sigma=0$，$\omega=0$ 时，它就是一恒定值，如图 12-4-1(f)。

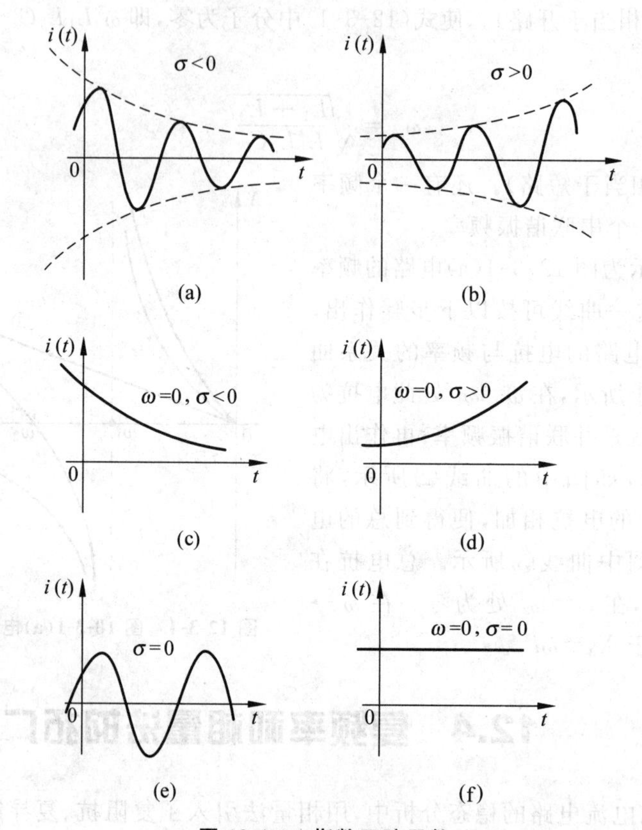

图 12-4-1　指数正弦函数

(a) $\sigma<0$; (b) $\sigma>0$; (c) $\omega=0,\sigma<0$; (d) $\omega=0,\sigma>0$; (e) $\sigma=0$; (f) $\sigma=0,\omega=0$

对于式(12-4-1)所表示的指数正弦形电流,也可引入一复指数函数来表示它。复指数函数 $I\mathrm{e}^{\sigma t}\mathrm{e}^{\mathrm{j}(\omega t+\theta)}$ 可依欧拉公式展为

$$I\mathrm{e}^{\sigma t}\mathrm{e}^{\mathrm{j}(\omega t+\theta)}=I\mathrm{e}^{\sigma t}\cos(\omega t+\theta)+\mathrm{j}I\mathrm{e}^{\sigma t}\sin(\omega t+\theta) \tag{12-4-2}$$

可见指数正弦函数就等于以上的复指数函数的虚部。即

$$i=\mathrm{Im}[I\mathrm{e}^{\sigma t}\mathrm{e}^{\mathrm{j}(\omega t+\theta)}]=\mathrm{Im}[I\mathrm{e}^{\mathrm{j}\theta}\mathrm{e}^{(\sigma+\mathrm{j}\omega)t}] \tag{12-4-3}$$

令 $s=\sigma+\mathrm{j}\omega$, $\dot{I}=I\mathrm{e}^{\mathrm{j}\theta}$,便可将上式写成

$$i=\mathrm{Im}[\dot{I}\mathrm{e}^{st}] \tag{12-4-4}$$

上式中的 $\dot{I}$ 即为代表电流 i 的复数①,$\dot{I}$ 的模 $|\dot{I}|=I$ 等于电流 i 的包线在 $t=0$ 时的绝对值,幅角 θ 是电流 i 的初相角。对于一定的 s 值,i 与复数 $\dot{I}$ 有着一一对应的关系,因而可用复

① 表示指数正弦量的复数没有统一的通用符号,本书在这一章里用大写字母上加圆点表示,即与表示正弦量的相量符号相同。根据出现这一符号处的上下文可以判断它所代表的是何种量。

数 $\dot{I}$ 代表指数正弦电流 i。将 i 与 $\dot{I}$ 间的关系用 $i\leftrightarrow\dot{I}$ 表示。式(12-4-4)中的 e^{st} 是一复指数函数因子,其中 $s=\sigma+j\omega$ 是一复数,称为复频率,它的实部是指数正弦函数中的指数衰减(或发散)因数 σ;虚部是其中的正弦函数的角频率。称 s 为复频率。

复指数函数 $Ie^{j\theta}e^{(\sigma+j\omega)t}=\dot{I}e^{st}$ 可以用复平面上一初相位为 θ、以角频率 ω 依逆时针方向旋转、模的大小按指数 $Ie^{\sigma t}$ 变化的旋转向量来表示。在任一时刻 t,此向量在虚轴上的分量就等于它所代表的指数正弦函数在该时刻的瞬时值,如图 12-4-2 所示(图中设 $\sigma<0$),这就是式(12-4-4)的几何意义。

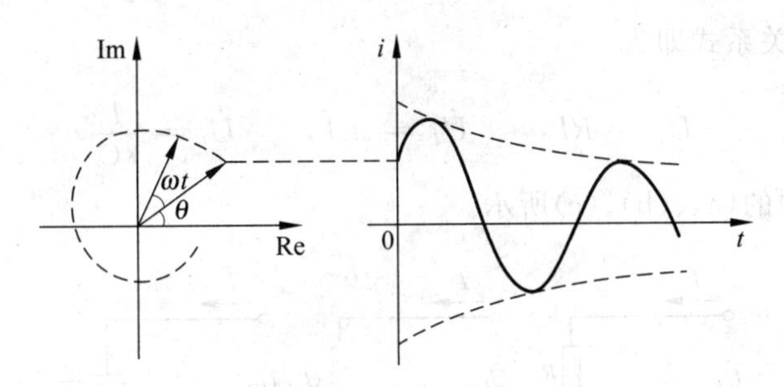

图 12-4-2　旋转向量和指数正弦量

相量法的拓广

采用相量法分析电路的正弦稳态有许多方便:正弦量被相应的相量替代;同频正弦量的相加、减被转换为对应的相量的加、减;对正弦量的求导、积分被转换为对相应的相量与 $j\omega$ 相乘、除。这些运算法则对于指数正弦量也都适用,只需将前一情形下的 $j\omega$ 换以复频率 s,即对指数正弦量和对应的复数,有:

(1) 若 $i_1\leftrightarrow\dot{I}_1$;$i_2\leftrightarrow\dot{I}_2$,则 $i_1\pm i_2\leftrightarrow\dot{I}_1\pm\dot{I}_2$;

(2) 若 $i\leftrightarrow\dot{I}$,　　则 $\dfrac{di}{dt}\leftrightarrow s\dot{I}$;

(3) 若 $i\leftrightarrow\dot{I}$,　　则 $\int i dt\leftrightarrow\dfrac{\dot{I}}{s}$

以上各式的证明留给读者去完成。

与正弦电流电路的稳态分析相似,对于指数正弦形的激励下的电路,现在要研究的是电路中的强制响应。由微分方程的理论可以证明:当激励的复频率 $s=\sigma+j\omega$ 不等于电路①的微分方程的特征根时,电路中的强制响应也具有和激励相同的指数正弦形式,即它的复频率与激励的复频率相同。

对于指数正弦电流的电路,利用复数表示法可将电路的基尔霍夫定律的方程转换成对

① 这里的电路是指线性非时变电路。

应的复数形式的方程，即由 KCL，$\sum i=0$ 和 KVL，$\sum u=0$ 分别可得

$$\text{KCL}\quad \sum \dot{I}=0$$

$$\text{KVL}\quad \sum \dot{U}=0$$

同样，可将电路元件约束关系的瞬时值表达式转换为相应的复数形式的表达式。对于电阻 R、电感 L、电容 C 元件有

$$u_R=Ri,\qquad u_L=L\frac{\mathrm{d}i}{\mathrm{d}t},\qquad u_C=\frac{1}{C}\int i\mathrm{d}t$$

对应的复数形式的关系式即为

$$\dot{U}_R=R\dot{I},\qquad \dot{U}_L=sL\dot{I},\qquad \dot{U}_C=\frac{\dot{I}}{sC}$$

分别如图 12-4-3 中的(a)、(b)、(c)所示。

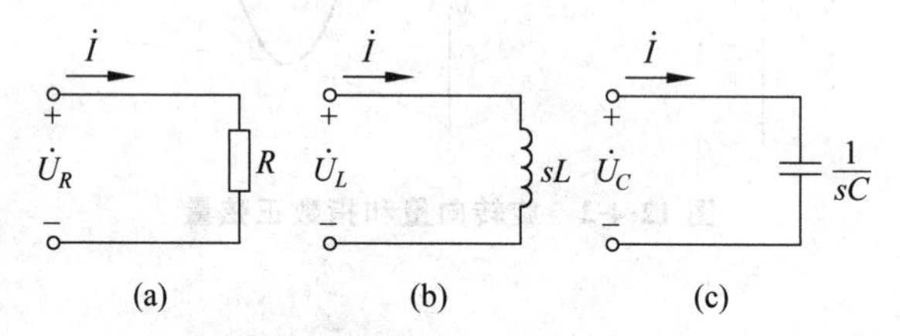

图 12-4-3　在复频率激励下的 R,L,C 元件

从以上关于指数正弦函数和它们的复数表示、复频率下的电路定律和电路元件方程，我们便可将分析正弦电流电路的稳态的相量法拓广，用于分析指数正弦电流电路中的强制响应。

现在以图 12-4-4(a)中的电路为例来说明这样的方法，图中的电源电压是指数正弦形式的。现在用相量法求此电路中电流的强制分量。作出以复频率下的阻抗表示的电路图如图 12-4-4(b)所示，其中的 $\dot{U}=U\mathrm{e}^{\mathrm{j}\theta}$，由图 12-4-4(b)即可得到此电路在复频率 s 下的阻抗为

$$u=U\mathrm{e}^{\sigma t}\sin(\omega t+\theta)$$

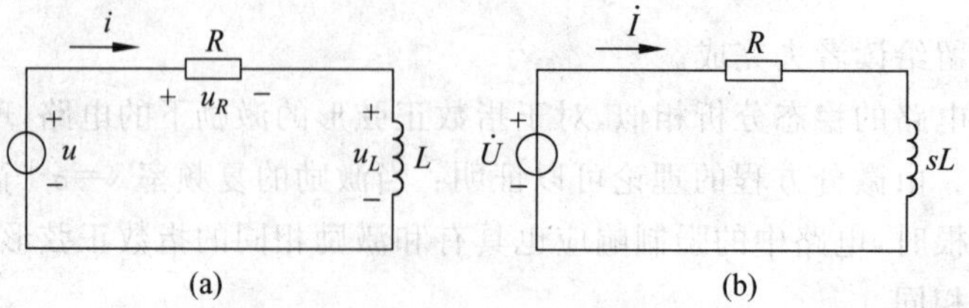

图 12-4-4　指数正弦电流电路示例

(a) 电路图；(b) 用复频率下的阻抗表示的(a)图

$$Z(s)=R+sL$$

于是得电流 $\dot{I}$ 等于 $\dot{U}$ 与 $Z(s)$之比，即

$$\dot{I}=\frac{\dot{U}}{Z(s)}=\frac{\dot{U}}{R+sL}=\frac{\dot{U}}{(R+\sigma L)+\mathrm{j}\omega L}$$

$$=\frac{U}{\sqrt{(R+\sigma L)^2+(\omega L)^2}}\mathrm{e}^{\mathrm{j}(\theta-\varphi)}=I\mathrm{e}^{\mathrm{j}\psi}$$

上式中

$$I=\frac{U}{\sqrt{(R+\sigma L)^2+(\omega L)^2}},\quad \varphi=\arctan\frac{\omega L}{R+\sigma L}$$

$$\psi=\theta-\varphi$$

于是得电流的强制分量 i 为

$$i=\frac{U}{\sqrt{(R+\sigma L)^2+(\omega L)^2}}\mathrm{e}^{\sigma t}\sin(\omega t+\theta-\varphi)$$

在以上的例子里已提到了复频率阻抗 $Z(s)$，同样可定义复频率导纳 $Y(s)=\frac{1}{Z(s)}$。在指数正弦电流的电路中，阻抗 $Z(s)$、导纳 $Y(s)$和正弦电流的电路中的阻抗 Z、导纳 Y 有同样的意义，只是以复频率 $s=\sigma+\mathrm{j}\omega$ 代替 $\mathrm{j}\omega$。以上所讨论的是一个简单的例子，从中可见，前面研究的分析线性电路正弦稳态的所有方法，都可以拓广应用于指数正弦电流的电路。

12.5 网络函数

上一节里引入了复频率阻抗 $Z(s)$和导纳 $Y(s)$，它们是二端电路上的电压(电流)和电流(电压)复数值之比。现在把这概念推广，引出网络函数。

在内部不含独立电源电路的某一端口施加指数正弦激励 $\dot{E}$，由此激励在电路内产生某一强制响应 $\dot{R}$，此响应与激励的复数值之比即为一网络函数① $N(s)$(图 12-5-1)：

$$N(s)\overset{\mathrm{def}}{=}\frac{\dot{R}}{\dot{E}}\qquad(12\text{-}5\text{-}1)$$

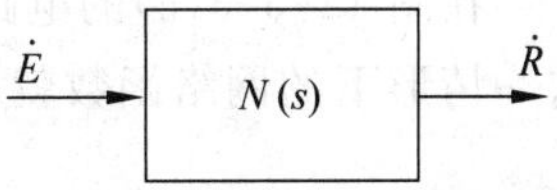

$\dot{E}$ → $N(s)$ → $\dot{R}$

图 12-5-1 网络函数

每当称一网络函数，需要指明激励、响应所在的端口。网络函数是复频率 s 的函数，它与电路的结构、参数以及激励与响应所在的端口均有关。下面看一个例子。

【例 12-3】 图 12-5-2 中，设激励为 $\dot{U}_1$，响应为 $\dot{I}_2$，求网络函数 $N(s)=\frac{\dot{I}_2}{\dot{U}_1}$。

① 在电路理论中，网络函数还常用在第 15 章中要介绍的另一种方式来定义。

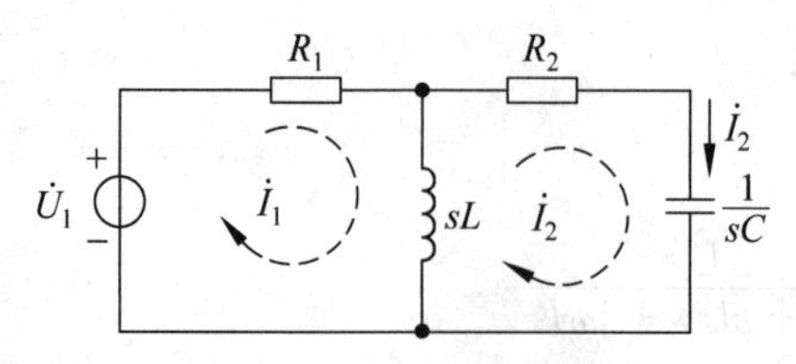

图 12-5-2　例 12-3 附图

解　用回路法列写出回路方程

$$(R_1+sL)\dot{I}_1-sL\dot{I}_2=\dot{U}_1$$

$$-sL\dot{I}_1+\left(R_2+sL+\frac{1}{sC}\right)\dot{I}_2=0$$

消去 $\dot{I}_1$ 得

$$N(s)=\frac{\dot{I}_2}{\dot{U}_1}=\frac{Ls^2}{(R_1+R_2)Ls^2+\left(R_1R_2+\frac{L}{C}\right)s+\frac{R_1}{C}} \tag{12-5-2}$$

给定某一确定的复频率 s,可得出在该 s 值下的网络函数值。如果我们讨论正弦稳态情形,即 $s=\mathrm{j}\omega$,则只要在网络函数中将 s 代以 $\mathrm{j}\omega$ 即可,如对例 12-3 有

$$\begin{aligned}N(\mathrm{j}\omega)&=\frac{L(\mathrm{j}\omega)^2}{(R_1+R_2)L(\mathrm{j}\omega)^2+\left(R_1R_2+\frac{L}{C}\right)\mathrm{j}\omega+\frac{R_1}{C}}\\&=\frac{-L\omega^2}{-(R_1+R_2)L\omega^2+\frac{R_1}{C}+\mathrm{j}\omega\left(R_1R_2+\frac{L}{C}\right)}\end{aligned} \tag{12-5-3}$$

根据激励和响应是否在同一端口,网络函数可分为以下两种类型:

(1) 驱动点函数　如果激励和响应,一个是端口两端间的电压,另一个是流入该端口的电流(图 12-5-3),则称这种情形下的网络函数为驱动点函数。

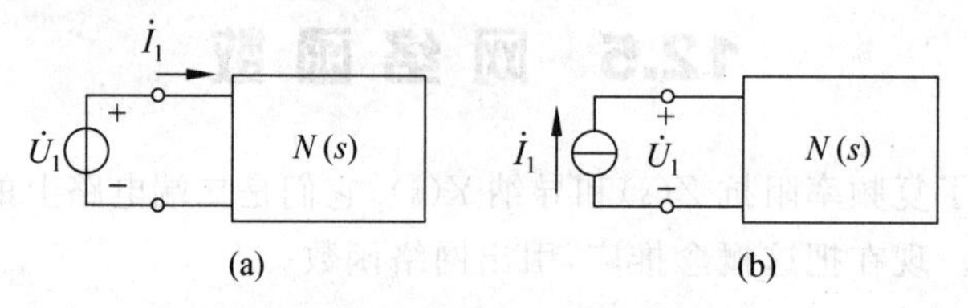

图 12-5-3　驱动点函数的定义

(a) 驱动点导纳函数;(b) 驱动点阻抗函数

在图 12-5-3(a)的电路中,激励是输入端口两端间的电压 $\dot{U}_1$,响应是该端口的电流 $\dot{I}_1$,这一情形下的网络函数就是该端口的驱动点导纳,即输入导纳

$$N(s)=\frac{\dot{I}_1}{\dot{U}_1}$$

在图 12-5-3(b)的电路中,激励是输入端口的电流,响应是输入两端间的电压,这一情形下的网络函数就是该端口的驱动点阻抗。

$$N(s)=\frac{\dot{U}_1}{\dot{I}_1}$$

(2) 转移函数　激励和响应不在同一端口时的网络函数都称为转移函数,这包括

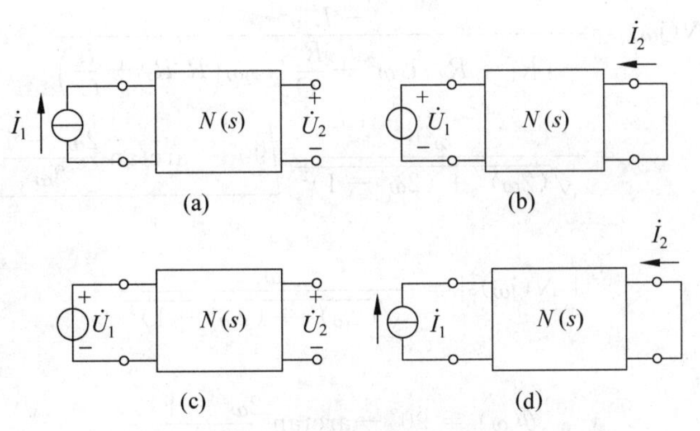

图 12-5-4 转移函数的定义

(a) 转移阻抗；(b) 转移导纳；(c) 转移电压比；(d) 转移电流比

图 12-5-4所示的四种情形：其中图(a)中的转移函数$\dfrac{\dot{U}_2}{\dot{I}_1}$是转移阻抗；图(b)中的转移函数$\dfrac{\dot{I}_2}{\dot{U}_1}$是转移导纳；图(c)、图(d)中的转移函数依次为转移电压比$\dfrac{\dot{U}_2}{\dot{U}_1}$、转移电流比$\dfrac{\dot{I}_2}{\dot{I}_1}$。

在一般的系统理论中，常将系统中的响应 $\dot{R}$ 与激励 $\dot{E}$ 之比称为传递函数，用 $H(s)$ 表示，即

$$H(s)=\frac{\dot{R}}{\dot{E}}$$

所以电路中所称的任何网络函数，又都可称为传递函数。

12.6 网络函数的频率响应

网络函数 $N(s)$ 是复变数 s 的函数，可表示为

$$N(s)=|N(s)|\underline{/\theta(s)}$$

$|N(s)|$为网络函数的模，$\theta(s)$为网络函数的幅角。在正弦情况下 $s=\mathrm{j}\omega$，则有

$$N(\mathrm{j}\omega)=|N(\mathrm{j}\omega)|\underline{/\theta(\omega)}$$

$|N(\mathrm{j}\omega)|$称为网络函数的幅频响应，它表示响应与激励的振幅比与频率 ω[①] 的关系；$\theta(\omega)$称为网络函数的相频响应，它表示响应与激励的相位差对频率 ω 的关系。

例如图 12-5-2 电路中，设 $R_1=R_2=1\Omega, L=1\mathrm{H}, C=1\mathrm{F}$，由式(12-5-3)可得其频率响应为

---

① 在有些涉及频率特性的场合下，常把角频率 ω 称为频率，实际的频率仍应是 $f=\omega/2\pi$。

$$N(\mathrm{j}\omega)=\frac{-L\omega^2}{-(R_1+R_2)L\omega^2+\frac{R_1}{C}+\mathrm{j}\omega\left(R_1R_2+\frac{L}{C}\right)}$$

$$=\frac{\omega^2}{\sqrt{(2\omega)^2+(2\omega^2-1)^2}}\angle 90^\circ-\arctan\frac{2\omega^2-1}{2\omega}$$

幅频响应为

$$|N(\mathrm{j}\omega)|=\frac{\omega^2}{\sqrt{(2\omega)^2+(2\omega^2-1)^2}} \tag{12-6-1}$$

相频响应为

$$\theta(\omega)=90^\circ-\arctan\frac{2\omega^2-1}{2\omega} \tag{12-6-2}$$

零点和极点

下面介绍利用网络函数的零点和极点分析频率响应的方法。

任一集总参数的线性、非时变电路的网络函数都是一个复频率 s 的实系数有理函数

$$N(s)=\frac{P(s)}{Q(s)}=\frac{b_ms^m+b_{m-1}s^{m-1}+\cdots+b_1s+b_0}{a_ns^n+a_{n-1}s^{n-1}+\cdots+a_1s+a_0} \tag{12-6-3}$$

将上式中的分子、分母多项式都写成一次因子的乘积形式,就有

$$N(s)=K\frac{(s-z_1)(s-z_2)\cdots(s-z_m)}{(s-p_1)(s-p_2)\cdots(s-p_n)} \tag{12-6-4}$$

式中 $K=\frac{b_m}{a_n}$;$z_1,z_2,\cdots,z_m$ 为方程式 $P(s)=0$ 的根,称为网络函数 $N(s)$的零点。当 $s=z_j(j=1,2,\cdots,m)$时,$N(s)$的分子 $P(s)$为零,$N(s)$也为零。$p_1,p_2,\cdots,p_n$ 为方程式$Q(s)=0$ 的根,称为网络函数 $N(s)$的极点。当 $s=p_j(j=1,2,\cdots,n)$时,$N(s)$的分母 $Q(s)$为零,$N(s)$为无穷大。

在复频率 s 平面上把$N(s)$的极点和零点标示出来:极点用“×”表示,零点用“○”表示。这样作出的图称为零、极点图。根据极点、零点的位置可以确定网络函数 $N(s)$在任一复频率 s 值下的数值,这可以用图解法来进行,为确定 $N(s)$的数值及其频率特性带来方便。下面介绍这一方法。设给定网络函数

$$N(s)=\frac{K(s-z_1)(s-z_2)}{(s-p_1)(s-p_2)(s-p_3)}$$

$N(s)$有三个极点 p_1,p_2,p_3 和两个零点 z_1,z_2,它们在 s 平面上的位置如图 12-6-1 中所示。当 $s=s_a$ 时,有

$$N(s_a)=\frac{K(s_a-z_1)(s_a-z_2)}{(s_a-p_1)(s_a-p_2)(s_a-p_3)}$$

式中 K 是已知常数。上式分母中的第一个因子(s_a-p_1)等于从 p_1 到 s_a 的矢量,它是模为 M_1、角度为 ψ_1 的复数,如图 12-6-1 所示;同理,分子中的第一因子(s_a-z_1)等于从 z_1 到 s_a 的矢量,它是模为 l_1、幅角为 φ_1 的一个复数。这样,在分母中对应于极点的因子可分别表示为

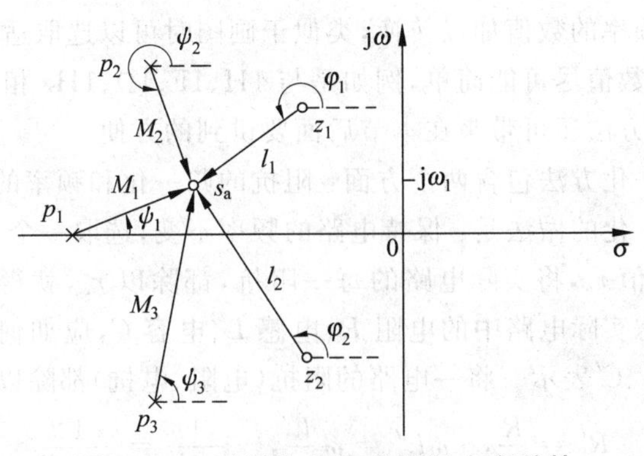

图 12-6-1 利用零、极点求幅频、相频特性

$$(s_a - p_1) = M_1 e^{j\psi_1}$$
$$(s_a - p_2) = M_2 e^{j\psi_2}$$
$$(s_a - p_3) = M_3 e^{j\psi_3}$$

而分子中对应于零点的因子可分别表示为

$$(s_a - z_1) = l_1 e^{j\varphi_1}$$
$$(s_a - z_2) = l_2 e^{j\varphi_2}$$

因而

$$N(s_a) = \frac{K l_1 l_2 \,\angle \varphi_1 + \varphi_2}{M_1 M_2 M_3 \,\angle \psi_1 + \psi_2 + \psi_3} = \frac{K l_1 l_2}{M_1 M_2 M_3} \angle \varphi_1 + \varphi_2 - \psi_1 - \psi_2 - \psi_3$$

因此，当 $s = s_a$ 时，$N(s_a)$的模为

$$|N(s_a)| = \frac{K l_1 l_2}{M_1 M_2 M_3}$$

而其辐角为

$$\theta(s_a) = \varphi_1 + \varphi_2 - \psi_1 - \psi_2 - \psi_3$$

可见，当 K 已知时，在复频域平面中，从极点和零点的位置可方便地确定 $N(s)$在任一复频率 s 时的复数值。

由于正弦量的复频率 $j\omega$ 是复频率 s 在 $\sigma=0$ 时的特殊情况，因此只要将 s_a 选在虚轴上某一 $j\omega_1$ 处，就可求在频率为 ω_1 时的 $N(j\omega_1)$值。在不同的频率下求出 $N(j\omega)$的值就可以方便地得出网络函数的频率响应。设想 $s_a = j\omega$ 在虚轴上从 0 点开始沿虚轴不断变化到 $j\infty$，则在不同位置 $j\omega_1, j\omega_2, \cdots$，可得出网络函数 $N(j\omega)$在各不同频率下的复数值。

12.7 阻抗和频率的归一化

在电路的分析计算和设计中，经常遇到电路的参数、频率值是许多大小相差悬殊的数字：如若干吉赫、微亨、皮法、兆欧，这使得有关的分析计算都有不便。本节所介绍的归一化，是对电路的阻抗、频率的数值加以转换，类似于画图时可以选取适当的比例尺的作用，使得转换后的参数、频率数值尽可能简单，例如是与1H、1F、1Ω、1Hz相近的数，这样便可减轻计算工作，而且用这种方法还可带来在本节后面要讲到的方便。

阻抗和频率的归一化方法包含两个方面：阻抗的归一化和频率的归一化。

对电路的阻抗归一化的做法是：保持电路的频率不变，选取一个无因次的数，称之为电阻因子，或称为电阻基值 r_n，将实际电路的每一阻抗，都除以 r_n，就得到各阻抗经归一化后的数值。这里只须考虑实际电路中的电阻 R、电感 L、电容 C，应如何转换。把它们经归一化后的值分别用 R'、L'、C' 表示。将一电路的阻抗（电阻、电抗）都除以 r_n，即应有

$$R' = \frac{R}{r_n}, \quad \omega L' = \omega \frac{L}{r_n}, \quad \frac{1}{\omega C'} = \frac{1}{\omega r_n C}$$

于是得

$$R' = \frac{R}{r_n}, \quad L' = \frac{L}{r_n}, \quad C' = r_n C \tag{12-7-1}$$

可见经阻抗归一化后，实际电路中的电阻、电感值，都须除以 r_n，电容值则须乘以 r_n。如原有一电阻 $R=r_n\Omega$，经转换后即为1Ω。注意到这里我们选取 r_n 是一纯数，所以在转换前后，各量的单位并不改变。

对电路的频率归一化的做法是：保持电路中各元件的阻抗值不变，选取一个无因次的数，称之为频率因子，或称为频率基值 ω_n，将实际电路的频率 ω 除以 ω_n，取为经频率归一化后的频率 $\omega'=\frac{\omega}{\omega_n}$。为保持电路中所有各阻抗经此转换后不变，元件的参数值便需有相应的改变，经频率归一化后的参数仍分别记为 R'、L'、C'，则应有

$$R' = R, \quad \omega' L' = \omega L, \quad \frac{1}{\omega' C'} = \frac{1}{\omega C}$$

考虑到 $\omega'=\frac{\omega}{\omega_n}$，由以上诸式便得

$$R' = R, \quad L' = \omega_n L, \quad C' = \omega_n C \tag{12-7-2}$$

可见经频率归一化后，电阻值不变，电感和电容值都须乘以频率因子 ω_n。

现在考虑对电路进行阻抗、频率归一化后，各电路元件参数应如何转换。这只要将经阻抗归一化后的参数，即由式(12-7-1)所得的 R'、L'、C'，分别作为 R、L、C 代入频率归一化的转换算式(12-7-2)就得到所需的参数转换式

$$\left.\begin{aligned} & R' = \frac{R}{r_n}, \quad L' = \frac{\omega_n L}{r_n}, \quad C' = \omega_n r_n C \\ & \omega' = \frac{\omega}{\omega_n} \end{aligned}\right\} \tag{12-7-3}$$

式(12-7-3)就是对电路阻抗、频率归一化后的参数、频率的转换式。在此式中，如令 $\omega_n=1$，它就成为阻抗归一化的转换式(12-7-1)；如令 $r_n=1$，它就成为频率归一化的转换式(12-7-2)。

现在还需研究一个电路——记为N——的阻抗、频率经归一化后，得到另一个电路——记为N′，这两者的工作特性如传递函数有怎样的关系。我们先考虑对N只作过阻抗归一化而尚未作频率归一化的情形，这时归一化后电路中的各个阻抗，都是N中与之对应的阻抗的$1/r_n$。就我们现在研究的集总参数电路而言，它们的任何传递函数都是电路中阻抗(或导纳)的有理函数，而且它们的分子、分母多项式都可表示为电路阻抗(或导纳)的齐次多项式，从用行列式法解电路方程所得的结果来看，这一事实是很明显的。所以，对于无因次的传递函数，如转移电压比、转移电流比，分子多项式与分母多项式的次数相同，将式中的每一阻抗都乘一常数(此处为$1/r_n$)，并不改变传递函数的值；对于有阻抗(导纳)单位的传递函数，如转移阻抗(导纳)，若以电路阻抗表示，则分子多项式的次数比分母多项式的次数高(低)1次，经阻抗归一化后电路的传递函数，即应为原有传递函数的$1/r_n(r_n)$倍。再考虑频率归一化对传递函数的影响。由于频率归一化使N中的每一阻抗在频率ω下的值与经频率归一化电路中相应的阻抗在频率ω/ω_n下的值相同，所以电路N的一传递函数在频率ω下的值与经频率归一化后的电路中对应的传递函数在频率ω/ω_n下的值相同。综合以上的分析，即可得到一电路的传递函数与经阻抗、频率归一化后的电路的相对应的传递函数间的关系：设一电路的某一无因次传递函数为$H(j\omega)$，经阻抗、频率归一化后电路的相应的传递函数为$H'(j\omega')$，则有

$$H(j\omega)=H'\left(j\frac{\omega}{\omega_n}\right)=H'(j\omega') \tag{12-7-4}$$

即H'在频率ω'下的值与H在频率ω下的值相等。

对于有阻抗(导纳)单位的传递函数，分别记为$H_Z(j\omega)$、$H_Y(j\omega)$和$H'_Z(j\omega')$、$H'_Y(j\omega')$，则有

$$\left.\begin{aligned}H_Z(j\omega)&=r_nH'_Z(j\omega')=r_nH'_Z\left(j\frac{\omega}{\omega_n}\right)\\H_Y(j\omega)&=\frac{1}{r_n}H'_Y(j\omega')=\frac{1}{r_n}H'_Y\left(j\frac{\omega}{\omega_n}\right)\end{aligned}\right\} \tag{12-7-5}$$

即H_Z在频率ω下的值是H'_Z在频率ω'下的值乘以r_n；H_Y在频率ω下的值是H'_Y在频率ω'下的值除以r_n。

按照式(12-7-4)和式(12-7-5)，当已知式中的一个时，另一个就很容易求出。例如当有了$H'(j\omega')$的曲线图时，只需将它的横坐标都乘以ω_n，就得到$|H(j\omega)|$。

在作阻抗、频率归一化，选择电阻因子r_n与频率因子时，主要的考虑是使归一化后所得参数尽量简便，例如常取实际电路的负载电阻或电源内阻值作为r_n，取表示电路的某个特征频率如谐振频率、截止频率值为ω_n。

下面用一个例子来表明以上传递函数之间的关系。图12-7-1(a)中是一RLC串联电路(N)，图12-7-1(b)是图(a)电路经阻抗、频率归一化后的电路(N′)，于是有N′中RLC串联电路的传递函数$H'(j\omega')=\dfrac{\dot{U}'_o}{\dot{U}'_i}$为

$$H'(\mathrm{j}\omega')=\frac{\dfrac{1}{\mathrm{j}\omega'C'}}{R'+\mathrm{j}\left(\omega'L'-\dfrac{1}{\omega'C'}\right)}$$

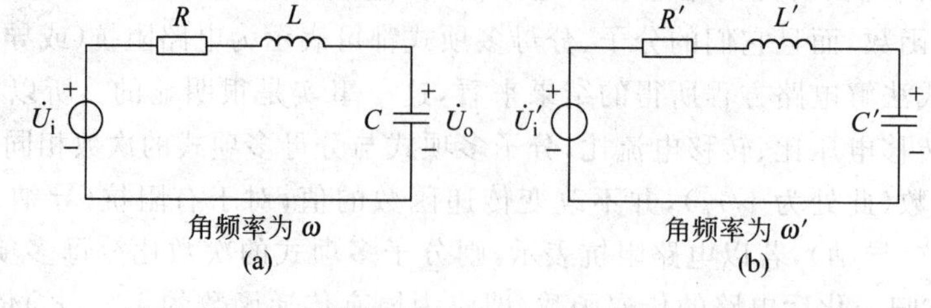

图 12-7-1 电路阻抗、频率归一化后的转移函数示例用图

将式(12-7-3)中各关系式代入上式,得

$$H'(\mathrm{j}\omega')=H'\left(\mathrm{j}\frac{\omega}{\omega_{\mathrm{n}}}\right)=\frac{\dfrac{1}{\mathrm{j}\dfrac{\omega}{\omega_{\mathrm{n}}}\cdot\omega_{\mathrm{n}}r_{\mathrm{n}}C}}{\dfrac{R}{r_{\mathrm{n}}}+\mathrm{j}\left(\dfrac{\omega}{\omega_{\mathrm{n}}}\cdot\dfrac{\omega_{\mathrm{n}}}{r_{\mathrm{n}}}L-\dfrac{1}{\dfrac{\omega}{\omega_{\mathrm{n}}}\cdot\omega_{\mathrm{n}}r_{\mathrm{n}}C}\right)}$$

$$=\frac{\dfrac{1}{\mathrm{j}\omega C}}{R+\mathrm{j}\left(\omega L-\dfrac{1}{\omega C}\right)}=H(\mathrm{j}\omega)$$

同样地可以借此例中的电路验算式(12-7-5)中的各关系式。

下面的数字例题表明电路的阻抗、频率归一化的具体做法。

【例 12-4】 一 RLC 并联电路(图 12-7-2)的参数如下:$R=100\Omega$,$L=200\mu\mathrm{H}$,$C=5000\mathrm{pF}$,欲将它作阻抗参数归一化为谐振频率 $\omega'_0=1\mathrm{rad/s}$、电阻 $R'=1\Omega$ 的电路,求经此归一化的电路各参数。

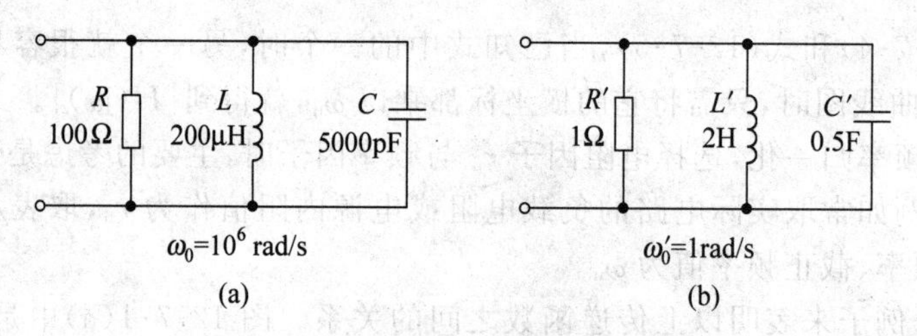

图 12-7-2 电路的阻抗、频率归一化示例用图

解 所给定的电路的谐振角频率 ω_0 为

$$\omega_0 = \frac{1}{\sqrt{LC}} = \frac{1}{\sqrt{200 \times 10^{-6} \times 5 \times 10^{-9}}} = 10^6 \,\text{rad/s}$$

取此数值为频率因子，即有 $\omega_n = 10^6$。欲使 $R' = 1\Omega$，即应取电阻因子 $r_n = \frac{R}{R'} = \frac{100}{1} = 100$，由此得经阻抗、频率归一化后的参数和频率如下：

$$R' = \frac{R}{r_n} = \frac{100}{100} = 1\ \Omega$$

$$L' = \frac{\omega_n L}{r_n} = \frac{10^6 \times 200 \times 10^{-6}}{100} = 2\ \text{H}$$

$$C' = \omega_n r_n C = 10^6 \times 10^2 \times 5 \times 10^{-9} = 0.5\ \text{F}$$

$$\omega'_0 = \frac{\omega_0}{\omega_n} = \frac{10^6}{10^6} = 1\ \text{rad/s}$$

如果需要由经阻抗、频率归一化后的电路参数、频率如 R'、L'、C'、ω'，求实际的电路各元件参数及频率如 R、L、C、ω，由式(12-7-3)立即可得

$$R = r_n R', \quad L = \frac{r_n L'}{\omega_n}, \quad C = \frac{C'}{\omega_n r_n}, \quad \omega = \omega_n \omega' \tag{12-7-6}$$

这一换算过程叫做去归一化。

运用电路阻抗、频率归一化，除了可以减轻计算工作量，还可在电路的分析、设计中带来这样的便利：在某些电路(如本章中要讨论到的滤波器电路)的设计研究中，已累积有大量的用归一化的参数、频率设计的结果，在有关的资料中有大量的通用数据表格、曲线。在需要设计这类电路时，就只需从已设计出的电路中，选择合适的电路，然后按需要进行阻抗、频率的去归一化(即选用适当的 r_n 和 ω_n)，就得出所需的电路设计结果。在电路的分析研究中，也常可撇开电路的实际参数、频率值而直接研究阻抗、频率归一化后的电路。

12.8 滤波器的概念

滤波器是一类电路；它有一个输入信号(电压或电流)的端口和一个输出信号的端口；它对输入的不同频率的信号具有不同的或者说是有选择性的响应，可以使所需要的频率范围的信号通过，而使所不需要的频率范围的信号受到阻止或抑制。一个一定的频率范围常称为一个频带。信号可以通过一滤波器的频带称为该滤波器的通频带，或称通带；信号被阻止通过的频带叫做阻带。

图 12-8-1 滤波器的框图

通带与阻带交界处的频率叫做截止频率 f_c，图 12-8-1 是滤波器的框图。电路中的滤波器有多种类型。仅由无源元件如电感、电容、电阻元件组成的滤波器称为无源滤波器；除含有无源元件外，还含有有源电件(如晶体管、运算放大器)的滤波器称为有源滤波器。此外还有其他类型的滤波器如数字滤波器等，就不属本课程的内容。

滤波器的特性常用它的传递函数 $H(s)$来描述

$$H(s)=\frac{\dot{U}_o}{\dot{U}_i}$$

$\dot{U}_i$、$\dot{U}_o$分别表示输入、输出电压的复数值。如使 $s=j\omega$，就有 $H(j\omega)=|H(j\omega)|e^{j\theta(\omega)}$，$|H(j\omega)|$和 $\theta(\omega)$分别是滤波器的幅频特性和相频特性。按照滤波器的频率特性来划分，它们可分为以下四种类型。

(1) 低通滤波器　这种类型的滤波器可以使低频信号通过，而高频信号则受到阻止或抑制。理想的低通滤波器的幅频特性如图 12-8-2(a)所示，它的通带是 0 至 ω_c。

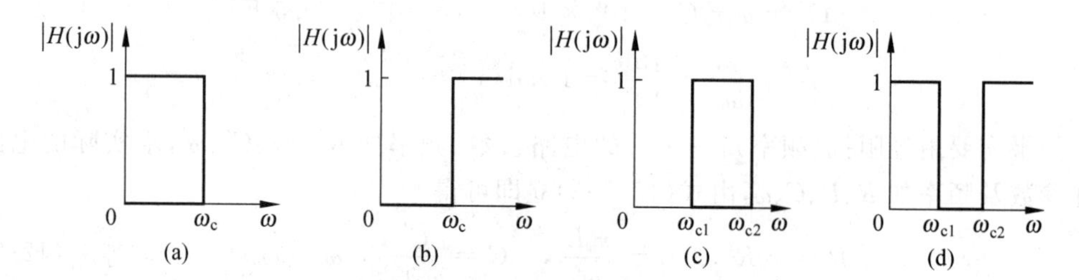

图 12-8-2　理想滤波器的幅频特性

(a) 低通；(b) 高通；(c) 带通；(d) 带阻

(2) 高通滤波器　这种类型的滤波器可以使高频信号通过而阻止或抑制低频信号通过。理想的高通滤波器的幅频特性如图 12-8-2(b)所示，它的通带是 $\omega>\omega_c$。

(3) 带通滤波器　这种类型的滤波器可以使某一频带的信号通过，而阻止或抑制频率在此频带之外的信号通过。理想的带通滤波器的幅频特性如图 12-8-2(c)所示，它的通带是 $\omega_{c2}>\omega>\omega_{c1}$。

(4) 带阻滤波器　这种类型的滤波器阻止或抑制某一频带的信号通过，而使此频带之外的信号均可以通过。理想的带阻滤波器的幅频特性如图 12-8-2(d)所示，它的阻带是 $\omega_{c2}>\omega>\omega_{c1}$。

具有理想的滤波特性的滤波器都是物理上不能实现的，这是因为电路中的传递函数 $H(s)$都是两个 s 的多项式之比(见式(12-6-3))，而幅频特性$|H(j\omega)|$不可能有理想特性所要求的那样的不连续，也不可能在一段连续的频带中为一恒定值。实际滤波器的特性与理想特性总有某些差异，但也可有相当程度的逼近，以适应工作条件的要求。

在以下的两节里，将对无源滤波器和有源滤波器作一概念性的介绍，内容着重于求出给定滤波电路的传递函数并分析它们的频率特性。

12.9 无源滤波器

本节将分析几个简单的滤波器电路，在导出它们的传递函数后，结合其零、极点图分析各滤波器的频率特性。

1. 一阶 *RC* 低通滤波器

图 12-9-1 中示一一阶 RC 滤波器电路，它的传递函数是

$$H(s)=\frac{\dot{U}_2}{\dot{U}_1}=\frac{\dfrac{1}{sC}}{R+\dfrac{1}{sC}}=\frac{1}{RC}\frac{1}{s+\dfrac{1}{RC}} \qquad (12\text{-}9\text{-}1)$$

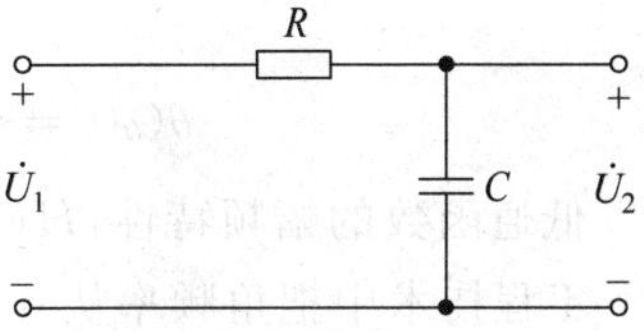

图 12-9-1 一阶 *RC* 低通滤波器

该传递函数有一极点 $p_1=-1/RC$。在正弦稳态下则有

$$H(\mathrm{j}\omega)=\frac{1}{RC}\frac{1}{\mathrm{j}\omega+\dfrac{1}{RC}} \qquad (12\text{-}9\text{-}2)$$

当 ω 变化时，s 便在虚轴上变化，图 12-9-2(a)是 $s=\mathrm{j}\omega_1$、$\mathrm{j}\omega_2$ 和 $\mathrm{j}\omega_3$ 的情况。

当 $s=\mathrm{j}\omega_1$ 时有

$$|H(\mathrm{j}\omega_1)|=\left|\frac{\dot{U}_2}{\dot{U}_1}\right|_{s=\mathrm{j}\omega_1}=\frac{\dfrac{1}{RC}}{M_1}$$

$$\theta(\omega_1)=-\psi_1$$

不难得出，当 ω 从 0 变化到 ∞，传递函数的幅频和相频特性曲线，分别如图 12-9-2(b)，(c)所示。在 $\omega=0$ 时，其幅值为 1，而 θ 为零度；随着 ω 的增加，$|\dot{U}_2/\dot{U}_1|$ 下降，θ 的绝对值则增加；当 $\omega\to\infty$ 时，$|\dot{U}_2/\dot{U}_1|\to 0$，而 $\theta\to-90°$。这一特性表明：在输入电压振幅一定的情形下，频率越高，输出电压就越小。因此，低频的正弦信号比高频的正弦信号更易通过这一网络。具有这种性质的传递函数也常称为低通函数，又因这一传递函数中含有一个极点，所以又称为一阶低通函数。由相频特性可知，θ 角由 0°单调地趋于 $-90°$，表明输出滞后于输入，因此这类网络也常称为滞后网络。

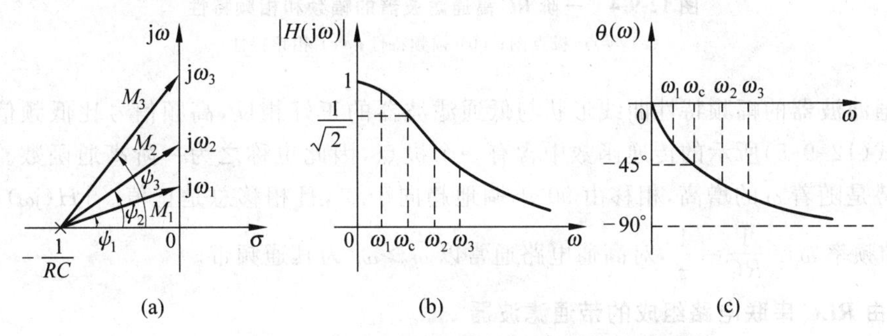

图 12-9-2 一阶 *RC* 低通电路的幅频特性和相频特性

(a) 极点图；(b) 幅频特性；(c) 相频特性

由式(12-9-2)可写出传递函数的正弦幅频特性和相频特性表达式为

$$|H(j\omega)| = \left|\frac{1}{RC}\frac{1}{j\omega+\frac{1}{RC}}\right| = \frac{1}{\sqrt{1+\omega^2R^2C^2}} \tag{12-9-3}$$

$$\theta(\omega) = -\arctan\omega RC \tag{12-9-4}$$

低通函数的幅频特性$|H(j\omega)|$下降到起始值$|H(0)|=1$的 0.707(即$1/\sqrt{2}$)的频率记为ω_c。工程技术中把角频率从 0 到ω_c的范围定义为低通函数的通频带。

2. 一阶 *RC* 高通滤波器

图 12-9-3 所示为一个一阶 RC 高通电路,它的传递函数是

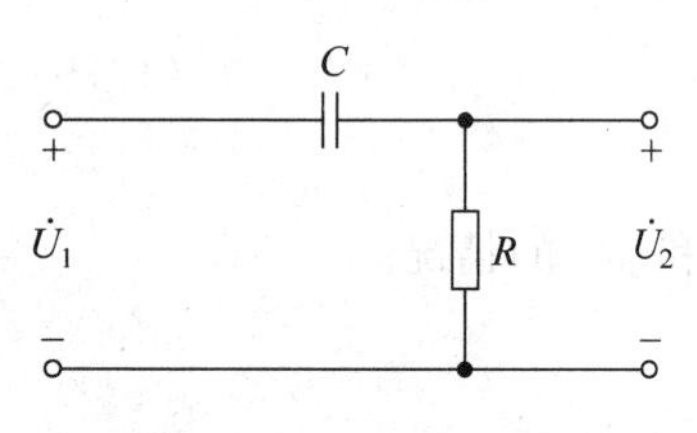

图 12-9-3 一阶 *RC* 高通滤波器

$$H(s) = \frac{\dot{U}_2}{\dot{U}_1} = \frac{R}{R+\frac{1}{sC}} = \frac{s}{s+\frac{1}{RC}} \tag{12-9-5}$$

该传递函数有一个零点$z_1=0$和一个极点$p_1=-1/RC$,其位置在图 12-9-4(a)中复平面上标出。在正弦稳态下则有

$$H(j\omega) = \frac{j\omega}{j\omega+\frac{1}{RC}}$$

同样,利用零、极点分析,可求出传递函数的幅频和相频特性(见图 12-9-4(b)、(c))。

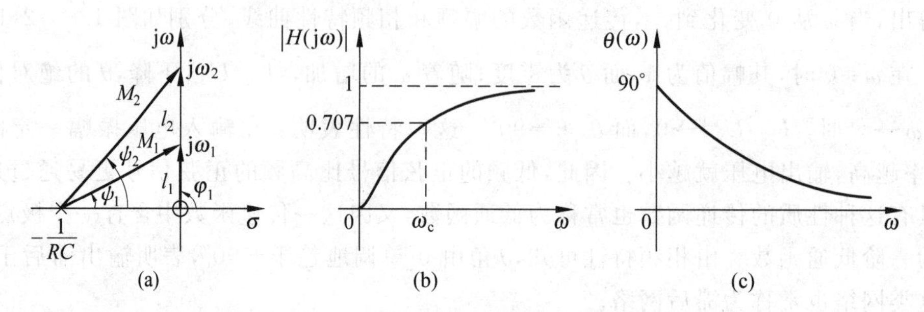

图 12-9-4 一阶 *RC* 高通滤波器的幅频和相频特性

(a) 零点、极点图;(b) 幅频特性;(c) 相频特性

高通滤波器的幅频特性曲线形状与低通滤波器的正好相反,高频信号比低频信号更易通过。式(12-9-5)所示的传递函数中含有一个极点,因此也称之为一阶高通函数。相频特性的趋势是随着ω的增高,相移由 90°单调地趋向于 0°,且相移总是正值。$|H(j\omega)|$下降至 0.707 的频率$\omega_c=\frac{1}{RC}=\frac{1}{\tau}$,对高通电路通常以$\omega>\omega_c$为其通频带。

3. 由 *RLC* 串联电路组成的带通滤波器

图 12-9-5 示一 RLC 串联电路,输入电压加在此电路的两端,取电阻电压为输出电压。此电路即可构成一带通滤波器,它的传递函数是

$$H(s)=\frac{\dot{U}_R}{\dot{U}_S}=\frac{R}{sL+R+\frac{1}{sC}}=\frac{R}{L}\cdot\frac{s}{s^2+\frac{R}{L}s+\frac{1}{LC}}$$

$$=\frac{L}{R}\cdot\frac{s}{(s-p_1)(s-p_2)} \tag{12-9-6}$$

该传递函数有一个零点 $z_1=0$，两个极点

$$p_{1,2}=-\frac{R}{2L}\pm\sqrt{\left(\frac{R}{2L}\right)^2-\frac{1}{LC}}=-\delta\pm j\omega_d$$

式中 $\delta=R/2L$，$\omega_0=\frac{1}{\sqrt{LC}}$，$\omega_d=\sqrt{\omega_0^2-\delta^2}$。

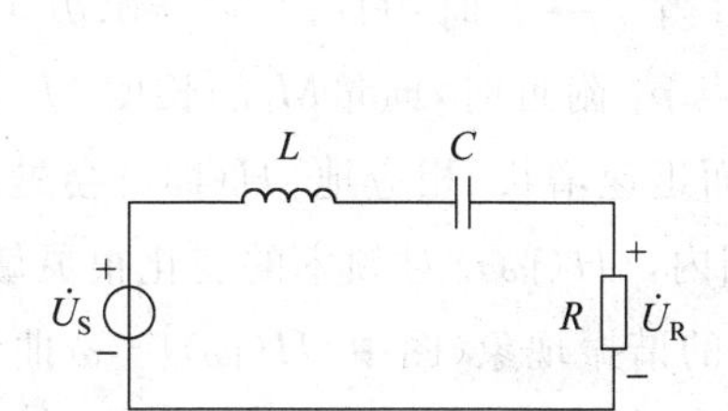

图 12-9-5 *RLC*串联电路组成的带通滤波器电路

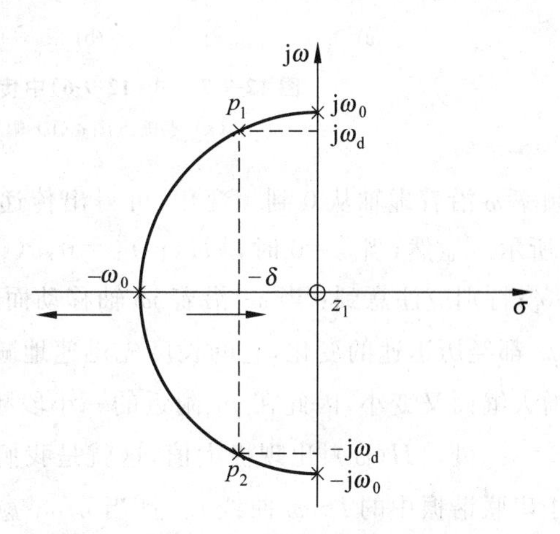

图 12-9-6 式(12-9-6)中传递函数的零、极点图

假设 $\omega_0=\frac{1}{\sqrt{LC}}$不变，现在考察极点的位置如何随 R(或 δ)的数值的变化而改变：当 $R=0$时，$p_{1,2}=\pm j\omega_d=\pm j\omega_0$，两个极点都在虚轴上；随着 R 的增加，两个极点就将沿着图 12-9-6中所示的半圆移动；当 $\delta=\omega_0$ 时，$p_{1,2}=-\omega_0$，两个极点就重合(重根)且位于负实轴上；当 R 再增大时，两个极点仍将在负实轴上，但各自分别向左右移动；一直到 $R\to\infty$时，一个极点趋于零，另一个极点趋向负无穷大。可见当 R 比较小时，两个极点将是一对共轭复数，且位于虚轴点 $\pm j\omega_0$ 附近。现在讨论正弦稳态情况下传递函数的频率特性。传递函数表示为

$$H(j\omega)=\frac{R}{L}\frac{j\omega}{(j\omega-p_1)(j\omega-p_2)}$$

利用零、极点分析，当 $\omega=\omega_1$ 时，传递函数的模和幅角，可由图 12-9-7(a)中得出

$$|H(j\omega_1)|=\frac{R}{L}\frac{l_1}{M_1M_2}$$

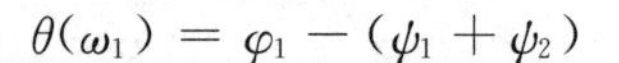

$$\theta(\omega_1)=\varphi_1-(\psi_1+\psi_2)$$

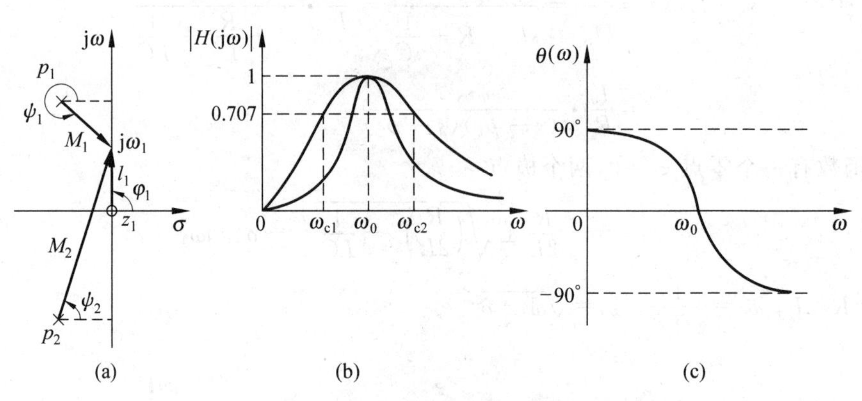

图 12-9-7 式(12-9-6)中传递函数的幅频和相频特性

(a) 零极点图；(b) 幅频特性；(c) 相频特性

当频率 ω 沿着虚轴从 0 到∞变化，可得出传递函数幅频和相频特性曲线，如图 12-9-7(b)、(c)所示。显然，当 $\omega=0$ 时，$|H(\mathrm{j}0)|=0,\theta(0)=90°$；当 $\omega\to\infty$ 时 $|H(\mathrm{j}\infty)|=0,\theta(\infty)=-90°$；特别应注意到：当 ω_1 沿着 $\mathrm{j}\omega$ 轴移动而经过极点 p_1 附近时，向量$\overline{M_1}$的长度 M_1 和角度 ψ_1 都经历迅速的变化，它的长度先迅速地减短，继而迅速增长，相应地$|H(\mathrm{j}\omega)|$会先迅速地增大继而又变小，因此在 p_1 附近的一小段频率范围内，$|H(\mathrm{j}\omega)|$对频率的变化很灵敏，且在 $\omega=\omega_0$ 处，$|H(\mathrm{j}\omega)|$出现极大值，这就是我们已熟知的谐振现象(图中$|H(\mathrm{j}\omega)|\sim\omega$ 曲线相当于串联谐振中的 $I\sim\omega$ 曲线)。且当 δ/ω_0 愈小时，极点 p_1 距离 $\mathrm{j}\omega$ 轴愈近，则在 p_1 附近$|H(\mathrm{j}\omega)|$对频率的变化愈灵敏，曲线变化也愈陡，这也就是在 12.1 节中讨论谐振电路时所指出的，当电路品质因数 Q 愈大时谐振曲线愈陡。

从滤波角度看，一个具有图 12-9-7(b)中幅频特性的电路就是一带通滤波器，它能使频率为 ω_0 附近的正弦波通过，而抑制此频带范围以外的正弦波。工程上称带通电路的幅频特性上出现尖峰的频率为该电路的中心频率。在中心频率两侧，当幅频特性下降为峰值的 0.707时的两个频率 ω_{c1}、ω_{c2}，就是在 12.1 节中得出的半功率频率，这两个频率的差值规定为传递函数的通频带(BW)，即 $BW=\omega_{c2}-\omega_{c1}$。由于这一传递函数含有两个极点，因此也称为二阶带通函数。

4. 由 *RLC* 串联电路组成的带阻滤波器

图 12-9-8 中的 RLC 电路，也可组成一带阻滤波器，这里输入电压加在电路的两端，而取 LC 串联部分的电压作为输出电压。在这一情形下传递函数为

$$H(s)=\frac{\dot{U}_{\mathrm{o}}}{\dot{U}_{\mathrm{i}}}=\frac{sL+\dfrac{1}{sC}}{R+\left(sL+\dfrac{1}{sC}\right)}=\frac{s^2LC+1}{LC\left(s^2+\dfrac{R}{L}s+\dfrac{1}{LC}\right)}\tag{12-9-7}$$

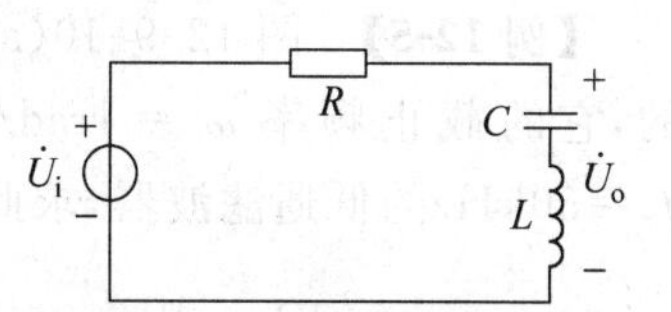

图 12-9-8　由 *RLC* 串联电路组成的带阻滤波器

这传递函数有两个零点 $z_{1,2}=\pm \mathrm{j}\dfrac{1}{\sqrt{LC}}=\pm \mathrm{j}\omega_0$；两个极点 $p_{1,2}=-\dfrac{R}{2L}\pm\sqrt{\left(\dfrac{R}{2L}\right)^2-\dfrac{1}{LC}}=-\delta\pm \mathrm{j}\omega_\mathrm{d}$。它的零极点图如图 12-9-9(a)所示。图中的半圆是 δ 变化时极点位置移动的轨迹。现在考虑正弦稳态下传递函数的频率特性，在式(12-9-7)中，使 $s=\mathrm{j}\omega$，可得 $H(\mathrm{j}\omega)$的表达式为

$$H(\mathrm{j}\omega)=\frac{-(\omega-\omega_0)(\omega+\omega_0)}{(\mathrm{j}\omega-p_1)(\mathrm{j}\omega-p_2)} \tag{12-9-8}$$

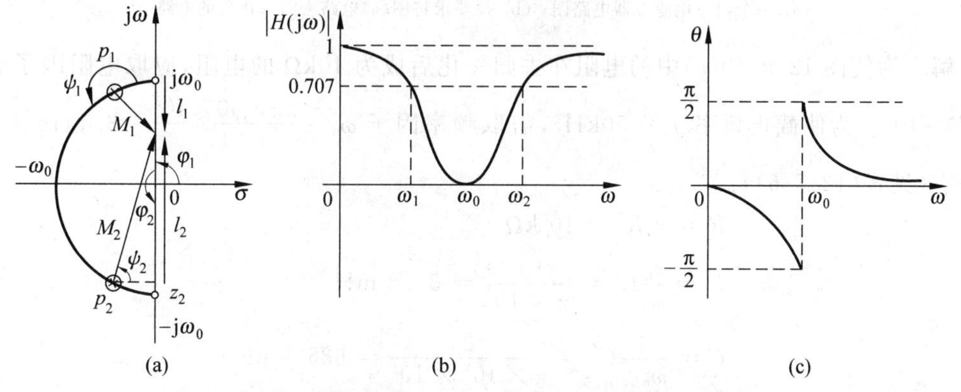

图 12-9-9　式(12-9-7)传递函数的幅频特性和相频特性

(a) 零极点图；(b) 幅频特性；(c) 相频特性

利用零、极点分析，当 $\omega=\omega_1$ 时，传递函数的模和幅角，可从图 12-9-8(a)得出

$$|H(\mathrm{j}\omega_1)|=\frac{l_1 l_2}{M_1 M_2}$$

$$\theta(\omega_1)=\varphi_1+\varphi_2-(\psi_1+\psi_2)$$

设想频率 ω 由 0 沿虚轴变化，由此图即可得出传递函数的幅频和相频特性曲线。当 $\omega=0$ 和 $\omega=\infty$时，显然有 $H(0)=H(\mathrm{j}\infty)=1$；$\theta(0)=\theta(\infty)=0$。当 $\omega=\omega_0$ 时，电路中发生串联谐振，LC 串联的电抗为零，输出的两端间如同短路，所以 $H(\mathrm{j}\omega_0)=0$。$|H(\mathrm{j}\omega)|<0.707$ 的频率范围，即图 12-9-9(b)中的 ω_1 至 ω_2 间的频带，就叫做此滤波器的阻带，而 $BW=\omega_2-\omega_1$ 即被规定为阻带宽度。相频特性 $\theta(\omega)$可由式(12-9-8)导出，或由零极点图得到。当 $\omega=0$ 时$\theta(0)=0$；当 $0<\omega<\omega_0$ 时，总电抗为容性，$\dot{U}_\mathrm{o}$滞后于 $\dot{U}_\mathrm{i}$，θ 为负值，直至 $\theta(\omega_0^-)=-\pi/2$；在$\omega=\omega_0^+$ 处，$\theta(\omega_0^+)=\pi/2$，这里 $\theta(\omega)$不连续是由于在这频率下，电路中的电抗，由电容性($x<0$)突变为电感性($x>0$)，导致输出电压在频率经过 ω_0 前后相位有一跃变，图 12-9-9(a)中长为 l_1 的向量在频率经过 ω_0 处，幅角有一反转，正是这一事实在零极点图上的表现。

下面给出一个例子，用以说明归一化方法在滤波器电路设计中的应用。

【例 12-5】 图 12-9-10(a)示一已有的一种三阶低通滤波器，其中的参数都是归一化后的，它的截止频率 $\omega_c=1\text{rad/s}$。现欲将它去归一化，获得一电阻 $R=10\text{k}\Omega$、截止频率 $f_c=50\text{kHz}$的低通滤波器，求此滤波器中的 R、L、C 值。

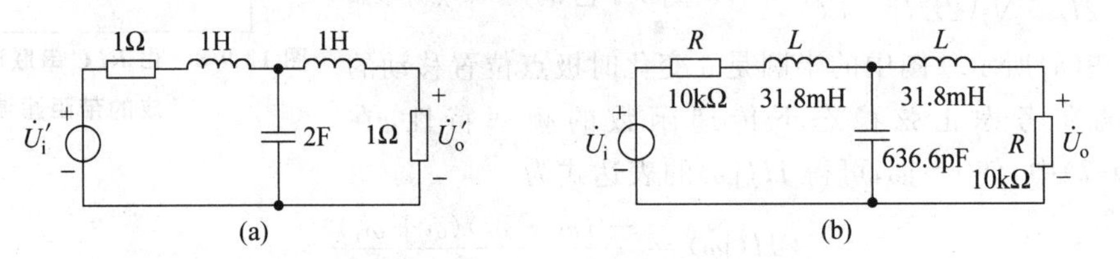

图 12-9-10 归一化方法的应用示例用图

(a) 一个归一化滤波器电路图；(b) 按要求将图(a)电路去归一化后的电路

解 为使图 12-9-10(a)中的电阻在去归一化后成为 10kΩ 的电阻，应取电阻因子 $r_n=\dfrac{10\text{k}\Omega}{1\Omega}=10^4$。为使截止频率 $f_c=50\text{kHz}$，需取频率因子 $\omega_n=\dfrac{2\pi\times50\times10^3}{1}=3.1416\times10^5$。于是有(见式(12-7-6))：

$$R=r_nR'=10\ \text{k}\Omega$$

$$L=\frac{r_n}{\omega_n}L'=\frac{10^4}{\pi\times10^5}=31.8\ \text{mH}$$

$$C=\frac{1}{\omega_n r_n}C'=\frac{2}{\pi\times10^5\times10^4}=636.6\ \text{pF}$$

所需滤波器电路及其元件参数值如图 12-9-10(b)所示。

本节对无源滤波器作了以上的简单介绍。利用 R、L、C 元件不同的频率特性，可以制造出多种有优良性能的滤波器，其中的主要元件是电感、电容。滤波器中的电阻主要是电源内阻和负载电阻。由 L、C 构成的滤波器可以应用到很高的频率(例如数百兆赫)下，但却不适于在低频下应用，这是因为在低频下电感的电抗小，而电感量大的电感不可避免地是重量大，尺寸大，成本高。这就促使了不使用电感的滤波器的出现与发展。

12.10 有源滤波器

有源滤波器是由电阻、电容和有源元件如运算放大器、晶体管等构成的。在第 5 章中已经得出了理想运算放大器的输入电压与输出电压的关系式(见式(5-2-3))，由该式容易导出更一般形式的常用的由运算放大器组成的同相和反相比例器的传递函数。

图 12-10-1 是反相比例电路，它的传递函数为

$$H(s)=-\frac{\dot{U}_o}{\dot{U}_i}=-\frac{Z_2(s)}{Z_1(s)} \tag{12-10-1}$$

上式中 $Z_1(s)$、$Z_2(s)$是在复频率 s 下的复阻抗。与式(5-2-3)比较可见，只要将该式中的电

阻 R_f、R_s 分别换成 $Z_2(s)$、$Z_1(s)$就得到式(12-10-1)。

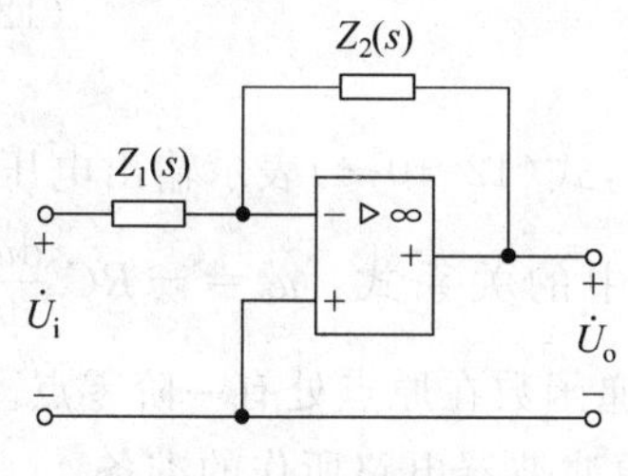

图 12-10-1 反相比例电路

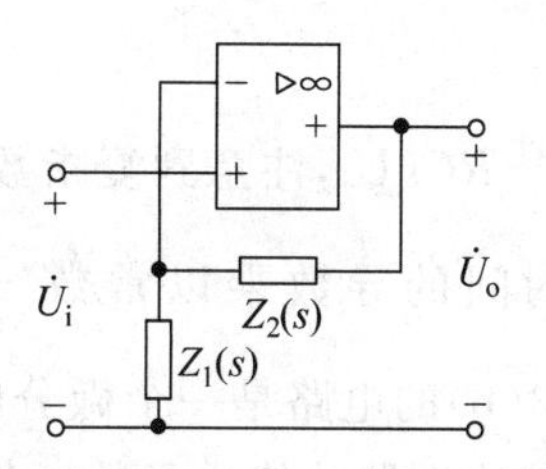

图 12-10-2 同相比例电路

图 12-10-2 是同相比例电路，它的传递函数为

$$H(s)=\frac{\dot{U}_o}{\dot{U}_i}=\frac{Z_1(s)+Z_2(s)}{Z_1(s)}=1+\frac{Z_2(s)}{Z_1(s)} \tag{12-10-2}$$

在同相比例器中，如使 $Z_1(s)=R_1$，$Z_2(s)=R_2$，则 $H(s)=1+\frac{R_2}{R_1}$，这时便可以将同相比例器看作是电压控制的电压源，输出电压即为 $\dot{U}_o=\left(1+\frac{R_2}{R_1}\right)\dot{U}_i$。由以上比例器的传递函数式可知，选择不同的 $Z_1(s)$和 $Z_2(s)$，就可以得到多种形式的传递函数。

在图 12-10-1 的反相比例器的电路中，如选择 $Z_1(s)=R$，$Z_2(s)=\frac{1}{sC}$(图 12-10-3(a))，便有

$$H(s)=\frac{\dot{U}_o}{\dot{U}_i}=-\frac{Z_2(s)}{Z_1(s)}=-\frac{1}{RC}\cdot\frac{1}{s} \tag{12-10-3}$$

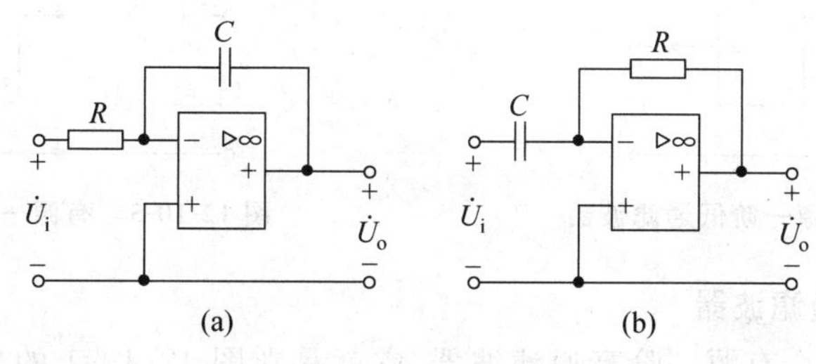

图 12-10-3 含运算放大器的积分电路(a)和微分电路(b)

即有 $\dot{U}_o=-\frac{1}{RCs}\dot{U}_i$，注意到复指数函数 e^{st} 的积分是 $\frac{1}{s}e^{st}$，式(12-10-3)表示输出电压等于输入电压的时间积分乘以常数 $-\frac{1}{RC}$，对应于时域中的关系式 $u_o=-\frac{1}{RC}\int u_i\mathrm{d}t$，所以图 12-10-3(a)的电路是一个积分电路。积分电路的传递函数在原点 $s=0$ 处有一阶极点。

在图 12-10-1 的反相比例器中，如选择 $Z_1(s)=\frac{1}{sC}$，$Z_2(s)=R$(图 12-10-3(b))，便有

$$H(s)=\frac{\dot{U}_o}{\dot{U}_i}=-RCs \tag{12-10-4}$$

即有 $\dot{U}_o=-RCs\dot{U}_i$,注意到复指数函数 e^{st} 的导数是 se^{st},式(12-10-4)表示输出电压等于输入电压对时间的导数乘以常数 $-RC$,它对应于时域中的关系式:$u_o=-RC\frac{du_i}{dt}$,所以图 12-10-3(b)的电路是一个微分电路。微分电路的传递函数在原点处有一阶零点。

以上就比例器的传递函数所作的讨论是为研究有源滤波器电路所作的准备。

1. 有源一阶低通滤波器

图 12-10-4 是一个有源一阶低通滤波器的电路图。与图 12-10-1 的反相比例电路相比,它就是取 $Z_1(s)$为 R_1,$Z_2(s)$为 R_2 与 C_2 并联阻抗所得的电路,它的传递函数即为

$$H(s)=\frac{\dot{U}_o}{\dot{U}_i}=-\frac{1}{R_1}\cdot\frac{1}{\frac{1}{R_2}+sC_2}=-\frac{1}{R_1C_2\left(s+\frac{1}{R_2C_2}\right)} \tag{12-10-5}$$

这一传递函数有一极点在 $s=-\frac{1}{R_2C_2}$处,它的幅频特性、相频特性与前一节中的无源一阶低通滤波器相应的特性相似(见图 12-9-2)。按照通频带的定义,它的通频带是从零频率至 $\omega_c=\frac{1}{R_2C_2}$。

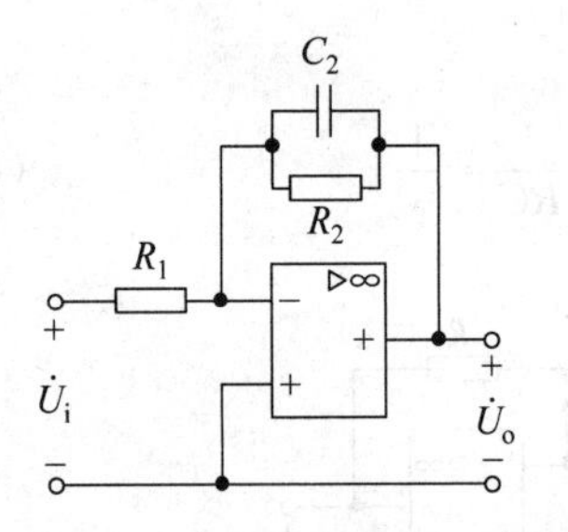

图 12-10-4 有源一阶低通滤波器

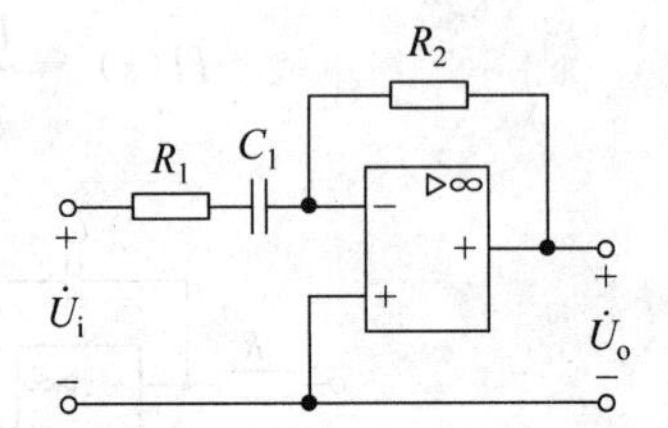

图 12-10-5 有源一阶高通滤波器

2. 有源一阶高通滤波器

图 12-10-5 是一个有源一阶高通滤波器,它就是在图 12-10-1 的反相比例电路中,取 $Z_1(s)=R_1+\frac{1}{sC_1}$,$Z_2(s)=R_2$ 所得的电路,它的传递函数是

$$H(s)=\frac{\dot{U}_o}{\dot{U}_i}=-\frac{R_2}{R_1+\frac{1}{sC_1}}=-\frac{R_2C_1s}{R_1C_1s+1}=-\frac{R_2}{R_1}\cdot\frac{s}{\left(s+\frac{1}{R_1C_1}\right)} \tag{12-10-6}$$

这一传递函数在 $s=-\frac{1}{R_1C_1}$处有一极点,在 $s=0$ 处有一零点。它的传递函数的幅频特性和

相频特性与前一节中的无源一阶高通滤波器相应的特性(见图12-9-4)相似。它的通频带是$\omega>\omega_c=\dfrac{1}{R_1C_1}$。

3. 有源二阶低通滤波器

图12-10-6(a)是一个有源二阶低通滤波器的电路。图12-10-6(b)是它的等效电路图，

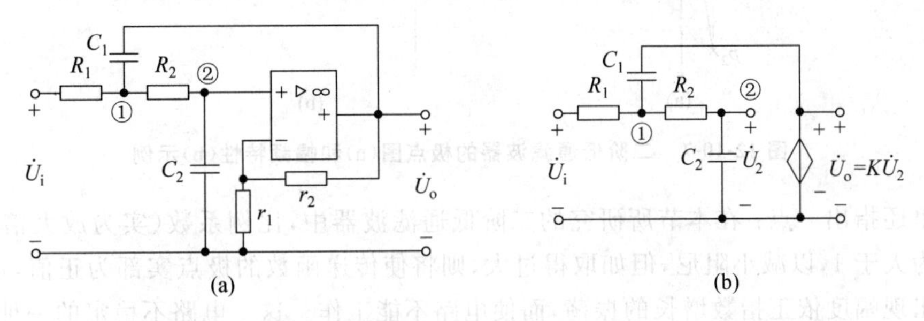

图12-10-6　有源二阶低通滤波器的电路图(a)和等效电路图(b)

其中将运算放大器和接至㊀端的电路，用同相比例器的等效电路——压控电压源：$\dot{U}_o=K\dot{U}_2$，$K=1+\dfrac{r_2}{r_1}$(见式(12-10-2))——代替。为求出此电路的传递函数，先写出节点电压方程。设图中节点①、②的电压分别为$\dot{U}_1$、$\dot{U}_2$，即有

节点①　$$\left(\frac{1}{R_1}+\frac{1}{R_2}+sC_1\right)\dot{U}_1-\frac{1}{R_2}\dot{U}_2-sC_1\dot{U}_o=\frac{U_i}{R_1}$$

节点②　$$-\frac{1}{R_2}\dot{U}_1+\left(\frac{1}{R_2}+sC_2\right)\dot{U}_2=0$$

将受控电源的方程$\dot{U}_o=K\dot{U}_2$代入上式后，求出$\dot{U}_2$后，即可得$\dot{U}_o$。从而求出传递函数为

$$H(s)=\frac{\dot{U}_o}{\dot{U}_i}=\frac{\dfrac{K}{R_1R_2C_1C_2}}{s^2+\left(\dfrac{1}{R_1C_1}+\dfrac{1}{R_2C_1}+\dfrac{1-K}{R_2C_2}\right)s+\dfrac{1}{R_1R_2C_1C_2}} \tag{12-10-7}$$

这一传递函数在合适的参数值下，有一对共轭极点p_1、p_2($p_1=p_2$)，如图12-10-7(a)所示；没有零点。在足够高的频率下$|H(\mathrm{j}\omega)|$趋近于依$1/\omega^2$随ω的增加而衰减，由图12-10-7(a)的极点图也容易看出这一趋势；在低频下，$|H(\mathrm{j}\omega)|$趋近于常数值K，这是二阶低通滤波器的一般特性，由此即可见本节所分析的这一电路是一个二阶低通滤波器的电路。

在这一电路中，还有一个值得注意的事实，那就是它的传递函数可以有复数值的共轭极点，这是引入了有源元件的结果，从$H(s)$的表达式中看，分母多项式中一次项s的系数中有$(1-K)/R_2C_2$，正是这一项，当$K>1$时，它使分母中s项的系数减小，电路有可能处于欠阻尼情况下，出现复共轭极点，而零、极点的位置(此电路的$H(s)$无零点)就决定了频率特性。

关于滤波器电路的构成、参数的选定，涉及许多设计研究问题，这不在本课程的范围之

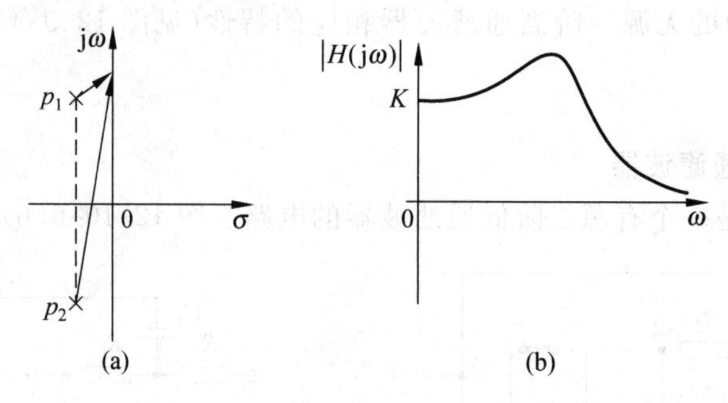

图 12-10-7 二阶低通滤波器的极点图(a)和幅频特性(b)示例

内。这里还指出一点：在本节所研究的二阶低通滤波器中，比例系数(实为放大倍数)K 的值常取为大于 1，以减小阻尼，但如取得过大，则将使传递函数的极点实部为正值，这样会使电路中出现幅度依正指数增长的振荡，而使电路不能工作。这是电路不稳定的一种情形，是需要避免的。

4. 有源带通滤波器

带通滤波器的电路有许多种，这里介绍的只是一个原理性的电路。

图 12-10-8 是一个有源带通滤波器的框图。它由三级电路级联组成，其中第一级是一个一阶低通滤波器，它的截止频率设为 ω_2；第二级是一个一阶高通滤波器，它的截止频率设

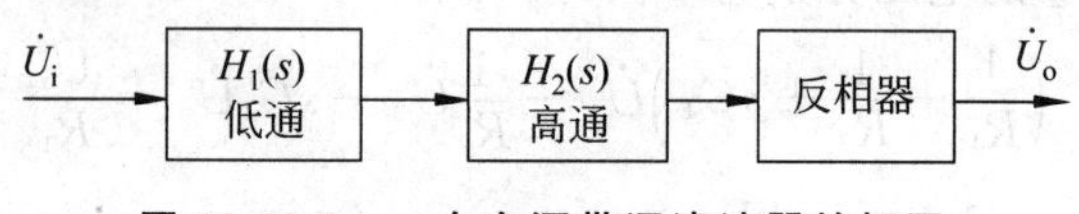

图 12-10-8 一个有源带通滤波器的框图

为 ω_1，使 $\omega_2 > \omega_1$；第三级是一个反相器，它可以使滤波器有合适的增益(或放大倍数)。这三级级联后，便组成一带通滤波器。在第一、第二两级分别采用图 12-10-4 和图 12-10-5 的电路，就得到这一滤波器的电路图如图 12-10-9 所示，其中将前两级中所有各电阻都取为 R。

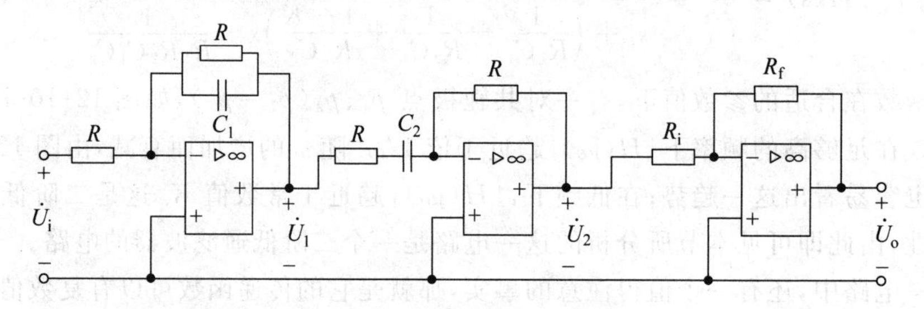

图 12-10-9 一个由级联电路组成的有源带通滤波器的电路图

由于此电路中运算放大器的输出电阻比它的输出端所接至下一级的输入阻抗小得多，所以每一级的传递函数，可以认为不受下一级接入的影响。各级的传递函数是

$$H_1(s)=\frac{\dot{U}_1}{\dot{U}_i}=\frac{-1}{R\left(\frac{1}{R}+sC_1\right)}=\frac{-1}{RC_1\left(s+\frac{1}{RC_1}\right)}$$

$$H_2(s)=\frac{\dot{U}_2}{\dot{U}_1}=\frac{-R}{R+\frac{1}{sC_2}}=\frac{-s}{s+\frac{1}{RC_2}}$$

$$H_3(s)=\frac{\dot{U}_o}{\dot{U}_2}=-\frac{R_f}{R_i}$$

三级级联后的传递函数,等于各级传递函数的乘积,这也就是所需求的带通滤波器的传递函数

$$\begin{aligned}H(s)&=\frac{\dot{U}_o}{\dot{U}_i}=\frac{\dot{U}_1}{\dot{U}_i}\cdot\frac{\dot{U}_2}{\dot{U}_1}\cdot\frac{\dot{U}_o}{\dot{U}_2}=H_1(s)\cdot H_2(s)\cdot H_3(s)\\&=-\frac{R_f}{R_i}\cdot\frac{1}{RC_1}\cdot\frac{s}{\left(s+\frac{1}{RC_1}\right)\left(s+\frac{1}{RC_2}\right)}\end{aligned}$$

它有两个极点:$p_1=-\frac{1}{RC_2}$,$p_2=-\frac{1}{RC_1}$;一个零点 $s=0$。它的零极点图和幅频特性大略如图 12-10-10所示。在 $\omega_2=\frac{1}{RC_1}$比 $\omega_1=\frac{1}{RC_2}$大得多的情形下,可以近似地认为:ω_1、ω_2 是传递函数的模下降至最大值的$\frac{1}{\sqrt{2}}$倍时的频率;传递函数的模的最大值等于 $K=R_f/R_i$,即末级的放大倍数的绝对值。图中的 $\omega_0=\sqrt{\omega_1\omega_2}$,在此频率下$|H(j\omega)|$为最大$|H(j\omega)|_{max}$。

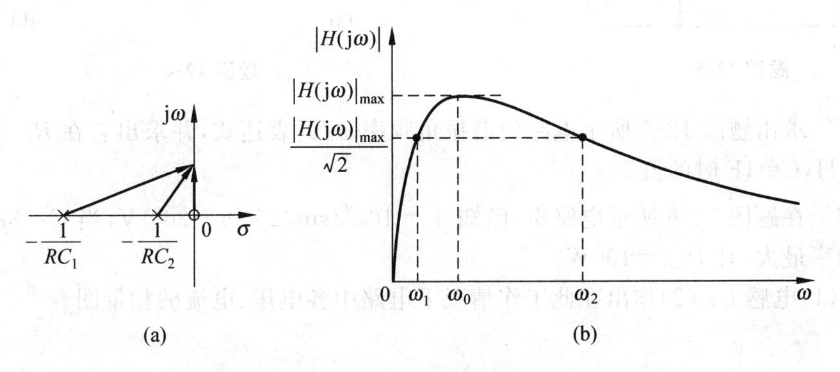

图 12-10-10 图 12-10-9 中带通滤波器的零极点图(a)和幅频特性(b)

有源 RC 滤波器中没有电感,引入了有源元件后却可以用 R、C 和运算放大器制作出滤波特性良好、可与 LC 滤波器相比的滤波器,利用集成电路的制造技术,可以将这种滤波器制造成集成电路的芯片,促进了这种滤波器的发展与应用。但引入有源元件,使它成为电子电路,也带来一些限制它的应用的因素:随着频率升高,运算放大器的增益下降,而不能视

为理想运算放大器,以致 RC 滤波器的工作频率限制在低频范围(低于 100kHz);作为电子电路,它们的可靠性、稳定性比无源滤波器低。

习　题

12-1　求出题图 12-1 所示 RLC 串联电路的谐振频率 f_0,品质因数 Q 和通频带宽 BW。

12-2　在题图 12-2 所示电路中,电源电压 $U=10\text{V}$,角频率 $\omega=5000\text{rad/s}$。调节电容 C 使电路中的电流达最大,这时电流为 200mA,电容电压为 600V。试求 R,L,C 之值及回路的品质因数 Q。

题图 12-1　　题图 12-2

12-3　求出题图 12-3 所示电路的谐振角频率 ω_0。

12-4　求出题图 12-4 所示电路的谐振角频率 ω_0。

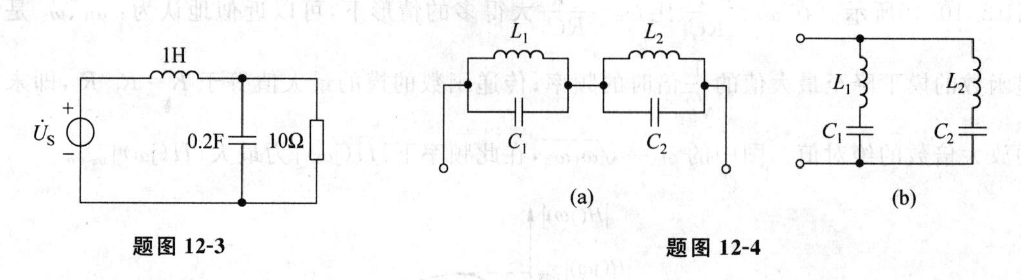

题图 12-3　　题图 12-4

12-5　求出题图 12-5 所示电路的谐振角频率 ω_0 的表达式,并求出它在 $R_C=2\Omega, R_L=3\Omega, L=1\text{H}, C=1\text{F}$ 时的值。

12-6　在题图 12-6 所示电路中,已知 $u_S=10\sqrt{2}\sin(2500t+30°)\text{V}$,当 $C=8\mu\text{F}$ 时电路吸收的功率最大,且 $P_{max}=100\text{W}$。

求:(1)电感 L;(2)作出在此工作情况下电路中各电压、电流的相量图。

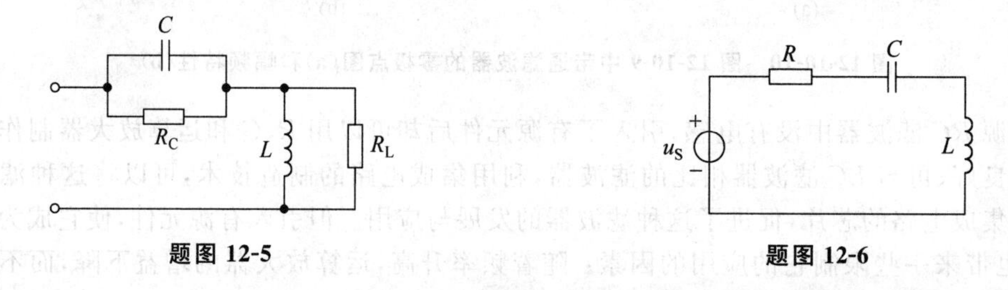

题图 12-5　　题图 12-6

12-7 电路如题图 12-7 中所示，已知电流源 $I_S=1A$，$R_1=R_2=100\Omega$，$L=0.2H$，当 $\omega_0=1000rad/s$时电路发生谐振。求电路谐振时电容 C 的值和电流源的端电压。

12-8 在题图 12-8 所示电路中有两种不同频率电源同时作用，其中 $u_{S1}=\sqrt{2}U_{S1}\sin\omega_1 tV$，$u_{S2}=\sqrt{2}U_{S2}\sin\omega_2 tV$，设 $\omega_1<\omega_2$，为使负载 Z 上只含有频率为 ω_2 的电压，而不含频率为 ω_1 的电压，且有 $u=u_{S2}=\sqrt{2}U_{S2}\sin\omega_2 tV$；在电路中接入由 L_1，C_2，L_3 组成的滤波电路（图中虚线框所示）。设已知 $\omega_1=314rad/s$，$\omega_2=3\omega_1=3\times314rad/s$，$L_1=0.2H$。试选择 C_2 和 L_3 的值。

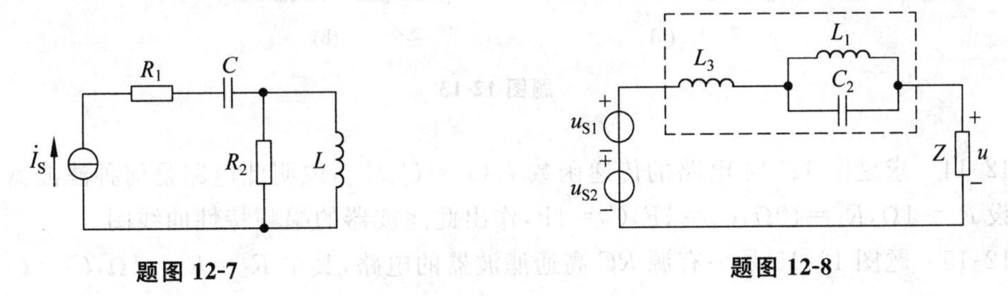

题图 12-7　　题图 12-8

12-9 在题图 12-9 所示电路中，$R_S=5\Omega$，$R_L=10\Omega$，$C=1\mu F$，$u_S(t)=\sin10^5 tV$，如果把 R_L 和 C 的组合作为负载，试求其功率。为了使负载获得最大功率，可在电路中串接一电感 L，试计算 L 应取的值。

12-10 在题图 12-10 所示电路中，$\dot{U}_1$ 是激励，$\dot{U}_2$ 是响应，求此电路的网络函数 $N(s)$。

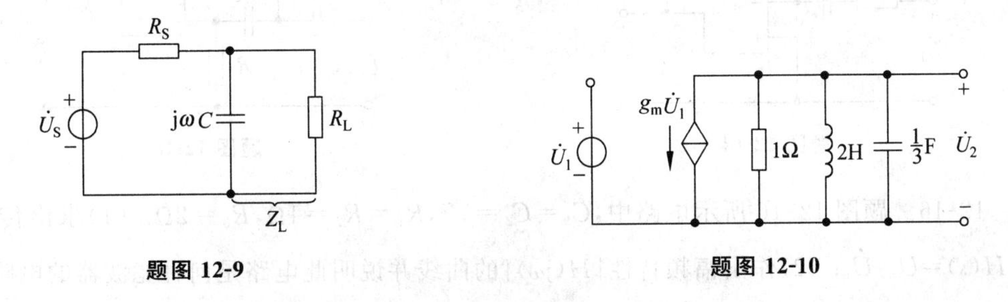

题图 12-9　　题图 12-10

12-11 在题图 12-11 所示电路中，$\dot{U}_1$ 是激励，$\dot{U}_2$ 是响应，求此电路的网络函数 $N(s)$。

12-12 在题图 12-12 的电路中，$\dot{I}_1$ 是激励，$\dot{U}_1$ 是响应，求此电路的网络函数 $N(s)$。

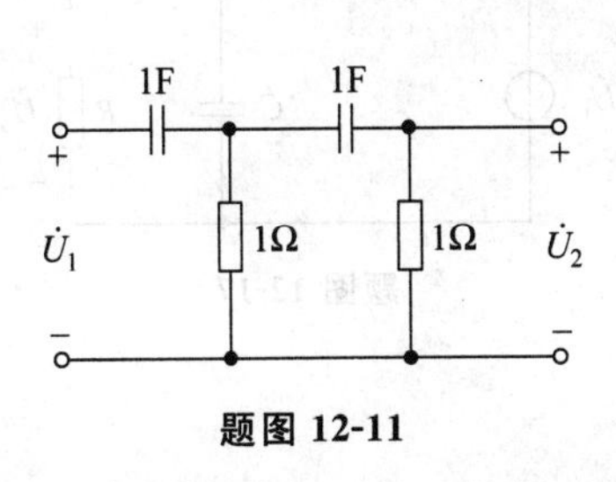

题图 12-11

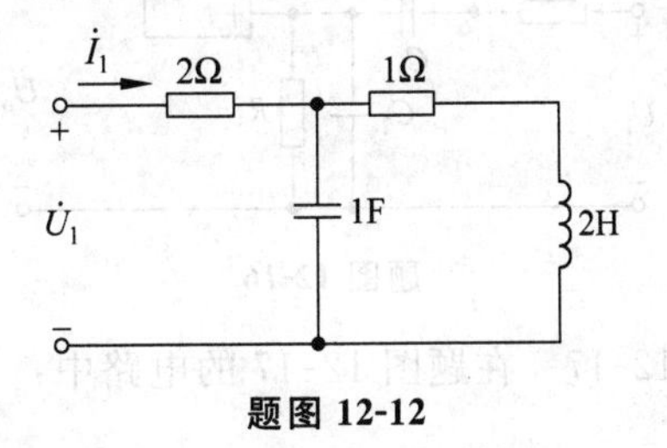

题图 12-12

12-13　试根据题图 12-13 所示电路的网络函数的零极点分布。

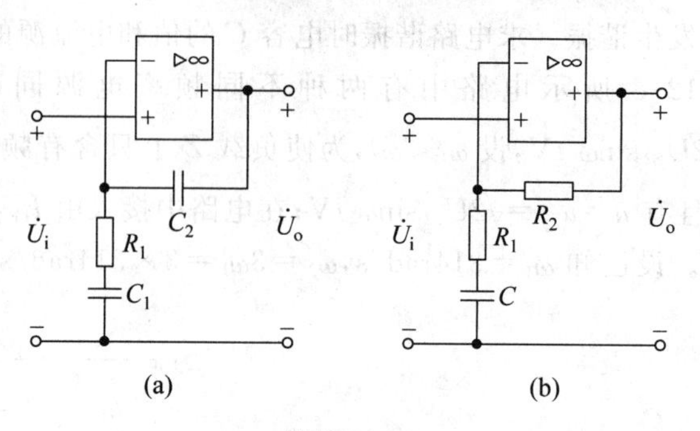

题图 12-13

12-14　求题图 12-14 电路的传递函数 $H(s)=\dot{U}_o/\dot{U}_i$，说明此电路是何种滤波器。设 $R_1=1\Omega,R_2=10\Omega,C_1=1\text{F},C_2=1\text{F}$，作出此滤波器的幅频特性曲线图。

12-15　题图 12-15 是一有源 RC 高通滤波器的电路，其中 $R_1=R_2=1\Omega,C_1=C_2=1\text{F}$，(1)求出传递函数 $H(s)=\dot{U}_o/\dot{U}_i$；(2)作出 $H(s)$ 的零极点图并画出幅频特性曲线 $|H(\text{j}\omega)|$。

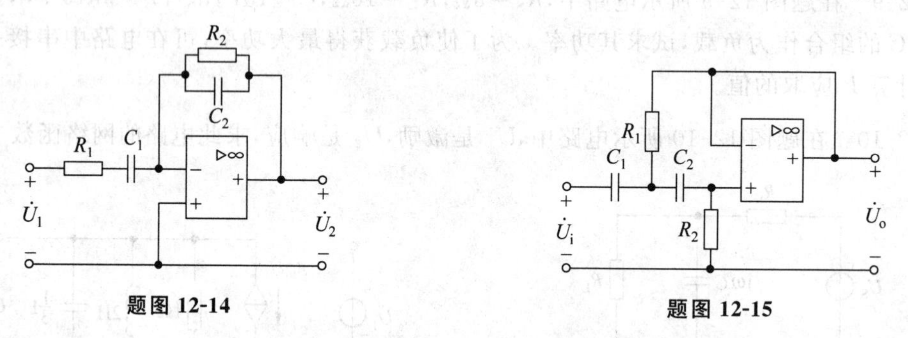

题图 12-14　　题图 12-15

12-16　题图 12-16 所示电路中，$C_1=C_2=1\text{F},R_1=R_2=1\Omega,R_3=2\Omega$。(1)求出传递函数 $H(s)=\dot{U}_o/\dot{U}_i$；(2)作出幅频特性 $|H(\text{j}\omega)|$ 的曲线并说明此电路是何种滤波器的电路。

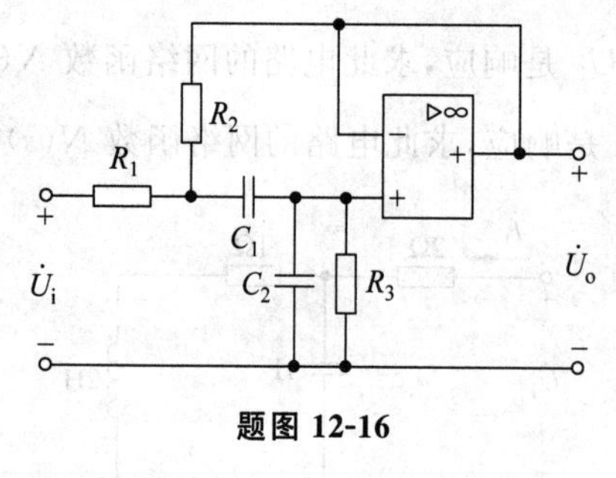

题图 12-16

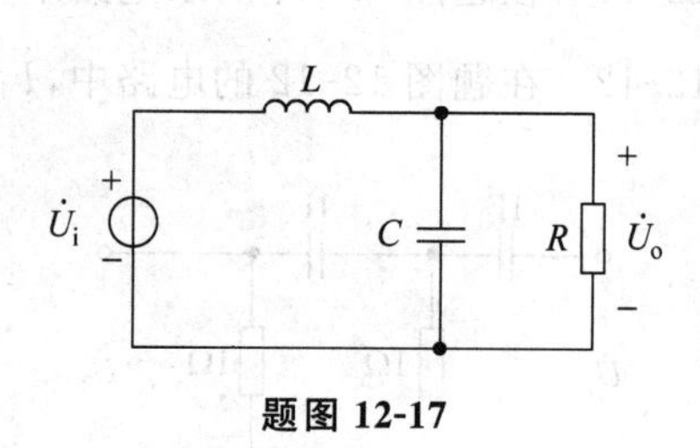

题图 12-17

12-17　在题图 12-17 的电路中：

(1) 若 $L=1\mathrm{H}, C=0.5\mathrm{F}, R=1\Omega$，求此电路的传递函数 $H(s)=\dot{U}_{\mathrm{o}}/\dot{U}_{\mathrm{i}}$，作出 $|H(\mathrm{j}\omega)|$ 的图象并说明此电路是何种滤波器的电路。

(2) 对(a)中的电路作参数去归一化，使 $\omega_0=\dfrac{1}{\sqrt{LC}}=2\pi\times10^4\,\mathrm{rad/s}, R=1000\Omega$，求在此条件下的 L、C 值。

第13章

三相电路

提 要

本章的主要内容是研究对称三相电路的分析和计算。首先介绍对称三相电源、对称三相负载，导出对称三相电路中各相、线电压（流）之间的关系。根据对称三相电路的对称性质，得出将这种电路转换为单相电路进行分析的方法。简单介绍不对称三相电路的概念。最后讨论三相电路的功率及其测量方法。

13.1 三相电源

三相电源是具有三个频率相同、幅值相等但相位不同的电动势的电源，用三相电源供电的电路就称为三相电路。当今的绝大多数电力系统采用三相电路来产生和传输大量的电能。这表现在几乎所有的发电厂都用三相交流发电机，绝大多数的输电线都是三相输电线，而且电气设备中的大部分是三相交流电动机。三相电路的应用如此广泛，是由于它有着许多技术和经济上的优点。

对称三相电源

在电力工业中，三相电路中的电源通常是三相发电机，由它可以获得三个频率相同、幅值相等、相位不同的电动势。图 13-1-1 是三相同步发电机的原理图。

三相发电机中转子上的励磁线圈 MN 内通有直流电流，使转子成为一个电磁铁。在定子内侧面、空间相隔 120°的槽内装有三个完全相同的线圈 A-X，B-Y，C-Z。转子与定子间磁场被设计成正弦分布。当转子以角速度 ω 转动时，三个线圈中便感应出频率相同、幅值相等、相位互相差 120°的三个电动势。有这样的三个电动势的发电机便构成一对称三相电源。

三相发电机中三个线圈的首端分别用 A，B，C 表示；尾端分别用 X，Y，Z 表示，三相电压的参考方向均设为由首端指向尾端。对称三相电源的电路符号如图 13-1-2 所示。

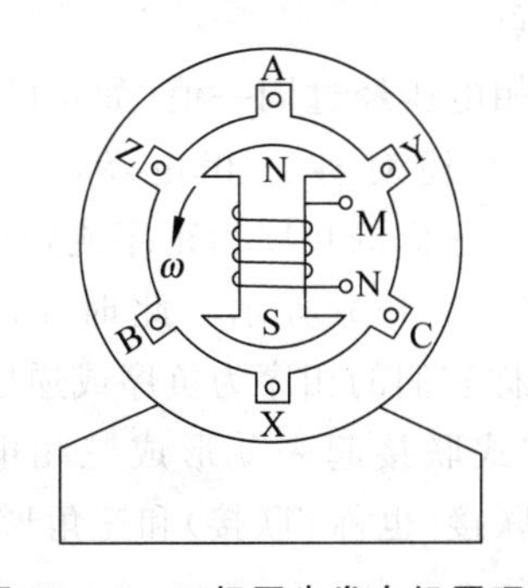

图 13-1-1 三相同步发电机原理图

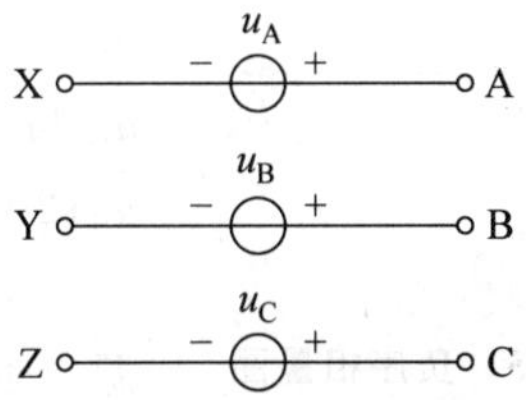

图 13-1-2 对称三相电源

对称三相电压的瞬时值表达式为

$$\left.\begin{aligned} u_A &= \sqrt{2}U\sin(\omega t + \psi) \\ u_B &= \sqrt{2}U\sin(\omega t + \psi - 120^\circ) \\ u_C &= \sqrt{2}U\sin(\omega t + \psi - 240^\circ) = \sqrt{2}U\sin(\omega t + \psi + 120^\circ) \end{aligned}\right\} \tag{13-1-1}$$

对称三相电压的相量为

$$\left.\begin{aligned}\dot{U}_A &= U\angle\psi \\ \dot{U}_B &= U\angle\psi-120^\circ \\ \dot{U}_C &= U\angle\psi-240^\circ = U\angle\psi+120^\circ\end{aligned}\right\} \tag{13-1-2}$$

图 13-1-3 和图 13-1-4 分别是对称三相电压的波形图和相量图(图中设 $\psi=0$)。

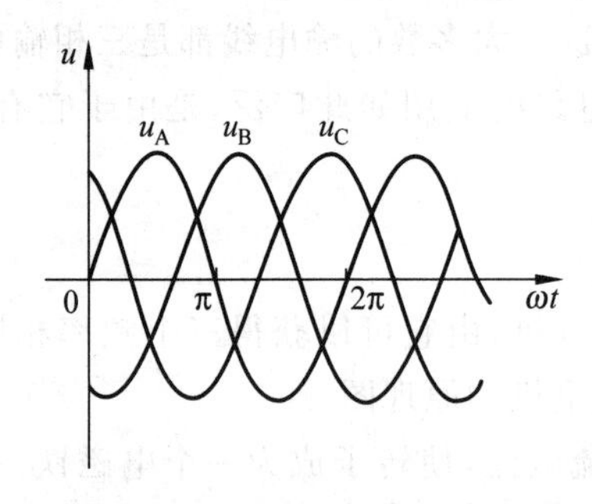

图 13-1-3 对称三相电压波形图

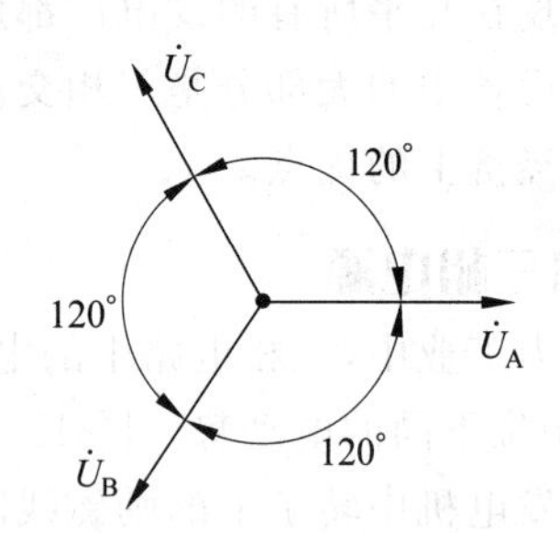

图 13-1-4 对称三相电压相量图

对称三相电压三个电压的瞬时值之和为零,即

$$u_A + u_B + u_C = 0$$

三个电压相量之和亦为零,即

$$\dot{U}_A + \dot{U}_B + \dot{U}_C = 0$$

这是对称三相电源的重要特点。

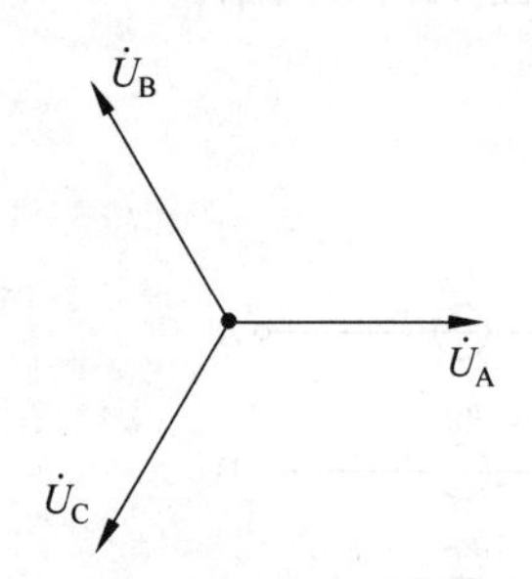

图 13-1-5 负序相量图

对称三相电源中的每一相电压经过同一值(如正的最大值)的先后次序称为相序。对上述对称三相电源,u_A 领先于 $u_B 120^\circ$,u_B 领先于 $u_C 120^\circ$,则称它们的相序为正序或顺序。若将 u_B 与 u_C 互换,相量图如图 13-1-5 所示。此时 u_A 滞后于 $u_B 120^\circ$,u_B 滞后于 $u_C 120^\circ$,则称它们的相序为负序或逆序。

对称三相电源以一定方式联接起来就形成三相电路的电源。通常的联接方式是星形联接(也称Y联接)和三角形联接(也称△联接)。

三相电源的星形联接

将对称三相电源的尾端 X,Y,Z 联在一起,如图 13-1-6 所示,就形成了对称三相电源的星形联接。联接在一起的 X,Y,Z 点称为对称三相电源的中点,用 N 表示。

三个电源的首端引出的导线称为端线。由中点 N 引出的导线称为中线。

每相电源的电压称为电源的相电压,用 u_A,u_B,u_C 表示;两条端线之间的电压称为电源的线电压,用 u_{AB},u_{BC},u_{CA}表示。下面分析星形联接的对称三相电源的线电压与相电压的关系。

由图 13-1-6 可见，三相电源的线电压与相电压有以下关系：

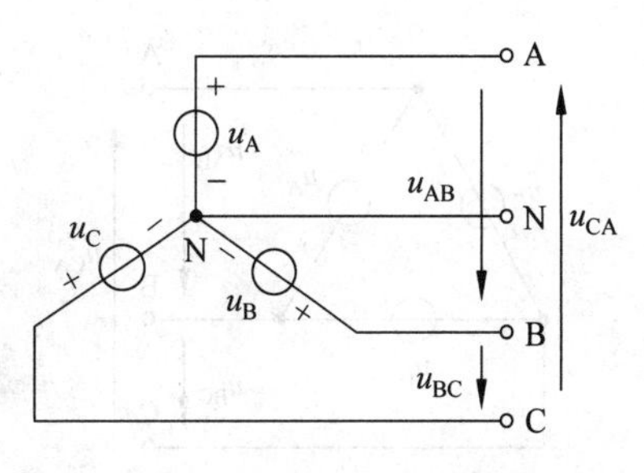

图 13-1-6 星形联接的对称三相电源

$$u_{AB}=u_A-u_B$$
$$u_{BC}=u_B-u_C$$
$$u_{CA}=u_C-u_A$$

采用相量表示，对称三相电源的相电压（以下均设相序是正相序）表示为

$$\dot{U}_A=U\angle 0^\circ,\quad \dot{U}_B=U\angle -120^\circ,\quad \dot{U}_C=U\angle 120^\circ$$

从而得到

$$\left.\begin{aligned}\dot{U}_{AB}&=\dot{U}_A-\dot{U}_B=\sqrt{3}U\angle 30^\circ=\sqrt{3}\dot{U}_A\angle 30^\circ\\ \dot{U}_{BC}&=\dot{U}_B-\dot{U}_C=\sqrt{3}U\angle -90^\circ=\sqrt{3}\dot{U}_B\angle 30^\circ\\ \dot{U}_{CA}&=\dot{U}_C-\dot{U}_A=\sqrt{3}U\angle 150^\circ=\sqrt{3}\dot{U}_C\angle 30^\circ\end{aligned}\right\}\tag{13-1-3}$$

由式(13-1-3)看出，星形联接的对称三相电源的线电压也是对称的。线电压的有效值（用 U_l 表示）是相电压有效值（用 U_p 表示）的$\sqrt{3}$倍，即 $U_l=\sqrt{3}U_p$，此式中各线电压的相位领先于相应的相电压 30°。它们的相量关系如图 13-1-7 所示。

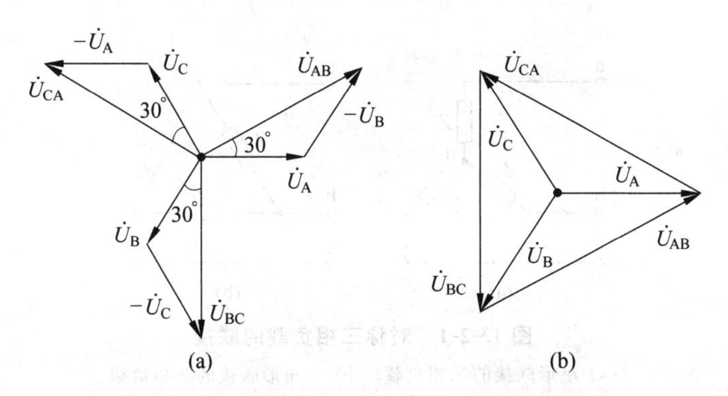

图 13-1-7 星形联接对称三相电源的电压相量图

图 13-1-6 所示的供电方式称为三相四线制（三条端线和一条中线），如果没有中线，就称为三相三线制。

三相电源的三角形联接

将对称三相电源中的三个单相电源首尾相接（见图 13-1-8），由三个联接点引出三条端线就形成三角形联接的对称三相电源。

对称三相电源接成三角形时，只有三条端线，没有中线，它是三相三线制。设 u_A，u_B，u_C 为相电压；u_{AB}，u_{BC}，u_{CA} 为线电压，显然

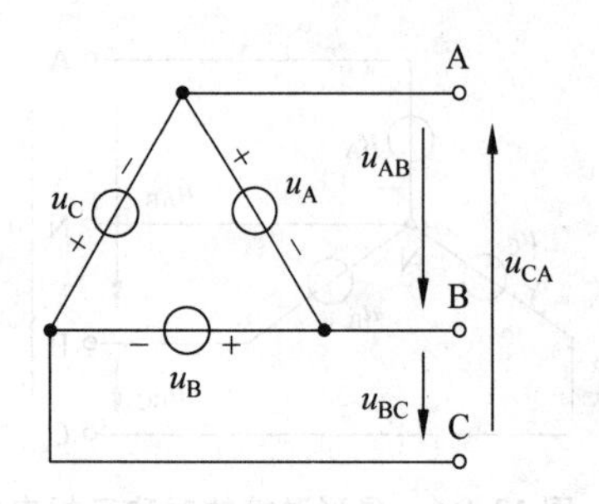

图 13-1-8　三角形联接的对称三相电源

$$\left.\begin{array}{lll} u_{AB}=u_A & & \dot{U}_{AB}=\dot{U}_A \\ u_{BC}=u_B & \text{或} & \dot{U}_{BC}=\dot{U}_B \\ u_{CA}=u_C & & \dot{U}_{CA}=\dot{U}_C \end{array}\right\} \tag{13-1-4}$$

上式说明对三角形联接的对称三相电源,线电压等于相应的相电压。

三角形联接的三相电源形成了一个回路(见图 13-1-8)。由于对称三相电源电压有 $u_A+u_B+u_C=0$,所以回路中不会有电流。但若有一相电源极性被反接,造成三相电源电压之和不为零,将会在回路中产生足以造成损坏的短路电流,所以在将对称三相电源接成三角形时这是需要注意的。

13.2 对称三相电路

对称三相电路是由对称三相电源和对称三相负载联接组成。对称三相负载是三个完全相同的负载(例如三相电动机的三个绕组),它们一般也接成星形或三角形,如图 13-2-1 所示。

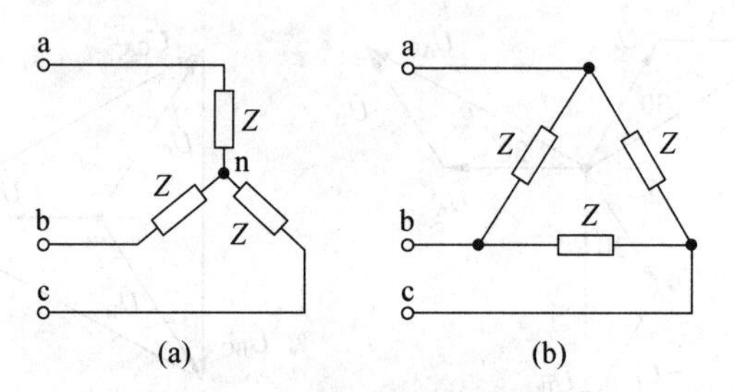

图 13-2-1　对称三相负载的联接

(a) 星形联接的三相负载;(b) 三角形联接的三相负载

分析由对称三相电源向一组对称三相负载供电的电路,便可以看到对称三相电路的特点。

首先分析图 13-2-2 所示的对称三相电路。电路中的对称三相电源作星形联接,三相负载也接成星形,没有接中线。

每相负载上的电压称为负载的相电压,用 $\dot{U}_{an}$,$\dot{U}_{bn}$,$\dot{U}_{cn}$ 表示;负载的端线间的电压称为负载的线电压,用 $\dot{U}_{ab}$,$\dot{U}_{bc}$,$\dot{U}_{ca}$ 表示;流过每条端线的电流称为线电流,用 $\dot{I}_A$,$\dot{I}_B$,$\dot{I}_C$ 表示;流过每相负载的电流称为相电流。显然,对称三相负载接成星形时,负载的相电流与对应端线的线电流是相同的。

三相电路实际上就是含有多个电源的正弦电流电路,所有分析正弦电流电路的方法都

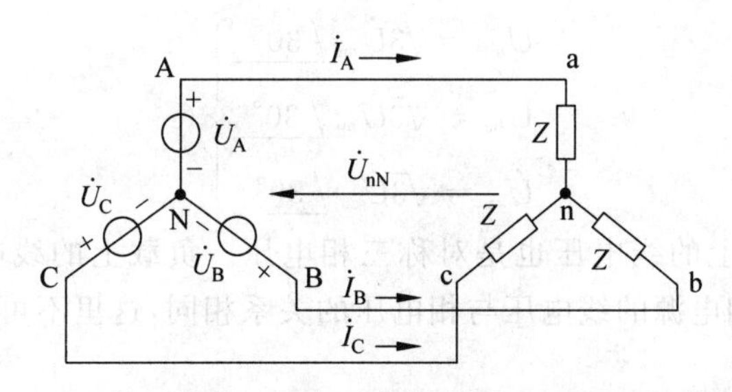

图 13-2-2 电源和负载都是星形联接的对称三相电路

可用于分析三相电路。这里采用节点法分析此电路。设对称三相电源电压为

$$\dot{U}_A = U\angle\psi$$

$$\dot{U}_B = U\angle\psi - 120^\circ$$

$$\dot{U}_C = U\angle\psi + 120^\circ$$

对称三相负载每相阻抗为

$$Z = |Z|\angle\varphi$$

以电源中点 N 为参考点，负载中点 n 的电位值等于 $\dot{U}_{nN}$。节点电压方程为

$$\left(\frac{1}{Z} + \frac{1}{Z} + \frac{1}{Z}\right)\dot{U}_{nN} = \frac{1}{Z}\dot{U}_A + \frac{1}{Z}\dot{U}_B + \frac{1}{Z}\dot{U}_C \tag{13-2-1}$$

即

$$\frac{3}{Z}\dot{U}_{nN} = \frac{1}{Z}(\dot{U}_A + \dot{U}_B + \dot{U}_C)$$

由于

$$\dot{U}_A + \dot{U}_B + \dot{U}_C = 0$$

所以有

$$\dot{U}_{nN} = 0$$

这说明负载中点 n 与电源中点 N 之间电压为零，也就是说 n 与 N 等电位，所以负载的相电压等于对应的电源的相电压，即

$$\left.\begin{aligned} \dot{U}_{an} &= \dot{U}_A \\ \dot{U}_{bn} &= \dot{U}_B \\ \dot{U}_{cn} &= \dot{U}_C \end{aligned}\right\} \tag{13-2-2}$$

式(13-2-2)表明负载上的相电压是一组对称三相电压。

负载上的线电压为

$$\left.\begin{aligned}\dot{U}_{\mathrm{ab}} &= \sqrt{3}\dot{U}_{\mathrm{an}}\angle 30^{\circ}\\ \dot{U}_{\mathrm{bc}} &= \sqrt{3}\dot{U}_{\mathrm{bn}}\angle 30^{\circ}\\ \dot{U}_{\mathrm{ca}} &= \sqrt{3}\dot{U}_{\mathrm{cn}}\angle 30^{\circ}\end{aligned}\right\}\tag{13-2-3}$$

式(13-2-3)表明,负载上的线电压也是对称三相电压。负载上的线电压与相电压的关系,与星形联接的对称三相电源的线电压与相电压的关系相同,这里不再赘述。

电路中的线电流

$$\left.\begin{aligned}\dot{I}_{\mathrm{A}} &= \frac{\dot{U}_{\mathrm{an}}}{Z} = \frac{U}{|Z|}\angle \psi-\varphi\\ \dot{I}_{\mathrm{B}} &= \frac{\dot{U}_{\mathrm{bn}}}{Z} = \frac{U}{|Z|}\angle \psi-120^{\circ}-\varphi\\ \dot{I}_{\mathrm{C}} &= \frac{\dot{U}_{\mathrm{cn}}}{Z} = \frac{U}{|Z|}\angle \psi+120^{\circ}-\varphi\end{aligned}\right\}\tag{13-2-4}$$

可见三相线电流是对称的。由于相电流与相应的线电流相同,因此三相负载的相电流也一定是对称的。

从以上计算结果可以看出,在电源和负载都是星形联接的对称三相电路里,三相电压、电流均为对称,只需对其中的一相(通常取 A 相)电路进行计算就够了。求出一相(A 相)的电压、电流后,根据对称性,就可以求出另外两相的相应的电压、电流。

由于电源中点 N 与负载中点 n 电位相等,用一导线将 N 与 n 连接起来,该导线(称为中线)中电流为零,因此对原电路不会产生任何影响。这样,每一相成为一个独立的电路。将 A 相电路取出,就得到图 13-2-3 所示的一相等效电路。由一相等效电路,很容易得出前面的结果。

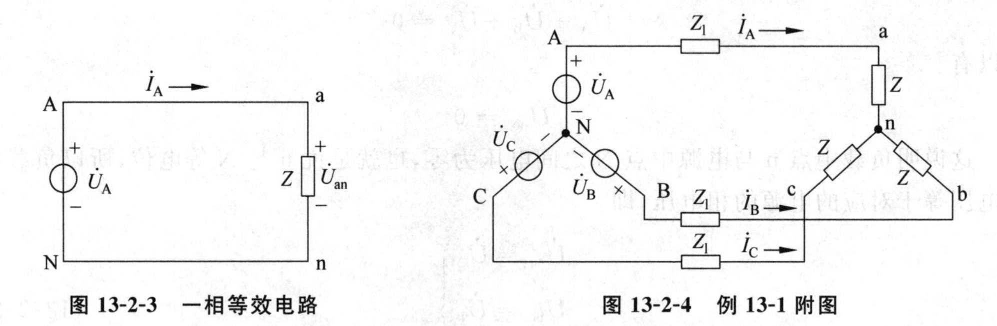

图 13-2-3 一相等效电路　　图 13-2-4 例 13-1 附图

【例 13-1】 图 13-2-4 示一对称三相电路,对称三相电源的相电压为 220V,对称三相负载阻抗 $Z=100\angle 30^{\circ}\ \Omega$,输电线阻抗 $Z_l=1+\mathrm{j}2(\Omega)$,求三相负载的电压和电流。

解 设 $\dot{U}_{\mathrm{A}}=200\angle 0^{\circ}\ \mathrm{V}$。取 A 相的等效电路如图 13-2-5 所示。线电流

$$\dot{I}_A=\frac{\dot{U}_A}{Z+Z_l}=\frac{220\angle 0^\circ}{100\angle 30^\circ+1+j2}=\frac{220\angle 0^\circ}{101.9\angle 30.7^\circ}$$
$$=2.159\angle -30.7^\circ\ \text{A}$$

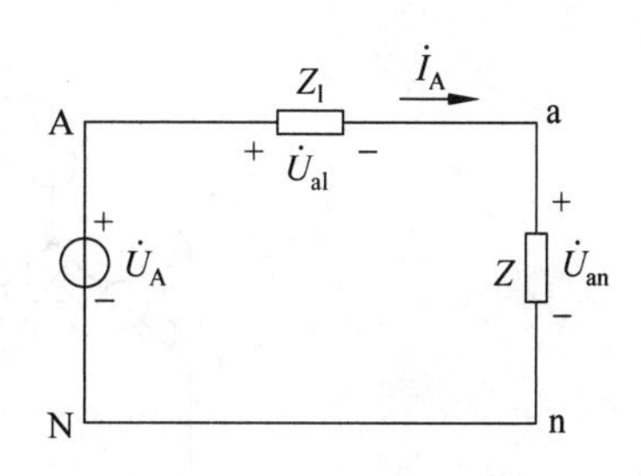

图 13-2-5　例 13-1 电路的一相等效电路

将 $\dot{I}_A$ 的相位后移或前移 120°即得

$$\dot{I}_B=2.159\angle -150.7^\circ\ \text{A},\quad \dot{I}_C=2.159\angle 89.3^\circ\ \text{A}$$

A 相负载相电压

$$\dot{U}_{an}=Z\dot{I}_A=100\angle 30^\circ\times 2.159\angle -30.7^\circ$$
$$=215.9\angle -0.7^\circ\ \text{V}$$

由对称性可得

$$\dot{U}_{bn}=215.9\angle -120.7^\circ\ \text{V},\quad \dot{U}_{cn}=215.9\angle 119.3^\circ\ \text{V}$$

负载线电压

$$\dot{U}_{ab}=\sqrt{3}\dot{U}_{an}\angle 30^\circ=373.9\angle 29.3^\circ\ \text{V}$$

于是有

$$\dot{U}_{bc}=373.9\angle -90.7^\circ\ \text{V},\quad \dot{U}_{ca}=373.9\angle 149.3^\circ\ \text{V}$$

输电线压降

$$\dot{U}_{al}=Z_l\dot{I}_A=(1+j2)\times 2.159\angle -30.7^\circ=4.83\angle 32.7^\circ\ \text{V}$$

于是有

$$\dot{U}_{bl}=4.83\angle -87.3^\circ\ \text{V},\quad \dot{U}_{cl}=4.83\angle 152.7^\circ\ \text{V}$$

此例仍为Y联接三相电路，只不过每相阻抗由 Z_l 与 Z 串联组成。计算时仍可用一相等效电路进行计算。但应注意，此电路里负载的相电压、线电压与电源的相电压、线电压是不相等的。

电源和负载都是星形联接的对称三相电路，电源中点与负载中点等电位，在两个中点间接一根导线或接一个阻抗(图 13-2-6)对电路的电流、电压没有影响。因此，图 13-2-6 所示电路的一相等效电路、计算过程和计算结果与图 13-2-2 所示电路完全相同。

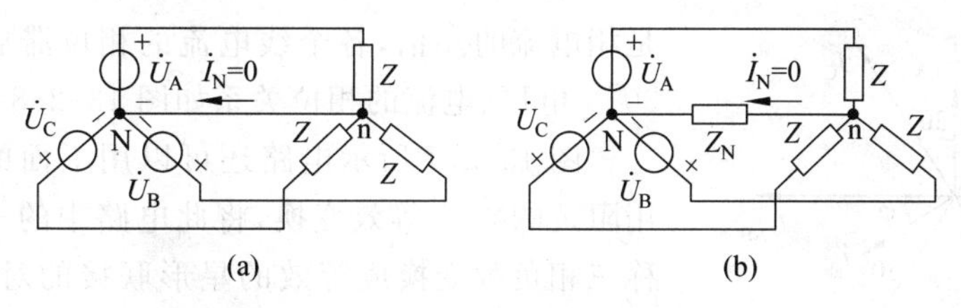

图 13-2-6　中点间接无源支路的对称三相电路

下面分析另一个简单的对称三相电路——图 13-2-7 所示的电路。

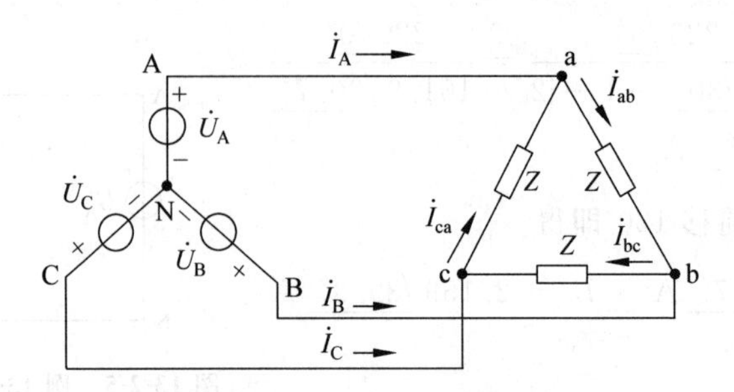

图 13-2-7 电源星形联接、负载三角形联接的对称三相电路

此电路中的电源是星形联接的对称三相电源，负载是三角形联接的对称三相负载。$\dot{I}_A$，$\dot{I}_B$，$\dot{I}_C$ 是线电流；$\dot{I}_{ab}$，$\dot{I}_{bc}$，$\dot{I}_{ca}$ 是相电流；$\dot{U}_{ab}$，$\dot{U}_{bc}$，$\dot{U}_{ca}$ 既是负载的相电压又是负载的线电压。

由图 13-2-7 所示电路可求得

负载的相电流

$$\left.\begin{aligned}\dot{I}_{ab} &= \frac{\dot{U}_{ab}}{Z} = \frac{\dot{U}_{AB}}{Z}\\ \dot{I}_{bc} &= \frac{\dot{U}_{bc}}{Z} = \frac{\dot{U}_{BC}}{Z}\\ \dot{I}_{ca} &= \frac{\dot{U}_{ca}}{Z} = \frac{\dot{U}_{CA}}{Z}\end{aligned}\right\} \tag{13-2-5}$$

线电流

$$\left.\begin{aligned}\dot{I}_A &= \dot{I}_{ab} - \dot{I}_{ca} = \sqrt{3}\dot{I}_{ab}\,\underline{/-30^\circ}\\ \dot{I}_B &= \dot{I}_{bc} - \dot{I}_{ab} = \sqrt{3}\dot{I}_{bc}\,\underline{/-30^\circ}\\ \dot{I}_C &= \dot{I}_{ca} - \dot{I}_{bc} = \sqrt{3}\dot{I}_{ca}\,\underline{/-30^\circ}\end{aligned}\right\} \tag{13-2-6}$$

对电源是星形联接、负载是三角形联接的对称三相电路，电路中的三相电压或电流都是对称的。每相负载上的线电压与相电压相等，线电流的大小是相电流的$\sqrt{3}$倍，各个线电流的相位滞后相应的相电流 30°。电压、电流的相位关系如图 13-2-8 所示。

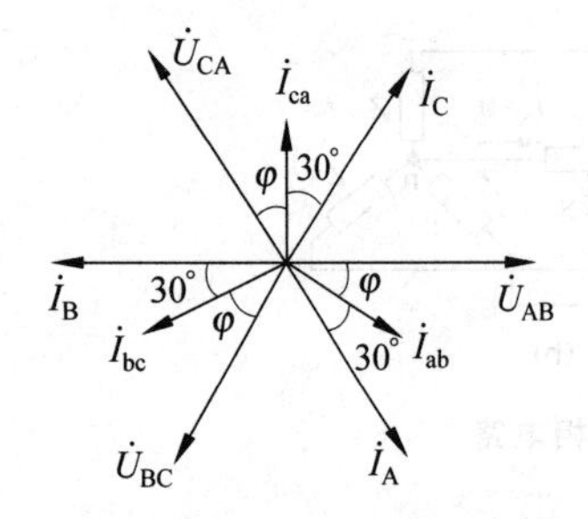

图 13-2-8 图 13-2-7 电路的相量图

图 13-2-7 所示电路还可以用下面的方法计算。利用阻抗的Y-△等效变换，将此电路中的三角形联接的对称三相负载变换成等效的星形联接的对称三相负载，得到图 13-2-9 所示的电路。然后就可按照前述电源和负载都是星形联接对称三相电路的计算方法，从中取其一相等效电路作计算。

图 13-2-9 所示电路的一相等效电路如图 13-2-10 所示。从电路中可求得

$$\dot{U}_{an} = \dot{U}_A$$

$$\dot{U}_{ab} = \sqrt{3}\dot{U}_A \angle 30^\circ$$

$$\dot{I}_A = \frac{\dot{U}_A}{Z/3} = \frac{3\dot{U}_A}{Z}$$

$$\dot{I}_{ab} = \frac{\dot{I}_A}{\sqrt{3}} \angle 30^\circ$$

根据对称性就可以得到另外两相的电压、电流,计算结果与前面的计算结果是相同的。

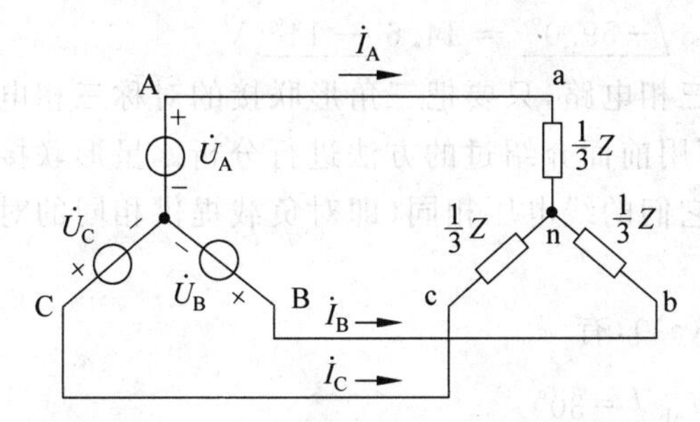

图 13-2-9 三角形联接的三相负载变换成星形联接的三相负载

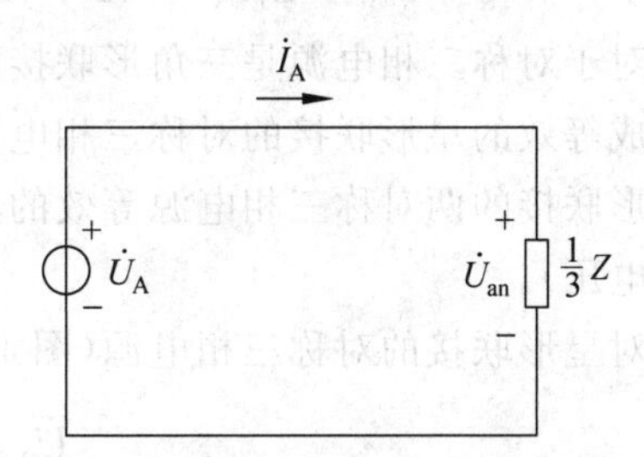

图 13-2-10 图 13-2-9 所示电路的一相等效电路

【例 13-2】 一对称三相电路如图 13-2-11所示。对称三相电源电压 $\dot{U}_A=220\angle 0^\circ$ V,负载阻抗 $Z=60\angle 60^\circ$ Ω,线路阻抗 $Z_1=1+\mathrm{j}1(\Omega)$,求电路中电压和电流。

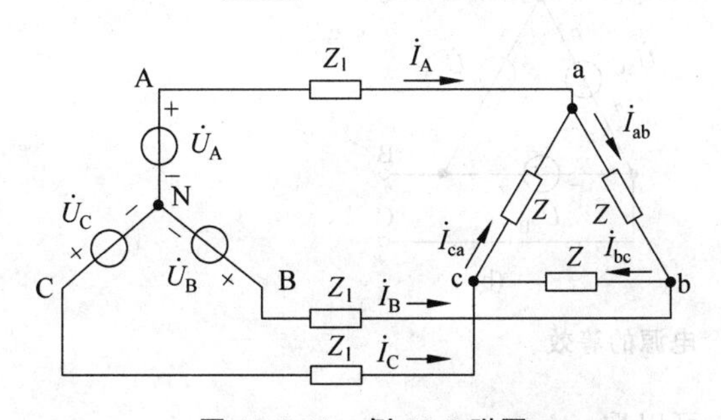

图 13-2-11 例 13-2 附图

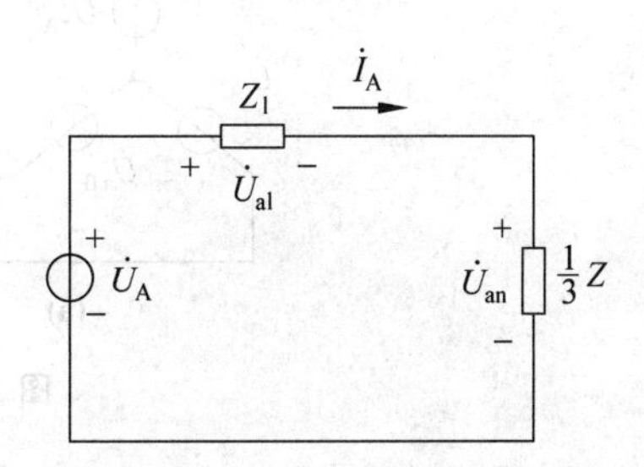

图 13-2-12 例 13-2 电路的一相等效电路

解 将三角形联接的对称三相负载变换成星形联接的对称三相负载。取经变换后的电路中的一相等效电路如图 13-2-12 所示。

线电流

$$\dot{I}_A = \frac{\dot{U}_A}{Z_1 + Z/3} = \frac{220\angle 0^\circ}{1+\mathrm{j}1+20\angle 60^\circ} = \frac{220\angle 0^\circ}{21.37\angle 59.0^\circ} = 10.3\angle -59.0^\circ \text{ A}$$

负载相电流

$$\dot{I}_{ab} = \frac{1}{\sqrt{3}}\dot{I}_A \angle 30^\circ = 5.95 \angle -29.0^\circ \text{ A}$$

等效星形负载相电压

$$\dot{U}_{an} = \frac{1}{3}Z\dot{I}_A = 20\angle 60^\circ \times 10.3\angle -59^\circ = 206\angle 1^\circ \text{ V}$$

负载线电压(也是三角形负载相电压)

$$\dot{U}_{ab} = \sqrt{3}\dot{U}_{an}\angle 30^\circ = 356.8\angle 31^\circ \text{ V}$$

线路上的压降

$$\dot{U}_{Al} = Z_l\dot{I}_A = (1+\text{j}1)\times 10.3\angle -59.0^\circ = 14.6\angle -14^\circ \text{ V}$$

对于对称三相电源是三角形联接的对称三相电路，只要把三角形联接的对称三相电源变换成等效的星形联接的对称三相电源，就可用前面介绍过的方法进行分析。星形联接与三角形联接的两对称三相电源等效的条件是它们的线电压相同(即对负载提供相同的对称三相电压)。

对星形联接的对称三相电源(图 13-2-13(a))，有

$$\dot{U}_{YA} = \frac{1}{\sqrt{3}}\dot{U}_{AB}\angle -30^\circ$$

对三角形联接的对称三相电源(图 13-2-13(b))，有

$$\dot{U}_{\triangle A} = \dot{U}_{AB}$$

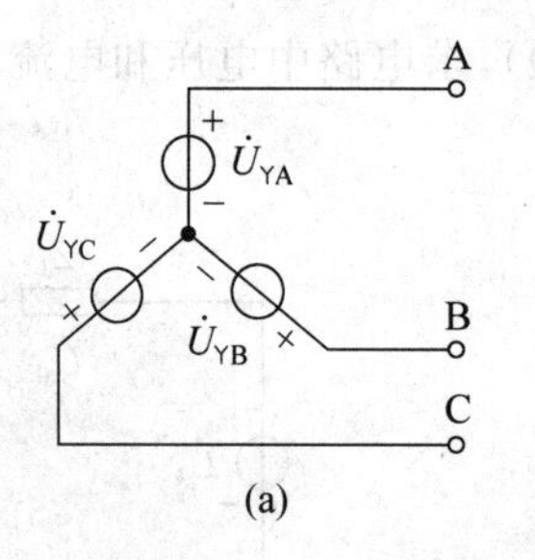

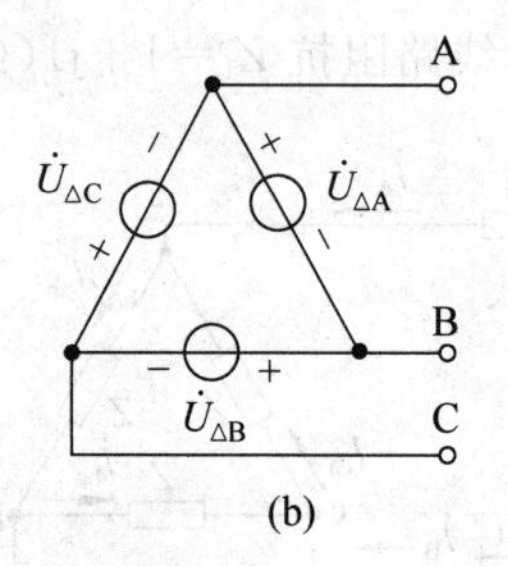

图 13-2-13 电源的等效

要使两种联接的对称三相电源的线电压相同，可以取

$$\left.\begin{aligned} \dot{U}_{YA} &= \frac{1}{\sqrt{3}}\dot{U}_{\triangle A}\angle -30^\circ \\ \dot{U}_{YB} &= \frac{1}{\sqrt{3}}\dot{U}_{\triangle B}\angle -30^\circ \\ \dot{U}_{YC} &= \frac{1}{\sqrt{3}}\dot{U}_{\triangle C}\angle -30^\circ \end{aligned}\right\} \tag{13-2-7}$$

只要使星形联接的对称三相电源的相电压与三角形联接的对称三相电源的电压满足上式中的关系，它们就是互相等效的。

关于对称三相电路的分析，可综述其要点如下：

(1) 对称三相电路中，三相的电压、电流都是对称的。负载为星形联接时，由式(13-2-3)知，线电压的大小等于相电压的$\sqrt{3}$倍，线电压的相位领先相应的相电压 30°，线电流与相应的相电流相同；负载为三角形联接时，线电压与相应的相电压相同，而由式(13-2-6)知，线电流大小是相电流的$\sqrt{3}$倍，线电流的相位滞后相应的相电流 30°。

(2) 分析对称三相电路时，可以按下面的做法，只取一相(A 相)的电路进行计算：

① 将对称三相电源变换成等效的星形联接的对称三相电源；

② 将对称三相负载变换成等效的星形联接的对称三相负载；

③ 将电源中点与负载中点用一导线短接起来(因为它们是等电位的)，形成三相各自独立的电路，取出其中的一相(A 相)电路；

④ 计算出一相电路中的电压、电流，根据对称性求出另外两相相应的电压、电流。

(3) 通常的三相电路只给出对称三相电源的线电压，并不指明电源的联接方式，这时常将电源看作星形联接的，但需使其线电压等于给定的线电压。

【例 13-3】 一对称三相电路如图 13-2-14 所示。对称三相电源线电压为 U_1，画出一相等效电路图并求电路中各电压、电流。

解 图示电路中的对称三相电源为星形联接，其中 A 相电源电压 $\dot{U}_A=\frac{U_1}{\sqrt{3}}\angle 0°$。将三角形联接的对称三相负载变换成等效的星形联接的对称三相负载，便可得到此三相电路的一相等效电路如图 13-2-15 所示。

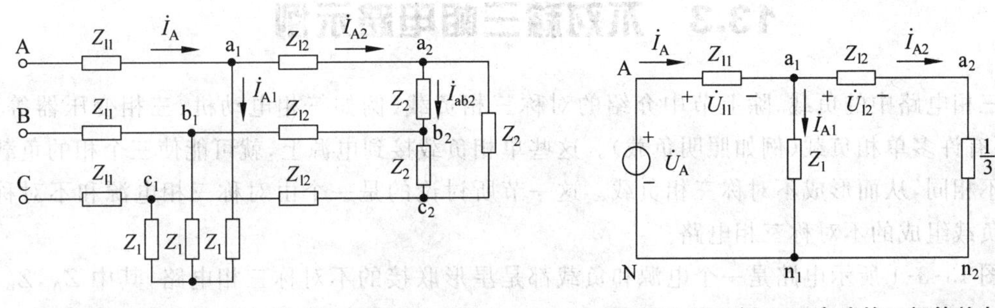

图 13-2-14 例 13-3 附图　　图 13-2-15 例 13-3 电路的一相等效电路

电源线电流

$$\dot{I}_A=\frac{\dot{U}_A}{Z_{l1}+\dfrac{Z_1Z}{Z_1+Z}}$$

其中，$Z=Z_{l2}+(Z_2/3)$。

星形负载 Z_1 中的线电流与相电流相同,即

$$\dot{I}_{A1} = \dot{I}_A \frac{Z}{Z_1 + Z}$$

三角形负载 Z_2 的线电流

$$\dot{I}_{A2} = \dot{I}_A \frac{Z_1}{Z_1 + Z}$$

三角形负载中相电流

$$\dot{I}_{ab2} = \frac{\dot{I}_{A2}}{\sqrt{3}} \angle 30^\circ$$

星形负载 Z_1 上的相电压

$$\dot{U}_{a1n1} = Z_1 \dot{I}_{A1}$$

星形负载上的线电压

$$\dot{U}_{a1b1} = \sqrt{3}\dot{U}_{a1n1} \angle 30^\circ$$

三角形负载 Z_2 上线电压与相电压相同,可表示为

$$\dot{U}_{a2b2} = Z_2 \dot{I}_{ab2}$$

线路阻抗压降

$$\dot{U}_{l1} = Z_{l1} \dot{I}_A$$

$$\dot{U}_{l2} = Z_{l2} \dot{I}_{A2}$$

按对称性可得到另外两相的电压、电流。

13.3 不对称三相电路示例

三相电路中的负载,除上节中介绍的对称三相负载(例如三相电动机、三相变压器等)外,还有许多单相负载(例如照明负载)。这些单相负载接到电源上,就可能使三个相的负载阻抗不相同,从而形成不对称三相负载。这一节所讨论的是一个由对称三相电源和不对称三相负载组成的不对称三相电路。

图 13-3-1 所示电路是一个电源和负载都是星形联接的不对称三相电路,其中 Z_A, Z_B, Z_C 是不对称三相负载。对称三相电源的中点 N 与负载中点 n 之间接有中线。

由于接有阻抗为零的中线,使得每相负载上的电压一定等于该相电源的电压,而与每相负载阻抗无关,即

$$\dot{U}_{an} = \dot{U}_A, \quad \dot{U}_{bn} = \dot{U}_B, \quad \dot{U}_{cn} = \dot{U}_C \qquad (13\text{-}3\text{-}1)$$

式(13-3-1)表明,三相负载上的电压是对称的。但由于三相负载不相同,所以三相电流是不对称的,有

$$\dot{I}_{\mathrm{A}}=\frac{\dot{U}_{\mathrm{an}}}{Z_{\mathrm{A}}},\quad \dot{I}_{\mathrm{B}}=\frac{\dot{U}_{\mathrm{bn}}}{Z_{\mathrm{B}}},\quad \dot{I}_{\mathrm{C}}=\frac{\dot{U}_{\mathrm{cn}}}{Z_{\mathrm{C}}}$$

此时中线电流 $\dot{I}_{\mathrm{N}}$ 为

$$\dot{I}_{\mathrm{N}}=\dot{I}_{\mathrm{A}}+\dot{I}_{\mathrm{B}}+\dot{I}_{\mathrm{C}}$$

下面再分析另一个不对称三相电路，如图 13-3-2 所示。这个电路和图 13-3-1 电路的不同之处是没有中线。

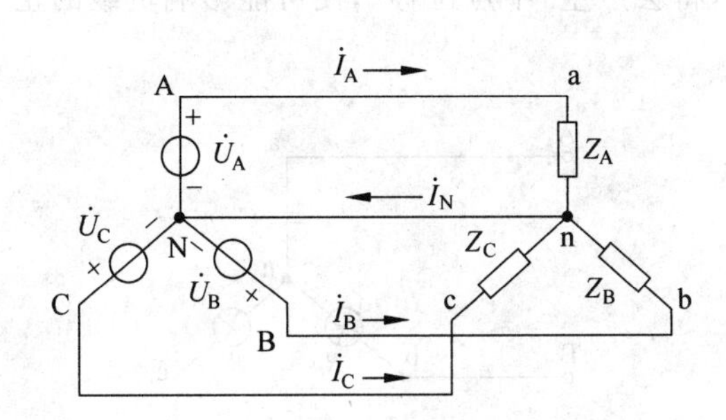

图 13-3-1　有中线的不对称三相电路

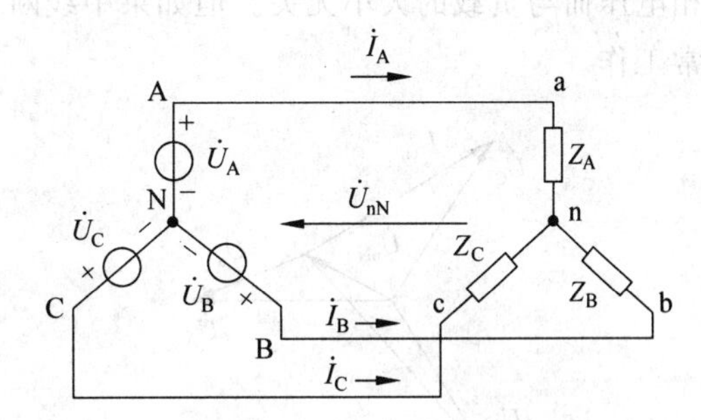

图 13-3-2　没有中线的不对称三相电路

采用节点法来分析此电路。设节点 n 至电源中点 N 的电压为 $\dot{U}_{\mathrm{nN}}$，此电路节点电压方程是

$$\left(\frac{1}{Z_{\mathrm{A}}}+\frac{1}{Z_{\mathrm{B}}}+\frac{1}{Z_{\mathrm{C}}}\right)\dot{U}_{\mathrm{nN}}=\frac{1}{Z_{\mathrm{A}}}\dot{U}_{\mathrm{A}}+\frac{1}{Z_{\mathrm{B}}}\dot{U}_{\mathrm{B}}+\frac{1}{Z_{\mathrm{C}}}\dot{U}_{\mathrm{C}}\qquad(13\text{-}3\text{-}2)$$

由此得

$$\dot{U}_{\mathrm{nN}}=\left(\frac{1}{Z_{\mathrm{A}}}\dot{U}_{\mathrm{A}}+\frac{1}{Z_{\mathrm{B}}}\dot{U}_{\mathrm{B}}+\frac{1}{Z_{\mathrm{C}}}\dot{U}_{\mathrm{C}}\right)\Big/\left(\frac{1}{Z_{\mathrm{A}}}+\frac{1}{Z_{\mathrm{B}}}+\frac{1}{Z_{\mathrm{C}}}\right)$$

显然，这一电路的中点间的电压 $\dot{U}_{\mathrm{nN}}$ 一般不等于零，即负载中点 n 的电位与电源中点 N 的电位不相等，这一现象常称为“中点位移”，中点间的电压 $\dot{U}_{\mathrm{nN}}$ 称为中点位移电压。

三相负载上的相电压分别为

$$\dot{U}_{\mathrm{an}}=\dot{U}_{\mathrm{A}}-\dot{U}_{\mathrm{nN}}$$

$$\dot{U}_{\mathrm{bn}}=\dot{U}_{\mathrm{B}}-\dot{U}_{\mathrm{nN}}$$

$$\dot{U}_{\mathrm{cn}}=\dot{U}_{\mathrm{C}}-\dot{U}_{\mathrm{nN}}$$

由于发生中点位移，电压 $\dot{U}_{\mathrm{nN}}$ 不等于零，所以三相负载上的电压不是对称三相电压，各电压相量如图 13-3-3 所示。

由图 13-3-3 可以看出，中点位移电压 $\dot{U}_{\mathrm{nN}}$ 的出现，造成负载上相电压的不对称。就电压有效值而言，其中有的相电压高于电源相电压(如 B 相)，有的相电压低于电源相电压(如

A 相)。

三相负载的电流分别为

$$\dot{I}_{\mathrm{A}}=\frac{\dot{U}_{\mathrm{an}}}{Z_{\mathrm{A}}},\quad \dot{I}_{\mathrm{B}}=\frac{\dot{U}_{\mathrm{bn}}}{Z_{\mathrm{B}}},\quad \dot{I}_{\mathrm{C}}=\frac{\dot{U}_{\mathrm{cn}}}{Z_{\mathrm{C}}}$$

由上式可以看出三相电流也是不对称的。

低压配电电路一般采用三相四线制。中线的存在保证了每相负载上的电压等于电源的相电压而与负载的大小无关。但如果中线断开,将会产生“中点位移”,便可能影响负载的正常工作。

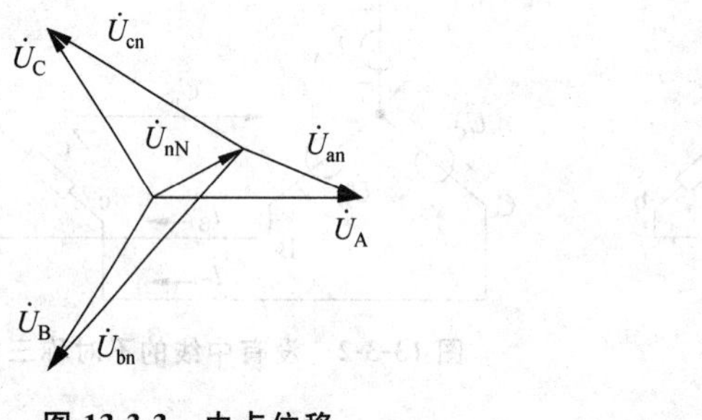

图 13-3-3　中点位移

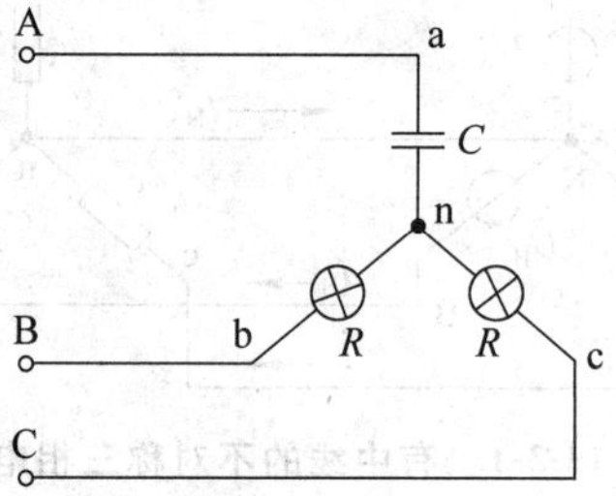

图 13-3-4　例 13-4 附图

【例 13-4】 图 13-3-4 所示电路为一不对称三相电路。对称三相电源线电压为 U_{l},$R=1/\omega C$,其中 R 是白炽灯电阻。求中点位移电压和各个电阻上的电压。

解　设 $\dot{U}_{\mathrm{A}}=U_{\mathrm{p}}\angle 0^{\circ}$,其中 $U_{\mathrm{p}}=U_{\mathrm{l}}/\sqrt{3}$。

中点位移电压

$$\dot{U}_{\mathrm{nN}}=\frac{\mathrm{j}\omega C\dot{U}_{\mathrm{A}}+\frac{1}{R}\dot{U}_{\mathrm{B}}+\frac{1}{R}\dot{U}_{\mathrm{C}}}{\mathrm{j}\omega C+\frac{1}{R}+\frac{1}{R}}=\frac{\mathrm{j}\dot{U}_{\mathrm{A}}+\dot{U}_{\mathrm{B}}+\dot{U}_{\mathrm{C}}}{\mathrm{j}+2}$$

$$=\frac{(\mathrm{j}-1)\dot{U}_{\mathrm{A}}}{\mathrm{j}+2}=0.632U_{\mathrm{p}}\angle 108.4^{\circ}$$

B 相白炽灯上的电压

$$\dot{U}_{\mathrm{bn}}=\dot{U}_{\mathrm{B}}-\dot{U}_{\mathrm{nN}}=U_{\mathrm{p}}\angle -120^{\circ}-0.632U_{\mathrm{p}}\angle 108.4^{\circ}\approx 1.5U_{\mathrm{p}}\angle -101.6^{\circ}$$

C 相白炽灯上的电压

$$\dot{U}_{\mathrm{cn}}=\dot{U}_{\mathrm{C}}-\dot{U}_{\mathrm{nN}}=U_{\mathrm{p}}\angle 120^{\circ}-0.632U_{\mathrm{p}}\angle 108.4^{\circ}\approx 0.4U_{\mathrm{p}}\angle 138.4^{\circ}$$

由所得结果可以看出:三相电源 A 相接电容时,B 相灯上的电压比 C 相灯上的电压高,因此 B 相灯要比 C 相灯亮。利用这一电路可以确定三相电源的相序。

不对称三相电路中还有三相电源不对称的情况,这里就不讨论了。

13.4 三相电路的功率

三相电路的功率

在三相电路中，三相负载吸收的有功功率 P、无功功率 Q 分别等于各相负载吸收的有功功率、无功功率之和，即

$$P=P_A+P_B+P_C$$
$$Q=Q_A+Q_B+Q_C$$

若负载是对称三相负载，各相负载吸收的功率相同，三相负载吸收的总功率可表示为

$$\left.\begin{aligned}P&=3P_A=3U_pI_p\cos\varphi_p\\Q&=3Q_A=3U_pI_p\sin\varphi_p\end{aligned}\right\}\tag{13-4-1}$$

式中，U_p，I_p 分别是每相负载上的相电压和相电流的有效值；φ_p 是每相负载的阻抗角（φ_p 也等于每相负载上的相电压与相电流之间的相位差）。

当对称三相负载是星形联接时，有

$$U_l=\sqrt{3}U_p,\quad I_l=I_p$$

式(13-4-1)可改写成：

$$\begin{cases}P=3U_pI_p\cos\varphi_p=3\dfrac{U_l}{\sqrt{3}}I_l\cos\varphi_p=\sqrt{3}U_lI_l\cos\varphi_p\\Q=3U_pI_p\sin\varphi_p=3\dfrac{U_l}{\sqrt{3}}I_l\sin\varphi_p=\sqrt{3}U_lI_l\sin\varphi_p\end{cases}$$

当对称三相负载是三角形联接时，有

$$U_l=U_p,\quad I_l=\sqrt{3}I_p$$

式(13-4-1)也可改写成：

$$\begin{cases}P=3U_pI_p\cos\varphi_p=3U_l\dfrac{I_l}{\sqrt{3}}\cos\varphi_p=\sqrt{3}U_lI_l\cos\varphi_p\\Q=3U_pI_p\sin\varphi_p=3U_l\dfrac{I_l}{\sqrt{3}}\sin\varphi_p=\sqrt{3}U_lI_l\sin\varphi_p\end{cases}$$

由此可见，星形联接和三角形联接的对称三相负载的有功功率、无功功率均可以线电压、线电流表示为

$$\left.\begin{aligned}P&=\sqrt{3}U_lI_l\cos\varphi_p\\Q&=\sqrt{3}U_lI_l\sin\varphi_p\end{aligned}\right\}\tag{13-4-2}$$

式中，U_l，I_l 分别是负载的线电压、线电流的有效值；φ_p 仍是每相负载的阻抗角。

对称三相电路的视在功率和功率因数分别定义如下：

$$S\overset{\text{def}}{=}\sqrt{P^2+Q^2}\quad（或\ S^2=P^2+Q^2）$$

$$\cos\varphi \overset{\text{def}}{=} \frac{P}{S}$$

三相电路的瞬时功率

下面分析对称三相电路的瞬时功率。

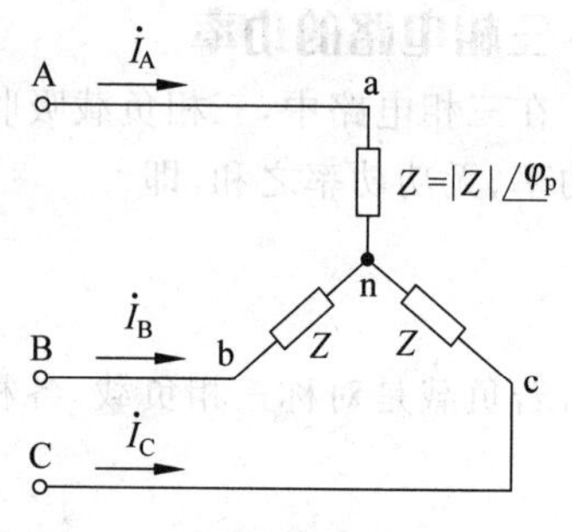

图 13-4-1 对称三相电路的瞬时功率

设有对称三相电路如图 13-4-1 所示。设

$$\dot{U}_{an} = \dot{U}_A = U_p \angle 0°$$

则线电流

$$\dot{I}_A = \frac{\dot{U}_{an}}{Z} = \frac{U_p}{|Z|}\angle -\varphi_p = I_p \angle -\varphi_p$$

对称三相电路中各相负载的瞬时功率分别为

$$\begin{aligned} p_A &= u_{an} i_A = \sqrt{2} U_p \sin\omega t \sqrt{2} I_p \sin(\omega t - \varphi_p) \\ &= U_p I_p [\cos\varphi_p - \cos(2\omega t - \varphi_p)] \end{aligned}$$

$$\begin{aligned} p_B &= u_{bn} i_B = \sqrt{2} U_p \sin(\omega t - 120°) \sqrt{2} I_p \sin(\omega t - 120° - \varphi_p) \\ &= U_p I_p [\cos\varphi_p - \cos(2\omega t - 240° - \varphi_p)] \end{aligned}$$

$$\begin{aligned} p_C &= u_{cn} i_C = \sqrt{2} U_p \sin(\omega t + 120°) \sqrt{2} I_p \sin(\omega t + 120° - \varphi_p) \\ &= U_p I_p [\cos\varphi_p - \cos(2\omega t + 240° - \varphi_p)] \end{aligned}$$

三相负载的瞬时功率等于各相负载的瞬时功率之和,即

$$p = p_A + p_B + p_C = 3U_p I_p \cos\varphi_p = P$$

上式表明,对称三相电路的瞬时功率是一常数,它恰等于平均功率 P。对三相电动机负载来说,瞬时功率恒定意味着电动机转动平稳,这是三相制的优点之一。

三相电路功率的测量

在三相四线制电路中,采用三功率表法测量三相负载的功率。因为有中线,可以方便地用功率表分别测量各相负载的功率,将测得的结果相加就可以得到三相负载的功率。若负载对称,只需测出一相负载的功率乘 3 即可得三相负载的功率。

在三相三线制电路中,由于没有中线,直接测量各相负载的功率不方便,可以采用两功率表法测量三相负载的功率。

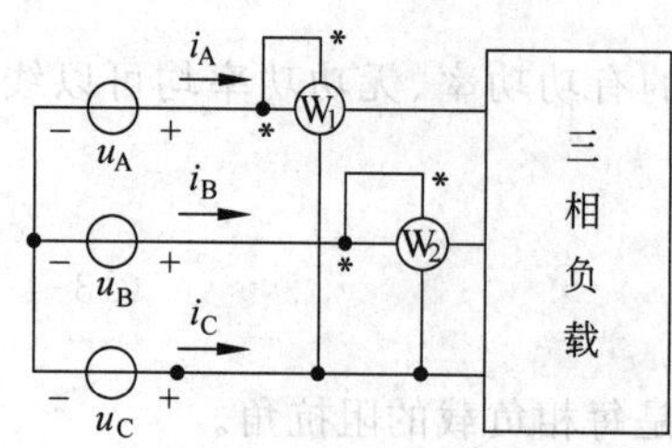

图 13-4-2 两功率表法测量三相负载功率的电路图

两功率表法所用的测量电路如图 13-4-2 所示。下面证明,这两个功率表指示的功率之和等于三相负载的功率。不妨设想这个电路的电源是图中所示的星形联接的三个电压源,电源电压分别是 u_A, u_B, u_C,三相负载所吸收的总的瞬时功率等于这三个电源发出的瞬时功率之和,所以有

$$p = u_A i_A + u_B i_B + u_C i_C$$

在三相三线制电路中 $i_A+i_B+i_C=0$，所以有 $i_C=-i_A-i_B$，代入上式，得

$$p=(u_A-u_C)i_A+(u_B-u_C)i_B=u_{AC}i_A+u_{BC}i_B$$

上式表明，三相负载所得的功率的瞬时值之和 p 等于上式右端两项之和。对上式各项取其在一周期内的平均值，在正弦稳态下即有

$$P=U_{AC}I_A\cos\varphi_1+U_{BC}I_B\cos\varphi_2 \tag{13-4-3}$$

式中，φ_1 是 u_{AC} 和 i_A 之间的相位差；φ_2 是 u_{BC} 和 i_B 之间的相位差。

式(13-4-3)右端的第一、二两项分别是图13-4-2中功率表Ⓦ₁，Ⓦ₂的指示值。这就证明了这两个功率表指示的功率值之和等于三相负载吸收的总功率。

需要指出，在用两功率表法测量三相负载功率时，每一功率表指示的功率值没有确定的意义，而两个功率表指示的功率值之和恰好是三相负载吸收的总功率。

【例 13-5】 对称三相电源线电压为380V，接有两组对称三相负载，如图13-4-3所示。一组负载接成星形，每相负载阻抗 $Z_1=(30+j40)\Omega$；另一组是三相电动机负载，电动机的功率是1.7kW，功率因数是0.8(滞后)。(1)求线电流及电源发出的总功率；(2)画出用两功率表法测电动机功率时，功率表的接线图，并求每一功率表的指示值。

解 题中的电动机可用一星形联接的对称三相负载替代，每相阻抗设为 Z_M。作出图13-4-3电路的一相等效电路如图13-4-4所示。

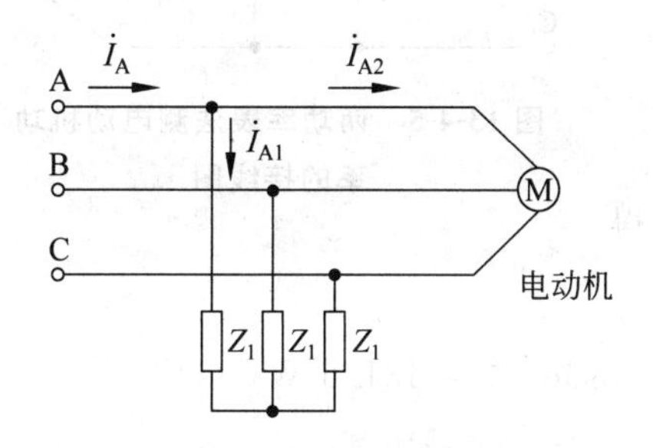

图 13-4-3 例 13-5 附图

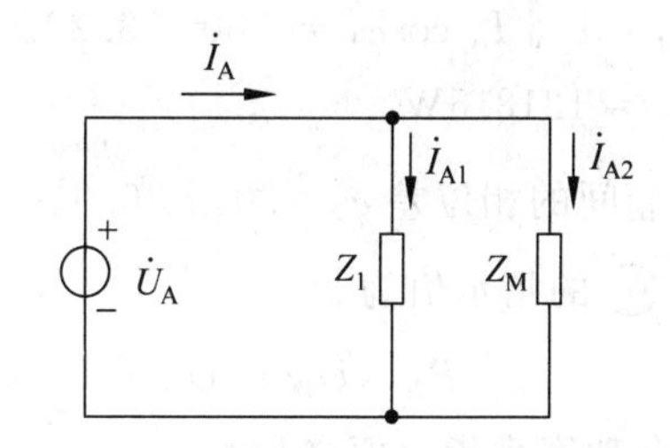

图 13-4-4 例 13-5 中三相电路的一相等效电路

设 $\dot{U}_A=220\angle 0°$ V，星形负载的线电流

$$\dot{I}_{A1}=\frac{\dot{U}_A}{Z_1}=\frac{220\angle 0°}{30+j40}=4.4\angle -53.1° \text{ A}$$

对电动机负载，有

$$P=\sqrt{3}U_1I_{A2}\cos\varphi$$

$$I_{A2}=\frac{P}{\sqrt{3}U_1\cos\varphi}=\frac{1700}{\sqrt{3}\times 380\times 0.8}=3.23\text{A}$$

又由 $\cos\varphi=0.8$(滞后)，得

$$\varphi=36.9°$$

而

$$\varphi=\varphi_{u_A}-\varphi_{i_{A2}}$$

所以

$$\varphi_{i_{A2}}=\varphi_{u_A}-\varphi=0-36.9°=-36.9°$$

于是得

$$\dot{I}_{A2}=I_{A2}\angle\varphi_{i_{A2}}=3.23\angle -36.9°\ \text{A}$$

A 相线电流为 $\dot{I}_{A1}$ 与 $\dot{I}_{A2}$ 之和,即

$$\begin{aligned}\dot{I}_A&=\dot{I}_{A1}+\dot{I}_{A2}=4.4\angle -53.1°+3.23\angle -36.9°\\&=7.56\angle -46.2°\ \text{A}\end{aligned}$$

$\dot{U}_A$ 与 $\dot{I}_A$ 间的相位差 $\varphi'=0°+46.2°$,于是得三相电源发出的总功率

$$P=\sqrt{3}U_l I_A\cos\varphi'=\sqrt{3}\times 380\times 7.56\times\cos 46.2°\approx 3.44\text{kW}$$

用两功率表法测电动机功率的接线图如图 13-4-5 所示。

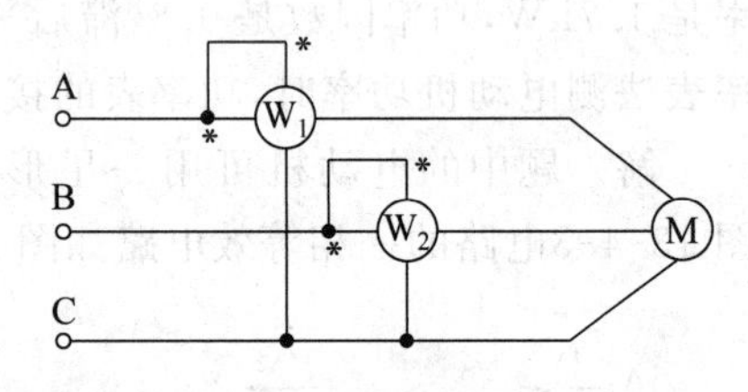

图 13-4-5 两功率表法测电动机功率的接线图

$\dot{U}_{AC}$ 与 $\dot{I}_{A2}$ 间的相位差 $\varphi_1=-30°+36.9°=6.9°$,于是得功率表 Ⓦ1 的指示值为

$$\begin{aligned}P_1&=U_{AC}I_{A2}\cos\varphi_1=380\times 3.23\times\cos 6.9°\\&=1218.5\text{W}\end{aligned}$$

$\dot{U}_{BC}$ 与 $\dot{I}_{B2}$ 间的相位差 $\varphi_2=30°+36.9°=66.9°$,于是得功率表 Ⓦ2 的指示值为

$$P_2=U_{BC}I_{B2}\cos\varphi_2=380\times 3.23\times\cos 66.9°=481.6\ \text{W}$$

两个功率表指示值之和为

$$P_1+P_2=1218.5+481.6=1700.1\text{W}\approx 1.7\ \text{kW}$$

其值刚好等于电动机的功率。

习 题

13-1 一对称三相电源接成星形,电源相电压为 U。若将 C 相电源极性接反,则电源线电压将如何变化?

13-2 一对称三相电源线电压为 U_l,对称三相负载每相阻抗 $Z=|Z|\angle\varphi$。

(1) 将此对称三相负载接成星形,线电流为若干?

(2) 将此对称三相负载接成三角形,线电流又为若干?

(3) 比较(1),(2)所得线电流大小,能得出什么结论?

13-3 一对称三相电路如题图 13-3 所示。对称三相电源线电压是 380V，星形联接的对称三相负载每相阻抗 $Z_1=30\angle 30°\ \Omega$，三角形联接的对称三相负载每相阻抗 $Z_2=60\angle 60°\ \Omega$，求各电压表和电流表的读数(有效值)。

13-4 题图 13-4 所示为一对称三相电路。对称三相电源线电压为 380V，星形联接的对称三相负载每相阻抗 $Z_2=(5+j10)\Omega$，三角形联接的对称三相负载每相阻抗 $Z_1=(30+j15)\Omega$，输电线阻抗 $Z_0=(0.5+j0.2)\Omega$。试计算电源的线电流 $\dot{I}_A,\dot{I}_B,\dot{I}_C$ 和负载上的线电压 $\dot{U}_{A'B'},\dot{U}_{B'C'},\dot{U}_{C'A'}$。

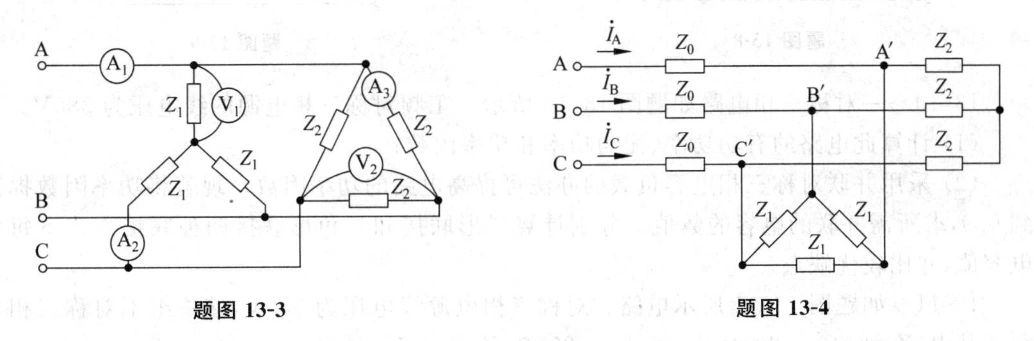

题图 13-3　　题图 13-4

13-5 计算题图 13-3 电路中负载吸收的总功率。

13-6 三角形联接的对称三相负载接到线电压是 380V 的对称三相电源上(电路如题图 13-6 所示)。若三相负载吸收的功率为 11.4kW，线电流为 20A，求每相负载 Z 的等值参数 R,X。

13-7 两组对称三相负载并联运行(电路如题图 13-7 所示)。一组接成三角形，每相阻抗 $Z_2=34.7\angle 36.9°\ \Omega$；另一组接成星形，负载功率为 5.28kW，功率因数为 0.855(滞后)。输电线阻抗 $Z_0=(0.1+j0.2)\Omega$。若负载上线电压为 380V，那么电源端线电压应为多少伏？

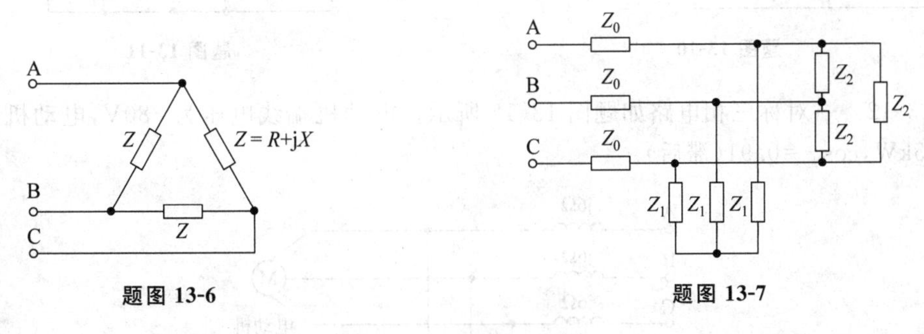

题图 13-6　　题图 13-7

13-8 三相电路如题图 13-8 所示。对称三相电源线电压为 380V，对称三相负载每相阻抗 $Z=(15+j30)\Omega$，阻抗 $Z_A=(20+j10)\Omega$，求三相电源的线电流。

13-9 三相电路如题图 13-9 所示。对称三相电源线电压是 380V。求：

(1) 开关S闭合时三个电压表的读数;

(2) 开关S打开时三个电压表的读数。

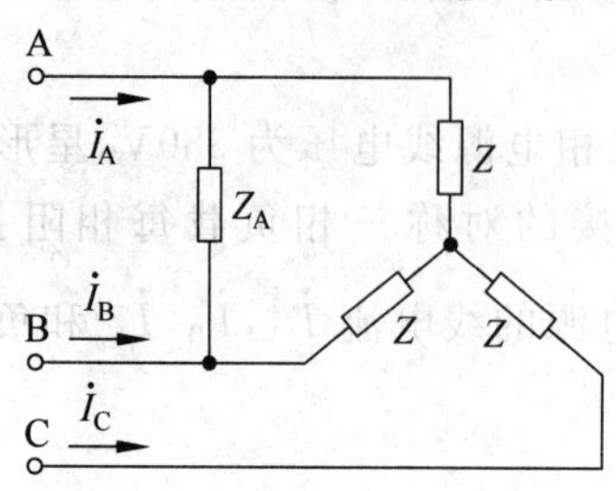

题图 13-8

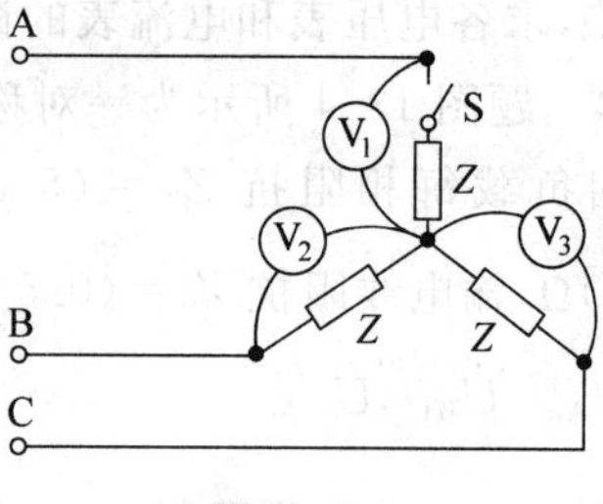

题图 13-9

13-10 一对称三相电路如题图13-10所示。工频对称三相电源的线电压为380V。

(1) 计算此电路的有功功率、无功功率和功率因数;

(2) 采用并联对称三相电容负载的办法可提高电路的功率因数。现若将功率因数提高到0.9,求所需并联的电容的数值。分别计算星形联接和三角形联接两种联接方式下每相电容值,并比较优缺点。

13-11 如题图13-11所示电路。对称三相电源线电压为380V,接一组不对称三相负载。其中,$Z_A=(40+j20)\Omega$,$Z_B=(15+j25)\Omega$,$Z_C=(30+j10)\Omega$。

(1) 求电源的线电流;

(2) 采用两功率表法测不对称三相负载功率,求每一功率表的读数。

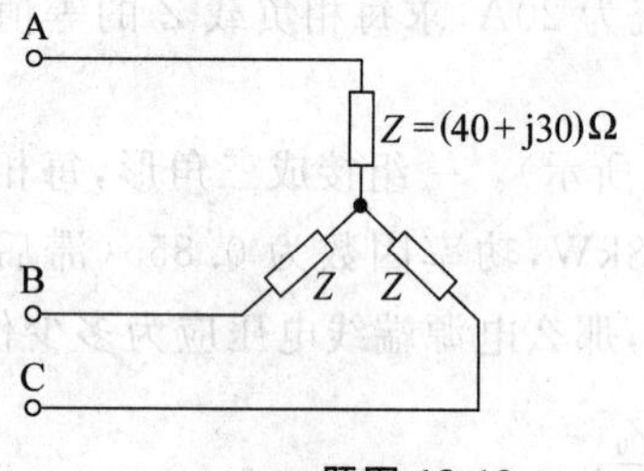

题图 13-10

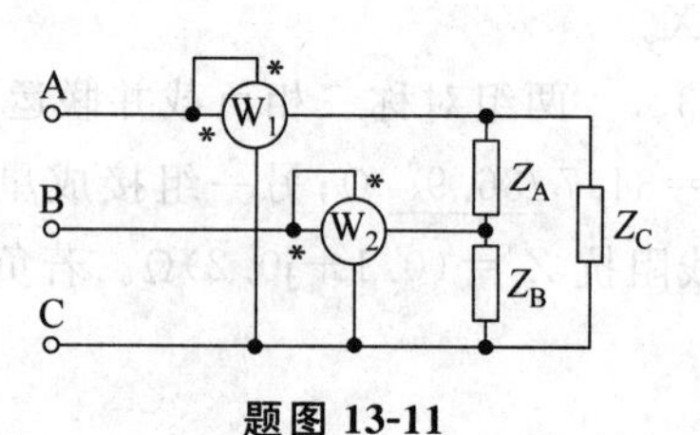

题图 13-11

13-12 一对称三相电路如题图13-12所示。电动机端线电压为380V,电动机的功率为1.5kW,$\cos\varphi=0.91$(滞后)。

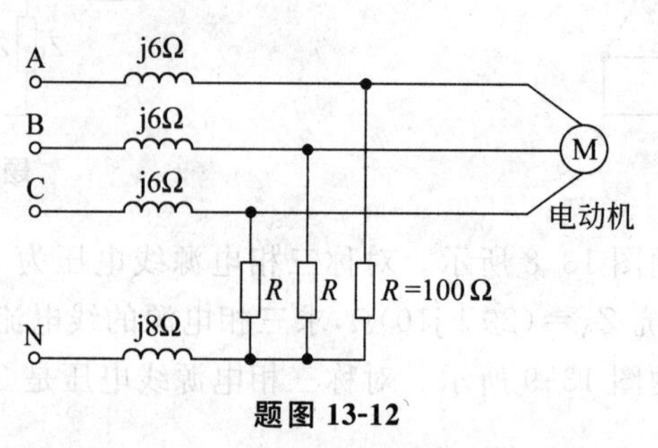

题图 13-12

(1) 求电源端线电压和线电流；

(2) 若用两功率表法测电动机功率，试画出两只功率表的接线图。

13-13 题图 13-13 所示为一由两个单相电源供电的三相电路。其中有两组对称三相负载和一个跨接在 A，C 间的单相负载(参数如图)。求每一电源发出的平均功率。

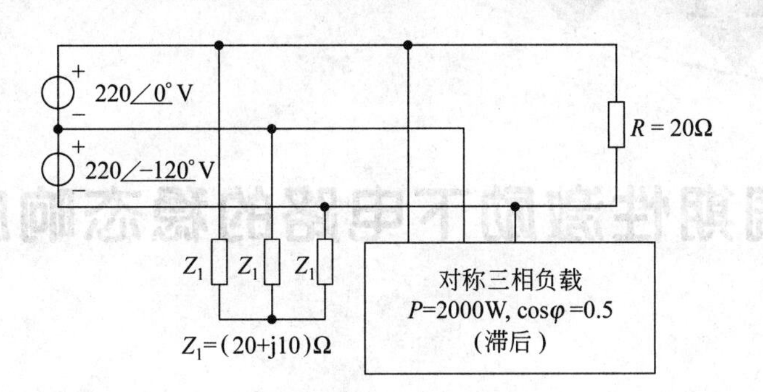

题图 13-13

13-14 有一种测试对称三相电源相序的电路如题图 13-14 所示。若三相电源相序如图所示，则电压表Ⓥ读数较大；若 B，C 两相与图中所标相序颠倒时，则电压表Ⓥ读数较小。

(1) 利用相量图说明上述电路能够测定相序的原理；

(2) 若已知 $R_1/R_2=1$，问 $R_3/|X_C|$ 等于多少可使相序颠倒时电压表读数为零。

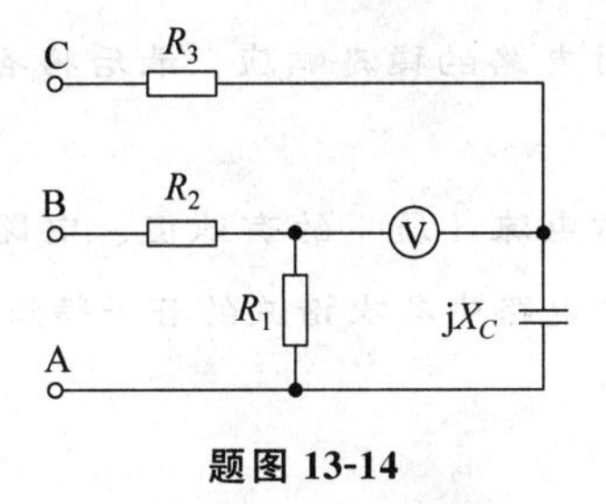

题图 13-14

周期性激励下电路的稳态响应

提 要

本章介绍在周期性电压（流）的激励下，分析线性电路的稳态响应的方法。这一方法的主要内容是应用谐波分析，将周期性激励展开为傅里叶级数，从而将激励视为多个不同频率的谐波源之和，然后应用叠加定理分别计算每一谐波源单独作用时电路的稳态响应，最后将各谐波的时域响应相加求得总的稳态响应。

本章还将给出非正弦电流（压）的有效值、电路的平均功率和无功功率的计算方法，并介绍三相电路中各次谐波的若干特征。

14.1 周期性非正弦激励

在电工和无线电技术等领域中存在着许多周期性非正弦电压、电流(或信号)。例如：电力系统中发电机发出的电压波形并不是理想的正弦波；在信号处理技术中，有着大量的周期性非正弦信号；当电路中有非线性元件时，即使电路中激励波形是正弦的，也会产生非正弦电压和电流。图 14-1-1 中示有几种周期性非正弦电压波形的例子。

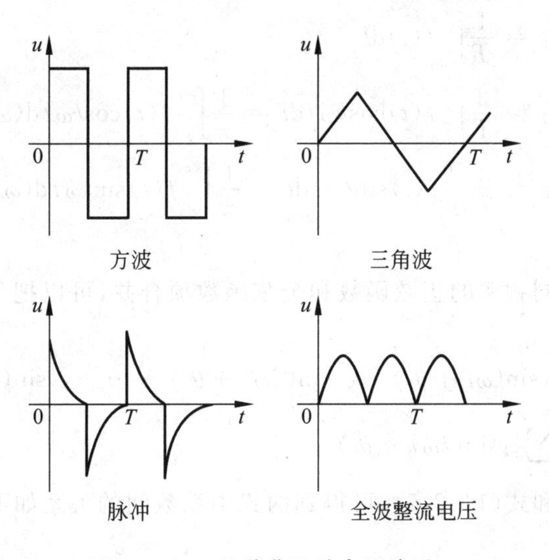

图 14-1-1 几种非正弦电压波形

本章分析线性电路在周期性非正弦激励下的稳态响应。利用傅里叶级数，可以把周期性时间函数分解成许多不同频率的正弦时间函数之和。然后应用叠加定理对每一频率的正弦时间函数，用相量法计算它们的稳态响应，将所有这些响应叠加起来，就可以得到周期性时间函数激励下的稳态响应。

14.2 周期性时间函数的谐波分析——傅里叶级数

任何满足狄里赫利条件的周期性时间函数 $f(t)$，其周期记为 T，可以展开成由正弦函数和余弦函数项组成的三角级数，即傅里叶级数。所谓狄里赫利条件是：

(1) $f(t)$在一个周期内只有有限个不连续点；

(2) $f(t)$在一个周期内只有有限个极大和极小值；

(3) 积分$\int_0^T |f(t)| \mathrm{d}t$ 存在。

工程上所遇到的周期函数一般都满足上述条件。

周期为 T,角频率 $\omega=2\pi/T$ 的周期函数 $f(t)$,满足上述条件,可以展开成下面的傅里叶级数:

$$
\begin{aligned}
f(t) &= a_0 + a_1\cos\omega t + b_1\sin\omega t + a_2\cos 2\omega t + b_2\sin 2\omega t \\
&\quad + \cdots + a_k\cos k\omega t + b_k\sin k\omega t + \cdots \\
&= a_0 + \sum_{k=1}^{\infty}(a_k\cos k\omega t + b_k\sin k\omega t) \qquad (14\text{-}2\text{-}1)
\end{aligned}
$$

以上展开式中的各系数可以按以下公式求得:

$$a_0 = \frac{1}{T}\int_0^T f(t)\mathrm{d}t \qquad (14\text{-}2\text{-}2)$$

$$a_k = \frac{2}{T}\int_0^T f(t)\cos k\omega t\,\mathrm{d}t = \frac{1}{\pi}\int_0^{2\pi} f(t)\cos k\omega t\,\mathrm{d}(\omega t) \qquad (14\text{-}2\text{-}3)$$

$$b_k = \frac{2}{T}\int_0^T f(t)\sin k\omega t\,\mathrm{d}t = \frac{1}{\pi}\int_0^{2\pi} f(t)\sin k\omega t\,\mathrm{d}(\omega t) \qquad (14\text{-}2\text{-}4)$$

其中,$k=1,2,3,\cdots$。

将式(14-2-1)中同频率的正弦函数和余弦函数项合并,可以把 $f(t)$的傅里叶级数写成以下的形式:

$$
\begin{aligned}
f(t) &= c_0 + c_1\sin(\omega t+\theta_1) + c_2\sin(2\omega t+\theta_2) + \cdots + c_k\sin(k\omega t+\theta_k) + \cdots \\
&= c_0 + \sum_{k=1}^{\infty} c_k\sin(k\omega t+\theta_k) \qquad (14\text{-}2\text{-}5)
\end{aligned}
$$

比较式(14-2-1)和式(14-2-5),可得到两式中系数间的关系如下:

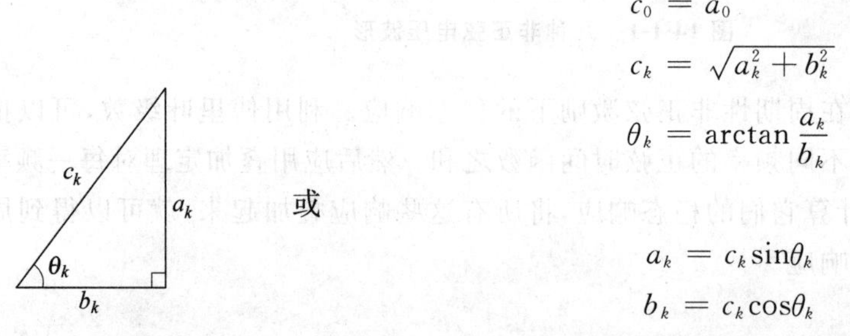

$$c_0 = a_0$$

$$c_k = \sqrt{a_k^2 + b_k^2}$$

$$\theta_k = \arctan\frac{a_k}{b_k}$$

或

$$a_k = c_k\sin\theta_k$$

$$b_k = c_k\cos\theta_k$$

图 14-2-1　系数间的关系

这些系数间的关系可以用图 14-2-1 所示的直角三角形表示。

式(14-2-5)表明:任何周期性时间函数,只要满足狄里赫利条件就可以展开成频率为 $f(t)$的频率的整数倍的一系列正弦量。在电路分析中,称常数项为直流分量;称角频率为 ω 的正弦量为基波或一次谐波,它的频率与 $f(t)$的频率相同;称角频率为 $2\omega,3\omega,\cdots$等的正弦量分别为二次谐波、三次谐波……。二次及以上的谐波统称为高次谐波,次数为偶数的谐波称为偶次谐波,次数为奇数的谐波称为奇次谐波。

【例 14-1】 求图 14-2-2 所示的周期性方波的傅里叶级数展开式。

解 图中所示方波在一个周期内$\left(-\frac{T}{2}\sim\frac{T}{2}\right)$的表达式为

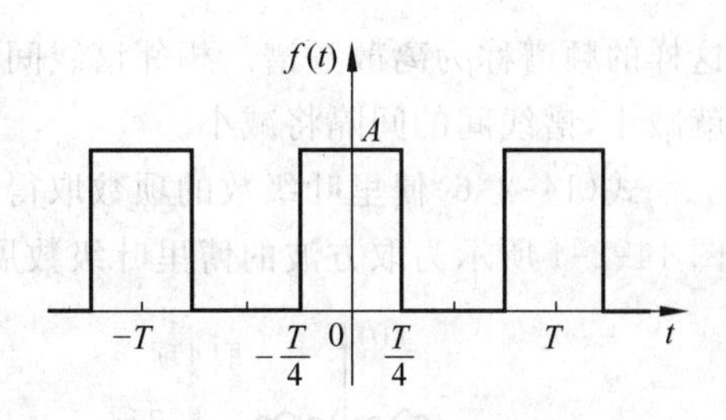

图 14-2-2 例 14-1 附图

$$f(t)=\begin{cases}0 & \left(-\frac{T}{2}<t<-\frac{T}{4}\right)\\ A & \left(-\frac{T}{4}<t<\frac{T}{4}\right)\\ 0 & \left(\frac{T}{4}<t<\frac{T}{2}\right)\end{cases}$$

用式(14-2-2)计算直流分量 a_0：

$$a_0=\frac{1}{T}\int_{-\frac{T}{2}}^{\frac{T}{2}}f(t)\mathrm{d}t=\frac{1}{T}\int_{-\frac{T}{4}}^{\frac{T}{4}}A\mathrm{d}t=\frac{A}{2}$$

用式(14-2-3)计算 a_k：

$$a_k=\frac{1}{\pi}\int_{-\pi}^{\pi}f(t)\cos k\omega t\,\mathrm{d}(\omega t)=\frac{1}{\pi}\int_{-\frac{\pi}{2}}^{\frac{\pi}{2}}A\cos k\omega t\,\mathrm{d}(\omega t)$$

$$=\frac{2A}{k\pi}\sin\left(\frac{k\pi}{2}\right)=\begin{cases}0 & k=2,4,6,\cdots\\ \frac{2A}{k\pi} & k=1,5,9,\cdots\\ -\frac{2A}{k\pi} & k=3,7,11,\cdots\end{cases}$$

用式(14-2-4)计算 b_k：

$$b_k=\frac{1}{\pi}\int_{-\pi}^{\pi}f(t)\sin k\omega t\,\mathrm{d}(\omega t)=\frac{1}{\pi}\int_{-\frac{\pi}{2}}^{\frac{\pi}{2}}A\sin k\omega t\,\mathrm{d}(\omega t)=0$$

于是得上述方波的傅里叶级数展开式为

$$f(t)=\frac{A}{2}+\frac{2A}{\pi}\cos\omega t-\frac{2A}{3\pi}\cos 3\omega t+\frac{2A}{5\pi}\cos 5\omega t-\frac{2A}{7\pi}\cos 7\omega t+\cdots$$

$$=\frac{A}{2}+\frac{2A}{\pi}\left(\cos\omega t-\frac{1}{3}\cos 3\omega t+\frac{1}{5}\cos 5\omega t-\frac{1}{7}\cos 7\omega t+\cdots\right)\quad(14\text{-}2\text{-}6)$$

此例中谐波幅值与谐波次数成反比地减小。

把式(14-2-6)中各谐波幅值对频率的关系绘成图 14-2-3 那样的线图，可以清楚地看出各谐波的相对大小。这样的图称为周期性时间函数(或信号)的幅度频谱。图中在某一频率处的一条竖线代表该频率谐波的幅值，称为谱线。

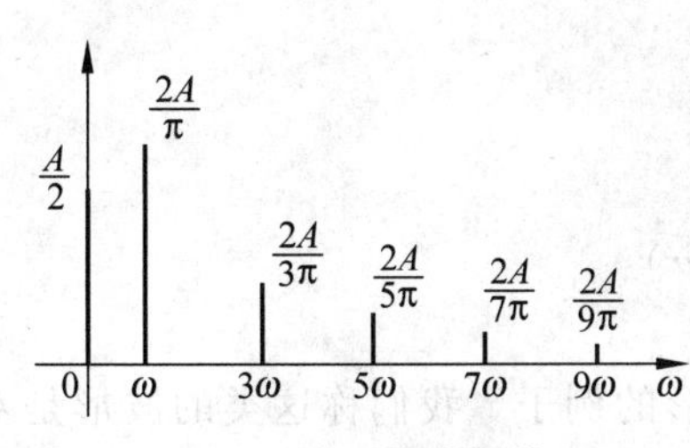

图 14-2-3 幅度频谱

类似地，还可以绘出各谐波相位对频率的线图，称之为相位频谱。

从图 14-2-3 可以看出，周期性时间函数或信号的频谱中的谱线只出现在 $0,\omega,2\omega,\cdots$ 等离散频率上，这样的频谱称为离散频谱。相邻谱线间的间隔为 ω,周期性时间函数的周期 T 增大,频率 ω 就减小,谱线间的间隔将减小。

式(14-2-6)傅里叶级数的项数取得越多,其合成波形就越趋近于图 14-2-2 中的方波。图 14-2-4 所示为取方波的傅里叶级数展开式的前 4 项和前 7 项所得的波形。

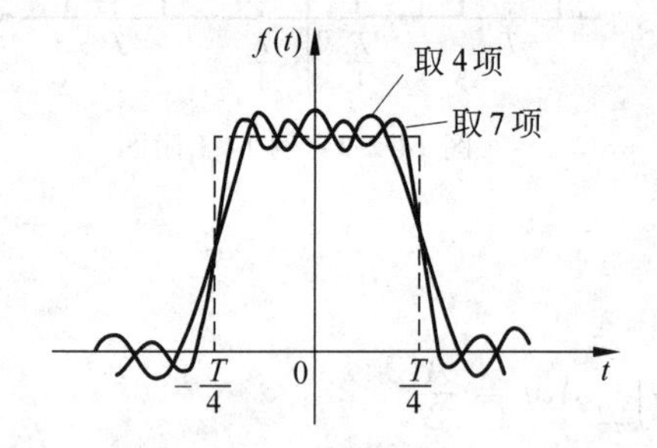

图 14-2-4 取不同项数谐波合成的波形

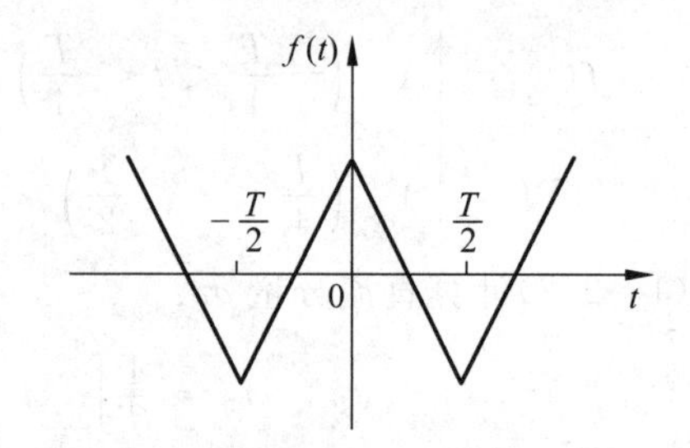

图 14-2-5 偶函数波形示例

有的周期性时间函数由于具有某种性质,在它的展开式中没有某些项,即其展开式中的系数 a_k、b_k、c_k 中的某些个为零。常见的有以下几种情形:

(1) 若周期性时间函数为偶函数,即

$$f(t) = f(-t)$$

则其傅里叶级数中的系数 $b_k=0(k=1,2,\cdots)$,即展开式中不含有正弦项。

图 14-2-5 是周期性偶函数图象的一个例子。凡是这类的周期性函数,它的傅里叶级数中的每一项都必须是偶函数,而不能有奇函数项,所以所有正弦项的系数 $b_k=0$。

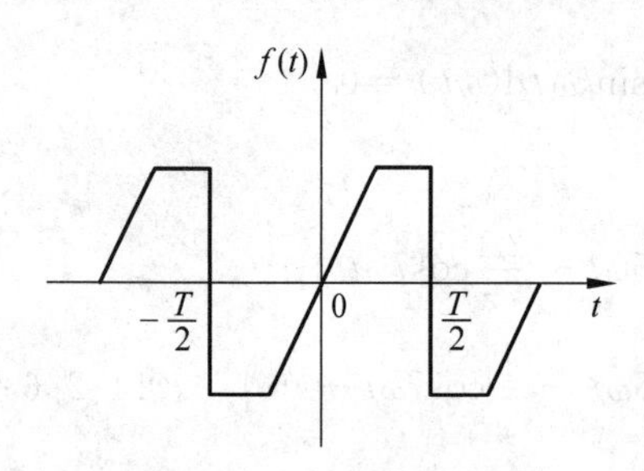

图 14-2-6 奇函数波形示例

(2) 若周期性时间函数为奇函数,即

$$f(t) = -f(-t)$$

则其傅里叶级数的系数 $a_k=0(k=1,2,\cdots)$,即展开式中不含有余弦项(包括常数项)。

图 14-2-6 是周期性奇函数图象的一个例子。凡是这类周期性函数,它的傅里叶级数中的每一项都必须是奇函数,而不能有偶函数,所以所有余弦项的系数 $a_k=0$。

(3) 若周期性时间函数 $f(t)$ 满足条件

$$f(t) = -f\left(t+\frac{T}{2}\right)$$

则其傅里叶级数中的系数

$$a_{2k} = 0$$

$$b_{2k} = 0 \quad (k = 0,1,2,\cdots)$$

即 $f(t)$ 的波形中不含有偶次谐波。

图 14-2-7 是满足上述条件的周期性时间函数的波形的例子。我们称这类的波形是对称的波形,这是因为将 $f(t)$ 的波形移动半个周期后所得的波形与 $f(t)$ 的波形对于 t 轴对

称。凡是这类的周期性时间函数，它的傅里叶级数中的每一项在 t 时的值与 $t+\frac{T}{2}$时的值符号相反而绝对值相同。任何偶次谐波在 t 与 $t+\frac{T}{2}$时的数值相等而不满足上述条件，所以它们不可能存在于具有对称波形的 $f(t)$的傅里叶级数之中，这样就得到 $a_{2k}=b_{2k}=0$ 的结论。

周期性的对称的波形是电工中很常见的，例如交流发电机发出的电压，由于电机中磁极是对称的，就有着对称的波形而不含有偶次谐波。

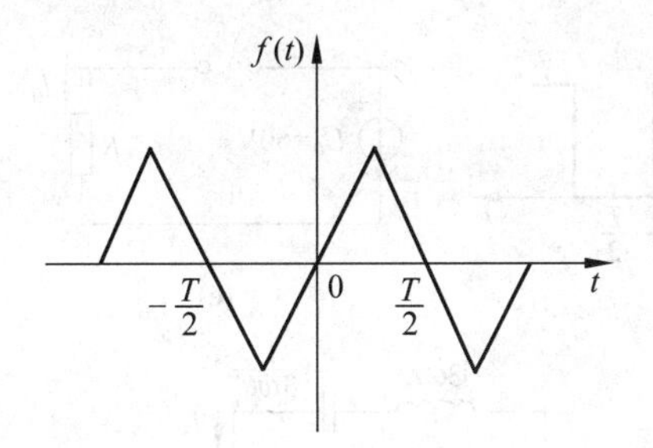

图 14-2-7 满足 $f(t)=-f\left(t+\frac{T}{2}\right)$的时间函数波形示例

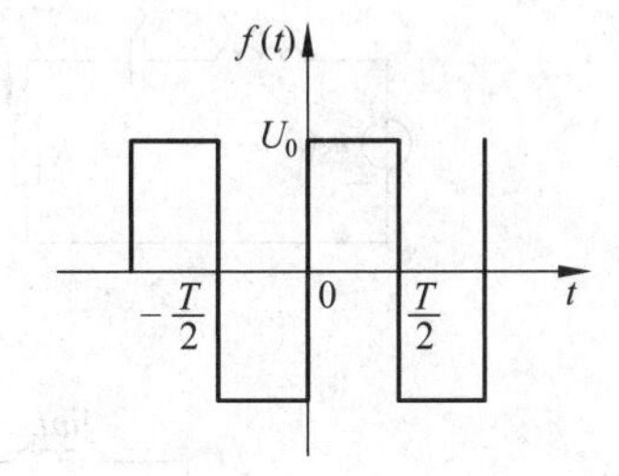

图 14-2-8 例 14-2 附图

【例 14-2】 求图 14-2-8 波形的傅里叶级数展开式。

解 此例中的 $f(t)$是奇函数，又有对称的波形。因此它的傅里叶级数只包含正弦函数的奇次谐波。直流分量、余弦函数项及正弦函数的偶次谐波项均为零。由式(14-2-4)有

$$b_k=\frac{2}{T}\int_{-\frac{T}{2}}^{\frac{T}{2}}f(t)\sin k\omega t\,\mathrm{d}t=\frac{4}{T}\int_{0}^{\frac{T}{2}}f(t)\sin k\omega t\,\mathrm{d}t=\frac{4}{T}\int_{0}^{\frac{T}{2}}U_0\sin k\omega t\,\mathrm{d}t=\frac{4U_0}{k\pi}$$

式中 $k=1,3,5,\cdots$。

上述波形的傅里叶级数展开式为

$$f(t)=\frac{4U_0}{\pi}\left(\sin\omega t+\frac{1}{3}\sin 3\omega t+\frac{1}{5}\sin 5\omega t+\cdots\right)$$

最后需要指出，对于某些周期性函数，改变纵坐标轴的位置可能改变其奇偶性，但其波形是否为对称的特性则不会变化。因此，有时适当选择纵坐标轴位置，可使周期函数的傅里叶级数展开式比较简洁。

14.3 周期性激励下电路的稳态响应——谐波分析法

利用 14.2 节介绍的将周期函数分解成谐波的方法，就可以计算线性电路在周期性非正弦激励下的稳态响应。具体计算可按以下步骤进行：

(1) 利用傅里叶级数，将周期性非正弦激励分解成直流分量和各次谐波分量的和的形式。根据误差要求截取有限项。

(2) 根据叠加定理，分别计算激励的直流分量和各次谐波分量单独作用时在电路中产

生的稳态响应。

(3) 对每一响应,将它的直流分量和各次谐波的瞬时值相加就得到电路在周期性非正弦激励下该稳态响应的瞬时值。

上述方法称为谐波分析法。下面举例说明这一方法的应用。

【例 14-3】 图 14-3-1(a)所示电路中,电压源电压 $u_S(t)$波形如图 14-3-1(b)所示。$L=1H$,$C=1\mu F$,$R=100\Omega$,$U_m=120V$,$\omega=1000rad/s$。求电路中的电流。

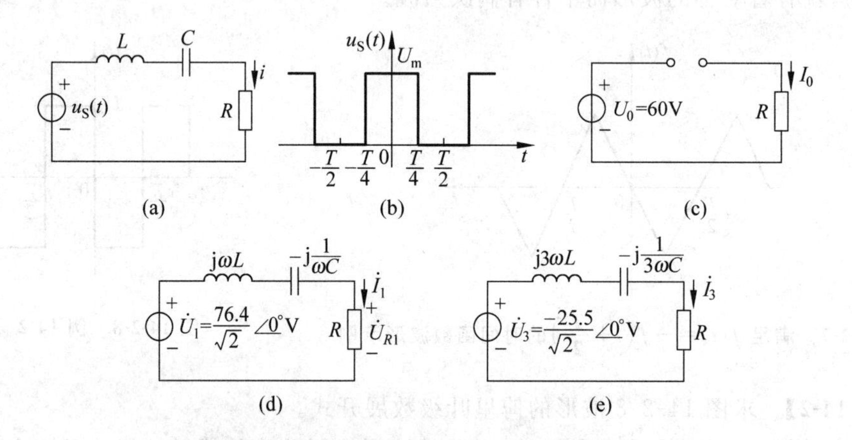

图 14-3-1 例 14-3 附图

(a) 电路图;(b) 电源电压 $u_S(t)$的波形图;(c) 直流分量的电路图;
(d) 基波分量的电路图;(e) 三次谐波分量的电路图

解 将 $u_S(t)$分解成傅里叶级数,取前三项得

$$u_S(t) \approx \frac{U_m}{2} + \frac{2U_m}{\pi}\cos\omega t - \frac{2U_m}{3\pi}\cos 3\omega t$$
$$= 60 + 76.4\cos\omega t - 25.5\cos 3\omega t\,\mathrm{V}$$

首先计算 $u_S(t)$中的直流分量单独作用时在电路中产生的电流。此时可将电感短路,电容开路,得到此例的电路对于直流分量的等效电路如图 14-3-1(c)所示。显然

$$I_0 = 0$$

电压源 $u_S(t)$的基波分量单独作用时,电路中的电流可按图 14-3-1(d)的电路来计算。采用相量法,有

$$\mathrm{j}\omega L = \mathrm{j}1000\Omega$$

$$-\mathrm{j}\frac{1}{\omega C} = -\mathrm{j}1000\Omega$$

此时,L 和 C 发生串联谐振

$$\dot{U}_{R1} = \dot{U}_1 = \frac{76.4}{\sqrt{2}}\angle 0^\circ\ \mathrm{V}$$

$$\dot{I}_1 = \frac{\dot{U}_1}{R} = \frac{76.4/\sqrt{2}\angle 0^\circ}{100} = 0.54\angle 0^\circ\ \text{A}$$

电流的瞬时值表达式

$$i_1 = 0.54\sqrt{2}\cos\omega t = 0.764\cos\omega t\ \text{A}$$

电压源 $u_S(t)$ 的三次谐波单独作用时，电路中的电流可按图 14-3-1(e) 的电路来计算。用相量法，有

$$\text{j}3\omega L = \text{j}3000\Omega$$

$$-\text{j}\frac{1}{3\omega C} = -\text{j}333.3\Omega$$

$$Z = R + \text{j}3\omega L - \text{j}\frac{1}{3\omega C} = 100 + \text{j}2666.7 = 2668.6\angle 87.9^\circ\ \Omega$$

$$\dot{I}_3 = \frac{\dot{U}_3}{Z} = \frac{\frac{-25.5}{\sqrt{2}}\angle 0^\circ}{2668.6\angle 87.9^\circ} = -6.76\times 10^{-3}\angle -87.9^\circ\ \text{A}$$

电流的瞬时值表达式

$$i_3 = -\sqrt{2}\times 6.76\times 10^{-3}\cos(3\omega t - 87.9^\circ)$$
$$= -9.56\times 10^{-3}\cos(3\omega t - 87.9^\circ)\ \text{A}$$

将计算得到的各次谐波电流瞬时值相加得到电路中的电流 i，即

$$i = I_0 + i_1 + i_3$$
$$= 0.764\cos\omega t - 9.56\times 10^{-3}\cos(3\omega t - 87.9^\circ)\ \text{A}$$

【例 14-4】 给定电路如图 14-3-2(a) 所示。电路中非正弦电流源 $i_S = (10 + 5\sin\omega t + 2\sin 2\omega t)\text{A}$，$R = 2\Omega$，$L = 0.3\text{H}$，$C_1 = 5\mu\text{F}$，$C_2 = 10\mu\text{F}$，$\omega = 500\text{rad/s}$，求 $u_C(t)$。

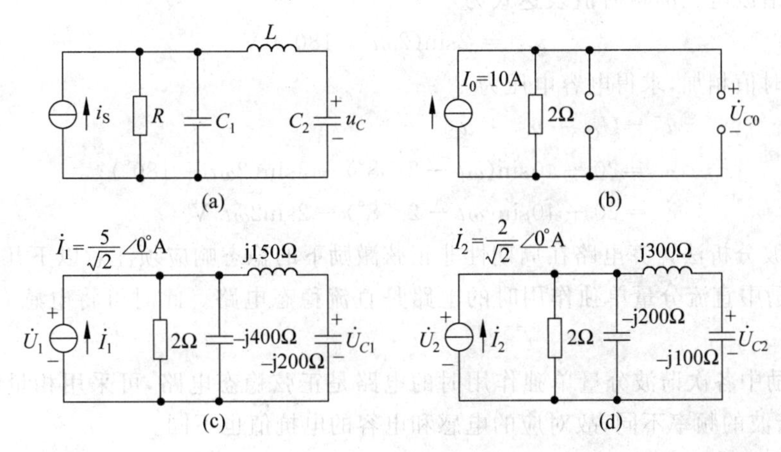

图 14-3-2 例 14-4 附图

(a) 电路图；(b) 直流分量的电路图；(c) 基波分量的电路图；(d) 二次谐波的电路图

解 电流源 i_S 的直流分量单独作用时，可按图 14-3-2(b)的电路来计算。由电路可求

$$U_{C0} = 2 \times 10 = 20\ \text{V}$$

电流源 i_S 的基波分量单独作用时，可按图 14-3-2(c)的电路来计算，整个电路的入端导纳

$$Y = \frac{1}{2} + \frac{1}{-\text{j}400} + \frac{1}{-\text{j}50} \approx 0.5\angle 2.58^\circ\ \text{S}$$

入端阻抗

$$Z = \frac{1}{Y} = 2\angle -2.58^\circ\ \Omega$$

$$\dot{U}_1 = Z\dot{I}_1 = \frac{5}{\sqrt{2}}\angle 0^\circ \times 2\angle -2.58^\circ = 5\sqrt{2}\angle -2.58^\circ\ \text{V}$$

$$\dot{U}_{C1} = \dot{U}_1 \frac{-\text{j}200}{\text{j}150 - \text{j}200} = 4\dot{U}_1 = 20\sqrt{2}\angle -2.58^\circ\ \text{V}$$

电容上基波电压的瞬时值表达式为

$$u_{C1} = 40\sin(\omega t - 2.58^\circ)\ \text{V}$$

电流源 i_S 的二次谐波分量单独作用时，可按图 14-3-2(d)的电路来计算。此电路中，L 与 C_2 串联支路阻抗为 j200Ω，C_1 支路阻抗为 −j200Ω，两支路发生并联谐振。

整个电路的入端阻抗

$$Z = R = 2\Omega$$

$$\dot{U}_2 = R\dot{I}_2 = 2 \times 2/\sqrt{2}\angle 0^\circ = 2\sqrt{2}\angle 0^\circ\ \text{V}$$

$$\dot{U}_{C2} = \dot{U}_2 \frac{-\text{j}100}{\text{j}300 - \text{j}100} = -\frac{\dot{U}_2}{2} = \sqrt{2}\angle 180^\circ\ \text{V}$$

电容上二次谐波电压的瞬时值表达式为

$$u_{C2} = 2\sin(2\omega t + 180^\circ)\ \text{V}$$

将各谐波瞬时值相加，求得电容电压为

$$\begin{aligned} u_C &= U_{C0} + u_{C1} + u_{C2} \\ &= 20 + 40\sin(\omega t - 2.58^\circ) + 2\sin(2\omega t + 180^\circ) \\ &= 20 + 40\sin(\omega t - 2.58^\circ) - 2\sin 2\omega t\ \text{V} \end{aligned}$$

采用谐波分析法计算电路在周期性非正弦激励下的稳态响应须注意以下几点：

(1) 激励中直流分量单独作用时的电路是直流稳态电路。此时可将电感看作短路，电容看作开路。

(2) 激励中各次谐波分量单独作用时的电路是正弦稳态电路，可采用相量法计算。须注意，各次谐波的频率不同，故对应的电感和电容的电抗值也不同。

(3) 将各次谐波响应的瞬时值相加便可求得响应的瞬时值。不能将各次谐波响应的相量相加，因为它们的频率是不同的。

14.4 周期电压、电流的有效值和平均值

有效值

在第 10 章正弦稳态分析中，已给出周期电流 i 的有效值的定义为

$$I \stackrel{\text{def}}{=} \sqrt{\frac{1}{T}\int_0^T i^2 \mathrm{d}t}$$

这一定义适用于任何周期性变化的电流。

若周期性非正弦电流 i 的傅里叶级数展开式为

$$i = I_0 + \sum_{k=1}^{\infty} I_{mk}\sin(k\omega t + \theta_k)$$

将它代入有效值的定义式，得出它的有效值为

$$I = \sqrt{\frac{1}{T}\int_0^T \left[I_0 + \sum_{k=1}^{\infty} I_{mk}\sin(k\omega t + \theta_k)\right]^2 \mathrm{d}t}$$

上式中，积分号内$\left[I_0 + \sum\limits_{k=1}^{\infty} I_{mk}\sin(k\omega t + \theta_k)\right]^2$展开后有下面四种类型的项：

(1) I_0^2，即直流分量的平方；

(2) $[I_{mk}\sin(k\omega t+\theta_k)]^2$ $(k=1,2,3,\cdots)$，即各次谐波分量的平方；

(3) $2I_0 I_{mk}\sin(k\omega t+\theta_k)$ $(k=1,2,3,\cdots)$；

(4) $I_{mp}\sin(p\omega t+\theta_p)I_{mq}\sin(q\omega t+\theta_q)$ $(p,q=1,2,3,\cdots;p\neq q)$。

对以上四类项分别在一个周期内积分并取平均值，得

(1) $\dfrac{1}{T}\displaystyle\int_0^T I_0^2 \mathrm{d}t = I_0^2$；

(2) $\dfrac{1}{T}\displaystyle\int_0^T [I_{mk}\sin(k\omega t + \theta_k)]^2 \mathrm{d}t = \dfrac{I_{mk}^2}{2} = I_k^2 \quad (k = 1,2,3,\cdots)$。

(3)，(4)两类项在周期 T 内的积分值为零，其平均值亦为零。由此可得周期性非正弦电流的有效值为

$$I = \sqrt{I_0^2 + \sum_{k=1}^{\infty} I_k^2} \tag{14-4-1}$$

上式中，I_0 为直流分量，I_k 为第 k 次谐波电流的有效值。上式表明，周期性非正弦电流 i 的有效值等于直流分量平方和各次谐波有效值平方之和的平方根。

同理，周期性非正弦电压

$$u = U_0 + \sum_{k=1}^{\infty} U_{mk}\sin(k\omega t + \theta_k)$$

的有效值为

$$U=\sqrt{U_0^2+\sum_{k=1}^{\infty}U_k^2} \tag{14-4-2}$$

【例 14-5】 周期性锯齿波形电流如图 14-4-1 所示,求它的有效值。

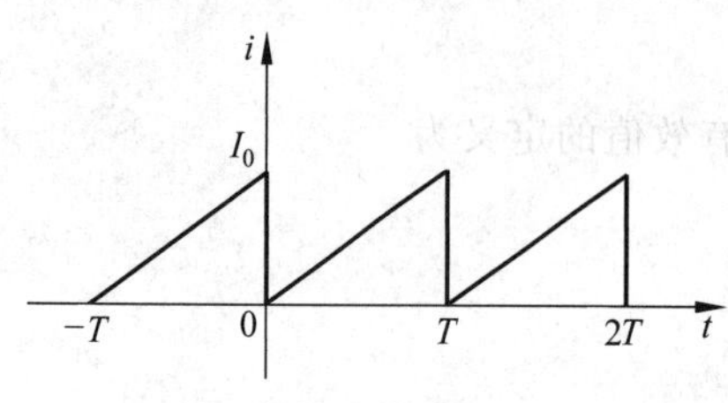

图 14-4-1 例 14-5 附图

解 图中所示锯齿波的表达式为

$$i(t)=\frac{I_0}{T}t \quad 0<t<T$$

根据有效值的定义可得它的有效值为

$$I=\sqrt{\frac{1}{T}\int_0^T i^2\,\mathrm{d}t}=\sqrt{\frac{1}{T}\int_0^T\left(\frac{I_0}{T}t\right)^2\mathrm{d}t}$$

$$=\sqrt{\frac{1}{T}\left(\frac{I_0^2}{T^2}\times\frac{1}{3}t^3\Big|_0^T\right)}=\frac{I_0}{\sqrt{3}}$$

【例 14-6】 周期性非正弦电压、电流分别为

$$u=100+50\sin\omega t+10\sin 2\omega t \text{ V}$$

$$i=10+4\sin(\omega t+30°)+2\sin(3\omega t-45°) \text{ A}$$

求电压、电流的有效值。

解

$$U=\sqrt{U_0^2+U_1^2+U_2^2}=\sqrt{100^2+\left(\frac{50}{\sqrt{2}}\right)^2+\left(\frac{10}{\sqrt{2}}\right)^2}$$

$$=106.3\text{V}$$

$$I=\sqrt{I_0^2+I_1^2+I_3^2}=\sqrt{10^2+\left(\frac{4}{\sqrt{2}}\right)^2+\left(\frac{2}{\sqrt{2}}\right)^2}$$

$$=10.5\text{A}$$

关于非正弦电流(或电压),会出现这样的情形:有相同有效值的电流(或电压)可能有不同的波形和不同的最大值。例如图 14-4-2 所示的两个非正弦电流。其中一个 $i'=i_1+i_3$;另一个 $i''=i_1-i_3$。i_1,i_3 分别是它们的基波和三次谐波。虽然它们的有效值相同,均为 $I=\sqrt{I_1^2+I_3^2}$,但它们的波形、最大值显然不同。

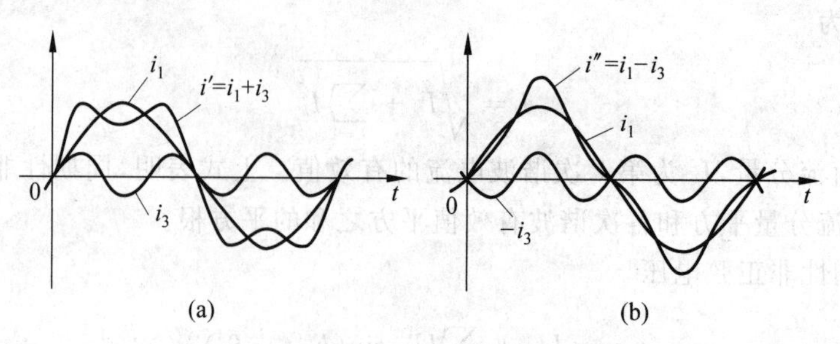

图 14-4-2 两个有效值相同而波形不同的非正弦电流

(a) 电流 i'波形图;(b) 电流 i''波形图

平均值

电工中有时用到电压、电流的平均值。常用的电流 i 的平均值 I_{av} 的定义是

$$I_{av} \stackrel{\text{def}}{=} \frac{1}{T}\int_0^T |\, i \,|\, dt \tag{14-4-3}$$

上式中，电流 i 的平均值定义为 i 的绝对值在一个周期内的平均值。对图 14-4-3(a)所示的正弦电流 i，它的绝对值的波形如图 14-4-3(b)所示。

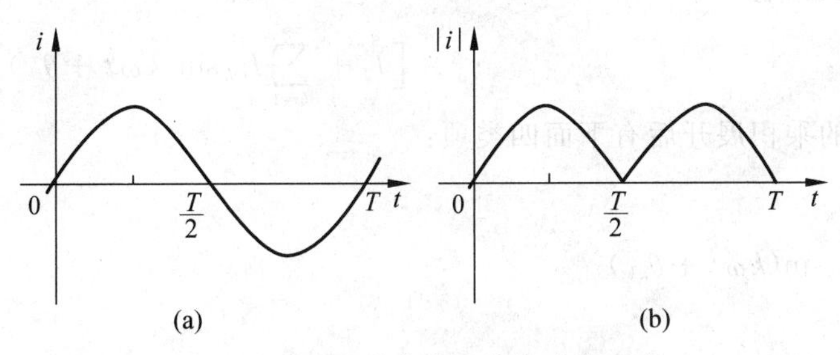

图 14-4-3 正弦电流及其绝对值波形

(a) 正弦电流的波形；(b) 正弦电流取绝对值后的波形

若正弦电流

$$i = I_m \sin\omega t$$

则它的平均值是

$$\begin{aligned} I_{av} &= \frac{1}{T}\int_0^T |\, i \,|\, dt = \frac{1}{T}\int_0^T |\, I_m \sin\omega t \,|\, dt = \frac{2}{T}\int_0^{\frac{T}{2}} I_m \sin\omega t \, dt \\ &= \frac{2}{T}\left[-I_m \frac{1}{\omega}\cos\omega t\right]\Big|_0^{T/2} = \frac{2I_m}{\pi} \approx 0.637 I_m \approx 0.9 I \end{aligned}$$

上述结果表明，正弦电流(或电压)的平均值是有效值的 0.9 倍(或有效值约为平均值的 1.11 倍)。

采用不同类型的仪表测量非正弦电压、电流会得到不同的测量结果。采用磁电系仪表测量非正弦电压、电流时，仪表的指示数是非正弦电压、电流的直流分量；采用电磁系和电动系仪表测量非正弦电压、电流时，仪表指示数是非正弦电压、电流的有效值；整流型仪表的指示数则与非正弦电压、电流的平均值成正比。

14.5 周期电流电路中的功率

本节的内容是以电路中的各谐波电流、电压来确定电路的功率。

设有一二端网络 N(图 14-5-1)，它的端口电压、电流分别为

$$u = U_0 + \sum_{k=1}^{\infty} U_{mk} \sin(k\omega t + \theta_{uk})$$

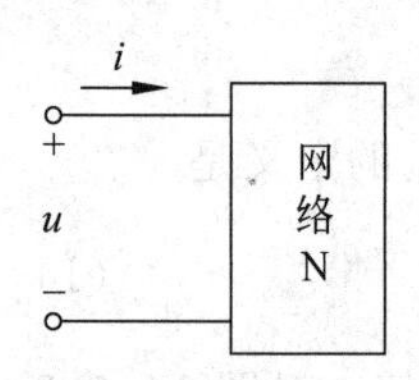

图 14-5-1　非正弦电流作用下的二端网络

$$i = I_0 + \sum_{k=1}^{\infty} I_{mk}\sin(k\omega t + \theta_{ik})$$

网络 N 吸收的平均功率为

$$P = \frac{1}{T}\int_0^T ui\,\mathrm{d}t$$

$$= \frac{1}{T}\int_0^T \left[U_0 + \sum_{k=1}^{\infty} U_{mk}\sin(k\omega t + \theta_{uk})\right] \times \left[I_0 + \sum_{k=1}^{\infty} I_{mk}\sin(k\omega t + \theta_{ik})\right]\mathrm{d}t \qquad (14\text{-}5\text{-}1)$$

其中电压和电流的乘积展开后有下面四类项：

(1) $U_0 I_0$

(2) $I_0 \sum\limits_{k=1}^{\infty} U_{mk}\sin(k\omega t + \theta_{uk})$

$U_0 \sum\limits_{k=1}^{\infty} I_{mk}\sin(k\omega t + \theta_{ik})$

(3) $\sum\limits_{k=1}^{\infty} U_{mk}\sin(k\omega t + \theta_{uk}) I_{mk}\sin(k\omega t + \theta_{ik})$

(4) $\sum\limits_{p=1}^{\infty} U_{mp}\sin(p\omega t + \theta_{up}) \sum\limits_{q=1}^{\infty} I_{mq}\sin(q\omega t + \theta_{iq}) \quad (p \neq q)$

分别对以上四类项对时间 t 在周期 T 内的积分进行计算。(2)和(4)两类项在一个周期内的积分均为零，而(1)与(3)两类的项在周期内积分后便有：

$$\frac{1}{T}\int_0^T U_0 I_0\,\mathrm{d}t = U_0 I_0$$

$$\frac{1}{T}\int_0^T \sum_{k=1}^{\infty} U_{mk}\sin(k\omega t + \theta_{uk}) I_{mk}\sin(k\omega t + \theta_{ik})\,\mathrm{d}t$$

$$= \sum_{k=1}^{\infty} U_k I_k \cos(\theta_{uk} - \theta_{ik}) = \sum_{k=1}^{\infty} U_k I_k \cos\varphi_k$$

上式中，U_k，I_k 是第 k 次谐波电压、电流的有效值；$\varphi_k = \theta_{uk} - \theta_{ik}$ 是第 k 次谐波电压和电流间的相位差。

于是得到网络 N 所吸收的平均功率

$$P = U_0 I_0 + \sum_{k=1}^{\infty} U_k I_k \cos\varphi_k$$

$$= P_0 + \sum_{k=1}^{\infty} P_k = \sum_{k=0}^{\infty} P_k \qquad (14\text{-}5\text{-}2)$$

上式表明：周期性非正弦电流的电路吸收的平均功率等于其直流分量与各次谐波吸收的平均功率之和。这也表明，不同频率的电压、电流谐波的乘积对平均功率没有贡献，只有同频率的电压、电流才可能产生平均功率。

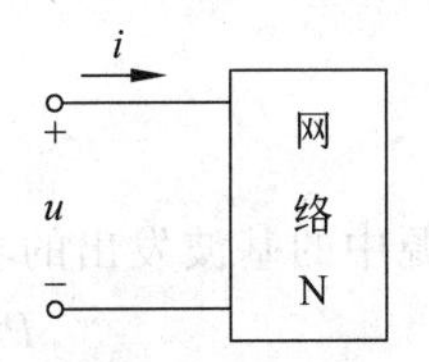

图 14-5-2 例 14-7 附图

【例 14-7】 图 14-5-2 所示网络的端电压、电流分别为

$$u = 2 + 10\sin\omega t + 5\sin 2\omega t + 2\sin 3\omega t \text{ V}$$

$$i = 1 + 2\sin(\omega t - 30°) + \sin(2\omega t - 60°) \text{ A}$$

试计算此网络吸收的平均功率。

解 $P = U_0 I_0 + U_1 I_1 \cos\varphi_1 + U_2 I_2 \cos\varphi_2$

$$= 2\times 1 + \frac{10}{\sqrt{2}}\times\frac{2}{\sqrt{2}}\times\cos 30° + \frac{5}{\sqrt{2}}\times\frac{1}{\sqrt{2}}\cos 60°$$

$$= 11.9\text{W}$$

在此电路中，电压中有三次谐波，但电流中没有三次谐波，所以三次谐波的功率为零。

【例 14-8】 在图 14-5-3(a)所示电路中，已知 $u=(100+100\sin\omega t+50\sin 2\omega t)\text{V}$，$\omega L=10\Omega$，$R=20\Omega$，$1/\omega C=20\Omega$，求电流 i 的有效值及此电路吸收的平均功率。

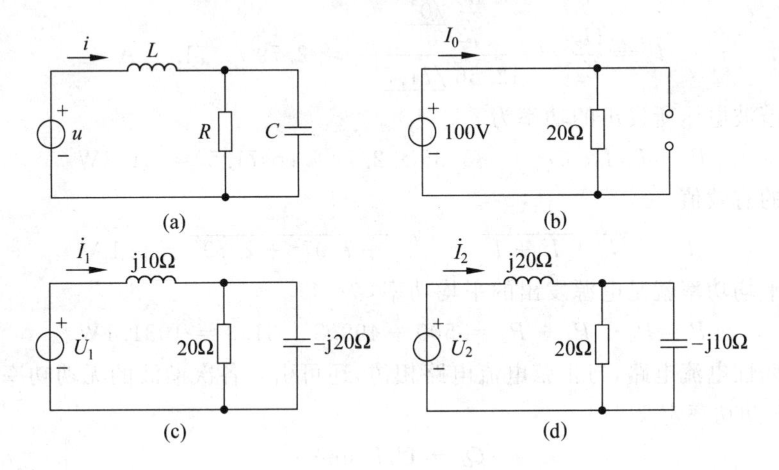

图 14-5-3 例 14-8 附图

(a) 电路图；(b) 直流分量的电路图；(c) 基波分量的电路图；(d) 二次谐波的电路图

解 直流分量单独作用时可以用图 14-5-3(b)的电路进行计算。电流 i 中直流分量为

$$I_0 = \frac{100}{20} = 5\text{A}$$

电源中直流电压所发出的功率为

$$P_0 = U_0 I_0 = 100\times 5 = 500\text{W}$$

基波单独作用时，可按图 14-5-3(c)所示的电路计算，其中，$\dot{U}_1 = \frac{100}{\sqrt{2}}\angle 0°$ V。此电路对基波的入端阻抗为

$$Z_1 = \text{j}10 + \frac{20(-\text{j}20)}{20-\text{j}20} = 10\Omega$$

电源中基波电流为

$$\dot{I}_1 = \frac{\dot{U}_1}{Z_1} = \frac{\frac{100}{\sqrt{2}}\angle 0^\circ}{10} = 7.07\angle 0^\circ\ \text{A}$$

电源中的基波发出的功率为

$$P_1 = U_1 I_1 \cos\varphi_1 = 70.7 \times 7.07 \times \cos 0^\circ = 499.8\text{W}$$

二次谐波单独作用时,可按图 14-5-3(d)的电路计算,其中,$\dot{U}_2 = \frac{50}{\sqrt{2}}\angle 0^\circ$ V。此电路对二次谐波的入端阻抗为

$$Z_2 = \text{j}20 + \frac{20(-\text{j}10)}{20-\text{j}10} = 4.02 + \text{j}12 = 12.66\angle 71.5^\circ\ \Omega$$

电源中二次谐波电流为

$$\dot{I}_2 = \frac{\dot{U}_2}{Z_2} = \frac{\frac{50}{\sqrt{2}}\angle 0^\circ}{12.66\angle 71.5^\circ} = 2.79\angle -71.5^\circ\ \text{A}$$

电源中二次谐波电压所发出的功率为

$$P_2 = U_2 I_2 \cos\varphi_2 = 35.35 \times 2.79 \times \cos 71.5^\circ = 31.3\text{W}$$

于是得电流的有效值

$$I = \sqrt{I_0^2 + I_1^2 + I_2^2} = \sqrt{5^2 + 7.07^2 + 2.79^2} = 9.1\text{A}$$

电路吸收的平均功率就是电源发出的平均功率,为

$$P = P_0 + P_1 + P_2 = 500 + 499.8 + 31.3 = 1031.1\text{W}$$

对于周期性电流电路,与正弦电流电路相仿,还可引入各次谐波的无功功率的定义。第 k 次谐波的无功功率定义为

$$Q_k = U_k I_k \sin\varphi_k \tag{14-5-3}$$

输入网络 N 的无功功率即为各谐波无功功率的代数和,即

$$Q = \sum_{k=1}^{\infty} Q_k = \sum_{k=1}^{\infty} U_k I_k \sin\varphi_k \tag{14-5-4}$$

周期性电流电路的视在功率定义为

$$S = UI = \sqrt{\sum_{k=0}^{\infty} U_k^2}\sqrt{\sum_{k=0}^{\infty} I_k^2} \tag{14-5-5}$$

对于周期性电流电路,容易证明,在一般情况下,平均功率小于视在功率,即 $P < S$。当电路是纯电阻负载时,二者相等,即 $P = S$。

14.6 周期性激励下的三相电路

第 13 章讨论了三相电路,其中的电源都是三相对称的正弦交流电源。这一节讨论三相对称非正弦电源激励下三相电路的分析。

三相对称非正弦电压源是指三个频率相同、电压波形相同而在时间上依次相差三分之一周期的电压源。这样的三相电压可表示为

$$u_{\mathrm{A}}=u(t)$$

$$u_{\mathrm{B}}=u\left(t-\frac{T}{3}\right)$$

$$u_{\mathrm{C}}=u\left(t-\frac{2}{3}T\right)$$

其中 T 为周期。

在电力工程中的三相电源里，相电压的波形都是对称的，它的傅里叶级数只含奇次谐波项。对于这种波形，采用式(14-2-5)级数形式时，可设 A 相电压的表达式为

$$\begin{aligned}u_{\mathrm{A}}=&\sqrt{2}U_1\sin(\omega t+\theta_1)+\sqrt{2}U_3\sin(3\omega t+\theta_3)\\&+\sqrt{2}U_5\sin(5\omega t+\theta_5)+\sqrt{2}U_7\sin(7\omega t+\theta_7)+\cdots\end{aligned}$$

其中，$\omega=2\pi/T$。只要将上式中的 t 改作$(t-T/3)$(或将 ωt 改作 $\omega t-120°$)，就可得到 B 相电压的表达式 u_{B}。由于

$$\sin[k(\omega t-120°)+\theta_k]=\begin{cases}\sin(k\omega t+\theta_k-120°) & k=1,7,\cdots\\\sin(k\omega t+\theta_k) & k=3,9,\cdots\\\sin(k\omega t+\theta_k+120°) & k=5,11,\cdots\end{cases}$$

于是得

$$\begin{aligned}u_{\mathrm{B}}=&\sqrt{2}U_1\sin(\omega t+\theta_1-120°)+\sqrt{2}U_3\sin(3\omega t+\theta_3)\\&+\sqrt{2}U_5\sin(5\omega t+\theta_5+120°)+\sqrt{2}U_7\sin(7\omega t+\theta_7-120°)+\cdots\end{aligned}$$

类似地，可得

$$\begin{aligned}u_{\mathrm{C}}=&\sqrt{2}U_1\sin(\omega t+\theta_1+120°)+\sqrt{2}U_3\sin(3\omega t+\theta_3)\\&+\sqrt{2}U_5\sin(5\omega t+\theta_5-120°)+\sqrt{2}U_7\sin(7\omega t+\theta_7+120°)+\cdots\end{aligned}$$

从以上三相电压表达式中可以看出：三相电压中的基波、7 次、13 次、19 次谐波等构成正序对称三相正弦电压；5 次、11 次、17 次谐波等构成负序对称三相正弦电压；三相中的 3 次谐波是相位相同的正弦电压，9 次 15 次谐波等也都有这样的特性，称为零序谐波电压。

图 14-6-1 给出了基波、3 次谐波和 5 次谐波电压的相量图。

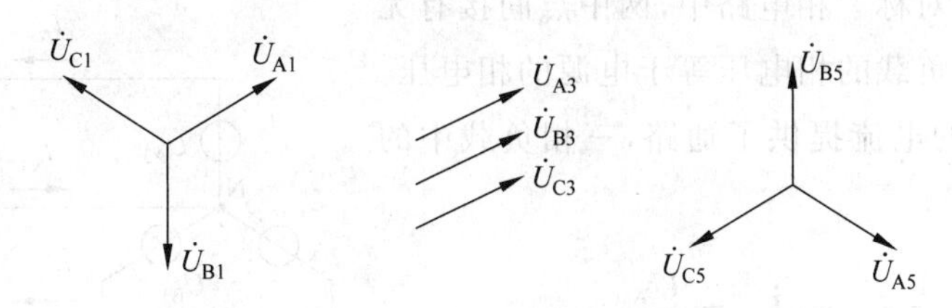

图 14-6-1　基波、3 次、5 次谐波电压的相量图

分析对称三相非正弦激励下的三相电路，也可以根据叠加定理，先分别计算各谐波电压单独作用时三相电路中的电压、电流谐波，然后叠加求出各电压、电流。正序的谐波电压(1，7，13，…各次谐波)和负序的谐波电压(5，11，17，…各次谐波)作用时的电路均为对称三相电路。电路中的三相电压、电流都是对称的。可按第13章中的分析方法进行计算，但要注意三相电路中不同频率谐波的相序不同。对零序谐波电压(3，9，15，…各次谐波)，由于三相中同一频率的谐波电压相位相同，因此不能按前述的对称三相电路的计算方法来进行计算。下面就讨论不同联接方式下零序电压、电流的计算。

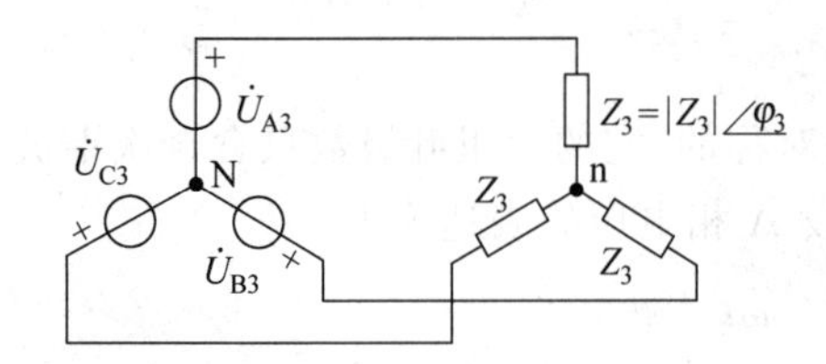

图 14-6-2　无中线Y接零序等效电路

首先讨论无中线的Y接的三相电路。对它的每一次谐波，都可作出一个对应的等效电路。现在只考虑在零序谐波中的三次谐波作用下的等效电路(图14-6-2)。

在图14-6-2的电路中，三相电源电压是三次谐波电压，$\dot{U}_{A3}=\dot{U}_{B3}=\dot{U}_{C3}$。用节点法分析，可知n点的电位与电源电压相等，各相负载中的电流为零，负载的相电压、线电压也都为零。

对于其他频率的零序谐波，此三相电路的工作情况都可仿此进行分析。

由以上分析可见，无中线的Y接三相电路，只有电源的相电压中含有零序的谐波电压。因此三相电源的相电压的有效值为

$$U_p = \sqrt{U_{p1}^2 + U_{p3}^2 + U_{p5}^2 + U_{p7}^2 + U_{p9}^2 + U_{p11}^2 + \cdots}$$

而线电压的有效值为

$$\begin{aligned} U_l &= \sqrt{(\sqrt{3}U_{p1})^2 + (\sqrt{3}U_{p5})^2 + (\sqrt{3}U_{p7})^2 + (\sqrt{3}U_{p11})^2 + \cdots} \\ &= \sqrt{3}\ \sqrt{U_{p1}^2 + U_{p5}^2 + U_{p7}^2 + U_{p11}^2 + \cdots} \end{aligned}$$

上式中，U_{pk}($k=1,3,5,7,\cdots$)是相电压中第k次谐波的有效值。可见在此电路中

$$U_l < \sqrt{3}U_p$$

如果在上述Y联接的三相电路中接有中线，对正序、负序谐波电压而言，三相电路的工作情况与未接中线时的情况相同。对零序谐波中的三次谐波，电路的工作情况可用图14-6-3的等效电路来分析。

图14-6-3的对称三相电路中，两中点间接有无阻抗的中线，每相负载的相电压等于电源的相电压。中线为零序谐波的电流提供了通路，三相负载中的三次谐波电流为

$$\dot{I}_{A3} = \dot{I}_{B3} = \dot{I}_{C3} = \frac{\dot{U}_{A3}}{Z_3}$$

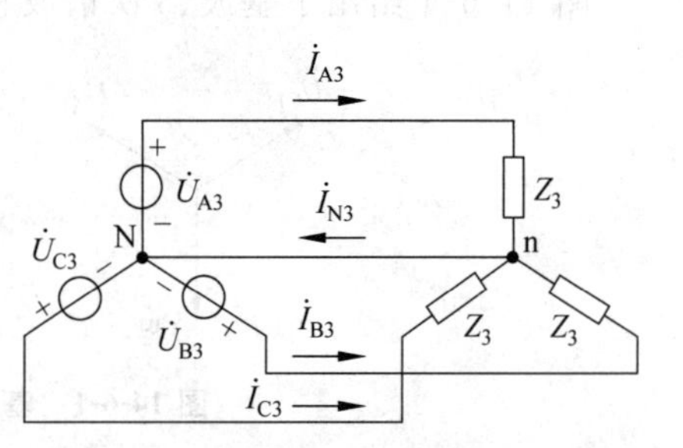

图 14-6-3　有中线、Y接零序等效电路

式中Z_3是每相负载对三次谐波的复阻抗。中线电

流 $\dot{I}_N = 3\dot{I}_{A3}$。三次谐波的线电压仍为零。

下面分析对称三相非正弦电源接成三角形的情况。仍然讨论零序谐波中的三次谐波的电路。在这一情形下，可作出如图 14-6-4 所示的等效电路。

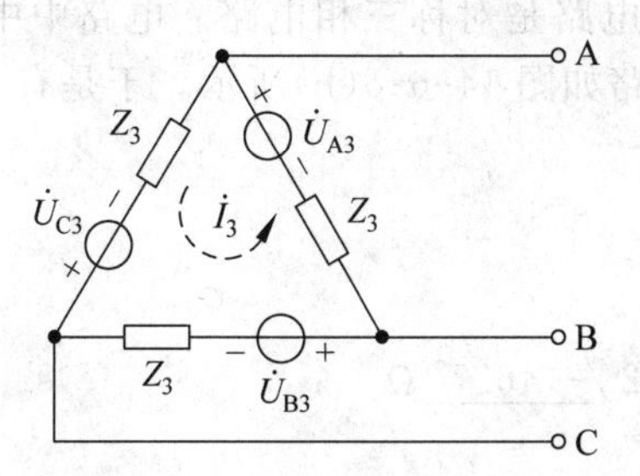

图 14-6-4 △接零序等效电路

考虑到实际电源是有内阻抗的，在图 14-6-4 的电路中接有电源对三次谐波的内阻抗 Z_3。由于三次谐波三相电压相同，即

$$\dot{U}_{A3} = \dot{U}_{B3} = \dot{U}_{C3}$$

将此三相电源接成三角形后会引起环行电流。此电流的数值为

$$\dot{I}_3 = \frac{3\dot{U}_{A3}}{3Z_3} = \frac{\dot{U}_{A3}}{Z_3}$$

三相电源的三次谐波线电压

$$\dot{U}_{AB3} = \dot{U}_{A3} - Z_3\dot{I}_3 = \dot{U}_{A3} - \dot{U}_{A3} = 0$$

从以上的分析可知，当三相对称非正弦电源接成三角形时，电源的线电压只有正序谐波和负序谐波。这样的电源接至对称三相负载组成的三相电路，负载电路中的电压、电流也都只有正序的谐波和负序的谐波而没有零序的谐波。

【例 14-9】 一三相电路如图 14-6-5(a)所示。三相对称非正弦电源中 $u_A = 220\sqrt{2}\sin\omega t +$

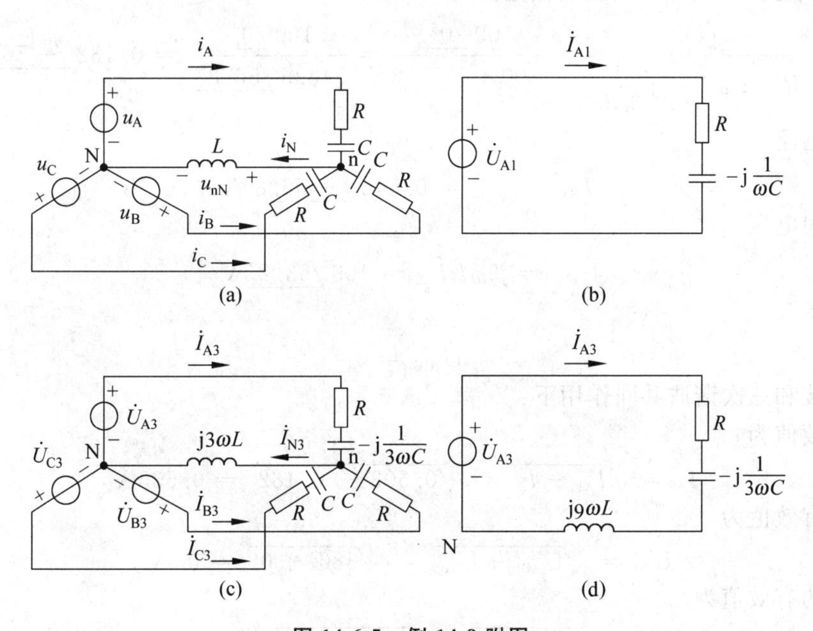

图 14-6-5 例 14-9 附图

(a) 电路图；(b) 基波分量的一相等效电路；(c) 三次谐波的电路图；(d) 三次谐波的一相等效电路

$100\sqrt{2}\sin 3\omega t$ V。电路中 $R=300\Omega$，$L=0.2$H，$C=10\mu$F，$\omega=314$rad/s，求线电压 U_{AB}、线电流 I_A、中线电流 I_N 和中点电压 U_{nN}。

解 根据叠加定理进行计算。

三相电源中的基波是正序对称三相电压，基波作用的电路是对称三相电路。电路中中点间电压为零，中线电流也等于零。取其中一相的等效电路如图 14-6-5(b)所示。于是有

$$\dot{U}_{A1}=220\angle 0^\circ \text{ V}$$

$$\frac{1}{\omega C}=\frac{1}{314\times 10\times 10^{-6}}=318\Omega$$

$$Z_1=R-\text{j}\frac{1}{\omega C}=300-\text{j}318=437.2\angle -46.7^\circ\ \Omega$$

$$\dot{I}_{A1}=\frac{\dot{U}_{A1}}{Z_1}=\frac{220\angle 0^\circ}{437.2\angle -46.7^\circ}=0.503\angle 46.7^\circ \text{ A}$$

$$\dot{U}_{AB1}=\sqrt{3}\dot{U}_{A1}\angle 30^\circ=380\angle 30^\circ \text{ V}$$

$$\dot{I}_{N1}=0,\quad \dot{U}_{nN1}=0$$

三相电源中三次谐波单独作用时，可按图 14-6-5(c)的电路来计算。三相电源中三次谐波电压是零序电压，线电压 $\dot{U}_{AB3}=0$，中线电流 $\dot{I}_{N3}=3\dot{I}_{A3}$，所以可用图 14-6-5(d)的一相等效电路计算。考虑到此等效电路中电流为 $\dot{I}_{A3}$，接入了 3 倍的原中线阻抗来保持中点间电压 $\dot{U}_{nN3}$ 不变。A 线中的三次谐波电流为

$$\dot{I}_{A3}=\frac{\dot{U}_{A3}}{R+\text{j}9\omega L-\text{j}\frac{1}{3\omega C}}=\frac{100\angle 0^\circ}{300+\text{j}459.2}=\frac{100\angle 0^\circ}{548.5\angle 56.8^\circ}=0.182\angle -56.8^\circ \text{ A}$$

中线电流

$$\dot{I}_{N3}=3\dot{I}_{A3}=0.546\angle -56.8^\circ \text{A}$$

中点间电压

$$\dot{U}_{nN3}=\text{j}9\omega L\dot{I}_{A3}=103\angle 33.2^\circ \text{ V}$$

线电压

$$\dot{U}_{AB3}=0$$

在基波和三次谐波共同作用下：

线电流有效值为

$$I_A=\sqrt{I_{A1}^2+I_{A3}^2}=\sqrt{0.503^2+0.182^2}=0.535\text{A}$$

线电压的有效值为

$$U_{AB}=\sqrt{U_{AB1}^2+U_{AB3}^2}=\sqrt{380^2+0^2}=380\text{V}$$

中线电流的有效值为

$$I_N=\sqrt{I_{N1}^2+I_{N3}^2}=\sqrt{0^2+0.546^2}=0.546\text{A}$$

中点电压的有效值为

$$U_{\mathrm{nN}}=\sqrt{U_{\mathrm{nN1}}^{2}+U_{\mathrm{nN3}}^{2}}=\sqrt{0^{2}+103^{2}}=103\mathrm{V}$$

习 题

14-1 求出题图 14-1 所示周期性时间函数 $f(t)$的傅里叶级数。

14-2 判断题图 14-2 所示各波形的傅里叶级数中包含哪些分量。

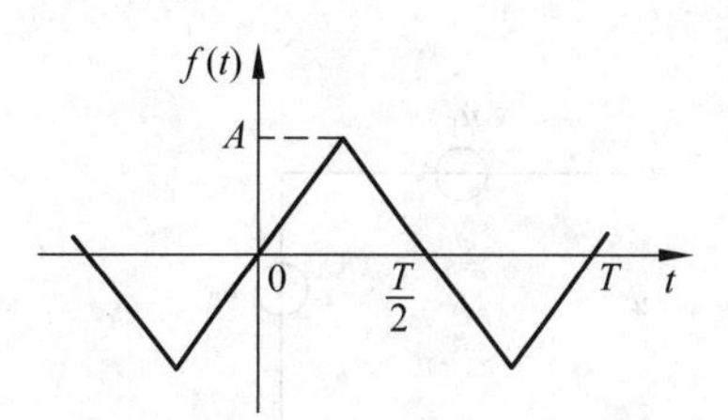

题图 14-1

14-3 给定 $f(t)$在 0 至 $T/4$ 的波形如题图 14-3 所示。要使 $f(t)$满足下列条件，试画出 $f(t)$的波形图。

(1) 只包含正弦函数项；

(2) 包含常数项和余弦函数项；

(3) 只包含正弦函数的奇次谐波项。

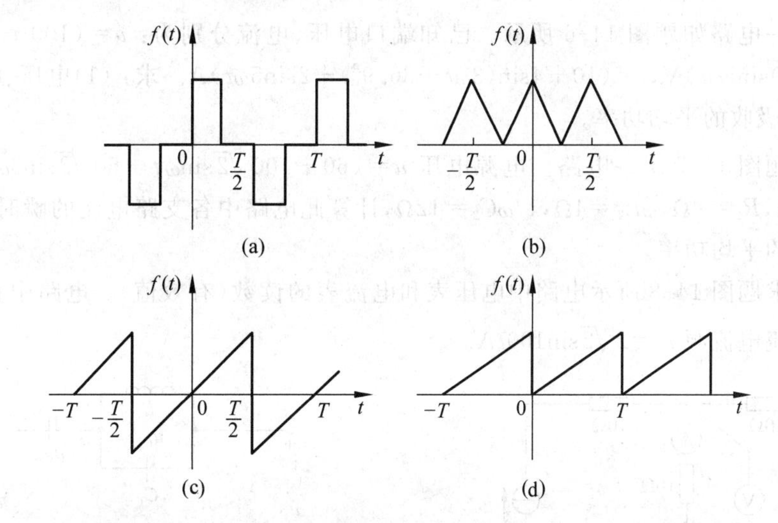

题图 14-2

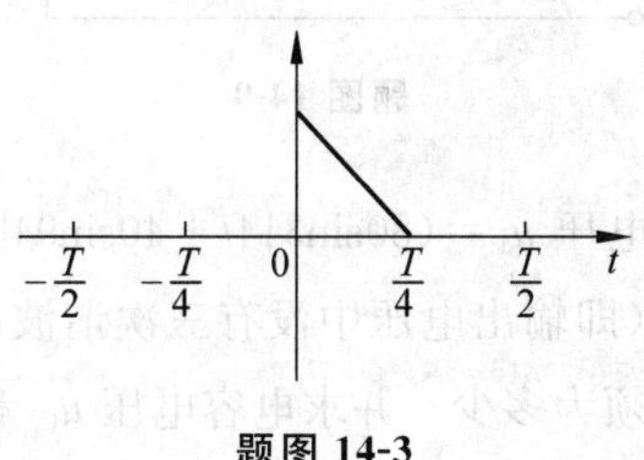

题图 14-3

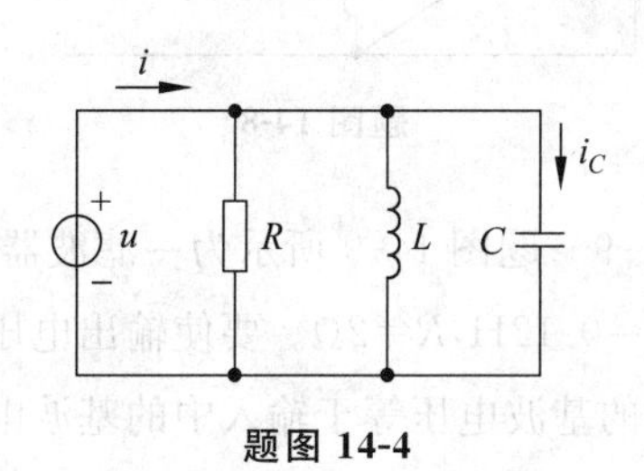

题图 14-4

14-4 计算题图 14-4 所示电路中的电流 i 和 i_C。给定电路参数如下：$R=6\Omega,\omega L=2\Omega,1/\omega C=18\Omega$，电源电压 $u=(180\sin\omega t+60\sin(3\omega t+20^{\circ}))\mathrm{V}$。

14-5　题图 14-5 所示电路。按所给 u_1、u_2 求总电压 u 的有效值。

(1) $u_1=100\text{V}, u_2=100\sqrt{2}\sin\omega t\,\text{V}$;

(2) $u_1=100\sqrt{2}\sin 2\omega t\,\text{V}, u_2=100\sqrt{2}\sin\omega t\,\text{V}$;

(3) $u_1=(100+100\sqrt{2}\sin(\omega t-30°))\text{V}, u_2=100\sqrt{2}\sin\omega t\,\text{V}$。

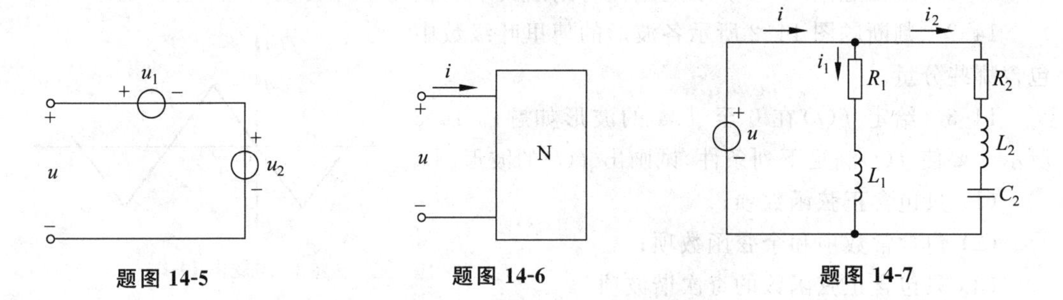

题图 14-5　　题图 14-6　　题图 14-7

14-6　一电路如题图 14-6 所示。已知端口电压、电流分别为：$u=(100+100\sin\omega t+50\sin 3\omega t+20\sin 5\omega t)\text{V}, i=(10+4\sin(3\omega t+36.9°)+2\sin 5\omega t)\text{A}$。求：(1)电压、电流的有效值；(2)电路吸收的平均功率。

14-7　题图 14-7 示一电路。电源电压 $u=(60+100\sqrt{2}\sin\omega t+50\sqrt{2}\sin 3\omega t)\text{V}, R_1=6\Omega, \omega L_1=8\Omega, R_2=8\Omega, \omega L_2=4\Omega, 1/\omega C_2=12\Omega$，计算此电路中各支路电流的瞬时值、有效值及电路消耗的平均功率。

14-8　求题图 14-8 所示电路中电压表和电流表的读数(有效值)。电路中直流电压源 $U=10\text{V}$，交流电流源 $i_S=2\sqrt{2}\sin 100t\text{A}$。

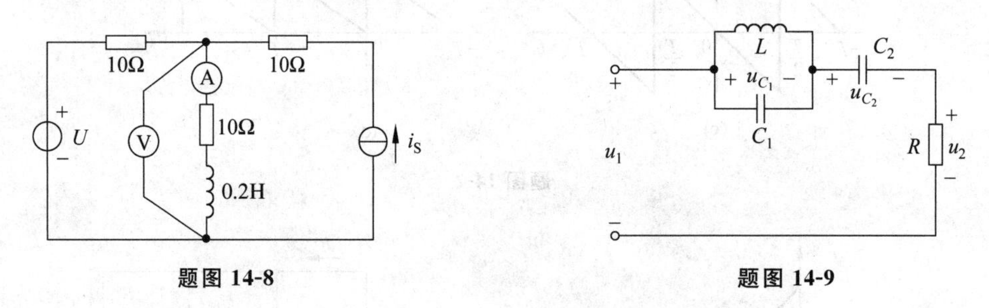

题图 14-8　　题图 14-9

14-9　题图 14-9 所示为一滤波器电路。已知输入电压 $u_1=(80\sin 314t+40\sin 942t)\text{V}$，电路中 $L=0.12\text{H}, R=2\Omega$。要使输出电压 $u_2=80\sin 314t\text{V}$(即输出电压中没有三次谐波电压，而使输出的基波电压等于输入中的基波电压)，C_1 和 C_2 值须为多少？并求电容电压 u_{C_1} 和 u_{C_2}。

14-10　题图 14-10 所示电路中，已知三线圈自感均为 L，每两个线圈间互感均为 M。正弦交流电源 $u_1=100\sin 314t\text{V}, u_2=141\sin 942t\text{V}, L=1\text{H}, M=0.8\text{H}$，求电流 i 的有效值。

14-11　题图 14-11 所示电路中，Ⓐ₁是测电流有效值的交流电流表，Ⓐ₂和Ⓐ₃是测电流 i

中直流分量的直流电流表。当 $i>0$ 时，电流流过$Ⓐ_3$；$i<0$ 时电流流过二极管而不流过$Ⓐ_3$。设$i=(\sin314t+0.25\sin942t)$A，求三个电流表的读数。

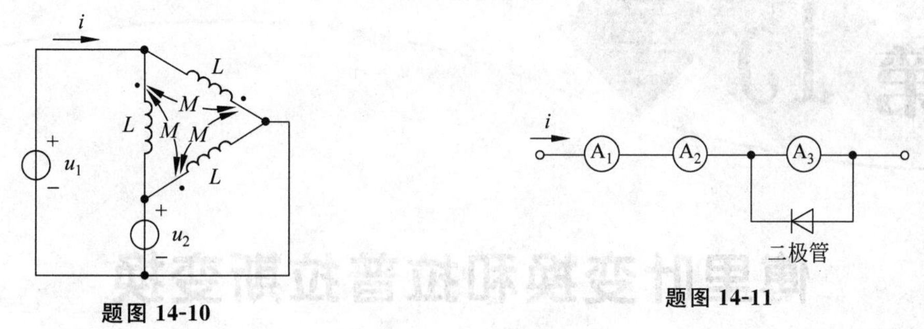

题图 14-10　　题图 14-11

14-12　题图 14-12 示一电路。电源电压含有直流电压 U_0 和一角频率为 ω 的正弦交流电压 u。给定 $R_1=50\Omega$，$\omega L_2=70\Omega$，$1/\omega C=100\Omega$，$R_2=100\Omega$，在稳态下，电流表$Ⓐ_1$的读数是 1A，电流表$Ⓐ_2$的读数是 1.5A，求电源电压及电源发出的平均功率。

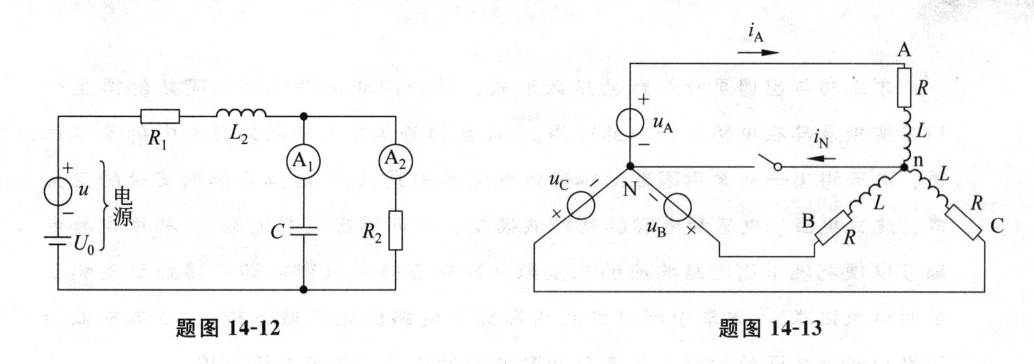

题图 14-12　　题图 14-13

14-13　题图 14-13 所示电路中，三相对称非正弦电源 $u_A=(200\sqrt{2}\sin\omega t+50\sqrt{2}\sin3\omega t)$V，$R=40\Omega$，$\omega L=10\Omega$。求开关打开和闭合两种情况下负载上的相电压、线电压、线电流以及中线电流。

14-14　三相对称非正弦电源 $u_A=(100\sqrt{2}\sin\omega t+80\sqrt{2}\times\sin3\omega t+50\sqrt{2}\sin5\omega t)$V，$R=12\Omega$，$\omega L=3\Omega$，求题图 14-14 中各表读数(有效值)。

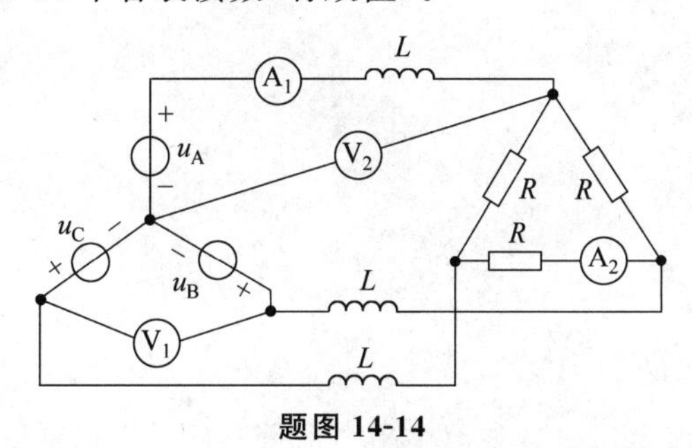

题图 14-14

傅里叶变换和拉普拉斯变换

提 要

本章将导出傅里叶级数的指数形式，并介绍非周期性时间函数的傅里叶积分变换及其在电路分析中的作用。给出拉普拉斯变换的定义和它的基本性质，进而得出一些常用函数的拉普拉斯变换关系式。由拉普拉斯变换的定义式，建立电阻、电感和电容的复频域模型，进而得出运算电路。利用运算电路可以便利地求出电路响应的象函数，经拉普拉斯反变换即可得到动态响应的时域表达式。本章中所讨论的内容称为电路的复频域分析。在本章最后简要讨论网络函数的极点分布与冲激响应的关系，介绍卷积定理。

15.1　傅里叶级数的指数形式

在第14章中讨论了周期性时间函数的傅里叶级数的三角函数形式，它将周期为 T 的信号展开表示为直流分量和一系列谐波分量之和，即

$$f(t)=a_0+\sum_{k=1}^{\infty}(a_k\cos k\omega_0 t+b_k\sin k\omega_0 t) \tag{15-1-1}$$

式中

$$\omega_0=\frac{2\pi}{T}\quad k=1,2,3,\cdots$$

本节将导出此级数的指数形式，它在应用中有许多方便之处。

根据欧拉公式

$$e^{j\theta}=\cos\theta+j\sin\theta$$
$$e^{-j\theta}=\cos\theta-j\sin\theta$$

可得

$$\cos\theta=\frac{1}{2}(e^{j\theta}+e^{-j\theta})$$

$$\sin\theta=\frac{1}{2j}(e^{j\theta}-e^{-j\theta})$$

按照上面的关系式，将式(15-1-1)中的各三角函数项以相应的指数函数代换，则有

$$\begin{aligned}f(t)&=a_0+\sum_{k=1}^{\infty}\left[\frac{1}{2}a_k(e^{jk\omega_0 t}+e^{-jk\omega_0 t})-\frac{1}{2}jb_k(e^{jk\omega_0 t}-e^{-jk\omega_0 t})\right]\\&=a_0+\sum_{k=1}^{\infty}\left[\frac{1}{2}(a_k-jb_k)e^{jk\omega_0 t}+\frac{1}{2}(a_k+jb_k)e^{-jk\omega_0 t}\right]\\&\quad k=1,2,3,\cdots\end{aligned} \tag{15-1-2}$$

令复常数

$$\left.\begin{aligned}\dot{c}_k&=\frac{1}{2}(a_k-jb_k)\\\dot{c}_{-k}&=\frac{1}{2}(a_k+jb_k)\quad k=1,2,3,\cdots\end{aligned}\right\} \tag{15-1-3}$$

将式(15-1-2)记为

$$f(t)=a_0+\sum_{k=1}^{\infty}(\dot{c}_k e^{jk\omega_0 t}+\dot{c}_{-k}e^{-jk\omega_0 t})=\sum_{k=-\infty}^{\infty}\dot{c}_k e^{jk\omega_0 t} \tag{15-1-4}$$

下面导出由给定的 $f(t)$ 求 $\dot{c}_k$ 的公式。将第14章中求傅里叶级数展开式中系数 a_k 和 b_k 的式子代入式(15-1-3)，得

$$\dot{c}_k=\frac{1}{2}(a_k-jb_k)$$

$$=\frac{1}{2}\left[\frac{2}{T}\int_{0}^{T}f(t)\cos k\omega_{0}t\mathrm{d}t-\mathrm{j}\frac{2}{T}\int_{0}^{T}f(t)\sin k\omega_{0}t\mathrm{d}t\right]$$

$$=\frac{1}{T}\int_{0}^{T}f(t)(\cos k\omega_{0}t-\mathrm{j}\sin k\omega_{0}t)\mathrm{d}t$$

$$=\frac{1}{T}\int_{0}^{T}f(t)\mathrm{e}^{-\mathrm{j}k\omega_{0}t}\mathrm{d}t \tag{15-1-5}$$

上式对于所有整数的 k 值，包括正整数、负整数和零都是适用的。将式(15-1-5)中的 k 换成 $-k$，便可得出式(15-1-3)中求 $\dot{c}_{-k}$ 的公式。如果 $k=0$，则有

$$\dot{c}_{0}=\frac{1}{T}\int_{0}^{T}f(t)\mathrm{d}t=a_{0}$$

由上面分析可以看出，傅里叶级数的三角函数形式和指数函数形式虽有不同，但实质上是属于同一级数的两种表示。它的三角函数形式将周期信号表示为直流分量和一系列谐波分量之和；指数形式是将周期信号表示为直流分量和一系列角频率为 $\pm\omega_{0}$，$\pm 2\omega_{0}$，…的指数函数之和。在指数形式的傅里叶级数中出现有负频率的项，可以这样来理解它的含义。对应于式(15-1-1)中一个 k 值，在式(15-1-4)中总存在有 $\dot{c}_{k}\mathrm{e}^{\mathrm{j}k\omega_{0}t}$ 和 $\dot{c}_{-k}\mathrm{e}^{-\mathrm{j}k\omega_{0}t}$ 两项，由式(15-1-3)可见 $\dot{c}_{k}$ 和 $\dot{c}_{-k}$ 是一对共轭复数。设 $\dot{c}_{k}=|c_{k}|\mathrm{e}^{\mathrm{j}\psi_{k}}$，则

$$\dot{c}_{-k}=|c_{-k}|\mathrm{e}^{\mathrm{j}\psi_{-k}}=|c_{k}|\mathrm{e}^{-\mathrm{j}\psi_{k}}$$

将这两项相加得

$$\dot{c}_{k}\mathrm{e}^{\mathrm{j}k\omega_{0}t}+\dot{c}_{-k}\mathrm{e}^{-\mathrm{j}k\omega_{0}t}=|\dot{c}_{k}|(\mathrm{e}^{\mathrm{j}\psi_{k}}\mathrm{e}^{\mathrm{j}k\omega_{0}t}+\mathrm{e}^{-\mathrm{j}\psi_{k}}\mathrm{e}^{-\mathrm{j}k\omega_{0}t})=2|\dot{c}_{k}|\cos(k\omega_{0}t+\psi_{k})$$

由此可见，式(15-1-4)中复指数项 $\dot{c}_{k}\mathrm{e}^{\mathrm{j}k\omega_{0}t}$ 和 $\dot{c}_{-k}\mathrm{e}^{-\mathrm{j}k\omega_{0}t}$ 组成了式(15-1-1)三角形式傅里叶级数中第 k 次谐波。负频率的出现仅是数学表示的结果，并非存在有频率为负的谐波。

当 $k\neq 0$ 时，$\dot{c}_{k}=\frac{1}{2}(a_{k}-\mathrm{j}b_{k})$，$\dot{c}_{-k}=\frac{1}{2}(a_{k}+\mathrm{j}b_{k})$

$$|\dot{c}_{k}|=|\dot{c}_{-k}|=\frac{1}{2}\sqrt{a_{k}^{2}+b_{k}^{2}}$$

可见，$\dot{c}_{k}$ 和 $\dot{c}_{-k}$ 的模等于 $f(t)$ 的三角形式傅里叶级数中第 k 次谐波幅值的二分之一。

将 $\dot{c}_{k}$ 写成指数形式，$\dot{c}_{k}=|\dot{c}_{k}|\mathrm{e}^{\mathrm{j}\psi_{k}}$，$|\dot{c}_{k}|$ 是指数形式傅里叶级数中角频率为 $k\omega_{0}$ 的谐波的振幅，ψ_{k} 是它的初相角。表示各次谐波的振幅与频率的关系用幅频特性；表示各次谐波的初相角与频率的关系用相频特性。因 $\dot{c}_{k}$ 和 $\dot{c}_{-k}$ 是一对共轭复数，有

$$|\dot{c}_{k}|=|\dot{c}_{-k}|$$

$$\psi_{k}=-\psi_{-k}$$

这表明：幅频特性是 $k\omega_{0}$ 的偶函数；相频特性是 $k\omega_{0}$ 的奇函数。

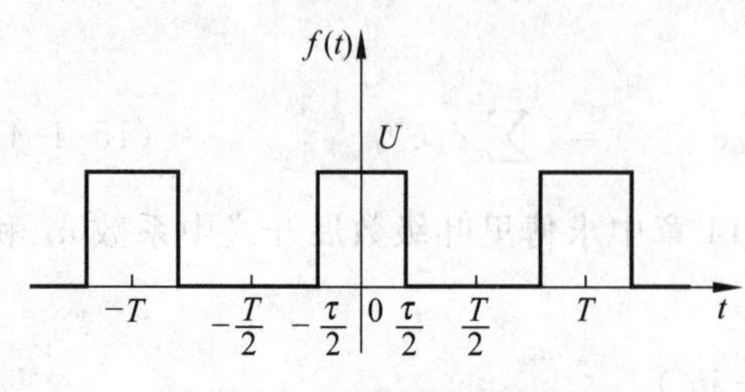

图 15-1-1　周期矩形脉冲信号

【例 15-1】　求图 15-1-1 所示周期矩形脉冲信号的指数形式傅里叶级数。图中 T 为周期，$\omega_{0}=2\pi/T$。

解 根据求 $\dot{c}_k$ 的式(15-1-5),得

$$\dot{c}_k=\frac{1}{T}\int_{-\frac{T}{2}}^{\frac{T}{2}}f(t)\mathrm{e}^{-\mathrm{j}k\omega_0 t}\mathrm{d}t=\frac{1}{T}\int_{-\frac{\tau}{2}}^{\frac{\tau}{2}}U\mathrm{e}^{-\mathrm{j}k\omega_0 t}\mathrm{d}t=\frac{-U}{T}\left.\frac{\mathrm{e}^{-\mathrm{j}k\omega_0 t}}{\mathrm{j}k\omega_0}\right|_{-\frac{\tau}{2}}^{\frac{\tau}{2}}$$

$$=\frac{U}{\mathrm{j}k\omega_0 T}(\mathrm{e}^{0.5\mathrm{j}k\omega_0\tau}-\mathrm{e}^{-0.5\mathrm{j}k\omega_0\tau})=\frac{U\tau}{T}\frac{\sin\frac{k\omega_0\tau}{2}}{\frac{k\omega_0\tau}{2}}=\frac{U\tau}{T}\frac{\sin\frac{k\pi\tau}{T}}{\frac{k\pi\tau}{T}}$$

由此得出周期矩形脉冲信号的傅里叶级数展开式

$$f(t)=\frac{U\tau}{T}\sum_{k=-\infty}^{\infty}\frac{\sin\frac{k\pi\tau}{T}}{\frac{k\pi\tau}{T}}\mathrm{e}^{\mathrm{j}k\omega_0 t}=\frac{U\tau}{T}\sum_{k=-\infty}^{\infty}\mathrm{Sa}\left(\frac{k\pi\tau}{T}\right)\mathrm{e}^{\mathrm{j}k\omega_0 t}\tag{15-1-6}$$

式中

$$\mathrm{Sa}(x)=\frac{\sin x}{x}$$

称为采样函数。

由上面的例子可见,周期性时间信号(函数)的频谱是离散的,相邻谱线的间隔为 $\omega_0=2\pi/T$,脉冲的周期愈大,则谱线愈靠近。还可以看出各次谐波分量的大小与信号的周期 T 成反比,与脉冲的宽度 τ 成正比。而各分量的幅值按采样函数 $\mathrm{Sa}(k\pi\tau/T)$ 规律变化,当 $k\pi\tau/T$ 等于 $k\omega_0\tau/2$ 为 $\pm n\pi$ 时,即 $\omega=k\omega_0=2n\pi/\tau$ 时,各分量的幅值为零。

下面分别讨论不同脉宽 τ 和不同周期 T 两种情况下周期矩形脉冲信号频谱的变化规律。

(1) 设脉冲宽度 τ 不变,而 $T_1=2\tau$ 和 $T_2=4\tau$

当 $T_1=2\tau$ 时周期矩形脉冲的谐波的复振幅为

$$\dot{c}_k=\frac{U}{2}\frac{\sin\frac{k\pi}{2}}{\frac{k\pi}{2}}$$

取 $k=0,\pm1,\pm2,\cdots$,可得 $c_0=0.5U$,$c_{\pm1}=0.318U\cdots$。其复频谱如图 15-1-2(a)所示。由于这里的复振幅均为正、负实数,各次谐波的幅值和初相角由复频谱很容易得到。

当 $T_2=4\tau$ 时,复振幅为

$$\dot{c}_k=\frac{U}{4}\frac{\sin\frac{k\pi}{4}}{\frac{k\pi}{4}}$$

取 $k=0,\pm1,\pm2,\cdots$,得 $c_0=0.25U$,$\dot{c}_{\pm1}=0.225U$,$\dot{c}_{\pm2}=0.159U\cdots$,其复频谱如图 15-1-2(b)所示。

由图 15-1-2(a)和图 15-1-2(b)看出,当脉冲宽度 τ 不变,而周期 T 增大时,频谱包络线零值的位置不变($\omega=2n\pi/\tau$),但相邻谱线的间隔变密,幅度频谱的谱线长度减小。

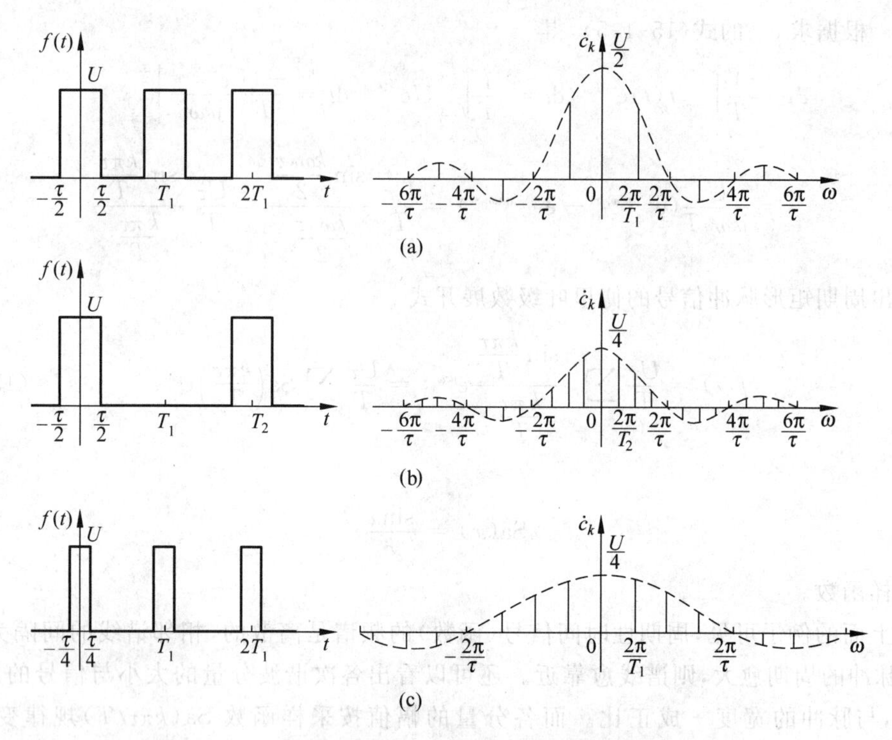

图 15-1-2 不同周期、不同脉冲宽度下周期性矩形脉冲的频谱

(a) $T_1=2\tau$；(b) $T_2=4\tau$；(c) $\tau=\frac{T_1}{4}$

(2) 设周期矩形脉冲的周期 T_1 不变，而脉冲宽度由 $\tau=T_1/2$ 变为 $\tau=T_1/4$。显然由于周期 T_1 不变，基波频率也不变，即频谱谱线间隔也不改变，仅是频谱幅度相应减小，频谱包络线过零点的频率 $\omega=2n\pi/\tau$ 增高。$\tau=T_1/4$ 时的复频谱如图 15-1-2(c)所示。

15.2 非周期性时间函数的谐波分析——傅里叶积分变换

本节要研究非周期性时间函数的谐波分析。

前一节里得到了周期性时间函数的傅里叶级数和它的离散频谱。与此类似，还可以对非周期性时间函数作谐波分析，并得出它们的频谱。这样的分析在概念上和应用上都与傅里叶级数的分析非常相似。下面从上一节所得的傅里叶级数导出非周期性时间函数的谐波分析公式，即傅里叶积分。

设周期性时间函数 $f(t)$，它的周期为 T。它的傅里叶级数的指数形式为

$$f(t)=\sum_{k=-\infty}^{\infty}\dot{c}_k \mathrm{e}^{\mathrm{j}k\omega_0 t} \tag{15-2-1}$$

式中

$$\omega_0=\frac{2\pi}{T}$$

$$\dot{c}_k=\frac{1}{T}\int_{-\frac{T}{2}}^{\frac{T}{2}} f(t)\mathrm{e}^{-\mathrm{j}k\omega_0 t}\mathrm{d}t$$

将上式等号两边分别乘以周期 T，得

$$\dot{c}_k T=\int_{-\frac{T}{2}}^{\frac{T}{2}} f(t)\mathrm{e}^{-\mathrm{j}k\omega_0 t}\mathrm{d}t \tag{15-2-2}$$

令上式等号左边项

$$\dot{c}_k T=\dot{c}_k\frac{2\pi}{\omega_0}\overset{\text{def}}{=\!=}F(\mathrm{j}k\omega_0) \tag{15-2-3}$$

则式(15-2-2)可改写为

$$F(\mathrm{j}k\omega_0)=\int_{-\frac{T}{2}}^{\frac{T}{2}} f(t)\mathrm{e}^{-\mathrm{j}k\omega_0 t}\mathrm{d}t \tag{15-2-4}$$

现在令 $T\to\infty$，则基波的角频率 ω_0 趋于无穷小，可用微分来表示 ω_0，即有 $\omega_0\to\mathrm{d}\omega$。而谐波的角频率 $k\omega_0$，当 k 取遍由 $-\infty$ 至 ∞ 间整数值时，$k\omega_0$ 便取遍由 $-\infty$ 至 ∞ 间的任何角频率值，就成为连续变量 ω，即 $k\omega_0\to\omega$。

将上面极限情况应用于式(15-2-4)，可得

$$F(\mathrm{j}\omega)=\int_{-\infty}^{\infty} f(t)\mathrm{e}^{-\mathrm{j}\omega t}\mathrm{d}t \tag{15-2-5}$$

将式(15-2-3)代入式(15-2-1)中，可得

$$f(t)=\sum_{k=-\infty}^{\infty}\frac{\omega_0 F(\mathrm{j}k\omega_0)}{2\pi}\mathrm{e}^{\mathrm{j}k\omega_0 t}=\frac{1}{2\pi}\sum_{k=-\infty}^{\infty}F(\mathrm{j}k\omega_0)\mathrm{e}^{\mathrm{j}k\omega_0 t}\omega_0$$

当 $\omega_0\to\mathrm{d}\omega$，上面求和式的极限便成为下面的对 ω 的积分

$$f(t)=\frac{1}{2\pi}\int_{-\infty}^{\infty} F(\mathrm{j}\omega)\mathrm{e}^{\mathrm{j}\omega t}\mathrm{d}\omega \tag{15-2-6}$$

式(15-2-5)称为 $f(t)$ 的傅里叶正变换，常用符号 $\mathscr{F}[f(t)]$ 来表示，即

$$\mathscr{F}[f(t)]=F(\mathrm{j}\omega)$$

式(15-2-6)称为 $F(\mathrm{j}\omega)$ 的傅里叶反变换，常用符号 $\mathscr{F}^{-1}[F(\mathrm{j}\omega)]$ 表示，即

$$\mathscr{F}^{-1}[F(\mathrm{j}\omega)]=f(t)$$

式(15-2-5)和式(15-2-6)称为傅里叶变换对。

式(15-2-6)是将非周期信号 $f(t)$ 表示成频率从 $-\infty$ 到 ∞ 各指数函数分量(谐波)的和。式中 $\frac{1}{2\pi}F(\mathrm{j}\omega)\mathrm{d}\omega$ 是角频率为 ω 的谐波的幅值。而 $F(\mathrm{j}\omega)$ 则是单位频带宽度内谐波的复振幅，或者说是谐波的(复)振幅在 ω 轴上的分布密度。它随 ω 的改变而改变，表明不同频率

谐波振幅密度的分布,因此,称 $F(\mathrm{j}\omega)$为非周期信号的频谱密度。频谱密度是连续变量 ω 的函数。

频谱密度函数 $F(\mathrm{j}\omega)$可写为

$$F(\mathrm{j}\omega)=|F(\mathrm{j}\omega)|\underline{/\theta(\omega)}$$

其中$|F(\mathrm{j}\omega)|$是 $F(\mathrm{j}\omega)$的模,代表信号谐波振幅密度的分布;而 $\theta(\omega)$是 $F(\mathrm{j}\omega)$的辐角,代表信号 $f(t)$中各频率分量的相位。习惯上把$|F(\mathrm{j}\omega)|$和 $\theta(\omega)$分别称为非周期信号的幅度频谱函数和相位频谱函数。式(15-2-5)可写成

$$F(\mathrm{j}\omega)=\int_{-\infty}^{\infty}f(t)\mathrm{e}^{-\mathrm{j}\omega t}\mathrm{d}t=\int_{-\infty}^{\infty}f(t)\cos\omega t\,\mathrm{d}t-\mathrm{j}\int_{-\infty}^{\infty}f(t)\sin\omega t\,\mathrm{d}t$$
$$=a(\omega)-\mathrm{j}b(\omega)=|F(\mathrm{j}\omega)|\underline{/\theta(\omega)}$$

则有

$$|F(\mathrm{j}\omega)|=\sqrt{a^2(\omega)+b^2(\omega)}$$
$$\theta(\omega)=\arctan\frac{-b(\omega)}{a(\omega)}$$

显而易见,幅度频谱是 ω 的偶函数,而相位频谱是 ω 的奇函数。

【例 15-2】 求函数 $f(t)$的频谱密度函数。

$$f(t)=\begin{cases}A\mathrm{e}^{-\alpha t} & t>0,\alpha>0\\ 0 & t<0\end{cases}$$

解 由傅里叶正变换式(15-2-5),得

$$F(\mathrm{j}\omega)=\int_{-\infty}^{\infty}f(t)\mathrm{e}^{-\mathrm{j}\omega t}\mathrm{d}t=\int_{0}^{\infty}A\mathrm{e}^{-\alpha t}\mathrm{e}^{-\mathrm{j}\omega t}\mathrm{d}t=\int_{0}^{\infty}A\mathrm{e}^{-(\alpha+\mathrm{j}\omega)t}\mathrm{d}t$$
$$=\frac{-A}{\alpha+\mathrm{j}\omega}\mathrm{e}^{-(\alpha+\mathrm{j}\omega)t}\bigg|_0^{\infty}=\frac{A}{\alpha+\mathrm{j}\omega}$$

由此可得幅频函数

$$|F(\mathrm{j}\omega)|=\left|\frac{A}{\alpha+\mathrm{j}\omega}\right|=\frac{A}{\sqrt{\alpha^2+\omega^2}}$$

相频函数

$$\theta(\omega)=-\arctan\frac{\omega}{\alpha}$$

以上的幅度频谱和相位频谱分别如图 15-2-1(a)和(b)所示。

【例 15-3】 求图 15-2-2 所示单个矩形脉冲函数的频谱函数。

解 由傅里叶正变换式(15-2-5),得

$$F(\mathrm{j}\omega)=\int_{-\infty}^{\infty}f(t)\mathrm{e}^{-\mathrm{j}\omega t}\mathrm{d}t=U\int_{-\frac{\tau}{2}}^{\frac{\tau}{2}}\mathrm{e}^{-\mathrm{j}\omega t}\mathrm{d}t=-\frac{U}{\mathrm{j}\omega}\mathrm{e}^{-\mathrm{j}\omega t}\bigg|_{-\frac{\tau}{2}}^{\frac{\tau}{2}}=U\tau\frac{\sin\frac{\omega\tau}{2}}{\frac{\omega\tau}{2}}$$

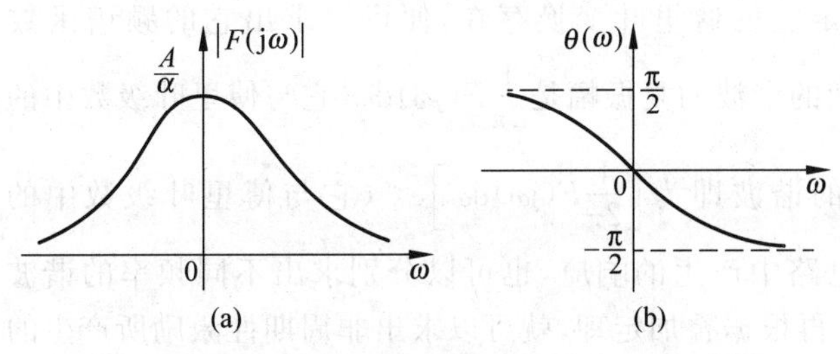

图 15-2-1 $Ae^{-\alpha t}$ 函数的幅度频谱和相位频谱

(a) 幅度频谱；(b) 相位频谱

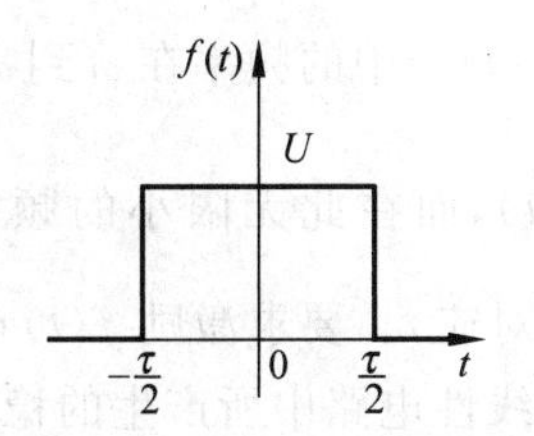

图 15-2-2 单个矩形脉冲函数

其频谱如图 15-2-3 所示。它的形状与例 15-1 周期矩形脉冲信号的频谱的包络线相同，只不过在非周期信号情形下，其频谱是连续的，这表明了非周期信号包含从零到无穷大的所有频率分量。

最后要指出，以上导出傅里叶变换的方法在数学上不是严格的。函数 $f(t)$须满足一定的条件，它的傅里叶变换才存在。在区间$(-\infty,\infty)$满足狄里赫利条件的时间函数 $f(t)$，它的傅里叶变换存在的充分条件是 $f(t)$在$(-\infty,\infty)$上绝对可积，即

$$\int_{-\infty}^{\infty} |f(t)| \, dt < \infty$$

在引入了广义函数如单位冲激函数和单位阶跃函数后，有些不满足上述条件的函数的傅里叶变换也存在，这里不作深入讨论。

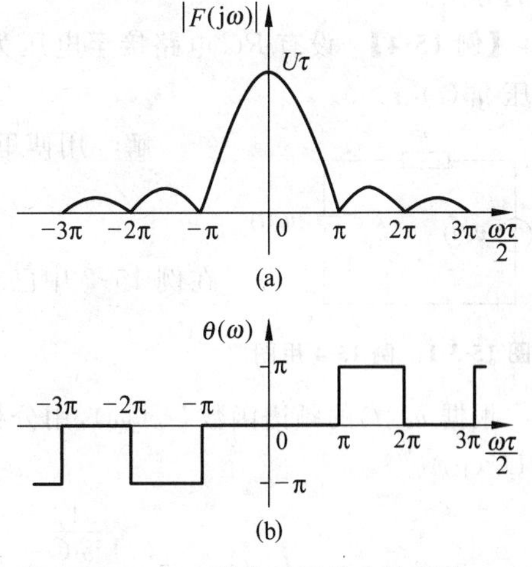

图 15-2-3 单个矩形脉冲的频谱

(a) 幅度频谱；(b) 相位频谱

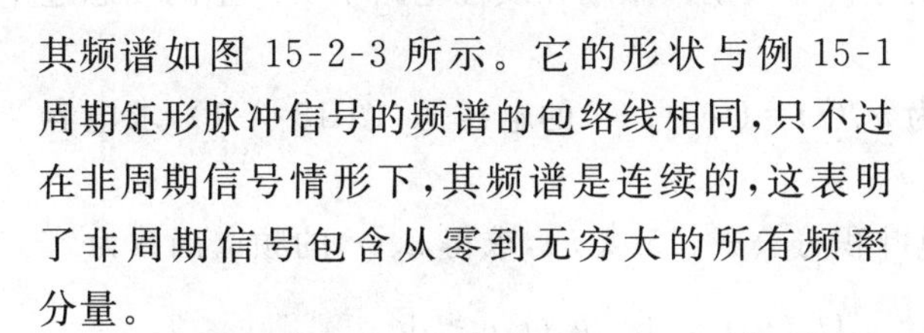

15.3 傅里叶变换在电路分析中的应用

在第 14 章中已经讨论了线性电路在非正弦周期激励下电路的稳态响应。周期激励是无始无终的，可以认为激励在 $t=-\infty$时就接入电路，在 $t=\infty$时才结束，这样的激励在电路中产生的响应是稳态响应。在第 14 章中所研究的分析周期性非正弦激励在线性电路中产生的稳态响应的方法可以用来分析非周期性激励在线性电路中产生的动态过程。

假设有一个从 $t=-\infty$至 $t=\infty$都在电路中作用的正弦波形激励（例如电压源或电流源），它在线性电路中产生的稳态响应是容易求得的。如果有一个周期性非正弦激励，用傅里叶级数将它展开为一系列正弦形激励之和，分别计算每一谐波的激励在线性电路中产生的稳态响应，根据叠加定理，就可求出这周期性非正弦激励所产生的稳态响应。

对于一个非周期性激励 $f(t)$,假定它的傅里叶变换存在,便可以求出它的频谱函数 $F(\mathrm{j}\omega)$。$f(t)$中的频率在 ω 到 $\omega+\mathrm{d}\omega$ 间的谐波的复振幅是$\frac{1}{2\pi}F(\mathrm{j}\omega)\mathrm{d}\omega$(它与傅里叶级数中的 $\dot{c}_k$ 对应),而在此无限小的频率区间的谐波即为$\left[\frac{1}{2\pi}F(\mathrm{j}\omega)\mathrm{d}\omega\right]\mathrm{e}^{\mathrm{j}\omega t}$(它与傅里叶级数中的 $\dot{c}_k\mathrm{e}^{\mathrm{j}k\omega_0 t}$对应)。要求激励 $f(t)$在线性电路中产生的响应,也可以分别求出不同频率的谐波激励在线性电路中所产生的稳态响应,再根据叠加定理,就可以求出非周期性激励所产生的响应,这样的响应是电路的零状态响应。

结合下面的例子来阐述用傅里叶变换分析非周期性激励在线性电路中所产生的动态过程的方法。

【例 15-4】 设有 RC 电路接至电压为 $u_S(t)=U\mathrm{e}^{-\alpha t}\varepsilon(t)$的电压源(图 15-3-1),求电容电压 $u_C(t)$,$t>0$。

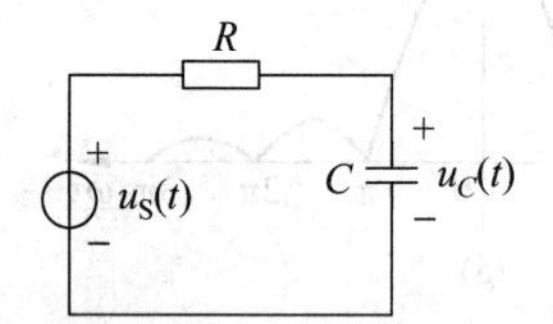

图 15-3-1 例 15-4 用图

解 用傅里叶积分公式(15-2-5),求得 $u_S(t)$的频谱函数为

$$U_S(\mathrm{j}\omega)=\int_{-\infty}^{\infty}u_S(t)\mathrm{e}^{-\mathrm{j}\omega t}\mathrm{d}t$$

在例 15-2 中已求得

$$U_S(\mathrm{j}\omega)=\frac{U}{\alpha+\mathrm{j}\omega}$$

根据 $u_S(t)$的频谱函数 $U_S(\mathrm{j}\omega)$,用分析线性电路正弦稳态的方法即可得 $u_C(t)$的频谱函数 $U_C(\mathrm{j}\omega)$

$$U_C(\mathrm{j}\omega)=\frac{\frac{1}{\mathrm{j}\omega C}}{R+\frac{1}{\mathrm{j}\omega C}}U_S(\mathrm{j}\omega)=\frac{U}{(\alpha+\mathrm{j}\omega)(1+\mathrm{j}\omega RC)}$$

将所有的谐波相加即得 $u_C(t)$,这一求和即为 $U_C(\mathrm{j}\omega)$的傅里叶反变换

$$u_C(t)=\frac{1}{2\pi}\int_{-\infty}^{\infty}U_C(\mathrm{j}\omega)\mathrm{e}^{\mathrm{j}\omega t}\mathrm{d}\omega=\frac{1}{2\pi}\int_{-\infty}^{\infty}\frac{U}{RC(\alpha+\mathrm{j}\omega)\left(\frac{1}{RC}+\mathrm{j}\omega\right)}\mathrm{e}^{\mathrm{j}\omega t}\mathrm{d}\omega$$

将上式被积函数中的分式化为简单分式,有

$$\frac{1}{RC(\alpha+\mathrm{j}\omega)\left(\frac{1}{RC}+\mathrm{j}\omega\right)}=\frac{1}{(1-\alpha RC)}\left[\frac{1}{\alpha+\mathrm{j}\omega}-\frac{1}{\left(\frac{1}{RC}+\mathrm{j}\omega\right)}\right]$$

由例 15-2 中的结果

$$\mathscr{F}^{-1}\left[\frac{1}{\alpha+\mathrm{j}\omega}\right]=\mathrm{e}^{-\alpha t}\varepsilon(t)$$

即可得到 $\mathscr{F}^{-1}[U_C(\mathrm{j}\omega)]$为

$$u_C(t)=\frac{U}{1-\alpha RC}\left(\mathrm{e}^{-\alpha t}-\mathrm{e}^{-\frac{t}{RC}}\right)\varepsilon(t)$$

这就是图 15-3-1 所示电路中 $u_C(t)$的表达式，它是在所给定激励下电路的零状态响应。如果 $\alpha\to 0$，就得到我们熟知的结果 $u_C(t)=U(1-\mathrm{e}^{-\frac{t}{RC}})\varepsilon(t)$。

由上面的例子可以看出，用傅里叶变换分析线性电路的零状态响应的方法与前一章里用傅里叶级数分析线性电路的正弦稳态响应的方法是相同的。这是由于在傅里叶变换中将非周期性时间函数分解成无穷多个存在于全部时间域$(-\infty,\infty)$的谐波，用分析正弦稳态电路的方法求出这无穷多个正弦频率分量在电路中产生的正弦稳态响应，把这些稳态响应进行叠加就得到电路在非周期性激励作用下的动态响应。用傅里叶变换分析线性电路得到的是电路对给定激励的零状态响应。

傅里叶变换在理论和应用上都有着丰富的内容。用这一变换方法分析激励(信号)在线性电路中的作用，可建立起电路在稳态下的频率特性和在动态下的特性的联系，所以这一方法成为在线性电路和系统研究中广泛使用的频域方法的基础。

下面以这一变换方法为基础引入拉普拉斯变换。

15.4 拉普拉斯变换

在电路分析中，如果把电路中动态过程的起始时刻作为计时的原点 $t=0$，那么，只需要研究电路中变量(函数)在 t 为$[0,\infty)$区间的情形，而无须考虑它们在 t 为$(-\infty,0)$区间的情形。这使我们在研究电路问题时，可以限定于研究定义在区间 $0\leqslant t<\infty$的函数 $f(t)$。这相当于把所有被研究的函数 $f(t)$，都乘以单位阶跃函数，即

$$f(t)\varepsilon(t)=\begin{cases}f(t) & 0<t<\infty\\ 0 & -\infty<t<0\end{cases}$$

对于上述时间函数 $f(t)$，用一因子 $\mathrm{e}^{-\sigma t}$与之相乘，选择适当的$\sigma(\sigma>\sigma_0,\sigma_0$ 为一实数)，使得 $f(t)\mathrm{e}^{-\sigma t}$在$[0,\infty)$区间内绝对可积，则乘积 $f(t)\mathrm{e}^{-\sigma t}$的傅里叶变换存在而为

$$F(\mathrm{j}\omega)=\int_{0^-}^{\infty}f(t)\mathrm{e}^{-\sigma t}\mathrm{e}^{-\mathrm{j}\omega t}\mathrm{d}t=\int_{0^-}^{\infty}f(t)\mathrm{e}^{-(\sigma+\mathrm{j}\omega)t}\mathrm{d}t$$

由于前面已约定对于 $t\leqslant 0, f(t)=0$，又为了把 $t=0$ 时可能有的冲激函数也包含在被积函数中，所以上式中的积分下限取为 0^-。

上式的积分结果中不出现时间变量 t，它仅是复变量 $s=\sigma+\mathrm{j}\omega$ 的函数，可将上式写成

$$F(s)=\int_{0^-}^{\infty}f(t)\mathrm{e}^{-st}\mathrm{d}t \tag{15-4-1}$$

式(15-4-1)给出的变换 $F(s)$称为 $f(t)$的拉普拉斯变换。给定一个时间函数 $f(t)$，用该式便可得到一个 $F(s)$，称 $F(s)$为 $f(t)$的象函数；称 $f(t)$为 $F(s)$的原函数。这里的 $s=\sigma+\mathrm{j}\omega$ 称为复频率。

对 $F(s)$进行傅里叶反变换，有

$$f(t)\mathrm{e}^{-\sigma t}=\frac{1}{2\pi}\int_{-\infty}^{\infty}F(s)\mathrm{e}^{\mathrm{j}\omega t}\mathrm{d}\omega$$

将上式两边同乘 $e^{\sigma t}$，并将右边的这一因子放在积分号内，得

$$f(t)=\frac{1}{2\pi}\int_{-\infty}^{\infty}F(s)e^{(\sigma+j\omega)t}d\omega=\frac{1}{2\pi j}\int_{C-j\infty}^{C+j\infty}F(s)e^{st}ds \tag{15-4-2}$$

式(15-4-2)称为 $F(s)$ 的拉普拉斯反变换。其中的 C 是一常数，$C>\sigma_0$，$\text{Re}(s)=\sigma>\sigma_0$。根据此式，可从已知的 $F(s)$ 求出它的原函数。

式(15-4-1)和式(15-4-2)是拉普拉斯变换对，常用符号"$\mathscr{L}$"表示拉普拉斯变换，写作

$$F(s)=\mathscr{L}[f(t)]$$

$$f(t)=\mathscr{L}^{-1}[F(s)]$$

最后简单地说明拉普拉斯变换的存在性。对于 $f(t)$ 若 σ 大于某一实数 σ_0，即 $\sigma>\sigma_0$，积分 $\int_0^{\infty}|f(t)e^{-\sigma t}|dt$ 收敛，$f(t)$ 的拉普拉斯变换就存在，就可以对它作拉普拉斯变换，而 σ_0 是使积分 $\int_0^{\infty}|f(t)e^{-\sigma t}|dt$ 收敛的最小实数。不同的函数，σ_0 的值不同，称 σ_0 为 $F(s)$ 在复平面 $s=\sigma+j\omega$ 内的收敛横坐标。

在电路问题中常见的函数(实际的信号)一般是指数阶函数。指数阶函数是指满足

$$|f(t)|\leqslant Me^{Ct}\quad t\in[0,\infty)$$

的函数，其中 M 是正实数，C 为有限值的实数。当函数 $f(t)$ 是指数阶函数时，则有

$$\int_{0_-}^{\infty}|f(t)|e^{-\sigma t}dt\leqslant\int_{0_-}^{\infty}Me^{Ct}e^{-\sigma t}dt=\frac{M}{\sigma-C}\quad(\sigma>C)$$

可见只要选择 $\sigma>C$，则 $f(t)e^{-\sigma t}$ 的绝对积分就存在，就可以对它进行拉普拉斯变换。对具有发散性的指数阶函数，如 $f(t)=e^{5t}$，总可选择 $\sigma>5$，使 $e^{5t}e^{-\sigma t}$ 为随时间衰减的函数，当 $t\to\infty$ 时，它的极限为零，所以可对它作拉普拉斯变换。在数学中还有一些函数如 $t^t\varepsilon(t)$，$e^{t^2}\varepsilon(t)$，比指数函数增长得更快，它们的拉普拉斯变换不存在，但这样的函数并没有实际的意义。

15.5 一些常用函数的拉普拉斯变换

在本节里按拉普拉斯变换的定义式(15-4-1)导出一些常用函数的拉普拉斯变换式，这些函数在电路分析中占有重要的地位。

(1) 指数函数 $f(t)=e^{-\alpha t}\varepsilon(t)$　α 为实数

$$F(s)=\mathscr{L}[e^{-\alpha t}\varepsilon(t)]=\int_{0_-}^{\infty}e^{-\alpha t}e^{-st}dt=\int_{0_-}^{\infty}e^{-(s+\alpha)t}dt$$

$$=-\left.\frac{e^{-(\sigma+\alpha)t}e^{-j\omega t}}{s+\alpha}\right|_{0_-}^{\infty}=\frac{1}{s+\alpha}\qquad\sigma>\sigma_0=-\alpha$$

容易证明当 α 为复数值时，这一变换式亦成立。

(2) 单位阶跃函数 $f(t)=\varepsilon(t)$

$$F(s)=\mathscr{L}[\varepsilon(t)]=\int_{0_-}^{\infty}e^{-st}\varepsilon(t)dt=\int_{0_+}^{\infty}e^{-st}dt$$

$$=-\frac{1}{s}e^{-st}\Big|_{0^+}^{\infty}=\frac{1}{s}\quad \sigma>\sigma_0=0$$

或令指数函数 $e^{-\alpha t}\varepsilon(t)$中的 $\alpha=0$，这样的指数函数就是单位阶跃函数。令此指数函数的象函数中 $\alpha=0$，就得到单位阶跃函数的象函数为

$$F(s)=\mathscr{L}[\varepsilon(t)]=\frac{1}{s}\quad \sigma>\sigma_0=0$$

（3）单位冲激函数 $f(t)=\delta(t)$

$$F(s)=\mathscr{L}[\delta(t)]=\int_{0^-}^{\infty}\delta(t)e^{-st}dt$$

$$=\int_{0^-}^{0^+}\delta(t)e^{-st}dt=1\quad \sigma>\sigma_0=-\infty$$

（4）$t^n\varepsilon(t)$　n 为正整数

$$F(s)=\mathscr{L}[t^n\varepsilon(t)]=\int_{0^-}^{\infty}t^ne^{-st}dt=-\frac{1}{s}t^ne^{-st}\Big|_{0^-}^{\infty}+\frac{n}{s}\int_{0^-}^{\infty}t^{n-1}e^{-st}dt$$

$$=\frac{n}{s}\int_{0^-}^{\infty}t^{n-1}e^{-st}dt$$

则

$$\mathscr{L}[t^n\varepsilon(t)]=\frac{n}{s}\mathscr{L}[t^{n-1}\varepsilon(t)]$$

当$n=1$ 时　$\mathscr{L}[t\varepsilon(t)]=\frac{1}{s^2}\quad \sigma>\sigma_0=0$

$n=2$ 时　$\mathscr{L}[t^2\varepsilon(t)]=\frac{2}{s^3}\quad \sigma>\sigma_0=0$

⋮

依次类推，得

$$\mathscr{L}[t^n\varepsilon(t)]=\frac{n!}{s^{n+1}}\quad \sigma>\sigma_0=0$$

表 15-1-1 中列出了一些常用函数的拉普拉斯变换式，前几个已在上面导出，其他的也可以像上面那样由拉普拉斯变换的定义求得，在下节里根据拉普拉斯变换的性质却可更方便地导出。

表 15-1-1　一些常用函数的拉普拉斯变换[*]

$f(t)$	$F(s)$	$f(t)$	$F(s)$
$\delta(t)$	1	$e^{-\alpha t}$	$\frac{1}{s+\alpha}$
$\varepsilon(t)$	$\frac{1}{s}$	t^n（n 是正整数）	$\frac{n!}{s^{n+1}}$

续表

$f(t)$	$F(s)$	$f(t)$	$F(s)$
$\sin\omega t$	$\dfrac{\omega}{s^2+\omega^2}$	$e^{-\alpha t}\cos\omega t$	$\dfrac{s+\alpha}{(s+\alpha)^2+\omega^2}$
$\cos\omega t$	$\dfrac{s}{s^2+\omega^2}$	$te^{-\alpha t}$	$\dfrac{1}{(s+\alpha)^2}$
$e^{-\alpha t}\sin\omega t$	$\dfrac{\omega}{(s+\alpha)^2+\omega^2}$	$t^n e^{-\alpha t}$(n 是正整数)	$\dfrac{n!}{(s+\alpha)^{n+1}}$

* 对表中的 $f(t)$ 均有或设有 $f(t)=0$(当 $t<0$)。

15.6 拉普拉斯变换的基本性质

15.4 节得出了拉普拉斯变换式，即式(15-4-1)由原函数 $f(t)$ 求象函数 $F(s)$ 的式子和式(15-4-2)由象函数 $F(s)$ 求原函数 $f(t)$ 的式子。现在研究拉普拉斯变换的一些基本性质，这些性质对于了解拉普拉斯变换是重要的，在应用拉普拉斯变换时可带来许多方便。

1. 线性性质

若 $\mathscr{L}[f_1(t)]=F_1(s)$；$\mathscr{L}[f_2(t)]=F_2(s)$，则对任意常数 k_1,k_2，下式成立：

$$\mathscr{L}[k_1f_1(t)+k_2f_2(t)]=k_1F_1(s)+k_2F_2(s)$$

这一性质表明拉普拉斯变换是线性变换。根据这一性质便有：一个原函数的常数倍的拉普拉斯变换等于此原函数的象函数乘以同一常数；两个原函数的和的拉普拉斯变换等于这两个原函数的象函数之和。

线性性质可根据拉普拉斯变换的定义证明如下：

$$\begin{aligned}\mathscr{L}[k_1f_1(t)+k_2f_2(t)]&=\int_{0_-}^{\infty}[k_1f_1(t)+k_2f_2(t)]e^{-st}dt\\&=k_1\int_{0_-}^{\infty}f_1(t)e^{-st}dt+k_2\int_{0_-}^{\infty}f_2(t)e^{-st}dt\\&=k_1F_1(s)+k_2F_2(s)\end{aligned}$$

【例 15-5】 求 $f(t)=\sin\omega t\varepsilon(t)$ 的拉普拉斯变换。

解 将 $\sin\omega t$ 写为指数形式

$$f(t)=\sin\omega t\varepsilon(t)=\frac{1}{2j}(e^{j\omega t}-e^{-j\omega t})\varepsilon(t)$$

又

$$\mathscr{L}[e^{j\omega t}\varepsilon(t)]=\frac{1}{s-j\omega}$$

$$\mathscr{L}[e^{-j\omega t}\varepsilon(t)]=\frac{1}{s+j\omega}$$

根据线性性质，可得

$$\mathscr{L}[\sin\omega t\varepsilon(t)]=\frac{1}{2\mathrm{j}}\left(\frac{1}{s-\mathrm{j}\omega}-\frac{1}{s+\mathrm{j}\omega}\right)=\frac{\omega}{s^2+\omega^2}$$

同样可得

$$\mathscr{L}[\cos\omega t\varepsilon(t)]=\frac{s}{s^2+\omega^2}$$

2. 原函数的微分性质

若 $\mathscr{L}[f(t)]=F(s)$,则

$$\mathscr{L}\left[\frac{\mathrm{d}f(t)}{\mathrm{d}t}\right]=sF(s)-f(0^-)$$

即原函数 $f(t)$对 t 的导数的拉普拉斯变换等于 $f(t)$的象函数 $F(s)$乘以 s,减去原函数 $f(t)$在 $t=0^-$ 时的值 $f(0^-)$。证明如下：按拉普拉斯变换的定义

$$\mathscr{L}\left[\frac{\mathrm{d}f(t)}{\mathrm{d}t}\right]=\int_{0^-}^{\infty}\frac{\mathrm{d}f(t)}{\mathrm{d}t}\mathrm{e}^{-st}\mathrm{d}t$$

用分部积分公式,将上式写作

$$\mathscr{L}\left[\frac{\mathrm{d}f(t)}{\mathrm{d}t}\right]=f(t)\mathrm{e}^{-st}\Big|_{0^-}^{\infty}-\int_{0^-}^{\infty}f(t)(-s)\mathrm{e}^{-st}\mathrm{d}t$$

上式中的第一项,当以上限 $t=\infty$代入时,其值为零,因为 s 的实部 σ 总可以取得足够大,当 $t\to\infty$时,使 $f(t)\mathrm{e}^{-\sigma t}$ 趋于零;当以下限 $t=0$ 代入时,其值为 $f(0^-)$。上式中的第二项等于 $sF(s)$,于是得

$$\mathscr{L}\left[\frac{\mathrm{d}f(t)}{\mathrm{d}t}\right]=sF(s)-f(0^-)$$

重复运用这一结果,可得

$$\begin{aligned}\mathscr{L}\left[\frac{\mathrm{d}^2f(t)}{\mathrm{d}t^2}\right]&=s[sF(s)-f(0^-)]-f'(0^-)\\&=s^2F(s)-sf(0^-)-f'(0^-)\\&\vdots\\\mathscr{L}\left[\frac{\mathrm{d}^nf(t)}{\mathrm{d}t^n}\right]&=s^nF(s)-s^{n-1}f(0^-)-s^{n-2}f'(0^-)-\cdots\\&\quad-sf^{(n-2)}(0^-)-f^{(n-1)}(0^-)\end{aligned}$$

式中 $f^{(k)}(0^-)(k=0,1,\cdots,n-1)$是 $f(t)$的 k 阶导数的初值。若 $f'(0^-)=0,f''(0^-)=0,\cdots,f^{(n-1)}(0^-)=0$,则有

$$\begin{aligned}&\mathscr{L}[f'(t)]=sF(s)\\&\mathscr{L}[f''(t)]=s^2F(s)\\&\vdots\\&\mathscr{L}[f^{(n)}(t)]=s^nF(s)\end{aligned}$$

【例 15-6】 已知 $\mathscr{L}[\varepsilon(t)]=\frac{1}{s}$,求 $\mathscr{L}[\delta(t)]$。

解 由于 $\delta(t)=\dfrac{\mathrm{d}}{\mathrm{d}t}\varepsilon(t)$，又 $\varepsilon(t)\Big|_{t=0^-}=0$，得

$$\mathscr{L}[\delta(t)] = s\frac{1}{s} = 1$$

【例 15-7】 已知 $\mathscr{L}[\sin\omega t\,\varepsilon(t)]=\dfrac{\omega}{s^2+\omega^2}$，求 $\mathscr{L}[\cos\omega t\,\varepsilon(t)]$。

解 由于

$$\frac{\mathrm{d}}{\mathrm{d}t}[\sin\omega t\,\varepsilon(t)]=\omega\cos\omega t\,\varepsilon(t)+\sin\omega t\,\delta(t)=\omega\cos\omega t\,\varepsilon(t)$$

则

$$\mathscr{L}[\cos\omega t\,\varepsilon(t)]=\frac{1}{\omega}\mathscr{L}\left[\frac{\mathrm{d}}{\mathrm{d}t}(\sin\omega t\,\varepsilon(t))\right]=\frac{s}{s^2+\omega^2}-\sin\omega t\,\varepsilon(t)\Big|_{0^-}=\frac{s}{s^2+\omega^2}$$

3. 原函数的积分性质

若 $\mathscr{L}[f(t)]=F(s)$，则

$$\mathscr{L}\left[\int_{0^-}^{t} f(\tau)\mathrm{d}\tau\right]=\frac{F(s)}{s}$$

这一性质表明 $\int_{0^-}^{t} f(\tau)\mathrm{d}\tau$ 的拉普拉斯变换等于 $f(t)$ 的拉普拉斯变换 $F(s)$ 除以 s。利用原函数的微分性质很容易作出这一性质的证明。证明如下：

记 $\mathscr{L}\left[\int_{0^-}^{t} f(\tau)\mathrm{d}\tau\right]=G(s)$，则其导数 $\dfrac{\mathrm{d}}{\mathrm{d}t}\left[\int_{0^-}^{t} f(\tau)\mathrm{d}\tau\right]$ 的拉普拉斯变换，按微分性质

$$\mathscr{L}\left[\frac{\mathrm{d}}{\mathrm{d}t}\int_{0^-}^{t} f(\tau)\mathrm{d}\tau\right]=sG(s)-\int_{0^-}^{t} f(\tau)\mathrm{d}\tau\Big|_{t=0^-}$$

上式中的等号右边第二项显然为零，等号左边

$$\mathscr{L}\left[\frac{\mathrm{d}}{\mathrm{d}t}\int_{0^-}^{t} f(\tau)\mathrm{d}\tau\right]=\mathscr{L}[f(t)]=F(s)$$

于是得

$$G(s)=\frac{F(s)}{s}$$

即

$$\mathscr{L}\left[\int_{0^-}^{t} f(\tau)\mathrm{d}\tau\right]=\frac{F(s)}{s}$$

【例 15-8】 已知 $\mathscr{L}[\varepsilon(t)]=\dfrac{1}{s}$，求 $\mathscr{L}[t\varepsilon(t)]$。

解 由于

$$t\varepsilon(t)=\int_{0^-}^{t}\varepsilon(\tau)\mathrm{d}\tau$$

可得

$$\mathscr{L}[t\varepsilon(t)]=\mathscr{L}\left[\int_{0^-}^{t}\varepsilon(\tau)\mathrm{d}\tau\right]=\frac{1}{s}\cdot\frac{1}{s}=\frac{1}{s^2}$$

4. 延时(时域平移)性质

若 $\mathscr{L}[f(t)]=F(s)$,则对任何 $t_0>0$,有

$$\mathscr{L}[f(t-t_0)\varepsilon(t-t_0)]=\mathrm{e}^{-st_0}F(s)$$

此式中 $f(t-t_0)\varepsilon(t-t_0)$是以 $t-t_0$ 代替 $f(t)\varepsilon(t)$中的 t 所得的时间函数。$f(t-t_0)\varepsilon(t-t_0)$在 $t=t_1+t_0$ 时的数值与 $f(t)\varepsilon(t)$在 t_1 时的数值相等。从图象上看 $f(t-t_0)\varepsilon(t-t_0)$的波形就是将 $f(t)\varepsilon(t)$的波形向右推移 t_0 后所得的波形(见图 15-6-1)。

延时性质表明 $f(t-t_0)\varepsilon(t-t_0)$的拉普拉斯变换就等于 $f(t)$的拉普拉斯变换 $F(s)$乘以 e^{-st_0}。这一性质可以证明如下:

$$\mathscr{L}[f(t-t_0)\varepsilon(t-t_0)]=\int_{0^-}^{\infty}f(t-t_0)\varepsilon(t-t_0)\mathrm{e}^{-st}\mathrm{d}t=\int_{t_0}^{\infty}f(t-t_0)\mathrm{e}^{-s(t-t_0)}\mathrm{e}^{-st_0}\mathrm{d}t$$

令 $\tau=t-t_0$,则 $t=\tau+t_0$,代入上式得

$$\mathscr{L}[f(t-t_0)\varepsilon(t-t_0)]=\mathrm{e}^{-st_0}\int_{0^-}^{\infty}f(\tau)\mathrm{e}^{-s\tau}\mathrm{d}\tau=\mathrm{e}^{-st_0}F(s)$$

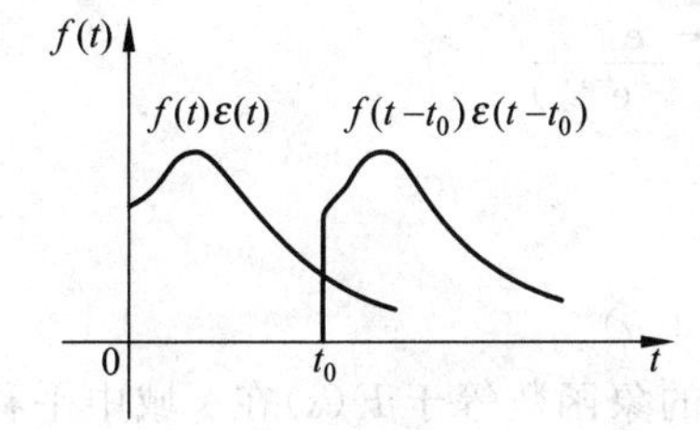

图 15-6-1 $f(t)\varepsilon(t)$函数的平移

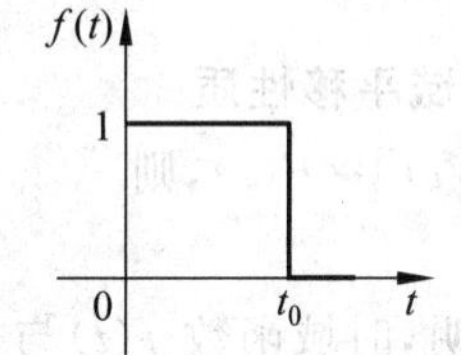

图 15-6-2 例 15-9 用图

【例 15-9】 求图 15-6-2 所示的函数 $f(t)$的拉普拉斯变换式。

解 函数 $f(t)$可以看成由单位阶跃函数 $\varepsilon(t)$和延时的单位阶跃函数 $\varepsilon(t-t_0)$之差,即

$$f(t)=\varepsilon(t)-\varepsilon(t-t_0)$$

于是,有

$$\begin{aligned}\mathscr{L}[f(t)]&=\mathscr{L}[\varepsilon(t)-\varepsilon(t-t_0)]\\&=\frac{1}{s}-\frac{1}{s}\mathrm{e}^{-st_0}=\frac{(1-\mathrm{e}^{-st_0})}{s}\end{aligned}$$

【例 15-10】 求图 15-6-3 所示周期矩形脉冲函数 $f(t)$的拉普拉斯变换式。

解 设周期矩形脉冲函数 $f(t)$在 $0<t\leqslant T$ 时间区间的函数为 $f_1(t)\varepsilon(t)$,则 $f(t)$可写为

$$\begin{aligned}f(t)=&f_1(t)\varepsilon(t)+f_1(t-T)\varepsilon(t-T)+\\&f_1(t-2T)\varepsilon(t-2T)+\cdots\end{aligned}$$

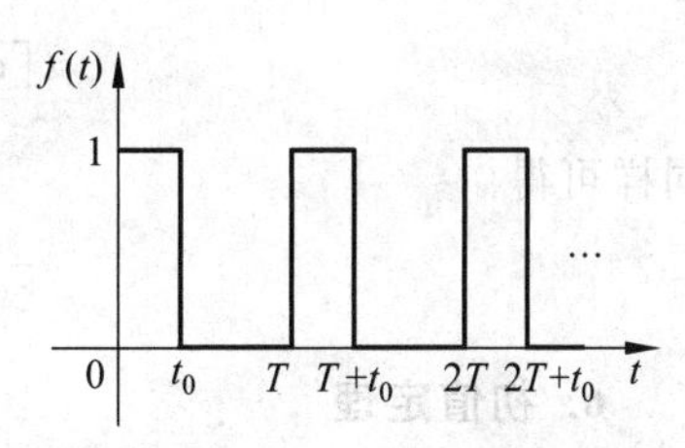

图 15-6-3 周期矩形脉冲函数

若

$$\mathscr{L}[f_1(t)\varepsilon(t)] = F_1(s)$$

由拉普拉斯变换的延时性质和线性性质,得 $f(t)$的拉普拉斯变换 $F(s)$为

$$F(s) = F_1(s) + F_1(s)\mathrm{e}^{-sT} + F_1(s)\mathrm{e}^{-2sT} + \cdots = F_1(s)(1 + \mathrm{e}^{-sT} + \mathrm{e}^{-2sT} + \cdots)$$

上式括号内是一个公比为 $q=\mathrm{e}^{-sT}$ 的等比级数,其和为 $1/(1-\mathrm{e}^{-sT})$,于是得

$$F(s) = \frac{F_1(s)}{1-\mathrm{e}^{-sT}}$$

由此可见,只要对表示周期函数第一个周期波形的函数 $f_1(t)\varepsilon(t)$,求出其拉普拉斯变换,就可用上式确定周期函数 $f(t)$的拉普拉斯变换。

本例中,表示第一个周期波形的函数

$$f_1(t)\varepsilon(t) = \varepsilon(t) - \varepsilon(t-t_0)$$

例 15-9 中已得出它的拉普拉斯变换为

$$F_1(s) = \frac{1-\mathrm{e}^{-st_0}}{s}$$

所以

$$F(s) = \frac{F_1(s)}{1-\mathrm{e}^{-sT}} = \frac{1-\mathrm{e}^{-st_0}}{s(1-\mathrm{e}^{-sT})}$$

5. 复频域平移性质

若 $\mathscr{L}[f(t)]=F(s)$,则

$$\mathscr{L}[\mathrm{e}^{-\alpha t}f(t)] = F(s+\alpha)$$

这一性质表明,时域函数 $f(t)$与指数函数 $\mathrm{e}^{-\alpha t}$ 的乘积的象函数等于 $F(s)$在 s 域中平移 α 后所得的象函数。

由拉普拉斯变换的定义容易证明这一结论。证明如下:

$$\mathscr{L}[\mathrm{e}^{-\alpha t}f(t)] = \int_{0_-}^{\infty}\mathrm{e}^{-\alpha t}f(t)\mathrm{e}^{-st}\mathrm{d}t = \int_{0_-}^{\infty}f(t)\mathrm{e}^{-(s+\alpha)t}\mathrm{d}t = F(s+\alpha)$$

【例 15-11】 求 $\mathrm{e}^{-\alpha t}\sin\omega t\varepsilon(t)$的拉普拉斯变换式。

解 已知

$$\mathscr{L}[\sin\omega t\varepsilon(t)] = \frac{\omega}{s^2+\omega^2}$$

由复频域平移性质,得

$$\mathscr{L}[\mathrm{e}^{-\alpha t}\sin\omega t\varepsilon(t)] = \frac{\omega}{(s+\alpha)^2+\omega^2}$$

同样可得

$$\mathscr{L}[\mathrm{e}^{-\alpha t}\cos\omega t\varepsilon(t)] = \frac{s+\alpha}{(s+\alpha)^2+\omega^2}$$

6. 初值定理

若 $\mathscr{L}[f(t)]=F(s)$,且 $f(t)$在 $t=0$ 处无冲激,则

$$\lim_{t\to 0^+} f(t) = f(0^+) = \lim_{s\to\infty} sF(s)$$

证明 将原函数的微分性质 $\mathscr{L}\left[\frac{\mathrm{d}f(t)}{\mathrm{d}t}\right]=sF(s)-f(0^-)$写作

$$sF(s)-f(0^-)=\int_{0^-}^{\infty}\frac{\mathrm{d}f(t)}{\mathrm{d}t}\mathrm{e}^{-st}\mathrm{d}t=\int_{0^-}^{0^+}\frac{\mathrm{d}f(t)}{\mathrm{d}t}\mathrm{e}^{-st}\mathrm{d}t+\int_{0^+}^{\infty}\frac{\mathrm{d}f(t)}{\mathrm{d}t}\mathrm{e}^{-st}\mathrm{d}t$$

由于 $f(t)$在 $t=0$ 处无冲激,上式等号右端第一项为 $f(0^+)-f(0^-)$,所以

$$sF(s)-f(0^-)=f(0^+)-f(0^-)+\int_{0^+}^{\infty}\frac{\mathrm{d}f(t)}{\mathrm{d}t}\mathrm{e}^{-st}\mathrm{d}t$$

当 $s\to\infty$,上式等号右端的积分项趋于零,这样便得

$$\lim_{s\to\infty} sF(s)=f(0^+)$$

初值定理得证。

例如,已知单位阶跃函数的拉普拉斯变换式为

$$\mathscr{L}[\varepsilon(t)]=\frac{1}{s}$$

则阶跃函数 $\varepsilon(t)$的初值

$$\varepsilon(0^+)=\lim_{s\to\infty} s\,\frac{1}{s}=1$$

可见,利用初值定理,可以由象函数 $F(s)$求出它所对应的时域函数 $f(t)$在 0^+ 时刻的值,即其初始值。

7. 终值定理

若 $\mathscr{L}[f(t)]=F(s)$,且$\lim\limits_{t\to\infty} f(t)$存在,则

$$\lim_{s\to 0} sF(s)=\lim_{t\to\infty} f(t)$$

证明 作 $f(t)$的导数的拉普拉斯变换,得

$$\mathscr{L}\left[\frac{\mathrm{d}f(t)}{\mathrm{d}t}\right]=\int_{0^-}^{\infty}\frac{\mathrm{d}f(t)}{\mathrm{d}t}\mathrm{e}^{-st}\mathrm{d}t=sF(s)-f(0^-)$$

当 $s\to 0$ 时,$\mathrm{e}^{-st}\to 1$,上式可写成

$$\int_{0^-}^{\infty}\frac{\mathrm{d}f(t)}{\mathrm{d}t}\mathrm{d}t=\lim_{s\to 0} sF(s)-f(0^-)$$

于是有

$$\lim_{t\to\infty} f(t)-f(0^-)=\lim_{s\to 0} sF(s)-f(0^-)$$

所以

$$\lim_{t\to\infty} f(t)=\lim_{s\to 0} sF(s)$$

终值定理只适用于$\lim\limits_{t\to\infty} f(t)$存在的函数。例如

$$\mathscr{L}[(1-\mathrm{e}^{-t})\varepsilon(t)]=\frac{1}{s}-\frac{1}{s+1}=\frac{1}{s(s+1)}$$

由终值定理即可得

$$\lim_{t\to\infty} f(t) = \lim_{s\to 0} s\frac{1}{s(s+1)} = 1$$

$\lim\limits_{t\to\infty} f(t)$是否存在,可从 $F(s)$的极点在 s 域中所处的位置作出判断,这个问题将在本章15.11节中加以讨论。

15.7 拉普拉斯反变换

根据拉普拉斯变换的定义式(15-4-1),可以对给定的时间函数求出其拉普拉斯变换式。现在研究由象函数 $F(s)$求它的原函数,即作拉普拉斯反变换。由式(15-4-2)

$$f(t) = \frac{1}{2\pi \mathrm{j}}\int_{C-\mathrm{j}\infty}^{C+\mathrm{j}\infty} F(s)\mathrm{e}^{st}\,\mathrm{d}s$$

将 $F(s)$代入此式,进行积分,即可求得 $f(t)$。作这样的积分有时并不方便。用下面叙述的一种求反变换的方法,在许多情形下,可以较方便地得到要求的原函数。

一种最常见的拉普拉斯变换式 $F(s)$是两个 s 的多项式的比,即 s 的有理分式

$$F(s) = \frac{F_1(s)}{F_2(s)} = \frac{a_m s^m + a_{m-1}s^{m-1} + \cdots + a_1 s + a_0}{b_n s^n + b_{n-1}s^{n-1} + \cdots + b_1 s + b_0}$$

式中分子、分母多项式的系数均为实数。假设分母多项式 $F_2(s)$的次数高于分子多项式的次数,即 $m<n$;$F_1(s)$,$F_2(s)$没有公因子,否则可先将公因子消去。在上述假设下,可以先将 $F(s)$按部分分式展开为若干简单分式之和,然后分别求出每一项简单分式的原函数,就可得出 $F(s)$的原函数。

为将 $F(s)$作部分分式展开,先求代数方程 $F_2(s)=0$ 的根。当 $n\leqslant 4$ 时,这些根都可以由 $F_2(s)$的系数方便地求出,在 $n>4$ 的情况下可以用数值计算方法求出。假设这些根已求出,记作 $s_i(i=1,2,\cdots,n)$。

按照所求出的根的不同类型,下面分三种情况进行讨论。

1. $F_2(s)=0$ 有 n 个不同的实数根

在这种情况下,$F(s)$的部分分式有以下形式

$$F(s) = \frac{F_1(s)}{F_2(s)} = \frac{A_1}{s-s_1} + \frac{A_2}{s-s_2} + \cdots + \frac{A_i}{s-s_i} + \cdots + \frac{A_n}{s-s_n}$$

现在需要求出这一展开式中各常数系数 A_i。为求 A_i,将上式等号两端分别乘以 $s-s_i$,得

$$\frac{F_1(s)}{F_2(s)}(s-s_i) = \frac{A_i}{s-s_i}(s-s_i) + \left(\text{上式中除}\frac{A_i}{s-s_i}\text{外的所有各项}\right)(s-s_i)$$

当 $s\to s_i$ 时,上式右端第一项就等于 A_i,其余各项均因有$(s-s_i)$因子,而其分母$(s-s_k)$,其中 $k=1,2,\cdots,n;k\neq i$,在 $s=s_i$ 处不为零,所以在 $s\to s_i$ 时,这些项均为零。于是得

$$A_i = \lim_{s\to s_i}\frac{F_1(s)}{F_2(s)}(s-s_i) \tag{15-7-1}$$

当 $s\to s_i$ 时，上式中 $F_1(s)|_{s_i}$ 不为零，而 $F_2(s)|_{s_i}$ 和 $(s-s_i)$ 均等于零，其比值的极限可用洛比达法则求出，于是有

$$A_i=\lim_{s\to s_i}\frac{F_1(s)}{\dfrac{F_2(s)}{s-s_i}}=\left.\frac{F_1(s)}{F_2'(s)}\right|_{s=s_i}\tag{15-7-2}$$

逐个地求出各系数 A_i 后，即可求出 $F(s)$ 的拉普拉斯反变换。象函数中的第 i 项 $A_i/(s-s_i)$ 的原函数是 $A_i\mathrm{e}^{s_it}\varepsilon(t)$，根据线性性质就得到

$$\mathscr{L}^{-1}[F(s)]=\mathscr{L}^{-1}\left[\frac{F_1(s)}{F_2(s)}\right]=\mathscr{L}^{-1}\left[\sum_{i=1}^{n}\frac{A_i}{s-s_i}\right]=\sum_{i=1}^{n}\left.\frac{F_1(s)}{F_2'(s)}\right|_{s=s_i}\mathrm{e}^{s_it}\varepsilon(t)$$

【例 15-12】 求 $F(s)=\dfrac{s+1}{(s+2)(s+3)}$ 的原函数。

解 $F(s)$ 的部分分式展开式为

$$F(s)=\frac{F_1(s)}{F_2(s)}=\frac{A}{s+2}+\frac{B}{s+3}$$

由式(15-7-1)得

$$A=\lim_{s\to-2}\frac{s+1}{(s+2)(s+3)}(s+2)=\left.\frac{s+1}{s+3}\right|_{s=-2}=-1$$

$$B=\lim_{s\to-3}\frac{s+1}{(s+2)(s+3)}(s+3)=\left.\frac{s+1}{s+2}\right|_{s=-3}=2$$

如用式(15-7-2)，则有

$$F_2'(s)=2s+5$$

得

$$A=\left.\frac{s+1}{2s+5}\right|_{s=-2}=-1$$

$$B=\left.\frac{s+1}{2s+5}\right|_{s=-3}=2$$

于是得

$$\mathscr{L}^{-1}\left[\frac{s+1}{(s+2)(s+3)}\right]=(-\mathrm{e}^{-2t}+2\mathrm{e}^{-3t})\varepsilon(t)$$

2. $F_2(s)=0$ 有共轭复数根

在这一情况下仍可用式(15-7-1)或式(15-7-2)求出部分分式的系数。设 $F_2(s)=0$ 有一对共轭复数根 $s_1=-\alpha+\mathrm{j}\omega$，$s_2=-\alpha-\mathrm{j}\omega$，这时 $F(s)$ 的部分分式展开式可写作

$$F(s)=\frac{F_1(s)}{F_2(s)}=\frac{F_1(s)}{(s+\alpha-\mathrm{j}\omega)(s+\alpha+\mathrm{j}\omega)F_3(s)}$$

$$=\frac{k_1}{s+\alpha-\mathrm{j}\omega}+\frac{k_2}{s+\alpha+\mathrm{j}\omega}+\frac{F_4(s)}{F_3(s)}$$

式中 $F_3(s_1)\neq0$，$F_3(s_2)\neq0$。

上式中系数 k_1 和 k_2 也是一对共轭复数，因为 $F(s)$ 是实系数有理分式。由式(15-7-1)可得

$$k_1=\frac{F_1(s)}{F_2(s)}(s+\alpha-\mathrm{j}\omega)\bigg|_{s=-\alpha+\mathrm{j}\omega}\overset{\text{def}}{=}|K|\mathrm{e}^{\mathrm{j}\theta}$$

$$k_2=\frac{F_1(s)}{F_2(s)}(s+\alpha+\mathrm{j}\omega)\bigg|_{s=-\alpha-\mathrm{j}\omega}\overset{\text{def}}{=}|K|\mathrm{e}^{-\mathrm{j}\theta}$$

将以上的部分分式展开式中的前两项记为

$$F_{\mathrm{C}}(s)=\frac{k_1}{s+\alpha-\mathrm{j}\omega}+\frac{k_2}{s+\alpha+\mathrm{j}\omega}$$

其原函数 $f_{\mathrm{C}}(t)$ 为

$$\begin{aligned}f_{\mathrm{C}}(t)&=\mathscr{L}^{-1}[F_{\mathrm{C}}(s)]=k_1\mathrm{e}^{(-\alpha+\mathrm{j}\omega)t}\varepsilon(t)+k_2\mathrm{e}^{-(\alpha+\mathrm{j}\omega)t}\varepsilon(t)\\&=|K|\mathrm{e}^{-\alpha t}[\mathrm{e}^{\mathrm{j}(\omega t+\theta)}+\mathrm{e}^{-\mathrm{j}(\omega t+\theta)}]\varepsilon(t)=2|K|\mathrm{e}^{-\alpha t}\cos(\omega t+\theta)\varepsilon(t)\end{aligned}$$

【例 15-13】 求象函数 $F(s)=\dfrac{s^2+3s+8}{(s+3)(s^2+2s+5)}$ 的原函数。

解 $F(s)$ 的部分分式展开式为

$$F(s)=\frac{A}{s+3}+\frac{B}{s+1-\mathrm{j}2}+\frac{C}{s+1+\mathrm{j}2}$$

由式(15-7-1)求得

$$\begin{aligned}A&=F(s)(s+3)|_{s=-3}=1\\B&=F(s)(s+1-\mathrm{j}2)|_{s=-1+\mathrm{j}2}=-\mathrm{j}0.25\\C&=F(s)(s+1+\mathrm{j}2)|_{s=-1-\mathrm{j}2}=\mathrm{j}0.25\end{aligned}$$

于是有

$$F(s)=\frac{1}{s+3}+\frac{-\mathrm{j}0.25}{s+1-\mathrm{j}2}+\frac{\mathrm{j}0.25}{s+1+\mathrm{j}2}$$

$F(s)$ 的原函数即为

$$\begin{aligned}f(t)&=\mathrm{e}^{-3t}\varepsilon(t)+0.25\mathrm{e}^{-t}[\mathrm{e}^{\mathrm{j}(2t-90^\circ)}+\mathrm{e}^{-\mathrm{j}(2t-90^\circ)}]\varepsilon(t)\\&=[\mathrm{e}^{-3t}+0.5\mathrm{e}^{-t}\cos(2t-90^\circ)]\varepsilon(t)\\&=[\mathrm{e}^{-3t}+0.5\mathrm{e}^{-t}\sin 2t]\varepsilon(t)\end{aligned}$$

3. $F_2(s)=0$ 有重根

我们只讨论 $F_2(s)=0$ 在 $s=s_i$ 处有一个 k 重根的情形。这时可将 $F_2(s)$ 分解为

$$F_2(s)=(s-s_i)^kF_3(s)$$

式中的 $F_3(s_i)\neq0$，即 s_i 不是 $F_3(s)=0$ 的根。于是可将 $F(s)$ 的部分分式展开式写作

$$\begin{aligned}F(s)&=\frac{F_1(s)}{F_2(s)}=\frac{F_1(s)}{(s-s_i)^kF_3(s)}\\&=\frac{A_{i1}}{s-s_i}+\frac{A_{i2}}{(s-s_i)^2}+\cdots+\frac{A_{i(k-1)}}{(s-s_i)^{k-1}}+\frac{A_{ik}}{(s-s_i)^k}+\frac{F_4(s)}{F_3(s)}\end{aligned}$$

式中A_{i1},…,A_{ik}均为常数。

上式最后一项的部分分式展开式可以用式(15-7-1)求出(如果$F_3(s)=0$无重根)。为求出上式中的各系数A_{i1},…,A_{ik},将该式等号两端分别乘以$(s-s_i)^k$,便有

$$\frac{F_1(s)}{F_2(s)}(s-s_i)^k=A_{i1}(s-s_i)^{k-1}+A_{i2}(s-s_i)^{k-2}+\cdots$$
$$+A_{i(k-1)}(s-s_i)+A_{ik}+\frac{F_4(s)}{F_3(s)}(s-s_i)^k \tag{15-7-3}$$

上式右端各项除A_{ik}一项外,均有$(s-s_i)$的因子,当$s\to s_i$,它们都趋近于零,所以这时此式右端就等于A_{ik},于是得

$$A_{ik}=\lim_{s\to s_i}\frac{F_1(s)}{F_2(s)}(s-s_i)^k$$

将式(15-7-3)对s求导一次,再令$s\to s_i$,便可求得$A_{i(k-1)}$,…。对式(15-7-3)求导$k-1$次以后,它的右端成为$A_{i1}(k-1)!$,最后得到

$$A_{i1}=\frac{1}{(k-1)!}\lim_{s\to s_i}\frac{\mathrm{d}^{(k-1)}}{\mathrm{d}s^{k-1}}\left[\frac{F_1(s)}{F_2(s)}(s-s_i)^k\right] \tag{15-7-4}$$

得到了$F(s)$的部分分式展开式以后,分别求出每一项的原函数,它们的和就是所求的$F(s)$的原函数。

【例 15-14】 求象函数$F(s)=\dfrac{s+1}{(s+2)^3(s+3)}$的原函数。

解 给定的$F(s)$中,$F_2(s)=0$在$s=-2$处有3重根,在$s=-3$处有单根,它的部分分式展开式为

$$\frac{s+1}{(s+2)^3(s+3)}=\frac{A_{11}}{s+2}+\frac{A_{12}}{(s+2)^2}+\frac{A_{13}}{(s+2)^3}+\frac{B}{s+3}$$

将上式两端乘以$(s+2)^3$后,再令$s\to-2$,得

$$A_{13}=\lim_{s\to-2}\frac{s+1}{(s+2)^3(s+3)}(s+2)^3=\left.\frac{s+1}{s+3}\right|_{s=-2}=-1$$

再用式(15-7-4),可得

$$A_{12}=\lim_{s\to-2}\frac{\mathrm{d}}{\mathrm{d}s}\left[\frac{s+1}{(s+2)^3(s+3)}(s+2)^3\right]=\left.\frac{\mathrm{d}}{\mathrm{d}s}\left(\frac{s+1}{s+3}\right)\right|_{s=-2}=2$$

$$A_{11}=\frac{1}{2}\lim_{s\to-2}\frac{\mathrm{d}^2}{\mathrm{d}s^2}\left[\frac{s+1}{(s+2)^3(s+3)}(s+2)^3\right]$$
$$=\frac{1}{2}\left.\frac{\mathrm{d}}{\mathrm{d}s}\left(\frac{2}{(s+3)^2}\right)\right|_{s=-2}=\frac{1}{2}\left.\frac{-4}{(s+3)^3}\right|_{s=-2}=-2$$

又

$$B=\lim_{s\to-3}\frac{s+1}{(s+2)^3(s+3)}(s+3)=\left.\frac{s+1}{(s+2)^3}\right|_{s=-3}=2$$

于是得到所给的$F(s)$的原函数为

$$f(t)=\mathscr{L}^{-1}[F(s)]=\mathscr{L}^{-1}\left[\frac{s+1}{(s+2)^3(s+3)}\right]=\left(-2\mathrm{e}^{-2t}+2t\mathrm{e}^{-2t}-\frac{1}{2}t^2\mathrm{e}^{-2t}+2\mathrm{e}^{-3t}\right)\varepsilon(t)$$

15.8 复频域中的电路定律、电路元件与模型

电路分析的典型问题是对给定电路在给定的激励下进行分析,求出其中电流、电压等。集总参数的动态电路的分析一般都归结为电路的微分-积分方程的求解。如果对电路的微分方程作拉普拉斯变换,就可以将描述电路性状的微分-积分方程变换成代数方程;求未知电流、电压象函数的问题就成为这样的代数方程的求解问题。

如果将电路的基本定律和元件方程都以电路中电压、电流等变量的象函数来表述,我们就可以直接从电路中变量的象函数着手分析电路。

电路中的基尔霍夫定律是:流出任一节点的电流的代数和为零(KCL);沿任一闭合回路各电压代数和为零(KVL),即

$$\sum i(t)=0 \quad \text{KCL}$$

$$\sum u(t)=0 \quad \text{KVL}$$

对这两个定律的方程式作拉普拉斯变换,即有

$$\sum I(s)=0 \quad \text{KCL}$$

$$\sum U(s)=0 \quad \text{KVL}$$

上面两式就是基尔霍夫定律的复频域形式。它表明了支路电流的象函数仍遵循 KCL;回路中电压的象函数仍遵循 KVL。

例如对图 15-8-1 中的 RLC 串联电路,有电压方程

$$u_R(t)+u_L(t)+u_C(t)=u(t)$$

而以电压的象函数表示,则有

$$U_R(s)+U_L(s)+U_C(s)=U(s)$$

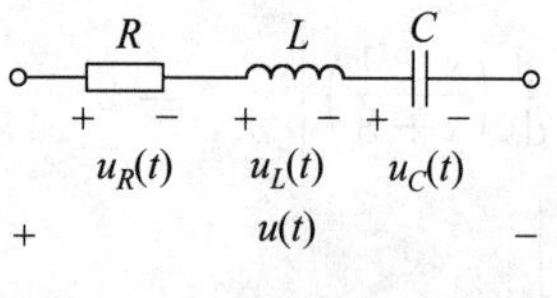

图 15-8-1 *RLC* 串联电路

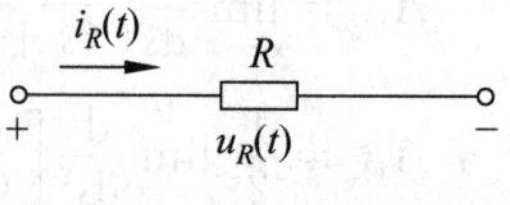

图 15-8-2 电阻元件时域模型

现在来建立电路元件的复频域模型。对于一些最常见的线性电路元件,我们将表征其特性的电流与电压关系用它的象函数表示,得到电路元件的复频域模型或称运算电路模型。

线性电阻元件(图 15-8-2)的电流与电压关系是

$$u_R(t)=Ri_R(t)$$

或

$$i_R(t)=Gu_R(t)$$

与之对应的电阻上电压与电流的象函数间的关系是

$$U_R(s)=RI_R(s)$$

或

$$I_R(s)=GU_R(s)$$

其复频域模型如图 15-8-3 所示。

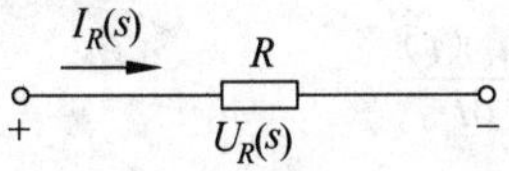

图 15-8-3 电阻元件复频域模型

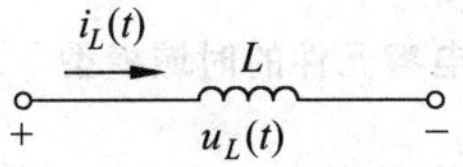

图 15-8-4 电感元件时域模型

线性电感元件(图 15-8-4)的电流与电压的关系是

$$u_L(t)=L\frac{\mathrm{d}i_L(t)}{\mathrm{d}t}$$

或

$$i_L(t)=i_L(0^-)+\frac{1}{L}\int_{0^-}^{t}u_L(\tau)\mathrm{d}\tau$$

对以上两式作拉普拉斯变换,便有

$$U_L(s)=sLI_L(s)-Li_L(0^-)\tag{15-8-1}$$

或

$$I_L(s)=\frac{i_L(0^-)}{s}+\frac{1}{sL}U_L(s)\tag{15-8-2}$$

由式(15-8-1)和式(15-8-2)两式,可以作出表示电感元件的电压、电流象函数关系的电路复频域模型,如图 15-8-5 所示。图 15-8-5(a)是由式(15-8-1)得出的复频域模型,其中 sL 称为电感的运算阻抗;$Li_L(0^-)$仅取决于电感电流的初始值,它在这个模型中如同独立电压源,其参考方向如图中所示。图 15-8-5(b)是由式(15-8-2)得出的复频域模型,也可以通过将图 15-8-5(a)中的独立电压源等效变换成独立电流源得到。这个模型中 sL 仍是电感的运算阻抗,而与之并联的 $i_L(0^-)/s$ 就如同独立电流源。

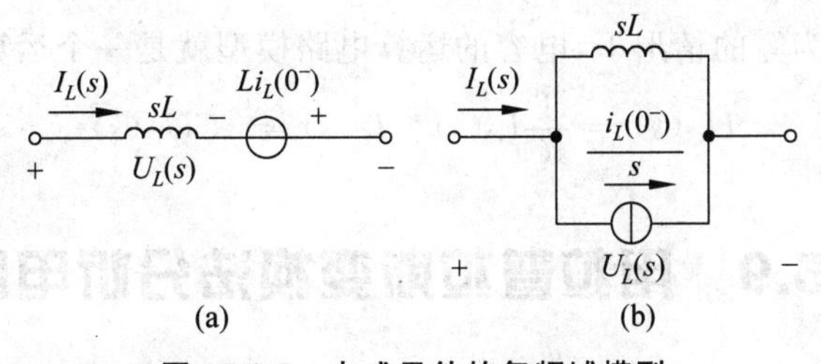

图 15-8-5 电感元件的复频域模型

(a) 电压源与电感串联;(b) 电流源与电感并联

在电感电流的初始值为零的情形下，电感的运算电路模型就是一个运算阻抗 sL，即

$$U_L(s) = sLI_L(s)$$

或

$$I_L(s) = \frac{1}{sL}U_L(s)$$

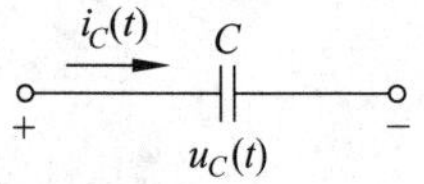

线性电容(图 15-8-6)的电压与电流时域中的关系是

$$u_C(t) = u_C(0^-) + \frac{1}{C}\int_{0^-}^{t} i_C(\tau)\mathrm{d}\tau$$

$$i_C(t) = C\frac{\mathrm{d}u_C(t)}{\mathrm{d}t}$$

$i_C(t)$　C　+　−　$u_C(t)$

图 15-8-6　电容元件的时域模型

将以上两式作拉普拉斯变换，得

$$U_C(s) = \frac{u_C(0^-)}{s} + \frac{1}{sC}I_C(s) \tag{15-8-3}$$

$$I_C(s) = sCU_C(s) - Cu_C(0^-) \tag{15-8-4}$$

由此两式可作出表示电容元件电压和电流的象函数关系的运算电路模型如图 15-8-7 所示。图 15-8-7(a)是根据式(15-8-3)作出的，其中的 $1/sC$ 叫做电容的运算阻抗，$u_C(0^-)/s$ 仅决定于电容电压的初始值，它在这一模型中如同有恒定电压 $u_C(0^-)/s$ 的独立电压源，其参考方向如图所示。图 15-8-7(b)是根据式(15-8-4)作出的。它也可以通过将图 15-8-7(a)中的独立电压源等效变换成电流源得到。这个模型中的 $1/sC$ 仍是运算阻抗，与之并联的 $Cu_C(0^-)$就如同一个独立电流源。

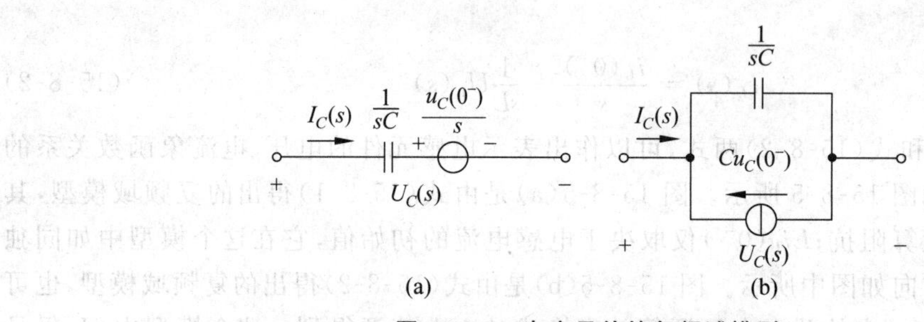

图 15-8-7　电容元件的复频域模型

(a) 电压源与电容串联；(b) 电流源与电容并联

在电容电压初值为零的情形下，电容的运算电路模型就是一个运算阻抗 $1/sC$。即

$$U_C(s) = \frac{1}{sC}I_C(s)\quad I_C(s) = sCU_C(s)$$

15.9　用拉普拉斯变换法分析电路

用拉普拉斯变换法分析线性电路中的动态过程问题一般是按照下面的做法进行的。将所要研究的电路中的每个元件都用它的复频域模型(运算阻抗和附加电源)来代替，把电源

的电压或电流以其拉普拉斯变换式表示，就得到电路的复频域模型，即运算电路。将复频域形式的KCL和KVL应用于该电路，建立所需求解变量的象函数的方程，由这些方程解出所需的象函数，将它们进行反变换后就得到所求的过渡过程问题的解。这一方法常称为运算法。它与用相量法分析电路正弦稳态响应在原理和形式上是相同的，只需以 s 代替 $j\omega$，用电压和电流的象函数代替电压和电流相量，并在电路中引入考虑初始条件作用的附加电源，便可得到运算电路模型，而且在用相量法分析电路的正弦稳态响应时所用的定理和方法都可用于运算电路，分析其中的动态过程。

综上所述，可以把用拉普拉斯变换法（运算法）分析电路的步骤归纳如下：

(1) 将激励函数进行拉普拉斯变换。

(2) 作出电路的运算电路，在其中引入考虑储能元件初始条件作用的附加电源。

(3) 建立复频域形式的电路的KCL，KVL方程，求出响应的象函数。

(4) 将(3)中求得的象函数进行拉普拉斯反变换，求出原函数。

【例 15-15】 RLC 串联电路如图 15-9-1(a)所示。已知 $i(0^-)=0.5\text{A}$，$u_C(0^-)=0$，求 $u_C(t)$ 和 $i(t)$，对 $t\geqslant 0$。

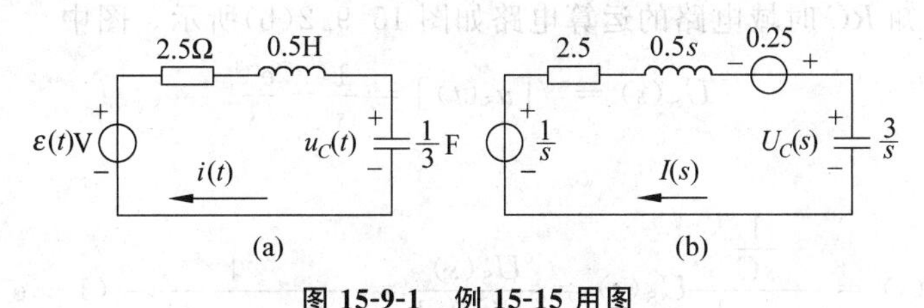

图 15-9-1 例 15-15 用图

(a) 时域电路；(b) 运算电路

解 这是求具有初始条件不为零的电路中的全响应问题，作出运算电路如图 15-9-1(b)所示。由KVL得电流的象函数 $I(s)$ 应满足的方程：

$$\left(2.5+0.5s+\frac{3}{s}\right)I(s)=\frac{1}{s}+0.25$$

$$I(s)=\frac{s+4}{2s^2+10s+12}$$

$$U_C(s)=\frac{3}{s}I(s)=\frac{3s+12}{2s(s^2+5s+6)}$$

象函数 $I(s)$ 和 $U_C(s)$ 的部分分式展开式为

$$I(s)=\frac{s+4}{2(s+2)(s+3)}=\frac{1}{s+2}-\frac{1}{2(s+3)}$$

$$U_C(s)=\frac{3s+12}{2s(s+2)(s+3)}=\frac{1}{s}-\frac{3}{2(s+2)}+\frac{1}{2(s+3)}$$

求上面两式的拉普拉斯反变换，即得电流 $i(t)$ 和 $u_C(t)$ 为

$$i(t)=\left(\mathrm{e}^{-2t}-\frac{1}{2}\mathrm{e}^{-3t}\right)\varepsilon(t)\ \mathrm{A}$$

$$u_C(t)=\left(1-\frac{3}{2}\mathrm{e}^{-2t}+\frac{1}{2}\mathrm{e}^{-3t}\right)\varepsilon(t)\ \mathrm{V}$$

由此例可以看出，利用拉普拉斯变换分析电路，由于在运算电路中已考虑了初始条件，所以可直接得到电路的全响应。

【例 15-16】 求图 15-9-2(a)所示 RC 电路的零状态响应 $u_C(t)$。已知 $R=5\Omega$，$C=0.4\mathrm{F}$，$u_S(t)=[\varepsilon(t)-\varepsilon(t-3)]\mathrm{V}$。

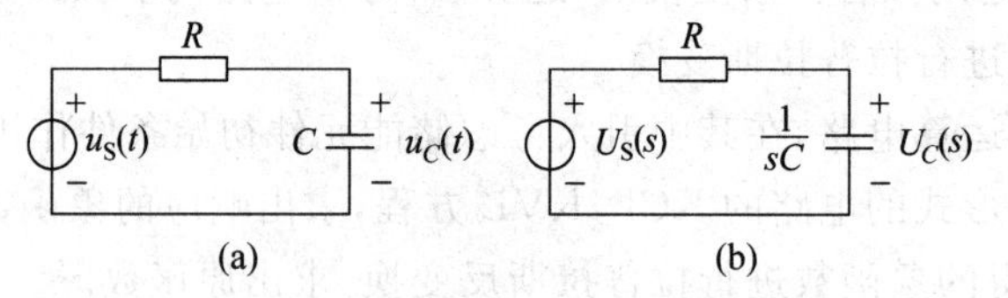

图 15-9-2 例 15-16 附图

(a) 时域电路；(b) 运算电路

解 画出已知 RC 时域电路的运算电路如图 15-9-2(b)所示。图中

$$U_S(s)=\mathscr{L}[u_S(t)]=\frac{1}{s}-\frac{\mathrm{e}^{-3s}}{s}$$

由分压公式得

$$U_C(s)=\frac{\dfrac{1}{sC}}{R+\dfrac{1}{sC}}U_S(s)=\frac{U_S(s)}{sRC+1}=\frac{1}{sRC\left(s+\dfrac{1}{RC}\right)}(1-\mathrm{e}^{-3s})$$

代入数据得

$$U_C(s)=\frac{1}{2s\left(s+\dfrac{1}{2}\right)}(1-\mathrm{e}^{-3s})=\left(\frac{1}{s}-\frac{1}{s+\dfrac{1}{2}}\right)(1-\mathrm{e}^{-3s})$$

对上式取拉普拉斯反变换得电路的零状态响应 $u_C(t)$

$$\begin{aligned}u_C(t)&=(1-\mathrm{e}^{-\frac{1}{2}t})\varepsilon(t)-[1-\mathrm{e}^{-\frac{1}{2}(t-3)}]\varepsilon(t-3)\\&=(1-\mathrm{e}^{-\frac{1}{2}t})[\varepsilon(t)-\varepsilon(t-3)]+[\mathrm{e}^{-\frac{1}{2}(t-3)}-\mathrm{e}^{-\frac{1}{2}t}]\varepsilon(t-3)\end{aligned}$$

上式的时间分段表示式为

$$u_C(t)=\begin{cases}1-\mathrm{e}^{-\frac{1}{2}t} & 1<t\leqslant 3\\ 0.777\mathrm{e}^{-\frac{1}{2}(t-3)} & t>3\end{cases}$$

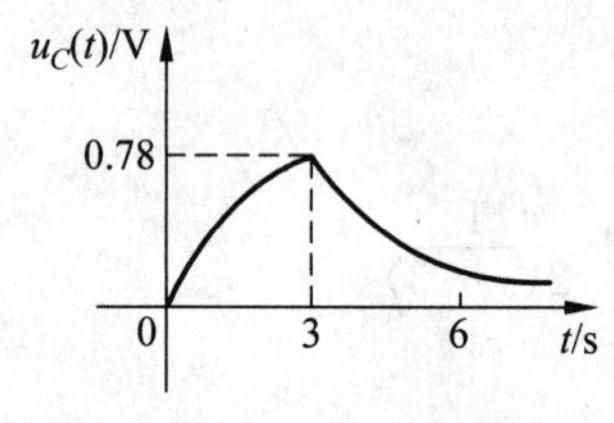

图 15-9-3 $u_C(t)$的波形

$u_C(t)$的波形图如图 15-9-3 所示。

【例 15-17】 在图 15-9-4(a)所示电路中，$R_1=2\Omega$，$R_2=3\Omega$，$C_1=1\mathrm{F}$，$C_2=0.5\mathrm{F}$，$u_S(t)=10\varepsilon(t)\mathrm{V}$。求$u_{C_2}(t)$的零状态

响应，对 $t \geqslant 0$。

解 由已知时域电路作出其运算电路如图 15-9-4(b)所示。

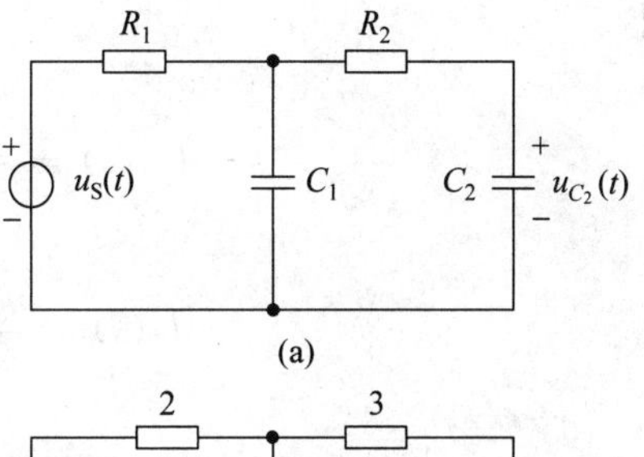

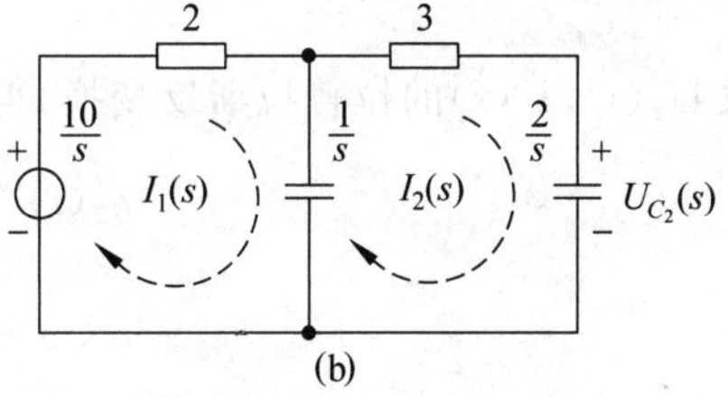

图 15-9-4 例 15-17 用图

(a) 时域电路；(b) 运算电路

设两个独立回路的回路电流分别为 $I_1(s)$、$I_2(s)$，参考方向如图中所示。分别对两个回路列 KVL 方程，得

$$\left(\frac{1}{s}+2\right)I_1(s)-\frac{1}{s}I_2(s)=\frac{10}{s} \tag{15-9-1}$$

$$-\frac{1}{s}I_1(s)+\left(\frac{1}{s}+\frac{2}{s}+3\right)I_2(s)=0 \tag{15-9-2}$$

由式(15-9-2)得

$$I_1(s)=3(s+1)I_2(s)$$

将它代入式(15-9-1)，得

$$I_2(s)=\frac{10}{6s^2+9s+2}$$

由此可得

$$U_{C_2}(s)=\frac{1}{sC_2}I_2(s)=\frac{20}{s(6s^2+9s+2)}=\frac{10}{s}+\frac{-10s-15}{s^2+1.5s+\frac{1}{3}}$$

$$=\frac{10}{s}+\frac{-10s-15}{(s+0.271)(s+1.23)}=\frac{10}{s}+\frac{-12.8}{s+0.271}+\frac{2.83}{s+1.23}$$

由 $U_{C_2}(s)$ 反变换得电容电压 $u_{C_2}(t)$ 为

$$u_{C_2}(t)=(10-12.8\mathrm{e}^{-0.271t}+2.83\mathrm{e}^{-1.23t})\varepsilon(t)\ \mathrm{V}$$

【例 15-18】 求图 15-9-5(a)所示电路中的 $i_2(t)$ 和 $u_2(t)$。已知 $u_2(0^-)=0$，开关在 $t=0$ 时闭合。

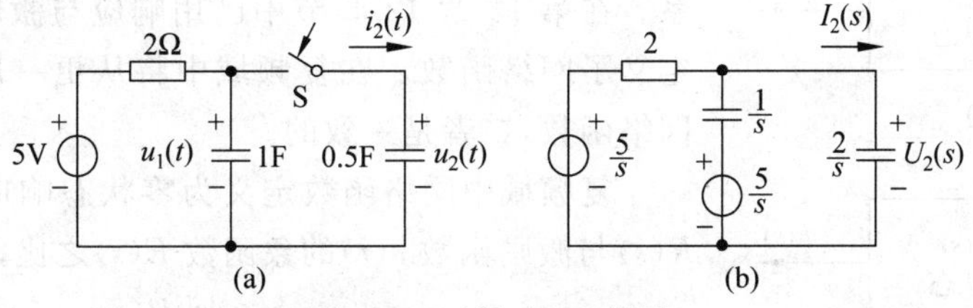

图 15-9-5 例 15-18 用图

(a) 时域电路；(b) 运算电路

解 由图 15-9-5(a)电路求得 $u_1(0^-)=5\mathrm{V}$，画出运算电路如图 15-9-5(b)所示。

应用节点电压法得

$$\left(\frac{1}{2}+s+\frac{s}{2}\right)U_2(s)=\frac{5}{2s}+5$$

则

$$U_2(s)=\frac{10s+5}{3s\left(s+\frac{1}{3}\right)}=\frac{5}{s}-\frac{\frac{5}{3}}{s+\frac{1}{3}}$$

$$I_2(s)=\frac{s}{2}U_2(s)=\frac{5}{3}+\frac{5}{18\left(s+\frac{1}{3}\right)}$$

取 $U_2(s)$，$I_2(s)$的拉普拉斯反变换，得

$$u_2(t)=\left(5-\frac{5}{3}\mathrm{e}^{-\frac{1}{3}t}\right)\varepsilon(t)\ \mathrm{V}$$

$$i_2(t)=\frac{5}{3}\delta(t)+\frac{5}{18}\mathrm{e}^{-\frac{1}{3}t}\varepsilon(t)\ \mathrm{A}$$

当 $t=0^+$ 时，$u_2(0^+)=\frac{10}{3}\mathrm{V}$，而 $u_2(0^-)=0$，电容电压在 $t=0$ 处发生了跃变。这是冲激电流 $5\delta(t)/3$ 对电容器充电的结果，它使得

$$u_C(0^+)=\frac{1}{0.5}\int_{0^-}^{0^+}\frac{5}{3}\delta(t)\mathrm{d}t=\frac{10}{3}\ \mathrm{V}$$

由本例可见，用拉普拉斯变换法分析换路瞬间电容电压(电感电流)有跃变情形时，无须先求出 0^+ 时的电容电压值(电感电流值)，因为拉普拉斯变换式中积分下限定为 0^-，则 0^- 到 0^+ 的变化情况已经包含在变换式中。

15.10 网络函数

在时域中电路的零状态响应 $r(t)$ 可由激励函数 $e(t)$ 和单位冲激函数 $h(t)$ 的卷积积分得出。在复频域中引入网络函数来表示 $E(s)$ 和 $R(s)$ 的关系。在第 12 章 12.5 节中已用响应与激励的复数值之比定义了网络函数。在复频域中将从更一般的意义下定义网络函数，二者是一致的。

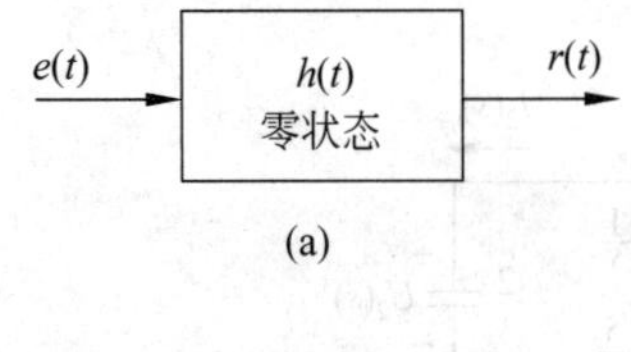

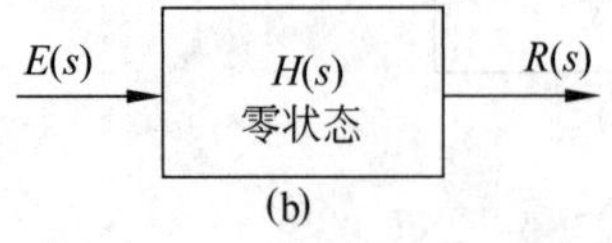

图 15-10-1 电路中激励和响应关系的框图
(a) 时域形式框图；
(b) 复频域形式框图

复频域中网络函数定义为零状态响应 $r(t)$ 的象函数 $R(s)$ 与激励函数 $e(t)$ 的象函数 $E(s)$ 之比，即

$$H(s)\stackrel{\text{def}}{=}\frac{R(s)}{E(s)}\tag{15-10-1}$$

按照式(15-10-1)定义，要求出图 15-10-1 所示框图中激励 $e(t)$ 与响应 $r(t)$ 间关系的网络函数 $H(s)$，只需求出该电路在此激励 $E(s)=\mathscr{L}[e(t)]$ 作用下响应 $r(t)$ 的拉普拉斯变换 $R(s)$，它们的比值 $R(s)/E(s)$ 即为所要求的

$H(s)$。例如图 15-10-2(a)的电路中，网络函数是

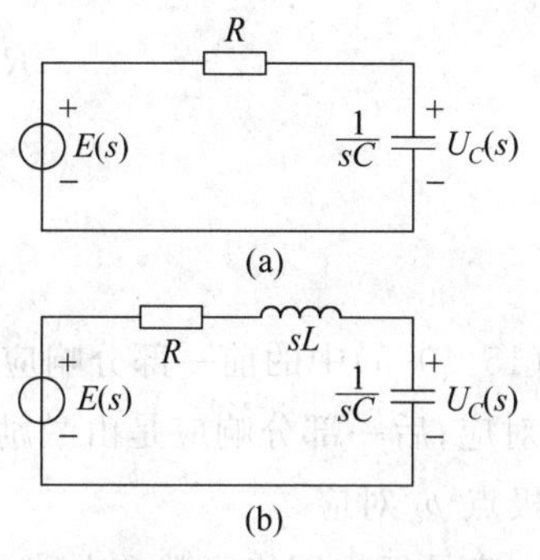

图 15-10-2 RC 和 RLC 串联电路

(a) RC 串联电路；(b) RLC 串联电路

$$H(s)=\frac{U_C(s)}{E(s)}=\frac{\frac{1}{sC}E(s)}{\left(R+\frac{1}{sC}\right)E(s)}=\frac{1}{RCs+1}$$

在图 15-10-2(b)的电路中网络函数是

$$H(s)=\frac{U_C(s)}{E(s)}=\frac{\frac{1}{sC}E(s)}{\left(R+sL+\frac{1}{sC}\right)E(s)}$$

$$=\frac{1}{LCs^2+RCs+1}$$

由此可见，网络函数只决定于网络的结构和参数，而与激励(电源)无关。

若已知网络函数，要求电路在任意激励下的零状态响应，由网络函数的定义可得

$$R(s)=H(s)E(s) \tag{15-10-2}$$

对于线性集总参数的电路，任何激励与响应的关系都可由一相应的常系数线性微分方程描述。因此，响应与激励的象函数的比 $H(s)$ 可表示为实系数的有理分式，即两个实系数的复频率 s 的多项式之比，即

$$H(s)=\frac{N(s)}{D(s)}=\frac{b_m s^m+b_{m-1}s^{m-1}+\cdots+b_1 s+b_0}{a_n s^n+a_{n-1}s^{n-1}+\cdots+a_1 s+a_0}=\frac{H_0\prod_{j=1}^{m}(s-z_j)}{\prod_{i=1}^{n}(s-p_i)} \tag{15-10-3}$$

式中 $H_0=b_m/a_n$，z_j 和 p_i 分别为分子多项式 $N(s)=0$ 和分母多项式 $D(s)=0$ 的根，称 z_j 为 $H(s)$ 的零点，p_i 为 $H(s)$ 的极点。

假设网络中的激励 $e(t)$ 的象函数 $E(s)=P(s)/Q(s)$，$P(s)$ 和 $Q(s)$ 分别是 s 的 m'，n' 次多项式，即

$$E(s)=\frac{P(s)}{Q(s)}=E_0\frac{\prod_{k=1}^{m'}(s-z_k)}{\prod_{l=1}^{n'}(s-p_l)}$$

z_k 和 p_l 分别是 $E(s)$ 的零点和极点。电路的零状态响应便可表示为

$$R(s)=H(s)E(s)=\frac{H_0E_0\prod_{j=1}^{m}(s-z_j)\prod_{k=1}^{m'}(s-z_k)}{\prod_{i=1}^{n}(s-p_i)\prod_{l=1}^{n'}(s-p_l)} \tag{15-10-4}$$

显然，响应 $R(s)$ 的零点、极点分别由 $H(s)$ 和 $E(s)$ 的零点、极点决定。假设式(15-10-4)中的 $n>m$，$n'>m'$，分子与分母中没有相同因子，且在 $R(s)$ 中不含有多重极点的情形下，式(15-10-4)的部分分式展开式为

$$R(s) = \sum_{i=1}^{n} \frac{k_i}{s-p_i} + \sum_{l=1}^{n'} \frac{k_l}{s-p_l}$$

则

$$r(t) = \sum_{i=1}^{n} k_i e^{p_i t} + \sum_{l=1}^{n'} k_l e^{p_l t} \tag{15-10-5}$$

式(15-10-5)中的前一部分响应是自由分量,其中的每一 $e^{p_i t}$ 项与网络函数 $H(s)$ 的一个极点 p_i 对应;后一部分响应是由激励函数在电路响应中产生的强制分量,每一 $e^{p_l t}$ 项与激励 $E(s)$ 的极点 p_l 对应。

容易得出网络函数和电路单位冲激响应的关系。设输入激励为单位冲激函数 $\delta(t)$,则

$$R(s) = H(s)\mathscr{L}[\delta(t)] = H(s)$$

因此,电路对于单位冲激函数 $\delta(t)$ 的响应为

$$r(t) = \mathscr{L}^{-1}[R(s)] = \mathscr{L}^{-1}[H(s)]$$

设函数 $h(t)$ 为

$$h(t) = \mathscr{L}^{-1}[H(s)]$$

称 $h(t)$ 为单位冲激响应。可见,单位冲激响应和网络函数是一对拉普拉斯变换对。

15.11 网络函数的极点分布与电路冲激响应的关系

网络函数 $H(s)$ 与单位冲激响应是拉普拉斯变换对。因此,只要知道 $H(s)$ 在 s 平面上零点、极点的分布情况,就可以判断冲激响应的特性。下面讨论 $H(s)$ 的极点在 s 平面上不同位置时冲激响应的波形。

由网络函数 $H(s)$ 的一般形式

$$H(s) = H_0 \frac{\prod_{j=1}^{m}(s-z_j)}{\prod_{i=1}^{n}(s-p_i)}$$

又假定 $H(s)$ 的所有的极点皆相异,且 $n>m$,则 $H(s)$ 可展开成以下简单分式的和

$$H(s) = \sum_{i=1}^{n} \frac{A_i}{s-s_i} \overset{\text{def}}{=} \sum_{i=1}^{n} H_i(s)$$

对于每一极点 s_i,网络函数中有对应的一项 $H_i(s) = A_i/(s-s_i)$,A_i 是上式的部分分式展开式中的系数。$H_i(s)$ 的拉普拉斯反变换为 $h_i(t)$,则单位冲激响应为 $h(t) = \sum h_i(t)$。这样,便可分别考虑与每一极点 p_i 对应的因子对冲激响应的贡献。

若 $H(s)$ 有一位于 s 平面实轴上的极点,即 $p_i=\alpha$,α 为一实数,如 $H_i(s)=A/(s-\alpha)$(A 为常数),则 $h_i(t)=A\exp(\alpha t)$。当 α 为负实数时,冲激响应中的 $h_i(t)$ 为指数衰减函数,当 α 为正实数时,$h_i(t)$ 为指数增幅函数。

若 $H(s)$有一极点位于 s 平面的原点，如 $H_i(s)=A/s$(A 为常数)，则 $h_i(t)=A\varepsilon(t)$，冲激响应中的 $h_i(t)$为阶跃函数。

若 $H(s)$有一对共轭极点位于 s 平面的虚轴上，设极点为 $p_1=\mathrm{j}\omega_0$，$p_2=-\mathrm{j}\omega_0$，网络函数中对应的两项和为$(Bs+D)/(s^2+\omega_0^2)$(B，D 均为常数)，在冲激响应中就有角频率为 ω_0 的等幅正弦振荡分量。

若 $H(s)$有一对共轭复数极点 $p_1=\alpha_0+\mathrm{j}\omega_0$，$p_2=\alpha_0-\mathrm{j}\omega_0$，网络函数中对应的两项之和为$(Es+F)/[(s-\alpha_0)^2+\omega_0^2]$($E$，$F$ 均为常数)，它所对应的冲激响应中的分量，当 $\alpha_0<0$ 时是衰减振荡；当 $\alpha_0>0$ 时是振幅随时间按指数增长的振荡。

图 15-11-1 表示了网络函数 $H(s)$的极点分布位置和相应的网络冲激响应的关系。由此图可以看出：若 $H(s)$的极点都在左半平面，$h_i(t)$的波形是随时间的增长而衰减的，这样的电路中的动态过程是稳定的；若 $H(s)$有位于右半平面的极点，相应的冲激响应的波形是随时间无限增长的，这样的电路中的动态过程是不稳定的。

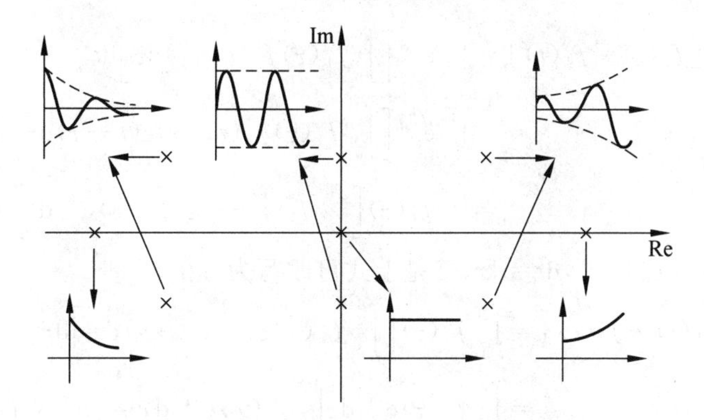

图 15-11-1　极点分布和冲激响应的关系

15.12 卷积定理

电路的零状态响应可由激励 $e(t)$和电路的单位冲激响应进行卷积积分得到，即

$$r(t)=e(t)*h(t)=\int_0^t e(\tau)h(t-\tau)\mathrm{d}\tau$$

电路零状态响应的象函数可由激励的象函数 $E(s)$和网络函数 $H(s)$的乘积得到，即

$$R(s)=E(s)H(s)$$

比较这两个式子，就可以看到两个象函数的乘积 $H(s)E(s)$与所对应的原函数 $h(t)$、$e(t)$之间的关系，这就是卷积定理所要说明的。

卷积定理　若 $\mathscr{L}[f_1(t)]=F_1(s)$，$\mathscr{L}[f_2(t)]=F_2(s)$，则

$$\mathscr{L}^{-1}[F_1(s)F_2(s)]=f_1(t)*f_2(t)=\int_0^t f_1(\tau)f_2(t-\tau)\mathrm{d}\tau$$

或

$$\mathscr{L}[f_1(t) * f_2(t)] = F_1(s)F_2(s)$$

它表明两个象函数的乘积的原函数等于这两个象函数分别对应的原函数的卷积。

卷积定理证明如下：

$$f_1(t) * f_2(t) = \int_0^t f_1(\tau)f_2(t-\tau)\mathrm{d}\tau \tag{15-12-1}$$

由于

$$\varepsilon(t-\tau) = \begin{cases} 1 & t > \tau \\ 0 & t < \tau \end{cases}$$

式(15-12-1)可改写为

$$f_1(t) * f_2(t) = \int_0^\infty f_1(\tau)f_2(t-\tau)\varepsilon(t-\tau)\mathrm{d}\tau$$

则

$$\begin{aligned}
\mathscr{L}[f_1(t) * f_2(t)] &= \int_0^\infty \mathrm{e}^{-st}\left[\int_0^t f_1(\tau)f_2(t-\tau)\mathrm{d}\tau\right]\mathrm{d}t \\
&= \int_0^\infty \mathrm{e}^{-st}\left[\int_0^\infty f_1(\tau)f_2(t-\tau)\varepsilon(t-\tau)\mathrm{d}\tau\right]\mathrm{d}t \\
&= \int_0^\infty f_1(\tau)\left[\int_0^\infty f_2(t-\tau)\varepsilon(t-\tau)\mathrm{e}^{-st}\mathrm{d}t\right]\mathrm{d}\tau
\end{aligned}$$

令 $x = t-\tau$，则 $\mathrm{e}^{-st} = \mathrm{e}^{-s(x+\tau)}$，$\mathrm{d}t = \mathrm{d}x$，于是上式可改写为

$$\begin{aligned}
\mathscr{L}[f_1(t) * f_2(t)] &= \int_0^\infty f_1(\tau)\left[\int_{-\tau}^\infty f_2(x)\varepsilon(x)\mathrm{e}^{-sx}\mathrm{e}^{-s\tau}\mathrm{d}x\right]\mathrm{d}\tau \\
&= \int_0^\infty f_1(\tau)\mathrm{e}^{-s\tau}\mathrm{d}\tau\int_0^\infty f_2(x)\mathrm{e}^{-sx}\mathrm{d}x = F_1(s)F_2(s)
\end{aligned}$$

卷积定理得证。

【例 15-19】 电路如图 15-12-1 所示。设开关在 $t=0$ 时闭合，输入电压 $e(t) = 5\mathrm{e}^{-2t}\mathrm{V}$。求输出电压 $u_2(t)$，$t \geqslant 0$。

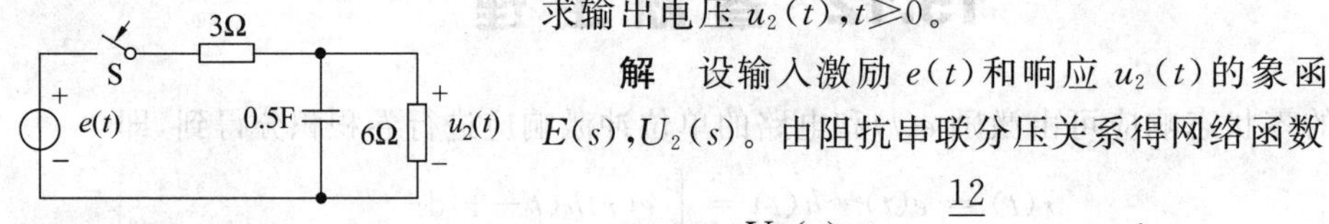

图 15-12-1 例 15-19 附图

解 设输入激励 $e(t)$ 和响应 $u_2(t)$ 的象函数分别为 $E(s)$，$U_2(s)$。由阻抗串联分压关系得网络函数

$$H(s) = \frac{U_2(s)}{E(s)} = \frac{\frac{12}{s}}{6+\frac{2}{s}}\frac{1}{3+\frac{12}{6s+2}} = \frac{2}{3(s+1)}$$

单位冲激响应为

$$h(t) = \mathscr{L}^{-1}[H(s)] = \frac{2}{3}\mathrm{e}^{-t}\varepsilon(t)$$

用卷积积分求得输出电压

$$u_2(t)=\int_0^t h(\tau)\mathrm{e}(t-\tau)\mathrm{d}\tau=\frac{10}{3}\int_0^t \mathrm{e}^{-\tau}\mathrm{e}^{-2(t-\tau)}\mathrm{d}\tau=\frac{10}{3}(\mathrm{e}^{-t}-\mathrm{e}^{-2t})\varepsilon(t)\ \mathrm{V}$$

也可以用卷积定理来求输出电压。则

$$U_2(s)=H(s)E(s)=\frac{2}{3(s+1)}\frac{5}{s+2}=\frac{10}{3}\left(\frac{1}{s+1}-\frac{1}{s+2}\right)$$

对$U_2(s)$进行拉普拉斯反变换，得

$$u_2(t)=\frac{10}{3}(\mathrm{e}^{-t}-\mathrm{e}^{-2t})\varepsilon(t)\ \mathrm{V}$$

习　题

15-1　求函数$f(t)=|\sin\pi t|$的指数形式的傅里叶级数，并画出其幅度频谱和相位频谱。

15-2　求下列各函数的拉普拉斯变换式。

(1) $\delta(t)+(a-b)\mathrm{e}^{-bt}\varepsilon(t)$　　(2) $(t+1)[\varepsilon(t-2)-\varepsilon(t-3)]$

(3) $(t-a)\mathrm{e}^{-b(t-a)}\varepsilon(t-a)$　　(4) $\sin\omega(t-\tau)\varepsilon(t)$

(5) $\sin\omega t\,\varepsilon(t-\tau)$

15-3　求题图15-3中各函数的拉普拉斯变换。

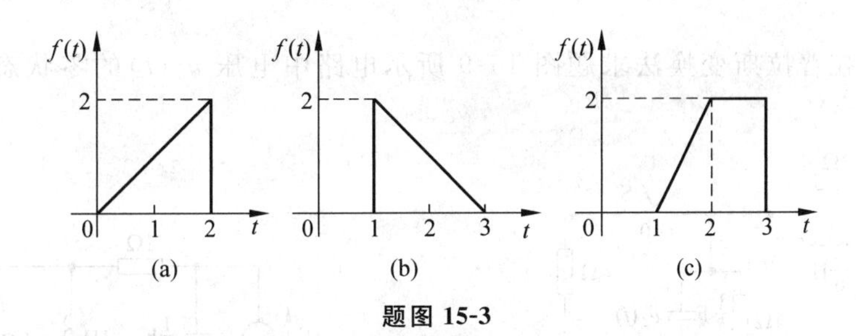

题图 15-3

15-4　求题图15-4所示周期函数的拉普拉斯变换。

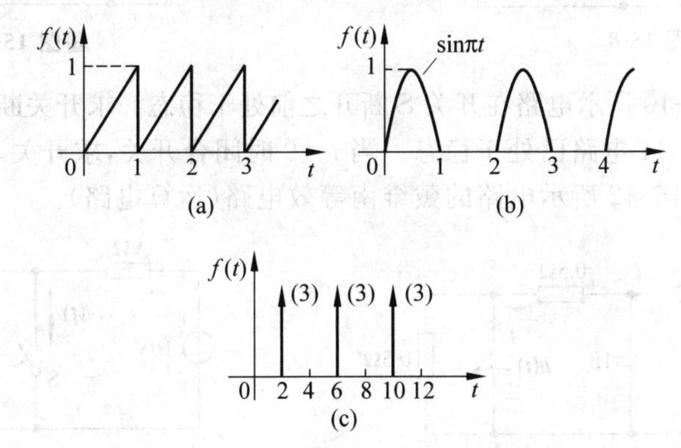

题图 15-4

15-5　求下列各象函数的拉普拉斯反变换。

(1) $\dfrac{600}{s(s+10)(s+30)}$　　(2) $\dfrac{s+4}{s(s+2)(s+12)}$

(3) $\dfrac{1}{s^2+6s+13}$　　(4) $\dfrac{12s}{(s+3)(s^2+9)}$

(5) $\dfrac{2s^2+3}{(s+2)(s^2+2s+5)}$　　(6) $\dfrac{e^{-(s-1)}}{(s+1)^2+4}$

(7) $\dfrac{se^{-2s}}{s+3}$　　(8) $\dfrac{s^3+s^2+1}{(s+1)(s+2)}$

15-6　求题图 15-6 所示电路中的电压 $u_C(t)$。已知 $i(0)=1\text{A}, u_C(0)=2\text{V}$。

15-7　求题图 15-7 所示电路中电压 $u_C(t)$ 和电流 $i_L(t)$。已知 $i_L(0)=0.5\text{A}, u_C(0)=0$。

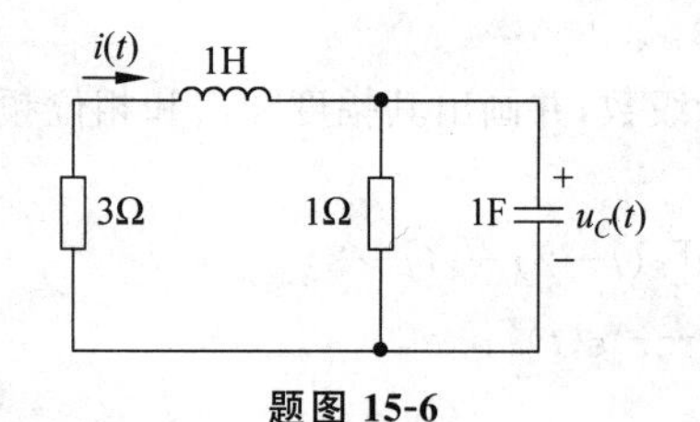

题图 15-6

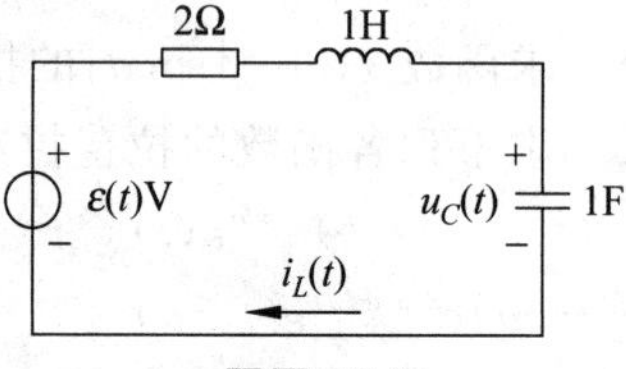

题图 15-7

15-8　求题图 15-8 所示电路在开关 S 闭合后电容 C 两端的电压。已知开关闭合前电路处于稳态。

15-9　用拉普拉斯变换法求题图 15-9 所示电路中电压 $u_o(t)$ 的零状态响应。已知 $i_S(t)=2e^{-2t}\varepsilon(t)\text{V}$。

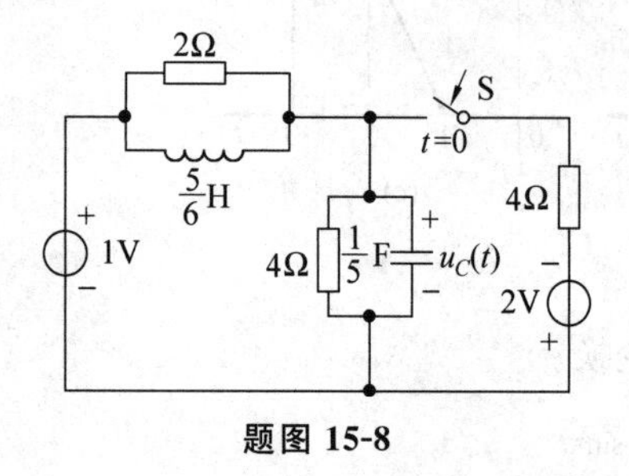

题图 15-8

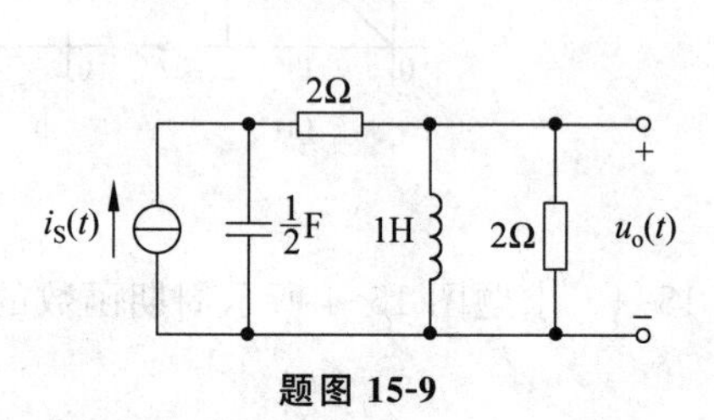

题图 15-9

15-10　题图 15-10 所示电路在开关 S 断开之前处于稳态。求开关断开后的电压 $u(t)$。

15-11　题图 15-11 电路已处于稳态。当 $t=0$ 时闭合开关,求开关 S 中电流 $i(t)$。

15-12　求题图 15-12 所示电路的戴维南等效电路(运算电路)。

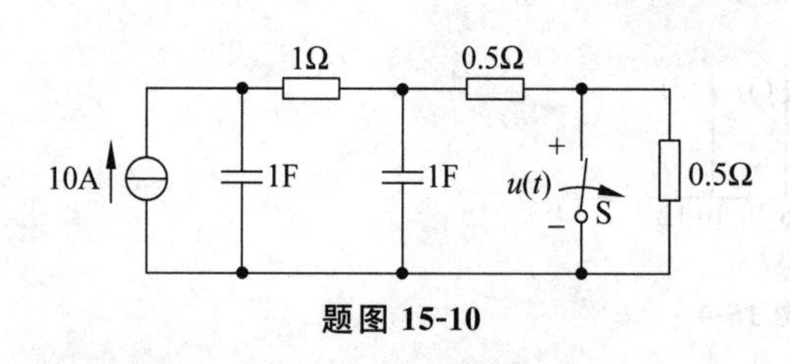

题图 15-10

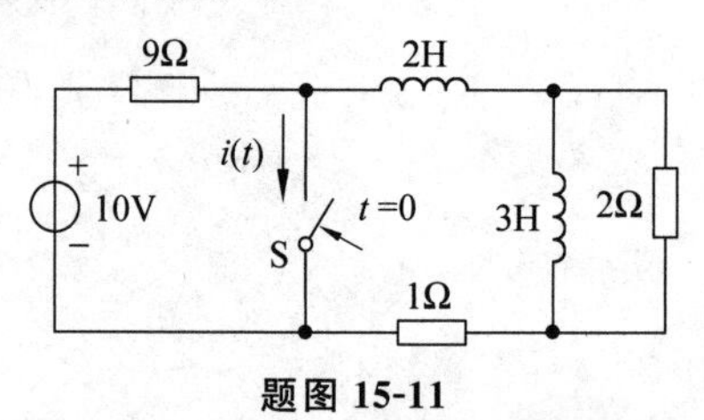

题图 15-11

15-13 求题图 15-13 所示电路中电流 $i(t)$的零状态响应。

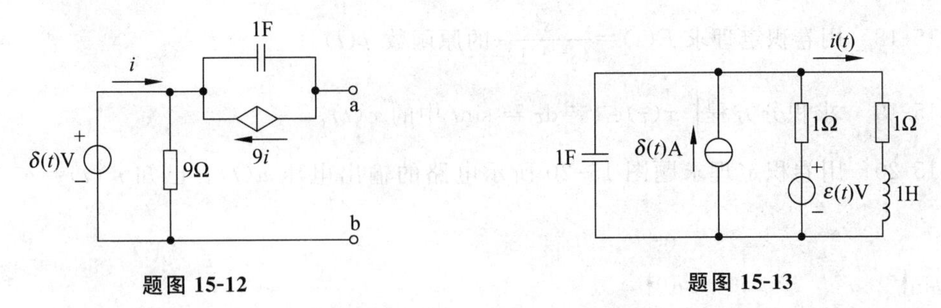

题图 15-12　　　　题图 15-13

15-14 求题图 15-14 所示电路的下列网络函数：

(1) $H(s)=\dfrac{I(s)}{U_S(s)}$　　(2) $H(s)=\dfrac{I(s)}{I_S(s)}$

(3) $H(s)=\dfrac{U_o(s)}{U_S(s)}$　　(4) $H(s)=\dfrac{U_o(s)}{U_S(s)}$

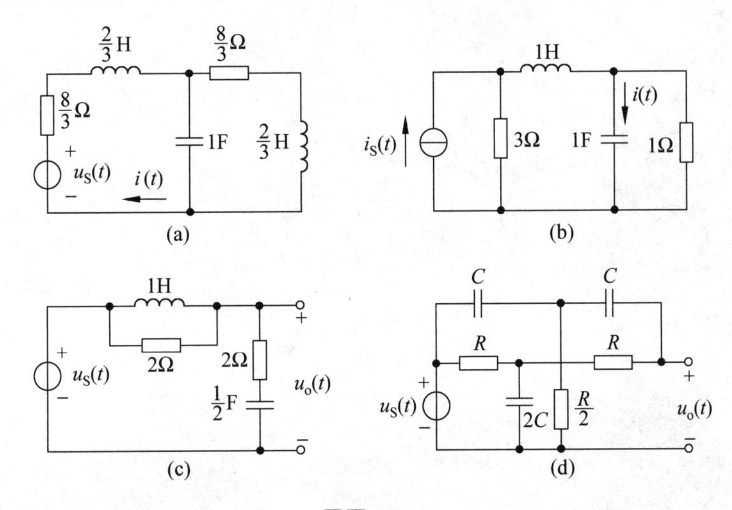

题图 15-14

15-15 求题图 15-15 所示电路中的网络函数

$$H(s)=U_o(s)/U(s)$$

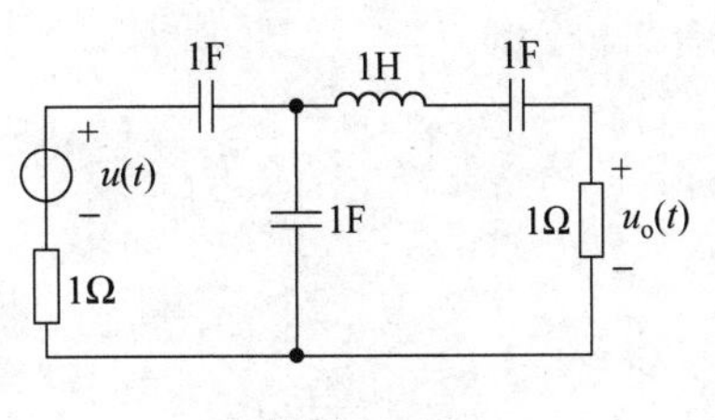

题图 15-15

15-16 已知某函数的象函数 $F(s)$有一个零点，两个极点。零点为 $s=-2$，极点为 $s=-1\pm \mathrm{j}2$。且知 $F(0)=2$，求原函数 $f(t)$。

15-17 已知某系统的单位冲激响应 $h(t)$，其波形如题图 15-17(a)所示。分别用卷积积分和卷积定理求题图 15-17(b)所示输入波形 $u(t)$对系统作用时产生的响应 $y(t)$(结果用时间分段函数表示)。

15-18 用卷积定理求 $F(s)=\dfrac{s^2}{(s^2+1)^2}$ 的原函数 $f(t)$。

15-19 求积分方程 $\int_0^t x(\tau)e^{-(t-\tau)}d\tau = \sin t$ 中的 $x(t)$。

15-20 用卷积定理求题图 15-20 所示电路的输出电压 $u(t)$。已知 $i_S(t)=e^{-\alpha t}$($\alpha\neq 1/RC$)。

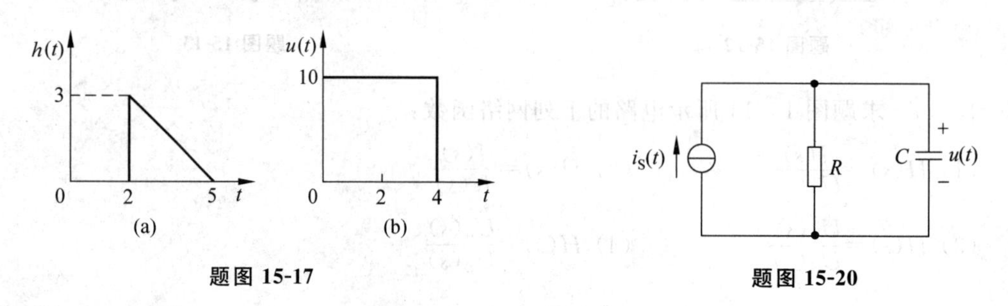

题图 15-17

题图 15-20

二端口(网络)

提 要

本章首先介绍描述二端口外部特性的方程，即表示其两个端口的电压、电流之间关系的方程，这些方程的系数就是二端口的参数。本章将给出阻抗参数（Z参数）、导纳参数（Y参数）、传输参数（T参数）和混合参数（H参数）这四种二端口的参数以及它们之间的相互关系。然后，分别介绍二端口等效电路的作法，二端口的联接，特性阻抗和传播常数概念，以及转移函数。最后给出两个二端口的例子——回转器和负阻抗变换器。

16.1 二端口概述

网络的一个端口是指网络的有以下性质的一对端钮：从这一对端钮中的一端流入网络的电流等于从另一端流出的电流。图 16-1-1 中示有一网络的一个端口 k，对于此端口，即应有

$$i_k = -i'_k$$

以后称这一条件为端口条件。

含有两个端口的网络称为二端口。图 16-1-2 所示的电路是一个二端口，它的两个端口的电流即应满足：对端口 11′(22′)，从网络外部流入端钮 1(2)的电流，等于由网络内部流出端钮 1′(2′)的电流。在常见的情形下，一个端口是输入端口，电流、电压信号或功率由此端口输入；另一个端口是输出端口，电流、电压信号或功率由此端口输出。图 16-1-3 给出了几个可以视为二端口电路的例子。

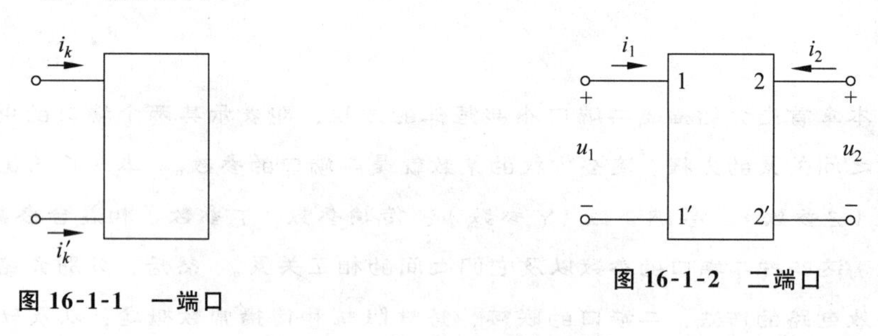

图 16-1-1　一端口

图 16-1-2　二端口

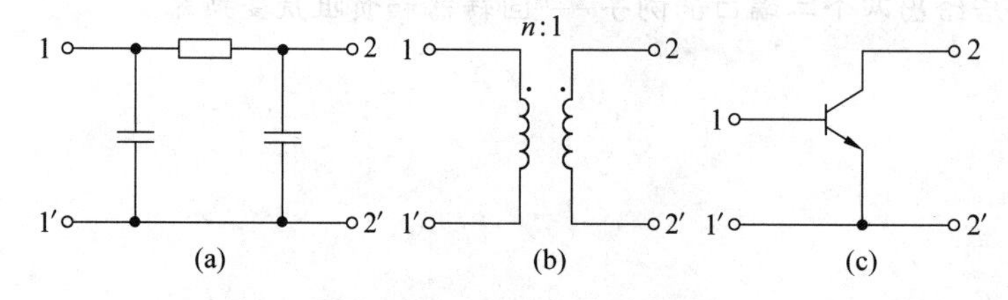

图 16-1-3　二端口电路示例

(a) 低通电路；(b) 理想变压器；(c) NPN 晶体管

对二端口的研究，是将其作为一个整体来研究它对外部的作用或呈现的特性。由于二端口仅通过它的两个端口与它的外部电路相连，所以它对外部的作用就可由它的两个端口的电压、电流的关系来描述，研究二端口便需要研究这一关系。

本章所研究的二端口是内部不含有独立电源、可由线性电阻、电感、电容、互感和线性受控源等元件构成的二端口。当考虑二端口的动态过程时，还假定网络内部所有储能元件的初始储能为零，即所有电容的初始电压(电荷)、电感的初始电流(磁链)均为零，这样所考虑的二端口中任何响应都是该网络的零状态响应。

下面用相量法研究二端口在正弦稳态下的外部特性,导出两个端口的电压、电流相量的关系。这样的关系是一组含有若干为数不多的参数的线性方程,其中的参数与网络的结构和各元件的参数都有关。对于一给定的二端口,一旦这样的方程得出后,我们就可以用它描述此二端口的作用,而无须再考虑网络内部电路的工作情况。由在正弦稳态分析中所得的结果,很容易推广得到在复频率 s 下的相应的结果,用于分析二端口在暂态下的工作情况。

16.2 二端口的参数和方程

考虑16.1节中所述的二端口,假设在频率为 ω 的正弦稳态下,两个端口的电压、电流相量分别为 $\dot{U}_1,\dot{I}_1,\dot{U}_2,\dot{I}_2$(见图16-2-1)。从前面的电路理论可知,对于一给定的二端口,如果给定这四个量中的任何两个,另外两个就一定被确定了。这意味着这四个量中的两个量是另外两个量的函数;或者说,将这四个量中的某两个取为自变量,另外的两个便可表为这两个自变量的函数。取不同的两个量为自变量,便可得到不同的方程,这样共可选取 $C_4^2=6$ 种,相应地,有6组描述二端口的参数。下面导出这些描述二端口特性的方程和相应的参数。

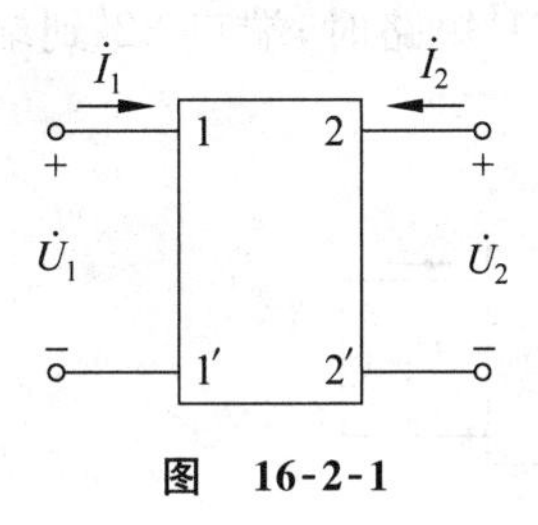

图 16-2-1

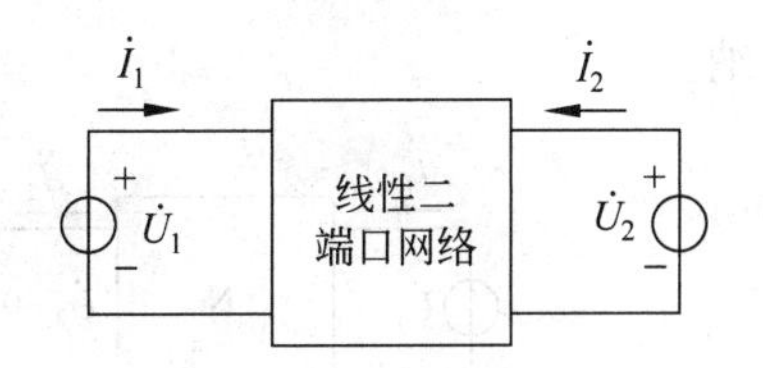

图16-2-2 二端口的 Y 参数和方程

Y 参数和方程

如果在一二端口的两个端口各施加一电压源(见图16-2-2),每个端口的电压就等于所施加于该端口的电压源的电压。根据叠加定理,端口电流是这两个电压的线性函数,即

$$\left.\begin{aligned}\dot{I}_1&=Y_{11}\dot{U}_1+Y_{12}\dot{U}_2\\ \dot{I}_2&=Y_{21}\dot{U}_1+Y_{22}\dot{U}_2\end{aligned}\right\}\tag{16-2-1}$$

式(16-2-1)中系数 $Y_{ij}(i,j=1,2)$ 决定于二端口内部元件的参数和联接方式,它表示端口电流对电压的关系,这些系数都具有导纳的量纲,称这些系数为二端口的 Y 参数。式(16-2-1)称为二端口的 Y 参数方程。将 Y 参数方程写成矩阵形式,即有

$$\begin{bmatrix}\dot{I}_1\\ \dot{I}_2\end{bmatrix}=\begin{bmatrix}Y_{11}&Y_{12}\\ Y_{21}&Y_{22}\end{bmatrix}\begin{bmatrix}\dot{U}_1\\ \dot{U}_2\end{bmatrix}\tag{16-2-2}$$

上式中的系数矩阵称为 Y 参数矩阵。给定一二端口,它的 Y 参数可以通过计算或测量

得到。

在式(16-2-1)中,若令$\dot{U}_2=0$(对应的电路如图16-2-3(a)所示),便有

$$Y_{11}=\left.\frac{\dot{I}_1}{\dot{U}_1}\right|_{\dot{U}_2=0}$$

$$Y_{21}=\left.\frac{\dot{I}_2}{\dot{U}_1}\right|_{\dot{U}_2=0}$$

由上式可见Y_{11}是端口22′短路时,端口11′的入端导纳;Y_{21}是端口22′短路时,端口11′到端口22′的转移导纳。

同样,若令$\dot{U}_1=0$(对应的电路如图16-2-3(b)所示),就有

$$Y_{12}=\left.\frac{\dot{I}_1}{\dot{U}_2}\right|_{\dot{U}_1=0}$$

$$Y_{22}=\left.\frac{\dot{I}_2}{\dot{U}_2}\right|_{\dot{U}_1=0}$$

可见Y_{22}是端口11′短路时,端口22′的入端导纳;Y_{12}是端口11′短路时,端口22′到端口11′的转移导纳。

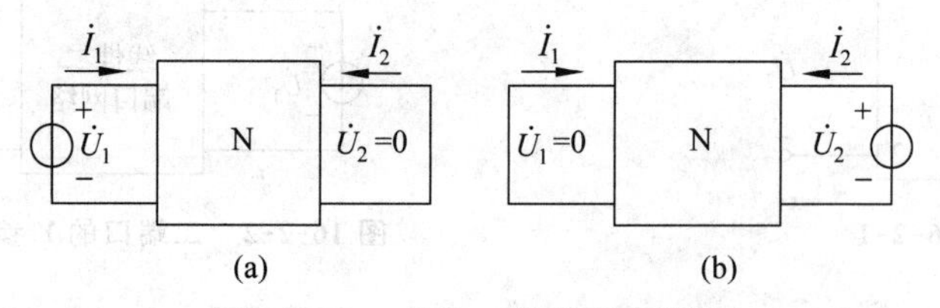

图16-2-3 说明Y参数意义的图

(a) 计算Y_{11},Y_{21}的电路;(b) 计算Y_{12},Y_{22}的电路

从以上分析可见,Y参数中的四个参数都可以分别在某一个端口短路时,通过计算或测量端口电压、电流求得。Y参数也称为短路导纳参数。

【例16-1】 求图16-2-4(a)所示二端口的Y参数。

解 可借助图16-2-4(b)的电路计算参数Y_{11}和Y_{21},电路中端口22′被短接,此时有

$$Y_{11}=\left.\frac{\dot{I}_1}{\dot{U}_1}\right|_{\dot{U}_2=0}=Y_1+Y_2$$

$$Y_{21}=\left.\frac{\dot{I}_2}{\dot{U}_1}\right|_{\dot{U}_2=0}=-Y_2$$

可借助图16-2-4(c)的电路计算参数Y_{12}和Y_{22},电路中端口11′被短接,此时有

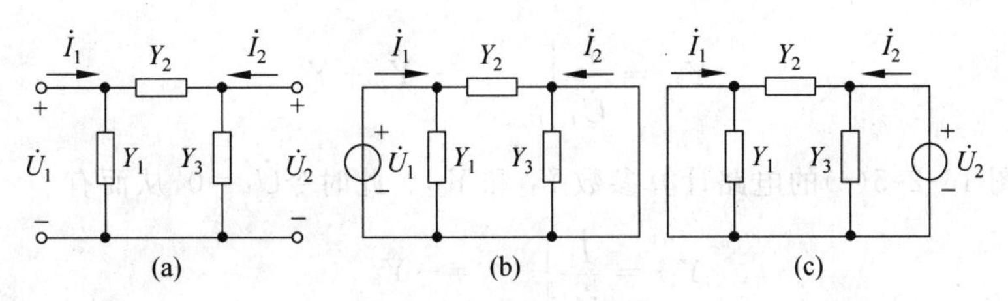

图 16-2-4 例 16-1 附图

(a) 例 16-1 的电路；(b) 计算 Y_{11}，Y_{21} 的电路；(c) 计算 Y_{12}，Y_{22} 的电路

$$Y_{12}=\left.\frac{\dot{I}_1}{\dot{U}_2}\right|_{\dot{U}_1=0}=-Y_2$$

$$Y_{22}=\left.\frac{\dot{I}_2}{\dot{U}_2}\right|_{\dot{U}_1=0}=Y_2+Y_3$$

仅由线性电阻、电感、电容、互感元件组成的二端口满足互易定理，这种二端口的 Y 参数中，$Y_{12}=Y_{21}$，因此四个参数中只有三个是独立的。

【例 16-2】 一二端口如图 16-2-5(a)所示，求此二端口的 Y 参数。

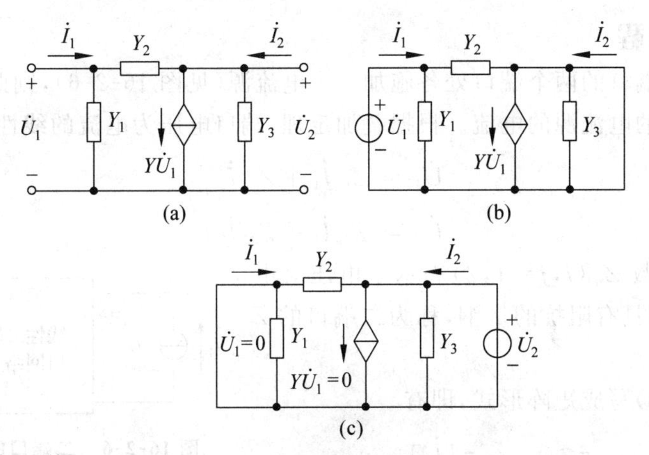

图 16-2-5 例 16-2 附图

(a) 例 16-2 的电路；(b) 计算 Y_{11}，Y_{21} 的电路；(c) 计算 Y_{12}，Y_{22} 的电路

解 这是一个含受控电源的二端口。可借助图 16-2-5(b)的电路来计算它的参数 Y_{11} 和 Y_{21}。此时令 $\dot{U}_2=0$，则

$$Y_{11}=\left.\frac{\dot{I}_1}{\dot{U}_1}\right|_{\dot{U}_2=0}=Y_1+Y_2$$

$$Y_{21}=\left.\frac{\dot{I}_2}{\dot{U}_1}\right|_{\dot{U}_2=0}=-Y_2+Y$$

可借助图 16-2-5(c)的电路计算参数 Y_{12} 和 Y_{22}。此时令 $\dot{U}_1=0$，从而有

$$Y_{12}=\left.\frac{\dot{I}_1}{\dot{U}_2}\right|_{\dot{U}_1=0}=-Y_2$$

$$Y_{22}=\left.\frac{\dot{I}_2}{\dot{U}_2}\right|_{\dot{U}_1=0}=Y_2+Y_3$$

网络内部含有受控源的二端口一般不满足互易定理，这种二端口的参数 Y_{12} 和 Y_{21} 就不相等。

如果一个二端口的 Y 参数除满足 $Y_{12}=Y_{21}$ 外，还有 $Y_{11}=Y_{22}$，则此二端口的两个端口互换位置后与外电路联接，其外部特性将没有任何变化，这种二端口称为对称二端口。对称二端口从任一端口看进去，它的电路特性是相同的。结构上左右对称的二端口是对称二端口(例如图 16-2-4(a)电路中 $Y_1=Y_3$ 时)。但应指出，二端口的对称是指两个端口电路特性上对称，可以有这样的二端口，它的电路结构不对称，而在电路特性上却是对称的。

Z 参数和方程

若在一个二端口的两个端口处各施加一个电流源(见图 16-2-6)，则此时两个端口电流分别等于所施加的电流源的电流。根据叠加定理，端口电压为电流的线性函数，即有

$$\left.\begin{aligned}\dot{U}_1&=Z_{11}\dot{I}_1+Z_{12}\dot{I}_2\\\dot{U}_2&=Z_{21}\dot{I}_1+Z_{22}\dot{I}_2\end{aligned}\right\}\qquad(16\text{-}2\text{-}3)$$

上式中的系数 $Z_{ij}(i,j=1,2)$ 表示了电压对电流的关系，它们都具有阻抗的量纲，称为二端口的 Z 参数。

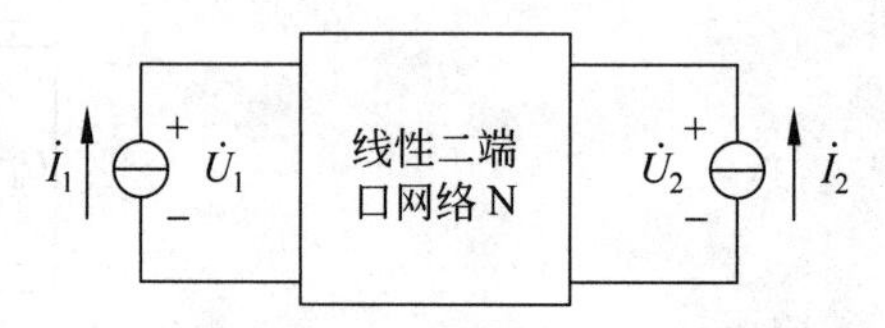

图 16-2-6　二端口的 Z 参数和方程

将式(16-2-3)写成矩阵形式，即有

$$\begin{bmatrix}\dot{U}_1\\\dot{U}_2\end{bmatrix}=\begin{bmatrix}Z_{11}&Z_{12}\\Z_{21}&Z_{22}\end{bmatrix}\begin{bmatrix}\dot{I}_1\\\dot{I}_2\end{bmatrix}\qquad(16\text{-}2\text{-}4)$$

上式中的系数矩阵称为 Z 参数矩阵。

一个二端口的 Z 参数也可以通过对该网络的计算或测量求出。

在式(16-2-3)中，令 $\dot{I}_2=0$(对应的电路如图 16-2-7(a))，便可得出

$$Z_{11}=\left.\frac{\dot{U}_1}{\dot{I}_1}\right|_{\dot{I}_2=0}$$

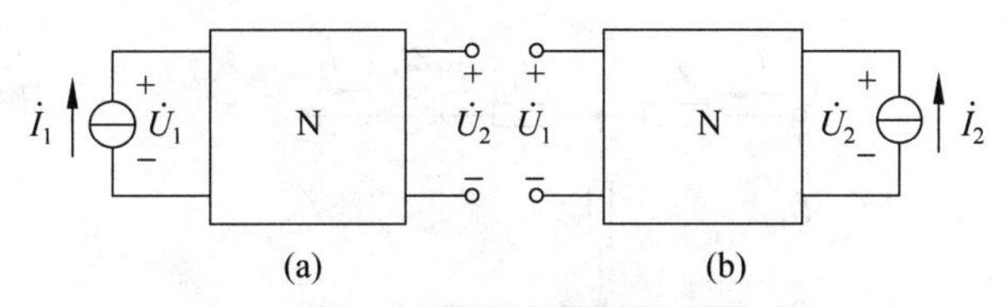

图 16-2-7 说明 Z 参数意义的图

(a) 计算 Z_{11},Z_{21}的电路;(b) 计算 Z_{12},Z_{22}的电路

$$Z_{21}=\left.\frac{\dot{U}_2}{\dot{I}_1}\right|_{\dot{I}_2=0}$$

可见 Z_{11}是端口 22′开路时,端口 11′的入端阻抗;Z_{21}是端口 22′开路时,端口 11′到端口 22′的转移阻抗。

同理,令 $\dot{I}_1=0$(对应的电路如图 16-2-7(b)),可得

$$Z_{12}=\left.\frac{\dot{U}_1}{\dot{I}_2}\right|_{\dot{I}_1=0}$$

$$Z_{22}=\left.\frac{\dot{U}_2}{\dot{I}_2}\right|_{\dot{I}_1=0}$$

对 Z_{22},Z_{12}也可作出与对 Z_{11},Z_{21}所作过的相似的解释。

从以上分析可见,可以将二端口的一个端口开路,通过对端口电压、电流的计算或测量得到它的 Z 参数。Z 参数也称为开路阻抗参数。

对于满足互易定理的二端口,参数 $Z_{12}=Z_{21}$。对于对称二端口,除满足 $Z_{12}=Z_{21}$外,还满足 $Z_{11}=Z_{22}$的条件。

【例 16-3】 求图 16-2-8(a)所示的二端口的 Z 参数。

解 借助图 16-2-8(b)的电路,计算参数 Z_{11}和 Z_{21},此时令 $\dot{I}_2=0$,则有

$$Z_{11}=\left.\frac{\dot{U}_1}{\dot{I}_1}\right|_{\dot{I}_2=0}=Z_1+Z_2$$

$$Z_{21}=\left.\frac{\dot{U}_2}{\dot{I}_1}\right|_{\dot{I}_2=0}=Z_2+Z$$

借助图 16-2-8(c)的电路计算参数 Z_{12}和 Z_{22},此时令 $\dot{I}_1=0$,从而有受控电压源的电压 $Z\dot{I}_1=0$,则有

$$Z_{12}=\left.\frac{\dot{U}_1}{\dot{I}_2}\right|_{\dot{I}_1=0}=Z_2$$

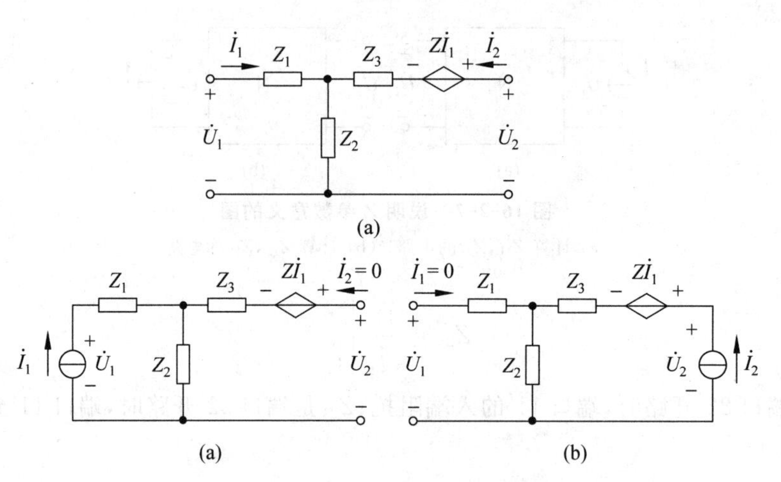

图 16-2-8 例 16-3 附图

(a) 例 16-3 的电路；(b) 计算 Z_{11}，Z_{21} 的电路；(c) 计算 Z_{12}，Z_{22} 的电路

$$Z_{22}=\left.\frac{\dot{U}_2}{\dot{I}_2}\right|_{\dot{I}_1=0}=Z_2+Z_3$$

由于图 16-2-8(a)中的二端口内部含有受控源，这样的二端口一般不满足互易定理，它的参数 Z_{12} 与 Z_{21} 不相等。

同一个二端口的端口电压和电流的相互关系既可以用 Y 参数来描述，又可以用 Z 参数来描述，因此这两种参数必然有一定的关系。由式(16-2-2)的 Y 参数方程经矩阵求逆(假如它有逆)运算可得

$$\begin{bmatrix}\dot{U}_1\\ \dot{U}_2\end{bmatrix}=\begin{bmatrix}Y_{11} & Y_{12}\\ Y_{21} & Y_{22}\end{bmatrix}^{-1}\begin{bmatrix}\dot{I}_1\\ \dot{I}_2\end{bmatrix}=\begin{bmatrix}\dfrac{Y_{22}}{\Delta_Y} & -\dfrac{Y_{12}}{\Delta_Y}\\ -\dfrac{Y_{21}}{\Delta_Y} & \dfrac{Y_{11}}{\Delta_Y}\end{bmatrix}\begin{bmatrix}\dot{I}_1\\ \dot{I}_2\end{bmatrix}$$

其中 $\Delta_Y=Y_{11}Y_{22}-Y_{12}Y_{21}$。以上方程就是 Z 参数方程。方程中的系数矩阵就是 Z 参数矩阵。由此可以得到同一二端口的 Z 参数与 Y 参数的关系是

$$Z_{11}=\frac{Y_{22}}{\Delta_Y}\quad Z_{12}=\frac{-Y_{12}}{\Delta_Y}$$

$$Z_{21}=\frac{-Y_{21}}{\Delta_Y}\quad Z_{22}=\frac{Y_{11}}{\Delta_Y}$$

T 参数和方程

T 参数方程是以输出端口的电压、电流(即 $\dot{U}_2$ 和 $\dot{I}_2$)为自变量的方程。T 参数也称为传输参数。

图 16-2-9 所示的二端口的 T 参数方程是

$$\left.\begin{aligned}\dot{U}_1 &= T_{11}\dot{U}_2 - T_{12}\dot{I}_2\\ \dot{I}_1 &= T_{21}\dot{U}_2 - T_{22}\dot{I}_2\end{aligned}\right\}\tag{16-2-5}$$

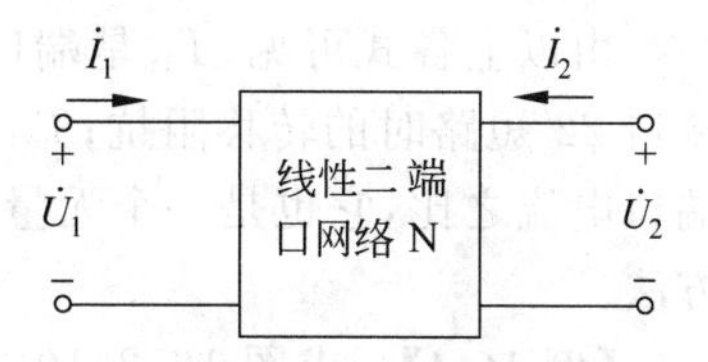

图 16-2-9 二端口的 T 参数

上式中的系数 $T_{11}, T_{12}, T_{21}, T_{22}$ 称为 T 参数。式(16-2-5)所示的 T 参数方程矩阵形式如下：

$$\begin{bmatrix}\dot{U}_1\\ \dot{I}_1\end{bmatrix}=\begin{bmatrix}T_{11} & T_{12}\\ T_{21} & T_{22}\end{bmatrix}\begin{bmatrix}\dot{U}_2\\ -\dot{I}_2\end{bmatrix}\tag{16-2-6}$$

上式中的系数矩阵称为 T 参数矩阵。

式(16-2-5)所示的 T 参数方程可以由式(16-2-1)所示的 Y 参数方程导出。同一二端口的 T 参数与 Y 参数的关系是

$$T_{11} = -\frac{Y_{22}}{Y_{21}}$$

$$T_{12} = -\frac{1}{Y_{21}}$$

$$T_{21} = Y_{12} - \frac{Y_{11}Y_{22}}{Y_{21}}$$

$$T_{22} = -\frac{Y_{11}}{Y_{21}}$$

前面的分析表明，一二端口若满足互易定理，它的 Y 参数满足 $Y_{12}=Y_{21}$，由此可得到互易的二端口 T 参数满足的互易条件是

$$T_{11}T_{22} - T_{12}T_{21} = 1\tag{16-2-7}$$

对于对称二端口，它的 Y 参数还满足对称条件 $Y_{11}=Y_{22}$，由此可得出对称二端口的 T 参数还须满足的条件是 $T_{11}=T_{22}$。

T 参数也可以由计算或测量求出。在式(16-2-5)中，令 $\dot{I}_2=0$，可得出

$$T_{11} = \left.\frac{\dot{U}_1}{\dot{U}_2}\right|_{\dot{I}_2=0}$$

$$T_{21} = \left.\frac{\dot{I}_1}{\dot{U}_2}\right|_{\dot{I}_2=0}$$

同理，令 $\dot{U}_2=0$，则可得

$$T_{12} = \left.\frac{\dot{U}_1}{-\dot{I}_2}\right|_{\dot{U}_2=0}$$

$$T_{22} = \left.\frac{\dot{I}_1}{-\dot{I}_2}\right|_{\dot{U}_2=0}$$

由以上各式可见，T_{11}是端口 22′开路时两个端口电压之比，它是一个无量纲的量；T_{12}是端口 22′短路时的转移阻抗；T_{21}是端口 22′开路时的转移导纳；T_{22}是端口 22′短路时的两个端口电流之比，它也是一个无量纲的量。现在，用下面的例子说明计算二端口的 T 参数的方法。

【例 16-4】 求图 16-2-10(a)所示二端口的传输参数(即 T 参数)。

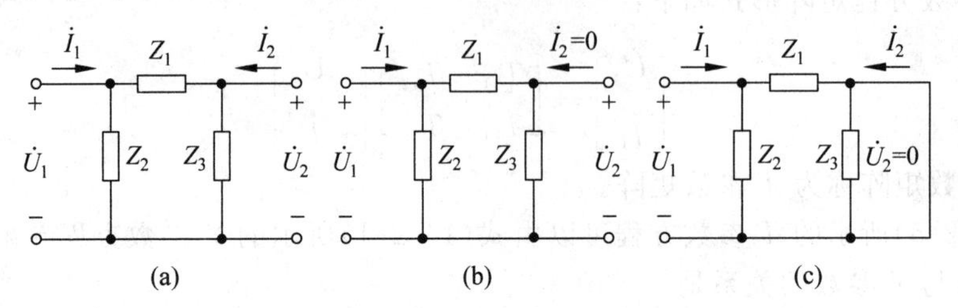

图 16-2-10 例 16-4 附图

(a) 例 16-4 的电路；(b) 计算 T_{11}，T_{21}的电路；(c) 计算 T_{12}，T_{22}的电路

解 可借助图 16-2-10(b)的电路计算参数 T_{11}和 T_{21}，此时令 $\dot{I}_2=0$，则有

$$T_{11}=\left.\frac{\dot{U}_1}{\dot{U}_2}\right|_{\dot{I}_2=0}=1+\frac{Z_1}{Z_3}$$

$$T_{21}=\left.\frac{\dot{I}_1}{\dot{U}_2}\right|_{\dot{I}_2=0}=\frac{Z_1+Z_2+Z_3}{Z_2Z_3}$$

可借助图 16-2-10(c)的电路计算参数 T_{12}和 T_{22}，此时令 $\dot{U}_2=0$，则有

$$T_{12}=\left.\frac{\dot{U}_1}{-\dot{I}_2}\right|_{\dot{U}_2=0}=Z_1$$

$$T_{22}=\left.\frac{\dot{I}_1}{-\dot{I}_2}\right|_{\dot{U}_2=0}=1+\frac{Z_1}{Z_2}$$

H 参数和方程

如果以二端口的输入电流 $\dot{I}_1$ 和输出电压 $\dot{U}_2$ 为自变量(见图 16-2-9 所示电路)，则可将二个端口的电压、电流关系表示为

$$\left.\begin{aligned}\dot{U}_1&=H_{11}\dot{I}_1+H_{12}\dot{U}_2\\ \dot{I}_2&=H_{21}\dot{I}_1+H_{22}\dot{U}_2\end{aligned}\right\}\tag{16-2-8}$$

上式中的系数 $H_{ij}(i,j=1,2)$称为二端口的 H 参数或混合参数。式(16-2-8)称为二端口的 H 参数方程。H 参数方程的矩阵形式如下：

$$\begin{bmatrix}\dot{U}_1\\ \dot{I}_2\end{bmatrix}=\begin{bmatrix}H_{11} & H_{12}\\ H_{21} & H_{22}\end{bmatrix}\begin{bmatrix}\dot{I}_1\\ \dot{U}_2\end{bmatrix} \tag{16-2-9}$$

上式中系数矩阵称为 H 参数矩阵。H 参数也可以通过计算或测量得到。

在式(16-2-8)中，令 $\dot{U}_2=0$，可以得出

$$H_{11}=\left.\frac{\dot{U}_1}{\dot{I}_1}\right|_{\dot{U}_2=0}$$

$$H_{21}=\left.\frac{\dot{I}_2}{\dot{I}_1}\right|_{\dot{U}_2=0}$$

同理，令 $\dot{I}_1=0$，可得

$$H_{12}=\left.\frac{\dot{U}_1}{\dot{U}_2}\right|_{\dot{I}_1=0}$$

$$H_{22}=\left.\frac{\dot{I}_2}{\dot{U}_2}\right|_{\dot{I}_1=0}$$

由以上各式可见：H_{11}是端口 22′短路时端口 11′的入端阻抗；H_{12}是端口 11′开路时的转移电压比；H_{21}是端口 22′短路时的转移电流比；H_{22}是端口 11′开路时端口 22′的入端导纳。

一个二端口的 H 参数也可以由它的 Y 参数导出。同一二端口，这两组参数间的关系是

$$H_{11}=\frac{1}{Y_{11}}$$

$$H_{12}=-\frac{Y_{12}}{Y_{11}}$$

$$H_{21}=\frac{Y_{21}}{Y_{11}}$$

$$H_{22}=Y_{22}-\frac{Y_{12}Y_{21}}{Y_{11}}$$

对于互易的二端口，有 $Y_{12}=Y_{21}$，因此它的 H 参数就有以下互易条件：

$$H_{12}=-H_{21}$$

对于对称二端口，则由 $Y_{11}=Y_{22}$ 可得出它的 H 参数应满足以下关系式：

$$H_{11}H_{22}-H_{12}H_{21}=1$$

【例 16-5】 图 16-2-11 是晶体管在低频小信号下的简化等效电路，它是一个二端口，求此二端口的 H 参数。

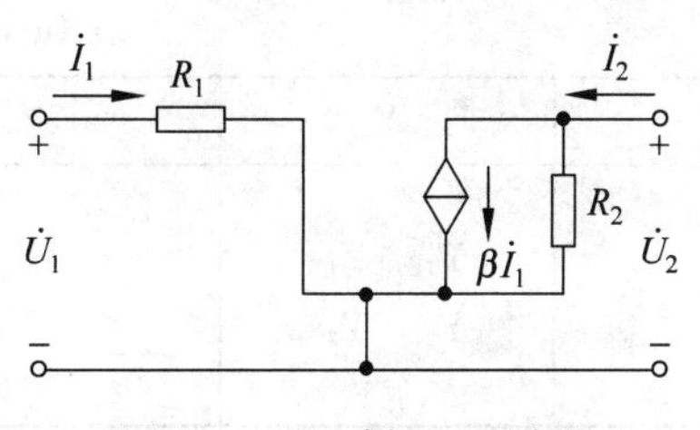

图 16-2-11 例 16-5 附图

解 对于图 16-2-11 的电路可以简单地写出 $\dot{U}_1$、

$\dot{I}_2$ 的方程为

$$\dot{U}_1 = R_1 \dot{I}_1$$

$$\dot{I}_2 = \beta \dot{I}_1 + \frac{\dot{U}_2}{R_2}$$

上述方程即为 H 参数方程，由此方程即可求得这一二端口的 H 参数是

$$H_{11} = R_1$$

$$H_{21} = \beta$$

$$H_{12} = 0$$

$$H_{22} = \frac{1}{R_2}$$

系数 β 称为晶体管的电流放大系数，R_1 称为晶体管的输入电阻，R_2 称为晶体管的输出电阻。

上例中采用了直接列写二端口的参数方程来确定二端口的参数的方法。这种方法也可以用来确定二端口的其他参数。

除上述四组参数外，二端口还有两组参数。这两组参数分别与 T 参数和 H 参数相类似，只是将两个端口的变量进行了互换，这里就不作详述了。

从本节分析中可以看出，线性二端口可以用本节介绍的各种参数来描述其两个端口的电压和电流之间的关系。由一个二端口的一组参数可以求出其他各组参数，各组参数间的关系可见表 16-1-1。在分析二端口时，视不同情况采用合适的参数可以简化分析。

最后需要指出的是，并非任何一个二端口都具有前述各组参数，有些二端口可能只具有其中的几组。例如图 16-2-12 中所示的几个二端口，其中图(a)电路的 Z 参数不存在；图(b)电路的 Y 参数不存在；图(c)电路的 Z,Y 参数都不存在。

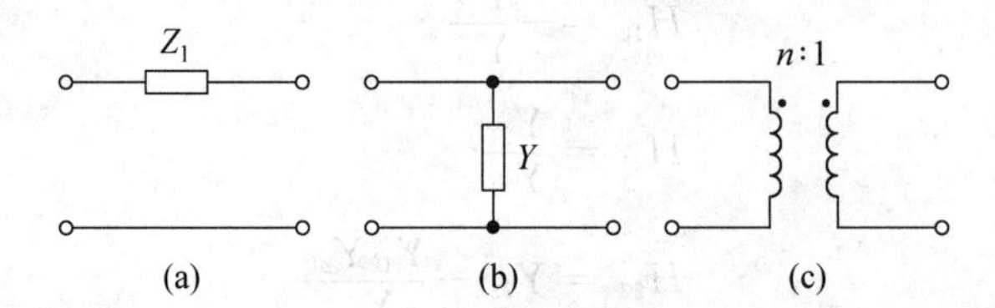

图 16-2-12 几种特殊的二端口

(a) Z 参数不存在的二端口；(b) Y 参数不存在的二端口；(c) Z、Y 参数都不存在的二端口

表 16-1-1 二端口的各组参数间的关系

	Y	Z	H	T	互易性
Y	Y_{11} Y_{12} Y_{21} Y_{22}	$\frac{Z_{22}}{\Delta_Z}$ $\frac{-Z_{12}}{\Delta_Z}$ $\frac{-Z_{21}}{\Delta_Z}$ $\frac{Z_{11}}{\Delta_Z}$	$\frac{1}{H_{11}}$ $\frac{-H_{12}}{H_{11}}$ $\frac{H_{21}}{H_{11}}$ $\frac{\Delta_H}{H_{11}}$	$\frac{T_{22}}{T_{12}}$ $\frac{-\Delta_T}{T_{12}}$ $\frac{-1}{T_{12}}$ $\frac{T_{11}}{T_{12}}$	$Y_{12}=Y_{21}$

续表

	Y	Z	H	T	互易性
Z	$\frac{Y_{22}}{\Delta_Y}$ $\frac{-Y_{12}}{\Delta_Y}$ $\frac{-Y_{21}}{\Delta_Y}$ $\frac{Y_{11}}{\Delta_Y}$	Z_{11} Z_{12} Z_{21} Z_{22}	$\frac{\Delta_H}{H_{22}}$ $\frac{H_{12}}{H_{22}}$ $\frac{-H_{21}}{H_{22}}$ $\frac{1}{H_{22}}$	$\frac{T_{11}}{T_{21}}$ $\frac{\Delta_T}{T_{21}}$ $\frac{1}{T_{21}}$ $\frac{T_{22}}{T_{21}}$	$Z_{12}=Z_{21}$
H	$\frac{1}{Y_{11}}$ $\frac{-Y_{12}}{Y_{11}}$ $\frac{Y_{21}}{Y_{11}}$ $\frac{\Delta_Y}{Y_{11}}$	$\frac{\Delta_Z}{Z_{22}}$ $\frac{Z_{12}}{Z_{22}}$ $\frac{-Z_{21}}{Z_{22}}$ $\frac{1}{Z_{22}}$	H_{11} H_{12} H_{21} H_{22}	$\frac{T_{12}}{T_{22}}$ $\frac{\Delta_T}{T_{22}}$ $\frac{-1}{T_{22}}$ $\frac{T_{21}}{T_{22}}$	$H_{12}=-H_{21}$
T	$\frac{-Y_{22}}{Y_{21}}$ $\frac{-1}{Y_{21}}$ $\frac{-\Delta_Y}{Y_{21}}$ $\frac{-Y_{11}}{Y_{21}}$	$\frac{Z_{11}}{Z_{21}}$ $\frac{\Delta_Z}{Z_{21}}$ $\frac{1}{Z_{21}}$ $\frac{Z_{22}}{Z_{21}}$	$\frac{-\Delta_H}{H_{21}}$ $\frac{-H_{11}}{H_{21}}$ $\frac{-H_{22}}{H_{21}}$ $\frac{-1}{H_{21}}$	T_{11} T_{12} T_{21} T_{22}	$T_{11}T_{22}-T_{12}T_{21}=1$

注：表中 $\Delta_Y=Y_{11}Y_{22}-Y_{12}Y_{21}$，$\Delta_Z=Z_{11}Z_{22}-Z_{12}Z_{21}$，$\Delta_H=H_{11}H_{22}-H_{12}H_{21}$，$\Delta_T=T_{11}T_{22}-T_{12}T_{21}$。

16.3 二端口的等效电路

一个二端口可以用一个简单的二端口来表征它的两个端口特性，这个简单的二端口就称为原二端口的等效电路。一个二端口的等效电路应有与该二端口相同的端口特性，因此，它们的对应参数必须相同。根据这一条件就可确定给定的二端口的等效电路。

互易二端口的等效电路

描述互易二端口的每一组参数的四个参数中只有三个参数是独立的，用三个阻抗（或导纳）元件联接成图 16-3-1 中的 T 型电路或 Π 型电路，都可以构成这类二端口的等效电路。

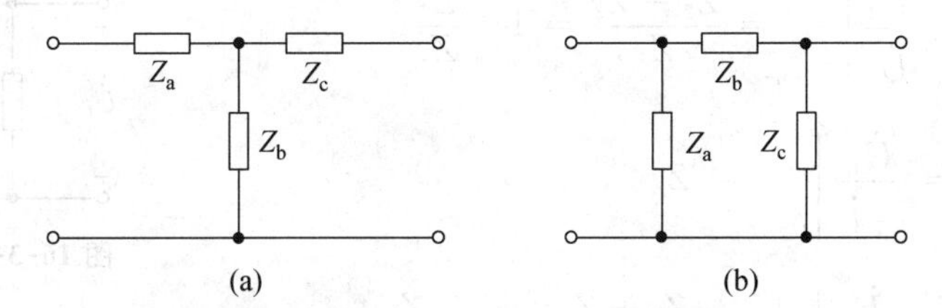

图 16-3-1 互易二端口的 T 型和Π型等效电路

(a) T 型等效电路；(b) Π 型等效电路

对于一给定的二端口只需使 T 型等效电路或 Π 型等效电路的各二端口参数分别等于给定的二端口的相应的参数，就可确定二端口的等效电路中各阻抗（或导纳）的数值。

假定已知一二端口的 Z 参数，要求此二端口的等效电路。

所求二端口的T型等效电路如图16-3-2所示。这一T型等效电路的Z参数容易求出(方法见16.2节)如下：

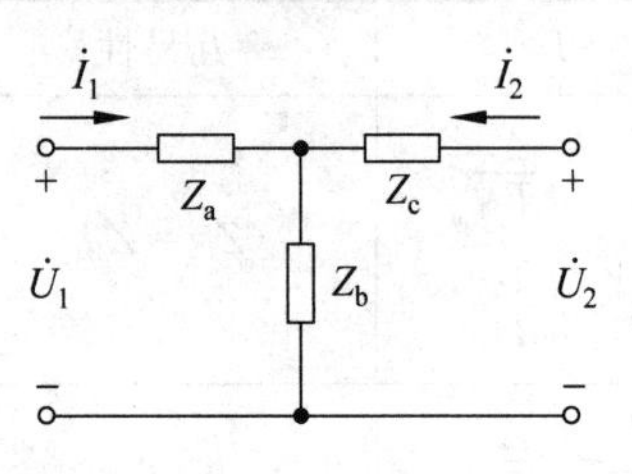

图 16-3-2 计算二端口的等效电路用图

$$Z'_{11}=\left.\frac{\dot{U}_1}{\dot{I}_1}\right|_{\dot{I}_2=0}=Z_a+Z_b$$

$$Z'_{21}=\left.\frac{\dot{U}_2}{\dot{I}_1}\right|_{\dot{I}_2=0}=Z_b=Z'_{12}$$

$$Z'_{22}=\left.\frac{\dot{U}_2}{\dot{I}_2}\right|_{\dot{I}_1=0}=Z_b+Z_c$$

使以上求得的Z参数与给定的二端口的Z参数相等,即有

$$Z_a+Z_b=Z_{11}$$

$$Z_b=Z_{12}$$

$$Z_b+Z_c=Z_{22}$$

由以上三个关系式就可以求出T型等效电路的三个阻抗的数值为

$$Z_a=Z_{11}-Z_{12}$$

$$Z_b=Z_{12}$$

$$Z_c=Z_{22}-Z_{12}$$

用类似的方法可以求出Π型等效电路中各阻抗(或导纳)的数值。

【例 16-6】 一二端口的传输参数矩阵是$\boldsymbol{T}=\begin{bmatrix}3 & 7\Omega\\ 2\mathrm{S} & 5\end{bmatrix}$,求此二端口的Π型等效电路。

解 二端口的Π型等效电路如图16-3-3所示。

首先计算Π型等效电路的T参数：

$$T_{11}=\left.\frac{\dot{U}_1}{\dot{U}_2}\right|_{\dot{I}_2=0}=\frac{Z_2+Z_3}{Z_3}=1+\frac{Z_2}{Z_3}$$

$$T_{12}=\left.\frac{\dot{U}_1}{-\dot{I}_2}\right|_{\dot{U}_2=0}=Z_2$$

$$T_{22}=\left.\frac{\dot{I}_1}{-\dot{I}_2}\right|_{\dot{U}_2=0}=\frac{Z_1+Z_2}{Z_1}=1+\frac{Z_2}{Z_1}$$

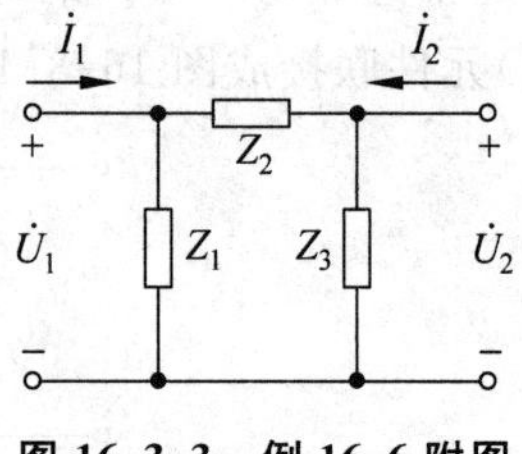

图 16-3-3 例 16-6 附图

由所给定的二端口的T参数,便应有

$$1+\frac{Z_2}{Z_3}=3$$

$$Z_2=7\Omega$$

$$1+\frac{Z_2}{Z_1}=5$$

由以上三式可解得

$$Z_1=1.75\Omega,\quad Z_2=7\Omega,\quad Z_3=3.5\Omega$$

一般的二端口的等效电路

对于一般的非互易二端口,需要用四个元件构成它的等效电路。下面说明确定一般的二端口的等效电路的方法。

假设给定一二端口的 Y 参数矩阵为 $\boldsymbol{Y}=\begin{bmatrix}Y_{11} & Y_{12}\\ Y_{21} & Y_{22}\end{bmatrix}$,现在需要确定此二端口的等效电路。

根据二端口的 Y 参数方程

$$\left.\begin{aligned}\dot{I}_1&=Y_{11}\dot{U}_1+Y_{12}\dot{U}_2\\ \dot{I}_2&=Y_{21}\dot{U}_1+Y_{22}\dot{U}_2\end{aligned}\right\}\tag{16-3-1}$$

可以作出它的等效电路如图 16-3-4 所示。容易看出这一等效电路的 Y 参数方程就是式(16-3-1)。

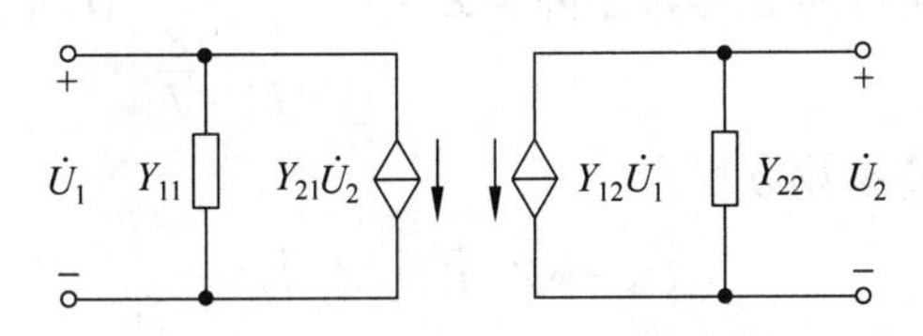

图 16-3-4 二端口的一种等效电路

用下面的方法可以作出上述给定的二端口的另一种形式的等效电路。

将式(16-3-1)改写成

$$\left.\begin{aligned}\dot{I}_1&=Y_{11}\dot{U}_1+Y_{12}\dot{U}_2\\ \dot{I}_2&=Y_{12}\dot{U}_1+Y_{22}\dot{U}_2+(Y_{21}-Y_{12})\dot{U}_1\end{aligned}\right\}\tag{16-3-2}$$

令 $\dot{I}'_2=Y_{12}\dot{U}_1+Y_{22}\dot{U}_2$,则可得

$$\left.\begin{aligned}\dot{I}_1&=Y_{11}\dot{U}_1+Y_{12}\dot{U}_2\\ \dot{I}'_2&=Y_{12}\dot{U}_1+Y_{22}\dot{U}_2\end{aligned}\right\}\tag{16-3-3}$$

式(16-3-3)可以看作一互易二端口的 Y 参数方程,它的 Π 型等效电路如图 16-3-5(a)所示。其中

$$Y_a = Y_{11} + Y_{12}$$
$$Y_b = -Y_{12}$$
$$Y_c = Y_{22} + Y_{12}$$

在图 16-3-5(a)所示的二端口的输出端口并联一个电流为$(Y_{21}-Y_{12})\dot{U}_1$ 的压控电流源，便可得到图 16-3-5(b)所示的二端口。图 16-3-5(b)所示二端口的 Y 参数方程和式(16-3-2)相同，因此，图 16-3-5(b)所示的电路也是上述给定二端口的等效电路。在给定一般的二端口的其他参数的情形下，也可以用与上面所用的类似方法作出其等效电路。

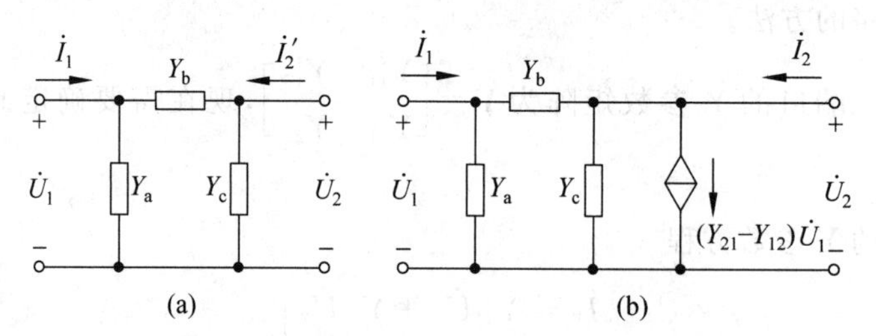

图 16-3-5　二端口的另一形式的等效电路

【例 16-7】 某一二端口的 Z 参数矩阵为$\mathbf{Z}=\begin{bmatrix}\frac{3}{7} & \frac{1}{7}\\ -\frac{4}{7} & \frac{8}{7}\end{bmatrix}\Omega$，求此二端口的等效电路。

解　给定二端口的 Z 参数方程为

$$\dot{U}_1 = Z_{11}\dot{I}_1 + Z_{12}\dot{I}_2$$
$$\dot{U}_2 = Z_{21}\dot{I}_1 + Z_{22}\dot{I}_2$$

将上式改写成

$$\left.\begin{aligned}\dot{U}_1 &= Z_{11}\dot{I}_1 + Z_{12}\dot{I}_2\\ \dot{U}_2 &= Z_{12}\dot{I}_1 + Z_{22}\dot{I}_2 + (Z_{21}-Z_{12})\dot{I}_1\end{aligned}\right\} \tag{16-3-4}$$

根据上式可以作出图 16-3-6 所示二端口，它的 Z 参数方程与式(16-3-4)相同，因此，图 16-3-6 所示二端口就是所给定的二端口的等效电路。代入各参数值可得

$$Z_a = Z_{11} - Z_{12} = \frac{2}{7}\Omega$$
$$Z_b = Z_{12} = \frac{1}{7}\Omega$$
$$Z_c = Z_{22} - Z_{12} = 1\Omega$$
$$Z_{21} - Z_{12} = -\frac{5}{7}\Omega$$

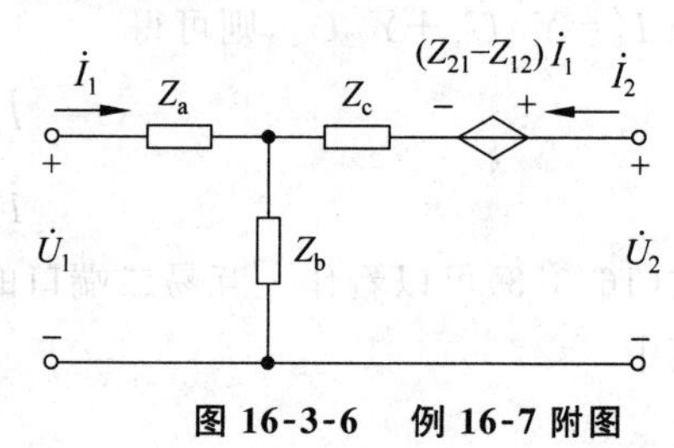

图 16-3-6　例 16-7 附图

16.4　二端口的联接

在分析和设计电路时，常将多个二端口适当地联接起来组成一个新的网络，或将一网络视为由多个二端口联接成的网络，所以研究把二端口作为"积木块"经联接后构成的网络的特性是有意义的。

二端口常见的联接方式有级联、并联、串联等。本节研究由两个二端口以不同联接方式联接后所形成的复合二端口的参数与原来的各二端口的参数的关系。这种参数间的关系也可推广到多个二端口联接中去。

二端口的级联

将一个二端口的输出端口与另一个二端口的输入端口联接在一起，如图 16-4-1，形成一个复合二端口(图 16-4-1 的虚线框内)，这样的联接方式称为两个二端口的级联。

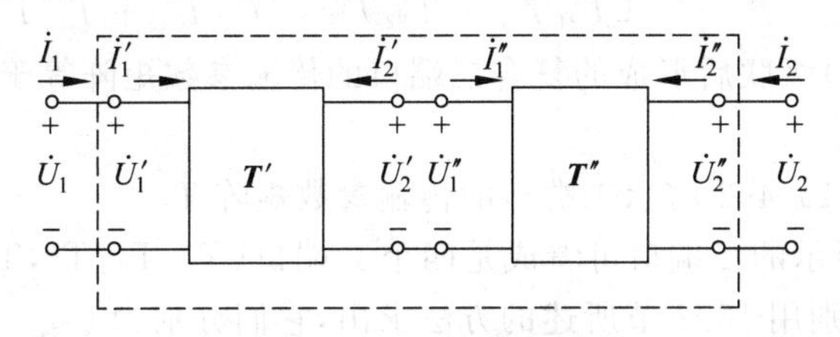

图 16-4-1　二端口的级联

分析二端口级联的电路，使用传输参数比较方便。给定级联的两个二端口的传输参数矩阵分别是

$$\boldsymbol{T}' = \begin{bmatrix} T'_{11} & T'_{12} \\ T'_{21} & T'_{22} \end{bmatrix} \quad 和 \quad \boldsymbol{T}'' = \begin{bmatrix} T''_{11} & T''_{12} \\ T''_{21} & T''_{22} \end{bmatrix}$$

级联后形成的复合二端口的传输参数矩阵设为

$$\boldsymbol{T} = \begin{bmatrix} T_{11} & T_{12} \\ T_{21} & T_{22} \end{bmatrix}$$

下面分析 $\boldsymbol{T}$ 与 $\boldsymbol{T}'$,$\boldsymbol{T}''$之间的关系。级联的两个二端口的传输参数方程分别是

$$\begin{bmatrix} \dot{U}'_1 \\ \dot{I}'_1 \end{bmatrix} = \boldsymbol{T}' \begin{bmatrix} \dot{U}'_2 \\ -\dot{I}'_2 \end{bmatrix} \quad 和 \quad \begin{bmatrix} \dot{U}''_1 \\ \dot{I}''_1 \end{bmatrix} = \boldsymbol{T}'' \begin{bmatrix} \dot{U}''_2 \\ -\dot{I}''_2 \end{bmatrix}$$

图 16-4-1 所示的两个二端口级联后应有以下关系式：

$$\begin{bmatrix} \dot{U}_1 \\ \dot{I}_1 \end{bmatrix} = \begin{bmatrix} \dot{U}'_1 \\ \dot{I}'_1 \end{bmatrix}, \quad \begin{bmatrix} \dot{U}_2 \\ -\dot{I}_2 \end{bmatrix} = \begin{bmatrix} \dot{U}''_2 \\ -\dot{I}''_2 \end{bmatrix}, \quad \begin{bmatrix} \dot{U}'_2 \\ -\dot{I}'_2 \end{bmatrix} = \begin{bmatrix} \dot{U}''_1 \\ \dot{I}''_1 \end{bmatrix}$$

由以上关系式和传输参数方程，可得

$$\begin{bmatrix}\dot U_1\\ \dot I_1\end{bmatrix} = \begin{bmatrix}\dot U_1'\\ \dot I_1'\end{bmatrix} = \boldsymbol{T}'\begin{bmatrix}\dot U_2'\\ -\dot I_2'\end{bmatrix} = \boldsymbol{T}'\begin{bmatrix}\dot U_1''\\ \dot I_1''\end{bmatrix} = \boldsymbol{T}'\boldsymbol{T}''\begin{bmatrix}\dot U_2''\\ -\dot I_2''\end{bmatrix}$$

$$= \boldsymbol{T}'\boldsymbol{T}''\begin{bmatrix}\dot U_2\\ -\dot I_2\end{bmatrix} \overset{\text{def}}{=} \boldsymbol{T}\begin{bmatrix}\dot U_2\\ -\dot I_2\end{bmatrix}$$

上式即为两个二端口级联后所形成的复合二端口的传输参数方程。由此得出两个二端口的传输参数矩阵 $\boldsymbol{T}'$,$\boldsymbol{T}''$和级联后形成的复合二端口的传输参数矩阵 $\boldsymbol{T}$ 间有以下关系:

$$\boldsymbol{T} = \boldsymbol{T}'\boldsymbol{T}'' \tag{16-4-1}$$

或即

$$\begin{bmatrix}T_{11} & T_{12}\\ T_{21} & T_{22}\end{bmatrix} = \begin{bmatrix}T_{11}' & T_{12}'\\ T_{21}' & T_{22}'\end{bmatrix}\begin{bmatrix}T_{11}'' & T_{12}''\\ T_{21}'' & T_{22}''\end{bmatrix}$$

$$= \begin{bmatrix}T_{11}'T_{11}'' + T_{12}'T_{21}'' & T_{11}'T_{12}'' + T_{12}'T_{22}''\\ T_{21}'T_{11}'' + T_{22}'T_{21}'' & T_{21}'T_{12}'' + T_{22}'T_{22}''\end{bmatrix}$$

上式表明:两个二端口级联后形成的复合二端口的传输参数矩阵等于该两个二端口的传输参数矩阵的矩阵乘积。

【例 16-8】 求图 16-4-2 所示二端口的传输参数矩阵 $\boldsymbol{T}$。

解 图 16-4-2 所示的二端口可看成是四个二端口(T_1,T_2,T_3,T_4)的级联。每个二端口的 $\boldsymbol{T}$ 参数矩阵可分别用 16.2 节所述的方法求出,它们分别为

$$\boldsymbol{T}_1 = \begin{bmatrix}1 & 2\Omega\\ 0 & 1\end{bmatrix},\quad \boldsymbol{T}_2 = \begin{bmatrix}1 & 0\\ 1\text{S} & 1\end{bmatrix}$$

$$\boldsymbol{T}_3 = \begin{bmatrix}1 & 2\Omega\\ 0 & 1\end{bmatrix},\quad \boldsymbol{T}_4 = \begin{bmatrix}1 & 0\\ 1\text{S} & 1\end{bmatrix}$$

将以上四个 $\boldsymbol{T}$ 参数矩阵相乘就可求得图 16-4-2 所示二端口的 $\boldsymbol{T}$ 参数矩阵为

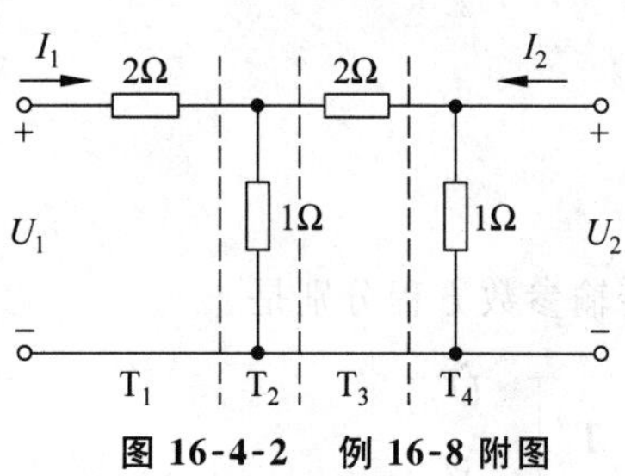

$$\boldsymbol{T} = \boldsymbol{T}_1\boldsymbol{T}_2\boldsymbol{T}_3\boldsymbol{T}_4$$

$$= \begin{bmatrix}1 & 2\\ 0 & 1\end{bmatrix}\begin{bmatrix}1 & 0\\ 1 & 1\end{bmatrix}\begin{bmatrix}1 & 2\\ 0 & 1\end{bmatrix}\begin{bmatrix}1 & 0\\ 1 & 1\end{bmatrix}$$

$$= \begin{bmatrix}3 & 2\\ 1 & 1\end{bmatrix}\begin{bmatrix}3 & 2\\ 1 & 1\end{bmatrix}$$

$$= \begin{bmatrix}11 & 8\Omega\\ 4\text{S} & 3\end{bmatrix}$$

图 16-4-2 例 16-8 附图

二端口的并联

将两个二端口的输入端口和输出端口分别并联,形成一复合二端口(图 16-4-3),这样的联接方式称为二端口的并联。

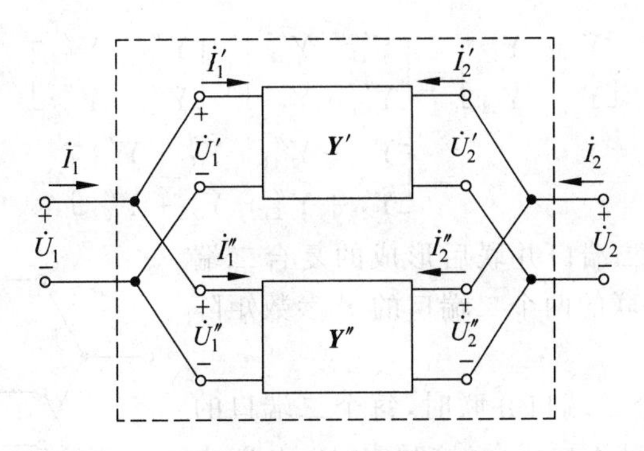

图 16-4-3 二端口的并联

讨论二端口并联时,使用Y参数比较方便。给定并联的两个二端口如图16-4-3所示,其Y参数矩阵分别为

$$\boldsymbol{Y}'=\begin{bmatrix}Y'_{11} & Y'_{12}\\ Y'_{21} & Y'_{22}\end{bmatrix}\quad 和\quad \boldsymbol{Y}''=\begin{bmatrix}Y''_{11} & Y''_{12}\\ Y''_{21} & Y''_{22}\end{bmatrix}$$

这两个二端口的Y参数方程分别为

$$\begin{bmatrix}\dot{I}'_1\\ \dot{I}'_2\end{bmatrix}=\boldsymbol{Y}'\begin{bmatrix}\dot{U}'_1\\ \dot{U}'_2\end{bmatrix}\quad 和\quad \begin{bmatrix}\dot{I}''_1\\ \dot{I}''_2\end{bmatrix}=\boldsymbol{Y}''\begin{bmatrix}\dot{U}''_1\\ \dot{U}''_2\end{bmatrix}$$

两个二端口并联后端口电压、电流有以下关系:

$$\begin{bmatrix}\dot{U}_1\\ \dot{U}_2\end{bmatrix}=\begin{bmatrix}\dot{U}'_1\\ \dot{U}'_2\end{bmatrix}=\begin{bmatrix}\dot{U}''_1\\ \dot{U}''_2\end{bmatrix}$$

$$\begin{bmatrix}\dot{I}_1\\ \dot{I}_2\end{bmatrix}=\begin{bmatrix}\dot{I}'_1\\ \dot{I}'_2\end{bmatrix}+\begin{bmatrix}\dot{I}''_1\\ \dot{I}''_2\end{bmatrix}$$

假设这两个二端口并联后,每一二端口的方程仍然成立(即不违背端口条件),则由以上关系式和Y参数方程可得

$$\begin{bmatrix}\dot{I}_1\\ \dot{I}_2\end{bmatrix}=\begin{bmatrix}\dot{I}'_1\\ \dot{I}'_2\end{bmatrix}+\begin{bmatrix}\dot{I}''_1\\ \dot{I}''_2\end{bmatrix}=\boldsymbol{Y}'\begin{bmatrix}\dot{U}'_1\\ \dot{U}'_2\end{bmatrix}+\boldsymbol{Y}''\begin{bmatrix}\dot{U}''_1\\ \dot{U}''_2\end{bmatrix}$$

$$=[\boldsymbol{Y}'+\boldsymbol{Y}'']\begin{bmatrix}\dot{U}_1\\ \dot{U}_2\end{bmatrix}\overset{\text{def}}{=\!=}\boldsymbol{Y}\begin{bmatrix}\dot{U}_1\\ \dot{U}_2\end{bmatrix}$$

上式即为两个二端口并联后形成的复合二端口的Y参数方程,所以复合二端口的Y参数矩阵为

$$\boldsymbol{Y}=\boldsymbol{Y}'+\boldsymbol{Y}''\tag{16-4-2}$$

或即

$$\begin{bmatrix} Y_{11} & Y_{12} \\ Y_{21} & Y_{22} \end{bmatrix} = \begin{bmatrix} Y'_{11} & Y'_{12} \\ Y'_{21} & Y'_{22} \end{bmatrix} + \begin{bmatrix} Y''_{11} & Y''_{12} \\ Y''_{21} & Y''_{22} \end{bmatrix}$$

$$= \begin{bmatrix} Y'_{11}+Y''_{11} & Y'_{12}+Y''_{12} \\ Y'_{21}+Y''_{21} & Y'_{22}+Y''_{22} \end{bmatrix}$$

式(16-4-2)表明：两个二端口并联后形成的复合二端口的 Y 参数矩阵等于并联的两个二端口的 Y 参数矩阵相加。

值得注意的是，两个二端口并联时，每个二端口的端口条件可能在并联后就不再成立，这时式(16-4-2)也就不成立。但是对于输入端口与输出端口具有公共端的两个二端口，如图 16-4-4，将它们按图中所示的方式并联，每个二端口的端口条件总是能满足的，也就一定能用式(16-4-2)计算并联所得复合二端口的 Y 参数。

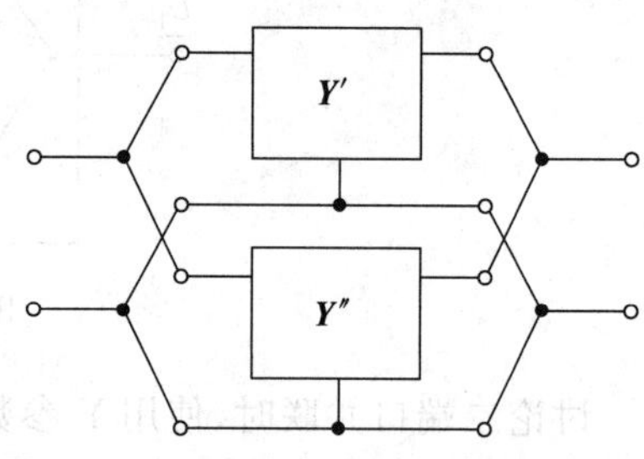

图 16-4-4　两个具有公共端的二端口的并联

【例 16-9】 求图 16-4-5(a)所示二端口的 Y 参数矩阵。

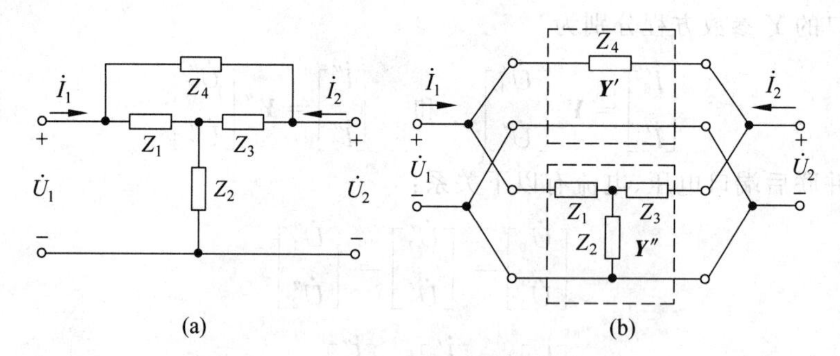

图 16-4-5　例 16-9 附图

解　图 16-4-5(a)所示电路可以看成是图 16-4-5(b)中的两个二端口并联形成的电路。容易求出

$$\boldsymbol{Y}' = \begin{bmatrix} \dfrac{1}{Z_4} & -\dfrac{1}{Z_4} \\ -\dfrac{1}{Z_4} & \dfrac{1}{Z_4} \end{bmatrix} \quad \boldsymbol{Y}'' = \begin{bmatrix} \dfrac{Z_2+Z_3}{\Delta} & \dfrac{-Z_2}{\Delta} \\ \dfrac{-Z_2}{\Delta} & \dfrac{Z_1+Z_2}{\Delta} \end{bmatrix}$$

其中 $\Delta = Z_1Z_2 + Z_2Z_3 + Z_3Z_1$。

根据式(16-4-2)即可以求得图 16-4-5(a)所示二端口的 Y 参数矩阵为

$$\boldsymbol{Y} = \boldsymbol{Y}' + \boldsymbol{Y}'' = \begin{bmatrix} \dfrac{1}{Z_4} & -\dfrac{1}{Z_4} \\ -\dfrac{1}{Z_4} & \dfrac{1}{Z_4} \end{bmatrix} + \begin{bmatrix} \dfrac{Z_2+Z_3}{\Delta} & \dfrac{-Z_2}{\Delta} \\ \dfrac{-Z_2}{\Delta} & \dfrac{Z_1+Z_2}{\Delta} \end{bmatrix}$$

$$=\begin{bmatrix}\dfrac{1}{Z_4}+\dfrac{Z_2+Z_3}{\Delta} & -\dfrac{1}{Z_4}-\dfrac{Z_2}{\Delta}\\ -\dfrac{1}{Z_4}-\dfrac{Z_2}{\Delta} & \dfrac{1}{Z_4}+\dfrac{Z_1+Z_2}{\Delta}\end{bmatrix}$$

二端口的串联

将两个二端口的输入端口和输出端口分别串联形成一复合二端口,如图 16-4-6 所示,这种联接方式称为二端口的串联。

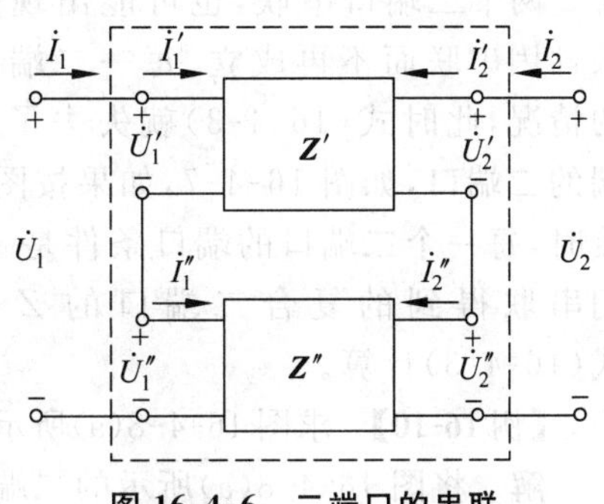

图 16-4-6 二端口的串联

分析二端口串联的电路时,使用 Z 参数比较方便。给定串联的两个二端口的 Z 参数矩阵分别为

$$\boldsymbol{Z}'=\begin{bmatrix}Z_{11}' & Z_{12}'\\ Z_{21}' & Z_{22}'\end{bmatrix}\quad 和 \quad \boldsymbol{Z}''=\begin{bmatrix}Z_{11}'' & Z_{12}''\\ Z_{21}'' & Z_{22}''\end{bmatrix}$$

它们的 Z 参数方程分别为

$$\begin{bmatrix}\dot{U}_1'\\ \dot{U}_2'\end{bmatrix}=\boldsymbol{Z}'\begin{bmatrix}\dot{I}_1'\\ \dot{I}_2'\end{bmatrix}\quad 和 \quad \begin{bmatrix}\dot{U}_1''\\ \dot{U}_2''\end{bmatrix}=\boldsymbol{Z}''\begin{bmatrix}\dot{I}_1''\\ \dot{I}_2''\end{bmatrix}$$

这两个二端口串联后应有以下关系:

$$\begin{bmatrix}\dot{U}_1\\ \dot{U}_2\end{bmatrix}=\begin{bmatrix}\dot{U}_1'\\ \dot{U}_2'\end{bmatrix}+\begin{bmatrix}\dot{U}_1''\\ \dot{U}_2''\end{bmatrix}$$

$$\begin{bmatrix}\dot{I}_1\\ \dot{I}_2\end{bmatrix}=\begin{bmatrix}\dot{I}_1'\\ \dot{I}_2'\end{bmatrix}=\begin{bmatrix}\dot{I}_1''\\ \dot{I}_2''\end{bmatrix}$$

假设这两个二端口串联后每一二端口的方程仍成立,则由以上各关系式和 Z 参数方程可得

$$\begin{bmatrix}\dot{U}_1\\ \dot{U}_2\end{bmatrix}=\begin{bmatrix}\dot{U}_1'\\ \dot{U}_2'\end{bmatrix}+\begin{bmatrix}\dot{U}_1''\\ \dot{U}_2''\end{bmatrix}=\boldsymbol{Z}'\begin{bmatrix}\dot{I}_1'\\ \dot{I}_2'\end{bmatrix}+\boldsymbol{Z}''\begin{bmatrix}\dot{I}_1''\\ \dot{I}_2''\end{bmatrix}$$

$$=[\boldsymbol{Z}'+\boldsymbol{Z}'']\begin{bmatrix}\dot{I}_1\\ \dot{I}_2\end{bmatrix}\overset{\text{def}}{=}\boldsymbol{Z}\begin{bmatrix}\dot{I}_1\\ \dot{I}_2\end{bmatrix}$$

上式即为两个二端口串联后形成的复合二端口的 Z 参数方程,复合二端口的 Z 参数矩阵可表示为

$$\boldsymbol{Z}=\boldsymbol{Z}'+\boldsymbol{Z}'' \tag{16-4-3}$$

或即

$$\begin{bmatrix}Z_{11} & Z_{12}\\ Z_{21} & Z_{22}\end{bmatrix}=\begin{bmatrix}Z_{11}' & Z_{12}'\\ Z_{21}' & Z_{22}'\end{bmatrix}+\begin{bmatrix}Z_{11}'' & Z_{12}''\\ Z_{21}'' & Z_{22}''\end{bmatrix}$$

$$=\begin{bmatrix} Z'_{11}+Z''_{11} & Z'_{12}+Z''_{12} \\ Z'_{21}+Z''_{21} & Z'_{22}+Z''_{22} \end{bmatrix}$$

上式表明：两个二端口串联后形成的复合二端口的 Z 参数矩阵等于串联的两个二端口的 Z 参数矩阵之和。

两个二端口串联，也可能出现每一个二端口的端口条件因串联而不再成立、每一二端口的方程就不再适用的情况，此时式(16-4-3)就失去了意义。两个具有公共端的二端口，如图 16-4-7，如果按图中所示的方式串联联接时，每一个二端口的端口条件是一定能够满足的，由它们串联得到的复合二端口的 Z 参数就一定可以用式(16-4-3)计算。

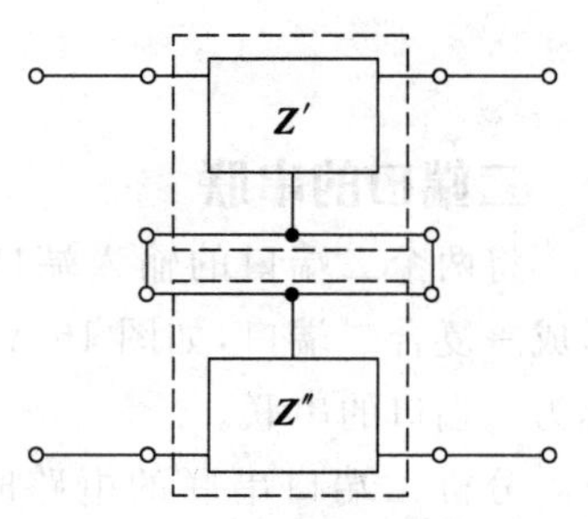

图 16-4-7 一种二端口串联后端口条件仍成立的情形

【例 16-10】 求图 16-4-8(a)所示二端口的 Z 参数矩阵。

解 将图 16-4-8(a)所示的二端口看作是由图 16-4-8(b)所示的两个二端口的串联组成。求出每一个二端口的 Z 参数矩阵，再用式(16-4-3)就可以求出图 16-4-8(a)所示电路的 Z 参数矩阵。具体计算留作练习。

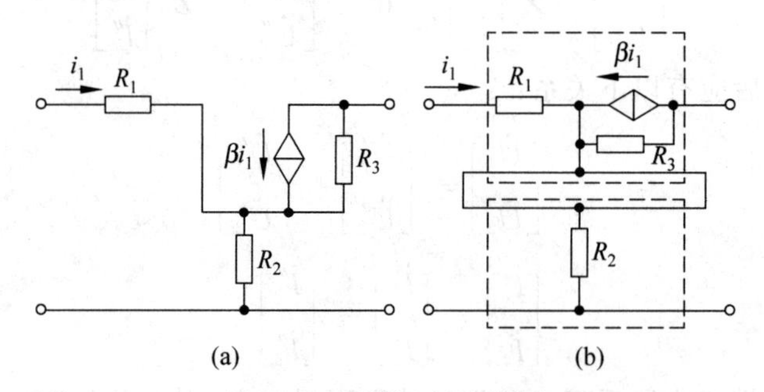

图 16-4-8 例 16-10 附图

(a) 例 16-10 的电路；(b) 分解成两个二端口串联的电路

二端口的联接除了以上介绍的三种方式外，还有串并联和并串联两种联接方式，如图 16-4-9(a)、(b)所示，这里不作详细介绍。

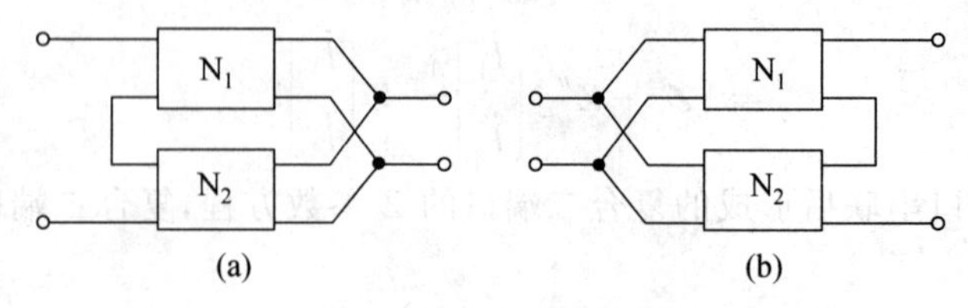

图 16-4-9 二端口的串并联和并串联联接方式

(a) 二端口的串并联；(b) 二端口的并串联

16.5 二端口的特性阻抗和传播常数

对于线性二端口,可以引入特性阻抗和传播常数来表征其特性。下面只就对称二端口研究其特性阻抗和传播常数。

特性阻抗

设有一二端口如图16-5-1所示。它的T参数方程为

$$\left.\begin{aligned}\dot{U}_1 &= T_{11}\dot{U}_2 - T_{12}\dot{I}_2\\ \dot{I}_1 &= T_{21}\dot{U}_2 - T_{22}\dot{I}_2\end{aligned}\right\} \tag{16-5-1}$$

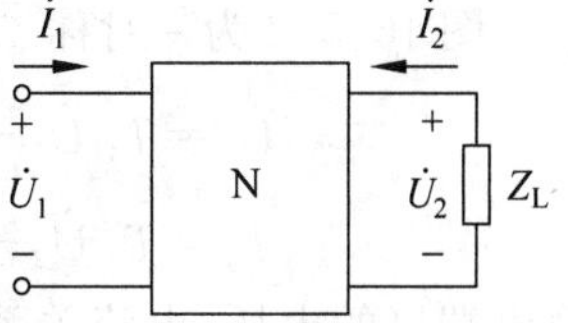

图 16-5-1 二端口的特性阻抗

在此二端口的输出端口接一阻抗Z_L,则$\dot{U}_2$,$\dot{I}_2$有关系式

$$\dot{U}_2 = -Z_L\dot{I}_2$$

将上式代入式(16-5-1)中,可求得此二端口输入端口的入端阻抗Z_i为

$$Z_i = \frac{\dot{U}_1}{\dot{I}_1} = \frac{T_{11}Z_L + T_{12}}{T_{21}Z_L + T_{22}} \tag{16-5-2}$$

由式(16-5-2)可以看出,Z_i随Z_L的改变而改变。若在一负载阻抗$Z_L = Z_C$时,Z_i恰好等于Z_C,则称此Z_C值为二端口的特性阻抗。利用式(16-5-2)可确定特性阻抗Z_C与T参数有以下关系:

$$Z_C = \frac{T_{11}Z_C + T_{12}}{T_{21}Z_C + T_{22}}$$

或

$$T_{21}Z_C^2 - (T_{11} - T_{22})Z_C - T_{12} = 0$$

对于对称二端口有

$$T_{11} = T_{22}$$

将此关系代入上式即得

$$Z_C = \sqrt{\frac{T_{12}}{T_{21}}} \tag{16-5-3}$$

式(16-5-3)就是对称二端口特性阻抗与其传输参数的关系。

对称二端口的特性阻抗还可用下面的方法求出。

根据式(16-5-1),设二端口的输出端口开路($\dot{I}_2=0$),此时输入端口的入端阻抗为

$$Z_o = \frac{T_{11}}{T_{21}}$$

当输出端口短路时($\dot{U}_2=0$),输入端口的入端阻抗为

$$Z_s = \frac{T_{12}}{T_{22}}$$

将 Z_o 与 Z_s 相乘，得

$$Z_oZ_s=\frac{T_{11}}{T_{21}}\frac{T_{12}}{T_{22}}=\frac{T_{12}}{T_{21}}$$

比较上式与式(16-5-3)，可得

$$Z_C=\sqrt{Z_oZ_s}$$

传播常数

图 16-5-2 为一对称二端口，输出端口接有特性阻抗 Z_C。写出该二端口的 T 参数方程为

$$\left.\begin{aligned}\dot{U}_1&=T_{11}\dot{U}_2-T_{12}\dot{I}_2\\ \dot{I}_1&=T_{21}\dot{U}_2-T_{22}\dot{I}_2\end{aligned}\right\}\qquad(16\text{-}5\text{-}4)$$

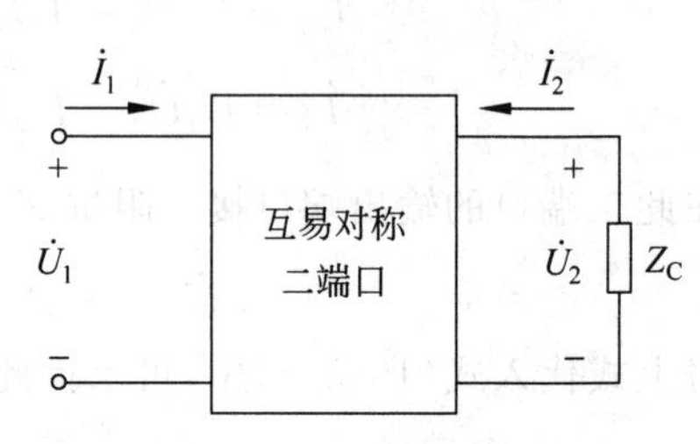

图 16-5-2 二端口的传播常数

输出端口的电压、电流关系为

$$\dot{U}_2=-Z_C\dot{I}_2$$

将上式代入式(16-5-4)中，分别消去第一个方程中的 $\dot{I}_2$ 和第二个方程中的 $\dot{U}_2$，可得

$$\dot{U}_1=\left(T_{11}+\frac{T_{12}}{Z_C}\right)\dot{U}_2$$

$$\dot{I}_1=(T_{21}Z_C+T_{22})(-\dot{I}_2)$$

从而有

$$\frac{\dot{U}_1}{\dot{U}_2}=T_{11}+\frac{T_{12}}{Z_C}=T_{11}+\sqrt{T_{12}T_{21}}$$

$$\frac{\dot{I}_1}{-\dot{I}_2}=T_{21}Z_C+T_{22}=\sqrt{T_{12}T_{21}}+T_{22}$$

其中 $Z_C=\sqrt{\frac{T_{12}}{T_{21}}}$。

又因为对称二端口 $T_{11}=T_{22}$，因此可得

$$\frac{\dot{U}_1}{\dot{U}_2}=\frac{\dot{I}_1}{-\dot{I}_2}=T_{11}+\sqrt{T_{12}T_{21}}$$

上式表明：一对称二端口，当输出端口接特性阻抗 Z_C 时，两个端口的电压比和电流比相同。令

$$\frac{\dot{U}_1}{\dot{U}_2}=e^{\Gamma}$$

其中 $\Gamma=a+jb$ 为一复数(a,b 分别为 Γ 的实部和虚部)。从而有

$$\frac{\dot{U}_1}{\dot{U}_2} = e^{a+jb} = e^a e^{jb}$$

上式两端的模和幅角应分别相等，于是有

$$\frac{U_1}{U_2} = e^a$$

$$\varphi_{u_1} - \varphi_{u_2} = b$$

其中 φ_{u_1} 和 φ_{u_2} 分别为 $\dot{U}_1$ 和 $\dot{U}_2$ 的初相位。由上式可以看出：a 的值是输出电压和输入电压有效值之比的自然对数，称为二端口的衰减常数；b 的值则表示了输出电压和输入电压的相位差，称为二端口的相位常数。而 $\Gamma = a + jb$ 就称为二端口的传播常数。Γ 的值决定了二端口输出端口接特性阻抗时，两个端口的电压(或电流)的有效值及相位间的关系。

对称二端口的传输参数方程

二端口的传输参数方程为

$$\left.\begin{aligned} \dot{U}_1 &= T_{11}\dot{U}_2 - T_{12}\dot{I}_2 \\ \dot{I}_1 &= T_{21}\dot{U}_2 - T_{22}\dot{I}_2 \end{aligned}\right\} \qquad (16\text{-}5\text{-}5)$$

对于对称二端口，$T_{11} = T_{22}$，$T_{11}T_{22} - T_{12}T_{21} = 1$。根据前面分析的结果，有

$$e^{\Gamma} = T_{11} + \sqrt{T_{12}T_{21}}$$

而

$$e^{-\Gamma} = \frac{1}{e^{\Gamma}} = \frac{1}{T_{11} + \sqrt{T_{12}T_{21}}} = \frac{T_{11} - \sqrt{T_{12}T_{21}}}{T_{11}^2 - T_{12}T_{21}} = T_{11} - \sqrt{T_{12}T_{21}}$$

由以上两式即有

$$\cosh\Gamma = \frac{1}{2}(e^{\Gamma} + e^{-\Gamma}) = T_{11} = T_{22}$$

$$\sinh\Gamma = \frac{1}{2}(e^{\Gamma} - e^{-\Gamma}) = \sqrt{T_{12}T_{21}}$$

从而有

$$Z_C\sinh\Gamma = \sqrt{\frac{T_{12}}{T_{21}}}\sqrt{T_{12}T_{21}} = T_{12}$$

$$\frac{\sinh\Gamma}{Z_C} = \frac{\sqrt{T_{12}T_{21}}}{\sqrt{\dfrac{T_{12}}{T_{21}}}} = T_{21}$$

所以可以将式(16-5-5)表示成

$$\left.\begin{aligned} \dot{U}_1 &= \cosh\Gamma\dot{U}_2 - Z_C\sinh\Gamma\dot{I}_2 \\ \dot{I}_1 &= \frac{\sinh\Gamma}{Z_C}\dot{U}_2 - \cosh\Gamma\dot{I}_2 \end{aligned}\right\} \qquad (16\text{-}5\text{-}6)$$

式(16-5-6)是用特性阻抗 Z_C 和传播常数 Γ 表示的对称二端口的传输参数方程。由于对称二端口只有两个参数是独立的,因此,用 Z_C 和 Γ 两个参数就可以表示两个端口的电压、电流关系。

将 n 个相同的对称二端口级联,如图 16-5-3,若每个二端口的传播常数为 Γ,特性阻抗为 Z_C,则级联成的二端口的传播常数即为 $n\Gamma$,而特性阻抗仍为 Z_C。此时它的 T 参数方程即为

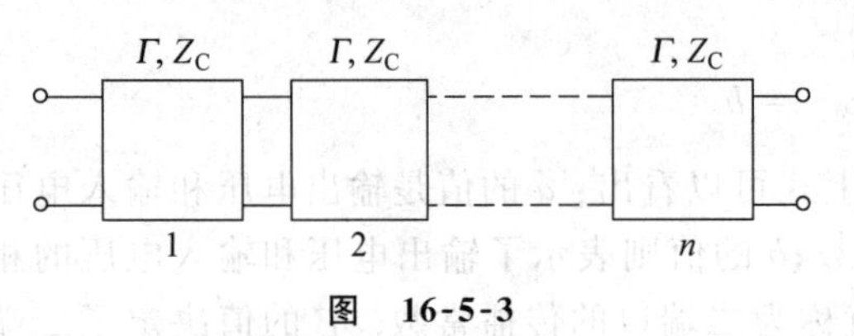

图 16-5-3

$$\dot{U}_1 = \cosh n\Gamma \dot{U}_2 - Z_C \sinh n\Gamma \dot{I}_2$$

$$\dot{I}_1 = \frac{\sinh n\Gamma}{Z_C}\dot{U}_2 - \cosh n\Gamma \dot{I}_2$$

这个结论的正确性留给读者证明。

16.6 二端口的转移函数

二端口常被接在信号源和负载之间,以完成某些功能,例如对信号的放大、滤波等,这种网络的性能可用它的转移函数来描述。二端口的转移函数(或称传递函数)是在零状态下,输出端的电压或电流的象函数与输入端的电压或电流的象函数之比,转移函数是复频率 s 的函数。此处研究的转移函数与 15.10 节定义的网络函数是一致的。这里研究转移函数主要是关心它与二端口网络参数的关系。

二端口的转移函数与二端口本身以及两个端口所接的电路均有关。下面讨论几种不同情况下二端口的转移函数。

首先讨论输入端信号源内阻为零,输出端没有外接负载的二端口的转移函数(图 16-6-1)。这样的二端口的转移函数只需用它的 Y 参数或 Z 参数就能表示。下面就输出端口开路和短路两种情况下推导此类二端口的转移函数。

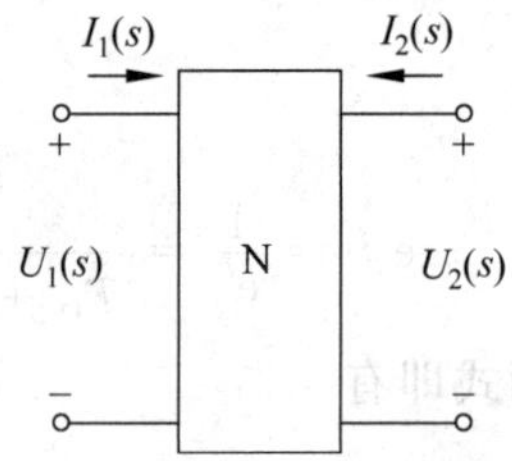

图 16-6-1 信号源内阻为零、输出端无外接负载的二端口的转移函数

图 16-6-1 所示二端口的运算形式的 Z 参数方程和 Y 参数方程可分别写作

$$\left.\begin{aligned} U_1(s) &= Z_{11}(s)I_1(s) + Z_{12}(s)I_2(s) \\ U_2(s) &= Z_{21}(s)I_1(s) + Z_{22}(s)I_2(s) \end{aligned}\right\} \tag{16-6-1}$$

和

$$\left.\begin{aligned} I_1(s) &= Y_{11}(s)U_1(s) + Y_{12}(s)U_2(s) \\ I_2(s) &= Y_{21}(s)U_1(s) + Y_{22}(s)U_2(s) \end{aligned}\right\} \tag{16-6-2}$$

当输出端口开路时[$I_2(s)=0$],根据式(16-6-1),则有电压转移函数

$$\frac{U_2(s)}{U_1(s)} = \frac{Z_{21}(s)}{Z_{11}(s)}$$

转移阻抗

$$\frac{U_2(s)}{I_1(s)} = Z_{21}(s)$$

或根据式(16-6-2),有电压转移函数

$$\frac{U_2(s)}{U_1(s)} = -\frac{Y_{21}(s)}{Y_{22}(s)}$$

当输出端口短路时$[U_2(s)=0]$,根据式(16-6-2),则有电流转移函数

$$\frac{I_2(s)}{I_1(s)} = \frac{Y_{21}(s)}{Y_{11}(s)}$$

转移导纳

$$\frac{I_2(s)}{U_1(s)} = Y_{21}(s)$$

或根据式(16-6-1),有电流转移函数

$$\frac{I_2(s)}{I_1(s)} = -\frac{Z_{21}(s)}{Z_{22}(s)}$$

上述二端口的转移函数也可以由 T 参数或 H 参数等参数导出。

现在考虑输入端信号源内阻为零,输出端接有电阻 R_2 的二端口的转移函数(图 16-6-2)。

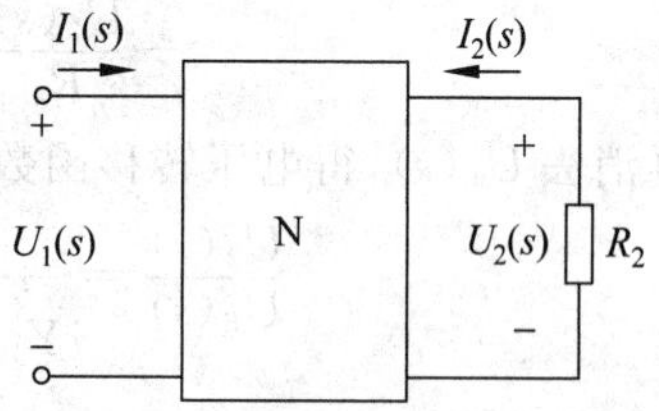

图 16-6-2 输出端接电阻的二端口

图 16-6-2 所示接有电阻 R_2 的二端口的输出端口的电压、电流有以下关系式

$$U_2(s) = -R_2 I_2(s)$$

由上式和式(16-6-1)、式(16-6-2),可求得接有电阻 R_2 的二端口的各转移函数。

根据下面的关系式

$$I_2(s) = Y_{21}(s)U_1(s) + Y_{22}(s)U_2(s)$$
$$U_2(s) = -R_2 I_2(s)$$

消去 $I_2(s)$,得电压转移函数

$$\frac{U_2(s)}{U_1(s)} = -\frac{Y_{21}(s)}{\dfrac{1}{R_2} + Y_{22}(s)}$$

消去 $U_2(s)$,得转移导纳

$$\frac{I_2(s)}{U_1(s)} = \frac{Y_{21}(s)}{1 + R_2 Y_{22}(s)}$$

根据下面的关系式

$$U_2(s) = Z_{21}(s)I_1(s) + Z_{22}(s)I_2(s)$$
$$U_2(s) = -R_2 I_2(s)$$

消去 $U_2(s)$,得电流转移函数

$$\frac{I_2(s)}{I_1(s)} = -\frac{Z_{21}(s)}{R_2 + Z_{22}(s)}$$

消去 $I_2(s)$，得转移阻抗

$$\frac{U_2(s)}{I_1(s)} = \frac{Z_{21}(s)}{1+\dfrac{Z_{22}(s)}{R_2}}$$

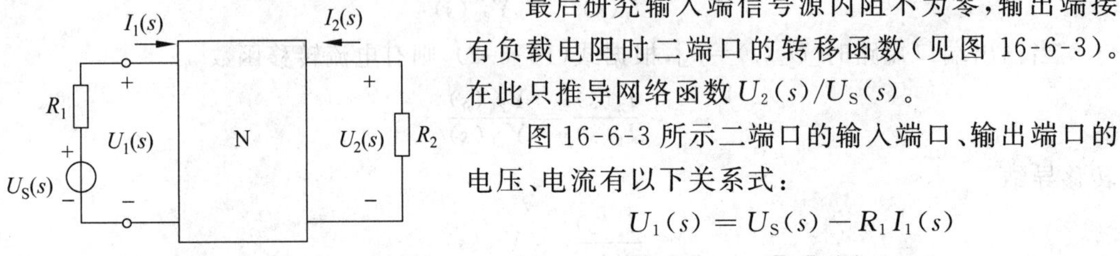

图 16-6-3　信号源内阻不为零的二端口

最后研究输入端信号源内阻不为零，输出端接有负载电阻时二端口的转移函数(见图 16-6-3)。在此只推导网络函数 $U_2(s)/U_S(s)$。

图 16-6-3 所示二端口的输入端口、输出端口的电压、电流有以下关系式：

$$U_1(s) = U_S(s) - R_1 I_1(s)$$

$$U_2(s) = -R_2 I_2(s)$$

将上式代入式(16-6-2)，消去 $I_1(s)$，$I_2(s)$，得

$$\frac{U_S(s)-U_1(s)}{R_1} = Y_{11}(s)U_1(s) + Y_{12}(s)U_2(s)$$

$$-\frac{U_2(s)}{R_2} = Y_{21}(s)U_1(s) + Y_{22}(s)U_2(s)$$

再消去 $U_1(s)$，得电压转移函数

$$\frac{U_2(s)}{U_S(s)} = \frac{Y_{21}(s)/R_1}{Y_{12}(s)Y_{21}(s) - \left[Y_{11}(s)+\dfrac{1}{R_1}\right]\left[Y_{22}(s)+\dfrac{1}{R_2}\right]}$$

由以上分析可以看出，端口接有电阻的二端口的转移函数与二端口的参数及两个端口所接电阻均有关。

16.7　回转器与负阻抗变换器

回转器和负阻抗变换器是两种多端元件，也都是二端口。下面分别介绍回转器与负阻抗变换器的特性。

回转器

图 16-7-1 所示是回转器的电路符号。它的两个端口的电压、电流有以下关系：

$$\left.\begin{aligned} u_1 &= -ri_2 \\ u_2 &= ri_1 \end{aligned}\right\} \tag{16-7-1}$$

或写为

$$\left.\begin{aligned} i_1 &= gu_2 \\ i_2 &= -gu_1 \end{aligned}\right\} \tag{16-7-2}$$

式中 r 具有电阻的量纲，称为回转电阻；而 g 具有电导的量纲，称为回转电导。r 和 g 也简称为回转常数。比较式(16-7-1)和式(16-7-2)可知 r 与 g 互为倒数。

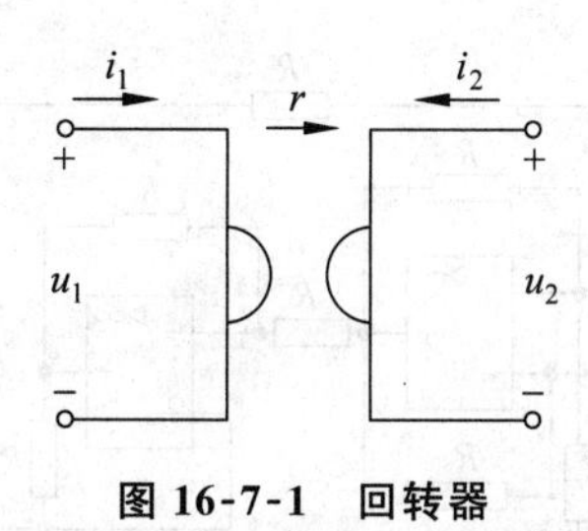

图 16-7-1 回转器

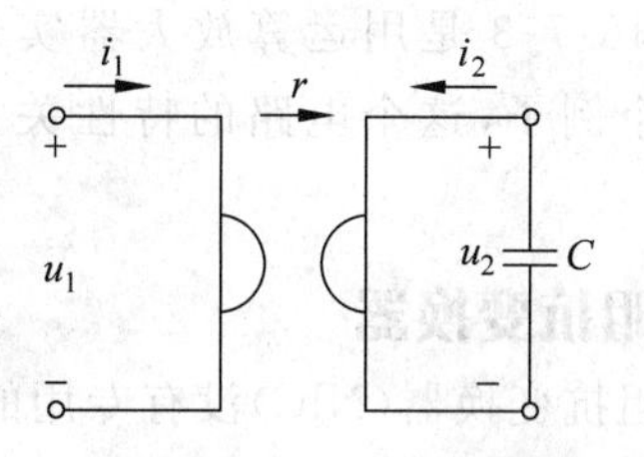

图 16-7-2 电感的实现

将式(16-7-1)和式(16-7-2)写成矩阵形式，即有

$$\begin{bmatrix} u_1 \\ u_2 \end{bmatrix} = \begin{bmatrix} 0 & -r \\ r & 0 \end{bmatrix} \begin{bmatrix} i_1 \\ i_2 \end{bmatrix}$$

$$\begin{bmatrix} i_1 \\ i_2 \end{bmatrix} = \begin{bmatrix} 0 & g \\ -g & 0 \end{bmatrix} \begin{bmatrix} u_1 \\ u_2 \end{bmatrix}$$

式中系数矩阵分别为回转器的 Z 参数矩阵和 Y 参数矩阵。

由式(16-7-1)和式(16-7-2)可以看出，回转器具有把一个端口的电流“回转”成另一个端口的电压或把一个端口的电压“回转”成另一个端口的电流的性质。这一性质使回转器具有把一个电容“回转”成一个电感或把一个电感“回转”成一个电容的本领。下面以回转器把电容“回转”成电感的例子来作说明。

图 16-7-2 为一回转器电路，其中一个端口接有电容元件 C。此回转器中 u_2，i_2 有如下关系：

$$i_2 = -C\frac{\mathrm{d}u_2}{\mathrm{d}t}$$

由上式及回转器的特性方程式(16-7-1)有

$$\begin{aligned} u_1 &= -ri_2 = -r\left(-C\frac{\mathrm{d}u_2}{\mathrm{d}t}\right) = rC\frac{\mathrm{d}u_2}{\mathrm{d}t} \\ &= rC\frac{\mathrm{d}(ri_1)}{\mathrm{d}t} = r^2C\frac{\mathrm{d}i_1}{\mathrm{d}t} \stackrel{\mathrm{def}}{=} L\frac{\mathrm{d}i_1}{\mathrm{d}t} \end{aligned}$$

由上式可见，u_1 与 i_1 的关系等同于一电感元件上的电压、电流关系，此等效电感为

$$L = r^2C$$

若 $r=10\mathrm{k}\Omega$，$C=1\mu\mathrm{F}$，则 $L=100\mathrm{H}$。这意味着利用回转器可以把 $1\mu\mathrm{F}$ 的电容“回转”成 100H 的电感。这种技术可应用于模拟集成电路的制造中。

回转器吸收的功率为

$$p = u_1i_1 + u_2i_2 = -ri_2i_1 + ri_1i_2 = 0$$

这表明回转器是不耗能的，而且也是不储能的。由式(16-7-1)还可看出回转器是非互易元件。

图 16-7-3 是用运算放大器实现回转器电路的一个例子，这个电路的特性关系留给读者分析。

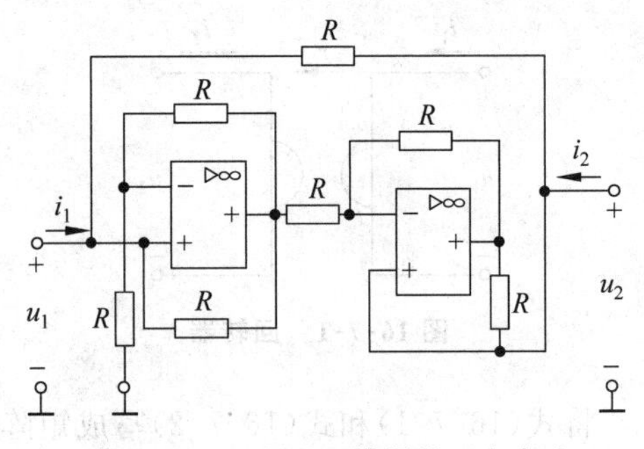

图 16-7-3　实现回转器的一个电路

负阻抗变换器

负阻抗变换器(NIC)没有专用的电路符号，通常用图 16-7-4 中的符号表示。其中图(a)表示电压反向型负阻抗变换器(VNIC)，图(b)表示电流反向型负阻抗变换器(INIC)。

电压反向型负阻抗变换器的电压、电流关系为

$$\left.\begin{aligned} u_1 &= -ku_2 \\ i_1 &= -i_2 \end{aligned}\right\} \tag{16-7-3}$$

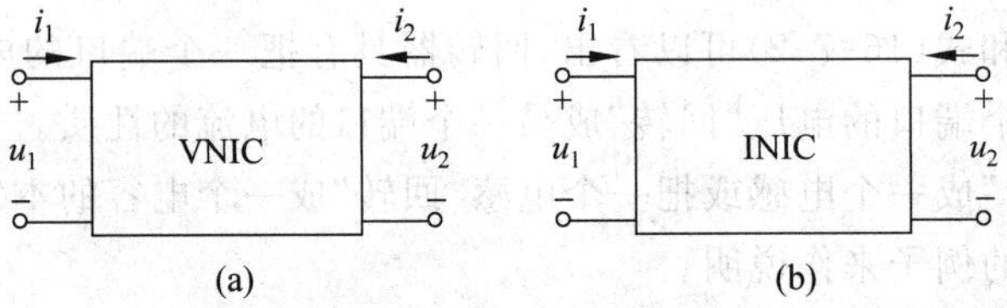

VNIC　(a)　　INIC　(b)

图 16-7-4　负阻抗变换器

(a) 电压反向型负阻抗变换器；(b) 电流反向型负阻抗变换器

写成矩阵形式即为

$$\begin{bmatrix} u_1 \\ i_1 \end{bmatrix} = \begin{bmatrix} -k & 0 \\ 0 & 1 \end{bmatrix} \begin{bmatrix} u_2 \\ -i_2 \end{bmatrix}$$

由式(16-7-3)可以看出，经过 VNIC 后输入电压被反向。

电流反向型负阻抗变换器的电压、电流关系为

$$\left.\begin{aligned} u_1 &= u_2 \\ i_1 &= ki_2 \end{aligned}\right\} \tag{16-7-4}$$

写成矩阵形式即为

$$\begin{bmatrix} u_1 \\ i_1 \end{bmatrix} = \begin{bmatrix} 1 & 0 \\ 0 & -k \end{bmatrix} \begin{bmatrix} u_2 \\ -i_2 \end{bmatrix}$$

由式(16-7-4)可以看出，经过 INIC 后输入端的电流被反向。

上述矩阵方程中的系数矩阵均为传输参数矩阵。下面分析负阻抗变换器的特性。

图 16-7-5 中的负阻抗变换器为电流反向型负阻抗变换器。在其中的端口 2 接一阻抗 Z_L，考察端口 1 的入端阻抗 Z_i 就可以看到它的负阻抗变换作用(电压、电流采用相量形式)。

电流反向型负阻抗变换器的电压、电流关系式为

$$\dot{U}_1 = \dot{U}_2$$

$$\dot{I}_1 = k\dot{I}_2$$

端口 2 接阻抗 Z_L 时,$\dot{U}_2$,$\dot{I}_2$ 满足以下关系,即

$$\dot{U}_2 = -Z_L\dot{I}_2$$

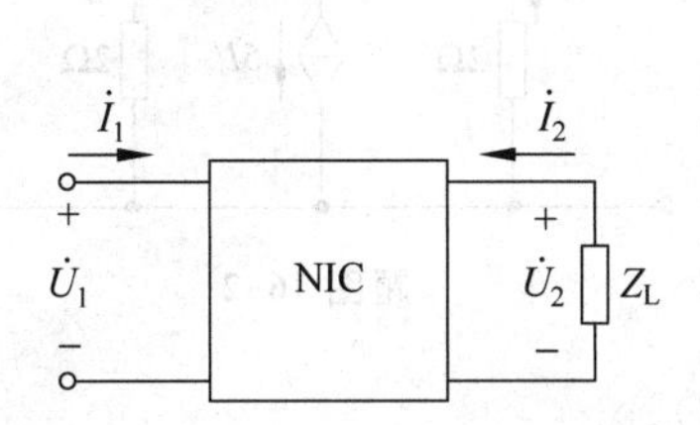

图 16-7-5 负阻抗变换的实现

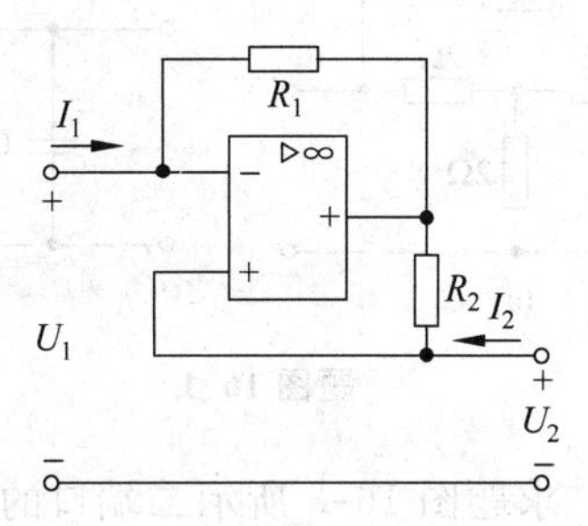

图 16-7-6 负阻抗变换器的一个实际电路

由以上三式可求得

$$Z_i = \frac{\dot{U}_1}{\dot{I}_1} = \frac{\dot{U}_2}{k\dot{I}_2} = \frac{-Z_L\dot{I}_2}{k\dot{I}_2} = -\frac{1}{k}Z_L$$

当 $k=1$ 时,则有

$$Z_i = -Z_L$$

以上分析表明,当在负阻抗变换器的端口 2 接一阻抗 Z_L 时,端口 1 的入端阻抗 $Z_i=-Z_L$,这就实现了负阻抗的变换。

图 16-7-6 给出了一个负阻抗变换器的电路,可以求得其端口的电压、电流关系为

$$U_1 = U_2$$

$$I_1 = \frac{R_2}{R_1}I_2$$

这是一个电流反向型负阻抗变换器。当端口 2 接一电阻 R_L 时,端口 1 的入端电阻 R_i 可表示成

$$R_i = -\frac{R_1}{R_2}R_L$$

可见 R_i 是一个负电阻。

用负阻抗变换器还可以得到负电感和负电容。负值的电阻、电感、电容在电路中常会引起不稳定的问题,所以它们的应用并不很多。

习　题

16-1　求题图 16-1 所示二端口的 Y 参数矩阵和 Z 参数矩阵。

16-2　求题图 16-2 所示二端口的 Y 参数矩阵和 Z 参数矩阵。

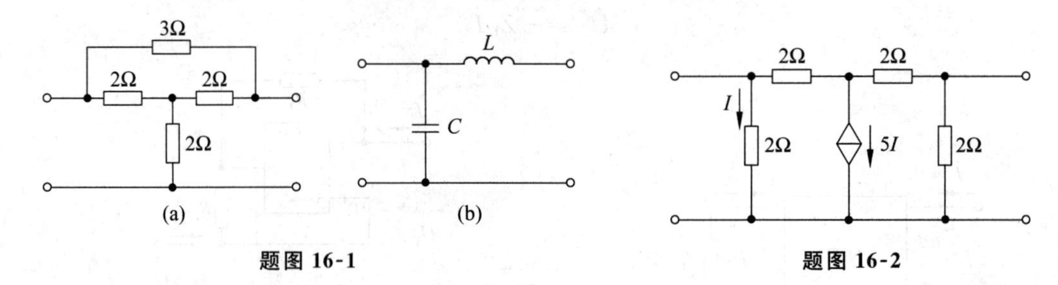

题图 16-1　　　　题图 16-2

16-3　求题图 16-3 所示二端口的传输参数(T 参数)。

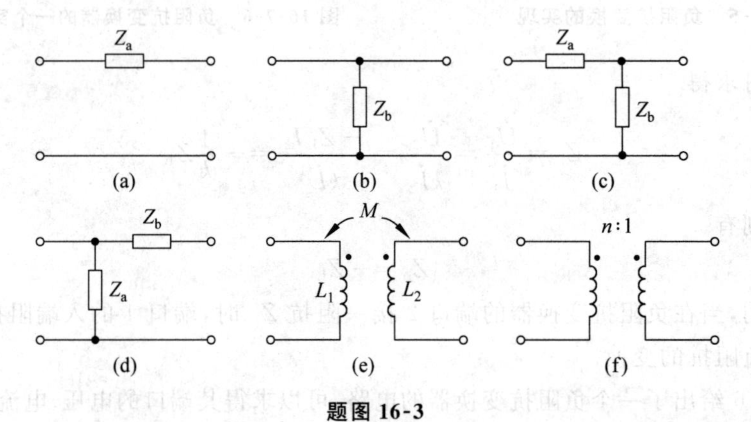

题图 16-3

16-4　求题图 16-4 所示二端口的传输参数。

16-5　求题图 16-5 所示二端口的混合参数(H 参数)。

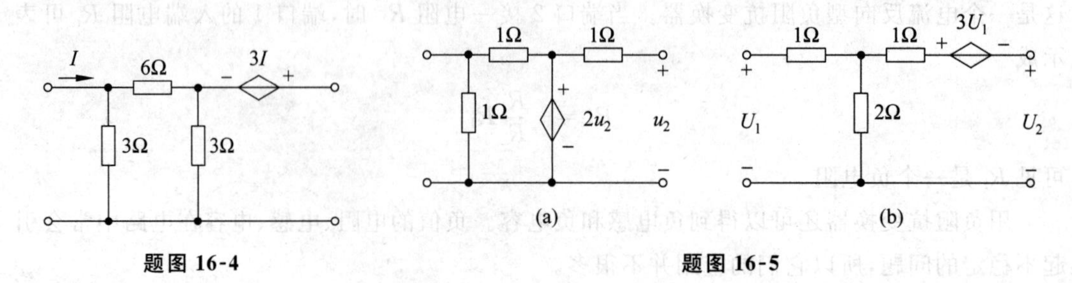

题图 16-4　　　　题图 16-5

16-6 已知一二端口的传输参数矩阵是$\begin{bmatrix} 1.5 & 4\Omega \\ 0.5\text{S} & 2 \end{bmatrix}$，求此二端口的 T 型等值电路和 Π 型等值电路。

16-7 题图 16-7 中二端口的传输参数 $\boldsymbol{T}=\begin{bmatrix} 2 & 8\Omega \\ 0.5\text{S} & 2.5 \end{bmatrix}$，$U_S=10\text{V}$，$R_1=1\Omega$。求：

(1) $R_2=3\Omega$ 时转移电压比 U_2/U_S 和转移电流比 I_2/I_1。

(2) R_2 为何值时，它所获功率为最大？求出此最大功率值。

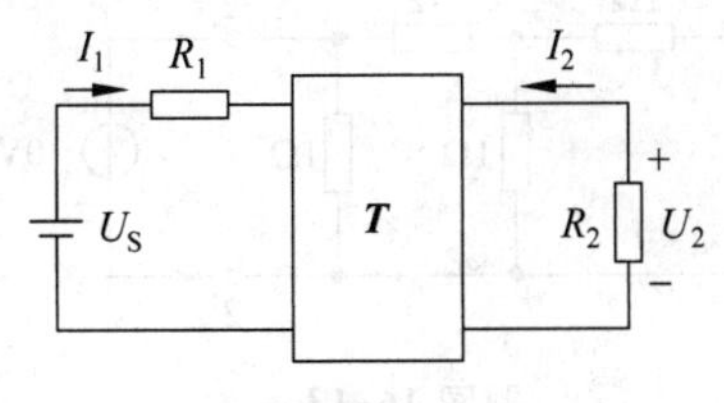

题图 16-7

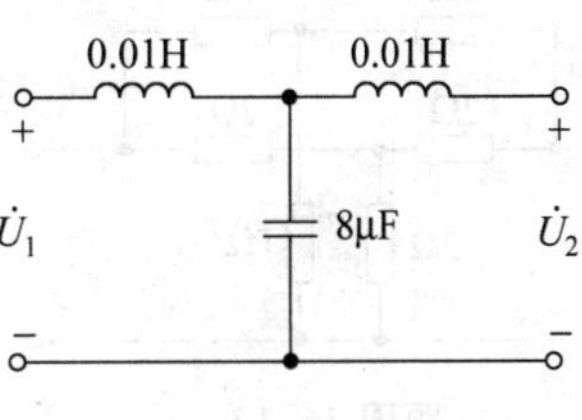

题图 16-8

16-8 一低通滤波器如题图 16-8 所示。求 $\omega=2500\text{rad/s}$ 和 $\omega=7500\text{rad/s}$ 时的特性阻抗和 U_1/U_2 的值。

16-9 试设计一对称 T 型二端口(题图 16-9)，使：(1)$R=75\Omega$ 时，此二端口的输入电阻也是 75Ω；(2)转移电压比 $U_2/U_1=1/2$。试确定电阻 R_a 和 R_b 的值。

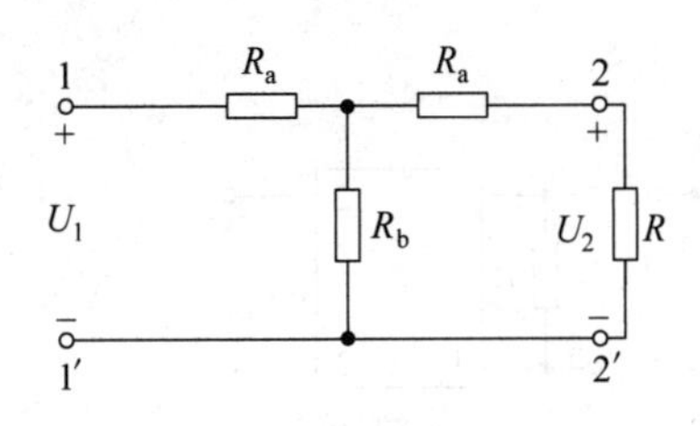

题图 16-9

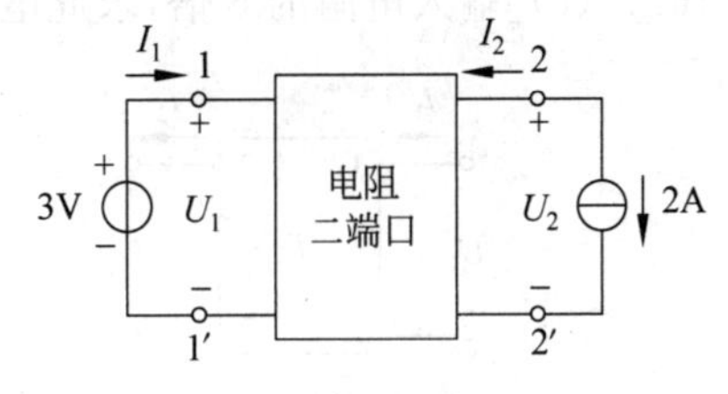

题图 16-10

16-10 已知一二端口(见题图 16-10)，为求其参数做了以下空载和短路实验：

(1) 当 22′端口开路，给定 $U_1=4\text{V}$，测得 $I_1=2\text{A}$；

(2) 当 11′端口开路，给定 $U_2=1.875\text{V}$，测得 $I_2=1\text{A}$；

(3) 当 11′端口短路，给定 $U_2=1.75\text{V}$，测得 $I_2=1\text{A}$。

求：(1) 此二端口的 T 参数；

(2) 此二端口的 T 型等值电路；

(3) 若 11′端口接一 3V 的电压源，22′端口接一 2A 的电流源，试求 I_1 和 U_2。

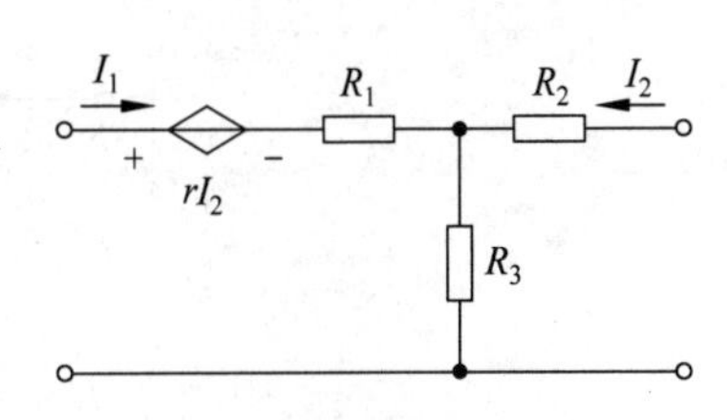

题图 16-11

16-11 已知一二端口的参数 $\boldsymbol{Z}=\begin{bmatrix} 10 & 8 \\ 5 & 10 \end{bmatrix}\Omega$，可以用题图 16-11 的电路作为它的等效电路。求其中的 R_1，

R_2,R_3 和 r 的值。

16-12　求题图 16-12 所示二端口的 Y 参数。

16-13　一二端口如题图 16-13 所示,求:

(1) T 参数;

(2) 当 22′端口接一 10V 电压源,11′端口接一 $R=2\Omega$ 电阻时,求此 2Ω 电阻消耗的功率。

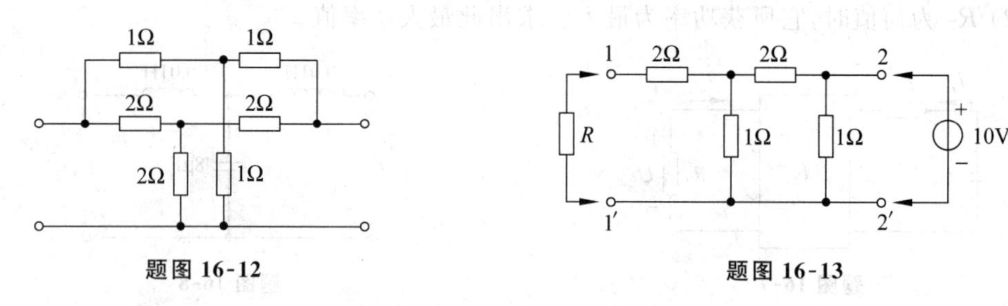

题图 16-12　　　　题图 16-13

16-14　一线性电阻二端口[如题图 16-14(a)]的 T 参数方程为

$$U_1 = 2U_2 + 30I_2$$

$$I_1 = 0.1U_2 + 2I_2$$

将电阻 R 并联在输出端时[如题图 16-14(b)],输入电阻等于将该电阻并联在输入端时[如题图 16-14(c)]输入电阻的 6 倍,求此电阻 R 的值。

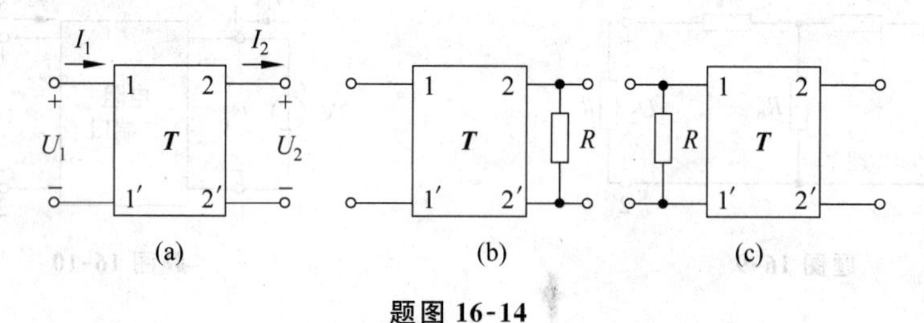

题图 16-14

16-15　求题图 16-15 所示二端口的 Y 参数。r 是回转电阻。

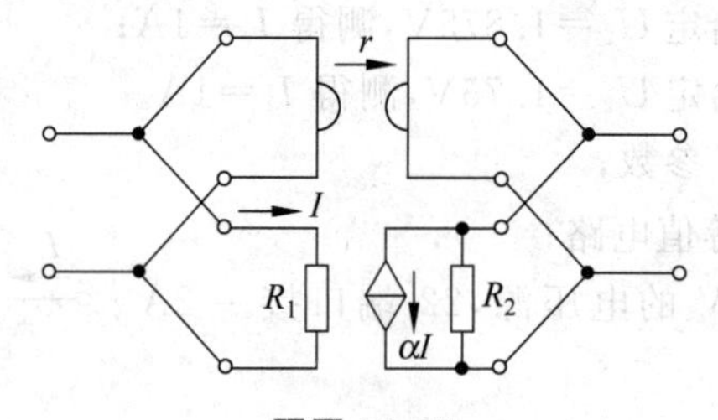

题图 16-15

第17章

网络图论基础

提　要

本书前面陆续介绍了一些直观列写电路方程式的基本方法。对于规模较小的电网络，用那些方法列写出所需方程并不困难。但随着现代电子电路和大型电力系统的发展，电路规模日趋庞大，结构日趋复杂，对于这类“大规模电路”，已不可能再用人工直接列写和求解方程，而往往需要借助计算机，根据输入数据，自动地列写出网络方程并进行分析计算。为此，就需要建立一种便于计算机识别的编写电路方程的系统化方法。在这类方法中要用到网络图论的若干基本概念和线性代数中的矩阵知识。

网络图论是应用图论研究网络的几何结构及其基本性质的理论。图论是数学的一个分支，由数学家欧拉建立。图论研究的对象是从实际问题中抽象出来的用线段和顶点组成的“图”。1845年基尔霍夫运用图论解决了电网络中求解联立方程问题，并引进了“树”的概念，为网络图论奠定了基础。20世纪中期，图论在电路理论中得到了多方面的应用，网络图论已成为近代电路理论中重要的基础知识。

本章首先介绍网络图论的一些基本概念，然后讨论这一理论在电路分析中的应用。结合电路分析中常用的节点法、割集法、回路法、改进节点法和表格法等分析方法，介绍用系统化方法列写电路方程的过程。这些方程都是以矩阵形式表示的。

17.1 网络的图

网络的图由支路(线段)和节点(顶点)组成,每一支路都接在图中两个节点之间,通常用符号 G 来表示一个图。图中的每一支路可代表一个电路元件,也可根据需要代表多个元件的某种组合。图中只有抽象的线段和点,线段的长短曲直以及点的位置都不重要,重要的是线段和点的联接关系。图 17-1-1(a),(b)中画出了两个具体的电路和它们对应的图。用图表示的点和线段的联接关系以及由此产生的全部几何性质统称为图的拓扑性质。网络图论有时又称为网络拓扑。下面给出一些与之有关的基本定义和术语。

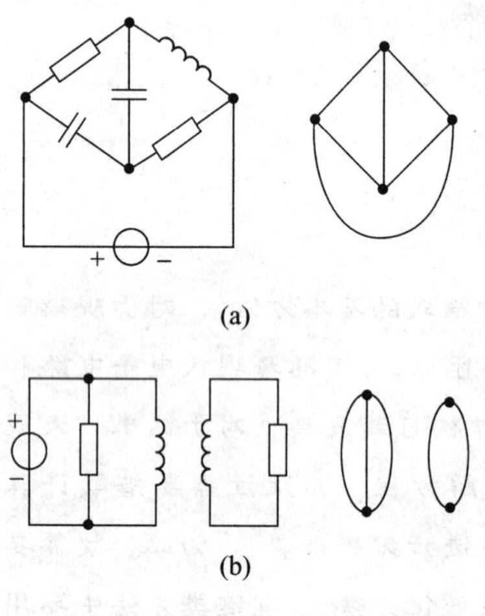

图 17-1-1　网络和它的图的例子

(a) 一个桥式电路和它的图;

(b) 一个含有变压器的电路和它的图

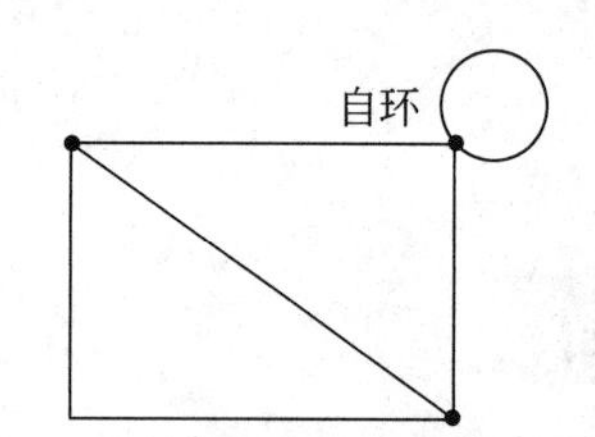

图 17-1-2　含有自环的图

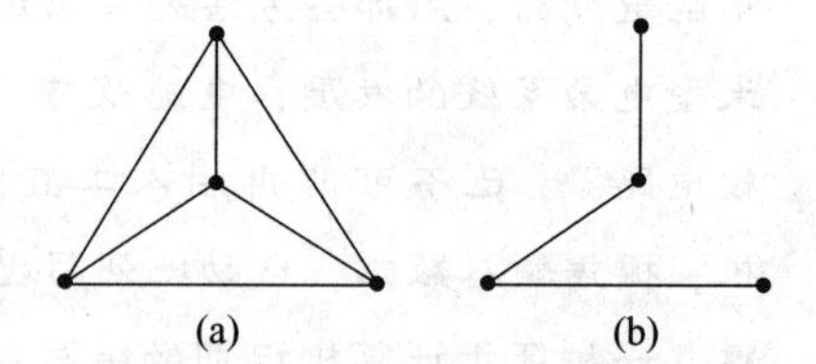

图 17-1-3　图与子图示例

(a) 图 G; (b) G 的一个子图 G_1

(1) 图　图 G 是节点和支路的集合,每条支路的两端都联接到两个节点。例如图 17-1-1(a)中的图共有 4 个节点和 6 条支路。

应该指出,在图中,允许有孤立节点存在。有时说到把一条支路移去,但这并不意味着同时把该支路所联接的节点也移去。另外,在图论中一条支路也不一定联接于两个节点而可能联接于一个节点,形成一个所谓的“自环”,如图 17-1-2 所示。本书中不考虑含有自环的图。图的任一支路恰好联接到两个节点,称此支路与这两个节点关联。

(2) 子图　若图 G_1 的所有节点和支路都是图 G 的节点和支路,则称图 G_1 是图 G 的一个子图。图 17-1-3 中示出一图和它的一个子图的例子。

(3) 有向图　如图 G 中的每条支路都被标有一个方向,则称为有向图,否则称为无向图。

(4) 连通图　若图中任意两个节点之间至少有一条由图中的支路联成的路径,则称为连通图,否则称为非连通图。非连通图至少存在两个分离部分。例如图 17-1-1(b)中所示就是一个非连通图。今后我们主要讨论连通图。

(5) 回路 从图中某一节点出发,经过一些支路(只许经过一次)和一些节点(只许经过一次)又回到出发节点所经闭合路径称为回路。

(6) 树 树是图论中的一个重要概念,其定义为:连通图 G 的一个树是指 G 的一个子图,它①是连通的;②包含 G 的全部节点;③不包含回路。例如图 17-1-4 中,支路(3,4,5)和其节点的集合就是 G 的一个树 T。树是全部节点和联接这些节点所需的最少支路的集合。

图 17-1-4 中支路(1,2,3),(2,5,6),…都分别构成树。同一图可以有许多不同的树。可以证明:一个有 n 个节点的全通图(即任意两个节点间都有一条支路的图)有 n^{n-2} 个不同的树(证明从略)。图 17-1-5 中是一个 $n=5$ 的全通图,共有 125 个不同的树,而 $n=10$ 的全通图共有10^8 个不同的树。

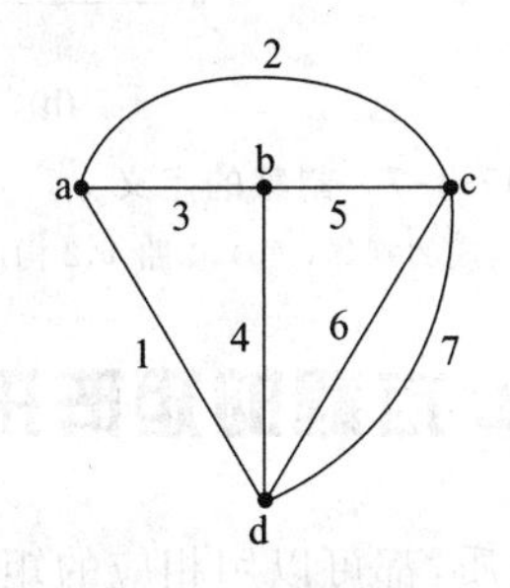

图 17-1-4 树的示例

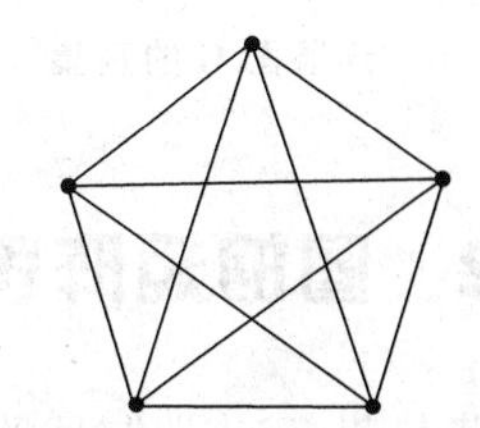
图 17-1-5 $n=5$ 的全通图

在图 G 中,对一确定的树,凡属于这树的支路称为树支,不属于此树的支路称为连支。图 17-1-4 中,若选支路 3,4,5 为树支,则支路 1,2,6,7 为连支。

一个连通图 G 的树支数 b_t,连支数 b_l 与节点数 n,支路数 b 之间有以下的关系:

$$b_t = n-1$$
$$b_l = b-n+1$$

这一关系是容易证明的:设想把 G 的全部支路移去,只剩下它的 n 个节点,为了构成 G 的一个树,先用一条支路把任意两个节点连起来,而后,每联接一个新节点,只需也只能添加一条支路(因凡已连有支路的节点之间不能再用支路联接,否则形成回路),这样把 n 个节点全部连起来所需的支路数恰好是$(n-1)$条。即树支数 $b_t=n-1$,从而连支数 $b_l=b-b_t=b-n+1$。如图 17-1-4 中图 G 的节点数 $n=4$,支路数 $b=7$,故树支数为 $4-1=3$,连支数为 $7-4+1=4$。

(7) 割集 对于一连通图 G,常可作一闭合面,使它切割 G 的某些支路(如图 17-1-6 中支路 4,5,6),若移去被切割的支路,则剩下的图将分成两个分离部分。这样,被切割的支路集合(如支路 4,5,6)就构成一个以下所述的割集。

割集的定义：连通图G的一个割集Q是它的有以下性质的一个支路集合，如果把Q的全部支路移去，图将分成两个分离部分；只要在Q的全部支路中少移去任一支路，则图仍将连通。

上述定义意味着，一个图的割集是该图中支路的一个最小集合，把这些支路移去(节点保留)，将使该图分为两个分离部分。对图17-1-6所示的连通图G，按上述定义可见：支路集合(1,3,5,6)构成一割集，见图17-1-7(a)；支路集合(1,2)也是割集，其中一个分离部分是一个孤立节点，见图17-1-7(b)；但支路集合(4,5,6,9)不是割集，因不移去支路9，图仍是分离的，这不符合割集的定义。一个连通图有许多不同的割集。

显然，在连通图中，任何连支集合不能构成割集，因为将任何连支集合移去后所得的图仍是连通的。所以，每一割集应至少包含一个树支。

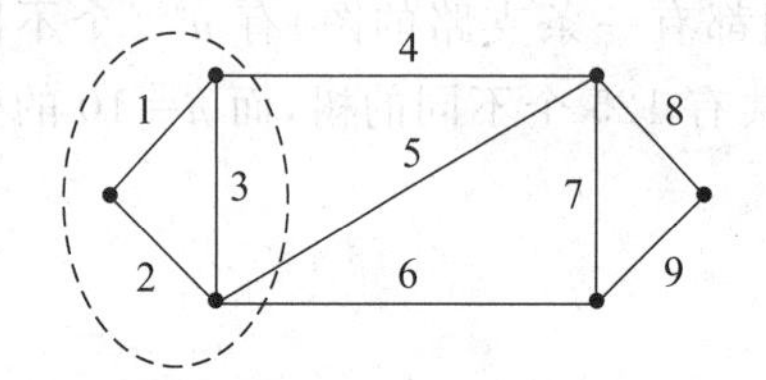

图 17-1-6　连通图G的割集

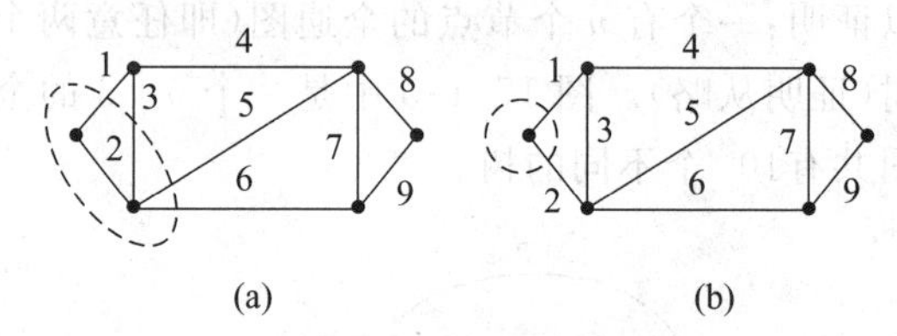

图 17-1-7　割集的定义

(a) 支路1,3,5,6构成的割集；(b) 支路1,2构成的割集

17.2　图的矩阵表示和KCL,KVL方程的矩阵形式

图的支路与节点、支路与回路、支路与割集等的关联性质，都可以用相应的矩阵来描述。

网络分析的基本依据之一是网络的基本定律KCL和KVL。一电网络的KCL和KVL方程仅决定于该网络的结构而与其中的元件性质无关。因此，KCL,KVL方程可以用上述图的有关矩阵来表示。

关联矩阵A

关联矩阵**A**又称节点支路关联矩阵，它描述图的支路与节点的关联情形。

设一有向图的节点数为n，支路数为b，对全部节点和支路分别加以编号。如果电路图中某一支路接至某一节点，我们就称此支路与此节点关联。节点与支路的关联性质可以用一个$n\times b$的矩阵，记为$\mathbf{A}_a$来描述。$\mathbf{A}_a$的每一行对应于一个节点，每一列对应于一个支路，它的第i行第j列元素a_{ij}定义为

$$a_{ij}=\begin{cases}1 & \text{若支路}\ j\ \text{与节点}\ i\ \text{相关联且支路方向背离节点}\\ -1 & \text{若支路}\ j\ \text{与节点}\ i\ \text{相关联且支路方向指向节点}\\ 0 & \text{若支路}\ j\ \text{与节点}\ i\ \text{无关联}\end{cases}$$

$$i=1,2,3,\cdots,n;\ j=1,2,\cdots,b$$

$\mathbf{A}_a$称为图的增广关联矩阵。对于图17-2-1的有向图G，它的增广关联矩阵为

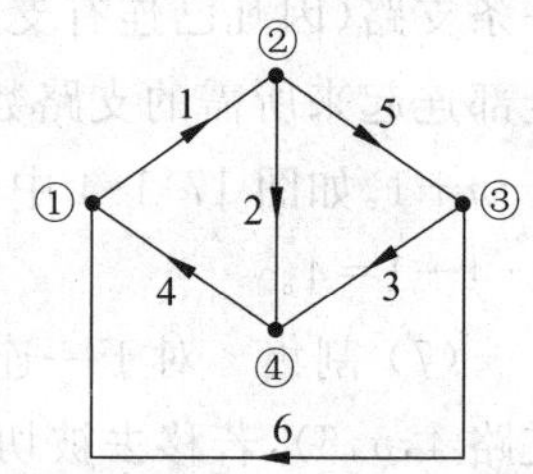

图 17-2-1　有向图G

$$
\boldsymbol{A}_{\mathrm{a}}=\begin{array}{c}\text{节}\ ①\\ ②\\ ③\\ \text{点}\ ④\end{array}\overset{\begin{array}{cccccc}&&\text{支}&\text{路}&&\\1&2&3&4&5&6\end{array}}{\begin{bmatrix}1&0&0&-1&0&-1\\-1&1&0&0&1&0\\0&0&1&0&-1&1\\0&-1&-1&1&0&0\end{bmatrix}}
$$

$\boldsymbol{A}_{\mathrm{a}}$ 的每一行对应于一个节点，表明该节点上连有哪些支路；$\boldsymbol{A}_{\mathrm{a}}$ 的每一列对应于一条支路，表明该支路联接在哪两个节点上。由于每一条支路必连至两个节点，因此 $\boldsymbol{A}_{\mathrm{a}}$ 的每一列中只有两个非零元素，即 1 和 -1。若把 $\boldsymbol{A}_{\mathrm{a}}$ 中所有行的元素相加，就得到元素全为零的一行。所以 $\boldsymbol{A}_{\mathrm{a}}$ 的所有行彼此不是独立的。

如果删去 $\boldsymbol{A}_{\mathrm{a}}$ 的任一行，将得到一个$(n-1)\times b$ 矩阵，此新的矩阵以 $\boldsymbol{A}$ 表示，称为降阶关联矩阵（今后主要用降阶关联矩阵）或简称关联矩阵。若把前面得出的 $\boldsymbol{A}_{\mathrm{a}}$ 矩阵的第 4 行删去，则得

$$
\boldsymbol{A}=\begin{bmatrix}1&0&0&-1&0&-1\\-1&1&0&0&1&0\\0&0&1&0&-1&1\end{bmatrix}\tag{17-2-1}
$$

矩阵 $\boldsymbol{A}$ 的某些列中只有一个 1 或一个 -1，这样的每一列一定对应于与划去节点相关联的一条支路，而且根据该列中非零元素的正负号就可以判断该支路的方向。所以从 $\boldsymbol{A}$ 可以导出 $\boldsymbol{A}_{\mathrm{a}}$。因此，关联矩阵 $\boldsymbol{A}$ 和增广矩阵 $\boldsymbol{A}_{\mathrm{a}}$ 一样，完全地表明了图的支路与节点的关联关系。被划去的行所对应的节点可作为参考节点。有向图 G 和它的关联矩阵 $\boldsymbol{A}$ 有完全确定的对应关系，由 G 可作出 $\boldsymbol{A}$，由 $\boldsymbol{A}$ 也可作出 G。

一电路的 KCL 和 KVL 方程可用该电路图的关联矩阵 $\boldsymbol{A}$ 来表示。设网络含有 b 条支路和 n 个节点，可画出其有向图 G，图 G 中一支路的方向代表该支路电流和支路电压的参考方向。设支路电流向量 $\boldsymbol{i}$(b 维列向量)、支路电压向量 $\boldsymbol{u}$(b 维列向量)和节点电压向量 $\boldsymbol{u}_{\mathrm{n}}$($n-1$ 维列向量)分别代表网络的 b 个支路电流、b 个支路电压和 $n-1$ 个节点电压。以图 17-2-1 为例，$b=6$，$n=4$，有

$$
\boldsymbol{i}=\begin{bmatrix}i_1\\i_2\\i_3\\\vdots\\i_6\end{bmatrix},\quad \boldsymbol{u}=\begin{bmatrix}u_1\\u_2\\u_3\\\vdots\\u_6\end{bmatrix},\quad \boldsymbol{u}_{\mathrm{n}}=\begin{bmatrix}u_{\mathrm{n1}}\\u_{\mathrm{n2}}\\u_{\mathrm{n3}}\end{bmatrix}
$$

则此电路的 KCL 方程的矩阵形式可表示为

$$
\boldsymbol{A}\boldsymbol{i}=0\tag{17-2-2}
$$

由 $\boldsymbol{A}$ 的定义和矩阵乘法规则可知，所得乘积的第 k 行元素恰好等于汇集于相应节点 k 的支

路电流代数和,也就是节点 k 的 KCL 方程 $\sum\limits_{节点k} \boldsymbol{i} = 0$。

以图 17-2-1 为例,有

$$\boldsymbol{Ai} = \begin{bmatrix} 1 & 0 & 0 & -1 & 0 & -1 \\ -1 & 1 & 0 & 0 & 1 & 0 \\ 0 & 0 & 1 & 0 & -1 & 1 \end{bmatrix} \begin{bmatrix} i_1 \\ i_2 \\ i_3 \\ i_4 \\ i_5 \\ i_6 \end{bmatrix}$$

$$= \begin{bmatrix} i_1 - i_4 - i_6 \\ -i_1 + i_2 + i_5 \\ i_3 - i_5 + i_6 \end{bmatrix} = \begin{bmatrix} 0 \\ 0 \\ 0 \end{bmatrix}$$

所得结果中$(i_1 - i_4 - i_6)$,$(-i_1 + i_2 + i_5)$,$(i_3 - i_5 + i_6)$正好分别是汇集在节点①,②,③上的支路电流的代数和。

KVL 方程的矩阵形式可表示为

$$\boldsymbol{u} = \boldsymbol{A}^{\mathrm{T}} \boldsymbol{u}_{\mathrm{n}} \tag{17-2-3}$$

式中 $\boldsymbol{A}^{\mathrm{T}}$ 为 $\boldsymbol{A}$ 的转置矩阵,$\boldsymbol{A}^{\mathrm{T}}$ 的每一行表示的是支路和节点的关联关系,因此 $\boldsymbol{A}^{\mathrm{T}}$ 和节点电压列向量 $\boldsymbol{u}_{\mathrm{n}}$ 相乘后,所得结果是一个 b 维的列向量。其中某一行元素正好是与该行对应支路两端的节点电压代数和,也就是对应的支路电压。以图 17-2-1 为例,有

$$\underbrace{\begin{bmatrix} u_1 \\ u_2 \\ u_3 \\ u_4 \\ u_5 \\ u_6 \end{bmatrix}}_{\boldsymbol{u}} = \underbrace{\begin{bmatrix} 1 & -1 & 0 \\ 0 & 1 & 0 \\ 0 & 0 & 1 \\ -1 & 0 & 0 \\ 0 & 1 & -1 \\ -1 & 0 & 1 \end{bmatrix}}_{\boldsymbol{A}^{\mathrm{T}}} \underbrace{\begin{bmatrix} u_{\mathrm{n1}} \\ u_{\mathrm{n2}} \\ u_{\mathrm{n3}} \end{bmatrix}}_{\boldsymbol{u}_{\mathrm{n}}} = \begin{bmatrix} u_{\mathrm{n1}} - u_{\mathrm{n2}} \\ u_{\mathrm{n2}} \\ u_{\mathrm{n3}} \\ -u_{\mathrm{n1}} \\ u_{\mathrm{n2}} - u_{\mathrm{n3}} \\ -u_{\mathrm{n1}} + u_{\mathrm{n3}} \end{bmatrix}$$

基本回路矩阵 $\boldsymbol{B}_{\mathrm{f}}$

回路与支路的关联性质也可用矩阵来描述。如果一回路包含某一支路,则称此回路与该支路相关联。在有向图 G 中,任选一组 $l=b-n+1$ 个独立回路,且选定回路方向,则可定义独立回路矩阵 $\boldsymbol{B}$,或简称回路矩阵。矩阵 $\boldsymbol{B}$ 有 l 行 b 列,其中每一行对应一个回路,每一列对应于一支路,它的第 i 行第 j 列元素 b_{ij} 定义为

$$b_{ij} = \begin{cases} 1 & 若支路 j 与回路 i 关联,且它们的方向一致 \\ -1 & 若支路 j 与回路 i 关联,且它们的方向相反 \\ 0 & 若支路 j 与回路 i 无关联 \end{cases}$$

$$i = 1,2,\cdots,l; j = 1,2,\cdots,b$$

以图 17-2-2 为例，有向图 G 的节点数 $n=4$，支路数 $b=6$，可知其独立回路数为 $b-n+1=3$。l_1,l_2,l_3 为任选的一组独立回路，可构成相应的独立回路矩阵 $\boldsymbol{B}$。$\boldsymbol{B}$ 的一行，表明该行所对应的回路与哪些支路相关联；$\boldsymbol{B}$ 的一列对应一支路，表明该列所对应支路与哪些回路相关联。

对于一个图来说，可以取许多不同的回路，我们所感兴趣的是一组独立回路，对大规模网络如何从中选取一组足够的独立回路？现在介绍利用图中的树来确定一组独立回路的方法。

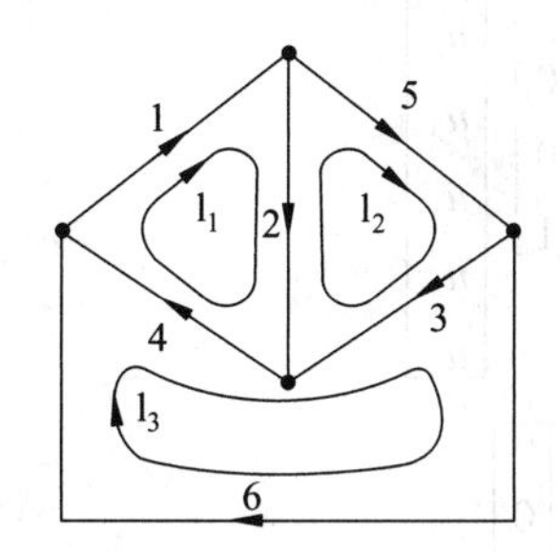

图 17-2-2　图 G 及其独立回路

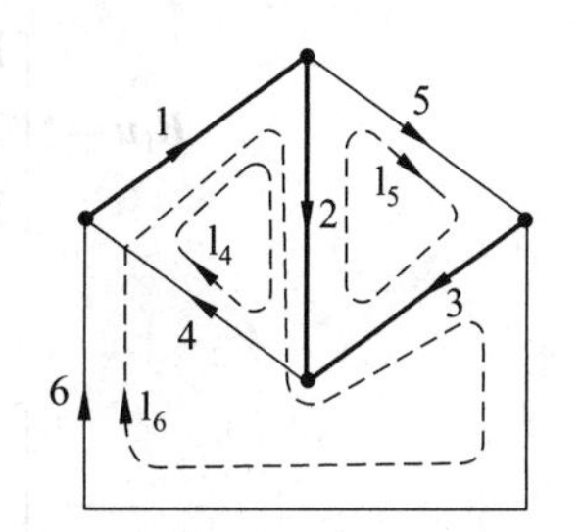

图 17-2-3　基本(单连支)回路组

在连通图中任选一个树，由于树不包含回路，但树支联接了电路中所有节点。在树的图中加进一个连支，该连支和连通该连支两端的树支路径便形成一个回路。将 l 个连支加进，便得到 l 个这样的回路，它们就是一组独立的回路。

如对于图 17-2-3，选支路 1,2,3 为树支(图中粗线所示)，对这个树，分别加入连支 4,5,6，便形成了三个回路 l_4,l_5,l_6(回路以其所含连支的编号为其编号)，见图 17-2-3。

在这些回路中，每个回路只包含一个连支，其余均为树支，故称为单连支回路，或基本回路。所有这些单连支回路(如图 17-2-3 所示的 l_4,l_5,l_6)称为单连支回路组或基本回路组。基本回路组中每一回路都包含有一条其他回路所没有的连支，所以是独立的。由此也可看出独立回路数等于它的连支数 $b-n+1$。当选择不同的树时，可获得不同的基本回路组。

表示基本回路组的矩阵称为基本回路矩阵，用 $\boldsymbol{B}_\mathrm{f}$ 表示。为了规范化，对基本回路组的支路按先树支，后连支的顺序进行编号，且选择回路的正方向，使之与构成它的单连支方向一致，对于图 17-2-3 可以作出其基本回路矩阵如下：

$$\boldsymbol{B}_\mathrm{f} = \begin{matrix} \\ \\ l_4 \\ l_5 \\ l_6 \end{matrix} \begin{matrix} \overbrace{\begin{matrix} 1 & \quad 2 & \quad 3 \end{matrix}}^{\text{树支(t)}} & \overbrace{\begin{matrix} 4 & 5 & 6 \end{matrix}}^{\text{连支(l)}} \\ \underbrace{\left[\begin{matrix} 1 & 1 & 0 \\ 0 & -1 & 1 \\ 1 & 1 & -1 \end{matrix}\right.}_{\boldsymbol{B}_\mathrm{t}} & \underbrace{\left.\begin{matrix} 1 & 0 & 0 \\ 0 & 1 & 0 \\ 0 & 0 & 1 \end{matrix}\right]}_{\boldsymbol{I}_\mathrm{l}} \end{matrix} \tag{17-2-4}$$

显然，$\boldsymbol{B}_\mathrm{f}$ 中包含了一个 $(b-n+1)$ 阶的单位矩阵 $\boldsymbol{I}_\mathrm{l}$，亦即在这种情况下，$\boldsymbol{B}_\mathrm{f}$ 由下列两个子块组成：

$$\boldsymbol{B}_\mathrm{f} = [\boldsymbol{B}_\mathrm{t} \ \vdots \ \boldsymbol{I}_\mathrm{l}]$$

式中下标 t 和 l 分别表示树支和连支。

若支路电压用 b 维向量 $\boldsymbol{u}$ 表示，则 KVL 的矩阵形式表示为

$$\boldsymbol{B}_{\mathrm{f}}\boldsymbol{u}=0 \tag{17-2-5}$$

对于图 17-2-3 中的基本回路，有

$$\boldsymbol{B}_{\mathrm{f}}\boldsymbol{u}=\begin{bmatrix}1 & 1 & 0 & 1 & 0 & 0\\0 & -1 & 1 & 0 & 1 & 0\\1 & 1 & -1 & 0 & 0 & 1\end{bmatrix}\begin{bmatrix}u_1\\u_2\\u_3\\u_4\\u_5\\u_6\end{bmatrix}$$

$$=\begin{bmatrix}u_1+u_2+u_4\\-u_2+u_3+u_5\\u_1+u_2-u_3+u_6\end{bmatrix}=\begin{bmatrix}0\\0\\0\end{bmatrix}$$

即

$$\begin{cases}u_1+u_2+u_4=0\\-u_2+u_3+u_5=0\\u_1+u_2-u_3+u_6=0\end{cases}$$

若将 $\boldsymbol{u}$ 分解为以下子块，即

$$\boldsymbol{u}=\begin{bmatrix}\boldsymbol{u}_{\mathrm{t}}\\ \cdots\\ \boldsymbol{u}_{\mathrm{l}}\end{bmatrix}$$

式中 $\boldsymbol{u}_{\mathrm{t}}$ 和 $\boldsymbol{u}_{\mathrm{l}}$ 分别为树支电压和连支电压列向量，则式(17-2-5)可写成

$$\boldsymbol{B}_{\mathrm{f}}\boldsymbol{u}=[\boldsymbol{B}_{\mathrm{t}}\ \vdots\ \boldsymbol{I}_{\mathrm{l}}]\begin{bmatrix}\boldsymbol{u}_{\mathrm{t}}\\ \cdots\\ \boldsymbol{u}_{\mathrm{l}}\end{bmatrix}=0$$

经子块相乘后可得

$$\boldsymbol{B}_{\mathrm{t}}\boldsymbol{u}_{\mathrm{t}}+\boldsymbol{u}_{\mathrm{l}}=0$$

即

$$\boldsymbol{u}_{\mathrm{l}}=-\boldsymbol{B}_{\mathrm{t}}\boldsymbol{u}_{\mathrm{t}} \tag{17-2-6}$$

式(17-2-6)为 KVL 方程的一种矩阵形式，它以树支电压表示连支电压。

以图 17-2-3 为例，图中 $\boldsymbol{u}_{\mathrm{t}}=[u_1,u_2,u_3]^{\mathrm{T}}$，$\boldsymbol{u}_{\mathrm{l}}=[u_4,u_5,u_6]^{\mathrm{T}}$，代入式(17-2-6)，有

$$\underbrace{\begin{bmatrix}u_4\\u_5\\u_6\end{bmatrix}}_{\boldsymbol{u}_{\mathrm{l}}}=-\underbrace{\begin{bmatrix}1 & 1 & 0\\0 & -1 & 1\\1 & 1 & -1\end{bmatrix}}_{\boldsymbol{B}_{\mathrm{t}}}\underbrace{\begin{bmatrix}u_1\\u_2\\u_3\end{bmatrix}}_{\boldsymbol{u}_{\mathrm{t}}}=\begin{bmatrix}-u_1-u_2\\u_2-u_3\\-u_1-u_2+u_3\end{bmatrix}$$

即 $u_4=-u_1-u_2$，$u_5=u_2-u_3$，$u_6=-u_1-u_2+u_3$，这正是三个单连支回路中，每个连支电压和与之形成回路的树支电压的关系式。

式(17-2-6)表明了一个重要概念：树支电压是支路电压中的一组独立变量，所有的支路电压(b 个)可通过树支电压($n-1$ 个)来表示。

基本割集矩阵 $\boldsymbol{Q}_\mathrm{f}$

割集与支路的关联性质也可用矩阵来描述，如果一割集包含某一支路，则称此割集与该支路相关联。在有向图 G 中，任选一组独立割集，并选定割集方向，则可定义独立割集矩阵 $\boldsymbol{Q}$，或简称割集矩阵。它有 $n-1$ 行，b 列，其中每一行对应于一个割集，每一列对应于一条支路，它的第 i 行第 j 列元素 q_{ij} 定义为

$$q_{ij}=\begin{cases}1 & \text{若支路 } j \text{ 与割集 } i \text{ 关联，且它们的方向一致}\\-1 & \text{若支路 } j \text{ 与割集 } i \text{ 关联，且它们的方向相反}\\0 & \text{若支路 } j \text{ 与割集 } i \text{ 无关联}\end{cases}$$

$$i=1,2,\cdots,n-1;j=1,2,\cdots,b$$

可以通过一个树确定独立割集。在图 G 中任选一个树，它的每一树支与一些相应的连支可构成一个割集，如对于图 17-2-4 中的图 G，选支路 1，2，3 为树支(图中粗线所示)，对这个树，分别取树支 1，2，3 再加上相应的连支便可构成三个割集 c_1，c_2，c_3(割集取其所含树支的编号为编号)，见图 17-2-4。在这些割集中，每个割集只包含一个树支，其余均为连支，故称之为单树支割集，或基本割集。由全部树支组成的单树支割集(如图 17-2-4 中的 c_1，c_2，c_3)称为单树支割集组或基本割集组。基本割集组中每一割集都包含有一条其他割集所没有的树支，所以是独立的。由此也可看出一个图的独立割集数等于它的树支数 $n-1$。当选择不同的树时，可得不同的基本割集组。

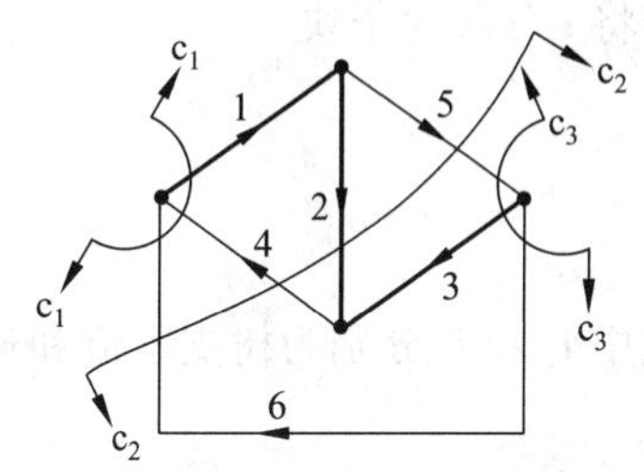

图 17-2-4　基本(单树支)割集组

表示基本割集的矩阵称基本割集矩阵，用 $\boldsymbol{Q}_\mathrm{f}$ 表示。为了规范化，按上述规定，依树支在先连支在后的顺序对支路编号，且选择割集的方向使之与构成它的单树支方向一致。对于图 17-2-4，基本割集矩阵 $\boldsymbol{Q}_\mathrm{f}$ 为

$$\boldsymbol{Q}_\mathrm{f}=\begin{matrix}\\ c_1\\ c_2\\ c_3\end{matrix}\begin{matrix}\overbrace{\begin{matrix}1&2&3\end{matrix}}^{\text{树支(t)}}&\overbrace{\begin{matrix}4&5&6\end{matrix}}^{\text{连支(l)}}\\ \left[\underbrace{\begin{matrix}1&0&0\\0&1&0\\0&0&1\end{matrix}}_{\boldsymbol{I}_\mathrm{t}}\right.&\left.\underbrace{\begin{matrix}-1&0&-1\\-1&1&-1\\0&-1&1\end{matrix}}_{\boldsymbol{Q}_\mathrm{l}}\right]\end{matrix}\tag{17-2-7}$$

显然，$\boldsymbol{Q}_\mathrm{f}$ 中包含有一个 $n-1$ 阶的单位子矩阵 $\boldsymbol{I}_\mathrm{t}$，所以它可用下列两个子块表示：

$$\boldsymbol{Q}_{\mathrm{f}}=[\boldsymbol{I}_{\mathrm{t}} \vdots \boldsymbol{Q}_{\mathrm{l}}]$$

若支路电流用 $b\times1$ 列向量 $\boldsymbol{i}$ 表示,则 KCL 的矩阵形式可表示为

$$\boldsymbol{Q}_{\mathrm{f}}\boldsymbol{i}=0 \tag{17-2-8}$$

对于图 17-2-4,有

$$\boldsymbol{Q}_{\mathrm{f}}\boldsymbol{i}=\begin{bmatrix}1&0&0&-1&0&-1\\0&1&0&-1&1&-1\\0&0&1&0&-1&1\end{bmatrix}\begin{bmatrix}i_1\\i_2\\i_3\\i_4\\i_5\\i_6\end{bmatrix}=\begin{bmatrix}i_1-i_4-i_6\\i_2-i_4+i_5-i_6\\i_3-i_5+i_6\end{bmatrix}=\begin{bmatrix}0\\0\\0\end{bmatrix}$$

即

$$\begin{cases}i_1-i_4-i_6=0\\i_2-i_4+i_5-i_6=0\\i_3-i_5+i_6=0\end{cases}$$

若将 $\boldsymbol{i}$ 分解为子块

$$\boldsymbol{i}=\begin{bmatrix}\boldsymbol{i}_{\mathrm{t}}\\\cdots\\\boldsymbol{i}_{\mathrm{l}}\end{bmatrix}$$

式中 $\boldsymbol{i}_{\mathrm{t}}$ 和 $\boldsymbol{i}_{\mathrm{l}}$ 分别为树支电流和连支电流列向量,则式(17-2-8)可写成

$$\boldsymbol{Q}_{\mathrm{f}}\boldsymbol{i}=[\boldsymbol{I}_{\mathrm{t}} \vdots \boldsymbol{Q}_{\mathrm{l}}]\begin{bmatrix}\boldsymbol{i}_{\mathrm{t}}\\\cdots\\\boldsymbol{i}_{\mathrm{l}}\end{bmatrix}=0$$

经子块相乘后可得

$$\boldsymbol{i}_{\mathrm{t}}+\boldsymbol{Q}_{\mathrm{l}}\boldsymbol{i}_{\mathrm{l}}=0$$

即

$$\boldsymbol{i}_{\mathrm{t}}=-\boldsymbol{Q}_{\mathrm{l}}\boldsymbol{i}_{\mathrm{l}} \tag{17-2-9}$$

式(17-2-9)为 KCL 方程的另一种矩阵表示形式,即用连支电流表示树支电流。

以图 17-2-4 为例,图中 $\boldsymbol{i}_{\mathrm{t}}=[i_1\quad i_2\quad i_3]^{\mathrm{T}}$,$\boldsymbol{i}_{\mathrm{l}}=[i_4\quad i_5\quad i_6]^{\mathrm{T}}$,代入式(17-2-9),有

$$\underbrace{\begin{bmatrix}i_1\\i_2\\i_3\end{bmatrix}}_{\boldsymbol{i}_{\mathrm{t}}}=-\underbrace{\begin{bmatrix}-1&0&-1\\-1&1&-1\\0&-1&1\end{bmatrix}}_{\boldsymbol{Q}_{\mathrm{l}}}\underbrace{\begin{bmatrix}i_4\\i_5\\i_6\end{bmatrix}}_{\boldsymbol{i}_{\mathrm{l}}}=\begin{bmatrix}i_4+i_6\\i_4-i_5+i_6\\i_5-i_6\end{bmatrix}$$

即 $i_1=i_4+i_6$,$i_2=i_4-i_5+i_6$,$i_3=i_5-i_6$,这正是三个单树支割集中,每个树支电流和与之形成割集的连支电流的关系式。

式(17-2-9)还表明了一个重要概念：连支电流是支路电流中的一组独立变量，所有支路电流(b个)可以用连支电流[$(b-n+1)$个]来表示。

矩阵 $\boldsymbol{B}_\text{f}$ 与 $\boldsymbol{Q}_\text{f}$ 间的关系

对一连通图G，选定一个树，并按先树支后连支(当然也可先连支后树支)的顺序对支路编号，则对同一个图所列出的基本回路矩阵 $\boldsymbol{B}_\text{f}$ 和基本割集矩阵 $\boldsymbol{Q}_\text{f}$ 之间有一定的关系。例如式(17-2-4)和式(17-2-7)就是对同一个图所列出的 $\boldsymbol{B}_\text{f}$ 和 $\boldsymbol{Q}_\text{f}$。由此两式可得

$$\boldsymbol{B}_\text{t}=\begin{matrix} & \overbrace{\begin{matrix}1 & 2 & 3\end{matrix}}^{\text{树支(t)}} \\ \begin{matrix}l_4\\l_5\\l_6\end{matrix} & \begin{bmatrix}1 & 1 & 0\\0 & -1 & 1\\1 & 1 & -1\end{bmatrix}\end{matrix},\quad \boldsymbol{Q}_\text{l}=\begin{matrix} & \overbrace{\begin{matrix}4 & 5 & 6\end{matrix}}^{\text{连支(l)}} \\ \begin{matrix}c_1\\c_2\\c_3\end{matrix} & \begin{bmatrix}-1 & 0 & -1\\-1 & 1 & -1\\0 & -1 & 1\end{bmatrix}\end{matrix}$$

$$(b-n+1)\times(n-1)\qquad\qquad (n-1)\times(b-n+1)$$

对比 $\boldsymbol{B}_\text{t}$ 和 $\boldsymbol{Q}_\text{l}$ 可见

或

$$\left.\begin{aligned}\boldsymbol{B}_\text{t}&=-\boldsymbol{Q}_\text{l}^\text{T}\\ \boldsymbol{Q}_\text{l}&=-\boldsymbol{B}_\text{t}^\text{T}\end{aligned}\right\}\tag{17-2-10}$$

式(17-2-10)是一个普遍成立的关系式。为了便于说明，将与以上的 $\boldsymbol{B}_\text{t}$ 和 $\boldsymbol{Q}_\text{l}$ 对应的图G重画于图17-2-5中，由此图可见：

(1) 若一单连支回路和哪些树支相关联，则由这些树支所构成的单树支割集必和该连支相关联；

(2) 若一单树支割集和哪些连支相关联，则由这些连支所构成的单连支回路也都和该树支相关联；

(3) 设任意两支路a，b既和某一回路l相关联又和某一割集c相关联，若支路a，b在回路l中的参考方向一致，则在割集c中它们的参考方向相反。

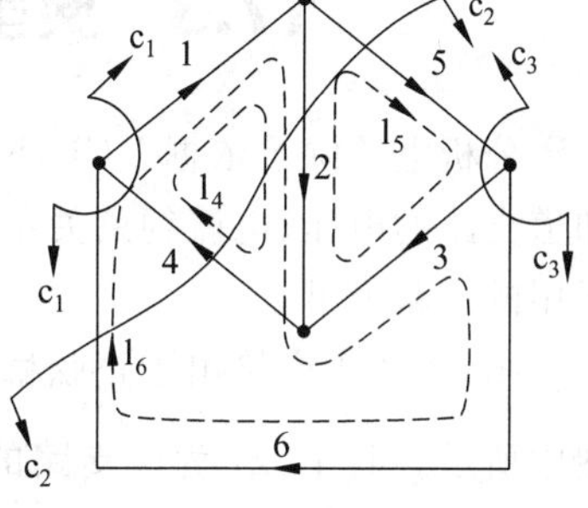

图17-2-5 $\boldsymbol{B}_\text{t}$ 与 $\boldsymbol{Q}_\text{l}$ 的关系

由于 $\boldsymbol{B}_\text{t}$ 中各行表明的是各单连支回路与哪些树支相关联；而 $\boldsymbol{Q}_\text{l}$ 中各列则表明各连支与哪些单树支割集相关联，因此，由上述(1)，(3)可知，$\boldsymbol{B}_\text{t}$ 中每一行与 $\boldsymbol{Q}_\text{l}$ 中各对应列相同但符号相反，即

$$\boldsymbol{B}_\text{t}=-\boldsymbol{Q}_\text{l}^\text{T}$$

同理，因 $\boldsymbol{Q}_\text{l}$ 中各行表明的是各单树支割集与哪些连支相关联，而 $\boldsymbol{B}_\text{t}$ 中各列则表明各树支与哪些单连支回路相关联，由(2)，(3)可知，$\boldsymbol{Q}_\text{l}$ 中各行与 $\boldsymbol{B}_\text{t}$ 中各对应列相同但符号相反，即

$$\boldsymbol{Q}_\text{l}=-\boldsymbol{B}_\text{t}^\text{T}$$

将式(17-2-10)代入式(17-2-6)，可得用基本割集矩阵表示的KVL方程的矩阵形式为

$$\boldsymbol{u}_\text{l}=\boldsymbol{Q}_\text{l}^\text{T}\boldsymbol{u}_\text{t}\tag{17-2-11}$$

$$\boldsymbol{u}=\boldsymbol{Q}_\text{f}^\text{T}\boldsymbol{u}_\text{t}\tag{17-2-12}$$

将式(17-2-10)代入式(17-2-9),可得以基本回路矩阵表示的KCL方程矩阵形式为

$$\boldsymbol{i}_{\mathrm{t}} = \boldsymbol{B}_{\mathrm{t}}^{\mathrm{T}} \boldsymbol{i}_{\mathrm{l}} \tag{17-2-13}$$

或

$$\boldsymbol{i} = \boldsymbol{B}_{\mathrm{f}}^{\mathrm{T}} \boldsymbol{i}_{\mathrm{l}} \tag{17-2-14}$$

KCL和KVL方程的矩阵形式(小结)

综合本章所述,下面列出了分别用 $\boldsymbol{A}$,$\boldsymbol{B}_{\mathrm{f}}$ 和 $\boldsymbol{Q}_{\mathrm{f}}$ 表示的KCL和KVL方程的矩阵形式。

	KCL	KVL
$\boldsymbol{A}$	$\boldsymbol{A}\boldsymbol{i}=0$	$\boldsymbol{u}=\boldsymbol{A}^{\mathrm{T}}\boldsymbol{u}_{\mathrm{n}}$
$\boldsymbol{B}_{\mathrm{f}}$	$\boldsymbol{i}=\boldsymbol{B}_{\mathrm{f}}^{\mathrm{T}}\boldsymbol{i}_{\mathrm{l}}$ 或 $\boldsymbol{i}_{\mathrm{t}}=\boldsymbol{B}_{\mathrm{t}}^{\mathrm{T}}\boldsymbol{i}_{\mathrm{l}}$	$\boldsymbol{B}_{\mathrm{f}}\boldsymbol{u}=0$ 或 $\boldsymbol{u}_{\mathrm{l}}=-\boldsymbol{B}_{\mathrm{t}}\boldsymbol{u}_{\mathrm{t}}$
$\boldsymbol{Q}_{\mathrm{f}}$	$\boldsymbol{Q}_{\mathrm{f}}\boldsymbol{i}=0$ 或 $\boldsymbol{i}_{\mathrm{t}}=-\boldsymbol{Q}_{\mathrm{l}}\boldsymbol{i}_{\mathrm{l}}$	$\boldsymbol{u}=\boldsymbol{Q}_{\mathrm{f}}^{\mathrm{T}}\boldsymbol{u}_{\mathrm{t}}$ 或 $\boldsymbol{u}_{\mathrm{l}}=\boldsymbol{Q}_{\mathrm{l}}^{\mathrm{T}}\boldsymbol{u}_{\mathrm{t}}$

在求解电路时,选取不同的独立变量就形成了不同的方法。下面几节中将讨论的节点法、回路法、割集法就是分别选用节点电压 $\boldsymbol{u}_{\mathrm{n}}$、连支电流 $\boldsymbol{i}_{\mathrm{l}}$(即回路电流)和树支电压 $\boldsymbol{u}_{\mathrm{t}}$ 作为独立变量所列出的KCL,KVL方程,它们有以上所示的相应的形式。

17.3 典型支路和支路约束的矩阵形式

分析电路除了依据KCL,KVL外,还要知道每一支路所含有的元件和它的特性,即要知道支路的电压、电流约束关系。在分析电路时,一种方便的方法是定义一种典型支路作为通用的支路模型。

图17-3-1中给出了正弦稳态电路的一个典型的支路模型,各电压、电流的参考方向如图中所示。其中,Z_k 为该支路的复数阻抗;$\dot{U}_{\mathrm{S}k}$ 为独立电压源电压;$\dot{I}_{\mathrm{S}k}$ 为独立电流源电流;$\dot{U}_k$ 和 $\dot{I}_k$ 分别为支路电压和支路电流;$\dot{U}_{\mathrm{e}k}$ 和 $\dot{I}_{\mathrm{e}k}$ 分别为元件电压和元件电流。对于不含电源的支路,可令 $\dot{U}_{\mathrm{S}k}$ 和 $\dot{I}_{\mathrm{S}k}$ 为零,即把电压源短路,电流源开路。

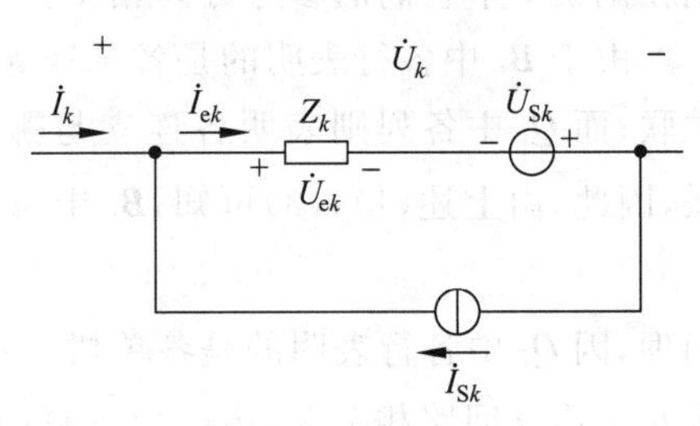

图 17-3-1 典型支路

分析具体电路时,首先由电路图作出电路的拓扑图,这时每一条典型支路就化为一条抽象的支路。这样,网络的拓扑性质就可用图的相应矩阵来描述。然后,列写出典型支路电压、电流的约束关系,并进一步导出网络方程。

现在导出典型支路的电压、电流关系。从图17-3-1可知:支路 $k(k=1,2,\cdots,b)$ 中元件电压和电流的关系为

$$\dot{U}_{ek} = Z_k \dot{I}_{ek} \tag{17-3-1}$$

式中 Z_k 为支路 k 中的复数阻抗。或

$$\dot{I}_{ek} = Y_k \dot{U}_{ek} \tag{17-3-2}$$

式中 $Y_k = 1/Z_k$ 为支路 k 中的复数导纳。将 $\dot{U}_{ek} = \dot{U}_k + \dot{U}_{Sk}$，$\dot{I}_{ek} = \dot{I}_k + \dot{I}_{Sk}$ 代入式(17-3-1)和式(17-3-2)可得

$$\dot{U}_k = Z_k \dot{I}_k - \dot{U}_{Sk} + Z_k \dot{I}_{Sk} \tag{17-3-3}$$

或

$$\dot{I}_k = Y_k \dot{U}_k - \dot{I}_{Sk} + Y_k \dot{U}_{Sk} \tag{17-3-4}$$

以上所列方程可用矩阵形式表示。将支路电压(流)、元件电压(流)、电压(流)源，分别用 b 维列向量表示，即

$$\dot{\boldsymbol{U}} = \begin{bmatrix} \dot{U}_1 & \dot{U}_2 & \cdots & \dot{U}_b \end{bmatrix}^{\mathrm{T}}, \quad \dot{\boldsymbol{I}} = \begin{bmatrix} \dot{I}_1 & \dot{I}_2 & \cdots & \dot{I}_b \end{bmatrix}^{\mathrm{T}}$$

$$\dot{\boldsymbol{U}}_{\mathrm{e}} = \begin{bmatrix} \dot{U}_{e1} & \dot{U}_{e2} & \cdots & \dot{U}_{eb} \end{bmatrix}^{\mathrm{T}}, \quad \dot{\boldsymbol{I}}_{\mathrm{e}} = \begin{bmatrix} \dot{I}_{e1} & \dot{I}_{e2} & \cdots & \dot{I}_{eb} \end{bmatrix}^{\mathrm{T}}$$

$$\dot{\boldsymbol{U}}_{\mathrm{S}} = \begin{bmatrix} \dot{U}_{S1} & \dot{U}_{S2} & \cdots & \dot{U}_{Sb} \end{bmatrix}^{\mathrm{T}}, \quad \dot{\boldsymbol{I}}_{\mathrm{S}} = \begin{bmatrix} \dot{I}_{S1} & \dot{I}_{S2} & \cdots & \dot{I}_{Sb} \end{bmatrix}^{\mathrm{T}}$$

并用 $b \times b$ 对角矩阵 $\boldsymbol{Z}$ 和 $\boldsymbol{Y}$ 分别表示支路阻抗矩阵和支路导纳矩阵，即

$$\boldsymbol{Z} = \mathrm{diag}[Z_1 \quad Z_2 \quad \cdots \quad Z_b] \tag{17-3-5}$$

$$\boldsymbol{Y} = \mathrm{diag}[Y_1 \quad Y_2 \quad \cdots \quad Y_b] \tag{17-3-6}$$

式(17-3-1)、式(17-3-2)的矩阵形式表示为

$$\dot{\boldsymbol{U}}_{\mathrm{e}} = \boldsymbol{Z} \dot{\boldsymbol{I}}_{\mathrm{e}} \tag{17-3-7}$$

即

$$\begin{bmatrix} \dot{U}_{e1} \\ \dot{U}_{e2} \\ \vdots \\ \dot{U}_{eb} \end{bmatrix} = \begin{bmatrix} Z_1 & 0 & \cdots & 0 \\ 0 & Z_2 & \cdots & 0 \\ \vdots & \vdots & & \vdots \\ 0 & 0 & \cdots & Z_b \end{bmatrix} \begin{bmatrix} \dot{I}_{e1} \\ \dot{I}_{e2} \\ \vdots \\ \dot{I}_{eb} \end{bmatrix}$$

$$\dot{\boldsymbol{I}}_{\mathrm{e}} = \boldsymbol{Y} \dot{\boldsymbol{U}}_{\mathrm{e}} \tag{17-3-8}$$

即

$$\begin{bmatrix} \dot{I}_{e1} \\ \dot{I}_{e2} \\ \vdots \\ \dot{I}_{eb} \end{bmatrix} = \begin{bmatrix} Y_1 & 0 & \cdots & 0 \\ 0 & Y_2 & \cdots & 0 \\ \vdots & \vdots & & \vdots \\ 0 & 0 & \cdots & Y_b \end{bmatrix} \begin{bmatrix} \dot{U}_{e1} \\ \dot{U}_{e2} \\ \vdots \\ \dot{U}_{eb} \end{bmatrix}$$

式(17-3-3)、式(17-3-4)的矩阵形式表示为

$$\dot{\boldsymbol{U}}=\boldsymbol{Z}\dot{\boldsymbol{I}}-\dot{\boldsymbol{U}}_{\mathrm{S}}+\boldsymbol{Z}\dot{\boldsymbol{I}}_{\mathrm{S}} \tag{17-3-9}$$

即

$$\begin{bmatrix}\dot{U}_1\\\dot{U}_2\\\vdots\\\dot{U}_b\end{bmatrix}=\begin{bmatrix}Z_1&0&\cdots&0\\0&Z_2&\cdots&0\\\vdots&\vdots&&\vdots\\0&0&\cdots&Z_b\end{bmatrix}\begin{bmatrix}\dot{I}_1\\\dot{I}_2\\\vdots\\\dot{I}_b\end{bmatrix}-\begin{bmatrix}\dot{U}_{\mathrm{S1}}\\\dot{U}_{\mathrm{S2}}\\\vdots\\\dot{U}_{\mathrm{S}b}\end{bmatrix}+\begin{bmatrix}Z_1&0&\cdots&0\\0&Z_2&\cdots&0\\\vdots&\vdots&&\vdots\\0&0&\cdots&Z_b\end{bmatrix}\begin{bmatrix}\dot{I}_{\mathrm{S1}}\\\dot{I}_{\mathrm{S2}}\\\vdots\\\dot{I}_{\mathrm{S}b}\end{bmatrix}$$

$$\dot{\boldsymbol{I}}=\boldsymbol{Y}\dot{\boldsymbol{U}}-\dot{\boldsymbol{I}}_{\mathrm{S}}+\boldsymbol{Y}\dot{\boldsymbol{U}}_{\mathrm{S}} \tag{17-3-10}$$

即

$$\begin{bmatrix}\dot{I}_1\\\dot{I}_2\\\vdots\\\dot{I}_b\end{bmatrix}=\begin{bmatrix}Y_1&0&\cdots&0\\0&Y_2&\cdots&0\\\vdots&\vdots&&\vdots\\0&0&\cdots&Y_b\end{bmatrix}\begin{bmatrix}\dot{U}_1\\\dot{U}_2\\\vdots\\\dot{U}_b\end{bmatrix}-\begin{bmatrix}\dot{I}_{\mathrm{S1}}\\\dot{I}_{\mathrm{S2}}\\\vdots\\\dot{I}_{\mathrm{S}b}\end{bmatrix}+\begin{bmatrix}Y_1&0&\cdots&0\\0&Y_2&\cdots&0\\\vdots&\vdots&&\vdots\\0&0&\cdots&Y_b\end{bmatrix}\begin{bmatrix}\dot{U}_{\mathrm{S1}}\\\dot{U}_{\mathrm{S2}}\\\vdots\\\dot{U}_{\mathrm{S}b}\end{bmatrix}$$

式(17-3-9)和式(17-3-10)是典型支路的支路电压和支路电流关系的矩阵形式。式(17-3-9)是以支路电流表示支路电压,宜用于以回路法分析电路;式(17-3-10)是以支路电压表示支路电流,宜用于以节点法和割集法分析电路。

【例 17-1】 写出图 17-3-2(a)所示电路的支路电压和电流的约束关系。

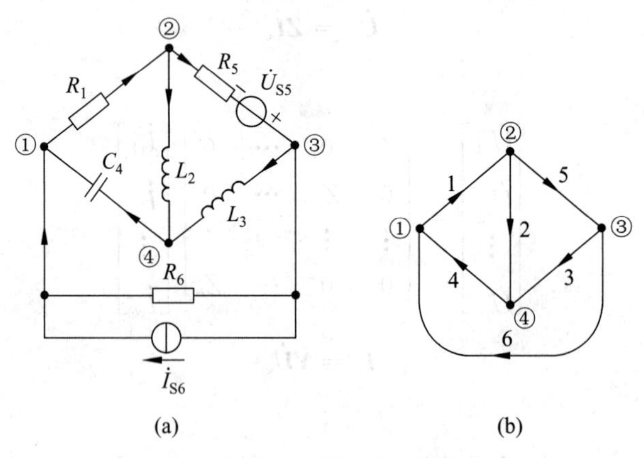

图 17-3-2 例 17-1 附图

(a) 电路图;(b) 图 G

解 图 17-3-2(b)中画出了电路的图 G,按图中支路的编号及方向,可写出支路电压、电流的关系式为

$$\underbrace{\begin{bmatrix}\dot{I}_1\\\dot{I}_2\\\dot{I}_3\\\dot{I}_4\\\dot{I}_5\\\dot{I}_6\end{bmatrix}}_{\dot{\boldsymbol{I}}}=\underbrace{\begin{bmatrix}\frac{1}{R_1}&&&&&\\&-\mathrm{j}\frac{1}{\omega L_2}&&&&\\&&-\mathrm{j}\frac{1}{\omega L_3}&&&\\&&&\mathrm{j}\omega C_4&&\\&&&&\frac{1}{R_5}&\\&&&&&\frac{1}{R_6}\end{bmatrix}}_{\boldsymbol{Y}}\underbrace{\begin{bmatrix}\dot{U}_1\\\dot{U}_2\\\dot{U}_3\\\dot{U}_4\\\dot{U}_5\\\dot{U}_6\end{bmatrix}}_{\dot{\boldsymbol{U}}}-\underbrace{\begin{bmatrix}0\\0\\0\\0\\0\\-\dot{I}_{S6}\end{bmatrix}}_{\dot{\boldsymbol{I}}_S}$$

$$+\underbrace{\begin{bmatrix}\frac{1}{R_1}&&&&&\\&-\mathrm{j}\frac{1}{\omega L_2}&&&&\\&&-\mathrm{j}\frac{1}{\omega L_3}&&&\\&&&\mathrm{j}\omega C_4&&\\&&&&\frac{1}{R_5}&\\&&&&&\frac{1}{R_6}\end{bmatrix}}_{\boldsymbol{Y}}\underbrace{\begin{bmatrix}0\\0\\0\\0\\\dot{U}_{S5}\\0\end{bmatrix}}_{\dot{\boldsymbol{U}}_S}$$

或

$$\underbrace{\begin{bmatrix}\dot{U}_1\\\dot{U}_2\\\dot{U}_3\\\dot{U}_4\\\dot{U}_5\\\dot{U}_6\end{bmatrix}}_{\dot{\boldsymbol{U}}}=\underbrace{\begin{bmatrix}R_1&&&&&\\&\mathrm{j}\omega L_2&&&&\\&&\mathrm{j}\omega L_3&&&\\&&&-\mathrm{j}\frac{1}{\omega C_4}&&\\&&&&R_5&\\&&&&&R_6\end{bmatrix}}_{\boldsymbol{Z}}\underbrace{\begin{bmatrix}\dot{I}_1\\\dot{I}_2\\\dot{I}_3\\\dot{I}_4\\\dot{I}_5\\\dot{I}_6\end{bmatrix}}_{\dot{\boldsymbol{I}}}-\underbrace{\begin{bmatrix}0\\0\\0\\0\\\dot{U}_{S5}\\0\end{bmatrix}}_{\dot{\boldsymbol{U}}_S}$$

$$
+\underbrace{\begin{bmatrix} R_1 & & & & & \\ & j\omega L_2 & & & & \\ & & j\omega L_3 & & & \\ & & & -j\dfrac{1}{\omega C_4} & & \\ & & & & R_5 & \\ & & & & & R_6 \end{bmatrix}}_{\boldsymbol{Z}}\underbrace{\begin{bmatrix} 0 \\ 0 \\ 0 \\ 0 \\ 0 \\ -\dot{I}_{S6} \end{bmatrix}}_{\dot{\boldsymbol{I}}_S}
$$

需要指出的是,式(17-3-5)、式(17-3-6)中列写的支路阻抗矩阵 $\boldsymbol{Z}$ 和支路导纳矩阵 $\boldsymbol{Y}$,是对不含互感、受控源的电路得出的。在这种情况下 $\boldsymbol{Z}$ 和 $\boldsymbol{Y}$ 都是对角矩阵。

现在考虑电路中含有互感的情况。设仅支路1,3之间有互感(见图17-3-3),则在1,3两支路的元件电压 $\dot{U}_{e1}$,$\dot{U}_{e3}$ 中应计入由此互感所引起的电压,这时有

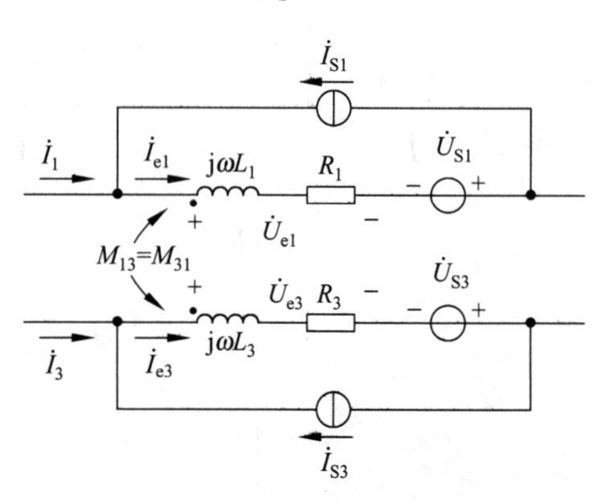

图 17-3-3 有互感的两条支路

$$\dot{U}_{e1} = Z_1\dot{I}_{e1} + j\omega M_{13}\dot{I}_{e3}$$

$$\dot{U}_{e3} = Z_3\dot{I}_{e3} + j\omega M_{31}\dot{I}_{e1}$$

其中 $Z_1=R_1+j\omega L_1$,$Z_3=R_3+j\omega L_3$。于是元件电压和元件电流关系的矩阵形式可表示为

$$
\begin{bmatrix} \dot{U}_{e1} \\ \dot{U}_{e2} \\ \dot{U}_{e3} \\ \vdots \\ \dot{U}_{eb} \end{bmatrix} = \begin{bmatrix} Z_1 & 0 & j\omega M_{13} & 0 & \cdots & 0 \\ 0 & Z_2 & 0 & 0 & \cdots & 0 \\ j\omega M_{31} & 0 & Z_3 & 0 & \cdots & 0 \\ 0 & 0 & 0 & 0 & \cdots & 0 \\ \vdots & \vdots & \vdots & \vdots & & \\ 0 & 0 & 0 & 0 & \cdots & Z_b \end{bmatrix} \begin{bmatrix} \dot{I}_{e1} \\ \dot{I}_{e2} \\ \dot{I}_{e3} \\ \vdots \\ \dot{I}_{eb} \end{bmatrix}
$$

或

$$\dot{\boldsymbol{U}}_e = \boldsymbol{Z}\dot{\boldsymbol{I}}_e$$

上式仍是式(17-3-7)的形式,只是支路阻抗矩阵 $\boldsymbol{Z}$ 中非对角线上有了非零元素,不再是对角线矩阵。$\boldsymbol{Z}$ 的主对角元素为阻抗 $Z_1,Z_2,\cdots,Z_b$,而非对角线元素则是相应支路之间的互感阻抗,例如1,3支路之间有互感,则其第一行第三列元素是 $j\omega M_{13}$,而第三行第一列的元素是 $j\omega M_{31}$。由于互感 $M_{ij}=M_{ji}$,所以有互感时(不含受控源)支路阻抗矩阵 $\boldsymbol{Z}$ 虽不是对角矩阵,但仍是对称矩阵。

不难看出,有互感时,只要将支路阻抗矩阵 $\boldsymbol{Z}$ 中添加相应的元素,并令 $\boldsymbol{Y}=\boldsymbol{Z}^{-1}$($\boldsymbol{Y}$ 仍称

为支路导纳矩阵)，则式(17-3-8)

$$\dot{\boldsymbol{I}}_e = \boldsymbol{Y}\dot{\boldsymbol{U}}_e$$

仍成立。

此外，有互感时，支路电压和支路电流关系式(17-3-9)、式(17-3-10)仍成立，即

$$\dot{\boldsymbol{U}} = \boldsymbol{Z}\dot{\boldsymbol{I}} - \dot{\boldsymbol{U}}_S + \boldsymbol{Z}\dot{\boldsymbol{I}}_S$$

$$\dot{\boldsymbol{I}} = \boldsymbol{Y}\dot{\boldsymbol{U}} - \dot{\boldsymbol{I}}_S + \boldsymbol{Y}\dot{\boldsymbol{U}}_S$$

只是在 $\boldsymbol{Z}$ 和 $\boldsymbol{Y}$ 中考虑了互感。

17.4 节 点 法

节点法是目前电路的计算机辅助分析和设计中应用最广泛的一种方法。采用上一节介绍的典型支路，作出所考虑的电路的图 G，设图 G 含有 b 条支路和 n 个节点。并设支路电压向量 $\dot{\boldsymbol{U}}$(b 维)、支路电流向量 $\dot{\boldsymbol{I}}$(b 维)和节点电压向量 $\dot{\boldsymbol{U}}_n$($n-1$ 维)。由图 G 和元件参数，作出关联矩阵 $\boldsymbol{A}$、支路导纳矩阵 $\boldsymbol{Y}$ 和电压源向量 $\dot{\boldsymbol{U}}_S$、电流源向量 $\dot{\boldsymbol{I}}_S$，即可列写电路的矩阵方程。

由式(17-2-2)表示的 KCL 方程，有

$$\boldsymbol{A}\dot{\boldsymbol{I}} = 0 \tag{17-4-1}$$

由式(17-2-3)表示的 KVL 方程，有

$$\dot{\boldsymbol{U}} = \boldsymbol{A}^T\dot{\boldsymbol{U}}_n \tag{17-4-2}$$

由式(17-3-10)表示的支路约束，有

$$\dot{\boldsymbol{I}} = \boldsymbol{Y}\dot{\boldsymbol{U}} - \dot{\boldsymbol{I}}_S + \boldsymbol{Y}\dot{\boldsymbol{U}}_S \tag{17-4-3}$$

将式(17-4-2)代入式(17-4-3)消去 $\dot{\boldsymbol{U}}$，即用节点电压表示支路电流，可得

$$\dot{\boldsymbol{I}} = \boldsymbol{Y}\boldsymbol{A}^T\dot{\boldsymbol{U}}_n - \dot{\boldsymbol{I}}_S + \boldsymbol{Y}\dot{\boldsymbol{U}}_S \tag{17-4-4}$$

将式(17-4-4)代入式(17-4-1)消去 $\dot{\boldsymbol{I}}$，即用节点电压表示 KCL 方程，可得

$$\underbrace{\boldsymbol{A}\boldsymbol{Y}\boldsymbol{A}}_{\boldsymbol{Y}_n}{}^T\dot{\boldsymbol{U}}_n = \underbrace{\boldsymbol{A}\dot{\boldsymbol{I}}_S - \boldsymbol{A}\boldsymbol{Y}\dot{\boldsymbol{U}}_S}_{\dot{\boldsymbol{I}}_n} \tag{17-4-5}$$

上式中

$$\boldsymbol{Y}_n \overset{\text{def}}{=} \boldsymbol{A}\boldsymbol{Y}\boldsymbol{A}^T \tag{17-4-6}$$

$$\dot{\boldsymbol{I}}_n \overset{\text{def}}{=} \boldsymbol{A}\dot{\boldsymbol{I}}_S - \boldsymbol{A}\boldsymbol{Y}\dot{\boldsymbol{U}}_S \tag{17-4-7}$$

$\boldsymbol{Y}_n$ 称为节点导纳矩阵；$\dot{\boldsymbol{I}}_n$ 称为节点等效电流源电流向量。式(17-4-5)可写成

$$\boldsymbol{Y}_n\dot{\boldsymbol{U}}_n = \dot{\boldsymbol{I}}_n \tag{17-4-8}$$

式(17-4-8)即为待求的节点电压方程的矩阵形式。由此方程可解出待求的节点电压向量 $\dot{\boldsymbol{U}}_{\mathrm{n}}$

$$\dot{\boldsymbol{U}}_{\mathrm{n}} = \boldsymbol{Y}_{\mathrm{n}}^{-1}\dot{\boldsymbol{I}}_{\mathrm{n}} \tag{17-4-9}$$

求出了节点电压向量 $\dot{\boldsymbol{U}}_{\mathrm{n}}$ 后，可由式(17-4-2)求出支路电压向量 $\dot{\boldsymbol{U}}$，进而由式(17-4-3)求出支路电流向量 $\dot{\boldsymbol{I}}$。

【例 17-2】 列出图 17-4-1 中电路(和例 17-1 是同一电路)的节点电压方程。

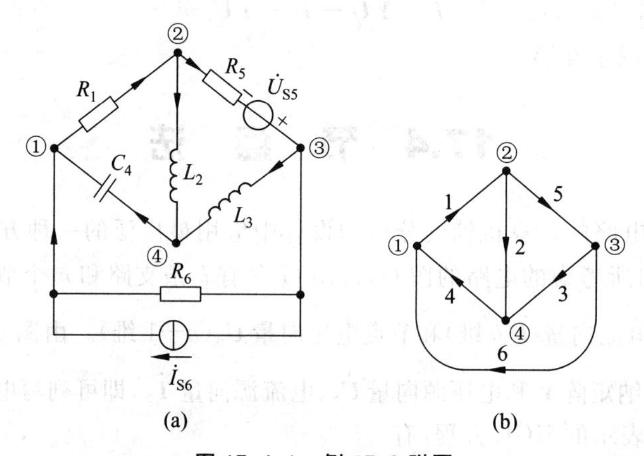

图 17-4-1 例 17-2 附图

(a) 电路图；(b) 图 G

解 根据图 17-3-1 所示的典型支路，可画出图 17-4-1(a)所示电路的有向图如图 17-4-1(b)所示。

设待求的节点电压向量 $\dot{\boldsymbol{U}}_{\mathrm{n}} = \begin{bmatrix}\dot{U}_{\mathrm{n1}} & \dot{U}_{\mathrm{n2}} & \dot{U}_{\mathrm{n3}}\end{bmatrix}^{\mathrm{T}}$，节点电压方程为

$$\boldsymbol{AYA}^{\mathrm{T}}\dot{\boldsymbol{U}}_{\mathrm{n}} = \boldsymbol{A}\dot{\boldsymbol{I}}_{\mathrm{S}} - \boldsymbol{AY}\dot{\boldsymbol{U}}_{\mathrm{S}}$$

由图 17-4-1(b)列出关联矩阵为

$$\boldsymbol{A} = \begin{bmatrix} 1 & 0 & 0 & -1 & 0 & -1 \\ -1 & 1 & 0 & 0 & 1 & 0 \\ 0 & 0 & 1 & 0 & -1 & 1 \end{bmatrix}$$

由图 17-4-1(a)可写出支路导纳矩阵为

$$\boldsymbol{Y} = \mathrm{diag}\begin{bmatrix}\dfrac{1}{R_1} & -\mathrm{j}\dfrac{1}{\omega L_2} & -\mathrm{j}\dfrac{1}{\omega L_3} & \mathrm{j}\omega C_4 & \dfrac{1}{R_5} & \dfrac{1}{R_6}\end{bmatrix}$$

支路电压源列向量为

$$\dot{\boldsymbol{U}}_{\mathrm{S}} = \begin{bmatrix}0 & 0 & 0 & 0 & \dot{U}_{\mathrm{S5}} & 0\end{bmatrix}^{\mathrm{T}}$$

支路电流源列向量为

$$\dot{\boldsymbol{I}}_{\mathrm{S}} = \begin{bmatrix}0 & 0 & 0 & 0 & 0 & -\dot{I}_{\mathrm{S6}}\end{bmatrix}^{\mathrm{T}}$$

将 $\boldsymbol{A}$,$\boldsymbol{Y}$,$\dot{\boldsymbol{U}}_{\mathrm{S}}$ 和 $\dot{\boldsymbol{I}}_{\mathrm{S}}$ 代入节点电压方程,经计算可得

$$\begin{bmatrix} \frac{1}{R_1}+\frac{1}{R_6}+\mathrm{j}\omega C_4 & -\frac{1}{R_1} & -\frac{1}{R_6} \\ -\frac{1}{R_1} & \frac{1}{R_1}+\frac{1}{R_5}-\mathrm{j}\frac{1}{\omega L_2} & -\frac{1}{R_5} \\ -\frac{1}{R_6} & -\frac{1}{R_5} & \frac{1}{R_5}+\frac{1}{R_6}-\mathrm{j}\frac{1}{\omega L_3} \end{bmatrix} \begin{bmatrix} \dot{U}_{\mathrm{n1}} \\ \dot{U}_{\mathrm{n2}} \\ \dot{U}_{\mathrm{n3}} \end{bmatrix} = \begin{bmatrix} \dot{I}_{\mathrm{S6}} \\ -\frac{\dot{U}_{\mathrm{S5}}}{R_5} \\ -\dot{I}_{\mathrm{S6}}+\frac{\dot{U}_{\mathrm{S5}}}{R_5} \end{bmatrix}$$

上式与用直观法列写的节点电压方程显然是一致的。有兴趣的读者不妨将上述矩阵和向量代入后的矩阵运算验算一下。但对于大规模的电路,用手工列写和求解电路方程显然力不从心,这些工作可由计算机来完成。可按照前面所介绍的方法,写出描述电路拓扑和支路特性所需的各矩阵和向量,然后编制计算机软件,或利用现有的软件,由计算机完成相应的计算,从而得到电路的解。

【例 17-3】 设图 17-4-1(a)的电路中,L_2,L_3 之间有互感,如图 17-4-2 所示。试写出此电路的节点电压方程。

解 本例中,电路的图 G 和 $\boldsymbol{A}$,$\dot{\boldsymbol{U}}_{\mathrm{S}}$,$\dot{\boldsymbol{I}}_{\mathrm{S}}$ 仍如上例(见例 17-2)。电路方程中的支路阻抗矩阵 $\boldsymbol{Z}$ 为

$$\boldsymbol{Z}=\begin{bmatrix} R_1 & 0 & 0 & 0 & 0 & 0 \\ 0 & \mathrm{j}\omega L_2 & \mathrm{j}\omega M & 0 & 0 & 0 \\ 0 & \mathrm{j}\omega M & \mathrm{j}\omega L_3 & 0 & 0 & 0 \\ 0 & 0 & 0 & -\mathrm{j}\frac{1}{\omega C_4} & 0 & 0 \\ 0 & 0 & 0 & 0 & R_5 & 0 \\ 0 & 0 & 0 & 0 & 0 & R_6 \end{bmatrix}$$

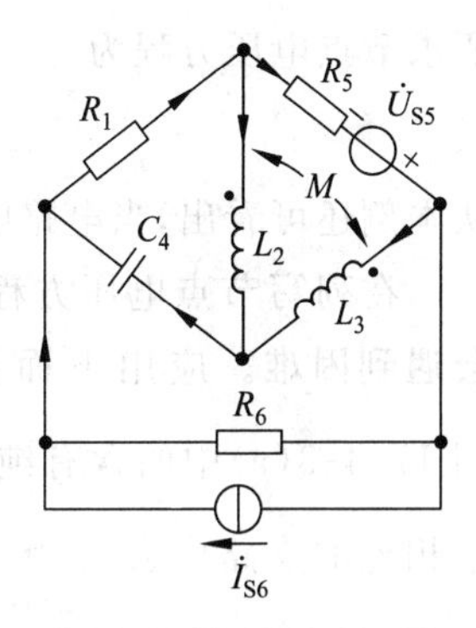

图 17-4-2 例 17-3 附图

故得支路导纳矩阵为

$$\boldsymbol{Y}=\boldsymbol{Z}^{-1}=\begin{bmatrix} \frac{1}{R_1} & 0 & 0 & 0 & 0 & 0 \\ 0 & \frac{L_3}{\Delta} & -\frac{M}{\Delta} & 0 & 0 & 0 \\ 0 & -\frac{M}{\Delta} & \frac{L_2}{\Delta} & 0 & 0 & 0 \\ 0 & 0 & 0 & \mathrm{j}\omega C_4 & 0 & 0 \\ 0 & 0 & 0 & 0 & \frac{1}{R_5} & 0 \\ 0 & 0 & 0 & 0 & 0 & \frac{1}{R_6} \end{bmatrix}$$

式中 $\Delta=\mathrm{j}\omega(L_1L_2-M^2)$。由此可求出节点导纳矩阵为

$$
\boldsymbol{Y}_{\mathrm{n}}=\boldsymbol{AYA}^{\mathrm{T}}
=\begin{bmatrix}
\dfrac{1}{R_1}+\dfrac{1}{R_6}+\mathrm{j}\omega C_4 & -\dfrac{1}{R_1} & -\dfrac{1}{R_6}\\
-\dfrac{1}{R_1} & \dfrac{1}{R_1}+\dfrac{1}{R_5}+\dfrac{L_3}{\Delta} & \dfrac{1}{R_5}-\dfrac{M}{\Delta}\\
-\dfrac{1}{R_6} & \dfrac{1}{R_5}-\dfrac{M}{\Delta} & \dfrac{1}{R_5}+\dfrac{1}{R_6}+\dfrac{L_2}{\Delta}
\end{bmatrix}
$$

节点等效电流源电流向量为

$$
\dot{\boldsymbol{I}}_{\mathrm{n}}=\boldsymbol{A}\dot{\boldsymbol{I}}_{\mathrm{S}}-\boldsymbol{AY}\dot{\boldsymbol{U}}_{\mathrm{S}}=\begin{bmatrix}
\dot{I}_{\mathrm{S6}}\\
-\dfrac{\dot{U}_{\mathrm{S5}}}{R_5}\\
-\dot{I}_{\mathrm{S6}}+\dfrac{\dot{U}_{\mathrm{S5}}}{R_5}
\end{bmatrix}
$$

所求节点电压方程为

$$
\boldsymbol{Y}_{\mathrm{n}}\dot{\boldsymbol{U}}_{\mathrm{n}}=\dot{\boldsymbol{I}}_{\mathrm{n}}
$$

从本例还可看出，当电路中含有互感而不含受控源时，节点导纳矩阵仍为对称矩阵。

在列写节点电压方程时，有时会遇到电路中含有纯电压源的支路，若仍采用上述方法会遇到困难。应用下面例子所示的“电源转移”方法可以避免这样的困难。例如对图 17-4-3(a)中的含有纯电压源 $\dot{U}_{\mathrm{S1}}$ 的支路，经电压源转移后，便可将电压源 $\dot{U}_{\mathrm{S1}}$ 转移到与它相连的支路中去，如图 17-4-3(b)所示。同理，对图 17-4-4(a)中含有纯电流源 $\dot{I}_{\mathrm{S1}}$ 的支路，经电流源转移后，便可将电流源 $\dot{I}_{\mathrm{S1}}$ 转移到其他相关支路中去，如图 17-4-4(b)所示。

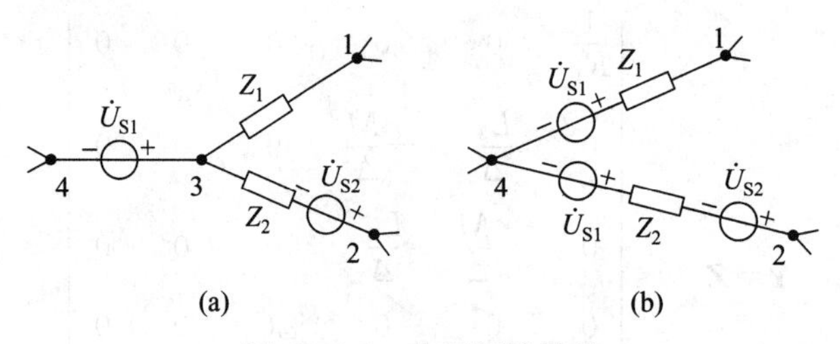

图 17-4-3 电压源的转移

(a) 一含纯电压源支路的局部电路；(b) 将(a)电路中电压源转移后的电路

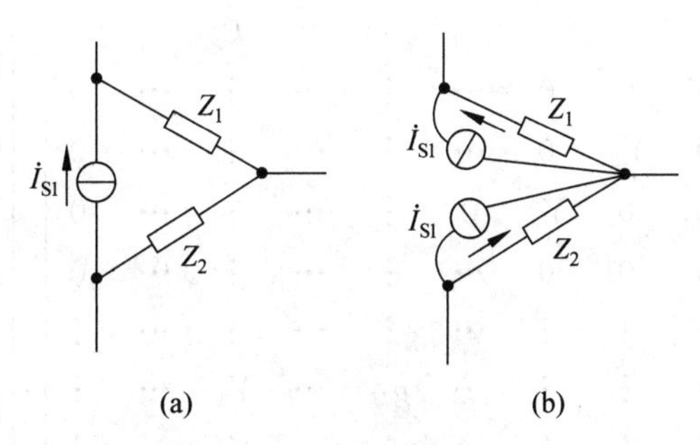

图 17-4-4　电流源的转移

(a) 一含纯电流源支路的局部电路；(b) 将(a)电路中电流源转移后的电路

17.5　含受控源电路的节点分析

当电路中含有受控源时，和处理有互感时的情况相类似，只要在支路电压和支路电流关系式中考虑到受控源的作用，在支路导纳矩阵 $\boldsymbol{Y}$(或支路阻抗矩阵 $\boldsymbol{Z}$)中加入相应的元素，则上面推导出的电路方程和表达式仍都成立，就可按与 17.4 节所述的同样步骤建立节点电压方程。

若要考虑电路中同时有四种受控源，则节点电压方程的编写将比较复杂。由于节点法中的基本变量是节点电压，因此在节点法中，压控电流源(VCCS)是最便于处理的。本节中将仅考虑电路中存在压控电流源的情况。

现在，典型支路中将增加压控电流源元件，如图 17-5-1 中所示，其中受控源的电流 $\dot{I}_{dk}$ 是受第 j 条支路中的元件电压 $\dot{U}_{ej}$ 控制的，且有

$$\dot{I}_{dk} = g_{kj}\dot{U}_{ej}$$

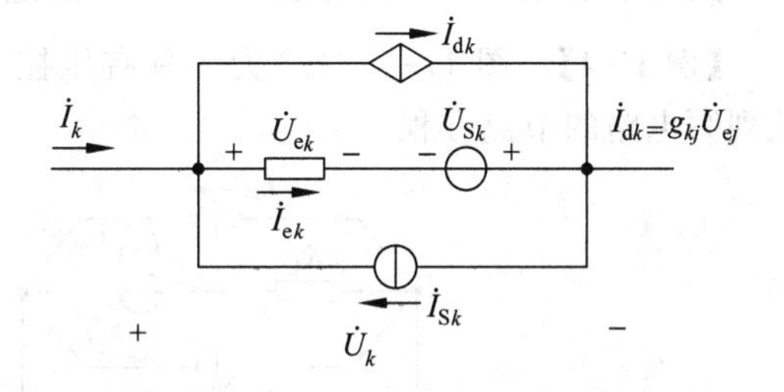

图 17-5-1　具有受控源的典型支路

为简化讨论起见，设电路中不含互感，则对 k 支路有

$$\dot{I}_k = Y_k\dot{U}_{ek} + \dot{I}_{dk} - \dot{I}_{Sk}$$
$$= Y_k\dot{U}_{ek} + g_{kj}\dot{U}_{ej} - \dot{I}_{Sk}$$

对其他支路有

$$\dot{I}_j = Y_j\dot{U}_{ej} - \dot{I}_{Sj} \quad j = 1,2,3,\cdots;j \neq k$$

所有支路电流方程可写成矩阵形式

$$
\underbrace{\begin{bmatrix}\dot I_1\\ \dot I_2\\ \vdots\\ \dot I_k\\ \vdots\\ \dot I_b\end{bmatrix}}_{\dot{\boldsymbol I}}
=
\begin{array}{c}\\ \\ \\ \\ \\ k\\ \\ \\ \end{array}
\underbrace{\begin{array}{c}
\begin{array}{ccccccccc} & & & & j & & k & & \end{array}\\
\begin{bmatrix}
Y_1 & 0 & 0 & \cdots & \vdots & \cdots & \vdots & \cdots & 0\\
0 & Y_2 & 0 & \cdots & \vdots & \cdots & \vdots & \cdots & 0\\
0 & 0 & Y_3 & 0 & \vdots & \cdots & \vdots & \cdots & 0\\
0 & 0 & 0 & \cdots & \vdots & \cdots & \vdots & \cdots & 0\\
\vdots & \vdots & \vdots & \cdots & \vdots & \cdots & \vdots & \cdots & \vdots\\
\vdots & \vdots & \vdots & \cdots & g_{kj} & \cdots & Y_k & \cdots & \vdots\\
\vdots & \vdots & \vdots & \cdots & \vdots & \cdots & \vdots & \cdots & \vdots\\
0 & 0 & 0 & \cdots & \vdots & \cdots & \vdots & \cdots & Y_b
\end{bmatrix}\end{array}}_{\boldsymbol Y}
\underbrace{\begin{bmatrix}\dot U_{e1}\\ \dot U_{e2}\\ \vdots\\ \dot U_{ej}\\ \vdots\\ \dot U_{ek}\\ \vdots\\ \dot U_{eb}\end{bmatrix}}_{\dot{\boldsymbol U}_e}
-
\underbrace{\begin{bmatrix}\dot I_{S1}\\ \dot I_{S2}\\ \vdots\\ \dot I_{Sk}\\ \vdots\\ \dot I_{Sb}\end{bmatrix}}_{\dot{\boldsymbol I}_S}
$$

或

$$\dot{\boldsymbol I}=\boldsymbol Y\dot{\boldsymbol U}_e-\dot{\boldsymbol I}_S$$

将 $\dot{\boldsymbol U}_e=\dot{\boldsymbol U}+\dot{\boldsymbol U}_S$ 代入可得支路电流与支路电压关系式

$$\dot{\boldsymbol I}=\boldsymbol Y\dot{\boldsymbol U}-\dot{\boldsymbol I}_S+\boldsymbol Y\dot{\boldsymbol U}_S$$

与式(17-3-10)的形式仍一致，只是此时支路导纳矩阵 $\boldsymbol Y$ 由于受控源的存在，已不再是对角矩阵，而是按以下方法写出的。$\boldsymbol Y$ 的对角元素是各对应支路的导纳；第 k 条支路有压控电流源 $\dot I_{dk}=g_{kj}\dot U_{ej}$ 时，Y 的第 k 行第 j 列元素等于 g_{kj}，否则等于零(注意，当 $\dot I_{dk}$ 的参考方向符合图 17-5-1 中规定时，g_{kj} 前取正号，否则取负号)。若电路中多个支路含有压控电流源时，只需按上述方法逐一地在矩阵 $\boldsymbol Y$ 的相应位置上填入相应的元素。

列写节点电压方程的方法与 17.4 节所述的相同。

【例 17-4】 图 17-5-2(a)为一具有压控电流源的电路，其中 $\dot I_{d1}=g_{12}\dot U_2$，$\dot I_{d4}=g_{46}\dot U_6$。试列写电路的节点方程。

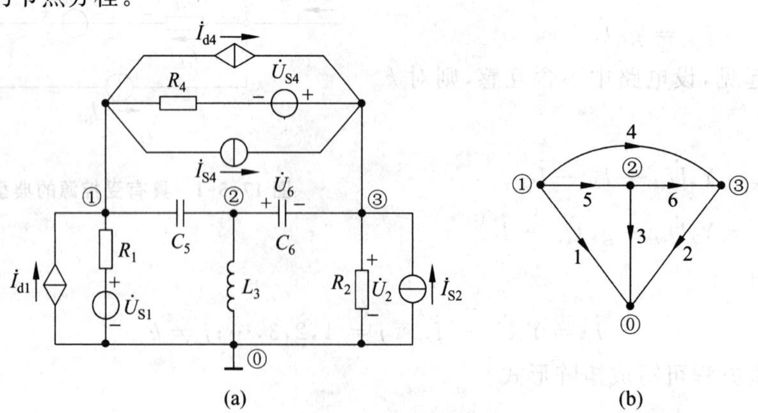

图 17-5-2 例 17-4 附图

(a) 电路图；(b) 图(a)电路的图

解 依照图 17-5-1 所作的关于典型支路的规定，画出电路的图 G，如图 17-5-2(b)。图 G 的关联矩阵 $\boldsymbol{A}$ 为

$$\boldsymbol{A}=\begin{bmatrix}1 & 0 & 0 & 1 & 1 & 0\\ 0 & 0 & 1 & 0 & -1 & 1\\ 0 & 1 & 0 & -1 & 0 & -1\end{bmatrix}$$

支路导纳矩阵 $\boldsymbol{Y}$ 为

$$\boldsymbol{Y}=\begin{bmatrix}\frac{1}{R_1} & -g_{12} & 0 & 0 & 0 & 0\\ 0 & \frac{1}{R_2} & 0 & 0 & 0 & 0\\ 0 & 0 & -\mathrm{j}\frac{1}{\omega L_3} & 0 & 0 & 0\\ 0 & 0 & 0 & \frac{1}{R_4} & 0 & g_{46}\\ 0 & 0 & 0 & 0 & \mathrm{j}\omega C_5 & 0\\ 0 & 0 & 0 & 0 & 0 & \mathrm{j}\omega C_6\end{bmatrix}$$

电流源向量与电压源向量分别为

$$\dot{\boldsymbol{I}}_{\mathrm{S}}=\begin{bmatrix}0 & \dot{I}_{\mathrm{S2}} & 0 & -\dot{I}_{\mathrm{S4}} & 0 & 0\end{bmatrix}^{\mathrm{T}}$$

$$\dot{\boldsymbol{U}}_{\mathrm{S}}=\begin{bmatrix}-\dot{U}_{\mathrm{S1}} & 0 & 0 & \dot{U}_{\mathrm{S4}} & 0 & 0\end{bmatrix}^{\mathrm{T}}$$

于是有

$$\begin{bmatrix}\dot{I}_1\\ \dot{I}_2\\ \dot{I}_3\\ \dot{I}_4\\ \dot{I}_5\\ \dot{I}_6\end{bmatrix}=\begin{bmatrix}\frac{1}{R_1} & -g_{12} & 0 & 0 & 0 & 0\\ 0 & \frac{1}{R_2} & 0 & 0 & 0 & 0\\ 0 & 0 & -\mathrm{j}\frac{1}{\omega L_3} & 0 & 0 & 0\\ 0 & 0 & 0 & \frac{1}{R_4} & 0 & g_{46}\\ 0 & 0 & 0 & 0 & \mathrm{j}\omega C_5 & 0\\ 0 & 0 & 0 & 0 & 0 & \mathrm{j}\omega C_6\end{bmatrix}\times\begin{bmatrix}\dot{U}_1-\dot{U}_{\mathrm{S1}}\\ \dot{U}_2\\ \dot{U}_3\\ \dot{U}_4+\dot{U}_{\mathrm{S4}}\\ \dot{U}_5\\ \dot{U}_6\end{bmatrix}-\begin{bmatrix}0\\ \dot{I}_{\mathrm{S2}}\\ 0\\ -\dot{I}_{\mathrm{S4}}\\ 0\\ 0\end{bmatrix}$$

根据所得的 $\boldsymbol{A},\boldsymbol{Y},\dot{\boldsymbol{I}}_{\mathrm{S}},\dot{\boldsymbol{U}}_{\mathrm{S}}$ 即可写出所需的节点电压方程。如果电路中还含有互感，则可仿照例 17-3 中的方法来处理。

17.6 割集法

割集法是以$(n-1)$个割集电压为待求变量来列写电路方程。通常以基本割集作为独立割集,每一基本割集只包含一个树支,所谓割集电压就是指该割集所含的树支支路的电压。由于树支电压是支路电压中的一组独立变量,任一支路电压都可用树支电压来表示,这和节点法中用节点电压表示支路电压是很相似的。但节点电压(参考节点选定后)是确定的,没有选择余地,而树支电压的选择比较灵活,选择不同的树可得不同的树支电压。

按17.3节中定义的典型支路,对所给定的电路,画出它的图G。从图G中任选一树,设树支电压向量$\dot{\boldsymbol{U}}_t$、支路电流向量$\dot{\boldsymbol{I}}$,并构成图G的基本割集矩阵$\boldsymbol{Q}_f$、支路导纳矩阵$\boldsymbol{Y}$、电压源向量$\dot{\boldsymbol{U}}_S$和电流源向量$\dot{\boldsymbol{I}}_S$。可列出给定电路矩阵方程。由式(17-2-8)的KCL方程有

$$\boldsymbol{Q}_f\dot{\boldsymbol{I}} = 0 \tag{17-6-1}$$

由式(17-2-12)的KVL方程有

$$\dot{\boldsymbol{U}} = \boldsymbol{Q}_f^T\dot{\boldsymbol{U}}_t \tag{17-6-2}$$

由式(17-3-10)的支路约束方程有

$$\dot{\boldsymbol{I}} = \boldsymbol{Y}\dot{\boldsymbol{U}} - \dot{\boldsymbol{I}}_S + \boldsymbol{Y}\dot{\boldsymbol{U}}_S \tag{17-6-3}$$

以上三式和节点法中的式(17-4-1)、式(17-4-2)、式(17-4-3)完全相似,所不同的只是将节点法中的$\dot{\boldsymbol{U}}_n$和$\boldsymbol{A}$分别换以$\dot{\boldsymbol{U}}_t$和$\boldsymbol{Q}_f$。

和节点法中的推导相似,将式(17-6-2)代入式(17-6-3),消去$\dot{\boldsymbol{U}}$,即用树支电压表示支路电流,可得

$$\dot{\boldsymbol{I}} = \boldsymbol{Y}\boldsymbol{Q}_f^T\dot{\boldsymbol{U}}_t - \dot{\boldsymbol{I}}_S + \boldsymbol{Y}\dot{\boldsymbol{U}}_S \tag{17-6-4}$$

将式(17-6-4)代入式(17-6-1),消去$\dot{\boldsymbol{I}}$,即得树支电压所满足的KCL方程:

$$\boldsymbol{Q}_f\boldsymbol{Y}\boldsymbol{Q}_f^T\dot{\boldsymbol{U}}_t = \boldsymbol{Q}_f\dot{\boldsymbol{I}}_S - \boldsymbol{Q}_f\boldsymbol{Y}\dot{\boldsymbol{U}}_S \tag{17-6-5}$$

将上式中

$$\boldsymbol{Y}_t \overset{\text{def}}{=\!=} \boldsymbol{Q}_f\boldsymbol{Y}\boldsymbol{Q}_f^T \tag{17-6-6}$$

$$\dot{\boldsymbol{I}}_t \overset{\text{def}}{=\!=} \boldsymbol{Q}_f\dot{\boldsymbol{I}}_S - \boldsymbol{Q}_f\boldsymbol{Y}\dot{\boldsymbol{U}}_S \tag{17-6-7}$$

式中,$\boldsymbol{Y}_t$称为割集导纳矩阵;$\dot{\boldsymbol{I}}_t$称为割集等效电流源电流向量。

式(17-6-5)可以写成

$$\boldsymbol{Y}_t\dot{\boldsymbol{U}}_t = \dot{\boldsymbol{I}}_t \tag{17-6-8}$$

式(17-6-5)或式(17-6-8)即为待求的树支电压方程的矩阵形式。由此方程可解出待求的树支电压向量$\dot{\boldsymbol{U}}_t$,即

$$\dot{\boldsymbol{U}}_t = \boldsymbol{Y}_t^{-1}\dot{\boldsymbol{I}}_t \tag{17-6-9}$$

并可进一步由式(17-6-2)、式(17-6-3)求出 $\dot{U}$ 和 $\dot{I}$ 。

【例 17-5】 用割集法列出图 17-6-1 所示电路的方程。

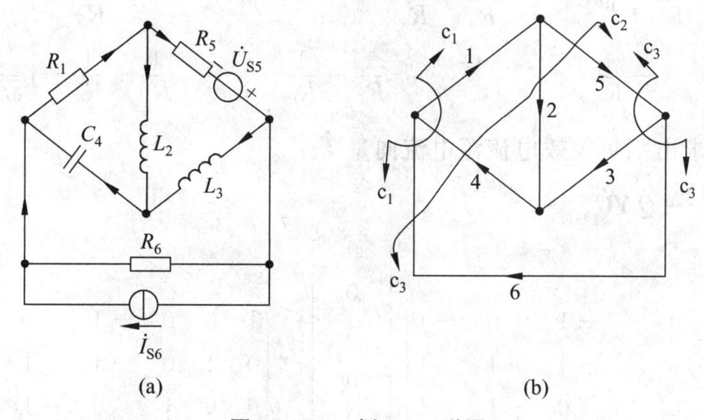

图 17-6-1 例 17-5 附图

(a) 电路图；(b) 图 G 及基本割集

解 选支路 1,2,3 为树支,设待求树支电压向量 $\dot{\boldsymbol{U}}_t=\begin{bmatrix}\dot{U}_1 & \dot{U}_2 & \dot{U}_3\end{bmatrix}^T$,树支电压方程为

$$\boldsymbol{Y}_t\dot{\boldsymbol{U}}_t=\dot{\boldsymbol{I}}_t$$

可写出基本割集矩阵为

$$\boldsymbol{Q}_f=\begin{bmatrix}1 & 0 & 0 & -1 & 0 & -1\\0 & 1 & 0 & -1 & 1 & -1\\0 & 0 & 1 & 0 & -1 & 1\end{bmatrix}$$

将以上所得 $\boldsymbol{Q}_f$ 代入式(17-6-6),求出割集导纳矩阵 $\boldsymbol{Y}_t$:

$$\boldsymbol{Y}_t=\boldsymbol{Q}_f\boldsymbol{Y}\boldsymbol{Q}_f^T=\begin{bmatrix}1 & 0 & 0 & -1 & 0 & -1\\0 & 1 & 0 & -1 & 1 & -1\\0 & 0 & 1 & 0 & -1 & 1\end{bmatrix}\times$$

$$\begin{bmatrix}\frac{1}{R_1} & 0 & 0 & 0 & 0 & 0\\0 & -\mathrm{j}\frac{1}{\omega L_2} & 0 & 0 & 0 & 0\\0 & 0 & -\mathrm{j}\frac{1}{\omega L_3} & 0 & 0 & 0\\0 & 0 & 0 & \mathrm{j}\omega C_4 & 0 & 0\\0 & 0 & 0 & 0 & \frac{1}{R_5} & 0\\0 & 0 & 0 & 0 & 0 & \frac{1}{R_6}\end{bmatrix}\begin{bmatrix}1 & 0 & 0\\0 & 1 & 0\\0 & 0 & 1\\-1 & -1 & 0\\0 & 1 & -1\\-1 & -1 & 1\end{bmatrix}$$

$$=\begin{bmatrix} \frac{1}{R_1}+\frac{1}{R_6}+\mathrm{j}\omega C_4 & \frac{1}{R_6}+\mathrm{j}\omega C_4 & -\frac{1}{R_6} \\ \frac{1}{R_6}+\mathrm{j}\omega C_4 & \frac{1}{R_5}+\frac{1}{R_6}-\mathrm{j}\frac{1}{\omega L_2}+\mathrm{j}\omega C_4 & -\frac{1}{R_5}-\frac{1}{R_6} \\ -\frac{1}{R_6} & -\frac{1}{R_5}-\frac{1}{R_6} & \frac{1}{R_5}+\frac{1}{R_6}-\mathrm{j}\frac{1}{\omega L_3} \end{bmatrix}$$

由式(17-6-7)可求出割集等效电流源电流向量 $\dot{\boldsymbol{I}}_{\mathrm{t}}$:

$$\dot{\boldsymbol{I}}_{\mathrm{t}}=\boldsymbol{Q}_{\mathrm{f}}\dot{\boldsymbol{I}}_{\mathrm{S}}-\boldsymbol{Q}_{\mathrm{f}}\boldsymbol{Y}\dot{\boldsymbol{U}}_{\mathrm{S}}$$

$$=\begin{bmatrix} 1 & 0 & 0 & -1 & 0 & -1 \\ 0 & 1 & 0 & -1 & 1 & -1 \\ 0 & 0 & 1 & 0 & -1 & 1 \end{bmatrix}\begin{bmatrix} 0 \\ 0 \\ 0 \\ 0 \\ 0 \\ -\dot{I}_{\mathrm{S6}} \end{bmatrix}-\begin{bmatrix} 1 & 0 & 0 & -1 & 0 & -1 \\ 0 & 1 & 0 & -1 & 1 & -1 \\ 0 & 0 & 1 & 0 & -1 & 1 \end{bmatrix}$$

$$\times\begin{bmatrix} \frac{1}{R_1} & 0 & 0 & 0 & 0 & 0 \\ 0 & -\mathrm{j}\frac{1}{\omega L_2} & 0 & 0 & 0 & 0 \\ 0 & 0 & -\mathrm{j}\frac{1}{\omega L_3} & 0 & 0 & 0 \\ 0 & 0 & 0 & \mathrm{j}\omega C_4 & 0 & 0 \\ 0 & 0 & 0 & 0 & \frac{1}{R_5} & 0 \\ 0 & 0 & 0 & 0 & 0 & \frac{1}{R_6} \end{bmatrix}\begin{bmatrix} 0 \\ 0 \\ 0 \\ 0 \\ \dot{U}_{\mathrm{S5}} \\ 0 \end{bmatrix}=\begin{bmatrix} \dot{I}_{\mathrm{S6}} \\ \dot{I}_{\mathrm{S6}}-\frac{\dot{U}_{\mathrm{S5}}}{R_5} \\ -\dot{I}_{\mathrm{S6}}+\frac{\dot{U}_{\mathrm{S5}}}{R_5} \end{bmatrix}$$

由上例的结果可以看出,用割集法列写方程和用节点法很相似。与节点导纳矩阵 $\boldsymbol{Y}_{\mathrm{n}}$ 相似,割集导纳矩阵 $\boldsymbol{Y}_{\mathrm{t}}$ 中的各元素有如下的物理含义:对于不含有受控电源的电路,$\boldsymbol{Y}_{\mathrm{t}}$ 中的对角线元素等于第 j 个割集所含支路的支路导纳和;$\boldsymbol{Y}_{\mathrm{t}}$ 中的非对角线元素 Y_{jk} 等于第 j 和第 k 割集所共含有的支路的支路导纳之和,且当公共支路的方向与第 j 和第 k 割集方向均相同或均相反时则冠以正号,否则冠以负号;和节点等效电流源向量 $\dot{\boldsymbol{I}}_{\mathrm{n}}$ 相似,割集等效电流源向量 $\dot{\boldsymbol{I}}_{\mathrm{t}}$ 中的每一项等于流入每个割集的等效电流源的代数和。

由于割集法中的独立变量仍是电压,因此在割集法中,压控电流源是最便于处理的,处理方法与节点法中完全相似。

17.7 回 路 法

回路法是以$(b-n+1)$个独立回路电流为待求变量来列写电路方程。通常以基本回路为独立回路,每一基本回路只包含一个连支,因此可以设连支电流为包含该连支的基本回路中的回路电流。所有连支电流是支路电流中的一组独立变量,任一支路电流都可用连支电流来表示。

为列写电路的矩阵方程,在电路的图G中任选一树,设连支电流向量$\dot{\boldsymbol{I}}_\mathrm{l}$、支路电压向量$\dot{\boldsymbol{U}}$,并构成基本回路矩阵$\boldsymbol{B}_\mathrm{f}$、支路阻抗矩阵$\boldsymbol{Z}$和电压源向量$\dot{\boldsymbol{U}}_\mathrm{S}$、电流源向量$\dot{\boldsymbol{I}}_\mathrm{S}$。

由式(17-2-14)的KCL方程,有

$$\dot{\boldsymbol{I}} = \boldsymbol{B}_\mathrm{f}^\mathrm{T}\dot{\boldsymbol{I}}_\mathrm{l} \tag{17-7-1}$$

由式(17-2-5)的KVL方程,有

$$\boldsymbol{B}_\mathrm{f}\dot{\boldsymbol{U}} = 0 \tag{17-7-2}$$

由式(17-3-9)的元件约束,有

$$\dot{\boldsymbol{U}} = \boldsymbol{Z}\dot{\boldsymbol{I}} - \dot{\boldsymbol{U}}_\mathrm{S} + \boldsymbol{Z}\dot{\boldsymbol{I}}_\mathrm{S} \tag{17-7-3}$$

由以上三个向量方程,可解得连支电流向量。将式(17-7-1)代入式(17-7-3)并消去$\dot{\boldsymbol{I}}$,即用连支电流表示支路电压,可得

$$\dot{\boldsymbol{U}} = \boldsymbol{Z}\boldsymbol{B}_\mathrm{f}^\mathrm{T}\dot{\boldsymbol{I}}_\mathrm{l} - \dot{\boldsymbol{U}}_\mathrm{S} + \boldsymbol{Z}\dot{\boldsymbol{I}}_\mathrm{S} \tag{17-7-4}$$

将式(17-7-4)代入式(17-7-2)并消去$\dot{\boldsymbol{U}}$,即用连支电流表示KVL方程,可得

$$\boldsymbol{B}_\mathrm{f}\boldsymbol{Z}\boldsymbol{B}_\mathrm{f}^\mathrm{T}\dot{\boldsymbol{I}}_\mathrm{l} = \boldsymbol{B}_\mathrm{f}\dot{\boldsymbol{U}}_\mathrm{S} - \boldsymbol{B}_\mathrm{f}\boldsymbol{Z}\dot{\boldsymbol{I}}_\mathrm{S} \tag{17-7-5}$$

令

$$\boldsymbol{Z}_\mathrm{l} \overset{\mathrm{def}}{=} \boldsymbol{B}_\mathrm{f}\boldsymbol{Z}\boldsymbol{B}_\mathrm{f}^\mathrm{T} \tag{17-7-6}$$

$$\dot{\boldsymbol{E}}_\mathrm{l} \overset{\mathrm{def}}{=} \boldsymbol{B}_\mathrm{f}\dot{\boldsymbol{U}}_\mathrm{S} - \boldsymbol{B}_\mathrm{f}\boldsymbol{Z}\dot{\boldsymbol{I}}_\mathrm{S} \tag{17-7-7}$$

式中,$\boldsymbol{Z}_\mathrm{l}$为回路阻抗矩阵;$\dot{E}_\mathrm{l}$为回路等效电源电压向量。式(17-7-5)可写成

$$\boldsymbol{Z}_\mathrm{l}\dot{\boldsymbol{I}}_\mathrm{l} = \dot{\boldsymbol{E}}_\mathrm{l} \tag{17-7-8}$$

式(17-7-5)或式(17-7-8)即为待求的连支电流方程的矩阵形式。由此方程解出待求的连支电流向量$\dot{\boldsymbol{I}}_\mathrm{l}$,得

$$\dot{\boldsymbol{I}}_\mathrm{l} = \boldsymbol{Z}_\mathrm{l}^{-1}\dot{\boldsymbol{E}}_\mathrm{l}$$

求出连支电流后,即可由式(17-7-1)和式(17-7-3)求出$\dot{\boldsymbol{I}}$和$\dot{\boldsymbol{U}}$。

【例17-6】 用回路法列出图17-7-1所示电路的方程。

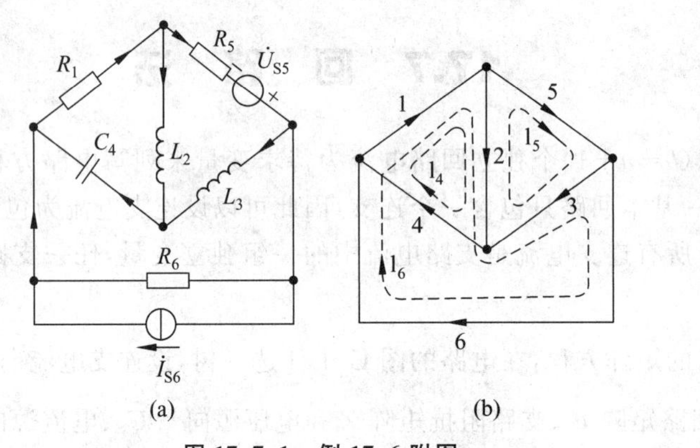

(a) (b)

图 17-7-1 例 17-6 附图

(a) 电路图；(b) 图 G 及基本回路

解 选支路 1,2,3 为树支,设待求连支电流向量为 $\dot{\boldsymbol{I}}_l=\begin{bmatrix}\dot{I}_4 & \dot{I}_5 & \dot{I}_6\end{bmatrix}^{\mathrm{T}}$,连支电流方程为

$$\boldsymbol{Z}_l\dot{\boldsymbol{I}}_l=\dot{\boldsymbol{E}}_l$$

基本回路矩阵为

$$\boldsymbol{B}_{\mathrm{f}}=\begin{bmatrix}1 & 1 & 0 & 1 & 0 & 0\\0 & -1 & 1 & 0 & 1 & 0\\1 & 1 & -1 & 0 & 0 & 1\end{bmatrix}$$

由式(17-7-6),求出回路阻抗矩阵

$$\boldsymbol{Z}_l=\boldsymbol{B}_{\mathrm{f}}\boldsymbol{Z}\boldsymbol{B}_{\mathrm{f}}^{\mathrm{T}}=\begin{bmatrix}1 & 1 & 0 & 1 & 0 & 0\\0 & -1 & 1 & 0 & 1 & 0\\1 & 1 & -1 & 0 & 0 & 1\end{bmatrix}$$

$$\times\begin{bmatrix}R_1 & 0 & 0 & 0 & 0 & 0\\0 & \mathrm{j}\omega L_2 & 0 & 0 & 0 & 0\\0 & 0 & \mathrm{j}\omega L_3 & 0 & 0 & 0\\0 & 0 & 0 & -\mathrm{j}\dfrac{1}{\omega C_4} & 0 & 0\\0 & 0 & 0 & 0 & R_5 & 0\\0 & 0 & 0 & 0 & 0 & R_6\end{bmatrix}\begin{bmatrix}1 & 0 & 1\\1 & -1 & 1\\0 & 1 & -1\\1 & 0 & 0\\0 & 1 & 0\\0 & 0 & 1\end{bmatrix}$$

$$=\begin{bmatrix}R_1+\mathrm{j}\omega L_2-\mathrm{j}\dfrac{1}{\omega C_4} & -\mathrm{j}\omega L_2 & R_1+\mathrm{j}\omega L_2\\-\mathrm{j}\omega L_2 & \mathrm{j}\omega L_2+\mathrm{j}\omega L_3+R_5 & -\mathrm{j}\omega L_2-\mathrm{j}\omega L_3\\R_1+\mathrm{j}\omega L_2 & -\mathrm{j}\omega L_2-\mathrm{j}\omega L_3 & R_1+\mathrm{j}\omega L_2+\mathrm{j}\omega L_3+R_6\end{bmatrix}$$

由式(17-7-7)求出回路等效电压源电压向量

$$\dot{\boldsymbol{E}}_1=\boldsymbol{B}_{\mathrm{f}}\dot{\boldsymbol{U}}_{\mathrm{S}}-\boldsymbol{B}_{\mathrm{f}}\boldsymbol{Z}\dot{\boldsymbol{I}}_{\mathrm{S}}=\begin{bmatrix}1&1&0&1&0&0\\0&-1&1&0&1&0\\1&1&-1&0&0&1\end{bmatrix}\times\begin{bmatrix}0\\0\\0\\0\\\dot{U}_{\mathrm{S5}}\\0\end{bmatrix}-\begin{bmatrix}1&1&0&1&0&0\\0&-1&1&0&1&0\\1&1&-1&0&0&1\end{bmatrix}$$

$$\times\begin{bmatrix}R_1&0&0&0&0&0\\0&\mathrm{j}\omega L_2&0&0&0&0\\0&0&\mathrm{j}\omega L_3&0&0&0\\0&0&0&-\mathrm{j}\dfrac{1}{\omega C_4}&0&0\\0&0&0&0&R_5&0\\0&0&0&0&0&R_6\end{bmatrix}\begin{bmatrix}0\\0\\0\\0\\0\\-\dot{I}_{\mathrm{S6}}\end{bmatrix}=\begin{bmatrix}0\\\dot{U}_{\mathrm{S5}}\\R_6\dot{I}_{\mathrm{S6}}\end{bmatrix}$$

由于回路法方程中的独立变量是电流，因此在回路法中，最便于处理的受控源是流控电压源(CCVS)，在处理有互感的电路时比节点法和割集法方便。

17.8 改进节点法

若电路中含有纯电压源支路或纯压控电压源(VCVS)支路，在编写节点电压方程时，除可用过去介绍过的方法(如电压源转移法)外，还可采用下述的以矩阵形式表示的更为系统化的方法。现结合具体例子说明这一方法。

设有电路如图 17-8-1(a)所示，其中支路 8 和支路 3 分别为纯电压源和纯压控电压源支路。对这两条支路单独处理，以其中的电流为未知量，其余支路仍按典型支路来处理，可得电路的图 G，如图 17-8-1(b)所示。

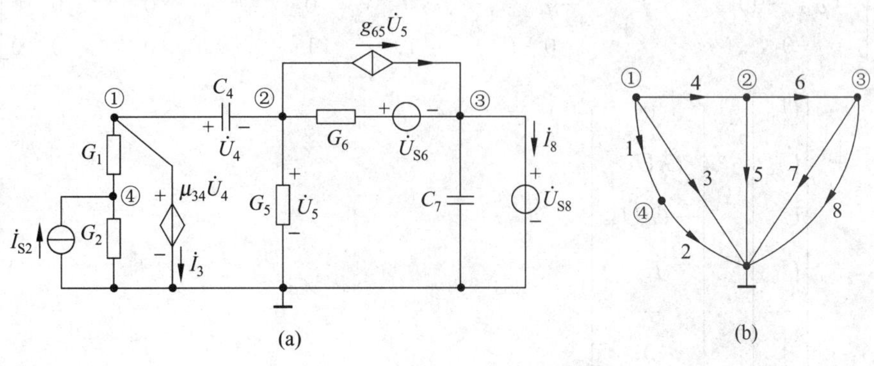

图 17-8-1 说明改进节点法的例子

(a) 电路图；(b) 图 G

为了说明列写电路方程式的法则,先用直观法列写这个电路的节点方程。对于支路8和支路3可将其中的支路电流 $\dot{I}_8$,$\dot{I}_3$ 作为未知量列入方程。设节点电压为 $\dot{U}_{n1}$,$\dot{U}_{n2}$,$\dot{U}_{n3}$,$\dot{U}_{n4}$,可得节点方程:

$$\left.\begin{aligned}
&\text{由节点①}\\
&\qquad (G_1+j\omega C_4)\dot{U}_{n1}-j\omega C_4\dot{U}_{n2}-G_1\dot{U}_{n4}+\dot{I}_3=0\\
&\text{由节点②}\\
&\qquad -j\omega C_4\dot{U}_{n1}+(G_5+G_6+g_{65}+j\omega C_4)\dot{U}_{n2}-G_6\dot{U}_{n3}=G_6\dot{U}_{S6}\\
&\text{由节点③}\\
&\qquad (-G_6-g_{65})\dot{U}_{n2}+(G_6+j\omega C_7)\dot{U}_{n3}+\dot{I}_8=-G_6\dot{U}_{S6}\\
&\text{由节点④}\\
&\qquad -G_1\dot{U}_{n1}+(G_1+G_2)\dot{U}_{n4}=\dot{I}_{S2}
\end{aligned}\right\}\tag{17-8-1}$$

以上方程组式(17-8-1)中,除节点电压未知量 $\dot{U}_{n1}$,$\dot{U}_{n2}$,$\dot{U}_{n3}$,$\dot{U}_{n4}$ 外,还有两个未知量 $\dot{I}_3$ 和 $\dot{I}_8$,因此还需补充两个方程,由支路8和支路3可得

$$\left.\begin{aligned}
&\dot{U}_{n3}=\dot{U}_{S8}\\
&\dot{U}_{n1}=\mu_{34}\dot{U}_4=\mu_{34}(\dot{U}_{n1}-\dot{U}_{n2})
\end{aligned}\right\}\tag{17-8-2}$$

即

$$(\mu_{34}-1)\dot{U}_{n1}-\mu_{34}\dot{U}_{n2}=0\tag{17-8-3}$$

以上式(17-8-1)、式(17-8-2)、式(17-8-3)可合写成以下矩阵形式的方程:

$$\left[\begin{array}{cccc:cc}
(G_1+j\omega C_4) & -j\omega C_4 & 0 & -G_1 & 1 & 0\\
-j\omega C_4 & (G_5+G_6+g_{65}+j\omega C_4) & -G_6 & 0 & 0 & 0\\
0 & (-G_6-g_{65}) & (G_6+j\omega C_7) & 0 & 0 & 1\\
-G_1 & 0 & 0 & (G_1+G_2) & 0 & 0\\
\hdashline
(\mu_{34}-1) & -\mu_{34} & 0 & 0 & 0 & 0\\
0 & 0 & 1 & 0 & 0 & 0
\end{array}\right]$$

$$\times\begin{bmatrix}\dot{U}_{n1}\\ \dot{U}_{n2}\\ \dot{U}_{n3}\\ \dot{U}_{n4}\\ \hdashline \dot{I}_3\\ \dot{I}_8\end{bmatrix}=\begin{bmatrix}0\\ G_6\dot{U}_{S6}\\ -G_6\dot{U}_{S6}\\ \dot{I}_{S2}\\ \hdashline 0\\ \dot{U}_{S8}\end{bmatrix}\tag{17-8-4}$$

或表示为一般形式：

$$\begin{bmatrix} \boldsymbol{Y}_{n} & \boldsymbol{H}_{12} \\ \boldsymbol{H}_{21} & 0 \end{bmatrix} \begin{bmatrix} \dot{\boldsymbol{U}}_{n} \\ \dot{\boldsymbol{I}}_{u} \end{bmatrix} = \begin{bmatrix} \dot{\boldsymbol{I}}_{n} \\ \dot{\boldsymbol{U}}_{S} \end{bmatrix} \tag{17-8-5}$$

式中 $\dot{\boldsymbol{U}}_{n}$ 为节点电压列向量；$\dot{\boldsymbol{I}}_{u}$ 为纯电压支路和压控电压源支路电流列向量，现在作为未知量来处理。对比式(17-8-4)和式(17-8-5)，不难看出：子矩阵 $\boldsymbol{Y}_{n}$ 是把纯电压源和纯压控电压源支路断开后的电路节点导纳矩阵；等号右端的 $\dot{\boldsymbol{I}}_{n}$ 为注入各节点的等效电流源列向量。子矩阵 $\boldsymbol{H}_{12}$ 表明了每个节点与哪几个纯电压源支路和纯压控电压源支路相关联；$\boldsymbol{H}_{21}$ 则表明这些支路电压和哪些节点电压相关联；等号右端的 $\dot{\boldsymbol{U}}_{S}$ 为纯电压源支路的电压源向量。

以上介绍的方法称为改进节点法。当电路中有流控电压源时，可把控制量(电流)用等效变换的方法变为相应的电压，这样就将它们变为压控电压源，然后就可以按压控电压源处理。

17.9　表　格　法

上一节介绍的改进节点法的基本思想是，为了使列写方程的规则简单和通用，不惜增加未知量和方程式的数目。在以人工求解电路时这种方法是不足取的，因为这样做会增加求解联立方程的计算量。但在用计算机求解电路时这种做法则是可行的，注意到大规模电路方程组的系数矩阵中零元素较多，是所谓的稀疏矩阵，现在已有一种有效的“稀疏矩阵算法”，可以方便地用于求解这一类高阶联立方程。下面将介绍基于这一思想的又一种求解电路的方法。

表格法是以电路中全部支路电压、支路电流和一组辅助变量作为待求量以求解电路的方法。这组辅助变量通常采用节点电压，有时也采用树支电压或连支电流(本节只讨论辅助变量为节点电压的这一种)。设连通电路中支路数为 b，节点数为 n，则未知量和所需列写的方程式数均为 $2b+n-1$。现结合具体电路说明这一方法。图 17-9-1 所示为一含理想变压器的电路。n_1，n_2 为变压器原副边线圈匝数；R，g，C 为电路参数；$\dot{U}_{S6}$ 为电压源电压。支路数为$b=6$，节点数为 $n=3$，支路电压为 $\dot{U}_1$，$\dot{U}_2$，$\dot{U}_3$，$\dot{U}_4$，$\dot{U}_5$，$\dot{U}_6$，支路电流为 $\dot{I}_1$，$\dot{I}_2$，$\dot{I}_3$，$\dot{I}_4$，$\dot{I}_5$，

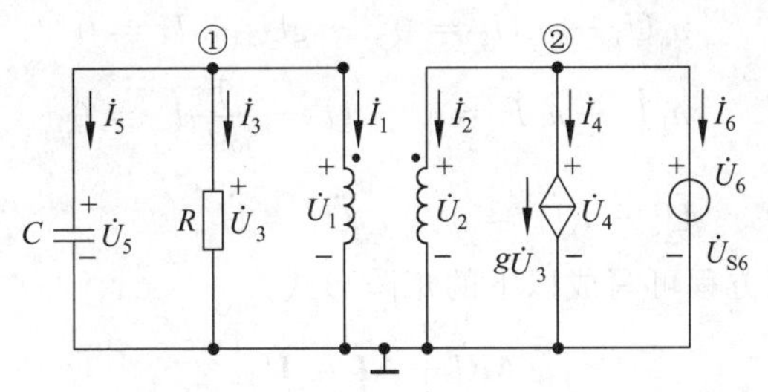

图 17-9-1　说明表格法的例子

$\dot{I}_6$ 和节点电压 $\dot{U}_{n1}$，$\dot{U}_{n2}$，共 $2b+n-1=14$ 个待求量，现列写此电路的方程。

设支路电压向量为 $\dot{\boldsymbol{U}}$，支路电流向量为 $\dot{\boldsymbol{I}}$，节点电压向量为 $\dot{\boldsymbol{U}}_n$，支路电压源向量为 $\dot{\boldsymbol{U}}_S$，由 KCL 可得

$$\boldsymbol{A}\dot{\boldsymbol{I}}=0$$

即

$$\begin{bmatrix}1&0&1&0&1&0\\0&1&0&1&0&1\end{bmatrix}\begin{bmatrix}\dot{I}_1\\\dot{I}_2\\\dot{I}_3\\\dot{I}_4\\\dot{I}_5\\\dot{I}_6\end{bmatrix}=0 \tag{17-9-1}$$

由 KVL 可得

$$\dot{\boldsymbol{U}}-\boldsymbol{A}^{\mathrm{T}}\dot{\boldsymbol{U}}_n=0$$

即

$$\begin{bmatrix}\dot{U}_1\\\dot{U}_2\\\dot{U}_3\\\dot{U}_4\\\dot{U}_5\\\dot{U}_6\end{bmatrix}-\begin{bmatrix}1&0\\0&1\\1&0\\0&1\\1&0\\0&1\end{bmatrix}\begin{bmatrix}\dot{U}_{n1}\\\dot{U}_{n2}\end{bmatrix}=\begin{bmatrix}0\\0\\0\\0\\0\\0\end{bmatrix} \tag{17-9-2}$$

由支路约束可得

$$n_2\dot{U}_1-n_1\dot{U}_2=0 \quad -g\dot{U}_3+\dot{I}_4=0$$

$$n_1\dot{I}_1+n_2\dot{I}_2=0 \quad \dot{U}_5-\frac{1}{\mathrm{j}\omega C}\dot{I}_5=0$$

$$\dot{U}_3-R\dot{I}_3=0 \qquad \dot{U}_6=\dot{U}_{S6}$$

上面所有支路约束方程可写成以下的矩阵形式：

$$\boldsymbol{M}\dot{\boldsymbol{U}}+\boldsymbol{N}\dot{\boldsymbol{I}}=\dot{\boldsymbol{U}}_S \tag{17-9-3}$$

即

$$\underbrace{\begin{bmatrix} n_2 & -n_1 & 0 & 0 & 0 & 0 \\ 0 & 0 & 0 & 0 & 0 & 0 \\ 0 & 0 & 1 & 0 & 0 & 0 \\ 0 & 0 & -g & 0 & 0 & 0 \\ 0 & 0 & 0 & 0 & 1 & 0 \\ 0 & 0 & 0 & 0 & 0 & 1 \end{bmatrix}}_{\boldsymbol{M}} \begin{bmatrix} \dot{U}_1 \\ \dot{U}_2 \\ \dot{U}_3 \\ \dot{U}_4 \\ \dot{U}_5 \\ \dot{U}_6 \end{bmatrix} + \underbrace{\begin{bmatrix} 0 & 0 & 0 & 0 & 0 & 0 \\ n_1 & n_2 & 0 & 0 & 0 & 0 \\ 0 & 0 & -R_3 & 0 & 0 & 0 \\ 0 & 0 & 0 & 1 & 0 & 0 \\ 0 & 0 & 0 & 0 & -\dfrac{1}{\mathrm{j}\omega C} & 0 \\ 0 & 0 & 0 & 0 & 0 & 0 \end{bmatrix}}_{\boldsymbol{N}} \begin{bmatrix} \dot{I}_1 \\ \dot{I}_2 \\ \dot{I}_3 \\ \dot{I}_4 \\ \dot{I}_5 \\ \dot{I}_6 \end{bmatrix} = \begin{bmatrix} 0 \\ 0 \\ 0 \\ 0 \\ 0 \\ \dot{U}_{S6} \end{bmatrix}$$

式中 $\boldsymbol{M},\boldsymbol{N}$ 为表示支路约束的 $b\times b$ 系数矩阵。

以上式(17-9-1)、式(17-9-2)和式(17-9-3)可合写成矩阵形式的方程如下：

$$\underbrace{\begin{bmatrix} 0 & 0 & \boldsymbol{A} \\ -\boldsymbol{A}^{\mathrm{T}} & \boldsymbol{I} & 0 \\ 0 & \boldsymbol{M} & \boldsymbol{N} \end{bmatrix}}_{\boldsymbol{W}} \begin{bmatrix} \dot{\boldsymbol{U}}_{\mathrm{n}} \\ \dot{\boldsymbol{U}} \\ \dot{\boldsymbol{I}} \end{bmatrix} = \begin{bmatrix} 0 \\ 0 \\ \dot{\boldsymbol{U}}_{\mathrm{S}} \end{bmatrix} \tag{17-9-4}$$

式中 $\boldsymbol{W}$ 为系数矩阵，由上述的 $\boldsymbol{A},-\boldsymbol{A}^{\mathrm{T}},\boldsymbol{I},\boldsymbol{M},\boldsymbol{N}$ 等子块组成。本例 $\boldsymbol{W}$ 中共有 196 个元素，其中零元素有 166 个，可见它是一个稀疏矩阵。

上述表格法中，若将节点电压未知量改用树支电压或连支电流，则可得出相应的含割集矩阵 $\boldsymbol{Q}_{\mathrm{f}}$ 或回路矩阵 $\boldsymbol{B}_{\mathrm{f}}$ 的电路方程。

在表格法中，建立系数矩阵 $\boldsymbol{W}$ 的规则很简单，相当于填写一张表格，易于用计算机来完成，而且这种方法通用性强，因此随着计算机的广泛应用，这种方法在求解大规模电路中日益受到重视。

习 题

17-1 写出题图 17-1 所示的关联矩阵。

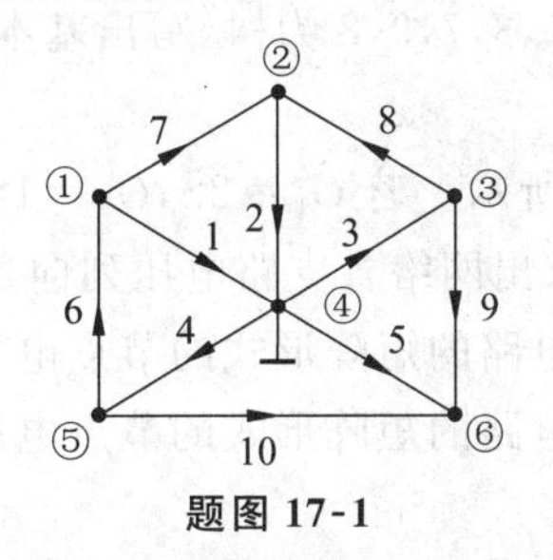

题图 17-1

17-2　由给定的关联矩阵 $\boldsymbol{A}$ 画出它所对应的图。

$$\boldsymbol{A}=\begin{bmatrix}-1&1&0&0&0&0&0&1&0&0&0&0\\0&-1&1&0&0&0&0&0&1&0&0&0\\0&0&-1&1&0&0&0&0&0&1&0&0\\0&0&0&-1&1&0&0&0&0&0&1&0\\0&0&0&0&-1&1&0&0&0&0&0&1\\1&0&0&0&0&-1&1&0&0&0&0&0\end{bmatrix}$$

17-3　对题图 17-3,指出下列支路集合中,哪一个构成一个割集。

(1) (1,9,5,8);

(2) (1,9,4);

(3) (6,8);

(4) (1,9,4,7,6);

(5) (3,4,5,6)。

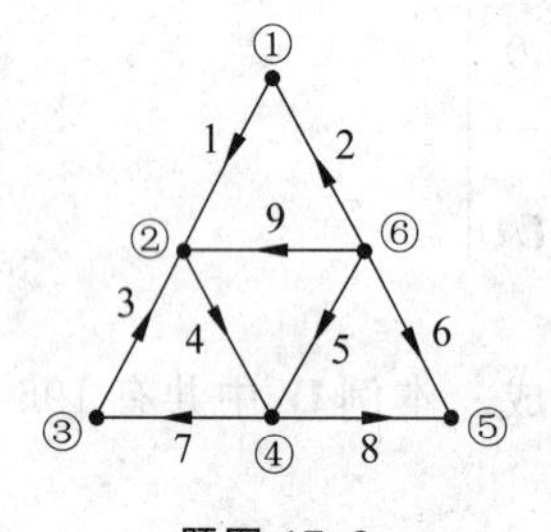

题图 17-3

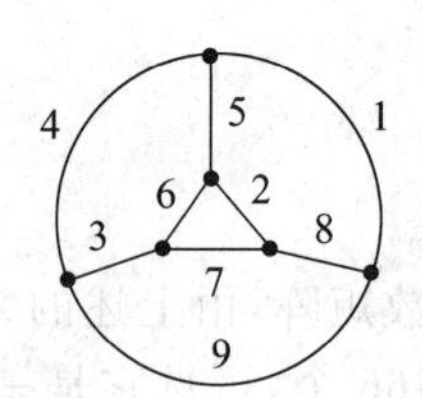

题图 17-4

17-4　对题图 17-4,指出下列支路集合哪些是树,哪些是割集。

(1) (4,5,8,9);

(2) (1,4,6,7);

(3) (1,4,6,7,8);

(4) (4,3,9);

(5) (5,2,6,8,9);

(6) (2,6,7)。

17-5　题图 17-5 中选支路 1,3,7,9,8 为树,写出基本割集矩阵 $\boldsymbol{Q}_{\mathrm{f}}$ 和基本回路矩阵 $\boldsymbol{B}_{\mathrm{f}}$,并验证关系式 $\boldsymbol{Q}_{\mathrm{l}}=-\boldsymbol{B}_{\mathrm{t}}^{\mathrm{T}}$。

17-6　设电路如题图 17-6 所示。若 $G_1=2\mathrm{S}, G_2=1\mathrm{S}, G_3=3\mathrm{S}, G_4=1\mathrm{S}, G_5=1\mathrm{S}, i_{\mathrm{S1}}=2\mathrm{A}, u_{\mathrm{S5}}=1\mathrm{V}$。试用节点分析法求出网络各支路电压列向量 $\boldsymbol{u}_{\mathrm{b}}$ 和电流列向量 $\boldsymbol{i}_{\mathrm{b}}$。

17-7　列写题图 17-7 所示电路的矩阵形式的节点电压方程。

17-8　列写题图 17-8 所示电路的矩阵形式的节点电压方程。

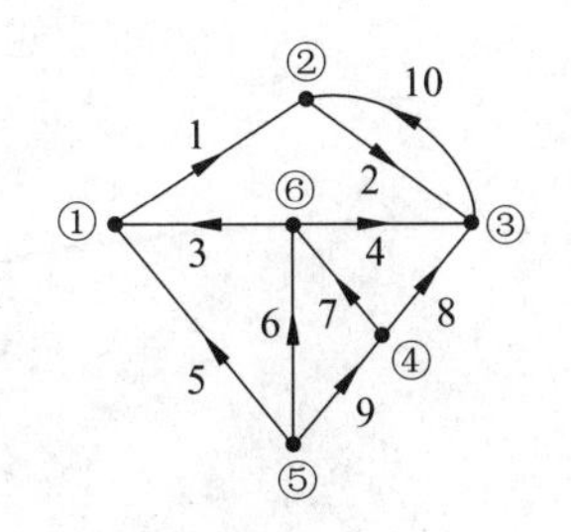

题图 17-5

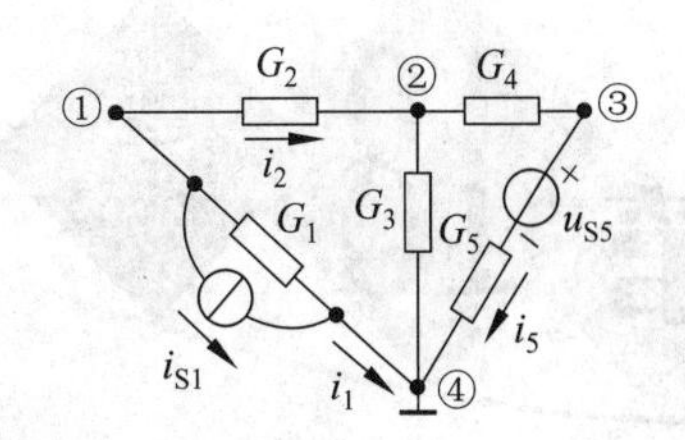

题图 17-6

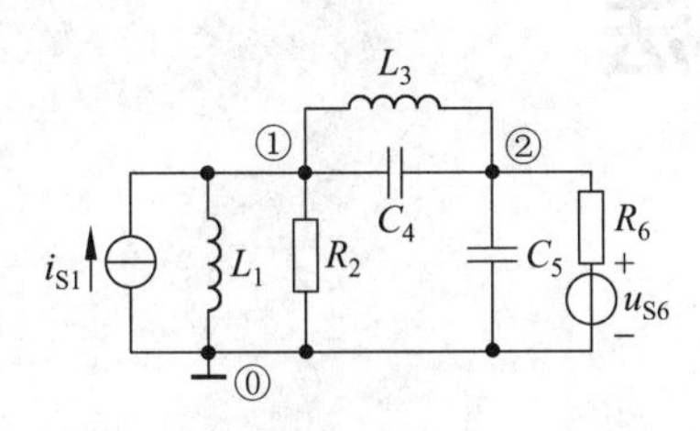

题图 17-7

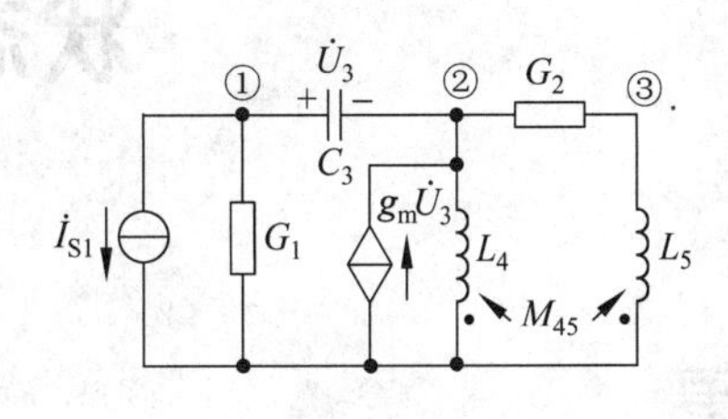

题图 17-8

17-9 设电路如题图 17-9(a)所示,其图 G 如图(b)。各支路电阻均为 1Ω。选择支路 1,2,6,7 为树,分别写出矩阵形式的节点电压方程、回路电流方程和割集电压方程。

17-10 一电路如题图 17-10 所示。

(1) 若已知 $I_2=3\text{A}, I_3=2\text{A}, I_4=5\text{A}, I_8=2\text{A}, I_{11}=2\text{A}, I_{12}=4\text{A}$,试计算其余各支路电流。

(2) 若给定的电流是:$I_2=4\text{A}, I_3=5\text{A}, I_5=2\text{A}, I_7=3\text{A}, I_9=1\text{A}, I_{12}=3\text{A}$,能否算出其余各支路电流?

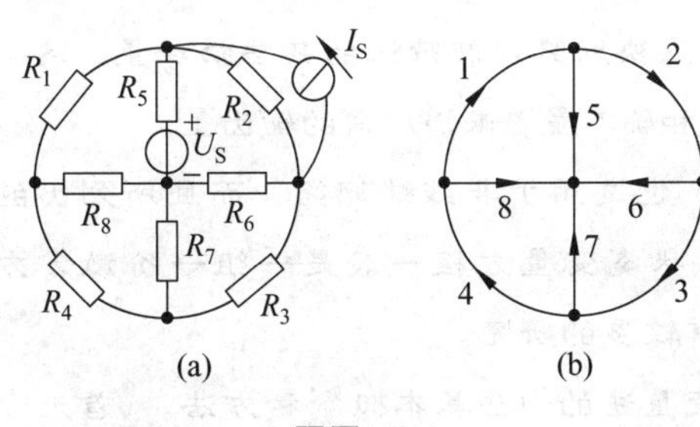

题图 17-9

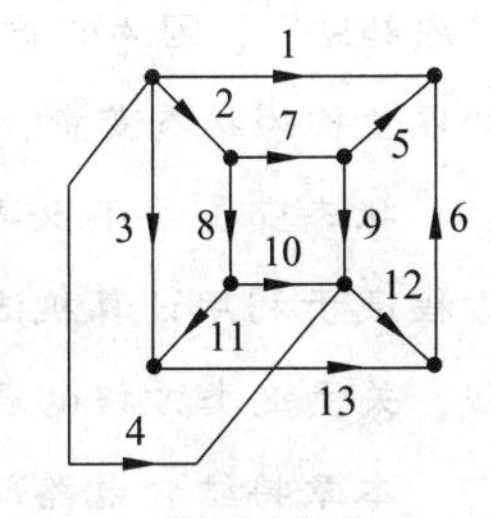

题图 17-10

17-11 接上题。

(1) 若 $U_1=1\text{V}, U_5=5\text{V}, U_6=6\text{V}, U_7=7\text{V}, U_9=9\text{V}, U_{10}=10\text{V}, U_{13}=13\text{V}$,试算出其余各支路电压。

(2) 若给定的电压是:$U_1=8\text{V}, U_4=1\text{V}, U_6=4\text{V}, U_7=2\text{V}, U_8=2\text{V}, U_{11}=5\text{V}, U_{12}=3\text{V}$,能否算出其余各支路电压?

第18章

状态变量法

提　要

随着近代系统工程和计算机的发展，引出了分析电路动态过程的又一种方法，称为状态变量法。这种方法最先被应用于控制理论中，随后也被应用于电网络分析。

用拉普拉斯变换分析线性动态电路时，常将研究对象的特性用一网络函数（或传递函数）表示，然后根据激励（输入）函数求出响应（输出）函数。这种方法有时也称为“输入输出”法。和输入输出法相比，状态变量是一种“内部法”，因为它首先选择和分析能反映网络内部特性的某些物理量，这些物理量称为状态变量，然后通过这些量和输入量，求得所需的输出量。

状态变量法不仅适用于线性网络，也适用于非线性网络，而且所列出的方程便于利用计算机进行数值求解。状态变量方程一般是一组一阶微分方程，关于这类方程的理论，数学上已有较多的研究。

本章将结合电路问题，介绍状态变量法的一些基本概念和方法。首先介绍列写状态方程的方法，包括直观法、叠加法和拓扑法。然后分别研究用时域解析方法和拉普拉斯变换法对状态方程进行求解。

为了便于将本章中的内容和系统理论中的内容相联系，本章所用的名词中，有时对“系统”和“网络”不严加区分，读者学习时可以把系统就理解为网络。所谓系统是指由若干相互作用的元件或环节组合而成的具有特定功能的整体，而电网络也可看成是一类特定的系统，只是系统的含义更为广泛。

18.1 状态变量和状态方程

在电路和系统的理论中,"状态"量是一个抽象的概念。我们从下面的例子来引入这一概念。

状态变量

图 18-1-1 是一个线性动态电路,可以用任何方法(如节点法或回路法)列写这电路的某一变量(例如 u_C)所满足的方程,经过一定的运算后得到一个二阶微分方程。如果取电容电压 u_C 和电感电流 i_L 为求解变量——它们就是状态变量,就可得到以下形式的方程:

$$\left.\begin{aligned}\frac{\mathrm{d}u_C}{\mathrm{d}t}&=\frac{1}{C}\left(\frac{u_S-u_C}{R_1}-i_L\right)\\ \frac{\mathrm{d}i_L}{\mathrm{d}t}&=\frac{1}{L}(u_C-R_2 i_L)\end{aligned}\right\}\tag{18-1-1}$$

给定此电路的初始条件 $u_C(0^-)$ 和 $i_L(0^-)$,便可对 $t>0$ 解出 $u_C(t)$ 和 $i_L(t)$。在求出了 $u_C(t)$ 和 $i_L(t)$ 以后,这电路中的任何其他的电压、电流都可以求出。选取 u_C 和 i_L 为求解变量的理由是它们的起始值通常是给定的初始条件,有了这些初始条件和给定的激励 $u_S(t)(t>0)$,就可以确定此电路问题的解答。

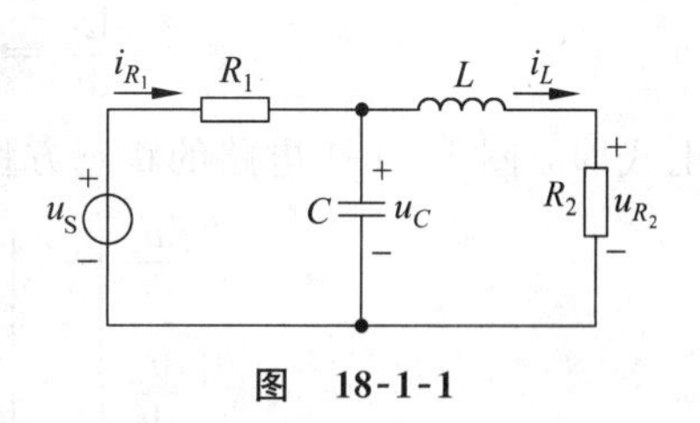

图 18-1-1

现在给出状态这一概念的定义:一电路的状态是指在任何时刻必需的最少量的信息,它们和自该时刻以后的输入(激励)足以确定该电路此后的性状。

一个电路的状态变量就是描述该电路状态的一组变量,这组变量在任一时刻的值表征了该时刻该电路的状态。

对于一个电路,状态变量的选取不是唯一的,在前面的例子中选取 u_C 和 i_L 为一组状态变量,也可取电容电荷 q_C 和电感磁链 ψ_L,或作其它的选取,只要它们符合关于状态定义中的要求。在电路分析中常取电容电压(或电荷)、电感电流(或磁链)为状态变量。

在含 R,L,C 的动态电路中,状态变量的数目就等于电路中独立储能元件的数目。当电路中存在一个由纯电容和电压源构成的回路时(如图 18-1-2(a) 所示),则其中有一个电容电压是不独立的,因对回路有 $\sum u=0$,即 $u_{C_1}+u_{C_2}+u_{C_3}-u_S=0$。与此相似,当电路中存在一个由纯电感支路和电流源构成的割集时(如图 18-1-2(b) 所示),则其中有一个电感电流是不独立的,因对这个割集有 $\sum i=0$,即 $i_{L_1}+i_{L_2}+i_{L_3}-i_S=0$。综上所述,若电路中含有 n 个储能元件,但含有 p 个由电容和电压源构成的独立回路,q 个由含电感支路和电流源构成的割集时,则电路含有的独立储能元件数为 $n-p-q$。

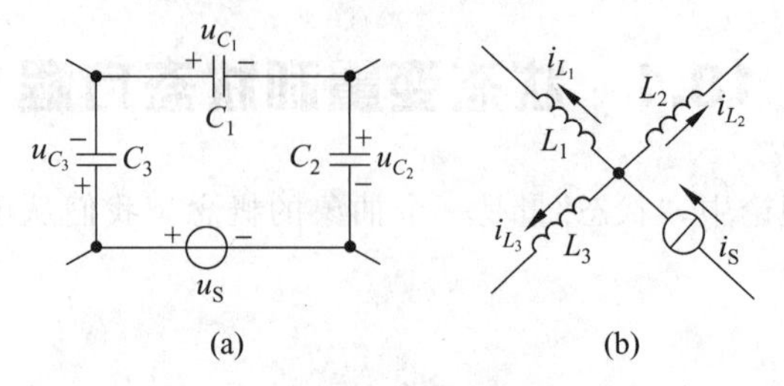

图 18-1-2　电容电压、电感电流不独立的情形

(a) 一个纯电容、电压源回路；(b) 一个纯电感、电流源割集

状态方程

将式(18-1-1)写成以下形式：

$$\left.\begin{aligned}\frac{\mathrm{d}u_C}{\mathrm{d}t} &= -\frac{1}{R_1C}u_C - \frac{1}{C}i_L + \frac{1}{R_1C}u_S \\ \frac{\mathrm{d}i_L}{\mathrm{d}t} &= \frac{1}{L}u_C - \frac{R_2}{L}i_L\end{aligned}\right\} \tag{18-1-2}$$

上式即为图 18-1-1 电路的状态方程。这是含两个状态变量的方程，可以将它写成矩阵形式

$$\begin{bmatrix}\dfrac{\mathrm{d}u_C}{\mathrm{d}t} \\ \dfrac{\mathrm{d}i_L}{\mathrm{d}t}\end{bmatrix} = \begin{bmatrix}-\dfrac{1}{R_1C} & -\dfrac{1}{C} \\ \dfrac{1}{L} & -\dfrac{R_2}{L}\end{bmatrix}\begin{bmatrix}u_C \\ i_L\end{bmatrix} + \begin{bmatrix}\dfrac{1}{R_1C} \\ 0\end{bmatrix}u_S \tag{18-1-3}$$

由上面的例子可以看到，状态方程是一组一阶微分方程，状态方程的数目即为状态变量的数目。状态方程的左端是状态变量对时间的导数，方程的右端包含各状态变量和激励(电压源或电流源)。对于含有 n 个状态变量，r 个激励的线性非时变电路，状态方程的一般形式是

$$\dot{\boldsymbol{x}} = \boldsymbol{A}\boldsymbol{x} + \boldsymbol{B}\boldsymbol{v} \tag{18-1-4}$$

式中 $\boldsymbol{x}$ 为 n 维状态变量向量，$\boldsymbol{x}=[x_1 \quad x_2 \quad \cdots \quad x_n]^{\mathrm{T}}$；

$\dot{\boldsymbol{x}}$ 为 n 维状态变量一阶导数向量，$\dot{\boldsymbol{x}}=[\dot{x}_1 \quad \dot{x}_2 \quad \cdots \quad \dot{x}_n]^{\mathrm{T}}$；

$\boldsymbol{A}$ 为 $n\times n$ 常数矩阵；

$\boldsymbol{v}$ 为 r 维输入列向量，$\boldsymbol{v}=[v_1 \quad v_2 \quad \cdots \quad v_r]^{\mathrm{T}}$；

$\boldsymbol{B}$ 为 $n\times r$ 常数矩阵。

输出方程

在用状态变量法分析电路问题时，有时还要用到输出量的方程。输出量都可以由状态变量 $\boldsymbol{x}$ 和输入 $\boldsymbol{v}$ 表出。例如在图 18-1-1 中，假定 i_{R_1} 和 u_{R_2} 是所关心的输出量，则有

$$i_{R_1} = -\frac{u_C}{R_1} + \frac{u_S}{R_1}$$

$$u_{R_2} = R_2 i_L$$

或写作矩阵形式

$$\begin{bmatrix} i_{R_1} \\ u_{R_2} \end{bmatrix} = \begin{bmatrix} -\dfrac{1}{R_1} & 0 \\ 0 & R_2 \end{bmatrix} \begin{bmatrix} u_C \\ i_L \end{bmatrix} + \begin{bmatrix} \dfrac{1}{R_1} \\ 0 \end{bmatrix} u_S$$

一般情况下，若输出量 $\boldsymbol{y}=[y_1 \quad y_2 \quad \cdots \quad y_m]^T$，则可将它以状态变量向量 $\boldsymbol{x}$ 和输入向量 $\boldsymbol{v}$ 表示为

$$\boldsymbol{y} = \boldsymbol{C}\boldsymbol{x} + \boldsymbol{D}\boldsymbol{v} \tag{18-1-5}$$

输出方程是一组代数方程，输出方程的个数视实际问题而定，与电路的阶数无关。

在本章以下各节里主要解决两个问题：一是对一给定的线性电路，列写出其状态方程；二是求线性电路状态方程的解。

18.2 状态方程的列写方法

本节介绍几种列写线性电路状态方程的方法。因为输出方程是代数方程，其列写和求解都较方便，在本章中就不加讨论。

直观法

对于不太复杂的电路可以用直观的方法列写其状态方程。图 18-2-1 中是一给定的线性电路，现列写其状态方程。选 u_C，i_L 作为状态变量。

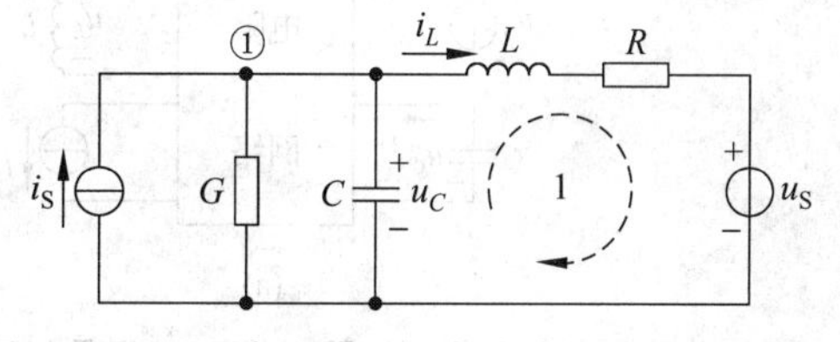

图 18-2-1 用直观法列写电路的状态方程的例图

注意到电容电流

$$i_C = C\frac{du_C}{dt} \propto \frac{du_C}{dt}$$

电感电压

$$u_L = L\frac{di_L}{dt} \propto \frac{di_L}{dt}$$

为使两个状态方程的左端分别为 $\frac{du_C}{dt}$ 和 $\frac{di_L}{dt}$，分别对接有电容的节点列 KCL 方程；对含有电感的回路列 KVL 方程。

由节点①，得

$$C\frac{du_C}{dt} = -Gu_C - i_L + i_S$$

由回路 1，得

$$L\frac{di_L}{dt} = u_C - Ri_L - u_S$$

将以上两式分别除以 C 和 L,得状态方程

$$\frac{\mathrm{d}u_C}{\mathrm{d}t}=-\frac{G}{C}u_C-\frac{1}{C}i_L+\frac{1}{C}i_S$$

$$\frac{\mathrm{d}i_L}{\mathrm{d}t}=\frac{1}{L}u_C-\frac{R}{L}i_L-\frac{1}{L}u_S$$

写成矩阵形式则有

$$\begin{bmatrix}\frac{\mathrm{d}u_C}{\mathrm{d}t}\\ \frac{\mathrm{d}i_L}{\mathrm{d}t}\end{bmatrix}=\begin{bmatrix}-\frac{G}{C} & -\frac{1}{C}\\ \frac{1}{L} & -\frac{R}{L}\end{bmatrix}\begin{bmatrix}u_C\\ i_L\end{bmatrix}+\begin{bmatrix}0 & \frac{1}{C}\\ -\frac{1}{L} & 0\end{bmatrix}\begin{bmatrix}u_S\\ i_S\end{bmatrix}\tag{18-2-1}$$

电路较复杂时,用直观法可能并不方便。下面介绍两种较为一般化的方法。

叠加法

对于线性电路可用下面的叠加方法列写状态方程。

就图 18-2-2 中的电路来说明这一方法。这电路中含有一个电容 C,一个电感 L,一个电压源 u_S,一个电流电源 i_S。

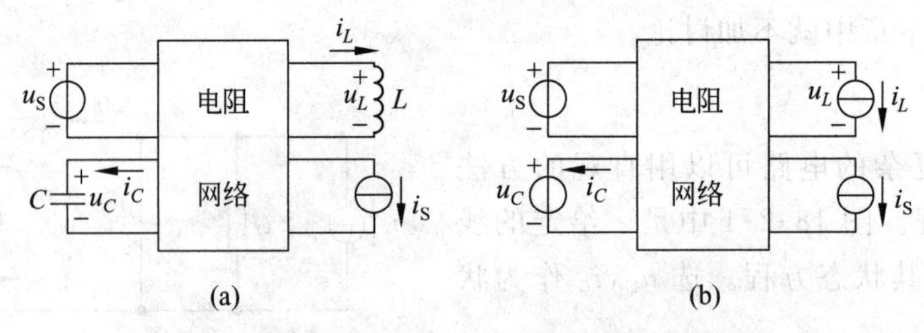

图 18-2-2 用叠加法列写电路的状态方程例图

(a) 抽出储能元件及独立电源的电路;(b) 用替代定理替代后的电路

对于给定的电路,在选定电容电压 u_C 和电感电流 i_L 作为状态变量后,列写状态方程的关键就在于将电容电流 $i_C\left(\text{正比于}\frac{\mathrm{d}u_C}{\mathrm{d}t}\right)$和电感电压 $u_L\left(\text{正比于}\frac{\mathrm{d}i_L}{\mathrm{d}t}\right)$用状态变量和外加电压源电压和电流源电流来表示。现在不妨将线性网络中的储能元件电容和电感及独立电源都从网络中抽出,则网络剩余部分将是一个线性电阻网络,如图 18-2-2(a)所示。用替代定理,将电容用电压为 u_C 的电压源、电感用电流为 i_L 的电流源替代,如图 18-2-2(b)所示,经这样替代后电路中的电流、电压是不会变化的。列写此电路的状态方程,要求在图 18-2-2(b)的电路中,找出以电源电压 u_S、电源电流 i_S 和状态变量 u_C,i_L 分别表示的 i_C 和 u_L 的关系式,这是一个求解线性电阻电路的问题。根据叠加原理,可以得出 i_C,u_L 等于各电源 u_C,i_L,u_S,i_S 单独作用时所产生的相应的分量的叠加,即有

$$i_C=h_{CC}u_C+h_{CL}i_L+h_{Cu}u_S+h_{Ci}i_S$$

$$u_C=h_{LC}u_C+h_{LL}i_L+h_{Lu}u_S+h_{Li}i_S$$

式中右端每一项代表当对应的一电源单独作用时(其它电源不作用)产生的电流(压)。上式中的 $h_{CC}u_C$，$h_{LC}u_C$ 分别是 u_C 单独作用时的电容电流和电感电压。上式中各项的系数均为常数，都可通过对应的一个电阻电路求解得出。将上两式分别除以 C 和 L，得到所求状态方程为

$$\frac{\mathrm{d}u_C}{\mathrm{d}t}=\frac{h_{CC}}{C}u_C+\frac{h_{CL}}{C}i_L+\frac{h_{Cu}}{C}u_S+\frac{h_{Ci}}{C}i_S$$

$$\frac{\mathrm{d}i_L}{\mathrm{d}t}=\frac{h_{LC}}{L}u_C+\frac{h_{LL}}{L}i_L+\frac{h_{Lu}}{L}u_S+\frac{h_{Li}}{L}i_S$$

写成矩阵形式为

$$\begin{bmatrix}\dfrac{\mathrm{d}u_C}{\mathrm{d}t}\\[2mm]\dfrac{\mathrm{d}i_L}{\mathrm{d}t}\end{bmatrix}=\begin{bmatrix}\dfrac{h_{CC}}{C} & \dfrac{h_{CL}}{C}\\[2mm]\dfrac{h_{LC}}{L} & \dfrac{h_{LL}}{L}\end{bmatrix}\begin{bmatrix}u_C\\ i_L\end{bmatrix}+\begin{bmatrix}\dfrac{h_{Cu}}{C} & \dfrac{h_{Ci}}{C}\\[2mm]\dfrac{h_{Lu}}{L} & \dfrac{h_{Li}}{L}\end{bmatrix}\begin{bmatrix}u_S\\ i_S\end{bmatrix}$$

仍以图 18-2-1 中的电路为例，用叠加法列写电路状态方程的步骤如图 18-2-3 中所示。

先用电压为 u_C 的电压源替代电容；用电流为 i_L 的电流源替代电感，得到如图 18-2-3(a) 所示的等效电路。

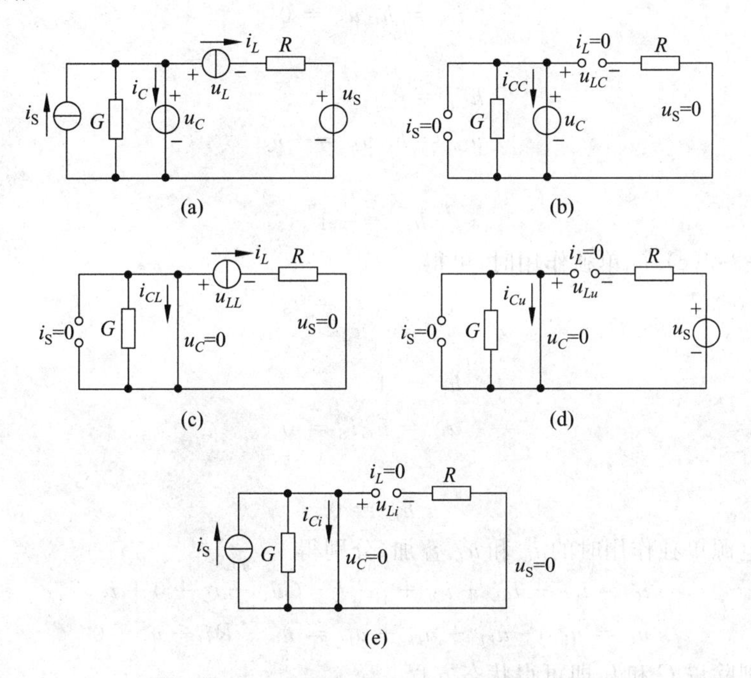

图 18-2-3 用叠加法列写电路的状态方程

(a) 用电源替代 L,C 所得的电路；(b) u_C 单独作用的电路；(c) i_L 单独作用的电路；(d) u_S 单独作用的电路；(e) i_S 单独作用的电路

由图 18-2-3(b)，u_C 单独作用时，可得

$$i_{CC}=h_{CC}u_C=-Gu_C$$

所以

$$h_{CC}=-G$$

$$u_{LC}=h_{LC}u_C=u_C$$

因此

$$h_{LC}=1$$

由图 18-2-3(c)，i_L 单独作用时，可得

$$i_{CL}=h_{CL}i_L=-i_L$$

所以

$$h_{CL}=-1$$

$$u_{LL}=h_{LL}i_L=-Ri_L$$

因此

$$h_{LL}=-R$$

由图 18-2-3(d)，u_S 单独作用时，可得

$$i_{Cu}=h_{Cu}u_S=0$$

所以

$$h_{Cu}=0$$

$$u_{Lu}=h_{Lu}u_S=-u_S$$

因此

$$h_{Lu}=-1$$

由图 18-2-3(e)，i_S 单独作用时，可得

$$i_{Ci}=h_{Ci}i_S=i_S$$

所以

$$h_{Ci}=1$$

$$u_{Li}=h_{Li}i_S=0$$

因此

$$h_{Li}=0$$

将上面四个电源单独作用时的 i_C 和 u_L 叠加，分别得

$$i_C=i_{CC}+i_{CL}+i_{Cu}+i_{Ci}=-Gu_C-i_L+0+i_S$$

$$u_L=u_{LC}+u_{LL}+u_{Lu}+u_{Li}=u_C-Ri_L-u_S+0$$

将上两式分别除以 C 和 L 即可得状态方程

$$\begin{bmatrix}\dfrac{du_C}{dt}\\[2ex]\dfrac{di_L}{dt}\end{bmatrix}=\begin{bmatrix}-\dfrac{G}{C} & \dfrac{1}{C}\\[2ex]\dfrac{1}{L} & -\dfrac{R}{L}\end{bmatrix}\begin{bmatrix}u_C\\ i_L\end{bmatrix}+\begin{bmatrix}0 & \dfrac{1}{C}\\[2ex]-\dfrac{1}{L} & 0\end{bmatrix}\begin{bmatrix}u_S\\ i_S\end{bmatrix}\tag{18-2-2}$$

所得结果式(18-2-2)与用直观法所得结果式(18-2-1)是一致的。

这一方法适用于线性电路，概念比较清楚。但对于含储能元件比较多的电路用这种方法需要多次求解电阻电路，需要较多的计算工作量。

拓扑法

对于复杂电路，可借助于网络图论建立系统的列写状态方程的方法。这种方法特别适用于计算机辅助分析。系统地介绍这种方法，需要较多的推导，本节将结合例子介绍这种方法的基本思想。

(1) 常态树和常态电路　选电容电压 u_C 和电感电流 i_L 为状态变量。为了建立状态方程，令电路中每一元件代表一支路，在电路的图 G 中选择这样一个树：使电容支路和电压源支路都为树支，电感支路和电流源都为连支，这样的树称为“常态树”。凡具有常态树的电路称为常态电路。显然，并不是任何电路都具有常态树。

图 18-2-4(a)是一简单例子，电路中不包含电阻。设各支路参考方向如图所示。图 18-2-4(b)是它的拓扑图，粗线所示是选择出的一个常态树，树中包括了电容支路和电压源支路，连支中包括了电感支路和电流源支路。

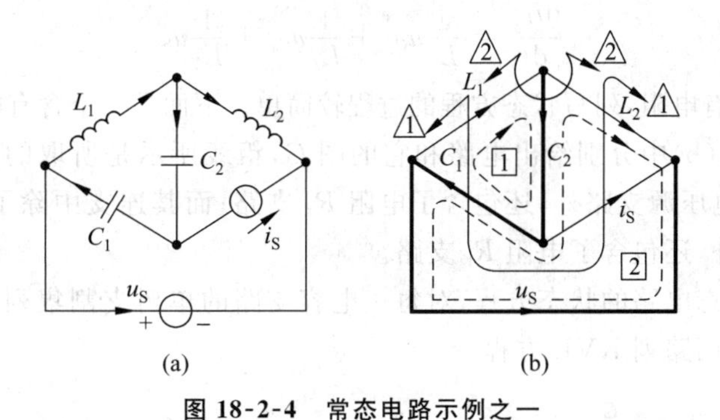

图 18-2-4　常态电路示例之一

(a) 电路图；(b) 图 G

就每一电容支路作一单树支割集，如图 18-2-4(b)，并列 KCL 方程：

由割集△1得

$$i_{C_1} = i_{L_1} - i_{L_2} - i_S \tag{18-2-3}$$

由割集△2得

$$i_{C_2} = i_{L_1} - i_{L_2} \tag{18-2-4}$$

由于每一单树支割集中只有一个树支，所以列写出的每一电流方程中只包含一个电容电流 i_C(正比于 du_C/dt)，符合状态方程的要求。将它放在方程左侧；其余的连支电流 i_L 和 i_S 放在方程右侧。

然后，就每一电感支路作一单连支回路，如图 18-2-4(b)，并列写 KVL 方程：

由回路[1]得

$$u_{L_1} = -u_{C_1} - u_{C_2} \tag{18-2-5}$$

由回路2得

$$u_{L_2} = u_{C_1} + u_{C_2} + u_S \tag{18-2-6}$$

由于一个单连支回路中只有一个连支，所以写出的电压方程中只包含一个电感电压 u_L（正比于 $\mathrm{d}i_L/\mathrm{d}t$），符合状态方程的要求，将它放在方程的左侧；其余的树支电压 u_C 和 u_S 放在方程右侧。

将式(18-2-3)、式(18-2-4)除以 C，式(18-2-5)、式(18-2-6)除以 L，即得如下式所示的状态方程，它的个数也就等于储能元件个数：

$$\frac{\mathrm{d}u_{C_1}}{\mathrm{d}t} = \frac{1}{C_1}i_{L_1} - \frac{1}{C_1}i_{L_2} - \frac{1}{C_1}i_S$$

$$\frac{\mathrm{d}u_{C_2}}{\mathrm{d}t} = \frac{1}{C_2}i_{L_1} - \frac{1}{C_2}i_{L_2}$$

$$\frac{\mathrm{d}i_{L_1}}{\mathrm{d}t} = -\frac{1}{L_1}u_{C_1} - \frac{1}{L_1}u_{C_2}$$

$$\frac{\mathrm{d}i_{L_2}}{\mathrm{d}t} = \frac{1}{L_2}u_{C_1} + \frac{1}{L_2}u_{C_2} + \frac{1}{L_2}u_S$$

这个电路中没有电阻，列写状态方程的过程较简单。下面是一个含有电阻的电路的例子。

图 18-2-5(a)，(b)中分别给出电路和它的图 G，粗线所示是所取的一个常态树。树支中除了包含电容、电压源支路外，还包含了电阻 R_t 支路；而其连支中除了包含电感支路（本例中没有电流源）外，还包含了电阻 R_l 支路。

为列写这个常态电路的状态方程，对每一电容支路的单树支割集列 KCL 方程，对每一电感支路的单连支回路列 KVL 方程。

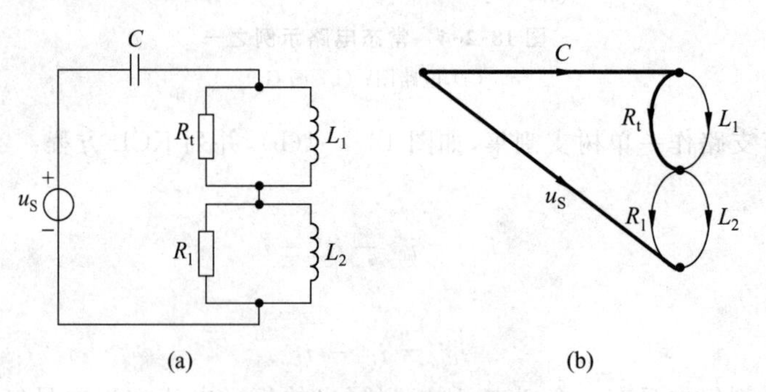

图 18-2-5 常态电路示例之二

(a) 电路图；(b) 图 G

注意到所列出的 KCL 方程中，方程左侧仍是 i_C（正比于 $\mathrm{d}u_C/\mathrm{d}t$），但方程右侧除了 i_L 和 i_S（本例中没有 i_S）外，还会出现 i_{R_l} 项；在所列出的 KVL 方程中，方程左侧仍是 u_L（正比于

di_L/dt)，但方程右侧除了 u_C 和 u_S 外，还会出现 u_{R_t} 项。由于 i_{R_1} 和 u_{R_t} 不是状态变量，因此需要在所列方程中消去它们，才能得到所需的状态方程。对于较复杂的电路，这一步有时是较繁的。

(2) 常态网络的状态方程的列写　以图 18-2-5(a)中的电路为例，将其拓扑图 G 重画于图 18-2-6 中，用矩阵形式列写其状态方程的步骤如下。

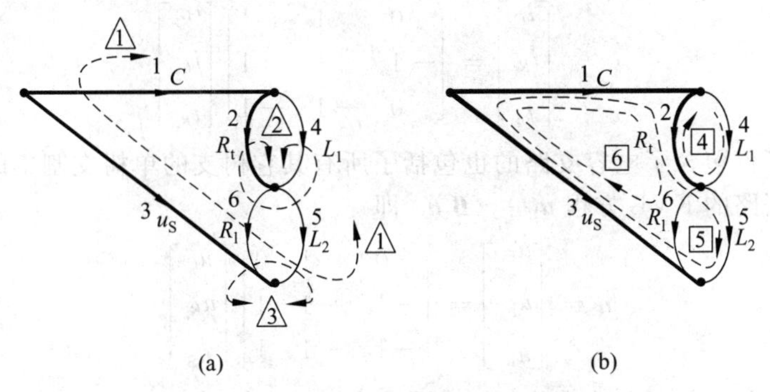

图 18-2-6　基本割集和基本回路的选取

(a) 基本割集；(b) 基本回路

① 取常态树，如图中粗线所示。将支路按以下顺序(先树支后连支)排序：

$$\underbrace{\overset{1}{C}\quad \overset{2}{R_t}\quad \overset{3}{u_S}}_{\text{树支(t)}}\quad \underbrace{\overset{4}{L_1}\quad \overset{5}{L_2}\quad \overset{6}{R_l}}_{\text{连支(l)}}$$

设支路电压向量和支路电流向量为

$$\boldsymbol{u}=\begin{bmatrix}\boldsymbol{u}_t\\ \text{----}\\ \boldsymbol{u}_l\end{bmatrix}=\begin{bmatrix}u_C\\ u_{R_t}\\ u_S\\ \text{----}\\ u_{L_1}\\ u_{L_2}\\ u_{R_1}\end{bmatrix},\quad \boldsymbol{i}=\begin{bmatrix}\boldsymbol{i}_t\\ \text{----}\\ \boldsymbol{i}_l\end{bmatrix}=\begin{bmatrix}i_C\\ i_{R_t}\\ i_{u_S}\\ \text{----}\\ i_{L_1}\\ i_{L_2}\\ i_{R_1}\end{bmatrix}$$

② 取基本割集△1，△2，△3和基本回路□4，□5，□6(见图 18-2-6)，写出基本割集矩阵 $\boldsymbol{Q}_f$ 和基本回路矩阵 $\boldsymbol{B}_f$ 如下：

$$\boldsymbol{Q}_f=\left[\begin{array}{ccc:ccc}1&0&0&0&-1&-1\\0&1&0&1&-1&-1\\0&0&1&0&1&1\end{array}\right]=[\boldsymbol{I}\ \vdots\ \boldsymbol{Q}_l]$$

$\qquad\qquad\qquad\qquad\qquad\quad$ t $\qquad\qquad\qquad$ l

$$\boldsymbol{B}_{\mathrm{f}}=\underbrace{\begin{bmatrix}0 & -1 & 0 \\ 1 & 1 & -1 \\ 1 & 1 & -1\end{bmatrix}}_{\mathrm{t}}\underbrace{\begin{matrix}1 & 0 & 0 \\ 0 & 1 & 0 \\ 0 & 0 & 1\end{matrix}}_{\mathrm{l}}=[\boldsymbol{B}_{\mathrm{t}} \vdots \boldsymbol{I}]$$

③ 列写基本割集得 KCL 方程 $\boldsymbol{i}_{\mathrm{t}}=-\boldsymbol{Q}_{\mathrm{l}}\boldsymbol{i}_{\mathrm{l}}$，即

$$\boldsymbol{i}_{\mathrm{t}}=\begin{bmatrix}i_C \\ i_{R_{\mathrm{t}}} \\ i_{\mathrm{u}}\end{bmatrix}=\begin{bmatrix}0 & 1 & 1 \\ -1 & 1 & 1 \\ 0 & -1 & -1\end{bmatrix}\begin{bmatrix}i_{L_1} \\ i_{L_2} \\ i_{R_{\mathrm{t}}}\end{bmatrix} \tag{18-2-7}$$

式(18-2-7)中不仅包含了电容支路的也包括了所有其它树支的单树支割集的 KCL 方程。

列写基本回路的 KVL 方程 $\boldsymbol{u}_{\mathrm{l}}=-\boldsymbol{B}_{\mathrm{t}}\boldsymbol{u}_{\mathrm{t}}$，即

$$\boldsymbol{u}=\begin{bmatrix}u_{L_1} \\ u_{L_2} \\ u_{R_{\mathrm{l}}}\end{bmatrix}=\begin{bmatrix}0 & 1 & 0 \\ -1 & -1 & 1 \\ -1 & -1 & 1\end{bmatrix}\begin{bmatrix}u_C \\ u_{R_{\mathrm{t}}} \\ u_{\mathrm{S}}\end{bmatrix} \tag{18-2-8}$$

式(18-2-8)中不仅包含了电感支路的也包含了所有其它连支的单连支回路的 KVL 方程。

从方程式(18-2-7)和式(18-2-8)中选出所需的方程组，得

$$\left.\begin{aligned}i_C&=i_{L_2}+i_{R_{\mathrm{l}}} \\ u_{L_1}&=u_{R_{\mathrm{t}}} \\ u_{L_2}&=-u_C-u_{R_{\mathrm{t}}}+u_{\mathrm{S}}\end{aligned}\right\} \tag{18-2-9}$$

④ 从方程组式(18-2-9)中消去非状态量 $i_{R_{\mathrm{l}}}$，$u_{R_{\mathrm{t}}}$。由欧姆定律，得

$$u_{R_{\mathrm{t}}}=R_{\mathrm{t}}i_{R_{\mathrm{t}}} \tag{18-2-10}$$

$$i_{R_{\mathrm{l}}}=\frac{1}{R_{\mathrm{l}}}u_{R_{\mathrm{l}}} \tag{18-2-11}$$

由式(18-2-7)得

$$i_{R_{\mathrm{t}}}=-i_{L_1}+i_{L_2}+i_{R_{\mathrm{l}}} \tag{18-2-12}$$

由式(18-2-8)得

$$u_{R_{\mathrm{l}}}=-u_C-u_{R_{\mathrm{t}}}+u_{\mathrm{S}} \tag{18-2-13}$$

将式(18-2-12)代入式(18-2-10)，得

$$u_{R_{\mathrm{t}}}=R_{\mathrm{t}}(-i_{L_1}+i_{L_2}+i_{R_{\mathrm{l}}}) \tag{18-2-14}$$

将式(18-2-13)代入式(18-2-11)，得

$$i_{R_{\mathrm{l}}}=\frac{1}{R_{\mathrm{l}}}(-u_C-u_{R_{\mathrm{t}}}+u_{\mathrm{S}}) \tag{18-2-15}$$

将式(18-2-14)和式(18-2-15)联立求解，得

$$i_{R_{\mathrm{l}}}=\frac{-1}{R_{\mathrm{t}}+R_{\mathrm{l}}}u_C+\frac{R_{\mathrm{t}}}{R_{\mathrm{t}}+R_{\mathrm{l}}}i_{L_1}-\frac{R_{\mathrm{t}}}{R_{\mathrm{t}}+R_{\mathrm{l}}}i_{L_2}+\frac{1}{R_{\mathrm{t}}+R_{\mathrm{l}}}u_{\mathrm{S}} \tag{18-2-16}$$

$$u_{R_{\mathrm{t}}}=\frac{-R_{\mathrm{t}}}{R_{\mathrm{t}}+R_{\mathrm{l}}}u_C-\frac{R_{\mathrm{t}}R_{\mathrm{l}}}{R_{\mathrm{t}}+R_{\mathrm{l}}}i_{L_1}+\frac{R_{\mathrm{t}}R_{\mathrm{l}}}{R_{\mathrm{t}}+R_{\mathrm{l}}}i_{L_2}+\frac{R_{\mathrm{t}}}{R_{\mathrm{t}}+R_{\mathrm{l}}}u_{\mathrm{S}} \tag{18-2-17}$$

将式(18-2-16)和式(18-2-17)代入方程式(18-2-9)中，消去 i_{R_1} 和 u_{R_t}；并用 C, L_1, L_2 分别除式(18-2-9)中对应的三式，即得所需状态方程

$$\begin{bmatrix} \dfrac{du_C}{dt} \\ \dfrac{di_{L_1}}{dt} \\ \dfrac{di_{L_2}}{dt} \end{bmatrix} = \begin{bmatrix} \dfrac{-1}{(R_t+R_1)C} & \dfrac{R_t}{(R_t+R_1)C} & \dfrac{R_1}{(R_t+R_1)C} \\ \dfrac{-R_t}{(R_t+R_1)L_1} & \dfrac{-R_tR_1}{(R_t+R_1)L_1} & \dfrac{R_tR_1}{(R_t+R_1)L_1} \\ \dfrac{-R_1}{(R_t+R_1)L_2} & \dfrac{R_tR_1}{(R_t+R_1)L_2} & \dfrac{-R_tR_1}{(R_t+R_1)L_2} \end{bmatrix} \begin{bmatrix} u_C \\ i_{L_1} \\ i_{L_2} \end{bmatrix} + \begin{bmatrix} \dfrac{1}{(R_t+R_1)C} \\ \dfrac{R_t}{(R_t+R_1)L_1} \\ \dfrac{R_1}{(R_t+R_1)L_2} \end{bmatrix} u_S$$

18.3 状态方程的时域解析解法

本节介绍线性状态方程在时域中的解析求解方法。先从一阶微分方程入手，然后推广到一阶联立微分方程组。

线性状态方程的解答形式

(1) 一阶状态方程的解答　一阶线性状态方程的标准形式是

$$\frac{dx(t)}{dt} = ax(t) + bv(t) \tag{18-3-1}$$

$$x(0) = \xi \tag{18-3-2}$$

上式中 x 为状态变量；a, b 为常数系数；$v(t)$ 为输入，是已知的时间函数；ξ 为状态变量的起始值。将式(18-3-1)写作

$$\frac{dx(t)}{dt} - ax(t) = bv(t)$$

对上式两边同乘以 e^{-at}，得

$$e^{-at}\left[\frac{dx(t)}{dt} - ax(t)\right] = e^{-at}bv(t)$$

将左端改写后，有

$$\frac{d}{dt}[e^{-at}x(t)] = e^{-at}bv(t)$$

将上式的两边积分，得

$$\int_0^t \frac{d}{d\tau}[e^{-a\tau}x(\tau)]d\tau = \int_0^t e^{-a\tau}bv(\tau)d\tau$$

于是有

$$e^{-a\tau}x(\tau)\Big|_0^t = \int_0^t e^{-a\tau}bv(\tau)d\tau$$

$$e^{-at}x(t) - x(0) = \int_0^t e^{-a\tau}bv(\tau)d\tau$$

上式经移项后可得

$$x(t)=\mathrm{e}^{at}\left[x(0)+\int_0^t \mathrm{e}^{-a\tau}bv(\tau)\mathrm{d}\tau\right]$$

所以

$$x(t)=\underbrace{\mathrm{e}^{at}\xi}_{\text{零输入响应}}+\underbrace{\mathrm{e}^{at}\int_0^t \mathrm{e}^{-a\tau}bv(\tau)\mathrm{d}\tau}_{\text{零状态响应}} \tag{18-3-3}$$

式(18-3-3)就是一阶线性方程式(18-3-1)的满足起始条件式(18-3-2)的解答,它包括两项:

① 零输入响应 $\mathrm{e}^{at}\xi$ 项:它只和起始状态 ξ 有关,和输入 $v(t)$ 无关。当输入为零时,解答就仅有这一项,所以它就是零输入响应。

② 零状态响应 $\mathrm{e}^{at}\int_0^t \mathrm{e}^{-a\tau}bv(\tau)\mathrm{d}\tau$ 项:它只与输入 $v(t)$ 有关,而与起始状态 ξ 无关。当起始状态为零($\xi=0$),解答就仅有这一项,所以它是零状态响应。将这一解答 $\mathrm{e}^{at}\int_0^t \mathrm{e}^{-a\tau}bv(\tau)\mathrm{d}\tau$ 写成 $\int_0^t b\mathrm{e}^{a(t-\tau)}v(\tau)\mathrm{d}\tau$,便可见它正是 $b\mathrm{e}^{at}$ 和 $v(t)$ 的卷积,即

$$\int_0^t b\mathrm{e}^{a(t-\tau)}v(\tau)\mathrm{d}\tau=b\mathrm{e}^{at}*v(t)$$

可以证明 $b\mathrm{e}^{at}$ 是相应电路的冲激响应 $h(t)$,即 $h(t)=b\mathrm{e}^{at}$。在 9.4 节中已知,激励和冲激响应的卷积就是电路的零状态响应。

【例 18-1】 写出图 18-3-1 电路的状态方程,并求其解答,给定 $u_C(0)=\xi$。

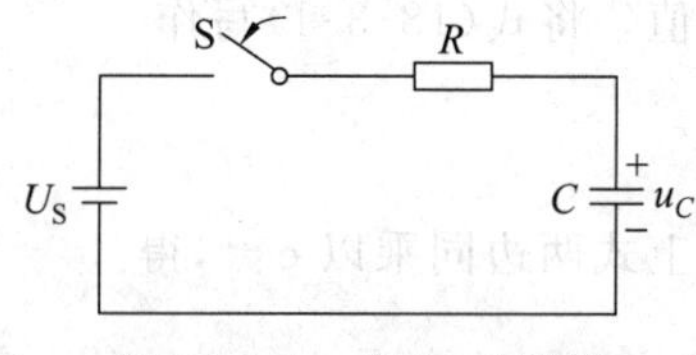

图 18-3-1 例 18-1 附图

解 写出所给电路的状态方程

$$\frac{\mathrm{d}u_C}{\mathrm{d}t}=-\frac{1}{RC}u_C+\frac{1}{RC}U_S$$

$$u_C(0)=\xi$$

将此方程与式(18-3-1)所示的标准形式相比,得 $a=-1/RC$,$b=1/RC$,$v(t)=U_S$,代入式(18-3-3),可得 u_C 为

$$\begin{aligned}u_C(t)&=\mathrm{e}^{-\frac{t}{RC}}\xi+\mathrm{e}^{-\frac{t}{RC}}\int_0^t \mathrm{e}^{\frac{\tau}{RC}}\frac{U_S}{RC}\mathrm{d}\tau\\&=\mathrm{e}^{-\frac{t}{RC}}\xi+\frac{U_S}{RC}\mathrm{e}^{-\frac{t}{RC}}\int_0^t \mathrm{e}^{\frac{\tau}{RC}}\mathrm{d}\tau\\&=\xi\mathrm{e}^{-\frac{t}{RC}}+U_S(1-\mathrm{e}^{-\frac{t}{RC}})\end{aligned}$$

此解答中的两项,分别是我们熟知的 RC 串联电路中 u_C 的零输入响应和零状态响应。

(2) 状态方程组的解答 线性非时变电路或系统的状态方程可写成如下的矩阵形式:

$$\begin{bmatrix}\dot{x}_1\\ \dot{x}_2\\ \vdots\\ \dot{x}_n\end{bmatrix}=\begin{bmatrix}a_{11} & a_{12} & \cdots & a_{1n}\\ a_{21} & a_{22} & \cdots & a_{2n}\\ \vdots & \vdots & \vdots & \vdots\\ a_{n1} & a_{n2} & \cdots & a_{nn}\end{bmatrix}\begin{bmatrix}x_1\\ x_2\\ \vdots\\ x_n\end{bmatrix}+\begin{bmatrix}b_{11} & b_{12} & \cdots & b_{1r}\\ b_{21} & b_{22} & \cdots & b_{2r}\\ \vdots & \vdots & \vdots & \vdots\\ b_{n1} & b_{n2} & \cdots & b_{nr}\end{bmatrix}\begin{bmatrix}v_1\\ v_2\\ \vdots\\ v_r\end{bmatrix}$$

$$\begin{bmatrix}x_1(0)\\ x_2(0)\\ \vdots\\ x_n(0)\end{bmatrix}=\begin{bmatrix}\xi_1\\ \xi_2\\ \vdots\\ \xi_n\end{bmatrix}$$

或写成

$$\dot{\boldsymbol{x}}(t)=\boldsymbol{A}\boldsymbol{x}(t)+\boldsymbol{B}\boldsymbol{v}(t) \tag{18-3-4}$$

$$\boldsymbol{x}(0)=\xi \tag{18-3-5}$$

式(18-3-4)和一阶状态方程式(18-3-1)形式上相似。下面将表明式(18-3-4)满足起始条件式(18-3-5)的解答和一阶方程的解答，即式(18-3-3)，具有相似的形式。$\boldsymbol{x}(t)$的矩阵表示式为

$$\boldsymbol{x}(t)=\underbrace{\mathrm{e}^{\boldsymbol{A}t}\xi}_{\text{零输入响应}}+\underbrace{\mathrm{e}^{\boldsymbol{A}t}\int_0^t \mathrm{e}^{-\boldsymbol{A}\tau}\boldsymbol{B}\,\boldsymbol{v}(\tau)\mathrm{d}\tau}_{\text{零状态响应}} \tag{18-3-6}$$

式中两项也分别是零输入响应和零状态响应，只不过这时的响应是向量形式的。

下面先给出上式中矩阵指数 $\mathrm{e}^{\boldsymbol{A}t}$ 的定义，然后说明式(18-3-6)是式(18-3-4)、式(18-3-5)的解答。

① 矩阵指数 $\mathrm{e}^{\boldsymbol{A}t}$。

已知指数函数 e^{at} 可展开为无穷级数，即

$$\mathrm{e}^{at}\overset{\text{def}}{=}1+at+\frac{1}{2!}a^2t^2+\cdots=\sum_{k=0}^{\infty}\frac{1}{k!}a^kt^k$$

仿照标量指数函数 e^{at} 的无穷级数展开式，可定义

$$\mathrm{e}^{\boldsymbol{A}t}\overset{\text{def}}{=}\boldsymbol{I}+\boldsymbol{A}t+\frac{1}{2!}\boldsymbol{A}^2t^2+\frac{1}{3!}\boldsymbol{A}^3t^3+\cdots=\sum_{k=0}^{\infty}\frac{1}{k!}\boldsymbol{A}^kt^k \tag{18-3-7}$$

式中，$\boldsymbol{A}$ 是 $n\times n$ 的方阵，$\boldsymbol{A}^k=\underbrace{\boldsymbol{AAA}\cdots\boldsymbol{A}}_{k个}$，不难看出 $\mathrm{e}^{\boldsymbol{A}t}$ 也是 $n\times n$ 的方阵，且有

$$\mathrm{e}^{\boldsymbol{A}t}\mathrm{e}^{-\boldsymbol{A}t}=\mathrm{e}^{(\boldsymbol{A}-\boldsymbol{A})t}=\boldsymbol{I} \tag{18-3-8}$$

$$\begin{aligned}\frac{\mathrm{d}}{\mathrm{d}t}\mathrm{e}^{\boldsymbol{A}t}&=\frac{\mathrm{d}}{\mathrm{d}t}\left(\boldsymbol{I}+\boldsymbol{A}t+\frac{1}{2!}\boldsymbol{A}^2t^2+\cdots\right)\\&=\boldsymbol{A}+\boldsymbol{A}^2t+\frac{1}{2!}\boldsymbol{A}^3t^2+\cdots=\mathrm{e}^{\boldsymbol{A}t}\boldsymbol{A}\end{aligned} \tag{18-3-9}$$

② 状态方程组的解答 $\boldsymbol{x}(t)$。

有了式(18-3-7)、式(18-3-8)和式(18-3-9)就可推导出方程式(18-3-4)的解答。将

式(18-3-4)移项,得

$$\frac{\mathrm{d}}{\mathrm{d}t}\boldsymbol{x}(t)-\boldsymbol{A}\boldsymbol{x}(t)=\boldsymbol{B}\boldsymbol{v}(t)$$

两边左乘 $\mathrm{e}^{-\boldsymbol{A}t}$ 得

$$\mathrm{e}^{-\boldsymbol{A}t}\frac{\mathrm{d}}{\mathrm{d}t}\boldsymbol{x}(t)-\mathrm{e}^{-\boldsymbol{A}t}\boldsymbol{A}\boldsymbol{x}(t)=\mathrm{e}^{-\boldsymbol{A}t}\boldsymbol{B}\boldsymbol{v}(t)$$

左端可写成

$$\frac{\mathrm{d}}{\mathrm{d}t}[\mathrm{e}^{-\boldsymbol{A}t}\boldsymbol{x}(t)]=\mathrm{e}^{-\boldsymbol{A}t}\boldsymbol{B}\boldsymbol{v}(t)$$

两边取积分得

$$\int_0^t\frac{\mathrm{d}}{\mathrm{d}\tau}[\mathrm{e}^{-\boldsymbol{A}\tau}\boldsymbol{x}(\tau)]\mathrm{d}\tau=\int_0^t\mathrm{e}^{-\boldsymbol{A}\tau}\boldsymbol{B}\boldsymbol{v}(\tau)\mathrm{d}\tau$$

于是得

$$\mathrm{e}^{-\boldsymbol{A}\tau}\boldsymbol{x}(\tau)\Big|_0^t=\int_0^t\mathrm{e}^{-\boldsymbol{A}\tau}\boldsymbol{B}\boldsymbol{v}(\tau)\mathrm{d}\tau$$

即

$$\mathrm{e}^{-\boldsymbol{A}t}\boldsymbol{x}(t)-\boldsymbol{x}(0)=\int_0^t\mathrm{e}^{-\boldsymbol{A}\tau}\boldsymbol{B}\boldsymbol{v}(\tau)\mathrm{d}\tau$$

上式两边左乘 $\mathrm{e}^{\boldsymbol{A}t}$,并移项,得

$$\boldsymbol{x}(t)=\mathrm{e}^{\boldsymbol{A}t}\boldsymbol{\xi}+\mathrm{e}^{\boldsymbol{A}t}\int_0^t\mathrm{e}^{-\boldsymbol{A}\tau}\boldsymbol{B}\boldsymbol{v}(\tau)\mathrm{d}\tau$$

此即证明式(18-3-6)便是状态方程组式(18-3-4)满足初始条件式(18-3-5)的解答。

矩阵指数函数 $\mathrm{e}^{\boldsymbol{A}t}$ 的计算

在运用状态方程的解答式(18-3-6)时,关键是计算式中的矩阵指数 $\mathrm{e}^{\boldsymbol{A}t}$。下面介绍用将矩阵 $\boldsymbol{A}$ 对角线化的方法计算 $\mathrm{e}^{\boldsymbol{A}t}$。

用将矩阵对角线化的方法可以简化矩阵函数的计算。这里要用到矩阵 $\boldsymbol{A}$ 的特征值、特征向量和相似矩阵等概念。

设有 $n\times n$ 矩阵 $\boldsymbol{A}$,如果一数 λ 使

$$\boldsymbol{A}\boldsymbol{p}=\lambda\boldsymbol{p} \tag{18-3-10}$$

其中 $\boldsymbol{p}$ 是一非零的 n 维列向量,则称 λ 为 $\boldsymbol{A}$ 的一个特征值,而称 $\boldsymbol{p}$ 为 $\boldsymbol{A}$ 的属于特征值 λ 的一个特征向量。按照特征值的定义,即有

$$\boldsymbol{A}\boldsymbol{p}-\lambda\boldsymbol{p}=0$$

或写作

$$[\boldsymbol{A}-\lambda\boldsymbol{I}]\boldsymbol{p}=0$$

上式的展开式是一 n 元齐次线性方程组。它若要有非零的解,矩阵 $[\boldsymbol{A}-\lambda\boldsymbol{I}]$ 就必须是奇异的,即应有

$$\det[\boldsymbol{A}-\lambda\boldsymbol{I}]=0$$

或

$$\det[\lambda\boldsymbol{I}-\boldsymbol{A}]=0 \tag{18-3-11}$$

将式(18-3-11)中的行列式展开，就得到一个 λ 的 n 次多项式，因此式(18-3-11)是一个关于 λ 的 n 次代数方程式，称之为矩阵 $\boldsymbol{A}$ 的特征方程。特征方程的根 $\lambda_1,\lambda_2,\cdots,\lambda_n$ 称为矩阵 $\boldsymbol{A}$ 的特征值。在 $n\leqslant 4$ 的情况下，这些特征值(根)容易求出；在 $n\geqslant 5$ 的情况下，需用数值计算方法求出它们的值。在下面我们假定各特征值 $\lambda_i(i=1,2,\cdots,n)$ 都已求出。

假设矩阵 $\boldsymbol{A}$ 的特征值各不相同，在这种情况下矩阵 $\boldsymbol{A}$ 与对角矩阵 $\boldsymbol{\Lambda}$ 相似，即

$$\boldsymbol{\Lambda}=\mathrm{diag}[\lambda_1,\lambda_2,\cdots,\lambda_n]$$

由式(18-3-10)，对特征值 λ_i 有

$$\boldsymbol{A}\boldsymbol{p}_i=\lambda_i\boldsymbol{p}_i \quad i=1,2,3,\cdots,n \tag{18-3-12}$$

这里向量 $\boldsymbol{p}_i$ 是 $\boldsymbol{A}$ 的属于特征值 λ_i 的特征向量(n 维列向量)。$\boldsymbol{p}_i$ 不是唯一的，因为如果 $\boldsymbol{p}_i$ 是式(18-3-12)的解，则 $a\boldsymbol{p}_i(a\neq 0)$ 也是式(18-3-12)的非零解。由式(18-3-12)可有

$$\begin{gathered}\boldsymbol{A}\boldsymbol{p}_1=\lambda_1\boldsymbol{p}_1\\ \boldsymbol{A}\boldsymbol{p}_2=\lambda_2\boldsymbol{p}_2\\ \vdots\\ \boldsymbol{A}\boldsymbol{p}_i=\lambda_i\boldsymbol{p}_i\\ \vdots\\ \boldsymbol{A}\boldsymbol{p}_n=\lambda_n\boldsymbol{p}_n\end{gathered}$$

由以上各方程可得

$$\boldsymbol{A}[\boldsymbol{p}_1\quad\boldsymbol{p}_2\quad\cdots\quad\boldsymbol{p}_i\quad\cdots\quad\boldsymbol{p}_n]=[\boldsymbol{p}_1\quad\boldsymbol{p}_2\quad\cdots\quad\boldsymbol{p}_i\quad\cdots\quad\boldsymbol{p}_n]\boldsymbol{\Lambda}$$

或

$$\boldsymbol{A}\boldsymbol{P}=\boldsymbol{P}\boldsymbol{\Lambda} \tag{18-3-13}$$

上式中

$$\underset{n\times n}{\boldsymbol{P}}=\underbrace{[\boldsymbol{p}_1\quad\boldsymbol{p}_2\quad\cdots\quad\boldsymbol{p}_i\quad\cdots\quad\boldsymbol{p}_n]}_{n\times n}$$

其中 $\boldsymbol{P}$ 是由 n 个特征向量组成的矩阵，称为对角化变换矩阵。因这 n 个特征向量是线性无关的，所以矩阵 $\boldsymbol{P}$ 是非奇异的，亦即是有逆的。将式(18-3-13)两端右乘以 $\boldsymbol{P}^{-1}$，即得

$$\boldsymbol{A}=\boldsymbol{P}\boldsymbol{\Lambda}\boldsymbol{P}^{-1} \tag{18-3-14}$$

将矩阵 $\boldsymbol{A}$ 变成这一形式，可以简化矩阵函数的计算。下面运用 $\boldsymbol{A}$ 的这一形式计算矩阵函数 $\mathrm{e}^{\boldsymbol{A}t}$。

按矩阵指数函数的定义

$$\mathrm{e}^{\boldsymbol{A}}=1+\boldsymbol{A}+\frac{1}{2!}\boldsymbol{A}^2+\cdots+\frac{1}{k!}\boldsymbol{A}^k+\cdots$$

而对于对角矩阵 $\boldsymbol{\Lambda}$，有

$$e^{\boldsymbol{\Lambda}}=\boldsymbol{I}+\boldsymbol{\Lambda}+\frac{1}{2!}\boldsymbol{\Lambda}^2+\cdots+\frac{1}{k!}\boldsymbol{\Lambda}^k+\cdots$$

$e^{\boldsymbol{\Lambda}}$ 中的展开式中每一项都是对角矩阵，其中$\boldsymbol{\Lambda}$ 的 k 次方项为

$$\boldsymbol{\Lambda}^k=\begin{bmatrix}\lambda_1^k & & & \\ & \lambda_2^k & & \\ & & \ddots & \\ & & & \lambda_n^k\end{bmatrix}$$

所以 $e^{\boldsymbol{\Lambda}}$ 也是一对角阵，因而有

$$\begin{aligned}e^{\boldsymbol{\Lambda}}&=\mathrm{diag}\left[\sum_{k=0}^{\infty}\frac{1}{k!}\lambda_1^k\sum_{k=0}^{\infty}\frac{1}{k!}\lambda_2^k\cdots\sum_{k=0}^{\infty}\frac{1}{k!}\lambda_n^k\right]\\&=\mathrm{diag}\left[e^{\lambda_1}\quad e^{\lambda_2}\quad\cdots\quad e^{\lambda_n}\right]\end{aligned}$$

以及

$$e^{\boldsymbol{\Lambda}t}=\mathrm{diag}\left[e^{\lambda_1 t}\quad e^{\lambda_2 t}\quad\cdots\quad e^{\lambda_n t}\right]$$

由于这里的 $\boldsymbol{A}$,$\boldsymbol{\Lambda}$ 是相似矩阵，$\boldsymbol{A}=\boldsymbol{P\Lambda P}^{-1}$，于是得

$$\begin{aligned}e^{\boldsymbol{A}}&=\boldsymbol{I}+\boldsymbol{A}+\frac{1}{2!}\boldsymbol{A}^2+\cdots\\&=\boldsymbol{PP}^{-1}+\boldsymbol{P\Lambda P}^{-1}+\frac{1}{2!}\boldsymbol{P\Lambda P}^{-1}\boldsymbol{P\Lambda P}^{-1}+\cdots\\&=\boldsymbol{P}\left(\boldsymbol{I}+\boldsymbol{\Lambda}+\frac{1}{2!}\boldsymbol{\Lambda}^2+\cdots+\frac{1}{k!}\boldsymbol{\Lambda}^k+\cdots\right)\boldsymbol{P}^{-1}\\&=\boldsymbol{P}e^{\boldsymbol{\Lambda}}\boldsymbol{P}^{-1}\end{aligned}\tag{18-3-15}$$

并有

$$e^{\boldsymbol{A}t}=\boldsymbol{P}e^{\boldsymbol{\Lambda}t}\boldsymbol{P}^{-1}$$

所以状态方程组的零输入响应向量(见式(18-3-6))即为

$$\boldsymbol{x}_{\mathrm{f}}(t)=e^{\boldsymbol{A}t}\xi=\boldsymbol{P}e^{\boldsymbol{\Lambda}t}\boldsymbol{P}^{-1}\xi$$

以上所述用矩阵对角化方法计算 $e^{\boldsymbol{A}t}$ 的步骤可归纳如下：

① 由矩阵 $\boldsymbol{A}$ 的特征方程

$$\det\left[\boldsymbol{A}-\lambda\boldsymbol{I}\right]=0$$

解出特征值 $\lambda_1,\lambda_2,\cdots,\lambda_n$(假设各特征值相异)。

② 对每一特征值 λ_i，由下式求出其特征向量 $\boldsymbol{p}_i$：

$$\left[\boldsymbol{A}-\lambda_i\boldsymbol{I}\right]\boldsymbol{p}_i=0$$

③ 构成 $\boldsymbol{A}$ 的对角化转换矩阵

$$\boldsymbol{P}=\left[\boldsymbol{p}_1\quad\boldsymbol{p}_2\quad\cdots\quad\boldsymbol{p}_n\right]_{n\times n}$$

求出它的逆矩阵 $\boldsymbol{P}^{-1}$。

④ 求出 $e^{\boldsymbol{A}t}$

$$e^{\boldsymbol{A}t} = \boldsymbol{P}e^{\boldsymbol{\Lambda}t}\boldsymbol{P}^{-1}$$

【例 18-2】 求 $e^{\boldsymbol{A}t}$,已知

$$\boldsymbol{A} = \begin{bmatrix} -3 & -1 \\ 2 & 0 \end{bmatrix}$$

解 $\boldsymbol{A}$ 的特征方程为 $\det[\boldsymbol{A}-\lambda\boldsymbol{I}]=0$,即

$$\begin{vmatrix} -3-\lambda & -1 \\ 2 & -\lambda \end{vmatrix} = \lambda^2 + 3\lambda + 2 = (\lambda+1)(\lambda+2) = 0$$

于是得特征值 $\lambda_1=-1,\lambda_2=-2$。对角矩阵$\boldsymbol{\Lambda}$

$$\boldsymbol{\Lambda} = \begin{bmatrix} -1 & 0 \\ 0 & -2 \end{bmatrix}$$

属于特征值 $\lambda_1=-1$ 的特征向量 $\boldsymbol{p}_1=\begin{bmatrix} p_{11} \\ p_{12} \end{bmatrix}$满足方程

$$[\boldsymbol{A}-\lambda_1\boldsymbol{I}]\boldsymbol{p}_1 = 0$$

即

$$\begin{bmatrix} -3+1 & -1 \\ 2 & 1 \end{bmatrix}\begin{bmatrix} p_{11} \\ p_{12} \end{bmatrix} = 0$$

由此得齐次代数方程组

$$\begin{cases} -2p_{11} - p_{12} = 0 \\ 2p_{11} + p_{12} = 0 \end{cases}$$

取 $p_{11}=1$,则 $p_{12}=-2$,得 $\boldsymbol{p}_1=\begin{bmatrix} 1 \\ -2 \end{bmatrix}$。

属于特征值 $\lambda_2=-2$ 的特征向量 $\boldsymbol{p}_2=\begin{bmatrix} p_{21} \\ p_{22} \end{bmatrix}$满足方程

$$[\boldsymbol{A}-\lambda_2\boldsymbol{I}]\boldsymbol{p}_2 = 0$$

即

$$\begin{bmatrix} -3+2 & -1 \\ 2 & 2 \end{bmatrix}\begin{bmatrix} p_{21} \\ p_{22} \end{bmatrix} = 0$$

由此得齐次代数方程组

$$\begin{cases} -p_{21} - p_{22} = 0 \\ 2p_{21} + 2p_{22} = 0 \end{cases}$$

取 $p_{21}=1$,则 $p_{22}=-1$,得 $\boldsymbol{p}_2=\begin{bmatrix} 1 \\ -1 \end{bmatrix}$。于是得矩阵

$$\boldsymbol{P} = [\boldsymbol{p}_1 \quad \boldsymbol{p}_2] = \begin{bmatrix} 1 & 1 \\ -2 & -1 \end{bmatrix}$$

$$\boldsymbol{P}^{-1}=\frac{1}{-1+2}\begin{bmatrix}-1 & -1\\ 2 & 1\end{bmatrix}=\begin{bmatrix}-1 & -1\\ 2 & 1\end{bmatrix}$$

可写出

$$\mathrm{e}^{\boldsymbol{\Lambda}t}=\begin{bmatrix}\mathrm{e}^{-t} & 0\\ 0 & \mathrm{e}^{-2t}\end{bmatrix}$$

由 $\mathrm{e}^{\boldsymbol{A}t}=\boldsymbol{P}\mathrm{e}^{\boldsymbol{\Lambda}t}\boldsymbol{P}^{-1}$ 可得

$$\begin{aligned}\mathrm{e}^{\boldsymbol{A}t}&=\begin{bmatrix}1 & 1\\ -2 & -1\end{bmatrix}\begin{bmatrix}\mathrm{e}^{-t} & 0\\ 0 & \mathrm{e}^{-2t}\end{bmatrix}\begin{bmatrix}-1 & -1\\ 2 & 1\end{bmatrix}\\ &=\begin{bmatrix}-\mathrm{e}^{-t}+2\mathrm{e}^{-2t} & -\mathrm{e}^{-t}+\mathrm{e}^{-2t}\\ 2\mathrm{e}^{-t}-2\mathrm{e}^{-2t} & 2\mathrm{e}^{-t}-\mathrm{e}^{-2t}\end{bmatrix}\end{aligned} \tag{18-3-16}$$

【例 18-3】 已知一电路的状态方程为

$$\begin{bmatrix}\dot{x}_1(t)\\ \dot{x}_2(t)\end{bmatrix}=\begin{bmatrix}-3 & -1\\ 2 & 0\end{bmatrix}\begin{bmatrix}x_1(t)\\ x_2(t)\end{bmatrix}+\begin{bmatrix}2\\ 0\end{bmatrix}v(t)$$

该电路有一个输入量 $v(t)=1$,起始状态为

$$\begin{bmatrix}x_1(0)\\ x_2(0)\end{bmatrix}=\begin{bmatrix}2\\ 5\end{bmatrix}$$

求 $x_1(t)$,$x_2(t)$。

解 已知

$$\boldsymbol{A}=\begin{bmatrix}-3 & -1\\ 2 & 0\end{bmatrix},\quad \boldsymbol{B}=\begin{bmatrix}2\\ 0\end{bmatrix},\quad \xi=\begin{bmatrix}2\\ 5\end{bmatrix},\quad v(t)=1$$

方程全解为

$$\boldsymbol{x}(t)=\mathrm{e}^{\boldsymbol{A}t}\boldsymbol{\xi}+\int_0^t \mathrm{e}^{\boldsymbol{A}(t-\tau)}\boldsymbol{B}\boldsymbol{v}(\tau)\mathrm{d}\tau$$

在例 18-2 中已求出 $\mathrm{e}^{\boldsymbol{A}t}$(见式(18-3-16)),代入解答式,可得零输入响应为

$$\begin{aligned}\boldsymbol{x}_{\mathrm{f}}(t)&=\begin{bmatrix}x_{1\mathrm{f}}(t)\\ x_{2\mathrm{f}}(t)\end{bmatrix}=\mathrm{e}^{\boldsymbol{A}t}\boldsymbol{\xi}\\ &=\begin{bmatrix}-\mathrm{e}^{-t}+2\mathrm{e}^{-2t} & -\mathrm{e}^{-t}+\mathrm{e}^{-2t}\\ 2\mathrm{e}^{-t}-2\mathrm{e}^{-2t} & 2\mathrm{e}^{-t}-\mathrm{e}^{-2t}\end{bmatrix}\begin{bmatrix}2\\ 5\end{bmatrix}\\ &=\begin{bmatrix}-7\mathrm{e}^{-t}+9\mathrm{e}^{-2t}\\ 14\mathrm{e}^{-t}-9\mathrm{e}^{-2t}\end{bmatrix}\end{aligned}$$

零状态响应为

$$\begin{aligned}\boldsymbol{x}_{\mathrm{e}}(t)&=\begin{bmatrix}x_{1\mathrm{e}}(t)\\ x_{2\mathrm{e}}(t)\end{bmatrix}=\int_0^t \mathrm{e}^{\boldsymbol{A}(t-\tau)}\boldsymbol{B}\boldsymbol{v}(\tau)\mathrm{d}\tau\\ &=\int_0^t\begin{bmatrix}-\mathrm{e}^{-(t-\tau)}+2\mathrm{e}^{-2(t-\tau)} & -\mathrm{e}^{-(t-\tau)}+\mathrm{e}^{-2(t-\tau)}\\ 2\mathrm{e}^{-(t-\tau)}-2\mathrm{e}^{-2(t-\tau)} & 2\mathrm{e}^{-(t-\tau)}-\mathrm{e}^{-2(t-\tau)}\end{bmatrix}\begin{bmatrix}2\\ 0\end{bmatrix}\mathrm{d}\tau\end{aligned}$$

$$= \int_0^t \begin{bmatrix} -2e^{-(t-\tau)} + 4e^{-2(t-\tau)} \\ 4e^{-(t-\tau)} - 4e^{-2(t-\tau)} \end{bmatrix} d\tau = \begin{bmatrix} 2e^{-t} - 2e^{-2t} \\ 2 - 4e^{-t} + 2e^{-2t} \end{bmatrix}$$

全响应为

$$\boldsymbol{x}(t) = \boldsymbol{x}_f(t) + \boldsymbol{x}_e(t) = \begin{bmatrix} -5e^{-t} + 7e^{-2t} \\ 10e^{-t} - 7e^{-2t} + 2 \end{bmatrix}$$

18.4 状态方程的拉普拉斯变换法求解

本节介绍用拉普拉斯变换法求解状态方程的方法。

将线性非时变电路的状态方程的标准形式重写如下：

$$\dot{\boldsymbol{x}}(t) = \boldsymbol{A}\boldsymbol{x}(t) + \boldsymbol{B}\boldsymbol{v}(t) \tag{18-4-1}$$

$$\boldsymbol{x}(0^-) = \xi \tag{18-4-2}$$

对式(18-4-1)进行拉普拉斯变换得

$$s\boldsymbol{X}(s) - \boldsymbol{x}(0^-) = \boldsymbol{A}\boldsymbol{X}(s) + \boldsymbol{B}\boldsymbol{V}(s) \tag{18-4-3}$$

整理式(18-4-3)，并利用式(18-4-2)得

$$(s\boldsymbol{I} - \boldsymbol{A})\boldsymbol{X}(s) = \xi + \boldsymbol{B}\boldsymbol{V}(s)$$

或

$$\boldsymbol{X}(s) = (s\boldsymbol{I} - \boldsymbol{A})^{-1}\xi + (s\boldsymbol{I} - \boldsymbol{A})^{-1}\boldsymbol{B}\boldsymbol{V}(s) \tag{18-4-4}$$

对式(18-4-4)作拉普拉斯反变换得

$$\boldsymbol{x}(t) = \mathscr{L}^{-1}[\boldsymbol{X}(s)] = \mathscr{L}^{-1}[(s\boldsymbol{I} - \boldsymbol{A})^{-1}\xi] + \mathscr{L}^{-1}[(s\boldsymbol{I} - \boldsymbol{A})^{-1}\boldsymbol{B}\boldsymbol{V}(s)] \tag{18-4-5}$$

式(18-4-5)中，右端第一项为零输入响应，即

$$\boldsymbol{x}_f(t) = \mathscr{L}^{-1}[(s\boldsymbol{I} - \boldsymbol{A})^{-1}\xi] \tag{18-4-6}$$

右端第二项为零状态响应，即

$$\boldsymbol{x}_e(t) = \mathscr{L}^{-1}[(s\boldsymbol{I} - \boldsymbol{A})^{-1}\boldsymbol{B}\boldsymbol{V}(s)] \tag{18-4-7}$$

由上一节可知，零输入响应的时域表达式为

$$\boldsymbol{x}_f(t) = e^{\boldsymbol{A}t}\xi \tag{18-4-8}$$

对比式(18-4-8)和式(18-4-6)可知，两式表明的是同一解答，故有

$$e^{\boldsymbol{A}t} = \mathscr{L}^{-1}[(s\boldsymbol{I} - \boldsymbol{A})^{-1}] \tag{18-4-9}$$

即，将矩阵($s\boldsymbol{I}-\boldsymbol{A}$)求逆后，再进行拉普拉斯反变换，就得到 $e^{\boldsymbol{A}t}$。式(18-4-9)提供了一种用拉普拉斯变换法求矩阵指数 $e^{\boldsymbol{A}t}$ 的方法。

下面举例介绍用拉普拉斯变换法求解状态方程的方法。

【例 18-4】 已知一零输入系统的状态方程为

$$\begin{bmatrix} \dot{x}_1(t) \\ \dot{x}_2(t) \end{bmatrix} = \begin{bmatrix} -1.5 & 1 \\ 0.5 & -2 \end{bmatrix} \begin{bmatrix} x_1(t) \\ x_2(t) \end{bmatrix}, \quad \begin{bmatrix} x_1(0) \\ x_2(0) \end{bmatrix} = \begin{bmatrix} 1 \\ -4 \end{bmatrix}$$

试求状态方程的解。

解 本例所求的是系统的零输入响应,可用式(18-4-6)或式(18-4-9)的结果。此处采用先求矩阵指数 e^{At} 的方法。由题中已知可得

$$(s\boldsymbol{I}-\boldsymbol{A})=\begin{bmatrix} s+1.5 & -1 \\ -0.5 & s+2 \end{bmatrix}$$

将上式矩阵求逆可得

$$(s\boldsymbol{I}-\boldsymbol{A})^{-1}=\frac{1}{(s+1)(s+2.5)}\begin{bmatrix} s+2 & 0.5 \\ 1 & s+1.5 \end{bmatrix}$$

作拉普拉斯反变换得矩阵指数

$$e^{\boldsymbol{A}t}=\begin{bmatrix} \frac{2}{3}e^{-t}+\frac{1}{3}e^{-2.5t} & \frac{1}{3}e^{-t}-\frac{1}{3}e^{-2.5t} \\ \frac{2}{3}e^{-t}-\frac{2}{3}e^{-2.5t} & \frac{1}{3}e^{-t}+\frac{2}{3}e^{-2.5t} \end{bmatrix}$$

由式(18-4-8)有

$$\begin{bmatrix} x_1(t) \\ x_2(t) \end{bmatrix}=\begin{bmatrix} \frac{2}{3}e^{-t}+\frac{1}{3}e^{-2.5t} & \frac{1}{3}e^{-t}-\frac{1}{3}e^{-2.5t} \\ \frac{2}{3}e^{-t}-\frac{2}{3}e^{-2.5t} & \frac{1}{3}e^{-t}+\frac{2}{3}e^{-2.5t} \end{bmatrix}\begin{bmatrix} 1 \\ -4 \end{bmatrix}$$

$$=\begin{bmatrix} -\frac{2}{3}e^{-t}+\frac{5}{3}e^{-2.5t} \\ -\frac{2}{3}e^{-t}-\frac{10}{3}e^{-2.5t} \end{bmatrix}\quad(t>0)$$

【例 18-5】 图 18-4-1 示一电路,已知 $u_C(0^-)=0,i_L(0^-)=1\text{A}$。试以 u_C 和 i_L 为状态变量列写电路的状态方程,并求其解答。

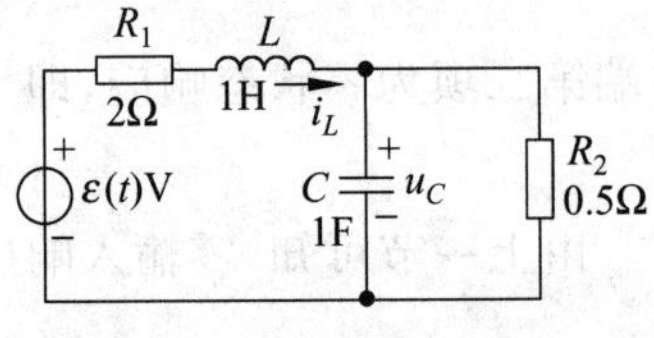

图 18-4-1 例 18-5 用图

解 用直观法列出所给电路的状态方程为

$$C\frac{\mathrm{d}u_C}{\mathrm{d}t}=-\frac{1}{R_2}u_C+i_L$$

$$L\frac{\mathrm{d}i_L}{\mathrm{d}t}=-u_C-R_1i_L+\varepsilon(t)$$

代入参数,并整理成标准形式为

$$\begin{bmatrix} \frac{\mathrm{d}u_C}{\mathrm{d}t} \\ \frac{\mathrm{d}i_L}{\mathrm{d}t} \end{bmatrix}=\begin{bmatrix} -2 & 1 \\ -1 & -2 \end{bmatrix}\begin{bmatrix} u_C \\ i_L \end{bmatrix}+\begin{bmatrix} 0 \\ 1 \end{bmatrix}\varepsilon(t)$$

对上式作拉普拉斯变换,并整理得

$$\begin{bmatrix} U_C(s) \\ I_L(s) \end{bmatrix}=\begin{bmatrix} s+2 & -1 \\ 1 & s+2 \end{bmatrix}^{-1}\left\{\begin{bmatrix} u_C(0^-) \\ i_L(0^-) \end{bmatrix}+\begin{bmatrix} 0 \\ 1 \end{bmatrix}\cdot\frac{1}{s}\right\}$$

$$= \frac{1}{s^2+4s+5}\begin{bmatrix} s+2 & 1 \\ -1 & s+2 \end{bmatrix}\left\{\begin{bmatrix} 0 \\ 1 \end{bmatrix} + \begin{bmatrix} 0 \\ \dfrac{1}{s} \end{bmatrix}\right\}$$

$$= \begin{bmatrix} \dfrac{s+1}{s(s^2+4s+5)} \\ \dfrac{(s+1)(s+2)}{s(s^2+4s+5)} \end{bmatrix} = \begin{bmatrix} \dfrac{0.2}{s} + \dfrac{-0.2s+0.2}{s^2+4s+5} \\ \dfrac{0.2}{s} + \dfrac{0.8s+2.2}{s^2+4s+5} \end{bmatrix}$$

$$= \begin{bmatrix} \dfrac{0.2}{s} + \dfrac{-0.2(s+2)+0.6}{(s+2)^2+1^2} \\ \dfrac{0.2}{s} + \dfrac{0.8(s+2)+0.6}{(s+2)^2+1^2} \end{bmatrix}$$

作拉普拉斯反变换得

$$\begin{bmatrix} u_C(t) \\ i_L(t) \end{bmatrix} = \begin{bmatrix} (0.2-0.2e^{-2t}\cos t+0.6e^{-2t}\sin t)\varepsilon(t)\,\mathrm{V} \\ (0.2+0.8e^{-2t}\cos t+0.6e^{-2t}\sin t)\varepsilon(t)\,\mathrm{A} \end{bmatrix}$$

习 题

18-1 列写题图 18-1 所示电路的状态方程和输出方程。

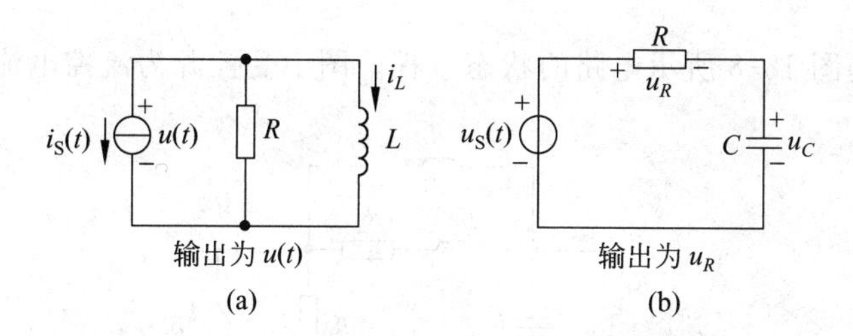

题图 18-1

18-2 列写题图 18-2 所示电路的状态方程和输出方程。u_{R_1} 为输出量。

18-3 题图 18-3 所示电路中，开关 S 在 $t=0$ 时闭合，S 闭合前电路已处于稳定状态。试列写该电路的状态方程。

题图 18-2　　题图 18-3

18-4 电路如题图 18-4 所示,列写该电路的状态方程。

18-5 写出题图 18-5 所示电路的状态方程。

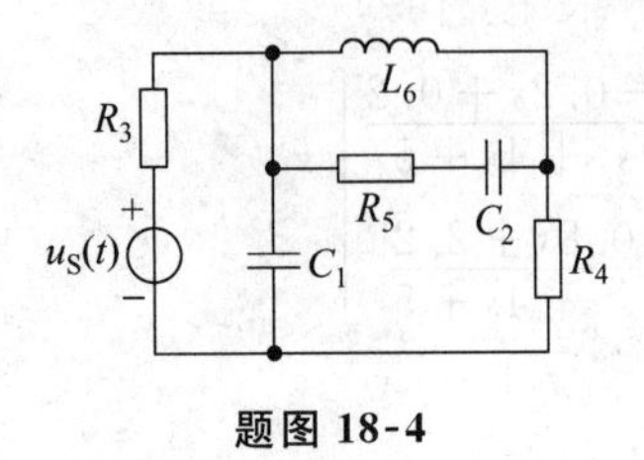

题图 18-4

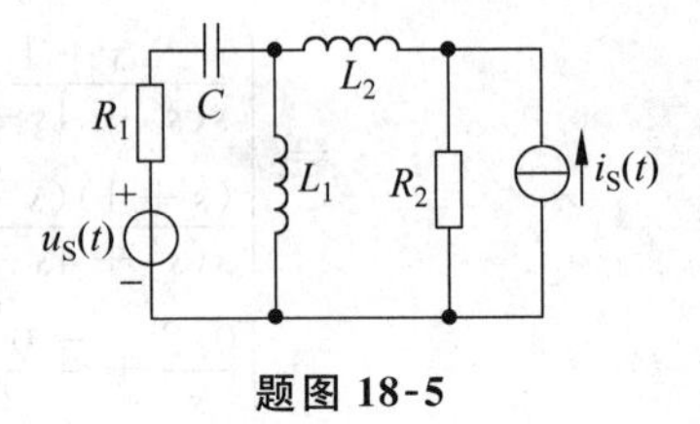

题图 18-5

18-6 列写题图 18-6 所示电路的状态方程。

18-7 列写题图 18-7 所示电路的状态方程。图中受控源为压控电压源。

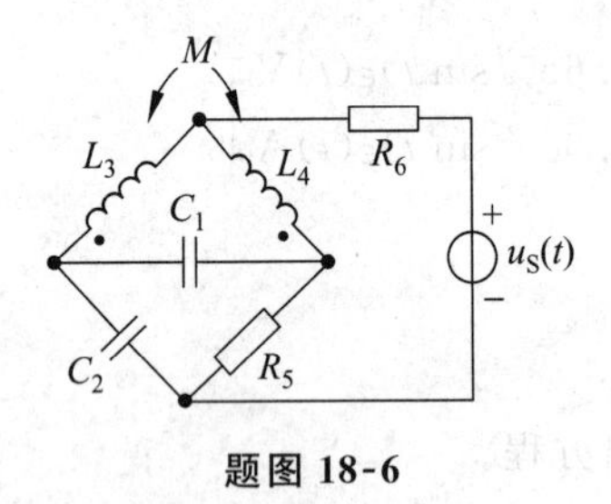

题图 18-6

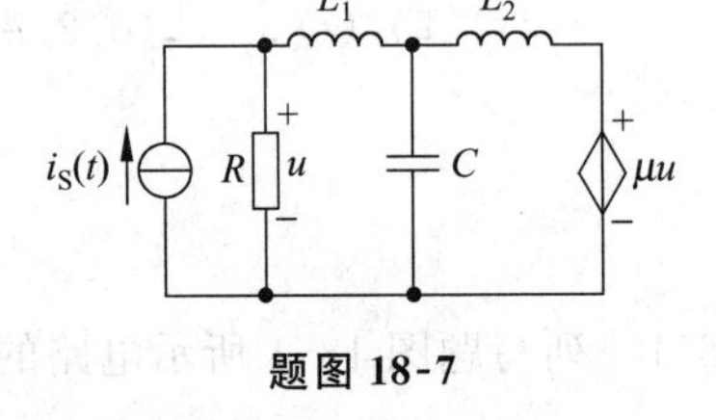

题图 18-7

18-8 列写题图 18-8 所示电路的状态方程。图中受控源为流控电流源。

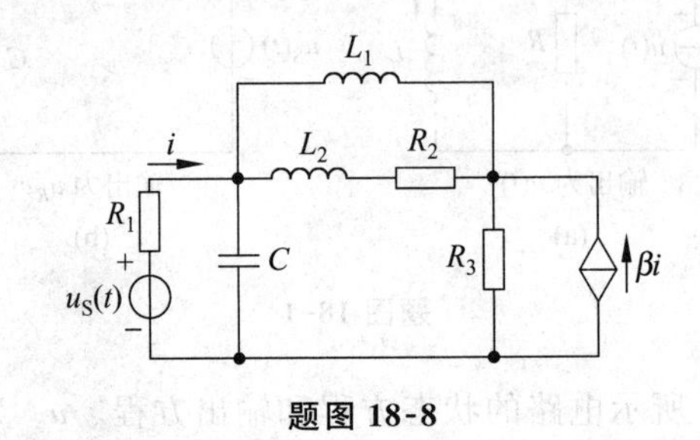

题图 18-8

18-9 求状态方程的解。

$$\begin{bmatrix} \dot{x}_1 \\ \dot{x}_2 \end{bmatrix} = \begin{bmatrix} -7 & -1 \\ 0 & -4 \end{bmatrix} \begin{bmatrix} x_1 \\ x_2 \end{bmatrix}$$

$$\begin{bmatrix} x_1(0) \\ x_2(0) \end{bmatrix} = \begin{bmatrix} 2 \\ 4 \end{bmatrix}$$

第19章

非线性电路简介

提 要

本章对几个非线性电路问题作简要的介绍。

首先对非线性电路元件的特性作一般性的说明。然后说明建立非线性电阻电路和非线性动态电路方程的方法。主要介绍：牛顿法，用于非线性电阻电路方程的求解；欧拉法，用于非线性动态电路方程的求解。本章还将介绍分析非线性电路的线性化方法，它在非线性电路和系统的分析研究中有着广泛的应用。随后介绍相平面（即二维状态空间）的概念，并以二阶电路为例，作出并讨论相应的相平面图。最后用线性化方法分析两个非线性电路的平衡点的稳定性，还就一个含动态负电阻器件的电路说明并分析了其中出现的自激振荡现象。

19.1 非线性电阻的特性

电工中有着许多电阻器件,它们的特性不像线性电阻那样,可以用一个常数的电阻值来表征,而需要用它们的电压与电流的关系来表征,这样的关系称为电阻元件的伏安特性,用

$$u = f(i) \quad 或 \quad i = g(u)$$

来表示,在电路图中用图 19-1-1 的符号表示非线性电阻。

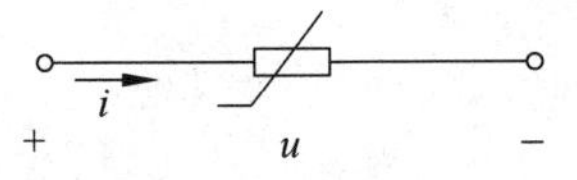

图 19-1-1 非线性电阻的符号

在图 19-1-2 中示有几种非线性电阻的伏安特性的例子,其中的图(a)是碳化硅电阻的伏安特性,这样的电阻常用做避雷器;图(b)是一个 PN 结二极管的伏安特性;图(c)是一隧道二极管的伏安特性;图(d)是一气体放电管的伏安特性。图(c)和图(d)的非线性电阻的伏安特性都有一段呈下降趋势的线段。

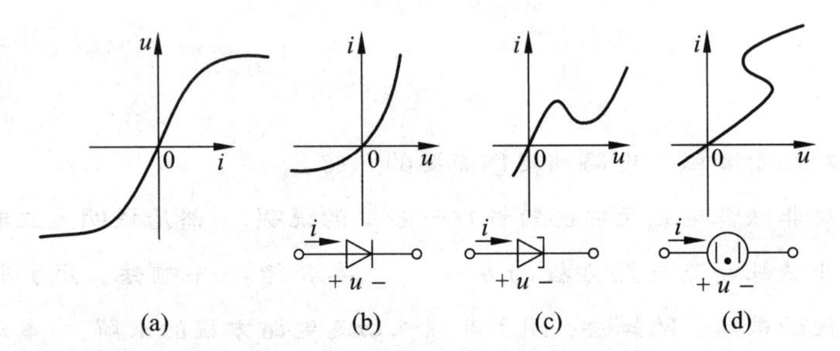

图 19-1-2 几种非线性电阻的伏安特性

(a) 碳化硅电阻的;(b) 二极管的;(c) 隧道二极管的;(d) 气体放电管的

凡是其电压是电流的单值函数的电阻,称为流控电阻;凡是其电流是电压的单值函数的电阻,称为压控电阻。伏安特性如图 19-1-2 中(b),(c)中所示的电阻便是压控的;(d)中所示的电阻即是流控的;有(a)中特性的电阻可称是压控的,也可称是流控的。

非线性电阻的特性需用 $u=f(i)$(流控的)或 $i=g(u)$(压控的)的函数式表示,这样的特性可以由实验测得,有的还可以由理论分析得到。

对于非线性电阻可以引入静态电阻和动态电阻来描述其特性,非线性电阻的静态电阻定义为

$$R_s \stackrel{\text{def}}{=} \frac{u}{i} \tag{19-1-1}$$

与线性电阻不同的是,R_s 一般都与电阻两端的电压或其中的电流有关。设有一非线性电阻的伏安特性如图 19-1-3 所示,当此非线性电阻中有电流 i,工作在它的特性曲线上的 p 点处,这时它的静态电阻就等于连接原点和 p 点的直线的斜率,这一斜率与图中的 $\tan\alpha$ 成正比。类似地,还可以定义静态电导为

$$G_s \stackrel{\text{def}}{=} \frac{i}{u} \tag{19-1-2}$$

静态电导的值也与电压或电流有关。一个非线性电阻在一个电流、电压值下的静态电阻值与静态电导值互为倒数。

非线性电阻的动态电阻定义为

$$r_d \stackrel{\text{def}}{=} \frac{du}{di} \tag{19-1-3}$$

在图 19-1-3 中 p 点处的动态电阻就等于伏安特性曲线过 p 点的切线的斜率，这一斜率与图中的 $\tan\beta$ 成正比。类似地，还可以定义非线性电阻的动态电导

$$g_d \stackrel{\text{def}}{=} \frac{di}{du} \tag{19-1-4}$$

动态电阻和动态电导都与非线性电阻中的电流(或电压)有关。

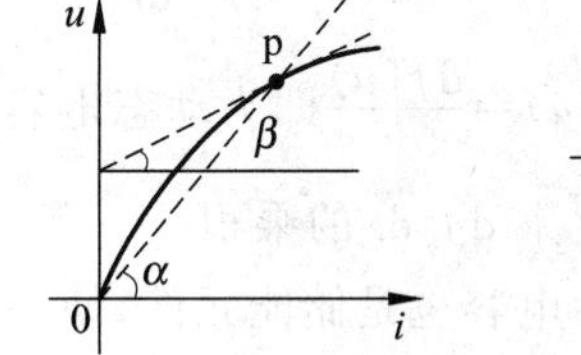

图 19-1-3 说明静态电阻与动态电阻用图

对于其伏安特性仅在第一、三象限内的非线性电阻，u、i 的符号相同，R_s、G_s 均为正值。在伏安特性呈现渐增的线段上，r_d、g_d 为正值，在呈现下降的线段上，r_d、g_d 均为负值。

非线性电阻电路就是其中含有非线性电阻的电阻电路。

19.2 非线性电容元件

非线性电容的特性以其电荷与电压的关系表示(见图 19-2-1(a))。凡是其电荷 q 可用其电压 u 的单值函数

$$q = f(u)$$

表示的电容称为压控电容；凡是其电压 u 可用其电荷 q 的单值函数

$$u = h(q)$$

表示的电容称为荷控电容，q 与 u 不成正比的电容都是非线性电容。图 19-2-1(b)是常用的非线性电容的电路符号。

对于非线性电容可以定义其静态电容 C_s 为电荷 q 与电压 u 之比，即

$$C_s \stackrel{\text{def}}{=} \frac{q}{u} \tag{19-2-1}$$

C_s 与 q 或 u 有关，而不是常数值。还可以定义非线性电容的动态电容 C_d 为其电荷 q 对电压 u 的导数，即

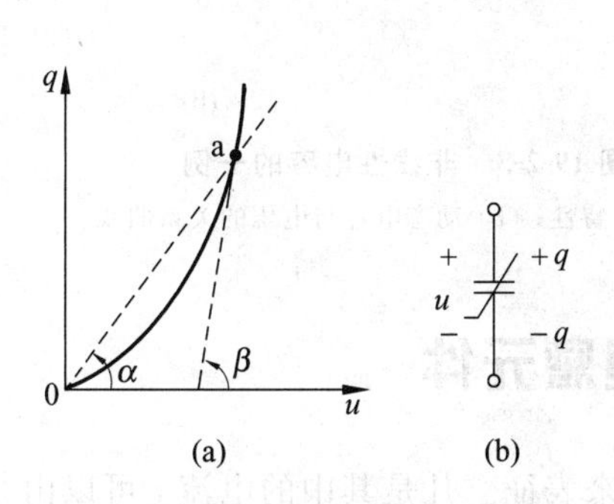

图 19-2-1 非线性电容的特性及其电路符号

(a) 非线性电容的特性；(b) 非线性电容的电路符号

$$C_{\mathrm{d}} \stackrel{\text{def}}{=} \frac{\mathrm{d}q}{\mathrm{d}u} \tag{19-2-2}$$

动态电容也与 q 或 u 有关。就图 19-2-1(a)中的 q-u 曲线看，在 a 点处的静态电容等于该点的 q 与 u 之比，它与 $\tan\alpha$ 成正比；而在 a 点处的动态电容等于在 a 点 q-u 曲线的斜率，它与 $\tan\beta$ 成正比。

非线性电容中电流与电压的关系仍是 $i=\mathrm{d}q/\mathrm{d}t$。对于压控电容，设 $q=f(u)$，则此关系即可表示为

$$i=\frac{\mathrm{d}q}{\mathrm{d}t}=\frac{\mathrm{d}f(u)}{\mathrm{d}t}=\frac{\mathrm{d}f(u)}{\mathrm{d}u}\frac{\mathrm{d}u}{\mathrm{d}t}=C_{\mathrm{d}}(u)\frac{\mathrm{d}u}{\mathrm{d}t} \tag{19-2-3}$$

式中的 $C_{\mathrm{d}}(u)=\dfrac{\mathrm{d}f(u)}{\mathrm{d}u}$ 即为动态电容。由此可见压控电容中的电流等于动态电容 $C_{\mathrm{d}}(u)$ 与电压的变化率 $\mathrm{d}u/\mathrm{d}t$ 的乘积。

非线性电容也是储能元件，使一电容的电荷由零增至 Q，它所储存的电能为

$$W_{\mathrm{e}}=\int_0^Q u\mathrm{d}q$$

这能量可用图 19-2-2 中 q-u 平面上 $u(q)$ 曲线下画有阴影线的面积表示。

非线性电容的一个例子是以铁电材料作为介质的电容器。铁电材料(如钛酸钡)的介电特性与铁磁材料的磁化特性有形式上的相似。如果在一电容器的两极间充填以这种介质，则此电容器的电荷与电压的关系 $q(u)$ 呈现出图 19-2-3(a)中所示的特性。这一电容器就是一非线性电容器。它的静态电容 $C_{\mathrm{s}}(u)=q/u$ 随电压的增大而减小，如图 19-2-3(b)所示。非线性电容的 C_{s}，C_{d} 随电压的变化而变化，这一性质在电子电路中是很有用的。

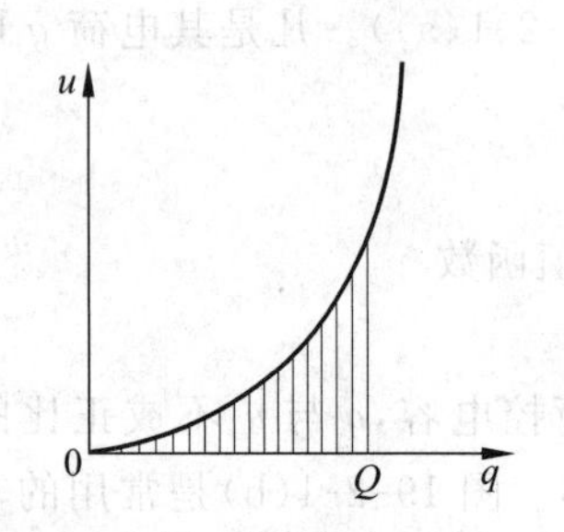

图 19-2-2 非线性电容的储能

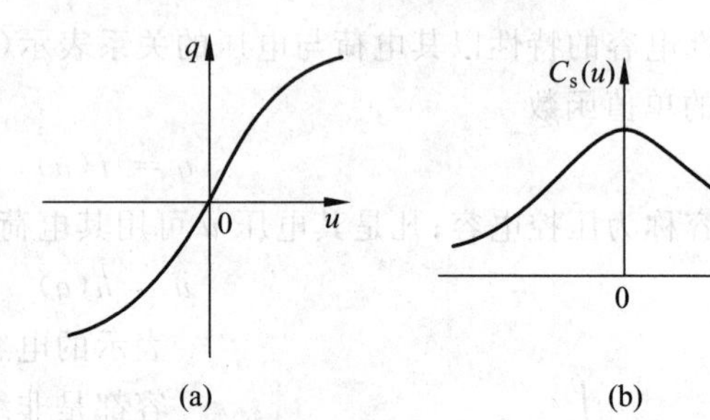

图 19-2-3 非线性电容的一例

(a) q-u 特性；(b) 动态电容与电压的关系曲线

19.3 非线性电感元件

非线性电感的特性以其磁链 Ψ 与电流 i 的关系来表征。凡是其中的电流 i 可以由其中的磁链 Ψ 的单值函数 $i=f(\Psi)$ 表示的电感称为链控电感；凡是其中的磁链 Ψ 可以由其中的电流 i 的单值函数 $\Psi=h(i)$ 表示的电感称为流控电感。一个含有铁芯的线圈，如果不考虑

磁滞现象的影响，铁芯中的磁通与线圈中的电流有非线性关系，就可用一个非线性电感作为它的电路模型。

对于非线性电感，也可定义其静态电感 L_s 和动态电感 L_d 如下：

$$L_s \stackrel{\text{def}}{=} \frac{\Psi}{i}$$

$$L_d \stackrel{\text{def}}{=} \frac{d\Psi}{di}$$

设有一非线性电感的 $\Psi(i)$ 特性如图 19-3-1(a)中曲线所示，则在图中的 a 点处，L_s、L_d 分别与图中的 $\tan\alpha$、$\tan\beta$ 成正比。图 19-3-1(b)中示有常用的非线性电感的电路符号。

非线性电感的电压与磁链的关系仍是

$$u = \frac{d\Psi}{dt}$$

对于流控电感，设其磁链与电流的关系表为 $\Psi = f(i)$，可导出其电压与电流的关系为

$$u = \frac{d\Psi}{dt} = \frac{df(i)}{dt} = \frac{df(i)}{di}\frac{di}{dt} = L_d(i)\frac{di}{dt} \tag{19-3-1}$$

式中

$$L_d(i) = \frac{df(i)}{di}$$

即为非线性电感的动态电感。由此可见非线性流控电感的电压等于它的动态电感 $L_d(i)$ 与 di/dt 的乘积。

非线性电感也是储能元件。假设非线性电感中的电流与磁链有图 19-3-2 所示的关系，则从时刻 $t=0$ 至 T，磁链由零增至 Ψ_T，电感中所储存的磁能即为

$$W_m = \int_0^T \frac{d\Psi}{dt} i\,dt = \int_0^{\Psi_T} i\,d\Psi$$

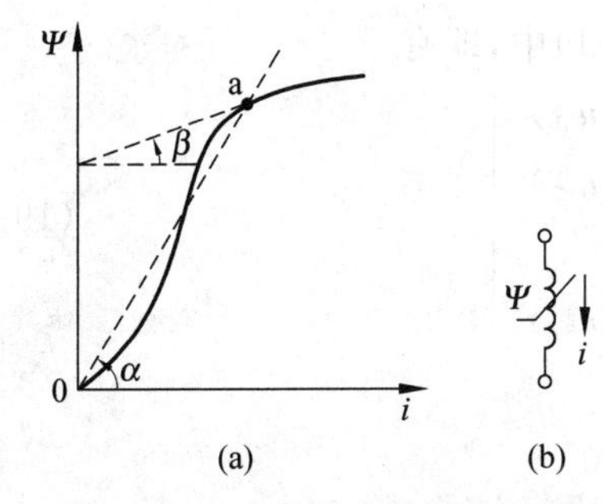

图 19-3-1 非线性电感特性示例

(a) Ψ-i 特性；(b) 非线性电感的电路符号

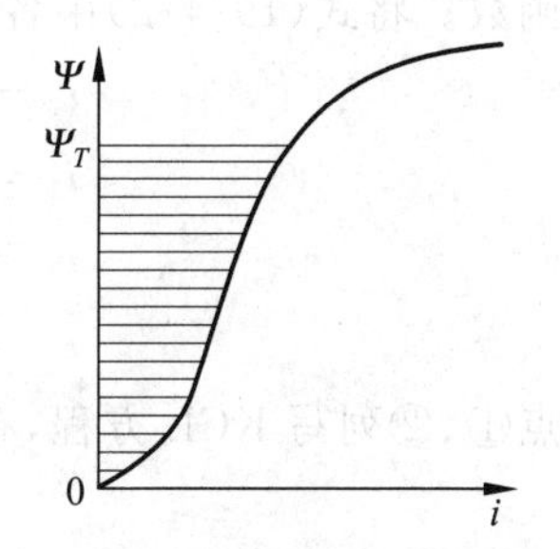

图 19-3-2 非线性电感的储能

这一能量可用图中画有阴影线的那块面积代表。

19.4 非线性电阻电路的方程

为了分析非线性电阻电路,需要建立相应的电路方程。建立这些方程的依据仍是基尔霍夫定律和电路元件方程。与线性电阻电路不同的是,非线性电阻电路的元件方程中,有着非线性方程,这使得非线性电阻电路的方程是非线性方程。

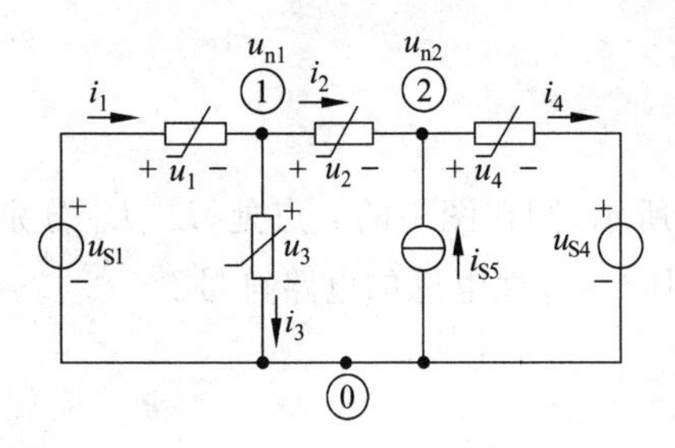

图 19-4-1 非线性电阻电路示例

用图 19-4-1 的电路来说明列写非线性电阻电路的节点电压方程的方法。此电路有三个节点,取节点⓪为参考点,设节点①,②的电压分别为 u_{n1},u_{n2},并假定此电路中的非线性电阻都是电压控制的,它们的电压电流关系分别是

$$\left.\begin{aligned} i_1 &= a_1 u_1^3 \\ i_2 &= a_2 u_2^5 \\ i_3 &= a_3 u_3 \\ i_4 &= a_4 u_4^3 \end{aligned}\right\} \tag{19-4-1}$$

上式中的各系数 a_1,a_2,a_3,a_4 都是常数。

各支路电压可以用节点电压和电源电压表示:

$$\left.\begin{aligned} u_1 &= u_{S1} - u_{n1} \\ u_2 &= u_{n1} - u_{n2} \\ u_3 &= u_{n1} \\ u_4 &= u_{n2} - u_{S4} \end{aligned}\right\} \tag{19-4-2}$$

由于假定了此电路中各电阻都是电压控制的,所以可以将各支路电流表示为节点电压及电源电压的函数。将式(19-4-2)中各关系代入式(19-4-1)中,即有

$$\left.\begin{aligned} i_1 &= a_1 u_1^3 = a_1 (u_{S1} - u_{n1})^3 \\ i_2 &= a_2 u_2^5 = a_2 (u_{n1} - u_{n2})^5 \\ i_3 &= a_3 u_3 = a_3 u_{n1} \\ i_4 &= a_4 u_4^3 = a_4 (u_{n2} - u_{S4})^3 \end{aligned}\right\} \tag{19-4-3}$$

分别对节点①、②列写 KCL 方程,有

$$-i_1 + i_2 + i_3 = 0$$
$$-i_2 + i_4 - i_{S5} = 0$$

将上式中各电流以节点电压表示,即将式(19-4-3)中的各关系式代入上式,得到此电路的节点电压方程为

$$-a_1 (u_{S1} - u_{n1})^3 + a_2 (u_{n1} - u_{n2})^5 + a_3 u_{n1} = 0$$

$$-a_2(u_{n1}-u_{n2})^5+a_4(u_{n2}-u_{S4})^3-i_{S5}=0$$

在此电路中，各电阻的伏安特性均设定为电压的幂函数，使得上面得出的是一组五次代数方程，这样的方程的解析解一般是求不出的。如果非线性电阻的特性是以更复杂的函数式表示的，那么，得到的方程式可能更复杂。一般情形下，这些方程的解都是用数值计算方法求得的。

假如电路中的非线性电阻的伏安特性是电流控制的，即其中的每一电阻两端的电压都可以表示为其中的电流的函数，便可用回路电流法列写这种情形下的电路方程。列写的方法与列写线性电阻电路的回路电流方程相似，只是要在独立的回路电压方程中，用回路电流的非线性函数表示电压，最终得到的也是一组非线性方程。

综上所述，非线性电阻电路方程的求解问题，都归结为求一组相应的非线性方程组的实数解的问题。假如待求的量(如独立节点电压或独立回路电流)是 $x_1,x_2,\cdots,x_n$，它们满足的方程式的一般形式是

$$\begin{cases} f_1(x_1,x_2,\cdots,x_n)=0 \\ f_2(x_1,x_2,\cdots,x_n)=0 \\ \vdots \\ f_n(x_1,x_2,\cdots,x_n)=0 \end{cases}$$

对于一具体电路，用前述方法，可以得出这组方程的具体形式。

19.5 仅含一个非线性电阻的电路

仅含一个非线性电阻的电阻电路是常见的。这样的电路都可看作是一个含源二端线性电阻网络两端接一非线性电阻的电路(图 19-5-1(a))。将其中的二端网络用戴维南定理化简，就可将它化作图 19-5-1(b)的电路来分析。这电路中的线性电阻 R_i 与非线性电阻串联，接至一电压源 U_S，假设此电压为一恒定值，非线性电阻的伏安特性如图 19-5-2 中的 $I(U)$ 曲线所示，写出这电路的方程便有

$$\left.\begin{aligned} U&=U_S-R_iI \\ I&=I(U) \end{aligned}\right\} \tag{19-5-1}$$

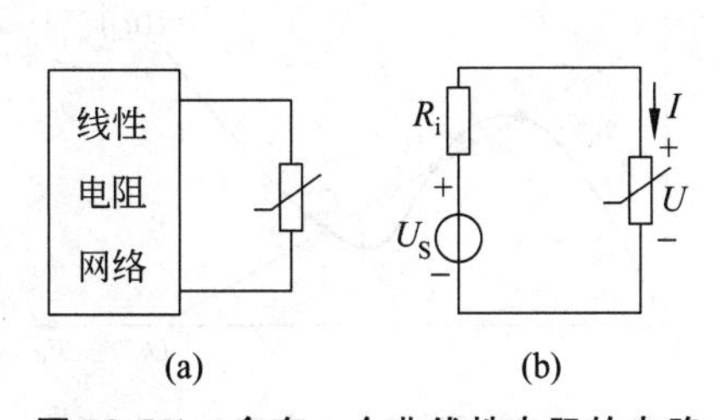

图 19-5-1 含有一个非线性电阻的电路

(a) 含一个非线性电阻的电路图；(b) 等效电路

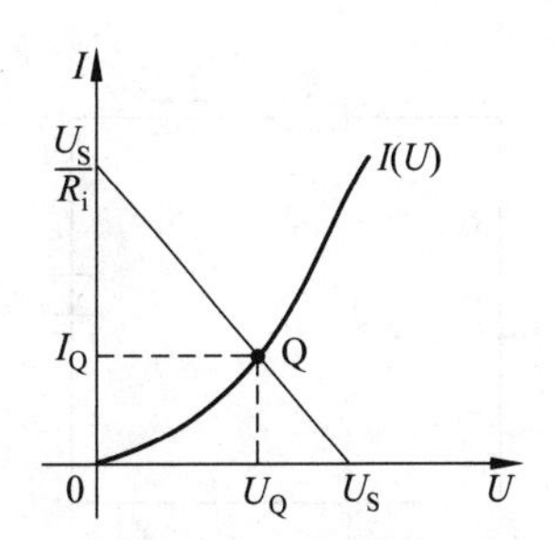

图 19-5-2 决定图 19-5-1 电路工作点的图解法

上面这两个方程中的第一个是由电压源 U_S 和电阻 R_i 串联组成的电路的外特性，在 U，I 平面上它表现为一条直线。这直线在 I 轴上的截距是 U_S/R_i；在 U 轴上的截距是 U_S，连接坐标轴上的这两点的直线与非线性电阻的伏安特性 $I(U)$ 的交点 Q 就是此电路的工作点，它的坐标 (U_Q, I_Q) 便给出了此电路中的电流、电压值。

19.6 非线性电阻电路方程解答的存在性与唯一性

在本章的前几节里我们看到了非线性电阻电路的求解归结为求相应的一组非线性方程的实数解，而非线性方程可能有多个实数解；可能有唯一的实数解；还可能没有实数解。这样的情形自然也会出现在非线性电阻电路的求解问题之中。

我们先看下面的例子。

第一个例子的电路示于图 19-6-1 中，它是一个隧道二极管和一个线性电阻 R 接至一恒定电压源的电路，这电路的方程如下：

$$\left.\begin{aligned} Ri + u_d &= U_S \\ i &= f(u_d) \end{aligned}\right\} \tag{19-6-1}$$

式中，U_S 是电源电压，$i=f(u_d)$ 是隧道二极管的伏安特性(见图 19-6-2)，它有一段是呈下降趋势的。式(19-6-1)的解可以用作图法求出如图 19-6-2 中所示：这组方程中的第一个方程的图象是在 u_d，i 平面上的一直线，在图中所示情形下，这直线与 $i=f(u_d)$ 的曲线相交于图中的 A，B，C 三点，表明在这一情形下方程(19-6-1)有三组实数解，每一组解表示这电路的一个工作点。从物理上考虑，任何实际电路在任一时刻只能工作在某一工作情况下。这意味着在以图 19-6-1 的电路作为一个实际电路的模型时，忽略了某些能确定此电路唯一工作点的因素，因而出现了电路方程有多解的问题。这一问题将在本章第 13 节再做研究，在那里将看到：在直流激励和某些条件下，考虑到某些在这里被忽略了的因素，就可以确定此电路的唯一的工作点。

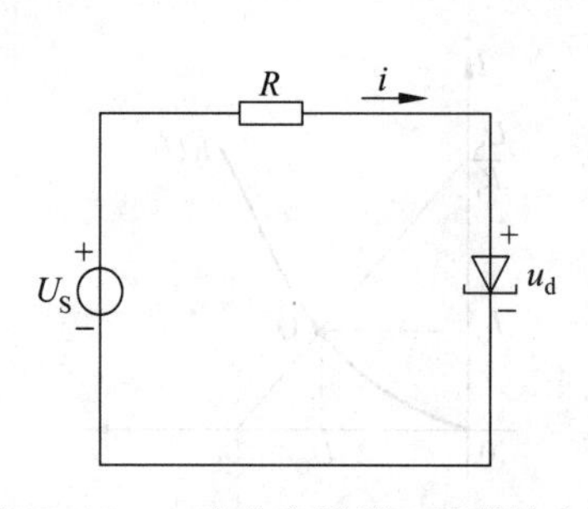

图 19-6-1 一个含有隧道二极管的电路

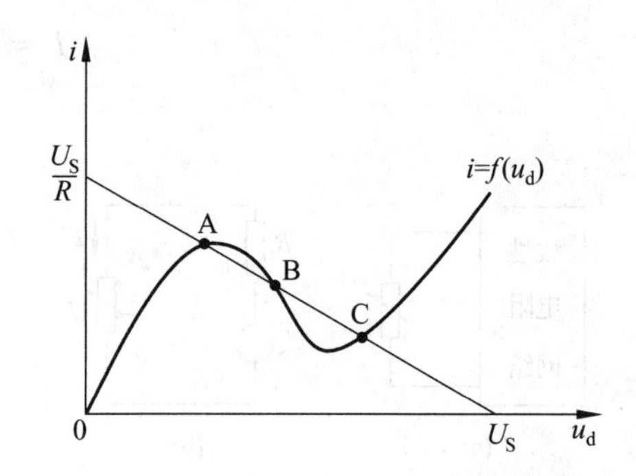

图 19-6-2 图 19-6-1 电路的工作点

第二个例子是图 19-6-3 的电路，这是一个二极管接至一恒定电流源的电路。二极管的特性是

$$i = I_0(\mathrm{e}^{au_\mathrm{d}} - 1)$$

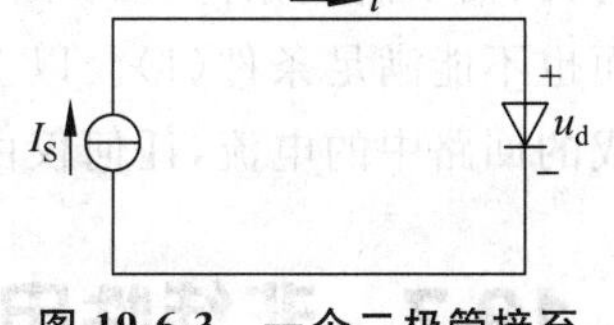

图 19-6-3　一个二极管接至电流源的电路

式中，i、u_d 分别是二极管的电流、电压；I_0 称为二极管的反向饱和电流；a 为一正数。这特性的图象如图 19-6-4 中的 $i(u_\mathrm{d})$ 所示。这个电路的方程就是

$$I_\mathrm{S} = i = I_0(\mathrm{e}^{au_\mathrm{d}} - 1) \qquad (19\text{-}6\text{-}2)$$

给定一 I_S 值，在图 19-6-4 中作一与 u_d 轴平行与之相距 I_S 的水平线，当 $I_\mathrm{S} > -I_0$（如图中的 $I_\mathrm{S} = I_\mathrm{S1}$），此线与二极管的伏安特性有一交点 p，它就是这时电路的工作点；但当 $I < -I_0$ 时（如图中的 $I_\mathrm{S} = I_\mathrm{S2}$），作出的水平线与 $i(u_\mathrm{d})$ 曲线没有交点，即此时方程(19-6-2)无解。

从上面的例子看到：非线性电阻电路方程可能有唯一解；也可能有多个解，这意味着给定的电路模型不足以确定其唯一的工作情况；还有可能无解，这意味着所给定的电路模型中有着互相矛盾的假设。

为了电路分析的需要，我们希望知道，在什么条件下非线性电阻电路的方程有唯一的解答。这里不加证明地给出一个一类非线性电阻电路有唯一解的一种充分条件。

先给出一个下面要用到的严格渐增电阻特性的定义。一个二端电阻的伏安特性 $i(u)$（图 19-6-5）上任意不同的两点：(u', i')，(u'', i'') 满足

$$(u' - u'')(i' - i'') > c > 0$$

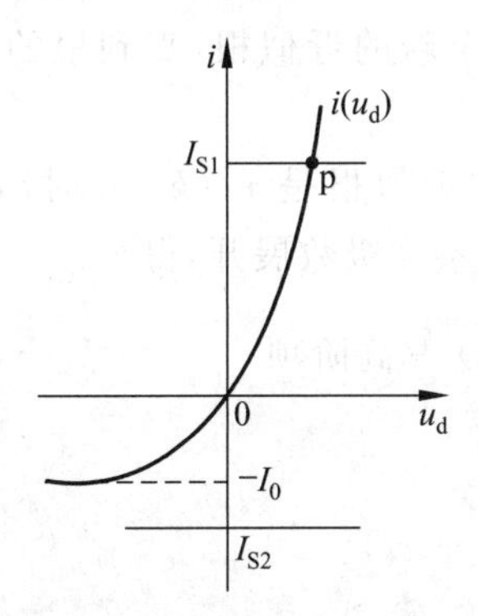

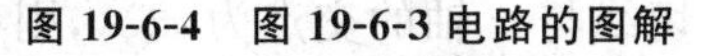
图 19-6-4　图 19-6-3 电路的图解

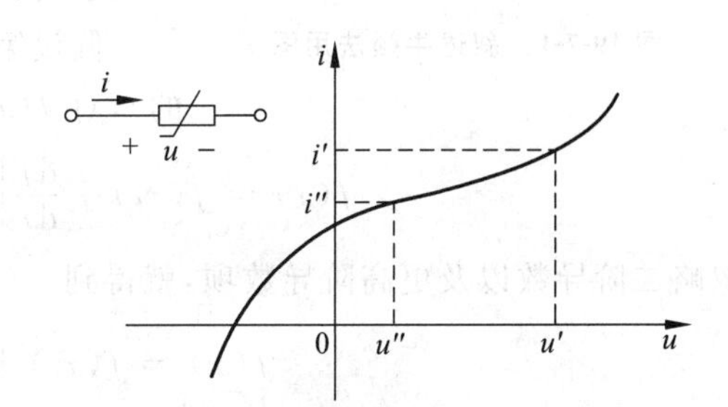

图 19-6-5　严格渐增的电阻的伏安特性

c 为正数，则称此二端电阻的伏安特性是严格渐增的。

下面是关于非线性电阻电路方程有唯一解的一个定理：任何一由二端电阻和独立电源构成的电路若满足条件：(1)此电路中每一电阻的伏安特性都是严格渐增的；(2)当 $u \to \pm\infty$ 时，$i \to \pm\infty$；(3)此电路中不存在仅由独立电压源构成的回路和仅由独立电流源构成的割集，则此电路的方程有唯一解。

本节前面举的两个非线性电阻电路的例子都不满足以上定理中的条件，所以此定理不

能保证它们的解答存在、唯一。图 19-6-1 的电路中非线性电阻的伏安特性不是严格渐增的,因而不满足条件(1);图 19-6-3 的电路中二极管的伏安特性当 $u_d \to -\infty$ 时,$i \to -I_0$,因而也不能满足条件(1)。以上定理中的条件(3)是必要的,因为任何仅由独立电压源支路构成的回路中的电流,任何仅由电流源构成的割集的电压都是不能唯一确定的。

19.7 非线性电阻电路方程的数值求解方法——牛顿法

本节介绍一个求非线性代数方程根的方法——牛顿法,这一方法常用于非线性电阻电路方程的求解。

设有方程

$$f(x) = 0 \tag{19-7-1}$$

需要求此方程的根,即 $f(x)$的零点。牛顿法的基本思想是线性化。按照这一想法,在 x 的一个小的范围里,把 $f(x)$近似地以过此范围内某点的切线代替,此切线与 x 轴的交点即作为所欲求的根的近似值(图 19-7-1)。对图 19-7-1 中的 $f(x)$,选取初始值 x_0,在 $f(x)$的曲线上$[x_0, f(x_0)]$处作 $f(x)$的切线,设此切线与 x 轴的交点是 x_1,以 x_1 作为第一次的根的近似值;再在$[x_1, f(x_1)]$处作 $f(x)$的切线,得此切线与 x 轴的交点坐标为 x_2,以 x_2 作为第二次的近似根……如此重复以上的作法,每一次都得到一个新的近似根,直到根的数值达到所要求的精度为止。

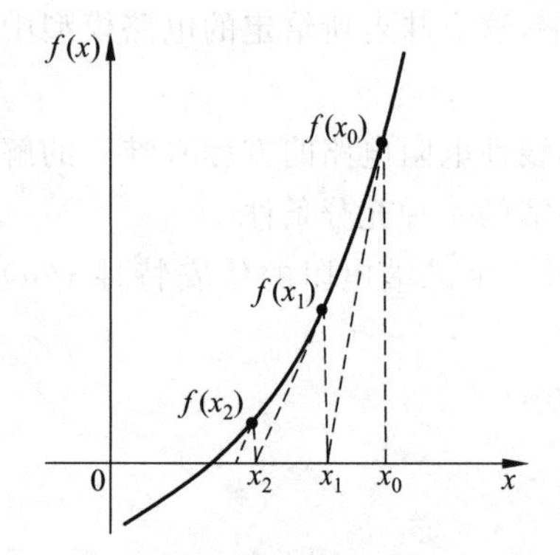

图 19-7-1 叙述牛顿法用图

假设第 k 次求得的近似根是 x_k($k=0$ 时,x_0 是选取的),对 $f(x)$在 x_k 处作泰勒级数展开,得

$$f(x) = f(x_k) + \left.\frac{\mathrm{d}f}{\mathrm{d}x}\right|_{x=x_k}(x - x_k) + \text{高阶项} \tag{19-7-2}$$

忽略二阶导数以及更高阶导数项,就得到

$$f(x) = f(x_k) + \left.\frac{\mathrm{d}f}{\mathrm{d}x}\right|_{x=x_k}(x - x_k) \tag{19-7-3}$$

上式就是过$[x_k, f(x_k)]$点的 $f(x)$的切线的方程,记这切线与 x 轴的交点为 x_{k+1},则有

$$f(x_k) + \left.\frac{\mathrm{d}f}{\mathrm{d}x}\right|_{x=x_k}(x_{k+1} - x_k) = 0$$

解得

$$x_{k+1} = x_k - \frac{f(x_k)}{\left.\dfrac{\mathrm{d}f}{\mathrm{d}x}\right|_{x=x_k}} = x_k - \frac{f(x_k)}{f'(x_k)} \tag{19-7-4}$$

上式就是牛顿法求非线性方程的根的基本公式,它是一个迭代算法的表示式。按照这一算

法，由最初选取的 x_0，算出 $f(x_0)$ 和 $f'(x_0)$，代入此式的右端(此时 $k=0$)，得到 x_1；再对 $k=1$，算出 $f(x_1)$ 和 $f'(x_1)$，代入上式右端，得到 x_2；再对 $k=2$……这样的迭代一直进行到

$$|x_{k+1}-x_k|<\varepsilon \tag{19-7-5}$$

或

$$|f(x_{k+1})|<\varepsilon' \tag{19-7-6}$$

时终止。这里 ε,ε' 是根据精度要求取定的小的正数，所求得的 x_{k+1} 就是非线性方程 $f(x)=0$ 满足给定精度要求的根的近似值。

按照以上的算法求 $f(x)=0$ 的根，可能遇到数列 $x_1,x_2,\cdots,x_k\cdots$ 不收敛的情形。图 19-7-2 中表示的就是这种情形：在对此图中的 $f(x)$ 求根的迭代计算过程中，x 的值在两个数值间跳跃。从图中可以看出，出现这种情形与 $f(x)$ 的图象有关，如果初始值选取得与根的值足够接近，迭代的结果就能很快收敛。

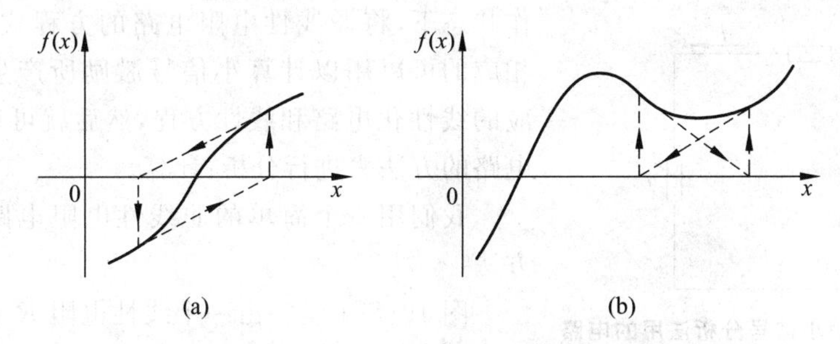

图 19-7-2 用牛顿法求根时，不收敛的情形

【例 19-1】 图 19-7-3 中示一二极管与一线性电阻并联接至电流电源的电路，其中二极管的特性为 $i_d=0.1(e^{40u_d}-1)$；电阻 $R=0.5\Omega$，电流源电流 $i_S=1A$。求此电路中的电压 $u(u=u_d)$。

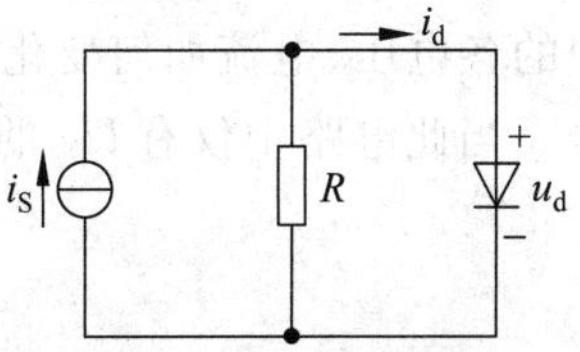

图 19-7-3 例 19-1 附图

解 写出节点电压方程

$$f(u)=\frac{u}{R}+i_d-i_S=\frac{u}{0.5}+0.1(e^{40u_d}-1)-1$$

$$=2u+0.1e^{40u_d}-1.1=0$$

用牛顿法求此方程的数值解，设第 k 次的近似解为 u_k，则有迭代式

$$u_{k+1}=u_k-\frac{f(u_k)}{\left.\frac{df}{du}\right|_{u=u_k}}$$

$f(u)$ 在 u_k 处的导数为

$$\left.\frac{df}{du}\right|_{u=u_k}=2+4e^{40u_k}$$

将此式代入前面的迭代式，即得

$$u_{k+1}=u_k-\frac{2u_k+0.1e^{40u_k}-1.1}{2+4e^{40u_k}}$$

设初始值 $u_0=0$,经过 7 次迭代,得 $u=0.0572\text{V}$,在此 u 值下 $f(u)\approx10^{-5}\text{A}$,可以认为此 u 值为足够精确的近似解。

19.8 小信号分析方法

当一非线性电阻电路在恒定电压或电流电源的激励下,电路中的各电压、电流都各有相应的恒定值,这样的工作情形常称为静态工作情形。例如一电子电路中的放大器,当接有为它供电的直流电源而没有信号电压(流)输入时的工作情形便是静态工作情形。如果在静态工作下的非线性电阻电路里,再加入幅度很小的电压或电流信号的激励(例如在电子放大器的输入端所加的电压有时是毫伏级的),这时电路的工作情况将发生怎样的变化?本节所介绍的小信号分析方法便是分析这类问题的一种近似方法。这一方法的基本思想是在静态工作状态下,将非线性电阻电路的方程式线性化,得到相应的可以用以计算小信号激励所产生的小信号响应的线性化电路和线性方程,然后就可以用分析线性电路的方法去进行分析、计算。

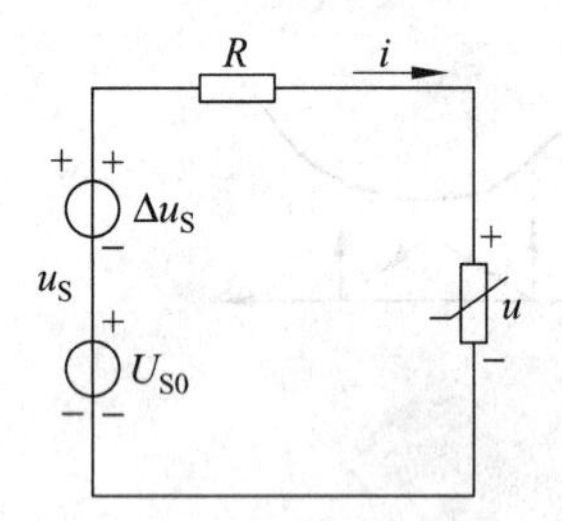

图 19-8-1 说明小信号分析法用的电路

我们用一个简单的非线性电阻电路来说明这一方法。

图 19-8-1 是一由一个线性电阻 R 和一个非线性电阻串联的电路,其中,非线性电阻的伏安特性 $i=f(u)$如图 19-8-2 中所示;电源电压 $u_S=U_{S0}+\Delta u_S$,其中 U_{S0} 是一恒定电压,Δu_S 是 u_S 中的一个微小的变化的分量。我们要考虑的是对给定的这一电路,Δu_S 在电路中将引起电路中的各电压、电流如何变化。

当此电路中仅有 U_{S0} 的作用,即 $\Delta u_S=0$ 时,电路的方程是

$$Ri+u=U_{S0} \tag{19-8-1a}$$

$$i=f(u) \tag{19-8-1b}$$

这时电路中的电流可用前一节中的作图法确定。图 19-8-2 中伏安特性 $i=f(u)$与由式(19-8-1a)作出的直线 l_1 的交点 Q 的坐标给出了电路中的电流 I_Q 和非线性电阻上的电压 U_Q。称伏安特性上的 Q 点为此电路的静态工作点。

当此电路中的电源电压变为 $u_S=U_{S0}+\Delta u_S$,即在恒定电压上加有一个小信号(或扰动)电压,电路中的电流将在原有的静态下的电流 I_Q 附近有一小的变化,即应是 $i=I_Q+\Delta i$。过图 19-8-2 中 u 轴上的 $U_{S0}+\Delta u_S$点,作一与 l_1 平行的直线,此直线与伏安特性 $i=f(u)$曲线的交点 Q_1 就是在电源电压变为 $u_S=U_{S0}+\Delta u_S$时此电路的工作点。类似地,当电源电压变为 $u_S=U_{S0}-\Delta u_S$ 时,此电路的工作点便是图 19-8-2 中的 Q_2 点。由此可见:当电源电压在 $U_{S0}-\Delta u_S$ 与 $U_{S0}+\Delta u_S$ 间变化时,电路的工作点沿伏安特性 $i=f(u)$曲线上的 Q_2 至 Q_1 间的一小段上移动。给定 Δu_S 值,就可在图 19-8-2 中求出相应的 Δi,Δu 值,它们就是小信号

激励电压 Δu_S 产生的小信号响应。伏安特性上 Q_1 至 Q_2 间的一小段曲线与过 Q 点的伏安特性的切线，在 Q 点附近相差很小，所以在 Q 点附近，可以近似地以这切线代替非线性电阻的伏安特性曲线。用这样的做法，我们就可以建立一种带有一定近似性的解析方法——线性化方法去分析非线性电阻电路中小信号的激励与其响应的关系，这就是小信号分析法。

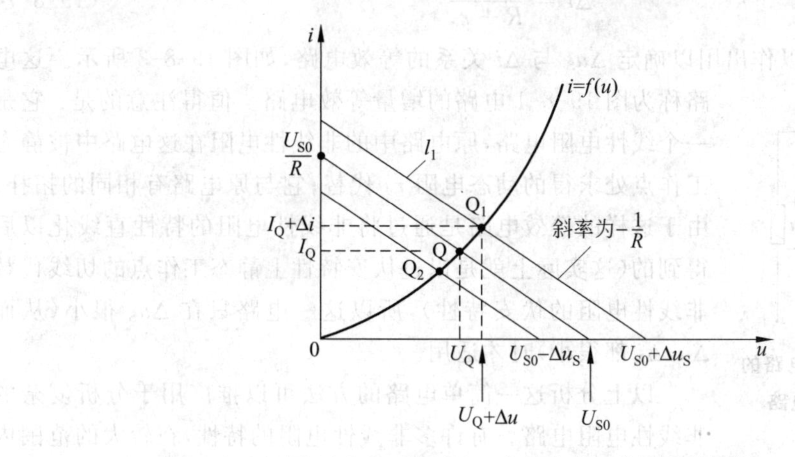

图 19-8-2　图 19-8-1 中的电路工作情况的图解

仍用图 19-8-1 的电路。在恒定电压 U_{S0} 和小信号电压 Δu_S 的作用下，电路的方程是

$$\left.\begin{aligned} Ri + u &= U_{S0} + \Delta u_S \\ i &= f(u) \end{aligned}\right\} \tag{19-8-2}$$

我们已知方程式(19-8-1)的解是 $i = I_Q$；$u = U_Q$。现在电源电压有一增量 Δu_S，于是设 $u = U_Q + \Delta u$；$i = I_Q + \Delta i$，将它们代入式(19-8-2)，便有

$$\left.\begin{aligned} Rf(U_Q + \Delta u) + U_Q + \Delta u &= U_{S0} + \Delta u_S \\ I_Q + \Delta i &= f(U_Q + \Delta u) \end{aligned}\right\} \tag{19-8-3}$$

在 $u = U_Q$ 处将 $f(u)$ 展开为泰勒级数，得

$$I_Q + \Delta i = f(U_Q) + \left.\frac{\mathrm{d}i}{\mathrm{d}u}\right|_{u=U_Q} \Delta u + \text{高阶项} \tag{19-8-4}$$

上式中 $f(U_Q) = I_Q$。在 Δu 足够小的条件下，可以忽略式(19-8-4)中的高阶项；式中的 $\left.\frac{\mathrm{d}i}{\mathrm{d}u}\right|_{u=U_Q}$ 就是非线性电阻的伏安特性 $i = f(u)$ 在静态工作点 (U_Q, I_Q) 的斜率，即在该点的动态电导 g_d，它的倒数即是在该点的动态电阻 $r_d = 1/g_d$。由式(19-8-4)得

$$\Delta i = g_d \Delta u \quad \text{或} \quad \Delta u = r_d \Delta i$$

由式(19-8-3)的第一式便有

$$RI_Q + R\Delta i + U_Q + r_d \Delta i = U_{S0} + \Delta u_S \tag{19-8-5}$$

由方程式(19-8-1)的解有

$$RI_Q + U_Q = U_{S0}$$

从式(19-8-5)中减去上式,就得

$$R\Delta i + r_d \Delta i = \Delta u_S \tag{19-8-6}$$

于是得

$$\Delta i = \frac{\Delta u_S}{R + r_d} \tag{19-8-7}$$

根据式(19-8-7)还可以作出用以确定 Δu_S 与 Δi 关系的等效电路,如图 19-8-3 所示。这电路称为图 19-8-1 电路的增量等效电路。值得注意的是:它是一个线性电阻电路,原电路中的非线性电阻在这电路中被静态工作点处求得的动态电阻 r_d 代替;它与原电路有相同的拓扑。由于这样的等效电路是通过将非线性电阻的特性直线化以后得到的(这实际上就是以过伏安特性上静态工作点的切线代替非线性电阻的伏安特性),所以这一电路只在 Δu_S 很小(从而 Δu,Δi 都很小)时才适用。

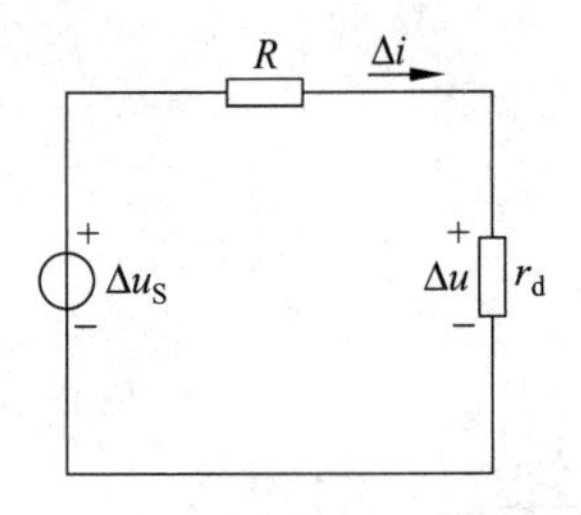

图 19-8-3 图 19-8-1 电路的增量等效电路

以上分析这一简单电路的方法可以推广用于分析复杂的非线性电阻电路。有许多非线性电阻的特性,在较大的范围内接近于直线。对具有这样的特性的非线性电阻电路,线性化方法、小信号分析法就能在较大的范围内适用,而由之得到的计算结果与实际结果差别不大,在一般的工程计算容许的范围内,因此这一方法在非线性电路和系统的分析中得到广泛的应用。

19.9 二阶非线性电路的状态方程

二阶电路的状态用两个状态变量 $x_1(t)$、$x_2(t)$表示,状态变量的方程一般可写为

$$\left.\begin{aligned} \frac{dx_1}{dt} &= f_1(x_1, x_2, t) \\ \frac{dx_2}{dt} &= f_2(x_1, x_2, t) \end{aligned}\right\} \tag{19-9-1}$$

式中的 f_1,f_2 是状态变量 x_1,x_2 和时间变量 t 的已知函数。给定状态变量在某一时刻 t_0 的值 $x_1(t_0)$和 $x_2(t_0)$,式(19-9-1)的满足给定初始条件的解就描述了状态变量随时间 $t>t_0$ 的变化情形。

若方程式(19-9-1)中右端的函数项 f_1,f_2 中不显含时间变量 t,即

$$\left.\begin{aligned} \frac{dx_1}{dt} &= f_1(x_1, x_2) \\ \frac{dx_2}{dt} &= f_2(x_1, x_2) \end{aligned}\right\} \tag{19-9-2}$$

则称此方程为自治方程,由它所描述的电路称为自治电路。凡电路元件参数不随时间变化,在恒定的激励(如恒定电压或电流源)或零输入情况下的电路的状态方程都有自治方程;凡

电路元件的参数随时间变化和(或)有随时间变化的激励(例如正弦激励),其状态方程右端显含有 t 的电路的方程就是非自治方程,由这样的方程所描述的电路称为非自治电路。

建立非线性电路的状态方程的依据仍是电路的 KCL,KVL 方程和电路元件的约束方程。只是对于非线性电路,有的元件约束方程是非线性的。用下面的例子来说明列写非线性电路的状态方程的方法。

【例 19-2】 图 19-9-1 示出一电路,其中的电感是非线性的。假设电感电流 i 与磁链 Ψ 的关系为

$$i = a\Psi + b\Psi^3$$

其中 a,b 为常数。写出此电路的状态方程。

解 取电容电压 u_C 和电感磁链 Ψ 为状态变量,u_C 与 i 的关系是

$$C\frac{\mathrm{d}u_C}{\mathrm{d}t} = i$$

电感电压 u_L 与磁链的关系是 $u_L = \mathrm{d}\Psi/\mathrm{d}t$。由 KVL 应有

$$\frac{\mathrm{d}\Psi}{\mathrm{d}t} = u_S(t) - u_C - u_R = u_S(t) - u_C - Ri$$

将给定的 i 与 Ψ 的关系代入以上两式,即得到此电路的状态方程为

$$\frac{\mathrm{d}u_C}{\mathrm{d}t} = \frac{1}{C}(a\Psi + b\Psi^3)$$

$$\frac{\mathrm{d}\Psi}{\mathrm{d}t} = -u_C - R(a\Psi + b\Psi^3) + u_S(t)$$

如果 $u_S(t)$ 为恒定电压,则此方程为自治方程;如果 $u_S(t)$ 是随时间变化的[例如 $u_S(t) = U_m\sin\omega t$],则此方程便是非自治方程。

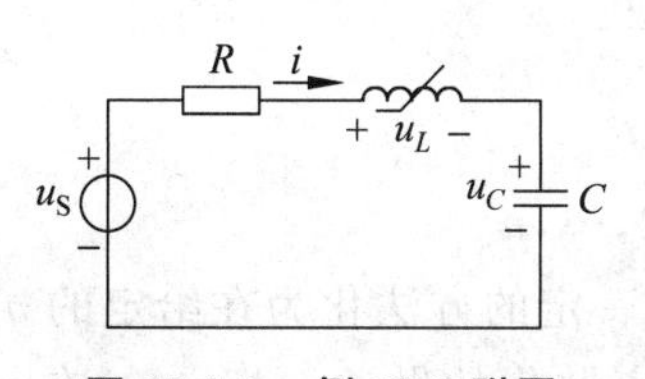

图 19-9-1 例 19-2 附图

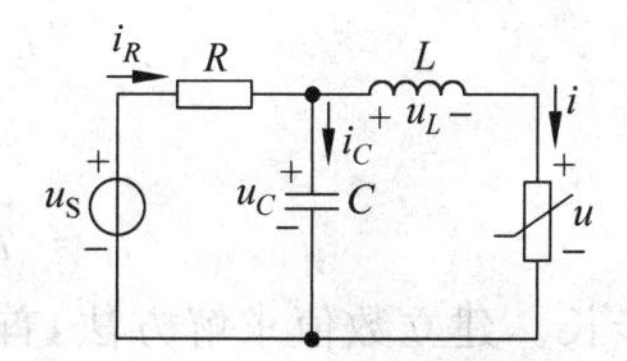

图 19-9-2 例 19-3 附图

【例 19-3】 图 19-9-2 示出一电路,其中电阻 R、电感 L、电容 C 都是常数值,非线性电阻的伏-安特性设为 $u = f(i)$。写出此电路的状态方程。

解 取电容电压 u_C、电感电流 i 为状态变量,则由 KVL,有

$$u_C = u_L + u = L\frac{\mathrm{d}i}{\mathrm{d}t} + f(i)$$

$$u_S - Ri_R = u_C$$

由 KCL,有

$$i_R = i_C + i$$

即

$$i_C = i_R - i$$

消去以上式中的 i_R，并由 $i_C = C\mathrm{d}u_C/\mathrm{d}t$，即得出此电路的状态方程如下：

$$\frac{\mathrm{d}i}{\mathrm{d}t} = \frac{1}{L}[u_C - f(i)]$$

$$\frac{\mathrm{d}u_C}{\mathrm{d}t} = \frac{1}{C}\left(\frac{u_S - u_C}{R} - i\right) = -\frac{1}{RC}u_C - \frac{1}{C}i + \frac{u_S}{RC}$$

19.10 非线性动态电路方程的数值求解方法

非线性动态电路的求解问题，归结为对描述电路的非线性微分方程的求解。而非线性微分方程中，能求出其解析解的，是很少的，因此在许多情况下利用计算机采用数值方法求数值解。本节中只对求微分方程的数值解的一个最简单方法作一介绍。

以一阶微分方程的数值求解方法为例来说明求微分方程数值解方法的基本思想。

设有一阶微分方程

$$\frac{\mathrm{d}x}{\mathrm{d}t} = f(x,t) \quad a \leqslant t \leqslant b \tag{19-10-1}$$

并给定初始条件：$x(t_0) = x_0$。上式中 $f(x,t)$ 是 x,t 的已知函数。方程式(19-10-1)的解是连续变量 t 在 $[a,b]$ 区间的函数。求此微分方程的数值解，只能在 $[a,b]$ 区间里的若干离散的点处，例如在 a,b 间的一系列时刻 $t_k(k=1,2,\cdots,n)$

$$a \leqslant t_0 < t_1 < t_2 < \cdots < t_n = b$$

处，计算 $x(t_k)$ 的近似值。通常取 $t_0,t_1,\cdots,t_n$ 中任一相邻两个时刻的间隔相等，即取

$$h = t_{k+1} - t_k = \frac{t_n - t_0}{n}$$

或即

$$t_k = t_0 + kh \quad k = 0,1,2,\cdots,n$$

称 h 为步长。建立数值求解方法，首先要把微分方程用一定的方法化为在给定的 $n+1$ 个点上的近似的差分方程，这一过程称为离散化，下面说明离散化的做法。把 $x(t)$ 在 t_k 时的值记作 x_k，将 $x(t)$ 在 (t_k,x_k) 处作泰勒级数展开，则可将 x_{k+1} 表为

$$x_{k+1} = x_k + \left.\frac{\mathrm{d}x}{\mathrm{d}t}\right|_{t_k} h + \frac{1}{2}\left.\frac{\mathrm{d}^2x}{\mathrm{d}t^2}\right|_{t_k} h^2 + \cdots$$

假设步长 h 很小，可以忽略上式中二阶以及更高阶导数的各项，便有

$$x_{k+1} \approx x_k + \left.\frac{\mathrm{d}x}{\mathrm{d}t}\right|_{t_k} h \tag{19-10-2}$$

于是得到以差商表示微商的近似表达式

$$\left.\frac{\mathrm{d}x}{\mathrm{d}t}\right|_{t_k} \approx \frac{x_{k+1} - x_k}{h}$$

上式可写成下面的递推形式:

$$x_{k+1}=x_k+f(x_k,t_k)h \tag{19-10-3}$$

运用上式,就可以递推地算出在各离散时刻的 x_k 值:当 $k=0$,x_0 为给定的初始值,将 t_0,x_0 代入上式右端,就可算出 x_1;再令 $k=1$,将 x_1,t_1 代入上式右端,就可算出 x_2;…。依此递推,便可在一系列的 t_k 值下求出 x 的值 x_k,这样就得到用上述算法求出的方程式(19-10-1)的近似数值解。

上述由式(19-10-3)给出的求微分方程式(19-10-1)的数值解的算法称为前向欧拉法。这一算法实际上是在自 t_k 至 t_{k+1} 的时间间隔内将 $x(t)$ 近似为一小段直线,此直线的斜率即为 $f(x_k,t_k)$(见图 19-10-1)。式(19-10-3)中的后一项即为 x 以此斜率经过步长 h 后的增量。在这一算法中忽略了高阶导数项的作用,所以采用这一算法求微分方程的数值解时,步长 h 必须取得小,以减小因此而引起的误差。但也并非将 h 取得愈小愈好,这是因为计算机的字长有限,每经一次运算都引起舍入误差,减小步长便使在一定长的区间内迭代运算的次数增多,使舍入误差增大,而且使计算工作量加大。

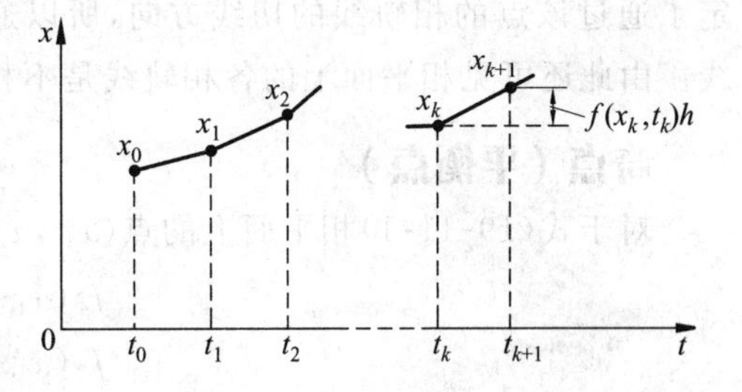

图 19-10-1 前向欧拉法的图象说明

以上介绍的前向欧拉法是求常微分方程数值解的最简单的方法。它也可方便地推广应用于常微分方程组的求解。但是这一方法求得的解答精度不高。深入研究求微分方程数值解的方法,属于计算数学的范围。

19.11 相 平 面

二阶自治电路一般可用下面的状态变量的微分方程描述:

$$\left.\begin{aligned}\frac{dx_1}{dt}&=f_1(x_1,x_2)\\ \frac{dx_2}{dt}&=f_2(x_1,x_2)\end{aligned}\right\} \tag{19-11-1}$$

式中 f_1、f_2 是状态变量 x_1、x_2 的已知函数。对二阶非线性自治电路常用相平面法来进行分析,通过对相平面上的相轨迹或积分曲线的几何特征的研究,可以获得对电路中的动态过程的定性的了解。

在一给定的初始条件 $x_1(t_0)$、$x_2(t_0)$ 下,方程式(19-11-1)有一特解 $x_1(t)$,$x_2(t)$。给定一 t 值,$x_1(t)$,$x_2(t)$各有一值,它们对应于 x_1-x_2 平面——称为相平面(亦称状态平面)——上的一个点,这样的点称为相点。当 t 连续变化时,相点的轨迹形成相平面上的曲线。这样的曲线称为相轨线。在相平面上有许多不同的相轨线，对应于式(19-11-1)的不同的特解，它们形成一相轨线族。相平面上所有相轨线的图象，称为相平面图。

对方程式(19-11-1)可以作这样的力学解释：t 是时间，把 x_1,x_2 看作是平面上运动点的坐标，$\mathrm{d}x_1/\mathrm{d}t,\mathrm{d}x_2/\mathrm{d}t$ 便分别是运动点沿 x_1,x_2 的正方向的运动速度。由式(19-11-1)容易确定相平面上相点的运动速度的大小和方向，这只要将所考察的点的坐标代入 $f_1(x_1,x_2),f_2(x_1,x_2)$，所得的值就分别等于运动点在该点的速度分量 $\mathrm{d}x_1/\mathrm{d}t,\mathrm{d}x_2/\mathrm{d}t$。

给定方程式(19-11-1)，在它的相平面上的每一点，有一定的 $\mathrm{d}x_1/\mathrm{d}t,\mathrm{d}x_2/\mathrm{d}t$ 值，它们决定了通过该点的相轨线的切线方向，所以通过相平面上的每一点，有一条且仅有一条相轨线。由此还可见相平面上的各相轨线是不相交的。

奇点（平衡点）

对于式(19-11-1)相平面上的点(x_{1e},x_{2e})满足

$$\left.\begin{aligned}f_1(x_{1e},x_{2e})=0\\f_2(x_{1e},x_{2e})=0\end{aligned}\right\}\tag{19-11-2}$$

的称为它的奇点。奇点的坐标就是方程式(19-11-2)的常数解。在奇点处 $\mathrm{d}x_1/\mathrm{d}t=\mathrm{d}x_2/\mathrm{d}t=0$，即相点的运动速度为零，这表示由式(19-11-1)描述的电路的工作状态就逗留在由奇点代表的状态，所以奇点又称为平衡点。

相平面上的相轨线方程，可以由求得的式(19-11-1)的解 $x_1=x_1(t),x_2=x_2(t)$ 作出，这样的解答可以看成是相轨线的参数形式的方程式；但可以更直接地用下面的方程求出。将式(19-11-1)中的两式相除，得

$$\frac{\mathrm{d}x_2}{\mathrm{d}x_1}=\frac{f_2(x_1,x_2)}{f_1(x_1,x_2)}\tag{19-11-3}$$

上式即为相轨线所满足的微分方程。这方程是一个一阶方程，其中不含时间变量 t，它的解就是相平面上相轨线的方程。这方程的解析解一般也不容易求出，所以常用数值计算方法求它的数值解。

如果有了式(19-11-3)的相轨线，可以回到方程式(19-11-1)求出相点从相轨线上的一点运动到另一点所经历的时间。由方程式(19-11-1)可知，状态变量变化 $\mathrm{d}x_1,\mathrm{d}x_2$ 所经的时间是

$$\mathrm{d}t=\frac{\mathrm{d}x_1}{f_1(x_1,x_2)}=\frac{\mathrm{d}x_2}{f_2(x_1,x_2)}$$

所以相点由一点 A：(x_{10},x_{20})沿一相轨线运动到另一点 B：(x_{11},x_{21})所经历的时间，可由上式积分得出。取相点在 A(x_{10},x_{20})点的时刻为 $t=t_0$，在 B(x_{11},x_{21})点的时刻为 t_1，则有

$$\int_{t_0}^{t_1}\mathrm{d}t=t_1-t_0=\int_{x_{10}}^{x_{11}}\frac{\mathrm{d}x_1}{f_1[x_1,x_2(x_1)]}=\int_{x_{20}}^{x_{21}}\frac{\mathrm{d}x_2}{f_2[x_1(x_2),x_2]}\tag{19-11-4}$$

上式中 $x_1(x_2),x_2(x_1)$是通过 A,B 点的相轨线方程。

一个线性二阶电路的相平面图

线性二阶电路的方程和它们的解答是我们已熟悉的。现在就图 19-11-1 所示的 RLC 电路(在 8.2 节中已分析过)考察它的相轨线和相平面上的奇点。

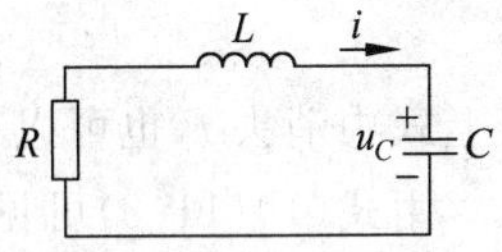

图 19-11-1 RLC 电路

此电路的状态方程是

$$\left.\begin{aligned}\frac{\mathrm{d}u_C}{\mathrm{d}t} &= \frac{i}{C}\\ \frac{\mathrm{d}i}{\mathrm{d}t} &= -\frac{1}{L}u_C - \frac{R}{L}i\end{aligned}\right\} \qquad (19\text{-}11\text{-}5)$$

电容电压 u_C 满足的方程是

$$\frac{\mathrm{d}^2 u_C}{\mathrm{d}t^2} + \frac{R}{L}\frac{\mathrm{d}u_C}{\mathrm{d}t} + \frac{1}{LC}u_C = 0 \qquad (19\text{-}11\text{-}6)$$

令 $x_1 = u_C$, $x_2 = i/C$, $\omega_0^2 = 1/LC$, $\delta = R/2L$,式(19-11-5)可写作

$$\left.\begin{aligned}\frac{\mathrm{d}x_1}{\mathrm{d}t} &= x_2\\ \frac{\mathrm{d}x_2}{\mathrm{d}t} &= -\omega_0^2 x_1 - 2\delta x_2\end{aligned}\right\} \qquad (19\text{-}11\text{-}7)$$

从上式中消去 x_2,或由式(19-11-6),得到 x_1 所满足的方程

$$\frac{\mathrm{d}^2 x_1}{\mathrm{d}t^2} + 2\delta\frac{\mathrm{d}x_1}{\mathrm{d}t} + \omega_0^2 x_1 = 0$$

下面分别考察在不同的电路参数值下,方程式(19-11-7)的相轨线图。

(1) 若 $\delta = 0$(即 $R = 0$),这时图 19-11-1 的电路是由 L、C 组成的回路,式(19-11-7)即有以下形式:

$$\left.\begin{aligned}\frac{\mathrm{d}x_1}{\mathrm{d}t} &= x_2\\ \frac{\mathrm{d}x_2}{\mathrm{d}t} &= -\omega_0^2 x_1\end{aligned}\right\} \qquad (19\text{-}11\text{-}8)$$

相轨线所满足的方程即为

$$\frac{\mathrm{d}x_2}{\mathrm{d}x_1} = -\omega_0^2\frac{x_1}{x_2} \qquad (19\text{-}11\text{-}9)$$

于是有

$$x_2\mathrm{d}x_2 + \omega_0^2 x_1\mathrm{d}x_1 = 0$$

对上式积分,得相轨线方程为

$$\frac{x_2^2}{(\omega_0 K)^2} + \frac{x_1^2}{K^2} = 1 \qquad (19\text{-}11\text{-}10)$$

其中 K 是积分常数。上式所表示的相轨线是一族椭圆,如图 19-11-2 所示。椭圆的横半轴长为 K,纵半轴长为 $\omega_0 K$。由式(19-11-10)可见,当 $x_2 = 0$(即 $i = 0$)若 $x_1 = u_C = U_0$,则 $K = U_0$。对应于一 K 值有一椭圆。椭圆形的相轨线表示电路中的正弦振荡。在 8.2 节中曾

分析过这一二阶电路，当 $R=0$ 时，此电路的特征方程有一对共轭虚根，u_C 和 i 分别是

$$\left.\begin{aligned} u_C &= U_0\cos\omega_0 t \\ i &= -\frac{U_0}{\omega_0 L}\sin\omega_0 t \end{aligned}\right\} \tag{19-11-11}$$

从上式中消去 t，也可以得到式(19-11-10)表示的相轨线方程。

由式(19-11-8)可见，此电路有唯一的平衡点，即相平面上的(0,0)点，所有的相轨线都包围此点，这样的平衡点称为中心点。

(2) 若 $\delta>0$，且 $\delta<\omega_0$，即 $R/2L>0, R/2L<1/\sqrt{LC}$。在这一情形下，式(19-11-7)的解已在 8.2 节中求得，方程式(19-11-7)或式(19-11-6)的特征方程的根是一对实部为负值的共轭复根，它的解答是

$$\left.\begin{aligned} x_1 &= K e^{-\delta t}\cos(\omega t+\theta) \\ x_2 &= -K\omega_0 e^{-\delta t}\sin(\omega t+\theta+\beta) \end{aligned}\right\} \tag{19-11-12}$$

式中 $\omega^2=\omega_0^2-\delta^2$，$\beta=\arctan(\delta/\omega)$；$K,\theta$ 是由初始条件决定的积分常数。在这种情形下，$x_1(t), x_2(t)$ 都是衰减振荡，随着 t 的增大，振荡振幅逐渐衰减，当 $t\to\infty$ 时，x_1, x_2 都趋于零。在相平面上，相轨线是一族收缩的螺旋线，大略如图 19-11-3 所示：相点围绕着平衡点运动，相轨线最终(当 $t\to\infty$ 时)都趋于唯一的平衡点——原点。这样的平衡点称为稳定焦点。

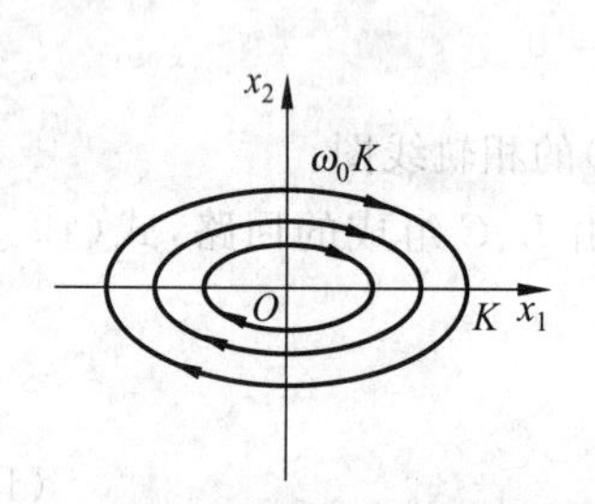

图 19-11-2 $\delta=0$ 时的相轨线

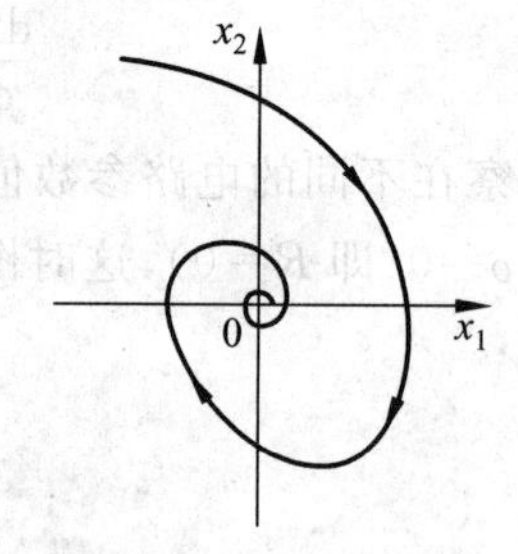

图 19-11-3 $\delta>0, \delta<\omega_0$ 时的相轨线

(3) 若 $\delta>0$，且 $\delta>\omega_0$，即 $R/2L>0, R/2L>1/\sqrt{LC}$。这时方程式(18-4-7)的特征方程的根是两个不等的负实根，式(19-11-7)的解是

$$\left.\begin{aligned} x_1 &= K_1 e^{\lambda_1 t}+K_2 e^{\lambda_2 t} \\ x_2 &= K_1\lambda_1 e^{\lambda_1 t}+K_2\lambda_2 e^{\lambda_2 t} \end{aligned}\right\} \tag{19-11-13}$$

上式中 $\lambda_1=-\delta+\sqrt{\delta^2-\omega_0^2}$，$\lambda_2=-\delta-\sqrt{\delta^2-\omega_0^2}$；$K_1, K_2$ 是积分常数，它们由初始条件决定。

由以上已知的解答，就可看出相应的相轨线的主要特征。当 $K_2=0$——这对应于某些初始条件——有一相轨线方程 $x_2=\lambda_1 x_1$；当 $K_1=0$——这对应于某另一些初始条件——有另一相轨线方程 $x_2=\lambda_2 x_1$，它们是相平面上的两条直线，其中的每一条直线是两条分别从不同方向趋于原点的相轨线，如图 19-11-4 所示。注意到

$$\frac{dx_2}{dx_1}=\frac{K_1\lambda_1^2 e^{\lambda_1 t}+K_2\lambda_2^2 e^{\lambda_2 t}}{K_1\lambda_1 e^{\lambda_1 t}+K_2\lambda_2 e^{\lambda_2 t}}=\frac{K_1\lambda_1^2 e^{(\lambda_1-\lambda_2)t}+K_2\lambda_2^2}{K_1\lambda_1 e^{(\lambda_1-\lambda_2)t}+K_2\lambda_2}$$

考虑到 λ_1,λ_2 均为负值，且 $|\lambda_1|<|\lambda_2|$，由上式可见：当 $t\to\infty$ 时，$\frac{\mathrm{d}x_2}{\mathrm{d}x_1}\to\lambda_1$，这表示此时所有的相轨线的斜率均趋于 λ_1，即趋于与直线 $x_2=\lambda_1x_1$ 平行；作与此类似的分析还可知，当 $t\to-\infty$ 时，$\left.\frac{\mathrm{d}x_2}{\mathrm{d}x_1}\right|_{t=-\infty}\to\lambda_2$，表示此时所有相轨线的斜率均趋于 λ_2，即趋于与直线 $x_2=\lambda_2x_1$ 平行。所有的相轨线都在 $t\to\infty$ 时趋于唯一的平衡点——原点。这样的平衡点称为稳定的节点。

以上考虑的是本节中的二阶电路参数均为正值时的相轨线，在这种情形下，平衡点都是稳定的。如果电路参数出现负值(例如负电阻)，便将出现电路方程的特征根为正值或实部为正的复数值情形。下面讨论这些情形下的相轨线。

(4) 若 $\delta<0,\delta^2>\omega_0^2$，即 $\frac{R}{2L}<0,\frac{R^2}{4L_2}>\frac{1}{LC}>0$。若电路有负电阻，而且是过阻尼就属于这种情形。这时式(19-11-7)的特征根 λ_1,λ_2 都是正值，解答是 $K_1\mathrm{e}^{\lambda_1t}+K_2\mathrm{e}^{\lambda_2t}$ 的形式，它的解都在 $t\to\infty$ 时趋于 $\pm\infty$，而在 $t\to-\infty$ 时趋于零。这一情形下相轨线的图象与图 19-11-4 的图象相似，但相点的运动方向与之相反，如图 19-11-5 所示。由图可见，这里的平衡点是不稳定的，只要电路中的变量 (x_1,x_2) 对平衡点有任何小的偏移，它们就要沿某一轨线变化，最终趋于无限远处。这种情形下的平衡点称为不稳定节点。

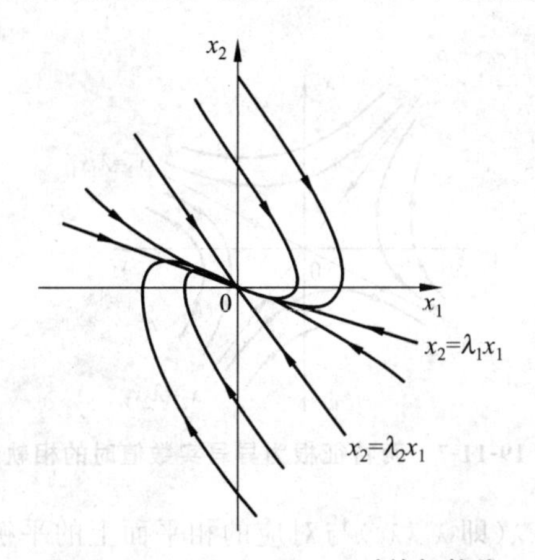

图 19-11-4 $\delta>0,\delta>\omega_0$ 时的相轨线

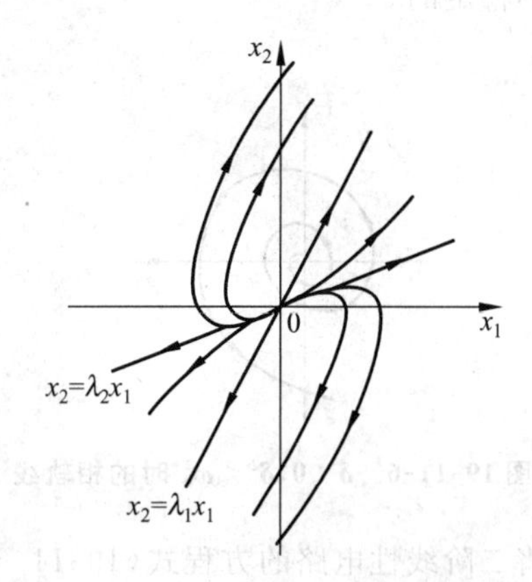

图 19-11-5 $\delta<0,\delta^2>\omega_0^2$ 时的相轨线

(5) 若 $\delta<0,\delta^2<\omega_0^2$，即 $\frac{R}{2L}<0,\frac{R^2}{4L^2}<\frac{1}{LC}$。若电路有负电阻而且是欠阻尼就属于这种情形。这时式(19-11-7)的特征根 λ_1,λ_2 是实部为正的共轭复数，它的解是 $K\mathrm{e}^{-\delta t}\sin(\omega t+\psi)$ 的形式，K,ψ 为任意积分常数。这一振荡的振幅随时间 t 的增长而增大，振荡角频率 $\omega=\sqrt{\omega_0^2-\delta^2}$。振荡的振幅在 $t\to\infty$ 时趋于 ∞，在 $t\to-\infty$ 时趋于零。这种情形下的相轨线与图 19-11-3 中的图象相似，但相点的运动方向与之相反。如图 19-11-6 中所示；随着时间的增长，相点离平衡点愈来愈远，最终在 $t\to\infty$ 时趋于无限远处。这一情形下的平衡点也是不

稳定的，称为不稳定焦点。

(6) 若 LC 中有一个是正值，另一个是负值，这时变量 x_1 所满足的微分方程是

$$\frac{\mathrm{d}^2 x_1}{\mathrm{d}t^2}+2\delta\frac{\mathrm{d}x_1}{\mathrm{d}t}-\omega_1^2 x_1=0 \tag{19-11-14}$$

式中 $\delta=\dfrac{R}{2L}$，$-\omega_1^2=\dfrac{1}{LC}$。上面方程的状态变量方程即是

$$\left.\begin{aligned}\frac{\mathrm{d}x_1}{\mathrm{d}t}&=x_2\\ \frac{\mathrm{d}x_2}{\mathrm{d}t}&=\omega_1^2 x_1-2\delta x_2\end{aligned}\right\} \tag{19-11-15}$$

式(19-11-14)或式(19-11-15)的特征方程根是两个异号的实根 λ_1，λ_2，它们的解是 $K_1\mathrm{e}^{\lambda_1 t}+K_2\mathrm{e}^{\lambda_2 t}$形式的。设 $\lambda_1>0$，$\lambda_2<0$，则 $\mathrm{e}^{\lambda_1 t}$在 $t\to\infty$ 时趋于∞；$\mathrm{e}^{\lambda_2 t}$在 $t\to-\infty$ 时趋于∞。仿照本节(3)中的讨论方法可以见到：有两条直线 $x_2=\lambda_1 x_1$ 和 $x_2=\lambda_2 x_1$ 是相轨线，它们分别对应于特解 $x_1=K_1\mathrm{e}^{\lambda_1 t}$，$x_2=K_1\lambda_1\mathrm{e}^{\lambda_1 t}$和 $x_1=K_2\mathrm{e}^{\lambda_2 t}$，$x_2=K_2\lambda_2\mathrm{e}^{\lambda_2 t}$。由于 $\lambda_1>0$，所以 $x_2=\lambda_1 x_1$ 上的相点走向无限远处；而 $\lambda_2<0$，所以 $x_2=\lambda_2 x_1$ 上的相点走向原点。由此可见，在两特征根为异号的实数值的情形下，相轨线大略如图 19-11-7 所示。在这图中，只有两条相轨线在 $t\to\infty$ 时趋于原点，另有两条轨线在 $t\to-\infty$ 时趋于原点。这一情形下的平衡点称为鞍点，鞍点总是不稳定的。

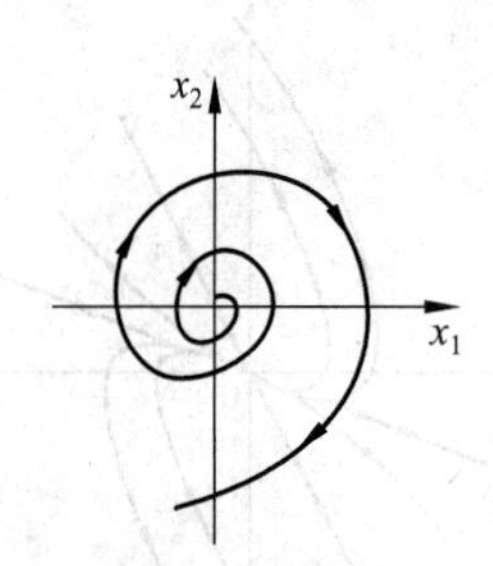

图 19-11-6 $\delta<0,\delta^2<\omega_0^2$ 时的相轨线

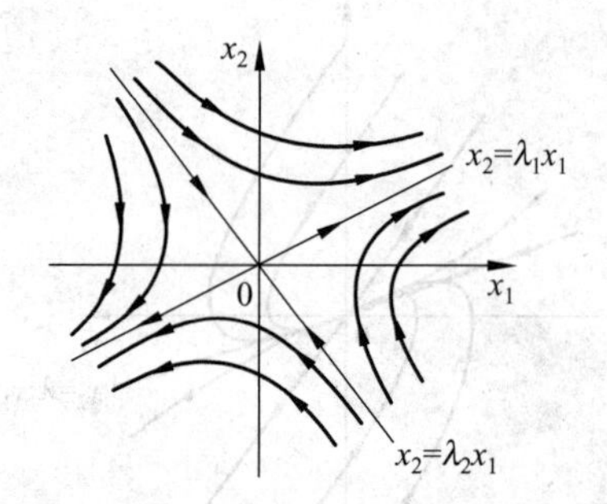

图 19-11-7 两特征根为异号实数值时的相轨线

将二阶线性电路的方程式(19-11-6)的特征根 λ(即 λ_1，λ_2)与对应的相平面上的平衡点类型间的关系归纳如下：

(1) 中心点 $\mathrm{Re}(\lambda_1)=\mathrm{Re}(\lambda_2)=0$，$\mathrm{Im}(\lambda)\neq 0$；

(2) 稳定焦点 $\mathrm{Re}(\lambda)<0$，$\mathrm{Im}(\lambda)\neq 0$；

(3) 不稳定焦点 $\mathrm{Re}(\lambda)>0$，$\mathrm{Im}(\lambda)\neq 0$；

(4) 稳定节点 $\mathrm{Re}(\lambda)<0$，$\mathrm{Im}(\lambda)=0$；

(5) 不稳定节点 $\mathrm{Re}(\lambda)>0$，$\mathrm{Im}(\lambda)=0$；

(6) 鞍点 $\mathrm{Re}(\lambda_1)>0$，$\mathrm{Re}(\lambda_2)<0$，$\mathrm{Im}(\lambda)=0$。

极限环的概念

非线性自治电路和系统的相平面图中，还可能出现称为极限环的轨线。极限环是相平面上的孤立的闭轨线，"孤立"的闭轨线是指闭轨线的邻域中没有其它的闭轨线。极限环可分为稳定的极限环和不稳定的极限环两种。稳定的极限环附近的轨线都随着时间的增长而趋近于该极限环，如图 19-11-8(a)所示；不稳定极限环附近的轨线却随着时间的增长而愈来愈远地离开极限环，如图 19-11-8(b)所示。

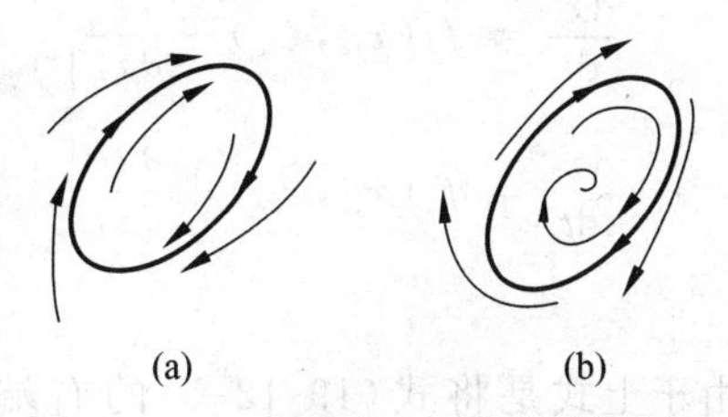

图 19-11-8　稳定的和不稳定的极限环

(a) 稳定的；(b) 不稳定的

相平面上的一条闭轨线对应于一个周期性的振荡，这在本节中关于 LC 回路的相图的讨论中已看到（见图 19-11-2），但那个相图中的每一闭轨线的附近有着许多不同的闭轨线，并非是孤立的，所以那样的闭轨线不是极限环。

有一些非线性自治电路中可以激发稳定的周期振荡，例如正弦波振荡器，方波信号发生器中激起的振荡便是典型的例子。这种振荡称为自激振荡，对应于相应的自治状态方程的稳定的周期解或稳定的极限环。在 19.14 节里将分析一个可以产生自激振荡的二阶非线性电路并作出它的相平面图，其中就含有一个稳定的极限环。

非稳定的极限环则表示一种实际上不能实现的振荡过程，因为只要起始状态对极限环有任何小的偏离，就将使此后相点的运动永久地离开极限环所表示的轨线。

19.12　非线性电路方程的线性化

非线性电路一般由一组非线性微分方程描述。在研究非线性电路在平衡点附近的工作状态、考察平衡点的稳定性时，常将非线性微分方程做线性化处理，得到相应的线性微分方程，而研究线性方程比研究非线性方程要容易得多。本节中以二阶自治电路的方程为例，说明线性化方法。

二阶非线性自治电路的微分方程的一般形式是

$$\left.\begin{aligned}\frac{\mathrm{d}x_1}{\mathrm{d}t} &= f_1(x_1,x_2)\\ \frac{\mathrm{d}x_2}{\mathrm{d}t} &= f_2(x_1,x_2)\end{aligned}\right\} \tag{19-12-1}$$

它的平衡点是非线性方程

$$\left.\begin{aligned}f_1(x_1,x_2) &= 0\\ f_2(x_1,x_2) &= 0\end{aligned}\right\} \tag{19-12-2}$$

的解。设上述方程的解为 $x_1=x_{1\mathrm{e}}, x_2=x_{2\mathrm{e}}$。在电路问题中，将非线性电路中的电容开路（$i_C=0, u_C=$常数），将电感短路（$u_L=0, i_L=$常数）后，所得的电阻电路方程，就是式(19-12-2)那样的方程。直线化的做法是将式(19-12-1)右端的 x_1,x_2 的非线性函数 f_1，f_2 在平衡点(x_{1e},x_{2e})处展开为泰勒级数：

$$\left.\begin{aligned}\frac{\mathrm{d}x_1}{\mathrm{d}t}&=f_1(x_{1e},x_{2e})+\frac{\partial f_1}{\partial x_1}\bigg|_{\substack{x_1=x_{1e}\\x_2=x_{2e}}}(x_1-x_{1e})+\frac{\partial f_1}{\partial x_2}\bigg|_{\substack{x_1=x_{1e}\\x_2=x_{2e}}}(x_2-x_{2e})+(\text{高阶项})\\\frac{\mathrm{d}x_2}{\mathrm{d}t}&=f_2(x_{1e},x_{2e})+\frac{\partial f_2}{\partial x_1}\bigg|_{\substack{x_1=x_{1e}\\x_2=x_{2e}}}(x_1-x_{1e})+\frac{\partial f_2}{\partial x_2}\bigg|_{\substack{x_1=x_{1e}\\x_2=x_{2e}}}(x_2-x_{2e})+(\text{高阶项})\end{aligned}\right\}\tag{19-12-3}$$

由于上式是将式(19-12-1)的右端在平衡点(x_{1e}，x_{2e})处展为泰勒级数而得到的，所以 $f_1(x_{1e},x_{2e})=f_2(x_{1e},x_{2e})=0$。将状态变量 x_1,x_2 对平衡状态的偏离记作

$$\left.\begin{aligned}\xi&=x_1-x_{1e}\\\eta&=x_2-x_{2e}\end{aligned}\right\}\tag{19-12-4}$$

将式(19-12-3)中以平衡点处 f_1,f_2 的偏导数表示的系数——它们都是常数——分别用以下的符号表示：

$$\frac{\partial f_1}{\partial x_1}\bigg|_{\substack{x_1=x_{1e}\\x_2=x_{2e}}}=a\qquad\frac{\partial f_1}{\partial x_2}\bigg|_{\substack{x_1=x_{1e}\\x_2=x_{2e}}}=b$$

$$\frac{\partial f_2}{\partial x_1}\bigg|_{\substack{x_1=x_{1e}\\x_2=x_{2e}}}=c\qquad\frac{\partial f_2}{\partial x_2}\bigg|_{\substack{x_1=x_{1e}\\x_2=x_{2e}}}=d$$

假设 ξ,η 的值足够小，可以忽略式(19-12-3)中的高阶导数项，就得到式(19-12-3)线性化后的方程式为

$$\left.\begin{aligned}\frac{\mathrm{d}\xi}{\mathrm{d}t}&=a\xi+b\eta\\\frac{\mathrm{d}\eta}{\mathrm{d}t}&=c\xi+d\eta\end{aligned}\right\}\tag{19-12-5}$$

上式即为 x_1,x_2 对 x_{1e},x_{2e}的偏离(扰动)所满足的微分方程。这是一组常系数线性微分方程，在 ξ,η 很小的情形下，可以用它研究 ξ,η 随时间变化的过程，也可以利用它研究方程式(19-12-1)的平衡点在小范围内的稳定性。

对于有更多状态变量的状态方程组，也可以用这样的线性化方法，得到相应的线性方程组。

19.13 平衡点的稳定性的概念

自治电路的平衡点可以由电路方程确定。例如二阶自治电路的平衡点可以由方程式(19-12-2)的解给出。平衡点有稳定的和不稳定的两种。这从 19.11 节中对线性二阶电路的分析已可见到。平衡点的稳定性质对于电路的工作是重要的，如果一电路的某平衡点是不稳定的，就表明该电路不可能稳定地工作在该平衡点所表示的工作状态。本节对两个非线性电路的平衡点的稳定性进行分析，以了解电路中平衡点的稳定性的概念和判断其稳定性的基本

方法。

先看一个简单的力学的例子。图 19-13-1(a) 中示一在重力作用下的刚性单摆，它的一端 0 固定，摆可以在图中的平面上绕 0 点转动。摆的位置用图中的 θ 角表示。这样的摆有两个平衡位置，如图 19-13-1(b)，(c) 中所示。图(b) 的情形对应于平衡点 $\dot{\theta}=0,\theta=\pi$；图(c) 的情形对应于平衡点 $\dot{\theta}=0,\theta=0$。图 19-13-1(b) 中的平衡点是不稳定的，因为只要摆的位置对这一平衡位置有任何小的偏离，摆的运动就会使它有更大的偏离，最终离开这一平衡点。图 19-13-1(c) 中所示的平衡点是稳定的，因为当摆的位置对此平衡点有任何偏离，在重力、摩擦阻力的作用下，它最终会回到此平衡位置。从这个例子可见，要考察电路(或系统)的一平衡点是否稳定，可以通过考察偏离平衡点后运动将如何变化来判定。简略地说，对于一平衡点，如果有一小的偏离，随着运动的进行，此偏离能逐渐减小，最终回复到原来的平衡点，这平衡点便是稳定的。

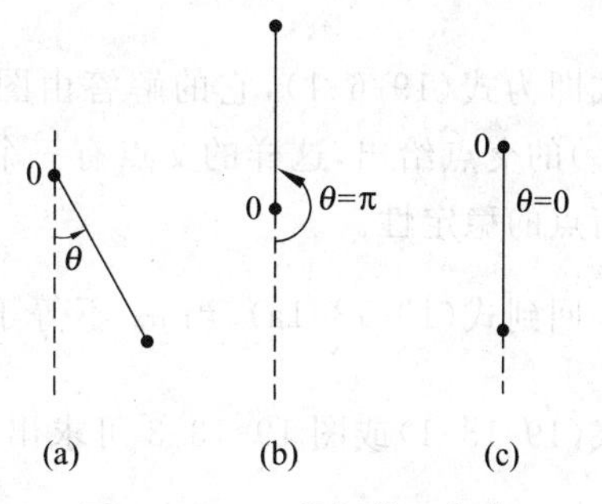

图 19-13-1 单摆的平衡点

(a) 刚性单摆；(b) $\dot{\theta}=0,\theta=\pi$；(c) $\dot{\theta}=0,\theta=0$

现在考虑图 19-6-1 所示的非线性电阻电路的平衡点的稳定性。将此电路重画在图 19-13-2 中。这是一个隧道二极管经线性电阻接至恒定电压 U_S 的电路，隧道二极管的伏安特性 $i=f(u_d)$ 如图 19-13-3 所示。在图 19-13-2 中与隧道二极管并联有一电容 C，它是实际电路中一定有的(二极管的两极间总有即使很小但不为零的电容)。这电路是一个一阶电路，考虑到其中的电容电压 u_C 与二极管电压 u_d 相等，它的方程可写为

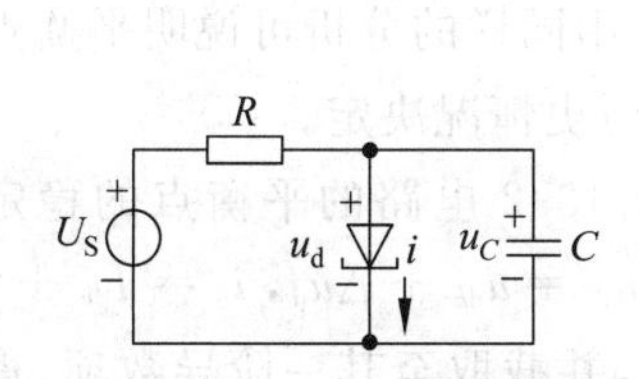

图 19-13-2 一个一阶非线性电路

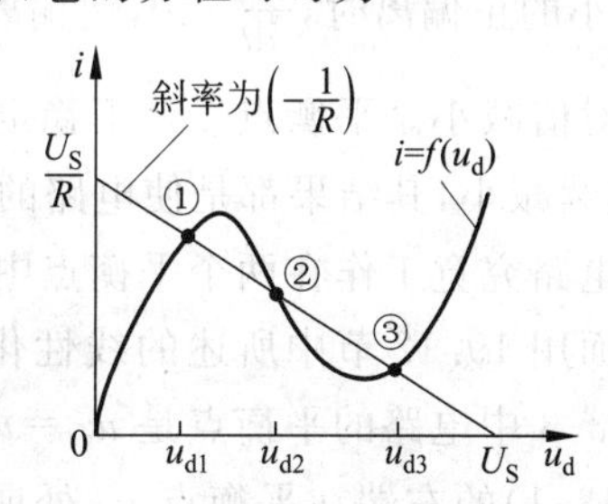

图 19-13-3 图 19-13-2 中电路的平衡点

$$C\frac{\mathrm{d}u_d}{\mathrm{d}t}=\frac{U_S-u_d}{R}-f(u_d) \tag{19-13-1a}$$

$$i=f(u_d) \tag{19-13-1b}$$

为求出此电路的平衡点，令式(19-13-1a)中的$\frac{\mathrm{d}u_d}{\mathrm{d}t}=0$，得到方程式

$$\frac{U_S-u_d}{R}-f(u_d)=0 \tag{19-13-2}$$

于是有

$$Ri + u_{\mathrm{d}} = U_{\mathrm{S}} \tag{19-13-3a}$$

$$i = f(u_{\mathrm{d}}) \tag{19-13-3b}$$

上式即为式(19-6-1),它的解答由图 19-13-3 中的直线[按式(19-13-3a)作出]与曲线 $i=f(u_{\mathrm{d}})$的交点给出,这样的交点有三个,即图 19-13-3 中的①,②,③三个点。现在考察这些平衡点的稳定性。

回到式(19-13-1a),当 u_{d} 不等于平衡点处的数值时,$C\dfrac{\mathrm{d}u_{\mathrm{d}}}{\mathrm{d}t}$,即电容中的电流不为零。由式(19-13-1)或图 19-13-3 可求出 $C\dfrac{\mathrm{d}u_{\mathrm{d}}}{\mathrm{d}t}$与 u_{d} 的关系:在某一 u_{d} 值下,图 19-13-3 中的直线与 $i=f(u_{\mathrm{d}})$的纵坐标之差即为在该 u_{d} 值下的 $C\dfrac{\mathrm{d}u_{\mathrm{d}}}{\mathrm{d}t}$。由此可得 $C\dfrac{\mathrm{d}u_{\mathrm{d}}}{\mathrm{d}t}$与 u_{d} 的关系如图 19-13-4 所示。

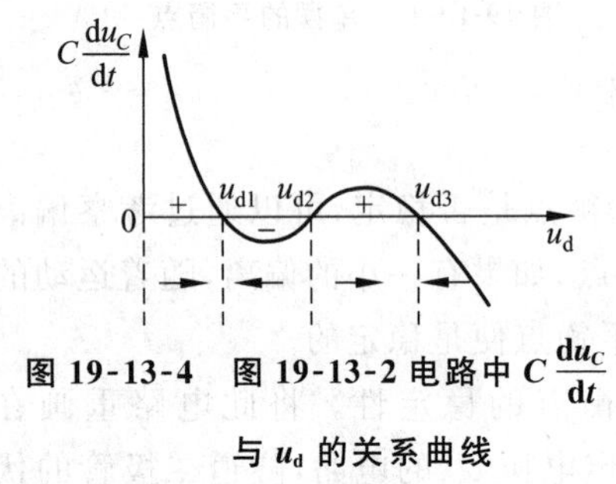

图 19-13-4　图 19-13-2 电路中 $C\dfrac{\mathrm{d}u_C}{\mathrm{d}t}$与 u_{d} 的关系曲线

由此图可见:在平衡点处,$C\dfrac{\mathrm{d}u_{\mathrm{d}}}{\mathrm{d}t}=0$;在非平衡点处,$C\dfrac{\mathrm{d}u_{\mathrm{d}}}{\mathrm{d}t}$均不为零。在 $0<u_{\mathrm{d}}<u_{\mathrm{d1}}$ 区间,$C\dfrac{\mathrm{d}u_{\mathrm{d}}}{\mathrm{d}t}>0$;在 $u_{\mathrm{d1}}<u_{\mathrm{d}}<u_{\mathrm{d2}}$ 区间,$C\dfrac{\mathrm{d}u_{\mathrm{d}}}{\mathrm{d}t}<0$;在 $u_{\mathrm{d2}}<u_{\mathrm{d}}<u_{\mathrm{d3}}$ 区间,$C\dfrac{\mathrm{d}u_{\mathrm{d}}}{\mathrm{d}t}>0$;当 $u_{\mathrm{d3}}<u_{\mathrm{d}}$ 时,$C\dfrac{\mathrm{d}u_{\mathrm{d}}}{\mathrm{d}t}<0$。由此可以判断各平衡点的稳定性。平衡点③是稳定的,因为 u_{d} 对 u_{d3} 有一小的正偏离时,$\dfrac{\mathrm{d}u_{\mathrm{d}}}{\mathrm{d}t}<0$,使偏离减小,而当 u_{d} 对 u_{d3} 有一小的负偏离时,$\dfrac{\mathrm{d}u_{\mathrm{d}}}{\mathrm{d}t}>0$,使偏离的绝对值减小。平衡点②是不稳定的,因为在它附近,正的偏离使 u_{d} 继续增大,负的偏离使 u_{d} 继续减小,其结果都是使电路的工作点离开此点。用同样的分析可说明平衡点①是稳定的。电路究竟工作在两个平衡点中的哪一个,则由其历史情况决定。

下面用 19.12 节中所述的线性化方法来考察图 19-13-2 电路的平衡点的稳定性。设图 19-13-3 中电路的平衡点是 $u_{\mathrm{de}}=u_{\mathrm{d}k}(k=1,2,3)$,记 $u_{\mathrm{d}}=u_{\mathrm{d}k}+\Delta u_{\mathrm{d}}$,$i_{\mathrm{d}}=I_{\mathrm{d}k}+\Delta i_{\mathrm{d}}$。将式(19-13-1)的右端在平衡点 $u_{\mathrm{d}k}$ 处展为 u_{d} 的泰勒级数,并截取至其一阶导数项,得到下面的线性方程

$$C\frac{\mathrm{d}}{\mathrm{d}t}(u_{\mathrm{d}k}+\Delta u_{\mathrm{d}}) \approx \frac{U_{\mathrm{S}}-(u_{\mathrm{d}k}+\Delta u_{\mathrm{d}})}{R} - f(u_{\mathrm{d}k}) - \left.\frac{\mathrm{d}f(u_{\mathrm{d}})}{\mathrm{d}u_{\mathrm{d}}}\right|_{u_{\mathrm{d}k}} \Delta u_{\mathrm{d}}$$

$$= \frac{U_{\mathrm{S}}-u_{\mathrm{d}k}}{R} - \frac{\Delta u_{\mathrm{d}}}{R} - I_{\mathrm{d}k} - g_{\mathrm{d}k}\Delta u_{\mathrm{d}}$$

式中 $g_{\mathrm{d}k}=\left.\dfrac{\mathrm{d}f(u_{\mathrm{d}})}{\mathrm{d}u_{\mathrm{d}}}\right|_{u_{\mathrm{d}k}}$ 是在平衡点 k 处非线性电阻的动态电导。上式中第 1,3 两项之和为零,因为它就是平衡状态下的电流平衡式(即式(19-13-2)),于是有

$$C\frac{\mathrm{d}\Delta u_{\mathrm{d}}}{\mathrm{d}t}=\left(-\frac{1}{R}-g_{\mathrm{d}k}\right)\Delta u_{\mathrm{d}}$$

令 $G=1/R$,将以上方程写作

$$(G+g_{\mathrm{d}k})\Delta u_{\mathrm{d}}+C\frac{\mathrm{d}\Delta u_{\mathrm{d}}}{\mathrm{d}t}=0 \tag{19-13-4}$$

上一方程的特征方程是

$$C\lambda+G+g_{\mathrm{d}k}=0$$

特征根是

$$\lambda=-\frac{G+g_{\mathrm{d}k}}{C}$$

方程式(19-13-4)的解是

$$\Delta u_{\mathrm{d}}=\Delta u_{\mathrm{d}}(0)\mathrm{e}^{-\frac{G+g_{\mathrm{d}k}}{C}t}=\Delta u_{\mathrm{d}}(0)\mathrm{e}^{-\frac{t}{R_{\mathrm{e}}C}} \tag{19-13-5}$$

上式中 $R_{\mathrm{e}}=1/(G+g_{\mathrm{d}k})$,$\Delta u_{\mathrm{d}}(0)$ 是 $t=0$ 时 u_{d} 对平衡点的偏离值,即 $u_{\mathrm{d}}(0)-u_{\mathrm{d}k}$。由式(19-13-5)可以判别图 19-13-3 中各平衡点的稳定性。在平衡点①和③处,g_{d1},g_{d3} 均为正值,u_{d} 的偏离将随时间的增长而依指数衰减,所以平衡点①,③都是稳定的;在平衡点②处,g_{d2} 为负值,且其绝对值大于 G,所以这时方程式(19-13-4)的特征根为正值,它意味着 Δu_{d2} 的绝对值随时间的增长而依指数函数增大,这就表明平衡点②是不稳定的,如果 $\Delta u_{\mathrm{d}}(0)$ 为正,u_{d} 就会增大到 u_{d3}(平衡点③);如果 $\Delta u_{\mathrm{d2}}(0)$ 为负,u_{d} 就要减小到 u_{d1}(平衡点①)。Δu_{d} 不会无限增大,因为 Δu_{d} 的绝对值大,就表示离平衡点远,那时方程式(19-13-4)就不再适用了。

一个二阶电路的平衡点的稳定性

仍用上面分析平衡点稳定性的方法,下面考察一个二阶非线性电路的平衡点的稳定性。

图 19-13-5 所示电路有线性电感 L、线性电容 C、线性电阻 R 和一非线性电阻。非线性电阻的伏安特性 $u=f(i)$ 如图 19-13-6 所示。现考察此电路的平衡点的稳定性。取此电路中的电流 i、电压 u_C 为状态变量,写出状态方程如下:

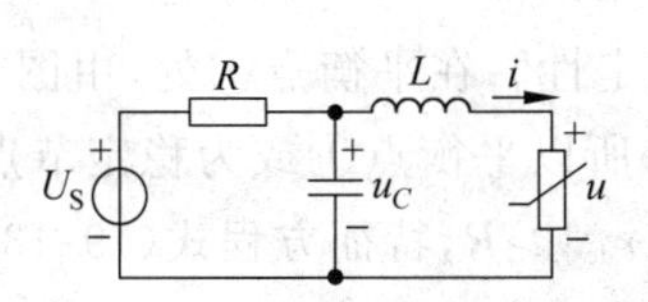

图 19-13-5 一个含有非线性电阻的二阶电路

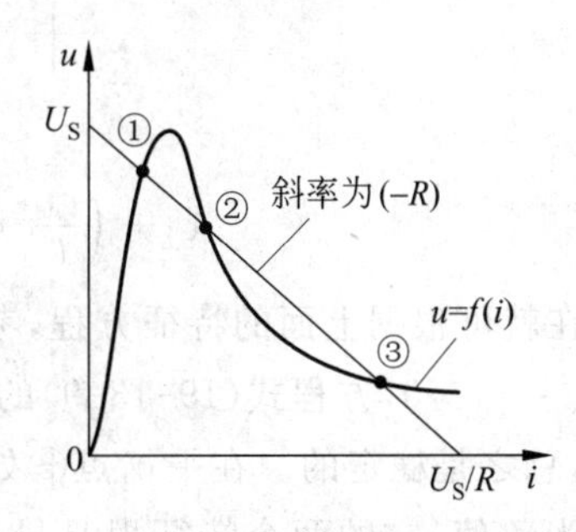

图 19-13-6 图 19-13-5 电路中非线性电阻的伏安特性和它的静态工作点

$$\left.\begin{aligned}\frac{\mathrm{d}u_C}{\mathrm{d}t} &= \frac{1}{C}\left(\frac{U_S - u_C}{R} - i\right)\\ \frac{\mathrm{d}i}{\mathrm{d}t} &= \frac{1}{L}\left[u_C - f(i)\right]\end{aligned}\right\} \tag{19-13-6}$$

为求此电路的平衡点,令上式的左端为零,得到以下方程:

$$\frac{U_S - u_C}{R} - i = 0$$

$$u_C - f(i) = 0$$

上面方程又可写作

$$\left.\begin{aligned}U_S - Ri &= f(i)\\ u_C - f(i) &= 0\end{aligned}\right\} \tag{19-13-7}$$

图 19-13-6 中的直线与 $f(i)$曲线的交点①,②,③即为平衡点,各平衡点 $u(=u_C)$,i 值均可求出。将各平衡点处的 u_C,i 分别表示为 U_{Ck},$I_k(k=1,2,3)$。将电压 u_C,电流 i 写作

$$u_C = U_{Ck} + x_1$$

$$i = I_k + x_2$$

上式中的 x_1,x_2 分别是 u_C,i 对平衡点 U_{Ck},I_k 的偏离量或增量。将方程式(19-13-6)在某一平衡点处线性化,得到 x_1,x_2 所满足的线性微分方程:

$$\left.\begin{aligned}\frac{\mathrm{d}x_1}{\mathrm{d}t} &= -\frac{1}{CR}x_1 - \frac{1}{C}x_2\\ \frac{\mathrm{d}x_2}{\mathrm{d}t} &= \frac{1}{L}x_1 - \frac{r_{\mathrm{de}}}{L}x_2\end{aligned}\right\} \tag{19-13-8}$$

式中的 $r_{\mathrm{de}}=\left.\frac{\mathrm{d}f(i)}{\mathrm{d}i}\right|_{i=I_k}$,即为非线性电阻在平衡点 k 处的动态电阻。由式(19-13-8)可得到它的特征方程为

$$\begin{vmatrix}\lambda + \frac{1}{RC} & \frac{1}{C}\\ -\frac{1}{L} & \lambda + \frac{r_{\mathrm{de}}}{L}\end{vmatrix} = 0$$

即

$$\lambda^2 + \left(\frac{r_{\mathrm{de}}}{L} + \frac{1}{RC}\right)\lambda + \frac{1}{LC}\left(1 + \frac{r_{\mathrm{de}}}{R}\right) = 0 \tag{19-13-9}$$

现在就可根据上面的特征方程,考察各平衡点的稳定性。在平衡点①处,由图 19-13-6 可见,$r_{\mathrm{de}}=r_{\mathrm{d1}}>0$,方程式(19-13-9)的各系数均为正值,所以平衡点①或为稳定节点或为稳定焦点,总之是稳定的。在平衡点②处,$r_{\mathrm{de}}=r_{\mathrm{d2}}<0$,且$|r_{\mathrm{de}}|>R$,特征方程式(19-13-9)中的常数项为负值,它的两个特征根是异号实数值的,所以平衡点②是鞍点,一定是不稳定的。在平衡点③处,$r_{\mathrm{d3}}<0$,但$|r_{\mathrm{d3}}|<R$,所以式(19-13-9)中的常数项为正,若$|r_{\mathrm{d3}}|<\frac{L}{RC}$,则平衡

点③是稳定焦点或节点；若$|r_{d3}|>\frac{L}{RC}$，则平衡点③就是不稳定的。

在以上例子中所分析的平衡点的稳定性，只是在平衡点附近，在线性化方程适用的范围里的稳定性，因此它们都只是局部或小范围的稳定性。

以上例子中所用的考察电路平衡点的稳定性的方法和结论，可以这样推广：将非线性电路的微分方程在一平衡点处线性化，得到偏离(增量)所满足的线性微分方程，如果此线性微分方程的所有特征根为负值或实部为负的复数值，则此平衡点是稳定的；如果各特征根中有一个或多个为正值或实部为正的复数值，则此平衡点是不稳定的。

当电路的线性化方程的特征方程有实部为零的根时，就不能根据线性化方程判断平衡点是否稳定。

19.14　一个非线性振荡电路

振荡是物理系统中普遍存在的一种运动形式。关于振荡的研究是富有理论意义和应用价值的。本节中研究一个非线性电路中产生的自激振荡。

任何一个自激振荡电路都必须含有储能元件(电感或电容)和非线性元件。图 19-14-1 的电路是由一个线性电感L、电容C、电导G并联，经一非线性电阻接至一恒定电压U_0的电路，其中的非线性电阻的伏安特性$i=f(u_1)$如图 19-14-2 所示，它有一段是呈下降趋向的。在这一段里动态电阻(导)为负值。伏安特性中动态电阻为负值的区域称为负阻区。这负阻区对产生自激振荡起着关键性的作用。设图 19-14-1 电路中的电压、电流如图示，此电路的状态变量方程可写出为

$$\left.\begin{aligned} C\frac{\mathrm{d}u}{\mathrm{d}t} &= f(U_0-u)-Gu-i_L \\ L\frac{\mathrm{d}i_L}{\mathrm{d}t} &= u \end{aligned}\right\}\tag{19-14-1}$$

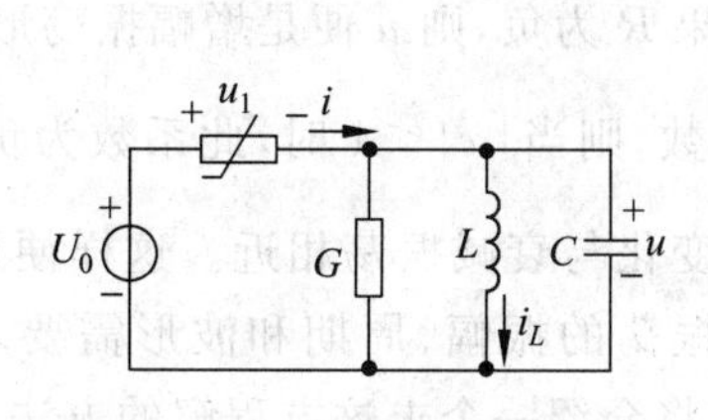

图 19-14-1　一个非线性振荡电路

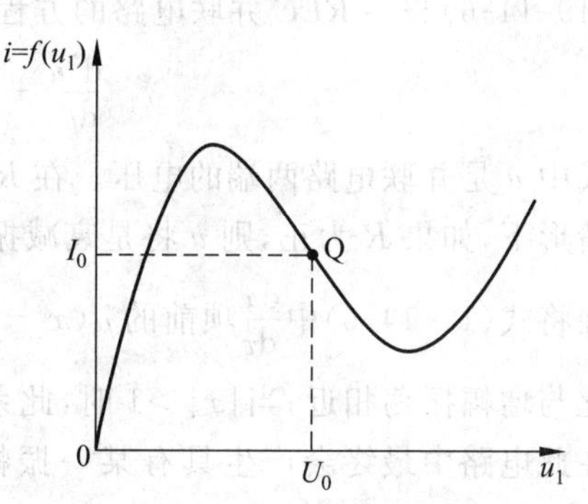

图 19-14-2　$i=f(u_1)$的图象

式中$U_0-u=u_1$;$f(U_0-u)=f(u_1)=i$,方程式(19-14-1)有唯一的平衡点:$u=0, i_L=i=f(U_0)=I_0$。假设U_0的值使非线性电阻中的电流I_0在负阻区内,并设$i=f(u_1)$的曲线图象对图中的Q点对称,且可以用下式表示:

$$i=I_0-g_1(u_1-U_0)+\frac{1}{3}g_3(u_1-U_0)^3=I_0+g_1u-\frac{1}{3}g_3u^3 \tag{19-14-2}$$

从图19-14-2中的伏安特性可见$g_1>0, g_3>0$。将式(19-14-2)代入式(19-14-1),得

$$\left.\begin{aligned} C\frac{\mathrm{d}u}{\mathrm{d}t}&=(I_0-i_L)+(g_1-G)u-\frac{1}{3}g_3u^3\\ L\frac{\mathrm{d}}{\mathrm{d}t}(I_0-i_L)&=-u \end{aligned}\right\} \tag{19-14-3}$$

设线性电导G值小,满足$g_1>G$。现将上式化为无因次变量的方程,令

$$\left.\begin{aligned} x_1&=\sqrt{\frac{g_3}{g_1-G}}u \quad x_2=\sqrt{\frac{L}{C}\left(\frac{g_3}{g_1-G}\right)}(I_0-i_L)\\ \tau&=\frac{t}{\sqrt{LC}} \qquad \mu=\sqrt{\frac{L}{C}}(g_1-G)>0 \end{aligned}\right\} \tag{19-14-4}$$

将式(19-14-3)中的变量和参数用式(19-14-4)中无因次的量代换,就得到下面的范德坡方程:

$$\left.\begin{aligned} \frac{\mathrm{d}x_1}{\mathrm{d}\tau}&=x_2+\mu\left(x_1-\frac{x_1^3}{3}\right)\\ \frac{\mathrm{d}x_2}{\mathrm{d}\tau}&=-x_1 \end{aligned}\right\} \tag{19-14-5}$$

消去上式中的x_2,并将x_1改记为x,得到它所满足的微分方程

$$\frac{\mathrm{d}^2x}{\mathrm{d}\tau^2}+\mu(x^2-1)\frac{\mathrm{d}x}{\mathrm{d}\tau}+x=0 \tag{19-14-6}$$

这方程也是范德坡方程。

在图19-14-1的电路中能产生一定频率和一定振幅的振荡。将此电路的方程式(19-14-6)与一RLC并联电路的方程作一比较,后一方程是

$$\frac{\mathrm{d}^2u}{\mathrm{d}t^2}+\frac{1}{RC}\frac{\mathrm{d}u}{\mathrm{d}t}+\frac{1}{LC}u=0$$

上式中u是并联电路两端的电压。在RLC并联电路中,电阻R起着阻尼的作用,在欠阻尼的情形下,如果R为正,则u将是衰减振荡形式的;如果R为负,则u便是增幅振荡形式的。现在将式(19-14-6)中$\frac{\mathrm{d}x}{\mathrm{d}\tau}$项前的$\mu(x^2-1)$视为它的系数,则当$|x|<1$时,此系数为负,$x$的变化与增幅振荡相近;当$|x|>1$时,此系数为正,$x$的变化与衰减振荡相近。这样便可估计到在此电路中最终会产生具有某一振幅的振荡。这振荡的振幅、周期和波形需要求方程式(19-14-5)或式(19-14-6)的解得出。在19.15节里将介绍一个求这方程解的方法。

图19-14-3中给出了用数值计算方法算出的范德坡方程式(19-14-5)在两个不同的μ

值下的相平面图。由图可见，无论初始值如何，相轨线都趋于一极限环，它代表式(19-14-5)的周期解。图 19-14-3(a)是 $\mu=0.1$ 时的相平面图，其中的极限环很接近于一个半径为 2 的圆，表明此时电路中的变量 x_1 接近于一个振幅为 2 的振荡。图 19-14-3(b)是 $\mu=1$ 时的相平面图，其中的极限环与椭圆——它在这里表示正弦形的振荡——有很明显的差别，表明此时电路中的振荡是非正弦形的，含有许多高次谐波。

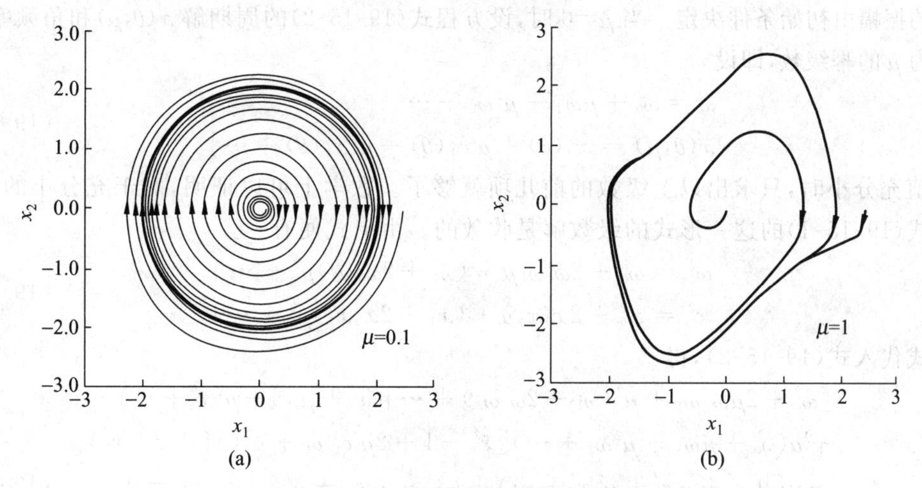

图 19-14-3 范德坡方程的相平面图

(a) $\mu=0.1$；(b) $\mu=1$

19.15 范德坡方程的近似解

在前一节里导出了一个负阻 LC 电路的方程，并用数值计算方法作出了表示该电路中的自激振荡的极限环。本节里将用一种近似的解析方法求该电路方程在 μ 值很小时的周期解。

考虑 19.14 节中导出的范德坡方程

$$\frac{\mathrm{d}^2 x}{\mathrm{d}\tau^2}+\mu(x^2-1)\frac{\mathrm{d}x}{\mathrm{d}\tau}+x=0 \tag{19-15-1}$$

我们要求此方程的周期解，但此刻并不知道周期(或频率)的值。于是引入一个新的时间变量 $\theta=\omega\tau$，这里 ω 是待求的周期解的基波角频率。这样，原来对 τ 而言，解答的周期是 $2\pi/\omega$，用 θ 作自变量后，对于 θ 而言，周期即为 2π。于是有 $\frac{\mathrm{d}x}{\mathrm{d}\tau}=\omega\frac{\mathrm{d}x}{\mathrm{d}\theta}$，$\frac{\mathrm{d}^2 x}{\mathrm{d}\tau^2}=\omega^2\frac{\mathrm{d}^2 x}{\mathrm{d}\theta^2}$。将式(19-15-1)改写成

$$\omega^2\frac{\mathrm{d}^2 x}{\mathrm{d}\theta^2}+\mu\omega(x^2-1)\frac{\mathrm{d}x}{\mathrm{d}\theta}+x=0$$

以撇号表示对 θ 的求导，将上式写为

$$\omega^2 x'' + \mu\omega(x^2 - 1)x' + x = 0 \tag{19-15-2}$$

下面所用的求解方法称为摄动法或小参数法。式(19-15-1)中的 μ 就是一个小参数。在这方法中,先不把 μ 看作常数,而把它看作一个在某一区间中连续取值的参数。式(19-15-2)就是一个含参数 μ 的微分方程,要求的解答便是 $x(\theta,\mu)$。注意到当 $\mu=0$,方程式(19-15-1)就是一个线性微分方程(相当于一个 LC 回路的电路方程),它的解是一角频率为 1 的正弦振荡,振荡的振幅由初始条件决定。当 $\mu\neq 0$ 时,设方程式(19-15-2)的周期解 $x(\theta,\mu)$ 和角频率 ω 都可表为 μ 的幂级数,即设

$$\left.\begin{aligned} \omega &= \omega_0 + \mu\omega_1 + \mu^2\omega_2 + \cdots \\ x(\theta,\mu) &= x_0(\theta) + \mu x_1(\theta) + \mu^2 x_2(\theta) + \cdots \end{aligned}\right\} \tag{19-15-3}$$

当 μ 值充分小时,只求出以上级数的前几项就够了。数学上可以证明,对于充分小的 μ 值,方程式(19-15-1)的这一形式的级数解是收敛的。由上式便有

$$\left.\begin{aligned} \omega^2 &= \omega_0^2 + 2\omega_0\omega_1\mu + (\omega_1^2 + 2\omega_0\omega_2)\mu^2 + \cdots \\ x^2 &= x_0^2 + 2x_0x_1\mu + (x_1^2 + 2x_0x_2)\mu^2 + \cdots \end{aligned}\right\} \tag{19-15-4}$$

将上式代入式(19-15-2),得

$$\begin{aligned} &[\omega_0^2 + 2\mu\omega_0\omega_1 + \mu^2(\omega_1^2 + 2\omega_0\omega_2) + \cdots](x_0'' + \mu x_1'' + \mu^2 x_2'' + \cdots) \\ &+ \mu(\omega_0 + \mu\omega_1 + \mu^2\omega_2 + \cdots)[x_0^2 - 1 + 2\mu x_0x_1 + \mu^2(x_1^2 + 2x_0x_2) \\ &+ \cdots](x_0' + \mu x_1' + \mu^2 x_2' + \cdots) + (x_0 + \mu x_1 + \mu^2 x_2 + \cdots) = 0 \end{aligned} \tag{19-15-5}$$

由于要求对某一区间内的 μ 值,上面方程都成立,所以必须此方程中 μ 的任何次幂的系数都为零,因此有

$$\mu^0: \omega_0^2 x_0'' + x_0 = 0 \tag{19-15-6a}$$

$$\mu^1: \omega_0^2 x_1'' + x_1 = -2\omega_0\omega_1 x_0'' + \omega_0(1 - x_0^2)x_0' \tag{19-15-6b}$$

……

如此等等,这里只写到 μ^1 项的系数的方程为止。这一系列方程都是常系数线性微分方程,而且是一系列迭代方程:由式(19-15-6a)求出 x_0,代入式(19-15-6b)的右端,求出 x_1;…。

式(19-15-6a)的通解是

$$x_0 = A_0\cos\frac{\theta}{\omega_0} + B_0\sin\frac{\theta}{\omega_0} \tag{19-15-7}$$

上式中 A_0,B_0 都是积分常数。由于要求的是 $x(\theta)$ 的周期解,所以可以要求 $x(\theta)$ 满足以 2π 为周期的周期性条件,即

$$x(\theta) = x(\theta + 2\pi) \tag{19-15-8}$$

还可以取周期振荡在最大(小)值的时刻为计时的起点,因而可要求

$$x'(0) = 0 \tag{19-15-9}$$

由于对变化的 μ 值,要求 $x(\theta)$ 满足式(19-15-8)和式(19-15-9)的条件,所以必须所有的 $x_i(\theta)(i=1,2,\cdots)$ 都满足上述周期性条件和导数的起始值为零的条件,即须有:

$$x_i(\theta) = x_i(\theta + 2\pi) \tag{19-15-10a}$$

$$x_i'(0) = 0 \quad i = 0,1,2,\cdots \tag{19-15-10b}$$

对于式(19-15-7)的 $x_0(\theta)$，由以上所述的条件可得 $\omega_0=1$ 和 $B_0=0$，于是得到

$$x_0(\theta) = A_0\cos\theta \tag{19-15-11}$$

A_0 的值将在下一步求 $x_1(\theta)$的过程中确定。

将解得的 x_0 代入式(19-15-6b)，并考虑到 $\omega_0=1$，得到

$$\begin{aligned} x_1''+x_1 &= 2A_0\omega_1\cos\theta-(1-A_0^2\cos^2\theta)A_0\sin\theta \\ &= 2A_0\omega_1\cos\theta-A_0\left(1-A_0^2+\frac{3}{4}A_0^2\right)\sin\theta+\frac{1}{4}A_0^3\sin3\theta \end{aligned} \tag{19-15-12}$$

上面的方程是一二阶线性非齐次方程，可分别考虑与右端每一项对应的特解。右端的 $\cos\theta$，$\sin\theta$ 项，可视为角频率为 1 的激励。由它们决定的式(19-15-12)的特解(即电路中所称的强制响应)，分别是 $\theta\cos\theta$，$\theta\sin\theta$ 形式的(还各乘有一常数)。这样的解对应于振幅随时间直线增长的振荡，它们都不是周期性的，称为长期项。要满足解答的周期性条件，便须消除长期项，因而式(19-15-12)右端的 $\cos\theta$，$\sin\theta$ 项的系数必须为零，即须有

$$\left.\begin{aligned} A_0\omega_1 &= 0 \\ A_0\left(1-\frac{1}{4}A_0^2\right) &= 0 \end{aligned}\right\} \tag{19-15-13}$$

由此便确定了 A_0 和 ω_1

$$A_0 = 2, \quad \omega_1 = 0$$

方程式(19-15-13)的另一解为 $A_0=0$，$\omega_1=$任意值，这种情况是无意义的，不需要考虑。在用小参数法求周期解的过程中，消除长期项是关键性的步骤。

至此求出了 A_0、ω_0、ω_1，即得

$$\begin{aligned} x(\theta) &= 2\cos\theta+\cdots \\ \omega(\mu) &= 1+\cdots \end{aligned}$$

继续进行以上的迭代过程，可以求出 x_1、$x_2\cdots$和 ω_2、$\omega_3\cdots$。我们就在这里终止计算。仅将 $x(\theta)$包含 μ 的一次方项的 $x(\theta)$和包含 μ^2 项的 $\omega(\mu)$写在下面

$$x(\theta) \approx x_0(\theta)+\mu x_1(\theta) = 2\cos\theta+\frac{3}{4}\mu\cos\theta-\frac{1}{4}\mu\sin3\theta$$

$$\omega(\mu) \approx \omega_0+\mu\omega_1+\mu^2\omega_2 = 1-\frac{\mu^2}{16}$$

从以上结果可见：当 μ 值很小时(例如 $\mu=0.1$)，$x(\theta)$很接近于一振幅为 2 的正弦振荡，其中所含三次谐波的振幅比基波的振幅小得多，这与前一节中图 19-14-3(a)的极限环所表示的结果一致；振荡的角频率很接近于 L，这表明图 19-14-1 的电路中的振荡角频率很接近于 $1/\sqrt{LC}$。

习题

19-1 两个非线性电阻的伏安特性分别如题图 19-1 中的曲线 1 和 2。画出这两个非线性电阻串联后的等效伏安特性和并联后的等效伏安特性。

19-2 题图 19-2(a)所示电路中，非线性电阻的伏安特性如图(b)所示，求电压 U 和电流 I。

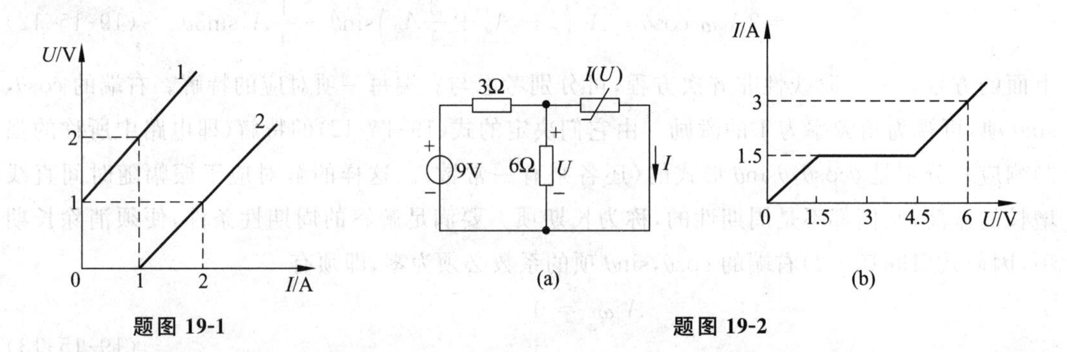

题图 19-1　　题图 19-2

19-3 题图 19-3 所示电路中，已知 G_1, G_2, G_3 和 u_{S1}, i_{S2}，非线性电阻的伏安特性为：$i_4=2u_4^{1/3}, i_5=6u_5^{1/5}$。写出此电路的节点电压方程。

19-4 设题图 19-4 中各非线性电阻的伏安特性分别为 $i_1=u_1^3; i_2=u_2^{1/3}; i_3=u_3^5$，试列写此电路的节点电压方程。

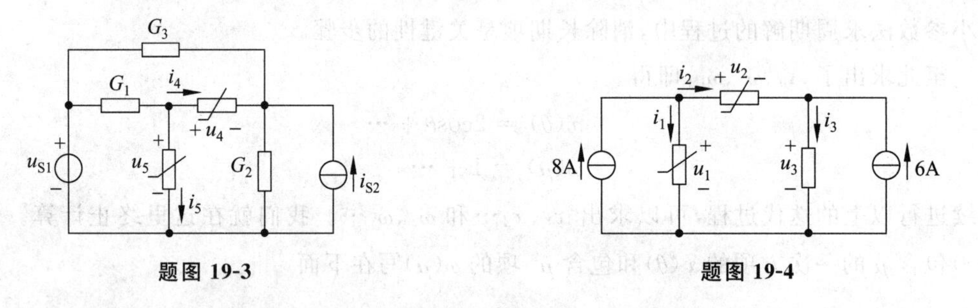

题图 19-3　　题图 19-4

19-5 题图 19-5(a)所示电路中电流电源 $I_S=0.4\text{A}$，非线性电阻的伏安特性如图 19-5(b)所示，求非线性电阻两端的电压和其中的电流。

19-6 已知题图 19-6 中 $U_S=20\text{V}$，$u_S=\sin t\,\text{V}$，对 $i>0$，非线性电阻的伏安特性为 $u=i^2$，求电流 i。

19-7 题图 19-7 所示电路中，非线性电阻的伏安特性为

$$i=g(u)=\begin{cases}u^2 & u>0\\ 0 & u<2\end{cases}$$

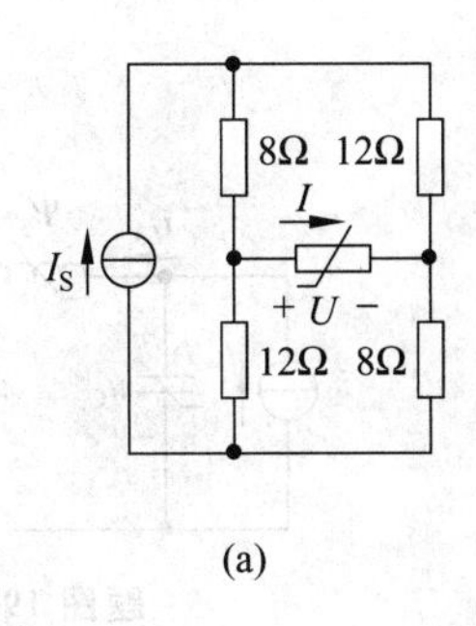

(a)

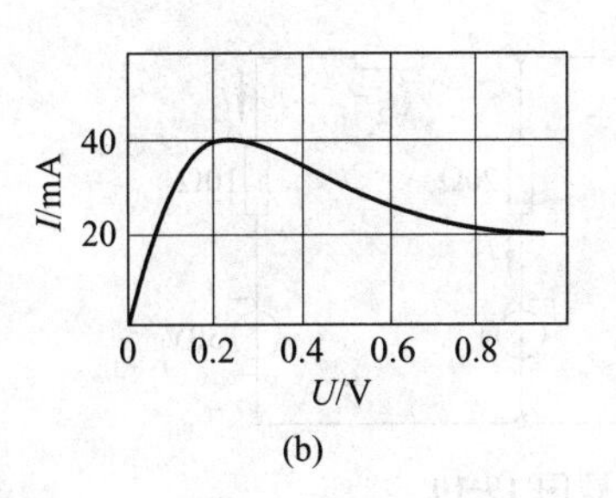

(b)

题图 19-5

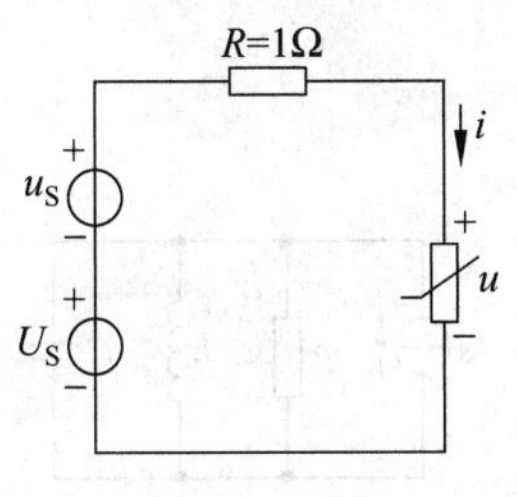

题图 19-6

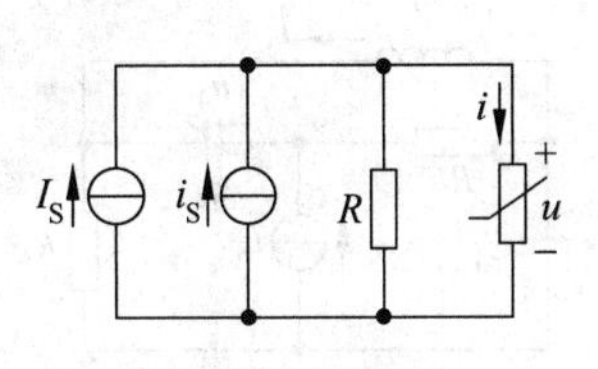

题图 19-7

电流电源 $I_S=10A$,电阻 $R=\frac{1}{3}\Omega$。小信号电流源电流 $i_S(t)=0.5\cos t A$。求电压 u 和电流 i。

19-8　题图 19-8 所示电路中 $I_S=0.7A,R_1=100\Omega,R_2=20\Omega$,非线性电阻的特性是 $U=aI+bI^3$,其中 $a=30\Omega,b=5000V/A^3$。求电流 I 和 I_1。

19-9　题图 19-9 所示电路中各非线性电阻的特性如下:$I_1=(0.01U_1)^{1/3}$;$I_2=(0.005U_2)^{1/3}$;$I_3=0.01U_3^3$。给定电源电压 $U_{S1}=8V$;$U_{S2}=7V$。

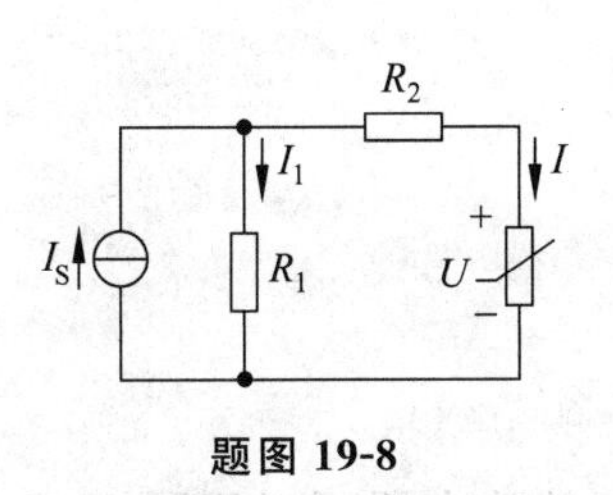

题图 19-8

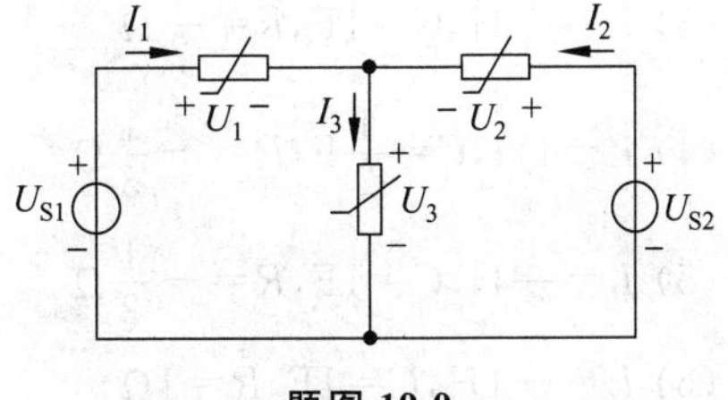

题图 19-9

用牛顿法求各非线性电阻中的电流 I_1,I_2,I_3 和电压 U_1,U_2,U_3。

19-10　求出题图 19-10 电路中的电流 I_1,I_2,I_3 和电压 U_1,U_2。给定其中的非线性电阻的伏安特性如下:$U_1=5I_1+1000I_1^3$;$U_2=10I_2+2000I_2^3$。

19-11　题图 19-11 所示电路中的非线性电容是电荷控制的,它们的特性分别是:$u_{C1}=f_1(q_1),u_{C_2}=f_2(q_2)$;非线性电感是磁链控制的,其特性是 $i_{L3}=f_3(\Psi_3)$;电阻 R 是线性的。写出此电路的状态方程。

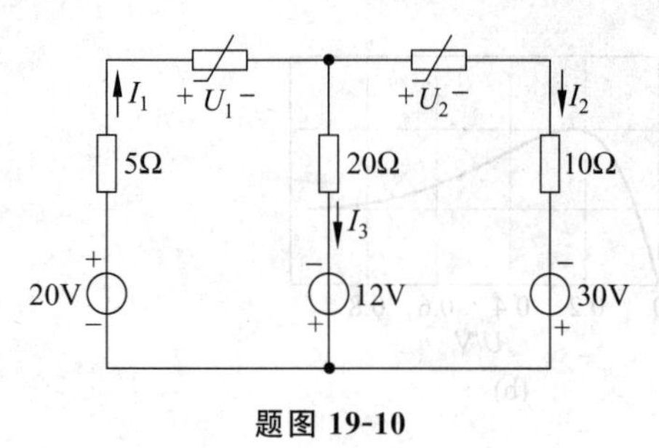

题图 19-10

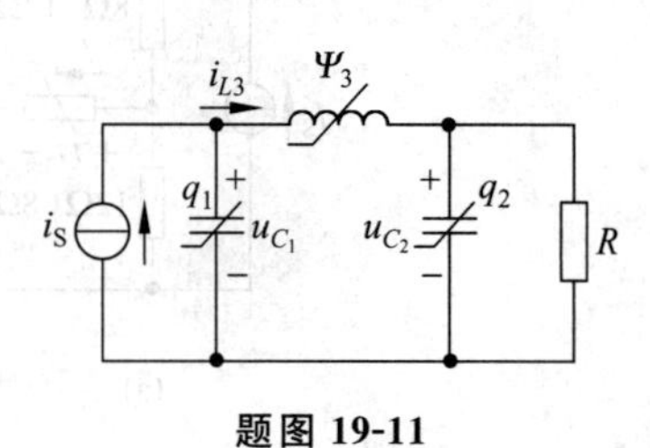

题图 19-11

19-12　题图 19-12 所示电路中,非线性电感的特性是 $i_3=f_3(\Psi_3)$,非线性电容的特性是 $u_4=f_4(q_4)$。列写此电路的状态方程。

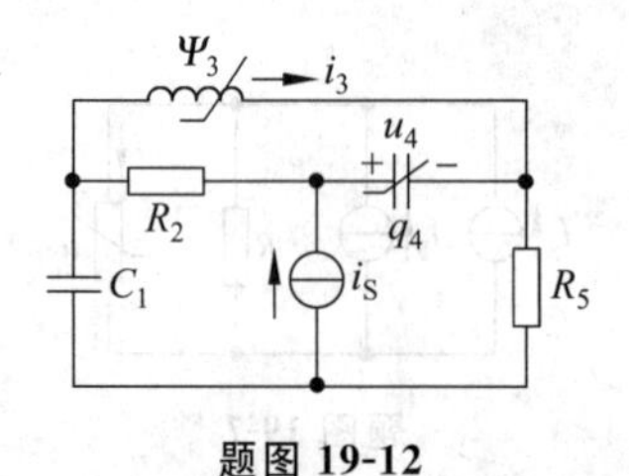

题图 19-12

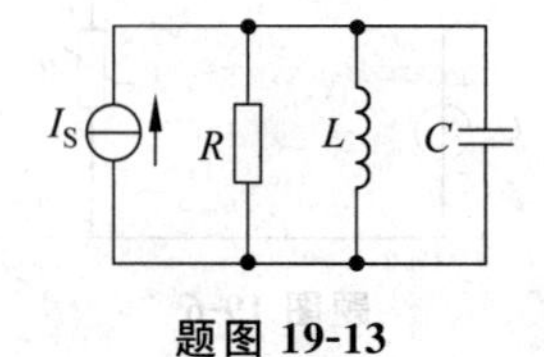

题图 19-13

19-13　写出题图 19-13 所示电路的状态变量方程,分别在所给定各组电路参数值下判断它的平衡点的类型。

(1) $L=1\text{H}, C=\frac{1}{2}\text{F}, R=\frac{1}{3}\Omega$

(2) $L=1\text{H}, C=2\text{F}, R=\infty$

(3) $L=\frac{1}{2}\text{H}, C=1\text{F}, R=\frac{1}{2}\Omega$

(4) $L=1\text{H}, C=\frac{1}{2}\text{F}, R=-\frac{1}{3}\Omega$

(5) $L=\frac{1}{2}\text{H}, C=1\text{F}, R=-\frac{1}{2}\Omega$

(6) $L=-1\text{H}, C=1\text{F}, R=1\Omega$

19-14　题图 19-14(a)示一 LC 振荡器的电路,其中的放大器可以用图 19-14(b)中的等效电路替代,图中的 K 为正值的常数,r 是输出端的入端电阻。欲使此电路产生自激振荡,放大倍数 K 至少应大于何值?

19-15　用数值计算方法求范德坡方程

$$\begin{cases}\dfrac{\mathrm{d}x_1}{\mathrm{d}t}=x_2+\mu\left(x_1-\dfrac{x_1^3}{3}\right)\\[2ex]\dfrac{\mathrm{d}x_2}{\mathrm{d}t}=-x_1\end{cases}$$

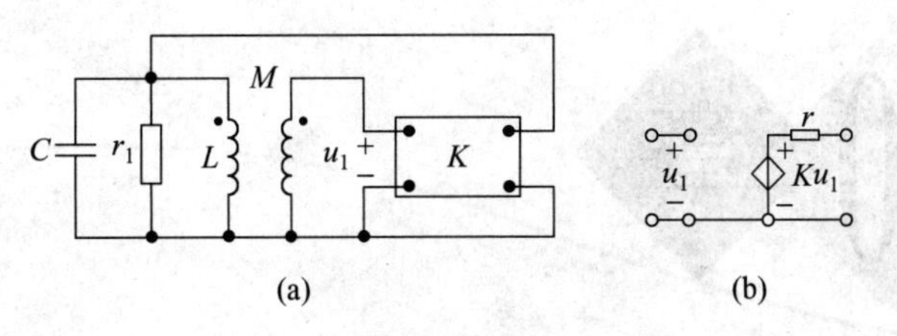

题图 19-14

的周期解，设 $\mu=0.2$。（初始条件可自行设定）

19-16 承上题，作出相平面图。

第20章

分布参数电路

提　要

当一实际电路的尺寸远小于它的工作频率（即其中的电压、电流的频率）下的电磁波的波长时，可以用集总参数如电阻、电感、电容等元件构造它的电路模型。当实际电路尺寸可与其工作频率下的电磁波的波长相比时，就需要考虑电路参数的分布情形来建立相应的电路模型。在本章中，首先建立均匀传输线的电路方程，即所谓电报方程。随后讨论在无损条件下传输线上电压、电流的波动情形，这可以描述无损传输线上的暂态过程。继而分析传输线电路的正弦稳态，导出计算传输线上电压、电流分布的一般公式，并讨论传输线上的行波、驻波现象。本章中讨论的分布参数电路的理论是分析远距离输电线路、通信线路和高频、超高频传输线路的基础。

20.1 问题的提出

在此之前，我们所研究过的电路都是所谓集总参数的电路。用这种电路理论分析实际的电路时，常用若干个理想的集总电路元件如电阻、电感、电容等构作电路实物的电路模型。然而，任何实际的电路的参数都是分布着的。例如一电感线圈，由若干匝导体线匝构成，常用一集总的电感作为其电路参数，但如果考虑到每一线匝甚至一匝中的各部分，都与周围的导体间分布着电容，就不能仅用一个电感作为这一实物的电路模型了。对于实际的电阻器、电容器，也都有类似这样的问题。由这一例子看到，用集总的电路元件构作实际电路的模型，总需要忽略某些次要的因素。电磁场的研究表明：当电路的线度（即尺寸大小）远小于电路工作频率 f 下的电磁波长 $\lambda=c/f$（c 为真空中的光速）时，用集总参数电路能构作实际电路的足够准确的模型。许多常见的电路都显然满足这一条件。例如在工频下，$f=50\text{Hz}$，$\lambda=6000\text{km}$，常见的工频下的电路器件、设备尺寸远远小于这一长度，显然都可以用集总参数的电路构作它们的电路模型。

在电工技术中也有其线度可与波长相比，甚至大于波长的电路，例如长距离的电力输电线路（数百公里以上）、长距离的有线通信线路，还有在高频、超高频下工作的传输线。所有这些传输线的轴向长度往往可与其工作频率下的电磁波长相比，但组成传输线的导线间的距离仍远小于波长 λ。图 20-1-1 中示有几种传输线的结构略图，其中图(a)是由两平行导线组成的传输线，图(b)是同轴传输线。此外还有多导线组成的传输线，多芯电缆等传输线。在上述各种传输线中，电路的参数（电感、电容等）都是分布着的。所有这些传输线的工作情况都需要用分布参数电路的理论去分析。

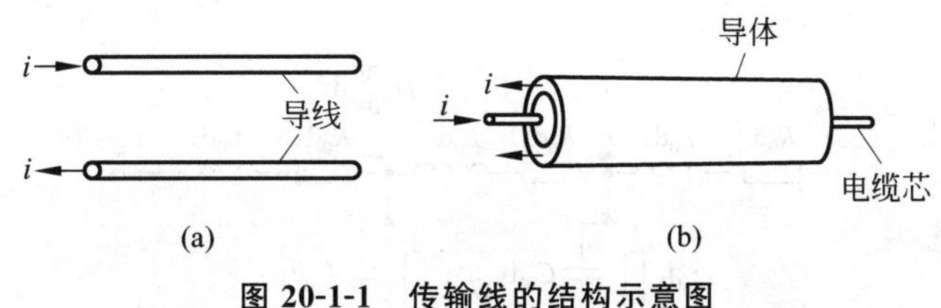

图 20-1-1 传输线的结构示意图

(a) 平行传输线；(b) 同轴传输线

研究分布参数电路的理论，首先要建立这种电路的模型和电路方程，然后根据这些方程去分析在暂态和稳态下电路的工作情况，这也就是本章的主要内容。

20.2 均匀传输线方程

首先引入表征传输线特性的电路参数。对于图 20-1-1 中所示的传输线，可以引入以下参数：

R_0——单位长度传输线的电阻,单位取为 Ω/m;

L_0——单位长度传输线的电感,单位取为 H/m;

C_0——单位长度传输线两导线间的电容,单位取为 F/m;

G_0——单位长度传输线两导线间的电导,单位取为 S/m。

凡是以上各参数沿线均匀分布的传输线,称为均匀传输线。传输线的这些参数,可以根据传输线的几何形状、尺寸和它周围的介质的特性,用电磁场的理论计算得出,也可以用实验方法测出。将架空传输线与电缆作一对比,不难想见,一般架空线的电感比电缆的电感大(因其回路面积较大),而电缆的电容比架空线的电容大(因其两极间距离较小)。R_0 的值主要取决于导线的电导率和截面积等;G_0 的值决定于两导线间绝缘的完善程度。

传输线上的电流、两线间的电压,一般是随时间变化的;又由于在传输线上和线间分布有上述电路参数,所以不同位置处的电压、电流也不等。取位置坐标轴 x 与传输线轴平行,并取某点为此坐标的原点,线上的电流、两线间的电压都是坐标变量 x 和时间变量 t 的函数,分别以 $i(x,t)$、$u(x,t)$ 表示(见图 20-2-1)。

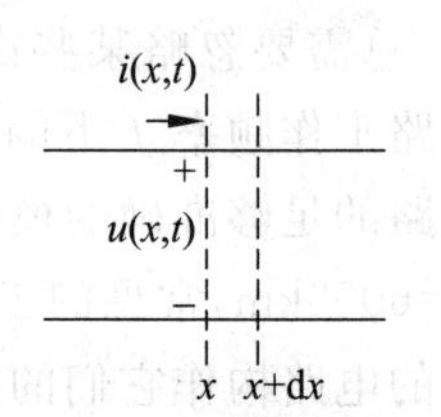

图 20-2-1 传输线上的电流、电压

把传输线分成无穷多的小段,整个传输线便可视为由这许多传输线的小段级联构成。对从 x 到 $x+\mathrm{d}x$ 的一小段传输线可以作出图 20-2-2 中所示的电路模型。此电路模型中,$R_0\mathrm{d}x$、$L_0\mathrm{d}x$ 分别是 $\mathrm{d}x$ 长的一段传输线的电阻、电感;$G_0\mathrm{d}x$、$C_0\mathrm{d}x$ 分别是 $\mathrm{d}x$ 长的一段传输线两线间的电导、电容。在 x 处,传输线中的电流用 $i(x,t)$,两线间的电压用 $u(x,t)$ 表示;在 $x+\mathrm{d}x$ 处,电流、电压就分别是 $i(x,t)+\dfrac{\partial i(x,t)}{\partial x}\mathrm{d}x$ 和 $u(x,t)+\dfrac{\partial u(x,t)}{\partial x}\mathrm{d}x$。根据基尔霍夫定律,对长度为 $\mathrm{d}x$ 的传输线可列写出下列方程:

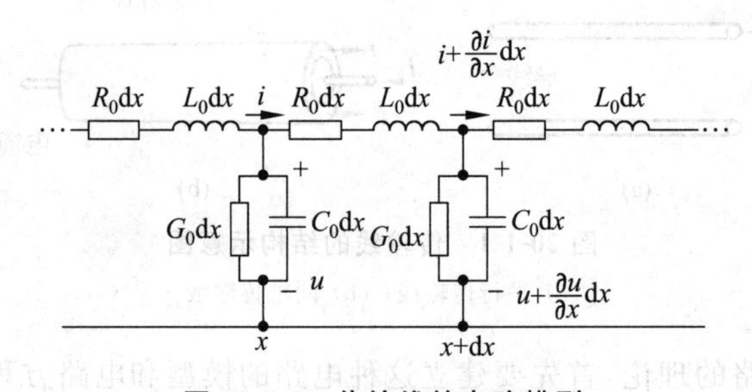

图 20-2-2 传输线的电路模型

$$
\begin{aligned}
u-\left(u+\frac{\partial u}{\partial x}\mathrm{d}x\right)&=R_0\,\mathrm{d}x i+L_0\,\mathrm{d}x\,\frac{\partial i}{\partial t}i-\left(i+\frac{\partial i}{\partial x}\mathrm{d}x\right)\\
&=G_0\,\mathrm{d}x\left(u+\frac{\partial u}{\partial x}\mathrm{d}x\right)+C_0\,\mathrm{d}x\,\frac{\partial}{\partial t}\left(u+\frac{\partial u}{\partial x}\mathrm{d}x\right)
\end{aligned}
$$

整理上式,并略去二阶微量,即得

$$-\frac{\partial u}{\partial x}=R_0 i+L_0\frac{\partial i}{\partial t} \quad (20\text{-}2\text{-}1a)$$

$$-\frac{\partial i}{\partial x}=G_0 u+C_0\frac{\partial u}{\partial t} \quad (20\text{-}2\text{-}1b)$$

式(20-2-1)即为均匀传输线的电压、电流所满足的方程，该方程也称为电报方程。式(20-2-1a)表明沿 x 的正方向传输线两线间电压的减小率等于单位长度线上的电阻和电感上的电压降；式(20-2-1b)表明沿 x 的正方向传输线中的电流减小率等于单位长度两线间的电导和电容中的电流。

式(20-2-1)是一组含 u、i 对坐标 x 和时间 t 的偏导数的方程，是偏微分方程。传输线的某一工作情况就对应于这组方程的一个特解。要求出这样的解需要知道初始条件(例如 $t=t_0$ 时线上的电流、电压值)和边界条件(例如传输线两端的电压或电流值)。一般情况下这方程的解析解是不易求出的。

20.3 无损传输线方程的通解

无损传输线是指 $R_0=0$，$G_0=0$ 的传输线。这种传输线在工作时没有任何功率消耗，所以称之为无损的。

令式(20-2-1)中的 $R_0=0$，$G_0=0$，即得出无损传输线的电压、电流所满足的方程：

$$-\frac{\partial u}{\partial x}=L_0\frac{\partial i}{\partial t} \quad (20\text{-}3\text{-}1a)$$

$$-\frac{\partial i}{\partial x}=C_0\frac{\partial u}{\partial t} \quad (20\text{-}3\text{-}1b)$$

将式(20-3-1)中的一个对 x 求偏导数，然后将另一个代入，即得到 u，i 分别满足的方程：

$$\frac{\partial^2 u}{\partial x^2}=L_0C_0\frac{\partial^2 u}{\partial t^2}=\frac{1}{v^2}\frac{\partial^2 u}{\partial t^2} \quad (20\text{-}3\text{-}2a)$$

$$\frac{\partial^2 i}{\partial x^2}=L_0C_0\frac{\partial^2 i}{\partial t^2}=\frac{1}{v^2}\frac{\partial^2 i}{\partial t^2} \quad (20\text{-}3\text{-}2b)$$

式(20-3-2)中 $v=\frac{1}{\sqrt{L_0C_0}}$。此方程称为达朗贝尔方程或波动方程。现在来求它的通解。

引入新的变量

$$\xi=x-vt \quad (20\text{-}3\text{-}3a)$$

$$\eta=x+vt \quad (20\text{-}3\text{-}3b)$$

现将方程式(20-3-2)变换成以自变量 ξ、η 表示的形式，为此先求出以 ξ、η 表示的 u、i 对 x、t 的一阶、二阶偏导数。按照求偏导数的法则，有

$$\frac{\partial u}{\partial x}=\frac{\partial u}{\partial \xi}\frac{\partial \xi}{\partial x}+\frac{\partial u}{\partial \eta}\frac{\partial \eta}{\partial x}=\frac{\partial u}{\partial \xi}+\frac{\partial u}{\partial \eta}$$

$$\frac{\partial u}{\partial t}=\frac{\partial u}{\partial \xi}\frac{\partial \xi}{\partial t}+\frac{\partial u}{\partial \eta}\frac{\partial \eta}{\partial t}=-v\frac{\partial u}{\partial \xi}+v\frac{\partial u}{\partial \eta}$$

$$\frac{\partial^2 u}{\partial x^2}=\frac{\partial^2 u}{\partial \xi^2}+2\frac{\partial^2 u}{\partial \xi\partial \eta}+\frac{\partial^2 u}{\partial \eta^2}$$

$$\frac{\partial^2 u}{\partial t^2}=v^2\frac{\partial^2 u}{\partial \xi^2}-2v^2\frac{\partial^2 u}{\partial \xi\partial \eta}+v^2\frac{\partial^2 u}{\partial \eta^2}$$

将以上后两式代入式(20-3-2a),得

$$\frac{\partial^2 u}{\partial \xi\partial \eta}=0 \quad 或 \quad \frac{\partial}{\partial \xi}\left(\frac{\partial u}{\partial \eta}\right)=0$$

这表明$\frac{\partial u}{\partial \eta}$与$\xi$无关,将上式对$\xi$积分就有

$$\frac{\partial u}{\partial \eta}=f(\eta)$$

再将上式对η积分,得

$$u=\int f(\eta)\mathrm{d}\eta+f_1(\xi)=f_1(\xi)+f_2(\eta)$$

上式中$f_2(\eta)=\int f(\eta)\mathrm{d}\eta$。$f_1(\xi)$,$f_2(\eta)$分别是$\xi$,$\eta$的任意函数。将式(20-3-3)代入上式,便得到方程式(20-3-2a)的通解为

$$u=f_1(x-vt)+f_2(x+vt) \tag{20-3-4}$$

为求出i,根据$-\frac{\partial i}{\partial x}=C_0\frac{\partial u}{\partial t}$,有

$$-\frac{\partial i}{\partial x}=C_0\frac{\partial}{\partial t}[f_1(\xi)+f_2(\eta)]=C_0\left[\frac{\partial f_1}{\partial \xi}\frac{\partial \xi}{\partial t}+\frac{\partial f_2}{\partial \eta}\frac{\partial \eta}{\partial t}\right]$$

$$=C_0 v\left(-\frac{\partial f_1}{\partial \xi}+\frac{\partial f_2}{\partial \eta}\right)=-\sqrt{\frac{C_0}{L_0}}\left(\frac{\partial f_1}{\partial \xi}-\frac{\partial f_2}{\partial \eta}\right)$$

考虑到$\frac{\partial f_1}{\partial x}=\frac{\partial f_1}{\partial \xi}$;$\frac{\partial f_2}{\partial x}=\frac{\partial f_2}{\partial \eta}$,将上式对$x$积分,得

$$i=\sqrt{\frac{C_0}{L_0}}[f_1(x-vt)-f_2(x+vt)]+a(t)$$

上式中$a(t)$是积分后式中与x无关的项。由$-\frac{\partial u}{\partial x}=L_0\frac{\partial i}{\partial t}$来看,$a(t)$只可能是一常数值,即$a(t)=A$,而与$t$无关,否则不能满足此式。可以设此常数$A=0$;若$A\neq 0$,可以用$g_1=f_1+A/2$,$g_2=f_2-\frac{A}{2}$代替原来的$f_1$,$f_2$,而使之不出现,于是得到无损传输线上的电流的表达式为

$$i=[f_1(x-vt)-f_2(x+vt)]/Z_C \tag{20-3-5}$$

上式中$Z_C=\sqrt{\frac{L_0}{C_0}}$,称为无损传输线的特性阻抗或波阻抗,它的单位与电阻相同,式(20-3-4)

和式(20-3-5)表示无损传输线电压、电流的一般形式，是方程式(20-3-2)的通解。

在无损传输线电压 u 的表达式(20-3-4)中，第一项 $f_1(x-vt)$ 表示以速度 v 朝 x 的正方向传播的波，称为正向行波。可以这样来看 $f_1(x-vt)$ 的图象：在 t 时，x 处 $f_1(x-vt)$ 的值与 $t+\Delta t$ 时 $x+\Delta x=x+v\Delta t$ 处 $f_1(x+v\Delta t-vt-v\Delta t)$ 的值相等。再考虑 x 可以是传输线上任何点的坐标，所以，如果某一 t 值时 f_1 沿线的分布是如图 20-3-1(a)中实线所表示的那样，那么，将这一图象向 x 增加的方向移动一距离 $\Delta x=v\Delta t$，就得到 $t+\Delta t$ 时 f_1 沿线分布的图象，如图中以虚线画出的曲线所示。这就说明了 $f_1(x-vt)$ 表示一个向 x 的正方向传播的波。

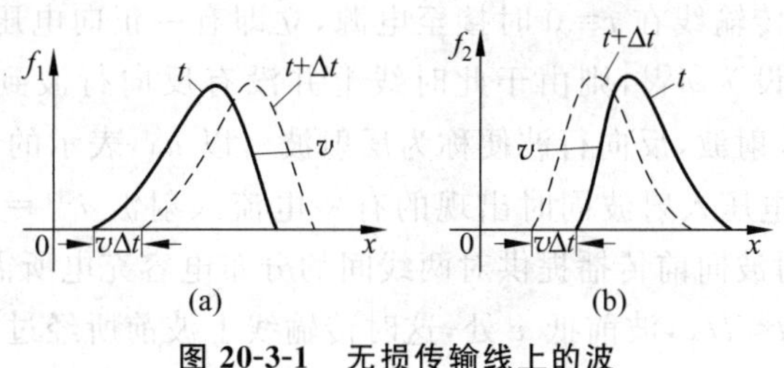

图 20-3-1 无损传输线上的波

(a) 正向行波；(b) 反向行波

满足 $x-vt=\text{const}$ 的坐标点的移动速度就是波速，于是有

$$\mathrm{d}x - v\mathrm{d}t = 0$$

于是

$$v = \frac{\mathrm{d}x}{\mathrm{d}t}$$

所以，无损传输线的波动方程中的 $v=\dfrac{1}{\sqrt{L_0C_0}}$ 就是波速。

用同样的方式考察无损传输线上电压的表达式(20-3-4)中的第二项 $f_2(x+vt)$，可以看出，它表示以速度 $-v$(即向 x 减小的方向)传播的行波，如图 20-3-1(b)所示，称之为反向行波。

综上所述，无损传输线两线间的电压是正向行波电压与反向行波电压的和；无损传输线中的电流则等于正向行波电流与反向行波电流之差。正向行波电压与正向行波电流之比，反向行波电压与反向行波电流之比，均等于特性阻抗 Z_C。正向行波、反向行波分别以速度 $\pm v$ 沿线传播。

以上得出的是无损传输线上电压、电流的一般的表达式。对于特定的问题，需要知道传输线上的电压、电流的初始条件和边界条件才能确定该特定问题的解答，即确定 f_1 和 f_2。

传输线的工作情形也有暂态和稳态过程。在以下的几节里分析无损传输线上的暂态过程。研究分布参数的电路中的暂态过程与研究集总参数的电路中的暂态过程有同样的重要意义。例如在电力输电系统中，电源或负载的接入、切断，雷击放电在输电系统中引起的暂态过程，高频传输线上信号(电压、电流)的传输过程，都是需要用分析分布参数电路暂态过程的方法来研究的。

20.4 终端开路的无损传输线接至恒定电压源

设有一无损传输线，特性阻抗为 Z_C，波速为 v，传输线长为 l，终端开路，如图 20-4-1。假定在接至电源以前线上处处电压、电流均为零，在 $t=0$ 时将此传输线的始端接至电压为 U_0 的恒定电压源。现分析此传输线接至电源后线上电压、电流的波过程。

当图 20-4-1 中的传输线在 $t=0$ 时接至电源，立即有一正向电压行波以速度 v 沿线传播，它在始端处的大小设为 $u_+^{(1)}$，则由于此时线上并没有反向行波到来，就应有 $u_+^{(1)}=U_0$。这正向行波也可称为入射波，反向行波便称为反射波。以 $u_+^{(1)}$ 表示的入射波所过之处，两线间便有电压 U_0。与此电压入射波同时出现的有一电流入射波 $i_+^{(1)}=u_+^{(1)}/Z_C$，记其为 I_0，这电流入射波为电压入射波向前传播提供对两线间的分布电容充电所需的电荷。这可以从下式看出：设在时刻 $0<t<l/v$，波前抵 x 处，这时传输线上波前所经过处都有电流

$$i=\frac{dq}{dt}=C_0U_0\frac{dx}{dt}=C_0U_0v=\frac{U_0}{Z_C}=I_0$$

随着电流波前进 dx 距离，沿传输线包含波前在内的回路中的磁通增加 $d\Phi=L_0I_0dx=L_0I_0vdt$，它所产生的自感电压为

$$\frac{d\Phi}{dt}=L_0I_0v=Z_CI_0=U_0$$

这一自感电压与电源电压相等。在入射波 $u_+^{(1)}$ 抵达终端之前，导线间的电场、导线周围的磁场略图如图 20-4-2 所示。

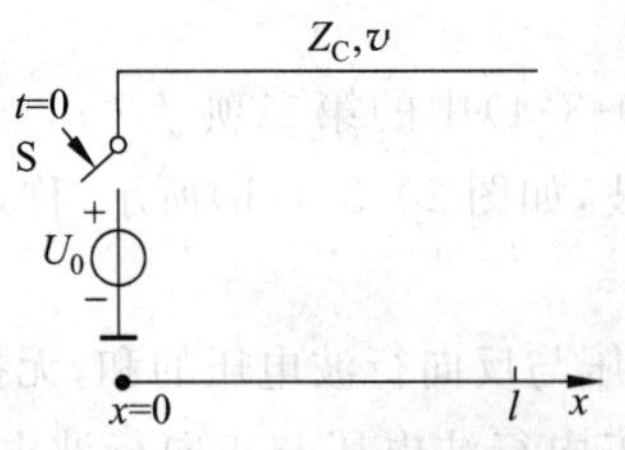

图 20-4-1 无损传输线接至恒定电压源的电路

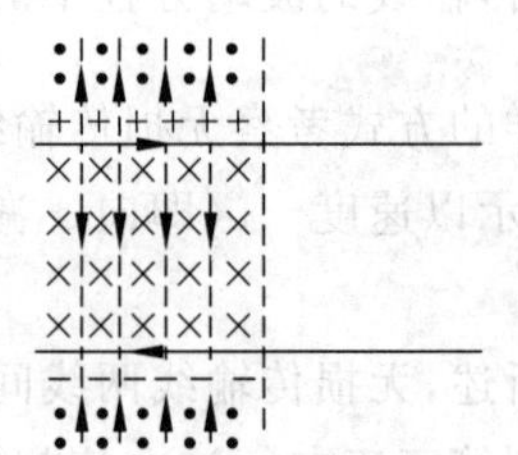

图 20-4-2 无损传输线周围的电场、磁场略图

当电压波 $u_+^{(1)}$、电流波 $i_+^{(1)}$ 向前传播时，电源发出的功率为 U_0I_0，建立电场和建立磁场所需功率 p_e，p_m 分别为

$$p_e=\frac{1}{2}C_0U_0^2v=\frac{1}{2}U_0I_0$$

$$p_m=\frac{1}{2}L_0I_0^2v=\frac{1}{2}U_0I_0$$

可见建立电场、磁场所需功率各为电源发出的功率的二分之一。

图 20-4-3(a)中示有在 $0<t<l/v$ 期间，线上电压、电流入射波由始端向终端传播的情形。

在 $t=l/v$ 时，$u_+^{(1)}$，$i_+^{(1)}$ 的波前抵达终端，这时全线上的电压为 U_0，电流为 I_0。由于终端是开路的，这里的电流必须为零。从式(20-3-5)来看，这时要产生一反射波，它在终端 $t=l/v$ 时的值设为 $i_-^{(1)}$，则应有 $i_+^{(1)}-i_-^{(1)}=0$，即须有 $i_-^{(1)}=i_+^{(1)}=I_0$。相应地有一电压反射波 $u_-^{(1)}=Z_C i_-^{(1)}=U_0$。这反射波以速度 v 向始端传播，于是在这反射波尚未抵达始端时，在传输线上出现这样的情况：反射波 $u_-^{(1)}$ 所过之处，线上电压为 $u=u_+^{(1)}+u_-^{(1)}=2U_0$；电流为 $i_+^{(1)}-i_-^{(1)}=0$。对于终端开路的传输线上出现电压升高到 $2U_0$ 的现象，可以作这样的解释：当 $u_+^{(1)}$，$i_+^{(1)}$ 抵达终端时，终端处电流骤然降为零，而反射波 $u_-^{(1)}$，$i_-^{(1)}$ 未到之处，线上电流仍为 $i_+^{(1)}=I_0$，于是这电流继续对传输线充电，致使从终端起始，出现电压升高到 $2U_0$ 的现象。图 20-4-3(b)中示出 $u_-^{(1)}$，$i_-^{(1)}$ 已出现，但尚未抵达始端时线上电压、电流的分布。

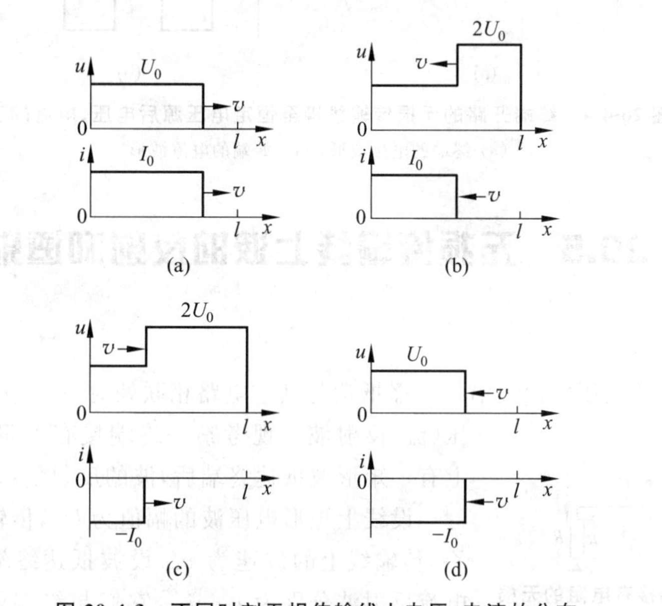

图 20-4-3　不同时刻无损传输线上电压、电流的分布

(a) $0<t<\frac{l}{v}$；(b) $\frac{l}{v}<t<\frac{2l}{v}$；(c) $\frac{2l}{v}<t<\frac{3l}{v}$；(d) $\frac{3l}{v}<t<\frac{4l}{v}$

当 $t=2l/v$ 时，$u_-^{(1)}$，$i_-^{(1)}$ 的波前抵达始端，这时全线上处处电压均为 $2U_0$，电流为零。但始端电压却应为 U_0，这是由电源电压决定的边界条件。于是从此时刻起，从电源端又有一电压入射波 $u_+^{(2)}$ 出现，它的大小应满足 $2U_0+u_+^{(2)}=U_0$，所以 $u_+^{(2)}=-U_0$。与此电压入射波同时出现的，有电流入射波 $i_+^{(2)}=u_+^{(2)}/Z_C=-U_0/Z_C=-I_0$。入射波 $u_+^{(2)}$，$i_+^{(2)}$ 以速度 v 向终端传播，所过之处的电压均为 U_0，电流为 $i=i_+^{(2)}=-I_0$，这实际上是传输线经电源放电的过程。图 20-4-3(c)中示出了在 $2l/v<t<3l/v$ 期间，线上电压、电流的分布情形。在 $t=3l/v$

时，入射波 $u_+^{(2)}$ 的波前抵达终端，这时线上处处电压为 U_0，电流为 $-I_0$。

在 $t=3l/v$ 时，为满足终端处 $i=0$ 的边界条件，就要出现一个新的电流反射波 $i_-^{(2)}$，使得终端处 $i=-I_0-i_-^{(2)}=0$，所以 $i_-^{(2)}=-I_0$，同时还出现电压反射波 $u_-^{(2)}=Z_C i_-^{(2)}=-Z_C I_0=-U_0$。图 20-4-3(d)中示出了在 $3l/v<t<4l/v$ 期间，沿线的电压、电流分布情形。

在 $t=4l/v$ 时，$u_-^{(2)}$，$i_-^{(2)}$ 的波前抵达始端，这时线上处处电压、电流均为零，回到了 $t=0$ 时的状态。此后，传输线上的电压、电流以 $4l/v$ 为周期，重复以上的波过程。

图 20-4-4 中给出了终端开路的无损传输线终端的电压 u_2 和始端电流 i_1 的波形图。由图可见，它们都是周期为 $4l/v$ 的矩形波。

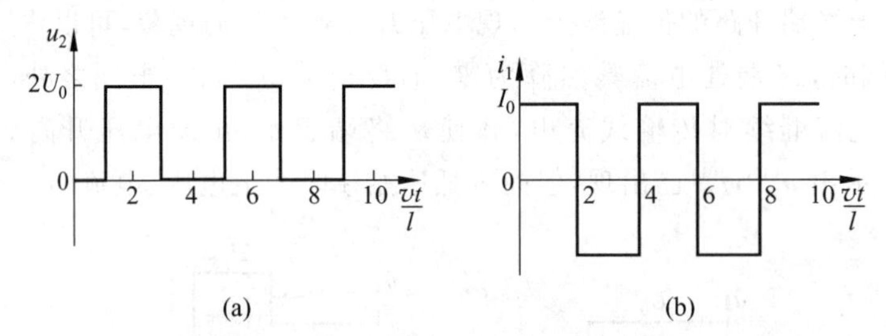

图 20-4-4 终端开路的无损传输线接至恒定电压源后电压、电流的波形

(a) 终端的电压波形；(b) 始端的电流波形

20.5 无损传输线上波的反射和透射

波的反射

当传输线上的电压(流)波沿线传播抵达与其它电路相联处时，在一般情况下，将产生电压(流)反射波。现考察一终端接有电阻 R 的无损传输线上有一矩形波抵达终端后，波的反射情形(见图 20-5-1)。

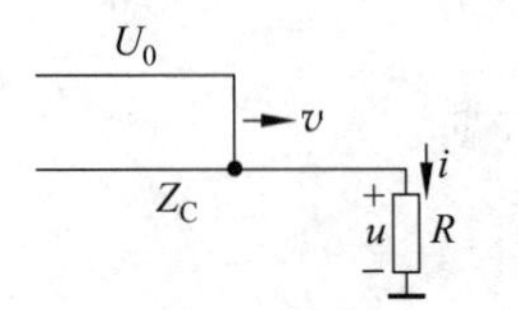

图 20-5-1 终端接有电阻的无损传输线上波的反射

设线上矩形电压波的幅值为 U_0，传输线的特性阻抗为 Z_C，传输线上的波速为 v。设波抵达终端后，终端处电压、电流反射波分别为 u_-、i_-，它们与终端处的电压 u、电流 i 应满足以下方程

$$\left.\begin{aligned} &U_0+u_-=u \\ &\frac{U_0}{Z_C}-i_-=\frac{U_0}{Z_C}-\frac{u_-}{Z_C}=i \\ &u=Ri \end{aligned}\right\} \tag{20-5-1}$$

式(20-5-1)中的前两式分别是传输线终端处的电压、电流波与终端电压、电流的关系式；第三个方程是终端处所接电路元件决定的 u、i 应符合的边界条件。由此方程解得

$$\left.\begin{aligned}
u_- &= \frac{R - Z_C}{R + Z_C}U_0 \\
i_- &= \frac{R - Z_C}{R + Z_C}\frac{U_0}{Z_C} \\
u &= \frac{2R}{R + Z_C}U_0 \\
i &= \frac{2U_0}{R + Z_C}
\end{aligned}\right\} \tag{20-5-2}$$

求出了终端处的电压、电流和反射波，就可作出发生了反射后线上电压、电流的分布，如图 20-5-2 所示，图中的波形对应于 $R>Z_C$。

从所得的终端电压的式子看到，可以用图 20-5-3 的电路计算电压入射波 u_+ 在终端产生的电压 u、电流 i。这个电路是由一个电阻值为 Z_C 的电阻和终端电阻 R 串联接至一电压源的回路，此电压源的电压是入射波电压的 2 倍。这表明：传输线和入射波 u_+ 对负载电阻的作用，与一电压为 $2u_+$ 的电压源与一电阻 Z_C 串联的电路等效。

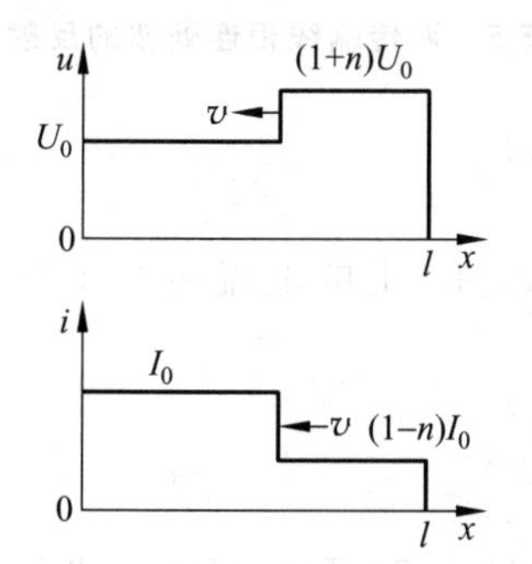

图 20-5-2 无损传输线上波的反射

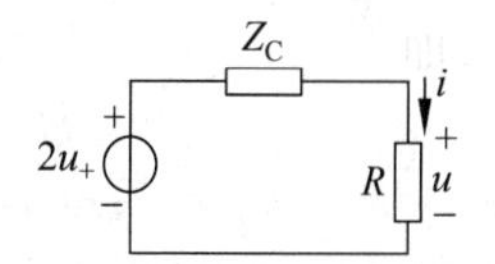

图 20-5-3 计算入射波作用的等效电路

由式(20-5-2)可见，在终端接有电阻 R 的情形下，反射波 u_- 与入射波 $u_+(=U_0)$ 成正比，而比例常数

$$n = \frac{u_-}{u_+} = \frac{i_-}{i_+} = \frac{R - Z_C}{R + Z_C} \tag{20-5-3}$$

称为反射系数。终端处的电压、电流又可用反射系数 n 表示为

$$\left.\begin{aligned}
u &= u_+ + u_- = (1+n)u_+ \\
i &= i_+ - i_- = (1-n)i_+
\end{aligned}\right\} \tag{20-5-4}$$

由式(20-5-3)可见：当 $R>Z_C$ 时，$n>0$，这时终端电压要比入射波电压高；当 $R<Z_C$ 时，$n<0$。这时终端电压就比入射波电压低；当 $R=Z_C$ 时，$n=0$，线上不出现反射波。最后这一种情况是有着重要意义的。在用传输线传输信号时，使负载电阻与传输线的特性阻抗相等，就不会产生反射，负载电阻上的电压与电源电压波形相同，只是在时间上滞后一段时间 l/v（l 是传输线的长度，v 是波速），这一使负载电阻 $R=Z_C$ 的措施也称为匹配。

波的透射

设有一传输线 L_1 的终端接至另一传输线 L_2，它们的特性阻抗分别是 Z_{C1}、Z_{C2}，现考虑入射波由 L_1 传播到 L_2 的过程(见图 20-5-4)。假设 L_2 上原有的电压、电流均为零，当 L_1 上的电压入射波 U_0 抵达联接点时，在 L_1 上将出现反射波。由于 L_2 对 L_1 的作用，如同跨接在 L_1 终端的电阻，所以，只需将式(20-5-2)中的 R 换成 Z_{C2}，即可得出 L_1 上的电压反射波以及两线联接点处的电压。L_2 上有一个由 L_1 透入的以速度 v_2 传播的电压(流)波，称此波为透射波(图 20-5-5)。此电压透射波在 L_1 与 L_2 相联接处的大小 u_{2+} 等于联接点处的电压值[即式(20-5-2)中的 u]，即有

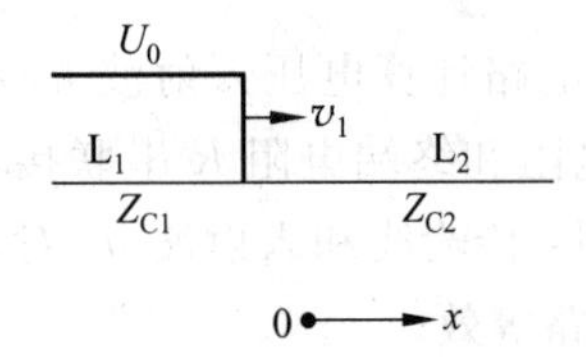

图 20-5-4 两传输线相连的电路

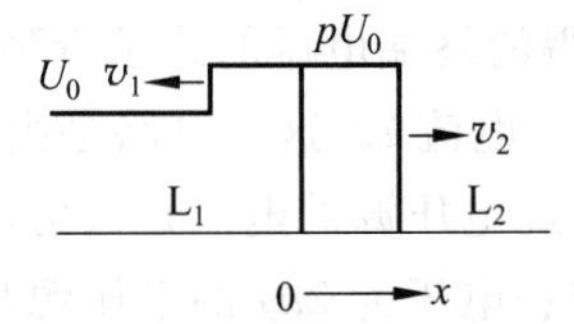

图 20-5-5 两传输线相连处波的反射和透射

$$u_{2+}=\frac{2Z_{C2}}{Z_{C1}+Z_{C2}}U_0=pU_0 \tag{20-5-5}$$

上式中 $p=\dfrac{2Z_{C2}}{Z_{C1}+Z_{C2}}$，称为波由 L_1 透入 L_2 的透射系数。L_2 上的电流透射波的大小等于 u_{2+} 除以 Z_{C2}，即

$$i_{2+}=\frac{u_{2+}}{Z_{C2}}=\frac{2U_0}{Z_{C1}+Z_{C2}} \tag{20-5-6}$$

电压、电流透射波以 v_2(波在 L_2 上的速度)传播。由式(20-5-5)可见，当电压波 U_0 由 L_1 透入 L_2 时，如 $Z_{C2}>Z_{C1}$，电压透射波的大小要大于 U_0；反之，如 $Z_{C2}<Z_{C1}$，则电压透射波的大小就小于 U_0。

20.6 接入电阻负载时传输线上的波过程

将一负载接至一已有电压和(或)电流的传输线，也会在线上引起电压、电流的波过程。这正像在集总参数的电路里，负载的接入会引起暂态过程。

设有一已处于稳态的传输线，线上的电压为恒定值 U_0，电流为 $I_0=U_0/R_2$，现考虑电阻 R 接入后(如图 20-6-1)线上的波过程。

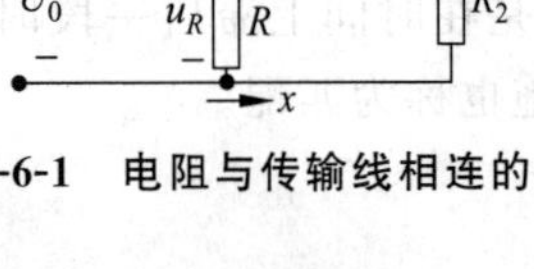

图 20-6-1 电阻与传输线相连的电路

传输线上已有的电压 U_0、电流 I_0 即为传输线上电压、电流的初始条件。电阻 R 接入后，它两端的电压设为 u_R。把图 20-6-1 中向 R 左方传播的波视为反射波 u_{1-}；向 R 右方传播的波视为入射波 u_{2+}，设电阻 R 两边

线上的电流分别为 i_1, i_2。由传输线上电压方程和 KVL,有

$$U_0 + u_{1-} = U_0 + u_{2+} = u_R \tag{20-6-1}$$

由传输线上电流方程和 KCL 有

$$i_1 = I_0 - i_{1-}$$

$$i_2 = I_0 + i_{2+}$$

$$i_1 - i_2 = i_R$$

将 i_1, i_2 代入上面的第三式,便得

$$(I_0 - i_{1-}) - (I_0 + i_{2+}) = i_R \tag{20-6-2}$$

又

$$\left.\begin{aligned} i_{1-} &= \frac{u_{1-}}{Z_C} \\ i_{2+} &= \frac{u_{2+}}{Z_C} \\ i_R &= \frac{u_R}{R} \end{aligned}\right\} \tag{20-6-3}$$

由式(20-6-1)～式(20-6-3)解得

$$\left.\begin{aligned} u_{1-} &= u_{2+} = \frac{-Z_C}{2R + Z_C}U_0 \\ i_{1-} &= i_{2+} = \frac{-U_0}{2R + Z_C} \\ i_R &= -2i_{1-} = \frac{U_0}{R + \frac{Z_C}{2}} \\ u_R &= Ri_R = \frac{R}{R + \frac{Z_C}{2}}U_0 \end{aligned}\right\} \tag{20-6-4}$$

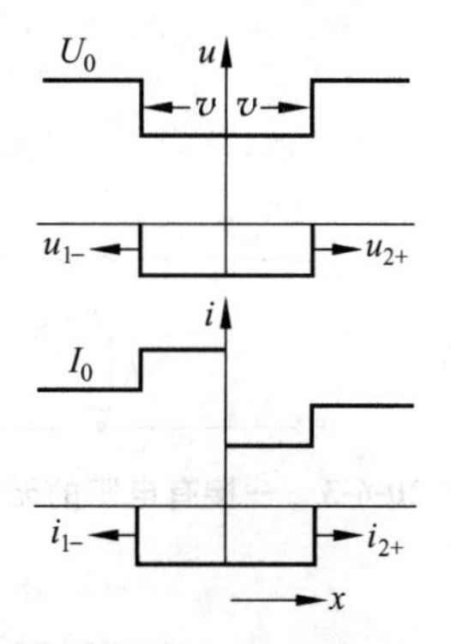

图 20-6-2 接入电阻后传输线上的波

图 20-6-2 示出电阻接入后线上波的情形。由式(20-6-4)可见,在电阻接入后,传输线上与电阻相连处的电压立即由 U_0 降至 $\dfrac{RU_0}{R+Z_C/2}$,电阻 R 中流过电流 i_R,而这一电流即等于传输线上的电容放电的电流,而这一放电便伴随着上述电压降低的现象。所有这些变化都表现为传输线上电压、电流的波动过程。

【例 20-1】 一无损传输线的特性阻抗为 Z_C,波速为 v。在两线间接有电阻 R,此电路原处于稳态,线上电压为 U_0(图 20-6-3)。求将图中的电阻 R 从电路中断开后传输线上的电压、电流。

解 R 断开前,图中电阻左侧传输线中有电流 $I_0 = U_0/R$;右侧传输线中的电流为零。R 断开后,向左方与向右方传播的电压波分别设为 u_{1-}, u_{2+}。电阻 R 左侧线上的电压为

U_0+u_{1-}，右侧线上的电压为 U_0+u_{2+}，它们应相等，于是有

$$U_0+u_{1-}=U_0+u_{2+}$$

所以

$$u_{1-}=u_{2+}$$

又电阻 R 断开后，它两侧线上的电流应相等，左侧的电流是 I_0-u_{1-}/Z_C；右侧的电流是 u_{2+}/Z_C，于是有

$$I_0-\frac{u_{1-}}{Z_C}=\frac{u_{2+}}{Z_C}$$

于是解得

$$u_{1-}=u_{2+}=\frac{Z_C I_0}{2}$$

$$i_{1-}=i_{2+}=\frac{I_0}{2}$$

这些波分别以速度 v 向始端、终端传播。在它们分别抵达始端、终端前，线上电压、电流的分布可由图 20-6-4 中的图象表示。由此图可见：切除电阻 R 后，传输线上出现电压暂时升高 $Z_C I_0/2$ 的现象。

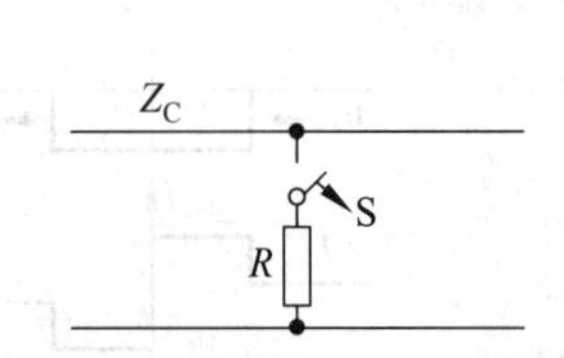

图 20-6-3　一接有电阻的无损传输线的电路

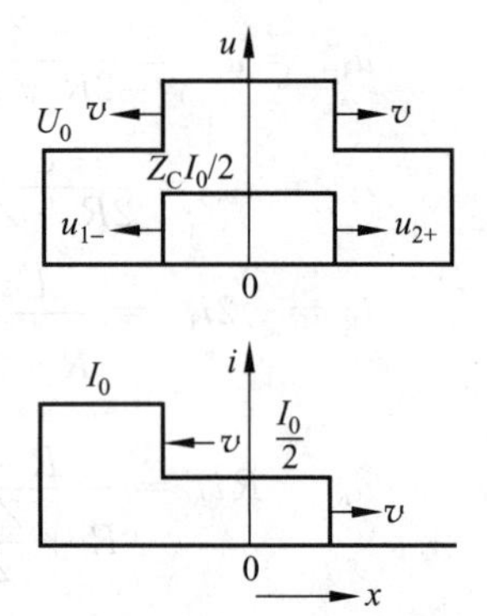

图 20-6-4　断开电阻 R 后，传输线上的波

20.7　终端接电阻的无损传输线上波的多次反射过程

本节中分析一终端接有电阻的无损传输线接至一恒定电压源后，由初始的零状态到稳定状态的全部波过程。

设有一无损传输线，它的特性阻抗为 Z_C，线上波速为 v，线长为 l，终端接有电阻 R，线的始端在 $t=0$ 时接至恒定电压 U_0（见图 20-7-1）。假定此电压源内阻为零，在与电源接通之前，线上处处电压、电流为零。这个电路从接至电源时起，一直到达到稳态，其间要经历许多次——理论上是无限多次——的波的反射过程。

由 20.5 节中所述的传输线上波的反射情形可知：任何由始端向终端传播的入射波 u_+、i_+，抵达终端时，立即产生反射波 u_-、i_-，有

$$\left.\begin{aligned} u_- &= nu_+ \\ i_- &= ni_+ = n\frac{u_+}{Z_C} \end{aligned}\right\} \tag{20-7-1}$$

式中 $n=(R-Z_C)/(R+Z_C)$ 是反射系数。任何由终端向始端传播的反射波 u_-，i_- 到达始端时，立即产生新的入射波 $u'_+=-u_-$，$i'_+=-u_-/Z_C$，以适合始端电压为恒定的边界条件。

用图 20-7-2 表示图 20-7-1 电路中的波的多次反射过程。在此图中，横坐标是时间 t，在 x-t 平面上作出电压波前位置 x 与时间 t 的关系曲线，就得到图 20-7-2 中的图象。图中有许多斜率为 $\pm v$ 的直线段，这表示入射波、反射波的速度分别是 $\pm v$，各线段上的箭头表示波的传播方向，线段旁的数字表示电压波的大小与 U_0 的比值。⓪①线段表示有一入射波电压在 $t=0$ 时由始端($x=0$)出发，它在 $t=l/v$ 时抵达终端。这时就出现了由①②线段表示的、大小为 nU_0 的电压反射波，它在 $t=2l/v$ 时抵达始端，随即出现由线段②③表示的、大小为 $-nU_0$ 的电压入射波，它在 $t=3l/v$ 时抵达终端，随即引起大小为 $-n^2U_0$ 的电压反射波，此后线上的波过程可以用同样的方式去分析。

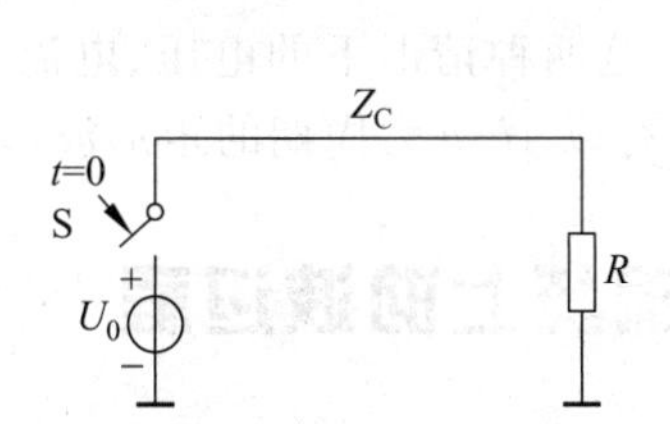

图 20-7-1　一终端接有电阻的无损传输线

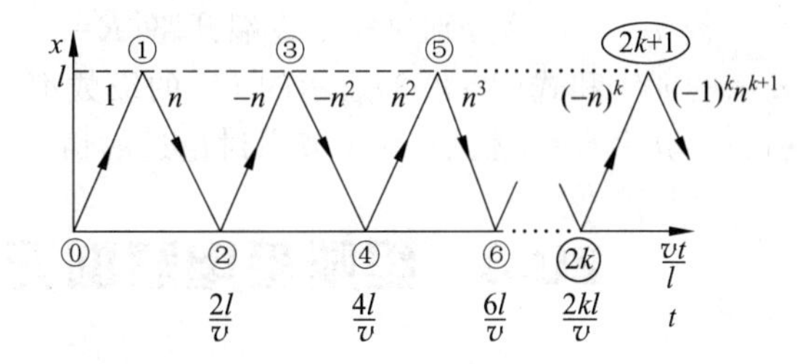

图 20-7-2　说明无损传输线上波过程的附图

某一时刻线上的电压(流)是在该时刻之前历次入射波电压(流)与反射波电压(流)之和(差)，由此可以写出终端电压和始端电流的表达式。

当 $(2k+1)l/v<t<(2k+3)l/v(k=0,1,2,\cdots)$ 时，记终端电压为 $u_2^{(k)}$，有

$$\begin{aligned} u_2^{(k)} &= [(1+n)-(n+n^2)+(n^2+n^3)-\cdots+(-1)^k(n^k+n^{k+1})]U_0 \\ &= [1+(-1)^k n^{k+1}]U_0 \end{aligned} \tag{20-7-2}$$

当 $2kl/v<t<2(k+1)l/v$ 时，记始端电流为 $i_1^{(k)}$，有

$$\begin{aligned} i_1^{(k)} &= [1-2n+2n^2-2n^3+\cdots+(-1)^k 2n^k]\frac{U_0}{Z_C} \\ &= \{2[1-n+n^2-n^3+\cdots+(-1)^k n^k]-1\}\frac{U_0}{Z_C} \end{aligned} \tag{20-7-3}$$

令式(20-7-2)、式(20-7-3)两式中 $k\to\infty$，即可得出达到稳态时的终端电压 U_2 和始端电流 I_1。当 $|n|<1$ 时，显然有

$$U_2 = \lim_{k\to\infty} u_2^{(k)} = \lim_{k\to\infty}[1+(-1)^k n^{k+1}]U_0 = U_0$$

又由式(20-7-3),用等比级数求和公式,可得

$$I_1 = \lim_{k\to\infty} i_1^{(k)} = \left(\frac{2}{1+n}-1\right)\frac{U_0}{Z_C} = \frac{1-n}{1+n}\frac{U_0}{Z_C} = \frac{2Z_C}{2R}\frac{U_0}{Z_C} = \frac{U_0}{R}$$

图 20-7-3 中给出了 $n=0.5$(即 $R=3Z_C$)时 u_2 和 i_k 的波形图。由此图可见,经过几倍的 l/v 的时间,电压、电流实际上就达到了恒定的稳态值。

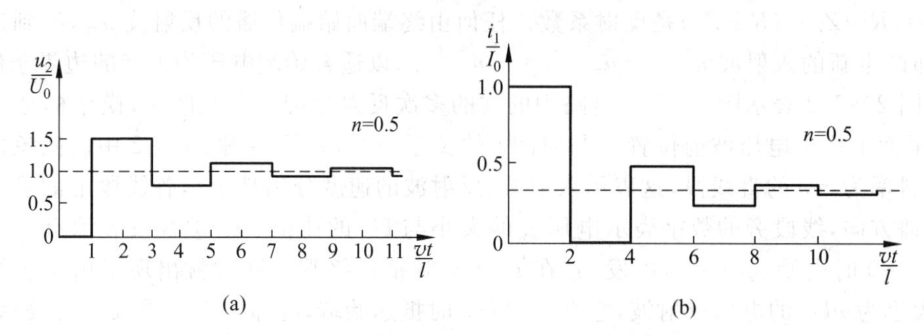

图 20-7-3 终端电压和始端电流的波形图

(a) 终端电压; (b) 始端电流

若 $n=\pm1$,这分别对应于终端开路($R=\infty$)和短路($R=0$),则当 $k\to\infty$时,式(20-7-2)表示的 $u_2^{(k)}$ 和式(20-7-3)表示的 $i_1^{(k)}$ 的级数都不收敛,在这两种情形下的电压、电流都没有稳态。其中 $n=1$ 就是 20.4 节中讨论过的情形,这时 u_2 有以 $4l/v$ 为周期的矩形波形。

20.8 终端接电容的无损传输线上的波过程

本节研究终端接电容的无损传输线上的波过程的计算方法,这虽然是一种特殊情形,但由它可以看到在无损传输线的电路中接有电容、电感时,计算波过程的一般方法。

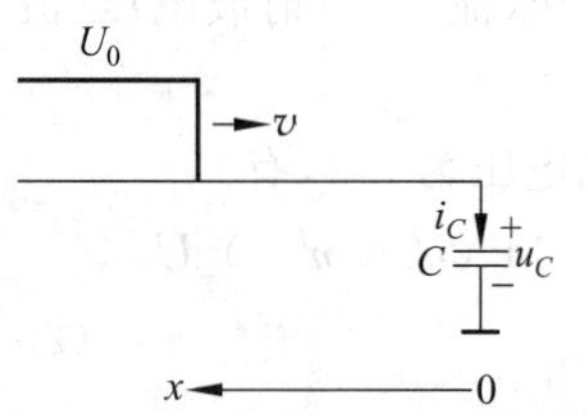

图 20-8-1 终端接电容的无损传输线

图 20-8-1 的电路示一无损传输线,终端接有电容 C,现考虑一幅值为 U_0 的无限长矩形电压波抵达终端以后线上的波过程。与以前曾考虑过的传输线终端接电阻时的波过程问题不同的地方在于,这时终端处的边界条件有由电容决定的终端电流 i_C 与电压 u_C 间的导数关系,即 $i_C = C\dfrac{\mathrm{d}u_C}{\mathrm{d}t}$。

设矩形波抵达终端的时刻为 $t=0$,波抵达终端后即产生反射波。设终端处电压、电流的反射波分别为 u_-,i_-,则由传输线上电压、电流与电压波、电流波的关系式和终端处的边界条件:终端处的电压等于电容电压;终端处的电流等于电容电流,即可得出以下的方程:

$$\left.\begin{aligned} U_0 + u_- &= u_C \\ U_0/Z_C - i_- &= i_C \\ u_- &= Z_C i_- \end{aligned}\right\} \tag{20-8-1}$$

又由于终端处接有电容 C，所以又有

$$i_C = C\frac{\mathrm{d}u_C}{\mathrm{d}t} \tag{20-8-2}$$

从以上各式中消去 u_-，i_- 和 i_C，得到 u_C 所满足的方程

$$Z_C C\frac{\mathrm{d}u_C}{\mathrm{d}t} + u_C = 2U_0 \tag{20-8-3}$$

记 $Z_C C=\tau$，由此方程解得终端处的电压即 u_C 为

$$u_C = 2U_0 + A\mathrm{e}^{-\frac{t}{\tau}}$$

积分常数 A 由电容电压的初始条件决定，若设 $u_C(0)=0$，则 $A=-2U_0$，便得

$$u_C(t) = 2U_0(1-\mathrm{e}^{-\frac{t}{\tau}})\varepsilon(t) \tag{20-8-4}$$

电容电流 i_C 即等于

$$i_C = C\frac{\mathrm{d}u_C}{\mathrm{d}t} = \frac{2U_0}{Z_C}\mathrm{e}^{-\frac{t}{\tau}}\varepsilon(t) \tag{20-8-5}$$

由所得结果可见：在本节所讨论的电路中入射波 U_0 和传输线对电容的作用，如同一个电压为 $2U_0$ 的理想电压源与一电阻 Z_C 串联的电源；$\tau=Z_C C$ 就是这一电源接至电容 C 所形成的电路的时间常数。

由终端处的电压、电流即可求得线上电压反射波和电流反射波在终端的值为

$$\left.\begin{aligned} u_- &= u_C - U_0 = (U_0 - 2U_0\mathrm{e}^{-\frac{t}{\tau}})\varepsilon(t) \\ i_- &= u_-/Z_C = \frac{U_0}{Z_C}(1-2\mathrm{e}^{-\frac{t}{\tau}})\varepsilon(t) \end{aligned}\right\} \tag{20-8-6}$$

要求电压、电流波沿线的分布，便需求出 $u_-(x,t)$，$i_-(x,t)$。这只要将 u_-，i_- 中的变量 t 改换为 $t-x/v$ 即可得出，这样便得

$$\left.\begin{aligned} u_-(x,t) &= [U_0 - 2U_0\mathrm{e}^{-\frac{1}{\tau}(t-\frac{x}{v})}]\varepsilon\left(t-\frac{x}{v}\right) \\ i_-(x,t) &= \frac{U_0}{Z_C}[1-2\mathrm{e}^{-\frac{1}{\tau}(t-\frac{x}{v})}]\varepsilon\left(t-\frac{x}{v}\right) \end{aligned}\right\} \tag{20-8-7}$$

反射波以速度 v 向始端传播，在 t 时刻，反射波的波前抵达 $x=vt$ 处，上式中变量是复合变量$(t-x/v)$就表明这一事实。将电压入射波表为 $U_0\varepsilon(t+x/v)$，由式(20-8-7)就可求得电压、电流沿线的分布

$$\left.\begin{aligned} u(x,t) &= U_0\varepsilon\left(t+\frac{x}{v}\right)+u_- = U_0\varepsilon\left(t+\frac{x}{v}\right)+[U_0-2U_0\mathrm{e}^{-\frac{1}{\tau}(t-\frac{x}{v})}]\varepsilon\left(t-\frac{x}{v}\right) \\ i(x,t) &= \frac{U_0}{Z_C}\varepsilon\left(t+\frac{x}{v}\right)-i_- = \frac{U_0}{Z_C}\varepsilon\left(t+\frac{x}{v}\right)-\frac{U_0}{Z_C}[1-2\mathrm{e}^{-\frac{1}{\tau}(t-\frac{x}{v})}]\varepsilon\left(t-\frac{x}{v}\right) \end{aligned}\right\}$$

(20-8-8)

图 20-8-2 中给出了在某一时刻 t_1 沿线电压、电流分布的图形，由此即可看到反射波出现后的波过程。在时刻 t_1，反射波的波前抵达 $x_1=vt_1$ 处，在 $x>vt_1$ 的线上，反射波尚未抵达，电

压 $u(x,t)$，电流 $i(x,t)$ 均只有入射波；在 $x<vt_1$ 的线上，入射波与反射波合成的结果便形成了线上分布着的电压、电流。

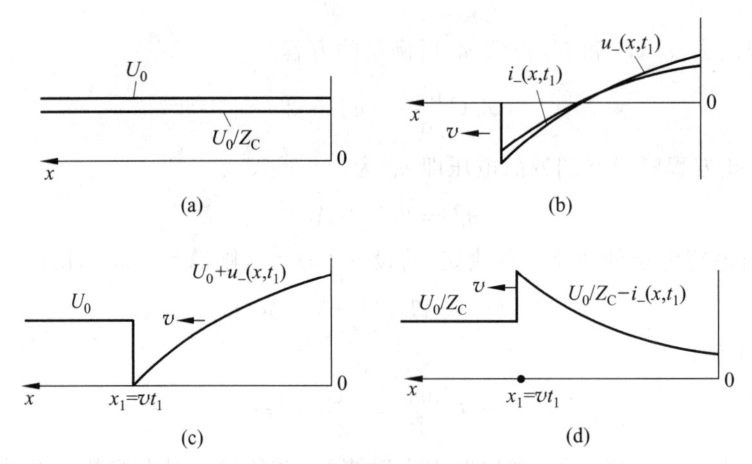

图 20-8-2 终端接电容的无损传输线上的波过程

(a) 入射波；(b) 反射波；(c) 电压分布曲线；(d) 电流分布曲线

由上面的例子可以看到当无损传输线的电路中接有电容、电感元件时，分析波过程的一般方法。利用传输线的电压、电流方程，结合传输线电路的边界条件，就可得到边界处电压、电流的方程，对这样得到的方程求解后，求出反射波，便可作出对其中的波过程的分析。

20.9 均匀传输线方程的正弦稳态解

本节分析均匀传输线在正弦稳态下的工作情形，这就需要求方程式(20-2-1)的正弦稳态解。在正弦稳态下，传输线的电压、电流都以相同的频率——即电源的频率——随时间作正弦变化，但它们的幅值和相位则随 x 变化。这样的电压、电流可以用相量分别表示为 $\dot{U}(x)$，$\dot{I}(x)$，它们都只是坐标变量 x 的函数，而与时间 t 无关。设 $\dot{I}(x)=I(x)\mathrm{e}^{\mathrm{j}\psi(x)}$，电流的瞬时值即可由之求得，为

$$i(x,t)=\mathrm{Im}\left[\sqrt{2}\dot{I}(x)\mathrm{e}^{\mathrm{j}\omega t}\right]=\sqrt{2}I(x)\sin[\omega t+\psi(x)]$$

用同样的方法，可由 $\dot{U}(x)$ 求出 $u(x,t)$。

用相量 $\dot{U}(x)$，$\dot{I}(x)$ 分别表示正弦稳态下的 $u(x,t)$，$i(x,t)$，便可用相量法求传输线方程的正弦稳态解。由式(20-2-1)得传输线电压相量 $\dot{U}(x)$、电流相量 $\dot{I}(x)$ 所满足的方程

$$-\frac{\mathrm{d}\dot{U}}{\mathrm{d}x}=(R_0+\mathrm{j}\omega L_0)\dot{I}=Z_0\dot{I} \tag{20-9-1a}$$

$$-\frac{\mathrm{d}\dot{I}}{\mathrm{d}x}=(G_0+\mathrm{j}\omega C_0)\dot{U}=Y_0\dot{U} \tag{20-9-1b}$$

式(20-9-1)中 $Z_0=R_0+\mathrm{j}\omega L_0$ 是传输线每单位长度上的复阻抗；$Y_0=G_0+\mathrm{j}\omega C_0$ 是传输线每单位长度上的复导纳(这里的 Z_0，Y_0 并没有互为倒数的关系)。这组方程就是均匀传输线在正弦稳态下电压、电流相量所满足的方程，它是两个以 x 为自变量的常微分方程，由它们可以求出 $\dot{U}$、$\dot{I}$。将式(20-9-1a，b)对 x 求导，再以式(20-9-1b，a)代入求导后所得的关系式中，即得

$$\frac{\mathrm{d}^2\dot{U}}{\mathrm{d}x^2}=Z_0Y_0\dot{U} \tag{20-9-2a}$$

$$\frac{\mathrm{d}^2 I}{\mathrm{d}x^2}=Z_0Y_0\dot{I} \tag{20-9-2b}$$

令式(20-9-2)中 $Z_0Y_0=\gamma^2$。方程式(20-9-2)是线性常系数二阶常微分方程，由之得出电压相量 $\dot{U}$ 的解为

$$\dot{U}=\dot{A}_1\mathrm{e}^{-\gamma x}+\dot{A}_2\mathrm{e}^{\gamma x}=\dot{A}_1\mathrm{e}^{-\alpha x}\mathrm{e}^{-\mathrm{j}\beta x}+\dot{A}_2\mathrm{e}^{\alpha x}\mathrm{e}^{\mathrm{j}\beta x} \tag{20-9-3}$$

式中 $\gamma\overset{\text{def}}{=}\sqrt{Z_0Y_0}=\sqrt{(R_0+\mathrm{j}\omega L_0)(G_0+\mathrm{j}\omega C_0)}\overset{\text{def}}{=}\alpha+\mathrm{j}\beta$。$\gamma$ 称为传播常数，α、β 分别是 γ 的实部和虚部。$\dot{A}_1$、$\dot{A}_2$ 是复数值的积分常数，其值由边界条件决定。将式(20-9-3)代入式(20-9-1a)，得到电流相量 $\dot{I}$ 为

$$\dot{I}=-\frac{1}{Z_0}\frac{\mathrm{d}\dot{U}}{\mathrm{d}x}=\frac{\gamma}{Z_0}(\dot{A}_1\mathrm{e}^{-\gamma x}-\dot{A}_2\mathrm{e}^{\gamma x})=\frac{(\dot{A}_1\mathrm{e}^{-\gamma x}-\dot{A}_2\mathrm{e}^{\gamma x})}{\sqrt{\dfrac{Z_0}{Y_0}}} \tag{20-9-4}$$

上式中的分母是一有阻抗单位的常数，记为 Z_C：

$$Z_\mathrm{C}\overset{\text{def}}{=}\sqrt{\frac{Z_0}{Y_0}}=\sqrt{\frac{R_0+\mathrm{j}\omega L_0}{G_0+\mathrm{j}\omega C_0}}=|Z_\mathrm{C}|\mathrm{e}^{\mathrm{j}\theta} \tag{20-9-5}$$

Z_C 称为传输线的特性阻抗，$|Z_\mathrm{C}|$，θ 分别是 Z_C 的模和幅角。至此我们得出了均匀传输线方程在正弦稳态下的通解，在下面的一节里将要讨论所得解答的物理意义。

20.10 均匀传输线上的行波

现在来说明前节中得出的均匀传输线在正弦稳态下的电压、电流的表达式，即式(20-9-3)和式(20-9-4)的物理意义。

将式(20-9-3)中的 $\dot{A}_1$，$\dot{A}_2$ 写作

$$\dot{A}_1=A_1\mathrm{e}^{\mathrm{j}\psi_1},\quad \dot{A}_2=A_2\mathrm{e}^{\mathrm{j}\psi_2}$$

于是得到正弦稳态下，传输线的电压、电流瞬时值的表达式分别为

$$\begin{aligned}u&=\sqrt{2}A_1\mathrm{e}^{-\alpha x}\sin(\omega t-\beta x+\psi_1)+\sqrt{2}A_2\mathrm{e}^{\alpha x}\sin(\omega t+\beta x+\psi_2)\\&=u_++u_-\end{aligned} \tag{20-10-1a}$$

$$i = \sqrt{2}\frac{A_1}{|Z_C|}e^{-\alpha x}\sin(\omega t - \beta x + \psi_1 - \theta)$$
$$- \sqrt{2}\frac{A_2}{|Z_C|}e^{-\alpha x}\sin(\omega t + \beta x + \psi_2 - \theta)$$
$$= i_+ - i_- \tag{20-10-1b}$$

式(20-10-1a)中的 u_+、u_- 分别是该式中对应的指数正弦函数项;i_+,i_- 也是这样。

式(20-10-1a)和式(20-10-1b)右端的每一项表示一个向某一方向(x 的正向或反向)传播,且沿该方向衰减的波。我们取 u_+ 的表达式加以分析,它是 x,t 的函数,在任一固定时刻,它的图象是沿 x 依指数 $e^{-\alpha x}$ 衰减的正弦波形;对每一固定的 x 值(即在某一点处),它随时间作正弦变化,x 值愈大处,相位滞后也愈大。图 20-10-1 中绘出了不同时刻 u_+ 沿 x 分布的图象,它显示 u_+ 是一个朝着 x 的正向行进的行波。波的基本特征可以用相位速度和波长来表示。波的相位速度是波的相位为常数值的点运动的速度,u_+ 的相位是 $\omega t - \beta x + \psi_1$。为考察它的相位速度,令 $\omega t - \beta x + \psi_1 =$ 常数,于是

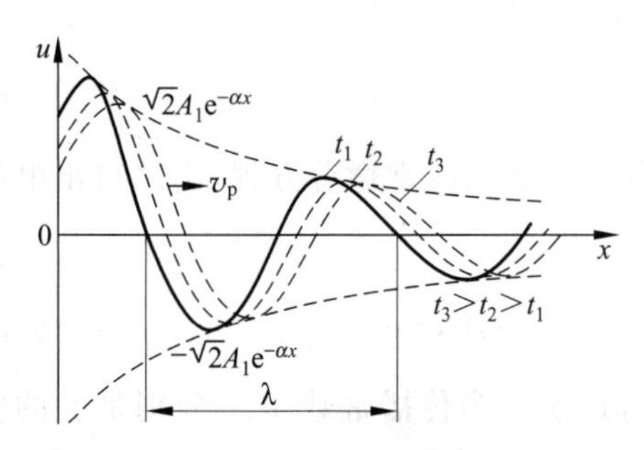

图 20-10-1 正弦稳态下,传输线上的正向行波

$$\frac{d}{dt}(\omega t - \beta x + \psi_1) = 0$$

相位速度 v_p 即为

$$v_p = \frac{dx}{dt} = \frac{\omega}{\beta} \tag{20-10-2}$$

即 u_+ 所表示的电压波以相位速度 ω/β 向 x 正向行进,因此称 u_+ 为电压的正向行波。

沿着波行进的方向,在任一时刻,波的相位相差 2π 的两点间的距离,就是波长 λ。若传输线上两点 x_1,x_2 间的距离为一个波长,则

$$(\omega t - \beta x_2 + \psi_1) - (\omega t - \beta x_1 + \psi_1) = \beta(x_1 - x_2) = \beta\lambda = 2\pi$$

所以

$$\lambda = \frac{2\pi}{\beta} \tag{20-10-3}$$

又由式(20-10-2),$v_p = \frac{\omega}{\beta} = \frac{2\pi}{\beta}f = \lambda f$,所以

$$\lambda = \frac{v_p}{f} = v_p T \tag{20-10-4}$$

所以波长也等于相位速度 v_p 与周期 T 的乘积。

传输线中电流的表达式(20-10-1b)中的第一项 i_+ 也是一个向 x 的正方向行进的波,与电压的正向行波相似。对同一个 x 值,它的幅值等于电压正向行波的幅值除以 $|Z_C|$,它的

相位滞后于 u_+ 一角度 θ，称 i_+ 为电流的正向行波。对式(20-10-1a)和式(20-10-1b)两式中的 u_-，i_-，可以作相似的分析：它们都是向 x 减小方向行进的波，相位速度是 $-v_p$，它们的幅值随 x 依指数函数 $e^{\beta x}$ 而增大，亦即随 x 的减小而衰减。这样的电压、电流波可称为反向行波。根据 u_- 的表达式可以作出不同时刻反向电压行波沿线分布的图象如图 20-10-2 所示。

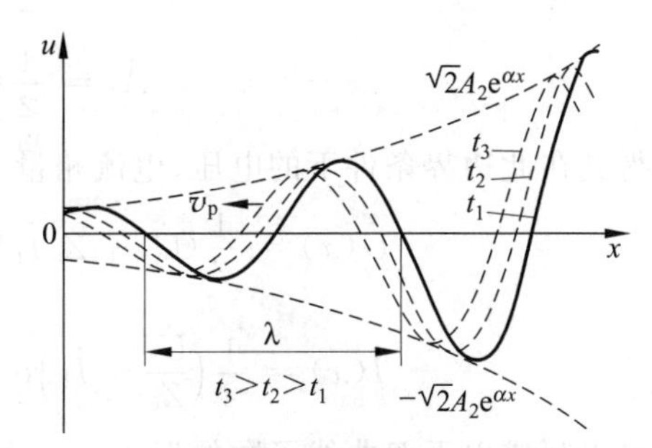

图 20-10-2　正弦稳态下传输线上的电压反向行波

由以上的分析可见：在正弦稳态下，传输线两线间的电压等于一电压正向行波 u_+ 与一反向行波 u_- 之和；线中的电流等于电流正向行波 i_+ 与反向行波 i_- 之差。式(20-9-3)和式(20-9-4)的电压相量 $\dot{U}$、电流相量 $\dot{I}$，便也可看作两个行波的合成，即

$$\left.\begin{aligned}\dot{U} &= \dot{U}_+ + \dot{U}_- \\ \dot{I} &= \dot{I}_+ - \dot{I}_-\end{aligned}\right\} \tag{20-10-5}$$

由式(20-9-3)和式(20-9-4)可知

$$\dot{U}_+ = \dot{A}_1 e^{-\gamma x}, \quad \dot{U}_- = \dot{A}_2 e^{\gamma x}$$

$$\dot{I}_+ = \frac{\dot{A}_1}{Z_C} e^{-\gamma x}, \quad \dot{I}_- = \frac{\dot{A}_2}{Z_C} e^{\gamma x}$$

可见电压行波与电流行波间有以下关系：

$$\frac{\dot{U}_+}{\dot{I}_+} = \frac{\dot{U}_-}{\dot{I}_-} = Z_C \tag{20-10-6}$$

这表明一传输线的正(反)向电压行波相量与正(反)向电流行波相量之比即为该传输线的特性阻抗 Z_C。

20.11　均匀传输线方程的双曲函数解

由 20.9 节里得出的传输线方程在正弦稳态下的通解，再根据所给定的边界条件就可以决定相应的特解。

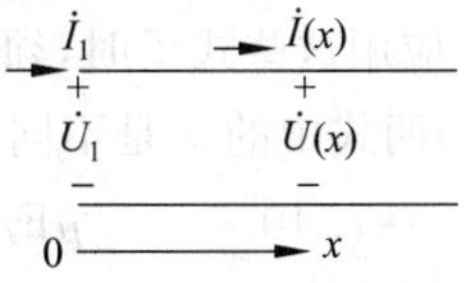

图 20-11-1　传输线的边界条件的一种给定形式

假设给定传输线的边界条件如图 20-11-1 所示：始端($x=0$ 处)的电压 $\dot{U}(0)=\dot{U}_1$；始端的电流 $\dot{I}(0)=\dot{I}_1$。将它们代入式(20-9-3)和式(20-9-4)，便有

$$\dot{A}_1 + \dot{A}_2 = \dot{U}_1$$

$$\dot{A}_1 - \dot{A}_2 = Z_C \dot{I}_1$$

由之解得

$$\dot{A}_1=\frac{1}{2}(\dot{U}_1+Z_C\dot{I}_1)$$

$$\dot{A}_2=\frac{1}{2}(\dot{U}_1-Z_C\dot{I}_1)$$

于是得到在此边界条件下的电压、电流相量

$$\left.\begin{aligned}\dot{U}(x)&=\frac{1}{2}(\dot{U}_1+Z_C\dot{I}_1)e^{-\gamma x}+\frac{1}{2}(\dot{U}_1-Z_C\dot{I}_1)e^{\gamma x}\\ \dot{I}(x)&=\frac{1}{2}\left(\frac{\dot{U}_1}{Z_C}+\dot{I}_1\right)e^{-\gamma x}-\frac{1}{2}\left(\frac{\dot{U}_1}{Z_C}-\dot{I}_1\right)e^{\gamma x}\end{aligned}\right\}\tag{20-11-1}$$

上式可以写成以下双曲线函数的形式：

$$\left.\begin{aligned}\dot{U}(x)&=\dot{U}_1\cosh\gamma x-Z_C\dot{I}_1\sinh\gamma x\\ \dot{I}(x)&=-\frac{\dot{U}_1}{Z_C}\sinh\gamma x+\dot{I}_1\cosh\gamma x\end{aligned}\right\}\tag{20-11-2}$$

利用式(20-11-1)或式(20-11-2)，可由 $\dot{U}_1$，$\dot{I}_1$ 计算任何位置处的电压、电流相量。

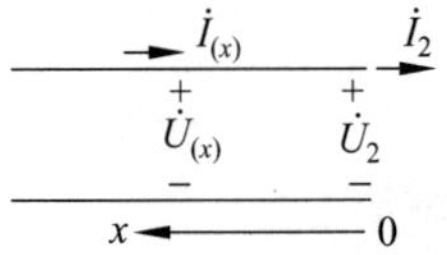

图 20-11-2 传输线的边界条件的另一给定形式

如果给定传输线终端的电压 $\dot{U}_2$、电流 $\dot{I}_2$，如图 20-11-2 所示，可以用与上面类似的方法导出线上各点的电压、电流相量。在这一情形下，取 x 的正方向如图中所示，并将坐标 x 的原点取在终端。只需将式(20-11-1)和式(20-11-2)中的电流都加一负号，并将式中各项中的下标“1”换成“2”，即可得到所需的结果如下：

$$\left.\begin{aligned}\dot{U}(x)&=\frac{1}{2}(\dot{U}_2-Z_C\dot{I}_2)e^{-\gamma x}+\frac{1}{2}(\dot{U}_2+Z_C\dot{I}_2)e^{\gamma x}\\ \dot{I}(x)&=-\frac{1}{2}\left(\frac{\dot{U}_2}{Z_C}-\dot{I}_2\right)e^{-\gamma x}+\frac{1}{2}\left(\frac{\dot{U}_2}{Z_C}+\dot{I}_2\right)e^{\gamma x}\end{aligned}\right\}\tag{20-11-3}$$

上式又可以写成以下的双曲函数形式：

$$\left.\begin{aligned}\dot{U}(x)&=\dot{U}_2\cosh\gamma x+Z_C\dot{I}_2\sinh\gamma x\\ \dot{I}(x)&=\frac{\dot{U}_2}{Z_C}\sinh\gamma x+\dot{I}_2\cosh\gamma x\end{aligned}\right\}\tag{20-11-4}$$

这样，我们求得了均匀传输线在给定边界条件下的正弦稳态解。应用这些式子时，须注意式(20-11-1)和式(20-11-2)两式中的 x 与式(20-11-3)和式(20-11-4)两式中的 x 是不同的。

【例 20-2】 一架空传输线的参数如下：$L_0=1.60\mathrm{mH/km}$，$C_0=7.40\times10^{-3}\mu\mathrm{F/km}$，$R_0=1.0\Omega/\mathrm{km}$，$G_0=0$，工作频率 $f=1\mathrm{kHz}$。计算此传输线的特性阻抗 Z_C、传播常数 γ，相位速度 v_p 和波长 λ。

解 角频率 $\omega=2\pi f=2\pi\times1000=6.283\times10^3$ rad/s。

传输线单位长度上的阻抗

$$Z_0=R_0+\mathrm{j}\omega L_0=1.0+\mathrm{j}6.283\times10^3\times1.6\times10^{-3}$$
$$=1.0+\mathrm{j}10.05=10.09\angle84.32^\circ\ \Omega/\mathrm{km}$$

单位长度上的导纳

$$Y_0=\mathrm{j}\omega C_0=\mathrm{j}6.283\times10^3\times7.40\times10^{-9}=\mathrm{j}4.649\times10^{-5}\ \mathrm{S/km}$$

于是得特性阻抗

$$Z_C=\sqrt{\frac{Z_0}{Y_0}}=\sqrt{\frac{10.09\angle84.32^\circ}{4.649\times10^{-5}\angle90^\circ}}=460\angle-2.84^\circ\ \Omega$$

传播常数

$$\gamma=\sqrt{Z_0Y_0}=\sqrt{10.09\times4.649\times10^{-5}\angle84.32^\circ+90^\circ}$$
$$=2.166\times10^{-2}\angle87.16^\circ=1.073\times10^{-3}+\mathrm{j}2.163\times10^{-2}\ \mathrm{l/km}$$

所以衰减常数

$$\alpha=1.073\times10^{-3}\ \mathrm{l/km}$$

相位常数

$$\beta=2.163\times10^{-2}\ \mathrm{l/km}$$

相位速度

$$v_p=\frac{\omega}{\beta}=\frac{6.283\times10^3}{2.163\times10^{-2}}=2.90\times10^5\ \mathrm{km/s}$$

波长

$$\lambda=\frac{2\pi}{\beta}=\frac{6.283}{2.163\times10^{-2}}=290\ \mathrm{km}$$

【例 20-3】 某三相电力传输线的单相等效参数如下：$R_0=0.208\Omega/\mathrm{km}$；$X_0=\omega L_0=1.182\ \Omega/\mathrm{km}$；$G_0=0$；$B_0=\omega C_0=5.42\times10^{-6}$ S/km。线长 $l=250$km，终端线电压 $U_{21}=220$kV，三相负载功率 $P=50$MW，功率因数 $\cos\varphi_2=0.9$(感性)。

求传输线始端电压 U_{11}、电流 I_1 和功率 P_1。

解 由给定的负载和终端电压得到终端处的电流为

$$I_2=\frac{P}{\sqrt{3}U_{21}\cos\varphi_2}=\frac{50\times10^6}{\sqrt{3}\times220\times10^3\times0.9}=145.80\ \mathrm{A}$$

$$\varphi_2=\arccos0.9=25.84^\circ$$

等效的单相电路终端的电压为

$$U_2=\frac{U_{21}}{\sqrt{3}}=\frac{220}{\sqrt{3}}\times10^3=127\ \mathrm{kV}$$

由给定的传输线参数求得特性阻抗

$$Z_C=\sqrt{\frac{Z_0}{Y_0}}=\sqrt{\frac{R_0+\mathrm{j}X_0}{\mathrm{j}B_0}}=\sqrt{\frac{0.208+\mathrm{j}1.182}{\mathrm{j}5.42\times10^{-6}}}$$

$$=\sqrt{\frac{1.20\angle 80^\circ-90^\circ}{5.42\times10^{-6}}}=470\angle -5^\circ\ \Omega$$

传播常数

$$\gamma=\sqrt{Z_0Y_0}=(1.20\angle 80^\circ\times5.42\times10^{-6}\angle 90^\circ)^{1/2}=2.550\times10^{-3}\angle 85^\circ\ \text{l/km}$$
$$=2.222\times10^{-4}+\text{j}2.540\times10^{-3}\ \text{l/km}$$

于是有

$$\gamma l=(2.222\times10^{-4}+\text{j}2.540\times10^{-3})\times250=5.555\times10^{-2}+\text{j}0.6350$$

$$\cosh\gamma l=\frac{1}{2}(\text{e}^{0.05555}\text{e}^{\text{j}0.635}+\text{e}^{-0.05555}\text{e}^{-\text{j}0.635})=0.8070\angle 2.343^\circ$$

$$\sinh\gamma l=\frac{1}{2}(\text{e}^{0.05555}\text{e}^{\text{j}0.635}-\text{e}^{-0.05555}\text{e}^{-\text{j}0.635})=0.5958\angle 85.7^\circ$$

设 $\dot{U}_2=127\angle 0^\circ$ kV,根据传输线的电压、电流公式,得传输线始端电压、电流分别是

$$\dot{U}_1=\dot{U}_2\cosh\gamma l+Z_C\dot{I}_2\sinh\gamma l=127\times10^3\times0.807\angle 2.343^\circ$$
$$+470\times145.8\times0.5958\angle -25.84^\circ-5^\circ+85.7^\circ=131.1\angle 16.61^\circ\ \text{kV}$$

$$\dot{I}_1=\frac{\dot{U}_2}{Z_C}\sinh\gamma l+\dot{I}_2\cosh\gamma l=\frac{127\times10^3}{470}\times0.5958\angle 0^\circ+5^\circ+85.7^\circ$$
$$+145.8\times0.807\angle -25.84^\circ+2.343^\circ=155.9\angle 47.11^\circ\ \text{A}$$

始端处线电压为

$$U_{11}=\sqrt{3}U_1=\sqrt{3}\times131.1=227.1\ \text{kV}$$

始端电源发出的功率

$$P_1=\sqrt{3}U_{11}I_1\cos\varphi_1=\sqrt{3}\times227.1\times155.9\cos(16.61^\circ-47.11^\circ)=52.9\ \text{MW}$$

20.12 传播常数与特性阻抗

在 20.11 节所得传输线的电压、电流的表达式中,传播常数 γ 和特性阻抗 Z_C 都作为参数出现,传输线的工作特性和这两个参数有密切的关系,有必要对它们作进一步的讨论。

传播常数

传播常数 γ 在 20.9 节中已得出为

$$\gamma=\sqrt{Z_0Y_0}=\sqrt{(R_0+\text{j}\omega L_0)(G_0+\text{j}\omega C_0)}=\alpha+\text{j}\beta$$

它一般是一复数。γ 的实部 α 称为衰减常数。由式(20-10-1)所得传输线上波的表达式看到,α 数值的大小,决定了波沿线衰减的缓急,每经一单位长度,波的幅值衰减到原有幅值的 e^{α} 分之一;经过长为 l 的传输线,就要衰减到原幅值的 $\text{e}^{\alpha l}$ 分之一。αl 是一纯数,用它能表示传输线上波的衰减程度,所以称为衰减量,并以奈培(Np)作为它的单位名称。波的衰减是

由线上的电阻 R_0 和并联电导 G_0 引起的，因为它们总是有着消耗电能的作用。

传播常数的虚部 β 称为相位常数。它的数值等于单位长度所对应的弧度数。给定传输线的参数 R_0、L_0、G_0、C_0 和工作频率 ω，可以求出衰减常数和相位常数。由于传播常数

$$\gamma=\sqrt{(R_0+\mathrm{j}\omega L_0)(G_0+\mathrm{j}\omega C_0)}$$
$$=\sqrt{(R_0G_0-\omega^2L_0C_0)+\mathrm{j}\omega(L_0G_0+C_0R_0)}=\alpha+\mathrm{j}\beta$$

所以 γ^2 为

$$\alpha^2-\beta^2+2\mathrm{j}\alpha\beta=R_0G_0-\omega^2L_0C_0+\mathrm{j}\omega(L_0G_0+C_0R_0)$$

上式两边的实部、虚部应分别相等，由此解得

$$\alpha=\sqrt{\frac{1}{2}\left[(R_0G_0-\omega^2L_0C_0)+\sqrt{(R_0^2+\omega^2L_0^2)(G_0^2+\omega^2C_0^2)}\right]}\tag{20-12-1}$$

$$\beta=\sqrt{\frac{1}{2}\left[(\omega^2L_0C_0-R_0G_0)+\sqrt{(R_0^2+\omega^2L_0^2)(G_0^2+\omega^2C_0^2)}\right]}\tag{20-12-2}$$

由以上 α,β 的表达式可见：α,β 一般都与频率有关，β 随频率的增高而无限地增大；α 则随频率的增高而在有限的范围内变化。图 20-12-1 中示出它们的频率特性。由此图看到，当频率足够高时，β 趋近于 $\omega\sqrt{L_0C_0}$，而 α 则趋近于一有限值。

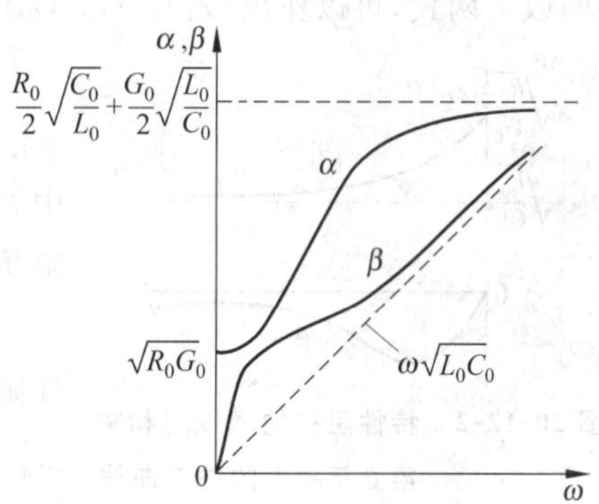

图 20-12-1 相位常数、衰减常数与频率的关系曲线

对于无损传输线 $R_0=0$，$G_0=0$，则衰减常数 $\alpha=0$；相位常数 $\beta=\omega\sqrt{L_0C_0}$，如图 20-12-1 中的虚线所示。在足够高的频率下，$\omega L_0\gg R_0$；$\omega C_0\gg G_0$，常可将传输线近似地视为无损线。

相位常数由式(20-12-2)表示，相位速度 $v_{\mathrm{p}}=\omega/\beta$ 一般也与频率有关。在足够高的频率下 $\beta\approx\omega\sqrt{L_0C_0}$；对于无损线也有 $\beta=\omega\sqrt{L_0C_0}$，所以在这些情形下相位速度

$$v_{\mathrm{p}}=\frac{\omega}{\beta}=\frac{1}{\sqrt{L_0C_0}}\tag{20-12-3}$$

从电磁场的理论可以证明：对于导线周围介质的介电常数为 ε、磁导率为 μ 的传输线，乘积 L_0C_0 为一常数，而且有

$$v_{\mathrm{p}}=\frac{1}{\sqrt{L_0C_0}}=\frac{1}{\sqrt{\varepsilon\mu}}=\frac{c}{\sqrt{\varepsilon_{\mathrm{r}}\mu_{\mathrm{r}}}}\tag{20-12-4}$$

上式中 ε_{r}，μ_{r} 分别是介质的相对介电常数和相对磁导率；c 是真空中的光速。对于架空线 $\varepsilon_{\mathrm{r}}=\mu_{\mathrm{r}}=1$，所以无损架空线上波的相位速度等于光速 c；对于电缆，由于其中介质的介电常数 $\varepsilon=(4\sim5)\varepsilon_0$，故波的相位速度约为真空中光速的(0.4～0.5)倍。

有损线上波的相位速度总是比式(20-12-3)给出的速度要小。

由于架空线上和电缆上波的相位速度显著地不同，在同一频率下，架空线上的波长与电缆上的波长也明显地不等。由波长 $\lambda=v_p/f$ 可以看出，在工业频率 $f=50\text{Hz}$ 下的电力架空输电线的波长 $\lambda=c/50=6000\text{km}$，所以，一般电力输电线的长度都远比波长小。但在高频、超高频下，就常遇到长度可与波长相比较的传输线。

特性阻抗 Z_C

式(20-9-5)已给出传输线的特性阻抗

$$Z_C=\sqrt{\frac{Z_0}{Y_0}}=\sqrt{\frac{R_0+j\omega L_0}{G_0+j\omega C_0}}=|Z_C|e^{j\theta} \tag{20-12-5}$$

由此可得它的模和幅角分别是

$$|Z_C|=\left(\frac{R_0^2+(\omega L_0)^2}{G_0^2+(\omega C_0)^2}\right)^{1/4} \tag{20-12-6}$$

$$\theta=\frac{1}{2}\left(\arctan\frac{\omega L_0}{R}-\arctan\frac{\omega C_0}{G_0}\right) \tag{20-12-7}$$

按照以上两式，可以作出 $|Z_C(\omega)|$，$\theta(\omega)$ 的曲线如图 20-12-2 所示。

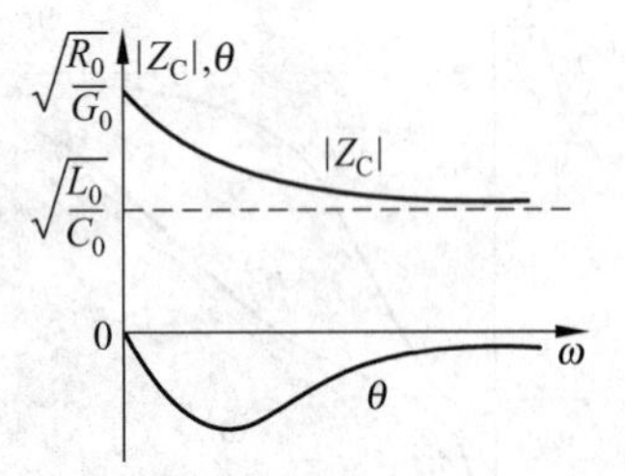

图 20-12-2 特性阻抗的模 $|Z_C|$ 和幅角 θ 与频率的关系曲线

由此图看出：当 ω 由零增大，$|Z_C|$ 由 $\sqrt{R_0/G_0}$ 渐趋于 $\sqrt{L_0/C_0}$；θ 在 $\omega=0$ 时为零，在 ω 充分大时也趋于零。图中 θ 都为负值，这是因为实际的传输线 G_0 都很小，Z_0 的幅角小于 Y_0 的幅角。

对于无损线 $Z_C=\sqrt{L_0/C_0}$，$\theta=0$，这表明无损线的特性阻抗是纯电阻性的，电压行波与相应的电流行波同相。

一般架空线的电感 L_0 比电缆的电感大，而其电容 C_0 比电缆的电容小，所以架空线的特性阻抗比电缆的特性阻抗大。一般架空线的特性阻抗约为 300Ω～400Ω，电缆的特性阻抗则较小，约为 50Ω。

20.13 传输线上波的反射系数

由 20.10 节中传输线方程的正弦稳态解可见：传输线上的电压、电流都是相应的正向行波和反向行波的合成。通常将由电源端向负载端传播的波看作入射波；由负载端向电源端传播的波看作反射波。反射波与负载阻抗有密切关系。

由式(20-11-3)，传输线上电压入射波相量 $\dot{U}'$、反射波相量 $\dot{U}''$ 分别是

$$\left.\begin{aligned}\dot{U}'&=\frac{1}{2}(\dot{U}_2+Z_C\dot{I}_2)e^{\gamma x}\\ \dot{U}''&=\frac{1}{2}(\dot{U}_2-Z_C\dot{I}_2)e^{-\gamma x}\end{aligned}\right\} \tag{20-13-1}$$

就图 20-13-1 的电路来分析反射波与负载阻抗的关系。图中 $x=0$ 处是负载端，设负载阻抗

为 Z_2，则有 $\dot{U}_2=Z_2\dot{I}_2$，代入式(20-13-1)，便有

$$\left.\begin{aligned}\dot{U}'&=\frac{1}{2}(Z_2+Z_C)\dot{I}_2\mathrm{e}^{\gamma x}\\ \dot{U}''&=\frac{1}{2}(Z_2-Z_C)\dot{I}_2\mathrm{e}^{-\gamma x}\end{aligned}\right\}\qquad(20\text{-}13\text{-}2)$$

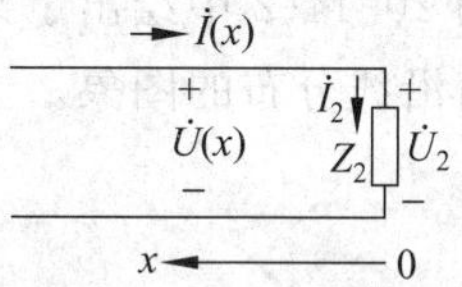

图 20-13-1 说明波的反射的电路图

反射波相量与入射波相量之比称为反射系数，于是由上式即有反射系数

$$n=\frac{\dot{U}''}{\dot{U}'}=\frac{\dot{I}''}{\dot{I}'}=\frac{Z_2-Z_C}{Z_2+Z_C}\mathrm{e}^{-2\gamma x}\qquad(20\text{-}13\text{-}3)$$

可见在正弦稳态下，反射系数 n 一般是复数值，且随 x 变化。终端处($x=0$)反射系数的绝对值最大。反射系数还与负载阻抗 Z_2 有关。如在终端处 $Z_2=Z_C$，则 $n=0$，表明这一情形下不出现反射波；如 $Z_2=\infty$，即终端开路，则 $n|_{x=0}=1$，表示这时终端处反射波与入射波相等；如 $Z_2=0$，即终端短路，则 $n|_{x=0}=-1$，表示这时终端处反射波与入射波幅值相等，但相位相反。

20.14 终端接特性阻抗的传输线

如果传输线的终端接以等于特性阻抗的阻抗(如图 20-14-1)，则终端电压 $\dot{U}_2=Z_C\dot{I}_2$，将此关系代入式(20-11-3)，则有

$$\left.\begin{aligned}\dot{U}(x)&=\frac{1}{2}(\dot{U}_2+Z_C\dot{I}_2)\mathrm{e}^{\gamma x}=\dot{U}_2\mathrm{e}^{\gamma x}\\ \dot{I}(x)&=\frac{1}{2}\left(\frac{\dot{U}_2}{Z_C}+\dot{I}_2\right)\mathrm{e}^{\gamma x}=\frac{\dot{U}_2}{Z_C}\mathrm{e}^{\gamma x}=\dot{I}_2\mathrm{e}^{\gamma x}\end{aligned}\right\}\qquad(20\text{-}14\text{-}1)$$

在这一负载情形下，线上电压、电流都只含有相应的入射波，而没有反射波。这就是 20.13 节中所述的反射系数 $n=0$ 的情形。由式(20-13-1)可见，这时对任何 x 值都有

$$\frac{\dot{U}(x)}{\dot{I}(x)}=\frac{\dot{U}_2}{\dot{I}_2}=Z_C\qquad(20\text{-}14\text{-}2)$$

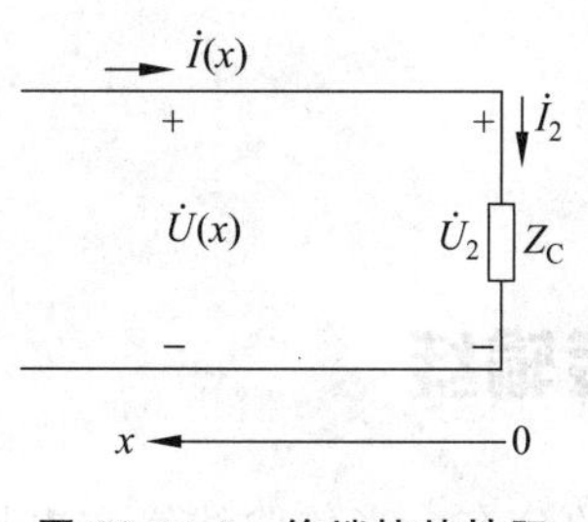

图 20-14-1 终端接特性阻抗的传输线

这表明在这种工作情形下，由传输线的任何点向负载端看，入端阻抗都等于 Z_C。线上电压、电流的瞬时值可由式(20-14-1)得出。设 $\dot{U}_2=U_2\angle 0°$，则

$$\left.\begin{aligned}u&=U_{2\mathrm{m}}\mathrm{e}^{\alpha x}\sin(\omega t+\beta x)\\ i&=\frac{U_{2\mathrm{m}}}{|Z_C|}\mathrm{e}^{\alpha x}\sin(\omega t+\beta x-\theta)\end{aligned}\right\}\qquad(20\text{-}14\text{-}3)$$

图 20-14-2 中绘出了某一瞬间的 u,i 沿线分布的图象，图 20-14-3 中示出电压、电流的有效值沿线分布的图象。

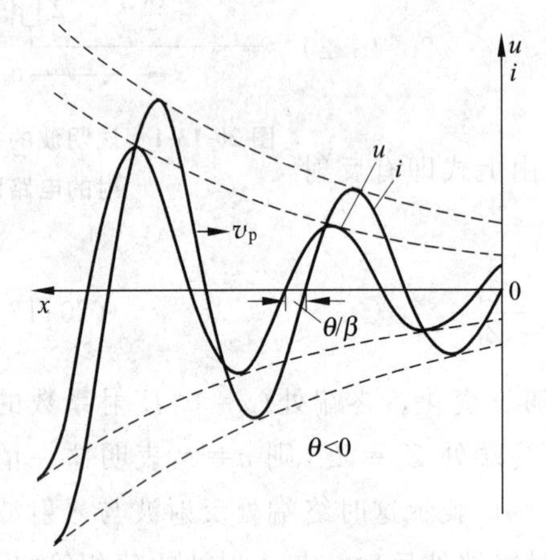

图 20-14-2 $Z_2=Z_C$ 时传输线的电压、电流瞬时值的沿线分布曲线

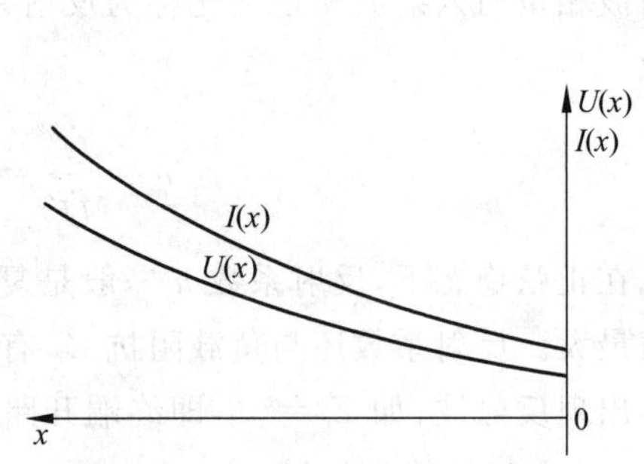

图 20-14-3 $Z_2=Z_C$ 时电压、电流的有效值沿线分布曲线

在距终端 x 处向负载端传输的功率为

$$P=UI\cos\theta=\frac{U_2^2}{|Z_C|}e^{2\alpha x}\cos\theta=P_2e^{2\alpha x} \tag{20-14-4}$$

上式中 $P_2=\dfrac{U_2^2}{|Z_C|}\cos\theta$ 即为负载所得的功率。传输线输送的功率随 x 的增大而增大，这是因线上的串联电阻、并联电导消耗功率而引起的。

终端负载阻抗等于特性阻抗的传输线电路称为匹配线路。在匹配情况下所传输到负载的功率称为自然功率。许多通信用的传输线都工作在匹配情况下，以避免产生反射波带来的不利影响，例如反射波的出现会造成信号传输的失真。

长度为 l 的传输线、终端接特性阻抗，其电源端所发出的功率为

$$P_1=P_2e^{2\alpha l}$$

可见在这一情形下，传输线的效率

$$\eta=\frac{P_2}{P_1}=e^{-2\alpha l}$$

显然 α 的值愈小，传输线的效率愈高。

20.15 不同负载条件下的传输线

本节讨论均匀传输线在终端接不同负载时线上电压、电流的分布。当传输线终端电压为 $\dot{U}_2$、电流为 $\dot{I}_2$ 时，终端的负载阻抗即为 $Z_2=\dot{U}_2/\dot{I}_2$。

由式(20-11-4)可见，传输线上的电压$\dot{U}$、电流$\dot{I}$都可看作是相应的两个分量的叠加：一个分量与$\dot{U}_2$成正比；另一个分量与$\dot{I}_2$成正比。将$\dot{U}$,$\dot{I}$中与$\dot{U}_2$成正比的分量分别记为$\dot{U}_o$,$\dot{I}_o$；与$\dot{I}_2$成正比的分量分别记为$\dot{U}_s$,$\dot{I}_s$，则可将式(20-11-4)写成

$$\left.\begin{aligned}\dot{U} &= \dot{U}_o + \dot{U}_s \\ \dot{I} &= \dot{I}_o + \dot{I}_s\end{aligned}\right\} \tag{20-15-1}$$

其中

$$\dot{U}_o = \dot{U}_2\cosh\gamma x \qquad \dot{I}_o = \frac{\dot{U}_2}{Z_C}\sinh\gamma x$$

$$\dot{U}_s = \dot{I}_2 Z_C \sinh\gamma x \qquad \dot{I}_s = \dot{I}_2\cosh\gamma x$$

下面分别讨论终端开路、短路和接阻抗Z_L时传输线上的电压、电流分布。

终端开路

当终端开路时，$I_2=0$，传输线上电压、电流相量分别是

$$\left.\begin{aligned}\dot{U} &= \dot{U}_o = \dot{U}_2\cosh\gamma x \\ \dot{I} &= \dot{I}_o = \frac{\dot{U}_2}{Z_C}\sinh\gamma x\end{aligned}\right\} \tag{20-15-2}$$

将$\gamma=\alpha+\mathrm{j}\beta$代入上式，并将复数变量的双曲线函数展开，便得

$$\dot{U}_o = \dot{U}_2(\cosh\alpha x\cosh\mathrm{j}\beta x + \sinh\alpha x\sinh\mathrm{j}\beta x) = \dot{U}_2(\cosh\alpha x\cos\beta x + \mathrm{j}\sinh\alpha x\sin\beta x)$$

$$\dot{I}_o = \frac{\dot{U}_2}{Z_C}(\sinh\alpha x\cosh\mathrm{j}\beta x + \cosh\alpha x\sinh\mathrm{j}\beta x) = \frac{\dot{U}_2}{Z_C}(\sinh\alpha x\cos\beta x + \mathrm{j}\cosh\alpha x\sin\beta x)$$

在以上的展开式中，利用了恒等式$\cosh\mathrm{j}\beta x=\cos\beta x$和$\sinh\mathrm{j}\beta x=\mathrm{j}\sin\beta x$。由上式得电压、电流有效值的沿线分布：

$$\begin{aligned}U_o &= U_2\,|\cosh\alpha x\cos\beta x + \mathrm{j}\sinh\alpha x\sin\beta x| = U_2(\cosh^2\alpha x\cos^2\beta x + \sinh^2\alpha x\sin^2\beta x)^{1/2} \\ &= U_2(\cosh^2\alpha x + \cos^2\beta x - 1)^{1/2} = \frac{U_2}{\sqrt{2}}(\cosh 2\alpha x + \cos 2\beta x)^{1/2}\end{aligned} \tag{20-15-3}$$

$$\begin{aligned}I_o &= \frac{U_2}{|Z_C|}\,|\sinh\alpha x\cosh\mathrm{j}\beta x + \cosh\beta x\sinh\mathrm{j}\beta x| \\ &= \frac{U_2}{|Z_C|}(\sinh^2\alpha x\cos^2\beta x + \cosh^2\beta x\sin^2\beta x)^{1/2} \\ &= \frac{U_2}{|Z_C|}(\cosh^2\alpha x - \cos^2\beta x)^{1/2} = \frac{U_2}{\sqrt{2}\,|Z_C|}(\cosh 2\alpha x - \cos 2\beta x)^{1/2}\end{aligned} \tag{20-15-4}$$

由以上两式可见$U_o(x)$,$I_o(x)$的分布，图20-15-1中给出了$\cosh 2\alpha x\pm\cos 2\beta x$的图象，它们分别与$U_o^2$,$I_o^2$成正比。由此图可见：终端电流为零，约在$x=\lambda/4$处电流$I_o$达最大，再约经

$\lambda/4$,在 $\lambda/2$ 处达最小,而且每隔约 $\lambda/4$,电流 I_o 的最大值与最小值交替地出现;终端处的电压为最大,在近于 $\lambda/4$ 处为最小,而且也是每隔约 $\lambda/4$,电压的最大值与最小值交替地出现。

终端短路

当终端短路时,$U_2=0$,传输线上的电压、电流相量分别是

$$\left.\begin{aligned}\dot{U}=\dot{U}_s&=Z_C\dot{I}_2\sinh\gamma x\\ \dot{I}=\dot{I}_s&=\dot{I}_2\cosh\gamma x\end{aligned}\right\}\qquad(20\text{-}15\text{-}5)$$

比较式(20-15-5)和式(20-15-2)可以看出,终端短路时电压有效值 $U_s(x)$(电流有效值 $I_s(x)$)沿传输线的分布与终端开路时电流有效值 $I_o(x)$(电压有效值 $U_o(x)$)相似,可得出

$$\left.\begin{aligned}U_s&=\frac{1}{\sqrt{2}}\mid Z_C\mid I_2(\cosh2\alpha x-\cos2\beta x)^{1/2}\\ I_s&=\frac{I_2}{\sqrt{2}}(\cosh2\alpha x+\cos2\beta x)^{1/2}\end{aligned}\right\}\qquad(20\text{-}15\text{-}6)$$

图 20-15-2 中示出的曲线表示 U_s^2,I_s^2 随 x 变化的情形。

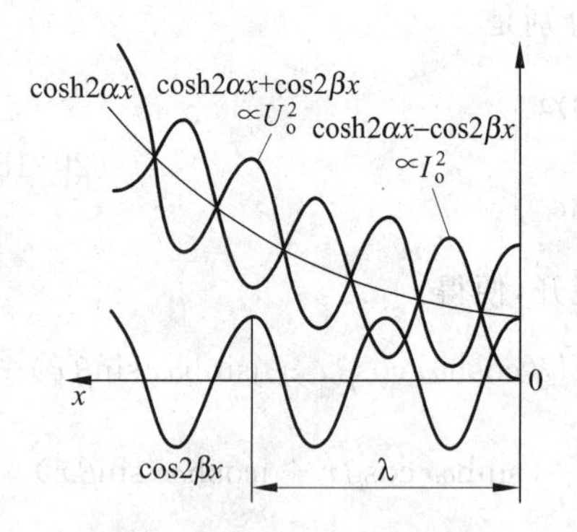

图 20-15-1 $U_o^2(x)$,$I_o^2(x)$的曲线表示图

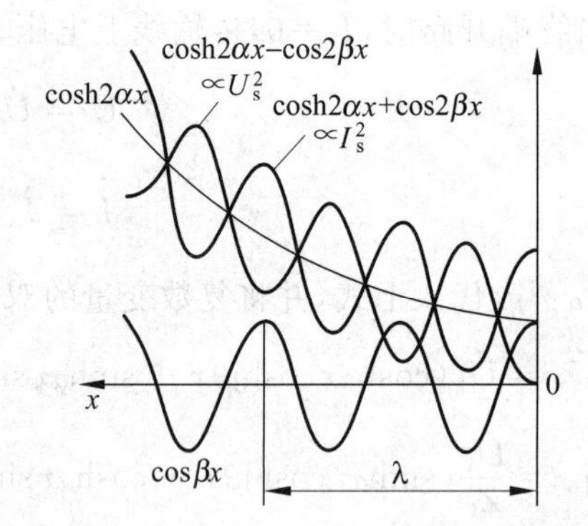

图 20-15-2 $U_s^2(x)$,$I_s^2(x)$的曲线表示图

终端接阻抗 Z_L

传输线终端接阻抗 Z_L 时,它的工作状态可由相应的终端开路时的状态和短路时的状态叠加得到。将 $\dot{U}_2=Z_L\dot{I}_2$ 代入式(20-11-4),得

$$\dot{U}=\dot{U}_2\cosh\gamma x+Z_C\dot{I}_2\cosh\gamma x=\dot{U}_2\left(\cosh\gamma x+\frac{Z_C}{Z_L}\sinh\gamma x\right)\qquad(20\text{-}15\text{-}7)$$

$$\dot{I}=\frac{\dot{U}_2}{Z_C}\sinh\gamma x+\dot{I}_2\cosh\gamma x=\dot{I}_2\left(\cosh\gamma x+\frac{Z_L}{Z_C}\sinh\gamma x\right)\qquad(20\text{-}15\text{-}8)$$

令 $Z_C/Z_L=\tanh\sigma=\tanh(\mu+\mathrm{j}\nu)$,$\sigma=\mu+\mathrm{j}\nu$ 是一复数,可将上两式写作

$$\dot{U}=\frac{\dot{U}_2}{\cosh\sigma}(\cosh\gamma x\cosh\sigma+\sinh\gamma x\sinh\sigma)=\frac{\dot{U}_2}{\cosh\sigma}\cosh(\gamma x+\sigma)\qquad(20\text{-}15\text{-}9)$$

$$\dot{I}=\frac{\dot{I}_2}{\sinh\sigma}(\cosh\gamma x\sinh\sigma+\sinh\gamma x\cosh\sigma)=\frac{\dot{I}_2}{\sinh\sigma}\sinh(\gamma x+\sigma) \qquad (20\text{-}15\text{-}10)$$

比较式(20-15-9)、式(20-15-10)与式(20-15-2)，可以看出终端接有阻抗 Z_L 时，U^2，I^2 分别与$\cosh 2(\alpha x+\mu)\pm\cos 2(\beta x+\nu)$成正比。图 20-15-3 是表示 $U^2(x)$，$I^2(x)$的曲线，这些曲线与终端开路、短路时相应的曲线很相像，主要的差别是终端电压 U_2、终端电流 I_2 均不为零。

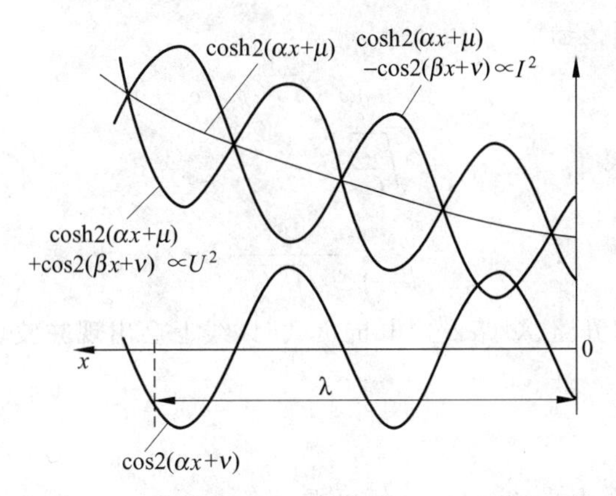

图 20-15-3 终端接有负载的传输线的 $U^2(x)$，$I^2(x)$的曲线

下面研究终端接 Z_L 时传输线的入端阻抗。

终端接 Z_L 的传输线(如图 20-15-4)，在距终端 x 处的入端阻抗，可由线上的电压和电流求出。由式(20-11-4)，并考虑到 $\dot{U}_2=Z_L\dot{I}_2$，即有

$$Z(x)=\frac{\dot{U}(x)}{\dot{I}(x)}=\frac{Z_L\cosh\gamma x+Z_C\sinh\gamma x}{\dfrac{Z_L}{Z_C}\sinh\gamma x+\cosh\gamma x}$$

$$=Z_C\frac{Z_L+Z_C\tanh\gamma x}{Z_C+Z_L\tanh\gamma x} \qquad (20\text{-}15\text{-}11)$$

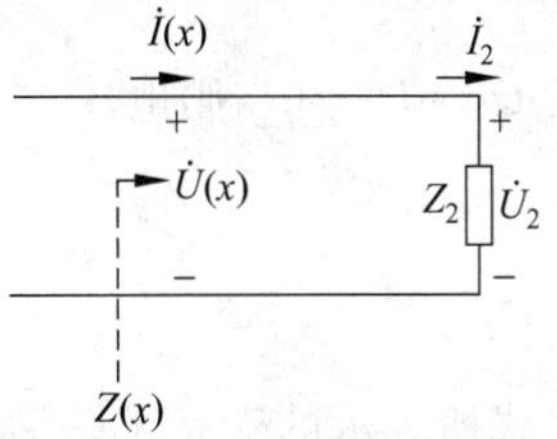

图 20-15-4 终端接有阻抗 Z_L 的传输线

应用上式，可以由终端开路和终端短路时的入端阻抗确定传输线的 Z_C 和 γ。设传输线长为 l，则终端开路时始端处($x=l$)的入端阻抗为

$$Z(l)\,|_{Z_L=\infty}=Z_{io}=Z_C\coth\gamma l \qquad (20\text{-}15\text{-}12)$$

终端短路时始端处的入端阻抗是

$$Z(l)\,|_{Z_L=0}=Z_{is}=Z_C\tanh\gamma l \qquad (20\text{-}15\text{-}13)$$

由 Z_{io}和 Z_{is}即有

$$\left.\begin{aligned}Z_C&=\sqrt{Z_{io}Z_{is}}\\ \tanh\gamma l&=\sqrt{\frac{Z_{is}}{Z_{io}}}\end{aligned}\right\} \qquad (20\text{-}15\text{-}14)$$

如果测出了 Z_{io}和 Z_{is}，即可由上式求出 Z_C 和 γ，由它们还可以确定 Z_0 和 Y_0 等参数。

20.16 无损传输线上的驻波现象

如果传输线的电阻 $R_0=0$，线间的并联电导 $G_0=0$，它就不消耗功率，就是无损传输线。工作在高频下的传输线，由于 $\omega L_0 \gg R_0$，$\omega C_0 \gg G_0$，在分析其电压、电流时常可近似地看作是无损传输线。对于无损传输线

$$\gamma = \mathrm{j}\beta = \mathrm{j}\omega\sqrt{L_0 C_0} \quad \alpha = 0$$

$$Z_C = \sqrt{\frac{L_0}{C_0}}$$

$$v_p = \frac{\omega}{\beta} = \frac{1}{\sqrt{L_0 C_0}}$$

无损传输线在终端开路、短路或接电抗负载时，线上会出现驻波现象。下面讨论无损线的这些工作情况。

终端开路

终端开路时，$I_2=0$，由式(20-11-4)便可得

$$\left.\begin{aligned}\dot{U} &= \dot{U}_2 \cosh \mathrm{j}\beta x = \dot{U}_2 \cos\beta x \\ \dot{I} &= \frac{\dot{U}_2}{Z_C}\sinh \mathrm{j}\beta x = \mathrm{j}\frac{\dot{U}_2}{Z_C}\sin\beta x\end{aligned}\right\} \tag{20-16-1}$$

设 $\dot{U}_2 = U_2 \angle 0^\circ$，则电压、电流的瞬时值表达式分别为

$$\left.\begin{aligned}u &= U_{2m}\cos\beta x \sin\omega t \\ i &= \frac{U_{2m}}{|Z_C|}\sin\beta x \cos\omega t\end{aligned}\right\} \tag{20-16-2}$$

上式所表示的就是正弦形驻波。由此式可见：线上任一点的电压、电流都随时间依正(余)弦规律变化；在任何一时刻，电压、电流沿坐标 x 作正(余)弦分布。驻波是幅值相等的入射波和反射波合成的(终端开路时，反射系数 $n=1$)，将式(20-16-2)改写成以下形式：

$$\left.\begin{aligned}u &= \frac{U_{2m}}{2}[\sin(\omega t+\beta x)+\sin(\omega t-\beta x)] \\ i &= \frac{U_{2m}}{2|Z_C|}[\sin(\omega t+\beta x)-\sin(\omega t-\beta x)]\end{aligned}\right\} \tag{20-16-3}$$

就可以看到这一点。

图 20-16-1 中画出了不同瞬间驻波沿线分布的图象。

由式(20-16-2)可以看出：线上电压、电流振幅为最大、为零的点都出现在一些固定的位置。在 $x=k\frac{\pi}{\beta}=k\frac{\lambda}{2}$($k$ 为正整数)的各点，电压的振幅最大，电流值为零，这些点称为电

压波腹、电流波节；在 $x=(2k+1)\frac{\pi}{2\beta}=\frac{k\lambda}{2}+\frac{\lambda}{4}$ 的各点，电压值为零，电流的振幅最大，这些点称为电压波节、电流波腹。图 20-16-2 中示有电压、电流的有效值沿线分布的图象。

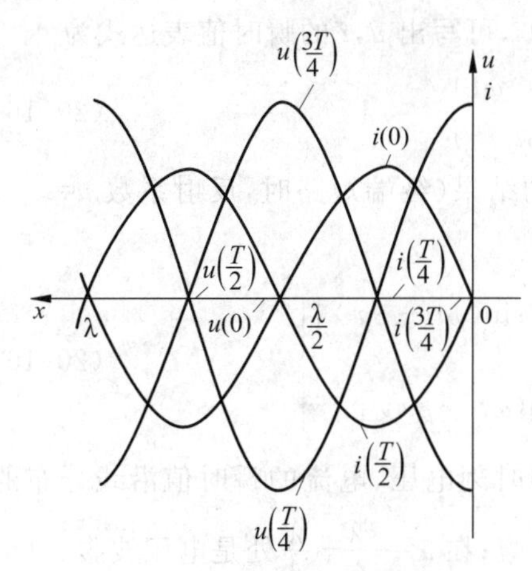

图 20-16-1 终端开路的无损传输线上的电压、电流驻波

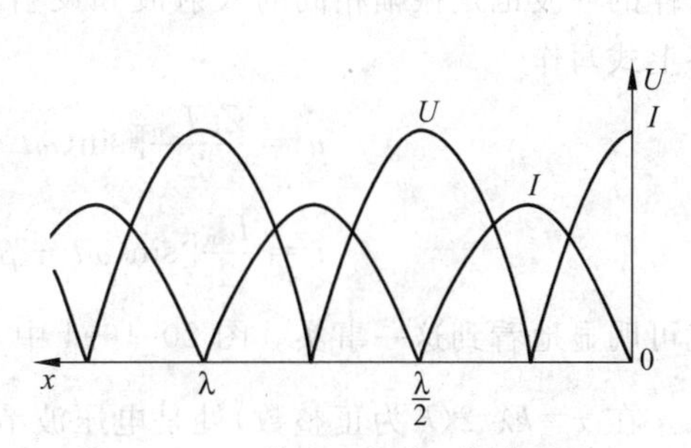

图 20-16-2 终端开路的无损传输线上电压、电流有效值的分布

终端开路的无损传输线的入端阻抗等于

$$Z_i=\frac{\dot{U}(x)}{\dot{I}(x)}=-jZ_C\cot\beta x=-jZ_C\cot\frac{2\pi}{\lambda}x=jX_i \tag{20-16-4}$$

它是一个纯电抗，电抗值决定于 x 和频率(波长)，按式(20-16-4)作出此电流与 x 的关系曲线如图 20-16-3 所示。由此图可见：当 x 值在 $\left(0,\frac{\lambda}{4}\right)$，$\left(\frac{\lambda}{2},\frac{3\lambda}{4}\right)$，…等区间，此电抗 $X_i<0$ 而为容抗；当 x 值在 $\left(\frac{\lambda}{4},\frac{\lambda}{2}\right)$，$\left(\frac{3\lambda}{4},\lambda\right)$，…等区间，此电抗 $X_i>0$ 而为感抗。在 $x=k\frac{\lambda}{2}+\frac{\lambda}{4}$ 各点，电抗 $X_i=0$，自 x 至终端的无损传输线，相当于一串联谐振电路；在 $x=k\frac{\lambda}{2}$ 的各点，$X_i=\infty$，自 x 至终端的无损传输线相当于一并联谐振电路。

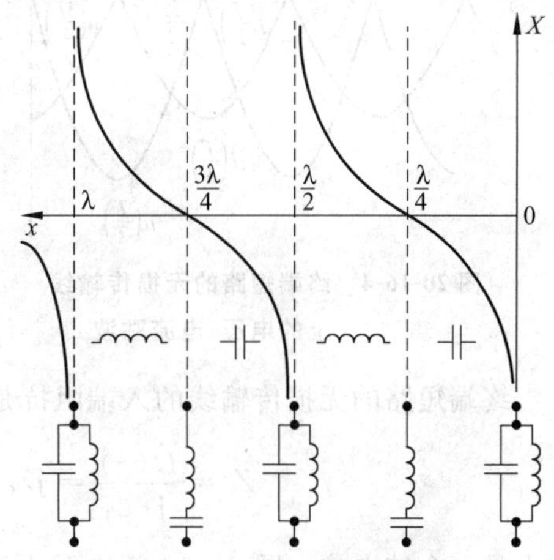

图 20-16-3 终端开路的无损传输线的入端电抗曲线

终端短路

在传输线终端短路的情形下，$U_2=0$，由式(20-11-4)便有

$$\left.\begin{aligned}\dot{U} &= Z_C \dot{I}_2 \sinh j\beta x = jZ_C \dot{I}_2 \sin\beta x \\ \dot{I} &= \dot{I}_2 \cosh j\beta x = \dot{I}_2 \cos\beta x\end{aligned}\right\} \tag{20-16-5}$$

上式表示的电压、电流分布,也是驻波。设 $\dot{I}_2 = I_2 \angle 0°$,可写出 u,i 的瞬时值表达式为

$$\left.\begin{aligned}u &= Z_C I_{2m} \sin\beta x \cos\omega t \\ i &= I_{2m} \cos\beta x \sin\omega t\end{aligned}\right\} \tag{20-16-6}$$

这样的驻波也是振幅相同的入射波和反射波合成的结果(终端短路时,反射系数 $n=-1$),将上式写作

$$\left.\begin{aligned}u &= \frac{Z_C I_{2m}}{2}[\sin(\omega t + \beta x) - \sin(\omega t - \beta x)] \\ i &= \frac{I_{2m}}{2}[\sin(\omega t + \beta x) + \sin(\omega t - \beta x)]\end{aligned}\right\} \tag{20-16-7}$$

就可明显地看到这一事实。图 20-16-4 中示出不同时刻电压、电流的瞬时值沿线分布的图象。在 $x=k\lambda/2$(k 为正整数)处是电压波节、电流波腹;在 $x=\frac{k\lambda}{2}+\frac{\lambda}{4}$ 处是电压波腹、电流波节。图 20-16-5 中示有表示电压、电流有效值沿线分布的图象。

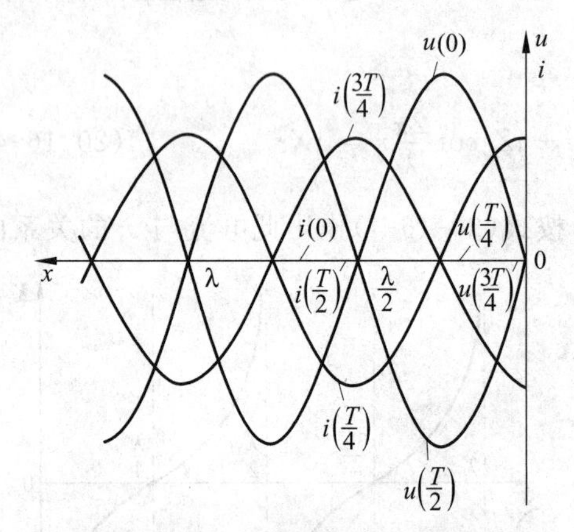

图 20-16-4 终端短路的无损传输线上的电压、电流驻波

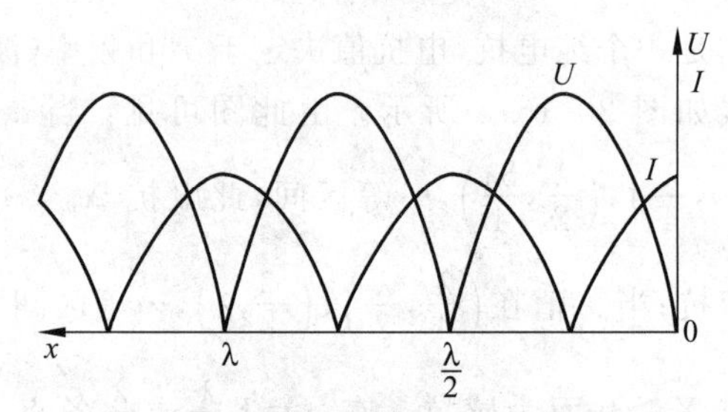

图 20-16-5 终端短路的无损传输线上电压、电流有效值的分布

终端短路的无损传输线的入端阻抗是

$$Z_i = \frac{\dot{U}(x)}{\dot{I}(x)} = jZ_C \tan\beta x = jZ_C \tan\frac{2\pi}{\lambda}x = jX_i \tag{20-16-8}$$

它也是一个纯电抗。图 20-16-6 中示出了此电抗与 x 的关系曲线。由此图可见:当 x 在 $\left(0,\frac{\lambda}{4}\right)$,$\left(\frac{\lambda}{2},\frac{3}{4}\lambda\right)$,…等区间此电抗为感抗;当 x 在 $\left(\frac{\lambda}{4},\frac{\lambda}{2}\right)$,$\left(\frac{3}{4}\lambda,\lambda\right)$,…等区间,此电抗为

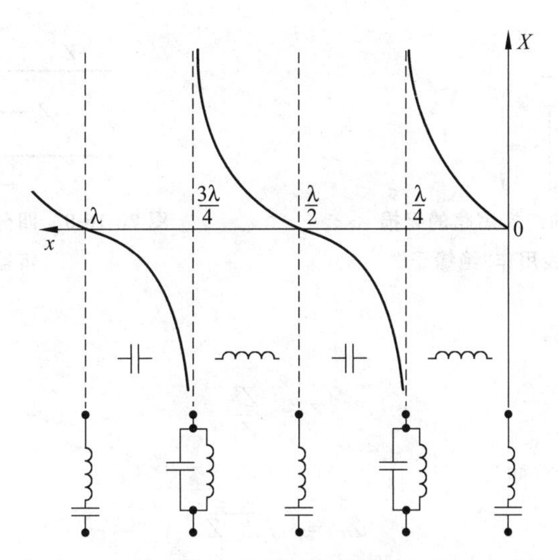

图 20-16-6 终端短路的无损传输线的入端电抗曲线

容抗。在 $x=k\dfrac{\lambda}{2}$处，$X_i=0$，由 x 至终端的无损传输线相当于一串联谐振电路；在 $x=k\dfrac{\lambda}{2}+\dfrac{\lambda}{4}$处，$X_i=\infty$，由 x 至终端的无损传输线相当于一并联谐振电路。

无损传输线在终端接纯电抗时，线上也要出现驻波，这可以从以下事实看出：任何一电抗都可代之以一段终端开路或短路的无损传输线。如果负载是感抗，则可代之以某一长度(小于 $\lambda/4$)的终端短路的无损传输线；如果负载是容抗，则可代之以某一长度(小于 $\lambda/4$)的终端开路的无损传输线。

一定长度的无损传输线，当其终端开路、短路可以作为一容抗、感抗或谐振回路来利用，在高频技术中有许多这样的应用。下面介绍四分之一波长的无损线的两个应用例子。

第一个例子是在高频下用 $\lambda/4$ 的终端短路传输线作为“金属绝缘子”。在高频下，普通的绝缘子有着功率损耗太大的缺点，而四分之一波长的终端短路的无损线，由于它的入端阻抗 $jX_i=j\infty$ 而与一并联谐振电路相当，所以可以用它作为“金属绝缘子”，用以支持高频传输线，如图 20-16-7 所示的那样。

另一个四分之一波长线的应用例子是用它来实现传输线的匹配。图 20-16-8 示一特性阻抗为 Z_{C1} 的无损传输线，它向一阻抗为 $Z_2=r_2(Z_2\neq Z_{C1})$ 的负载供电。为使传输线工作在匹配条件下，在此传输线与负载间接入一四分之一波长的无损传输线，设此传输线的特性阻抗为 Z_C，则由式(20-15-11)可得特性阻抗为 Z_{C1} 的无损传输线终端的入端阻抗为

$$Z_i=Z_C\frac{Z_2+jZ_C\tan\dfrac{2\pi}{\lambda}\dfrac{\lambda}{4}}{Z_C+jZ_2\tan\dfrac{2\pi}{\lambda}\dfrac{\lambda}{4}}$$

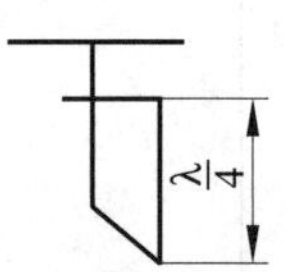

图 20-16-7　λ/4 的终端短路的无损传输线用作“绝缘子”

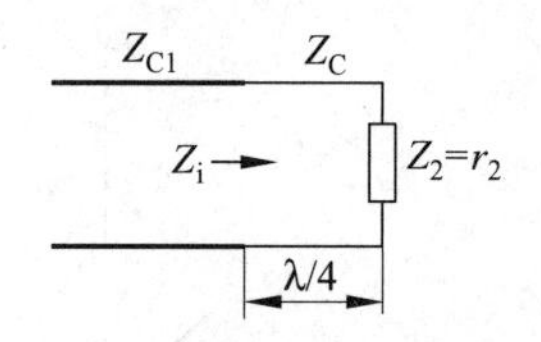

图 20-16-8　四分之一波长的无损传输线用作匹配电路

由于 $\tan\frac{\pi}{2}=\infty$，于是得

$$Z_i=\frac{Z_C^2}{Z_2}$$

因此，要使 $Z_i=Z_{C1}$，只需使

$$Z_C=\sqrt{Z_{C1}Z_2}$$

便可达到匹配的目的。由此可见，这里接入的 λ/4 长的无损传输线，起着阻抗变换的作用，经过它的变换，把原来的负载阻抗 $Z_2(=r_2)$ 变成了 $Z_C^2/Z_2=Z_{C1}$。

20.17　均匀传输线的等效网络

传播常数为 γ、特性阻抗为 Z_C、长为 l 的均匀传输线的端口电压、电流相量可根据式(20-11-4)得出，令式中的 $x=l$，则

$$\left.\begin{aligned}\dot{U}_1&=\dot{U}_2\cosh\gamma l+\dot{I}_2Z_C\sinh\gamma l\\ \dot{I}_1&=\frac{\dot{U}_2}{Z_C}\sinh\gamma l+\dot{I}_2\cosh\gamma l\end{aligned}\right\}\tag{20-17-1}$$

传输线也是双口网络，上式就是它的传输参数(T 参数)方程，它的传输参数即为

$$\left.\begin{aligned}A&=\cosh\gamma l\qquad B=Z_C\sinh\gamma l\\ C&=\frac{1}{Z_C}\sinh\gamma l\quad D=\cosh\gamma l\end{aligned}\right\}\tag{20-17-2}$$

而且，均匀传输线是对称双口网络，这表现在 $A=D=\cosh\gamma l$。根据第 16 章的双口网络的 T 形和 Π 形等效电路中的阻抗、导纳与双口网络的传输参数的关系，可以得出均匀传输线在正弦稳态下的等效网络中各元件的参数。

在图 20-17-1(a)所示 T 形网络中，元件参数为

$$\left.\begin{aligned}Z_T&=\frac{A-1}{C}=\frac{\cosh\gamma l-1}{\sinh\gamma l}Z_C\\ Y_T&=C=\frac{1}{Z_C}\sinh\gamma l\end{aligned}\right\}\tag{20-17-3}$$

在图 20-17-1(b)所示 Π 形网络中，元件参数为

$$Z_{\Pi} = B = Z_C \sinh\gamma l$$
$$Y_{\Pi} = \frac{A-1}{B} = \frac{\cosh\gamma l - 1}{Z_C \sinh\gamma l} \tag{20-17-4}$$

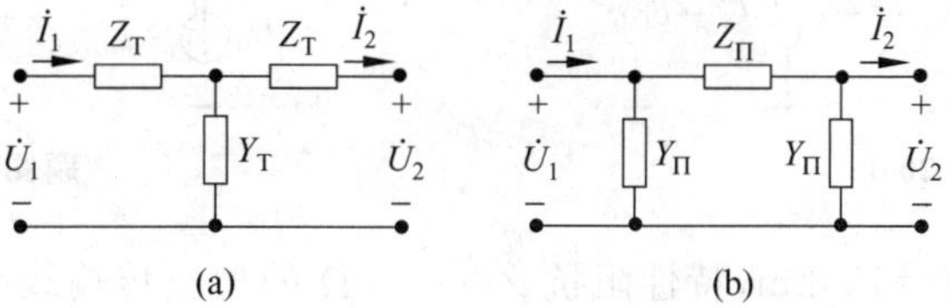

图 20-17-1 传输线的等效网络

(a) T 形等效网络；(b) Π 形等效网络

当$|\gamma l|$甚小时，例如线路长度远小于波长时，可近似地认为 $\sinh\gamma l \approx \gamma l$；$\cosh\gamma l \approx 1 + \frac{(\gamma l)^2}{2}$，这样式(20-17-3)和式(20-17-4)便成为

$$Z_T \approx \frac{Z_0 l}{2}, \quad Y_T \approx Y_0 l \tag{20-17-5}$$

$$Z_{\Pi} \approx Z_0 l, \quad Y_{\Pi} \approx \frac{Y_0 l}{2} \tag{20-17-6}$$

由以上所得出的结果可见，可以非常简单地得出传输线在$|\gamma l|$很小时的等效网络：将传输线上的串联阻抗集中，分为两部分，每一部分为 $Z_0 l/2$；将传输线间的并联导纳集中起来，便有 $Y_T = Y_0 l$，这样就得到图 20-17-1(a)的 T 形等效网络。用这样的考虑，还可得到图 20-17-1(b)的 Π 形等效网络。

应用以上结果，可以这样构造传输线的集总参数电路模型：将传输线划分为若干小段，使每一小段满足$|\gamma l|$很小的条件（这里 l 是每一小段的长度），将每一小段以其等效网络替代，再将各段的等效网络依次级联，便得到传输线的模型。

习 题

20-1 无损传输线长 $3l$，特性阻抗为 Z_C，波速为 v，在终端和距终端 l 处接有电阻 $R=2Z_C$，如题图 20-1 所示。在开关 S 合上前线上处处电压、电流为零，$t=0$ 时 S 合上，电源电压为 U_0。求在 $t=5l/v$ 时，线上各处电压并作图表示其分布。

20-2 无损架空线长 $l=120\text{km}$，特性阻抗 $Z_C=500\Omega$，终端接有负载电阻 $R=1000\Omega$。在 $t=0$ 时将线路始端接至电压为 $U_0=100\text{kV}$、有内阻 $R_i=100\Omega$ 的恒定电压源，如题图 20-2 所示。试分析在 $0\sim1500\mu\text{s}$ 期间负载电阻上的电压波形。

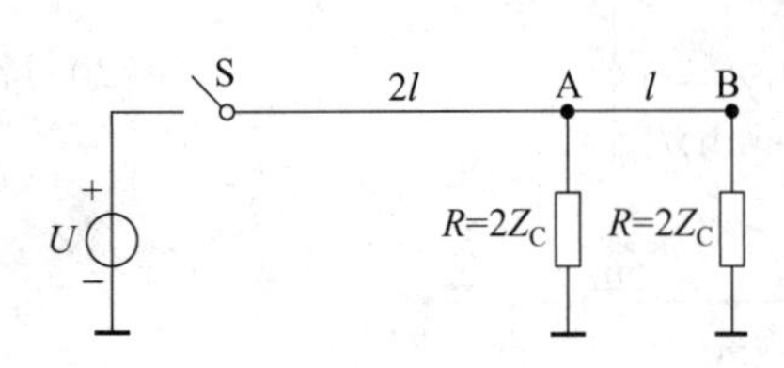

题图 20-1

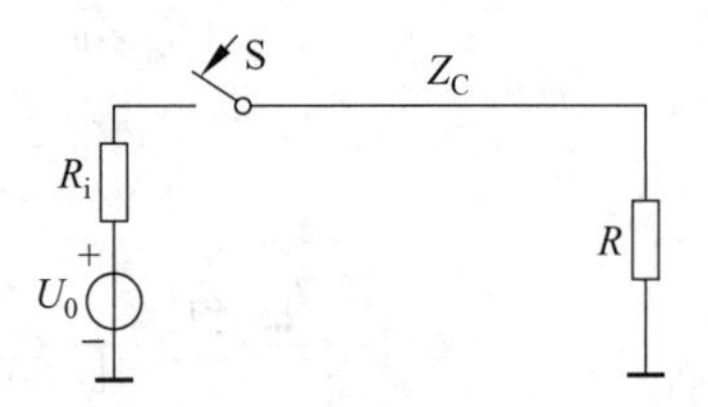

题图 20-2

20-3　在一长为 $l=150\text{km}$，特性阻抗 $Z_C=500\Omega$ 的架空传输线终端接有电容 $C=1\mu\text{F}$ 与电阻 $R=1000\Omega$ 并联的负载，传输线始端接至恒定电压 $U=300\text{kV}$。求在接通电源后 $800\mu\text{s}$ 时电压、电流沿传输线的分布。

20-4　一无损传输线长 30km，特性阻抗为 $Z_C=400\Omega$，它的终端接有电感 $L=100\mu\text{H}$ 与电阻 $R=100\Omega$ 串联的负载，传输线的始端在 $t=0$ 时接至 $U=20\text{kV}$ 的电源。求 $t=150\mu\text{s}$ 时，电压、电流的沿线分布。

20-5　一电缆参数为 $R_0=7\Omega/\text{km}$，$L_0=0.3\times10^{-3}\text{H/km}$，$C_0=0.2\mu\text{F/km}$，$G_0=0.5\times10^{-6}\text{S/km}$，电源频率 $f=800\text{Hz}$。(1)计算特性阻抗 Z_C，衰减系数 α 和相位系数 β；(2)如电缆长 20km，终端接一阻抗 $Z_2=100\angle-30^\circ\ \Omega$，始端电压 $U_1=50\text{V}$，求始端电流 I_1 及终端电压 U_2，终端电流 I_2。

20-6　三相输电线参数如下：$R_0=0.078\Omega/\text{km}$，$X_0=0.417\Omega/\text{km}$，容纳 $B_0=2.75\times10^{-6}\text{S/km}$，线间漏电导忽略不计。输电线长 369km，如使线路终端线电压等于 220kV，输出功率为 300MW，功率因数为 0.98(滞后)，求线路始端电压、电流。

20-7　一架空输电线长 $l_1=20\text{km}$，线上电阻 $R_{01}=4\Omega/\text{km}$，线间电导 $G_{01}=0.5\times10^{-6}\text{S/km}$，它的终端接一电缆，电缆长 $l_2=40\text{km}$，电缆的电阻 $R_{02}=0.5\Omega/\text{km}$，电缆的漏电导$G_{02}=0.5\times10^{-6}\text{S/km}$。架空线的始端接有电压为 10kV 的直流电压，电缆的终端接有特性电阻 Z_{C2}。

求电源所发出的功率和负载所得的功率。

20-8　一三相架空输电线长 $l=900\text{km}$，线路参数 $R_0=0.08\Omega/\text{km}$，$G_0=3.75\times10^{-8}\text{S/km}$，$\omega L_0=0.42\Omega/\text{km}$，$\omega C_0=2.7\mu\text{S/km}$。已知传输线终端线电压为 330kV。终端负载功率为 300MW，$\cos\varphi=1$。求传输线始端的电压和功率。

20-9　一传输线的线路参数如下：$R_0=0.7\Omega/\text{km}$，$L_0=10^{-3}\text{H/km}$，$C_0=11.2\times10^{-9}\text{F/km}$，$G_0=8.9\times10^{-6}\text{S/km}$。线路长为 $l=50\text{km}$。终端负载阻抗等于该线的特性阻抗。频率 $f=10\text{kHz}$。传输线始端电源电压为 100V，求：

(1) 负载端电压和沿传输线的电压分布；

(2) 负载所得功率 P_2；

(3) 传输线的效率 $\eta=P_2/P_1$。

20-10　一无损架空输电线长 300km，特性阻抗 $Z_C=500\Omega$，始端接频率为 50Hz，有效

值 $U=100\text{kV}$ 的电源。

求终端开路时电压、电流的有效值的沿线分布，并求出终端处的电压和始端的电流。

20-11 一无损传输线长为 $\lambda/2$，特性阻抗为 $Z_C=400\Omega$。在线的中点接有一电压有效值为 12V，内电阻 $R_i=300\Omega$ 的正弦电源(见题图 20-11)，无损线的两端短路。求：

(1) 电源电流；

(2) 无损线上电压、电流的有效值沿线的分布。

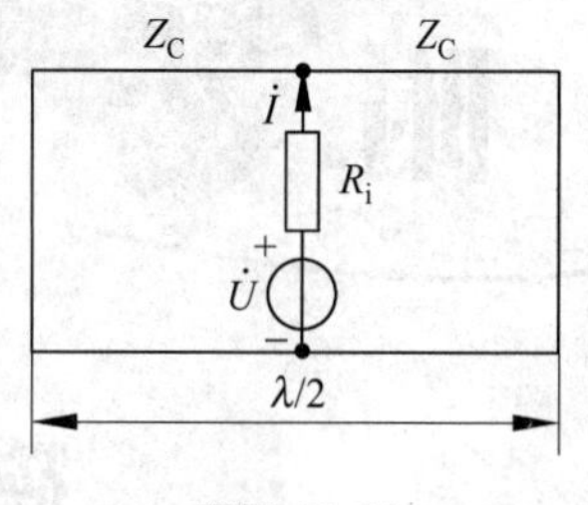

题图 20-11

20-12 已知一无损传输线长 $l=3.25\text{m}$，特性阻抗 $Z_C=50\Omega$，接至电压为 $u=100\sin\omega t\,\text{V}$ 的电源，电源内阻 $R_i=Z_C$。传输线上波长 $\lambda=1\text{m}$。分别在以下情况下求出传输线中的电流和线间电压：

(1) 终端接匹配负载 $R=Z_C$；

(2) 终端短路。

磁路和含铁芯的线圈

A.1 磁路概述

在电工技术中广泛地利用磁场以达到许多技术目的：在发电机中利用导体在磁场中运动以产生感应电动势；在电动机中利用载流导线在磁场中受力而产生机械运动；在多种电磁继电器中利用磁场的磁力进行某些操作；在电磁式仪表中利用其中的磁场实现其测量功能。为了理解诸如上述各类设备、器件的工作原理，分析它们的性能，需要知道它们中的磁场或磁通与激励磁场的电流的关系。根据激励电流去计算它所产生的磁场，需要用磁场的理论，一般情况下，这样的计算是很复杂的，而且需要的计算工作量也很大。电工理论中建立了一种在一定条件下简化这类问题的分析计算方法，把分析磁通与激励电流的关系的问题，简化为形式上与电路分析相似的问题，这就是磁路分析的问题。

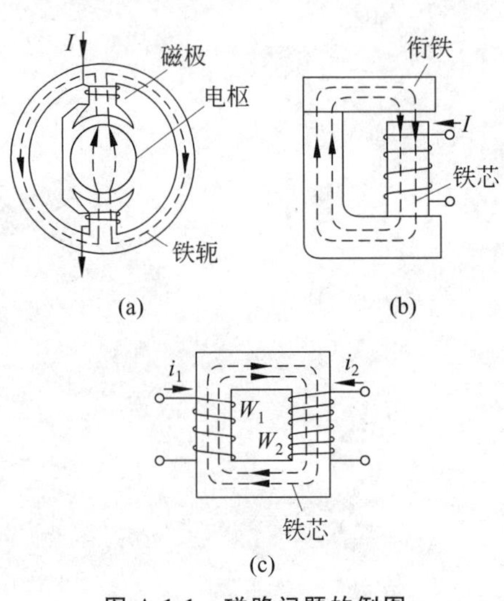

图 A-1-1　磁路问题的例图

(a) 直流电机的略图；(b) 电磁继电器；(c) 变压器的略图

磁路是利用铁磁材料做成的具有某种形状、大小的回路。构造磁路的目的是在回路的指定空间中获得一定强度的磁场。这里举几个可以简化为磁路问题的常见的例子：图 A-1-1(a)是一个有两个磁极的直流电机的略图；图 A-1-1(b)是一个电磁继电器的结构图；图 A-1-1(c)是一变压器的原理图。这些设备的结构中都有用铁磁材料制成的铁芯，有激励磁场的导体线圈，线圈中的电流所产生的磁通大部分集中在铁芯中

(图 A-1-1中以虚线画出了磁通的路径),散布到铁芯周围的磁通比铁芯中的磁通少得多,在这样的情形下,可以把激磁电流和磁通关系的研究简化为磁路来研究。

A.2 磁场与磁场定律

磁感应强度

从物理学知道:电流产生磁场;置于磁场中的载电流导线受到力的作用。表征磁场的一个基本物理量是磁感应强度 $\boldsymbol{B}$,它是向量。一磁场空间中每一点的磁感应强度有一定的大小和方向。一点处的磁感应强度 $\boldsymbol{B}$ 可以由置于该点的长度为 $\mathrm{d}l$ 的电流元 $I\mathrm{d}\boldsymbol{l}$ 所受的力 $\mathrm{d}\boldsymbol{f}$ 确定:

$$\mathrm{d}\boldsymbol{f} = I\mathrm{d}\boldsymbol{l} \times \boldsymbol{B} \tag{A-2-1}$$

在国际单位制中力 f 的单位名称是牛[顿],符号为 N;长度 l 的单位名称是米,符号是 m;磁感应强度的单位名称是特[斯拉],符号是 T。在高斯单位制中磁感应强度的单位名称是高斯,符号是 Gs。高斯与特[斯拉]的换算关系是

$$1\mathrm{T} \triangleq 10^4\,\mathrm{Gs}$$

磁通

穿过一个面 S 的磁感应强度的通量称为穿过该面的磁通 Φ,

$$\Phi = \int_S \boldsymbol{B} \cdot \mathrm{d}\boldsymbol{S} = \int_S B\cos\alpha \mathrm{d}S \tag{A-2-2}$$

上式中 α 是 $\mathrm{d}\boldsymbol{S}$ 的法线方向与该面元上 $\boldsymbol{B}$ 的方向间的夹角(图 A-2-1)。如果平面 S 上磁感应强度均匀,且其方向与 S 面垂直(图 A-2-2),就可以用 B 与 S 的乘积计算穿过该面的磁通,即有

$$\Phi = BS$$

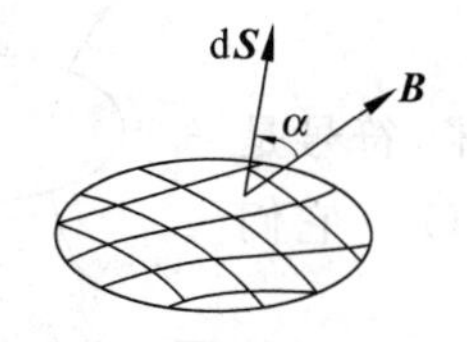

图 A-2-1 穿过一面 S 的磁通

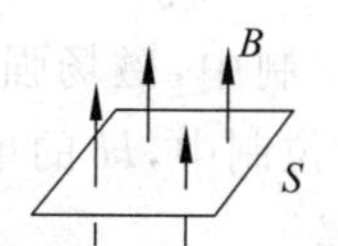

图 A-2-2 均匀磁场中穿过一面 S 的磁通

磁通是标量,在国际单位制中它的单位名称是韦[伯],符号是 Wb。在高斯单位制中它的单位名称是麦克斯韦,符号是 Mx,它与韦的换算关系是

$$1\mathrm{Wb} \triangleq 10^8\,\mathrm{Mx}$$

由磁通的定义可见,磁感应强度的量值等于与之垂直的单位面积上的磁通,所以磁感应强度又称磁通密度。

表示磁感应强度在磁场中的分布,可以用磁感应线。磁感应线在某点的切线方向与该

点磁感应强度方向相同。如果在绘制磁感应线时,使一条磁感应线代表一定量的磁通,那么,磁场中各点的磁感应线的疏密程度就能表现磁场的强弱。

磁通连续性定理

磁通连续性定理表明磁场的一个基本性质。此定理称:在磁场中穿出任一闭合面的磁通之和恒为零,即

$$\oint_S \boldsymbol{B} \cdot \mathrm{d}\boldsymbol{S} = 0 \tag{A-2-3}$$

上式表明:在磁场中任取一闭合面,若在其某些部分面上确有磁通穿入,则在此闭合面的其余部分面上,必有与穿入的磁通等量的磁通穿出。按照磁通连续性定理,磁感应线总是闭合的曲线。

磁场强度与安培环路定律

为研究磁场中磁介质的作用,引入磁场强度一量。磁场中一点的磁场强度 $\boldsymbol{H}$ 与该点的磁感应强度 $\boldsymbol{B}$ 有以下关系:

$$\boldsymbol{B} = \mu \boldsymbol{H} \tag{A-2-4}$$

上式中 μ 是表征该点磁介质特性的一常数,称为磁导率。磁场强度与磁场中的电流有着由安培环路定律所表述的以下关系:磁场强度 $\boldsymbol{H}$ 沿一闭合回线的积分等于穿过此闭合回线所限定的面上的电流的代数和。此电流的正负依右螺旋法则确定:如果一电流的参考方向与回线绕行方向符合右螺旋法则,则此电流前有正号;否则便有负号。安培环路定律的数学表达式是:

$$\oint_l \boldsymbol{H} \cdot \mathrm{d}\boldsymbol{l} = \sum I \tag{A-2-5}$$

以图 A-2-3 所示的情形为例,其中 I_1,I_3 的参考方向与回路的绕行方向符合右螺旋法则,而 I_2 则不符合,所以有

$$\oint_l \boldsymbol{H} \cdot \mathrm{d}\boldsymbol{l} = I_1 - I_2 + I_3$$

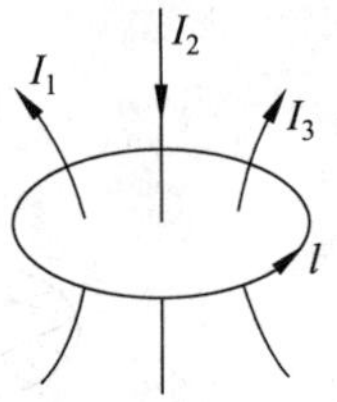

图 A-2-3 安培环路定律的例子附图

在国际单位制中,磁场强度的单位名称是安[培]每米,符号是 A/m;在高斯单位制中,H 的单位名称是奥[斯特],符号是 Oe。它们间的换算关系是

$$1\,\mathrm{A/m} \triangleq 4\pi \times 10^{-3}\,\mathrm{Oe}$$

在国际单位制中,磁导率的单位名称可由式(A-2-4)B,H 的单位名称导出,单位符号为 $\Omega \cdot \mathrm{s/m} = \mathrm{H/m}$。真空的磁导率 $\mu_0 = 4\pi \times 10^{-7}\,\mathrm{H/m}$。一种介质的磁导率 μ 与真空的磁导率 μ_0 之比称为该种磁介质的相对磁导率 μ_r,即 $\mu = \mu_r \mu_0$,μ_r 是一纯数。

A.3 铁磁物质的磁化特性

工程上把各种物质按照其磁性区分为铁磁物质和非铁磁物质两大类。铁磁物质包括铁族元素及其合金，除此之外的物质都是非铁磁物质。非铁磁物质的磁导率与真空的磁导率相差微小，在工程上常可认为它们等于真空的磁导率。

铁磁物质的磁化特性并不能用一个为常数的磁导率表示，而需要用它的磁化曲线来表示。磁化曲线是表示物质中磁感应强度 B 或磁化强度 J 与其中磁场强度 H 的关系的曲线，电工中常用的是磁感应强度与磁场强度的关系曲线 $B(H)$。一种铁磁材料的 $B(H)$ 曲线原理上可以用下面的方法测得。用待测的铁磁材料制作一环形铁芯(图 A-3-1)，环的外半径、内半径与平均半径相差不大，这就可以使铁芯的磁化接近于均匀。在铁芯上绕以 W 匝的线圈，假设铁芯的截面为 S，铁芯磁路的平均长度为 l，当线圈中有电流 i 时，测出铁芯中的磁通 Φ，则此时 $B=\Phi/S$，$H=Wi/l$，这样就测得 $B(H)$ 曲线上的一个点。在不同的电流下进行这样的测量，就可测得铁环材料的 $B(H)$ 曲线。

铁磁物质的磁感应强度与磁场强度的大小不成正比，而且 B 不是 H 的单值函数。在一定的 H 值下，B 的值还与铁磁材料的磁化历史有关，所以一种铁磁材料有许多种分别在不同量测条件下测出的磁化曲线。下面介绍几种常用的磁化曲线，并结合它们对铁磁物质的磁化现象作一简单的描述。

起始磁化曲线

对原处于磁中性(即 $B=0$，$H=0$)的铁磁物质，在受到一方向不变、强度单调增大的磁场作用的条件下所测得的磁化曲线称为起始磁化曲线。用图 A-3-1 的试样，在磁中性的起始状态下，使电流 i 由零单调增大，就可测得这种磁化曲线。

铁磁物质的起始磁化曲线的一般形状如图 A-3-2 所示。图中曲线起始的一小段(0a)，对应于可逆磁化区，在这一段里，B 与 H 成正比，但 B 增加缓慢；在起始磁化曲线中间的一段 ab，B 以较大的斜率上升；在此之后，继续增大 H，则由于磁饱和，B 的增加趋缓，磁化特性如 bc 段；在进入磁饱和状态后，再增大 H，B 几乎不再增加，起始磁化曲线的斜率最终趋近于 μ_0。

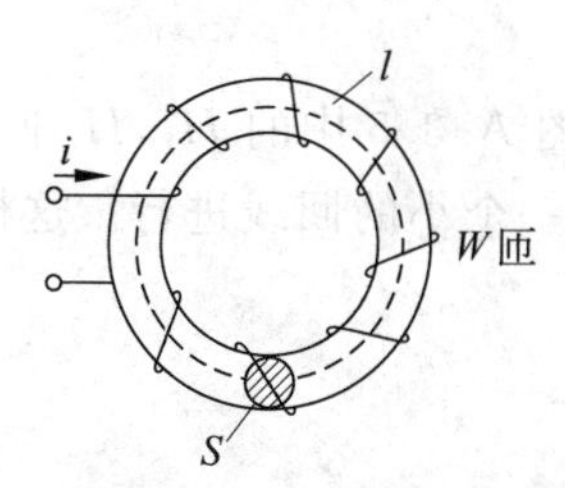

图 A-3-1 用以测量磁化特性的铁芯线圈

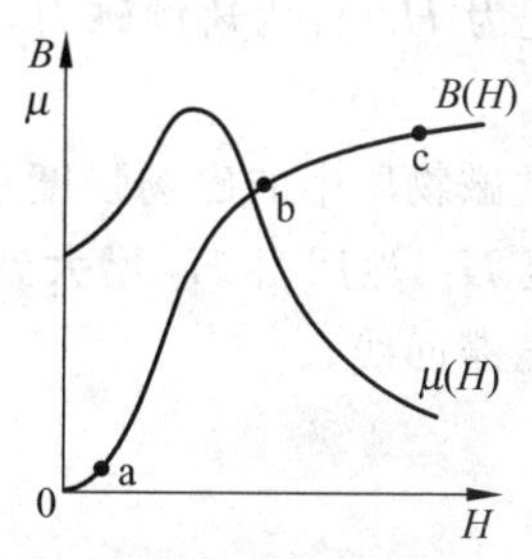

图 A-3-2 起始磁化曲线

从起始磁化曲线上可以看出，铁磁材料的磁导率 $\mu=B/H$ 不是常数值。在弱磁化区 μ 的值不大；在磁感应强度急剧增加的磁化区里，μ 有一最大值；进入饱和区后 μ 的值减小。μ 与 H 的关系如图 A-3-2 中所示。

磁滞回线

使磁场强度由某一最大值 H_m 单调减小至 $-H_m$，再从 $-H_m$ 单调增大至 H_m，如此反复多次，最终铁磁物质的磁化沿一对于原点对称的闭合回线进行。这一过程可用图 A-3-3(a) 表示：如果磁化沿起始磁化曲线①进行，在 $H=H_m$ 时达到 B_{m1}，这时单调地减小 H，则 B 沿图中的曲线段②下降，当 H 降到 $-H_m$ 然后再单调地增加时，B 沿曲线段③增加，当 H 又回到 H_m 时，$B=B_{m2}$。再经历一次 H 由 H_m 降至 $-H_m$ 再增至 H_m 的循环时，$B=B_{m3}$。如此多次循环，最终磁化过程沿着一条对称于原点的磁滞回线[见图 A-3-3(b)]进行。

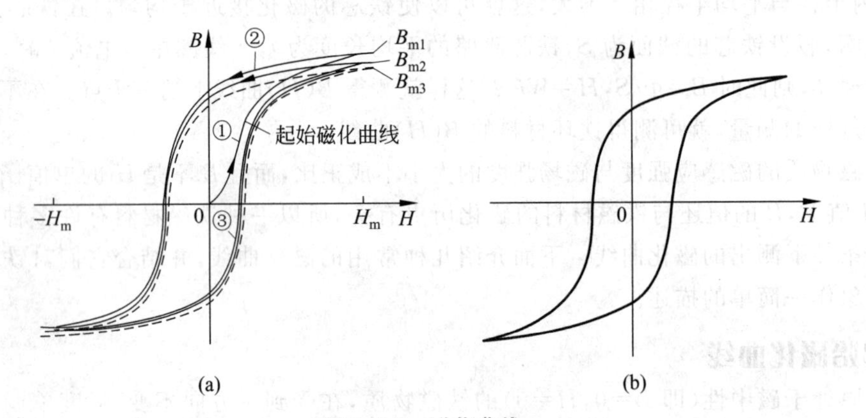

图 A-3-3 磁化曲线

(a) 磁化过程示意图；(b) 磁滞回线

对于一种铁磁物质，对应于一个上述的 H_m 值，有一个对称的磁滞回线。在一系列不同的 H_m 值下，便可测得一系列的对称磁滞回线(见图 A-3-4)。增大 H_m，磁滞回线所围的面积随之增大，当 H_m 足够大时，这面积达到一极限，这个包围面积最大的磁滞回线称为极限磁滞回线，亦称饱和磁滞回线。

在极限磁滞回线上，磁场强度 $H=0$ 时的 B 值记为 B_r，称为铁磁材料的剩磁；$B=0$ 时的 H 值，记为 H_c，称为矫顽磁力，它是为使 B 下降到零所需有的与 B 的方向相反的磁场强度 H 的值。

如果铁磁物质中的磁场强度在某两个数值，例如在图 A-3-5 中的 H_1，H_2 间单调变化，由 H_1 降至 H_2，然后由 H_2 增大到 H_1，磁化过程就沿着一个小的回线进行。这样的小回线称为局部磁滞回线。

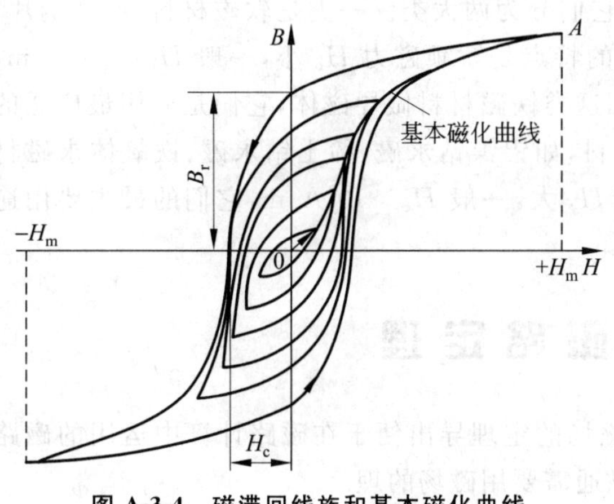

图 A-3-4 磁滞回线族和基本磁化曲线

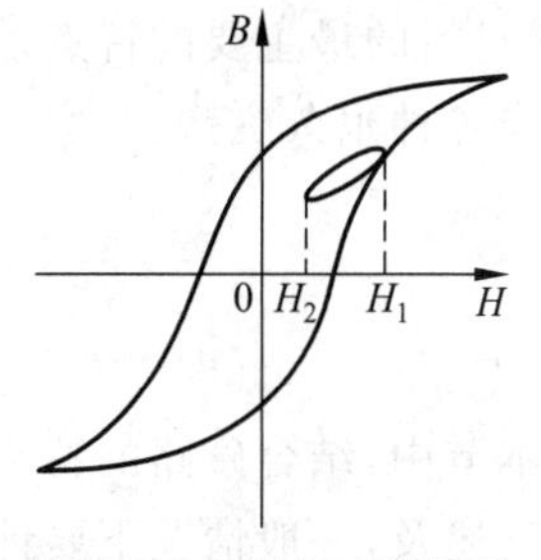

图 A-3-5 局部磁滞回线

基本磁化曲线

联接各对称磁滞回线的顶点所得的曲线，称为基本磁化曲线。图 A-3-4 中的 OA 曲线就是基本磁化曲线。这曲线与起始磁化曲线很相近。每一种铁磁材料有一确定的基本磁化曲线。在磁路计算中，一般就以它表示铁磁物质的磁化特性。图 A-3-6 中示有几种常用的铁磁材料的基本磁化曲线。

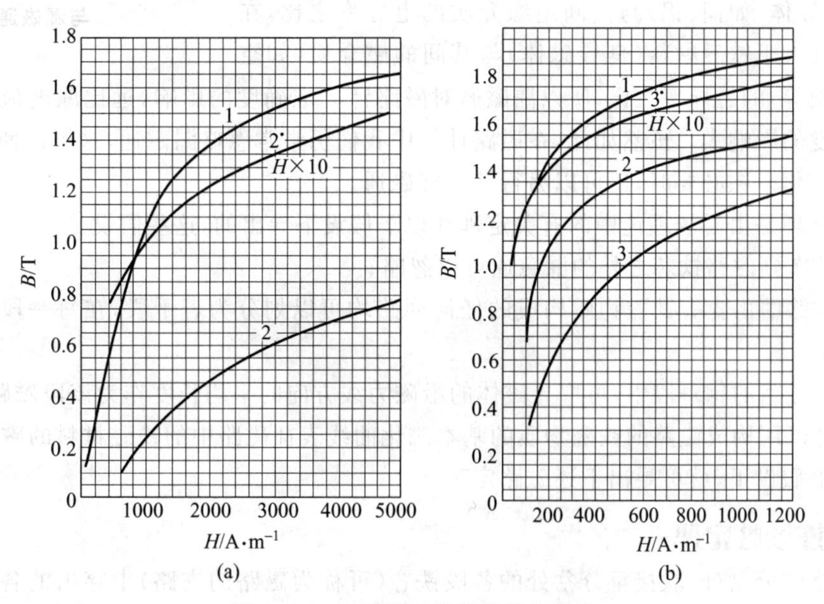

图 A-3-6 几种铁磁材料的磁化曲线

(a) 铸钢(1)和铸铁(2)的磁化曲线；(b) 几种硅钢片的磁化曲线：

1——D340 冷轧硅钢片，2——D41-D44 热轧高硅钢片，3——D21-D23 热轧低硅钢片

按照铁磁材料的磁性，可以粗略地将它们分为两大类。一类是软磁材料，如硅钢片、工程纯铁、铁镍合金、软磁铁氧体，这类材料的特点是矫顽磁力 H_c 小，一般 $H_c<10^2\,A/m$，磁导率大。各种发电机、电动机、变压器都用这类铁磁材料做导磁体，它们是应用最广泛的磁性材料。另一类是硬磁材料，又称永磁材料，如铝镍钴永磁、稀土钴永磁、铁氧体永磁材料等，这类材料的最主要的特点是矫顽磁力 H_c 大，一般 $H_c>10^2\,A/m$，它们的最主要用途是用于制作各种永久磁铁。

A.4 磁路定理

在本节中，结合磁路的特点，由关于磁场的定理导出便于在磁路计算中运用的磁路定理。前已述及，一般情况下要计算磁场、磁通需要用磁场的理论。磁路的特点是，绝大部分的磁通分布在铁芯中。例如在图 A-4-1 的磁路中，磁力线的图象大略如图中虚线所示：大部分磁通 Φ_0 在铁芯中，称之为主磁通；小部分磁通 Φ_s 经空气形成闭合路径，称之为漏磁通。漏磁通的分布情况较为复杂。铁芯中的主磁通与漏磁通的关系，可以形式地比拟为电路中导体回路中的电流与经导体间的绝缘物质中流过的漏电流的关系，但良导体(如铜、铝)与其间绝缘介质的电导率之比，在数量级上远大于铁磁材料(良导磁体)与其间的磁介质(如空气、纸、橡胶等)的磁导率之比，所以漏磁通对磁路计算准确度的影响，远比漏电流对电路计算的准确度的影响大。虽然如此，在磁路计算中我们仍常常忽略漏磁通，这可以使磁路计算问题得以简化。在必要时，还可以另行计入漏磁通。

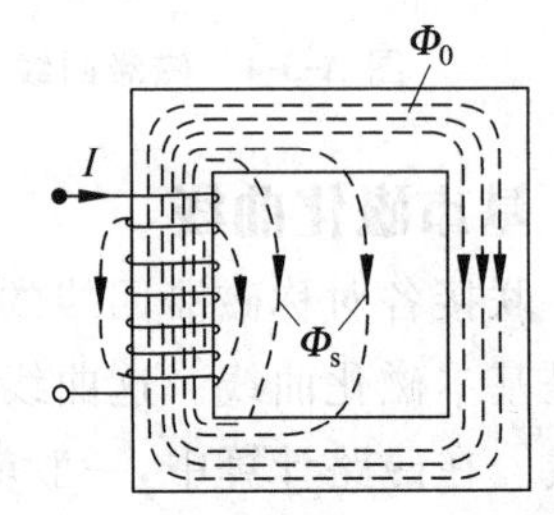

图 A-4-1 磁路中的主磁通与漏磁通

磁路定理是由磁场理论中的有关定理在以下假设下导出的，这些假设是：

(1) 散布到磁路铁芯之外的漏磁通可以忽略；

(2) 磁路中由含有铁磁物质构成的任何回路均可以划分为若干段，在每一段中的磁化是均匀的；

(3) 在磁路的每一段中，可取导磁体的沿磁力线方向的平均长度作为该段磁路的长度；

(4) 可以用构成磁路的铁磁物质的基本磁化曲线表征磁路中的铁磁材料的磁化特性。

在以上假设下，就可导出下述磁路定理。

磁通连续性定理

在磁路的分岔处，联接至分岔处的各段铁芯(可称为磁路的支路)中穿出的各磁通的代数和为零，即

$$\sum\Phi=0 \tag{A-4-1}$$

上式就是磁通连续性定理在磁路中所具有的形式。以图 A-4-2 中的磁路为例，磁通连续性

定理的方程为：

$$-\Phi_1+\Phi_2+\Phi_3=0$$

这样就将磁场中的磁通连续性定理写成了与电路中的基尔霍夫电流定律相似的形式。由此定理可知，在一段不分岔的磁路支路中，由于忽略了漏磁通，在不同的横截面上有相等的磁通穿过（这与电路中一个支路中有同一电流相似），因此，截面积大处，磁感应强度 B 小；截面积小处，磁感应强度 B 大。

安培环路定理

设在磁路中有一段导磁体，其截面积为 S，长为 l（见图 A-4-3）。假设磁通沿此导磁体的横截面均匀分布，则在这一段导磁体中，磁场强度 H 的分布也是均匀的。于是由 a 端至 b 端磁场强度的积分

$$\int_a^b \boldsymbol{H}\cdot \mathrm{d}\boldsymbol{l}=Hl=U_m \tag{A-4-2}$$

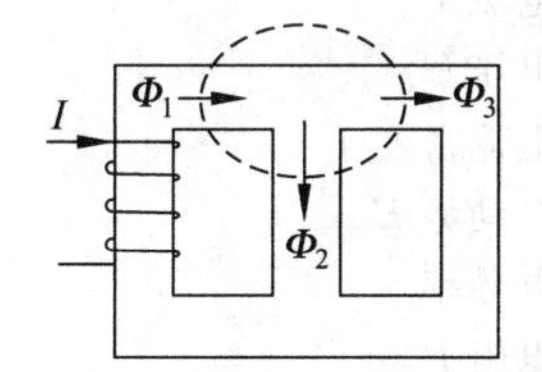

图 A-4-2 说明磁通连续性定理用图

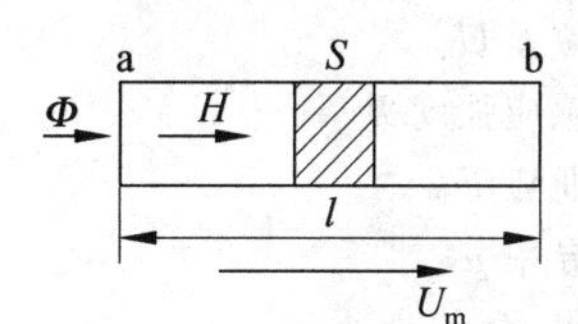

图 A-4-3 一段均匀磁化的导磁体

U_m 称为 a，b 两点间的磁位差（可将它与电路中的电压相比）。如果此导磁体的磁导率为 μ，则可得此磁位差与磁通的关系，即

$$U_m=Hl=\frac{B}{\mu}l=\frac{l}{\mu S}\Phi=R_m\Phi \tag{A-4-3}$$

上式中 $R_m=\dfrac{l}{\mu S}$，称为该段导磁体的磁阻（它与电路中导体的电阻相似）。磁阻的倒数 $G_m=\dfrac{1}{R_m}$，称为磁导。从式（A-4-2）和式（A-4-3）可知：在国际单位制中：磁位差的单位是 A；磁阻的单位是 1/H；磁导的单位是 H。U_m，Φ，R_m 的关系与电路中电阻上的电压、电流、电阻的关系相似。由于铁磁物质的 B 与 H 不成正比，所以一般情况下，一段铁磁体两端的磁位差 U_m 与其中的磁通 Φ 有非线性关系，这个关系可由磁体材料的 $B(H)$ 曲线和磁体的几何形状、尺寸求出。这样的关系可以比拟为电路中非线性电阻的伏安特性。

沿磁路的任一闭合回路有

$$\oint_l \boldsymbol{H}\cdot \mathrm{d}\boldsymbol{l}=\sum WI=\sum F_m \tag{A-4-4}$$

在磁路是分段均匀磁化的假设下，可将一磁路回路划分为若干段，在每一段内磁化均匀，第 k 段两端的磁位差可写为 $H_k l_k=U_{mk}$，而式（A-4-4）左端的积分便可写作

$$\sum U_{mk}=\sum H_k l_k=\sum F_m \tag{A-4-5}$$

上式左端是沿回路 l 的磁位差的代数和，右端的 $\sum F_m = \sum WI$ 称为回路 l 的磁通势。运用此式时，先选定回路 l 的绕行方向和各段中 H 的参考方向，凡 H 的参考方向与绕行方向一致的，式中的 Hl 项前有"+"号，否则有负号；凡磁通势 WI 中电流的参考方向与 l 的绕行方向符合右螺旋法则的，式中的相应项前有"+"号，否则便有"-"号。式(A-4-5)与电路中的基尔霍夫电压定律有着形式上的相似。

例如在图 A-4-4 所示的磁路中，可写出一个安培环路定律的方程如下：

$$H_1 l_1 + H_2 l_2 - H_3 l_3 + H_4 l_4 = W_1 I_1 - W_2 I_2$$

由上述磁路定理与电路定律的相似，可以看出磁路和电路问题的相似性。表 A-4-1 中列出了磁路中的物理量、定理和与之对应的电路中的物理量和定律。

表 A-4-1　磁路与电路的对比

磁　　路	电　　路
磁通 Φ	电流 I
磁位差 U_m	电压 U
磁感应强度 B	电流密度 J
磁通势 F_m	电动势 E
磁导率 μ	电导率 γ
磁阻 R_m	电阻 R
磁通连续性定理 $\sum \Phi = 0$	KCL $\sum I = 0$
安培环路定理 $\sum U_m = \sum F_m$	KVL $\sum U = \sum E$
磁位差-磁通特性 $U_m(\Phi)$	伏安特性 $U(I)$

还可以作出与电路图相似的磁路图。例如对于图 A-4-4 的磁路便可作出对应的磁路图如图 A-4-5 所示。由此可见，恒定磁通的磁路问题与恒定电流的非线性电阻电路问题在形式上是相似的。

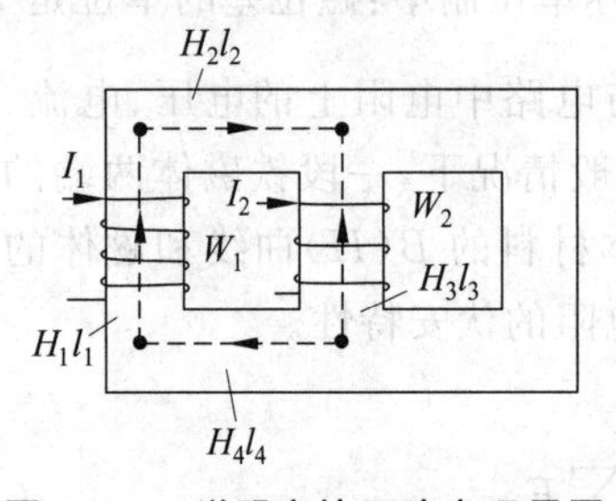

图 A-4-4　说明安培环路定理用图

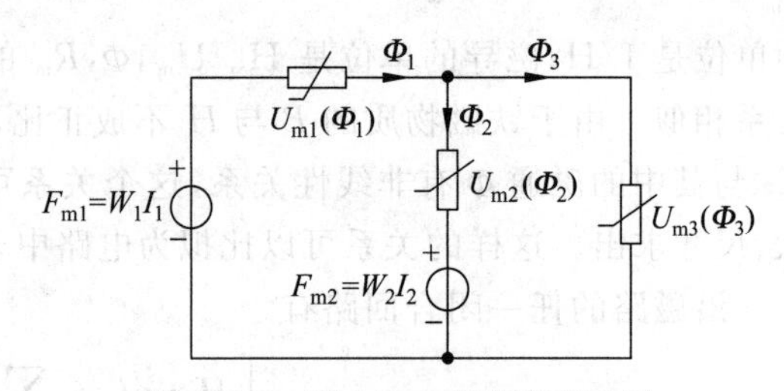

图 A-4-5　图 A-4-4 磁路的磁路图

必须指出，磁路与电路的相似仅仅是形式上的。电路中的电流是带电质点的运动，而磁路中的磁通就没有与之对应的物理意义；电路中电流流过电阻有功率消耗，而恒定磁通穿过磁阻却不消耗功率。

A.5 恒定磁通的磁路计算

本节中研究恒定磁通的磁路。在这种磁路中，磁通不随时间变化，激磁电流也是恒定的，即直流电流。

电工设备如电机、电器中的磁路计算问题，一般是给定了磁路的形状、几何尺寸、导磁材料的磁化特性，要求算出为在其中产生一定的磁通（或磁感应强度 B）所需的磁通势 F_m 或激磁电流；或反之，在一定的磁通势的作用下，要求计算磁路中的磁通。

无分支的磁路的计算

无分支的磁路就是一个回路的磁路。在忽略漏磁通的假设下，回路中任一横截面上穿过的磁通相同。假设此磁通为 Φ，要求计算磁路中所需有的磁通势。这类磁路问题的计算可按以下步骤进行：

(1) 将磁路分为若干段，使每一段中铁芯截面均匀，取各段的磁路长度为各该段中心线的长度。

(2) 由磁通 Φ 算出磁路各段中的磁感应强度 B。在磁感应强度沿截面 S 分布均匀的假设下，$B=\Phi/S$。对于由硅钢片叠片组成的铁芯，在计算铁芯的有效截面时，应从外形截面积中减去各片表面涂有的绝缘物（如绝缘漆）所占有的截面积。通常用一系数 $\alpha<1$ 乘以外形截面积以计算有效截面积。α 值视钢片厚度与绝缘涂层的厚度而定，常取 $\alpha=0.9$。在磁路中还可能有空气隙，如图 A-5-1，磁感应强度的分布在边缘处有稍向外扩张的趋势，此即所谓边缘效应。如果气隙的长度比端面的尺寸小得很多，可以近似地取磁通穿出铁芯处的端面面积作为气隙的截面积。有时可以用此面积乘以略大于 1 的系数，作为气隙的截面积。

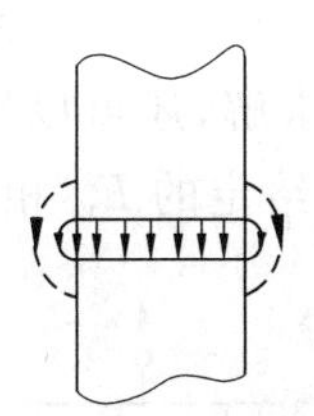

图 A-5-1 磁路中空气隙中的磁力线分布

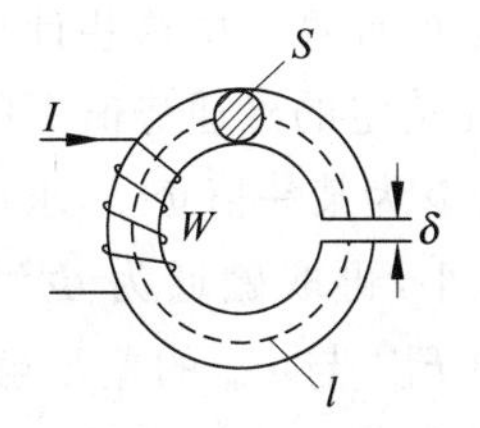

图 A-5-2 例 A-1 附图

(3) 根据步骤(2)中算出的磁感应强度 B，由磁路材料的磁化曲线，查得磁路各段中的 H，对于空气隙，$H=B/\mu_0$。

(4) 由在步骤(3)中查得的 H 值和磁路各段的平均长度，计算磁路各段的磁位降。将回路中的各段磁位降相加即得所需的磁通势，即

$$\sum Hl = F_m$$

【例 A-1】 一铸钢环形磁路如图 A-5-2 所示，其中铁芯磁路的平均长度为 $l=10\text{cm}$，空

气隙的长度为 $\delta=0.5\text{mm}$，磁路的横截面积 $S=4\text{cm}^2$，线圈的匝数 $W=1000$。需要在铁芯中产生磁通 $\Phi=5\times10^{-4}$ Wb，求线圈中需有的激磁电流的大小。[铸钢的基本磁化曲线见图 A-3-6(a)。]

解 假定磁路的铁芯中磁感应强度 B 沿截面均匀分布，可求出 B 的数值为

$$B=\frac{\Phi}{S}=\frac{5\times10^{-4}}{4\times10^{-4}}=1.25\text{T}$$

由图 A-3-6(b)中铸钢的磁化曲线查得，在此 B 值下，铁芯中的磁场强度为 $H_1=1380\text{A/m}$。空气隙中的磁场密度即为

$$H_0=\frac{B}{\mu_0}=\frac{1.25}{4\pi\times10^{-7}}=9.94\times10^5\ \text{A/m}$$

铁芯中的磁位差

$$U_{\text{m1}}=H_1l=1380\times0.1=138\ \text{A}$$

空气隙中的磁位差

$$U_{\text{m}\delta}=H_0\delta=9.94\times10^5\times0.5\times10^{-3}=497\ \text{A}$$

于是得此磁路回路中所有磁位差之和为

$$\sum U_{\text{m}}=U_{\text{m1}}+U_{\text{m}\delta}=138+497=635\ \text{A}$$

根据安培环路定理，此磁位差之和应等于此磁路中的磁通势 $F_{\text{m}}=WI$，于是得激磁电流为

$$I=\frac{F_{\text{m}}}{W}=\frac{\sum U_{\text{m}}}{W}=\frac{635}{1000}=0.635\ \text{A}$$

无分支磁路计算的另一种问题是由给定的磁通势 $F_{\text{m}}=WI$，求磁路中的磁通。由于铁芯的磁化特性的非线性性质，不能像前一种问题那样简单地求出这种问题的解答。对这种问题，可以在一系列取定的磁通值(或 B 值)下，分别求出相应的磁通势值，这相当于进行多次前一种问题的计算。由这些计算结果，就可作出磁通 Φ 与磁通势 F_{m} 的关系曲线，由这曲线就可求得在给定的磁通势值下的磁通值。进行这类问题的求解，还可以用下面的试探算法：假设磁通 Φ 为某一值 $\Phi^{(1)}$，求出此时的磁通势 $F_{\text{m}}^{(1)}$，将它与给定的 F_{m} 相比较，视 $F_{\text{m}}^{(1)}$ 与 F_{m} 的差值大小，再取磁通为 $\Phi^{(2)}$，算得磁通势为 $F_{\text{m}}^{(2)}$……直到 $F_{\text{m}}^{(k)}$ 与 F_{m} 的差足够小时，便得到了所要求的解为 $\Phi^{(k)}$。这样的算法实际上就是一种迭代算法。

【例 A-2】 图 A-5-3 所示的磁路中，激磁线圈的匝数为 300，铁芯尺寸如图中所注明，铁芯由 D41 硅钢片叠成。铁芯的有效截面取为其外形截面积的 $\alpha=0.9$ 倍。

计算当线圈中有电流 $I=4\text{A}$ 时，铁芯中的磁通和气隙中的磁感应强度。

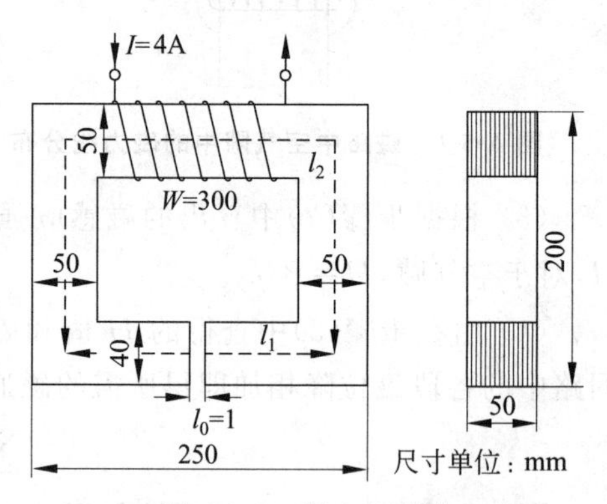

图 A-5-3 例 A-2 附图

解 此磁路可分为3段，各段的长度分别是：

$$l_1 = 250 - 25 \times 2 - 1 = 199\text{mm} = 19.9\text{cm}$$

$$l_2 = (250 - 25 \times 2) + (200 - 25 - 20) \times 2 = 200 + 310 = 510\text{mm} = 51\text{cm}$$

$$l_0 = 1\text{mm} = 0.1\text{cm}$$

各段的有效截面积算得如下：

$$S_1 = 40 \times 50 \times 0.9 = 1800\text{mm}^2 = 18\text{cm}^2$$

$$S_2 = 50 \times 50 \times 0.9 = 2250\text{mm}^2 = 22.5\text{cm}^2$$

$$S_0 = 40 \times 50 = 2000\text{mm}^2 = 20\text{cm}^2$$

如果气隙中的磁感应强度为 B_0，则磁通 $\Phi = B_0 S_0$，铁芯中的磁通密度即为

$$B_1 = \frac{\Phi}{S_1} = \frac{B_0 S_0}{S_1} = \frac{20}{18} B_0 = 1.11 B_0$$

$$B_2 = \frac{\Phi}{S_2} = \frac{B_0 S_0}{S_2} = \frac{20}{22.5} B_0 = 0.889 B_0$$

取一系列的 B_0 值，可得相应的一系列 B_1，B_2 值。由铁芯材料的磁化曲线可查得相应的磁场强度 H_1，H_2 的值，对于空气隙有 $H_0 = B_0/\mu_0$。各段磁路的磁位降分别是：

$$U_{m1} = H_1 l_1$$

$$U_{m2} = H_2 l_2$$

$$U_{m0} = H_0 l_0$$

激磁线圈的磁通势 $F_m = \sum U_m = U_{m0} + U_{m1} + U_{m2}$。根据经验，试取 $B_0 = 1.0, 1.2, 1.3, 1.4\text{T}$，由此算出的结果列在下表中。

B_0/T	B_1/T	B_2/T	H_0/A·m^{-1}	H_1/A·m^{-1}	H_2/A·m^{-1}	U_{m1}/A	U_{m2}/A	U_{m0}/A	F_m/A
1.00	1.11	0.889	7.96×10^5	210	140	41.3	71.4	796	908.7
1.20	1.33	1.066	9.55×10^5	430	180	84.7	91.8	955	1132
1.30	1.44	1.160	1.03×10^6	780	250	153.6	127.5	1030	1311
1.40	1.55	1.334	1.11×10^6	1200	470	238.8	239.7	1110	1589

由以上试算结果可见，当 $F_m = WI = 300 \times 4 = 1200\text{A}$ 时，B_0 的值当在1.2T与1.3T之间。用直线插值法计算此值，就得

$$B_0 = 1.2 + \frac{1.3 - 1.2}{1311 - 1132}(1200 - 1132)$$

$$= 1.2 + \frac{0.1 \times 68}{179} = 1.2 + \frac{6.8}{179} = 1.24\text{T}$$

于是求得在所给定的激磁电流下,铁芯中的磁通为

$$\Phi = B_0 S_0 = 1.24 \times 20 \times 10^{-4} = 2.48 \times 10^{-3}\,\text{Wb}$$

有分支的磁路的计算

有分支的磁路的计算,从方法上看,与非线性电阻电路的计算有相似之处。用下面的例子来说明有分支的磁路的计算方法。

图 A-5-4 示一有分支的磁路。此磁路的铁芯可分为三段。各段的平均长度分别为 l_i,$S_i(i=1,2,3)$,空气隙的长度为 l_δ。假定铁芯材料的磁化曲线给定如图 A-5-5 所示。现给定磁通 Φ_3,要求激磁磁通势。可以按以下步骤进行这一问题的计算:

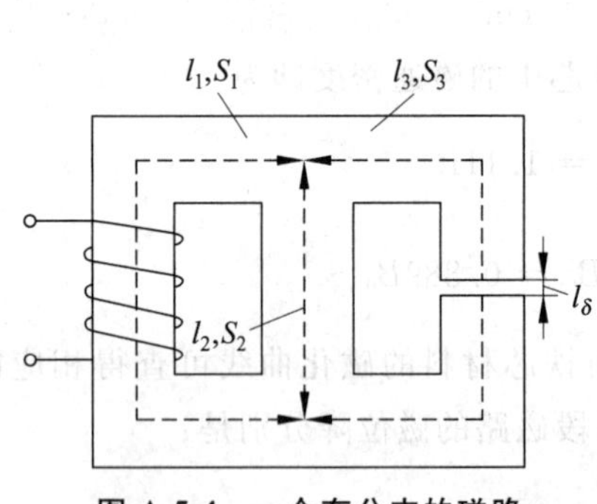

图 A-5-4　一个有分支的磁路

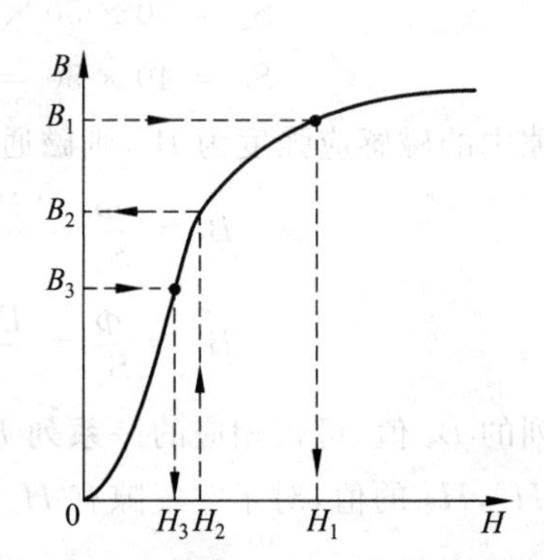

图 A-5-5　磁化曲线及其使用的示意图

(1) 由 Φ_3 可知 $B_3=\Phi_3/S_3$,又气隙磁感应强度近似地等于 B_3,即 $B_\delta=B_3$。

(2) 由 B_3,可从 $B(H)$ 曲线上查得 H_3;又由它算出气隙磁场强度 $H_\delta=B_\delta/\mu_0$。

(3) 沿铁芯段 l_3 和气隙的磁位降分别是 $U_{m3}=H_3 l_3$;$U_{m\delta}=H_\delta l_\delta$,这两段的磁阻是串联着的,所以它们的总磁位降为 $U_{m3}+U_{m\delta}$。

(4) 中间的磁路支路与右边的支路是并联的,它们有相同的磁位降,所以 $U_{m2}=U_{m3}+U_{m\delta}$。

(5) 由 U_{m2} 可求得 $H_2=U_{m2}/l_2$,由 H_2 从 $B(H)$ 曲线上查得 B_2,从而得 $\Phi_2=B_2 S_2$。

(6) 根据磁通连续性定理得 $\Phi_1=\Phi_2+\Phi_3$,由所得 Φ_1 算出 $B_1=\Phi_1/S_1$,由 B_1 查得 H_1,于是得左边磁路支路的磁位降 $U_{m1}=H_1 l_1$。

(7) 根据安培环路定理得

$$U_{m1}+U_{m2}=U_{m1}+U_{m3}+U_{m\delta}=WI=F_m$$

这样便求出了为产生所给定的磁通所需的磁通势。

如果给定了 WI,要求各磁通,可在一系列不同的 Φ_3 值下求出相应的 $F_m=WI$ 值,作出 $F_m(\Phi_3)$ 的曲线,由之便可确定给定磁通势下的各磁通值。

【例 A-3】 给定一用铸钢做成的磁路如图 A-5-6 所示。线圈匝数 $W=1000$。要求空气隙中的磁通为 $\Phi_0=5\times10^{-4}\,\text{Wb}$,求线圈中需有的电流。磁路尺寸如图中所注。

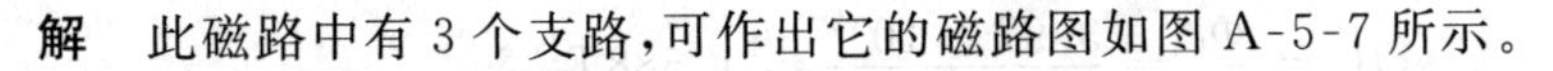

解 此磁路中有 3 个支路，可作出它的磁路图如图 A-5-7 所示。

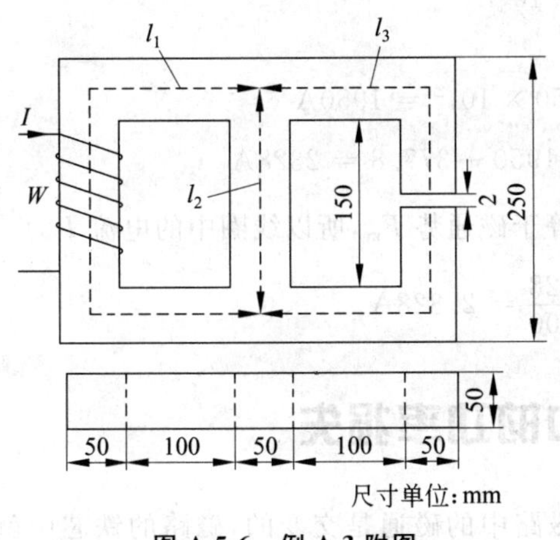

图 A-5-6 例 A-3 附图

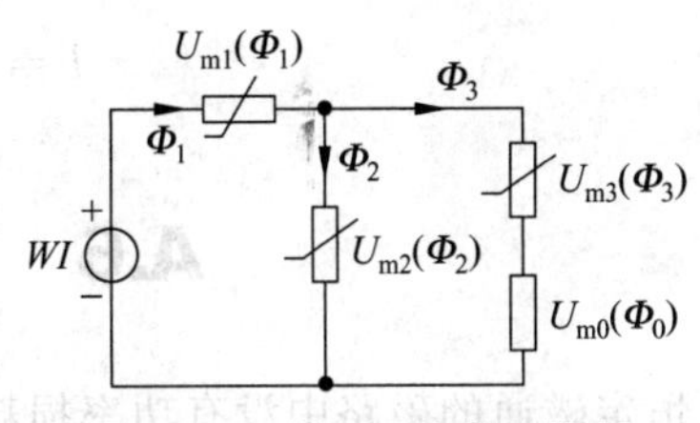

图 A-5-7 例 A-3 中的磁路图

由所给定的磁路尺寸，算出其中各支路的平均长度分别为

$$l_1 = (250 - 50) + (100 + 25 + 25) \times 2$$
$$= 200 + 300 = 500\text{mm}$$
$$= 50\text{cm}$$
$$l_2 = 150 + 50 = 200\text{mm} = 20\text{cm}$$
$$l_3 = 150 \times 2 + (250 - 50) - 2$$
$$= 498\text{mm} = 49.8\text{cm}$$

各段磁路支路的截面积分别为

$$S_1 = S_2 = S_3 = 50 \times 50 = 2500\text{mm}^2 = 25\text{cm}^2$$

题设 $\Phi_3 = \Phi_0 = 5 \times 10^{-4}$ Wb，因此

$$B_3 = B_0 = \Phi_3 / S_3 = 5 \times 10^{-4} / (25 \times 10^{-4}) = 0.2\text{T}$$

由 $B(H)$ 曲线查得 $H_3 = 120$A/m，又空气隙中的磁场强度为 $H_0 = B_0/\mu_0 = 0.2/(4\pi \times 10^{-7}) = 1.59 \times 10^5$ A/m，空气隙长 $l_0 = 2$mm 于是得以下各磁位差：

$$U_{m3} = H_3 l_3 = 120 \times 49.8 \times 10^{-2} = 59.8\text{A}$$
$$U_{m0} = H_0 l_0 = 1.59 \times 10^5 \times 2 \times 10^{-3} = 318\text{A}$$
$$U_{m2} = U_{m3} + U_{m0} = 59.8 + 318 = 377.8\text{A}$$

由 U_{m2} 可知 $H_2 = U_{m2}/l_2 = 377.8/(20 \times 10^{-2}) = 1889$A/m，从 $B(H)$ 曲线上查得 $B_2 = 1.39$T，于是有

$$\Phi_2 = B_2 S_2 = 1.39 \times 25 \times 10^{-4} = 3.47 \times 10^{-3}\text{Wb}$$

根据磁通连续性定理就得

$$\Phi_1 = \Phi_2 + \Phi_3 = 3.47 \times 10^{-3} + 5 \times 10^{-4} = 3.97 \times 10^{-3}\text{Wb}$$

于是

$$B_1=\frac{\Phi_1}{S_1}=\frac{3.97\times10^{-3}}{25\times10^{-4}}=1.588\mathrm{T}$$

由 $B(H)$ 曲线查得 $H_1=3900\mathrm{A/m}$，所以

$$U_{m1}=H_1l_1=3900\times50\times10^{-2}=1950\mathrm{A}$$

$$\sum U_m=U_{m1}+U_{m2}=1950+377.8=2328\mathrm{A}$$

根据安培环路定理，以上所得 $\sum U_m$ 即等于磁通势 F_m，所以线圈中的电流 I 为

$$I=\frac{F_m}{W}=\frac{2328}{1000}=2.328\mathrm{A}$$

A.6 铁芯中的功率损失

恒定磁通的磁路中没有功率损耗。如果磁路中的磁通是交变的，磁路的铁芯中就有功率损耗，这就是由磁滞现象引起的磁滞损失和由交变磁通穿过铁磁体引起的涡流损失。

磁滞损失

磁滞损失是铁磁物质在交变磁化时出现的功率损失，这一功率损失使相应的电能转换成热能。磁滞损失与磁滞回线所包围的面积成正比，这可以从以下的分析看出。在一环状铁磁体上绕以 W 匝的线圈(图 A-6-1)，在线圈两端加以交变电压 u，线圈中有电流 i，此线圈的电路吸收的平均功率即为

$$P=\frac{1}{T}\int_0^T ui\,\mathrm{d}t$$

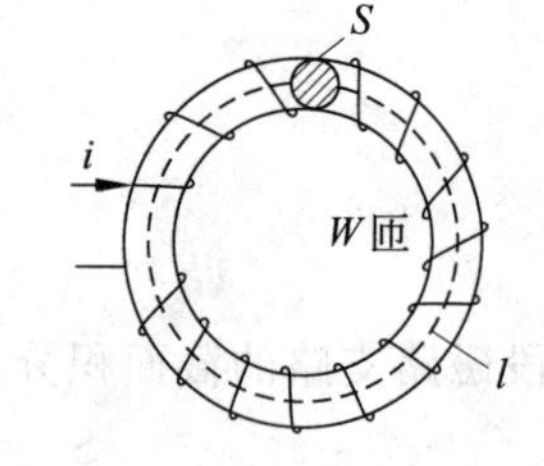

图 A-6-1 圆环形铁芯

假设线圈电阻、铁芯中的涡流损失均可忽略，则上式中的 u 应等于线圈的自感电压，因而有：$u=W\dfrac{\mathrm{d}\Phi}{\mathrm{d}t}=WS\dfrac{\mathrm{d}B}{\mathrm{d}t}$，$\Phi$ 是铁芯中的磁通，B 是铁芯中的磁感应强度，S 是铁芯截面积；$i=Hl/W$，H 是铁芯中的磁场强度，l 是铁芯磁路的长度。将这两式代入上式，便有

$$\begin{aligned}P&=\frac{1}{T}\int_0^T WS\frac{\mathrm{d}B}{\mathrm{d}t}\frac{Hl}{W}\mathrm{d}t\\&=fSl\oint H\mathrm{d}B\\&=fV\oint H\mathrm{d}B\end{aligned}\tag{A-6-1}$$

上式中 $f=\dfrac{1}{T}$，是交变电压、磁通的频率；$V=Sl$ 是铁芯的体积。由此式可见 $\oint H\mathrm{d}B$ 即为磁滞回线的面积(以 $\mathrm{J/m^3}$ 计)，如图 A-6-2 所示，它表示单位体积的铁芯每经一周期磁化所消耗的能量。电源所输入的平均功率就由磁滞损失吸收而转换成热能。

式(A-6-1)虽然给出了磁滞损失的表示式,但$\oint H\mathrm{d}B$却不便于计算。磁滞损失与磁感应强度的最大值有关,工程上常用以下经验公式计算磁滞损失:

$$P_{\mathrm{h}} = \sigma_{\mathrm{h}} f B_{\mathrm{m}}^{n} V$$

式中σ_{h}是一与材料有关、由实验确定的常数,n的值当$B_{\mathrm{m}}<1\mathrm{T}$时可取为1.6,$B_{\mathrm{m}}>1\mathrm{T}$时可取为2。

涡流损失

交变磁通穿过大块导电体时,便因电磁感应作用而产生感应电动势,从而在导体内部引起电流,这样的电流称为涡电流,简称涡流。由涡流流过导体而引起的功率损失称为涡流损失。涡流损失的功率是由外部,例如由激磁电路提供的。计算涡流损失需要用电磁场的理论。电工中常见的交变磁通的磁路是由片状铁磁材料(如硅钢片)叠成,片的窄面方向与磁感应强度方向垂直(即磁感应线穿过窄面)。对于这样的叠片铁芯(如图A-6-3所示),在铁片中磁感应强度均匀分布的条件下,涡流损失与片的厚度的平方成正比;且与铁芯材料的电导率γ、频率f、磁感应强度的最大值都有关。在工频下,叠制铁芯用的硅钢片的厚度为0.35～0.5mm,这样使涡流被限制在狭小的回路里,其中的感应电动势的大小也就受到限制,就可以有效地减小涡流损失。减小电导率γ也可以减少涡流损失,钢片中加有硅就可使它的电导率降低。在频率愈高的场合下,涡流损失愈严重。在高频下采用非金属软磁铁氧体,它们的电导率很小,可以显著地减少涡流损失。

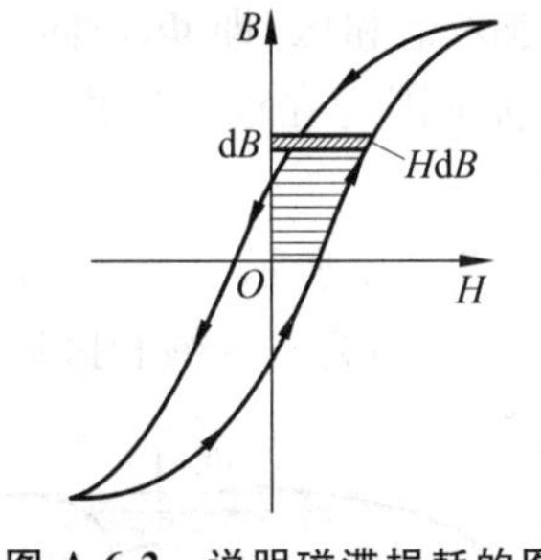

图A-6-2 说明磁滞损耗的图

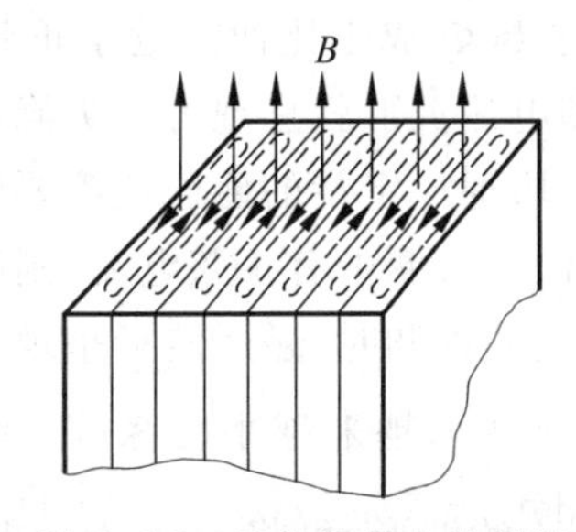

图A-6-3 叠片铁芯中的涡流

A.7 铁芯线圈中电流、磁通与电压的波形

铁芯线圈在交流电路中有着广泛的应用,在本节里研究铁芯线圈中的磁通、电流间的非线性关系以及磁滞损失、涡流损失对电流、磁通、电压波形的影响。

先考虑铁芯中的磁饱和,而暂不考虑磁滞、涡流损失的影响。设有一单回路的磁路,铁芯截面积为S,其上绕有W匝线圈(图A-7-1),则线圈中的电流i的瞬时值与磁通Φ的瞬时值的关系$\Phi(i)$,可以按照磁路的分析得到,如图A-7-2中的曲线所示。它与铁芯材料的

$B(H)$曲线形状相像。如果在铁芯中有一正弦磁通 $\Phi=\Phi_m\sin\omega t$，则线圈两端的电压 u 为

$$u=W\frac{\mathrm{d}\Phi}{\mathrm{d}t}=\omega W\Phi_m\cos\omega t=U_m\cos\omega t=\sqrt{2}U\cos\omega t$$

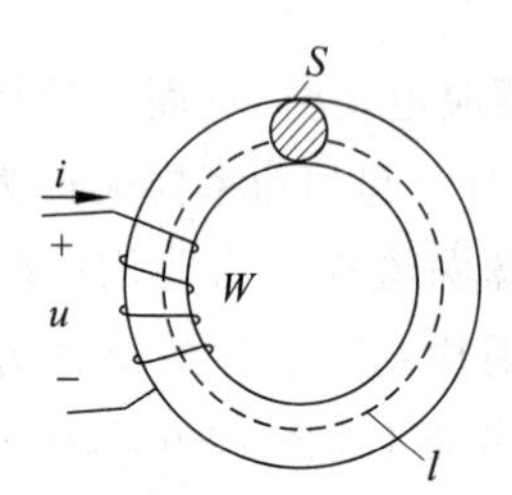

图 A-7-1 单回路圆环形铁芯磁路

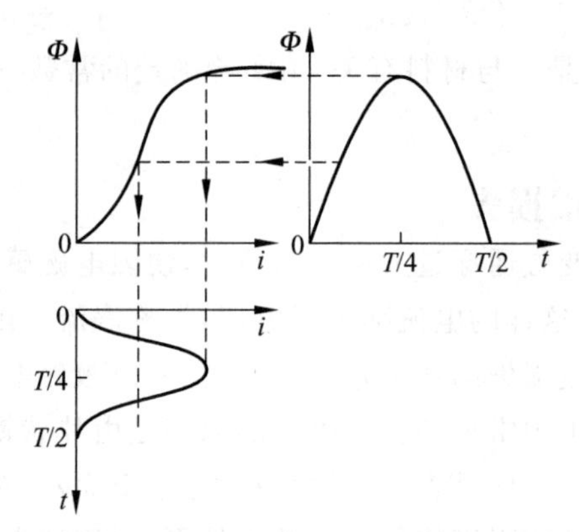

图 A-7-2 铁芯中有正弦磁通时激磁电流的波形

线圈电压的有效值为

$$U=\frac{\omega W\Phi_m}{\sqrt{2}}=\sqrt{2}\pi fW\Phi_m\approx 4.44fW\Phi_m \tag{A-7-1}$$

可见感应电压的有效值与磁通的最大值成正比。

如果铁芯工作在不饱和的情况下，即工作在 $\Phi(i)$曲线的起始的近于直线的范围内，则电流 i 近于与 Φ 成正比而接近于正弦形；如果铁芯工作进入饱和区，即 $\Phi(i)$曲线的饱和段范围内，则电流波形就呈现为一尖峰波形，如图 A-7-2。这是因为在饱和区内，$\Phi(i)$曲线的斜率很小，增加一定量的磁通便需要电流有较大的增量。

如果铁芯线圈中有正弦电流，则磁通 Φ 的波形如图 A-7-3 中所示。当电流的最大值大到足以使铁芯饱和时，磁通波形呈现为有一平顶的形状。这是因为进入饱和区后，电流增加引起的磁通增加越来越小的缘故。线圈两端的电压 $u=W\dfrac{\mathrm{d}\Phi}{\mathrm{d}t}$的波形，可将 $\Phi(t)$对 t 求导得出，大致如图 A-7-3 中所示。

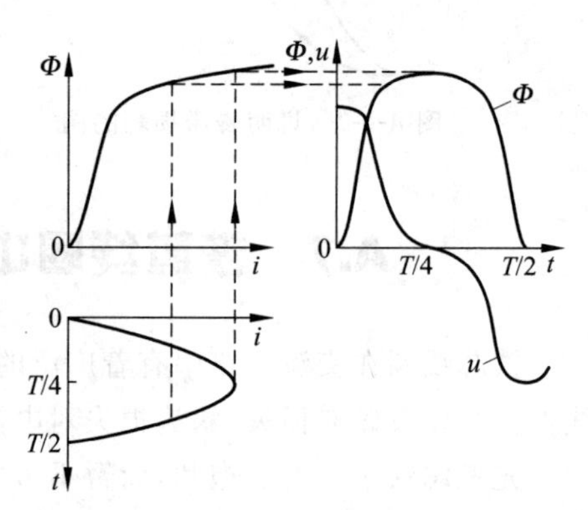

图 A-7-3 铁芯线圈中有正弦电流时磁通、电压的波形

现在考虑有铁芯损失时，铁芯线圈中电流、电压、磁通的波形。

首先考虑磁滞现象对电流波形的影响。假设铁芯中有正弦磁通 $\Phi=\Phi_m\sin\omega t$。存在磁滞现象时，铁芯线圈的 $\Phi(i)$曲线与磁滞回线的形状相像，如图 A-7-4 中所示。根据这一回线，对于 Φ 的任一瞬时值，可以求出对应的 i 值。Φ 由 $-\Phi_m$ 增至 Φ_m

时，磁化过程沿图中的④①②那一段曲线进行；Φ 由 Φ_m 减至 $-\Phi_m$ 时，磁化过程沿图中的②③④那一段曲线进行。例如 $t=0$ 时，$\Phi(0)=0$，而且磁通在渐增，这时的 i 值就是图中①点的横坐标，这样便得到图 A-7-4 中右边图中 $t=0$ 时的电流值；当 $t=T/4$ 时，$\Phi=\Phi_m$，这时的 i 值便应是图 A-7-4 左边图中的 I_m。这样逐点地由各时刻的 Φ 值，求出各该时刻的 i 值，就得到电流的波形如图 A-7-4 右边图中的 i 所示。由 $\Phi(t)$ 和 $i(t)$ 的波形可见：当磁化进入饱和区后，电流波形中呈有尖峰，表明其中含有较大的高次谐波，主要是三次谐波；磁通的波形比电流的波形稍有滞后，这实质上是 B 滞后于 H 的结果，而线圈电压超前于磁通 90°，所以电流中的基波落后于电压的角度稍小于 90°，这就表明，有磁滞作用铁芯线圈的电路要吸收功率。

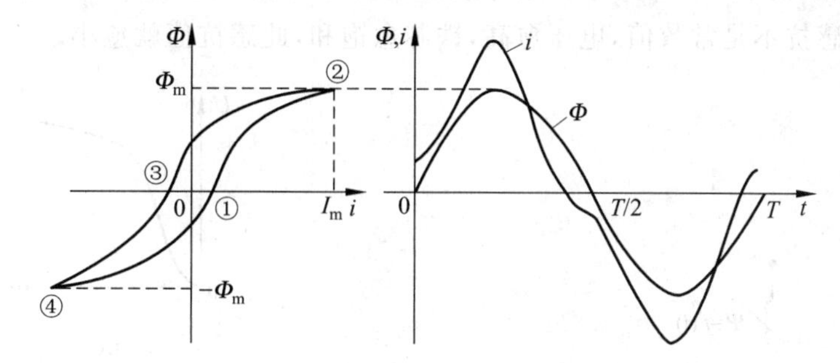

图 A-7-4 磁滞现象对铁芯线圈中电流波形的影响

铁芯中涡流现象的存在对线圈中的电流也有影响。定性地看，涡流的作用也要带来功率损失，因而使电流的有功分量加大。工程技术上有一些根据实验结果建立的、适用于一定条件下的计算涡流损失的方法，这些就不在本课程中讨论了。

A.8 交流电路中铁芯线圈的电路模型

含铁芯的线圈是电工中常见的一种器件。由于其中的磁饱和、磁滞、涡流现象的存在，对它的精确的分析是复杂的，也难以建立它的准确的电路模型。本节里利用等效正弦波的处理方法建立铁芯线圈在交流电路中的近似的电路模型。

等效正弦波的处理方法是这样一种近似的方法：设有一个二端电路或器件，它的两端有交变电压 u，流入有电流 i，它们的波形中主要是基波，另外还可能含有高次谐波，它们的有效值分别为 U，I。此二端电路在上述电压、电流的作用下所吸收的平均功率为 P，将近于正弦波的 u、i 视为有效值分别为 U、I，频率为基波频率的正弦波，并引入角度 θ 作为等效正弦电压、电流的相位差，使

$$\cos\theta = \frac{P}{UI}$$

按照这样的做法,上述二端电路就可近似地以一复阻抗 $Z=\dfrac{\dot{U}}{\dot{I}}=\dfrac{U}{I}e^{j\theta}=|Z|e^{j\theta}$ 作为它的等效电路参数,θ 是等效阻抗角。可以看出,如果二端电路是非线性的,这样的做法一定是近似的。

按照上述处理方法,下面导出在不同条件下,铁芯线圈在交流电流电路中的近似模型。

(1) 如果仅考虑铁芯的磁饱和而不考虑一切功率损失,就可以用一个非线性电感(图 A-8-1)作为铁芯线圈的电路模型,用磁链与电流的非线性函数 $\Psi=f(i)$ 表示其特性。在频率一定的交流电流、电压的作用下,可以得到铁芯线圈的电压有效值 U 与电流有效值 I 的关系曲线,大致如图 A-8-2 所示。用等效正弦波的处理方法,便可将铁芯线圈视为一感抗$X=U/I$,这感抗不是常数值,电压愈高,铁芯愈饱和,此感抗值就愈小。

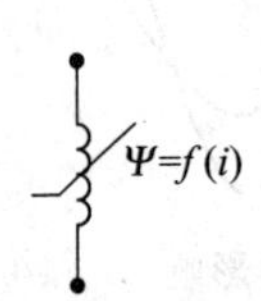

图 A-8-1 铁芯线圈的等效非线性电感模型

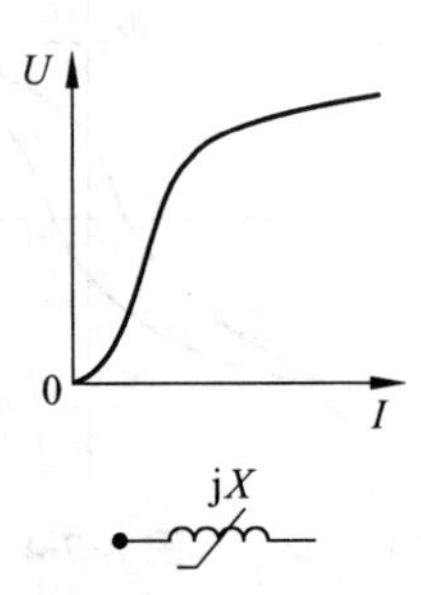

图 A-8-2 铁芯线圈的 U,I 关系和等效电抗

(2) 考虑铁芯的磁饱和和铁芯损耗,此时铁芯中的磁通、电流、电压相量如图 A-8-3 所示:电压 $\dot{U}$ 领先于磁通 $\dot{\Phi}_m$ 90°,电流 $\dot{I}$ 滞后于电压的角度 θ 小于 90°。根据这些相量关系,可以作出铁芯线圈在这种情形下的电路模型如图 A-8-4 所示。它由一个非线性的电纳 B_0 和一个非线性的电导 G_0 并联组成。如果对于给定的 U 值,由实验测量出或用某种计算方法得到 I 值和铁芯线圈所得的功率 P 值,就可由之得 B_0 和 G_0 的值:

$$\left.\begin{aligned} B_0 &= -\frac{I_r}{U} = -\frac{I\,|\sin\theta|}{U} \\ G_0 &= \frac{I_a}{U} = \frac{I\cos\theta}{U} \end{aligned}\right\} \tag{A-8-1}$$

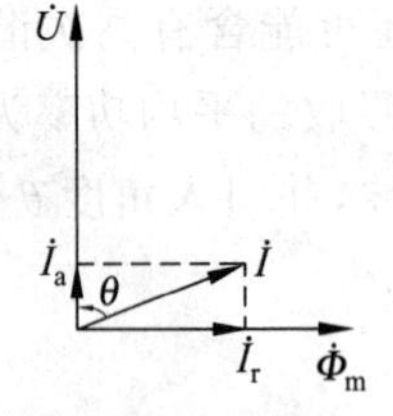

图 A-8-3 考虑磁饱和、铁损,铁芯中磁通、电流和电压相量关系

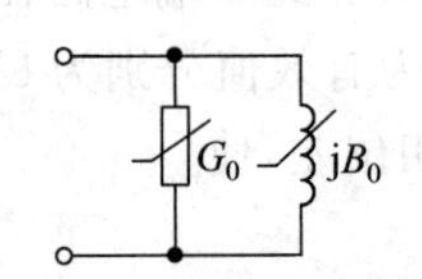

图 A-8-4 考虑磁饱和、铁损,铁芯线圈的等效电路模型

上式中 $\cos\theta = P/UI$。这里所得的 B_0,G_0 也都不是常数值,它们随 U 的改变(这意味着饱和程度的改变)而变化。

(3) 考虑线圈的电阻和漏磁通时,可以把线圈的磁链分为两部分:完全经铁芯而闭合的磁通 Φ_0;经空气而形成闭合路径的漏磁通 Φ_s。在这种情形下铁芯线圈(图 A-8-5)的电路方程是

$$Ri + W\frac{d\Phi}{dt} = Ri + W\frac{d\Phi_s}{dt} + W\frac{d\Phi_0}{dt} = u_S \qquad (A\text{-}8\text{-}2)$$

上式中 R 是线圈导线的电阻,u_S 是所加电压。漏磁通的路径有相当大的部分是在空气中,所以这部分磁通与电流成正比,于是可以引入一线性电感 $L_s = W\Phi_s/i$ 表示它在电路中的作用,这样就可以作出图 A-8-6 所示的铁芯线圈在交流电流电路中的模型。将式(A-8-2)写成相量形式,便有

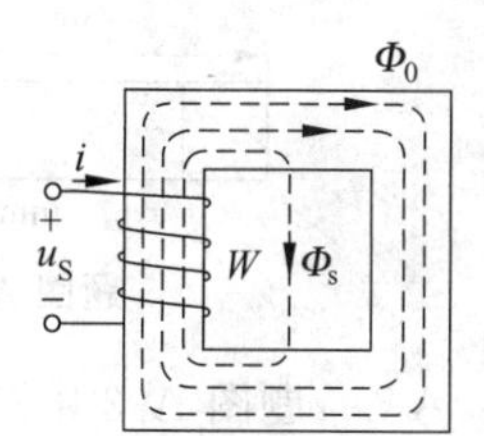

图 A-8-5 有漏磁通的铁芯线圈

$$\left.\begin{aligned} R\dot{I} + j\omega L_s\dot{I} + \dot{U}_0 &= \dot{U}_S \\ \dot{U}_0 &= \frac{j\omega W\dot{\Phi}_m}{\sqrt{2}} \end{aligned}\right\} \qquad (A\text{-}8\text{-}3)$$

按照上式可作出图 A-8-7 的相量图,其中 Φ_m 是铁芯中磁通 Φ_0 的幅值。对于一给定的铁芯线圈,要确定图 A-8-6 中模型的各电路参数,可用近似的计算方法或实验方法。工作在交流电流电路中的电机、电器中,含有铁芯线圈,常用图 A-8-6 的模型作为铁芯线圈的电路模型。

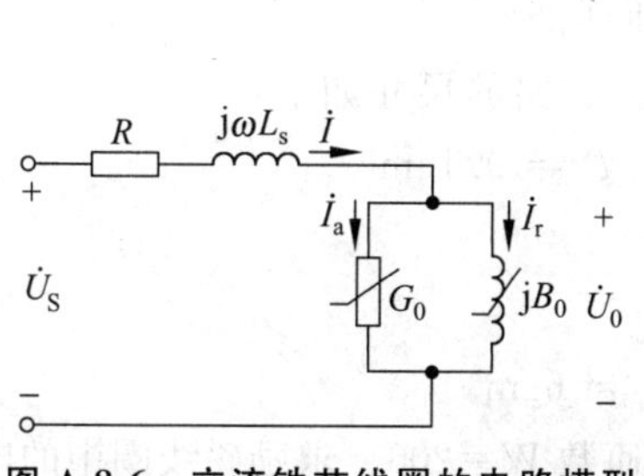

图 A-8-6 交流铁芯线圈的电路模型

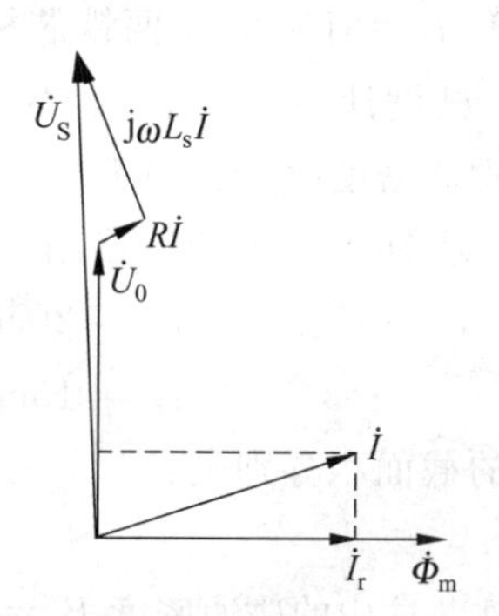

图 A-8-7 交流铁芯线圈中电压、电流相量图

习 题

A-1 一圆环形铁芯截面积为 S,其磁路平均长度为 l_f,铁环有空气隙,长为 l_a。铁芯上绕有 W 匝线圈。假设铁芯材料的磁导率 μ 为常数,求此线圈的电感 L。

若 $l_f = 30\text{cm}$,$l_a = 1\text{mm}$,$\mu = 1000\mu_0$,$S = 4\text{cm}^2$,$W = 1000$,计算电感 L 的数值。

A-2　一电磁铁的磁路由铁芯、衔铁及气隙构成，各部分尺寸如题图 A-2 所示，铁芯材料为 D41 电工钢，给定励磁安匝为 $WI=2000\text{A}$，求铁芯中的磁通。

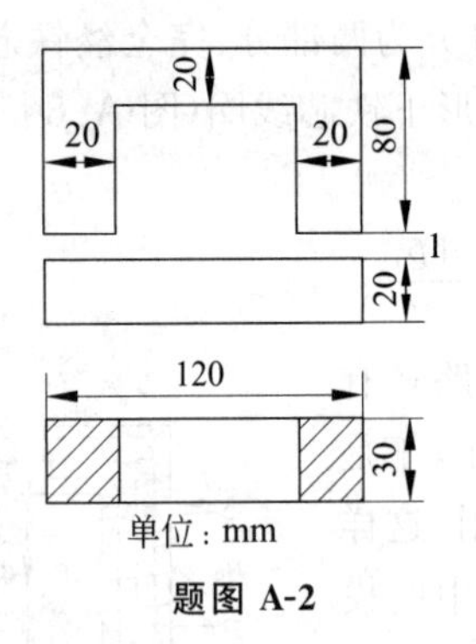

题图 A-2

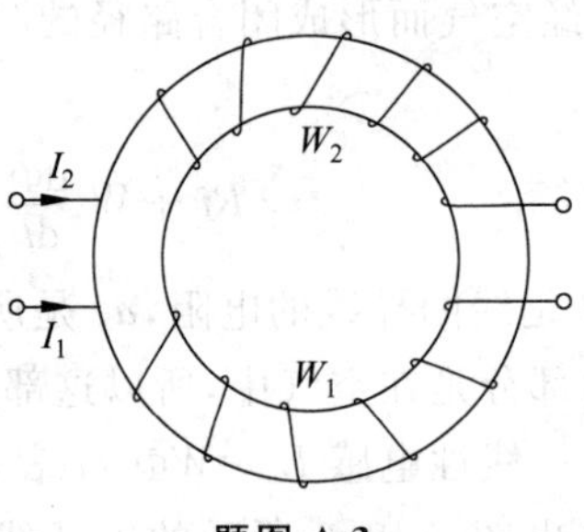

题图 A-3

A-3　题图 A-3 中圆环形磁路的磁阻为 R_m，其上所绕两个线圈的圈数分别为 $W_1=200$，$W_2=250$。求以下四种情形下圆环磁路回路的总磁通势 F_m 和磁通 Φ，并指明磁通方向：

(1) $I_1=1\text{A}, I_2=1\text{A}$；

(2) $I_1=-1\text{A}, I_2=1\text{A}$；

(3) $I_1=1\text{A}, I_2=-1\text{A}$；

(4) $I_1=-1\text{A}, I_2=-1\text{A}$。

A-4　题图 A-4 所示磁路由 D21 热轧低硅钢片叠成，磁路尺寸是：$l_1=l_3=50\text{cm}$；$l_2=20\text{cm}$；气隙长 $\delta=0.2\text{cm}$，磁路各段的截面积均为 25cm^2。已知气隙中的磁通为 $4\times10^{-3}\text{Wb}$，$W_2I_2=5100\text{A}$，求两铁芯柱中的磁通和磁通势 W_1I_1。

A-5　试设计一变压器。给定电源电压为 220V，频率为 50Hz，铁芯截面积为 4cm^2，欲使铁芯中磁通密度(最大值)不超过 1T，问需绕多少匝线圈？

A-6　题图 A-6 中的磁路用 D41 电工钢片叠成。磁路的尺寸如下：

$$l_1'=20\text{cm},\quad l_1''=10\text{cm},\quad l_a=0.1\text{cm}$$

$$l_2=15\text{cm},\quad l_3=30\text{cm}$$

各段铁芯的截面积分别是：

$$S_1=S_3=4\text{cm}^2,\quad S_2=6\text{cm}^2$$

已知中间铁芯柱中的磁通密度 $B_2=0.8\text{T}$，设该线圈的匝数 $W=200$。求励磁线圈中的电流 I。

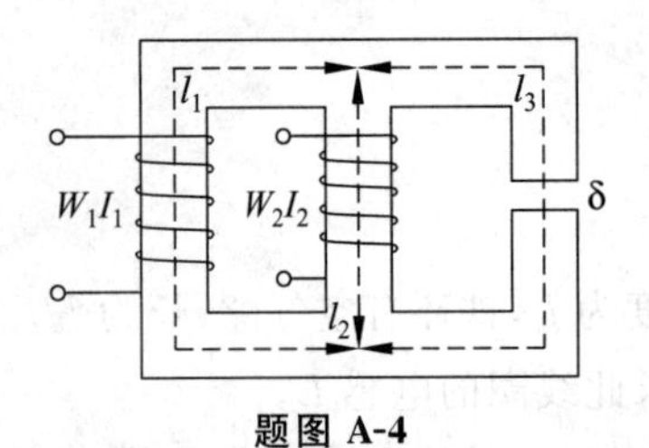

题图 A-4

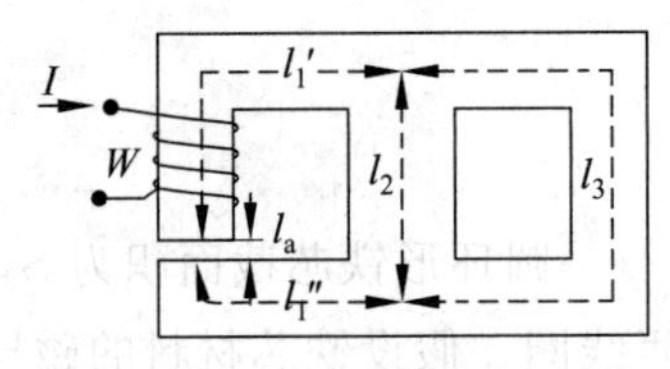

题图 A-6

复数复习

复数和它的表示

设 A 是一个复数，它的实部和虚部分别为 a、b，即

$$A = a + \mathrm{j}b \tag{B-1}$$

式中 $\mathrm{j}=\sqrt{-1}$ 是虚数的单位（为避免与电流 i 混淆，电工中选用 j 表示虚数单位），常用 $\mathrm{Re}[A]$ 表示取复数 A 的实部，用 $\mathrm{Im}[A]$ 表示取复数 A 的虚部，即 $a=\mathrm{Re}[A]$，$b=\mathrm{Im}[A]$。

在平面上的直角坐标系中，如果用横轴表示复数的实部，纵轴表示复数的虚部，这样的平面称为复平面。横轴称为实轴，注以"Re"；纵轴称为虚轴，注以"Im"。复数 A 可以用复平面上坐标为 (a,b) 的点来表示，如图 B-1 所示。$a+\mathrm{j}b$ 称为复数 A 的直角坐标表示。复数 A 还可用从原点指向点 (a,b) 的向量来表示，如图 B-2 所示。该向量的长度称为复数 A 的模，记作 $|A|$

$$|A| = \sqrt{a^2 + b^2}$$

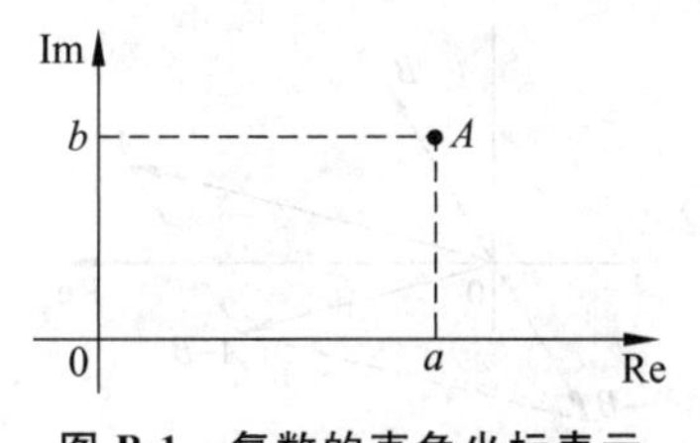

图 B-1　复数的直角坐标表示

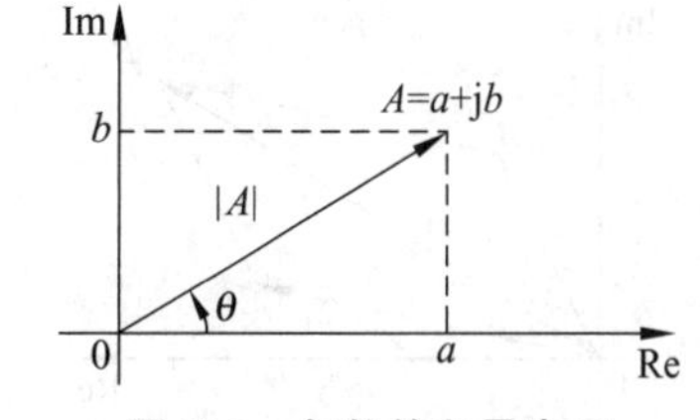

图 B-2　复数的向量表示

表示复数 A 的向量与实轴正向间的夹角 θ 称为 A 的幅角，记作

$$\theta = \arctan \frac{b}{a}$$

利用直角坐标与极坐标的关系有

$$a = |A|\cos\theta \quad b = |A|\sin\theta$$

可以把复数 A 表示成如下形式:

$$A = |A|(\cos\theta + \mathrm{j}\sin\theta) \tag{B-2}$$

称为复数的三角表示。

再利用欧拉公式 $\mathrm{e}^{\mathrm{j}\theta} = \cos\theta + \mathrm{j}\sin\theta$,又得

$$A = |A|\mathrm{e}^{\mathrm{j}\theta} \tag{B-3}$$

这种形式称为复数的指数表示。在工程上简写为 $|A|\underline{/\theta}$。

【例 B-1】 将复数 $A=3-\mathrm{j}4$ 化为指数表示形式。

解

$$|A| = \sqrt{3^2+4^2} = 5$$

$$\tan\theta = \frac{-4}{3}$$

由于 A 在第四象限,所以

$$\theta = -53.1°$$

A 的指数表示形式即是

$$A = 5\underline{/-53.1°}$$

复数的代数运算

两个复数 $A=a_1+\mathrm{j}b_1$,$B=a_2+\mathrm{j}b_2$ 的相加、相减的定义如下:

$$\begin{aligned} A \pm B &= (a_1+\mathrm{j}b_1) \pm (a_2+\mathrm{j}b_2) \\ &= (a_1 \pm a_2) + \mathrm{j}(b_1 \pm b_2) \end{aligned} \tag{B-4}$$

复数的加、减运算就是把它们的实部和虚部分别相加、减。因此,进行复数的加、减运算时,常用它们的直角坐标形式。复数相加、减也可以在复平面上进行。容易证明:两个复数相加的运算是符合平形四边形的求和法则的,如图 B-3 所示。当两个复数相减时,先作出$(-B)$向量,然后再将 A 向量和$(-B)$向量相加就得 $A-B$ 的向量,如图 B-4 所示。

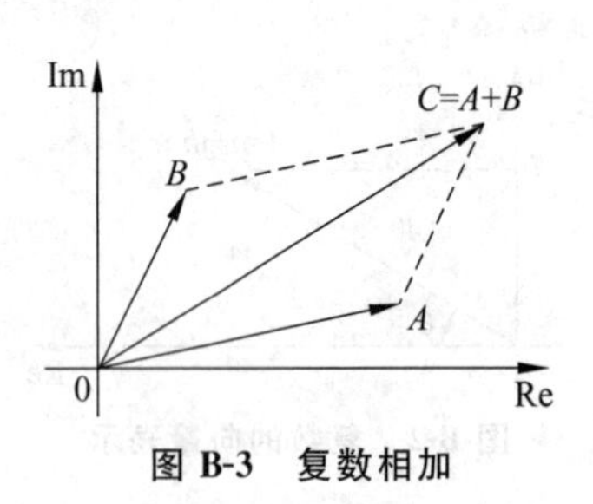

图 B-3 复数相加

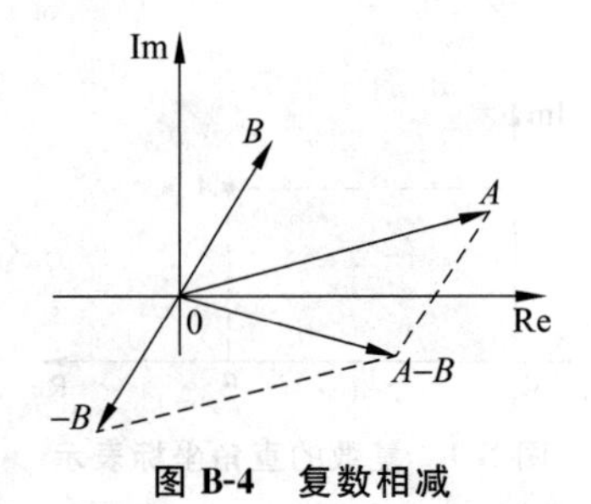

图 B-4 复数相减

进行复数的乘、除运算,常采用指数形式。设复数

$$A = a_1 + \mathrm{j}b_1 = |A|\underline{/\theta_A}$$

$$B = a_2 + \mathrm{j}b_2 = |B|\underline{/\theta_B}$$

则其乘积为

$$AB = |A||B| \angle \theta_A + \theta_B$$

即两个复数乘积的模等于它们模的乘积;而乘积的幅角等于它们幅角的和。

同理可得

$$\frac{A}{B} = \frac{|A|}{|B|} \angle \theta_A - \theta_B$$

即两个复数的商的模等于它们的模的商;两个复数的商的幅角等于被除数与除数的幅角之差。

两个复数相等,必须且只须它们的实部和虚部分别相等;或者是模和幅角分别相等。一个复数 A 等于 0,必须且只须它的实部和虚部同时等于 0。当复数 $A=0$ 时,复数的模 $|A|=0$,而幅角不确定。

实部相同而虚部符号相反的两个复数被称为共轭复数,与 A 共轭的复数记作 A^*。用指数形式表示时,则共轭复数的模相等而幅角等值异号。共轭复数有如下的性质:

$$AA^* = [\mathrm{Re}(A)]^2 + [\mathrm{Im}(A)]^2$$

$$A + A^* = 2\mathrm{Re}(A)$$

$$A - A^* = 2\mathrm{jIm}(A)$$

【例 B-2】 计算

$$\frac{(3+\mathrm{j}3)(1+\mathrm{j}2)}{\mathrm{j}5(2+\mathrm{j}5)}$$

将结果用直角坐标形式和指数形式表示。

解

$$\frac{(3+\mathrm{j}3)(1+\mathrm{j}2)}{\mathrm{j}5(2+\mathrm{j}5)} = \frac{4.243 \angle 45^\circ \times 2.236 \angle 63.43^\circ}{5 \angle 90^\circ \times 5.385 \angle 68.20^\circ}$$

$$= 0.3514 \angle -49.77^\circ$$

$$= 0.227 - \mathrm{j}0.268$$

PSpice 电路仿真简介

提　要

PSpice 电路仿真软件是功能强大的仿真工具。 OrCAD 公司所推出的 PSpice 是其中的突出代表。 本书所采用的 OrCAD/PSpice 9.1 可对模拟电路、数字电路和模/数混合电路进行仿真，还具有优化设计等功能。

本附录基于 OrCAD/PSpice 9.1，配合电路原理课的教学，通过仿真实例介绍 PSpice 电路仿真的初步知识。 目的是使读者通过仿真分析，加深对电路问题的理解，同时也为应用 OrCAD/PSpice 解决实际问题打下一定的基础。

首先，简单介绍 OrCAD/PSpice 9.1 的基本功能；其次，结合电路仿真例子说明仿真的步骤；在此基础上，结合电路原理中的直流电阻电路、交流稳态电路和暂态电路问题，给出仿真实例，说明直流（静态）工作点（Bias Point）分析、直流扫描（DC Sweep）分析、交流扫描（AC Sweep）分析、瞬态分析（Transient Analysis）和参数扫描分析（Parametric Sweep）等的仿真方法。 本附录不是软件的全面使用说明，读者若需全面掌握软件的使用，请参见有关书籍和使用说明。

C.1 OrCAD/PSpice 9.1基本功能简介

OrCAD/PSpice 9.1 可分析的电路特性有 6 类 15 种，如表 C-1-1 所示。其中最基本的分析是直流分析、交流分析和瞬态分析，其它分析在此基础上进行。

表 C-1-1 OrCAD/PSpice 9.1 的仿真类型

类 型	电 路 特 性
直流分析	(1) 直流工作点(Bias Point) (2) 直流灵敏度(DC Sensitivity) (3) 直流传输特性(TF：Transfer Function) (4) 直流特性扫描(DC Sweep)
交流分析	(1) 交流小信号频率特性(AC Sweep) (2) 噪声特性(Noise)
瞬态分析	(1) 瞬态分析(Transient Analysis) (2) 傅里叶分析(Fourier Analysis)
参数扫描	(1) 温度特性(Temperature Analysis) (2) 参数扫描(Parametric Analysis)
统计分析	(1) 蒙特卡罗分析(MC：Monte Carlo) (2) 最坏情况分析(WC：Worst Case)
逻辑模拟	(1) 逻辑模拟(Digital Simulation) (2) 模/数混合模拟(Mixed A/D Simulation) (3) 最坏情况时序分析(Worst-Case Timing Analysis)

以下就电路课程中常用的电路仿真分析进行简单介绍。

1. 直流分析

电路原理中常用的直流分析包括直流工作点分析、直流扫描分析和直流小信号灵敏度分析。

(1) 直流工作点分析(Bias Point) 直流工作点分析就是求解电路仅由电路中直流电压源和电流源作用时，每个节点的电压及流过电压源的电流。进行直流工作点分析时，电路中的交流电源置零，电容开路，电感短路。直流工作点分析是其它性能分析的基础。

(2) 直流扫描分析(DC Sweep) 直流扫描分析是计算电路中某一个直流电压(流)源电压(流)变化时电路直流工作点的变化情况。它实际上是计算电源参数在某一范围内变化时的一系列直流工作点。

(3) 直流灵敏度分析(DC Sensitivity)

直流灵敏度分析是计算输出变量当每一个电路偏置元件参数改变时，对直流工作点的影响,即分别计算输出变量对某一参数的偏导数值。最后按要求输出计算结果。输出变量可以是节点电压、电压源中的电流和电流源两端的电压。灵敏度分析可给出绝对灵敏度和相对灵敏度结果。绝对灵敏度是指元件参数变化单位值时,输出变量的相应变化量;相对灵敏度是指元件参数变化1%时,输出变量的相应变化量。

灵敏度分析可找到对电路直流工作影响最敏感(即影响最大)的元件,目的是在电路设计中设法减小这些元件变化对电路的影响程度。灵敏度分析在直流工作点计算完后进行。

2. 交流分析

本附录只涉及交流频率响应分析,即交流扫描分析(AC Sweep)。频率响应分析是在规定的扫描频率范围内计算电路中所有节点电压和支路电流。计算过程中的电路是相量模型,所有参量都是复数参量。输出结果可以给出指定电压和电流的幅值、相位、实部和虚部。

3. 瞬态分析

(1) 瞬态分析(Transient Analysis) 瞬态分析就是电路的时域响应分析,即电路中的电压、电流随时间的变化情况。

(2) 傅里叶分析(Fourier Analysis) 傅里叶分析也称频谱分析,它可与瞬态分析同时进行。它可以完成指定节点(支路)电压或支路电流相对于基波的谐波分解,按指定的谐波次数输出各次谐波的幅度和相位(绝对值和相对值),并计算总谐波畸变率。

C.2 OrCAD/PSpice 9.1 电路仿真的步骤

用 OrCAD/PSpice 9.1 进行电路仿真一般可分为三个步骤:首先是绘制待分析电路的原理图;其次是规定要进行仿真的类型;最后是仿真计算,并输出所需的结果。

下面以一个求电路直流工作点的例子来具体说明上述步骤。

【例 C-1】 直流电阻电路如图 C-2-1 所示。试用直流工作点分析求各节点电压。

为完成本例的仿真分析,需按照下列步骤进行。

第一步,建立一个新设计项目。

建立一个新设计项目的过程如下。

(1) 运行 Capture CIS 软件,可见图 C-2-2 界面。

在 OrCAD 软件包中,将一个设计任务当作一个项目(Project),由项目管理器(Project Manager)对该项目涉及的电路图、模拟要求、涉及的图形符号库和模拟参数库及有关输出结果实施组织管理。每个设计项目对应一个项目管理窗口。

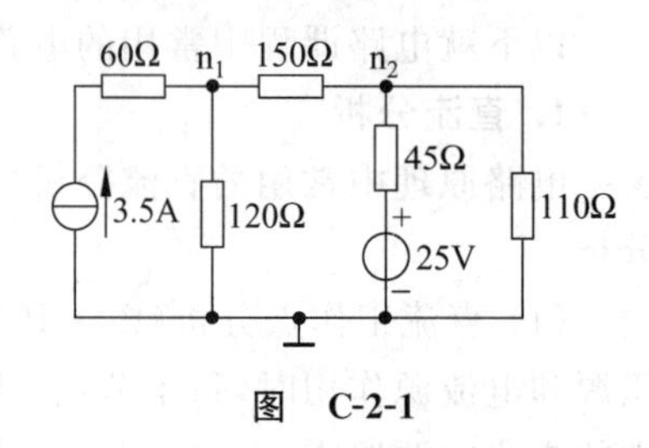

图 C-2-1

(2) 在图 C-2-2 所示的窗口菜单中,选择执行 File\New\Project 子命令,屏幕将弹出图 C-2-3 所示的 New Project 对话框。在 Name 处输入新设计项目的名称(本例为 exampleC_1);选定设计项目类型"Analog or Mixed-Signal Circuit";在 Browse 处指定存放项目的路径,然后单击 OK 按钮,可看到图 C-2-4 所示的元器件符号库的对话框。

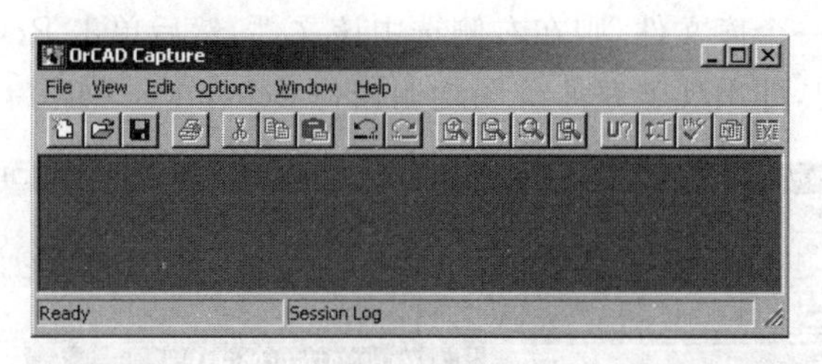

图 C-2-2

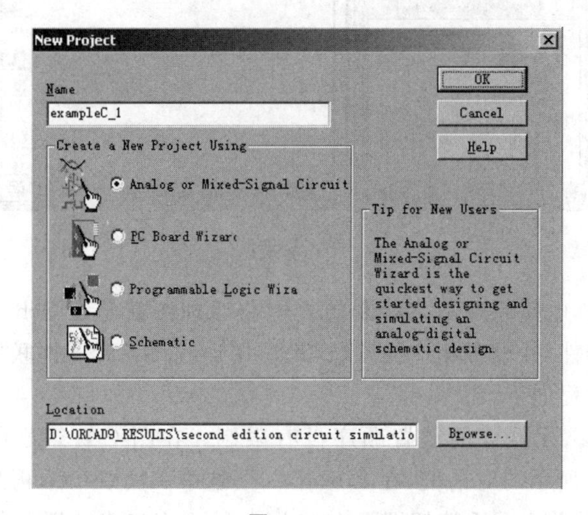

图 C-2-3

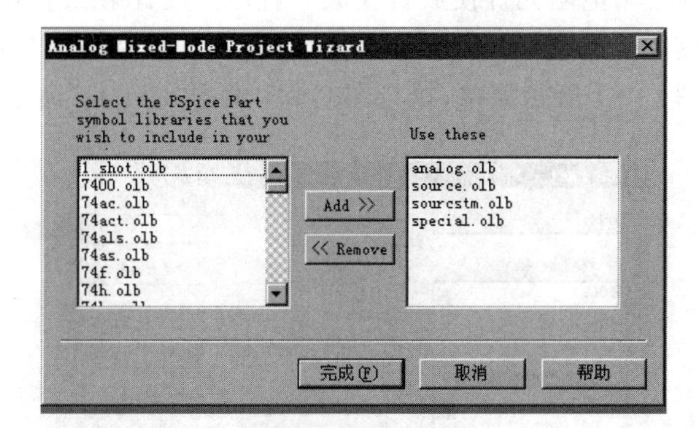

图 C-2-4

(3) 选择绘制电路图所需的元器件符号库。Capture 提供的图形符号库文件以 olb 为扩展名。在图 C-2-4 所示对话框的左侧列出了软件中提供的元器件符号库文件清单，右侧是为设计新项目配置的库文件。在绘制电路图的过程中，只能选用已配置的库文件中的元器件。在左侧选中要配置的库文件，单击 Add 按钮，即将该库文件添至右侧列表中。反之，若从右侧列表中剔除一个库文件，则在右侧选中该文件，然后单击 Remove 按钮即可。配置完成后，单击 OK 按钮，即出现电路原理图绘制窗口 Schematic，如图 C-2-5 所示。

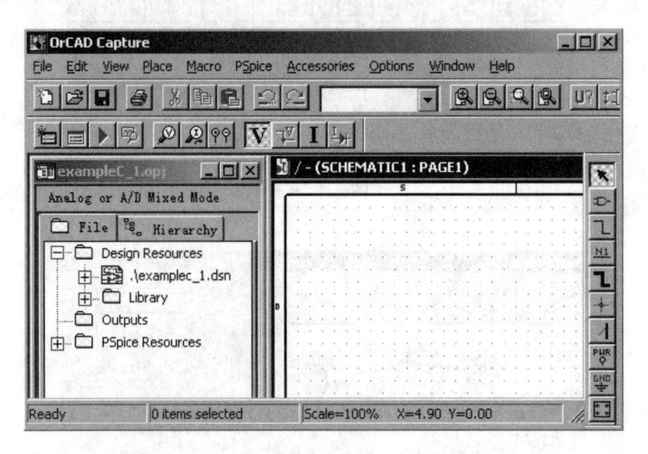

图　C-2-5

第二步，绘制仿真电路原理图。绘制仿真电路原理图就是在 Schematic 窗口中从元件库中选择所需的元器件，并设置相应的参数，最后用连线将各元器件联接起来。

绘制原理图的过程如下。

(1) 放置元器件。元器件的放置顺序没有限制。在图 C-2-5 菜单中选择执行 Place\Part，弹出如图 C-2-6 所示的对话框，在 Libraries 下选中 ANALOG，再从显示的元件列表中选择电阻元件 R，然后单击 OK 按钮即可在 Schematic1 窗口中放置元件 R。拖动鼠标到适当位置单击鼠标左键，一个电阻元件便放置完成。若还需放置第二个电阻，则继续拖动鼠标到适当位置，单击左键。依此类推。若元件需要旋转，则在鼠标将元件拖到所需位置时，单击鼠标右键，出现如图 C-2-7 所示菜单，执行图 C-2-7 中的“Rotate”命令，则元件旋转 90°，再

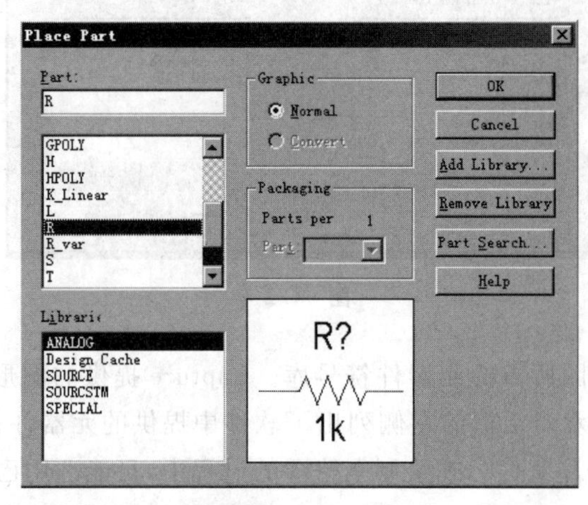

图　C-2-6

次执行该命令可继续旋转。旋转操作也可在元件放置完后进行。方法是先用鼠标单击选中要旋转的元件，然后在 Capture 主菜单中执行 Edit\Rotate，或单击鼠标右键，在弹出的菜单中选择执行"Rotate"命令。当元件放置完成后，在单击鼠标右键出现的如图 C-2-7 所示的菜单中，执行"End Mode"即结束放置。

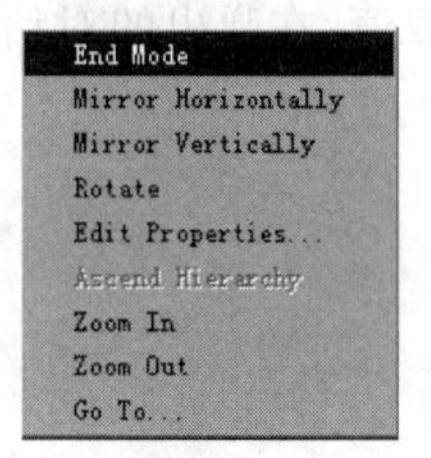

图 C-2-7

按与放置电阻元件类似的方式可以放置独立电压源和电流源。各种电源元件在 source. olb 库文件中。可从图 C-2-6 中选库文件 SOURCE，再从元件列表中选择 VDC 元件（见图 C-2-8(a)），此为直流电压源。放置完成后，再在图 C-2-8(a)所示选择栏中选中直流电流源 IDC。

最后放置接地端。有两种方法，一种是直接单击 Capture 窗口右侧的快捷按钮 GND，另一种是执行 Place\Ground。弹出图 C-2-8(b)所示的对话框。选择 0/SOURCE。

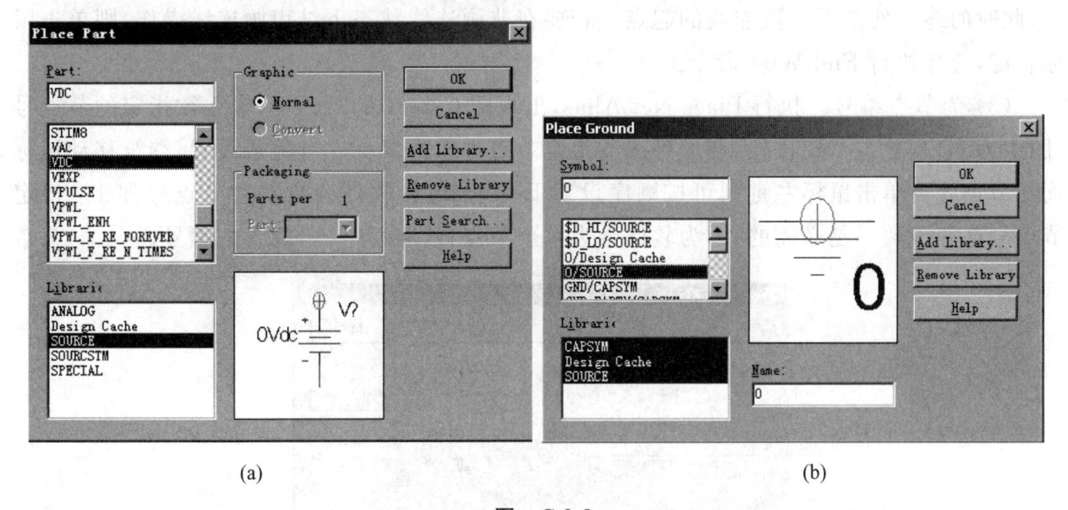

(a) (b)

图 C-2-8

元件放置完成后，可按电路的已知条件，给每个元件赋参数值（电阻元件的默认值是 1kΩ，直流电压源电压和电流源电流默认值均为零）。鼠标指向要编辑的元件，用左键双击该元件，弹出如图 C-2-9（电阻）或图 C-2-10（电压源）所示的属性编辑栏。对电阻在 VALUE 一栏输入参数值；对直流电压（流）源在 DC 一栏输入该电源的电压（流）值。其它元件的赋

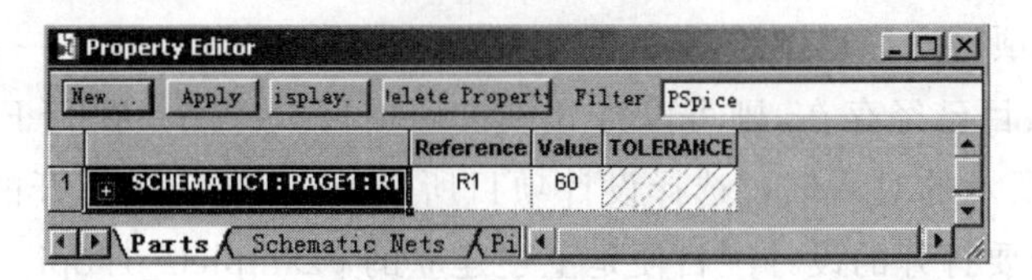

图 C-2-9

值方法将在后面用到时陆续介绍。对电阻、直流电压源和电流源也可用鼠标直接双击其参数值，在弹出的对话框中输入相应的参数值即可。

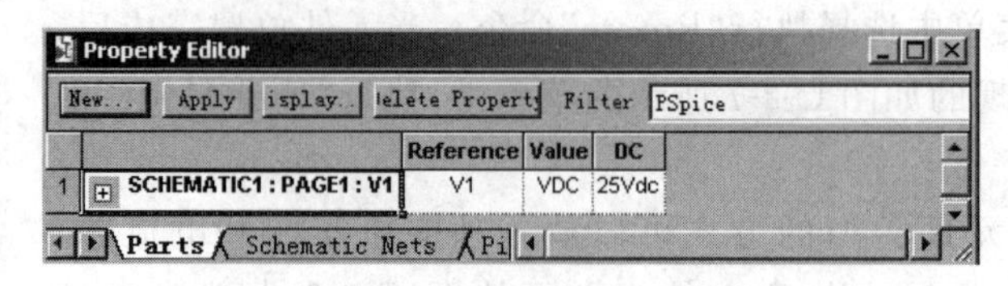

图　C-2-10

(2) 画连线。可直接单击 Capture 窗口右侧的 Place Wire 快捷按钮，或执行 Place\Wire。此时鼠标指针变为"+"，此时便可画连线了。将鼠标放在连线的起始位置并单击，表示连线起始点，移动鼠标到连线的终点，若连线的终点是元件的管脚，或是在连线上，则单击鼠标此段画线结束；若终点为空则需双击鼠标结束画线。若此时单击鼠标，则画线并不结束，此时的终点便是下一段连线的起点。若要在非画连线状态下结束画连线操作，则单击鼠标右键，选择执行 End Wire 命令。

(3) 为节点编号。执行 Place Net Alias，出现图 C-2-11 的对话框，输入欲指定的节点号(图中为 N1)，单击 OK 按钮，在原理图的指定节点处单击鼠标左键完成设置，继续移动鼠标到新节点处再单击鼠标左键则可按顺序设置下一个节点，软件会自动将节点号加 1。指定节点号这一步骤不是必需的，因为软件会为每个节点自动赋予一个隐含的编号。

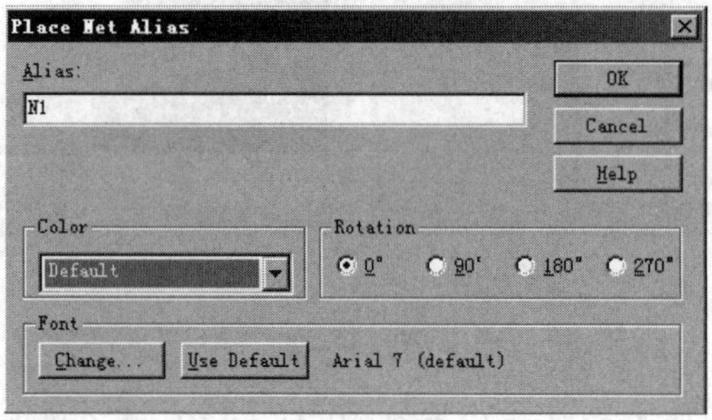

图　C-2-11

上述步骤完成后，原理图的绘制工作便结束了。图 C-2-12 是绘制好的例 C-1 电路的仿真电路图。

(4) 保存设计项目。原理图绘制结束后，将项目保存，以便进行下一步的仿真任务。

若一个设计项目已经存在，则可以打开该设计项目。方法是执行 File\Open\Project，出现图 C-2-13(a)所示的对话框。选择设计项目所在路径，选定要打开的文件(以 opj 为后缀)。图 C-2-13(a)要打开的设计项目便是上述建立的 exampleC_1. opj。

用鼠标左键双击左侧小窗口中 examplec_1. dsn，然后双击 SCHEMATIC1，再双击

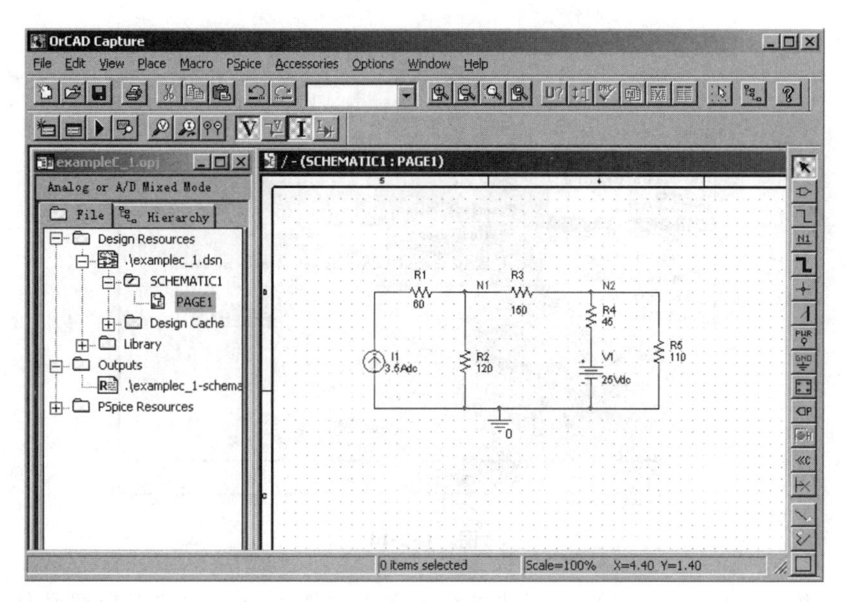

图 C-2-12

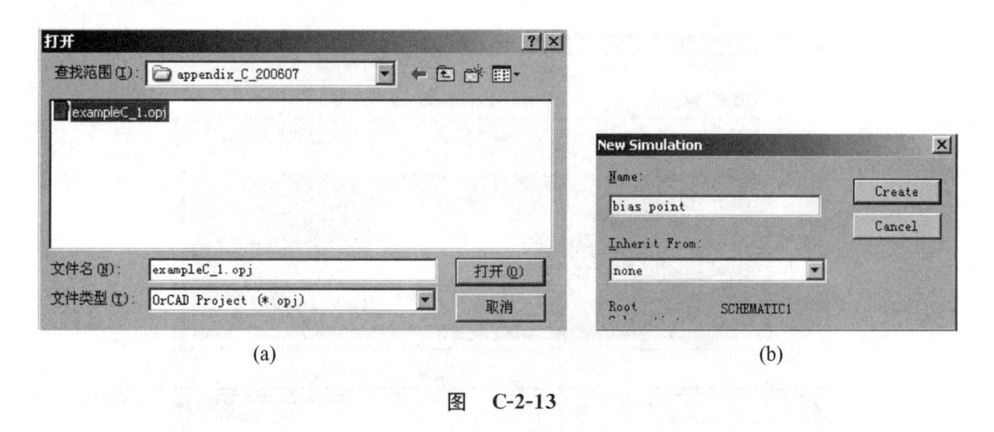

(a)　　　　(b)

图 C-2-13

PAGE1。出现图 C-2-12 所示窗口。现在就可以对电路图进行编辑了。

第三步,设置分析类型。

在完成电路原理图的绘制后,在图 C-2-12 所示的界面中,执行 PSpice\New Simulation Profile,出现图 C-2-13(b)所示的对话框。在 Name 栏输入 bias point(对电路作直流工作点分析),然后单击 Create 按钮,则出现图 C-2-14 所示的对话框。从图 C-2-14 Analysis type 一栏选择 Bias Point,然后单击“确定”按钮,设置即完成。

第四步,仿真计算。

执行 PSpice\Run。PSpice 开始进行电路联接规则检查和建立网络表格文件,然后自动调用 PSpice 程序项进行仿真分析,分析过程能自动报错。若有错,则返回原理图界面修改,

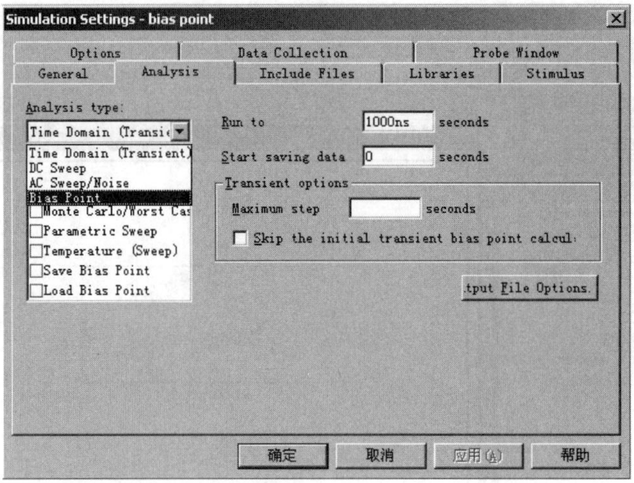

图 C-2-14

然后再执行仿真。仿真结束后，分析结果存入文本文件 *.out 和波形数据文件 *.dat 中(在默认目录下)，并自动弹出图形后处理程序 Probe 窗口，如图 C-2-15 所示。

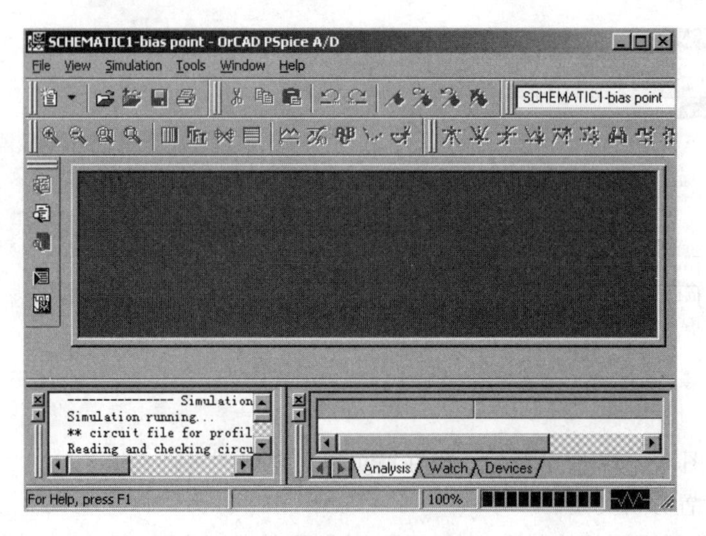

图 C-2-15

第五步，输出仿真结果。

在图 C-2-15 所示 Probe 窗口菜单中，执行 View\Output File，可看到图 C-2-16 所示的输出结果。输出文件的前面是电路元件的联接关系列表等内容，最后是节点直流工作点电压、电压源中的电流及电压源消耗的功率。这些结果可用打印机打印输出。

也可在仿真结束后单独用 Probe 程序打开输出的文本文件 *.out 和波形数据文件

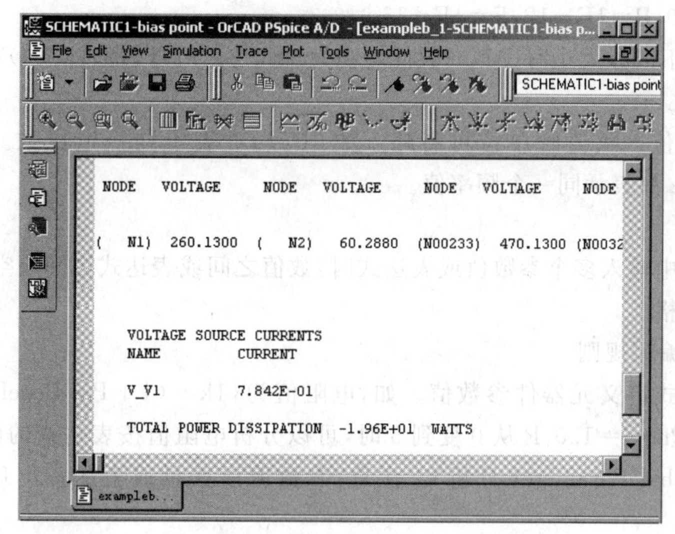

图 C-2-16

*.dat，查看仿真结果。

Probe的其它功能将在后面的应用中陆续介绍。

以上通过一直流工作点分析的例子说明了仿真的一般步骤。在后面的仿真问题中，有如下的一些规定要注意。

1. 画原理图及元件赋值时的规定

(1) 关于仿真电路图的规定

① 仿真电路图必须有接地端。

② 电路图必须是连通的。如有磁耦合、无电联系的互感线圈，可能将电路分成两个部分，这时必须用一条线连线将两部分连通。

③ 不允许有电压源与电感构成的回路。若有这样的回路，可适当串入一小电阻，如1mΩ。同时不允许出现由电流源与电容构成的割集。若存在这样的割集，则可并接一大电阻，如1GΩ。

④ 不允许有悬空(Floating)节点，实际问题中若存在，可在此节点与地之间接一大电阻，如1GΩ。

(2) 数字

数字可以用整数，如12，−5；浮点数，如2.3845，5.98601；整数或浮点数后面跟整数指数，如6E−14，3.743E+3；也可在整数或浮点数后面跟比例因子，如10.18k。

(3) 比例因子

为了使用方便，PSpice中规定了10种比例因子。它们用特殊符号表示不同的数量级。这10种比例因子为(不分大小写)：

T＝1E＋12，G＝1E＋9，MEG＝1E＋6，K＝1E＋3，MIL＝25.4E－6，M＝1E－3，U＝

1E－6,N＝1E－9,P＝1E－12,F＝1E－15。

注意：由于不区分大小写,M,m 软件均视为 1E－3。所以,兆(1E＋6)写成 MEG。

(4) 单位

采用国际单位。赋值时单位可省略。如 10,10V 表示同一电压数。1000Hz,1000,1E＋3, 1k,1kHz 都表示同一个频率值。

(5) 分隔符

有关编辑窗中输入多个参数值或表达式时,数值之间或表达式之间用空格分开,多个空格等效于一个空格。

(6) 表达式编写规则

可以用表达式定义元器件参数值。如,电阻值为{1k * (1＋P * Pcoeff/Pnom)},给定 Pcoeff＝－0.6,Pnom＝1.0,P 从 0 变到 5 时,可以分析电阻值按表达式的函数关系变化时电路的响应(Global Parameter 分析)。注意:参数值以变量或表达式出现时要用花括号“{}”括起来。

2. 元器件的基本类型

OrCAD/PSpice 支持的元器件类型可分为 6 种基本类型。

(1) 基本无源元件,如电阻、电容、电感、互感、传输线等。

(2) 独立电压源和独立电流源。

(3) 各种受控电压源、受控电流源和受控开关等。

(4) 常用的单元电路,如运算放大器等。

(5) 常用的半导体器件,如二极管、双极型三极管等。

(6) 基本数字单元电路。

电路原理仿真中常用的是(1)～(4)。PSpice A/D 支持的常用元器件类型及其首字母代号如表 C-2-1。

表 C-2-1 常用元器件类型及其首字母代号

字母代号	元器件类型	字母代号	元器件类型
R	电阻	T	传输线
L	电感	I	独立电流源
C	电容	V	独立电压源
K	互感(磁芯),传输线耦合	S	电压控制开关
E	电压控制的电压源	W	电流控制开关
F	电流控制的电流源	D	二极管
G	电压控制的电流源	Q	双极型三极管
H	电流控制的电压源	X	单元子电路调用

3. 独立电源的类型

对不同的分析类型，独立电源（信号源）需要不同的形式（独立源元件均在库文件 source.olb 中）。常用的电源类型如表 C-2-2 所示。表中第一列表示电源类型。若在类型前加 V 打头则表示是电压源，用 I 打头表示电流源。

表 C-2-2　几种主要的独立源

类型名	电源类型	电压源元件名	电流源元件名	应用场合
DC	固定直流源	VDC	IDC	直流特性分析
AC	固定交流源	VAC	IAC	正弦稳态频率响应
SIN	正弦信号源	VSIN	ISIN	正弦信号源 瞬态分析、正弦稳态频率响应
PULSE	脉冲源	VPULSE	IPULSE	瞬态分析
PWL	分段线性源	VPWL	IPWL	瞬态分析
SRC	简单源	VSRC	ISRC	可当作 AC、DC 或瞬态源

C.3　直流分析

前已述及，直流分析可进行直流工作点分析和直流扫描分析等，同时可进行直流灵敏度分析。直流工作点分析已在例 C-1 中介绍过。本节将给出直流扫描分析和灵敏度分析的例子。有关参数扫描的用法将在后面介绍。

【例 C-2】 电路如图 C-3-1 所示。求直流传输特性 $U_o \sim U_S$。

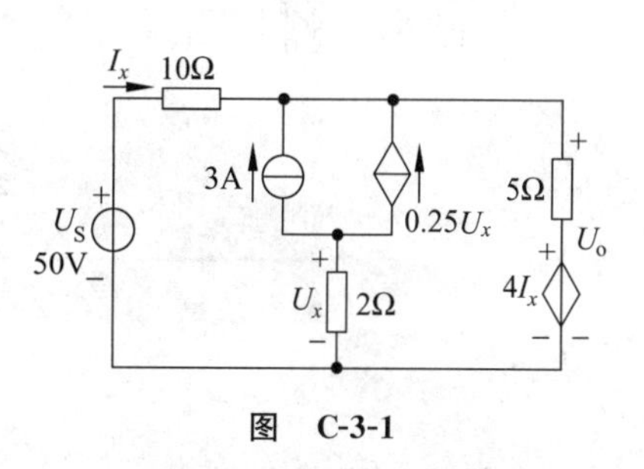

图　C-3-1

直流扫描分析可作出各种直流特性曲线。本例采用直流扫描分析。其主要步骤与静态工作点分析基本相同，即创建新项目、画电路原理图、设置仿真类型、仿真分析和输出结果。本部分及后面的例子将仅就与前面不同的内容作说明。

本例的分析过程如下。

1. 创建新项目 exampleC_2。

2. 绘制仿真电路图。

图 C-3-2 是由 Capture 绘制的仿真电路图（此图是经过拷贝、粘贴的结果）。图 C-3-2 中放置了节点电压输出标志（Voltage/Level Marker）。该标志在 Capture 界面上部的图标中，如图 C-3-3 所示。图中自左至右的图标可分别显示节点电压、元件电流和两点之间的电压。

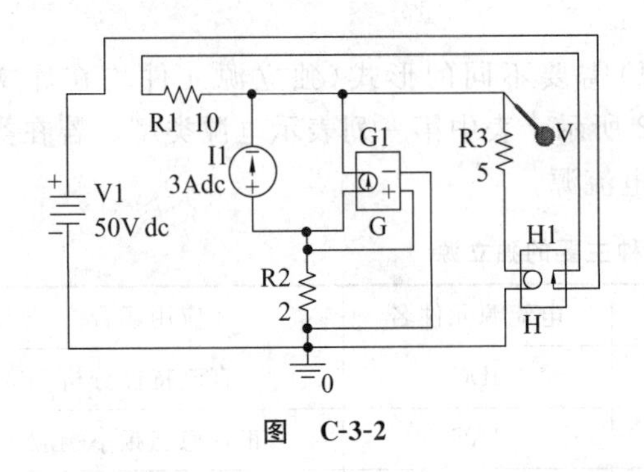

图　C-3-2

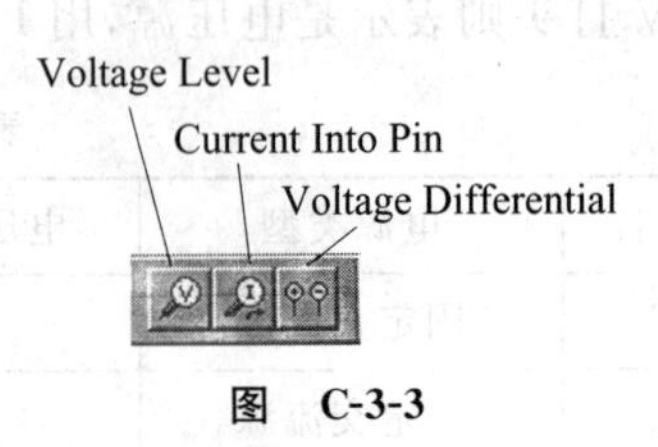

图　C-3-3

3. 设置分析类型。

直流扫描分析的类型是 DC Sweep，其设置界面如图 C-3-4 所示，本例中 U_S（仿真图中为 V1）的扫描输入范围为 0～50V，步长为 1V。电路中有两个电源，但传输特性通常是指响应与一个激励的关系，因此本例求 U_o～U_S 的关系时，可将 3A 电流源置零。若不置零，则在仿真时会在传输特性中叠加一个由 3A 电流源产生的分量。

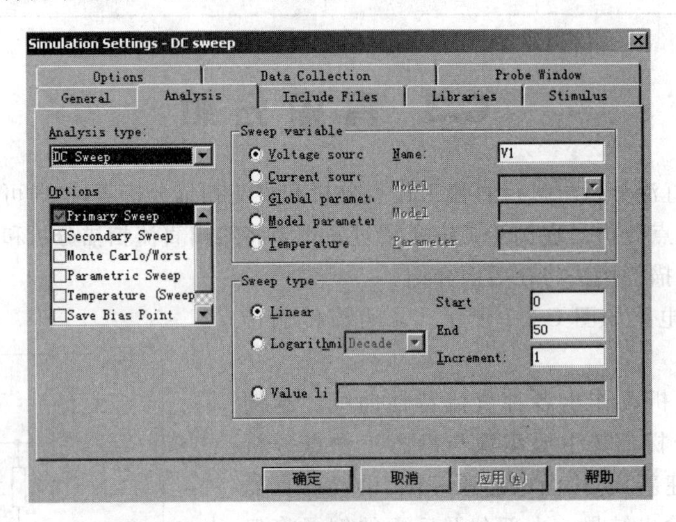

图　C-3-4

4. 仿真计算，输出结果。

仿真计算结束后，程序自动转到图形处理程序(Probe)界面。本例因在仿真电路中放置了节点电压输出标志，在 Probe 窗口中直接绘制出了输出电压 V(R1：2)与输入电压关系曲线(图 C-3-5)。

可用光标从曲线上读出曲线上点的坐标值。方法是单击 Probe 窗口中的 Toggle Cursor 图标，出现 Probe Cursor 显示栏。再单击曲线下方的输出变量，然后移动光标到所需的点，即可在 Probe Cursor 显示栏得到相应的坐标值。图 C-3-5 所示的 Probe 窗口中的

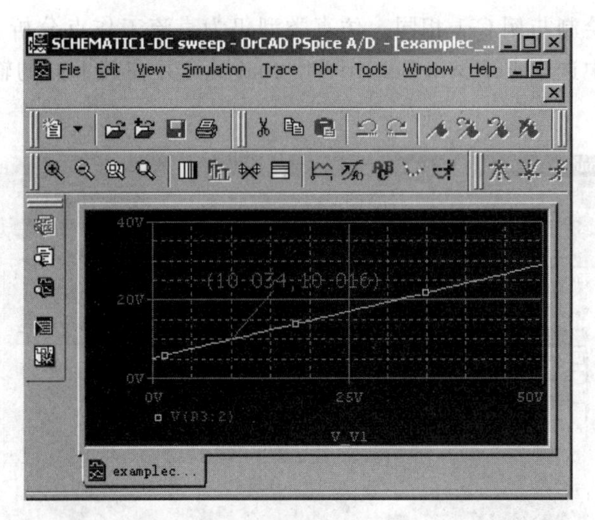

图 C-3-5

曲线上标出了一点的坐标值为(10.034,10.016)。标出的方法是,在上述光标移到相应的点时,执行 Plot\Lebel\Mark,即在曲线上显示该点的坐标值。

若要查看其它电压、电流的输出结果,可在 Probe 界面中,执行 Trace\Add Trace,会弹出如图 C-3-6 所示对话框。其中左侧为各电压、电流变量;右侧为软件所提供的后处理函数,用其中的函数可对各电压、电流进行各种后处理计算。

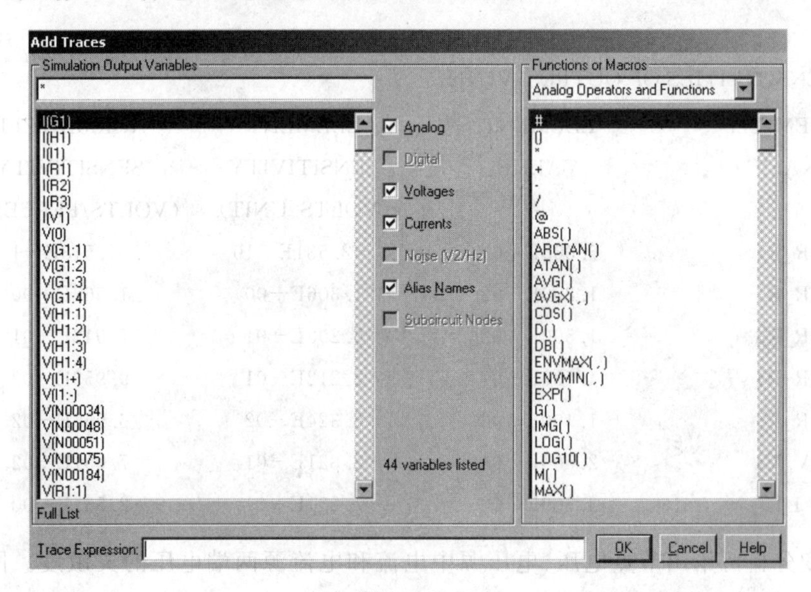

图 C-3-6

【例 C-3】 对例 C-1 中图 C-2-1 所示的直流电阻电路求节点 n_1 对各电路元件的灵敏度。

本例的原理图绘制与例 C-1 相同。仿真类型仍为直流工作点分析。在图 C-3-7 所示的仿真类型设置界面中选中 Perform Sensitivity analysis,并在其下方的输入栏中输入要分析的节点电压 V(N1)。

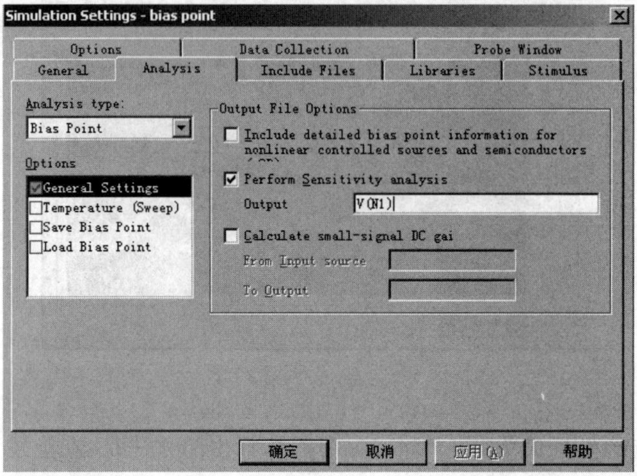

图 C-3-7

执行仿真。打开输出文件,在文件中给出了如下的灵敏度分析结果。其中第一列为电路中的元件名;第二列为各元件的参数值;第三列为绝对灵敏度;第四列为相对灵敏度。

DC SENSITIVITIES OF OUTPUT V(N1)

ELEMENT NAME	ELEMENT VALUE	ELEMENT SENSITIVITY (VOLTS/UNIT)	NORMALIZED SENSITIVITY (VOLTS/PERCENT)
R_R1	6.000E+01	−2.531E−10	−1.518E−10
R_R2	1.200E+02	1.306E+00	1.567E+00
R_R3	1.500E+02	5.295E−01	7.942E−01
R_R4	4.500E+01	2.212E−01	9.953E−02
R_R5	1.100E+02	6.324E−02	6.956E−02
V_V1	2.500E+01	2.821E−01	7.051E−02
I_I1	3.500E+00	7.231E+01	2.531E+00

灵敏度分析可给出节点电压、电压源中电流和电流源两端电压的灵敏度。图 C-3-7 中 Output 一栏可同时输出多个变量,各变量之间用空格分开。

C.4 交流稳态分析

交流稳态分析即交流小信号分析，在软件中包括频率响应分析和噪声分析。PSpice 进行交流分析前，先计算电路的静态工作点，决定电路中所有非线性器件的交流小信号模型参数，然后在用户所指定的频率范围内对电路进行仿真分析。本节只给出频率响应分析实例。

频率响应分析能够得到传递函数的幅频特性和相频特性，即可分别得到电压增益、电流增益、互阻增益、互导增益、输入阻抗、输出阻抗的频率响应。分析结果可以用曲线方式输出，也可以输出所需的数据。

【例 C-4】 有源低通滤波器如图 C-4-1 所示。求 $H(\mathrm{j}\omega)=\frac{\dot{U}_{\mathrm{o}}}{\dot{U}_{\mathrm{i}}}=\frac{U_{\mathrm{o}}}{U_{\mathrm{i}}}\angle\varphi$，即分别求其幅频特性$\frac{U_{\mathrm{o}}}{U_{\mathrm{i}}}=f_1(\omega)$和相频特性 $\varphi=f_2(\omega)$。

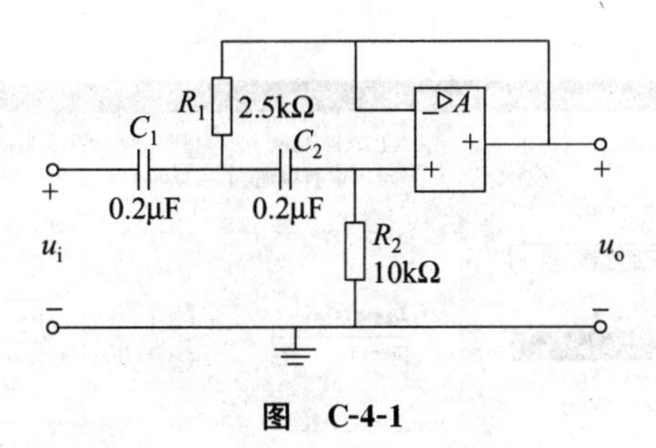

图 C-4-1

仿真步骤如下。

1. 创建设计项目 exampleC_4。

2. 绘制仿真电路图。

图 C-4-2 是由 Capture 绘制的电路图，其中 VCC、VEE 是运算放大器的工作电源。电压源选 source. olb 中的交流电压源 VAC，其属性设置如图 C-4-3 所示。其中幅值 ACMAG

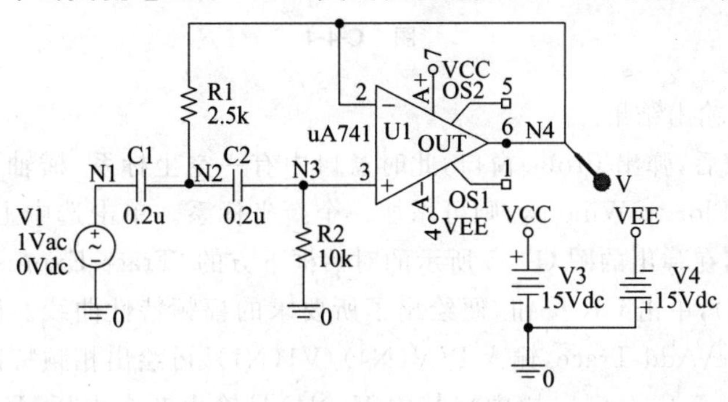

图 C-4-2

设为 1,初相位 ACPHASE 为零(默认值为零)。运放 μA741 在 opamp.olb 库中,其工作电源取为±15V。

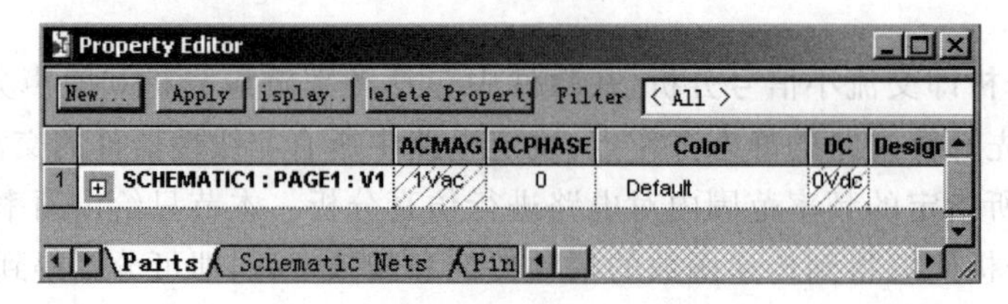

图 C-4-3

3. 设置仿真类型。

分析频率特性的仿真类型是 AC Sweep/Noise,图 C-4-4 是其设置界面。频率扫描范围为 $f=10\sim1\text{kHz}$,100 个点。频率扫描可采用线性坐标(Linear),也可以采用对数坐标(logarithmic)。对数坐标又可选十倍频程(Decade)和八倍频程(Octave)。本例选对数坐标、十倍频程。

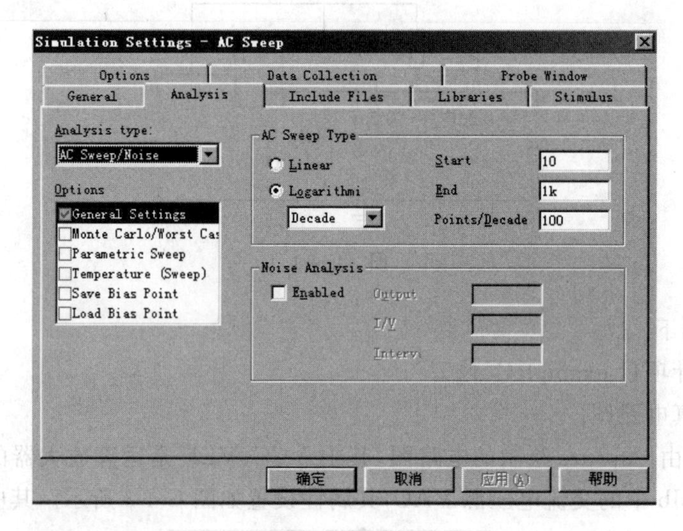

图 C-4-4

4. 仿真计算,输出结果。

仿真计算结束后,弹出 Probe 窗口,此时窗口中有一空坐标系,横轴为频率。在此窗口中执行 Plot\Add Plot to Window,则可添加一个新坐标系。单击选中上部的坐标系,执行 Trace\Add Trace,在弹出的图 C-4-5 所示的对话框下方的"Trace Expression"空白栏中,输入 V(N4)/V1(N1),单击 OK 按钮,便绘出了所要求的幅频特性曲线。同样选中下部的坐标系,再执行 Trace\Add Trace,输入 P(V(N4)/V1(N1))可绘出相频特性。其中 P( )表示相位函数(在图 C-4-5 中右侧一栏中);其中 V(N4)是输出节点电压,V(N1)是输入电压。

曲线如图 C-4-6 所示。

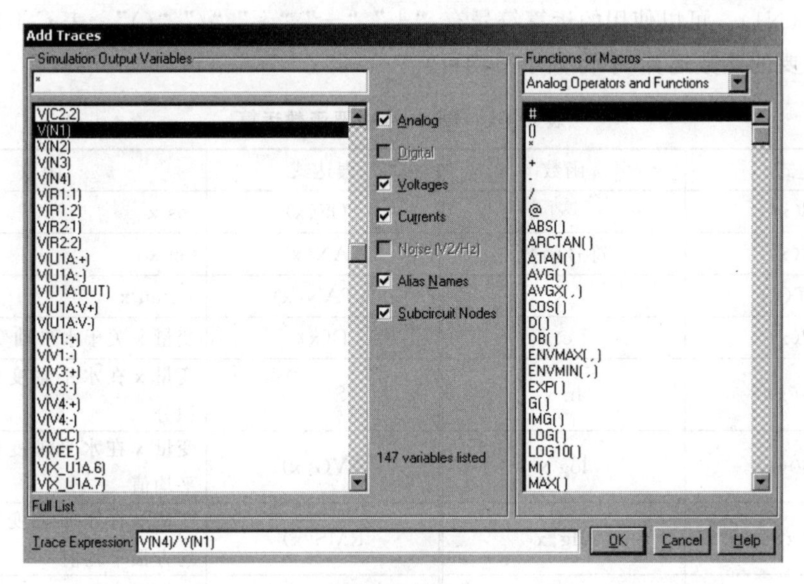

图　C-4-5

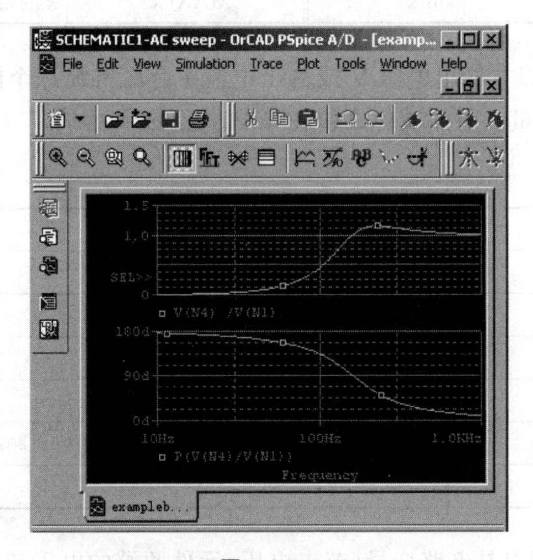

图　C-4-6

若要删除曲线，则单击选中曲线下方要删除的变量，执行 Edit\Delete 即可。在一个坐标系中也可绘出多条曲线。

本例中因输入电压的幅值为 1，初相位为零，所以输出也可分别为 V(N3) 和 P(V(N3))，在量值上即分别是所求的幅频特性和相频特性。

在图形后处理模块 Probe 中，各种变量允许经过简单数学运算后输出显示。如本例中 V(N4)/V1(N1)。可以使用的运算符号有："+"、"-"、"*"、"/"、"()"。表 C-4-1 中列出了 Probe 中主要的函数运算(字母大小写均可)。

表 C-4-1 Probe 中主要函数运算

表达式	函数	表达式	函数
ABS(x)	$\lvert x\rvert$	COS(x)	cos x
SGN(x)	符号函数	TAN(x)	tan x
SQRT(x)	$\sqrt{x}$	ATAN(x)	arctan x
EXP(x)	e^x	D(x)	变量 x 关于水平轴变量的导数
LOG(x)	ln x	S(x)	变量 x 在水平轴变化范围内的积分
LOG10(x)	log x	AVG(x)	变量 x 在水平轴变化范围内的平均值
DB(x)	$20\lg\lvert x\rvert$	RMS(x)	变量 x 在水平轴变化范围内的均方根平均值
PWR(x,y)	$\lvert x\rvert^y$	MIN(x)	x 的最小值
SIN(x)	sin x	MAX(x)	x 的最大值

在交流分析时，可以在输出电压 V 或输出电流 I 后面增加一个附加项，如 VP(R1：1)表示 V(R1：1)的相位量。附加项含义如表 C-4-2 所示。

表 C-4-2

附加项	含　义
无	幅值量(默认)
M	幅值量
DB	幅值分贝数，等同于 DB(x)
P	相位量
G	群延迟量(d PHASE/d F)，即相位对频率的偏导数
R	实部

以上算式中的 x 可以是电路变量(节点电压、元件两端的电压和元件中的电流)，也可以是复合变量。如绝对值函数 ABS((V(R1：1)-V(R1：2))*I(R1))中，x 是由表达式(V(R1：1)-V(R1：2))*I(R1) 构成的复合变量。如果对单变量求导数和积分，下面的形式是相同的：求导 D(V(R1：1))与 DV(R1：1)等价，积分 S(I(R2))与 SIC(R2)等价。

仿真输出变量是电压和电流。电压包括节点电压和元件两端的电压。节点电压有不同的表示方式，如 V(N3)表示节点 N3 的电压；V(R1：1)表示元件 R1 的管脚 1 所在节点的电压，它又与 V1(R1)等价。两端元件中的电流表示从管脚 1 流向管脚 2 的电流，如 I(R1)。独立源的极性用“+”、“−”符号表示管脚，它们的电压和电流取关联的参考方向。如 I(V1)表示的电流是从电源的正极端流向负极性端。可以通过后处理得到其它结果，如功率等。

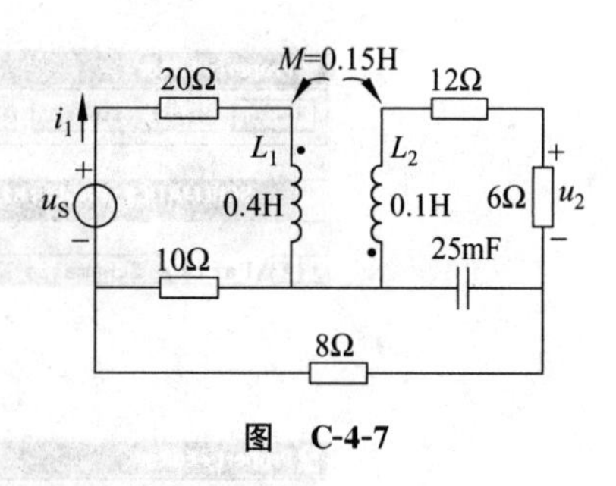

图 C-4-7

【例 C-5】 含互感的正弦稳态电路如图 C-4-7 所示。其中 $u_S=6\sin(314t-10°)\text{V}$。求 i_1 和 u_2。

本例给出的已知条件虽是时域形式，但可在频域中分析，即交流扫描分析。首先对给定的电路参数作一下处理，因 PSpice 中的互感是用耦合系数表示的。图 C-4-7 中的两个电感之间的耦合系数为

$$k=\frac{M}{\sqrt{L_1L_2}}=\frac{0.15}{\sqrt{0.4\times0.1}}=0.75$$

仿真步骤如下。

1. 创建设计项目 exampleC_5。

2. 绘制仿真电路图。

图 C-4-8 是绘制好的仿真电路图。图中表示互感的元件 K_Linear 在 analog. olb 元件库中，其设置方法见图 C-4-9。为了表示同名端，图中 L1、L2 作了相应的旋转，目的是为对应电路中互感的同名端，因两个电感元件管脚号相同的端子为同名端。为了查看设置是否正确，可双击元件管脚处，即可弹出属性编辑器框，其中会显示管脚号。IPRINT、VPRINT 分别是电流、电压打印元件，在 special. olb 元件库中。它可以将所在支路电流和节点之间的电压打印到输出文件中。其设置分别如图 C-4-10 和图 C-4-11 所示。其中选中的项(用“y”表示选中)AC，MAG 和 PHASE 分别表示输出交流、幅值和相位。打印电流的参考方向为从管脚 1 流入；打印电压的正极性为管脚 1。

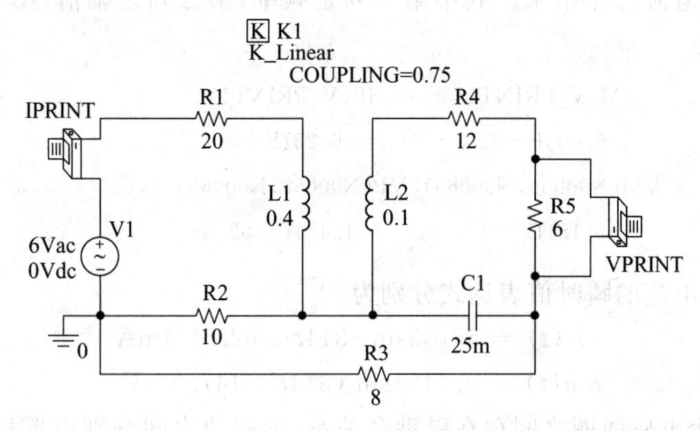

图 C-4-8

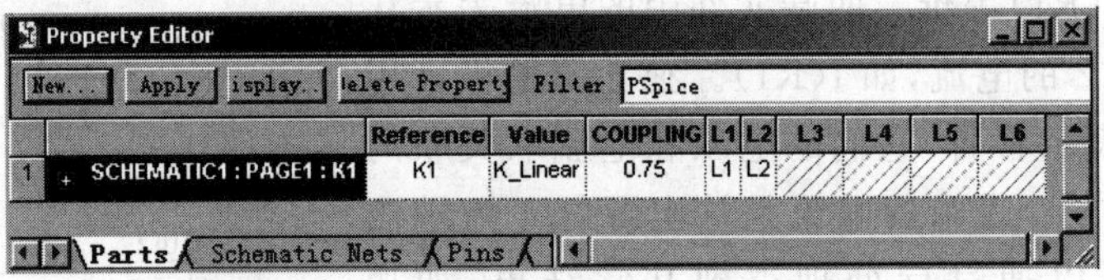

图 C-4-9

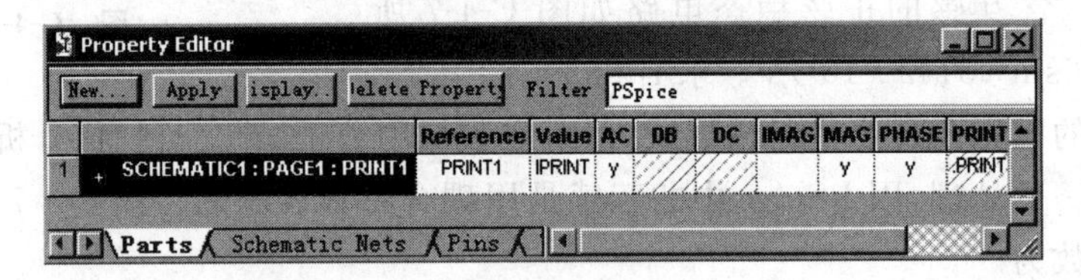

图 C-4-10

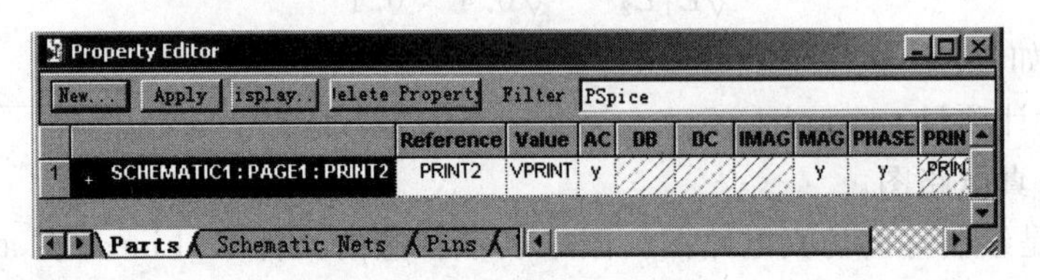

图 C-4-11

3. 设置仿真类型。

在设置仿真类型界面中选 AC Sweep,不过频率只是一个点,起始频率和终止频率相同,即 $f=50\text{Hz}$,点数为 1。

4. 仿真计算,输出结果。

运行结束后,从 Output File 中,可以得到打印设置部分的输出结果。以下是从输出文件中整理出电压、电流打印结果。其中第一列是频率;第二列是幅值;第三列是相位(单位为度)。

FREQ	IM(V_PRINT1)	IP(V_PRINT1)
5.000E+01	6.605E−02	−6.257E+01

FREQ	VM(N00059,N00065)	VP(N00059,N00065)
5.000E+01	5.181E−01	1.473E+02

则所求电流、电流的瞬时值表达式分别为

$$i_1(t) = 66.05\sin\,(314t - 62.57^\circ)\text{mA}$$

$$u(t) = 0.5181\sin\,(314t + 147.3^\circ)\text{V}$$

若有多于两个电感线圈之间存在磁耦合关系,可两两之间分别设置耦合系数。本例只有两个耦合电感,其仿真也可用 XFRM_LINEAR 元件实现(在 analog.olb 元件库中),其设置如图 C-4-12 所示。考虑到电路连接的方便和同名端的关系，耦合系数 COUPLING 设置为−0.75。其它设置不变，分析结果也与上述相同。

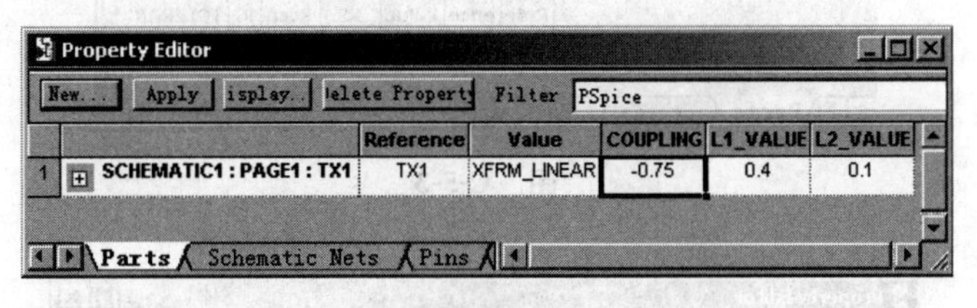

		Reference	Value	COUPLING	L1_VALUE	L2_VALUE
1	SCHEMATIC1 : PAGE1 : TX1	TX1	XFRM_LINEAR	-0.75	0.4	0.1

图 C-4-12

C.5 瞬态分析

所有时域分析都是瞬态分析（Transient Analysis）。它是电路仿真中应用最多的仿真类型。

【例 C-6】 二阶电路如图 C-5-1 所示。$t=0$ 时闭合开关 S。$i_L(0^-)=0$，$u_C(0^-)=3\text{V}$。试分别求开关 S 闭合后 $R=1\text{k}\Omega$ 和 $R=5\text{k}\Omega$ 时的电容电压 u_C。

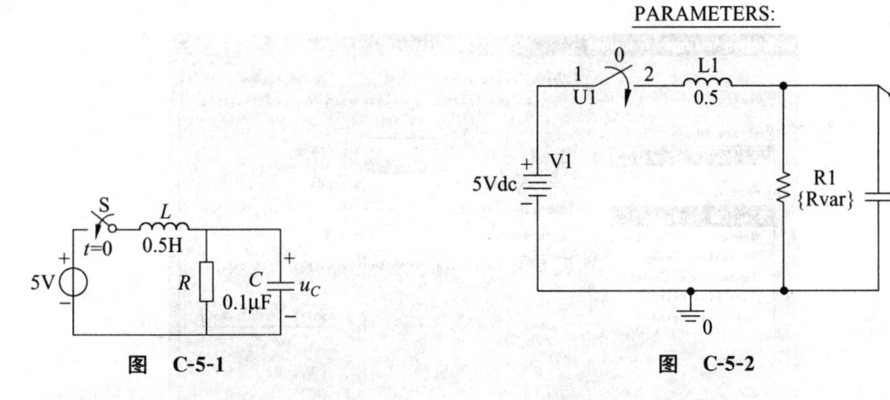

图 C-5-1　　图 C-5-2

仿真步骤如下。

1. 创建设计项目 exampleC_6。

2. 绘制仿真电路图。

图 C-5-2 是绘制好的仿真电路图。电容的初始值设置如图 C-5-3 所示。其中 IC 为初始条件，本例中为 3V。电感的初始值设置与电容相同。初始值的默认状态为零，本题电感的初始值为零，可使用默认值。开关 Sw_tClose 在 anl_misc.olb 元件库中。其属性设置如图 C-5-4 所示，其中 TCLOSE 为开关闭合时间；ROPEN 为开关断开时的电阻；RCLOSED 为开关闭合时的电阻。

3. 设置仿真类型。

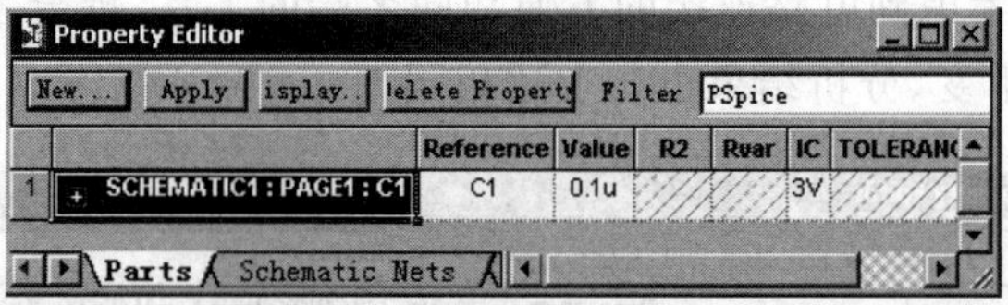

图 C-5-3

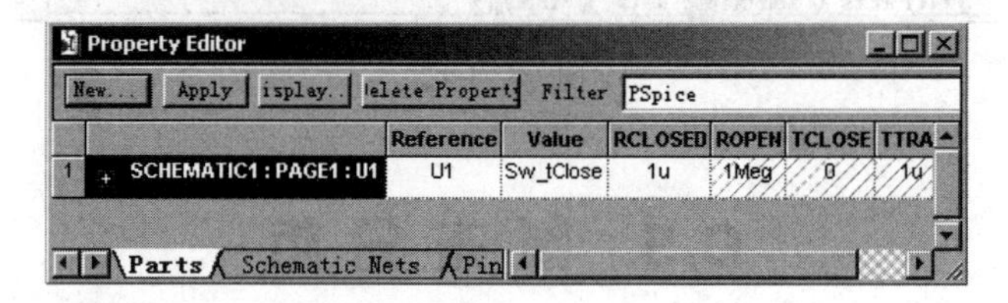

图 C-5-4

时域仿真类型均选择 Time Domain（Transient）。设置界面如图 C-5-5 所示。其中 Run to 右面的对话框输入仿真的时间；Start saving data 后输入开始存储仿真数据的时刻；Maximum step 为最大步长，一般不必输入，取默认值即可。若不满足要求，再根据需要进行调整。

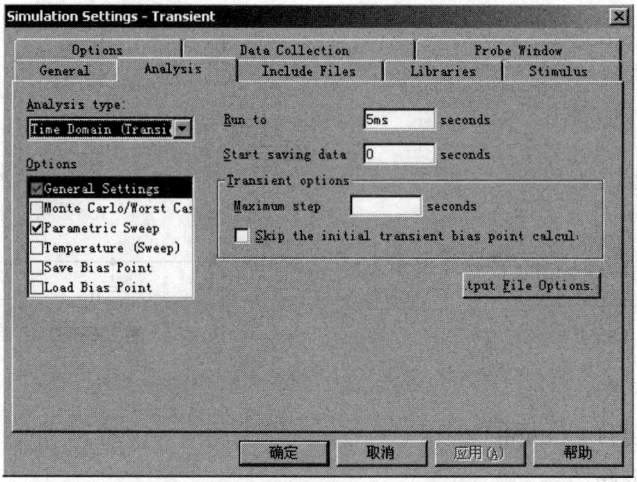

图 C-5-5

本例中用到了参数扫描分析。可变的参数是电阻元件 R1 的值 Rvar(其设置如图 C-5-2 中所示)。仿真设置的方法是，在图 C-5-5 中的 Options 下选中 Parametric Sweep；在 Sweep Variable 下选择 Global Parameter；在 Parameter 处输入 Rvar；在 Sweep Type 下可选择 Linear；起始值 Start 为 1k；终值 End 为 5k；增量为 4k。

4. 仿真计算,输出结果。

图 C-5-6 是电容电压波形。其中非振荡曲线对应 $R=1\text{k}\Omega$;振荡曲线对应 $R=5\text{k}\Omega$。

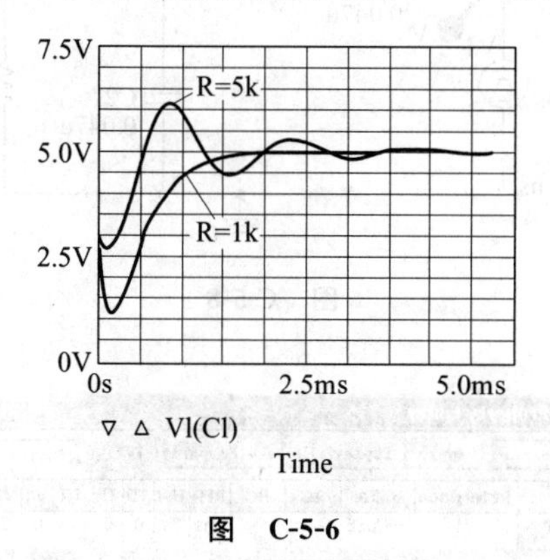

图 C-5-6

【例 C-7】 电路如图 C-5-7(a)所示。输入信号源如图 C-5-7(b)所示的锯齿波信号。试求输出电压 u_o,并分别对输入和输出信号作 Fourier 分析。

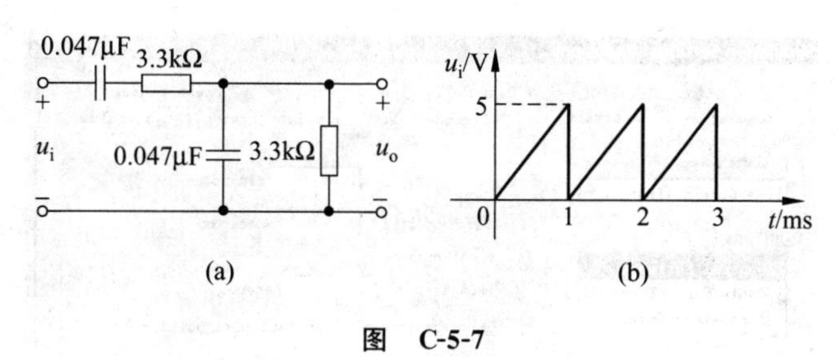

图 C-5-7

仿真步骤如下。

1. 创建设计项目 exampleC_7。

2. 绘制仿真电路图。

绘制好的电路图如图 C-5-8 所示。其中锯齿波信号用脉冲电源元件 VPULSE 实现(在 source.olb 元件库中),其设置如图 C-5-9 所示。其中 V1 为低电平;V2 为高电平。V1,V2 可正可负。PER 为周期;PW 为脉冲宽度,即高电平保持的时间;TD 为脉冲延迟时间;TR 为由低电平到高电平的上升时间;TF 为由高电平到低电平的下降时间。

3. 设置仿真类型。

本例同样要在时域进行瞬态仿真。仿真类型为 Time Domain(Transient)。其设置如图 C-5-10 所示。仿真时间设置为 10ms,最大步长不能用默认值,此处设置为 $1\mu\text{s}$,否则误差较大。

为进行 Fourier 分析,单击图 C-5-10 中 Output File Options 按钮,设置 Fourier 分析的

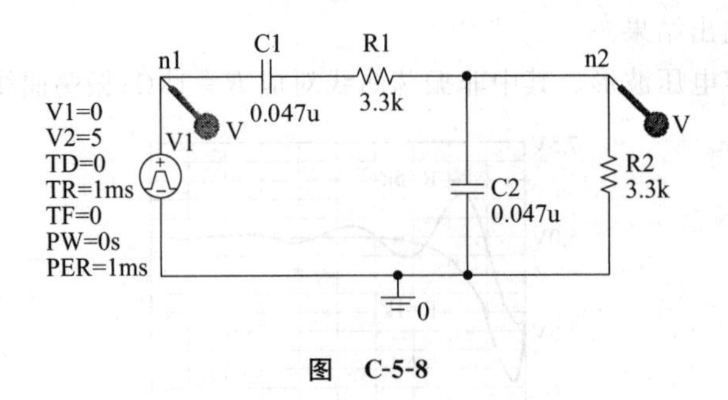

图 C-5-8

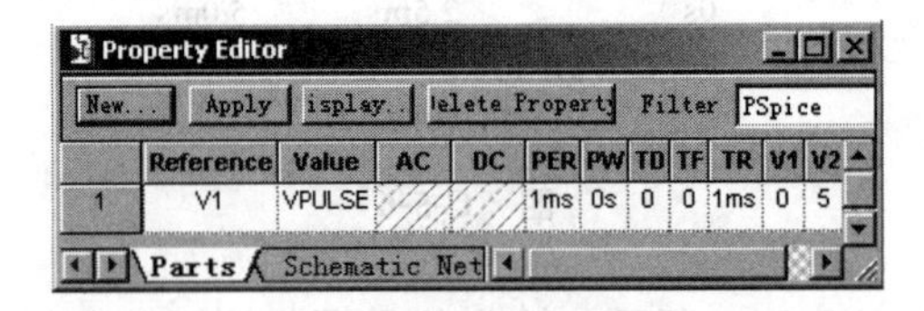

图 C-5-9

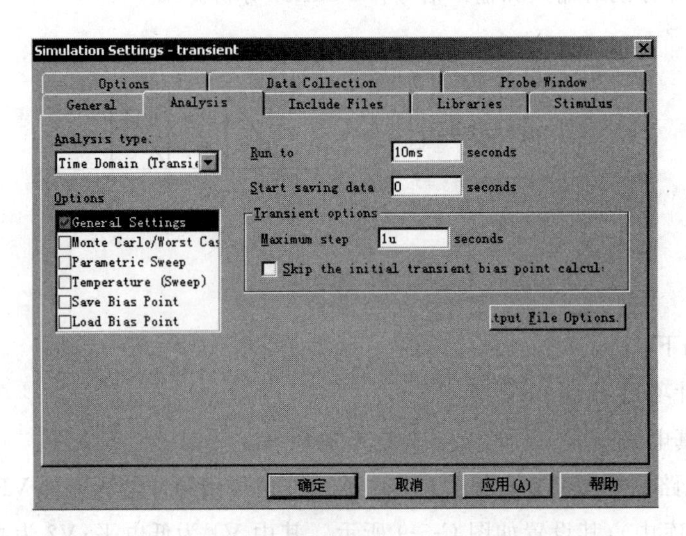

图 C-5-10

参数。弹出的对话框如图 C-5-11 所示。其中 Center 处输入基波频率;Number of 为输出谐波的最高次数;Output 为要分析的变量。输入完成后,单击 OK 按钮,设置完成。

4. 仿真计算,输出结果。

仿真结束后,弹出 Probe 窗口,并按图 C-5-8 原理中的标志自动绘出输入、输出电压波形,如图 C-5-12 所示。

Transient Output File Options

Print values in the output seconds

OK

Cancel

Perform Fourier Anal

Center 1k hz

Number of 10

Output V(n1) V(n2)

Include detailed bias point information for nonlinear controlled sources and

图 C-5-11

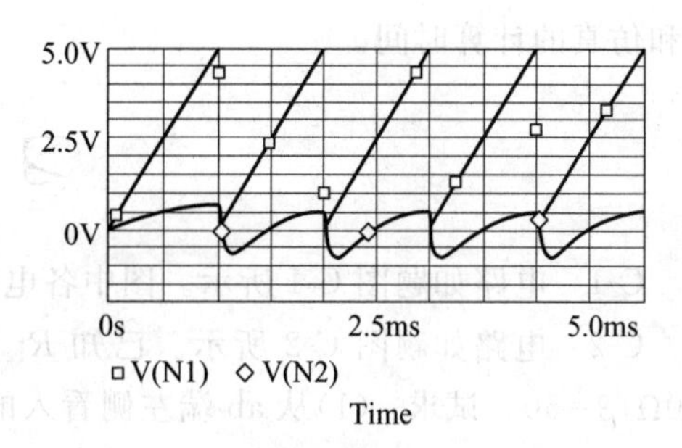

图 C-5-12

执行 View\Output File，查看输出文件。以下为从输出文件中整理得到的 Fourier 分析结果（只给出基波和二、三次谐波的结果）。按指定分析的变量，输出结果中分别给出了输入、输出信号的谐波分量。其中 DC COMPONENT 为直流分量；HARMONIC NO 为谐波次数；REQUENCY 对应各次谐波频率；FOURIER COMPONENT 为各次谐波分量的幅值；NORMALIZED COMPONENT 为各次谐波相对于基波的幅值；PHASE 为各次谐波的相位；NORMALIZED PHASE 为各次谐波相位与基波相位之间的相位差；TOTAL HARMONIC DISTORTION 为总谐波畸变率。

FOURIER COMPONENTS OF TRANSIENT RESPONSE V(N1)

DC COMPONENT= 2.497500E+00

HARMONIC NO	REQUENCY (HZ)	FOURIER COMPONENT	NORMALIZED COMPONENT	PHASE (DEG)	NORMALIZED PHASE (DEG)
1	1.000E+03	1.592E+00	1.000E+00	−1.798E+02	0.000E+00
2	2.000E+03	7.958E−01	5.000E−01	−1.796E+02	1.800E+02
3	3.000E+03	5.305E−01	3.333E−01	−1.795E+02	3.600E+02

TOTAL HARMONIC DISTORTION = 7.414819E+01 PERCENT

FOURIER COMPONENTS OF TRANSIENT RESPONSE V(N2)

DC COMPONENT = 3.317591E−05

HARMONIC NO	FREQUENCY (HZ)	FOURIER COMPONENT	NORMALIZED COMPONENT	PHASE (DEG)	NORMALIZED PHASE (DEG)
1	1.000E+03	5.304E−01	1.000E+00	−1.789E+02	0.000E+00
2	2.000E+03	2.393E−01	4.511E−01	1.546E+02	5.125E+02
3	3.000E+03	1.340E−01	2.527E−01	1.395E+02	6.763E+02

TOTAL HARMONIC DISTORTION = 5.639802E+01 PERCENT

应该注意，Fourier 分析的对象是周期信号。在时域分析中，如电路中存在储能元件，则瞬态分析存在过渡过程。因此，仿真的时间应足够长，以保证响应进入稳态若干周期。同时，仿真的最大步长也应尽可能小。这样可减少 Fourier 分析的误差。当然，要综合考虑精度和仿真的计算时间。

习　题

C-1　电路如题图 C-1 所示。图中各电阻值 R 均为 50Ω。试求等效电阻 R_{ab}。

C-2　电路如题图 C-2 所示。已知 $R_1=25\Omega, R_2=400\Omega, R_3=100\Omega, R_S=100\Omega, R_L=100\Omega, \beta=50$。试求：(1)从 ab 端左侧看入的输出电阻 R_o；(2)电流增益 i_o/i_i 的值。

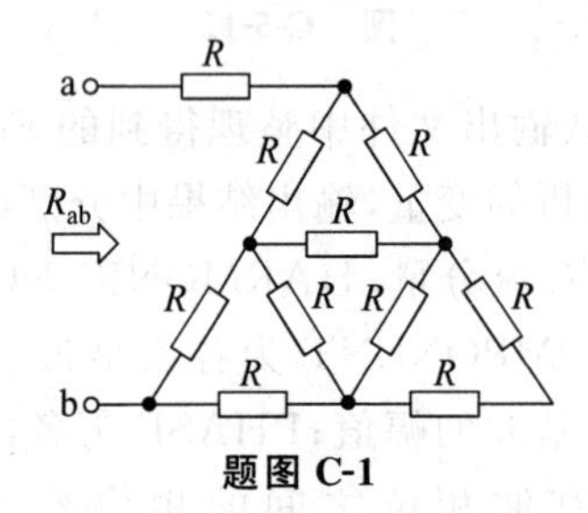

题图 C-1

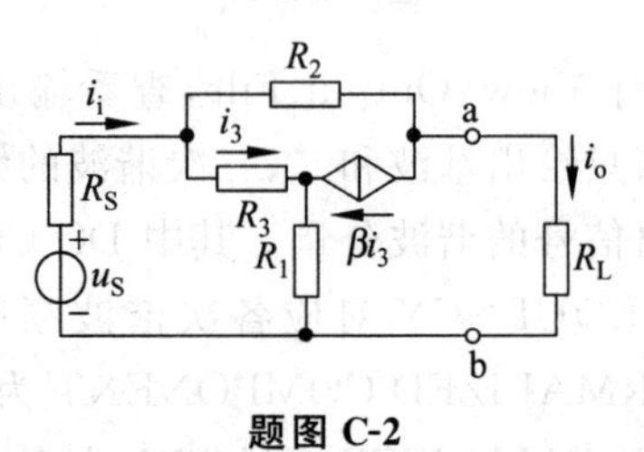

题图 C-2

C-3　用运算放大器构成的反相比例器电路如题图 C-3 所示。试用直流扫描分析其直流传输特性(即 $u_o \sim u_i$ 的关系)，并确定运放工作在线性区的输入电压范围。

C-4　题图 C-4 所示电路中，已知 $\dot{U}_S=100\angle-120°\text{V}, \dot{I}_S=1\angle30°\text{A}, Z_1=3\Omega, Z_2=10+\text{j}5\Omega, Z_3=-\text{j}10\Omega, Z_4=20-\text{j}20\Omega$。求节点电压 $\dot{U}_{n1}, \dot{U}_{n2}$ 和两电源各自发出的功率。

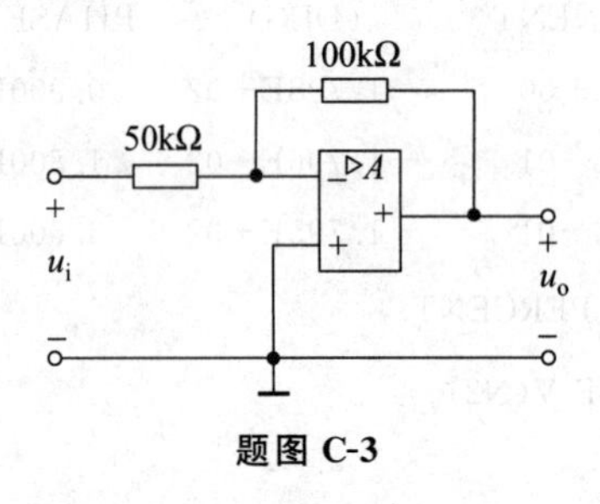

题图 C-3

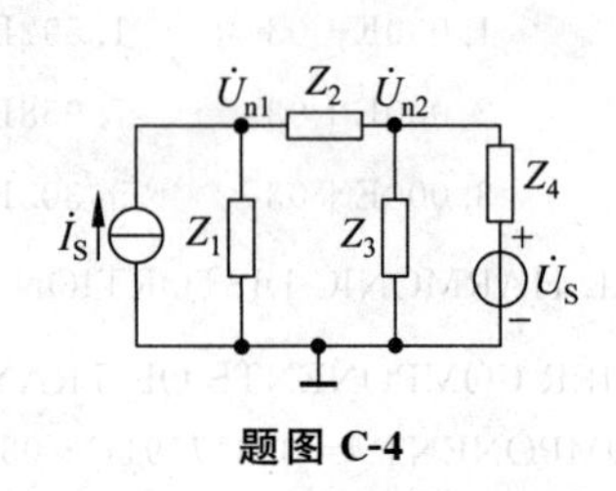

题图 C-4

C-5　电路如题图 C-5 所示。试求电压 $\dot{U}_o$。

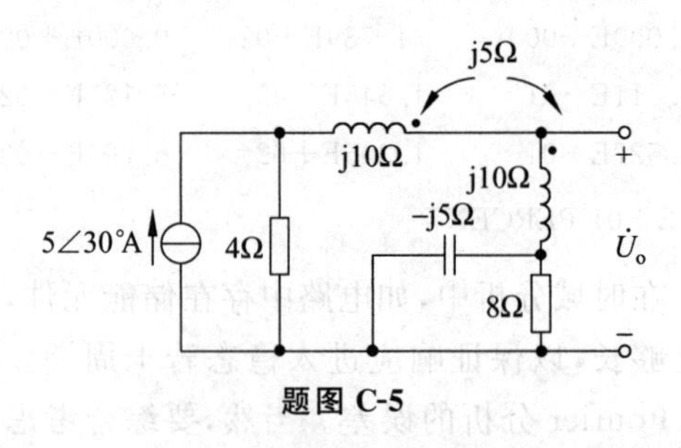

题图 C-5

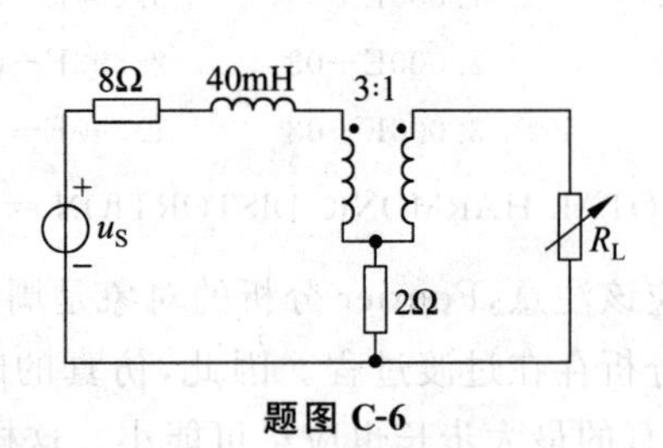

题图 C-6

C-6 含有理想变压器的正弦稳态电路如题图 C-6 所示。已知 $u_S(t)=120\sqrt{2}\sin 314t$V。试求负载电阻 R_L 获得最大功率时的值及所获得的最大功率。

C-7 有源带通滤波器如题图 C-7 所示。求 $H(j\omega)=\frac{\dot{U}_o}{\dot{U}_i}=\frac{U_o}{U_i}\angle\varphi$，即分别求其幅频特性 $\frac{U_o}{U_i}=f_1(\omega)$ 和相频特性 $\varphi=f_2(\omega)$。

C-8 电路如题图 C-8 所示。$t=0$ 时闭合开关 S。已知 $u_S(t)=220\sqrt{2}\sin(314t+\varphi)$V。试仿真观察电压源初相位 φ 为不同值时的电流波形，并作出分析说明。

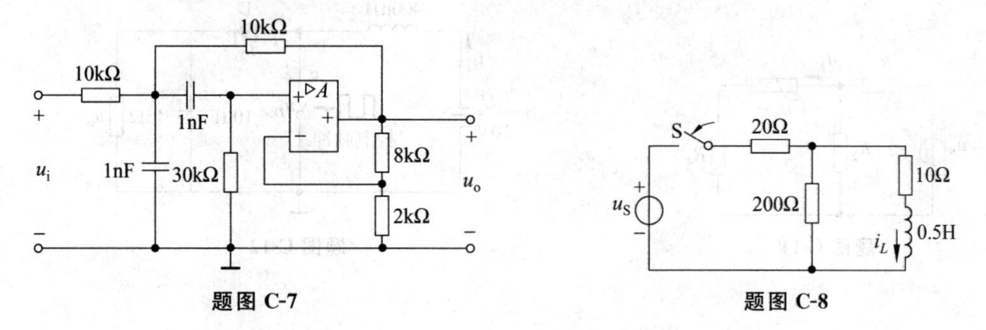

题图 C-7　　题图 C-8

C-9 电路如题图 C-9(a)所示。其中脉冲序列源如题图 C-9(b)所示。试用仿真观察电阻 R 分别为 200Ω，1kΩ 时电压 u_C 和电流 i_L 的波形。

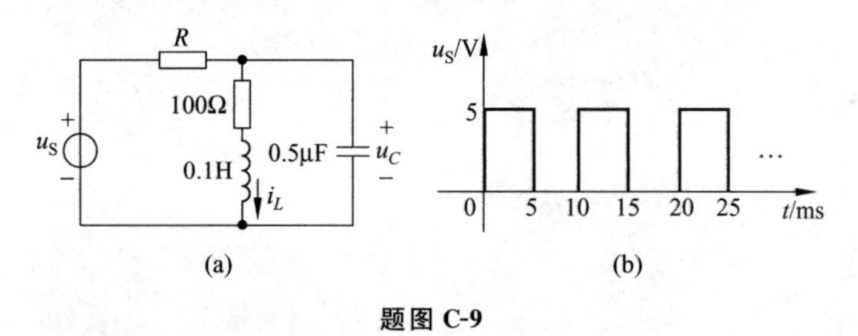

题图 C-9

C-10 试用 Fourier 分析求如题图 C-10 所示信号的幅度频谱和相位频谱，并求其有效值。

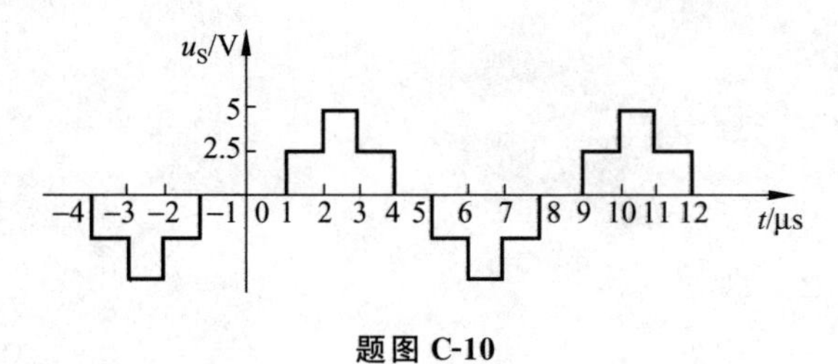

题图 C-10

C-11　非线性电阻电路如题图 C-11 所示。已知线性电阻 $R_1=2\Omega$,$R_2=10\Omega$,$R_4=2\Omega$,非线性电阻的伏安特性为 $u_3=5i_3^3$,正弦电压源 $u_S=10\sin 314t$V。试仿真输出电流的波形,并分析其谐波成分。

C-12　题图 C-12 所示电路为一直流-直流变换器(DC-DC Converter)的主电路图。其中 S 为一压控开关,按固定频率周期性导通和关断,设其脉冲控制信号的低电平为 0V(关断),高电平为 5V(导通),周期为 20μs,其中导通时间为 8μs。D 为整流二极管。试对电路作瞬态仿真,观察输入电流 i_i、开关两端电压 u_{DS}、二极管两端电压 u_D 和输出电压 u_o 的波形,并分析其电压变换原理。

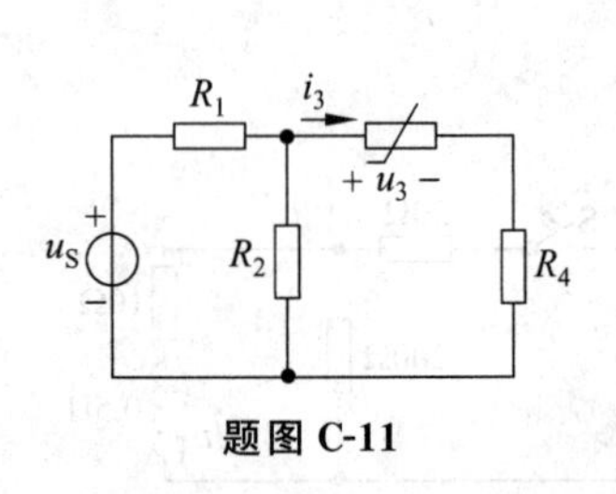

题图 C-11

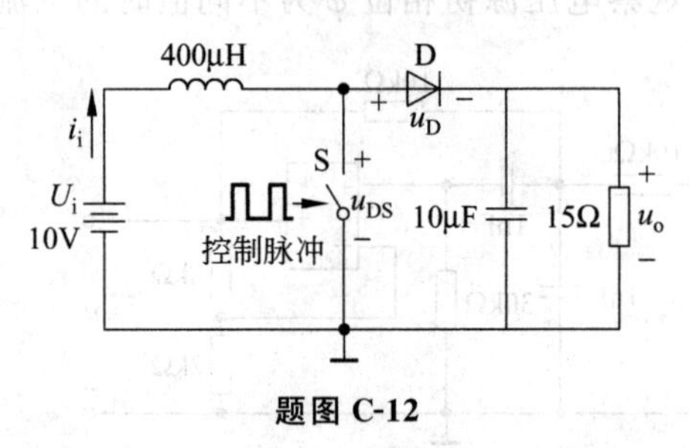

题图 C-12

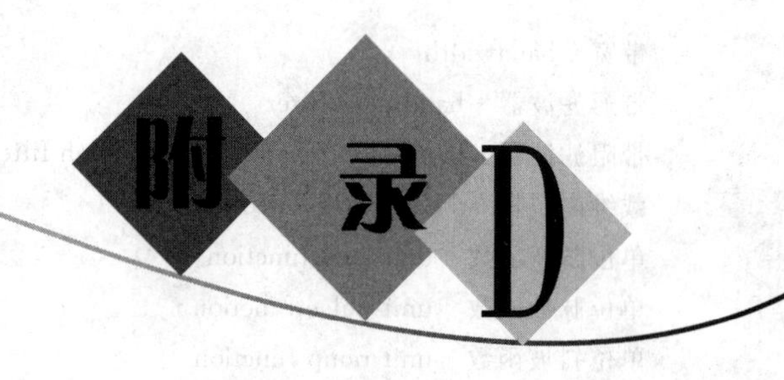

电路原理中英文专业词汇对照表

Y-△变换　Wye-Delta transformation
安培环路定律　Ampere's circuital law
鞍点　saddle point
半波对称　half-wave symmetry
半对数　semilog
闭合面　closed surface
闭环放大倍数　closed-loop gain
变比　turns ratio / transformation ratio
变压器　transformer
并联　parallel connection
并联谐振　parallel resonance
波长　wave length
波前　wave front
波速　wave speed
波特图　Bode plot
波形　waveform
波阻抗　wave impedance
参考点　reference point
参考方向　reference direction
参考节点　reference node
参考相量　reference phasor
策动点　driving point
常系数微分方程　constant coefficients equation
超前　lead
冲激响应　impulse response
初相角　initial phase angle
传播常数　propagation constant/transmission constant
传输参数　Transmission parameters
传输线　transmission line
串联　series connection
串联谐振　series resonance
磁饱和　magnetic saturation
磁场强度　magnetic flux intensity
磁导　permeance
磁导率　magnetic permeability
磁感应强度　magnetic induction
磁化曲线　magnetization curve
磁链　magnetic linkage
磁路　magnetic circuit
磁通　magnetic flux
磁通连续性定理　theorem of continuity of magnetic flux
磁通链　magnetic flux linkage
磁通密度　magnetic flux density
磁通势　magnetomotive force
磁滞　hysteresis
磁滞回线　hysteresis loop
磁阻　reluctance
代入法　substitution method

带宽　bandwidth
带通滤波器　band-pass filter
带阻滤波器　band-stop / band-reject / notch filter
戴维南定理　Thevenin's Theorem
单位阶跃函数　unit step function
单位脉冲函数　unit pulse function
单位斜坡函数　unit ramp function
单位阵　unit matrix
导纳　admittance
导纳参数　admittance parameters
等效变换　equivalent transformation
等效电路模型　equivalent circuit model
等效电阻　equivalent resistance
低通滤波器　low-pass filter
电磁感应定律　law of electromagnetic induction
电导　conductance
电动势　electromotive force
电感　inductance
电感器　inductor
电荷　electric charge
电抗　reactance
电流　current
电路　electrical circuit
电纳　susceptance
电容　capacitance
电容器　capacitor
电位　potential
电位差　potential difference
电压　voltage
电压极性　voltage polarity
电压三角形　voltage triangle
电阻　resistance
电阻器　resistor
叠加定理　superposition theorem
动态电阻　dynamic resistance
端口　port
短路电流　short-circuit current
对称三相电路　symmetrical three-phase circuit
对称三相电源　balanced three-phase sources
对偶电路　dual circuit
对偶图　dual graph
对偶元件　dual element
对偶原理　principle of duality
对数　logarithm
多绕组变压器　multiple-winding transformer
多项式　polynomial
二端口网络　two-port network
二端网络　two-terminal network
二阶电路　second-order circuit
反射　reflection
反相　opposite in phase
反相放大器　inverting amplifier
反相输入端　inverting input
反向饱和区　negative saturation
反向行波　returning wave
方程　equation
方阵　square matrix
非奇异矩阵　nonsingular matrix
非线性电路　nonlinear circuit
非线性时变电路　nonlinear time-varying circuit
非线性元件　nonlinear element
非自治电路　nonautonomous circuit
分贝　decibel
分布参数　distributed parameter
分布参数电路　distributed circuit
分段线性化法　piece-wise linear method
分流　current division
分压　voltage division
伏安特性　voltage-ampere characteristic
幅度谱　amplitude spectrum
幅频特性　amplitude-frequency characteristic
幅值　amplitude
负极　negative polarity
负序　negative sequence
复功率　complex power
复频率　complex frequency

复平面　complex plane
复数　complex number
副边　secondary coils / windings
傅里叶变换　Fourier transformation
傅里叶系数　Fourier coefficient
感抗　inductive reactance
感纳　inductive susceptance
感性　inductive
高次谐波　higher harmonic
高通滤波器　high-pass filter
割集　cut set
功率　power
功率平衡定理　Power-balancing Theorem/ Theorem of balance of power
功率三角形　power triangle
功率因数　power factor
共轭复数　complex conjugate
共轭匹配　conjugate matching
固有频率　natural frequency
广义欧姆定律　generalized Ohm's Law
归一化　normalization
过渡过程　transient process
过阻尼情况　overdamped case
互导纳　mutual-admittance
互感　mutual inductance
互感电压　mutual / induced voltage
互易定理　reciprocal theorem
换路　switching
回路　loop
回路电流法　loop current method
混合参数　Hybrid parameters
积分变换　integral transformation
积分器　integrator
基本割集矩阵　fundamental cut set matrix
基本回路矩阵　fundamental loop matrix
基波　fundamental harmonic
基波频率　fundamental frequency
基尔霍夫电流定律　Kirchhoff's Current Law (KCL)
基尔霍夫电压定律　Kirchhoff's Voltage Law (KVL)
级联　cascade connection
极点　pole
极坐标形式　polar form
集肤效应　skin effect
集总参数　lumped parameter
集总参数电路　lumped circuit
集总参数元件　lumped element
加法器　summing amplifier
渐近稳定　asymptotic stability
降阶关联矩阵　reduced incidence matrix
交流　alternating current (AC)
焦点　focus
角频率　angular frequency
阶跃响应　step response
节点　node
节点法　nodal Analysis
截止频率　cut-off frequency
静态电阻　static resistance
矩形脉冲　rectangular pulse
矩阵　matrix
卷积积分　convolution integration
均方根值　root-mean-square value
均匀传输线　uniform transmission line
开环放大倍数　open-loop gain
开路电压　open-circuit voltage
克莱姆法则　Cramer's rule
空心变压器　air-core transformer
拉普拉斯变换　Laplace transformation
拉普拉斯变换对　Laplace pairs
拉普拉斯反变换　inverse Laplace transformation
理想变压器　ideal transformer
理想独立电流源　ideal independent current source
理想独立电压源　ideal independent voltage source
理想受控源　ideal dependent / controlled source
励磁电流　exciting current

连通图 connected graph
连支 link
列向量 column vector
临界情况 critically damped case
零点 zero
零矩阵 zero matrix
零输入响应 zero-input response
零状态响应 zero-state response
流控电流源 current controlled current source (CCCS)
流控电压源 current controlled voltage source (CCVS)
流控电阻 current-controlled resistor
漏磁通 leakage flux
漏感 leakage inductance
路径 path
脉冲持续时间 pulse duration
脉冲重复周期 repeating period of pulse
能量 energy
逆矩阵 inverse matrix
诺顿定理 Norton's Theorem
欧姆定律 Ohm's Law
偶次 even
偶对称 even symmetry
耦合 couple
耦合系数 coupling coefficient
频率 frequency
频率特性 frequency characteristic
频率响应 frequency response
频谱 frequency spectrum
频域 frequency domain
频域平移 frequency shift
品质因数 quality factor
平衡点 equilibrium point
平均功率 average power
平面电路 planar circuit
谱线 spectrum line
齐次微分方程 homogeneous differential equation
奇次 odd
奇对称 odd symmetry
起始条件 initial condition
起始值 initial value
前向欧拉法 forward Euler's method
欠阻尼情况 underdamped case
强迫响应 forced response
去归一化 denormalization
全耦合变压器 unity-coupled transformer
全响应 complete response
容抗 capacitive reactance
容纳 capacitive susceptance
容性 capacitive
入端电阻 input resistance
三角形连接 Delta connection
三角形式的傅里叶级数 trigonometric Fourier series
三相四线制 three-phase four-wire system
时间常数 time constant
时域 time-domain
时域积分 time integration
时域平移 time shift
时域微分 time differentiation
时域延迟 time delay
实部 real part
视在功率 apparent power
输出/响应 output / response
输出电阻 output resistance
输出端 output
输入/激励 input / excitation
输入端 input
树 tree
树支 tree branch
数值解法 numerical analysis
衰减 attenuation
衰减系数 damping factor
衰减振荡 damped oscillation
瞬时功率 instantaneous power

瞬时值 instantaneous value
四端网络 four-terminal network / quadripole
特解 particular solution
特勒根定理 Tellegen's Theorem
特性阻抗 characteristic impedance
特征方程 characteristic equation
特征根 characteristic root
特征向量 characteristic vector/eigenvector
特征值 characteristic value/eigenvalue
替代定理 substitution principle
跳变现象 jump phenomenon
铁磁物质 ferromagnetic substance
铁芯线圈 coil with iron core
通解 general solution
同名端 dotted terminal(terminals of same magnetic polarity)
同相 in phase
同相放大器 noninverting amplifier
同相输入端 noninverting input
透射 transmission
图 graph
拓扑图 topological graph
外网孔 outer mesh
网孔 mesh
网孔电流法 mesh current method
网络函数 network function
微分器 differentiator
稳定性 stability
稳态 steady state
稳态响应 steady-state response
涡流 eddy current
涡流损失 eddy current loss
无功功率 reactive power
无损 lossless
无损电路 lossless circuit
无源滤波器 passive filter
无源器件 passive element
线电流 line current
线电压 line voltage
线圈 coil
线性电路 linear circuit
线性工作区 linear region
线性非时变电路 linear time-invariable circuit
线性性质 linearity
线状频谱 line spectrum
相电流 phase current
相电压 phase voltage
相轨线 phase orbit/trajectory
相量 phasor
相频特性 phase-frequency characteristic
相平面 phase plane
相似矩阵 similar matrix
相位 phase
相位差 phase difference
相位谱 phase spectrum
相序 phase sequence
象函数 transform function
消去法 elimination technique
小信号分析 small-signal analysis
小信号模型 small-signal model
谐波 harmonic wave
谐振角频率 resonant angular frequency
谐振频率 resonant frequency
星形联接 Wye connection
行波 traveling wave
行列式 determinant
虚部 imaginary part
选频特性 frequency-selection characteristic
选择性 selectivity
压控电流源 voltage controlled current source (VCCS)
压控电压源 voltage controlled voltage source (VCVS)
压控电阻 voltage-controlled resistor
一阶电路 first-order circuit
一阶微分方程 first-order differential equation

引入阻抗　reflected impendence
有功功率　active power
有向图　oriented graph
有效值　effective value
有源滤波器　active filter
有源器件　active element
右螺旋定则　right-handed screw rule
原边　primary coils / windings
原函数　original function
运算放大器　operational amplifier(op amp)
匝数　turn
暂态响应　transient response
增广矩阵　augmented matrix
增益　gain
正极　positive polarity
正弦的　sinusoidal
正弦量　sinusoid
正弦稳态响应　sinusoidal steady-state response
正弦响应　sinusoidal response
正向饱和区　positive saturation
正向行波　direct wave
正序　positive / abc sequence
支路　branch
支路电流法　method of branch current
直角坐标形式　rectangular form
直流　direct current(DC)
指数函数　exponential function
指数形式　exponential form
指数形式的傅里叶级数　exponential Fourier series
滞后　lag
中线　neutral line
中心点　center
中性点　neutral point
周期　period
周期性非正弦激励　nonsinusoidal periodic excitation
驻波　standing wave
转移函数　transfer function
转折频率　corner / break frequency
转置阵　transposed matrix
状态变量　state variable
状态方程　state equation
状态空间　state space
状态平面　state planar
子图　subgraph
自导纳　self-admittance
自感　self-inductance
自激振荡　self-excited oscillation
自耦合变压器　auto-transformer
自然频率　natural frequency
自由响应　natural response
自治电路　autonomous circuit
阻抗　impedance
阻抗参数　impedance parameters
阻抗角　impedance angle
阻抗匹配　impedance matching
阻抗三角形　impedance triangle
最大功率传输定理　Maximum Power Transfer Theorem
最大值　maximum

习题参考答案

第 1 章

1-1　(a) $u=-10^4 i$；(b) $u=-5V$；(c) $i=2A$

1-2　(a) $U=RI+U_S$；(b) $U=-RI-U_S$；(c) $U=RI-U_S$；(d) $U=-RI+U_S$

1-3　20V，0，－20V

1-4　6A，30V，3A，20mA，18V，8V

1-5　图(a)，(d)吸收功率 6W
　　图(b)，(c)发出功率 6W

1-6　图(a) $R=4\Omega$，图(b) $u=50V$
　　图(c) $i=-0.4A$，图(d)90W

1-8　1A，90V，1.5Ω

1-9　－0.3A，1A，0.8A，－0.1A，
　　0.2A，－1.3A，0.2A，0.9A

1-10　$I_{10\Omega}=1A$，$I_{20\Omega}=0.5A$，$I_{5\Omega}=4A$

1-11　1A，3.75Ω，24V

1-12　4V，5A，5A

1-13　$P_V=-8W$，$P_I=51W$，$P_{R_1}=16W$，$P_{R_2}=27W$

1-14　图(a)2.222A，0.889V
　　图(b)－3V，－13V
　　图(c)10V，2A，2.5A

1-15　$R=0$

1-16　2.8V

第 2 章

2-1　3A，2A，1A，6V

2-2　S 打开时：164.2Ω
　　S 闭合时：120Ω

2-3　4.67Ω，40Ω，14Ω

2-4　$U_{AC}=4V$，$U_{CD}=2V$，$U_{DB}=2V$

2-5　$(2/3)R$

2-6　$I_{CF}=0.8A$，$I_{DE}=1.2A$

2-7　3.75Ω

2-8　3.60W

2-10　(4/15)V(负极在上端)的电压源串联一个阻值为(−8/15)Ω的电阻

2-11　3A，18V

2-12　电流源输出功率16W，受控电流源吸收功率1.2W，各电阻吸收功率分别为5W，0.12W，9.68W

第3章

3-1　(1) −1.875A，6.25A，−4.375A；
(2) 0.625A，−5.625A，6.25A

3-2　$-\beta R_4 U_S/[R_1+R_2+(1+\beta)R_3]$

3-3　0.2A，0.7A，−0.5A，0.6A，0.1A

3-4　系数行列式对称。3A，2A，3A

3-5　0.333A，0.5A，0.833A，0.5A，0，0.833A

3-6　$R_1=2\Omega$，$R_3=1\Omega$，$K=0.5$，$U_{S1}=8V$，$U_{S2}=12V$，电压源U_{S1}发出功率8W，U_{S2}发出功率24W

3-7　0.53A，0.73A，1.26A，−0.74A

3-8　0.3A，0.2A，0.1A，0.1A，0.2A，0.1A

3-9　15A，11A，17A

3-12　−1A，2A，0.2A，−1.5A，0.5A，0.3A

3-13　(1) 10V；(2) 16.7V

3-14　50Ω

3-15　电压源发出功率70W，电流源发出功率72W

3-16　6.25A，2.5A，3.75A，2.5A，1.25A，3.75A

3-17　$I_{4S}=8A$，$I_{3S}=-3A$，$I_{1S}=2A$，$I_{CCVS}=-2A$，$I_{5S}=15A$。8A电流源发出功率56W，3A电流源发出功率3W，25A电流源发出功率75W，CCVS吸收功率2W

3-18　1.67A，3.11V

第4章

4-1　(1) −50mA，15mA，60mA
(2) −1.25W

4-2　190mA

4-3　0.5A

4-4　1.8倍

4-5　(1)2V，4.2V，6.82V；(2)1A，1.1A，1.31A，1.65A；(3)10.12V；(4)9.88A

4-6　1.68A，0.96V

4-7 (1) 0；(2) 4Ω

4-8 3A

4-9 (1) $U_o=7V$，$R_{eq}=2\Omega$；
(2) $U_o=55V$，$R_{eq}=13.75\Omega$

4-10 (1) $U_o=0V$，$R_{eq}=8\Omega$；
(2) $U_o=-7V$，$R_{eq}=3.5\Omega$

4-11 1.8A，1A

4-12 0.75A

4-13 1mA

4-14 (1) −107.5V；(2) 2.5Ω；(3) 1155.6W

4-15 1.71A

4-16 (1) $R_1=2\Omega$，4050W；(2) $R_1=0.571\Omega$

4-17 1.0V

4-18 100V

4-19 1V，1A

4-20 $P_{E1}=-5W$，$P_{E2}=30W$

第 5 章

5-1 $u_o=8V$

5-2 (a) $u_o=-2V$；(b) $u_o=-1V$

5-3 $u_o=-2V$

5-4 (a) $i_1=0$，$u_2=\left(1+\frac{R_1}{R_2}\right)u_1$，压控电压源；(b) $u_1=0$，$u_2=-Ri_1$，流控电压源

5-5 $u_o=2.7V$，$i_o=0.288mA$

5-6 $u_o=350mV$，$i_o=0.025mA$

5-7 $u_o=\frac{R_4(R_1+R_2)}{R_1(R_3+R_4)}u_2-\frac{R_2}{R_1}u_1$

5-8 $u_o=\frac{R_2}{R_1}\left(1+\frac{2R_3}{R_4}\right)(u_2-u_1)$

第 6 章

6-1 $i_C(t)=\omega CU_m\sin(\omega t+\psi_u+90^\circ)$

6-2 $u(t)=200(1-e^{-2t})V$

6-3 $u_o=-0.1\frac{du_i}{dt}$

6-4 $u_L(t)=\omega LI_m\sin(\omega t+\psi_i+90^\circ)$

6-5 $i_L(t)=\begin{cases}5t^2\,\mathrm{A} & 0<t\leqslant 1\mathrm{s}\\ -5+10t\,\mathrm{A} & 1\mathrm{s}<t\leqslant 3\mathrm{s}\\ 30-(t-4)^2\,\mathrm{A} & 3\mathrm{s}<t\leqslant 4\mathrm{s}\\ 30\mathrm{A} & t>4\mathrm{s}\end{cases}$，$W_m(2)=22.5\mathrm{J}$

6-6 $\begin{cases}-i_1+i_2+i_3=0\\ 2i_1+\dfrac{1}{2}\displaystyle\int i_2\,\mathrm{d}\tau=u_S(t)\\ -\dfrac{1}{2}\displaystyle\int i_2\,\mathrm{d}\tau+0.5\dfrac{\mathrm{d}i_3}{\mathrm{d}t}+6i_3+5u_1=0\\ u_1=2i_1\end{cases}$

第7章

7-1 (1) $i(0^+)=1\mathrm{A}$，$u_L(0^+)=1\mathrm{V}$

(2) $i(0^+)=8\mathrm{A}$，$u_L(0^+)=-8\mathrm{V}$

(3) $i(0^+)=U/r$，$u(0^+)=U/2$

(4) $i(0^+)=-E_m/2\omega L$，$u(0^+)=-E_m r/(2\omega L)$

7-2 (1) $u_C(0^+)=6\mathrm{V}$，$i_C(0^+)=0.2\mathrm{mA}$

(2) $i_C(0^+)=-I_S(r_1+r_2)/r_1$，$u(0^+)=-I_S r_2$

(3) $u_C(0^+)=-255\mathrm{V}$，$i(0^+)=-2.55\mathrm{A}$

(4) $i_C(0^+)=U/(3r)$，$u(0^+)=U/3$

7-3 $R=40\mathrm{k\Omega}$，$C=25\mu\mathrm{F}$，$u_C=80\mathrm{e}^{-t}\mathrm{V}$

7-4 $u_C=0.24(\mathrm{e}^{-500t}-\mathrm{e}^{-1000t})\mathrm{V}\quad t\geqslant 0$

7-5 $L=1.09\mathrm{H}$

7-6 $i_L(t)=2\mathrm{e}^{-t/0.06}\mathrm{A}(0<t\leqslant 0.1\mathrm{s})$；$i_L(t)=0.378\mathrm{e}^{-(t-0.1)/0.1}\mathrm{A}(t>0.1\mathrm{s})$

$i_1(t)=12-2\mathrm{e}^{-t/0.06}\mathrm{A}(0<t<0.1\mathrm{s})$；$i_1(t)=12\mathrm{A}(t>0.1\mathrm{s})$

7-7 $7\Omega\leqslant R_f\leqslant 12\Omega$

7-8 (1)$\dfrac{r_1r_2}{r_1+r_2}C$；(2)$\dfrac{L}{2R}$；(3)$(r_1+r_2)C$；(4)$(C_1+C_2)R$

7-9 $u_C=RI_S(1-\mathrm{e}^{-\frac{t}{2RC}})$，$p=RI_S^2\left(1-\dfrac{1}{2}\mathrm{e}^{-\frac{t}{2RC}}\right)$

7-10 $i_L=\dfrac{U_S}{R}(1-\mathrm{e}^{-\frac{Rt}{2L}})$，$p=\dfrac{U_S^2}{R}\left(1-\dfrac{1}{2}\mathrm{e}^{-\frac{Rt}{2L}}\right)$

7-11 $i_L=(1-\mathrm{e}^{-\frac{t}{0.05}})\mathrm{A}$，$i_R=(3.5-0.5\mathrm{e}^{-\frac{t}{0.05}})\mathrm{A}$

7-12 $u_C=10(1-\mathrm{e}^{-t})\mathrm{V}(0<t\leqslant 1\mathrm{s})$；$u_C=5+1.32\mathrm{e}^{-t}\mathrm{V}(t>1\mathrm{s})$

7-13 $t=0.512\mathrm{s}$，$i_1=i_2=1\mathrm{A}$

7-14　$-2.5e^{-t/(1.8\times10^{-4})}$ A

7-15　$1.11\sqrt{2}\sin(314t-126°)+3.27e^{-t/0.02}$ V

7-17　$u_o(t)=-\frac{R_2}{R_1}U_i e^{-\frac{t}{R_1C}}$

第 8 章

8-1　(3)，(4)是二阶；(4)可能振荡，当 $0<\frac{1}{2RC}<\frac{1}{\sqrt{LC}}$

8-2　(1) $y(t)=A_1e^{-2t}+A_2e^{-3t}$

　(2) $y(t)=A_1e^{-2t}+A_2te^{-2t}$

　(3) $y(t)=k\sin(2t+\theta)$

　(4) $y(t)=ke^{-2t}\sin(3t+\theta)$

8-3　(1) $y(t)=5e^{-2t}-4e^{-3t}$

　(2) $y(t)=e^{-2t}+4te^{-2t}$

　(3) $y(t)=1.414\sin(2t+45°)$

　(4) $y(t)=1.667e^{-2t}\sin(3t+36.86°)$

8-4　$u_C(0^-)=6$V，$i_L(0^-)=2$mA

8-5　$u_C(t)=-2\times10^{-4}e^{-2000t}+2e^{-0.2t}$ V，$i_C(t)=e^{-0.2t}-e^{-2000t}$ mA

8-6　(1) $-1.005e^{-10t}\sin 99.5t$ A

　(2) $0.218(e^{-479t}-e^{-21t})$ A

8-7　$R_1^2C^2\frac{d^2u_o}{dt^2}+\left(\frac{R_1^2C}{R_{f1}}+\frac{R_1^2C}{R_{f2}}\right)\frac{du_o}{dt}+\frac{R_1^2}{R_{f1}+R_{f2}}u_o=u_i$

8-8　1.81V

8-9　(1) $\frac{d^2u_C}{dt^2}+2.5\frac{du_C}{dt}+1.5u_C=0$

　(2) $u_C=3e^{-t}-e^{-1.5t}$ V

8-10　$(L_1L_2-M^2)\frac{d^2i_L}{dt^2}+(L_2R_1+L_1R_2)\frac{di_L}{dt}+R_1R_2i_L=0$

8-11　(1) $\frac{d^2u_C}{dt^2}-K\frac{du_C}{dt}+0.5u_C=0$

　(2) $K=1$ 时，$u_C=ke^{0.5t}\sin(0.5t+\theta)$

　$K=\sqrt{2}$时，$u_C=A_1e^{0.707t}+A_2te^{0.707t}$

　$K=2$ 时，$u_C=A_1e^{1.707t}+A_2e^{0.293t}$

　(特征根均在复数平面的右半平面)

8-12　$L=100\mu$H，$R=100$mΩ

第 9 章

9-2 (1)$f(-t_0)$；(2)1

9-3 $20(1-e^{-2500t})\varepsilon(t)$mA

9-4 $2(1-e^{-t/0.9})\varepsilon(t)+4(1-e^{-(t-2)/0.9})\varepsilon(t-0.2)$A

9-5 $u_C(t)=\dfrac{K}{RC}e^{-t/RC}\varepsilon(t)$，$u_R(t)=K\delta(t)-\dfrac{K}{RC}e^{-t/RC}\varepsilon(t)$

9-6 $80e^{-20t}\varepsilon(t)$mV

9-7 $(1.004e^{-500t}-0.004\,e^{-2t})\varepsilon(t)$V

9-8 $i_L(t)=(-0.375e^{-50t}+1.125\,e^{-150t})\varepsilon(t)$A，

$u_C(t)=(-25e^{-50t}+225\,e^{-15t})\varepsilon(t)$V

9-9 $r(t)=\begin{cases}0 & 0<t\leqslant 1\text{s}\\ -2(t-1)^2+2 & 1\text{s}<t\leqslant 2\text{s}\\ 2 & 2\text{s}<t\leqslant 3\text{s}\\ 2(t-4)^2 & 3\text{s}<t\leqslant 4\text{s}\\ 0 & t>4\text{s}\end{cases}$

9-10 $u_{C1}(t)=(4.8-0.8e^{-1.25t})\varepsilon(t)$V，$u_{C3}(t)=(1.2-0.2e^{-1.25t})\varepsilon(t)$V，

$i_{C1}(t)=0.5e^{-1.25t}\varepsilon(t)$A，$i_{C2}(t)=-\delta(t)+0.25e^{-1.25t}\varepsilon(t)$A，

$i_{C3}(t)=\delta(t)+0.25e^{-1.25t}\varepsilon(t)$A

9-11 $i_{L1}(t)=(2-0.75e^{-12.5t})\varepsilon(t)$A，$u_{L1}(t)=-0.75\delta(t)+1.875e^{-12.5t}\varepsilon(t)$V，

$u_{L2}(t)=0.75\delta(t)+1.875e^{-12.5t}\varepsilon(t)$V

第 10 章

10-1 $-\dfrac{\pi}{6}$，$\dfrac{\pi}{3}$，$\dfrac{\pi}{6}$，0

10-2 $0.5U_m$，$0.577U_m$

10-4 $u_R(t)=20\sin(\omega t+30°)$V，$\dot{U}_R=14.1\angle 30°$ V

$u_L(t)=25.1\sin(\omega t+120°)$V，$\dot{U}_L=17.8\angle 120°$ V

$u_C(t)=19.9\sin(\omega t-60°)$V，$\dot{U}_C=14.1\angle -60°$ V

10-5 11.9A，0A

10-6 滞后，超前，滞后

10-7 2V 或 18V，5A

10-8 (1) $R=24.7\Omega$，$L=5.44$mH

(2) $R=5.41\Omega$

$C=160\mu F$

10-9 $R=4.98\Omega$

10-10 $R_4=R_2R_3/R_1$，$L=R_2R_3C$

10-11 $\dot{U}_o=2.98\angle 56.6^\circ$ V，$\dot{U}_o=0.949\angle -18.4^\circ$ V

10-12 $\dot{I}_1=0.566\angle -40.4^\circ$ A，$\dot{I}_2=1.11\angle -16.5^\circ$ A，

$\dot{I}_3=1.01\angle -18.9^\circ$ A

10-13 $\dot{I}_1=5$mA，$\dot{I}_2=7.37\angle -106^\circ$ mA，

$\dot{I}_3=6.13\angle 80.3^\circ$ mA，$\dot{I}_4=1.46\angle -135^\circ$ mA

10-14 $\dot{U}_o=8.49\angle -75^\circ$ V，$Z_0=(0.5-j9.5)\Omega$

10-15 $\dot{I}=3\angle -36.9^\circ$ A

10-16 $\dot{U}_X=10\angle -15^\circ$ V

10-17 $1/RC$，1/3

10-18 $R=16.7\Omega$，$R_L=6\Omega$，$X_L=8\Omega$

10-20 $P=60$W

10-21 $P=33.8$W

10-22 $i_S(t)$发出：$P=4.17$W，$Q=5.83$var

$u_S(t)$发出：$P=8.33$W，$Q=1.67$var

10-23 $I=91.8$A，$\cos\varphi=0.981$

10-24 $C=70.5\mu F$

10-25 $P_2=2000$W，$\cos\varphi_2=0.936$，$C=95.6\mu F$

10-26 $R_1=1.2\Omega$，$R_2=24.8\Omega$，$X_1=4.12\Omega$，$X_2=31.4\Omega$ 等

10-27 $L=268$mH，$C=4.48\mu F$

10-28 $R=5\Omega$，$P=39.1$W。$Z=(3-j4)\Omega$，$P=52.1$W

第 11 章

11-2 (1) $u_1(0)=77.9$V $u_2(0)=156$V

(2) 0.45J

11-3 (1) $W(0)=20$J

(2) $W(0)=0$

(3) $W(0)=7.43$J

11-4 $j\omega\left(L_1-\dfrac{M^2}{L_2}\right)$

11-5 $5.83\angle{-28.1^\circ}$ A

11-6 0.75

11-8 (a) $(1+j8)\Omega$

(b) $j1\Omega$

(c) $j0.91\Omega$

11-9 $\dot{U}=2.83\angle{-135^\circ}$ V

$\dot{U}=0.591\angle{-164^\circ}$ V

11-10 $\dot{U}=43.1\angle{-24.9^\circ}$ V

11-11 4.04A

11-12 384W

11-13 0.172，59°

11-14 $13.5-j300\Omega$，$335+j701\Omega$

11-15 0.436

11-16 $\left(1-\dfrac{N_1}{N_2}\right)^2 Z_L$

11-17 25.9W，11.5W，5.76W

第 12 章

12-1 $f_0=7.118\times10^3$ Hz

$Q=22.36$

$BW=2000$ rad/s

12-2 50Ω，0.6H，0.0667μF，$Q=60$

12-3 2.179rad/s

12-4 (a) 串联谐振角频率：$\omega_0=0$，$\omega_2=\dfrac{1}{\sqrt{\dfrac{L_1L_2}{L_1+L_2}(C_1+C_2)}}$

并联谐振角频率：$\omega_1=\dfrac{1}{\sqrt{L_1C_1}}$，$\omega_3=\dfrac{1}{\sqrt{L_2C_2}}$

(b) 并联谐振角频率：$\omega_0=0$，$\omega_2=\dfrac{1}{\sqrt{\dfrac{C_1C_2}{C_1+C_2}(L_1+L_2)}}$

串联谐振角频率：$\omega_1=\dfrac{1}{\sqrt{L_1C_1}}$，$\omega_3=\dfrac{1}{\sqrt{L_2C_2}}$

12-5 $\omega_0=\sqrt{\dfrac{R_L^2-\rho^2}{R_C^2-\rho^2}}\cdot\dfrac{1}{\sqrt{LC}}$，其中 $\rho=\sqrt{\dfrac{L}{C}}$

数字结果 $\omega_0=1.632\text{rad/s}$

12-6 20mH

12-7 25μF，180V

12-8 50.7μF，0.025H

12-9 0.0198W，0.05mH

12-10 $-\dfrac{6s}{2s^2+6s+3}g_m$

12-11 $\dfrac{s^2}{s^2+3s+1}$

12-12 $\dfrac{4s^2+4s+3}{2s^2+s+1}$

12-14 $H(s)=\dfrac{\dfrac{1}{R_1C_2}s}{s^2+\left(\dfrac{1}{R_1C_1}+\dfrac{1}{R_2C_2}\right)s+\dfrac{1}{R_1R_2C_1C_2}}$

带通滤波器

幅频特性曲线（略）

12-15 $H(s)=\dfrac{s^2}{s^2+\left(\dfrac{1}{C_1}+\dfrac{1}{C_2}\right)\dfrac{1}{R_2}s+\dfrac{1}{C_1C_2R_1R_2}}$

高通滤波器。幅频特性曲线（略）

12-16 $H(s)=\dfrac{\dfrac{1}{C_2R_1}s}{s^2+\left[\dfrac{1}{R_1}\left(\dfrac{1}{C_1}+\dfrac{1}{C_2}\right)+\dfrac{1}{R_2C_1}+\dfrac{1}{R_3C_2}\right]s+\dfrac{R_1+R_2}{C_1C_2R_1R_2R_3}}$

带通滤波器。幅频特性曲线（略）

12-17 (a) $H(s)=\dfrac{\dfrac{1}{LC}}{s^2+\dfrac{1}{RC}s+\dfrac{1}{LC}}$

二阶低通滤波器电路

(b) $R=1000\Omega$

$L=22.5\text{mH}$

$C=1.129\times10^4\text{pF}$

第 13 章

13-1 $\dot{U}_{AB}=\sqrt{3}U\angle 30°$ V，$\dot{U}_{BC}=U\angle 180°$ V，$\dot{U}_{CA}=U\angle -120°$ V

13-2 $\dot{I}_{YA}=\frac{U_l}{\sqrt{3}|Z|}\angle{-\varphi}$，$\dot{I}_{\triangle A}=\frac{\sqrt{3}U_l}{|Z|}\angle{-\varphi}$，$I_{YA}=\frac{1}{3}I_{\triangle A}$

13-3 Ⓥ₁=220V，Ⓥ₂=380V，Ⓐ₁=17.73A，Ⓐ₂=7.73A，Ⓐ₃=6.73A

13-4 $\dot{I}_A=34.42\angle{-43.1^\circ}$ A，$\dot{I}_B=34.42\angle{-163.1^\circ}$ A，$\dot{I}_C=34.42\angle{76.9^\circ}$ A，

$\dot{U}_{A'B'}=351.3\angle{31.9^\circ}$ V，$\dot{U}_{B'C'}=351.3\angle{-88.1^\circ}$ V，$\dot{U}_{C'A'}=351.3\angle{151.9^\circ}$ V

13-5 $P=7795$W，$Q=8682$var

13-6 $R=28.5\Omega$，$X=\pm16.5\Omega$

13-7 $\dot{U}_{AB}=391\angle{30.8^\circ}$ V

13-8 $\dot{I}_A=20.5\angle{-13.7^\circ}$ A，$\dot{I}_B=23.5\angle{-179^\circ}$ A，$\dot{I}_C=6.56\angle{56.6^\circ}$ A

13-9 Ⓥ₁=329V，Ⓥ₂=Ⓥ₃=190V

13-10 $P=2316$W，$Q=1739$var，$\cos\varphi=0.8$，$C_\triangle=4.53\mu$F

13-11 $\dot{I}_A=18.5\angle{-57.2^\circ}$ A，$\dot{I}_B=20.9\angle{170^\circ}$ A，$\dot{I}_C=16.0\angle{48.4^\circ}$ A，Ⓦ₁=7022W，

Ⓦ₂=2748W

13-12 $\dot{U}_{AB}=395\angle{36.8^\circ}$ V，$\dot{I}_A=4.6\angle{-13.1^\circ}$ A

13-13 $P_{u_{S1}}=1899$W，$P_{u_{S2}}=4457$W

13-14 $R_3/|X_C|=\sqrt{3}$

第 14 章

14-1 $f(t)=\frac{8A}{\pi^2}\left(\sin\omega t-\frac{1}{9}\sin3\omega t+\frac{1}{25}\sin5\omega t-\frac{1}{49}\sin7\omega t+\cdots\right)$

14-4 $i=85.4\sin(\omega t-69.4^\circ)+10\sin(3\omega t+20^\circ)$A，

$i_C=10\sin(\omega t+90^\circ)+10\sin(3\omega t+110^\circ)$A

14-5 (1) 141.4V；(2) 141.4V；(3) 217.5V

14-6 (1) $U=128.3$V，$I=10.49$A；(2) $P=1100$W

14-7 $i_1=10+10\sqrt{2}\sin(\omega t-53.1^\circ)+2.02\sqrt{2}\sin(3\omega t-76.0^\circ)$A，

$i_2=8.84\sqrt{2}\sin(\omega t+45^\circ)+4.42\sqrt{2}\sin(3\omega t-45^\circ)$A，

$i=10+12.4\sqrt{2}\sin(\omega t-8.13^\circ)+6.24\sqrt{2}\sin(3\omega t-54.6^\circ)$A，

$I_1=14.3$A，$I_2=9.88$A，$I=17.1$A，$P=2008$W

14-8 Ⓐ=0.866A，Ⓥ=16.6V

14-9 $C_1=9.39\mu$F，$C_2=75\mu$F，$u_{C1}=1698\sin(314t+90^\circ)+40\sin942t$V，

$u_{C2}=1698\sin(314t-90^\circ)$V

14-10 $I=2.31$A

14-11 Ⓐ1 $=0.729\text{A}$，Ⓐ2 $=0\text{A}$，Ⓐ3 $=0.345\text{A}$

14-12 $U=221\text{V}$，$P=387\text{W}$

14-13 $U_{AN}=206\text{V}$，$U_{AB}=346\text{V}$，$I_A=4.95\text{A}$，$I_N=3\text{A}$

14-14 Ⓥ1 $=193.6\text{V}$，Ⓥ2 $=113.9\text{V}$，Ⓐ1 $=20.3\text{A}$，Ⓐ2 $=11.7\text{A}$

第 15 章

15-1 $f(t)=\cdots-\frac{2}{15\pi}e^{-j4\pi t}-\frac{2}{3\pi}e^{-j2\pi t}+\frac{2}{\pi}-\frac{2}{3\pi}e^{j2\pi t}-\frac{2}{15\pi}e^{j4\pi t}-\cdots$

15-2 (1) $(s+a)/(s+b)$

(2) $\frac{1}{s^2}[(3s+1)e^{-2s}-(4s+1)e^{-3s}]$

(3) $e^{-as}/(s+b)^2$

(4) $(\omega\cos\omega\tau-s\cdot\sin\omega\tau)/(s^2+\omega^2)$

(5) $(\omega\cos\omega\tau+s\cdot\sin\omega\tau)e^{-\tau s}/(s^2+\omega^2)$

15-3 (a) $[1-(2s+1)e^{-2s}]/s^2$

(b) $[(2s-1)e^{-s}+e^{-3s}]/s^2$

(c) $2(e^{-s}-e^{-2s}-se^{-3s})/s^2$

15-4 (a) $[1-(s+1)e^{-s}]/[s^2(1-e^{-s})]$

(b) $\pi/[(s^2+\pi^2)(1-e^{-s})]$

(c) $3e^{-2s}/(1-e^{-4s})$

15-5 (1) $(2-3e^{-10t}+e^{-30t})\varepsilon(t)$

(2) $(0.167-0.1e^{-2t}-0.0667e^{-12t})\varepsilon(t)$

(3) $0.5e^{-3t}\sin2t\varepsilon(t)$

(4) $(-2e^{-3t}+2\cos3t+2\sin3t)\varepsilon(t)$

(5) $(2.2e^{-2t}-0.2e^{-t}\cos2t-1.9e^{-t}\sin2t)\varepsilon(t)$

(6) $0.5e^{-t+2}\sin2(t-1)\varepsilon(t-1)$

(7) $\delta(t-2)-3e^{-3(t-2)}\varepsilon(t-2)$

(8) $\delta'(t)-2\delta(t)+(e^{-t}+3e^{-2t})\varepsilon(t)$

15-6 $(2e^{-2t}+3te^{-2t})\text{V}\quad t\geqslant0$

15-7 $u_C(t)=(1-e^{-t}-0.5te^{-t})\text{V}$

$i_L(t)=(0.5e^{-t}+0.5te^{-t})\text{A}\quad t\geqslant0$

15-8 $(1-3.75e^{-2t}+3.75e^{-3t})\text{V}\quad t\geqslant0$

15-9 $(-2e^{-2t}+2e^{-0.75t}\cos0.661t-0.756e^{-0.75t}\sin0.661t)\varepsilon(t)\text{V}$

15-10 $(-0.5e^{-3t}-2e^{-0.5t}+5)\text{V}\quad t\geqslant0$

15-11 $(-0.818e^{-t/6}-0.182e^{-2t}+1.11)\text{A}\quad t>0$

15-12 $U_{ab}(s)=\frac{s-1}{s}$, $Z(s)=\frac{10}{s}$

15-13 $(0.5-0.5e^{-t}\cos t+0.5e^{-t}\sin t)\varepsilon(t)$ V

15-14 (a) $(6s^2+24s+9)/(4s^3+32s^2+76s+48)$

(b) $3s/(s+2)^2$

(c) $(s^2+3s+2)/(2s^2+3s+2)$

(d) $(R^2C^2s^2+1)/(R^2C^2s^2+4RCs+1)$

15-15 $s/(s^3+3s^2+4s+3)$

15-16 $(5e^{-t}\cos 2t+2.5e^{-t}\sin 2t)\quad t\geqslant 0$

15-17 $y(t)=\begin{cases}0 & t\leqslant 2\text{s}\\ -5t^2+50t-80 & 2\text{s}<t\leqslant 5\text{s}\\ 45 & 5\text{s}<t\leqslant 6\text{s}\\ 5t^2-90t+405 & 6\text{s}<t\leqslant 9\text{s}\\ 0 & t\geqslant 9\text{s}\end{cases}$

15-18 $(0.5t\cos t+0.5\sin t)\varepsilon(t)$

15-19 $\cos t+\sin t$

15-20 $R(e^{-\alpha t}-e^{-t/RC})/(1-\alpha RC)$

第 16 章

16-1 (a) $\boldsymbol{Y}=\begin{bmatrix}\frac{2}{3} & -\frac{1}{2}\\ -\frac{1}{2} & \frac{2}{3}\end{bmatrix}$S, $\boldsymbol{Z}=\begin{bmatrix}3.43 & 2.57\\ 2.57 & 3.43\end{bmatrix}\Omega$;

(b) $\boldsymbol{Y}=\begin{bmatrix}j\omega C+\frac{1}{j\omega L} & -\frac{1}{j\omega L}\\ -\frac{1}{j\omega L} & \frac{1}{j\omega L}\end{bmatrix}$, $\boldsymbol{Z}=\begin{bmatrix}\frac{1}{j\omega C} & \frac{1}{j\omega C}\\ \frac{1}{j\omega C} & j\omega L+\frac{1}{j\omega C}\end{bmatrix}$

16-2 $\boldsymbol{Y}=\begin{bmatrix}2 & -0.25\\ 1 & 0.75\end{bmatrix}$S, $\boldsymbol{Z}=\begin{bmatrix}0.429 & 0.143\\ -0.571 & 1.143\end{bmatrix}\Omega$

16-3 (a) $\begin{bmatrix}1 & Z_a\\ 0 & 1\end{bmatrix}$; (b) $\begin{bmatrix}1 & 0\\ \frac{1}{Z_b} & 1\end{bmatrix}$; (c) $\begin{bmatrix}1+\frac{Z_a}{Z_b} & Z_a\\ \frac{1}{Z_b} & 1\end{bmatrix}$; (d) $\begin{bmatrix}1 & Z_b\\ \frac{1}{Z_a} & 1+\frac{Z_b}{Z_a}\end{bmatrix}$;

(e) $\begin{bmatrix}\frac{L_1}{M} & j\omega\left(\frac{L_1L_2-M^2}{M}\right)\\ \frac{1}{j\omega M} & \frac{L_2}{M}\end{bmatrix}$; (f) $\begin{bmatrix}n & 0\\ 0 & \frac{1}{n}\end{bmatrix}$

16-4 $\begin{bmatrix} 0.6 & 0.6\Omega \\ 0.267\text{S} & 0.6 \end{bmatrix}$

16-5 (a) $\begin{bmatrix} 0.5\Omega & 1 \\ 0 & -1\text{S} \end{bmatrix}$；(b) $\begin{bmatrix} -1.67\Omega & -0.667 \\ -2.33 & -0.333\text{S} \end{bmatrix}$

16-6 （略）

16-7 $\frac{1}{6}$，$-\frac{1}{4}$，4.2Ω，0.952W

16-8 43.3Ω，1；j55.9Ω，6.856

16-9 25Ω，100Ω

16-10 $\begin{bmatrix} 4 & 7\Omega \\ 2\text{S} & 3.75 \end{bmatrix}$；1.5Ω，0.5Ω，1.375Ω；0.16A，−3.67V

16-11 5Ω，5Ω，5Ω，3Ω

16-12 $\begin{bmatrix} 1 & -0.5 \\ -0.5 & 1 \end{bmatrix}$S

16-13 $\begin{bmatrix} 11 & 8\Omega \\ 4\text{S} & 3 \end{bmatrix}$；1.02W

16-14 3Ω

16-15 $\begin{bmatrix} \frac{1}{R_1} & \frac{1}{r} \\ -\frac{1}{r}-\frac{\alpha}{R_1} & \frac{1}{R_2} \end{bmatrix}$

第 17 章

17-1

$$\mathbf{A}=\begin{array}{c} \\ ① \\ ② \\ ③ \\ ⑤ \\ ⑥ \end{array}\begin{array}{c} \begin{array}{cccccccccc} 1 & 2 & 3 & 4 & 5 & 6 & 7 & 8 & 9 & 10 \end{array} \\ \begin{bmatrix} 1 & 0 & 0 & 0 & 0 & -1 & 1 & 0 & 0 & 0 \\ 0 & 1 & 0 & 0 & 0 & 0 & -1 & -1 & 0 & 0 \\ 0 & 0 & -1 & 0 & 0 & 0 & 0 & 1 & 1 & 0 \\ 0 & 0 & 0 & -1 & 0 & 1 & 0 & 0 & 0 & 1 \\ 0 & 0 & 0 & 0 & -1 & 0 & 0 & 0 & -1 & -1 \end{bmatrix} \end{array}$$

17-3 (1) (1，9，5，8)；(3) (6，8)；(5) (3，4，5，6)均构成割集。

17-4 (3) (1，4，6，7，8)；(5) (5，2，6，8，9)为树。

(1) (4，5，8，9)；(3) (1，4，6，7，8)；(4) (4，3，9)为割集。

17-5

$$
\boldsymbol{Q}_{\mathrm{f}}=\begin{array}{c} \\ ① \\ ③ \\ ⑦ \\ ⑨ \\ ⑧ \end{array}\begin{array}{c}\begin{array}{cccccccccc} 1 & 2 & 3 & 4 & 5 & 6 & 7 & 8 & 9 & 10 \end{array}\\ \left[\begin{array}{cccccccccc} 1 & 0 & 0 & 0 & 0 & -1 & 0 & 0 & 0 & 1 \\ 0 & 1 & 0 & 0 & 0 & -1 & 0 & 1 & 0 & 1 \\ 0 & 0 & 1 & 0 & 0 & -1 & -1 & 1 & 1 & 1 \\ 0 & 0 & 0 & 1 & 0 & 0 & 0 & 1 & 1 & 0 \\ 0 & 0 & 0 & 0 & 1 & 1 & 1 & 0 & 0 & -1 \end{array}\right]\end{array}=[\boldsymbol{I}_{\mathrm{t}} \vdots \boldsymbol{Q}_{\mathrm{l}}]
$$

$$
\boldsymbol{B}_{\mathrm{f}}=\begin{array}{c} \\ ② \\ ④ \\ ⑤ \\ ⑥ \\ ⑩ \end{array}\begin{array}{c}\begin{array}{cccccccccc} 1 & 2 & 3 & 4 & 5 & 6 & 7 & 8 & 9 & 10 \end{array}\\ \left[\begin{array}{cccccccccc} 1 & 1 & 1 & 0 & -1 & 1 & 0 & 0 & 0 & 0 \\ 0 & 0 & 1 & 0 & -1 & 0 & 1 & 0 & 0 & 0 \\ 0 & -1 & -1 & -1 & 0 & 0 & 0 & 1 & 0 & 0 \\ 0 & 0 & -1 & -1 & 0 & 0 & 0 & 0 & 1 & 0 \\ -1 & -1 & -1 & 0 & 1 & 0 & 0 & 0 & 0 & 1 \end{array}\right]\end{array}=[\boldsymbol{B}_{\mathrm{t}} \vdots \boldsymbol{I}_{\mathrm{l}}]
$$

对比$[\boldsymbol{Q}_{\mathrm{l}}]$和$[\boldsymbol{B}_{\mathrm{t}}]$可知：

$$
\boldsymbol{Q}_{\mathrm{l}}=-\boldsymbol{B}_{\mathrm{t}}^{\mathrm{T}}
$$

17-6 $\boldsymbol{u}_{\mathrm{b}}=\begin{bmatrix} -0.68 \\ -0.64 \\ -0.04 \\ -0.52 \\ 0.48 \end{bmatrix}\mathrm{V}$，$\boldsymbol{i}_{\mathrm{b}}=\begin{bmatrix} 0.64 \\ -0.64 \\ -0.12 \\ -0.52 \\ -0.52 \end{bmatrix}\mathrm{A}$

17-7 选择参考方向如题解图 17-7 所示。

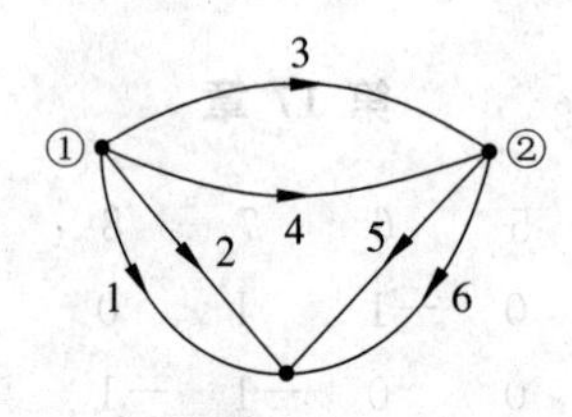

题解图 17-7

$$
\begin{bmatrix} \dfrac{1}{R_2}+\mathrm{j}\left(-\dfrac{1}{\omega L_1}-\dfrac{1}{\omega L_3}+\omega C_4\right) & \mathrm{j}\left(\dfrac{1}{\omega L_3}-\omega C_4\right) \\ \mathrm{j}\left(\dfrac{1}{\omega L_3}-\omega C_4\right) & \dfrac{1}{R_6}+\mathrm{j}\left(-\dfrac{1}{\omega L_3}+\omega C_4+\omega C_5\right) \end{bmatrix}\begin{bmatrix} \dot{U}_{\mathrm{n1}} \\ \dot{U}_{\mathrm{n2}} \end{bmatrix}
$$

$$
=\begin{bmatrix} \dot{I}_{\mathrm{S1}} \\ \dfrac{\dot{U}_{\mathrm{S6}}}{R_6} \end{bmatrix}
$$

17-8 选择参考方向如题解图 17-8 所示。

$$\begin{bmatrix} G_1+\mathrm{j}\omega C_3 & -\mathrm{j}\omega C_3 & 0 \\ -\mathrm{j}\omega C_3-g_{\mathrm{m}} & G_2+\mathrm{j}\omega C_3+g_{\mathrm{m}}+\dfrac{L_5}{\Delta} & -G_2-\dfrac{M_{45}}{\Delta} \\ 0 & -G_2-\dfrac{M_{45}}{\Delta} & G_2+\dfrac{L_4}{\Delta} \end{bmatrix}\begin{bmatrix} \dot{U}_{\mathrm{n1}} \\ \dot{U}_{\mathrm{n2}} \\ \dot{U}_{\mathrm{n3}} \end{bmatrix}=\begin{bmatrix} -\dot{I}_{\mathrm{S1}} \\ 0 \\ 0 \end{bmatrix}$$

$$\Delta=\mathrm{j}\omega(L_4L_5-M_{45}^2)$$

17-9　选择参考方向如题解图 17-9 所示。

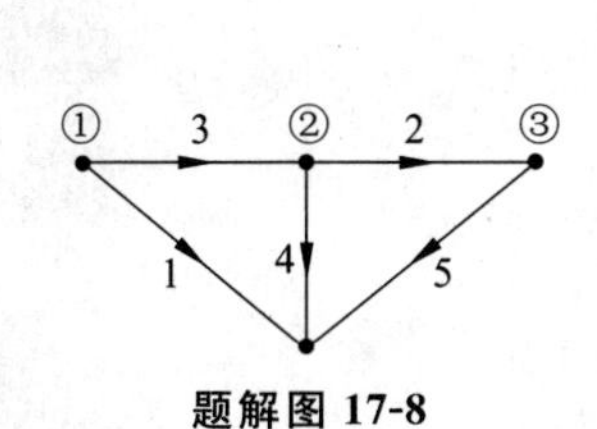

题解图 17-8

题解图 17-9

节点电压方程为

$$\begin{bmatrix} 3 & -1 & 0 & -1 \\ -1 & 3 & -1 & 0 \\ 0 & -1 & 3 & -1 \\ -1 & 0 & -1 & 3 \end{bmatrix}\begin{bmatrix} U_{\mathrm{n1}} \\ U_{\mathrm{n2}} \\ U_{\mathrm{n3}} \\ U_{\mathrm{n4}} \end{bmatrix}=\begin{bmatrix} 0 \\ I_{\mathrm{S}}+U_{\mathrm{S}} \\ -I_{\mathrm{S}} \\ 0 \end{bmatrix}$$

割集电压方程为

$$\begin{bmatrix} 3 & 2 & 2 & -1 \\ 2 & 4 & 3 & -1 \\ 2 & 3 & 5 & -2 \\ -1 & -1 & -2 & 3 \end{bmatrix}\begin{bmatrix} U_1 \\ U_2 \\ U_6 \\ U_7 \end{bmatrix}=\begin{bmatrix} 0 \\ I_{\mathrm{S}}+U_{\mathrm{S}} \\ U_{\mathrm{S}} \\ 0 \end{bmatrix}$$

回路电流方程为

$$\begin{bmatrix} 3 & -2 & 1 & 1 \\ -2 & 5 & -2 & -3 \\ 1 & -2 & 3 & 2 \\ 1 & -3 & 2 & 4 \end{bmatrix}\begin{bmatrix} I_3 \\ I_4 \\ I_5 \\ I_8 \end{bmatrix}=\begin{bmatrix} 0 \\ -I_{\mathrm{S}} \\ -U_{\mathrm{S}}+I_{\mathrm{S}} \\ I_{\mathrm{S}} \end{bmatrix}$$

17-10　(1) $I_1=-10\mathrm{A}$，$I_9=-1\mathrm{A}$

$I_5=2\mathrm{A}$，$I_{10}=0\mathrm{A}$

$I_6=8\mathrm{A}$，$I_{13}=4\mathrm{A}$

$I_7=1\mathrm{A}$

(2) 无法决定全部支路电流

17-11　(1) $U_2=-11\mathrm{V}$，$U_8=6\mathrm{V}$

$U_3=-18\text{V}, U_{11}=-13\text{V}$

$U_4=5\text{V}, U_{12}=-10\text{V}$

(2) 无法决定全部支路电压

第 18 章

18-1 (a) $\dfrac{\mathrm{d}i_L}{\mathrm{d}t}=-\dfrac{R}{L}i_L-\dfrac{R}{L}i_S$

$u=-Ri_L-Ri_S$

(b) $\dfrac{\mathrm{d}u_C}{\mathrm{d}t}=-\dfrac{1}{RC}u_C+\dfrac{1}{RC}u_S$

$u_R=-u_C+u_S$

18-2
$$\begin{bmatrix}\dfrac{\mathrm{d}u_{C1}}{\mathrm{d}t}\\ \dfrac{\mathrm{d}u_{C2}}{\mathrm{d}t}\end{bmatrix}=\begin{bmatrix}-\dfrac{1}{R_1C_1} & \dfrac{1}{R_1C_1}\\ \dfrac{1}{R_1C_2} & -\dfrac{1}{R_1C_2}-\dfrac{1}{R_2C_2}\end{bmatrix}\begin{bmatrix}u_{C1}\\ u_{C2}\end{bmatrix}$$

$u_{R1}=u_{C1}-u_{C2}$

18-3 $\dfrac{\mathrm{d}u_C}{\mathrm{d}t}=-\dfrac{R_1+R_2}{CR_1R_2}u_C+\dfrac{1}{C}i_S$

18-4 支路编号和参考方向选择如题解图 18-4 所示。

$$\begin{bmatrix}\dfrac{\mathrm{d}u_{C1}}{\mathrm{d}t}\\ \dfrac{\mathrm{d}u_{C2}}{\mathrm{d}t}\\ \dfrac{\mathrm{d}i_{L6}}{\mathrm{d}t}\end{bmatrix}=\begin{bmatrix}-\dfrac{R_3+R_4+R_5}{R_3(R_4+R_5)C_1} & \dfrac{1}{(R_4+R_5)C_1} & -\dfrac{R_5}{(R_4+R_5)C_1}\\ \dfrac{1}{(R_4+R_5)C_2} & -\dfrac{1}{(R_4+R_5)C_2} & -\dfrac{R_4}{(R_4+R_5)C_2}\\ \dfrac{R_5}{(R_4+R_5)L_6} & \dfrac{R_4}{(R_4+R_5)L_6} & -\dfrac{R_4R_5}{(R_4+R_5)L_6}\end{bmatrix}\begin{bmatrix}u_{C1}\\ u_{C2}\\ i_{L6}\end{bmatrix}+\begin{bmatrix}\dfrac{1}{R_3C_1}\\ 0\\ 0\end{bmatrix}u_S$$

18-5 参考方向选择如题解图 18-5 所示。

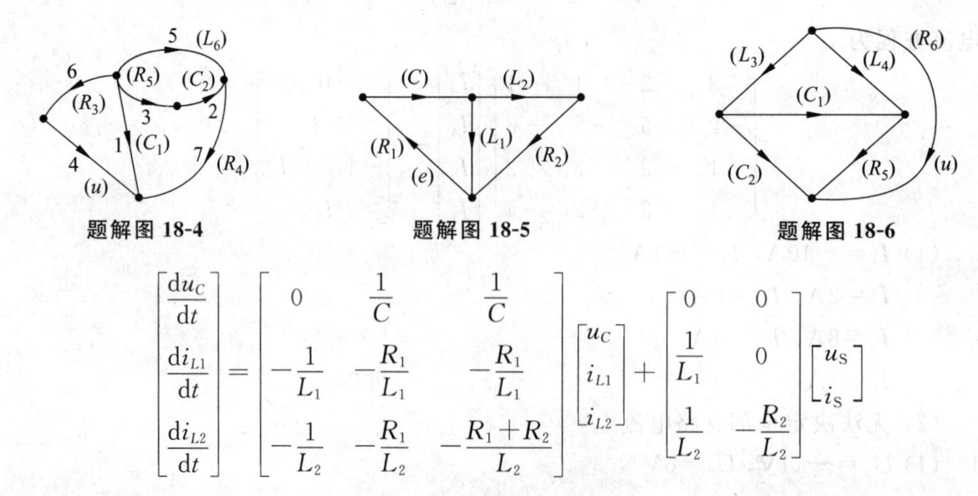

题解图 18-4　　题解图 18-5　　题解图 18-6

$$\begin{bmatrix}\dfrac{\mathrm{d}u_C}{\mathrm{d}t}\\ \dfrac{\mathrm{d}i_{L1}}{\mathrm{d}t}\\ \dfrac{\mathrm{d}i_{L2}}{\mathrm{d}t}\end{bmatrix}=\begin{bmatrix}0 & \dfrac{1}{C} & \dfrac{1}{C}\\ -\dfrac{1}{L_1} & -\dfrac{R_1}{L_1} & -\dfrac{R_1}{L_1}\\ -\dfrac{1}{L_2} & -\dfrac{R_1}{L_2} & -\dfrac{R_1+R_2}{L_2}\end{bmatrix}\begin{bmatrix}u_C\\ i_{L1}\\ i_{L2}\end{bmatrix}+\begin{bmatrix}0 & 0\\ \dfrac{1}{L_1} & 0\\ \dfrac{1}{L_2} & -\dfrac{R_2}{L_2}\end{bmatrix}\begin{bmatrix}u_S\\ i_S\end{bmatrix}$$

18-6 参考方向选择如题解图 18-6 所示。

$$\begin{bmatrix}\dfrac{\mathrm{d}u_{C1}}{\mathrm{d}t}\\ \dfrac{\mathrm{d}u_{C2}}{\mathrm{d}t}\\ \dfrac{\mathrm{d}i_{L3}}{\mathrm{d}t}\\ \dfrac{\mathrm{d}i_{L4}}{\mathrm{d}t}\end{bmatrix}=\begin{bmatrix}-\dfrac{1}{R_5C_1} & \dfrac{1}{R_5C_1} & 0 & -\dfrac{1}{C_1}\\ \dfrac{1}{R_5C_2} & -\dfrac{1}{R_5C_2} & \dfrac{1}{C_2} & \dfrac{1}{C_2}\\ -\dfrac{M}{\Delta} & \dfrac{-L_4+M}{\Delta} & \dfrac{R_6(M-L_4)}{\Delta} & \dfrac{R_6(M-L_4)}{\Delta}\\ \dfrac{L_3}{\Delta} & \dfrac{M-L_3}{\Delta} & \dfrac{R_6(M-L_3)}{\Delta} & \dfrac{R_6(M-L_3)}{\Delta}\end{bmatrix}\begin{bmatrix}u_{C1}\\ u_{C2}\\ i_{L3}\\ i_{L4}\end{bmatrix}+\begin{bmatrix}0\\ 0\\ \dfrac{L_4-M}{\Delta}\\ \dfrac{L_3-M}{\Delta}\end{bmatrix}u_{\mathrm{S}}$$

$$\Delta=L_3L_4-M^2$$

18-7 参考方向选择如题解图 18-7 所示。

$$\begin{bmatrix}\dfrac{\mathrm{d}u_C}{\mathrm{d}t}\\ \dfrac{\mathrm{d}i_{L_1}}{\mathrm{d}t}\\ \dfrac{\mathrm{d}i_{L_2}}{\mathrm{d}t}\end{bmatrix}=\begin{bmatrix}0 & \dfrac{1}{C} & -\dfrac{1}{C}\\ -\dfrac{1}{L_1} & -\dfrac{R}{L_1} & 0\\ \dfrac{1}{L_2} & \dfrac{\mu R}{L_2} & 0\end{bmatrix}\begin{bmatrix}u_C\\ i_{L_1}\\ i_{L_2}\end{bmatrix}+\begin{bmatrix}0\\ \dfrac{R}{L_1}\\ -\dfrac{\mu R}{L_2}\end{bmatrix}i_{\mathrm{S}}$$

18-8 参考方向选择如题解图 18-8 所示。

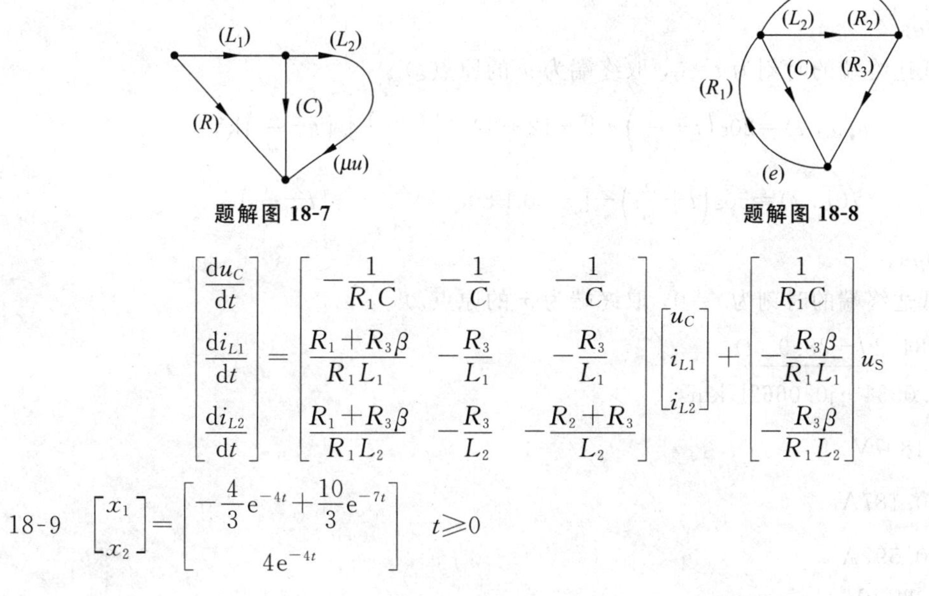

题解图 18-7　　题解图 18-8

$$\begin{bmatrix}\dfrac{\mathrm{d}u_C}{\mathrm{d}t}\\ \dfrac{\mathrm{d}i_{L1}}{\mathrm{d}t}\\ \dfrac{\mathrm{d}i_{L2}}{\mathrm{d}t}\end{bmatrix}=\begin{bmatrix}-\dfrac{1}{R_1C} & -\dfrac{1}{C} & -\dfrac{1}{C}\\ \dfrac{R_1+R_3\beta}{R_1L_1} & -\dfrac{R_3}{L_1} & -\dfrac{R_3}{L_1}\\ \dfrac{R_1+R_3\beta}{R_1L_2} & -\dfrac{R_3}{L_2} & -\dfrac{R_2+R_3}{L_2}\end{bmatrix}\begin{bmatrix}u_C\\ i_{L1}\\ i_{L2}\end{bmatrix}+\begin{bmatrix}\dfrac{1}{R_1C}\\ -\dfrac{R_3\beta}{R_1L_1}\\ -\dfrac{R_3\beta}{R_1L_2}\end{bmatrix}u_{\mathrm{S}}$$

18-9 $\begin{bmatrix}x_1\\ x_2\end{bmatrix}=\begin{bmatrix}-\dfrac{4}{3}\mathrm{e}^{-4t}+\dfrac{10}{3}\mathrm{e}^{-7t}\\ 4\mathrm{e}^{-4t}\end{bmatrix}\quad t\geqslant 0$

第 19 章

19-2 $U=3\mathrm{V}$，$I=1.5\mathrm{A}$

19-5 $I=30\text{mA}$；$U=0.5\text{V}$

19-6 $i=4+0.111\sin t\text{A}$

19-7 $u=0.07143\cos t\text{V}$，$i=0.2857\cos t\text{A}$，$U_0=2\text{V}$，$I_0=4\text{A}$

19-8 $I=0.2\text{A}$，$I_1=0.5\text{A}$

19-9 $U_1=4.1\text{V}$，$U_2=3.1\text{V}$，$U_3=3.9\text{V}$

$I_1=0.345\text{A}$，$I_2=0.249\text{A}$，$I_3=0.593\text{A}$

19-10 $I_1=0.3\text{A}$，$I_2=0.2\text{A}$，$I_3=0.1\text{A}$

$U_1=28.5\text{V}$，$U_2=18\text{V}$

19-13 （1）稳定节点；（2）中心点；

（3）稳定焦点；（4）不稳定节点；

（5）不稳定焦点；（6）鞍点

19-14 $K>\frac{L}{M}\left(1+\frac{r}{r_1}\right)$

第 20 章

20-3 $u(x,t)=300\varepsilon\left(t+\frac{x}{v}\right)+\left[100-400e^{-\frac{1}{\tau}\left(t-\frac{x}{v}\right)}\right]\varepsilon\left(t-\frac{x}{v}\right)\text{kV}$

$i(x,t)=600\varepsilon\left(t+\frac{x}{v}\right)-\left[200-800e^{-\frac{1}{\tau}\left(t-\frac{x}{v}\right)}\right]\varepsilon\left(t-\frac{x}{v}\right)\text{A}$

其中 $\tau=333\mu\text{s}$。

（取入射波抵达终端的时刻为 $t=0$，取终端为 x 的原点。）

20-4 $u(x,t)=20\varepsilon\left(t+\frac{x}{v}\right)+\left[-12+32e^{-\frac{1}{\tau}\left(t-\frac{x}{v}\right)}\right]\varepsilon\left(t-\frac{x}{v}\right)\text{kV}$

$i(x,t)=50\varepsilon\left(t+\frac{x}{v}\right)-\left[-30+80e^{-\frac{1}{\tau}\left(t-\frac{x}{v}\right)}\right]\varepsilon\left(t-\frac{x}{v}\right)\text{A}$

其中 $\tau=200\mu\text{s}$。

（取入射波抵达终端的时刻为 $t=0$，取终端为 x 的原点。）

20-5 $Z_C=84.2\angle -38.9^\circ\ \Omega$

$\gamma=0.0534+\text{j}0.0662 1/\text{km}$

$\dot{U}_2=18.7\text{V}$

$\dot{I}_2=0.187\text{A}$

$\dot{I}_1=0.597\text{A}$

20-6 $U_{1l}=346\text{kV}$

$I_1=729\text{A}$

20-7 $P_1=92.96\text{kW}$

$P_2=82.94\text{kW}$

20-8 $U_{1l}=394.2\text{kV}$

$P_1=358\text{MW}$

20-9 $U(x)=100\text{e}^{-2.478\times10^{-3}x}$

$U_2=88.36\text{V}$

$P_2=26.13\text{W}$

$\eta=P_2/P_1=0.781$

20-10 $U(x)=105.15|\cos\beta x|\text{V}$

$I(x)=64.98|\sin\beta x|\text{A}$

$U_2=105.15\text{kV}$

$I_1=64.98\text{A}$

$\left(\beta=\frac{2\pi}{6000}\ \text{rad/km}，x\ 以\ \text{km}\ 计。\right)$

20-11 $U(x)=12|\sin\beta x|\text{V}$

$I(x)=30|\cos\beta x|\text{mA}$

电源电流 $I=0$（取线端处 $x=0$）。

20-12 $Z_0=Z_C$ 时

$u_1=50\sin\omega t\text{V}$

$i_1=\sin\omega t\text{A}$

线中电流 $i(x,t)=\sin(\omega t-2\pi x)\text{A}$

$Z_0=0$ 时

$u(x,t)=100\sin2\pi x\sin\omega t\text{V}$

$i(x,t)=2\cos2\pi x\sin\left(\omega t-\frac{\pi}{2}\right)\text{A}$

附录 A

A-1 $L=\mu SW^2/(l_f+\mu_r l_a)$，0.387H

A-2 $\Phi=7.2\times10^{-4}\text{Wb}$

A-3 (1) 450A，$450/R_m$；(2) 50A，$50/R_m$；

(3) −50A，$-50/R_m$；(4) −450A，$-450/R_m$

A-4 $\Phi_2=1.675\times10^{-3}\text{Wb}$

$\Phi_1=2.325\times10^{-3}\text{Wb}$

$W_1I_1=5285\text{A}$

A-5 $W=2477$ 匝

A-6 $I=8.81\text{A}$

附 录 C

C-1 $R_{ab}=83.33\Omega$。

C-2 电流控制的电流源用 analog. olb 元件库中元件 F 实现，其电流增益为 50。求输出电阻可用开路电压、短路电流法。$R_o=112.4\Omega$，$i_o/i_i=-2.709$。

C-3 运放用 OP-A471 实现(在 opamp. olb 元件库中)，工作电源电压取为±15V。此时运放工作在线性区的输入电压范围约为-6.9～6.9V，比例系数为-2。

C-4 用交流扫描。为计算等效电感、电容参数方便，可设 $\omega=1\text{rad/s}$。输出可用打印元件。为求功率同时输出电压源电流。结果为 $\dot{U}_{n1}=3.280\angle{-136.3^\circ}\ \text{V}$，$\dot{U}_{n2}=263.4\angle{-118.7^\circ}\ \text{V}$，电压源的输出电流 $\dot{I}=2.605\angle{-75.46^\circ}\ \text{V}$。电流源发出功率为-3.187-j0.777VA，电压源发出功率为185.6-j182.7VA。

C-5 $\dot{U}_o=13.22\angle{-118.4^\circ}\ \Omega$。

C-6 理想变压器用线性耦合元件 XFRM_LINEAR 实现。可用交流扫描加 R_L 参数扫描分析。交流扫描只有一个点，即 $f=50\text{Hz}$。参数扫描可先在大范围进行，然后再缩小扫描范围。本题 R_L 的最终扫描范围为 1～3Ω，步长取 0.01Ω。运行结束后，Probe 窗口出现以扫描参数为横坐标的空坐标系。执行 Trace/Add Trace，在弹出的对话框中 Trace Expression 一栏输入用相应的电压、电流求功率的表达式，从曲线上则可读出所需的结果。结果为当 $R_L\approx2.26\Omega$ 时获得最大功率，$P_{max}\approx198\text{W}$。

C-7 分析类型为交流扫描，运放采用 μA741。扫描范围取 10～1MHz，100 个点。中心频率为 11.16kHz。

C-9 $R=200\Omega$ 为非振荡波形；$R=1\text{k}\Omega$ 时为振荡波形。

C-10 该电压信号源可用脉冲源 VPULSE 的串联组合方法实现。因节点不能悬空，可在合成的信号源两端接一电阻。用瞬态分析，最大步长可取为 1ns。为求有效值，可在 Probe 窗口中，用 Trace\Add Trace 命令，对信号源变量取有效值函数 RMS()计算而得到有效值曲线，为了得到较准确的值，仿真时间应尽可能长一些(如 50 个周期)。用光标读得信号的有效值约为 3.06V。基波分量(125kHz)幅值为 4.161V。

C-11 非线性电阻用非线性电流控制的电压源元件 HPOLY 实现(在 analog. olb 元件库中)，其属性栏中 COEFF 设置为 0，0，0，5，各系数分别表示多项式由零次至三次项前的系数。分析类型为瞬态分析，步长可取 1μs。观察波形 i_3 可见，激励虽为正弦电源，但由于电路的非线性，响应 i_3 已不再是正弦波形。谐波分析表明，电流 i_3 含有三次及以上的奇次谐波。

C-12 开关 S 可用压控开关 Sbreak 实现，二极管 D 用 Dbreak 实现(在 breakout. olb 元件库中)。控制电压用脉冲电源 VPULSE 实现。输出电压 $u_o\approx14.5\text{V}$。

参考文献

1. 邱关源主编. 电路. 第四版. 北京:高等教育出版社，1999
2. 李瀚荪编. 电路分析基础. 第三版. 北京:高等教育出版社，1993
3. 周守昌主编. 电路原理(上、下册). 第二版. 北京:高等教育出版社，2004
4. 吴锡龙编. 电路分析. 北京:高等教育出版社，2004
5. 周长源主编. 电路理论基础. 第二版. 北京:高等教育出版社，1996
6. 肖达川编著. 电路分析. 北京:科学出版社，1984
7. Chua L O，Desoer C A，Kuh E S. Linear and NonLinear Circuits. McGraw-Hill，1987
8. Charles K Alexander，Matthew N O Sadiku. Fundamentals of Electric Circuits. McGraw-Hill，2000
9. James W Nilsson，Susan A Riedel. Electric Circuits. McGraw-Hill，2000
10. James W Nilsson，Susan A Riedel. Introduction to PSpice Manual—Electric Circuits Using OrCAD Release 9.1. Fourth Edition. Prentice-Hall，2000